전면 개정판

◆ 최신 개정법령 및 기준 완벽 반영
◆ 과년도 기출문제(125~134회)
◆ 상세한 풀이 및 그림자료 수록

금화도감
禁火都監

소방기술사
기출문제풀이
125~134회

2권

소방기술사 · 유쾌한

禁火都監

Contents 이 책의 목차

134회
| 기술사 시험문제 | 70 |
| 기출문제풀이 | 77 |

133회
| 기술사 시험문제 | 156 |
| 기출문제풀이 | 162 |

132회
| 기술사 시험문제 | 238 |
| 기출문제풀이 | 243 |

131회
| 기술사 시험문제 | 312 |
| 기출문제풀이 | 317 |

130회
| 기술사 시험문제 | 396 |
| 기출문제풀이 | 401 |

| 129회 | 기술사 시험문제 | 464 |
| | 기출문제풀이 | 470 |

| 128회 | 기술사 시험문제 | 544 |
| | 기출문제풀이 | 548 |

| 127회 | 기술사 시험문제 | 612 |
| | 기출문제풀이 | 618 |

| 126회 | 기술사 시험문제 | 688 |
| | 기출문제풀이 | 693 |

| 125회 | 기술사 시험문제 | 756 |
| | 기출문제풀이 | 762 |

출제빈도 및 학습우선순위

1. 출제빈도

구분	115	116	117	118	119	120	121	122	123	124	소계
연소공학(화재역학)	2	1	3	2	4	7	3	4	2	4	37
건축방화	4	7	2	3	2	2	4	1	0	2	30
피난	1	4	1	3	4	2	1	0	3	2	23
폭발	1	3	0	1	0	2	0	2	1	1	12
위험성평가	0	1	0	0	1	1	1	1	1	0	6
위험물/포소화설비	4	3	4	3	1	3	4	0	2	3	28
제연공학	1	2	3	2	3	3	2	3	3	2	25
가스계소화설비	3	0	3	1	1	1	1	3	2	0	18
수계소화설비/내진	5	5	7	5	7	6	5	9	3	5	63
소방전기	7	2	6	5	5	3	5	3	7	2	51
설계, 시공, 감리, 안전	1	0	1	6	2	1	4	4	5	8	34
일반화재	2	3	1	0	1	0	1	1	2	2	14
합계	31	31	31	31	31	31	31	31	31	31	341

구분	125	126	127	128	129	130	131	132	133	134	소계	합계
연소공학(화재역학)	5	2	0	8	5	4	5	3	4	3	34	71
건축방화	3	2	5	3	2	2	0	1	3	0	18	48
피난	2	2	2	2	4	2	2	1	1	2	18	41
폭발	1	2	3	0	1.5	0	0	2	1	0	9.5	21.5
위험성평가	0	1	1	2	0	1	1	0	0	2	8	14
위험물/포소화설비	1	2	3	0	2	0	1	2	4	1	15	43
제연공학	1	2	3	2	2	2	2	2	2	4	21	46
가스계소화설비	3	3	1	2	0.5	1	2	1	1	2	13.5	31.5
수계소화설비/내진	6	8	3	7	6	3	5	6	6	7	51	114
소방전기	6	4	5	4	1	6	2	4	2	3	31	82
설계, 시공, 감리, 안전	2	3	4	1	3	9	9	5	5	4	43	77
일반화재	1	0	1	0	4	1	2	4	2	3	17	31
합계	31	31	31	31	31	31	31	31	31	31	279	620

2. 학습우선순위

구분	평균문제수	출제비율[%]	학습우선순위
연소공학(화재역학)	3.5	11.4	4
건축방화	2.4	7.7	5
피난	2.1	6.6	8
폭발	1.1	3.5	11
위험성평가	0.7	2.3	12
위험물/포소화설비	2.2	6.9	7
제연공학	2.3	7.4	6
가스계소화설비	1.6	5.2	9
수계소화설비	5.7	13.3	1
소방전기설비	4.1	13.3	2
설계, 시공, 감리, 안전	3.8	12.4	3
일반화재	1.5	5.0	10
합계	31.0	100	-

연소공학(화재역학)

[연소기초 - 가연물, 산소, 점화원, 연소범위, 연소의 종류, 무차원수]

1. 줄열에 의한 발열과 아크에 의한 발열에 대하여 각각 설명하시오.[115/10]

2. 열역학법칙에 대하여 설명하시오.[117/10]

3. 프로판의 연소식을 적고 화학양론조성비, 연소상한계(UFL), 연소하한계(LFL), 최소산소농도(MOC)를 구하고 각각의 의미를 설명하시오.[118/25]

4. 연소범위 영향요소에 대하여 설명하시오.[119/10]

5. 훈소의 발생 메커니즘 및 특성, 소화대책에 대하여 설명하시오.[119/10]

6. 연소의 4요소에 해당하는 연쇄반응과 화학적 소화(할로겐 화합물)를 단계별 반응식으로 설명하시오.[120/10]

7. 비열(Specific Heat)의 종류와 공기의 비열비(Specific Heat Ratio)에 대하여 설명하시오.[120/10]

8. 화재를 다루는 분야에서는 열에너지원(Heat Energy Source)의 제어가 중요하다. 열에너지원을 화학적, 전기적 및 기계적 열에너지로 구분하여 설명하시오.[120/25]

9. 유체유동과 관련 있는 무차원수의 필요성과 주요 무차원수에 대하여 설명하시오.[120/25]

10. 액체가연물의 연소에 영향을 미치는 인자에 대하여 설명하시오.[121/10]

11. 화학물질의 위험도를 정의하고, 아세틸렌을 예를 들어 설명하시오.[122/10]

12. 가연성 혼합물의 연료와 공기량을 결정하는 방법에서 당량비(Equivalence Ratio, $\emptyset$)의 정의와 당량비($\emptyset$) > 1, 당량비($\emptyset$) =1, 당량비($\emptyset$) < 1일 경우 혼합기 상태에 대하여 설명하시오.[123/10]

13. 최소산소농도(MOC, Minimum Oxygen Concentration)를 설명하고, 다음과 같은 데이터로 부탄가스의 최소산소농도를 추정하시오. 또한 불활성화(Inerting)의 정의 및 방법에 대하여 설명하시오.[123/10]

   - 분자식: 부탄가스(C_4H_{10})
   - 분자량: 58
   - 연소범위: 연소하한값(LFL) 1.6%, 연소상한값(UFL) 8.4%

14. 단열압축에 대하여 설명하고 아래 조건의 경우 단열압축하였을 때 기체의 온도(℃)를 구하시오.[124/25]

   〈조 건〉
   - 단열압축 이전의 기체 : 25 ℃ 1기압
   - 단열압축 이후의 기체 : 20기압
   - 여기서 정적비열 CV=1[cal/g·℃], 정압비열 CP=1.4[cal/g·℃]이다.

15. 프로판 70%, 메탄 20%, 에탄 10%로 이루어진 탄화수소 혼합기의 연소하한을 구하시오. (단, 각각의 연소하한은 프로판 2.1%, 메탄 5.0%, 에탄 3.0%이다.)[125/10]

16. 무차원수 중 Damkohler 수(D)에 대하여 설명하고, Arrhenius식과의 관계를 설명하시오.[125/10]

17. 자연발화가 일어나기 쉬운 조건을 설명하시오.[128/10]

18. 물질의 발열량과 관련하여 다음을 설명하시오.[128/25]
   1) 발열량의 종류
   2) 발열량 측정방법

19. 훈소(Smoldering Combustion)와 표면연소(Surface Combustion)을 비교하고, 훈소의 화염전환과 축열조건에 대하여 설명하시오.[128/25]

20. Burgess-Wheeler 법칙에 의한 식을 이용하여 프로판의 연소하한계 값을 구하시오. (단, 프로판의 연소열은 2220kJ/mol, 연소하한계 값은 소수점 1번째에서 반올림할 것)[130/10]

21. 메탄의 고위발열량이 55528kJ/kg일 때, 메탄의 저위발열량을 계산하고, 저위발열량에 대하여 설명하시오. (단, 물의 증발 잠열은 2260kJ/kg이다.)[130/10]

22. 자연발화현상에서 열방사에 의한 자연발화와 고온기류에 의한 자연발화에 대하여 설명하시오.[131/10]

23. 발열량과 관련하여 Hess의 법칙에 대하여 설명하시오.[132/10]

24. 누셀트 수(Nusselt Number)의 의미를 설명하고, 누셀트 수를 스탠톤 수(Stanton Number), 프랜틀 수(Prandtl Number), 레이놀즈 수(Reynolds Number)로 표현하시오.[132/10]

25. 유체의 흐름에서 Froude 수가 무차원임을 증명하고, 정상류와 비정상류의 정리를 수식으로 설명하시오.[133/10]

26. 고체연소에 영향을 주는 변수로서 다음에 대하여 설명하시오.[133/25]
    1) 표면적 대 질량비와의 관계   2) 방향과의 관계
    3) 열관성과의 관계   4) 난연재와의 관계

27. 최소산소농도(MOC)와 한계산소지수(LOI)에 대하여 설명하시오.[134/10]

[열전달-전도, 대류, 복사]

1. 열전달 메커니즘(Mechanism)에 대하여 설명하시오.[118/25]

2. 열전달 메커니즘의 형태를 실내화재에 적용시켜 기술하고 화재 방지대책에 대하여 설명하시오.[120/25]

3. 형태계수와 방사율에 대하여 설명하시오.[125/10]

4. 복사 쉴드(Shield)와 관련하여 다음을 설명하시오.[128/25]
    1) 복사 쉴드(Shield)의 개념
    2) 복사 쉴드(Shield) 수에 따른 열유속 변화

5. 다음 사항에 대하여 설명하시오.[129/25]
    1) 푸리에(Fourier)의 열전도법칙, 뉴턴(Newton)의 냉각법칙
    2) 기체분자운동론의 가정 5가지, 그레이엄(Graham)의 확산법칙

6. 열유속(Heat Flux)과 열방출속도(Heat Release Rate)에 대하여 다음을 설명하시오.[134/25]
    1) 개념 및 소방에서의 활용비교
    2) 화재로 인한 열전달의 종류
    3) 열방출속도 결정법

[열방출률, 연소속도, 화재성장속도]

1. 소방펌프실의 펌프 고장으로 액체연료인 윤활유가 바닥면에 1cm 두께, 면적 4m²로 누유 된 후 점화원에 의해 화재가 발생하였다. 이때 열방출률($\dot{Q}$), Heskestad의 화염길이(L), 화재지속시간(Δt)을 계산하시오. (단, 용기화재의 단위면적당 연소율 계산식은 $\dot{m}'' = \dot{m}''_\infty (1 - \exp^{-\kappa\beta D})$ 이고, 이때 윤활유의 $\dot{m}''_\infty = 0.039\ kg/m^2 s$, $\kappa\beta$=0.7 m^{-1}, 밀도 ρ=760kg/m^3, 완전연소열 ΔHc= 46.4 MJ/kg, 연소효율 χ=0.7이다.)[116/25]

2. 가연성 혼합기의 연소속도(Burning Velocity)에 영향을 미치는 인자에 대하여 설명하시오.[121/25]

3. 화재 시 아래의 제한된 조건하에서 화염의 열유속($\dot{q}''$)의 값을 비교하고 각각 연료에 대한 위험성의 상관관계를 설명하시오.[122/25]
   ※ 재료별 직경 1m의 풀화재 자료

	질량감소유속 $\dot{m}''[g/m^2 s]$	연소면적 A [m²]	유효연소열 ΔHC [kJ/g]	기화열 L [kJ/g]
폴리스티렌	38	0.785	39.85	1.72
가솔린	55	0.785	43.70	0.33

4. 구획실 화재(환기구 크기 : 1m × 2m)에서 플래시 오버 이후 최성기 화재(800 ℃로 가정)의 에너지 방출률을 구하시오. (단, 연료가 퍼진 바닥면적 12m², 가연물의 기화열 2 kJ/g, 평균연소열 $\Delta H_C = 20 kJ/g$, Stefan Boltzman 상수(σ) = 5.67 × 10^{-8} W/m² · K^{4}이다.)[122/25]

5. 가솔린의 증발속도와 가솔린 화재에서의 화재플름(Fire Plume) 속도를 비교하여 설명하시오. (단, 가솔린은 최고 연소유속으로, 가솔린 증기 밀도는 공기의 2배로, 화재플름의 높이는 1m로 가정한다.)[122/25]

6. 화재성장속도에서 다음 사항을 설명하시오.[129/10]
   1) 1972년 Heskestad가 제안한 열발생률(Heat Release Rate, HRR)식
   2) 화재성장속도별 4단계 구분과 대표적인 품목

7. 유류 저유소에 화재가 발생하였다. 다음 조건에 따른 액면강하속도 및 연소지속시간을 구하시오.[129/10]

   〈조 건〉
   저장유류 : 등유, 등유의 단위면적당 질량감소속도 : 0.039 kg/s · m²,
   등유 밀도 : 820 kg/m³, 저장량 : 15 m³, 풀(pool)직경 : 5.5 m

8. 고체 가연물의 연소속도를 정의하고 연소속도에 영향을 미치는 요인과 발화온도에 영향을 미치는 요인에 대하여 설명하시오.[131/25]

9. 열유속(Heat Flux)과 열방출속도(Heat Release Rate)에 대하여 다음을 설명하시오. [134/25]
   1) 개념 및 소방에서의 활용비교
   2) 화재로 인한 열전달의 종류
   3) 열방출속도 결정법

[화재플룸]

1. 가솔린의 증발속도와 가솔린 화재에서의 화재플룸(Fire Plume) 속도를 비교하여 설명하시오. (단, 가솔린은 최고 연소유속으로, 가솔린 증기 밀도는 공기의 2배로, 화재플룸의 높이는 1m로 가정한다.)[122/25]

2. 화재플룸(Fire Plume)의 발생 메커니즘(Mechanism)과 활용방안을 설명하시오.[124/10]

3. 그림은 천정열기류(Ceiling Jet)에 관한 계산 모델이다. 다음 물음에 답하시오.[125/25]
   1) 천정열기류(Ceiling Jet)의 정의
   2) 화재플룸 중심축으로부터 거리 r 만큼 떨어진 위치에서의 기류 온도와 속도
   3) 화재플룸 중심축에서 2.5m 떨어진 위치에 72℃ 스프링클러헤드가 설치되어 있다고 가정할 때 감열여부 판단(화재크기 1000kW, 층고 4.0m, 실내온도 20℃)

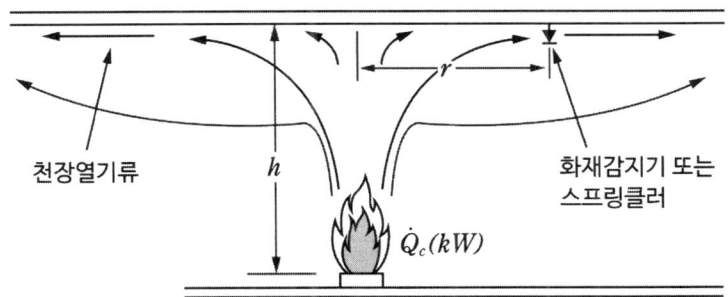

4. 화재플룸(Fire Plume)의 발생 메커니즘을 쓰고, 광전식 공기흡입형 감지기(아날로그방식)의 작동원리와 적응성에 대하여 설명하시오.[130/25]

[열분해생성물]

1. 감광(소멸)계수가 0.3m^{-1}일 때 자극성 연기에서 유도등의 가시거리를 구하시오. (단, 이때 적용하는 비례상수 K는 8을 적용한다.)[117/10]

2. 인체의 열 스트레스 조건에서 상대습도와 인내 한계시간과의 관계를 설명하시오.[120/10]

3. 독성에 관한 하버(Haber, F.)의 법칙에 대하여 설명하시오.[124/10]

4. 감광계수와 가시거리의 관계에 대하여 설명하시오.[125/10]

5. 화재 시 발생하는 연기에 대하여 다음을 설명하시오.[126/25]
    1) 연기의 유해성
    2) 고온영역의 연기층 유동현상
    3) 저온영역의 연기층 유동현상

6. 정적독성지수와 동적독성지수에 대하여 설명하시오.[128/25]

7. 연기이동에 따른 영향과 관련하여 다음의 사항에 대하여 개념을 쓰고, 계산식으로 나타내어 설명하시오.[128/25]
    1) 연기의 성층화
    2) 암흑도
    3) 유효증상(FED; Fractional Effective Dose)

8. 다음 소방설비에 대하여 설명하시오.[130/25]
    1) 하향식피난구 성능기준
    2) 교차회로방식과 송배전방식
    3) 대형소화기의 소화약제량(물, 강화액, 할로겐화합물, 이산화탄소, 분말, 포소화기)
    4) 고가수조, 압력수조, 가압수조
    5) 미분무 정의와 사용압력에 따른 미분무소화설비 분류

9. 화재 시 연기의 성층화(Stratification) 현상과 연기의 성층화 관련 계산식에 대하여 설명하시오.[131/10]

10. 연기의 유해성을 설명하고, 연기 유동층의 현상을 고온영역의 연기층과 저온 영역의 연기층으로 구분하여 설명하시오.[133/25]

[소화]

1. 원소주기율표상 1족 원소인 K, Na의 소화특성을 설명하시오[117/10]

2. 소화기구 및 자동소화장치의 화재안전기준(NFTC 101) 표와 관련 소화기구의 소화약제별 적응성에 관하여 설명하시오.[119/10]

3. 주거용 주방자동소화장치의 정의, 감지부, 차단장치, 공칭방호면적에 대하여 설명하시오. [119/10]

4. 상업용 주방자동소화장치의 설치기준과 소화시험 방법에 대하여 설명하시오.[124/10]

5. 상업용 조리시설의 식용유 화재에서 발생하는 스플래시(Splash)현상에 대하여 설명하시오.[126/10]

6. 상업용 조리시설의 화재특성 및 손실저감 대책에 대하여 설명하시오[128/25]

7. 주거용 주방자동소화장치에 대한 다음 사항을 설명하시오.[129/25]
   1) 주거용 주방자동소화장치의 종류, 주요구성요소, 작동메커니즘
   2) 「주거용자동소화장치의 형식승인 및 제품검사의 기술기준」에서 규정하는 소화성능시험 기준

8. 대형소화기의 소화약제량(물, 강화액, 할로겐화합물, 이산화탄소, 분말, 포소화기)에 대하여 설명하시오.[130/25]

9. 실제 화재 시 소화에 필요한 소화방법을 작용면에서 물리적 작용에 바탕을 둔 소화방법과 화학적 작용에 바탕을 둔 소화방법으로 분류하는데 다음에 대하여 설명하시오.[131/25]
   1) 물리적 작용에 바탕을 둔 소화방법에서
      ㉠ 연소에너지 한계에 바탕을 둔 소화방법
      ㉡ 농도한계에 바탕을 둔 소화방법
      ㉢ 화염의 불안전화에 의한 소화방법
   2) 화학적 작용에 바탕을 둔 소화방법
   3) 물리적 작용과 화학적 작용 소화방법 간의 상호보완 작용

10. 상업용 주방자동소화장치의 정의, 설치기준 및 설계매뉴얼에 포함되어야 할 사항에 대하여 설명하시오.[131/25]

11. 제3종 분말소화약제의 소화효과와 A급 화재에도 적응성이 있는 이유에 대하여 설명하시오.[133/10]

[화재성장]

1. 일반건축물 화재 시 Flame Over(Roll Over) 현상에 대하여 설명하시오.[120/10]

2. 열전달 메커니즘의 형태를 실내화재에 적용시켜 기술하고 화재 방지대책에 대하여 설명하시오.[120/25]

3. 구획화재의 화재성상 중 최성기 화재(Fully-Developed Fire)에서 나타나는 다음 사항에 대하여 설명하시오.[129/25]
   1) 연소속도, 화재온도, 화재계속시간
   2) 개구부의 화염분출 형상, 상층부 연소확대 방지대책

4. 일반건축물 화재 시 발생하는 Roll Over현상과 LNG저장탱크에서 발생하는 Roll Over현상에 대하여 각각 설명하시오.[129/25]

5. 건축물 화재 시 다음 화재단계별 연기의 발연특성에 대하여 설명하시오.[132/25]
    1) 화재초기
    2) 플래쉬오버
    3) 최성기

6. 플래시오버(Flash Over) 예측을 위한 계산식(3가지 이상)과 영향요소에 대하여 설명하시오.[134/10]

건축방화

[방화계획, 화재가혹도, 화재하중, 화재강도]

1. 건축물 방화계획의 작성 원칙에 대해 설명하시오.[117/10]

2. 구획 내 전체화재에 사용하는 화재하중 설정에 대하여 설명하시오.[122/10]

3. 화재하중(Fire Load), 화재가혹도(Fire Severity)의 정의와 차이점에 대하여 설명하시오.[129/10]

[방염, 마감재료]

1. 방염에서 현장처리물품의 품질확보에 대한 문제점과 개선방안을 설명하시오.[115/25]

2. 건축물의 화재확산 방지구조 및 재료에 대하여 설명하시오.[116/10]

3. 건축물의 내부마감재료 난연성능기준에 대하여 설명하시오.[117/25]

4. 건축물 실내 내장재의 방염의 원리·방염대상물품·방염성능 기준과 방염의 문제점 및 해결방안에 대하여 설명하시오.[118/25]

5. 방염에 대하여 아래 내용을 설명하시오.[119/25]
    1) 방염대상
    2) 실내장식물
    3) 방염성능기준

6. 커튼월 Type 건축물의 화재확산 방지구조에 대하여 설명하시오.[121/10]

7. 건축법령상 건축물 실내에 접하는 부분의 마감재료(내장재)를 난연성능에 따라 구분하고 마감재료의 성능기준과 시험방법에 대하여 설명하시오.[121/25]

8. 샌드위치 패널의 종류별 특징과 화재위험성, 국내・외 시험기준에 대하여 설명하시오.[121/25]

9. 방염대상물품 중 얇은 포와 두꺼운 포에 대하여 아래 내용을 설명하시오.[124/10]
　　1) 구분 기준
　　2) 방염성능 기준

10. 건축물관리법령에서 정한 건축물 구조형식에 따른 화재안전성능 보강공법에 대하여 다음을 설명하시오.[124/25]
　　1) 필수적용 및 선택적용 항목
　　2) 1층 상부 화재확산방지구조 적용공법에 대한 시공기준

11. 방염에 대한 다음 사항을 설명하시오.[125/25]
　　1) 방염 의무 대상 장소
　　2) 방염대상 실내장식물과 물품
　　3) 방염성능기준

12. 건축물관리법의 화재안전성능보강과 관련하여 다음사항을 설명하시오.[126/25]
　　1) 기존 건축물의 화재안전성능보강 대상 건축물
　　2) "국토교통부 2022년 화재안전성능보강 지원사업 가이드라인" 중 보조사업

13. 건축자재등 품질인정 및 관리기준(국토교통부고시 제2022-84호)에 따른 복합자재 및 외벽 마감재료의 불연재료 성능기준과 실물모형시험기준에 대하여 설명하시오.[128/25]

14. 「방염제의 형식승인 및 제품검사의 기술기준」에 의한 방염제의 정의와 방염도료의 종류를 설명하시오.[133/10]

15. 단열재와 관련된 다음 사항을 설명하시오.[133/25]
　　1) 열전도율과 단열성
　　2) 단열성에 영향을 미치는 요인
　　3) 단열재의 종류

[방화구획 - 구조안전, 방화구조, 방화구획, 방화문(벽), 자동방화셔터, 방화댐퍼, 내화채움구조]

1. 방화댐퍼의 설치기준, 설치 시 고려사항 및 방연시험에 대하여 설명하시오.[115/25]

2. 자동방화댐퍼의 설치기준과 점검 시에 발생하는 외관상 문제점에 대하여 설명하시오. [116/10]

3. 방화구조 설치대상 및 구조기준에 대하여 설명하시오.[116/10]

4. 방화문의 종류 및 문을 여는 데 필요한 힘의 측정기준과 성능에 대하여 설명하시오.[118/10]

5. 건축물의 구조안전 확인 적용기준, 확인대상 및 확인자의 자격에 대하여 설명하시오. [118/10]

6. 건축물 방화구획 시 사전 확인사항과 방화구획을 관통하는 부분에 내화충전 적용이 미흡한 사유를 설명하시오.[120/10]

7. 건축법령에 의한 방화구획기준에 대하여 다음의 내용을 설명하시오.[121/25]
   1) 대상 및 설치기준
   2) 적용을 아니하거나 완화적용할 수 있는 경우
   3) 방화구획 용도로 사용되는 방화문의 구조

8. 「건축물의 피난·방화구조 등의 기준에 관한 규칙」에 의한 방화구획의 설치기준을 설명하시오.[124/25]

9. 아래에 열거된 FIRE STOP의 설치장소 및 주요특성에 대하여 각각 설명하시오.[125/10]
   1) 방화로드   2) 방화코트   3) 방화실란트   4) 방화퍼티   5) 아크릴 실란트

10. 방화구획과 관련하여 다음사항을 설명하시오.[126/25]
    1) 소방법령 및 건축법령에서 각각 방화구획하는 장소
    2) "복합건축물의 피난시설 등"의 대상 및 시설기준

11. 건축물의 방화구획 및 방연구획에 대하여 다음 사항을 설명하시오.[127/10]
    1) 정의   2) 목적 및 효과   3) 구성요소

12. 제연풍도가 방화구획을 통과할 경우 고려할 사항에 대하여 설명하시오.[127/10]

13. 방화댐퍼의 성능시험기준 및 내화시험조건에 대하여 설명하시오.[127/10]

14. 건축물의 구조안전 확인대상과 적용기준을 설명하시오.[128/10]

15. 건축법령에 따라 건축물의 외벽에 설치하는 창호(窓戶)가 방화에 지장이 없도록 하기 위해 규정하고 있는 방화유리창 대상건축물 및 적용기준에 대하여 설명하시오.[128/10]

16. 「배연설비의 검사표준(KS F 2815)」에서 요구하는 방화댐퍼의 기준과 「건축물의 피난·방화구조 등의 기준에 관한 규칙」에서 요구하는 방화댐퍼의 기준에 대하여 각각 설명하시오.[129/10]

17. 「건축물의 피난·방화구조 등의 기준에 관한 규칙」과 「지하구의 화재안전성능기준」에 명시된 방화벽을 각각 설명하시오.[130/10]

18. 건축허가동의 시 분야별 주요 검토사항 중 피난·방재분야의 방화구획 적정성 확보를 위한 확인사항에 대하여 설명하시오.[130/25]

19. 건축물의 용도에 따른 방화구획의 완화기준에 대하여 설명하시오.[132/10]

20. 「산업안전보건기준에 관한 규칙」 및 「내화구조에 관한 기술지침」에 대하여 다음을 설명하시오.[133/25]
    1) 내화구조의 정의
    2) 내화구조 설치장소
    3) 내화구조 대상 및 범위
    4) 내화구조 시공 시 고려사항

[수직연소확대]

1. 드라이비트(외단열미장마감공법)의 화재확산에 영향을 미치는 시공상의 문제점을 설명하시오.[115/25]

2. 연소확대와 관련하여 Pork through 현상에 대하여 설명하시오.[116/10]

3. 외단열 미장마감에서 단열재를 스티로폼으로 시공 시 화재확산과 관련하여 닷 앤 댑(Dot & Dab)방식과 리본 앤 댑(Ribbon & Dab)방식에 대하여 설명하시오.[116/10]

4. 건축물에 설치된 통신용 배관 샤프트(TPS)와 전기용 배관 샤프트(EPS)의 화재특성을 설명하고, 적합한 소화 설비를 설명하시오.[127/10]

[폭열, 내화공법, 내화설계]

1. 건축용 강부재의 방호방법 중 히트 싱크(Heat Sink)방식에 대하여 설명하시오.[115/10]

2. 건축물 내화설계에 있어서 시방위주 내화설계에 대한 문제점과 성능위주 내화설계 절차에 대하여 설명하시오.[125/25]

3. 철근콘크리트 구조물의 화재피해조사를 위해 콘크리트 중성화 깊이측정을 실시하였다. 다음 사항을 설명하시오.[127/25]
   1) 깊이측정 시험법의 원리
   2) 시험방법
   3) 주의사항

피난

[피난이론 - 계획, 피난로 구성, 인간의 심리]

1. IBC(International Building Code)에서 규정하고 있는 피난로(Means of Egress) 및 피난로의 구성에 대하여 설명하시오.[118/25]

2. Fail Safe와 Fool Proof의 개념과 소방에서 적용 예를 들어 설명하시오.[120/10]

3. NFPA 101의 피난계획 시 인명안전을 위한 기본 요구사항과 국내 건축물에서 피난관련 법령의 문제점 및 개선방안에 대하여 설명하시오.[120/25]

4. 대피(피난)행동 시 인간의 심리 특성에 대하여 설명하시오.[123/10]

5. 초고층 및 지하연계 복합건축물 재난관리에 관한 특별법 법령에서 규정하고 있는 다음 사항에 대하여 설명하시오.[123/25]
   1) 종합재난관리체제의 구축 시 포함될 사항
   2) 재난예방 및 피해경감계획 수립, 시행 등에 포함되어야 하는 내용
   3) 관리주체가 관계인, 상시근무자 및 거주자에 대하여 각각 실시하여야 하는 교육 및 훈련에 포함되어야 할 사항

6. 초고층 및 지하연계 복합건축물 재난관리에 관한 특별법령에 따라 재난예방 및 피해경감계획의 수립 시 고려해야 할 사항에 대하여 설명하시오.[124/25]

7. Fail-Safe와 Single-Risk를 설명하시오.[127/10]

8. 성능위주설계 절차와 사전재난영향성검토 절차를 기술하고, 초고층 건축물에서 특별히 고려해야 할 사항에 대하여 설명하시오[127/25]

[구획실 피난]

1. 건축법에서 아파트 발코니의 대피공간 설치 제외 기준과 관련하여 다음 내용을 설명하시오.[118/25]
   1) 대피공간 설치 제외 기준
   2) 하향식 피난구 설치 기준
   3) 하향식 피난구 설치에 따른 화재안전기준의 피난기구 설치관계

2. 건축법령에서 정하는 소방관 진입창의 설치기준에 대하여 설명하시오.[121/10]

3. 건축법령에서 규정하고 있는 다음 사항에 대하여 설명하시오.[123/25]
   1) 대피공간의 설치기준 및 제외 조건
   2) 방화판 또는 방화유리창의 구조
   3) 발코니 내부마감재료 등

4. 다음 사항을 설명하시오.[129/10]
   1) 소방관진입창에 설치되는 유리의 종류
   2) 아파트 구조변경시 설치되는 방화유리창의 구조

5. 하향식피난구 성능기준에 대하여 설명하시오.[130/25]

6. 소방관 진입창에 대하여 다음을 설명하시오.[134/10]
   1) 건축법령에 따른 소방관 진입창 설치대상 및 설치제외대상
   2) 「건축물의 피난·방화구조 등의 기준에 관한 규칙」에 따른 소방관 진입창 설치기준

[수평피난]

1. 직통계단에 이르는 보행거리를 건축물의 주요구조부 등에 따라 설명하시오.[119/10]

2. 「건축법 시행령」과 「건축물의 피난·방화구조 등의 기준에 관한 규칙」에 따른 문화 및 집회시설(공연장)의 개별 관람실(바닥면적 $400m^2$) 내부의 출구 설치기준에 대하여 설명하고, 개별 관람실 출구의 갯수와 유효너비를 산정하시오.[131/25]

[수직피난 - 계단, 승강기, 피난기구]

1. 피난용트랩의 설치대상과 구조를 설명하시오.[115/10]

2. 건축물에 설치하는 피난용승강기와 비상용승강기의 설치대상, 설치대수 산정기준, 승강장

및 승강로 구조에 대하여 설명하시오.[116/25]

3. 건축물 내부에 설치하는 피난계단과 특별피난계단의 설치대상 · 설치예외조건, 계단의 구조에 대하여 설명하시오.[116/25]

4. 아래 소방대상물의 설치장소별 적응성 있는 피난기구를 모두 기입하시오.[116/25]

설치장소별	층별	지하층	1층	2층	3층	4층 이상 10층 이하
노유자 시설						
다중이용업소의 안전관리에 관한 특별법 시행령 제2조에 따른 다중이용업소로서 영업장의 위치가 4층 이하인 "다중이용업소"						

5. 피난용승강기의 설치대상과 설치기준을 설명하시오.[117/25]

6. 피난기구의 설치에 대하여 다음 사항을 설명하시오.[119/25]
　　1) 피난기구의 설치 수량 및 추가 설치 기준
　　2) 승강식피난기 및 하향식 피난구용 내림식사다리 설치 기준

7. 비상용승강기 대수를 정하는 기준과 비상용승강기를 설치하지 아니할 수 있는 건축물의 조건에 대하여 설명하시오.[124/10]

8. 피난용 승강기와 관련하여 다음 사항을 설명하시오.[125/25]
　　1) 피난용 승강기의 필요성 및 설치대상
　　2) 피난용 승강기의 설치 기준 · 구조 · 설비

9. 요양병원에 적응성을 갖는 층별 피난기구의 종류를 쓰고 구조대를 선정할 경우 주의사항을 설명하시오.[129/10]

10. 승강식피난기의 특징, 설치기준과 「승강식피난기의 성능인증 및 제품검사의 기술기준」에서 정하는 승 · 하강 속도시험기준을 설명하시오.[129/25]

11. 완강기에 대하여 다음 사항을 설명하시오.[132/10]
　　1) 구조와 원리　　2) 설치기준　　3) 성능기준　　4) 사용방법

12. 「피난기구의 화재안전기술기준(NFTC 301)」의 설치장소별 적응성 있는 피난기구를 모두 기술하고, 「다수인피난장비의 성능인증 및 제품검사의 기술기준」의 피난장비의 일반구조 기준을 설명하시오.[133/25]

[피난안전구역, 지하층, 무창층, 지상층, 옥상광장, 헬리포트, 비상용 자동개폐장치]

1. 건축물에 설치하는 지하층의 구조 및 지하층에 설치하는 비상탈출구의 구조에 대하여 설명하시오.[118/25]

2. 헬리포트 및 인명구조 공간 설치기준과 경사지붕 아래에 설치하는 대피공간의 기준을 설명하시오.[119/10]

3. 무창층의 기준해석에 대한 업무처리 지침 관련 아래 사항을 설명하시오.[119/25]
    1) 개구부 크기의 인정 기준
    2) 도로 폭의 기준
    3) 쉽게 파괴할 수 있는 유리의 종류

4. 초고층 및 지하연계 복합건축물 재난관리에 관한 특별법 시행령에서 규정하고 있는 피난안전구역 설치기준 등에 대하여 설명하시오. (단, 선큰의 기준은 제외한다.)[120/10]

5. 초고층 및 지하연계 복합건축물 재난관리에 관한 특별법과 관련하여 다음을 설명하시오.[125/10]
    1) 피난안전구역 소방시설
    2) 피난안전구역 면적산정기준

6. 건축물의 무창층, 피난층 및 지하층에 대하여 설명하시오.[127/10]

7. 건축물의 지하층 구조 및 지하층에 설치하는 비상탈출구의 기준에 대하여 설명하시오[128/25]

8. 건축 관련 법에서 규정하는 다음 사항을 설명하시오.[129/25]
    1) 건축물의 경사지붕 아래에 설치하는 '대피공간'의 설치대상 및 설치기준
    2) 공동주택 중 아파트 '대피공간'의 설치대상, 설치기준 및 면제기준

9. 「초고층 및 지하연계 복합건축물 재난관리에 관한 특별법령」에 따라 고층(초고층)건축물에 반드시 갖추어야 하는 소방시설과 그에 따른 스프링클러설비와 인명구조기구 설치기준에 대하여 설명하시오.[130/25]

10. NFPA 101에서 제시하는 지연출구 전기 잠금 시스템(Delayed Egress Electrical Locking System)에 대하여 설명하시오.[131/10]

[기타 - 피난안전성평가, 종합방재실, 인명구조기구]

1. 초고층 및 지하연계 복합 건축물에 설치하는 종합방재실의 설치 위치, 면적, 구조, 설비에 대하여 설명하시오.[116/25]

2. 건축물 화재 시 안전한 피난을 위한 피난시간을 계산하고자 한다. 아래 사항에 대하여 답하시오.[119/25]
   1) 피난계산의 필요성, 절차, 평가방법
   2) 피난계산의 대상층 선정방법

3. 피난안전성 평가에 사용되는 RSET(Required Safety Egress Time)와 ASET(Available Safety Egress Time)에 대하여 설명하시오.[126/10]

4. 방화구획과 관련하여 다음사항을 설명하시오.[126/25]
   1) 소방법령 및 건축법령에서 각각 방화구획하는 장소
   2) "복합건축물의 피난시설 등"의 대상 및 시설기준

5. 초고층 및 지하연계 복합건축물 재난관리에 관한 특별법 시행규칙에 의해 설치하는 종합방재실의 설치위치, 면적, 구조, 설비에 대하여 설명하시오.[128/25]

6. 「인명구조기구의 화재안전성능기준(NFPC 302)」의 인명구조기구 설치기준과 「공기호흡기의 형식승인 및 제품검사 기술기준」의 공기호흡기 규격에 대하여 설명하시오.[134/10]

폭발

1. 인화성 증기 또는 가스로 인한 위험요인이 생성될 수 있는 장소의 폭발위험장소 구분에 대한 규정인 한국산업표준(KS C IEC 60079-10-1)이 2017년 11월에 개정되었다. 주요 개정사항 7가지를 설명하시오.[115/25]

2. 이중결합을 가지고 있는 지방족 탄화수소화합물의 명칭과 일반식을 쓰고 고분자(Polymer) 형성 과정에 대하여 설명하시오.[116/10]

3. 화학적 폭발의 종류와 개별특성에 대하여 설명하시오.[116/10]

4. 폭발에 관한 다음 질문에 답하시오.[116/25]
   1) 폭발의 정의   2) 폭연과 폭굉의 차이점   3) 폭굉 유도거리
   4) 폭굉 유도거리가 짧아질 수 있는 조건   5) 폭발 방지대책

5. 공정흐름도(PFD, Process Flow Diagram)와 공정배관계장도(P&ID, Process & Instrumentation Diagram)에 대하여 설명하시오.[118/10]

6. 전기적 폭발을 내부적 원인과 외부적 원인으로 구분하여 설명하시오.[120/10]

7. 정전기 대전현상에 대하여 기술하고, 위험물을 고무타이어가 있는 탱크로리, 탱크차 및 드럼 등에 주입하는 설비의 경우 "정전기 재해예방을 위한 기술상의 지침"에서 정한 정전기 완화

조치에 대하여 설명하시오.[120/25]

8. 전기적 폭발의 개념과 발생원인 및 예방대책에 대하여 설명하시오.[122/10]

9. 정전기의 대전을 방지하기 위한 전압인가식 제전기의 종류와 제전기 사용상의 유의 사항에 대하여 설명하시오.[122/25]

10. 전기 설비를 위험 장소 및 사용 환경이 열악하여 화재 및 폭발의 우려가 있는 장소에서 사용하는 경우의 방폭형 소방 전기 기기에 대하여 아래 기호의 정의를 설명하고 이와 관련된 사항을 설명하시오.[123/25]
    1) Ex d IIB T6
    2) IP2X , IP54, IP67

11. 액체의 비등영역을 구분하고 비등곡선에 대하여 설명하시오.[124/25]

12. 착화파괴형 폭발과 누설착화형 폭발에 대한 예방대책에 대하여 설명하시오.[125/10]

13. 정전기(Static Electricity)에 대하여 다음을 설명하시오.[126/25]
    1) 정전기의 대전현상
    2) 정전기의 위험성
    3) 정전기 방지대책

14. 본질안전 방폭구조에서 Zener Barrier 및 Isolated Barrier 방식에 대하여 그림을 그리고 설명하시오.[126/25]

15. 전기적인 원인에 의한 화재 또는 폭발 등 재해방지를 위한 정치시간(Rest Time)과 차폐(Shield)에 대하여 설명하시오.[127/10]

16. 가스저장탱크의 물분무설비(Water Spray System)에 적용되는 시설기준은 소방관계 법령상의 연결살수설비와 고압가스안전관리법상의 온도상승방지설비로 규정되어 있다. 상기 기준에서 소방안전상 요구되는 다음 항목을 설명하시오.[127/25]
    1) 적용대상
    2) 연결살수설비의 헤드설치기준
    3) 온도상승방지설비의 고정식 분무장치 살수밀도

17. 가스누설경보기를 설치하여야 하는 특정소방대상물과 구성요소인 탐지부에 대한 감지방식에 대하여 설명하시오.[127/25]

18. 랭킨-휴고니어(Rankin-Hugoniot)곡선에 대하여 설명하시오.[129/10]

19. 일반건축물 화재 시 발생하는 Roll Over현상과 LNG저장탱크에서 발생하는 Roll Over현상에 대하여 각각 설명하시오.[129/25]

20. 가스누설경보기의 즉시경보형, 경보지연형, 반한시경보형 경보방식에 대하여 설명하시오.
[132/10]

21. 플랜트 기기에서 반응폭주의 원인에 대하여 설명하시오.[132/25]

22. 「산업안전보건기준에 관한 규칙」에서 정전기로 인한 화재나 폭발의 위험이 발생할 우려가 있는 경우 정전기 억제가 필요한 설비와 조치방법을 설명하시오.[133/10]

위험성평가

1. 도로터널에 화재위험성평가를 적용하는 경우 이벤트 트리(Event Tree)와 F-N곡선에 대하여 설명하시오.[116/25]

2. 화학공장의 위험성 평가목적과 정성적 평가와 정량적 평가방법에 대하여 설명하시오.
[119/25]

3. 장외영향평가서 작성 등에 관한 규정에서 정한 장외영향평가의 정의, 업무절차 및 장외 영향평가서의 작성방법에 대하여 설명하시오.[120/25]

4. 위험성 평가기법 중 위험도 매트릭스(Risk Matrix)에 대하여 설명하시오.[121/10]

5. 어떤 빌딩이 스프링클러설비와 소방서에 자동으로 울리는 알람 시스템에 의해 화재에 대해 보호되고 있다. 다음 조건에 따라 화재진압 실패 확률을 결함수 분석에 의해 계산하고 스프링클러설비와 알람시스템을 설치하는 이유를 설명하시오. (단, 연간 화재발생 확률은 0.005회이고, 만약 화재가 발생한다면 스프링클러가 작동할 확률은 97%이고, 소방서에서 알람이 울릴 확률은 98%이며, 스프링클러에 의해 효과적으로 화재를 진압할 확률은 95%이다. 또한 소방서에서 알람이 울리면 소방관은 성공적으로 99%의 화재진압을 할 수 있다.)[122/25]

6. 고용노동부 고시의 「사업장 위험성평가에 관한 지침」에 따른 위험성 평가방법 및 위험성 평가 절차에 대하여 설명하시오.[123/10]

7. ERPG(Emergency Response Planning Guideline) 1, 2, 3에 대하여 설명하시오.
[124/10]

8. 사업장 위험성평가지침에 따른 위험성평가절차를 5단계로 구분하여 설명하시오.[126/10]

9. 화재·폭발의 위험성이 존재하는 작업장에서의 공정 위험성평가에 대하여 설명하시오.
[127/25]

10. FREM(Fire Risk Evaluation Model)의 화재위험성 산정 개념과 평가항목에 대하여 설명하시오[128/10]

11. 화학공장의 정량적 위험도 평가(Quantitative Risk Assessment) 7단계에 대하여 설명하시오.[128/25]

12. 위험성평가기법 중 작업안전분석(JSA ; Job Safety Analysis)방법에 대하여 설명하시오. [130/10]

13. 「사업장 위험성평가에 관한 지침」(고용노동부 고시)에서 규정하는 사업장 위험성 평가와 관련하여 다음 사항을 설명하시오.[131/25]
    1) 위험성평가 정의
    2) 위험성평가 실시 시기
    3) 위험성평가 절차 및 주요내용

14. 위험과 운전성 분석법(HAZOP, Hazard and Operability Study)과 공정안정성분석기법(K-PSR, KOSHA Process Safety Review)에 대하여 다음을 설명하시오.[134/25]
    1) 위험성 평가기법의 정의 (HAZOP, K-PSR)
    2) K-PSR 적용범위
    3) HAZOP 과 K-PSR 특징을 비교하여 설명
       3-1) 위험성평가 적용시점   3-2) 검토범위
       3-3) 도면상의 Node 선정방법 3-4) 평가결과, 개선사항의 적합성 및 장·단점

15. KOSHA GUIDE에서 규정한 화재위험성평가(Fire Risk Assessment, FRA)를 진행하려고 한다. 다음을 설명하시오.[134/25]
    1) 화재위험성평가 정의
    2) 화재위험성평가 절차
    3) 화재위험성 평가기법(정성적 방법, 정량적 방법, 결과분석)

위험물

[일반]

1. 다음 용어를 위험물안전관리법에 근거하여 설명하시오.[115/10]
    1) 위험물
    2) 지정수량
    3) 제조소
    4) 저장소
    5) 취급소

2. 수소화알루미늄리튬(Lithium Aluminium Hydride)의 성상, 위험성, 저장 및 취급방법, 그리고 소화방법에 대하여 설명하시오.[115/25]

3. 위험물 제조소의 위치·구조 및 설비의 기준에서 안전거리, 보유공지와 표지 및 게시판에 대하여 설명하시오.[115/25]

4. 위험물안전관리법령상 제2류 위험물의 품명과 지정수량, 범위 및 한계, 일반적인 성질과 소화방법에 대하여 설명하시오.[115/25]

5. 나트륨(Na)에 관한 다음 질문에 답하시오.[116/10]
   1) 물과의 반응식
   2) 보호액의 종류와 보호액 사용 이유
   3) 다음 중 사용 할 수 없는 소화약제를 모두 골라 쓰시오.

   | 이산화탄소, Halon 1301, 팽창질석, 팽창진주암, 강화액 소화약제 |

6. 요오드가 160인 동식물유류 500000 ℓ 를 옥외저장소에 저장하고 있다. 다음 질문에 답하시오.[116/25]
   1) 위험물안전관리법령상 지정수량 및 위험등급, 주의사항을 표시하는 게시판의 내용을 쓰시오.
   2) 동식물유류를 요오드가에 따라 분류하고, 해당품목을 각각 2개씩 쓰시오.
   3) 위험물안전관리법령상 옥외저장소에 저장 가능한 4류 위험물의 품명을 쓰시오.
   4) 상기 위험물이 자연발화가 발생하기 쉬운 이유를 설명하시오.
   5) 인화점이 200℃인 경우 위험물안전관리법령상 경계표시 주위에 보유하여야 하는 공지의 너비를 쓰시오.

7. 반도체 제조과정에서 사용되는 가스/케미컬 중 실란(Silane)에 대하여 다음 물음에 답하시오.[116/25]
   1) 분자식   2) 위험성   3) 허용농도   4) 안전 확보를 위한 이송체계
   5) 소화방법   6) GMS(Gas Monitoring System)

8. 옥외저장탱크 유분리장치의 설치목적 및 구조에 대하여 설명하시오.[117/10]

9. 물질안전보건자료(MSDS) 작성대상 물질과 작성항목에 대하여 설명하시오.[117/25]

10. 위험물안전관리법령에서 정하는 제5류 위험물에 대하여 다음의 내용을 설명하시오.
    [117/25]

    〈조 건〉
    - 성질, 품명, 지정수량, 위험등급
    - 저장 및 취급방법
    - 위험물 혼재기준
    - 하이드록실아민 1000kg을 취급하는 제조소의 안전거리 산정

11. 위험물안전관리법 시행령에서 규정하고 있는 인화성액체에 대하여 설명하고, 인화성 액체에서 제외할 수 있는 경우 4가지를 설명하시오.[118/10]

12. 「위험물안전관리법」에서 규정하고 있는 「수소충전설비를 설치한 주유취급소의 특례」상의 기술기준 중 아래 내용을 설명하시오.[118/25]
    1) 개질장치(改質裝置) 2) 압축기(壓縮機)
    3) 충전설비 4) 압축수소의 수입설비(受入設備)

13. 유기 과산화물의 활성산소량, 분해온도, 활성화에너지, 반감기, 사용 시 주의사항에 대하여 설명하시오.[119/25]

14. 할로겐화합물 및 불활성기체 소화약제를 적용할 수 없는 위험물에 대하여 설명하시오. (단, 소화성능이 인정되는 경우 예외이기는 하나 이 내용은 무시한다.)[120/10]

15. 위험물제조소의 위치·구조 및 설비기준에서 다음 내용을 설명하시오.[120/10]
    1) 안전거리
    2) 보유공지(방화상 유효한 격벽 포함)
    3) 정전기 제거설비

16. 위험물안전관리법령에서 정한 예방규정 작성대상 및 예방규정에 포함되어야 할 내용에 대하여 설명하시오.[120/10]

17. 위험물안전관리법령상 다음 용어의 정의를 쓰시오.[121/10]
    1) 위험물 2) 지정수량 3) 제조소 4) 저장소 5) 취급소

18. 위험물안전관리법령에서 정하는 위험물제조소의 안전거리에 대하여 설명하시오.[121/25]

19. 위험물안전관리법령상 옥내탱크저장소의 위치·구조 및 설비의 기준 중 다음에 대하여 설명하시오.[121/25]
    1) 표시 및 표지 2) 게시판
    3) 게시판의 색 4) 압력탱크에 설치하는 압력계 및 안전장치
    5) 밸브 없는 통기관의 설치 기준

20. 위험물안전관리법에서 규정한 인화성액체, 산업안전보건법에서 규정한 인화성액체, 인화성가스, 고압가스안전관리법에서 규정한 가연성가스의 정의에 대하여 각각 설명하시오.[123/10]

21. 위험물 안전관리법령상 제조소의 위치·구조 및 설비의 기준에 대한 다음 내용에 대하여 설명하시오.[123/25]
    1) 건축물의 구조
    2) 배출설비
    3) 압력계 및 안전장치

22. 위험물안전관리법령에서 정하는「수소충전설비를 설치한 주유취급소의 특례」상의 기준 중 충전설비와 압축수소의 수입설비(受入設備)에 대하여 설명하시오.[124/10]

23. 위험물안전관리에 관한 세부기준 중 탱크안전성능검사에 대하여 발생할 수 있는 용접부의 구조상 결함의 종류 및 비파괴 시험방법에 대하여 설명하시오.[124/25]

24. 위험물안전관리법령에서 명시한 알코올류에 대하여 다음을 설명하시오.[124/25]
    1) 알코올류의 정의(제외기준 포함)
    2) 알코올류의 종류별 분자구조식, 위험성, 저장·취급방법

25. 유해화학물질의 물질안전보건자료(MSDS) 구성항목과 작성 시 확인사항에 대하여 설명하시오.[126/25]

26. 위험물안전관리법상 인화성액체에 대하여 다음사항을 설명하시오.[126/25]
    1) 품명   2) 지정수량   3) 저장 및 취급방법

27. 위험물안전관리법에서 정하는 제3류 위험물에 대하여 다음 사항을 설명하시오.[127/10]
    1) 성질   2) 위험성   3) 소화방법

28. 「위험물안전관리법」에서 규정하는 인화성액체에 관한 다음 사항을 설명하시오.[129/25]
    1) 인화점 시험방법 및 인화점 측정시험 방법 3가지
    2) 제4류 위험물의 위험등급 분류 및 다른 유별 위험물과의 혼재가능 여부

29. 위험물안전관리에 관한 세부기준에서 규정하고 있는 위험물탱크의 충수·수압시험방법과 판정기준에 대하여 설명하시오.[132/10]

30. NFPA 704의 위험물질 기호체계의 적색-인화성 단계(0~4)와 백색-기타(특정위험)정보를 알리는 코드에 대하여 설명하시오.[133/10]

31. 위험물제조소등과 인근의 건축물 사이의 안전거리를 단축시키기 위해 방화상 유효한담을 설치하고자 할 때, 담의 높이를 산정하는 방법에 대하여 설명하고, 다음 조건을 사용하여 위험물제조소의 방화상 유효한 담의 높이를 구하시오.[133/25]

   〈조 건〉
   ㉠ 제조소의 외벽 높이 : 20m
   ㉡ 제조소와 문화재 사이의 거리 : 30m
   ㉢ 문화재 높이 : 20m
   ㉣ 문화재는 방화구조이고, 제조소등에 면한 부분의 개구부에 방화문이 설치되지 아니한 경우이다.

32. GHS(Globally Harmonized System of Classification and Chemicals)의 개념과 「위험물의 분류 및 표지에 관한 기준」에 따른 화학물질의 건강유해성 종류, 물리적 위험성 중 폭발성 물질과 인화성 액체의 분류 및 신호어를 설명하시오.[133/25]

33. 제5류 위험물의 성질, 품명, 지정수량을 기술하고 유기과산화물의 특성 및 사용 시 주의사항에 대하여 설명하시오.[133/25]

[포소화설비]

1. 위험물제조소등의 소화설비 설치기준에 대하여 다음의 내용을 설명하시오.[117/25]

   〈조 건〉
   - 전기설비의 소화설비
   - 소요단위와 능력단위
   - 소요단위 계산방법
   - 소화설비의 능력단위

2. 프레져 사이드 푸로포셔너(Pressure Side Proportioner)의 설비구성과 혼합원리를 설명하시오.[118/10]

3. 공기포 소화약제의 혼합 방식에 대하여 설명하시오.[121/25]

4. 포소화약제 공기포 혼합장치의 종류별 특징에 대하여 설명하시오.[125/25]

5. 위험물의 옥외 취급시설에 적용되는 고정식 포소화설비의 포방출구를 포모니터노즐(Foam Monitor Nozzle) 방식으로 적용할 경우 다음사항을 설명하시오.[127/10]
   1) 포모니터노즐의 정의
   2) 설치 기준
   3) 수원의 수량

6. 다음과 같은 조건의 소방대상물에 고팽창포 소화설비를 설치하고자 한다. 전체 포생성율(Total Generator Capacity, m³/분)을 계산하고, 전역방출방식의 고발포용 고정포방출구 국내 설치기준을 설명하시오.[127/25]

   〈조 건〉
   ① 건물특성 : 폭 30m, 길이 60m, 높이 8m, 경량강재구조(Light Steel)
               적절한 환기, 모든 개구부의 폐쇄 가능한 벽돌벽체
   ② 소방설비 : 스프링클러(습식)방호, 3m×3m 간격,
               10.2 lpm/m² 살수밀도, 50개 스프링클러헤드 개방
   ③ 가연물질 : 적재높이 6m, 띠 없는 종이롤(Unbanded Rolled Paper Kraft)
   ④ 기타사항 : 침수시간(Submergence Time) 5분
               단위 포파손율(Foam Breakdown) 0.0748 m³/min · L/min
               일반적인 포수축 보상, CN = 1.15
               포누설 보상, CL = 1.2 (닫힌 문 및 배수구 등에 의한 포손실)

7. NFPA 11(포소화설비)에서 포소화설비가 적절하게 설치되었는가를 판단하기 위해 필요한 인수시험(세정 포함), 압력시험, 작동시험, 방출시험 절차에 대하여 각각 설명하시오.[129/25]

8. 옥외 탱크저장소의 포소화설비 설치와 관련하여 다음에 대하여 설명하시오.[131/25]
   1) 위험물 탱크의 구조에 따라 적용하는 고정포방출구의 종류
   2) 고정포방출구의 종류별 정의와 특징

9. 포소화설비에서 팽창비의 측정방법과 고정포방출구에 대하여 설명하시오.[132/25]

10. 포소화설비에 대하여 다음을 설명하시오.[134/25]
    1) 소화원리
    2) 기계포(공기포) 소화약제 종류별 장·단점
    3) 「포소화설비의 화재안전성능기준(NFPC 105)」에서 포 소화약제 저장탱크 설치기준
    4) 「포소화설비의 화재안전성능기준(NFPC 105)」에서 전역방출방식 항공기 격납고의 고발포용 고정포 방출구 방출량

제연공학

[이론 - 연기 유동, 연돌효과, Plug Holing, Smoke-Logging]

1. 연기배출구 설계에 있어 플러그 홀링(Plug Holing) 현상에 대하여 설명하시오.[115/10]

2. 연돌효과를 고려한 계단실 급기가압 제연설비 설계 시 최소 설계차압 적용 위치(층)와 보충량 계산을 위한 문 개방 조건 적용 위치(층)에 대하여 설명하시오.[116/10]

3. 계단실의 상·하부 개구부 면적이 각각 $Aa=0.4m^2$과 $Ab=0.2m^2$, 유량계수 $C=0.7$, 높이(상·하부 개구부 중심간 거리) $H=60\,m$, 계단실 내부 및 외기 온도가 각각 $Ts=20℃$와 $To=-10℃$인 경우 아래 사항에 대하여 답하시오.[116/25]
   1) 중성대 높이 계산식 유도 및 중성대 높이 계산
   2) 상·하부 개구부 중심 위치에서의 차압 계산
   3) 각 개구부의 질량유량 계산
   4) 수직높이에 대한 차압 분포 그림 도시
   5) 개구부의 면적 변화에 대한 중성대의 위치 변화 설명

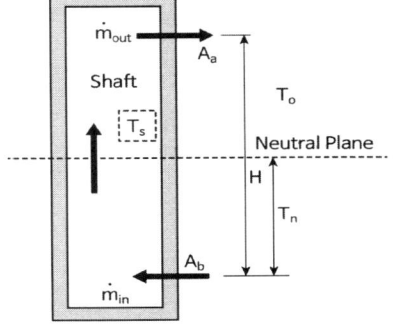

4. 스프링클러 작동시의 스모크 로깅(Smoke-Logging) 현상에 대하여 설명하시오.[118/10]

5. 연기유동에 대한 Network 모델의 유형에 대하여 설명하시오.[120/25]

6. 건축물 화재 시 연기제어 목적, 연기제어 기법 및 연기의 이동형태에 대하여 설명하시오. [120/25]

7. Plug-holing의 발생원인과 방지대책에 대하여 설명하시오.[121/10]

8. 자연배연과 기계배연을 비교하여 설명하시오.[122/10]

9. (초)고층 건축물의 화재 시 연돌효과(Stack Effect)의 발생원인 및 문제점을 기술하고, 연돌효과 방지대책을 소방측면, 건축계획측면, 기계설비측면으로 각각 설명하시오.[122/25]

10. 고층 건축물 화재 시 발생한 연기 또는 유해가스 등 연소생성물이 건축물 내부에서 확산하는 영향 요인에 대하여 설명하시오.[127/25]

11. 공기의 체적유량을 측정하기 위한 노즐이다. 공기의 체적유량을 구하는 공식을 유도하고 아래의 조건에 따른 체적유량을 구하시오.[129/10]

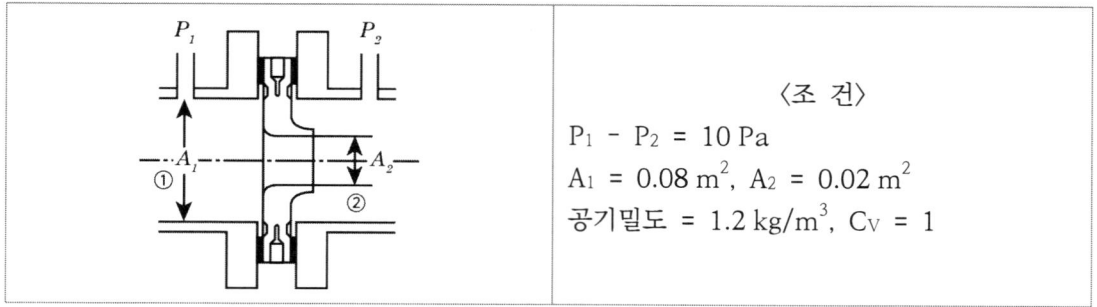

〈조 건〉
$P_1 - P_2 = 10\ Pa$
$A_1 = 0.08\ m^2$, $A_2 = 0.02\ m^2$
공기밀도 = $1.2\ kg/m^3$, $C_V = 1$

12. 엘리베이터 피스톤 효과(Piston Effect)에 대하여 설명하고 피스톤 효과로 발생할 수 있는 압력에 대한 해석과 문제점에 대하여 설명하시오.[131/25]

13. 대규모 화재공간에서 연기이동과 반대방향으로 기류가 공급되는 역기류(Opposed Airflow)에 대하여 설명하시오.[132/25]

14. 중성대의 개념 및 중성대와 연돌효과의 관계에 대하여 설명하고, 아래의 중성대 높이 관계식을 유도하시오.[132/25]

중성대 높이 관계식 : $\dfrac{h_2}{h_1} = \left(\dfrac{A_1}{A_2}\right) \times \dfrac{T_i}{T_o}$

h_1 : 하부로부터 중성대 높이(m) h_2 : 중성대로부터 상부 높이(m)
A_1 : 중성대 하부 개구부 면적(m^2) A_2 : 중성대 상부 개구부 면적(m^2)
T_i : 내부 온도(℃) T_0 : 외부 온도(℃)

15. 화재로부터 방출된 에너지에 의해 연소가스가 팽창하여 압력이 상승한다. 다음 조건에서 압력상승값을 계산하시오.[133/10]

  1) 바닥면적 $100m^2$, 높이가 10m인 화재실의 개구부와 누설 틈새를 포함한 전체 누설 면적이 $5m^2$이다.

  2) 이 공간에서 화재가 발생하여 평균 온도가 대기온도 27℃보다 200K 높게 형성되었고, 온도 상승률이 4(K/s)라고 한다. 단, 유출계수는 10.24이다.

16. 연기를 제어할 수 있는 물리적 메커니즘에 대하여 설명하시오.[134/10]

17. 아트리움 등과 같은 대공간(Large Volume Space)에서 화재가 발생하였을 때, 연결통로(Communicating Space)로 연기가 확산되지 않도록 하기 위한 연기제어 방식을 NFPA 92의 방연풍속(Opposed Airflow) 관점에서 설명하시오.[134/25]

[제연설비의 구성 - 송풍기, 풍도]

1. 송풍기의 System Effect에 대하여 설명하시오.[117/25]

2. 거실제연설비에 대하여 아래 내용을 설명하시오.[119/25]
   1) 배출풍도 및 유입풍도의 설치기준
   2) 상당지름과 종횡비(Aspect ratio)
   3) 종횡비를 제한하는 이유

3. 송풍기의 특성곡선을 설명하고, 직렬운전 및 병렬운전 시 송풍기의 용량이 동일한 경우와 다른 경우를 구분하여 설명하시오.[122/25]

4. 장방형덕트의 종횡비(Aspect Ratio)와 상당지름 환산식에 대하여 설명하시오.[124/10]

5. 금속판으로 설치하는 제연급기풍도에서 다음을 설명하시오.[126/10]
   1) 풍도단면의 긴변 또는 직경의 크기별 강판두께
   2) 풍도내부 청소를 위한 방안

6. 기계 설비인 송풍기와 관련된 내용으로 다음 사항을 설명하시오.[127/25]
   1) 원심송풍기와 축류송풍기의 종류
   2) 송풍기 효율의 종류

7. 층고가 낮은 지하주차장에 장방형 금속제 제연덕트를 설치할 경우 단면형상과 시공방법에 대하여 설명하시오.[129/25]

8. 제연설비에 사용되는 송풍기의 각 풍량제어 방법별 성능곡선 및 특성을 비교 설명하시오.[131/25]

9. 제연구역에 설치하는 배출구는 화재로 발생하는 연기를 제연하기 위해 천장 또는 벽 위에 설치한다. 이와 관련하여 다음을 설명하시오.[134/25]
   1) 배출구 설치 시 주의 사항
   2) 배출구 유지관리
   3) 배출구 설치 위치의 구분

[거실제연]

1. 어떤 구획실의 면적이 24m²이고, 높이가 3m일 때 구획실 내부에서 화원 둘레가 6m인 화재가 발생하였다. 이때 화재 초기의 연기 발생량(kg/s)을 구하고 바닥에서 1.5m 높이까지 연기층이 하강하는 데 걸리는 시간(s)과 연기 배출량(m³/s)을 계산하시오. (단, 연기의 밀도 $\rho_s = 0.4 kg/m^3$이고, 기타 조건은 무시한다.)[119/10]

2. 거실제연설비의 공기유입 및 유입량 관련 화재안전기준을 NFPA92와 비교하고 차이를 설명하시오.[124/25]

3. 거실제연설비 제연댐퍼 제어방식을 일반적으로 4선식(전원2, 동작1, 확인1)으로 설계하는데 4선식의 문제점 및 해결 방안을 설명하시오.[128/25]

[부속실제연]

1. 다음 그림의 조건에서 유효누설면적(AT)을 구하시오.[117/25]

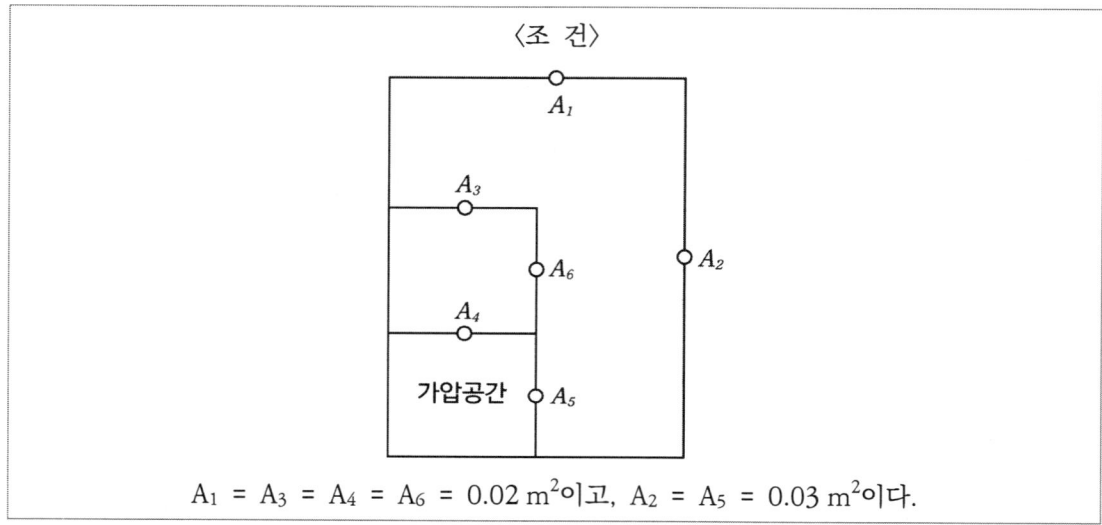

$A_1 = A_3 = A_4 = A_6 = 0.02 \, m^2$이고, $A_2 = A_5 = 0.03 \, m^2$이다.

2. 특별피난계단의 부속실과 비상용승강기의 승강장의 제연설비 설치와 관련하여, 공동주택 지상 1층에는 제연설비를 미적용하는 사례가 있다. 건축법과 소방관계법령의 이원화에 따른 문제점 및 개선방안을 설명하시오.[118/25]

3. 특별피난계단의 계단실 및 부속실 제연설비의 화재안전기준(NFTC 501A)에서 정하는 누설면적 기준 누설량 계산방법과 KS 규격 방화문 누설량 계산방법에 대하여 설명하시오.[119/25]

〈조 건〉
- 제연구역의 실내 쪽으로 열리는 경우(방화문 높이: 2.0 m, 폭: 1.0 m)
- 적용 차압은 50 Pa

4. 특별피난계단의 계단실 및 부속실(비상용승강기 승강장 포함) 제연설비의 국가화재안전기준(NFTC)에 따른 급기의 기준, 외기취입구의 기준, 급기구의 기준, 급기송풍기의 기준에 대하여 설명하시오.[120/25]

5. 특정소방대상물에 스프링클러설비가 설치되지 않는 경우, NFTC 501A에 의한 부속실 제연설비의 최소 차압은 40 Pa 이상으로 정하고 있으나, NFPA 92의 경우는 천장 높이에 따라 최소(설계)차압의 기준이 다르게 적용된다. 천장 높이가 4.6m일 때를 기준으로 하여 NFPA 92에 따른 차압 선정의 이론적 배경을 설명하시오.[121/25]

6. 제연시스템에 적용하고 있는 기술기준에 따른 방화댐퍼, 플랩댐퍼, 자동차압조절댐퍼 및 배출댐퍼에 대하여 작동 및 성능기준에 대하여 각각 설명하시오.[123/10]

7. 최근 고층 건축물이 많아지면서 내부 화재 시 연기에 대한 자해도 증가 추세이다. 소방 감리자가 건축물의 준공을 앞두고 확인해야 할 사항 중 특별피난계단의 계단실 및 부속실 제연설비의 기능과 성능을 시험하고 조정하여 균형이 이루어지도록 하는 과정에 대하여 설명하시오.[123/10]

8. 건축법령상 특별피난계단의 구조와 특별피난계단 부속실의 배연설비 구조에 대하여 설명하시오.[123/25]

9. 부속실 제연설비에 대하여 다음 사항을 설명하시오.[125/25]
   1) 국내 화재안전기준(NFTC 501A)과 NFPA 92A 기준 비교
   2) 부속실 제연설비의 문제점 및 개선방안

10. 소방설비에서 적용하고 있는 TAB(Testing, Adjusting, Balancing)에 대하여 다음사항을 설명하시오.[126/25]
    1) 적용 대상   2) 절차 및 내용(제연설비 중심)   3) 기대효과

11. 화재실에서 발생한 연기가 거실에서 특별피난계단 부속실로 유입되는 것을 방지하기 위하여 부속실에 55Pa의 압력을 가하려고 한다. 다음 조건을 참고하여 설명하시오.[127/25]

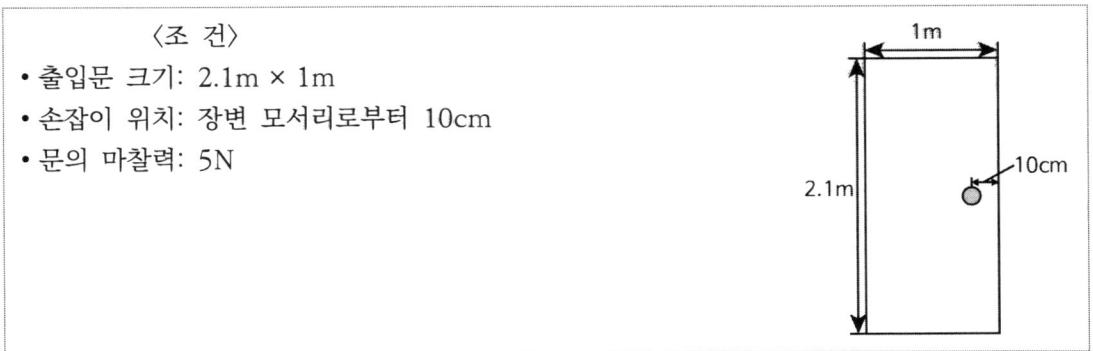

    1) 국내 화재안전기준을 적용하여 부속실과 거실 사이 출입문의 자동폐쇄장치가 허용하는 힘(N)
    2) 동일조건에서 자동폐쇄장치의 폐쇄력이 45N인 제품을 사용할 경우 부속실의 압력 한계(Pa)

12. 아래와 같은 병렬 및 직렬 누설 틈새 식을 유도하시오.[130/25]
    1) 병렬 누설 틈새 식 : $A_t = A_1 + A_2 + \cdots + A_N$
    2) 직렬 누설 틈새 식 : $\dfrac{1}{A_t^n} = \dfrac{1}{A_1^n} + \dfrac{1}{A_2^n} + \cdots + \dfrac{1}{A_N^n}$

13. 「특별피난계단의 계단실 및 부속실 제연설비의 화재안전기술기준(NFTC 501A)에서 다음에 대하여 설명하시오.[133/25]
    1) 제연구역의 선정
    2) 유입공기 배출방식의 종류
    2) 외기취입구 설치기준
    4) 제어반의 기능

14. 지상 29층 지하 2층 공동주택 건설 현장에서 준공단계 검사과정의 부속실 제연TAB 업무가 진행되고 있다. 다음을 설명하시오.[134/25]
    1) 차압측정
    2) 방연풍속측정
    3) 비개방층 차압측정
    4) 폐쇄력측정

[간접성능평가 - Hot Smoke]

1. 제연설비의 성능평가 방법 중 Hot Smoke Test의 목적 및 절차, 방법에 대하여 설명하시오.[117/25]

2. 대규모 건축물의 지하주차장 화재 시 공간특성 및 환기설비를 이용한 연기제어 방안과 연기특성을 고려한 성능평가 시험에 대하여 설명하시오.[123/25]

3. 포그머신 등을 이용하여 Hot Smoke Test를 실시하려 한다. Hot Smoke Test 절차도 작성, Hot Smoke 발생에 필요한 장비의 구성, Hot Smoke Test로 얻을 수 있는 효과에 대하여 설명하시오.[130/25]

[기타]

1. 건축물 배연창의 설치대상, 배연창의 설치기준, 배연창 유효면적 산정기준(미서기창, Pivot 종축창 및 횡축창, 들창)에 대하여 설명하시오.[116/25]

2. 도로터널의 화재안전기준 중 다음 소방시설의 설치기준에 대하여 설명하시오.[124/25]
    1) 비상경보설비와 비상조명등
    2) 제연설비
    3) 연결송수관 설비

3. 터널화재에서 백레이어링(Back Layering)현상과 영향인자 및 대책을 설명하시오.[128/25]

가스계소화설비

[기본원리 및 공통사항]

1. 그레이엄(Graham)의 확산법칙을 설명하고, 표준상태에서 수소가 산소보다 몇 배 빨리 확산하는지를 구하시오.[115/10]

2. 액체 상태로 보관하는 가스계소화약제의 약제량을 확인하는 4가지 방법에 대하여 설명하시오.[117/25]

3. 전역방출방식 가스계소화설비의 신뢰성을 확보하기 위하여 실시하는 Enclosure Integrity Test의 종류와 수행절차에 대하여 설명하시오.[121/25]

4. 이상기체 운동론의 5가지 가정과 보일(Boyle)의 법칙, 샤를(Charles)의 법칙, 게이뤼삭(Gay-Lussac)의 법칙에 대하여 설명하시오.[122/10]

5. 가스계 소화설비 설계프로그램의 유효성 확인을 위한 방출시험기준(방출시간, 방출압력, 방출량, 소화약제 도달 및 방출종료시간)에 대하여 설명하시오.[125/10]

6. 가스계소화설비에 적용하는 피스톤 릴리즈 댐퍼(PRD : Piston Release Damper)의 문제점 및 개선방안을 설명하시오[126/10]

7. 가스계소화설비 설치장소의 누출부에 대한 방호구역 밀폐도(기밀성) 시험에 대하여 다음사항을 설명하시오.[126/25]
   1) 기본원리
   2) 시험절차
   3) 기대효과

8. 가스계소화설비 작동시 방호구역이 설계농도(Design Concentration)까지 도달하는 과정에서 발생되는 시간지연(Time Delay) 요소에 대하여 설명하시오.[127/25]

9. 가스계소화설비에서 설계농도 유지시간(Soaking Time)에 영향을 주는 요소 및 방호구역 밀폐시험에 대하여 설명하시오.[128/25]

10. 다음 사항에 대하여 설명하시오.[129/25]
    1) 푸리에(Fourier)의 열전도법칙, 뉴턴(Newton)의 냉각법칙
    2) 기체분자운동론의 가정 5가지, 그레이엄(Graham)의 확산법칙

11. 가스계소화설비와 관련하여 NFPA 2001에서 규정하고 있는 시간지연(Time Delays) 및 차단 스위치(Disconnect Switch)에 대하여 설명하시오.[132/25]

12. 「가스계소화설비의 설계프로그램 성능인증 및 제품검사의 기술기준」에서 요구하고 있는 설계프로그램의 유효성확인에 대하여 설명하시오.[133/25]

13. 가스계소화설비의 설계농도유지시간 확보를 위한 사항에 대하여 다음을 설명하시오.
    [134/25]
    1) 가스계소화약제 방호구역의 설계농도유지시간 확보방법(3가지)
    2) 소화약제 방출 시 방호구역의 설비운영(연동)방법
    3) 설계농도유지시간에 영향을 미치는 요소를 하강모드(Descending Interface Mode)와 혼합모드(Continuous Mixing Mode)로 비교하여 설명

[이산화탄소 소화설비]

1. NFPA 12에서 정하는 이산화탄소소화설비의 적응성, 비적응성 및 나트륨(Na)과 CO_2의 반응식을 설명하시오.[117/10]

2. NFPA 12에서 제시한 이산화탄소소화설비의 소화약제 방출과 관련한 "자유유출(Free Efflux)"에 대하여 설명하고 이산화탄소 소화약제 방출 후 "자유유출(Free Efflux)"조건에서의 방호구역의 단위체적당 약제량(kg/m^3), 방출후 농도(Vol %) 및 비체적(m^3/kg)과의 관계식을 유도하시오. (단, 방호구역 단위체적당 약제량은 F, 방출후 농도를 C, 비체적은 S로 표시한다.)[117/25]

3. 이산화탄소 소화설비의 소화약제 저장용기 등의 설치장소에 관한 기준을 서술하고 각 항목마다 근거를 설명하시오.[120/25]

4. 이산화탄소소화설비 호스릴방식의 설치장소 및 설치기준에 대하여 설명하시오.[122/25]

5. 이산화탄소소화설비에 대하여 다음 사항을 설명하시오.[123/25]
    1) 배관의 구경 산정 기준(이산화탄소의 소요량이 시간 내에 방사될 수 있는 것)
    2) 방출시간(가스계소화설비 설계프로그램의 성능인증 및 제품검사의 기술기준)
    3) 배출설비
    4) 과압배출구(Pressure vent) 소요면적(m^2) 산출(식) 및 작동성능시험

6. 이산화탄소 소화설비를 전역방출방식으로 설치하려고 한다. 다음 조건을 참조하여 각 물음에 답하시오.[123/25]

    〈조 건〉
    기압 : 1atm, 온도 : 10℃, 설계농도 : 65%, 체적 : $400m^3$
    용도 : 목재가공품창고, 이산화탄소 저장용기 : 45kg 고압용기
    개구부는 화재 시 자동 폐쇄된다. 소화약제 방출시간을 설계농도 도달시간으로 가정한다. 기타 다른 조건은 무시한다.

    1) 자유유출(Free Efflux) 상태에서 목재가공품 창고의 소화에 필요한 소화약제량을 구하시오.

2) 필요한 이산화탄소 저장용기 수량과 저장하는 소화약제량을 구하시오.
3) 소화약제 방출시간을 구하시오.

7. 이산화탄소 소화약제의 심부화재와 표면화재에 대한 선형상수값을 각각 구하시오.[125/10]

8. 이산화탄소소화설비 가스압력식의 작동순서에 대하여 설명하시오.[126/10]

9. 이산화탄소 소화설비가 최적의 상태로 운전될 수 있는지 여부를 확인하기 위한 성능시험 시
   1) 저장용기
   2) 기동장치
   3) 선택밸브
   4) 감지기 점검사항에 대하여 설명하시오.[130/25]

10. 저압식 이산화탄소소화설비에서 Vapor Delay Time을 구하는 계산식을 제시하고 이에 영향을 주는 인자에 대하여 설명하시오.[131/10]

11. 가연물이 연소할 때 탄소의 연소과정에서 이산화탄소가 발생한다. 그런데 이산화탄소는 소화약제이기도 하다. 다음 물음에 대하여 설명하시오.[134/25]
    1) 연소에서 탄소와 이산화탄소의 화학적 반응단계
    2) 이산화탄소의 상태도
    3) 이산화탄소 소화설비의 오방출을 방지하기 위한 안전대책
    4) 이산화탄소 소화설비 주의점

[청정소화설비 - 할로겐화합물 및 불활성기체소화설비]

1. 청정소화약제소화설비의 화재안전기준(NFTC 107A)에 규정된 방사시간의 정의, 기준 및 방사시간 제한에 대하여 설명하시오.[115/25]

2. 청정소화약제소화설비에서 다음 항목에 대한 설계·시공 상의 문제점을 설명하시오.[115/25]
   1) 방호공간의 기밀도   2) 방호대상공간의 압력배출구   3) 가스집합관의 안전밸
   4) 가스배관의 접합   5) PRD 시스템

3. 청정소화약제의 인체에 대한 유해성을 나타내는 LOAEL, NOAEL, NEL을 설명하시오.[118/10]

4. 할로겐화합물 및 불활성기체소화설비의 배관 압력등급을 선정하는 방법에 대하여 설명하시오.[119/10]

5. 할로겐화합물 및 불활성기체소화설비 구성요소 중 저장용기의 설치장소 기준과 할로겐화합물 및 불활성기체 소화약제의 구비조건을 설명하시오.[122/10]

6. 할로겐화합물 및 불활성기체소화설비 배관의 두께 계산식에 대하여 설명하시오.[125/25]

7. 할로겐화합물 소화약제 소화설비에서 방사시간을 제한하는 주된 이유와 방사시간 결정요인을 설명하시오.[128/10]
8. 할로겐화합물 및 불활성기체소화설비와 관련하여 NFPA 2001에서 제시한 다음 사항에 대하여 설명하시오.[131/25]
   1) 소화약제의 인체노출 제한 기준
   2) 안전 요구사항

수계소화설비

[소방유체]

1. 물이 이산화탄소보다 끓는점과 녹는점이 높은 이유를 화학결합이론으로 설명하시오.[115/10]
2. Newton의 운동법칙과 점성법칙에 대하여 설명하시오.[117/10]
3. 차압식 유량계의 유속측정 원리에 대하여 식을 유도하고 설명하시오.[118/25]
4. 펌프의 비속도 및 상사법칙에 대하여 설명하시오.[119/10]
5. 소화펌프에서 발생할 수 있는 공동현상(Cavitation)의 발생원인, 판정방법 및 방지대책에 대하여 설명하시오.[120/25]
6. Hagen-Poiseuille식과 Darcy-Weisbach식을 이용하여 층류흐름의 마찰계수를 유도하시오.[121/10]
7. 유체에서 전단력(Shearing Force)과 응력(Stress)에 대하여 설명하시오.[122/10]
8. 소화배관에서 수격(Water Hammer) 현상 시 발생하는 충격파의 특징 및 방지대책에 대하여 설명하시오.[122/25]
9. 절대압력과 게이지압력의 관계에 대하여 설명하고, 진공압이 500mmHg일 때 절대압력(P_a)을 계산하시오. (단, 대기압은 760mmHg이다.)[125/10]
10. $Q = 0.6597 \times d^2 \times \sqrt{p}$을 유도하고, 옥내소화전과 스프링클러설비의 K-factor에 대하여 설명하시오.[125/25]
11. 유체가 오리피스(Orifice)를 통과할 때 발생하는 Vena Contracta에 대하여 설명하시오.[126/10]
12. 유체흐름을 나타내는 방법 중 라그랑제(Lagrange)방법에 대하여 설명하시오.[128/10]

13. 스프링클러헤드에서 방출속도와 화재플럼(Fire Plume) 상승속도의 관계를 설명하시오. [128/25]

14. 원심펌프 운전 시 발생할 수 있는 공동현상, 수격작용, 맥동현상, Air Binding에 대하여 각각의 문제점과 방지대책을 설명하시오.[128/25]

15. 옥내소화전설비 노즐 선단에서 피토게이지(pitot gage)를 이용하여 측정한 압력을 p라 할 때, 유량 계산식($Q = 0.653 \times d^2 \times \sqrt{10p}$ [L/min])을 유도하시오.[129/10]

16. 대기압이 753mmHg일 때 진공도 90%의 절대압력은 몇 MPa인지 계산하여 설명하시오.[131/10]

17. 사이폰관(Siphon Tube)에 대하여 다음을 설명하시오.[134/25]
    1) 유출속도 v_2를 유도하시오.
    2) 다음의 조건에서 사이폰관의 최대유량을 산출하시오.

    〈조 건〉
    ㉠ 사이폰관의 안지름 D는 10[cm], z_A는 5[m], z_1는 3[m]
    ㉡ 대기압 Pa는 1.03 [kgf/cm²], 물의 포화증기압은 0.15 [kgf/cm²]
    ㉢ 물의 비중량 γ는 1000 [kgf/m³], 중력 가속도 g는 9.8 [m/s²]
    ㉣ 관로의 손실은 무시함
    ㉤ 소수점 둘째자리까지 계산

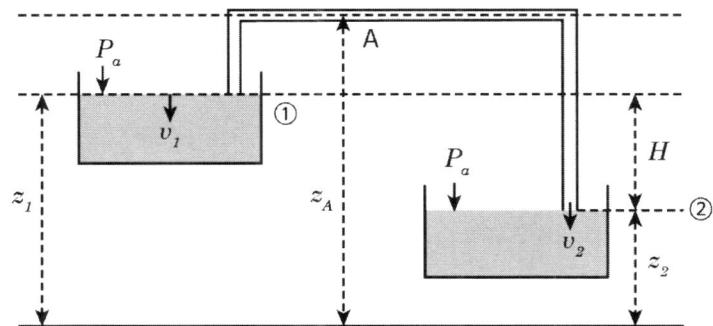

[소화설비의 구성 - 수원, 가압송수장치, 배관, 기동용수압개폐장치, 물올림장치, 밸브, 수리계산 등]

1. NFPA 25에서 소방펌프 유지관리 시험 시 디젤 펌프를 최소 30분 동안 구동하는 이유에 대하여 설명하시오.[115/10]

2. 스프링클러소화설비에서 템퍼스위치(Tamper Switch)의 설치목적 및 설치기준, 설치위치에 대하여 설명하시오.[117/10]

3. 스프링클러설비 수리계산 절차 중 다음 내용에 대하여 설명하시오.[117/25]

   〈조 건〉
   - 상당길이(Equivalent Length)
   - 조도계수(C-factor)
   - 마찰손실 계산 시 등가길이 반영 방법

4. NFPA 13에서 정하는 스프링클러설비 연결송수구의 배관 연결방식을 도시하여 설명하고 국내 기준과 비교하시오.[117/25]

5. 스프링클러 급수배관은 수리계산에 의하거나 아래의 "스프링클러헤드 수별 급수관의 구경"에 따라 선정하여야 한다. "스프링클러헤드 수별 급수관의 구경"의 (주) 사항 5가지를 열거하고 스프링클러헤드를 가, 나, 다 각 란의 유형별로 한쪽의 가지배관에 설치할 수 있는 최대의 개수를 그림으로 설명하시오. (단, "가"란은 상향식설치 및 상·하향식설치 2가지 유형으로 표기하고, 관경 표기는 필수이다.)[118/25]

〈 스프링클러헤드 수별 급수관의 구경 〉

단위(mm)

구분\급수관의 구경	25	32	40	50	65	80	90	100	125	150
가	2	3	5	10	30	60	80	100	160	161 이상
나	2	4	7	15	30	60	65	100	160	161 이상
다	1	2	5	8	15	27	40	55	90	91 이상

6. 소화배관의 기밀시험 방법 중 국내 수압시험 기준과 NFPA 13의 수압시험 및 기압 시험에 대하여 설명하시오.[119/25]

7. 수계시스템에서 배관경 산정방법인 규약배관방식(Pipe Schedule Method)과 수리계산방식(Hydraulic Calculation Method)을 비교 설명하시오.[119/25]

8. NFPA 20에 따라 소방펌프 및 충압펌프 기동·정지압력을 세팅하려고 한다. 아래 내용에 대하여 설명하시오.[119/25]
   1) 소방펌프 및 충압펌프 기동·정지압력 설정 기준
   2) 소방펌프의 최소운전시간
   3) 소방펌프의 운전범위
   4) 소방펌프(전동기 구동 1대, 디젤엔진 구동 2대) 및 충압펌프의 정격압력은 150 psi, 체절압력은 165 psi이다. 현재 정격압력 기준 자동기동, 자동정지로 세팅된 상태를 체절압력 기준 자동기동, 수동 정지 상태로 변경하려고 한다. 소방펌프 및 충압펌프의 기동·정지 압력 세팅값을 계산하시오. (단, 최소 정적 급수압력은 50 psi으로 한다.)
   5) 계통 신뢰성 향상을 위한 고려사항

9. 소화펌프 성능시험방법 중 무부하운전, 정격부하운전, 최대부하운전에 대한 작동시험방법 및 시험 시 주의사항에 대하여 설명하시오.[120/25]

10. 습식 및 건식 스프링클러설비의 시험장치를 기술하고, NFPA 13과 비교하여 개선방안에 대하여 설명하시오.[120/25]

11. 소방청 및 한국소방시설협회에서 발표한 소방공사 표준시방서에 명기된 소방설비별 배관 적용을 옥내(실내, 입상, 수평), 옥외(공동구, 매설) 및 설비별로 구분하여 설명하고, 사용압력이 1.2 MPa 이상과 미만일 경우 배관재질의 적용에 대하여 설명하시오.[120/25]

12. 소화설비용 충압펌프가 빈번하게 작동하는 주요 원인과 대책을 설명하시오.[121/10]

13. 수계 배관에서 돌연확대 및 돌연축소 되는 관로에서의 부차적 손실계수(k)가 돌연확대는 $k = [1 - (\frac{D_1}{D_2})^2]^2$, 돌연축소는 $k = (\frac{A_2}{A_0} - 1)^2$임을 증명하시오.[121/25]

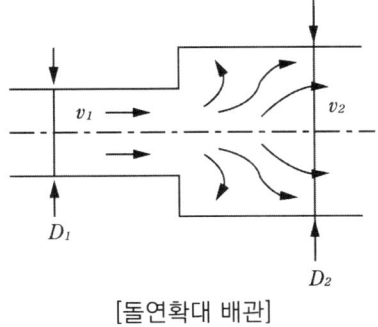

[돌연확대 배관]

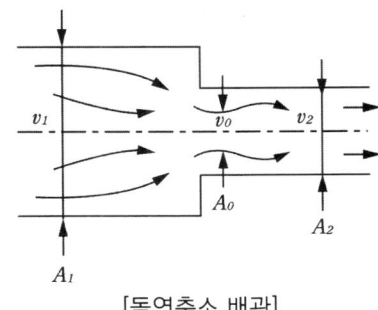

[돌연축소 배관]

14. 소방설비 배관 및 부속설비의 동파를 방지하기 위한 보온방법에 대하여 설명하시오.[122/10]

15. 옥내소화전설비에서 압력 챔버(Chamber) 설치기준과 역할에 대하여 설명하시오.[122/10]

16. 소방설비의 배관에서 사용하는 게이트(Gate)밸브·글로브(Globe)밸브·체크(Check)밸브의 특징에 대하여 설명하시오.[122/25]

17. 소화배관의 과압발생 시 감압방법의 종류와 각각의 특징에 대하여 설명하시오.[122/25]

18. 소방펌프 유지관리 시험 시 다음 사항에 대하여 설명하시오.[123/25]
    1) 체절운전(무부하 운전) 시험방법
    2) NFPA 25에서 전기모터 펌프는 최소 10분 동안 구동하는 이유
    3) NFPA 25에서 디젤 펌프는 최소 30분 동안 구동하는 이유

19. 옥내소화전 펌프 토출측 주배관의 유속을 4m/s 이하로 제한하는 이유에 대하여 설명하시오.[126/10]

20. 스프링클러설비의 배관경 설계에 적용하는 살수밀도-방호구역 면적 그래프에 대하여 설명하시오.[126/10]

21. 유체(물)가 흐르는 배관에서 발생하는 부차적 손실(Minor Loss)에 대하여 설명하시오.[126/10]

22. 강관의 부식 및 방식원리에서 많이 활용하고 있는 포베 도표(Pourbaix Diagram)에 대하여 다음을 설명하시오.[126/25]
    1) 철(Fe)의 pH-전위도표 작도   2) 부식역
    3) 부동태역   4) 불활성역

23. 한국산업표준(KS A 0503 배관계의 식별표시)에 의한 소화배관 표시방법에 대하여 설명하시오.[126/25]

24. 소방용 배관을 옥외 지중 매립 시공 시 고려사항에 대하여 설명하시오.[127/10]

25. 소화수 가압송수장치로 적용되는 원심펌프(Centrifugal Pump)의 일반적인 성능곡선도(Performance Curve)를 ① 유량 : 토출양정(m), ② 유량 : 펌프효율(%), ③ 유량 : 소요동력(kW)으로 구분하여 그래프를 작성하고, 다음 항목을 설명하시오.[127/25]
    1) 체절운전점/정격운전점/150% 유량 운전점
    2) 유량 : 펌프효율(%) 곡선의 특성
    3) 유량 : 소요동력(kW) 곡선의 특성
    4) 최소유량(Minimum Flow)

26. 부차적 손실(Minor Loss)의 정량적 표현방법 3가지를 설명하시오.[128/10]

27. 원형관에서 유체의 유동으로 발생하는 손실(loss in pipe flow)에 관한 다음 사항을 설명하시오.[129/25]
    1) 달시 - 바이스바하(Darcy-Weisbach) 식
    2) 하젠 - 윌리엄스(Hazen-Williams) 실험식
    3) 돌연 확대·축소관에서의 손실수두식

28. 초고층건축물에서 고가수조방식의 가압송수장치를 적용할 경우 저층부의 과압발생문제를 해결할 수 있는 방안을 제시하시오.[129/25]

29. 수조가 펌프보다 낮게 설치된 경우 펌프 흡입측 배관의 구성 및 설치 시 유의사항에 대하여 설명하시오.[129/25]

30. 분기배관, 확관형분기배관, 비확관형분기배관의 정의와 분기배관 명판에 표시하여야 하는 사항을 설명하시오.[130/10]

31. 다음 소방설비에 대하여 설명하시오.[130/25]
    1) 하향식피난구 성능기준
    2) 교차회로방식과 송배전방식
    3) 대형소화기의 소화약제량(물, 강화액, 할로겐화합물, 이산화탄소, 분말, 포소화기)
    4) 고가수조, 압력수조, 가압수조
    5) 미분무 정의와 사용압력에 따른 미분무소화설비 분류

32. 무디선도(Moody diagram)의 개념을 설명하고 이를 이용한 미분무소화설비 배관의 마찰손실 계산에 대하여 설명하시오.[131/10]

33. 스프링클러설비의 수리계산 절차 및 방법에 대하여 설명하시오.[131/25]

34. 수계소화설비의 배관 저항곡선에 대하여 설명하시오.[132/10]

35. 수계소화배관과 관련하여 국내와 NFPA 수압시험방법에 대하여 설명하시오.[132/25]

36. 수계소화설비에 대하여 다음 사항을 설명하시오.[132/25]
    1) 고가수조방식, 압력수조방식, 펌프방식, 가압수조방식
    2) 고가수조와 옥상수조의 차이점

37. 소방용 배관 중 분기배관에 대하여 설명하시오.[133/10]
    1) 분기배관의 정의
    2) 분기배관의 연결방법

38. 소방용합성수지(CPVC)배관에 대하여 다음을 설명하시오.[133/25]
    1) 사용이유, 적용 가능한 소화설비
    2) 소방용합성수지(CPVC)배관의 특징
    3) 소방용합성수지(CPVC)배관 시공 시 주의사항
    4) 「스프링클러설비의 화재안전기술기준(NFTC 103)」에서 정하고 있는 설치 가능한 장소

39. 소방설비의 수계소화설비등에 적용되는 감압방식에 대하여 다음을 설명하시오.[133/25]
    1) 감압이 필요한 이유
    2) 감압방식의 종류 및 특징

3) 감압방식 중 일반적으로 많이 사용하는 방식의 경우 설치 방법
　　4) 「소방시설 등 성능위주설계 평가운영 표준가이드라인」에서 소방용 감압밸브의 성능시험 3가지

40. 습식유수검지장치 또는 건식유수검지장치를 사용하는 스프링클러설비의 유수검지장치를 시험할 수 있는 시험장치에 대하여 설명하시오.[134/10]

41. NFPA 25의 소방펌프 체절운전 점검주기 및 최소운전시간 구동 이유에 대하여 설명하시오.[134/10]

42. 수계시스템의 규약배관방식(Pipe Schedule Method)과 수리계산방식(Hydraulic Calculation Method)을 비교 설명하시오.[134/25]

[수계소화설비 - 스프링클러, ESFR, 물분무, 미분무, 소화전, 연결송수관, 드렌처설비, 헤드 등]

1. 스프링클러헤드의 로지먼트(Lodgement)현상에 대하여 설명하시오.[115/10]

2. 스프링클러설비와 미분무소화설비의 소화메커니즘, 소화특성, 용도 및 주된 소화효과를 비교하여 설명하시오.[115/25]

3. NFTC 103에서 천장과 반자 사이의 거리 및 재료에 따른 스프링클러헤드의 설치제외 기준을 설명하고, 천장과 반자 사이 공간의 안전성 확보를 위해 확인해야 할 사항을 설명하시오.[115/25]

4. B급 화재위험성이 있는 특정소방대상물에 미분무소화설비를 적용하고자 할 때 고려되어야 할 변수들을 2차원과 3차원 화재로 각각 분류하여 기술하시오.[116/10]

5. 건식스프링클러설비의 건식밸브(Dry Valve) 작동·복구 시 초기주입수(Priming Water)의 주입 목적에 대하여 설명하시오.[116/10]

6. 물분무소화설비(Water Spray System)의 작동·분무 시 물입자의 동(動)적 특성 및 소화메커니즘(Mechanism)에 대하여 설명하시오.[116/10]

7. 국내 전력구에 설치되고 있는 강화액 자동식소화설비에 관하여 아래의 사항에 대하여 설명하시오. [116/25]
　　1) 강화액 소화설비의 작동원리
　　2) 강화액 소화설비의 구성과 소화효과
　　3) 기존 소화설비(수계, 가스계)와 성능 비교

8. 단일 구획에 설치된 스프링클러소화설비의 헤드 열적 반응과 살수 냉각 효과를 조사하기 위하여 Zone 모델(FAST) 화재프로그램을 사용하여 아래와 같이 5가지 화재시나리오에 대하여 화재시뮬레이션을 각각 수행할 경우 화재시뮬레이션 결과의 열방출률 - 시간 곡선의 그림을 도시하고 헤드의 소화성능을 반응시간지수(RTI) 값과 살수밀도 ρ 값을 고려하여 비교·설명하시오. (단, 구획 크기는 4 m × 4 m × 3 m, 화재성장계수 α=medium(=0.012 kW/s^2), 최대 열방출률 Q_{max}=1055 kW이고, 쇠퇴기는 성장기와 같다. 화재시뮬레이션 결과 시나리오 2(S2)의 경우 헤드작동시간 ta=135 s, 화재진압시간 t=700 s이다.)[116/25]

시나리오	반응시간지수 RTI[(m·s)$^{1/2}$]	살수밀도 ρ[m^3/s·m^2]	헤드작동온도 Ta[℃]
S1	No sprinkler	No sprinkler	No sprinkler
S2	100	0.0001017	74
S3	260	0.0001017	74
S4	50	0.0002033	74
S5	100	0.0002033	74

9. 다음 조건을 고려하여 화재조기진압용 스프링클러설비 수원의 양을 구하시오.[117/10]

〈조 건〉
- 랙(Rack)창고의 높이는 12m이며 최상단 물품높이는 10m이다.
- ESFR 헤드의 K factor는 320이고 하향식으로 천장에 60개가 설치되어 있다.
- 옥상수조의 양 및 제시되지 않은 조건은 무시한다.

10. 스프링클러설비 건식밸브의 Water Columning 현상에 대하여 설명하시오.[117/10]

11. 스프링클러헤드의 균일한 살수밀도를 저해하는 3가지(Cold soldering, Skipping, Pipe shadow effect)의 원인 및 대책에 대하여 설명하시오.[117/25]

12. 호스릴 소화전의 도입배경과 설치기준 및 호스릴 소화전의 특징·문제점에 대하여 설명하시오.[118/25]

13. 에너지저장시스템(ESS : Energy Storage System)의 안전관리상 주요확인 사항과 리튬이온 ESS의 적응성 소화설비에 대하여 설명하시오.[118/25]

14. 건식유수검지장치의 작동 시 방수지연에 대하여 설명하시오.[118/25]

15. 스프링클러의 작동시간 예측에 있어 감열체의 대류와 전도에 대하여 열평형식을 이용하여 설명하시오.[119/25]

16. 옥외에 설치된 유입변압기 화재방호를 위해 설계된 물분무소화설비의 배수설비 용량(m^3)을 NFPA 15에 따라 아래 조건을 이용하여 계산하시오.[119/25]

> 〈조 건〉
> - 단일저장용기에 저장된 절연유 최대 용량 : $50m^3$, 절연유 비중 : 0.83
> - 변압기 윗면 표면적 : $35m^2$, 변압기 외형 둘레 길이 : 32m, 변압기 높이 : 4.5m
> - Conservator Tank 지름 및 길이 : 1.2m, 5.2m
> - 소화수 방출시간 : 30분
> - 변압기 설치 지역의 비흡수지반 면적 : $16.5m^2$

(단, 배수설비 용량 산정 시 빗물 및 공정액체 또는 냉각수가 배수설비로 보내지는 정상적인 방출유량은 제외한다.)

17. ESFR 스프링클러헤드는 표준형 스프링클러헤드보다 화재초기에 작동하여 화재를 조기 진압한다. 이를 결정하는 3가지 특성요소에 대하여 설명하시오.[120/25]

18. 국가화재안전기준에서 정하는 화재조기진압용 스프링클러의 설치제외와 물분무헤드의 설치제외에 대하여 설명하시오.[121/10]

19. 스프링클러헤드를 감지특성에 따라 분류하고 방사특성에 대하여 설명하시오.[121/25]

20. 스프링클러헤드의 RTI (Response Time Index)와 헤드 감도시험방법에 대하여 설명하시오.[122/10]

21. 미분무소화설비에서 발생할 수 있는 클로깅(Clogging) 현상과 이 현상을 방지할 수 있는 방법에 대하여 설명하시오.[122/10]

22. ESFR(Early Suppression Fast Response) 헤드 설치장소의 구조기준 및 헤드의 특징에 대하여 설명하시오.[122/25]

23. 최근 에너지저장장치(ESS : Energy Storage System)를 활용한 전기저장시설의 화재가 빈발하여 화재사고 예방 및 피해 확산 방지를 위해 전기저장시설의 화재안전기준제정(안)이 예고되었다. 이에 따른 스프링클러설비 및 배출설비 설계 시 고려사항에 대하여 설명하시오.[123/10]

24. 특수제어 모드용(CMSA:Control Mode Specific Application) 스프링클러의 개요, 특성과 장·단점에 대하여 설명하고 표준형/ESFR 스프링클러와 비교하시오.[123/25]

25. 미분무소화설비의 설계도서 작성 시 고려사항에 대하여 설명하시오.[124/10]

26. 연결송수관설비의 방수구 설치기준을 설명하시오.[124/10]

27. 방화지구 내 건축물에 설치하는 드렌처설비의 설치대상, 수원의 저수량, 가압송수장치, 작동방식에 대하여 설명하시오.[124/25]

28. 도로터널의 화재안전기준 중 다음 소방시설의 설치기준에 대하여 설명하시오.[124/25]
    1) 비상경보설비와 비상조명등
    2) 제연설비
    3) 연결송수관 설비

29. 화재조기진압용 스프링클러설비에 대하여 다음 사항을 설명하시오.[125/25]
    1) 화재감지특성과 방사특성
    2) 설치기준 및 설치 시 주의사항

30. 건식유수검지장치에 대하여 다음 사항을 설명하시오.[125/25]
    1) 작동원리
    2) 시간지연
    3) 시간지연을 개선하기 위한 NFPA 제한사항

31. 물분무소화설비와 관련하여 다음 사항에 대하여 설명하시오.[125/25]
    1) 소화원리
    2) 적응 및 비적응장소
    3) NFTC 104에 따른 수원의 저수량 기준
    4) NFTC 104에 따른 헤드와 고압기기의 이격거리

32. NFPA 25 수계소화설비의 점검, 시험 및 유지관리에서 대상 설비별로 다음사항을 설명하시오.[126/25]
    1) 시험 및 검사 종류   2) 주기
    3) 목적   4) 시험방법

33. 물분무소화설비의 적용 장소와 소화원리에 대하여 설명하시오.[127/10]

34. 물소화약제를 미립자로 방사하는 경우 사용목적과 적용대상을 설명하시오.[128/10]

35. 스프링클러설비, 물분무설비, 미분무설비의 특징을 설명하고, 주된 소화효과 및 적응성을 비교하여 설명하시오.[128/25]

36. 다음 조건에 따른 스프링클러헤드의 RTI 값을 구하고, 해당 헤드가 공동주택의 거실에 설치 가능여부를 판단하시오.[129/10]

    〈조 건〉
    - 평균 작동온도 72℃, 주위온도 20℃, 열기류온도 141℃
    - 열기류 속도 1.85m/s, 헤드 작동시간 40초

37. 스프링클러설비의 화재안전성능기준에서 공동주택의 스프링클러헤드 수평거리 3.2 m이 하를 「스프링클러헤드의 형식승인 및 제품검사의 기술기준」의 유효반경으로 적용하도록 규정하고 있다. 수평거리 3.2 m를 적용한 경우와 2.6 m를 적용한 경우의 살수밀도를 계산하고, NFPA에서 규정하는 등급을 고려하여 적정성 여부를 설명하시오.[129/25]

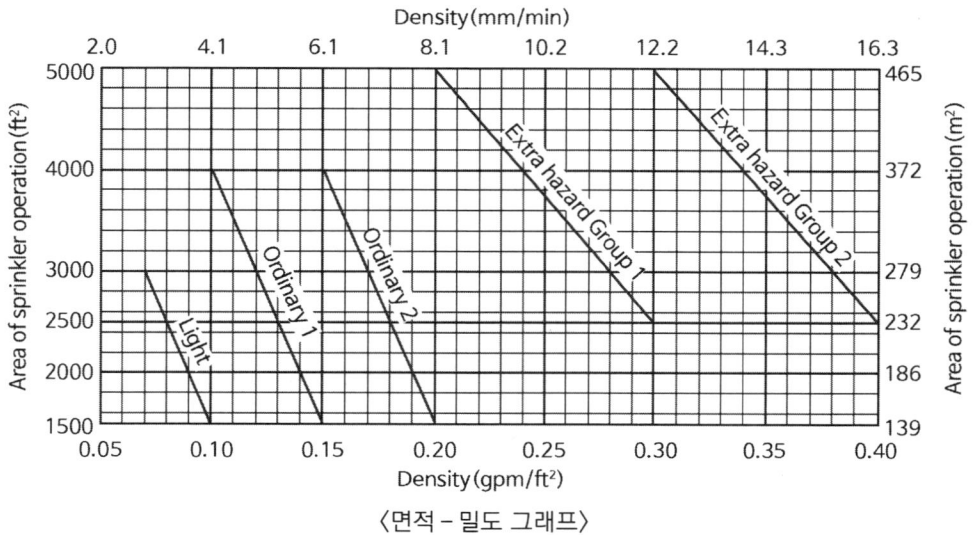

〈면적 - 밀도 그래프〉

38. 「스프링클러헤드의 형식승인 및 제품검사의 기술기준」(소방청고시)이 개정되어 열반응시험이 반영되었다. 해당 시험의 제·개정이유, 도입배경, 시험기준 및 시험절차 등에 대하여 설명하시오.[130/25]

39. 화재안전기술기준에서 제시하는 스프링클러설비 설치 유지를 위한 아래 내용에 대하여 설명하시오.[130/25]
    1) 비상전원 출력용량 기준을 만족하기 위한 정격출력, 출력전압, 과전류 내력의 기준
    2) 스프링클러설비의 음향장치 및 기동장치(펌프 및 밸브)

40. 소방시설공사업법 감리업무 수행내용 중 완공 전 소방시설 등의 성능시험이 있다. 스프링클러 준비작동식의 성능 시운전 점검 시 자동작동시험과 수동작동시험을 각각 설명하시오.[130/25]

41. 다음 소방설비에 대하여 설명하시오.[130/25]
    1) 하향식피난구 성능기준
    2) 교차회로방식과 송배전방식
    3) 대형소화기의 소화약제량(물, 강화액, 할로겐화합물, 이산화탄소, 분말, 포소화기)
    4) 고가수조, 압력수조, 가압수조
    5) 미분무 정의와 사용압력에 따른 미분무소화설비 분류

42. 스프링클러헤드 작동 시 발생할 수 있는 로지먼트(Lodgement) 현상과 이 현상을 확인할 수 있는 시험방법에 대하여 설명하시오.[131/10]

43. ESFR 스프링클러헤드에 적용되는 실제살수밀도(ADD)의 개념, 특징, 영향인자 및 측정방법에 대하여 설명하시오.[131/25]

44. 전기저장시설의 화재안전성능기준(NFPC 607)에서 규정하고 있는 스프링클러설비설치기준에 대하여 설명하시오.[132/10]

45. 건식스프링클러설비에서 트립시간(Trip Time)과 이송시간(Transit Time)에 영향을 주는 요인에 대하여 설명하시오.[132/10]

46. 스프링클러헤드의 물리적인 특성 3요소에 대하여 설명하시오.[132/25]

47. 퓨즈블 링크(Fusible Link)타입 폐쇄형헤드의 열반응시험에 대하여 설명하시오.[133/25]

48. 간이스프링클러설비의 상수도직결형 배관 및 밸브 설치 순서를 기술하고 「소방용밸브의 성능인증 및 제품검사의 기술기준」에 따른 개폐밸브의 구조에 대하여 설명하시오.[133/25]

49. 미분무 소화설비 설계도서의 KFI 인정기준에 대하여 설명하시오.[134/10]

50. 2024년 5월 개정된 「연결송수관설비의 화재안전성능기준(NFPC 502)」의 개정 배경과 "방수구", "방수기구함" 및 "배관 등" 설치 기준에 대하여 설명하시오.[134/25]

[내진]

1. 소방시설의 내진설계 기준에서 정한 면진, 수평력, 세장비에 대하여 설명하고 단면적이 $9cm^2$로 동일한 정삼각형, 정사각형, 원형의 버팀대가 있을 경우 세장비가 300일 때 최소회전반경(r)과 버팀대의 길이를 계산하시오.[119/25]

2. 소방시설 중 수원과 제어반, 가압송수장치(전동기 또는 내연기관에 따른 펌프)의 내진설계 기준에 대하여 설명하시오.[120/10]

3. 소화설비의 수원 및 가압송수장치 내진설계 기준에 대하여 설명하시오.[124/10]

4. 내진설계기준의 수평력(F_{pw})과 세장비(λ)를 설명하고 압력배관용탄소강관 25A의 세장비가 300 이하일 때 버팀대 최대길이(cm)를 구하시오. (단, 25A(Sch 40)의 외경 34.0mm, 배관의 두께 3.4mm, $\lambda = \frac{L}{r}$를 이용하고, 여기서 r : 최소회전반경($\sqrt{\frac{I}{A}}$), I : 버팀대단면 2차모멘트, A : 버팀대의 단면적)[124/25]

5. 소화설비(옥내소화전, 스프링클러, 물분무등)의 배관 및 가압송수장치, 제어반에 적용되고 있는 내진설계기준에 대하여 설명하시오.[126/25]

6. 소방펌프 설치 시 펌프의 방진장치 설치에 따른 내진용 스토퍼 설치방법을 설명하시오.
   [128/10]

7. 「소방시설의 내진설계 기준」에서 다음을 대하여 설명하시오.[133/10]
   1) 세장비의 개념
   2) 가지배관 고정장치 중 와이어타입 고정장치와 환봉타입 고정장치 설치기준
   3) 가지배관에 설치되는 고정장치를 제외할 수 있는 행가 설치기준

8. 소방시설의 내진설계 기준에서 규정하는 사항에 대하여 다음을 설명하시오.[134/25]
   1) 가압송수장치의 내진설계의 개념
   2) 가압송수장치(펌프)의 내진설계를 위한 설치방법

소방전기

[전기이론]

1. 다음 용어에 대하여 간략히 설명하시오.[115/10]
   1) 도체저항   2) 접촉저항   3) 접지저항   4) 절연저항

2. 시퀀스회로를 구성하는 릴레이의 원리 및 구조와 a, b, c접점 릴레이의 작동원리를 설명하시오.[115/25]

3. 소방펌프에 사용되는 농형 유도전동기에서 저항 $R[ohm]$ 3개를 Y로 접속한 회로에 200[V]의 3상 교류전압을 인가 시 선전류가 10[A]라면 이 3개의 저항을 △로 접속하고 동일 전원을 인가 시 선전류는 몇 [A] 인지 구하시오.[116/25]

4. 흑연화현상과 트래킹(Tracking)현상에 대하여 비교 설명하시오.[117/10]

5. MIE 분산법칙과 이를 응용한 감지기에 대하여 설명하시오.[117/10]

6. 열전현상인 Seebeck effect, Peltier effect, Thomson effect에 대하여 설명하시오.
   [117/10]

7. 전기화재의 원인으로 볼 수 있는 은(Silver) 이동 현상의 위험성과 특징, 대책에 대하여 설명하시오.[118/10]

8. 그래파이트(Graphite) 현상과 트래킹(Tracking) 현상에 대하여 설명하시오.[119/10]

9. 소방시설에서 절연저항 측정방법을 기술하고, 국가화재안전기준(NFTC)에서 정한 절연 내력과 절연저항을 적용하는 소방시설에 대하여 설명하시오.[120/25]

10. 단상 2선식 회로의 전압강하 계산식을 유도하시오.[121/10]

11. 화재감지기의 감지소자로 적용되는 서미스터(Thermistor)의 저항변화 특성을 저항-온도 그래프를 이용하여 종류별로 설명하고 서미스터가 적용된 감지기의 작동 메커니즘에 대하여 쓰시오.[121/25]

12. 트래킹(Tracking) 화재의 진행 과정과 방지대책에 대하여 설명하시오.[122/10]

13. 접지(Earth)설비에 대하여 다음을 설명하시오.[122/25]
    1) 접지의 목적
    2) 접지목적에 따른 분류
    3) 접지공사 종류별 접지저항값, 접지선 굵기, 적용대상

14. 펠티에효과(Peltier Effect)와 제벡효과(Seebeck Effect)에 대하여 각각 설명하시오. [125/10]

15. 유도전동기의 원리인 아라고원판의 개념도를 도시하고, 플레밍의 오른손법칙과 왼손법칙에 대하여 각각 설명하시오.[125/10]

16. 다음 물음에 대하여 기술하시오.[125/25]
    1) 전압강하식 $e = \dfrac{0.0356LI}{A}[V]$의 식을 유도하고, 단상2선식 · 단상3선식 · 3상3선식과 비교하시오.
    2) P형 수신기와 감지기 사이의 배선회로에서 종단저항 $10k\Omega$, 릴레이저항 85Ω, 배선회로저항 50Ω 이며, 회로전압이 DC 24V일 때 다음 각 전류를 구하시오.
       가) 평상 시 감시전류[mA]
       나) 감지기가 동작할 때의 전류[mA]
    3) 다음 P형 발신기 세트함의 결선도에서 ① ~ ⑦의 명칭을 쓰고 기능을 설명하시오.

17. 접지저항 저감방법을 물리적방법과 화학적 방법으로 설명하시오.[126/10]

18. 고조파(Harmonic Frequency)의 발생원인 및 방지대책에 대하여 설명하시오.[126/10]

19. 마스킹 효과(Masking Effect)에 대하여 설명하시오.[127/10]

20. 히스테리시스 곡선(Hysteresis Loop)에 대하여 설명하시오.[128/10]

21. 조도(照度, Intensity of Illumination)에 대하여 설명하고, 비상조명등과 관련된 화재안전기술기준에서 조도 관련 내용을 설명하시오.[130/10]

22. 다음 접지 관련 용어에 대하여 각각 설명하시오.[131/10]
    1) 계통접지
    2) 보호접지
    3) 피뢰시스템 접지

23. 비상방송설비의 마스킹 효과(Masking Effect)에 대하여 설명하시오.[133/10]

24. 다음의 조건을 보고 표시등과 경종의 부하전류, 전압강하, 경종의 작동상태를 판단하고, 문제가 있는 경우 대책을 설명하시오.[133/25]

> 〈조건〉
> ㉠ 공장동의 규모 : 지하 1층, 지상 6층
> ㉡ 공장동 각 층 바닥면적 : 900m²
> ㉢ 회로구성 : 각 층 2회로(전층 경보방식)
> ㉣ 사용전선 : HFIX(90℃) 2.5mm²
> ㉤ 부하전류 : 경종 50mA/개, 표시등 30mA/개이며 기타 부하전류는 무시한다.
> ㉥ 수신기와 공장동의 거리 : 400m
> ㉦ 수신기 정격전압 : 24V

25. 한국전기설비규정(KEC)의 특별저압(ELV)에 대하여 구분하고, 전로의 사용전압에 따른 시험전압과 저압전로의 최소 절연저항에 대하여 설명하시오.[134/10]

[자동화재탐지설비]

1. 화재에 의해 발생된 불꽃의 적외선 영역 내의 파장성분과 방사량을 감지하는 방식 4가지를 설명하시오.[115/10]

2. 아래 조건에 따른 스포트형 연기감지기의 설치 방법에 대하여 설명하시오.[115/25]

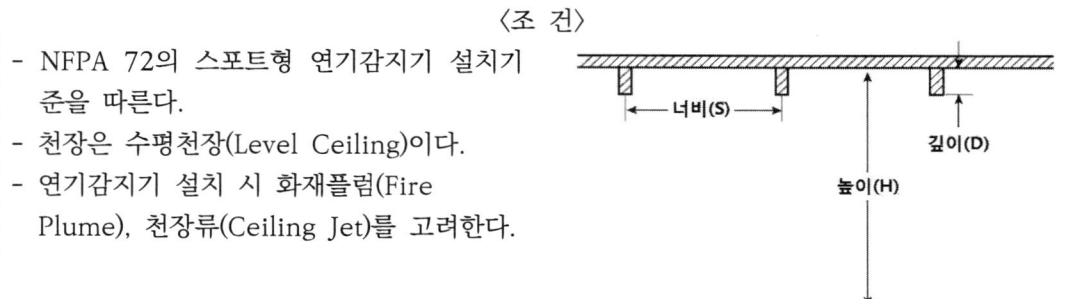

> 〈조건〉
> - NFPA 72의 스포트형 연기감지기 설치기준을 따른다.
> - 천장은 수평천장(Level Ceiling)이다.
> - 연기감지기 설치 시 화재플럼(Fire Plume), 천장류(Ceiling Jet)를 고려한다.

3. IoT 무선통신 화재감지시스템의 개념을 설명하고, 무선통신 감지기의 구현에 필요한 항목에 대하여 설명하시오.[115/25]

4. MIE 분산법칙과 이를 응용한 감지기에 대하여 설명하시오.[117/10]

5. 보상식 스포트형 감지기의 필요성 및 적응장소에 대하여 설명하시오.[118/10]

6. 교차회로 방식으로 하지 않아도 되는 감지기에 대하여 설명하시오.[118/10]

7. 축적형 감지기의 작동원리·설치장소·사용할 수 없는 경우에 대하여 설명하시오.[118/25]

8. 정온식 감지선형 감지기의 구조·작동원리·특성, 설치기준, 설치 시 주의사항에 대하여 설명하시오.[118/25]

9. 정온식감지선형감지기의 적응장소 및 지하구에 설치할 경우 설치기준을 설명하시오. [119/10]

10. NFPA 72에서 정하는 Pathway Survivability를 Level별로 구분하여 설명하시오.[121/10]

11. 화재감지기의 감지소자로 적용되는 서미스터(Thermistor)의 저항변화 특성을 저항-온도 그래프를 이용하여 종류별로 설명하고 서미스터가 적용된 감지기의 작동 메커니즘에 대하여 쓰시오.[121/25]

12. 공기흡입형 감지기의 설계 및 유지관리 시 고려사항에 대하여 설명하시오.[121/25]

13. 화재수신기와 감시제어반을 비교하여 설명하시오.[122/10]

14. 열감지기의 작동원리 중 샤를의 법칙(Charles' law)을 활용한 감지기의 작동원리에 대하여 설명하시오.[123/10]

15. 자동화재탐지설비 및 시각경보장치의 화재안전기준(NFTC 203)에서 감지기 설치 위치로 천장 또는 반자의 옥내에 면하는 부분에 설치를 규정한 기술적인 사유를 화재공학적인 측면에서 설명하시오.[123/10]

16. 최근 전통시장에는 IoT 기반의 무선통신 화재감지기를 많이 설치하고 있다. 무선통신 화재감지시스템의 구성요소와 이를 실현하기 위한 필수기술(또는 필수요소)에 대하여 설명하시오.[123/25]

17. 하나의 단지 내에 각 단위공장별로 산재된 자동화재탐지설비의 수신기를 근거리통신망(LAN)을 활용하여 관리하고자 한다. LAN의 Topology(통신망의 구조)중 RING형, STAR형, BUS형의 특징 및 장·단점을 설명하시오.[123/25]

18. 다음 각 물음에 답하시오.[123/25]
    1) 일반감지기와 아날로그감지기의 주요특성을 비교하시오.
    2) 인텔리전트(intelligent) 수신기의 기능, 신뢰도, 네트워크 시스템의 Peer to Peer와 Stand Alone 기능에 대하여 설명하시오.

19. 다음 물음에 대하여 기술하시오.[125/25]
    1) 전압강하식 $e = \dfrac{0.0356LI}{A}[V]$의 식을 유도하고, 단상2선식·단상3선식·3상3선식과 비교하시오.

2) P형 수신기와 감지기 사이의 배선회로에서 종단저항 10kΩ, 릴레이저항 85Ω, 배선회로저항 50Ω 이며, 회로전압이 DC 24V일 때 다음 각 전류를 구하시오.
　　　가) 평상시 감시전류[mA]
　　　나) 감지기가 동작할 때의 전류[mA]
　　3) 다음 P형 발신기 세트함의 결선도에서 ① ~ ⑦의 명칭을 쓰고 기능을 설명하시오.

20. 불꽃감지기의 종류와 원리, 설치 및 유지관리 시 고려사항에 대하여 설명하시오.[125/25]

21. 연기의 시각적 특성 및 감지기와 관련하여 다음에 대하여 설명하시오.[125/25]
　　1) 감광율, 투과율, 감광계수 정의
　　2) '자동화재탐지설비 및 시각경보장치의 화재안전기준(NFSC 203)'에서 부착높이 20m 이상에 설치되는 광전식 중 아날로그방식의 감지기에 대해 공칭감지농도 하한값이 5%/m 미만인 것으로 규정하고 있는데, 그 의미에 대하여 설명하시오.

22. R형 수신기와 관련하여 다음에 대하여 설명하시오.[125/25]
　　1) 다중전송방식
　　2) 차폐선 시공방법

23. 불꽃감지기에 대한 내용으로 다음 사항에 대하여 설명하시오.[127/25]
　　1) 작동원리 및 종류
　　2) 설치 현장에서 동작시험 방법
　　3) 설치기준

24. NFPA 72의 감지기 배선방식(Class A, Class B)을 설명하시오.[128/25]

25. 자동화재탐지설비 중 아날로그식감지기, 다신호식감지기, R형 수신기용으로 사용되는 차폐선(Shielded Wire)의 종류와 시공방법에 대하여 설명하시오.[130/10]

26. NFPA 72에서의 Unwanted Alarm 종류에 대하여 설명하시오.[130/10]

27. 다음 소방설비에 대하여 설명하시오.[130/25]
　　1) 하향식피난구 성능기준
　　2) 교차회로방식과 송배전방식
　　3) 대형소화기의 소화약제량(물, 강화액, 할로겐화합물, 이산화탄소, 분말, 포소화기)
　　4) 고가수조, 압력수조, 가압수조
　　5) 미분무 정의와 사용압력에 따른 미분무소화설비 분류

28. 화재플룸(Fire Plume)의 발생 메커니즘을 쓰고, 광전식 공기흡입형감지기(아날로그방식)의 작동원리와 적응성에 대하여 설명하시오.[130/25]

29. 공기흡입형 연기감지기의 감도 계산식에 대하여 설명하시오.[132/10]

30. 연기감지기에 대하여 다음 사항을 설명하시오.[132/25]
    1) 보행거리 30m마다 1개 이상 설치하는 이유
    2) 폭 1.2m 미만의 복도, 계단, 경사로에서의 배치방법
    3) 광전식분리형감지기 설치기준
31. 스포트형 화재감지기 설치 시 경사 각도를 제한하고 있는 이유를 설명하시오.[134/10]
32. NFPA 72의 PAS(Positive Alarm Sequence)에 대하여 다음을 설명하시오.[134/25]
    1) 정의와 주요 기능
    2) PAS 적용 예외 상황
    3) PAS가 건물의 화재 안전 시스템에 미치는 영향
    4) PAS의 장·단점

[소방전기설비]

1. 내화배선에 금속제 가요전선관을 사용할 경우 2종만 허용되는 이유를 설명하시오.[115/10]
2. NFTC 203과 NFPA 72에서 발신기 설치기준을 비교하여 설명하시오.[115/25]
3. 비상방송설비의 단락보호기능 관련 문제점 및 성능개선 방안에 대하여 설명하시오.[119/25]
4. 피난구유도등에 대하여 아래 사항을 답하시오.[119/25]
    1) 점등방식 (2선식, 3선식)에 따른 회로도 작성
    2) 유도등의 크기 및 상용점등 시/비상점등 시 평균휘도
    3) 유도등의 색상이 녹색인 이유
5. 자동화재속보설비의 데이터 및 코드전송에 의한 속보방식 3가지를 설명하시오.[120/10]
6. NFTC 102 표에 의한 내화배선의 공사방법을 설명하고, 내화배선에 1종금속제 가요전선관을 사용할 수 없는 이유와 내화전선을 전선관 내에 배선할 수 없는 이유에 대하여 설명하시오.[121/25]
7. 퍼킨제(Purkinje) 현상과 이를 응용한 유도등에 대하여 설명하시오.[123/10]
8. 옥내소화전설비에서 정하는 내화배선과 내열배선의 기능, 사용전선의 종류에 따른 배선 공사방법 및 성능검증을 위한 시험방법을 설명하고 내열배선의 성능검증방법 중 적절한 검증방법을 설명하시오.[123/25]
9. 화재안전기준에서 명시한 비상조명등의 조도 기준을 KS표준 및 NFPA와 비교하여 설명하시오.[124/25]

10. 도로터널의 화재안전기준 중 다음 소방시설의 설치기준에 대하여 설명하시오.[124/25]
    1) 비상경보설비와 비상조명등
    2) 제연설비
    3) 연결송수관 설비

11. 무선통신보조설비에 대하여 다음사항을 설명하시오.[126/25]
    1) 전압정재파비
    2) 그레이딩(Grading)
    3) 무반사 종단저항

12. 유도등의 광원으로 사용되고 있는 LED(Light Emitting Diode)에 대하여 다음사항을 설명하시오.[126/25]
    1) P형 반도체와 N형 반도체의 개념
    2) 빛 발생원리(그림 포함)
    3) LED 특징

13. 도로터널에 설치하는 무선통신 보조설비의 누설동축케이블 방식에는 최말단 길이가 1km가 넘는 경우 전송손실이 발생한다. 이에 따른 손실의 종류와 측정 및 보완방법을 설명하시오.[127/25]

14. 내화배선의 공사방법에 대하여 설명하시오.[127/25]

15. 확성기의 매칭트랜스에 대하여 설명하시오.[128/10]

16. LED용 SMPS(Switching Mode Power Supply)와 관련하여 다음을 설명하시오.[128/25]
    1) 구조 및 동작원리
    2) 소손패턴

17. 아크의 정의, 아크 차단기의 구성과 동작원리를 설명하시오.[130/10]

18. 조도(照度, Intensity of Illumination)에 대하여 설명하고, 비상조명등과 관련된 화재안전기술기준에서 조도 관련 내용을 설명하시오.[130/10]

19. 화재안전기술기준에 따라 설치되는 누전경보기 중 변류기(영상변류기)의 작동원리에 대하여 설명하시오.[130/10]

20. 화재안전기술기준에서 제시하는 스프링클러설비 설치 유지를 위한 아래 내용에 대하여 설명하시오.[130/25]
    1) 비상전원 출력용량 기준을 만족하기 위한 정격출력, 출력전압, 과전류 내력의 기준
    2) 스프링클러설비의 음향장치 및 기동장치(펌프 및 밸브)

21. 무선통신보조설비에 대하여 다음 사항을 설명하시오.[132/25]
    1) 송신기와 수신기의 구조도
    2) 누설동축케이블과 내열누설동축케이블의 구조도
    3) 전송손실과 결합손실

[비상전원]

1. 무정전전원설비의 다음 사항에 대하여 설명하시오.[115/25]
    1) 동작방식별 기본 구성도
    2) 각각의 장·단점
    3) 선정 시 고려사항

2. 도로터널 방재시설 설치 및 관리지침에서 규정하는 1, 2등급 터널에 설치하는 무정전전원(UPS)설비 설치기준에 대하여 설명하시오.[116/25]

3. 리튬이온배터리 에너지저장장치시스템(ESS)의 안전관리가이드에서 정한 다음의 내용을 설명하시오.[117/25]

    〈조 건〉
    - ESS 구성
    - 용량 및 이격거리 조건
    - 환기설비 성능 조건
    - 적용 소화설비

4. 축전지 용량환산계수를 결정하는 영향인자에 대하여 설명하시오.[117/25]

5. 연료전지의 종류와 특성 및 장·단점에 대하여 설명하시오.[117/25]

6. 비상전원으로 축전지를 적용할 때 종류선정 방법 및 용량산출 순서에 대하여 설명하시오.[119/25]

7. 소방시설용 비상전원수전설비의 설치기준에 대하여 다음의 내용을 설명하시오.[120/25]
    1) 인입선 및 인입구 배선의 경우
    2) 특별고압 또는 고압으로 수전하는 경우

8. 소방시설 등의 전원과 관련하여 다음 사항을 설명하시오.[124/25]
    1) 스프링클러설비의 상용전원회로 설치 기준
    2) 소방부하 및 비상부하의 구분
    3) 부하용도와 조건에 따른 자가발전설비 용량 선정방법

9. 소방시설용 비상발전기의 기동불량에 대하여 자주 언급되고 있다. 평상시 점검에는 정상 작동이 되고 있으나, 정전 시에는 작동되지 않는 경우 이에 대한 작동불능의 원인과 해결방법을 설명하시오.[127/25]

10. 소방시설 비상전원에 대하여 다음 사항을 설명하시오.[129/25]
    1) 비상전원의 정의
    2) 비상전원설비가 갖추어야 할 기준
    3) 다음 소방시설에 관한 사항
       가) 옥내소화전설비의 비상전원 설치대상 및 종류
       나) 유도등, 제연설비 및 고층건축물 스프링클러설비의 비상전원 종류 및 용량

11. 화재안전기술기준에서 제시하는 스프링클러설비 설치 유지를 위한 아래 내용에 대하여 설명하시오.[130/25]
    1) 비상전원 출력용량 기준을 만족하기 위한 정격출력, 출력전압, 과전류 내력의 기준
    2) 스프링클러설비의 음향장치 및 기동장치(펌프 및 밸브)

12. 자가발전설비 적용 시 건물이 여러 동으로 구성된 경우 부하를 결정하는 방법에 대하여 설명하시오.[131/10]

13. 연료전지에 대하여 다음 사항을 설명하시오.[132/25]
    1) 구성 및 전기발생 원리
    2) 종류 및 특징

설계, 시공, 감리, 안전, 화재조사

[설계]

1. 국내 소방법령에 의한 성능위주설계에 대하여 다음의 내용을 설명하시오.[117/25]

   〈조 건〉
   - 성능위주설계의 목적 및 대상
   - 시나리오 적용기준에서 인명안전 및 피난가능시간 기준

2. 소방성능위주설계 대상물과 설계변경 신고 대상에 대하여 설명하시오.[119/10]

3. 소방시설법령상 건축허가등의 동의대상에 대하여 설명하시오.[121/10]

4. 건축물설계의 경제성 등 검토(VE: Value Engineering)에 대하여 다음 내용을 설명하시오.[121/25]
   1) 실시대상
   2) 실시 시기 및 횟수
   3) 수행자격
   4) 검토조직의 구성
   5) 설계자가 제시하여야 할 자료

5. 소방시설 법령에서 규정하고 있는 특정소방대상물의 증축 또는 용도변경 시의 소방시설기준 적용의 특례에 대하여 각각 설명하시오.[123/10]

6. 국내 소방법령에 의한 성능위주설계 방법 및 기준에 대하여 다음 사항을 설명하시오.[123/10]
   1) 성능위주설계를 하여야 하는 특정소방대상물
   2) 성능위주설계의 사전검토 신청서 서류

7. 건축물 소방시설의 설계는 설계 전 준비를 포함한 ① 기본계획 ② 기본설계 ③ 실시설계 3단계로 구분된다. ②항의 기본설계 단계에서 수행되어야 할 주요 설계업무를 항목별로 설명하시오.[123/25]

8. 「소방시설 등의 성능위주설계 방법 및 기준」에서 정하고 있는 화재 및 피난시뮬레이션의 시나리오 작성에 있어 인명안전 기준과 피난가능시간 기준에 대하여 설명하시오.[124/25]

9. 화재 및 피난시뮬레이션의 시나리오 작성기준상 인명안전 기준에 대하여 설명하시오.[125/10]

10. 공동주택에서 소방차 소방활동 전용구역의 설치대상 및 설치방법을 설명하시오.[126/10]

11. 성능위주설계 절차와 사전재난영향성검토 절차를 기술하고, 초고층 건축물에서 특별히 고려해야 할 사항에 대하여 설명하시오[127/25]

12. 소방청에서 성능위주설계표준 가이드라인(2021.10)을 제시하고 있다. 이에 관련하여 다음 사항을 설명하시오.[127/25]
    1) 특별피난계단 피난안전성 확보
    2) 비상용 승강기, 승강장 안전성능 확보

13. 화재발생시 초기대응 및 인명구조 골든타임을 확보하기 위한 조건으로 소방자동차출동 진입로 확보 및 주변 장애요소의 개선방안에 대하여 설명하시오.[127/25]

14. 「소방시설 설치 및 관리에 관한 법령」에서는 성능위주설계 대상을 규정하고 있다.성능위주설계 표준 가이드라인에서 제시하는 최적화된 경보설비(통신간선 이중화, 적응성감지기)시스템에 대하여 설명하시오.[130/10]

15. 물류창고 및 창고형 판매시설 등 화재하중이 높은 장소에서 성능위주설계 시 적용할 수 있는 경보설비, 피난설비, 방화시설에 대하여 설명하시오.[130/10]

16. 성능위주설계 표준 가이드라인에 따른 고층(초고층)건축물의 규모와 특성에 맞는 거실제연설비, 부속실 승강장, 피난안전구역 제연설비, 지하주차장 제연설비 시스템에 대하여 설명하시오.[130/25]

17. 성능위주설계 대상, 변경신고대상, 건축심의 전 제출도서, 건축허가동의 전 제출도서를 각각 설명하시오.[130/25]

18. 성능위주설계 시 인명안전성평가를 위한 화재·피난시뮬레이션 수행방식의 종류를 설명하시오.[130/25]

19. 피난용승강기 설치 시「소방시설 등 성능위주설계 평가운영 표준가이드 라인」에서 요구되는 안전성능 검증 방안에 대하여 설명하시오.[131/10]

20. 소방청의「건축위원회(심의) 표준가이드라인」에서 제시하는 다음 사항을 설명하시오. [131/25]
    1) 종합방재실(감시제어반실) 설치기준 강화
    2) 지하 주차장 연기배출설비 운영 강화
    3) 전기차 주차구역(충전장소) 화재예방대책 강화

21. 화재·피난시뮬레이션의 커플링(Coupling) 실시가 필요한 이유에 대하여 설명하시오. [132/10]

22. 2023년 12월 개정된 소방청의 소방시설 등 성능위주설계 평가운영 표준 가이드라인에서 명시한 내용 중 화재시뮬레이션 시나리오 및 수행결과의 신뢰성 확보에 대하여 설명하시오.[132/25]

23. 「공동주택의 화재안전기술기준(NFTC 608)」에서 옥내소화전설비, 비상조명등, 비상콘센트설비의 설치기준을 설명하고,「건축위원회(심의) 표준 가이드라인」에서 제시하는 지하3층에 거실 설치 시 선큰(Sunken)의 설계기준을 설명하시오.[133/25]

24. 건물화재모델(Compartment Fire Model)에서 다음 사항을 설명하시오.[133/25]
    1) 존모델(Zone Model)
    2) 필드모델(Field Model)
    3) 화재감지모델(Detector Response Model)
    4) 피난모델(Egress Model)
    5) 내화모델(Fire Endurance Model)

25. 「소방시설등 성능위주설계 평가 운영 표준 가이드라인」중 소방활동을 위한 소방차의 진입(통로)동선 확보를 위해 갖추어야 할 조건을 설명하시오.[134/10]

26. 소방청「건축위원회(심의) 표준 가이드라인」에서 전기차 주차구역의 화재예방대책에 대하여 설명하시오.[134/10]
27. 크린룸(Clean Room)의 위험성 및 소방시설강화에 대하여 다음을 설명하시오.[134/25]
    1)「소방시설등 성능위주설계 평가 운영 표준 가이드라인」의 반도체분야 소방시설 강화방안 중 스프링클러헤드 제외부분, 소화전, FAB 내의 스프링클러 적용에 대하여 설명

[시공]

1. 소방시설법령상 "인화성 물품을 취급하는 작업 등 대통령령으로 정하는 작업"에 대하여 설명하시오.[121/10]
2. 임시소방시설의 화재안전기준 제정이유와 임시소방시설의 종류별 성능 및 설치기준에 대하여 설명하시오.[122/25]
3. 소방시설공사의 분리발주 제도와 관련하여 일괄발주와 분리발주를 비교하고, 소방시설공사 분리도급의 예외규정에 대하여 설명하시오.[124/10]
4. 소방시설 설치 및 관리에 관한 법령 및 화재안전기술기준에서 정하는 1) 임시소방시설을 설치해야 하는 화재위험작업의 종류, 2) 임시소방시설을 설치해야 하는 공사종류와 규모, 3) 임시소방시설 성능 및 설치기준, 4) 설치면제기준에 대하여 설명하시오.[130/25]
5. 일반건축물의 경우 건축허가 등 동의와 관련하여 관할 소방관서의 행정절차에 대하여 동의 시, 착공 및 감리 시, 완공 시, 유지 관리 시로 각각 구분하여 설명하시오.[131/25]

[감리]

1. 감리 계약에 따른 소방공사 감리원이 현장배치 시 소방공사 감리를 할 때 수행하여야 할 업무를 설명하시오.[118/10]
2. 소방감리자 처벌규정 강화에 따른 운용지침에서 중요 및 경미한 위반사항에 대하여 설명하시오.[119/10]
3. 소방시설공사업법 시행령 별표4에 따른 소방공사 감리원의 배치기준 및 배치기간에 대하여 설명하시오.[121/25]
4. 소방시설공사업법령에서 정한 소방시설공사 감리자 지정대상, 감리업무, 위반사항에 대한 조치에 대하여 설명하시오.[124/25]

5. 소방공사감리 업무수행 내용에 대하여 다음을 설명하시오.[125/25]
   1) 감리 업무수행 내용
   2) 시방서와 설계도서가 상이할 경우 적용 우선순위
   3) 상주공사 책임감리원이 1일 이상 현장을 이탈하는 경우의 업무대행자 자격

6. 건설현장에서 소방감리원의 자재검수를 현장반입검수와 공장검수로 구분하여 설명하시오.[126/25]

7. 소방공사 계약에서 물가변동에 따른 계약금액 조정(Escalation)에서 품목조정률과 지수 조정률을 설명하시오.[126/25]

8. 소방시설공사업법령에서 감리업자가 수행해야 할 업무와 공사감리 결과를 통보 시 감리결과보고서에 첨부서류 및 완공검사의 문제점에 대하여 설명하시오.[128/25]

9. 감리업무 중 공사비용이 증감되는 설계변경이 발생할 때, 아래의 내용을 설명하시오.[130/25]
   1) 발주자 지시에 의한 설계변경
   2) 시공자 제안에 의한 설계변경
   3) 설계변경 검토 항목 및 검토내용

10. 소방시설공사업법 감리업무 수행내용 중 완공 전 소방시설 등의 성능시험이 있다. 스프링클러 준비작동식의 성능 시운전 점검 시 자동작동시험과 수동작동시험을 각각 설명하시오.[130/25]

11. 소방감리원은 소방도면 이외에 건축도면, 기계도면, 전기 및 통신 도면을 검토해야 하는데 이때 검토해야 할 항목과 소방 설계도서 목록 중 설계도면, 설계시방서, 내역서, 설계계산서의 주요 검토 내용에 대하여 설명하시오.[131/25]

12. 소방공사 감리원의 법적인 수행업무와 감리원의 권한에 대하여 설명하시오.[133/10]

[안전]

1. 재난 및 안전관리기본법령상에 의거한 재난현장에 설치하는 긴급구조통제단의 기능과 조직(자치구 또는 시·군 기준)에 대하여 설명하시오.[116/25]

2. 「소방기본법」에 명시된 법의 취지에 대하여 설명하시오.[118/10]

3. 「소방기본법」에서 규정하고 있는 화재예방을 위하여 불의 사용에 있어서 지켜야 할 사항 중 일반음식점에서 조리를 위하여 불을 사용하는 설비와 보일러 설비에 대하여 설명하시오.[118/25]

4. 아래와 같이 특정소방대상물에 주어진 조건으로 「화재예방, 소방시설 설치·유지 및 안전관리에 관한 법률」에 따라 적용하여야 할 소방시설(법적기준 포함)을 설명하시오.[118/25]

   〈조 건〉
   1) 용 도 : 지하층 - 주차장, 지상 1~2층 - 근린생활시설, 지상 3~15층 - 오피스텔
   2) 연면적 : 18000m^2(각층 바닥면적 : 1000m^2이며, 지하 3층 전기실 : 290m^2)
   3) 층 수 : 지하 3층, 지상 15층
   4) 층 고 : 지하전층 15m, 지상 1층~지상 15층 60m
   5) 구 조 : 철근, 철골 콘크리트조
   6) 특별피난계단 2개 소 및 비상용승강기 승강장 1개 소
   7) 지상층은 유창층이며, 특수가연물 해당 없음
   8) 소방시설 설치의 면제기준 중 소방전기설비는 비상경보설비 또는 단독경보형 감지기만 대체 설비 적용하며, 기타설비는 적용하지 않음(소방기계설비는 적용)

5. 화재의 예방 및 안전관리에 관한 법령에서 정한 소방특별조사에 대하여 다음의 내용을 설명하시오.[120/25]
   1) 조사목적   2) 조사시기
   3) 조사항목   4) 조사방법

6. 소방안전관리대상물의 소방계획서 작성 등에 있어서 소방계획서에 포함되어야 하는 사항을 설명하시오.[122/25]

7. 특수가연물의 정의, 품명 및 수량, 저장 및 취급기준, 특수가연물 수량에 따른 소방시설의 적용에 대하여 설명하시오.[122/25]

8. 다중이용업소에 설치·유지하여야 하는 안전시설 중 ① 소방시설의 종류와 ② 비상구의 설치유지 공통기준에 대하여 설명하시오.[123/25]

9. 다중이용업소의 안전관리에 관한 특별법령에 따른 다중이용업소 화재위험평가의 정의, 대상, 화재위험유발지수에 대하여 설명하시오.[124/10]

10. 국가화재안전기준이 「화재안전기술기준」과 「화재안전성능기준」으로 이원화되었다. 그 취지에 대하여 설명하시오.[129/10]

11. 기계식 주차타워의 화재안전성 강화를 위한 소방시설 등에 대하여 설명하시오.[129/10]

12. 소방용품의 형식승인과 성능인증의 개념과 형식승인 절차에 대하여 설명하시오.[129/10]

13. 「도로터널 방재·환기시설 설치 및 관리지침」에 따른 도로터널의 정의를 쓰고, 터널연장(L)기준과 위험도지수(X)에 따른 터널 등급구분을 설명하시오.[130/10]

14. 「화재의 예방 및 안전관리에 관한 법령」에 따른 특수가연물 품명 및 수량, 저장취급기준, 표지설치에 대하여 설명하시오.[130/25]

15. 「화재의 예방 및 안전관리에 관한 법률」에서 정하고 있는 불을 사용할 때 지켜야 하는 사항 중 화목(火木) 등 고체연료를 사용하는 보일러를 사용할 때 지켜야 하는 사항을 설명하시오.[131/10]

16. 행정안전부장관이 침수피해가 우려된다고 인정하는 지역 내 지하도로, 지하광장, 지하에 설치되는 공동구, 지하도 상가 및 바닥이 지표면 아래에 있는 건축물을 설치하는 경우 침수 피해를 예방하기 위한 지하공간의 침수 방지시설의 기술적 기준을 공통 적용사항과 시설별 적용사항으로 구분하여 설명하시오.[131/25]

17. 「화재의 예방 및 안전관리에 관한 법률」에 따라 건설현장의 소방안전관리를 위한 소방안전관리대상물의 범위, 선임기간, 건설현장 소방안전관리자의 업무 및 건설현장에 설치하는 임시소방시설의 종류에 대하여 설명하시오.[131/25]

18. 「화재의 예방 및 안전관리에 관한 법률」에 따라 소방안전 특별관리시설물의 관계인은 정기적인 화재예방안전진단을 받아야 한다. 이때 화재예방안전진단의 대상 및 화재예방안전진단의 실시절차 등에 대하여 설명하시오.[131/25]

19. 다중이용업소의 비상구 추락 등의 방지를 위한 안전시설 설치기준에 대하여 설명하시오.[132/10]

20. 소방시설 설치 및 관리에 관한 법률, 소방시설공사업법, 위험물안전관리법에 따른 소방산업 업종에 대하여 설명하시오.[132/10]

21. 소방시설의 성능확인을 위한 계측기에 대하여 다음 사항을 설명하시오.[132/25]
    1) 참값, 측정값, 오차의 정의
    2) 오차의 종류
    3) 우연오차의 법칙

22. 「화재의 예방 및 안전관리에 관한 법률」에서 규정하는 소방안전 특별관리시설물의 화재예방안전진단에 대하여 설명하시오.[133/10]

23. 도로터널에 관하여 다음 내용을 설명하시오.[133/25]
    1) 터널 연장등급 및 방재등급별 기준
    2) 터널 내 임계풍속, 터널경사 보정계수
    3) 터널 위험도지수 산정 시 고려해야 할 잠재적인 위험인자 6가지

24. 「화재의 예방 및 안전에 관한 법률 시행령」에서 가연성 고체류에 대하여 설명하시오.[134/10]

[화재조사]

1. 가연물 연소패턴 중 다음의 용어에 대하여 설명하시오.[118/10]
   1) Pool-shaped burn pattern
   2) Splash pattern

2. 수렴화재(Convergence Fire)의 화재조사 내용을 설명하시오.[118/25]

3. 화재 패턴(Pattern)의 개념과 패턴의 생성 원리에 대하여 설경하시오.[122/10]

4. 액체가연물의 연소에 의한 화재패턴에 대하여 설명하시오.[124/25]
   1) 일반적인 특징
   2) 종류 5가지

5. 화재패턴의 생성 메커니즘과 Spalling에 대하여 설명하시오.[127/10]

6. 「소방의 화재조사에 관한 법률」에서 정하고 있는 화재조사의 대상, 조사사항 및 절차에 대하여 설명하시오.[131/10]

7. 화재 조사 시 V-Pattern, U-Pattern, Hourglass Pattern, Pointer and Arrow Pattern 발생 원인과 형태에 대하여 설명하시오.[134/10]

일반화재

1. 원자력발전소의 심층화재방어의 개념에 대하여 설명하시오.[115/10]

2. 휴대전화, 노트북 등에 사용되는 리튬이온 배터리의 화재위험성과 대책을 설명하시오.[115/25]

3. 산불화재에서 Crown fire와 화학공정에서 Blow down에 대하여 설명하시오.[116/10]

4. 고층건축물(30층 이상) 공사현장에서 공정별 화재위험요인을 설명하시오.[116/25]
   (공정 : 기초 및 지하 골조공사, Core Wall공사, 철골·Deck·슬라브공사, 커튼월공사, 소방설비공사, 마감 및 실내장식공사, 시운전 및 준공 시)[116/25]

5. 지진발생 시 화재로 전이되는 메커니즘과 화재의 주요원인, 지진화재에 대한 방지대책에 대하여 설명하시오.[116/25]

6. 국가화재안전기준(NFTC)을 적용하여야 하는 지하구의 기준 및 지하공간(공동구, 지하구 등)의 화재특성, 소방대책을 설명하시오.[117/25]

7. 최근 건설현장에서 용접·용단작업 시 화재 및 폭발사고가 증가하고 있다. 아래 내용을 설명하시오.[119/25]
   1) 용접·용단작업 시 발생되는 비산불티의 특징
   2) 발화원인물질 별 주요 사고발생 형태
   3) 용접·용단작업 시 화재 및 폭발 재해예방 안전대책

8. 임야화재의 대표적인 발화원인과 화재원인별 조사방법에 대하여 설명하시오.[121/25]

9. 최근 정부에서는 지난 4월 발생한 이천 물류센터 공사현장 화재사고 이후 동일한 사고가 다시는 재발하지 않도록 건설현장의 화재사고 발생위험 요인들을 분석하여 건설현장 화재안전 대책을 마련하였다. 다음 각 사항에 대하여 설명하시오.[122/25]
   1) 건설현장 화재안전 대책의 중점 추진방향
   2) 건설현장 화재안전 대책의 세부 내용을 건축자재 화재안전기준 강화 측면과 화재위험작업 안전조치 이행 측면 중심으로 각각 설명

10. 전통시장 화재에 대하여 다음 사항을 설명하시오.[123/25]
    1) 전통시장 화재의 특성(취약성)
    2) 전통시장 화재알림시설 지원사업 목적 및 대상
    3) 개별점포 및 공용부분 화재알림시설 설치기준 및 구성도(전통시설 화재알림시설 설치사업 가이드라인)

11. 단열재 설치 공사 중 경질 폴리 우레탄폼 발포 시(작업 전, 중, 후) 화재예방 대책에 대하여 설명하시오.[123/25]

12. 변압기 화재, 폭발의 발생과정과 안전대책에 대하여 설명하시오.[124/25]

13. 지하구의 화재안전기준이 2021년 1월 15일부터 시행되었다. 다음에 대하여 설명하시오. [124/25]
    1) 지하구의 화재안전기준 제정·개정 배경
    2) 지하구의 화재특성
    3) 소방시설 등의 설치기준

14. 최근 자주 발생하는 물류창고의 화재에 대하여 화재확산 원인과 개선방안을 설명하시오.[125/25]

15. 전기저장시설의 화재안전기준(NFTC 607)에서 규정하고 있는 소방시설 등의 종류와 설치기준에 대하여 설명하시오.[127/25]

16. 공사현장에서의 용접·용단 작업 시 다음 사항에 대하여 설명하시오.[129/25]
    1) 비산불티의 특성 및 비산거리 영향요인
    2) 용접·용단 작업 시 화재 및 폭발의 주요발생원인과 대책

17. 에너지저장장치(ESS, Energy Storage System)를 의무적으로 설치해야 하는 대상, ESS 설비의 구성, 「전기저장시설의 화재안전성능기준」에서 규정하고 있는 배터리용 소화장치에 대하여 설명하시오.[129/25]

18. 도로터널에 관한 다음 사항을 설명하시오.[129/25]
    1) 방재등급별 기준 및 방재시설의 종류
    2) 터널화재에서의 백레이어링(Back Layering) 현상과 예방대책

19. 전기자동차 화재와 관련하여 다음 사항을 설명하시오.[129/25]
    1) 리튬이온 배터리의 열폭주 현상 및 발생요인
    2) 지하 주차구역(충전장소)의 화재대응대책

20. 대규모 데이터 센터의 화재가 발생할 때 1) 업무중단으로 인한 리스크, 2) 데이터 센터의 화재 관련 손실 발생요인에 대하여 설명하시오.[130/25]

21. 랙크(Rack)식 창고에서의 송기공간(Flue Space)에 대하여 설명하시오.[131/10]

22. 「대기환경보전법 시행규칙」에 따라 "저탄시설 옥내화"를 의무화해 2024년까지 모든 석탄화력발전소는 옥내에 석탄을 보관해야 한다. 이러한 옥내 저탄장(Coal Shed)에서 발생 가능한 자연발화의 원인을 분석하고 옥내 저탄장에 적응성 있는 소방시설과 화재안전대책을 설명하시오.[131/25]

23. 원자력발전소의 화재 심층방어(Defense-In-Depth)에 대하여 설명하시오.[132/10]

24. 건축 외장재로서 BIPV(건물일체형 태양광 모듈)의 정의, 화재위험성 및 건축 시 기술적 유의사항(온도, 일사량, 음영)에 대하여 설명하시오.[132/25]

25. 풍력터빈의 화재위험성과 화재방호설비(화재감지, 화재진압)의 개선방향에 대하여 설명하시오.[132/25]

26. 병원화재의 특성과 NFPA 및 IBC(International Building Code)에서 제시하는 병원화재안전대책에 대하여 설명하시오.[132/25]

27. 화재현장에서 방화(Arson)가 의심되는 특징에 대하여 설명하시오.[133/10]

28. 산림화재와 같은 대형화재 주변에서 발생할 수 있는 화재 소용돌이(Fire Whirl)현상과 위험성에 대하여 설명하시오.[133/10]

29. 크린룸(Clean Room)의 위험성 및 소방시설강화에 대하여 다음을 설명하시오.[134/25]
    1) 크린룸의 정의
    2) 크린룸의 청정도를 나타내는 Class 100의 의미
    3) 크린룸의 위험성
    4) 「소방시설등 성능위주설계 평가 운영 표준 가이드라인」의 반도체분야 소방시설 강화방안 중 스프링클러헤드 제외부분, 소화전, FAB 내의 스프링클러 적용에 대하여 설명

30. 리튬이온배터리에 대하여 다음을 설명하시오.[134/10]
　　1) 리튬이온배터리의 온도에 따른 현상
　　2) 화재 시 독성가스가 발생하는 원인
　　3) 화재 시 유해가스의 주요성분

31. 데이터센터(Data Center) 방화기준에 대하여 다음을 설명하시오.[134/25]
　　1) 데이터센터와 컨테인먼트 시스템(Containment System) 개념
　　2) 데이터센터의 화재발생 시 리스크
　　3) 컨테인먼트 시스템 구성 시 고려해야 할 항목
　　4) 안전관리방안 검토 사항

국가기술자격 기술사 시험문제

기술사 제134회   제1교시 (시험시간 : 100분)

분야	안전관리	종목	소방기술사	수험번호		성명	

※ 총 13문제 중 10문제를 선택하여 설명하시오. (각 10점)

1. 한국전기설비규정(KEC)의 특별저압(ELV)에 대하여 구분하고, 전로의 사용전압에 따른 시험전압과 저압전로의 최소 절연저항에 대하여 설명하시오.

2. 플래시오버(Flash Over) 예측을 위한 계산식(3가지 이상)과 영향요소에 대하여 설명하시오.

3. 소방관 진입창에 대하여 다음을 설명하시오.
   1) 건축법령에 따른 소방관 진입창 설치대상 및 설치제외대상
   2) 「건축물의 피난·방화구조 등의 기준에 관한 규칙」에 따른 소방관 진입창 설치기준

4. 습식 유수검지장치 또는 건식 유수검지장치를 사용하는 스프링클러설비의 유수검지장치를 시험할 수 있는 시험장치에 대하여 설명하시오.

5. 최소산소농도(MOC)와 한계산소지수(LOI)에 대하여 설명하시오.

6. 「인명구조기구의 화재안전성능기준(NFPC 302)」의 인명구조기구 설치기준과 「공기호흡기의 형식승인 및 제품검사 기술기준」의 공기호흡기 규격에 대하여 설명하시오.

7. 「소방시설등 성능위주설계 평가 운영 표준 가이드라인」 중 소방활동을 위한 소방차의 진입(통로)동선 확보를 위해 갖추어야 할 조건을 설명하시오.

8. 소방청 「건축위원회(심의) 표준 가이드라인」에서 전기차 주차구역의 화재예방대책에 대하여 설명하시오.

9. 스포트형 화재감지기 설치 시 경사 각도를 제한하고 있는 이유를 설명하시오.

10. 연기를 제어할 수 있는 물리적 메커니즘에 대하여 설명하시오.

11. 화재 조사 시 V-Pattern, U-Pattern, Hourglass Pattern, Pointer and Arrow Pattern 발생 원인과 형태에 대하여 설명하시오.

12. 「화재의 예방 및 안전에 관한 법률 시행령」에서 가연성 고체류에 대하여 설명하시오.

13. NFPA 25의 소방펌프 체절운전 점검주기 및 최소운전시간 구동 이유에 대하여 설명하시오.

국가기술자격 기술사 시험문제

기술사 제134회   제2교시 (시험시간 : 100분)

분야	안전관리	종목	소방기술사	수험번호		성명	

※ 총 6문제 중 4문제를 선택하여 설명하시오. (각 25점)

1. 열유속(Heat Flux)과 열방출속도(Heat Release Rate)에 대하여 다음을 설명하시오.
   1) 개념 및 소방에서의 활용비교
   2) 화재로 인한 열전달의 종류
   3) 열방출속도 결정법

2. 크린룸(Clean Room)의 위험성 및 소방시설강화에 대하여 다음을 설명하시오.
   1) 크린룸의 정의
   2) 크린룸의 청정도를 나타내는 Class 100의 의미
   3) 크린룸의 위험성
   4) 「소방시설등 성능위주설계 평가 운영 표준 가이드라인」의 반도체분야 소방시설 강화방안 중 스프링클러헤드 제외부분, 소화전, FAB 내의 스프링클러 적용에 대하여 설명

3. 미분무 소화설비 설계도서의 KFI 인정기준에 대하여 설명하시오.

4. 리튬이온배터리에 대하여 다음을 설명하시오.
   1) 리튬이온배터리의 온도에 따른 현상
   2) 화재 시 독성가스가 발생하는 원인
   3) 화재 시 유해가스의 주요성분

5. NFPA 72의 PAS(Positive Alarm Sequence)에 대하여 다음을 설명하시오.
   1) 정의와 주요 기능
   2) PAS 적용 예외 상황
   3) PAS가 건물의 화재 안전 시스템에 미치는 영향
   4) PAS의 장·단점

6. 데이터센터(Data Center) 방화기준에 대하여 다음을 설명하시오.
   1) 데이터센터와 컨테인먼트 시스템(Containment System) 개념
   2) 데이터센터의 화재발생 시 리스크
   3) 컨테인먼트 시스템 구성 시 고려해야 할 항목
   4) 안전관리방안 검토 사항

국가기술자격 기술사 시험문제

기술사 제134회 　　　　　　　　　　　　제3교시 (시험시간 : 100분)

분야	안전관리	종목	소방기술사	수험번호		성명	

※ 총 6문제 중 4문제를 선택하여 설명하시오. (각 25점)

1. 2024년 5월 개정된 「연결송수관설비의 화재안전성능기준(NFPC 502)」의 개정 배경과 "방수구", "방수기구함" 및 "배관 등" 설치 기준에 대하여 설명하시오.

2. 가연물이 연소할 때 탄소의 연소과정에서 이산화탄소가 발생한다. 그런데 이산화탄소는 소화약제이기도 하다. 다음 물음에 대하여 설명하시오.
   1) 연소에서 탄소와 이산화탄소의 화학적 반응단계
   2) 이산화탄소의 상태도
   3) 이산화탄소 소화설비의 오방출을 방지하기 위한 안전대책
   4) 이산화탄소 소화설비 주의점

3. 아트리움 등과 같은 대공간(Large Volume Space)에서 화재가 발생하였을 때, 연결통로(Communicating Space)로 연기가 확산되지 않도록 하기 위한 연기제어 방식을 NFPA 92의 방연풍속(Opposed Airflow) 관점에서 설명하시오.

4. 위험과 운전성 분석법(HAZOP, Hazard and Operability Study)과 공정안정성분석기법(K-PSR, KOSHA Process Safety Review)에 대하여 다음을 설명하시오.
   1) 위험성 평가기법의 정의(HAZOP, K-PSR)
   2) K-PSR 적용범위
   3) HAZOP 과 K-PSR 특징을 비교하여 설명
      3-1) 위험성평가 적용시점
      3-2) 검토범위
      3-3) 도면상의 Node 선정방법
      3-4) 평가결과, 개선사항의 적합성 및 장·단점

5. 포소화설비에 대하여 다음을 설명하시오.
   1) 소화원리
   2) 기계포(공기포) 소화약제 종류별 장·단점
   3) 「포소화설비의 화재안전성능기준(NFPC 105)」에서 포소화약제 저장탱크 설치기준
   4) 「포소화설비의 화재안전성능기준(NFPC 105)」에서 전역방출방식 항공기 격납고의 고발포용 고정포 방출구 방출량

6. 지상 29층 지하 2층 공동주택 건설 현장에서 준공단계 검사과정의 부속실 제연 TAB 업무가 진행되고 있다. 다음을 설명하시오.
   1) 차압측정
   2) 방연풍속측정
   3) 비개방층 차압측정
   4) 폐쇄력측정

국가기술자격 기술사 시험문제

기술사 제134회   제4교시 (시험시간 : 100분)

분야	안전관리	종목	소방기술사	수험번호		성명	

※ 총 6문제 중 4문제를 선택하여 설명하시오. (각 25점)

1. 소방시설의 내진설계 기준에서 규정하는 사항에 대하여 다음을 설명하시오.
    1) 가압송수장치의 내진설계의 개념
    2) 가압송수장치(펌프)의 내진설계를 위한 설치방법

2. 가스계소화설비의 설계농도유지시간 확보를 위한 사항에 대하여 다음을 설명하시오.
    1) 가스계소화약제 방호구역의 설계농도유지시간 확보방법(3가지)
    2) 소화약제 방출 시 방호구역의 설비운영(연동)방법
    3) 설계농도유지시간에 영향을 미치는 요소를 하강모드(Descending Interface Mode)와 혼합모드(Continuous Mixing Mode)로 비교하여 설명

3. 수계시스템의 규약배관방식(Pipe Schedule Method)과 수리계산방식(Hydraulic Calculation Method)을 비교 설명하시오.

4. 사이폰관(Siphon Tube)에 대하여 다음을 설명하시오.

〈조건〉
㉠ 사이폰관의 안지름 D는 10[cm], z_A는 5[m], z_1는 3[m]
㉡ 대기압 Pa는 1.03 [kgf/cm²], 물의 포화증기압은 0.15 [kgf/cm²]
㉢ 물의 비중량 r는 1000 [kgf/m³], 중력 가속도 g는 9.8 [m/s²]
㉣ 관로의 손실은 무시함
㉤ 소수점 둘째자리까지 계산

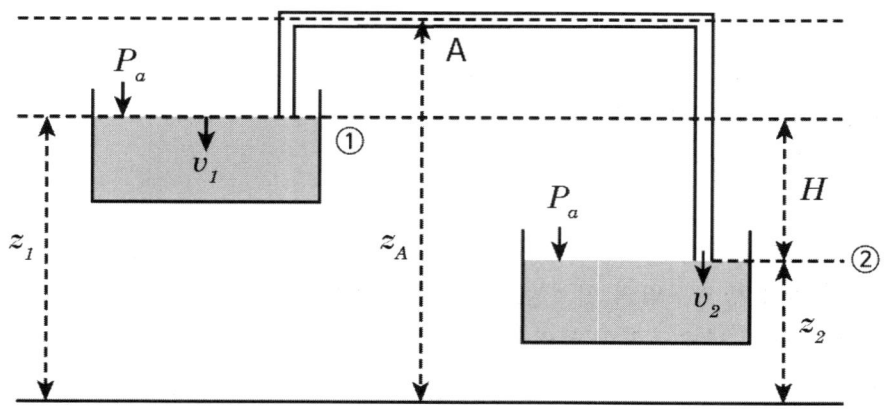

  1) 유출속도 v_2를 유도하시오.
  2) 다음의 조건에서 사이폰관의 최대유량을 산출하시오.

5. 제연구역에 설치하는 배출구는 화재로 발생하는 연기를 제연하기 위해 천장 또는 벽 위에 설치한다. 이와 관련하여 다음을 설명하시오.
  1) 배출구 설치 시 주의 사항
  2) 배출구 유지관리
  3) 배출구 설치 위치의 구분

6. KOSHA GUIDE에서 규정한 화재위험성평가(Fire Risk Assessment, FRA)를 진행하려고 한다. 다음을 설명하시오.
  1) 화재위험성평가 정의
  2) 화재위험성평가 절차
  3) 화재위험성 평가기법(정성적 방법, 정량적 방법, 결과분석)

134회 1교시

1 한국전기설비규정(KEC)의 특별저압(ELV)에 대하여 구분하고, 전로의 사용전압에 따른 시험전압과 저압전로의 최소 절연저항에 대하여 설명하시오.

1. 절연저항의 정의 : 두 물체 사이의 저항으로 인가된 전압과 누설 전류의 비

$$절연저항(M\Omega) = \frac{전압\ V(V)}{누설전류\ I_g(mA)} \qquad V : 메가의\ 전압,\ I_g : 누설전류의\ 합계$$

2. 특별저압(ELV, Extra Low Voltage)의 구분

1) 특별저압의 정의

"인체에 위험을 초래하지 않을 정도의 저압" 즉, 안전전압을 말하며 2차 전압이 교류 50 V, 직류 120 V 이하임

2) 특별저압의 구분

(1) SELV(Safety Extra Low Voltage, 안전 특별저압) : 비접지회로

(2) PELV(Protective Extra Low Voltage, 보호 특별저압) : 접지회로로 1차와 2차가 전기적으로 절연된 회로

(3) FELV(Functional Extra Low Voltage, 기능적 특별저압) : 1차와 2차가 전기적으로 절연되지 않은 회로로 단권변압기와 같은 단순 분리형 변압기에 의함

3) 문자의 의미

(1) S : Safety(안전) 확실하게 전기적으로 분리된 특별저전압

(2) P : Protective(보호) 확실하게 전기적으로 분리된 기능특별저전압

(3) F : Functional(기능) 확실하게 전기적으로 분리되어 있지 않은 기능특별저전압

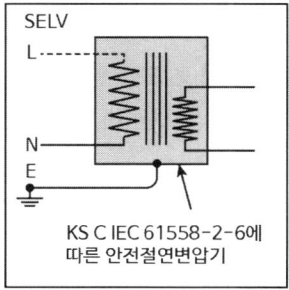
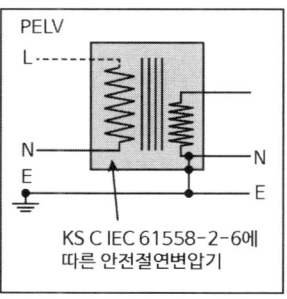
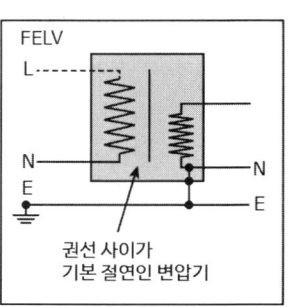

3. 사용전압에 따른 시험전압과 최소 절연저항

전로의 사용전압(V)	DC 시험전압(V)	최소 절연저항($M\Omega$)
SELV 및 PELV	250	0.5
FELV, 500V 이하	500	1.0
500V 초과	1,000	1.0

2 플래시오버(Flash Over) 예측을 위한 계산식(3가지 이상)과 영향요소에 대하여 설명하시오.

1. 플래시오버(Flash Over)의 정의

1) 실내화재의 성장단계는 점화 → 성장기 → 전실화재 → 최성기 → 감쇠기의 과정을 거친다.
2) 소방관이 피해를 입기 쉬운 화재현상으로 플래임 오버, 플래시오버, 백드래프트를 들 수 있는데, 이 현상들은 구획실 전체에 걸쳐 **빠르게 발생하므로** 대단히 위험하다.
3) 실내화재에서 열복사에 노출된 연료 표면들이 거의 동시에 발화온도에 도달하면서 화염이 공간 전체에 급속히 확산되고, 이로 인해 실내 전체에 걸쳐 화재가 발생하는 구획실 화재 성장의 과도적 단계를 플래시오버(Flash Over)라 한다(NFPA 921).

2. 플래시오버 예측을 위한 계산식 (3가지 이상)

1) Thomas법

$$\dot{Q}_f = 7.8A_T + 378A_V\sqrt{h_v}$$

$\dot{Q}_f$: 플래시오버가 발생하는 데 필요한 열방출속도(kW)
A_T : 개구부 제외한 구획 내부의 바닥, 벽, 천장의 표면적(m^2)
A_V : 환기구면적(m^2)
h_v : 환기구 높이(m)

2) McCaffrey, Quintiere, Harkleroad(MQH)법

$$\dot{Q}_f = 610(h_k A_T A_V \sqrt{h_v})^{\frac{1}{2}}$$

$\dot{Q}_f$: 플래시오버가 발생하는 데 필요한 열방출속도(kW)
A_T : 개구부 제외한 구획내부의 바닥, 벽, 천장의 표면적(m^2)
h_k : 열전달계수($kW/m^2 \cdot ℃$)
A_V : 환기구면적(m^2)
h_v : 환기구 높이(m)

3) Babrauskas법

$$\dot{Q}_f = 750 A_V \sqrt{h_v}$$

$\dot{Q}_f$: 플래시오버가 발생하는 데 필요한 열방출속도(kW)
A_V : 환기구면적(m^2)
h_v : 환기구 높이(m)

3. 플래시오버에 영향을 미치는 요인

1) 구획실의 기하학적 구조(개구부 제외한 구획 내부의 바닥, 벽, 천장의 표면적)

(1) 구획실의 크기, 형상, 면적, 체적 등은 층에 있는 가연물과의 관계에 영향을 미친다.

(2) 천장이 높고 공간체적이 크면 천장으로부터 열귀환(Feed Back)이 약하므로 플래시오버가 발생하지 않을 수 있다.

2) 개구율(환기구의 면적·높이)

(1) 연료지배형 화재에서 환기지배형 화재로 전환됨에 따라 개방된 문 및 창문, 다른 개구부의 높이, 면적, 폭 및 개구부 상부높이는 연소에 필요한 산소유입 통로가 되므로 매우 중요하다.

(2) 개구율이 어느 정도 이하로 적으면 공기공급이 부족하므로 열분해속도가 저하되어 플래시오버에 이르는 시간이 지연되고, 개구율이 과도하게 크면 유입공기의 냉각효과로 플래시오버가 늦어진다.

(3) 개구율이 바닥면적의 1/2 ~ 1/3인 경우 플래시오버에 크게 영향을 미치며, 1/16 이하이면 플래시오버 발생이 불가하다는 것은 실험으로 밝혀졌다.

(4) 환기파라미터(Ventilation Parameter)

① 환기지배영역의 실내 화재에 있어 각종 특성치가 자주 $A\sqrt{H}$를 사용해서 정리되는데 $A\sqrt{H}$를 환기파라미터라 한다.

② 연소속도
- 환기지배영역에서는 환기파라미터($A\sqrt{H}$)가 클수록 연소속도가 빨라지므로 플래시오버가 빨라진다.
- 연소속도의 표현식 $R = (5.5 \sim 6.0) A\sqrt{H}$

③ 화재온도인자
- 화재실내 벽 면적이 클수록 화재온도인자가 작아져 플래시오버가 늦어진다.
- 화재온도인자(F_0) = $\dfrac{A\sqrt{H}}{A_T}$ A_T : 실내 전표면적(m^2)

④ 화재지속시간
- 성장기는 연료지배형 화재이므로 화재하중이 클수록 화재의 성장이 촉진되며 플래시오버 발생이 빨라진다.
- 화재지속시간(T) = $\dfrac{W}{R}$ = $\dfrac{wA_f}{(5.5 \sim 6.0)A\sqrt{H}}$
- 계속시간인자(F_d) = $\dfrac{A_f}{A\sqrt{H}}$ A_f : 바닥면적(m²)

3) 내장재료(열전달계수)

(1) 내장재료의 난연 정도에 따라 플래시오버 도달시간과 온도에 현저한 차이가 난다.

(2) 내장재료의 단위 발열량이 클수록 열축적이 증대되고 가연물의 열귀환(Feed Back)도 촉진되어 플래시오버가 빨라진다.

(3) 내장재료의 열전도율이 낮고 두께가 얇을수록 플래시오버가 빨라진다.

(4) 준불연재료인 석고보드(Dry Wall)는 플래시오버가 더욱 늦어지고, 불연재료인 플렉시블 보드는 거의 플래시오버가 발생하지 않으며, 온도는 현저하게 내려간다.

(5) 내장재의 특성으로는 표면적, 물성, 두께, 열관성이 있다.

4) 천장제트(열전달계수)

천장제트는 복사와 대류를 통해 하부층에 있는 연료로 열을 전달하며, 열방출 속도에 영향을 미친다.

5) 화재 발생 시 주위 온도

열전달은 온도차로 인해 에너지가 전달되므로 부력과 화재플룸의 성장에 영향을 준다.

6) 연료의 특성

(1) 연료의 열방출속도(kW) : 플래시오버 가능성을 평가할 때 가장 중요한 요소이다.

(2) 연료의 높이 : 높을 시 가열 가스 대신 화염 천장 제트를 발생시켜 상부층의 열이 하부층에 있는 가연물로 열전달이 이루어진다.

7) 화원의 크기

(1) 화원의 크기가 클수록 열분해 속도가 빨라지고, 플래시오버 도달 시간이 짧아진다.

(2) 화원이 크면 천장부에 닿아 Horizontal Plume을 형성하거나, 자체 방사열이 커서 플래시오버 발생이 빨라진다.

(3) 플래시오버는 Ceiling Jet Flow의 온도에 의해 결정되므로, 화원이 크면 온도와 열방출률($\dot{Q}$)이 상승하므로 플래시오버의 발생이 빨라진다.

3 소방관 진입창에 대하여 다음을 설명하시오.
   1) 건축법령에 따른 소방관 진입창 설치대상 및 설치제외대상
   2) 「건축물의 피난·방화구조 등의 기준에 관한 규칙」에 따른 소방관 진입창 설치기준

1. 도입배경

1) 소방대가 소화활동 시 계단이나 비상용 승강기를 이용하여 건축물 내부로의 진입이 가장 효율적이나, 화재로 인해 건축물 출입구로의 진입이 어려운 경우에는 인명피해가 더 많이 발생할 수 있다.
2) 건축물 화재 발생 시 신속한 화재 진압 및 인명 구조를 위해서는 소방관 등이 외부에서 식별하여 건축물 내부로 신속한 진입이 필요하다.
3) 11층 이하의 건축물로서 도로 또는 공지에 면한 2층 이상의 창문 등에 소방관이 진입할 수 있는 곳에는 외부에서 식별이 가능하도록 적색 표시를 해야 한다.
4) 신속한 화재 진압 및 구조 활동으로 재산 및 인명 피해의 최소화가 기대된다.

2. 소방관 진입창 설치대상 및 설치제외대상 (건축법 시행령 제51조 "거실의 채광 등")

1) 설치대상 : 건축물의 11층 이하의 층

2) 제외대상

(1) 대피공간 등을 설치한 아파트
   ① 대피공간은 설치구조상 외기에 면하고 차열 성능이 있는 60+방화문을 출입문으로 설치해 최소 30분 이상의 안전 대피장소로써의 역할을 함
   ② 대피공간은 소방 고가사다리차 등이 접근해 부서할 수 있는 위치에 설치해야 함

(2) 비상용 승강기를 설치한 아파트
   ① 정전될 경우 승강기가 가동되도록 비상전원을 확보하고 있음
   ② 비상전원이 확보되었다 하더라도 이중화(Fail Safe)의 개념으로 소방관 진입창을 설치하는 것이 안전에 유리함

3. 소방관 진입창 설치기준 (건축물의 피난·방화구조 등의 기준에 관한 규칙 제18조의2 "소방관 진입창의 기준")

구분	내용
설치수량	• 2층 이상 11층 이하인 층에 각각 1개소 이상 설치 • 추가설치 : 창의 가운데에서 벽면 끝까지의 수평거리가 40m 이상인 경우 40m 이내마다
설치위치	• 소방차 진입로 또는 소방차 진입이 가능한 공터에 면할 것
표시	• 창문의 가운데에 지름 20cm 이상의 역삼각형 • 야간에도 알아볼 수 있도록 빛 반사 등으로 붉은색으로 표시 • 창문의 한쪽 모서리에 타격지점을 지름 3cm 이상의 원형으로 표시
진입창	• 창문의 크기 : 폭 90cm 이상, 높이 1.2m 이상 • 실내 바닥면으로부터 창의 아랫부분까지의 높이 : 80cm 이내
유리의 종류	• 플로트판유리로서 두께가 6mm 이하 • 강화유리 또는 배강도유리로서 두께가 5mm 이하 • 플로트판유리 또는 강화유리, 배강도유리로 구성된 이중 유리로서 두께가 24mm 이하

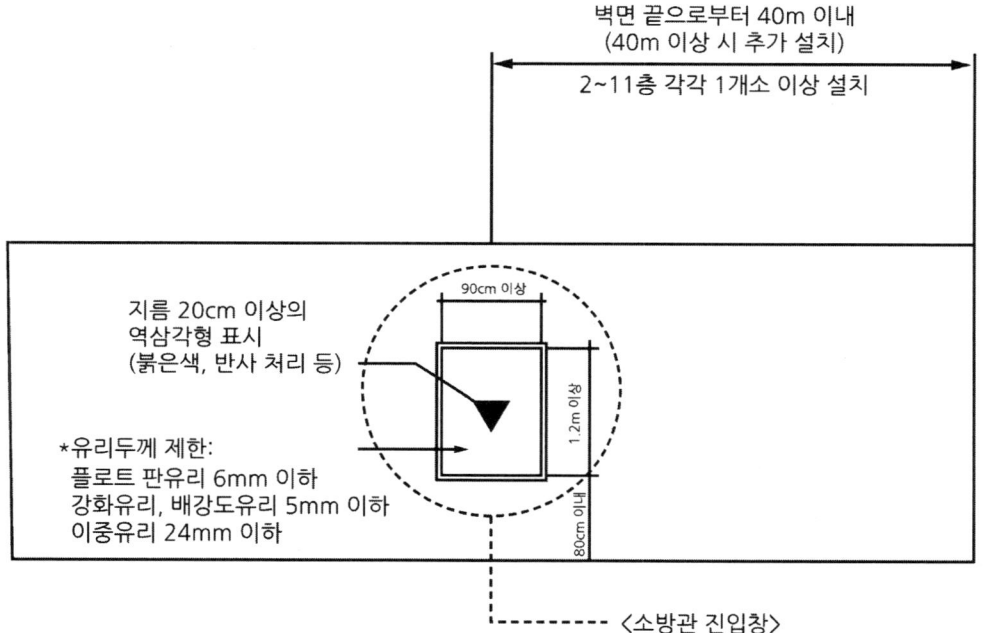

〈소방관 진입창〉

4. 개선안 (입법예고)

1) 실내 바닥면으로부터 창의 아랫부분까지의 높이 120cm까지 허용(추락방지)
2) 삼중 유리 도입(에너지 효율 고려)
3) 직접 지상으로 통하는 출입구가 있는 층은 소방관 진입창 제외(피난층 고려)

4 습식 유수검지장치 또는 건식 유수검지장치를 사용하는 스프링클러설비의 유수검지장치를 시험할 수 있는 시험장치에 대하여 설명하시오.

1. 대상

1) 습식 유수검지장치를 사용하는 스프링클러설비
2) 건식 유수검지장치를 사용하는 스프링클러설비
3) 부압식 스프링클러설비

2. 목적 및 설치 위치

구분	습식, 부압식	건식
목적	경보시험	헤드 작동 시 방수 시간 측정
설치 위치	유수검지장치 2차 측 배관	유수검지장치에서 가장 먼 거리에 위치한 가지배관의 끝

※ 건식 스프링클러설비 : 유수검지장치 2차 측 설비의 내용적이 2,840ℓ를 초과하는 건식 스프링클러설비의 경우 시험장치 개폐밸브를 완전 개방 후 1분 이내에 물이 방사

3. 시험장치의 설치기준 (스프링클러설비의 화재안전기술기준(NFTC 103))

1) 시험장치 배관의 구경

(1) 25mm 이상

(2) 그 끝에 개폐밸브 및 개방형 헤드나 스프링클러헤드와 동등한 방수성능을 가진 오리피스를 설치. 이 경우 개방형헤드는 반사판 및 프레임을 제거한 오리피스만으로 설치할 수 있음

2) 물받이 통 및 배수관

(1) 시험 배관의 끝에는 물받이 통 및 배수관을 설치하여 시험 중 방사된 물이 바닥에 흘러 내리지 않도록 할 것

(2) 다만 목욕실·화장실 또는 그 밖의 곳으로서 배수처리가 쉬운 장소에 시험배관을 설치한 경우에는 예외

4. NFPA 13 기준과의 차이점

1) 준비 작동식 설비의 시험장치는 대상에서 국내는 제외되었으나, NFPA 13은 포함됨
2) NFPA 13의 준비작동식 설비 시험장치 기준
   (1) 감시용 공기를 이용하는 경우 설치
   (2) 더블 인터록 설비 : 건식밸브와 같은 규정
      ① 헤드 작동 시 방수시간 측정
      ② 가장 멀리 있는 가지배관 말단에 설치
      ③ 밸브는 플러그 또는 니플 및 캡으로 봉인하여, 공기의 누설 및 건식 밸브의 오작동 방지

---

5 최소산소농도(MOC)와 한계산소지수(LOI)에 대하여 설명하시오.

1. 최소산소농도 (MOC, Minimum Oxygen Concentration)

1) 정의
   (1) 화염을 전파할 수 있는 최소한의 산소농도로 폭발 및 연소는 연료의 농도와는 무관하게 산소의 농도를 줄여 방지할 수 있으므로 폭발 및 화재 방지의 유용한 기준이 된다.
   (2) 연료와 공기의 혼합기 중 산소의 부피를 나타내며, 단위는 %이다.

2) MOC의 추정식 : MOC = LFL × 산소몰수

3) MOC의 활용 : 불활성화
   (1) 가연성혼합기에 불활성물질(CO_2, N_2, 수증기 등)을 첨가해 산소농도를 낮춤으로써 연소범위를 하한계 이하로 낮추어 연소를 방지하는데, 이를 불활성화(Inerting)라 한다.
   (2) 분진의 MOC는 약 8%, 가연성가스는 약 10% 정도이고, 실무에서는 MOC보다 약 4% 정도 낮게 한다. 즉, 분진은 4%, 가스는 6%로 설계한다.
   (3) 불활성화 방법 : 진공퍼지, 압력퍼지, 스위프퍼지, 사이펀퍼지 등

2. 한계산소지수 (LOI, Limiting Oxygen Index)

1) 정의

(1) 산소와 질소를 혼합한 기류 중에서 점화된 시료가 계속적으로 연소하는 데 필요한 산소의 최소농도를 한계산소지수(LOI)라 한다.

(2) 이 값은 각종 섬유류, 플라스틱과 같은 고분자재료의 난연성 평가의 지표로 활용한다.

2) LOI의 계산식

$$LOI = \frac{O_2}{O_2 + N_2} \times 100 [\%]$$

3) LOI의 활용

(1) LOI가 21보다 커질수록 공기 중에서 연소하기 어렵다는 것을 나타낸다.

(2) 소방용 합성수지배관인 CPVC는 LOI가 60%로서 자기소화성이 있다. 이는 CPVC가 연소하려면 공기 중의 산소량인 21%보다 훨씬 많은 산소가 필요하므로 자체적으로는 연소하지 않음을 의미한다.

(3) 즉, LOI가 클수록 안전도는 높고, 작을수록 연소위험도가 높다.

(4) 주요물질의 LOI

구분	연소방지용 연소도료	난연 테이프	CPVC
LOI	30% 이상	28% 이상	60% 이상

3. 비교

구분	MOC	LOI
정의	연료와 공기의 혼합기 중 산소의 부피	산소와 질소를 혼합한 기류 중에서 점화된 시료가 계속적으로 연소하는 데 필요한 산소의 최소농도
계산식	MOC = LFL × 산소몰수	$LOI = \dfrac{O_2}{O_2 + N_2} \times 100 [\%]$
활용	불활성화	고분자재료의 난연성 평가의 지표

6 「인명구조기구의 화재안전성능기준(NFPC 302)」의 인명구조기구 설치기준과 「공기호흡기의 형식승인 및 제품검사 기술기준」의 공기호흡기 규격에 대하여 설명하시오.

1. 특정소방대상물의 용도 및 장소별로 설치해야 할 인명구조기구 (인명구조기구의 화재안전기준)

특정소방대상물	인명구조기구의 종류	설치 수량
• 지하층을 포함하는 층수가 7층 이상인 관광호텔 • 지하층을 포함하는 5층 이상인 병원	• 방열복 또는 방화복, 공기호흡기, 인공소생기	• 각 2개 이상 비치 • 병원 : 인공소생기 제외할 수 있음
• 문화 및 집회시설 중 수용인원 100명 이상의 영화상영관 • 판매시설 중 대규모 점포 • 운수시설 중 지하역사 • 지하가 중 지하상가	• 공기호흡기	• 층마다 2개 이상 비치 • 공기호흡기 중 일부를 직원이 상주하는 인근 사무실에 둘 수 있음
• 이산화탄소소화설비를 설치하는 특정소방대상물	• 공기호흡기	• 출입구 외부 인근에 1대 이상 비치

2. 인명구조기구 설치기준 (인명구조기구의 화재안전기준)

1) 장소

   화재 시 쉽게 반출 사용할 수 있는 장소에 비치

2) 표지 및 표시

   (1) 설치된 가까운 장소의 보기 쉬운 곳에 "인명구조기구"라는 축광식표지와 사용방법을 표시한 표시를 부착할 것

   (2) 축광식 표지는 "축광표지의 성능인증 및 제품검사의 기술기준"에 적합할 것

3) 기준

   (1) 방열복은 "소방용 방열복의 성능인증 및 제품검사의 기술기준"에 적합한 것으로 설치

   (2) 방화복은 표준규격에 적합한 것으로 설치

3. 공기호흡기의 규격 (공기호흡기의 형식승인 및 제품검사의 기술기준)

1) 공기호흡기의 최고충전압력은 30 MPa 이상으로서 공기용기에 충전되는 공기의 양은 40 L/min로 호흡하는 경우 사용시간이 30분 이상. 이 경우 사용시간은 15분 단위로 증가시켜 구분함

2) 공기호흡기의 총 질량은 사용시간을 기준하여 30분용은 7kg, 45분용은 9kg, 60분용은 11kg, 75분용 이상은 18kg 이하. 이 경우, 공기용기에 충전되는 공기와 보조마스크, 전지, 무선통신장치의 질량은 제외함

[방열복]

[공기호흡기]

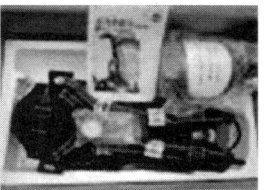
[인공소생기]

7 「소방시설등 성능위주설계 평가 운영 표준 가이드라인」 중 소방활동을 위한 소방차의 진입(통로)동선 확보를 위해 갖추어야 할 조건을 설명하시오.

1. 소방자동차 진입(통로) 동선 확보 목적
화재 발생 등 각종 재난·재해 그 밖의 위급한 상황에서 소방자동차 출동진입(통로)로 확보 및 주변 장애 요소를 제거하여 원활한 소방활동 환경을 마련하기 위함

2. 소방차의 진입동선(통로) 확보를 위해 갖추어야 할 조건
1) 동별 최소 2개 면에 소방자동차 접근이 가능한 진입(통로)로 확보
   (1) 소방자동차 진입로에는 경계석 등 장애물 설치를 금지하고, 구조상 불가피하여 경계석 등을 설치할 경우에는 경사로로 설치하거나 그 높이를 최소화할 것
   (2) 진입로 회전반경은 차량 중심에서 최소 10m 이상 고려하여 회차 가능할 것
2) 공동주택의 경우 단지 내 폭 1.5m 이상의 보도를 포함한 폭 7m 이상의 도로를 설치
   (다만 100세대 미만이고, 막다른 도로로서 길이 35m 미만의 경우는 4m 이상으로 가능)
3) 주차차단기 등을 설치할 경우 소방자동차 진입로 유효 폭은 최소 3m 이상 확보
4) 진입로에 설치되는 문주(門柱) 및 필로티 유효 높이는 5m 이상 확보
5) 공동주택의 경우 외벽 양쪽 측면 상단과 하단에 동 번호 표시
   • 외부에서 주·야간에 식별이 가능하도록 동 번호 크기, 색상 구성할 것
6) 진입로가 경사 구간인 경우 시작 각도는 3° 이하로 권장(경사구간의 시작과 끝은 소방자동차의 원활한 소방활동이 가능하도록 완만한 구조로 할 것)

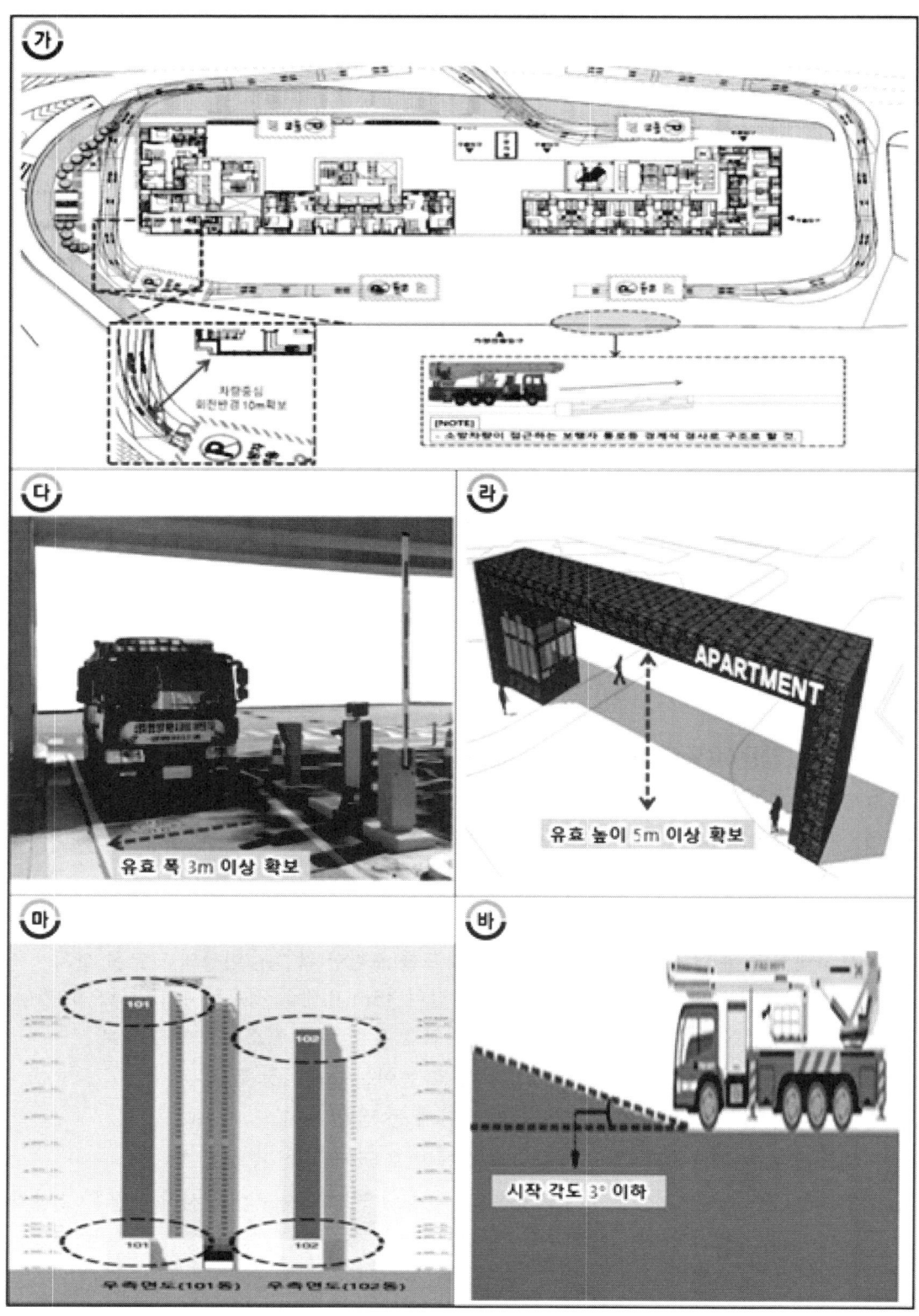

출처 : 소방청

8 소방청 「건축위원회(심의) 표준 가이드라인」에서 전기차 주차구역의 화재 예방대책에 대하여 설명하시오.

134회-1

1. 건축위원회(심의)표준 가이드라인 주요 내용

1) 소방접근성 강화

2) 소방시설(화재안전기준) 강화적용

3) 피난·방화시설 강화적용

4) 공사장 소방안전관리 강화

2. 전기차 주차구역 화재예방대책 (건축위원회(심의)표준 가이드라인)

1) 전기자동차 주차구역(충전장소)은 지상에 설치하는 것을 원칙으로 하되, 지하에 설치할 경우 원활한 소방활동을 위해 지표면과 가까운 층에 설치

2) 전기자동차 주차구역(충전장소)은 일정 단위(3대 ~ 5대)별 격리 방화벽으로 구획(CCTV 설치로 24시간 감시)

3) 방출량이 큰 헤드(K Factor 115 이상) 또는 살수 밀도를 높여 계획할 것(방출량 증가 ➡ 수원량 추가 확보(수리 계산 등)). 전용의 연결송수관설비 방수구와 방수기구함 설치할 것.

　(1) 방수기구함에는 '전기차 전용주차구역용'을 표시한 표지를 부착

　(2) 방수구는 쌍구형으로 설치하고 호스 2개 이상 및 관창을 비치

4) 전기자동차 충전소 및 주차구역 인근에 질식소화포(약 25kg) 비치할 것

　(1) 식별이 용이한 곳에 비치

　(2) 보관함 별도 설치(일반자동차 화재에도 사용할 수 있도록 이동이 용이한 바퀴달린 수레에 보관)

　(3) 사용설명서 및 표지판 부착

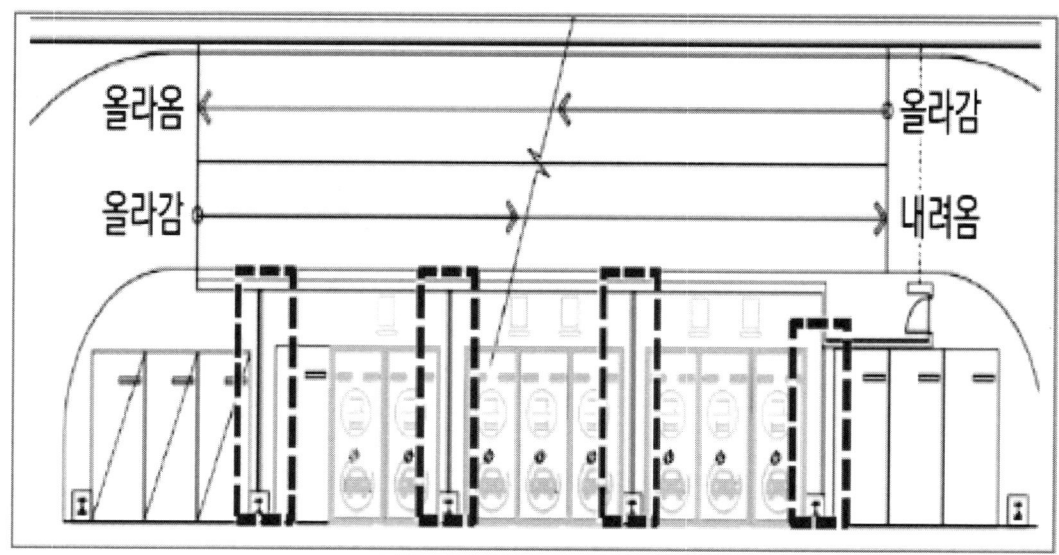

[전기차 충전소(주차구역) 단위별 격리벽체 계획]

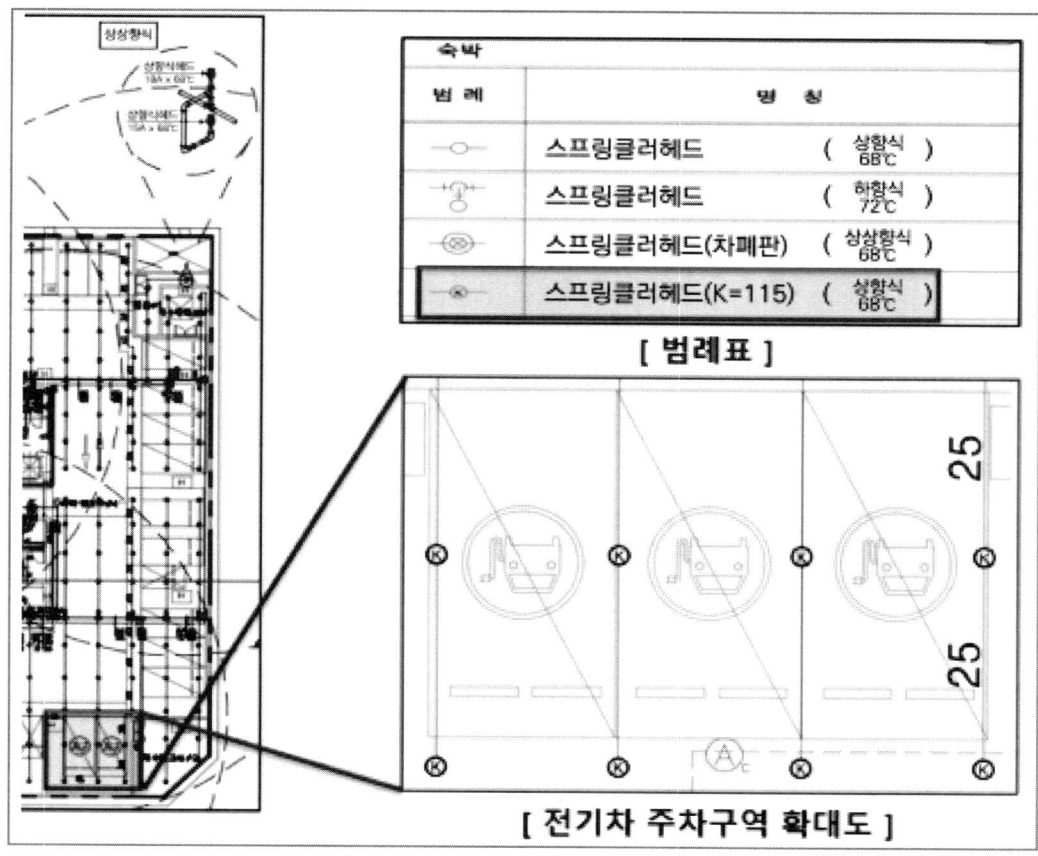

[전기차 충전소(주차구역) 소화설비 계획]

출처 : 소방청

9 스포트형 화재감지기 설치 시 경사 각도를 제한하고 있는 이유를 설명하시오.

1. 경사 각도 제한 근거

1) 자동화재탐지설비 및 시각경보장치의 화재안전기술기준(NFTC 203)

2) 내용 : "스포트형감지기는 45° 이상 경사되지 않도록 부착할 것"

2. 경사 각도를 제한하고 있는 이유

1) 스포트형 감지기를 경사진 천장면을 따라 부착하면 수직으로 상승하는 열 또는 연기가 감지기 내부로 유입되어 체류하지 못하고 감지기 내부를 통과하여 지나가게 됨
2) 그러므로 감지기 지지대를 부착하여 바닥면과 수직으로 부착하거나 또는 경사지게 부착할 경우는 최소 45° 이내로 하여 열 또는 연기가 감지기 내부에서 일정시간 동안 머무를 수 있도록 해야만 신속한 화재감지가 가능함

> **보충**
>
> **[일반사항(NFPA 72 Chapter 17.7.3 Location and Spacing)]**
> 1) 연기감지기의 설치위치 및 간격은 화재 시 플럼과 천장류에 따른 연기의 유동에 기초해야 한다.
> 2) 설계 시 화재로 인한 감지기의 반응시간을 예상하기 위해 아래의 사항을 고려해야 한다.
>   (1) 천장의 형상과 표면(Ceiling shape and surface)
>   (2) 천장의 높이(Ceiling height)
>   (3) 방호구역에서 내용물의 배치(Configuration of contents in the protected area)
>   (4) 연소특성과 방호구역 내 연료하중을 포함하는 예상화재의 등가비
>   (Combustion characteristics and probable equivalence ratio of the anticipated fires involving the fuel loads within the protected area)
>   (5) 구획실의 환기(Compartment ventilation)
>   (6) 주위 온도, 압력, 고도, 습도, 대기
>   (Ambient temperature, pressure, altitude, humidity, and atmosphere)
> 3) 특별한 위험장소를 방호하려면 감지기는 연기를 감지할 수 있도록 위험장소에 더 가까이 배치해야 한다.

> **보충**
>
> **[스포트형 연기감지기(NFPA 72 Chapter 17.7.3.2 Spot-Type Smoke Detectors)]**
>
> 1) 스포트형 연기감지기는 천장에 설치한다.
> 2) 측면에 설치할 경우에는 천장으로부터 300mm 이내에 설치하고 천장에 가까울수록 감지기는 빨리 반응한다.
> 3) 상층 바닥 아래에 설치할 경우 연기감지기의 먼지오염을 최소화하기 위해 감지기를 기울여 설치한다.
> 4) 아트리움과 같은 고천장 장소의 경우 스포트형 감지기는 주기적으로 유지관리와 시험을 할 수 없으므로 광전식분리형감지기(Projected Beam - Type Detector)나 공기흡입형 감지기(Air Sampling - Type Detectors)의 설치를 고려해야 한다.
>
>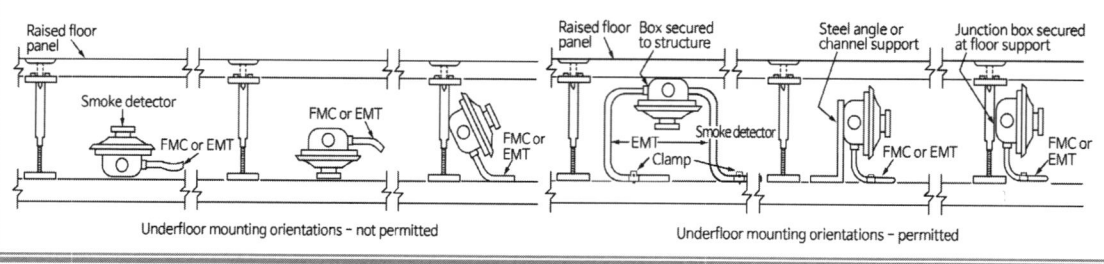

10 연기를 제어할 수 있는 물리적 메커니즘에 대하여 설명하시오.

1. 구획(Compartmentation) / 방연

1) 연기를 일정 공간에 가두어 축연하여 연기의 확산을 방지하는 방식
2) 충분한 내화성능을 가진 구획은 방호시간을 길게 할 수 있음
3) 연기이동의 영향요소 : 구획의 모양, 구획의 크기, 구획의 통로 사이 압력차
4) 적용 : 방화구획, 방연벽, 제연 경계벽 등

2. 희석(Dilution Remote From Fire)

1) 화재에서 떨어진 공간의 연기는 외기를 공급하여 희석할 수 있음
2) 화재실 근처는 연기 희석의 효과를 기대할 수 없음
3) 오염물의 농도 표현

$$\frac{C}{C_o} = e^{-\alpha t}$$

$$\alpha = \frac{1}{t} ln \frac{C_o}{C}$$

$$t = \frac{1}{\alpha} ln \frac{C_o}{C}$$

C_o : 초기 오염물의 농도(%)
C : t시간에서 오염물 농도(%)
α : 분당 공기치환 희석률(퍼지율)(회/min)
t : 출입문 폐쇄 후 경과시간(min)
　희석하고자 하는 공간으로 연기의 유입이 중단된 시점으로부터 희석한다고 전제하고 그때의 시간을 "0"으로 기준함. 즉, 연기가 유입된 후 문이 닫힌 시점의 시간은 "0"

4) 적용 : 대형 아트리움구조의 호텔(Tall Atrium Hotel), 주거용 건물의 외기에 개방된 발코니

3. 가압(Pressurization)

1) 구획 사이의 압력차를 이용하여 연기이동을 제한하여 피난통로를 연기로부터 보호하고 소화활동 거점 공간을 확보한다.
2) 개구부의 틈새를 통한 공기 유량은 내·외부 압력차의 1/2승에 비례한다.
3) 누설공기의 유량

오리피스방정식(Orifice Equation)	지수흐름방정식(Exponential Flow Equation)
$Q = 0.827 A \sqrt{\Delta P}$ Q : 누설틈새의 유량(m³/s) A : 누설틈새의 면적(m²) ΔP : 내외부 압력차(Pa)	$Q = CA \Delta P^{\frac{1}{n}}$ Q : 누설틈새의 유량(m³/s) A : 누설틈새의 면적(m²) ΔP : 내외부 압력차(Pa) n : 흐름지수
• 베르누이 방정식에 근거한 식 • 정상류, 비마찰성, 비압축성 유체에 적용	• 점성과 마찰력을 고려한 식 • 건축물에 광범위하게 사용

4) 적용 : 계단실(부속실) 급기가압, 거실의 샌드위치 가압방식

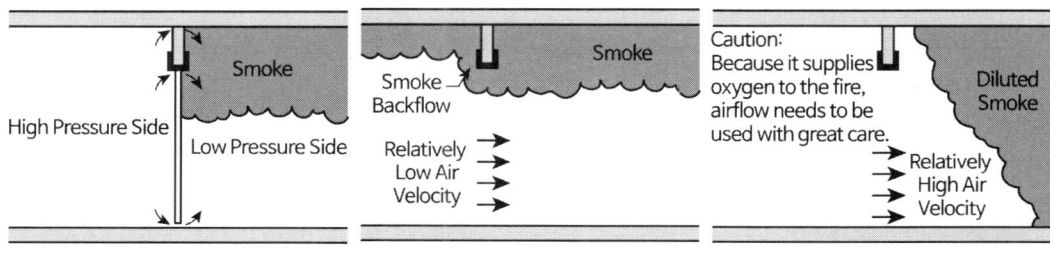

[구획 벽의 차압 : 연기차단]　　[개방문 : 낮은 유속]　　[개방문 : 높은 유속]

4. 공기흐름(Airflow)

1) 공기의 흐름에 의해 연기의 이동을 제어할 수 있다.
2) 연기의 흐름을 정지시키기 위한 공기 유속을 방연풍속이라 하며, 연기의 역류를 막기 위한 최소한의 유속을 임계속도(Critical Air Velocity)라 한다.

$$v = 0.292(\frac{E}{W})^{1/3}$$

v : 임계속도(Critical Air Velocity To Prevent Smoke Backflow)(m/s)

E : 에너지 방출률(kW)

W : 복도의 폭(m)

3) 적용 : 복도, 터널

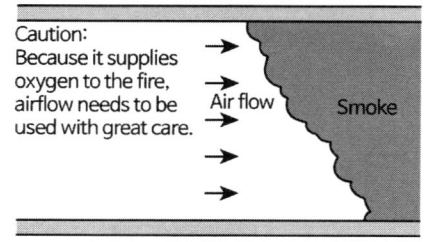

[복도, 터널의 연기흐름 제어]

5. 배연

1) 연기를 실외로 배출하는 방식
2) 적용 : 자연배연(배연창, 스모크해치), 기계배연(거실의 급·배기)

6. 축연

1) 대공간에서 천장에 연기를 가두어 거주 지역까지의 연기하강시간을 연장시키는 방식
2) 일반적인 거실의 경우에는 축연 용량이 부족하므로, 축연과 배연을 함께 실시
3) 적용 : 아트리움·몰과 같은 대공간(Large Volume Space)

---

11 화재 조사 시 V-Pattern, U-Pattern, Hourglass Pattern, Pointer and Arrow Pattern 발생 원인과 형태에 대하여 설명하시오.

1. 화재패턴

1) "화재패턴"이란 화재효과로 인해 형성된 것으로 눈으로 볼 수 있고 측정될 수 있는 물리적 변화나 식별 가능한 모양을 말한다.(NFPA 921)
2) 물체는 화염과 가까운 곳으로부터 연소하며 확산되므로 화재의 진행방향과 물체가 있었던 위치, 화재의 지속시간을 유추할 수 있고 구조물의 환기효과가 얼마나 작용했는지 근거를 제공해 준다.

2. 패턴의 발생원인 및 형태

구분	발생 원인	형태
V-Pattern (V패턴)	• 열기류가 상승하면서 차가운 공기가 유입되고, 열과 혼합되어 열기둥이 측면으로 퍼지면서 생성 • 대류의 영향이 크게 작용	• 발화지점은 뾰족하고 각이 작지만 위로 갈수록 수평으로 넓게 퍼지는 형태의 연소패턴 • 역삼각형 패턴이라고도 함 • V패턴 각도의 영향변수 : 열방출률, 가연물 형상, 환기효과, 화재패턴이 나타나는 표면의 가연성
U-Pattern (U패턴)	• V패턴 표면보다 동일 열원에서 더 먼 수직면의 복사열 에너지의 영향으로 생김 • 화원이 벽에서 약간 이격된 경우발생	• V패턴과 유사하지만 완만한 곡선을 유지하는 형태의 연소패턴 • U패턴의 가장 낮은 경계선은 발화원에 더 가까운 V패턴의 가장 낮은 경계선보다 높게 위치 • 화염이 주변에 높아진 기류와 혼합되어 벽면 등 수직면을 따라 전면적인 연소가 이루어지면 천장에 원형패턴을 동반하는 경우도 있음
Hourglass Pattern (모래시계패턴)	• 플룸이 수직 상승할 경우 벽과 같은 수직표면의 중간이 좁혀졌다가 고온 가스 영역이 확대됨으로 발생 • 플룸이 수직 상승할 경우 벽과 같은 수직표면의 중간이 좁혀졌다가 고온 가스 영역이 확대됨으로 발생	• 화염의 하단부는 역 V패턴이 만들어지고 화염의 상단부는 V패턴이 생성되어 이들이 결합된 형태가 모래시계처럼 보이는 화재패턴 • 상하가 대칭을 이루기도 하지만 하단부보다는 화염이 왕성하게 확대되는 상단부가 더 크게 비대칭 상태로 나타나기도 함
Pointer and Arrow Pattern (화살모양패턴)	• 벽의 뼈대선이나 샛기둥 부근에 화재가 발생	• 포인터, 화살형태이며 벽의 뼈대선, 수직 목재벽, 샛기둥에 나타나는 형태 • 더 짧고 심하게 탄화된 샛기둥이 긴 샛기둥보다 발화지점에 더 가까움

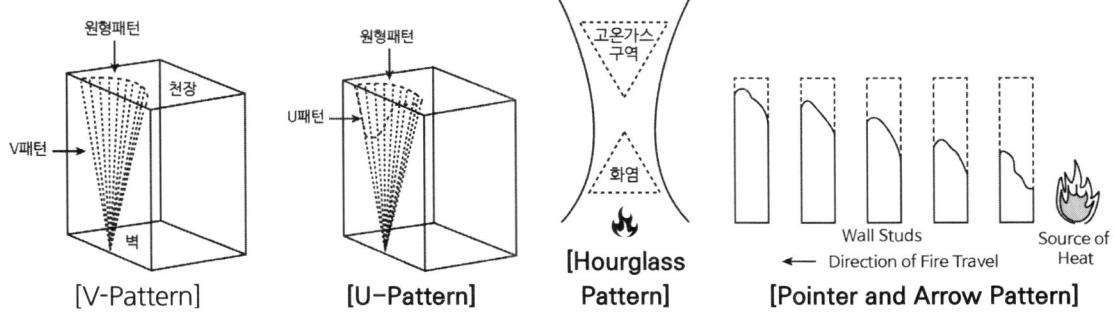

[V-Pattern]　　[U-Pattern]　　[Hourglass Pattern]　　[Pointer and Arrow Pattern]

12 「화재의 예방 및 안전에 관한 법률 시행령」에서 가연성 고체류에 대하여 설명하시오.

1. 특수가연물
1) 특수가연물이란 화재가 발생하는 경우 불길이 빠르게 번지는 고무류·면화류·석탄 및 목탄 등 대통령령으로 정하는 물품을 말한다.
2) 특수가연물 중 가연성 고체류를 별도의 품명으로 정하고 있으며, 수량을 3,000kg으로 하여 특수가연물의 저장·취급기준에 맞도록 관리해야 한다.

2. 가연성 고체류 (화재의 예방 및 안전관리에 관한 법률 시행령 별표2)
1) 인화점이 40℃ 이상 100℃ 미만인 것
2) 인화점이 100℃ 이상 200℃ 미만이고, 연소열량이 1g당 8kcal 이상인 것
3) 인화점이 200℃ 이상이고 연소열량이 1g당 8kcal 이상인 것으로서 녹는점(융점)이 100℃ 미만인 것
4) 1기압과 20℃ 초과 40℃ 이하에서 액상인 것으로서 인화점이 70℃ 이상 200℃ 미만이거나 2) 또는 3)에 해당하는 것

13 NFPA 25의 소방펌프 체절운전 점검주기 및 최소운전시간 구동 이유에 대하여 설명하시오.

1. NFPA 25 (Inspection, Testing, and Maintenance of Water-Based Fire Protection Systems)
1) NFPA 25는 의무적으로 점검, 시험, 유지관리를 하도록 규정함
2) 초기설치 후 지속적인 성능유지에 대한 검증을 요구함
3) 최종책임자는 소유자(Owner) 또는 지명된 대표자

2. 소방펌프 체절운전 점검주기

1) 소방펌프 체절운전 점검주기

시험 및 검사 종류	주기	목적	시험방법
펌프체절시험	디젤엔진 : 매주 전동기 : 주간/월간	순환릴리프밸브, 감압밸브, 압력릴리프밸브 확인, 압력 및 전력계통 정보기록	전동기 : 10분 이상 디젤엔진 : 30분 이상

2) 기타 설비의 점검주기

시험 및 검사 종류	주기	목적	시험방법
디젤엔진	매주	연료탱크용량, 배터리 확인	육안, 계측기검사
제어반	매주	전원, 지시등, 조명 확인	육안, 계측기검사
펌프	매주	밸브개방상태, 누수 확인	육안검사
펌프룸	매주	온도, 환기, 배수 확인	육안, 계측기검사
펌프유량시험	매년	펌프성능시험 확인 펌프 진동/소음 확인	성능시험 육안/청각 확인

3. 소방펌프 최소운전시간 구동이유

1) 전기모터 펌프는 최소 10분 동안 구동하는 이유

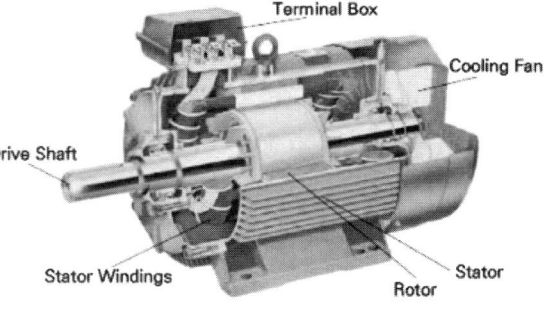

(1) 과열발생 방지 : 전동기의 권선 냉각시간 확보
  ① 전동기가 기동 시 펌프가 가속되므로 전동기 권선에 대량의 열이 발생함
  ② 전동기가 기동 후 전동기 권선이 냉각되는 최소시간 : 10분
  ③ 10분 미만으로 반복 운전을 할 경우 전동기 수명이 크게 단축됨

(2) 펌프 패킹 및 베어링 점검시간 확보
  펌프패킹과 베어링의 과열 및 누수 여부를 확인하기 위해 점검시간의 확보가 필요함

2) 디젤 펌프는 최소 30분 동안 구동하는 이유

(1) 펌프 및 구동장치의 과열 확인

① 디젤엔진과 드라이버는 특정 온도와 부하 범위에서 작동하도록 설계

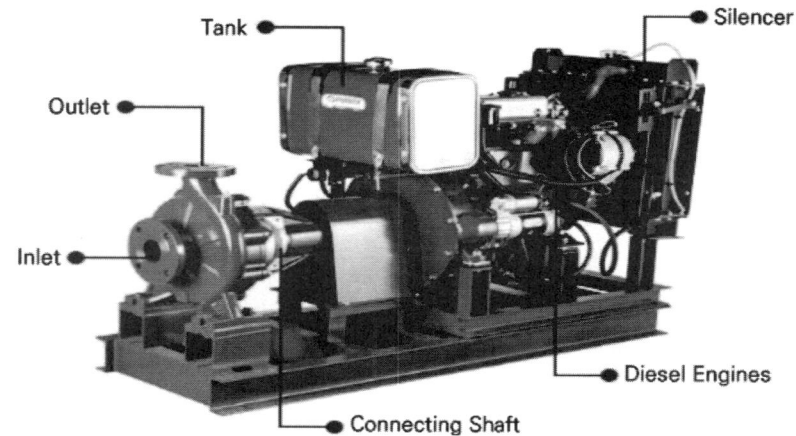

② 구동하는 동안 시스템은 고온에 노출되어도 작동하도록 설계되었으므로 정상인지 확인

③ 냉각시스템이 정상적으로 작동되는지 확인하기 위함

(2) 연료의 정체 방지

연료가 정체되지 않도록 충분한 시간동안 연료소모가 필요함

(3) 엔진고장 방지

① 연료의 불연소 배기현상(Wet Stacking)이 장시간 지속될 경우 엔진성능 저하와 연료 소비량의 증가를 유발하여 엔진이 고장 날 수 있음

② 배기현상(Wet Stacking) : 엔진실린더 내 연소되지 않은 잔류 연료가 축적되어 배기되는 현상

134회 2교시

1 열유속(Heat Flux)과 열방출속도(Heat Release Rate)에 대하여 다음을 설명하시오.
  1) 개념 및 소방에서의 활용 비교
  2) 화재로 인한 열전달의 종류
  3) 열방출속도 결정법

1. 개념 및 소방에서의 활용 비교

구분	열유속(Heat Flux)	열방출속도(Heat Release Rate)
개념	• 단위면적당 열흐름률($\dot{q}''$) • 단위면적 및 단위시간당의 통과 열량 • 단위 : W/m^2, $J/s \cdot m^2$	• 열흐름률($\dot{q}$) • 연소를 통해 열에너지가 생성되는 속도 • 단위 : W, J/s
활용	[연소의 지속여부] • 화염에서 연료표면으로 복사되는 열유속은 연료 표면에서 발생하는 열손실보다 커야 기화 또는 열분해가 지속 • 즉, 연료에 충분한 열이 공급되어야 연소가 지속 [복사 쉴드(Shield)] • 복사 쉴드 수가 많을수록 반사율이 커지므로 열유속은 감소 • 인명구조기구 중 방열복 • 풍도외부를 단열재 감싸 복사열유속 차단	[화재규모 결정] • 열방출속도를 통해 화재규모를 결정 • 많은 실험을 통해 화재규모를 패턴화하면 성장기 화재성장곡선 결정에 매우 유용 [화염 높이 결정] • 열방출속도를 알면 화염의 높이를 계산할 수 있으므로 화염의 높이는 확산화염에서 방출되는 열방출속도의 지표역할을 할 수 있음 $H_f = 0.23 \dot{Q}^{2/5} - 1.02D$ [마감재료의 난연성] • 준불연재료, 난연재료

2. 화재로 인한 열전달의 종류

구분	전도	대류	복사
정의	열이 고온 부분에서 저온 부분으로, 중간 물질을 통해서 이동하는 현상	액체나 기체가 가열될 때 데워진 것이 위로 올라가고 차가운 것이 아래로 내려오면서 전체적으로 데워지는 현상	열에너지가 매질을 통하지 않고 고온의 물체에서 저온의 물체로 전자기파로 직접 전달되는 현상
메커니즘	• 분자 간 충돌 → 온도 상승 → 분자운동 활발 → 분자 간 충돌 → 열에너지 전달	• 온도차 → 부피 팽창 → 밀도 감소 → 부력 발생 → 대류 열전달	• 원자 내 전자 → 열에너지 → 다른 에너지 준위로 전이 → 전자기파 방출
식	[푸리에의 열전도법칙] • 열유속($\dot{q}''$) $$\dot{q}'' = \frac{k}{L}(T_1 - T_2)$$ • 열흐름률($\dot{q}$) $$\dot{q} = \frac{k}{L}A(T_1 - T_2)$$	[뉴턴의 냉각법칙] • 열유속($\dot{q}''$) $$\dot{q}'' = h \times (T_1 - T_2)$$ • 열흐름률($\dot{q}$) $$\dot{q} = \dot{q}'' \times A = hA(T_1 - T_2)$$	[스테판 볼쯔만의 법칙] • 흑체 $E = \sigma T^4 (W/m^2)$ • 실제물체(회색물체) $$\dot{q}'' = \varepsilon \sigma \Phi T^4$$

3. 열방출속도 결정법

1) 계산에 의한 방법

(1) 계산식

$$\dot{Q} = \chi \dot{m}'' A \Delta H_c (kW)$$

χ : 연소효율(불완전연소에 대한 보정계수, $\chi < 1.0$)
$\dot{m}''$: 질량감소유속($g/m^2 \cdot s$)
A : 연소표면적(m^2), ΔH_c : 연소열(kJ/g)

(2) 재료는 단일물질인 경우도 있지만 여러 개의 물질로 구성된 복합재료가 많으므로 이를 계산에 의한다는 것은 정확도가 저하되고, 계산은 복잡해진다.

2) 측정에 의한 방법(콘칼로리미터법)

(1) 측정원리

① ISO 5660-1에 따른 콘칼로리미터 시험방법은 재료가 $50kW/m^2$ 등 일정한 크기의 복사열량 조건에서 연소한다.

② 유기물이 연소할 경우 산소가 $1kg$ 소모되면 $13.1MJ$의 열량을 방출시킨다는 원리를 이용한다.

③ 산소 농도의 감소량을 측정한 후 발열량을 계산하는 방식으로 재료의 열방출 특성을 평가한다.

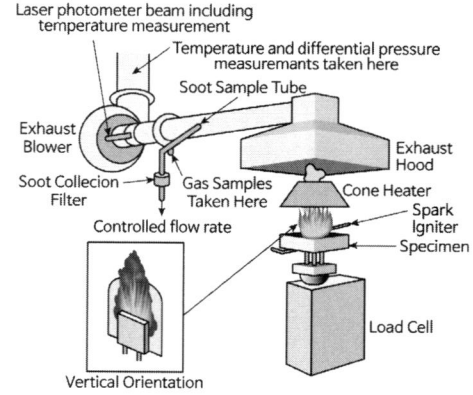

(2) 열방출속도의 영향인자

　　① 밀도와 비열

　　② 연소열

　　③ 기화열

　　④ 연료의 표면적, 방향, 표면적 대 질량비

　　⑤ 연소효율

(3) 측정항목

　　① 평균열방출속도(Average Heat Release Rate)

　　② 최대열방출속도

　　③ 총방출열량(Total Heat Release)

　　④ 연기방출속도

　　⑤ 착화시간

> **보충**
>
> **[산소소비열량계(Oxygen Consumption Calorimeter)의 종류]**
>
> | 종류 | 내용 | 비고 |
> |---|---|---|
> | 콘열량계
(Corn Calorimeter) | • 보편적으로 이용하는 소규모 열량계 | • 시료크기 : 0.1m×0.1m
• 시료의 두께가 두껍거나 복잡한 물체에 적용이 어려움 |
> | 중형열량계
(ICAL) | • 콘칼로리미터는 시료의 두께가 두껍거나 복잡한 물체에 적용이 어려워 개발됨 | • 시료크기 : 1m × 1m |
> | 실외열량계
(Open Air Calorimeter) | • 대형시험에 사용되는 열량계로 실물 모형 주택이나 실물 모형 실내 실험 시 사용 | • 가구열량계(Furniture Calorimeter)라고도 함 |

2 크린룸(Clean Room)의 위험성 및 소방시설강화에 대하여 다음을 설명하시오.
1) 크린룸의 정의
2) 크린룸의 청정도를 나타내는 Class100의 의미
3) 크린룸의 위험성
4) 「소방시설등 성능위주설계 평가 운영 표준 가이드라인」의 반도체분야 소방시설 강화방안 중 스프링클러헤드 제외부분, 소화전, FAB 내의 스프링클러 적용에 대하여 설명

1. 개요

1) 클린룸 시설은 반도체산업 및 제약산업 등에서 주로 사용되며, 국내의 경우 이에 대한 방재기준이 없어 NFPA 318 및 FM 기준을 준용하고 있다.
2) 클린룸은 Top-Down 방식의 기류 이동으로 열, 연기의 이동은 일반 건축물과는 다르며, 클린룸은 청정도가 강화된 긴급 배출시설로 구성되어 있고, 감지기는 작동과 신뢰성의 문제로 잘 사용하지 않고 있는 실정이다.
3) 과거 국내 반도체 공장은 수손 피해 및 누수로 인한 공정 중단을 우려하여 스프링클러를 설치하지 않았으나 2000년대 초반부터 스프링클러설비와 공기흡입형감지기 등이 설치되고 있으며, 그 밖의 첨단 방재시설이 설치되고 있다.

2. 크린룸의 정의

1) 먼지를 비롯한 제반 환경 조건(기온, 습도, 기류, 기압, 조도 등)이 일정한 규격에 맞게 유지되는 깨끗한 공간
2) 제품생산 과정에서아주 작은 먼지나 입자 조차도제품의 품질에 영향을 줄 수 있음. 즉 먼지가 극도로 적은 공간, 청정실이라고도 불림

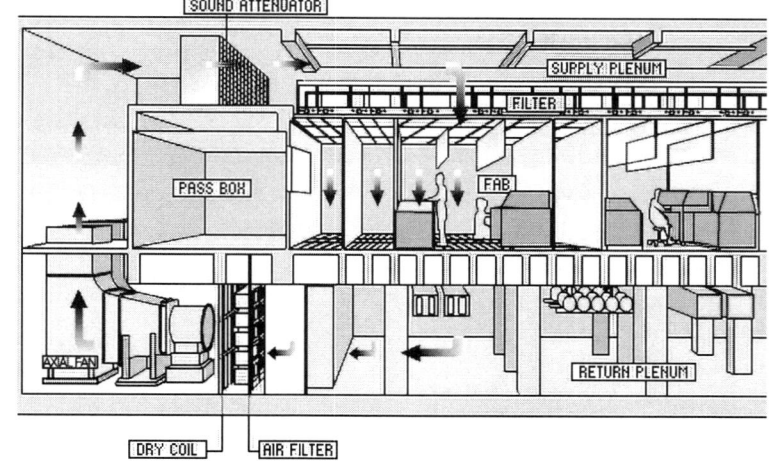

3) 디스플레이 · 반도체 등을 생산하는 팹(FAB)에서 주로 사용되는 건물 내부의 환경형태

3. 크린룸의 청정도를 나타내는 Class 100의 의미

1) 1입방피트(ft^3) 안에 0.5um 이상 크기의 먼지가 100개 이하로 존재하는 청결 정도
2) 클린룸의 청정도를 구별하기 위해 청정등급(Class)를 규정하며 Class 1, 100, 1000, 10000 등으로 구분

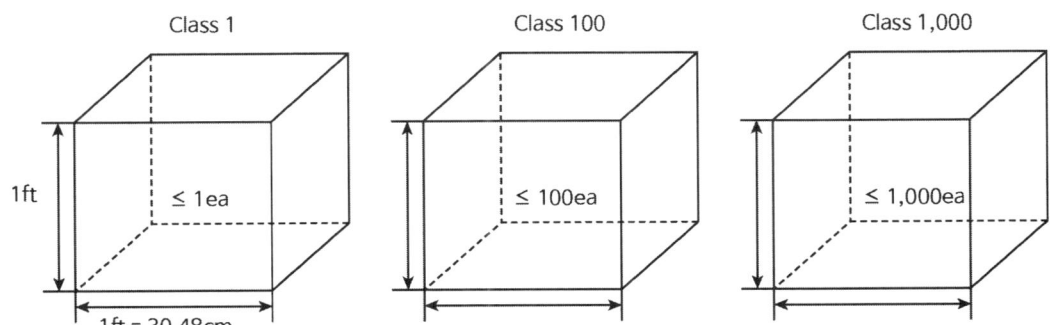

4. 크린룸의 위험성

1) 인화성이 높은 케미컬을 다량으로 사용

(1) 공정에서 사용하는 스트리퍼, 현상액, 감광액 등은 인화성 물질로 발화원에 노출 시 화재가 발생함

(2) 특히 세척용으로 사용하는 IPA, 아세톤, 메탄올, 에탄올 등은 화재위험성이 큼

2) 화재위험성, 폭발성이 높은 특수 가스 사용

(1) 실란, 디실란 등의 가스는 공기 중 노출 시 자연발화함

(2) 이외에도 수소 등의 폭발성 가스를 사용하므로 화재, 폭발의 위험성이 상존함

3) 클린룸의 특성상 화재 시 연기 및 오염으로 피해 규모가 큼

(1) 클린룸은 고도의 청정상태를 유지하고 지속적인 공기순환이 이루어짐

(2) 반도체 장비와 공정 중인 웨이퍼, 마스크 등의 원부자재는 약간의 오염에도 많은 손상이 발생됨

(3) 클린룸 내부에서 화재 시 공기순환으로 인한 연기확산으로 고가의 장비 및 웨이퍼에 치명적인 손상이 발생됨

4) 단위면적당 자산의 집적도가 높아 작은 화재에도 사고 규모가 큼

(1) 고가의 반도체 장비의 손상 발생

(2) 공정 중 웨이퍼, 마스크, 반도체 칩도 부피에 비해 자산 가치가 큼

5) 장비, 덕트, 실내 내장재의 불연화가 어려움

(1) 케미컬과 특수 가스는 화재 위험성이 크고 부식성이 강해 장비와 배기 덕트를 금속으로 할 경우 쉽게 부식이 발생하므로 PVC나 FRP 등 가연성의 플라스틱으로 제작

(2) 클린룸 내부의 파티션은 제작의 편의성, 공기 단축을 위해 가연성 플라스틱을 사용

6) 스프링클러 등 자동소화설비의 설치가 어려움

(1) 반도체 장비 및 웨이퍼는 물에 취약

(2) 최근에는 방재의 중요성을 인식하여 스프링클러를 설치하고 있으나 오래전에 설치된 클린룸은 미설치 상태임

5. 반도체분야 소방시설 강화방안 중 스프링클러헤드 제외 부분, 소화전, FAB 내의 스프링클러 적용사항

1) 스프링클러헤드 제외 부분

반자 내부 등 스프링클러헤드 제외 부분은 가연성 물질에 대한 화재안전성 평가를 진행하여 그 적정성을 검증할 것

2) 소화전

(1) Main FAB과 오피스 지역에는 호스릴소화전을 적용을 권장

(2) 장비의 배치 등으로 소화전 호스의 꺾임이 발생하지 않도록 할 것

3) FAB 내의 스프링클러 적용

(1) 위험물 취급소에 해당하는 방사밀도 및 살수기준 면적 이상을 적용할 것

(2) 배관, 덕트 및 설비 등이 밀집한 구간의 경우 살수 장애 등을 고려하여 스프링클러헤드를 추가 배치할 것

- 스프링클러헤드는 장애물 최상부와 최하단에 반영할 수 있도록 할 것

4) 기타

(1) 소화가스 방호구역 과압배출구는 사람이 상주하지 않는 장소 또는 건물 외부와 연결되도록 할 것
(2) 인입되는 소방용 급수배관은 유지보수등을 고려하여 최소 2개소 이상 인입되도록 구성하거나 루프배관으로 구성하고, 개폐밸브를 설치

3 미분무소화설비 설계도서의 KFI 인정기준에 대하여 설명하시오.

1. 목적

미분무소화설비 설계도서의 KFI 인정기준은 미분무소화설비 설계도서의 유효성 검증에 필요한 사항에 대해 규정함을 목적으로 함

2. 설계도서

1) 일반설계도서 포함 사항

(1) 건물의 개요 및 건물사용자 특성
(2) 사용자의 수와 장소
(3) 실 크기 및 실내 가구와 내용물
(4) 점화원의 형태
(5) 실가연물 종류, 크기 및 수량 등
(6) 최초 발화물 및 발화물의 위치
(7) 환기조건
　① 공기조화설비(자연형 및 기계형 여부)에 의한 문과 창문의 초기상태(열림, 닫힘)
　② 시간에 따른 변화상태(화재 시 상태 포함)
(8) 시공 유형과 내장재 유형
(9) 방호구역 환경조건(온도 등)
(10) 미분무헤드(이하 "헤드"라 한다)
　① 헤드 성능인증서
　② 바닥 위의 설치높이(최소 및 최대)
　③ 벽과 또는 칸막이와의 최소 이격거리
　④ 천장 아래 최소 이격거리
　⑤ 살수장애물과의 최소 이격거리
　⑥ 헤드 간격(최소 및 최대)
　⑦ 설치방향
　⑧ 헤드의 방수압력(최소 및 최대)

⑾ 첨가제를 사용한 경우 첨가제의 종류 및 혼합비율(다만 첨가제가 소화약제인 경우 소화약제는 "소화약제의 형식승인 및 제품검사의 기술기준"에 적합할 것)
⑿ 소화시간
⒀ 펌프, 배관 및 헤드 등에 요구되는 압력 및 유량에 대한 수리계산 자료
⒁ 설비의 시공 및 작동 그리고 유지관리에 대한 지침
　① 주의 및 경고표지
　② 설비를 구성하는 주요 부품에 대한 도면 및 기술사양
⒂ 실가연물과 소화설비가 포함된 건축도면(평면도, 입면도, 측면도 등)

2) 특별설계도서

다음에서 가장 피해가 클 것으로 예상되는 최소 1개 이상을 선택하여 작성하며, 해당 설계도서에 대한 모의실험(화재 및 피난 시뮬레이션)의 결과물을 포함

(1) 특별설계도서 1
　① 내부 문들이 개방되어 있는 상황에서 피난로에 화재가 발생하여 급격한 화재연소가 이루어지는 상황을 가상할 것
　② 화재 시 가능한 피난방법의 수에 중심을 두고 작성할 것

(2) 특별설계도서 2
　① 사람이 상주하지 않는 실에서 화재가 발생하지만, 잠재적으로 많은 재실자에게 위험이 되는 상황을 가상할 것
　② 건축물 내의 재실자가 없는 곳에서 화재가 발생하여 많은 재실자가 있는 공간으로 연소 확대되는 상황에 중심을 두고 작성할 것

(3) 특별설계도서 3
　① 많은 사람들이 있는 실에 인접한 벽이나 덕트 공간 등에서 화재가 발생한 상황을 가상할 것
　② 화재감지기가 없는 곳이나 자동으로 작동하는 소화설비가 없는 장소에서 화재가 발생하여 많은 재실자가 있는 곳으로의 연소 확대가 가능한 상황에 중심을 두고 작성할 것

(4) 특별설계도서 4
　① 많은 거주자가 있는 아주 인접한 장소 중 소방시설의 작동범위에 들어가지 않는 장소에서 아주 천천히 성장하는 화재를 가상할 것
　② 작은 화재에서 시작하지만 큰 대형화재를 일으킬 수 있는 화재에 중심을 두고 작성할 것

(5) 특별설계도서 5
　① 건축물의 일반적인 사용 특성과 관련, 화재하중이 가장 큰 장소에서 발생한 아주 심각한 화재를 가상할 것
　② 재실자가 있는 공간에서 급격하게 연소 확대되는 화재를 중심으로 작성할 것
(6) 특별설계도서 6
　① 외부에서 발생하여 본 건물로 화재가 확대되는 경우를 가상할 것
　② 본 건물에서 떨어진 장소에서 화재가 발생하여 본 건물로 화재가 확대되거나 피난로를 막거나 거주가 불가능한 조건을 만드는 화재에 중심을 두고 작성할 것

3) 신청자가 제출한 설계도서는 필요한 경우 평가위원회를 통해 적정성 여부를 확인할 수 있음

3. 일반설계도서 유효성 검증

1) 일반설계도서의 유효성은 소화성능시험으로 검증하며, 소화시험은 신청자가 제시한 조건에서 미분무 방출 시작부터 신청자가 제시한 시간 이내에 소화되고 재발화가 없을 것

2) 소화시험은 다음에 따라 실시

(1) 소화시험실 및 시험시설은 다음에 적합할 것
　① 소화시험실은 통풍이 잘되고 외기가 없는 최소 체적 $500m^3$ 장소(가로 : 10m이상, 세로 : 10m 이상, 높이 : 5m 이상)일 것. 다만 방호구역의 체적이 $500m^3$보다 작은 경우는 실제 크기 및 환기조건에 맞게 갖출 수 있음
　② 소화시험실은 외부에서 육안으로 소화여부를 확인할 수 있을 것
　③ 시험시설은 일반설계도서에 의하여 헤드 최대설치 높이, 설치간격 등을 고려하여 구성할 것. 다만 시험의 효율성을 위하여 간소화 할 수 있음
　④ 설치된 헤드에서 설계 방수압력으로 방수되는지 화재시험 전에 확인할 것

(2) 실가연물을 설계도서에 따라 설치하고 제시된 시험방법(실가연물 점화 등이 곤란한 경우에 대체가연물을 이용한 시험방법)에 따라 소화시험을 실시. 이 경우 점화방식은 FM 등 관련 공인 규격에서 제시하는 방법을 준용할 수 있음

(3) 실가연물 대신 대체가연물을 사용하는 경우 신청자는 실가연물과 대체가연물의 최대 발열량에 대한 공인기관에서 발행한 성적서 또는 국내·외 전문기관에서 발행하는 공인된 자료를 제출할 것

(4) 방수의 시작은 다음의 기준시간에 따를 것
　① 개방형헤드를 사용하는 경우
　　• 액체가연물 : 60초 이후
　　• 고체가연물 : 최성기 도달 시간 이후
　② 폐쇄형헤드를 사용하는 경우 : 감열체 작동에 의함

(5) 신청자가 제시한 시간(최대 30분) 내에 소화되고, 소화 후 2분 이내 재발화가 발생하지 않을 것

(6) 신청자가 제시하는 요구사항이 다양하게 설계(헤드 설치 높이·간격, 방수압력 등)된 경우 각 설계모델별로 소화성능 시험을 실시할 것

4. 특별설계도서 유효성검증

신청자가 제시한 특별설계도서가 다음 중 하나에 대하여 적합하게 작성되어 있는지 확인

1) 발화장소에 대한 화재제어 또는 화재진압 대책
2) 인근 방호구역 또는 근접한 건물로의 연소확대방지 대책
3) 재실자의 안전한 피난로 확보를 위한 피난계획 대책

---

4 리튬이온 배터리에 대하여 다음을 설명하시오.
1) 리튬이온 배터리의 온도에 따른 현상
2) 화재 시 독성 가스가 발생하는 원인
3) 화재 시 유해 가스의 주요성분

1. 리튬이온 배터리의 구성 및 원리

1) 화학반응식

$$Li_{1-X}CoO_2 + Li_XC \underset{\text{방전}}{\overset{\text{충전}}{\rightleftharpoons}} Li_{1-X+dX}CoO_2 + Li_{X-dX}C$$

2) 구성

(1) 양극(Cathode)
  ① 리튬산화물(코발트, 니켈, 망간, 티타늄 등 산화물에 리튬이온이 도핑된 물질)
  ② 충전시 리튬이온을 제공

(2) 음극(Anode)
  ① 흑연(흑연분말로 알루미늄과 구리박막에 코팅 후 건조해 전극판 형성)
  ② 리튬이온을 저장

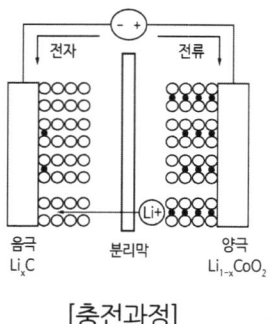
[충전과정]

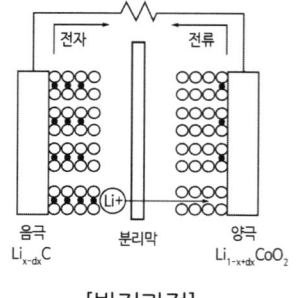
[방전과정]

(3) 전해액(Electrolyte)
    ① 휘발성 유기용제(리튬염)
    ② 리튬이온이 이동할 수 있는 공간과 환경을 제공
(4) 분리막
    ① 폴리에틸렌(PE), 폴리프로필렌(PP)과 같은 합성수지
    ② 양극과 음극의 접촉을 차단하고 전자가 전해액을 통해 직접 흐르지 않도록 하고, 내부의 미세한 구멍을 통해 원하는 이온만 이동할 수 있게 만듦

3) 원리
(1) 리튬은 전자를 잃고 양이온이 되려는 경향이 강함
(2) 방전 시 리튬이온이 음극에서 양극으로 이동
(3) 충전 시 리튬이온이 양극에서 음극으로 이동

2. 리튬이온 배터리의 온도에 따른 현상 : 열폭주

1) 정의
(1) "열폭주"란 온도 상승이 역학적 과정에 의해 에너지 방출을 증가시켜 온도 상승을 더욱 가속화 시키는 현상
(2) 열폭주는 양극재와 음극재 사이의 분리막 손상에 의한 양극과 음극의 단락에서 시작

2) 열폭주의 주요 요인
(1) 물리적 충격 : 분리막의 천공
(2) 전기적 요인 : 과충전 및 과방전
(3) 제품 자체의 결함, 외부요인(기상조건, 내부 냉각장치 오작동, 화재 등)에 의해 가열

3) 메커니즘
전기적, 물리적 열적 권장 사용범위를 벗어나서 사용(Abuse상태) → 단락 → 내부에 충전된 에너지의 급격한 방출(온도 상승) → 유기 용매인 전해액 열분해 → 인화성 가스 발생(Off-gas) → 가스 팽창 → 내부압력 증가 → 배터리 셀 밖으로 가스와 전해액이 누출되어 발화

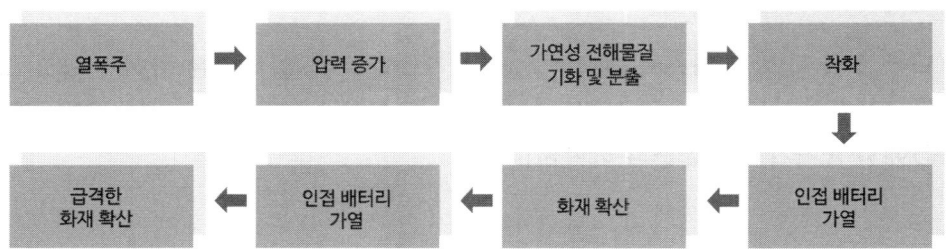

3. 화재 시 독성 가스가 발생하는 원인

1) 과열(Thermal Abuse) : 외부 가열에 의한 과열

(1) 원인

기상조건, 시스템 내부 냉각장치 오작동 등 다양한 배터리 외부 열원에 의해 배터리의 온도 상승

(2) 메커니즘

온도상승 → 배터리 내부 온도가 증가 → 전해액과 분리막(SEI)이 분해 → 가스가 생성 → 내부 압력상승 → 1차 가스 분출(안전장치 작동) → 분리막이 녹는점 이상되면 내부 단락 발생 → 열폭주 → 화염, 2차 가스 분출

2) 과충전(Overcharge)

(1) 원인

① 사용자의 부주의
② 제조상의 결함
③ 충전기의 문제

(2) 메커니즘

배터리 과충전 → 가용한 리튬이온 부족, 내부 전해액 분해 → 가스 생성 → 배터리 내부 압력 상승 → 1차 가스 분출(안전장치 작동) → 압력 증가 지속 → 내부 단락 → 열폭주 → 화염, 2차 가스 분출

4. 화재시 유해가스의 주요성분

1) 주요발생가스(Off-gas)

(1) 주요가스 : CO_2, CO, H_2, C_2H_4, CH_4, C_2H_6, C_3H_6

(2) 대부분의 비율을 차지하는 가스는 CO_2, H_2, CO로써 부피비 85%이며 나머지 15%의 경우 C_2H_4, CH_4, C_2H_6, C_3H_6와 같은 탄화수소들로 이루어짐

종류	CO_2	H_2	CO	C_2H_4	CH_4	C_2H_4	C_3H_6
비율(Vol.%)	36.56	22.27	28.38	5.61	5.26	0.99	0.52

2) 기타가스 : HF, POF_3 등

3) 외부 수열 시 발생 가스와 과충전 시 발생가스의 종류 및 비율은 차이가 있고, 과충전의 경우 2차 분출 시 외부 수열과 비슷한 결괏값을 갖지만 1차 분출의 경우 DMC, EMC와 같은 전해액 증기가 주요성분의 하나임

5. 결론

1) 리튬이온 배터리 화재 시 발생되는 가스 중에 CO_2와 CO가 가장 많은 비중을 차지한다.
2) 연기감지기와 CO계열 감지센서를 통해 초기에 리튬이온배터리 화재를 감지하고 특히 CO_2 유동에 대한 다양한 시험을 통하여 보다 안정적인 화재감지시스템을 구축해야 한다.

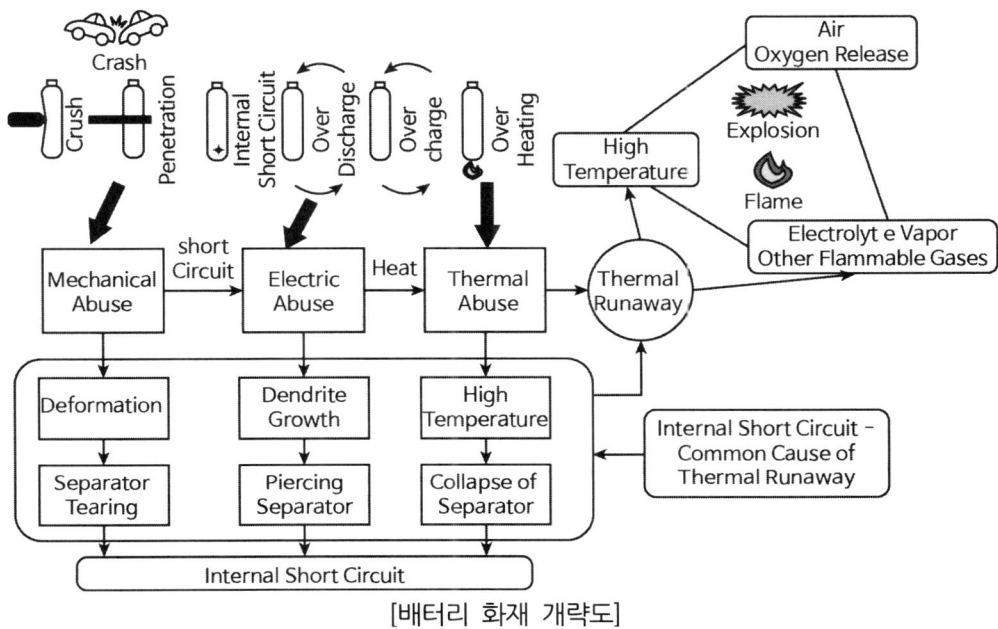

[배터리 화재 개략도]

---

5 NFPA 72의 PAS(Positive Alarm Sequence)에 대하여 다음을 설명하시오.
1) 정의와 주요 기능
2) PAS 적용 예외 상황
3) PAS가 건물의 화재 안전 시스템에 미치는 영향
4) PAS의 장·단점

1. PAS(Positive Alarm Sequence)의 정의와 주요 기능

1) 정의

화재 신호 시 화재 상황을 파악하기 위해 거주자에게 화재통보를 지연시키는 과정을 PAS(Positive Alarm Sequence)라 한다.

2) 주요기능

(1) 훈련된 인원은 자동 화재감지장치의 신호 후 15초 이내에 화재 경보 제어 장치에서 확인

(2) 신호를 15초 이내에 확인하지 않으면 건물 대피 또는 이전계획에 따른 경보 신호와 원격 신호는 즉시 자동으로 작동됨

(3) PAS가 작동되면 훈련된 인원은 180초 동안 화재 상황을 확인하고 시스템을 재설정해야 함

2. PAS 적용 예외 상황

1) 시스템을 재설정하지 않으면 건물 대피 또는 이전계획에 따른 경보 신호와 원격 신호는 즉시 자동으로 작동

2) PAS가 작동되면 다른 자동화재감지기가 작동할 경우 건물 대피 또는 이전계획에 따른 경보 신호와 원격 신호는 즉시 자동으로 작동

3) 다른 화재경보 장치가 작동하면 건물 대피 또는 이전계획에 따른 경보 신호와 원격 신호는 즉시 자동으로 작동

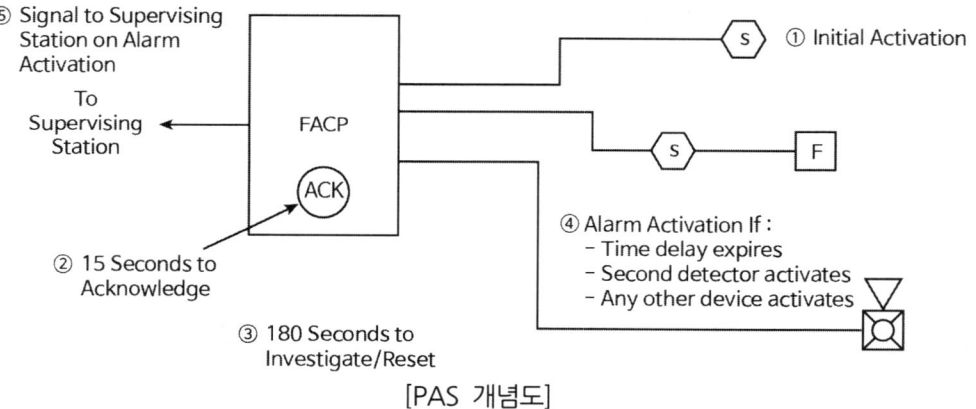

[PAS 개념도]

3. PAS가 건물의 화재안전시스템에 미치는 영향

1) 비화재보에 대한 화재안전시스템 신뢰도 향상

2) 불특정 다수인이 이용하는 건축물, 지하역사 등에 사용하면 비화재보를 예방할 수 있는 효과 상승

3) 대규모 인원이 이용하는 건축물(공항, 의료기관, 경기장 등)과 비화재보로 인한 물적 손실이 예상되는 장소(반도체 공장, 디스플레이 패널 공장 등)에 사용하면 효율적인 운영이 가능함

4) 연소확대의 우려가 있는 장소에는 적용이 어려움

4. PAS의 장·단점

PAS는 재실자에게 통보를 지연시켜 화재를 조사할 수 있는 반면에, 재실자에게 통보가 지연될 수 있음

1) 장점
   (1) 다수인이 모이는 복합건축물 등의 경우에는 감지 신호 후 즉시 경보되면 피난에 혼란을 가중시킬 수 있으므로 PAS 적용 시 유리함
   (2) 15초 이내에 확인되지 아니하면 바로 경보되므로 신뢰성이 확보됨
   (3) 180초 동안 화재 발생 유무를 확인한 후 경보할 수 있는 장점이 있음

2) 단점
   (1) 비화재보의 우려가 높은 장소에 유리하나 실제 화재의 경우에는 필요피난시간(RSET)이 증대되어 인명피해가 클 수 있음
   (2) 창고와 같이 화재성장속도가 빠른 경우에는 PAS를 적용할 시 피해 규모가 커질 수 있음
   (3) PAS에 대한 개념적 이해가 필요하며, 직원의 별도 교육과 훈련이 필요함

> **보충**

[사전 신호 시스템(Pre-signal Systems)기능의 일반사항 : 아래의 조건을 충족해야 함]

1) 초기 화재 경보 신호가 수신되면 감시제어실, 소방서(Fire Brigade Station), 관계인이 상시 거주하고 있는 장소에만 경보 신호를 보낸다.
2) 사전 신호 시스템이 원격 장소 또는 감시실에 연결되어 있어, 경보신호가 활성화 되면 즉시 신호를 받을 수 있다.
3) 이후의 시스템 작동은 다음 중 하나를 통해 이루어짐
   (1) 일반 화재 경보를 활성화하는 인적 행위
   (2) 1분 이상 경보를 지연할 수 있는 기능
4) 적용 장소 : 구급시설, 호텔 등
   (1) **구급시설 및 호텔 등에 화재경보시스템이 자동으로 작동되면 재실자는 자체 대피가 불가하므로 패닉의 우려가 있음**
   (2) 화재경보시스템을 수동적으로 작동시키기 위해 보안구역(상시 상주 위치)에 위치한 스테이션을 사용하거나 키를 사용함

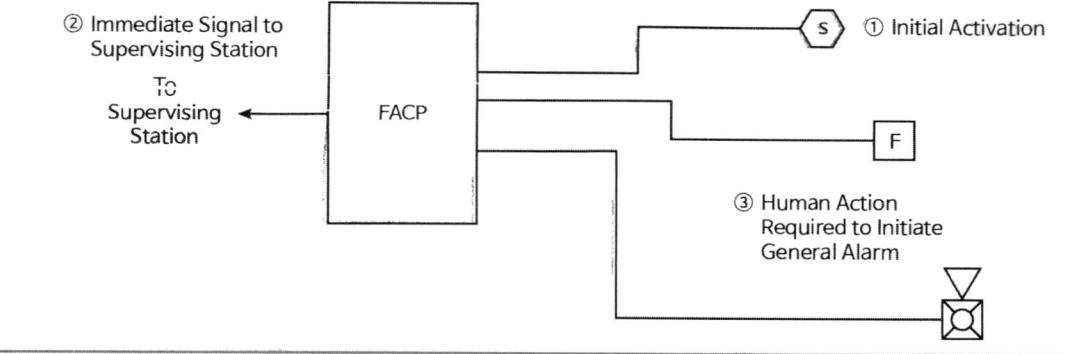

> 보충

[NFPA 72 "Chapter 23 Protected Premises Fire Alarm Systems"]

23.8.1.1.2 A presignal feature shall meet the following conditions :

(1) The initial fire alarm signals sound only in department offices, control rooms, fire brigade stations, or other constantly attended central locations.

(2) Where there is a connection to a remote location, the transmission of the fire alarm signal to the supervising station activates upon the initial alarm signal.

(3) Subsequent system operation is by either of the following means :

① Human action that activates the general fire alarm

② A feature that allows the control equipment to delay the general alarm by more than 1 minute after the start of the alarm processing

23.8.1.2 Positive Alarm Sequence.

23.8.1.2.1 Systems that have positive alarm features complying with 23.8.1.2 shall be permitted if approved by the authority having jurisdiction.

23.8.1.2.1.1 The positive alarm sequence operation shall comply with the following :

(1) To initiate the positive alarm sequence operation, the signal from an automatic fire detection device selected for positive alarm sequence operation shall be acknowledged at the fire alarm control unit by trained personnel within 15 seconds of annunciation.

(2) If the signal is not acknowledged within 15 seconds, notification signals in accordance with the building evacuation or relocation plan and remote signals shall be automatically and immediately activated.

(3) If the positive alarm sequence operation is initiated in accordance with 23.8.1.2.1.1(1), trained personnel shall have an alarm investigation phase of up to 180 seconds to evaluate the fire condition and reset the system.

(4) If the system is not reset during the alarm investigation phase, notification signals in accordance with the building evacuation or relocation plan and remote signals shall be automatically and immediately activated.

(5) If a second automatic fire detector selected for positive alarm sequence is actuated during the alarm investigation phase, notification signals in accordance with the building evacuation or relocation plan and remote signals shall be automatically and immediately activated.

(6) *If any other fire alarm initiating device is actuated, notification signals in accordance with the building evacuation or relocation plan and remote signals shall be automatically and immediately activated.

24.4.3 Positive Alarm Sequence. In-building fire emergency voice/alarm communications systems shall be permitted to use positive alarm sequence complying with 23.8.1.2.

6 데이터센터(Data Center) 방화기준에 대하여 다음을 설명하시오.
1) 데이터센터와 컨테인먼드 시스템(Containment System) 개념
2) 데이터센터의 화재발생 시 리스크
3) 컨테인먼트 시스템 구성 시 고려해야 할 항목
4) 안전관리방안 검토 사항

1. 데이터센터(Data Center)의 정의

정보통신서비스의 제공을 위하여 전산장비를 일정한 공간에 집적시켜 통합 운영·관리하는 시설을 데이터센터(Data Center)라 한다.

2. 데이터센터와 컨테인먼드 시스템(Containment System) 개념

1) 개념

전산실 내 마주 보게 설치되는 랙(Rack)과 랙(Rack), 랙(Rack)과 구획 벽체 사이 등 공간을 구분하여 전산장비를 효과적으로 냉각시키는 방식

2) 종류

(1) 냉복도형 컨테인먼트 시스템(Cold Aisle Containment)

높임 바닥의 개구부를 통하여 차가운 공기가 모이는 구역(Cold Aisle, 냉복도)으로 설정하는 방식

(2) 열복도형 컨테인먼트 시스템(Hot Aisle containment)

전산장비에서 배출되는 뜨거운 공기가 모이는 구역(Hot Aisle, 열복도)으로 설정하는 방식

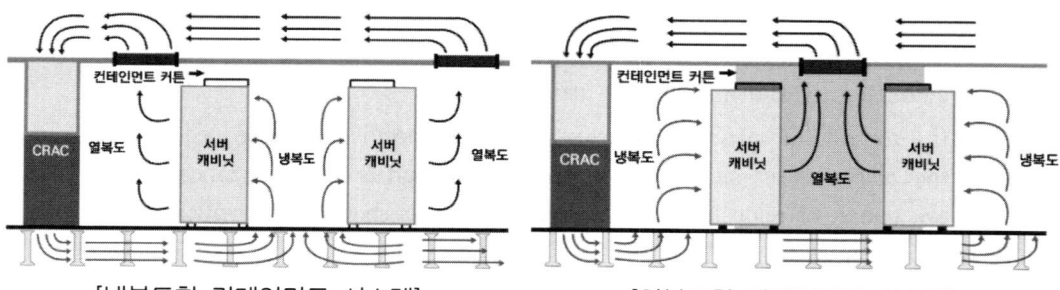

[냉복도형 컨테인먼트 시스템]   [열복도형 컨테인먼트 시스템]

3. 데이터센터의 화재발생 시 리스크

1) 직접적 손실 리스크

(1) 데이터센터 공간의 단위 면적 당 자산가치는 일반적인 제조시설 또는 창고 영역보다 상당히 높음

(2) 연기 및 부식성 가스로 인한 손상을 방지하기 위해 연소 생성물을 최소한으로 유지하고 사고발생 후 신속하게 제거하는 것이 중요함
　① 전산장치를 구성하는 대부분의 부속품 및 전기배선 등은 가연성이고, 충분히 높은 열원에 노출된 경우에는 손상될 수 있음
　② 내부 회로의 저항 또는 커패시터의 과열에 의해 발화되는 경우에는 수직 또는 수평으로 쌓여진 스태킹 배열은 구획된 구조 내에서 빠른 화재 확산을 초래
　③ 전산장비의 설치 및 보수 작업 시 반입하게 되는 장비 포장재 및 보수 물품도 가연물 공급원이 될 수 있음

2) 업무중단으로 인한 리스크

(1) 기존의 데이터센터 화재사고를 보면 사전 수립된 비상계획이나 신속한 대응여부에 따라 사고의 여파, 네트워크에 주는 영향의 범위, 서비스 중단 시간 등의 차이가 큼

(2) 대형 데이터센터의 파괴는 상당한 금전적 손실을 나타내지만, 갑작스러운 이용 불가로 인해 더 심각한 재정적 결과가 발생

(3) 백업이나 다른 설비를 이용하여 긴급하게 업무 연속성을 확보할 수 있지만 다음과 같은 경우에는 여의치 않을 수 있음
　① 파괴된 설비가 유일무이한 경우
　② 유사한 장치가 너무 멀리 있거나 기존 데이터처리 부하로 인해 사용할 수 없는 경우
　③ 자연재해로 광범위한 지역에서 다수의 데이터센터가 피해를 입은 경우
　④ 보안문제로 외부에서 기밀 데이터를 처리하는 것이 허용되지 않은 경우
　⑤ 전산장비가 화학 플랜트 등 산업공정을 직접 제어하는 경우

4. 컨테인먼트 시스템 구성 시 고려해야 할 항목

1) 불연재료 사용

2) 밀폐형 반자가 설치된 경우 조치 사항

(1) 컨테인먼트 시스템의 밀폐형 반자와 면하여 스프링클러헤드, 미분무헤드 또는 가스계 소화설비 분사헤드 설치

(2) 전산실 천장 또는 반자에 면하여 자동식소화설비가 설치되어 있고, 컨테인먼트 시스템의 밀폐형 반자를 탈락형 반자(Drop-out Ceiling Panel) 타입으로 설치하는 경우
① 전산실 천장 또는 반자와 면하여 설치하는 스프링클러헤드 및 미분무헤드는 조기반응형으로 설치
② 탈락형 반자의 높이는 바닥면으로 부터 4.5 m 이내로 설치
③ 천장 또는 반자에 면하여 설치된 스프링클러헤드와 탈락형 반자의 이격거리는 6.0 m 이내로 설치

3) 천장 또는 반자와 면하여 설치된 자동식소화설비가 컨테인먼트 커튼, 컨테인먼트 수직 칸막이로 인하여 장애가 발생되는 경우

(1) 자동식소화설비 작동 시 장애가 발생되지 않도록 커튼 또는 칸막이 재조정

(2) 커튼 또는 칸막이 내부에 스프링클러헤드, 미분무헤드 또는 가스계소화설비 분사헤드 추가설치

4) 컨테인먼트 시스템의 밀폐형 반자 하부에 스프링클러헤드 또는 미분무헤드를 설치하는 경우

(1) 조기반응형으로 할 것

(2) 컨테인먼트 시스템의 밀폐형 반자와 면하는 부분으로 부터 스프링클러 반사판 또는 노즐간의 거리는 최소 44mm, 최대 100mm일 것

5) 조기경보 화재 감지장치(VEWFD)가 전산실 공간 및 배기/공기회수 부분에 설치된 경우에는 냉복도형 컨테인먼트 시스템의 반자 아래에는 감지기를 별도로 설치할 필요가 없음

6) 표준 응답형 스포트형 연기감지기가 설치된 전산실에 컨테인먼트 시스템이 시공되는 경우에는 컨테인먼트 시스템의 반자 아래에 연기감지기를 설치

7) 열복도형 컨테인먼트 시스템 내부에 설치되는 감지기는 온도에 대해 적응성이 있을 것

8) 컨테인먼트 시스템 내부에 국소방출방식의 할로겐화합물 및 불활성기체 소화설비를 설치하는 경우에는 아래 사항을 만족할 것

   (1) 할로겐화합물 및 불활성기체 소화설비 제조업체의 설치 매뉴얼에 따라 컨테인먼트 측벽에 분사헤드 설치
   (2) 컨테인먼트 시스템 체적에 따라 가스설계농도 적용
   (3) 컨테인먼트 시스템 외부에 적절한 가스설계농도 적용
   (4) 상기 사항 이외의 설치 기준은 "할로겐화합물 및 불활성기체 소화설비"기준을 따를 것

5. 안전관리방안 검토 사항

1) 비상대응조직(Emergency Response Team, ERT) 및 비상대응계획
2) 재해 복구 계획
3) 사업연속성 계획
4) 온도제어 실패에 대비한 비상대응계획
5) 전산장비 및 HVAC 시스템의 전력 차단 계획
6) 보안
7) 정리정돈

134회 3교시

1 2024년 5월 개정된 「연결송수관설비의 화재안전성능기준(NFPC 502)」의 개정 배경과 "방수구", "방수기구함" 및 "배관 등" 설치 기준에 대하여 설명하시오.

1. 연결송수관설비

1) 정의

고층건축물에 설치하여 소방대가 건물 내 소화작업 시 외부의 송수구에서 물을 공급하여 사용하는 설비이다.

2) 구성

(1) 송수구 : 소화용수를 공급하기 위해 건물 외벽에 설치한 관

(2) 방수구 : 소화용수를 방수하기 위해 건물 내벽에 설치한 관

(3) 방수 기구함 : 호스 및 노즐 보관함

(4) 가압송수장치

2. 개정 배경

1) 울산 삼환 아르누보 아파트 화재사고 조사 결과 도출된 제도개선 필요사항으로 연결송수관설비의 배관은 전용으로 설치하여 스프링클러설비 작동 시에도 연결송수관설비에 정상적인 급수가 가능토록 함

2) 펌프의 성능시험용 수조의 설치 규정이 없어 이를 구체적으로 정하는 등 현행 제도 운영상 나타난 일부 미비점을 보완

3. 방수구의 설치기준

1) 설치 대상 : 층마다 설치

2) 설치 위치 및 수량

(1) 아파트 또는 바닥면적 1,000m² 미만의 층 : 계단에서 5m 이내

(2) 바닥면적 1,000m² 이상의 층(아파트 제외) : 각 계단(셋 이상 있는 층은 그 중 2개의 계단)에서 5m 이내

(3) 아래의 기준 초과할 경우 추가 설치

　① 지하가(터널은 제외) 또는 지하층의 바닥면적의 합계가 3,000m² 이상인 것은 수평거리 25m

　② 그 외에는 수평거리 50m

3) 방수구 형태

(1) 11층 이상의 부분에 설치하는 방수구는 쌍구형

(2) 전용방수구 또는 옥내소화전방수구로서 구경 65mm의 것

(3) 개폐기능을 가진 것으로 설치해야 하며, 평상 시 닫힌 상태를 유지

4) 호스 접결구의 높이 : 바닥에서 0.5m 이상 1m 이하

5) 방수구의 위치표시 : 표시등 또는 축광식표지

4. 방수기구함의 설치기준

1) 설치 층 : 3개 층마다 설치

2) 위치 : 방수구마다 보행거리 5m 이내

3) 비치 : 15m의 호스, 방사형 관창 2개 이상(단구형 방수구의 경우에는 1개)

4) 표지 : "방수기구함"이라고 표시한 축광식 표지

5. 배관 등의 설치기준

1) 배관

(1) 주배관은 구경 100mm 이상의 전용배관으로 할 것. 다만 주배관의 구경이 100mm 이상인 옥내소화전설비의 배관과는 겸용할 수 있음

(2) 지면으로부터의 높이가 31m 이상인 특정소방대상물 또는 지상 11층 이상인 특정소방대상물에 있어서는 습식설비로 할 것

2) 배관과 배관이음쇠

(1) 배관용 탄소 강관(KS D 3507)

(2) 배관 내 사용압력이 1.2MPa 이상일 경우

　① 압력 배관용 탄소 강관(KS D 3562)

　② 이와 동등 이상의 강도·내식성 및 내열성을 국내·외 공인기관으로부터 인정받은 것을 사용

(3) 화재 등 재해로 인하여 배관의 성능에 영향을 받을 우려가 적은 장소에는 소방용 합성수지배관으로 설치할 수 있음

3) 성능시험배관

(1) 펌프의 토출측에 설치된 개폐밸브 이전에서 분기하여 설치

(2) 유량측정장치를 기준으로 전단에 개폐밸브를 후단에 유량조절밸브를 설치

(3) 유량측정장치는 성능시험배관의 직관부에 설치. 펌프 정격토출량의 175% 이상을 측정할 수 있는 것으로 함

4) 수직배관 설치 장소

(1) 내화구조로 구획된 계단실(부속실 포함)

(2) 파이프덕트 등 화재의 우려가 없는 장소

5) 확관형 분기배관을 사용할 경우

(1) 소방청장이 정하여 고시한 「분기배관의 성능인증 및 제품검사의 기술기준」에 적합한 것으로 설치

6) 배관의 식별

(1) 다른 설비의 배관과 쉽게 구분이 될 수 있는 위치에 설치

(2) 적색 등으로 식별이 가능하도록 소방용설비의 배관임을 표시

> **보충**
>
> **[연결송수관설비의 계통도]**
>
>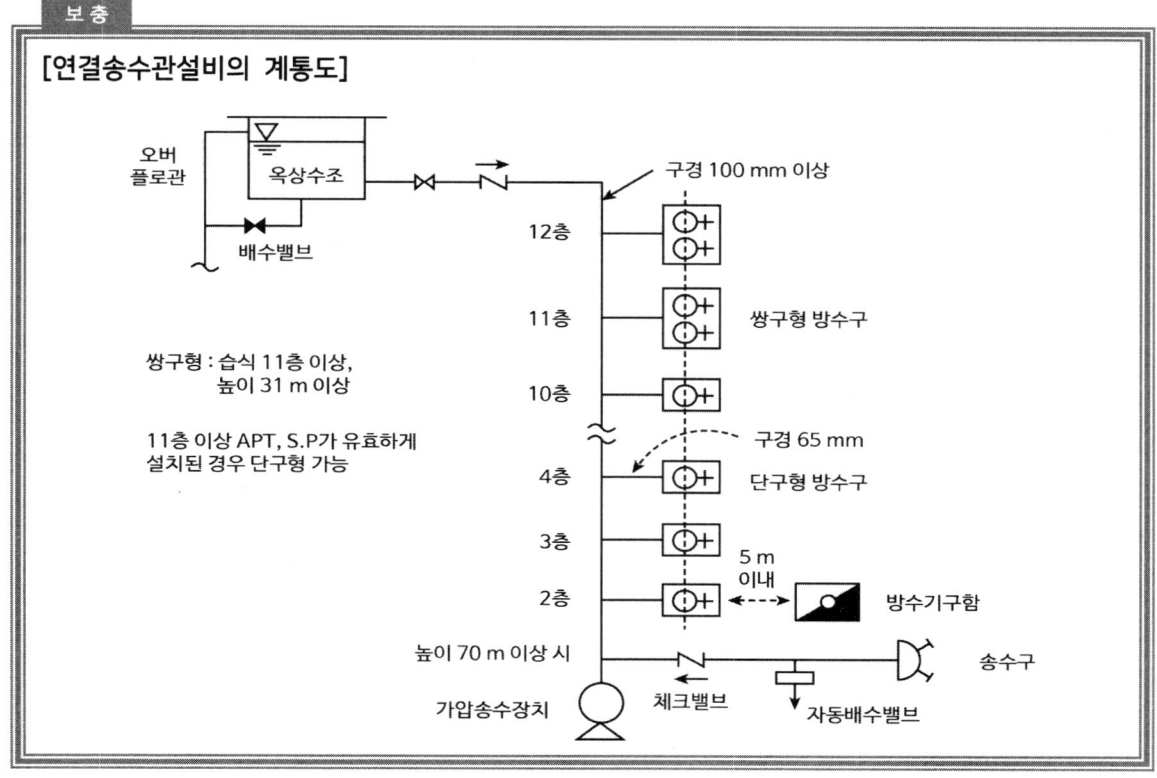

2 가연물이 연소할 때 탄소의 연소과정에서 이산화탄소가 발생한다. 그런데 이산화탄소는 소화약제이기도 하다. 다음 물음에 대하여 설명하시오.
1) 연소에서 탄소와 이산화탄소의 화학적 반응단계
2) 이산화탄소의 상태도
3) 이산화탄소 소화설비의 오방출을 방지하기 위한 안전대책
4) 이산화탄소 소화설비 주의점

1. 연소에서 탄소와 이산화탄소의 화학적 반응단계

1) 탄화수소의 완전연소반응식

(1) $C_m H_n + (m + \frac{n}{4})O_2 \rightarrow mCO_2 + \frac{n}{2}H_2O$

(2) 예시 : 메테인(CH_4)의 완전연소반응식

$CH_4 + 2O_2 \rightarrow CO_2 + 2H_2O$

2) 화학적 반응단계

(1) 산화반응은 분자 수준의 연소반응으로 소단계 또는 중간단계의 반응들을 매우 많이 내포함

(2) 메테인의 산화에 포함된 각종 중간 단계 반응
   ① 10 : $CO + OH \rightarrow CO_2 + H$
   ② 10b : $CO_2 + H \rightarrow CO + OH$
   ③ 11 : $CH_4 + H \rightarrow H_2 + CH_3$
   ④ 11b : $H_2 + CH_3 \rightarrow CH_4 + H$
   ⑤ 12 : $CH_4 + OH \rightarrow H_2O + CH_3$
   ⑥ 13 : $CH_3 + O \rightarrow CH_2O + H$
   ⑦ 14 : $CH_3 + OH \rightarrow CH_2O + H + H$
   ⑧ 15 : $CH_3 + OH \rightarrow CH_2O + H_2$
   ⑨ 16 : $CH_3 + H \rightarrow CH_4$

2. 이산화탄소의 상태도

1) 삼중점

(1) 고체, 액체, 기체가 공존하는 점

(2) CO_2가 액상으로 존재할 수 있는 온도, 압력의 하한점

(3) 압력 5.1atm, 온도 -56.6℃

2) 임계점

(1) 기상의 밀도와 액상의 밀도가 같아져 상간 구분이 없어지는 점

(2) 임계온도 이상은 기상으로 존재하고, 압력을 가해도 액화되지 않음

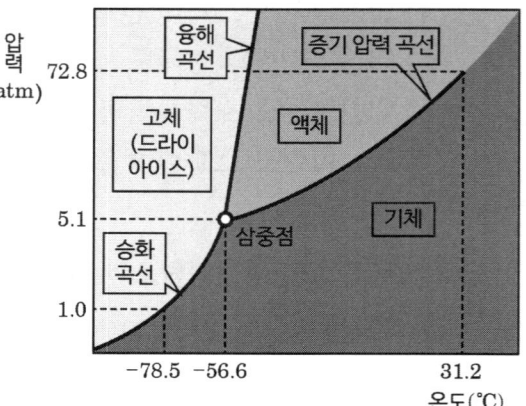

(3) 임계온도보다 낮은 온도의 기체는 일정한 압력을 가하면 액화되나, 임계온도보다 높을 경우 어떠한 경우에도 액화될 수 없음

(4) 압력 72.8atm, 온도 31.2℃

3) 삼중점 ~ 임계점

(1) 용기 내 CO_2는 기상 또는 액상으로 존재

(2) 압력과 온도가 올라가면 기상의 밀도는 증가하나 액상의 밀도는 감소(CO_2 소화설비는 40℃ 이하이고 온도변화가 적은 곳에 보관)

4) 삼중점 미만

(1) 고상 또는 기상으로 존재

(2) 대기압(1atm), -78.5℃ 이하에서는 Dry Ice가 되고, 온도 상승 시 우측으로 이동하므로 고체에서 바로 기체가 되며, 이를 승화(Sublimation)라 함

3. 이산화탄소 소화설비의 오방출을 방지하기 위한 안전대책

1) 화재감지기

(1) 교차회로방식 적용

　① A, B회로 작동

　② 화재표시, 음향경보, 방출표시등, 환기팬 정지

(2) 아날로그 감지기 등 특수감지기를 적용하여 신뢰도를 증가시킬 필요가 있음

2) 방출 전 경보장치(Pneumatic Pre-discharge Alarms)

3) 방출지연스위치 설치
   (1) 자동복귀형 스위치로서 수동식 기동장치의 타이머를 순간 정지시키는 기능이 있는 스위치
   (2) 스위치까지 이동시간을 줄일 수 있도록 상시 사람이 근무하는 장소에 추가 설치 검토

4) CO_2 소화설비 안전시설 등
   (1) 소화약제의 저장용기와 선택밸브 사이의 집합배관에 수동잠금밸브 설치하되 선택밸브 직전에 설치
   (2) 소화약제 방출 시 방호구역 내와 부근에 가스방출 시 영향을 미칠 수 있는 장소에 시각경보장치를 설치하여 소화약제가 방출되었음을 알도록 할 것
   (3) 방호구역의 출입구 부근 잘 보이는 장소에 약제방출에 따른 위험경고표지를 부착
   (4) 부취제 설치

5) 소화약제 변경
   (1) 스프링클러설비 적용
   (2) 인체에 부작용이 적은 할로겐화합물 소화약제 적용

6) 대피계획, 교육, 화재 훈련

4. 이산화탄소 소화설비 주의점 (산업안전보건기준에 관한 규칙 제 628조의 2)
1) 방호구역 등에는 점검, 유지·보수 등을 수행하는 관계 근로자만 출입
2) 점검 등을 수행하는 근로자를 사전에 지정하고, 출입일시, 점검기간 및 점검내용 등의 출입기록을 작성관리. 다만 다음에 해당하는 경우는 제외
   (1) 「개인정보보호법」에 따른 영상정보처리기기를 활용하여 관리하는 경우
   (2) 카드키 출입방식 등 구조적으로 지정된 사람만이 출입하도록 한 경우
3) 방호구역 등에 점검 등을 위해 출입하는 경우에 선조치사항
   (1) 적정공기 상태가 유지되도록 환기
   (2) 소화설비의 수동밸브나 콕을 잠그거나 차단판을 설치하고 기동장치에 안전핀을 꽂아야 하며, 임의로 개방하거나 안전핀을 제거하는 것을 금지하는 내용을 보기 쉬운 장소에 게시. 단 육안 점검만을 위하여 짧은 시간 출입하는 경우에는 예외
   (3) 방호구역 등에 출입하는 근로자를 대상으로 이산화탄소의 위험성, 소화설비의 작동 시 확인방법, 대피방법, 대피로 등을 주지시키기 위해 반기 1회 이상 교육실시. 단 처음 출입하는 근로자에 대해서는 출입 전에 교육을 하여 그 내용을 주지

⑷ 소화용기 보관장소에서 소화용기 및 배관·밸브 등의 교체 등의 작업을 하는 경우에는 작업자에게 공기호흡기 또는 송기마스크를 지급하고 착용

⑸ 소화설비 작동과 관련된 전기, 배관 등에 관한 작업을 하는 경우에는 작업일정, 소화설비 설치도면 검토, 작업방법, 소화설비 작동금지 조치, 출입금지 조치, 작업 근로자 교육 및 대피로 확보 등이 포함된 작업계획서를 작성하고 작업

4) 점검 등을 완료한 후에는 방호구역 등에 사람이 없는 것을 확인하고 소화설비를 작동할 수 있는 상태로 변경

5) 소화를 위하여 작동하는 경우 외에는 소화설비를 임의로 작동하는 것을 금지하고, 그 내용을 방호구역 등의 출입구 및 수동조작반 등에 누구든지 볼 수 있도록 게시

6) 출입구 또는 비상구까지의 이동거리가 10m 이상인 방호구역과 이산화탄소가 충전된 소화용기를 100개 이상(45kg 용기 기준) 보관하는 소화용기 보관장소에는 산소 또는 이산화탄소 감지 및 경보 장치를 설치하고 항상 유효한 상태로 유지

7) 소화설비가 작동되거나 이산화탄소의 누출로 인한 질식의 우려가 있는 경우에는 근로자가 질식 등 산업재해를 입을 우려가 없음이 확인될 때까지 관계 근로자가 아닌 사람의 방호구역 등 출입을 금지하고 내용을 방호구역 등의 출입구에 누구든지 볼 수 있도록 게시

---

3 아트리움 등과 같은 대공간(Large Volume Space)에서 화재가 발생하였을 때, 연결통로(Communicating Space)로 연기가 확산되지 않도록 하기 위한 연기 제어방식을 NFPA 92의 방연풍속(Opposed Airflow) 관점에서 설명하시오.

1. 개요

1) 연기이동 방향과 반대 방향으로 기류가 불어 넣어 연기의 이동을 막을 수가 있는데 이때 공급되는 공기를 역기류(Opposed Airflow)라 한다.

2) 역기류(Opposed Airflow)는 대공간에서 화재가 발생한 경우 연기가 연결통로로 이동하는 것을 막는다. 이 때 최소한의 공기 기류속도를 최소방연풍속(Limiting Average Air Velocity)이라 한다.

2. 대공간의 연기가 연결통로로 이동 방지 (NFPA 92 "SMOKE CONTROL SYSTEMS, 5.10 Opposed Airflow)

1) 연결통로가 연기층 하부에 있는 경우

(1) 적용

① 최소방연풍속(V_e)은 1.02m/s 이하일 것
② 계산식은 화재의 바닥에서 개구부 아래까지의 거리(z)가 3m이상일 경우 적용

(2) 계산식

$$v_e = 0.057\left(\frac{Q}{z}\right)^{1/3}$$

v_e : 최소 방연풍속(m/s)
Q : 화재의 열방출률(kW)
z : 화재의 바닥에서 개구부의 아래까지의 거리(m)

2) 연결통로가 연기층 상부에 있는 경우

(1) 적용

① 최소방연풍속(V_e)은 1.02m/s 이하일 것
② 연결통로에서 공급되는 공기의 질량흐름률은 대공간의 연기배출 설계시 반영해야 함

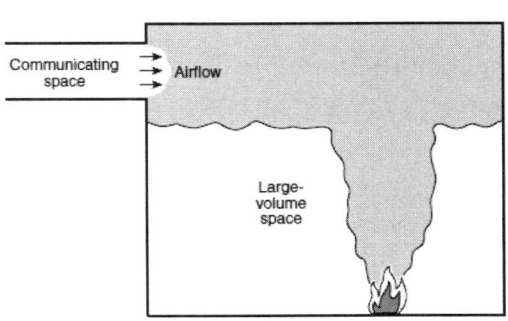

(2) 계산식

$$v_e = 0.64\left(gH\frac{T_f - T_o}{T_f}\right)^{1/2}$$

v_e : 최소방연풍속(m/s)
g : 중력가속도(9.81m/s²)
H : 개구부 바닥으로부터 측정된 개구부의 높이(m)
T_f : 연기의 온도(K)
T_o : 주변 공기의 온도(K)

3. 연결통로의 연기가 대공간으로 이동 방지 (NFPA 92 "SMOKE CONTROL SYSTEMS, 5.10 Opposed Airflow)

1) 개념

(1) 연결통로에서 화재 시 연기가 대공간으로 이동하는 것을 방지하기 위해 대공간에서 공급되는 공기의 기류속도는 최소방연풍속(V_e)보다 커야 한다.

(2) 즉 공기의 평균기류속도가 최소방연풍속(V_e)를 초과할 경우 대규모 공간으로 연기의 이동을 막을 수 있다.

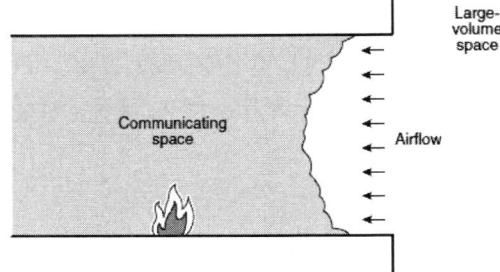

2) 계산식

$$v_e = 0.64\left(gH\frac{T_f - T_o}{T_f}\right)^{1/2}$$

v_e : 최소방연풍속(m/s)
g : 중력가속도(9.81m/s^2)
H : 개구부 바닥으로부터 측정된 개구부의 높이(m)
T_f : 연기의 온도(K)
T_o : 주변 공기의 온도(K)

4 위험과 운전성 분석법(HAZOP, Hazard and Operability Study)과 공정안정성 분석기법(K-SR, KOSHA Process Safety Review)에 대하여 다음을 설명하시오.
1) 위험성 평가기법의 정의(HAZOP, K-PSR)
2) K-PSR 적용범위
3) HAZOP과 K-PSR 특징을 비교하여 설명
　　3-1) 위험성평가 적용시점
　　3-2) 검토범위
　　3-3) 도면상의 Node 선정방법
　　3-4) 평가결과, 개선사항의 적합성 및 장·단점

1. 위험성 평가기법의 정의 (HAZOP, K-PSR)

1) HAZOP

"위험과 운전분석"이라 함은 공정에 존재하는 위험요인과 공정의 효율을 저하시킬 수 있는 운전상의 문제점을 찾아내어 그 원인을 제거하는 방법

2) K-PSR

"공정안전성 분석 기법(K-PSR, KOSHA Process Safety Review)"이라 함은 설치·가동 중인 기존 화학공장의 공정안전성(Process Safety)을 재검토하여 사고 위험성을 분석(Review)하는 기법

2. K-PSR 적용범위

1) 화학공장의 연속식 공정과 회분식 공정의 안전성을 평가하는 데에 적용
2) 설치·가동중인 기존의 화학공장에서 위험과 운전분석(HAZOP) 기법 등으로 위험성평가를 실시한 후, 다시 공정상의 안전성을 재검토 또는 분석하는 데 활용

3. HAZOP과 K-PSR 특징 비교

구분	HAZOP	K-PSR
적용시점	• 설계단계에 적합	• 조업단계에 적합
검토범위	• 공정의 위험성평가 • 화재, 폭발, 누출 등 주로 중대사업사고 발생 위험에 중점	• 화재, 폭발, 누출 • 공정트러블 상해위험요소 포함
도면상의 Node 선정방법	• P&ID상 인입 배관으로 시작하여 모든 배관 및 장치를 Node로 분할하여 검토 • P&ID 1매당 다수의 Node	• 주요 공정장치(반응기, 증류탑 등)와 부속장치, 배관과 계측제어설비를 하나의 시스템으로 묶어 검토 • P&ID 1매당 1~3개 Node
평가결과의 적합성	• 다소 설계적인 측면의 결과가 도출	• 현장 조업상황 및 풍부한 현장경험을 가진 직원들의 노하우가 충분히 반영되어 현실적인 결과가 도출
개선사항의 적합성	• 다소 설계적인 측면의 개선사항 도출이 많은 편임	• 현실적인 개선계획이 도출
장·단점	• 모든 장치 및 부속장치에 대해 빠짐없이 평가 가능	• 주요 공정설비에 국한되므로 보조설비의 평가 누락 가능성
평가 소요인원	• 각 부문별 4~5인 • 현장 생산 및 공무 경험이없어도 평가 수행 가능	• 각 부문별 4~5인 • 운전, 정비 분야의 인원필수적으로 참여
평가 소요시간	• 기법에 따라 상이	• 기존의 평가기법에 비해 축소 가능
보고서 분량	–	• 기존의 평가기법에 비해 간소화 가능
신규인원에 대한교육소요시간	–	• 2일 정도
가이드 워드	• 공정변수 + 이탈 • 공정변수 유량, 압력, 온도, 레벨 • 이탈 없음, 증가, 감소, 부가, 부분, 반대, 기타	• 위험형태 + 원인 • 위험형태 누출, 화재·폭발, 공정트러블, 상해 • 원인(화재·폭발의 경우) 물리적 과압, 취급제한 화학물질 및 분진, 점화원, 누설, 파열, 펑크, 개방구 오조작, 기타

> **5** 포 소화설비에 대하여 다음을 설명하시오.
> 1) 소화원리
> 2) 기계포(공기포) 소화약제 종류별 장·단점
> 3) 「포소화설비의 화재안전성능기준(NFPC 105)」에서 포소화약제 저장탱크 설치기준
> 4) 「포소화설비의 화재안전성능기준(NFPC 105)」에서 전역방출방식 항공기 격납고의 고발포용 고정포 방출구 방출량

1. 소화원리

1) 포소화약제는 물에 의한 소화방법으로 소화가 적거나 화재가 확대될 우려가 있는 인화성 또는 가연성 액체 위험물 화재 시 사용하는 설비임
2) 질식효과
   물과 포소화약제를 일정한 비율로 혼합한 포수용액을 공기로 발포시켜 형성된 미세한 포 거품이 연소생성물의 표면을 차단하는 질식소화 작용을 함
3) 냉각효과
   포에 함유된 수분은 주위의 열을 흡수하여 기화하면서 연소면의 열을 흡수하는 냉각소화 작용을 함

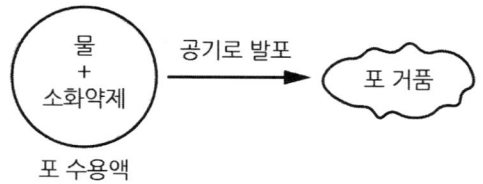

2. 기계포(공기포) 소화약제 종류별 장·단점

종류	성분	장·단점(소화특성)	농도	방호대상
단백포 (Protein Foam)	• 기제 동식물성 단백질의 가수분해 생성물 • 첨가제 포막안정제인 제1철염	• 포의 유동성이 작아 소화속도가 늦음 • 안정성이 우수함	3% 6%	• 석유류탱크 • 석유화학 플랜트
불화단백포 (Fluoroprotein Foam)	• 기제 단백포소화약제 • 첨가제 불소계면활성제	• 단백포의 단점인 유동성불량과 수성막포의 단점인 열안정성불량을 보완 • 표면하주입방식에도 효과적임	3% 6%	• 석유류탱크 • 석유화학 플랜트

종류	성분	장·단점(소화특성)	농도	방호대상

합성계면활성제포 (Synthetic Foam)	• 기제
	  불소계계면활성제
	• 첨가제
	  기포안정제
		• 저팽창에서 고팽창까지 팽창범위가 넓어 고체 및 기체 연료 등 사용범위가 큼
		• 유동성 좋음
		• 내유성이 약해 포가 빨리 소멸
			3%
			6%
				• 고압가스
				• 액화가스화학 플랜트
				• 위험물저장소
				• 고체연료

수성막포 (불소계계면활성제포) (Aqueous Film Forming Foam, Light Water)	• 기제
	  불소계계면활성제
	• 첨가제
	  안정제
		• 화학적으로 안정하여 보존성, 내약품성이 우수
		• 대형화재 또는 고온 화재 시 표면 막 생성이 곤란함
		• 윤화(Ring Fire) 발생
			3%
			6%
				• 유류탱크
				• 석유화학 플랜트

내알코올포 (Alcohol-Resistant Foam)	• 천연 단백질 분해물계와 합성계면활성제계로 구분	• 물과 혼합하면 알코올과 같은 수용성 위험물에서 불용성이 됨 • 알코올류 위험물의 소화에 사용	3% 6%	• 수용성 액체 위험물(알코올류, 케톤류)

3. 「포소화설비의 화재안전성능기준(NFPC105)」에서 포소화약제 저장탱크 설치기준

1) 화재 등의 재해로 인한 피해를 받을 우려가 없는 장소에 설치
2) 기온의 변동으로 포의 발생에 장애를 주지 않는 장소에 설치
3) 포 소화약제가 변질될 우려가 없고 점검에 편리한 장소에 설치
4) 가압송수장치 또는 포 소화약제 혼합장치의 기동에 따라 압력이 가해지는 것 또는 상시 가압된 상태로 사용되는 것은 압력계를 설치
5) 포 소화약제 저장량의 확인이 쉽도록 액면계 또는 계량봉 등을 설치
6) 저장탱크에는 압력계, 액면계(또는 계량봉) 또는 글라스게이지 등 점검 및 유지관리에 필요한 설비를 설치

4. 「포소화설비의화재안전성능기준(NFPC105)」에서 전역방출방식 항공기 격납고의 고발포용 고정포 방출구 방출량

고정포방출구는 특정소방대상물 및 포의 팽창비에 따른 종류별에 따라 해당 방호구역의 관포체적(해당 바닥 면으로부터 방호대상물의 높이보다 0.5m 높은 위치까지의 체적) $1m^3$에 대하여 1분당 방출량이 다음 표에 따른 양 이상이 될 것

특정소방대상물	포의 팽창비	포수용액 방출량(lpm/m³)
항공기 격납고	80 이상 250 미만	2
	250 이상 500 미만	0.5
	500 이상 1000 미만	0.29

> **6** 지상 29층 지하 2층 공동주택 건설 현장에서 준공단계 검사과정의 부속실제연 TAB 업무가 진행되고 있다. 다음을 설명하시오.
> 1) 차압 측정   2) 방연풍속 측정
> 3) 비개방층 차압측정   4) 폐쇄력 측정

1. TAB의 정의

거실제연과 특별피난계단의 계단실 및 부속실 제연설비가 설계목적과 화재안전기준에 적합한지 사전에 검토하여 완성시점에서 제연설비의 시험(Testing), 조정(Adjusting)하고, 균형(Balancing)을 맞추는 작업으로 설계치와 부합하도록 제연설비 시스템을 검토, 측정, 조정하는 일련의 과정을 말한다.

2. 차압측정 및 비개방층 차압측정

1) 측정방법

(1) 차압표시계가 있는 댐퍼를 설치했더라도 차압 측정공을 이용하여 측정

(2) 차압측정기는 바닥에서 30cm 정도 올려서 측정

(3) 차압 및 비개방층 차압 측정
  ① 제연구역과 옥내와의 차압 측정
  ② 차압은 전 층 측정
  ③ 비개방층 차압은 송풍기와 가장 먼 곳의 방화문을 개방(21층 이상은 연속 2개소)한 후 개방층의 직상/직하층을 기준으로 5층마다 1개소 이상 측정

2) 측정장비 : 디지털 마노미터(차압계) - 정압 측정용

(1) 교정일자와 허용오차 확인

(2) 차압계의 분해능은 0.1Pa 이상을 원칙으로 함

(3) 영점 조정한 상태로 측정

(4) 차압계와 차압댐퍼 상 차압센서의 수치편차가 클 시 수정 또는 교체

3) 차압기준

(1) 정상차압
  ① 제연구역과 옥내와의 사이에 유지하여야 하는 최소차압은 40Pa 이상
  ② 옥내에 스프링클러설비가 설치된 경우에는 12.5Pa 이상

(2) 비개방한 제연구역의 차압
  방연풍속 시험 등의 과정에서 출입문을 비개방 상태에서 제연구역의 실제 차압이 정상차압의 70% 이상

3. 방연풍속 측정

1) 측정방법

(1) 송풍기 설치 층에서 가장 먼 곳의 방화문을 개방(20층을 초과하는 건축물의 경우 연속 2개소) 후 개방층의 방연 풍속을 측정

(2) 측정 층의 유입공기배출댐퍼를 개방하고 배출 송풍기는 작동상태

(3) 연막발생기 등을 이용하여 부속실과 거실 사이 방화문 전체에 방연풍속 분포에서 유입과 배출 부위를 점검

(4) 기류분포 확인을 위하여 동일면적분할법으로 32점 이상 측정을 권장하며 규정상 등거리법에 따라 10개소 이상을 측정하는 평균치 적용

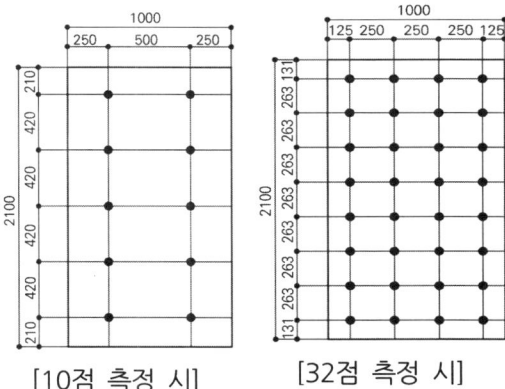

[10점 측정 시]   [32점 측정 시]

2) 측정장비 : 열선형 풍속계

3) 방연풍속 기준

제연구역		방연풍속
• 계단실 및 부속실을 동시에 제연 • 계단실만 단독으로 제연		0.5m/s 이상
• 부속실만 단독으로 제연	부속실, 승강장과 면하는 옥내가 거실	0.7m/s 이상
	부속실, 승강장과 면하는 옥내가 복도로 방화구조	0.5m/s 이상

4. 방화문 폐쇄력 측정

1) 측정방법

(1) 측정위치 : 부속실 방화문의 손잡이 중심

(2) 제연구역의 출입문 및 복도와 거실 사이의 출입문마다 제연설비가 작동하고 있지 않은 상태에서 그 폐쇄력을 측정할 것

2) 측정장비 : 개방력·폐쇄력 측정기(푸시풀 게이지)

3) 폐쇄력 기준

방화문의 크기와 도어클로저의 장력을 확인하여 적정성을 평가함

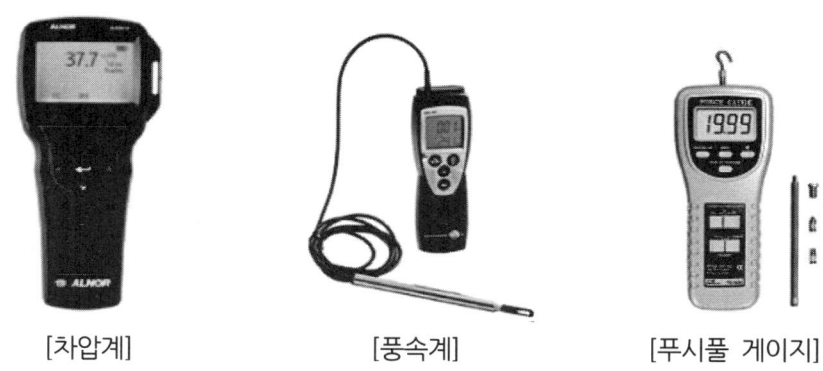

[차압계]   [풍속계]   [푸시풀 게이지]

> 보충
>
> [부속실 제연설비] 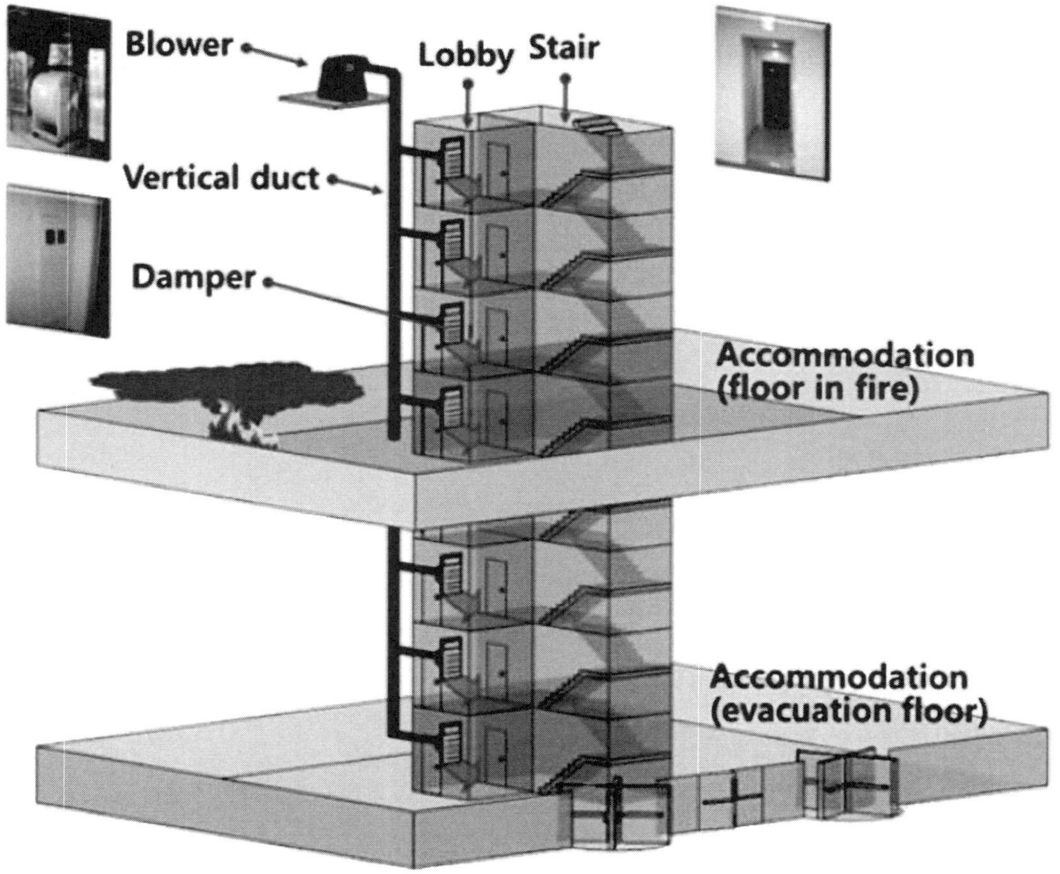
>
> Blower, Lobby, Stair, Vertical duct, Damper, Accommodation (floor in fire), Accommodation (evacuation floor)
>
> 출처 : 소방청

134회 4교시

1 소방시설의 내진설계 기준에서 규정하는 사항에 대하여 다음을 설명하시오.
   1) 가압송수장치의 내진설계의 개념
   2) 가압송수장치(펌프)의 내진설계를 위한 설치방법

1. 가압송수장치의 내진설계의 개념

1) 가압송수장치 및 제어설비 등도 내진설계에 포함시킬 것
   (1) 가압송수장치는 소화용수를 화재가 발생한 장소까지 공급하는 장치로서 전동기 또는 내연기관 펌프 및 모터 등으로 구성
   (2) 화재안전기준상 전동장치에 의한 펌프를 주펌프로 정하고 있으므로 가압송수장치뿐 아니라 제어설비등도 함께 내진설계가 될 것
2) 가압송수장치는 지진 발생 시 고정용 볼트에 과도한 하중이 작용하지 않도록 함
   (1) 지진 발생 시 고정용 볼트에 과도한 하중이 작용하여 인발 또는 전단파괴가 발생할 가능성이 있음
   (2) "가압송수장치 지진에 의한 가압송수장치의 수평방향 등가정적하중(FP)은 "건축물 내진설계기준"의 수평설계 지진력에 따르고 허용응력 설계법으로도 환산하여 적용할 수 있음
3) 가압송수장치는 전도방지와 기능유지를 목적으로 화재장소까지 소화용수를 공급할 수 있을 것
4) 가압송수장치의 압력챔버식의 경우
   (1) 지진하중에 본체 및 다리부분, 연결부가 파손 및 변형이 없도록 함
   (2) 이동, 전도가 되지 않도록 고정하여 구조안전성을 확인함

2. 가압송수장치(펌프)의 내진설계를 위한 설치방법

1) 가압송수장치에 방진장치가 있어 앵커볼트로 지지 및 고정할 수 없는 경우에는 ⑴, ⑵의 기준에 따라 내진스토퍼 등을 설치. 다만 방진장치에 이 기준에 따른 내진성능이 있는 경우는 제외

   ⑴ 정상운전에 지장이 없도록 내진스토퍼와 본체 사이에 최소 3mm 이상 이격하여 설치

   ⑵ 내진스토퍼는 제조사에서 제시한 허용하중이 지진하중 이상을 견딜 수 있는 것으로 설치해야 한다. 단, 내진스토퍼와 본체 사이의 이격거리가 6mm를 초과한 경우에는 수평지진하중의 2배 이상을 견딜 수 있는 것으로 설치

2) 가압송수장치의 흡입 측 및 토출 측에는 지진 시 상대변위를 고려하여 가요성이음장치를 설치

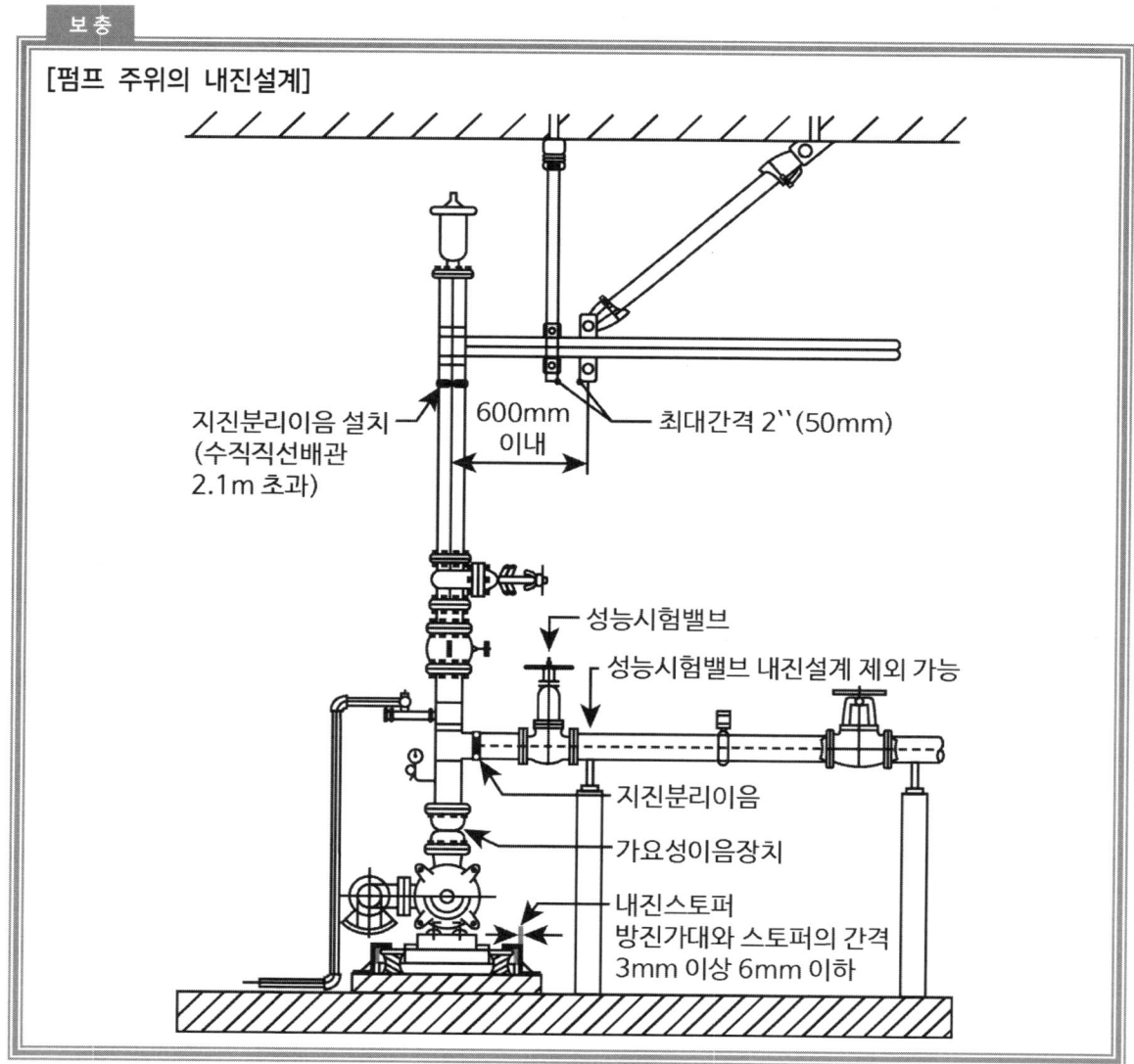
[펌프 주위의 내진설계]

> **2** 가스계 소화설비의 설계농도 유지시간 확보를 위한 사항에 대하여 다음을 설명하시오.
> 1) 가스계 소화약제 방호구역의 설계농도 유지시간 확보방법(3가지)
> 2) 소화약제 방출 시 방호구역의 설비운영(연동) 방법
> 3) 설계농도유지시간에 영향을 미치는 요소를 하강모드(Descending Interface Mode)와 혼합모드(Continuous Mixing Mode)로 비교하여 설명

1. 용어의 정의

1) 설계농도

"설계농도"란 방호대상물 또는 방호구역의 소화약제 저장량을 산출하기 위한 농도로서 소화농도에 안전율을 고려하여 설정한 농도

2) 설계농도 유지시간

(1) 소화농도보다 큰 소화약제의 농도가 유지되는 시간을 설계농도유지시간이라 함

(2) 각 화재 등급별로 설계된 소화약제가 방호대상물 또는 방호구역에 방출되었을 때 소화를 하는데 필요한 최저 농도가 유지되는 시간을 의미함

(3) 설계농도 유지시간을 통해 소화약제의 필요량과 소화의 기능을 유지하는 시간의 상관관계를 확인할 수 있음

2. 약제별 방사 시 특성

1) 할로겐화합물 소화약제

방사 초기에 방호구역 내부의 순간적인 온도 저하를 유발한다. 순간적으로 압력이 급격히 하강하여 부압(Negative Pressure)이 발생하고 과압(Over Pressure)상태로 변화한다.

2) 불활성기체 소화약제

방사 초기에 급속히 높은 과압(Over Pressure)이 형성되었다가 점차 압력이 감소하는 형태를 보인다.

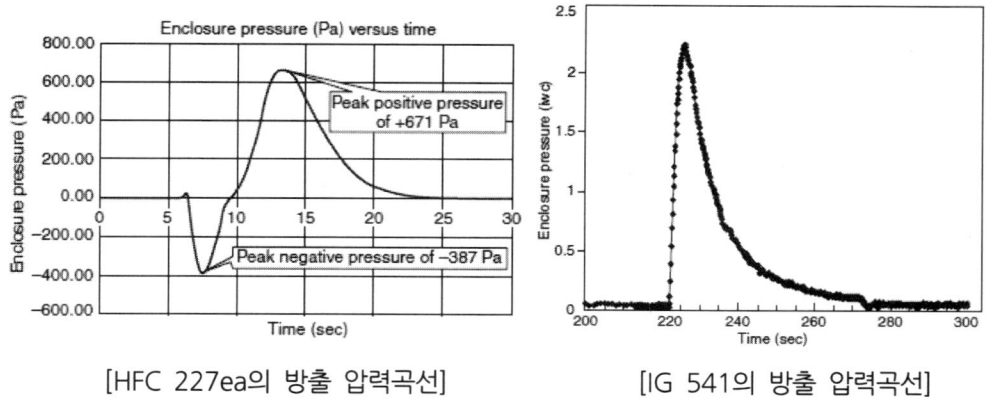

[HFC 227ea의 방출 압력곡선]   [IG 541의 방출 압력곡선]

3. 가스계 소화약제 방호구역의 설계농도 유지시간 확보방법 (3가지)

1) 개구부의 크기

(1) 출입문, 창호, 지하층 Dry Wall, 기타 개구부 등을 고려하고 방화셔터나 건축 마감부위를 집중적으로 검토 및 보완 조치

(2) 천장 상부나 바닥 하부 트렌치 등에 설치된 각종 시설 배관과 케이블의 관통부는 육안으로 확인하기 어려운 단점이 있지만 시험을 통해 누설면적의 크기를 산출할 수 있음

(3) 누설면적은 소화농도를 유지하는 직접적인 요인이 되므로 추가적인 개구부가 생성되지 않도록 유지 관리함

2) 개구부의 위치

(1) 육안으로 확인 가능한 개구부의 경우는 위치에 관계없이 밀폐조치를 해야하며, 육안으로 확인이 어려운 바닥, 벽 부분 및 창호의 누설틈새부위는 시험을 통해 위치를 파악할 수 있음

(2) 방호구역 내 방사된 소화약제는 누설틈새를 통하여 인접구역으로 누설될 수 있으므로 누설 부분에 대한 확인 작업이 필수적임

3) 설비 연동 시스템 구축

(1) 약제 방사 시 외기와의 혼합적인 요인이 발생되어 적정한 농도를 유지하지 못하는 상황도 파악함

(2) 예를 들면 화재 발생 시 급배기 설비 및 자립형 에어컨 등의 연동여부, 자동폐쇄장치의 설치여부를 파악함

(3) 소화설비가 작동되었을 때 이러한 설비들이 중지되지 않으면 덕트 등을 통하여 기류가 형성되어 약제가 희석되거나 누설될 수 있음. 즉 설비시스템은 화재 시 연동하여 정지 및 폐쇄되는 시스템을 구축해야 함

4. 소화약제 방출 시 방호구역의 설비운영(연동) 방법

1) 화재시 공조설비 및 자립형 에어컨 등의 연동여부

인접방호구역과 해당방호구역을 하나로 구성하여 방호하고 실내의 에어컨을 포함한 모든 기계환기 설비는 정지되거나 폐쇄

2) 자동폐쇄장치의 설치여부 등으로 추가적으로 누설될 여부가 있는 개구부를 확인

(1) CO_2(NFPA 12 "Carbon Dioxide Extinguishing Systems")
   ① 심부화재와 표면화재로 구분하여 개구부에 대한 대책을 제시하고 있음
   ② 심부화재 : 개구부를 폐쇄시킬 수 없을 경우 약제의 누설이 많을 때 연장방출방식을 고려
   ③ 표면화재 : 개구부를 폐쇄시킬 수 없는 경우 약제 보충

(2) 할론 1301(NFPA 12A "Halon 1301 Fire Extinguishing Systems")
   ① 개구부를 최소화함
   ② 인접방호구역이나 작업장으로의 누설방지를 위해 개구부를 완전밀폐하거나 자동폐쇄장치를 설치

(3) 할로겐화합물 및 불활성기체(NFPA 2001 "Clean Agent Fire Extinguishing Systems")
   ① 개구부 최소화 및 완전폐쇄
   ② 설계농도를 유지하기 위해 연장방출이 필요할 경우 추가 약제량은 감소된 약제비율만큼 공급할 수 있음. 연장방출시스템의 성능은 시험으로 확인되어야 함
   ③ Enclosure Integrity Test 실시
      • 소화약제 방출 시와 동일한 환경을 조성하고 직접적인 소화약제 방출 없이 Door Fan, 압력계, 컴퓨터 프로그램을 사용하여 누설면적 및 위치, 설계농도유지시간, 소화설비의 적정성을 평가하는 간접적인 성능확인시험
      • 연 1회 이상 실시

5. 설계농도유지시간에 영향을 미치는 요소를 하강모드(Descending Interface Mode)와 혼합모드(Continuous Mixing Mode)로 비교하여 설명

1) 하강모드(Descending Interface Mode)

(1) 방호구역 내부의 기류가 없다고 가정했을 때 방출된 약제가 공기와 혼합하고 구역의 상단부터 약제층을 형성하면 공기보다 비중이 큰 소화약제가 방호구역의 개구부를 통하여 빠져나가는 메커니즘을 다룸

(2) 방호구역의 높이는 높을수록, 방호대상물의 높이는 낮을수록 설계농도유지시간을 확보하는데 유리

2) 혼합모드(Continuous Mixing Mode)

(1) 방호구역 내부의 기류가 있다고 가정했을 때 방출된 약제의 초기농도가 기류에 영향으로 개구부 등으로 유입된 공기와 희석되면서 점차적으로 연해지게 되는 메커니즘을 다룸

(2) 약제방출 초기 농도가 높을수록 설계농도 유지시간을 확보하는데 유리

3) 하강모드와 혼합모드 비교

구분	하강모드(Descending Interface Mode)	혼합모드(Mixing Mode)
정의	• 소화약제가 공기보다 무겁고, 팬 등 혼합장치가 없을 시 소화약제의 하강을 고려한 모드 • 소화약제 설계농도가 방호구역 전체높이(h_1)에서 장비의 높이(h_2)까지 내려가는 시간	• 소화약제의 무게가 공기와 비슷하고 팬 등 약제와 공기의 혼합장치가 있어 기류의 이동이 발생할 시의 모드 • 초기 소화약제의 농도(C_1)에서 최소설계농도(C_2)까지 내려갈 때의 시간
개념도	Air Leaks In ↓ / Air / $A_o \frac{dh}{dt}$ / Air + Agent / h_1, h_2 / 장비 / ↓ Agent Leaks Out 여기서, A_o : 방호구역의 면적[m^2]	Air Leaks In ↓ / Air + Agent / H_o / 장비 / ↓ Agent Leaks Out
설계농도 유지시간	$t = \dfrac{A_o}{A_L}\sqrt{\dfrac{\rho_m}{2g(\rho_m - \rho_a)}}\left[h_1^{\frac{1}{2}} - h_2^{\frac{1}{2}}\right]$ A_L : 개구부의 크기(m^2) A_o : 방호구역의 면적(m^2) ρ_m : 소화약제, 공기혼합물 밀도(kg/m^3) ρ_a : 공기밀도(kg/m^3) h_1 : 방호구역 높이(m) h_2 : 장비높이(m)	$t = K_1 \displaystyle\int_{cf_1}^{cf_2} \dfrac{1}{C_f}\sqrt{C_f(\rho - \rho_a) + \rho_a}\, dc_f$ $K_1 = \dfrac{A_o H_o}{C_f A_L \sqrt{2g(\rho - \rho_a)H_o}}$ A_L : 개구부의 크기(m^2), A_o : 방호구역의 면적(m^2) C_f, ρ : 소화약제농도(%),밀도(kg/m^3) ρ_a : 공기밀도(kg/m^3), H_o : 방호구역의 높이(m)
영향요소	• 방호구역의 높이 및 면적 • 장비의 높이 • 개구부의 크기 • 개구부의 위치 • 소화약제와 공기 혼합물의 농도	• 방호구역의 높이 및 면적 • 개구부의 크기 • 소화약제의 농도

6. 결론

1) 설계농도 유지시간을 확보하기 위해서는 개구부의 크기 및 위치를 파악하는 것이 중요하다.
2) 개구부는 크기가 작을수록 위치가 높을수록 설계농도 유지 시간의 확보에 유리하다.
3) EIT시험을 통해 육안 확인이 어려운 개구부의 크기 및 위치를 파악할 수 있다.
4) 각종 급배기 관련 설비와의 연동 시스템을 구축하여 약제의 희석현상과 누설을 방지할 수 있다.

---

3 수계시스템의 규약배관방식(Pipe Schedule Method)와 수리계산방식(Hydraulic Calculation Method)을 비교 설명하시오.

1. 개요

1) 국내 NFTC 103은 압력에 상관없이 일정 유량이 균등하게 방사된다는 가정 하에 헤드의 수에 따라 표에 의해 배관 경을 선정하며 이를 규약배관방식이라 한다.
2) 미국 NFPA 13은 위험정도에 따라 위험등급을 구분하고 가장 말단 헤드에서 규정된 방사 압력과 유량이 나오도록 배관 경을 결정한 후 Hazen Williams식을 이용하는 수리계산방식을 적용한다.
3) "가압송수장치의 송수량은 0.1MPa의 방수압력 기준으로 80ℓ/min 이상의 방수성능을 가진 기준 개수의 모든 헤드로부터의 방수량을 충족시킬 수 있는 양 이상의 것"에 적합하도록 규약배관방식에 따르거나 수리계산한다.

2. 규약배관방식 (Pipe Schedule Method)

1) 대상

(1) NFTC 103 "급수배관의 설치기준" "표 : 스프링클러헤드 수별 급수관의 구경"
  ① 폐쇄형 스프링클러헤드를 사용하는 설비로 1개 층의 하나의 급수배관이 담당하는 구역의 최대면적은 $3000m^2$ 이하일 것
  ② 폐쇄형 스프링클러헤드를 설치 시 "가"란의 헤드 수에 따를 것
  ③ 폐쇄형 스프링클러헤드를 설치하고 반자 아래의 헤드와 반자속의 헤드를 동일 급수관의 가지관상에 병설하는 경우에는 "나"란의 헤드 수에 따를 것
  ④ 무대부·특수가연물을 저장 또는 취급하는 장소의 경우로 폐쇄형 스프링클러를 설치하는 설비의 배관구경은 "다"란에 따를 것
  ⑤ 개방형 스프링클러헤드를 설치하는 경우 하나의 방수구역이 담당하는 헤드의 개수가 30개 이하일 때는 "다"란의 헤드 수에 의함

[단위 : mm]

구분 \ 급수관 구경	25	32	40	50	65	80	90	100	125	150
가	2	3	5	10	30	60	80	100	160	161 이상
나	2	4	7	15	30	60	65	100	160	161 이상
다	1	2	5	8	15	27	40	55	90	91 이상

⑵ NFPA 13 : 면적 5000 $[ft^2]$ 이하

2) 특징

⑴ 건물의 용도가 정해질 경우 용도에 맞게 정해 놓은 설계값이 있으므로 초보 기술자들이 쉽게 다룰 수 있는 설계방식이므로 전문지식이 필요 없음

⑵ 모든 수치가 규격화 및 표준화되어 있음

⑶ 여유율이 상대적으로 크므로 마찰손실은 작으나 비경제적임

⑷ 화재가혹도가 큰 경우 살수밀도가 작을 수 있어 소화실패의 우려가 있음

⑸ NFPA 13은 $5000ft^2$ 이하 소규모건물 적용

3. 수리계산방식 (Hydraulic Calculation Method)

1) 대상

⑴ NFTC 103 "급수배관의 설치기준" "표 : 스프링클러헤드 수별 급수관의 구경 비고란"
  ① 100개 이상의 폐쇄형 스프링클러헤드를 담당하는 급수배관의 구경을 100mm로 할 경우 가지배관의 유속은 6㎧, 그 밖의 배관의 유속은 10㎧ 이하의 유속에 적합할 것
  ② 개방형 스프링클러헤드를 설치하는 경우 하나의 방수구역이 담당하는 헤드의 개수가 30개 초과 시

⑵ NFPA 13 : 면적 $5000ft^2$ 초과하는 건물, 유속제한 없음

2) 특징

⑴ 공학적 계산에 의하므로 유량 및 압력이 정확함

⑵ 정량적인 계산에 의하므로 관경이 축소되고 경제적임

⑶ 건물의 특성을 반영한 설계로 신뢰성이 큼

⑷ 전문적 지식이 필요하므로 계산이 복잡하고 초보자의 접근이 어려움

4. 규약배관방식과 수리계산방식 비교

구분	국내(NFTC 103) – 규약배관방식	미국(NFPA 13) – 수리계산방식
위험 용도 구분	① 방호대상물의 단순용도와 층수를 적용하여 헤드의 기준 개수를 구함(10, 20, 30개) ② 헤드의 수평거리는 단순용도별 산정 • 무대부, 특수가연물창고 : 1.7m 이하 • 비내화구조 : 2.1m 이하 • 내화구조 : 2.3m 이하 • 래크식창고 : 2.5m 이하 • 아파트세대 내 거실 : 3.2m 이하 → 수원량과 헤드 배치의 기준 이원화로 통일 필요 ③ 건물 내 화재위험성이 상이한 장소를 모두 동일 방수밀도와 방수구역 적용	① 가연물의 양, 가연성, 열방출률, 적재 높이, 인화성, 가연성 액체의 유무에 따라 분류 ② 위험용도의 구분 • 경급위험(Light Hazard) • 중급위험(Ordinary Hazard) Group Ⅰ, Ⅱ • 상급위험(Extra Hazard) Group Ⅰ, Ⅱ ③ 위험등급에 따라 최소 급수시간, 헤드 간격, 방호면적, 살수밀도가 정해짐
설계 면적	① 방수량 80lpm 적용 ② 방호구역(폐쇄형 헤드) : 3,000m² ③ 방수구역(개방형 헤드) 하나의 방수구역은 2개 층에 미치지 않고 헤드 수 50개 이하	① 설계자의 경험에 의해 작동면적/살수밀도곡선을 이용하여 구함 • 소극적설계 : 작동면적↑ 살수밀도↓ • 적극적설계 : 작동면적↓ 살수밀도↑ ② 최대방호면적(The Maximum Floor Area by Sprinkler System Riser) • 경급위험 : $52,000 ft^2 (4,830 m^2)$ • 중급위험 : $52,000 ft^2 (4,830 m^2)$ • 상급위험 : $40,000 ft^2 (3,720 m^2)$
살수 밀도	① 헤드 간 수평거리 적용 • 헤드 간 거리 조정하여 살수밀도 조정 • 헤드 1개 방수량이 $80 lpm$ 이상이므로 배치간격이 살수밀도 의미 • 정방형 배치 시 $\dfrac{80 lpm}{(2RCOS 45^o)^2}$ • 방수밀도를 헤드의 수평거리로 표현하나 그 분류방식이 매우 단순 → 다양한 위험장소 분류체계 미흡	① "살수밀도-방호면적" 곡선 적용 ② 위험등급별 살수밀도 • 경급 위험 2.9 ~ $4.1 lpm/m^2$ • 중급위험(Ⅰ) 4.1 ~ $6.1 lpm/m^2$ • 중급위험(Ⅱ) 6.1 ~ $8.1 lpm/m^2$ • 상급위험(Ⅰ) 8.1 ~ $12.2 lpm/m^2$ • 상급위험(Ⅱ) 12.2 ~ $16.3 lpm/m^2$
헤드 수량	① 정방형 배치 시 헤드간격 : $2RCOS 45^o$ ② 헤드 수량 = 가로수량 × 세로수량 • 가로수량 : 가로 ÷ 헤드간격 • 세로수량 : 세로 ÷ 헤드간격 ③ 헤드 설치간격 • 헤드의 수평거리만 규정 • 헤드의 최소설치간격 미규정	① 설계면적 ÷ 헤드 1개의 동면적 ② 헤드 설치간격 • 위험등급별 헤드의 최대설치간격 구분 • Skipping을 방지하기 위해 헤드의 최소설치간격을 1.8m로 규정

구분	국내(NFTC 103) - 규약배관방식	미국(NFPA 13) - 수리계산방식

설계
면적
형태
	① 헤드 방사압과 유량 일정
	   설계면적 형태와 무관함
		① 헤드 방사압과 유량이 일정치 않음
		   설계면적 형태를 결정함
		② 가지관방향의 길이(L) =
		   $1.2 \times \sqrt{\text{설계면적}}$

유량 압력	① 유량 : 80lpm ② 압력 : 0.1 ~ 1.2MPa	① 말단헤드유량 살수밀도 × 헤드 1개당 방호면적 ② 압력(P) = $(\dfrac{Q}{K})^2$ • 가장 먼 헤드 $Q_1 = K\sqrt{P_1}$ • 배관의 마찰손실 $P_2 = P_1 + \Delta P_{1\sim 2}$ • 두번째 먼 헤드 $Q_2 = K\sqrt{P_2}$
배관 방식	① 헤드 개수에 따라 배관 경 결정 ② 가지배관 6m/s↓, 기타배관 10m/s↓ ③ NFTC 103의 표를 이용하여 배관의 구경을 산정	① $5,000 ft^2$ 이상은 수리계산 ② 배관 마찰손실 • Hazen Williams 식($\Delta P \propto Q^{1.85}$) • Grid, Loop 배관은 관경이 줄어들고 방수시간, 신뢰도, 안정성 확보
최소 급수 시간	① 30층 미만 : 20분 이상 ② 30 ~ 49층 : 40분 이상 ③ 50층 이상 : 60분 이상	① 경급위험 : 30분 ② 중급위험 : 60 ~ 90분 ③ 상급위험 : 90 ~ 120분
특징	① 설계 쉽고 대체로 여유 많음 ② 시산표에 의하므로 부적합 ③ 과다하거나 부족한 설계	① 공학적인 계산으로 압, 유량 정확함 ② 위험도를 고려한 계산으로 소화효과 대비 초기투자비용 경제적 ③ 마찰손실계산을 컴퓨터를 이용하므로 까다로움 ④ 설계를 위한 초기투자비용과 소요시간 깊

※ 단위환산 : $lpm/m^2 \rightarrow mm/\min$

$1\ell = 10cm \times 10cm \times 10cm = 0.1m \times 0.1m \times 0.1m = 10^{-3}m^3$

$1\,lpm/m^2 = 10^{-3}m^3/\min/m^2 = 10^{-3}m/\min = 1mm/\min$

5. 개선방안

1) 화재위험이 건물용도에 따라 다르므로 이를 고려하여 살수밀도를 구하고 그에 따른 방수량, 살수시간, 펌프 용량, 수원량의 설계가 필요하다.

2) 위험용도를 세분화하고, 방수밀도의 도입이 필요하다.

3) 화재위험성을 고려하고 화재 시뮬레이션을 통한 성능 위주의 방화설계가 필요하다.

[NFPA 13 11.2 "Occupancy Hazard Fire Control Approach for Spray Sprinklers"]

1) Classifications
   (1) Light hazard
   (2) Ordinary hazard(Groups 1 and 2)
   (3) Extra hazard(Groups 1 and 2)
   (4) Special occupancy hazard
      ① Flammable and Combustible Liquids, Aerosol Products Spray Application Using Flammable or Combustible Materials,
      ② Solvent Extraction Plants
      ③ Stationary Combustion Engines and Gas Turbines
      ④ Nitrate Film, Laboratories Using Chemicals. etc

2) Density/Area Curves

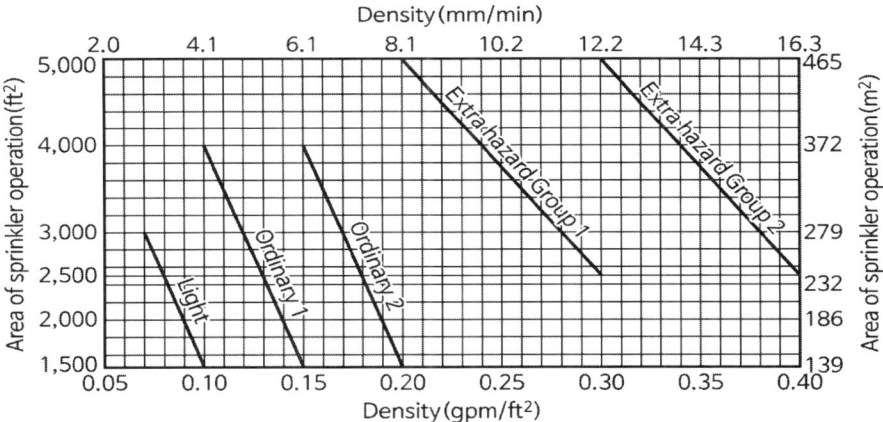

3) Hose Stream Allowance and Water Supply Duration Requirements for Hydraulically Calculated Systems

Occupancy	Inside Hose		Total Combined Inside and Outside Hose		Duration (minutes)
	gpm	L/min	gpm	L/min	
Light hazard	0, 50 or 100	0, 190 or 380	100	380	30
Ordinary hazard	0, 50 or 100	0, 190 or 380	250	950	60-90
Extra hazard	0, 50 or 100	0, 190 or 380	500	1900	90-120

4) System Protection Area Limitation[NFPA 13 8.2]

   The Maximum Floor Area by Sprinkler System Riser
   (1) Light Hazard — $52,000 ft^2$ (4830 m^2)
   (2) Ordinary Hazard — 52,000 ft^2 (4830 m^2)
   (3) Extra Hazard — Hydraulically Calculated — 40,000 ft^2 (3720 m^2)
   (4) Storage High piled Storage and Storage Covered by Other NFPA Standards — 40,000 ft^2 (3720 m^2)

4 사이폰관(Siphon Tube)에 대하여 다음을 설명하시오.
  1) 유출속도 v_2를 유도하시오.
  2) 다음의 조건에서 사이폰관의 최대유량을 산출하시오.

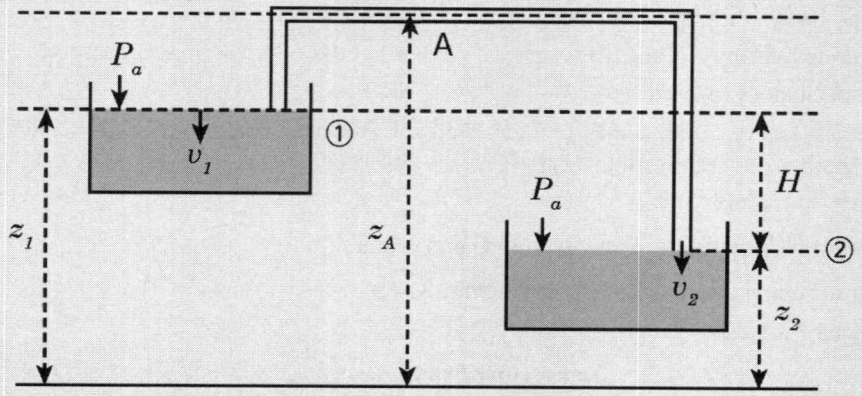

〈조건〉
㉠ 사이폰관의 안지름 D는 10[cm], z_A는 5[m], z_1는 3[m]
㉡ 대기압 Pa는 1.03 [kgf/cm²], 물의 포화증기압은 0.15 [kgf/cm²]
㉢ 물의 비중량 r는 1000 [kgf/m³], 중력 가속도 g는 9.8 [m/s²]
㉣ 관로의 손실은 무시함
㉤ 소수점 둘째자리까지 계산

1. 사이폰 현상

1) 개념

곡관 내에 물을 채우고 그 곡관을 용기 내의 물속에 넣으면 용기 내의 물이 다른 부분으로 유출되는 현상

2) 사이폰 현상의 원리

(1) 왼쪽 물통(A)속 수면에 작용하는 대기압은 연결관의 가장 높은 곳(구부러진 곳)의 대기압보다 큼

(2) 대기압이 밀어내는 힘은 연결관 속 물의 무게보다 크므로, 기압차로 인해 A의 물은 사이펀의 구부러진 곳까지 올라감

(3) 물이 지면에 있는 물통 속 물로 내려올 때에는 기압차와 중력에 의해 물이 내려옴

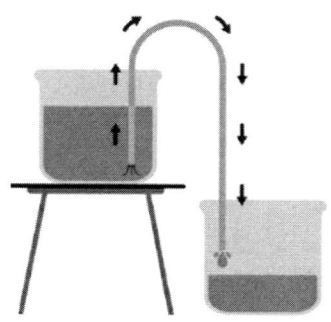

2. 적용공식

$$\frac{P_1}{\gamma} + \frac{v_1^2}{2g} + z_1 = \frac{P_2}{\gamma} + \frac{v_2^2}{2g} + z_2$$

P : 배관에 작용하는 유체의 압력(N/m²)
v : 단면을 통과하는 유체의 속도(m/s)
z : 기준위치에서 배관단면 중심까지의 거리(m)
γ : 비중량(kgf/m³)

3. 문제의 조건

1) 사이폰관의 안지름 D는 10[cm], z_A는 5[m], z_1는 3[m]
2) 대기압 Pa는 1.03 [kgf/cm²], 물의 포화증기압은 0.15 [kgf/cm²]
3) 물의 비중량 γ는 1000 [kgf/m³], 중력 가속도 g는 9.8 [m/s²]

4. 유출속도 v_2를 유도

1) 그림의 수면 ①과 ②에서 베르누이 방정식 적용

    (1) $\dfrac{P_1}{\gamma} + \dfrac{v_1^2}{2g} + z_1 = \dfrac{P_2}{\gamma} + \dfrac{v_2^2}{2g} + z_2$

    (2) P_1, P_2는 대기압, $v_1 \simeq 0$(용기면적 ≫ 관의 면적)

    (3) 베르누이 방정식에 문제의 조건과 (1)을 적용하면
    $v_2 = \sqrt{2g(z_1 - z_2)} = \sqrt{2gH}$ ($H = z_1 - z_2$)

2) 유출속도 $v_2 = \sqrt{2gH}$

5. 사이폰관의 최대유량

1) 최대유량은 공동현상(정압 < 포화증기압)이 발생하지 않는 A지점의 압력수두에서 발생

    (1) A 지점의 압력수두
    H_A = 대기압 환산수두 - 감소한 정압수두($z_A - z_1$) - 포화증기압 수두
    = 10.3 - (5-3) - 1.5 = 6.8m

    (2) 최대유속 $v_2 = \sqrt{2gH} = \sqrt{2 \times 9.8 \times 6.8} = 11.54 \, m/s$

2) 최대유량 $Q = A \times v = \dfrac{\pi}{4} \times 0.1^2 \times 11.54 = 0.09 \, m^3/s$

> **5** 제연구역에 설치하는 배출구는 화재로 발생하는 연기를 제연하기 위해 천장 또는 벽 위에 설치한다. 이와 관련하여 다음을 설명하시오.
> 1) 배출구 설치 시 주의사항
> 2) 배출구 유지관리
> 3) 배출구 설치위치의 구분

1. 배출구 설치 시 주의사항

1) 배출구는 그 제연구획의 모든 부분으로부터 10m 이내일 것
2) 배출구는 천장·반자 또는 이에 가까운 벽의 부분(벽에 설치한 경우에는 배출구의 하단과 바닥간의 최단거리가 2m 이상)에 있는 부분에 설치
3) 배출구는 될 수 있는 한 높은 위치에 설치
4) 외부로 유출방지를 위해서는 개구부의 상단에 수직벽 등의 바로 앞에 설치하면 유효함
5) 배출구의 크기에 대한 구체적인 기준은 없지만 유효개구부에 있어서의 흡입 풍속을 15m/s 이하가 되도록 결정하며 흡입풍속을 빠르게 할 경우 공기를 흡입하는 비율이 높아짐

2. 배출구 유지관리

1) 소정 위치에 확실하게 고정
2) 배출구 주변에 작동을 방해하는 것이 없을 것
3) 변형, 파손 및 탈락 등이 없을 것
4) 구동부는 탈락, 비틀어짐이 없이 원활하게 작동할 것
5) 수동조작함은 소정의 위치에 설치되어 취급방법을 명시하고, 보기 쉬운 곳에 설치
6) 기동레버가 원활하게 작동될 것
7) 릴리즈 와이어는 연결부에 느슨함이 없고, 절손, 파손, 또는 활차 등으로부터 이탈되지 않을 것
8) 제어반 또는 연동기로부터의 신호 및 수동 조작함의 조작에 의해 확실하게 작동될 것

3. 배출구 설치위치의 구분

1) 예상제연구역에 설치하는 배출구의 위치는 배출량의 적용하는 방식에 따라 설치 위치가 다름. 즉, 예상제연구역의 조건이 소규모 거실, 대규모 거실, 통로인 경우로 대별되며, 또한 소규모 및 대규모 거실의 경우는 구획하는 방법이 벽으로 구획된 경우와 제연경계로 구획된 경우로 구분하여 아래와 같이 적용함

구획방법	소규모 거실($400m^2$ 미만)	대규모 거실($400m^2$ 이상)
벽	• 천장, 반자와 바닥 사이의 중간 위	• 천장·반자 또는 이에 가까운 벽 (벽에 설치 시 바닥과 배출구간 2m 이상)
제연경계	• 천장·반자 또는 이에 가까운 벽 (벽에 설치 시 제연경계 하단보다 위)	• 천장·반자 또는 이에 가까운 벽 (벽, 제연경계 설치 시 배출구 하단이 제연 경계보다 높게 설치)

2) 유입구의 위치는 단독제연인 경우와 공동제연인 경우로 구분하여 적용하고 있으나 배출구의 경우는 이를 구분하지 않음. 급기의 경우는 예상제연구역에 강제급기를 하거나 인접구역에서도 급기를 할 수 있으나, 배출은 화재가 발생하는 장소(거실이나 통로) 즉 예상제연구역에서 언제나 직접 배출해야 한다. 따라서 배출의 경우는 인접구역에서 배출하는 것이 아니므로 단독제연이든 공동제연이든 화재발생 구역 자체를 대상으로 배출구 기준을 적용하기 때문임

---

6 KOSHA GUIDE에서 규정한 화재위험성평가(Fire Risk Assessment, FRA)를 진행하려고 한다. 다음을 설명하시오.
1) 화재 위험성평가 정의
2) 화재 위험성평가 절차
3) 화재 위험성평가 기법(정성적 방법, 정량적 방법, 결과 분석)

1. 화재 위험성평가 정의

화재 위험요인을 파악하고, 그 요인에 의한 인적, 물적, 주변 환경 피해 가능성을 결정하고, 현재의 예방책을 고려하여 더 이상의 예방책 없이 화재 리스크를 수용할 수 있는지를 결정하는 일련의 과정

2. 화재 위험성평가 절차

1) 화재위험을 식별

(1) 화재는 열(발화원)이 연료(타는 모든 것) 및 산소(공기)와 접촉할 때 시작됨
   ① 점화원과 연료를 따로 보관해야 함

(2) 어떻게 화재가 시작될 수 있는가?
   ① 히터, 조명, 노출된 화염, 전기 장비, 용접 또는 연삭과 같은 고온 공정, 담배, 성냥 및 매우 뜨거워지거나 스파크를 일으키는 기타 모든 것에 대해 생각해 봄

(3) 화재 시 무엇을 태울 수 있는가?
   ① 포장, 쓰레기 및 가구는 휘발유, 페인트, 광택제 및 백유와 같은 더 명백한 연료처럼 모두 타버릴 수 있음
   ② 나무, 종이, 플라스틱, 고무 및 스티로폼에 대해 생각해 봄
   ③ 벽이나 천장에 판지, 마분지 또는 폴리스티렌이 있는가? 사업장 밖도 확인

(4) 체크리스트
   ① 화재를 일으킬 수 있는 것을 찾았는가? 메모해 둠
   ② 태울 수 있는 것을 찾았는가? 메모해 둠

2) 위험에 처할 사람들을 식별

(1) 화재가 나면 모두가 위험함
   ① 야간 직원과 같이 근무 시간이나 장소 때문에 위험이 더 큰지 또는 방문자나 고객과 같이 구내에 익숙하지 않기 때문에 위험이 더 큰지 생각함
   ② 어린이, 노인 또는 장애인은 특히 취약함

(2) 체크리스트
   ① 누가 위험에 처할 수 있는가? 발견한 내용을 기록
   ② 누가 특히 위험에 처할 수 있습니까? 발견한 사실을 기록

3) 위험을 평가하고 조치

(1) 평가
   ① 먼저, 당신이 발견한 것에 대해 생각
   ② 화재가 시작될 위험은 무엇이며, 건물과 주변 사람들에게 미치는 위험은 무엇인가를 평가

(2) 위험 제거 및 감소 방안을 평가
   ① 우발적인 화재를 어떻게 피할 수 있는가?
   ② 열원이나 스파크가 떨어지거나, 부딪히거나, 타버릴 무언가에 밀려 들어갈 수 있는가?
   ③ 그 반대의 일이 일어날 수 있는가?

(3) 보호를 평가
① 건물과 사람을 화재로부터 보호하는 조치를 평가

(4) 체크리스트(발견한 내용을 기록)
① 사업장에서 화재의 위험을 평가했습니까?
② 직원과 방문자에 대한 위험을 평가했습니까?
③ 연료와 열/스파크를 분리해 두었습니까? 누군가 고의로 불을 지피고 싶다면 주변에서 사용할 수 있습니까?
④ 방화범이 사용할 수 있는 연료를 제거했습니까?
⑤ 우발적인 화재나 방화로부터 건물을 보호하는 조치를 마련했습니까?
⑥ 화재 발생 시 모든 사람이 안전을 어떻게 확인하려고 합니까?
- 불이 난 곳을 알아봄
- 다른 사람들에게 경고
- 모든 사람이 탈출하도록 하는 담당자를 지정

⑦ 어떻게 탈출하나요?
- 탈출 경로가 계획되어 있음
- 사람들이 안전하게 길을 찾을 수 있게 표지를 해두었음. 필요한 경우 밤에도 쉽게 찾을 수 있게 해 두었음
- 모든 안전 장비가 작동하도록 해두고 있음
- 사람들이 무엇을 하고 어떤 장비를 사용하는지 알고 있음

4) 조사 결과를 기록하고 비상 계획을 준비하며 교육을 제공

(1) 기록
화재 위험과 이를 줄이거나 제거하기 위해 수행한 작업을 기록

(2) 계획
화재를 예방하는 방법과 화재 발생 시 사람들을 안전하게 보호하는 방법에 대한 명확한 계획이 있어야 함
- 사업장을 다른 사람과 공유하는 경우 계획을 조정

(3) 훈련
직원이 화재 발생 시 대처 방법을 숙지하고, 필요한 경우 해당 역할에 대해 교육을 받을 수 있도록 함

(4) 체크리스트

① 발견한 내용과 취한 조치를 기록했는가?
② 화재가 발생하면 모두가 어떻게 할 것인지 계획했는가?
③ 모든 직원과 계획에 대해 논의했는가?
④ 사람들에게 정보를 제공하고 훈련시켰는가(소방 훈련을 실시하고 진행 상황을 기록)?
⑤ 화재 예방 조치를 시행할 직원을 지명하고 교육을 했는가?
⑥ 모든 사람이 자신의 역할을 수행할 수 있는지 확인했는가?
⑦ 임시 직원에게도 알렸는가?
⑧ 당신은 당신과 건물을 공유하는 다른 사람들과 상의하고 그들을 당신의 계획에 포함시켰는가?

5) 화재 위험 평가를 정기적으로 검토하고 업데이트

(1) 정기적인 검토를 통해 위험 평가를 유지. 시간이 지남에 따라 위험 요인이 변할 수 있기 때문임

(2) 위험에 대한 중대한 변경 사항을 확인하거나 계획에 중대한 변경 사항을 적용하는 경우 건물을 공유하고 적절한 위치에서 직원을 재교육하는 다른 사람들에게 알림

(3) 체크리스트

① 건물 내부 또는 외부를 변경했습니까?
② 화재가 발생했거나 놓칠 뻔했습니까?
③ 업무 관행을 바꾸셨습니까?
④ 화학 물질이나 위험 물질을 저장하기 시작했습니까?
⑤ 재고 또는 재고 수준을 크게 변경했습니까?
⑥ 차기 소방 훈련을 계획하셨습니까?

3. 화재 위험성평가 기법 (정성적 방법, 정량적 방법, 결과분석)

1) 결함수 분석(Fault Tree Analysis : FTA)

하나의 특정한 화재에 집중한 연역적 기법으로 사고의 원인을 규명하기 위한 평가 기법

2) 사건수 분석(Event Tree Analysis : ETA)

특정한 장치의 이상이나 근로자의 실수로부터 발생되는 잠재적인 화재결과를 예측하는 기법

3) 결과분석(Consequence Analysis : CA)

잠재된 화재의 결과와 이러한 사고의 근본 적인 원인을 찾아내고 사고결과와 원인의 상호 관계를 예측하는 평가 기법

4) 체크리스트 평가(Check List)

위험 상황 등을 목록화한 형태로 작성하여 경험적으로 비교함으로써 위험성을 정성적으로 파악하는 평가 기법

5) 사고예상 질문분석(What-If 분석)

업장에 잠재하고 있으면서 원하지 않은 나쁜 결과를 초래할 수 있는 화재에 대하여 예상 질문을 통해 사전에 확인함으로써 그 위험과 결과 및 위험을 줄이는 평가 기법

6) 위험과 운전분석(Hazard & Operability Studies : HAZOP)

관련된 여러 분야의 전문가들이 모여서 관련된 자료를 토대로 정해진 연구(Study) 방법에 의해 화재 발생 원인과 그 결과를 찾아보며 그로 인한 위험(Hazard)과 조업(Operability)에 야기되는 문제에 대한 가능성이 무엇인가를 조사(Investigation)하고 연구(Study)하는 평가 기법

7) F-N curve

빈도와 강도를 각 축으로 하는 그래프로 강도는 자연수로 빈도는 대수로 나타낸다. 일반적으로 강도의 수가 빈도의 범위를 초과하기 때문에 Log Scale로 표현

8) Risk Matrix

위험 매트릭스는 위험 평가 중에 결과 심각도 범주에 대한 확률 또는 가능성 범주를 고려하여 위험 수준을 정의하는 데 사용되는 매트릭스다. 이것은 위험의 가시성을 높이고 도움을 주기 위한 간단한 메커니즘

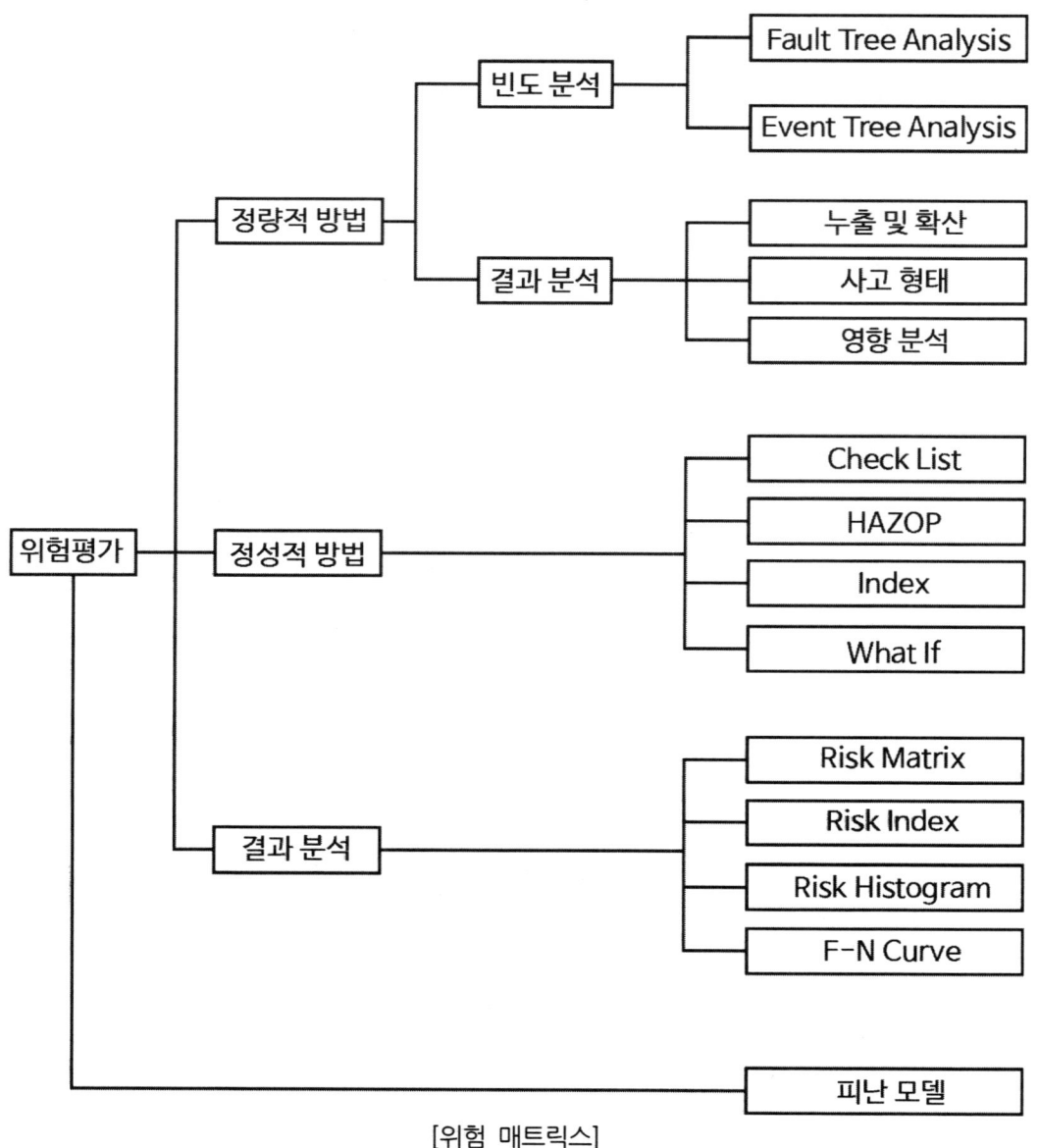

[위험 매트릭스]

금화도감
禁火都監

소방기술사
133회

소방기술사
기출문제풀이

禁火都監

국가기술자격 기술사 시험문제

기술사 제133회   제1교시 (시험시간 : 100분)

분야	안전관리	종목	소방기술사	수험번호		성명	

※ 다음 문제 중 10문제를 선택하여 설명하시오. (각 10점)

1. 화재현장에서 방화(Arson)가 의심되는 특징에 대하여 설명하시오.

2. 제3종 분말소화약제의 소화효과와 A급 화재에도 적응성이 있는 이유에 대하여 설명하시오.

3. 「소방시설의 내진설계 기준」에서 다음을 대하여 설명하시오.
    1) 세장비의 개념
    2) 가지배관 고정장치 중 와이어타입 고정장치와 환봉타입 고정장치 설치기준
    3) 가지배관에 설치되는 고정장치를 제외할 수 있는 행가 설치기준

4. 유체의 흐름에서 Froude 수가 무차원임을 증명하고, 정상류와 비정상류의 정리를 수식으로 설명하시오.

5. 소방공사 감리원의 법적인 수행업무와 감리원의 권한에 대하여 설명하시오.

6. 「화재의 예방 및 안전관리에 관한 법률」에서 규정하는 소방안전 특별관리시설물의 화재예방안전진단에 대하여 설명하시오.

7. 「방염제의 형식승인 및 제품검사의 기술기준」에 의한 방염제의 정의와 방염도료의 종류를 설명하시오.

8. 산림화재와 같은 대형화재 주변에서 발생할 수 있는 화재 소용돌이(Fire Whirl)현상과 위험성에 대하여 설명하시오.

9. 비상방송설비의 마스킹 효과(Masking Effect)에 대하여 설명하시오.

10. 소방용 배관 중 분기배관에 대하여 설명하시오.
    1) 분기배관의 정의
    2) 분기배관의 연결 방법

11. NFPA 704의 위험물질 기호체계의 적색 - 인화성 단계(0~4)와 백색 - 기타(특정위험)정보를 알리는 코드에 대하여 설명하시오.

12. 화재로부터 방출된 에너지에 의해 연소가스가 팽창하여 압력이 상승한다. 다음 조건에서 압력상승값을 계산하시오.
    1) 바닥면적 $100m^2$, 높이가 10m인 화재실의 개구부와 누설 틈새를 포함한 전체 누설 면적이 $5m^2$이다.
    2) 이 공간에서 화재가 발생하여 평균 온도가 대기온도 27℃보다 200K 높게 형성되었고, 온도 상승률이 4(K/s)라고 한다.(단, 유출계수는 10.24이다.)

13. 「산업안전보건기준에 관한 규칙」에서 정전기로 인한 화재나 폭발의 위험이 발생할 우려가 있는 경우 정전기 억제가 필요한 설비와 조치방법을 설명하시오.

국가기술자격 기술사 시험문제

기술사 제133회 　　　　　　　　　　　　　　제2교시 (시험시간 : 100분)

분야	안전관리	종목	소방기술사	수험번호		성명	

※ 다음 문제 중 4문제를 선택하여 설명하시오. (각 25점)

1. 고체연소에 영향을 주는 변수로서 다음에 대하여 설명하시오.
    1) 표면적 대 질량비와의 관계　　　2) 방향과의 관계
    3) 열관성과의 관계　　　　　　　4) 난연재와의 관계

2. 「가스계소화설비의 설계프로그램 성능인증 및 제품검사의 기술기준」에서 요구하고 있는 설계프로그램의 유효성확인에 대하여 설명하시오.

3. 「특별피난계단의 계단실 및 부속실 제연설비의 화재안전기술기준(NFTC 501A)」에서 다음에 대하여 설명하시오.
    1) 제연구역의 선정　　　　　　　2) 유입공기 배출방식의 종류
    2) 외기취입구 설치기준　　　　　4) 제어반의 기능

4. 위험물제조소등과 인근의 건축물 사이의 안전거리를 단축시키기 위해 방화상 유효한담을 설치하고자 할 때, 담의 높이를 산정하는 방법에 대하여 설명하고, 다음 조건을 사용하여 위험물제조소의 방화상 유효한 담의 높이를 구하시오.

    〈조 건〉
    ㉠ 제조소의 외벽 높이 : 20m
    ㉡ 제조소와 문화재 사이의 거리 : 30m
    ㉢ 문화재 높이 : 20m
    ㉣ 문화재는 방화구조이고, 제조소등에 면한 부분의 개구부에 방화문이 설치되지 아니한 경우이다.

5. 퓨즈블 링크(Fusible Link)타입 폐쇄형 헤드의 열반응시험에 대하여 설명하시오.

6. 간이스프링클러설비의 상수도직결형 배관 및 밸브 설치 순서를 기술하고 「소방용밸브의 성능인증 및 제품검사의 기술기준」에 따른 개폐밸브의 구조에 대하여 설명하시오.

국가기술자격 기술사 시험문제

기술사 제133회 　　　　　　　　　　　　　　제3교시 (시험시간 : 100분)

| 분야 | 안전관리 | 종목 | 소방기술사 | 수험번호 | | 성명 | |

※ 다음 문제 중 4문제를 선택하여 설명하시오. (각 25점)

1. 연기의 유해성을 설명하고, 연기 유동층의 현상을 고온영역의 연기층과 저온 영역의 연기층으로 구분하여 설명하시오.

2. 소방용합성수지(CPVC)배관에 대하여 다음을 설명하시오.
   1) 사용이유, 적용가능한 소화설비
   2) 소방용합성수지(CPVC)배관의 특징
   3) 소방용합성수지(CPVC)배관 시공 시 주의사항
   4) 「스프링클러설비의 화재안전기술기준(NFTC 103)」에서 정하고 있는 설치 가능한 장소

3. 소방설비의 수계소화설비등에 적용되는 감압방식에 대하여 다음을 설명하시오.
   1) 감압이 필요한 이유
   2) 감압방식의 종류 및 특징
   3) 감압방식 중 일반적으로 많이 사용하는 방식의 경우 설치 방법
   4) 「소방시설 등 성능위주설계 평가 운영 표준 가이드라인」에서 소방용 감압밸브의 성능시험 3가지

4. 「산업안전보건기준에 관한 규칙」 및 「내화구조에 관한 기술지침」에 대하여 다음을 설명하시오.
   1) 내화구조의 정의　　　　　　　2) 내화구조 설치장소
   3) 내화구조 대상 및 범위　　　　4) 내화구조 시공 시 고려사항

5. 「공동주택의 화재안전기술기준(NFTC 608)」에서 옥내소화전설비, 비상조명등, 비상콘센트 설비의 설치기준을 설명하고, 「건축위원회(심의) 표준 가이드라인」에서 제시하는 지하 3층에 거실 설치 시 선큰(Sunken)의 설계기준을 설명하시오.

6. GHS(Globally Harmonized System of Classification and Chemicals)의 개념과 「위험물의 분류 및 표지에 관한 기준」에 따른 화학물질의 건강유해성 종류, 물리적 위험성 중 폭발성 물질과 인화성 액체의 분류 및 신호어를 설명하시오.

국가기술자격 기술사 시험문제

기술사 제133회   제4교시 (시험시간 : 100분)

분야	안전관리	종목	소방기술사	수험번호		성명	

※ 다음 문제 중 4문제를 선택하여 설명하시오. (각 25점)

1. 건물화재모델(Compartment Fire Model)에서 다음 사항을 설명하시오.
   1) 존모델(Zone Model)
   2) 필드모델(Field Model)
   3) 화재감지모델(Detector Response Model)
   4) 피난모델(Egress Model)
   5) 내화모델(Fire Endurance Model)

2. 「피난기구의 화재안전기술기준(NFTC 301)」의 설치장소별 적응성 있는 피난기구를 모두 기술하고, 「다수인피난장비의 성능인증 및 제품검사의 기술기준」의 피난장비의 일반구조기준을 설명하시오.

3. 도로터널에 관하여 다음 내용을 설명하시오.
   1) 터널 연장등급 및 방재등급별 기준
   2) 터널 내 임계풍속, 터널경사 보정계수
   3) 터널 위험도지수 산정 시 고려해야 할 잠재적인 위험인자 6가지

4. 다음의 조건을 보고 표시등과 경종의 부하전류, 전압강하, 경종의 작동상태를 판단하고, 문제가 있는 경우 대책을 설명하시오.

   〈조 건〉
   ㉠ 공장동의 규모 : 지하 1층, 지상 6층
   ㉡ 공장동 각 층 바닥면적 : 900㎡
   ㉢ 회로구성 : 각 층 2회로(전층 경보방식)
   ㉣ 사용전선 : HFIX(90℃) 2.5mm^2
   ㉤ 부하전류 : 경종 50mA/개, 표시등 30mA/개이며 기타 부하전류는 무시한다.
   ㉥ 수신기와 공장동의 거리 : 400m
   ㉦ 수신기 정격전압 : 24V

5. 단열재와 관련된 다음 사항을 설명하시오.
   1) 열전도율과 단열성
   2) 단열성에 영향을 미치는 요인
   3) 단열재의 종류

6. 제5류 위험물의 성질, 품명, 지정수량을 기술하고 유기과산화물의 특성 및 사용 시 주의사항에 대하여 설명하시오.

133회 1교시

1 화재현장에서 방화(Arson)가 의심되는 특징에 대하여 설명하시오.

1. 방화(Arson)의 정의
1) 방화란 사람이 고의로 불을 질러 물건을 소훼하는 행위 또는 그 자체 화재를 말한다.
2) 화재 원인별 화재 통계 : 부주의 > 전기 > 기계 > 미상 > 방화 > 교통사고

2. 방화의 심리 : 반사회적, 성격 장애 등 정신병의 일종으로 간주

3. 방화 형태 이론

단일 방화	연속 방화
(1) 연속방화에 대응하는 개념 (2) 부부간, 자식 간의 다툼, 방화자살 등	(1) 2건 이상의 방화 (2) 화재로 인한 소란을 기뻐함

4. 화재현장의 방화가 의심되는 특징

방화의 동기 유형	화재현장의 방화가 의심되는 특징
1) 음주, 약물중독자, 정신이상자 등의 이유 없는 방화 2) 개인 간의 원한, 분노, 복수 등 3) 보험금을 노리는 방화 4) 범죄 은폐 수단 5) 선동적 목적 　사회, 정치문제, 파업, 노사문제 6) 보복 방화(Reven-motivated) 　권리를 침해당했다는 피해의식	1) 촉진제(휘발유, 신너 등) 용기 또는 흔적 발견 2) 연소 확산을 위한 도구(Trailer)의 흔적 발견 3) 2개 이상의 독립된 발화개소가 식별 4) 발화장치가 발견 5) 침입흔적이 있음 6) 화재현장에서 다른 범죄의 증거 발견 7) 인위적인 흔적 발견 8) 연쇄적으로 화재가 발생 9) 화재발생 전후상황이나 관계자의 환경이 의심됨

5. 대책
1) 법규적 처벌 강화
2) 행정 대책
　(1) 과학적 조사 전담반 운영　(2) 대국민 홍보　(3) 주민자원 자율방범 체계 강화
3) 교육 : 화재조사 전문인력 양성
4) 연구 : 방화전문 연구기관 설립

5) 건물시설관리

   (1) 조명기구, CCTV   (2) 시건 장치   (3) 외진 곳에 주차 금지

6) 설계 시 반영(CPTED, Crime Prevention Through Environment Design)

---

2 제3종 분말소화약제의 소화효과와 A급 화재에도 적응성이 있는 이유에 대하여 설명하시오.

1. 분말소화약제의 종류

구분	주성분	분자식	색상	적응화재
제1종 분말	중탄산나트륨	$NaHCO_3$	백색	B급, C급, K급 화재
제2종 분말	중탄산칼륨	$KHCO_3$	담회색	B급, C급 화재
제3종 분말	제1인산암모늄	$NH_4H_2PO_4$	담홍색	A급, B급, C급 화재
제4종 분말	중탄산칼륨과 요소와의 반응물	$KHCO_3 + (NH_2)_2CO$	회색	B급, C급 화재

2. 제3종 분말소화약제(ABC 분말소화약제, 다목적 분말소화약제)의 소화효과

  1) 화학반응식 : $NH_4H_2PO_4 \rightarrow HPO_3 + NH_3 + H_2O - Qkcal$

    (1) $NH_4H_2PO_4 \rightarrow H_3PO_4$(올소인산) $+ NH_3$ (190℃)

    (2) $2H_3PO_4 \rightarrow H_4P_2O_7$(피로인산) $+ H_2O$ (215℃)

    (3) $H_4P_2O_7 \rightarrow 2HPO_3$(메타인산) $+ H_2O$ (300℃)

    (4) $2HPO_3 \rightarrow P_2O_5$(오산화인) $+ H_2O$ (250℃)

  2) 소화효과

    (1) 열분해 시 흡열 반응에 의한 냉각 효과

    (2) 열분해 시 발생되는 불연성 가스(NH_3, H_2O 등)에 의한 질식 효과

    (3) 반응 과정에서 생성된 메타인산(HPO_3)의 방진 효과

    (4) 열분해 시 유리된 NH_4^+와 분말 표면의 흡착에 의한 부촉매 효과

    (5) 분말 운무에 의한 열방사의 차단 효과

    (6) 올소인산에 의한 섬유소의 탈수·탄화 작용

3. A급 화재에 적용할 수 있는 이유

1) 올소인산에 의한 섬유소의 탈수·탄화 작용

제1인산암모늄이 열분해될 때 생성되는 올소인산이 목재, 섬유, 종이 등을 구성하고 있는 섬유소를 탈수·탄화시켜 난연성의 탄소와 물로 변화시키기 때문에 연소 반응이 중단된다.
($NH_4H_2PO_4 \rightarrow H_3PO_4 + NH_3$, $C_6H_{10}O_5 \rightarrow 6C + 5H_2O$)

2) 메타인산(HPO_3)의 방진 효과

(1) 섬유소를 탈수·탄화시킨 올소인산은 다시 고온에서 위의 반응식과 같이 열분해되어 최종적으로 가장 안정된 유리상의 메타인산(HPO_3)이 된다.

(2) 이 메타인산은 가연물의 표면에 유리상의 피막을 형성하여 연소에 필요한 산소의 유입을 차단하기 때문에 연소가 중단된다.

4. 결론

1) 일반 가연물의 불꽃 연소는 물론 작열 연소에도 효과가 있으며 한번 소화된 목재 등은 불꽃을 가까이 해도 쉽게 재착화되지 않는다.

2) 그러나 제2종과 마찬가지로 요리용 기름이나 지방질 기름과는 비누화 반응을 일으키지 않기 때문에 이들의 화재에는 사용되지 않는다.

---

3 「소방시설의 내진설계 기준」에서 다음을 대하여 설명하시오.
1) 세장비의 개념
2) 가지배관 고정장치 중 와이어타입 고정장치와 환봉타입 고정장치 설치기준
3) 가지배관에 설치되는 고정장치를 제외할 수 있는 행가 설치기준

1. 내진의 방법

지진에 대비하여 구조물은 일정 수준의 강도를 가져야 하는데, 경제성을 고려하여 유연성 증가 방법을 일반적으로 사용한다.

2. 세장비(細長比)

1) 정의

(1) 흔들림 방지 버팀대 지지대의 길이(L)와 최소단면 2차 반경(r : Least Ridius of Gyration)의 비율

(2) 버팀대 세장비 및 최소단면 2차 반경

① 세장비$(\lambda) = \dfrac{L}{r}$

② 최소단면 2차 반경$(r) = \sqrt{\dfrac{I}{A}}$

I : 버팀대 단면 2차 모멘트
A : 버팀대 단면적

2) 좌굴현상

(1) 세장비가 커질수록 좌굴(Buckling) 현상이 발생하여 지진 발생 시 파괴되거나 손상을 입기 쉽다.

(2) 좌굴현상은 기둥의 길이가 그 횡단면 치수에 비해 클 때, 기둥의 양단에 압축하중이 가해졌을 경우 하중이 어느 크기에 이르면 기둥이 갑자기 휘는 것이다.

(3) 좌굴 현상은 세장비가 커질수록 발생하기 쉬운데, 지진동 발생 시 순간 모멘트로 인해 버팀대의 휨 현상이 발생하기 때문이다.

3) 세장비의 기준

(1) 흔들림 방지 버팀대의 세장비(L/r) : 300 이하

(2) 가지배관 고정장치를 환봉타입 고정장치로 할 경우 세장비 : 400 이하

4) 영향요소 : 단면적 및 형상, 부재의 길이, 최소단면 2차 반경

3. 가지배관 고정장치 중 와이어타입 고정장치와 환봉타입 고정장치 설치기준

1) 와이어타입 고정장치

(1) 행가로부터 600mm 이내에 설치

(2) 와이어 고정점에 가장 가까운 행거는 가지배관의 상방향 움직임을 지지할 수 있는 유형일 것

(3) 설치각도에서 와이어는 1960N 이상의 인장하중을 견딜 것

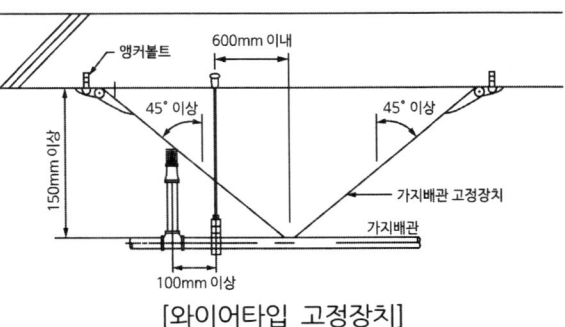

[와이어타입 고정장치]

2) 환봉타입 고정장치

(1) 환봉타입 고정장치는 행가로부터 150mm 이내에 설치

(2) 환봉타입 고정장치의 세장비는 400을 초과하지 않을 것. (단, 양쪽 방향으로 두 개의 고정장치를 설치하는 경우 세장비를 적용 안 함)

(3) 설치각도에서 최소 1340N 이상의 인장 및 압축하중을 견딜 것

3) 공통사항

(1) 고정장치

① 가지배관에는 "소방시설의 내진 설계 기준 별표 3 가지배관 고정장치의 최대 설치간격"의 간격에 따라 고정장치를 설치

② 고정장치는 수직으로부터 45° 이상의 각도로 설치

(2) 가지배관 상의 말단 헤드는 수직 및 수평으로 과도한 움직임이 없도록 고정

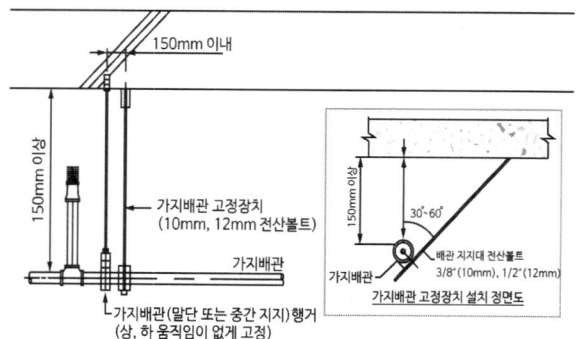

[가지배관 고정장치(버팀대)]

(3) 가지배관에 설치되는 행가는 「스프링클러설비의 화재안전기준」에 따라 설치

(4) 가지배관 고정에 사용되지 않는 건축부재와 헤드 사이의 이격거리는 75mm 이상을 확보

4. 가지배관에 설치되는 고정장치를 제외할 수 있는 행가 설치기준

다음의 기준을 모두 만족하는 경우 고정장치를 설치하지 않을 수 있음

1) 건축물 구조부재 고정점으로부터 배관 상단까지의 거리가 150mm 이내

2) 가지배관에 설치된 모든 행가의 75% 이상이 가목의 기준을 만족

3) 가지배관에 연속하여 설치된 행가는 1)의 기준을 연속하여 초과하지 않을 것

4 유체의 흐름에서 Froude 수가 무차원임을 증명하고, 정상류와 비정상류의 정리를 수식으로 설명하시오.

1. Froude 수 (Fr, Froude Number)

1) 정의
(1) 관성력과 중력의 비
(2) 화재플룸에서 중력을 이기고 올라가는 화염의 관성력의 크기를 표현

2) 표현식

$$Fr = \frac{관성력}{중력} = \frac{v}{\sqrt{gL}} = \frac{v^2}{gL} = \frac{Re}{Gr}$$

v : 유속, g : 중력가속도, L : 특성길이

3) 소방에서의 적용
(1) 확산화염의 길이 구분
(2) 거실제연에서의 플러그 홀링(Plug Holing)
(3) 터널의 연기유동모델링
(4) 분출화염은 Fr이 크고, 부력화염은 상대적으로 Fr이 작음

2. Froude 수가 무차원임을 증명

1) 관성력 = ma = ρVa = $[ML^{-3}][M^3][MT^{-3}]$
2) 중력 = mg = ρVg = $[ML^{-3}][M^3][MT^{-3}]$
3) $Fr = \dfrac{관성력}{중력} = \dfrac{[ML^{-3}][M^3][MT^{-3}]}{[ML^{-3}][M^3][MT^{-3}]} = \dfrac{[M^5L^{-3}T^{-3}]}{[M^5L^{-3}T^{-3}]} = [M^0L^0T^0]$
4) $[M^0L^0T^0]$와 같이 기본량(M, L, T)의 지수가 0이므로 무차원임

3. 정상류와 비정상류의 정리를 수식으로 설명

1) 정상류
(1) 유체의 흐름이 시간에 따라 변하지 않는 흐름(흐름 속도가 일정)
(2) $\dfrac{\partial \rho}{\partial t} = 0$, $\dfrac{\partial v}{\partial t} = 0$, $\dfrac{\partial p}{\partial t} = 0$, $\dfrac{\partial T}{\partial t} = 0$

2) 비정상류

(1) 유체의 흐름이 시간에 따라 변하는 흐름(흐름의 속도가 일정하지 않음)

(2) $\dfrac{\partial \rho}{\partial t} \neq 0$, $\dfrac{\partial v}{\partial t} \neq 0$, $\dfrac{\partial p}{\partial t} \neq 0$, $\dfrac{\partial T}{\partial t} \neq 0$

5 소방공사 감리원의 법적인 수행업무와 감리원의 권한에 대하여 설명하시오.

1. 개요

1) 책임감리원이란 공사 전반에 관한 감리업무를 총괄하는 사람이고, 보조감리원이란 책임감리원을 보좌하고 책임감리원의 지시를 받아 감리업무를 수행하는 사람을 말한다.
2) 소방시설공사 현장의 연면적 합계가 20만m^2 이상인 경우 20만m^2를 초과하는 연면적에 대해 10만m^2마다 보조감리원 1명 이상을 추가로 배치해야 한다.
3) 상주공사감리에 해당하지 않는 소방시설의 공사에는 보조감리원을 배치하지 않을 수 있다.

2. 소방공사 감리원의 법적인 수행업무 (소방시설공사업법 제16조 "감리")

1) 적법성(관련법 준수)

(1) 소방시설 등의 설치계획표의 적법성 검토
(2) 공사업자가 한 소방시설 등의 시공이 설계도서와 화재안전기준에 맞는지에 대한 지도·감독
(3) 피난시설 및 방화시설의 적법성 검토
(4) 실내장식물의 불연화와 방염 물품의 적법성 검토

2) 적합성(적법성과 기술상의 합리성)

(1) 소방시설 등 설계도서의 적합성 검토
(2) 소방시설 등 설계 변경 사항의 적합성 검토
(3) 소방용품의 위치·규격 및 사용 자재의 적합성 검토
(4) 공사업자가 작성한 시공 상세 도면의 적합성 검토

3) 성능시험

(1) 완공된 소방시설 등의 성능시험

3. 감리원의 권한 (소방시설공사업법 제19조 "위반사항에 대한 조치")

1) 감리업자는 감리를 할 때 소방시설공사가 설계도서나 화재안전기준에 맞지 않을 때에는 관계인에게 알리고, 공사업자에게 그 공사의 시정 또는 보완 등을 요구
2) 공사업자가 1)에 따른 요구를 받았을 때에는 그 요구에 따라야 함
3) 감리업자는 공사업자가 1)에 따른 요구를 이행하지 않고 그 공사를 계속할 때에는 행정안전부령으로 정하는 바에 따라 소방본부장이나 소방서장에게 그 사실을 보고
4) 관계인은 감리업자가 3)에 따라 소방본부장이나 소방서장에게 보고한 것을 이유로 감리계약을 해지하거나 감리의 대가 지급을 거부하거나 지연시키거나 그 밖의 불이익을 주어서는 안 됨
5) 기타사항

   감리자는 감리용역의 계약에 따라 해당 소방시설공사가 설계도서 및 기타 관계서류의 내용대로 시공되는지의 여부를 확인하고 품질관리, 시공관리, 공정관리, 안전관리 등에 대한 기술지도를 하며, 발주자의 위탁에 따른 관계법령에 따라 발주자의 감독 권한을 대행함

---

6 「화재의 예방 및 안전관리에 관한 법률」에서 규정하는 소방안전 특별관리시설물의 화재예방안전진단에 대하여 설명하시오.

1. 개요

1) 소방안전 특별관리시설물의 화재위험요인을 조사하고 그 위험성을 평가하여 개선대책을 수립하기 위해 화재예방안전진단을 실시한다.
2) 소방안전 특별관리시설물의 관계인은 화재의 예방 및 안전관리를 체계적·효율적으로 수행하기 위하여 한국소방안전원 또는 소방청장이 지정하는 화재예방안전진단기관으로부터 정기적으로 화재예방안전진단을 받아야 한다.

2. 진단대상 (화재의 예방 및 안전관리에 관한 법률 시행령 제43조 "화재예방안전진단 대상")

1) 공항시설 중 여객터미널의 연면적이 1000m^2 이상인 공항시설
2) 철도시설 중 역 시설의 연면적이 5000m^2 이상인 철도시설
3) 도시철도시설 중 역사 및 역 시설의 연면적이 5000m^2 이상인 도시철도시설
4) 항만시설 중 여객이용시설 및 지원시설의 연면적이 5000m^2 이상인 항만시설
5) 전력용 및 통신용 지하구 중 공동구
6) 천연가스 인수기지 및 공급망 중 가스시설
7) 발전소 중 연면적이 5000m^2 이상인 발전소

8) 가스공급시설 중 가연성 가스 탱크의 저장용량의 합계가 100톤 이상이거나 저장용량이 30톤 이상인 가연성 가스 탱크가 있는 가스공급시설

3. 진단범위 (화재의 예방 및 안전관리에 관한 법률 제41조 "화재예방안전진단")

1) 화재위험요인의 조사에 관한 사항
2) 소방계획 및 피난계획 수립에 관한 사항
3) 소방시설 등의 유지·관리에 관한 사항
4) 비상대응조직 및 교육훈련 평가에 관한 사항
5) 화재위험성 평가에 관한 사항
6) 그 밖에 화재예방진단을 위하여 대통령령으로 정하는 사항
   (1) 화재 등의 재난 발생 후 재발방지 대책의 수립 및 이행에 관한 사항
   (2) 지진 등 외부 환경 위험요인 등에 대한 예방·대비·대응에 관한 사항
   (3) 화재예방안전진단 결과 보수·보강 등 개선요구 사항 등에 대한 이행 여부

4. 진단의 실시절차 (화재의 예방 및 안전관리에 관한법률 시행령 제44조)

1) **최초실시**

   소방안전 특별관리시설물의 관계인은 「건축법」에 따른 사용승인 또는 「소방시설공사업법」에 따른 완공검사를 받은 날부터 5년이 경과한 날이 속하는 해

2) **진단주기**

   (1) 우수 : 안전등급을 통보받은 날부터 6년이 경과한 날이 속하는 해
   (2) 양호·보통 : 안전등급을 통보받은 날부터 5년이 경과한 날이 속하는 해
   (3) 미흡·불량 : 안전등급을 통보받은 날부터 4년이 경과한 날이 속하는 해

3) **화재예방안전진단의 안전등급 기준(별표7)**

안전등급	화재안전예방진단 대상물의 상태
A(우수)	• 문제점이 발견되지 않은 상태
B(양호)	• 문제점이 일부 발견되었으나 대상물의 화재안전에는 이상이 없으며 대상물 일부에 대해 보수·보강 등의 조치명령이 필요한 상태
C(보통)	• 문제점이 다수 발견되었으나 대상물의 전반적인 화재안전에는 이상이 없으며 대상물에 대한 다수의 조치명령이 필요한 상태
D(미흡)	• 광범위한 문제점이 발견되어 대상물의 화재안전을 위해 조치명령의 즉각적인 이행이 필요하고 대상물의 사용제한을 권고할 필요가 있는 상태
E(불량)	• 중대한 문제점이 발견되어 대상물의 화재안전을 위해 조치명령의 즉각적인 이행이 필요하고 대상물의 사용 중단을 권고할 필요가 있는 상태

5. 조치 (화재의 예방 및 안전관리에 관한 법률 제41조 "화재예방안전진단")

1) 안전원 또는 진단기관의 화재예방안전진단을 받은 연도에는 소방훈련과 교육 및 자체점검을 받은 것으로 봄
2) 안전원 또는 진단기관은 화재예방안전진단 결과를 소방본부장 또는 소방서장, 관계인에게 제출
3) 소방본부장 또는 소방서장은 제출받은 화재예방안전진단 결과에 따라 보수·보강 등의 조치가 필요하다고 인정하는 경우에는 소방안전 특별관리시설물의 관계인에게 보수·보강 등의 조치를 취할 것을 명할 수 있음

---

7 「방염제의 형식승인 및 제품검사의 기술기준」에 의한 방염제의 정의와 방염도료의 종류를 설명하시오.

1. 방염제의 정의

1) "방염제"란 가연성의 재료에 방염성능을 부여하는 약제로서 재료에 물리적 또는 화학적으로 결합시켜 불꽃이 닿거나 열을 받았을 때 연소하기 어렵게 하기 위한 목적으로 사용되는 액체상태 또는 고체상태 등의 약품을 총칭함
2) 방염제의 구분 : 방염액, 방염도료, 방염성물질

2. 방염도료의 종류

종류	내용
발포성	• 불꽃이 닿았을 때 발포하는 것
비발포성	• 불꽃이 닿았을 때 발포하지 않고 단열효과가 있는 것
경화성	• 불꽃이 닿았을 때 굳어지는 것
도료혼합용	• 일반도료에 혼합하여 방염성능을 가지는 것
니스	• 투명한 도료로서 방염성능이 있는 것
락카	• 건조가 일반도료보다 빠른 것
유성	• 유기용제에 용해하는 것
수성	• 물에 용해하는 것
분말	• 물 및 유기용제와 혼합하여 사용하는 것

8. 산림화재와 같은 대형화재 주변에서 발생할 수 있는 화재 소용돌이(Fire Whirl) 현상과 위험성에 대하여 설명하시오.

1. 개요
1) 대규모 화재 시 화재구역에서 나타나는 상승기류를 보충하기 위해 그 주위에 하강기류를 발생시키며, 이 하강기류는 상층의 강한 풍속을 끌고 하강하는 불안정한 기층이 형성된다.
2) 불안정한 기층은 화재선풍과 화재폭풍을 동반할 수 있으며, 대규모 인적·물적피해를 입힐 수 있으므로 이에 대한 주의를 요한다.

2. 화재 소용돌이 (화재 선풍, Fire Whirl)

1) 정의

(1) 지진이나 산불 등 대형화재가 발생했을 때에 발생하는 초고온의 화염 회오리로 동시 다발적으로 발생한 불꽃이 한 개의 점에 집중 발화됨으로써 발생하는 현상을 화재 소용돌이 또는 화재 선풍(Fire Whirls)이라 한다.
(2) 화재 소돌이는 대형화재의 연소를 가속시키며 대규모 인적·물적피해를 입힐 수 있다.

2) 화재 소용돌이 발생의 조건(강한 상승 열 + 난기류 바람)
(1) 공기층의 하부가 따뜻하여 가볍고 상부는 차가워 기층이 불안정할 것
(2) 상층의 바람은 강하고 하층의 바람은 약해 상하의 풍속차가 커 소용돌이가 발생할 것
(3) 화재에 의한 강한 부력이 있을 것

3. 화재 소용돌이의 위험성 (특성)
1) 강한 풍속으로 인해 파괴력이 강함
2) 기류의 강한 상승운동으로 물체나 화염을 높이 불어 올림
3) 기류의 강한 회전운동으로 소용돌이를 발생시키며 회전운동의 직경은 10m로부터 100m에 이름
4) 화재 소용돌이가 덮쳐오기 전 소리는 파도가 소용돌이치는 소리 등의 특성이 있음
5) 화재가 둘 또는 세 방향에서 진행되어 합해지면서 발생하며, 비교적 넓은 공지에서 강하게 발생
6) 화재 소용돌이는 연소속도 및 열방출률, 연료소비를 증가시킴

4. 화재 소용돌이의 사례

1) 미국 캘리포니아주 산불화재(2022년)
2) 호주 캔버라 산불화재(2002년, 2018년, 2020년)

보충

[화재폭풍(Fire Storm)]

1. 정의
1) 대형화재에서 불기둥이 주변공기를 전부 흡수하여 대기가 급격히 불안정해지는 폭풍현상을 화재폭풍(Fire Storm)이라 한다.
2) 대규모 산불에서 주로 발생하고 Back Draft처럼 공기가 부족한 상태에서 대량의 공기가 공급되면 폭발하듯 급격한 연소가 발생한다.

2. 발생 메커니즘(Mechanism)

큰 나무가 밀집된 숲의 넓은 면적 일시 연소
↓
불기둥은 급속히 공중으로 상승하고 순간적으로 공기의 밀도는 급감하고 거의 진공상태로 됨
↓
빈 공간에 압력차로 인해 주변공기가 시속 수십~수백 km의 속도로 유입되어 폭풍 발생

3. 발생 조건
1) 넓은 면적이 한꺼번에 연소해야 한다.
2) 엄청난 상승기류가 상부 산소의 유입을 막고, 중심부에서 연소를 위해 엄청난 양의 산소를 소비해야 한다.
3) 중심부가 진공상태가 되어 주변의 공기가 매우 빠른 속도로 밀려와야 한다.

4. 화재폭풍의 위험성
강한 파괴력을 가진 흡인성 Draft에 의해 주변 수백미터에 걸쳐 맹렬한 파괴력을 소유하여 피해를 확대시킨다.

9 비상방송설비의 마스킹 효과(Masking Effect)에 대하여 설명하시오.

1. 정의
1) 어떤 소리에 의해 다른 소리가 파묻혀버려 들리지 않게 되는 현상
2) 즉, 다른 마스킹 사운드에 의해 들리지 않게 되는 현상을 마스킹 효과(Masking Effect)라 한다.

2. 문제점
1) 방해음 때문에 목적음의 최소가청한계가 높아지게 됨. 즉, 한계 이하가 되어서 안 들리게 되는 결과를 초래함
2) 비상방송설비는 음성으로 화재발생을 알려주는 설비로 음성의 명료도가 중요하지만 경종의 출력으로 비상방송설비의 음성의 명료도가 저하되고 경종이 설치된 위치에 따라 비상방송의 음성이 들리지 않을 수 있음

3. 마스킹 곡선(Masking Curve), 마스킹 한계선(Masking Threshold Curve)
1) 마스커(Masker, 방해음)가 존재할 경우 마스키(Maskee, 목적음)의 최소가청한계가 높아져 목적음은 최소가청한계 이하가 되어 안 들리는 결과를 초래함
2) 최소가청한계란 어떤 소리가 들리려면 최소한 어느 정도의 크기를 말함
3) 방해하는 소리의 크기가 크면 클수록 최소 가청한계가 더 높아져 마스킹 효과도 커짐

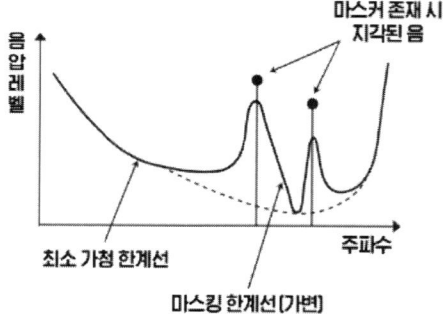

4. 마스킹효과의 종류
1) 동시 마스킹(Simultaneous Masking) : 동시에 발생하는 큰 소리에 작은 소리가 파묻히는 현상
2) 경시 마스킹(Temporal Masking) : 큰 소리 바로 다음에 작은 소리가 파묻히는 현상
3) 주파수 마스킹(Frequency Masking) : 비슷한 주파수를 갖는 여러 음이 서로 섞여 구분이 잘 되지 않는 현상

5. 마스킹 효과의 경보설비 예
1) 비상경보설비와 비상방송설비 동시에 작동할 경우
2) 소음이 있는 기계실에 설치된 비상경보설비 또는 비상방송설비

6. 대책
1) 목적음의 음압레벨을 상향시키거나 방해음의 음압레벨을 하향시킴
2) 청각을 이용한 경보설비와 시각경보기 동시 적용

---

10 소방용 배관 중 분기배관에 대하여 설명하시오.
   1) 분기배관의 정의
   2) 분기배관의 연결 방법

1. 분기배관의 정의 (NFTC 102)
1) 분기배관이란 배관 측면에 구멍을 뚫어 둘 이상의 관로가 생기도록 가공한 배관
2) 분기배관은 확관형 분기배관과 비확관형 분기배관으로 구분함
3) 분기배관은 "분기배관의 성능인증 및 제품검사의 기술기준"에 적합한 것으로 설치해야 함

2. 분기배관의 구분

구분	확관형 분기배관	비확관형 분기배관
그림	(배관 용접이음자리, 용접이음, 배관이음쇠)	(배관이음쇠, 용접이음)
정의	배관의 측면에 조그만 구멍을 뚫고 소성가공으로 확관시켜 배관 용접이음자리를 만들거나 배관 용접이음자리에 배관이음쇠를 용접 이음한 배관	배관의 측면에 분기호칭내경 이상의 구멍을 뚫고 배관이음쇠를 용접 이음한 배관
특징	• 공장에서 배관 용접이음자리를 가공해서 나옴 • 현장에서 배관 천공작업 생략 • 성능인증 대상 • 용접이음부분이 평평하여 작업 간소화	• 측면에 구멍은 분기호칭내경 이상 뚫음 • 성능인증을 받지 않아도 됨 • 시공 현장 상황에 맞도록 배관이음가능하여 유연한 작업 가능

3. 분기배관의 연결 방법

1) 나사이음

(1) 저압의 일반배관에 사용하며 심한 마모, 충격, 진동, 부식이나 균열 등이 발생할 수 있는 장소에는 사용하지 않음

(2) 종류 : 가단 주철제 관이음쇠, 강관제 관이음쇠 등

2) 용접이음

(1) 접속부의 모양에 따라 맞대기 용접식과 삽입형 용접식으로 구분

(2) 종류 : 배관이음쇠(Outlet Fitting) 등

3) 플랜지 이음

(1) 배관의 각종 기기를 해체하거나 교환할 필요가 있는 경우 시공

(2) 플랜지를 볼트와 너트로 접속시키는 방법으로 유체가 새는 것을 막기 위해 가스켓을 삽입

4) 기계적 이음

(1) 배관에 홈을 만들고 서로 연결하는 방법

(2) 가스켓, 하우징, 볼트, 너트로 구성됨

(3) 용접이 필요 없어 시공이 간편하며 안전한 작업환경을 부여함

(4) 종류 : 메커니컬 티

---

11 NFPA 704의 위험물질 기호체계의 적색 – 인화성 단계(0~4)와 백색 – 기타(특정위험)정보를 알리는 코드에 대하여 설명하시오.

1. 개요

1) NFPA 704는 화학물질은 복수의 특성을 가지므로 여러 물질을 평가하여 취급자에게 정보를 제공한다.

2) 국내는 1류에서 6류로 분류하고 있으나 NFPA 704에서는 위험성을 유독성(청색), 가연성(적색), 반응성(황색), 특이사항(백색)으로 분류한다.

3) NFPA 704에서의 분류는 색상과 숫자(0~4) 표현하고 있어 사용자는 위험성을 쉽게 알 수 있는 장점이 있다.

2. NFPA 704 표시(식별) : 색상으로 식별된 마름모꼴에 숫자 삽입

1) 유독성 : 청색
2) 가연성 : 적색
3) 반응성 : 황색
4) 특수성질 : 백색

3. 인화성 단계(0~4) (NFPA 704 "Chapter 6 Flammability Hazards" Table 6.2 "Degrees of Flammability Hazards")

위험 등급		범위
4	쉽게 증발하고 빠르게 연소	• 인화점이 73°F 미만이고 비점이 100°F 미만인 액체(Class ⅠA)
3	쉽게 점화됨	• 인화점이 73°F 미만이고 비점이 100°F 이상인 액체(Class ⅠB) • 인화점이 73°F 이상이고 인화점이 100°F 미만인 액체(Class ⅠC)
2	적당히 가열 시 점화됨	• 인화점이 100°F 이상 200°F 미만인 액체(Class Ⅱ, Class ⅢA)
1	점화하려면 예열 필요	• 인화점이 200°F 이상인 액체(Class ⅢB)
0	불연성	• 1500°F의 온도에서 5분 동안 공기에 노출 시 타지 않는 물질

4. 백색 - 기타(특정위험)정보를 알리는 코드 (NFPA 704 "Chapter 8 Special Hazards")

1) 색상 : 백색
2) 표기방법
   (1) 산화성(OX)
   (2) 금수성(W)
   (3) 질식성(SA)

5. NFPA 704 식별체계의 특징

1) Fool Proof 관점에서 색상으로 이미지화
2) 유해, 위험의 정도를 수치화하여 정량화

[NFPA 704 "Chapter 6 Table 6.2 Degrees of Flammability Hazards"]

Degree of Hazard	Criteria
4 — Materials that rapidly or completely vaporize at atmospheric pressure and normal ambient temperature or that are readily dispersed in air and burn readily	• Flammable gases • Flammable cryogenic materials • Any liquid or gaseous material that is liquid while under pressure and has a flash point below 22.8℃ (73℉) and a boiling point below 37.8℃(100℉) (i.e.,Class IA liquids) • Materials that ignite spontaneously when exposed to air Solids containing greater than 0.5 percent by weight of a flammable or combustible solvent are rated by the closed cup flash point of the solvent.
3 — Liquids and solids(including finely divided suspended solids) that can be ignited under almost all ambient temperature conditions. Materials in this degree produce hazardous atmospheres with air under almost all ambient temperatures or, though unaffected by ambient temperatures, are readily ignited under almost all conditions. See Annex D for more information on ranking of combustible dusts.	• Liquids having a flash point below 22.8℃ (73℉) and a boiling point at or above 37.8℃(100℉) and those liquids having a flash point at or above 22.8℃(73℉) and below 37.8℃(100℉) (i.e., Class IB and Class IC liquids) • Finely divided solids, typically less than 75 micrometers (μm) (200 mesh), that present an elevated risk of forming an ignitible dust cloud, such as finely divided sulfur, National Electrical Code Group E dusts(e.g., aluminum, zirconium, and titanium), and bis-phenol A • Materials that burn with extreme rapidity, usually by reason of self-contained oxygen(e.g., dry nitrocellulose and many organic peroxides) • Solids containing greater than 0.5 percent by weight of a flammable or combustible solvent are rated by the closed cup flash point of the solvent.
2 — Materials that must be moderately heated or exposed to relatively high ambient temperatures before ignition can occur. Under normal conditions, these materials would not form hazardous atmospheres with air, but under high ambient temperatures or under moderate heating they could release vapor in sufficient quantities to produce hazardous atmospheres with air. Materials inthis degree also include finely divided suspended solids that do not require heating before ignition can occur. See Annex D for more information on ranking of combustible dusts.	• Liquids having a flash point at or above 37.8℃(100℉) and below 93.4℃(200℉) (i.e., Class II and Class IIIA liquids) • Finely divided solids less than 420 μm(40 mesh) that present an ordinary risk of forming an ignitible dust cloud • Solid materials in a flake, fibrous, or shredded form that burn rapidly and create flash fire hazards, such as cotton, sisal, and hemp • Solids and semisolids that readily give off flammable vapors • Solids containing greater than 0.5 percent by weight of a flammable or combustible solvent are rated by the closed cup flash point of the solvent.

[NFPA 704 "Chapter 6 Table 6.2 Degrees of Flammability Hazards"]

Degree of Hazard	Criteria
1 — Materials that must be preheated before ignition can occur. Materials in this degree require considerable preheating, under all ambient temperature conditions, before ignition and combustion can occur. Materials in this degree also include finely divided suspended solids that do not require heating before ignition can occur. See Annex D for more information on ranking of combustible dusts.	• Materials that will burn in air when exposed to a temperature of 815.5℃(1500℉) for a period of 5 minutes in accordance with ASTM D6668, Standard Test Method for the Discrimination Between Flammability Ratings of F = 0 and F = 1 • Liquids, solids, and semisolids having a flash point at or above 93.4℃(200℉) (i.e., Class IIIB liquids) • Liquids with a flash point greater than 35℃(95℉) that do not sustain combustion when tested using the "Method of Testing for Sustained • Combustibility," per 49 CFR 173, Appendix H, or the UN publications Recommendations on the Transport of Dangerous Goods, Model Regulations and Manual of Tests and Criteria • Liquids with a flash point greater than 35℃(95℉) in a water-miscible solution or dispersion with a water noncombustible liquid/solid content of more than 85 percent by weight • Liquids that have no fire point when tested by ASTM D92, Standard Test Method for Flash and Fire Points by Cleveland Open Cup, up to the boiling point of the liquid or up to a temperature at which the sample being tested shows an obvious physical change Combustible pellets, powders, or granules greater than 420 μm(40 mesh) • Finely divided solids less than 420 μm(40 mesh) that are nonexplosible in air at ambient conditions, such as low volatile carbon black and polyvinylchloride(PVC) • Most ordinary combustible materials • Solids containing greater than 0.5 percent by weight of a flammable or combustible solvent are rated by the closed cup flash point of the solvent.
0 — Materials that will not burn under typical fire conditions, including intrinsically noncombustible materials such as concrete, stone, and sand	• Materials that will not burn in air when exposed to a temperature of 816℃(1500℉) for a period of 5 minutes in accordance with ASTM D6668, Standard Test Method for the Discrimination Between Flammability Ratings of F = 0 and F = 1

[NFPA 704 "Chapter 8 Special Hazards"]

1) Materials that react violently or explosively with water(i.e., water reactivity rating 2) or 3) shall be identified by the letter "W" with a horizontal line through the center (W̶).

2) Materials that possess oxidizing properties shall be identified by the letters "OX."

3) For chemicals requiring both "special hazard" symbols(i.e., W and OX), the W shall be displayed inside the special hazards quadrant, and the OX shall be displayed directly below or adjacent to the special hazards quadrant.

4) Materials that are simple asphyxiant gases shall be permitted to be identified with the letters "SA" and shall include the following gases : nitrogen, helium, neon, argon, krypton, and xenon.

5) The SA symbol shall also be used for liquefied carbon dioxide vapor withdrawal systems and where large quantities of dry ice are used in confined areas.

[NFPA 704의 식별체계(NFPA 704 "Annex H Sample NFPA 704 Placard Information for Use in Safety Publications")]

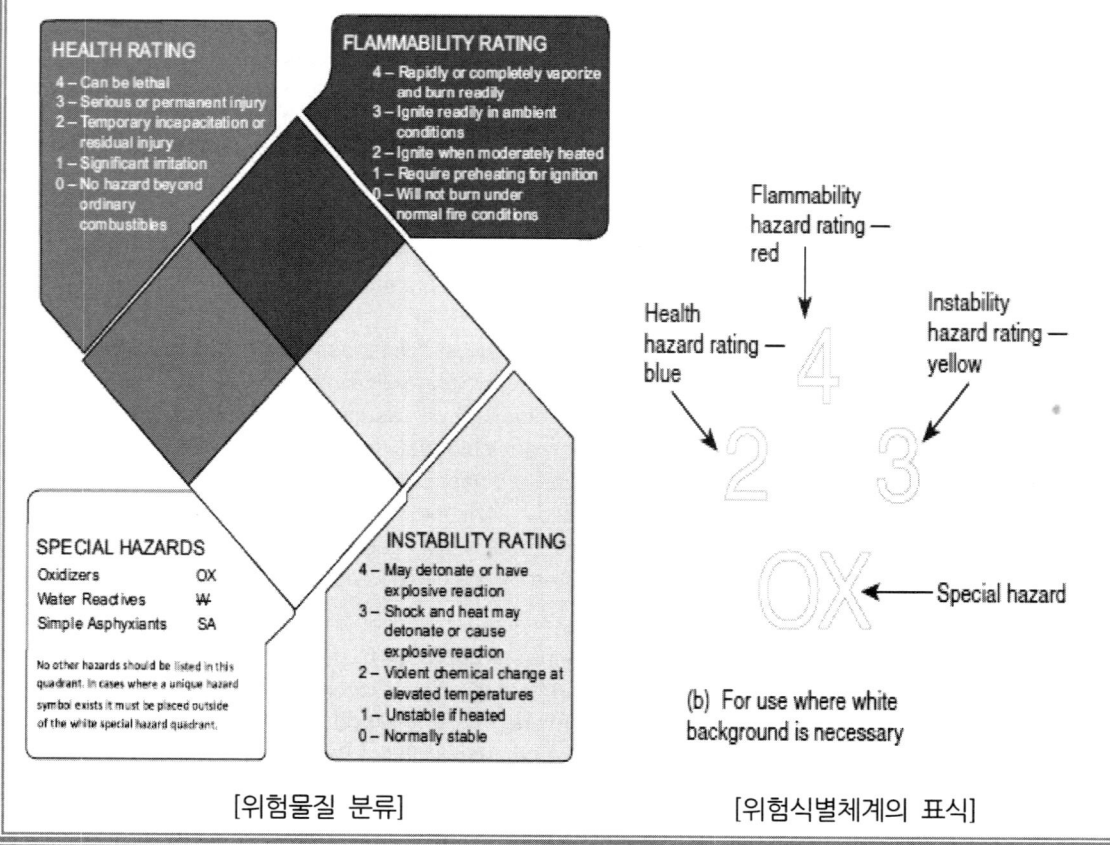

[위험물질 분류]   [위험식별체계의 표식]

12 화재로부터 방출된 에너지에 의해 연소가스가 팽창하여 압력이 상승한다. 다음 조건에서 압력상승값을 계산하시오.
  1) 바닥면적 100m², 높이가 10m인 화재실의 개구부와 누설 틈새를 포함한 전체 누설 면적이 5m²이다.
  2) 이 공간에서 화재가 발생하여 평균 온도가 대기온도 27℃보다 200K 높게 형성되었고, 온도 상승률이 4(K/s)라고 한다. (단, 유출계수는 10.24이다)

1. 개념

1) 구획실에서 화재 시 고온에 의한 열팽창은 연소가스 유동의 원인 중 하나이다.
2) 개방된 개구부가 클수록 팽창으로 인한 압력차는 작아진다.

2. 열팽창에 의한 압력차

$$\Delta P = \frac{180(BHA)^2}{C^2 A_T^2 (T_0 + \Delta T)^3} \ (Pa)$$

B : 온도상승률, H : 구획실의 높이
A : 구획실의 바닥면적, A_T : 누설면적
C : 유출계수, T_0 : 초기온도
ΔT : 상승온도(나중온도 - 초기온도)

3. 압력상승값(ΔP) 계산

1) 조건

(1) 온도상승률(B) : 4K/s (2) 구획실의 높이(H) : 10m (3) 바닥면적(A) : 100m²
(4) 유출계수(C) : 10.24 (5) 누설면적(A_T) : 5m² (6) 초기온도(T_0) : 27℃
(7) 상승온도(ΔT) : 200K

2) 풀이

$$\Delta P = \frac{180(4 \times 10 \times 100)^2}{10.24^2 \times 5^2 (27+200)^3} = 0.094 Pa$$

13 「산업안전보건기준에 관한 규칙」에서 정전기로 인한 화재나 폭발의 위험이 발생할 우려가 있는 경우 정전기 억제가 필요한 설비와 조치방법을 설명하시오.

1. 개념

1) 정전기란 전하가 정지 상태에 있어 흐르지 않고 머물러 있는 전기로 마찰에 의한 대전현상을 의미한다.
2) 원자는 (+)전기를 띠고 있는 원자핵과 (-)전기를 띠고 원자핵 주위를 도는 전자들로 구성된다.
3) 전자는 외부 마찰에 의하여 쉽게 분리되어 다른 원자로 이동하는데, 이때 전자를 잃은 원자는 (+)전기를 띠고 전자를 얻은 원자는 (-)전기를 띠는데 이를 대전현상이라 한다.
4) 정전기는 가연성 혼합기 속에서 연소나 폭발의 점화원으로 작용하므로 이에 대한 대책이 중요하다.

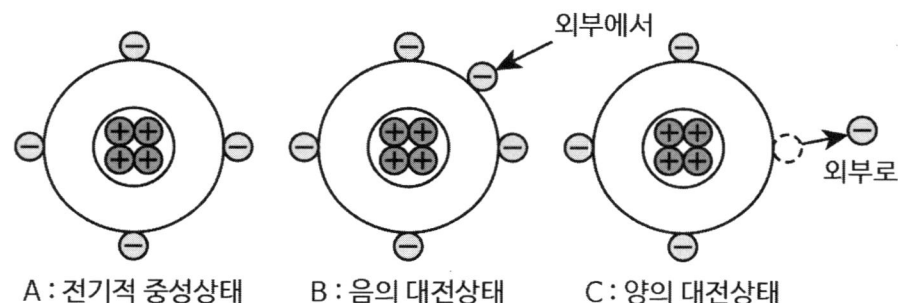

A : 전기적 중성상태   B : 음의 대전상태   C : 양의 대전상태

2. 정전기의 발생 Mechanism

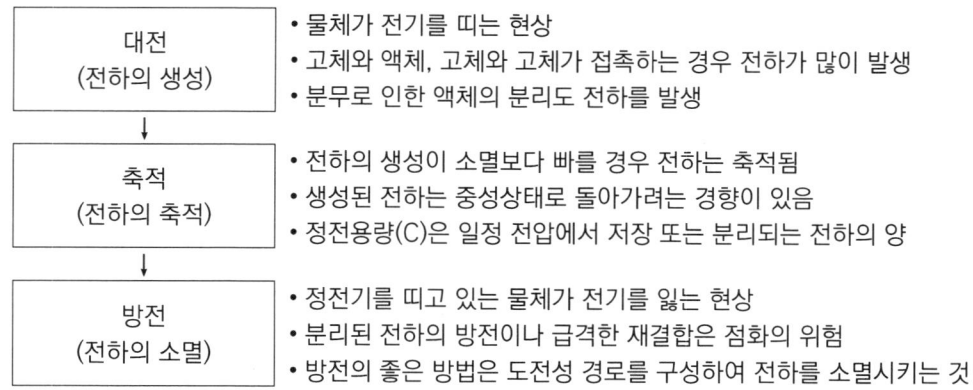

3. 정전기 억제가 필요한 설비

1) 위험물을 탱크로리 · 탱크차 및 드럼 등에 주입하는 설비
2) 탱크로리 · 탱크차 및 드럼 등 위험물저장설비
3) 인화성 액체를 함유하는 도료 및 접착제 등을 제조 · 저장 · 취급 또는 도포하는 설비
4) 위험물 건조설비 또는 부속설비
5) 인화성 고체를 저장하거나 취급하는 설비
6) 드라이클리닝설비, 염색가공설비 또는 모피류 등을 씻는 설비 등 인화성유기용제를 사용하는 설비
7) 유압, 압축공기 또는 고전위정전기 등을 이용하여 인화성 액체나 인화성 고체를 분무하거나 이송하는 설비
8) 고압가스를 이송하거나 저장 · 취급하는 설비
9) 화약류 제조설비
10) 발파공에 장전된 화약류를 점화시키는 경우에 사용하는 발파기

4. 조치방법

1) 접지
2) 도전성 재료를 사용
3) 가습
4) 점화원이 될 우려가 없는 제전장치를 사용
5) 인체에 대전된 정전기에 의한 화재 또는 폭발 위험이 있는 경우
    (1) 정전기 대전방지용 안전화 착용
    (2) 제전복 착용
    (3) 정전기 제전용구 사용 등의 조치
    (4) 작업장 바닥 등에 도전성을 갖추도록 하는 등 필요한 조치

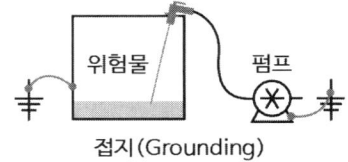

접지(Grounding)

133회 2교시

> **1** 고체연소에 영향을 주는 변수로서 다음에 대하여 설명하시오.
> 1) 표면적 대 질량비와의 관계
> 2) 방향과의 관계
> 3) 열관성과의 관계
> 4) 난연재와의 관계

1. 개요

1) 고체의 연소에서 표면적 대 질량비는 점화, 화염확산, 열방출속도를 분석할 경우 고려해야 하는 중요한 사항이다.
2) 표면적이 증가하고 질량이 감소함에 따라 연료 입자는 작아지거나 작게 쪼개진다.
3) 큰 물질을 자르거나 쪼개면 표면적 대 질량비는 증가한다.

2. 고체 연소에 영향을 주는 변수

1) 표면적 대 질량비
2) 방향
3) 밀도, 열전도율, 비열 등의 열 물성
4) 배치

3. 표면적 대 질량비와의 관계

1) 개념

(1) 표면적에 비해 부피가 큰 물질(물질이 커다란 덩어리로 있는 경우)

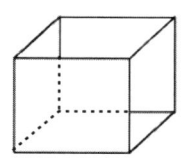 = 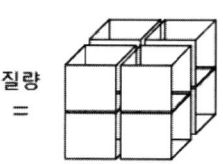 =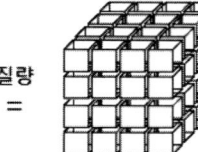

① 표면적 대 질량비는 감소
② 방열이 상대적으로 발열보다 크므로 열의 축적이 어려움

(2) 표면적에 비해 부피가 작은 물질(커다란 덩어리를 잘게 쪼개는 경우)
① 표면적 대 질량비는 증가
② 방열이 상대적으로 발열보다 작으므로 열의 축적이 용이
③ 열에너지가 표면의 온도를 더 빠른 속도로 증가시켜 점화가 빨라짐

2) 예

(1) 통나무에 불을 붙이는 경우보다 대팻밥에 불을 붙이는 경우가 쉽게 연소
   ① 재료의 열물성이나 밀도가 변하지 않았음에도 대팻밥이 쉽게 연소하는 이유는 표면적 대 질량비가 증가했기 때문이다.
   ② 통나무는 방열이 쉽고, 대팻밥은 방열이 어려움
(2) 종이의 중앙에 열을 가한 경우보다 모서리에 가할 시 쉽게 연소
   ① 종이의 중심은 모든 방향으로 방열되므로 열의 축적에 시간이 소요됨
   ② 종이의 모서리는 열이 전도될 수 있는 방향이 제한되어 있으므로 열의 축적이 쉬움

4. 방향과의 관계

1) 개념

(1) 화염이 확산하기 위해 점화에 의한 발화온도가 적용되며 화염 자체가 점화원으로 작용한다. 화염은 전면부의 연료를 가열하여 고체의 표면온도를 발화점 이상으로 가열시키는 점화원(화염)에 의해 점화된다.
(2) 화염확산이란 화염의 경계면이 이동하는 과정으로 순풍, 역풍, 상향, 하향 등 바람의 방향과 중력이 영향을 미친다.

2) 화염확산속도(v) = $\dfrac{\delta_f}{t_{ig}}$ δ_f : 가열거리, t_{ig} : 고체의 발화시간

3) 상향, 순풍에서 화염확산

(1) 개념
   ① 공기의 흐름이 중력과 반대방향인 경우를 상향 화염확산이라 한다.
   ② 공기의 흐름방향과 화염확산방향이 같은 경우를 순풍 화염확산이라 한다.

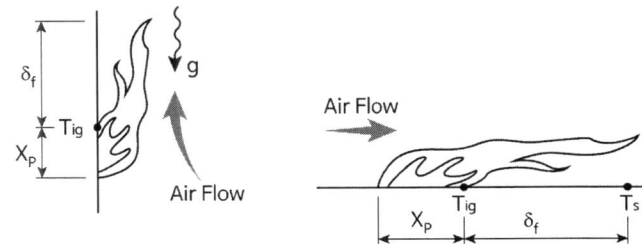

(2) 특성
   ① 공기의 흐름이 없는 상태에서는 화염자체의 부력흐름에 의존하여 화염은 확산됨
   ② 화염확산에 필요한 가열은 화염의 열전달, 연소생성물의 열전달임
   ③ 화염의 길이는 화재의 열방출률에 따라 달라짐

(3) 상향, 순풍에서 화염확산이 빠른 이유

① 중력에 의한 부력으로 Fire Plume 연장

② 공기인입으로 순풍 발생

Fire Plume 연장 → 가열거리(δ_f) 증가 → 화염확산속도 증가

③ 상향, 순풍 시 가열거리(δ_f)가 길어져 화염확산속도 빠름

확산방향/바람방향	화염확산속도	특징
상향/순풍	1~100cm/s	빠르고 불규칙
하향/역풍	아주 낮은 속도	느리고 일정

5. 열관성과의 관계

1) 개념

(1) 어떤 물체가 일정 온도를 가지고 있는 경우 현재의 온도를 유지하려는 성질

(2) 물질의 표면으로부터 나머지 부분으로 에너지를 전도할 수 있는 물질의 능력

(3) 물질 표면에서의 온도증가를 설명할 수 있는 요인

2) 열관성

열관성 = $\rho c k$ ρ : 물질의 밀도(kg/m^3), c : 물질의 비열(kcal/kg·K)
k : 물질의 열전도도(W/m·K)

3) 연소와의 관계

(1) 열관성이 높을수록 열은 물질 표면으로부터 나머지 부분으로 쉽게 전달되어 점화의 가능성은 줄어듦

(2) 열관성이 큰 물질(열전도율↑, 밀도↑)은 에너지를 빠르게 방산시킬 수 있어 표면온도 증가가 상대적으로 낮아짐

① 발열보다 방열이 큼(발열 < 방열)

② 예 : 금속

(3) 열관성이 작은 물질(열전도율↓, 밀도↓)은 에너지는 표면으로부터 나머지 부분으로 천천히 방열되어 온도가 급속히 상승하고, 이로 인해 열분해와 점화가 일어남

① 방열보다 발열이 큼(발열 > 방열)

② 예 : 나무, 폴리우레탄 폼

(4) 열확산율과 열관성과의 관계

① 열관성(ρck) = $\dfrac{k^2}{열확산율(\alpha)}$

② 열관성은 열확산율에 반비례

(5) 열관성과 온도 상승, 발화시간의 관계

구분	열관성이 클 때	열관성이 작을 때
온도 상승	느림	빠름
발화 시간	느림	빠름

4) 소방의 적용

(1) 두꺼운 재료 사용으로 발화시간을 늦춤($t_{ig} \propto \rho ck$).

(2) 열관성이 큰 재료 선정 시 재료의 표면온도가 서서히 상승하므로 발화시간이 길어짐

(3) Flash Over의 영향요인 중 Ceiling Jet Flow의 복사열에 의해 내장재 발화에 영향을 미침

6. 난연재와의 관계

1) 개념

(1) 난연재료란 화재 시 연소가 잘 되지 않는 성질을 가진 재료를 말함

(2) 열관성(ρck) 및 열용량(mc)이 큰 재료는 발화 가능성을 축소시킴

(3) 열관성이 큰 물질은 열전도율이 크므로, 열의 방열이 크고 열의 축적이 어려우며, 열용량이 크면 온도상승이 저하함

2) 난연재의 종류

(1) 할로겐계 난연재

　① 할로겐계 화합물은 기본적으로 기체상에서 발생하는 라디칼을 안정화시켜 난연효과를 갖게 됨

　② 종류 : 브롬계 난연재, 염소계 난연재 등

(2) 무기계 난연재

　① 열에 의해 휘발되지 않으며 분해되어 물, 이산화탄소, 이산화황과 같은 불연성기체를 방출하고 대부분 흡열반응을 함

　② 종류 : 수산화알루미늄, 산화안티몬, 수산화마그네슘 등

(3) 인계 난연재

　① 연소 시 인화합물은 열분해에 의해 폴리메타인산을 생성하고 이는 탈수작용에 의해 생성되는 탄소피막의 형성이 산소를 차단하는 역할을 함

　② 종류 : 폴리인산 등

3) 연소와의 관계 : 난연성능이 우수할수록 열방출률이 낮아지므로 연소는 지연됨

2 「가스계소화설비의 설계프로그램 성능인증 및 제품검사의 기술기준」에서 요구하고 있는 설계프로그램의 유효성확인에 대하여 설명하시오.

1. 개요

1) 가스계 소화설비의 신뢰성을 위해 성능시험에 따라 인증된 프로그램으로 설계를 해야 한다.
2) 신청자가 제시하는 20개 이상의 시험모델(분사헤드를 3개 이상 설치하여 설계한 모델) 중에서 임의로 선정한 5개 이상의 시험모델을 실제 설치하여 시험하여 설계프로그램의 유효성을 확인해야 한다.

2. 설계프로그램의 시험방법 및 절차

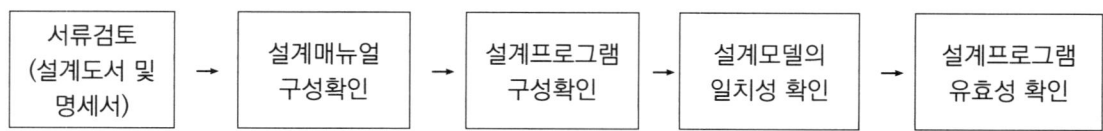

3. 설계프로그램의 유효성 확인

1) 소화약제

"소화약제의 형식승인 및 검정기술기준"에 적합할 것

2) 기밀시험

소화약제 저장용기 이후부터 분사헤드 이전까지의 설비부품 및 배관 등은 양 끝단을 밀폐시킨 후 98kPa 압력공기 등으로 5분간 가압하는 때에 누설되지 않을 것

3) 방출시험

(1) 방출시간

① 방출시간의 산정은 방출 시 측정된 시간에 따른 방출헤드의 압력변화곡선에 의해 산출하며, 산출된 방출시간은 다음 표의 기준에 적합할 것. (단, 이산화탄소 소화설비의 심부화재의 경우 420초 이내에 방출하여야 하며, 2분 이내에 설계농도 30%에 도달하는 조건을 만족할 것)

구분	방출시간 허용한계
10초 방출방식의 설비	설계값 ± 1초
60초 방출방식의 설비	설계값 ± 10초
기타의 설비	설계값 ± 10%

② 압력곡선으로 방출시간을 산정할 수 없는 경우에는 공인된 다른 시험방법(온도·농도곡선 등)이나 기술적으로 충분히 과학적인 것으로 인정되는 시험방법을 적용하여 시험할 수 있음

(2) 방출압력

① 소화약제 방출 시 각 분사헤드마다 측정된 방출압력은 설계값의 ±10% 이내일 것

② 방출압력은 평균방출압력을 말하며, 방출압력이 평균방출압력으로 산정되지 않은 경우 공인된 다른 시험방법이나 기술적으로 충분히 과학적인 것으로 인정되는 시험방법을 적용하여 시험할 수 있음

(3) 방출량

① 각 분사헤드의 방출량은 설계값의 ±10% 이내이며, 각 분사헤드별 설계값과 측정값의 차이의 백분율에 대한 표준편차가 5 이내일 것

② 소화약제의 방출량은 질량 또는 농도 등을 측정하여 산출

(4) 소화약제 도달 및 방출종료시간

① 소화약제 방출 시 각각의 분사헤드에 소화약제가 도달되는 시간의 최대편차는 1초 이내일 것

② 소화약제의 방출이 종료되는 시간의 최대편차는 2초 이내(이산화탄소 및 불활성 가스는 제외)일 것

4) 분사헤드 방출면적시험

(1) 모든 소화시험모형은 소화약제의 방출이 종료된 후 30초 이내에 소화될 것

(2) 소화약제 방출에 따른 시험실의 과압 또는 부압은 설계값(신청자가 제시한 압력값)을 초과하지 않을 것

5) 소화시험

(1) A급 소화시험

목재 및 중합재료에 대한 소화시험 결과가 다음에 적합할 것

① 목재 소화시험

소화약제 방출종료시간으로부터 600초 이내에 소화되고 잔염이 없어야 하며, 재연소되지 않을 것

② 중합재료 소화시험

소화약제 방출종료시간으로부터 60초 이내에 소화되고 잔염이 없어야 하며(단, 내부 2개의 중합재료상단의 불꽃은 180초 이내에 소화), 방출종료시간으로부터 600초 이내에 재연소되지 않을 것

(2) B급 소화시험

소화약제 방출종료시간으로부터 30초 이내에 소화되고 재연소되지 않을 것

[설계매뉴얼]

가스계소화설비를 설계하는 데 활용하는 매뉴얼에는 일반적인 설계가이드라인 이외에 다음의 사항이 포함되어야 한다.

1) 유량계산에 사용하는 기본적 원리
2) 배관비에 대한 제한사항
3) 각 배관규격별 최소 및 최대 유량
4) 티분기 시 유량분기의 한계를 포함한 티분기 방법 및 티부속의 설치 시 전·후 이격거리등에 대한 정보
5) 각 분사헤드별 약제 도달시간의 편차 및 각 분사헤드별 약제방출 종료시간에 대한 편차 제한 시간
6) 분사헤드 최소설계압력
7) 최소·최대분사헤드 오리피스 크기제한과 분사헤드 오리피스 크기의 결정방법, 분사헤드의 선정기준
8) 분사헤드 방호면적, 설치높이(최소, 최대)에 대한 제한사항과 방호구역 내 분사헤드위치에 대한 정보
9) 저장용기 최소 및 최대충전밀도
10) 최소 및 최대설계방출시간
11) 설비 작동온도범위에 대한 제한사항
12) 설계절차와 유량계산에 컴퓨터를 이용하는 경우 설계프로그램 입력절차 및 출력자료에 대한 설명

13) 유체흐름에 영향을 주는 모든 부속품에 대한 등가길이
14) 설비의 시공 및 작동 그리고 유지관리에 대한 지침가. 주의 및 경고표지나. 설비를 구성하는 모든 부품에 대한 도면 및 기술사양
15) 다음의 주요부품에 대하여는 신청업체의 상호명 및 제품모델번호 등을 표시할 것
   (1) 저장용기, 밸브
   (2) 분사헤드
   (3) 플렉시블호스
   (4) 선택밸브
   (5) 저장용기 작동장치(니들밸브 등)
   (6) 기동용기함 등

보충

[설계프로그램]

가스계 소화설비를 설계하는 데 활용하는 유량계산방법 등의 프로그램은 다음의 조건들이 표시되고 계산될 수 있도록 구성해야 한다.

1) 최대배관비
2) 소화약제 저장용기로부터 첫 번째 티분기 지점까지의 최소거리
3) 최소 및 최대방출시간
4) 소화약제 저장용기의 최대 및 최소충전밀도
5) 배관 내 최소 및 최대유량
6) 각 분사헤드에 대한 연결 배관의 체적
7) 분사헤드의 최대압력편차
8) 연결 배관 단면적에 대한 분사헤드 오리피스와 감압오리피스 단면적의 최댓값 및 최솟값
9) 분사헤드까지 약제도달시간에 대한 헤드별 최대편차, 분사헤드에서 약제방출 종료시간에 대한 헤드별 최대편차
10) 티분기 방식과 분기 전·후 배관길이에 대한 제한
11) 티분기에 의한 최소 및 최대약제분기량
12) 배관 및 관부속 종류
13) 배관 수직 높이변화에 따른 제한사항
14) 분사헤드 최소설계압력
15) 설비의 작동온도(소화약제 저장용기의 저장온도)

3 「특별피난계단의 계단실 및 부속실 제연설비의 화재안전기술기준(NFTC 501A)」에서 다음에 대하여 설명하시오.
1) 제연구역의 선정
2) 유입공기 배출방식의 종류
3) 외기취입구 설치기준
4) 제어반의 기능

1. 제연구역의 선정
1) 계단실 및 부속실을 동시에 제연
2) 부속실 단독 제연
3) 계단실 단독 제연

※ 부속실 : 비상용 승강기의 승강장과 겸용하는 것, 비상용승강기·피난용승강기의 승강장
※ 비상용승강기 또는 피난용승강기의 승강장을 제연하는 경우 승강로를 급기풍도로 사용할 수 있음

2. 유입공기의 배출 방식의 종류
유입공기는 화재층의 제연구역과 면하는 옥내로부터 옥외로 배출되도록 해야 한다. 다만 직통계단식 공동주택의 경우에는 예외로 함

1) 수직풍도에 따른 배출
(1) 자연배출식 : 굴뚝효과에 따라 배출
(2) 기계배출식 : 전용의 배출용 송풍기를 설치하여 강제로 배출

2) 배출구에 따른 배출
건물의 옥내와 면하는 외벽마다 옥외와 통하는 배출구를 설치하여 배출

3) 제연설비에 의한 배출
유입공기의 양을 거실제연설비의 배출량에 합하여 배출

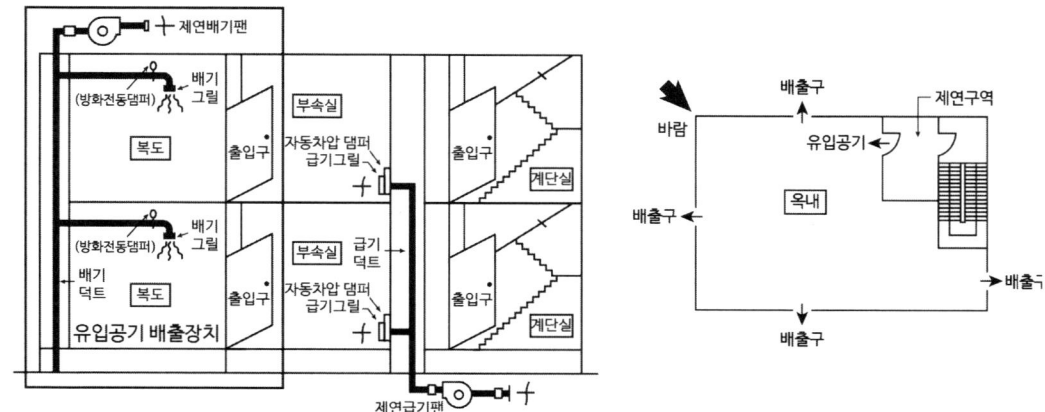

[기계식 유입공기 배출장치 예]   [배출구에 따른 배출방식 예]

3. 외기 취입구 설치기준

1) 외기를 옥외에서 취입하는 경우

(1) 취입구는 연기, 공해물질 등으로 오염된 공기를 취입하지 아니하는 위치에 설치

(2) 배기구 등에서 수평거리 5m 이상, 수직거리 1m 이상 낮은 위치에 설치

(3) 구성도

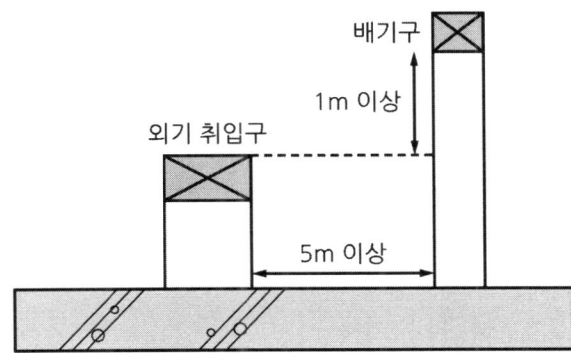

2) 취입구를 옥상에 설치하는 경우

(1) 옥상의 외곽면에서 수평거리 5m 이상, 외곽면 상단에서 수직거리 1m 이하의 위치에 설치

(2) 구성도

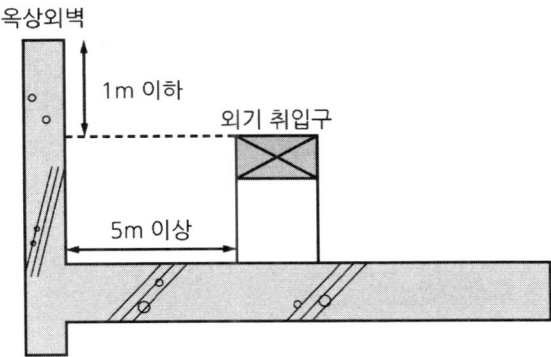

3) 취입구는 빗물과 이물질이 유입하지 않는 구조

4) 취입구는 취입공기가 옥외의 풍속과 방향에 따라 영향을 받지 않는 구조

4. 제어반의 기능

1) 감시 및 원격조작기능
(1) 급기용 댐퍼의 개폐
(2) 배출댐퍼 또는 개폐기의 작동 여부
(3) 급기송풍기와 유입공기의 배출용 송풍기(설치한 경우에 한함)의 작동 여부
(4) 제연구역의 출입문의 일시적인 고정개방 및 해정

2) 감시 기능
(1) 수동기동장치의 작동 여부
(2) 급기구 개구율의 자동조절장치의 작동 여부. 다만 급기구에 차압표시계를 고정 부착한 자동차압급기댐퍼를 설치하고 당해 제어반에도 차압표시계를 설치한 경우에는 예외로 함
(3) 감시선로의 단선에 대한 감시 기능

3) 예비전원이 확보되고 예비전원의 적합 여부를 시험할 수 있을 것

---

4 위험물제조소등과 인근의 건축물 사이의 안전거리를 단축시키기 위해 방화상 유효한 담을 설치하고자 할 때, 담의 높이를 산정하는 방법에 대하여 설명하고, 다음 조건을 사용하여 위험물제조소의 방화상 유효한 담의 높이를 구하시오.

〈조 건〉
㉠ 제조소의 외벽 높이 : 20m
㉡ 제조소와 문화재 사이의 거리 : 30m
㉢ 문화재 높이 : 20m
㉣ 문화재는 방화구조이고, 제조소등에 면한 부분의 개구부에 방화문이 설치되지 아니한 경우이다.

1. 안전거리의 개념
1) 건축물의 외벽 또는 이에 상당하는 공작물의 외측으로부터 당해 제조소의 외벽 또는 이에 상당하는 공작물의 외측까지 사이의 수평거리를 말한다.
2) 안전거리란 제조소와 보호대상과의 이격거리를 말하므로 보호대상의 존재를 전제로 하는 개념이므로 제조소 자체의 주위에 확보하여야 하는 보유공지와는 다르다.

3) 제조소에서 안전거리 확보의 대상이 되는 건축물 등까지의 안전거리 기준은 옥내저장소, 옥외탱크저장소, 옥외저장소, 일반취급소에 적용된다.

2. 담의 높이를 산정하는 방법 (제조소등의 안전거리 단축기준)

1) 주거용 및 유형문화재·지정문화재는 불연재료로 된 방화상 유효한 담 또는 벽을 설치한 경우에는 안전거리를 단축할 수 있다.

구분	지정수량 배수	안전거리(이상)		
		주거용 건축물	학교, 유치원 등	문화재
제조소 일반취급소	10배 미만	6.5m	20m	35m
	10배 이상	7.0m	22m	38m

※ 옥내저장소, 옥외탱크저장소, 옥외저장소는 「위험물안전관리법」 시행규칙 별표 4에 규정됨

2) 방화상 유효한 담의 높이

(1) $H \leq pD^2 + a$ 인 경우 : $h = 2\,m$ 이상

(2) $H > pD^2 + a$ 인 경우 : $h = H - P(D^2 - d^2)$ 이상

(3) P의 값

학교·주택·문화재 등의 건축물 또는 공작물	p
• 목조	0.04
• 제조소에 면한 개구부에 60+방화문·60분방화문 또는 30분방화문이 없는 경우	0.04
• 방화구조 • 방화구조 또는 내화구조이고 제조소에 면한 개구부에 30분방화문 설치	0.15
• 내화구조이고 제조소에 면한 개구부에 60+방화문 또는 60분방화문 설치	∞

(4) 담의 최소·최대 높이

① 담의 최소높이(산출수치가 2 미만) : 2m

② 담의 최대높이(산출수치가 4 이상) : 4m로 하고 기준에 맞는 소화설비를 보강

개념도	내용
(보정연소한계곡선, 연소한계곡선, 연소위험범위, 제조소등, 인근 건축물 또는 공작물, a, h, H, d, D)	D : 제조소 등과 인근 건축물 또는 공작물과의 거리(m) H : 인근 건축물 또는 공작물의 높이(m) a : 제조소 등의 외벽의 높이(m) d : 제조소 등과 방화상 유효한 담과의 거리(m) h : 방화상 유효한 담의 높이(m), p : 상수

3. 방화상 유효한 담의 높이 계산

1) 조건

    (1) 제조소의 외벽 높이(a) = 20m

    (2) 제조소와 문화재 사이의 거리(D) = 30m

    (3) 문화재 높이(H) = 20m

    (4) 문화재는 방화구조이고, 제조소등에 면한 부분의 개구부에 60+방화문·60분방화문 또는 30분방화문이 설치되지 아니한 경우(p) = 0.04

2) 계산

    (1) $pD^2 + a$ = 0.04 × 302 + 20 = 56

    (2) H = 20m이므로

    (3) $H \leq pD^2 + a$에 해당하므로 $h = 2$ m

3) 답 : 2m 적용

---

5 퓨즈블 링크(Fusible Link)타입 폐쇄형 헤드의 열반응시험에 대하여 설명하시오.

1. 열반응시험의 도입배경

1) 열반응시험(Room Heat Test)이란 구획된 일정 공간을 가열, 주위온도 상승에 따라 스프링클러헤드가 규정된 시간 이내에 정상 작동되는 것을 판단하는 시험임
2) 저성장 화재 시 퓨지블링크 폐쇄형 헤드의 감열체가 분리되지 않을 수 있는 문제점을 해소하기 위해 열반응시험을 도입함
3) 스프링클러헤드의 작동 신뢰성 향상

2. 열반응시험의 기술기준 (스프링클러헤드의 형식승인 및 제품검사의 기술기준)

퓨지블링크 구조의 폐쇄형 헤드(상향형 헤드는 제외)는 아래의 장치에 헤드를 설치하여 열반응시험을 실시하는 경우 아래 표에서 정한 기준에 적합해야 한다.

표시온도 구분(℃)		작동시간
표준반응	57 ~ 77	231초 이하
	79 ~ 107	189초 이하
조기반응		75초 이하

3. 표준반응헤드의 열반응시험 장치

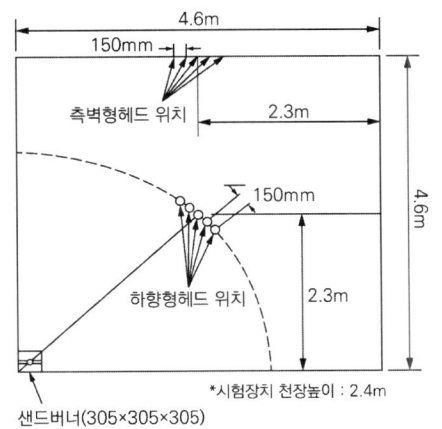
[표준반응헤드 열반응시험장치 평면도]

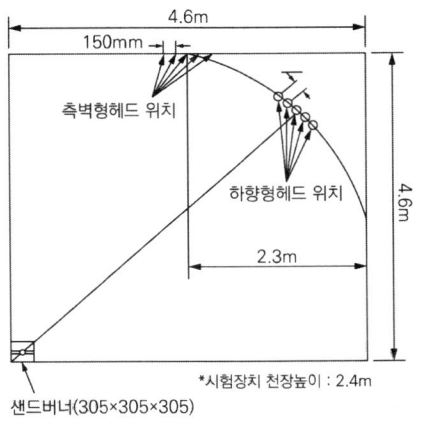
[조기반응헤드 열반응시험장치 평면도]

4. 열반응시험의 방법 (스프링클러헤드의 형식승인 및 제품검사 시험세칙)

1) 열반응시험장치 평면도의 표시 위치에 헤드를 설치함. 이 경우 측벽형 헤드는 천장으로부터 300mm 높이에 설치
2) 헤드에 소화수를 공급하는 수조내부의 크기는 가로 750mm, 세로 150mm, 높이 100mm로 함. 이 경우 수조 내부에는 각 헤드마다 동일한 소화수가 공급될 수 있도록 높이 80mm의 칸막이를 150mm 간격으로 구획해야 하며, 각 부분의 치수 공차는 ±5mm로 함
3) 수조의 수온이 20±5 ℃로 설정된 상태에서 시험을 시작
4) 화원은 샌드버너에 메탄가스를 공급하여 점화
5) 헤드의 작동시간은 아래 표의 천장온도에 도달한 시점부터 측정을 시작. 이 경우 천장온도는 천장 중앙부에서 아래로 254mm 지점에서 측정

표시온도 구분	천장 온도
(57 ~ 77) ℃	(31 ± 1) ℃
(79 ~ 107) ℃	(49 ± 2) ℃

6) 헤드의 작동시간을 0.1초 단위까지 측정
7) 1) ~ 6)의 시험을 2회 실시

5. 개선사항

열반응시험은 UL의 열감지부 민감도 시험의 일부인 룸히트 테스트(Room Heat Test)를 도입한 것으로 플러쉬헤드 저성장온도 화재시험의 도입이 필요함

6 간이스프링클러설비의 상수도 직결형 배관 및 밸브 설치 순서를 기술하고 「소방용밸브의 성능인증 및 제품검사의 기술기준」에 따른 개폐밸브의 구조에 대하여 설명하시오.

1. 가압송수장치의 종류 및 압력

1) 종류
펌프가압식, 고가수조식, 압력수조식, 가압수조식, 상수도직결식

2) 정격토출압력
(1) 가장 먼 가지배관에서 2개(수원의 수조식에서 5개 대상인 경우 5개)의 간이헤드를 동시에 개방 시 0.1MPa, 50lpm 이상

(2) 단, 주차장에 표준반응형 헤드를 사용할 경우 헤드 1개의 방수량은 80lpm 이상

2. 상수도 직결형 배관 및 밸브 설치 순서

3. 개폐밸브의 구조

1) 개폐표시형 밸브

(1) 개폐는 핸들을 시계 반대방향으로 돌릴때 "열림", 시계방향으로 돌릴때 "닫힘"일 것

(2) 핸들의 조작이 쉽고, 밸브대와 디스크의 연결이 확실할 것

(3) 밸브 디스크에는 밸브시트의 부착이 가능하나 사용 중 헐거워지지 않을 것

(4) 패킹실의 깊이는 밸브대와 패킹실 틈새의 5배 이상일 것

(5) 패킹누르개는 패킹누르개볼트의 조임에 대하여 파손되지 않도록 충분한 강도를 갖을 것

(6) 밸브의 작동에 의한 개폐 여부를 외부에서 식별할 수 있을 것

(7) 밸브의 작동에 의해 개폐 여부를 표시하는 신호스위치를 설치할 것

(8) 배관과의 접속부에는 쉽게 접속할 수 있도록 KS, ANSI, JIS 등 국내외 공인규격에 적합한 관플랜지 또는 관용나사, 그루브, 웨이퍼 등을 사용할 것

2) 게이트형 밸브

(1) 디스크는 쐐기형으로 해야 하며, 수직상승해야 할 것

(2) 본체 보강을 위하여 리브를 설치할 수 있음

(3) 완전히 닫힌 경우 디스크의 시트면 중심이 몸통의 디스크 시트면 중심보다 위쪽에 있어야 하고, 완전 개방하는 경우 디스크가 몸통 시트 구멍 내에 남지 않을 것

(4) 본체와 디스크에는 가이드를 설치할 것

3) 버터플라이형 밸브

(1) 완전히 열었을 때 밸브 디스크는 물흐름 방향과 평행이 되도록 할 것

(2) 완전히 닫았을 때 밸브 디스크의 각도는 물흐름의 직각방향에서 측정하여 15° 이하일 것

(3) 디스크는 유체저항이 적은 모양으로 할 것

4) 복합형 밸브

(1) 디스크의 작동에 의해 완전 개폐 및 역류방지를 할 것

(2) 밸브 디스크의 모양은 원추형 또는 평면으로 할 것

(3) 밸브 디스크 가이드의 모양은 밸브디스크를 확실히 안내할 것

133회 3교시

1 연기의 유해성을 설명하고, 연기 유동층의 현상을 고온영역의 연기층과 저온 영역의 연기층으로 구분하여 설명하시오.

1. 개요

1) 연기의 정의

(1) 연기는 가연물 연소 시 발생하여 공기 중에 부유하고 있는 고체 또는 액체의 미립자를 말한다.

(2) 고온의 열 기류는 하부로 내려오지 않고 공간 상부에 축적된다. 그러므로, 공간 내부는 화재 시 고온의 상부층(Hot Gas Layer)와 비교적 저온이면서 산소가 풍부한 하부층(Lower Layer)로 나누어진다.

2) 연기의 성상

(1) 연기의 크기 : $0.01 \sim 10 \mu m$

(2) 연기의 구성 : 연기미립자, 수증기, 탄소입자, 그을음(매연), 미연소 물질의 응축액

(3) 훈소 등 무염화재의 연기는 상대적으로 큰 가시성 연기($0.3 \mu m$ 이상)가 많고, 유염화재는 상대적으로 작은 비가시성 연기($0.3 \mu m$ 이하)가 많음

3) 연기의 유동을 일으키는 힘

(1) 굴뚝효과(Stack Effect, Chimney Effect)

① 건축물의 실내와 실외의 온도차에 의해 공기가 유동하는 현상

② 계단이나 엘리베이터의 승강로 등 샤프트의 공기 유동방향은 실내외 온도에 따라 달라짐

③ 관련식 : $\Delta P = 3,460 h \left(\dfrac{1}{T_o} - \dfrac{1}{T_i} \right)$

(2) 부력(Buoyancy)

① 화재로부터 발생된 연기는 고온의 연기이기 때문에 밀도가 낮아져 상승하는 힘 발생

② 온도 상승 → 연기의 부피 팽창 → 연기의 밀도 저하 → 연기의 중력(F_G) < 부력(F_B) → 연기의 상승

③ 관련식 : $\Delta P = 3,460 h \left(\dfrac{1}{T_o} - \dfrac{1}{T_i} \right)$, $\rho = \dfrac{PM}{RT}\ (kg/m^3)$

2. 연기의 유해성

영향 요소	내용
시각적 영향	• 가시도 저하로 유도등 및 유도표지의 피난방향 확인이 어려움 • 피난 및 소화활동 저해

생리적 영향	• 산소결핍으로 인한 의식불명, 질식
	• 호흡장애 유발
	• 연소가스의 종류
	  * 마취성 가스 : 수면을 유도하여 도피능력 감소(CO_2, CH_4 등)
	  * 자극성 가스 : 눈, 피부 등에 자극 발생 가스(HCl, HF, HBr 등)

심리적 영향	• 패닉(Panic)현상을 유발시켜 이성 상실

※ 화재발생 시 인간의 피난특성 : 귀소본능, 지광본능, 퇴피본능, 추종본능, 좌회본능
※ 농연의 경우 복사열을 흡수 및 방사하므로 연료로의 복사율에 영향 미침

3. 연기 유동층의 현상 (고온 영역의 연기층)

1) 천장제트흐름(Ceiling Jet Flow)

(1) 천장제트흐름의 정의

① 화재플룸이 천장에 의해 제한받아 연소가스는 수평으로 굴절되는 흐름

② 화재감지기, 스프링클러헤드를 작동시켜 건물화재를 방호하는 기초가 됨

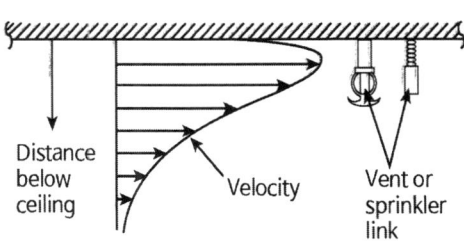

(2) 천장제트흐름의 특징

① 화재 초기에만 존재

② 두께는 화원에서 천장까지 높이의 5 ~ 12% 정도

2) 온도와 속도

(1) 온도와 속도에 영향을 미치는 인자

① 화재의 열방출률

② 화원에서 천장까지의 높이

③ 수직 열기류로부터 거리

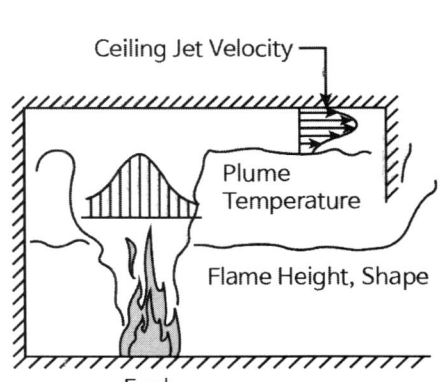

(2) 천장열류의 온도는 낮은 온도의 천장마감재와 유입공기에 의한 열손실에 의해 감소됨

(3) 최고 온도와 속도는 화원에서 천장까지 높이의 1% 범위 내 발생

3) 고온의 연기층에 의한 열전달

(1) 약한 플룸

① 주된 열전달방법 : 대류

② 열흐름률 $\dot{q} = h \times A \times \Delta T$에서 대류열전달계수 h는 천장제트흐름속도 $\sqrt{v}$에 비례하므로 열흐름률은 커지고 대류열전달에 의해 천장가연물은 열분해됨

(2) 강한 플룸

① 주된 열전달방법 : 복사

② 복사에 의해 바닥의 가연물은 열분해되고, 천장의 구조체에 영향을 미침

4) 환기구가 있는 실에서 연기의 유동과 압력의 관계

(1) 1단계 : 연기층의 하강

① 환기구가 있는 밀폐공간에서 화재의 초기단계에서는 연기가 충진되기 시작

② 연기층의 접촉면 H_L이 환기구의 아래 끝으로 내려옴

③ 실내는 약간의 정압에 의해 실내의 차가운 공기가 환기구로 방출

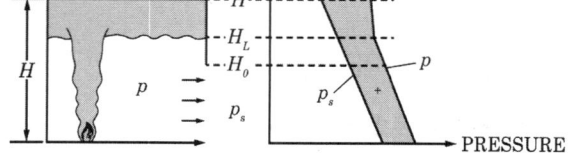

(2) 2단계 : 뜨거운 공기의 환기구로 방출

① 실내의 공기가 점차 올라가고 연기층은 계속 하강하여 환기구로 방출

② 연기층의 접촉면 H_L이 환기구의 아래 끝으로 내려가면 실내와 실외의 차압이 작아짐

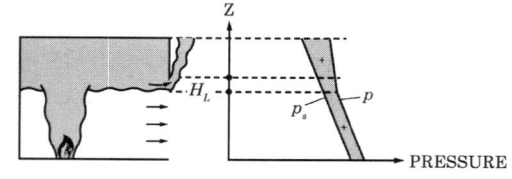

(3) 3단계 : 환기구를 통한 차가운 공기 유입 및 뜨거운 공기 방출

① 환기구 아래에 경계면을 형성

② 환기구 아래에서 중성대가 형성되고 중성대의 높이는 구획실에서 화염이 충만하는 정도에 따라 약 $H_o/2$ ~ $H_o/3$으로 변할 수 있음. 이때 연기층은 거의 바닥에 가까울 수 있음

③ 중성대의 하부의 차압은 음압이 되어 차가운 공기가 하부로 유입되고, 상부는 양압이 되어 상부층의 연기가 실외로 유동

④ 이때 실내로의 유속은 실외로의 유속과 거의 같아짐

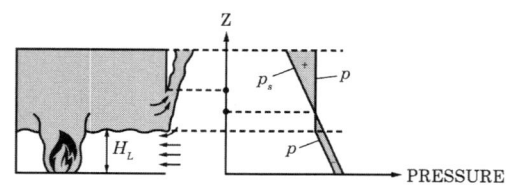

4. 연기 유동층의 현상 (저온 영역의 연기층)

1) 연기층의 냉각

(1) 주변의 공기인입, 벽·천장으로의 열손실 등으로 인해 연기는 냉각되고 하강함

(2) 열방출률이 적은 훈소나 저성장 화재의 경우 온도는 고온 영역의 연기층에 비해 낮으므로 연기는 하강

(3) 연기의 이동속도는 낮아짐

2) 문제점

(1) 연기층은 두꺼워지고, 청결층은 얇아지므로 가시도 저하 등 피난에 영향을 미침

(2) 연기에 의한 시각장해는 연기의 농도에 좌우되며, 감광계수로 표시한 연기의 농도와 가시거리는 반비례함($C_s \times S = K$(일정))

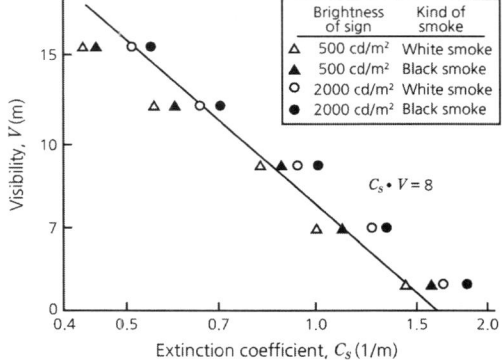

[발광형표지의 가시도와 감광계수와의 관계]

(3) 감광계수에 따른 가시거리

감광계수(C_s)(m^{-1})	가시거리(S)(m)	비고
0.1	20 ~ 30	• 화재 초기 발생 단계의 적은 연기농도 • 연기감지기의 작동 농도 • 미숙지자의 피난한계농도
0.3	5	• 건물 내 숙지자의 피난에 지장을 느낄 농도
0.5	3	• 어두침침한 것을 느낄 농도
1.0	1 ~ 2	• 거의 앞이 보이지 않을 정도의 농도
10	0.2 ~ 0.5	• 화재최성기 때의 연기농도 • 유도등이 보이지 않을 정도의 농도

> **2** 소방용합성수지(CPVC)배관에 대하여 다음을 설명하시오.
> 1) 사용이유, 적용가능한 소화설비
> 2) 소방용합성수지(CPVC)배관의 특징
> 3) 소방용합성수지(CPVC)배관 시공 시 주의사항
> 4) 「스프링클러설비의 화재안전기술기준(NFTC 103)」에서 정하고 있는 설치 가능한 장소

1. 개요

1) 소방용 합성수지배관(CPVC)은 PVC에 염화반응을 발생시켜 물성을 향상시킨 것으로 PVC에 비해 내열성, 내압성, 기계적 강도, 화학 성질을 획기적으로 개선한 제품임
2) PVC에 염소(Cl)를 화학적으로 첨가중합반응시켜 열가소성 합성수지로 재구성

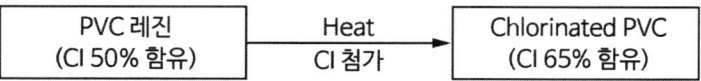

2. 사용이유, 적용 가능한 소화설비

1) 사용이유

(1) 강관에 비해 공사비 절감
(2) 강관에 비해 시공성 우수
(3) 배관 사용연한 증가
(4) 부식 및 스케일 발생에 대한 저항성
(5) 강관과 같은 용접 및 절단작업이 필요 없어 화재발생 우려가 없음

2) 적용 가능한 소화설비

(1) 옥내소화전, 스프링클러, 물분무 배관 등 습식으로 노출을 제외한 배관
(2) 해수 영향이 많은 곳
(3) 지하수 이용 배관
(4) 선박 등 미분무수

3. 소방용합성수지(CPVC)배관의 특징

1) 재료적 특성

구분	특징
열전달	[열전도율이 낮으므로 열량의 손실이 감소] • CPVC 0.11kcal/m·h·℃, 강관 : 38, 동관 550
연소 저항성	[산소한계지수(LOI)가 높음] • 공기 중에서 연소가 안 되며 쉽게 자기 소화 • CPVC 60%, PVC 45%, PE 17%
부식성	[부식, 스케일 없음] • (CHCl – CHCl)$_n$의 구조로 부식성이 강한 Cl원자가 C원자에 단일공유결합을 하고 있어 강산화제인 염소산의 부식활동 억제 • CPVC는 산화성 박테리아가 쉽게 안착되지 못하므로 미생물부식(MIC)에 저항력 우수
기계적 강도	[충격이나 고온·고열에 취약] • 강한 충격이 예상되는 옥외배관이나 천장 노출배관으로 설치 못함 • 온도 변화가 크거나 높은 발열량의 가연물이 많은 화재하중이 큰 창고에 설치 금지

2) 소화배관으로서 특성

구분	특징
마찰 손실	[마찰손실이 작음] • 배관의 부식이 없으므로 시간 경과에 따른 C값의 감소가 없음 • 강관에 비해 한 등급 아래 관경 사용 가능 • CPVC 관조도(C) 150, 백관 120, 흑관 습식 120, 건식 100
유연성	[상온에서 유연성이 높음] • 지진, 붕괴 시 층격 흡수성이 우수하여 배관파손이 작음 • 가압수와 배관무게에 의해 처짐이 발생하므로 행거 간격을 작게 설치 • 헤드 방수 중 반발력으로 배관에 무리를 줄 수 있어 헤드 주변에 행거를 설치 • 신축성을 고려한 CPVC : Offset, Loop, Change Of Direction
열팽창 계수	[선팽창 계수는 강관에 비해 높음] • 주위 온도변화에 따라 팽창, 축소 반복 • 갑작스런 온도 상승, 화재 시 급격한 열팽창이 발생하므로 배관신축성을 고려
중량	[중량이 가벼우므로 시공성이 우수] • 경제적이고 현장 운반 및 보관과 취급이 용이 • 고층건축물의 구조설계하중에 주는 부담이 작음

4. 소방용합성수지(CPVC) 배관 시공 시 주의사항

1) 전용 본드 사용
(1) 솔벤트 시멘트(Solvent Cement)의 본드결합방식 배관이음으로 시공이 간단
(2) 비숙련자도 쉽게 배관이음을 수행하므로 공사기간 단축 및 인건비 절감

2) 경화시간 준수
(1) 적정한 양의 본드를 바르고 충분한 경화시간을 준수해야 결합력을 높일 수 있음
(2) 경화시간 미준수 상태에서 수압테스트 시 균열이 발생하여 누수가 될 수 있음
(3) 특히 겨울철에는 CPVC 이음접합부에 충분한 경화시간 필요

3) 타 배관과의 호환
(1) 신축 배관 + CPVC Flexible 밸브 소켓
(2) 일반 밸브 소켓 및 전용본드 사용

4) 시험
(1) 2시간 200psi(1.4MPa) 이상으로 정수압시험
(2) 공기압 시험 금지
(3) 배관 내 공기 및 기포 제거 후 실시

5) 결로 및 동파시험
(1) 봄, 여름, 가을, 겨울 중에도 15℃ 온도차가 있어도 결로가 없음
(2) 배관에 물을 채운 후 0℃, -5℃, -10℃에서 3일간(72Hr) 시험에도 동파에 의한 배관파손이 없음

5. 설치 가능한 장소 (NFTC 103)
1) 배관을 지하에 매설하는 경우
2) 다른 부분과 내화구조로 구획된 덕트 또는 피트의 내부에 설치하는 경우
3) 천장과 반자를 불연재료 또는 준불연재료로 설치하고, 소화배관 내부에 항상 소화수가 채워진 상태로 설치하는 경우
- 기계적 강도(충격이나 고온·고열)가 취약하므로 제한적인 범위 내에서 사용이 가능함

6. 결론

1) 최근 아파트 신축현장 등에 공사비 절감의 차원으로 CPVC 배관이 적용되는 사례가 증가하고 있다.
2) CPVC 배관의 장단점을 명확히 파악하여 현장 특성에 맞도록 하고 경제성도 고려하여야 한다.

---

3 소방설비의 수계소화설비등에 적용되는 감압방식에 대하여 다음을 설명하시오.
1) 감압이 필요한 이유
2) 감압방식의 종류 및 특징
3) 감압방식 중 일반적으로 많이 사용하는 방식의 경우 설치 방법
4) 「소방시설 등 성능위주설계 평가 운영 표준 가이드라인」에서 소방용 감압밸브의 성능시험 3가지

1. 감압이 필요한 이유

1) 옥내소화전

(1) 노즐 선단에 작용하는 방수압력이 0.7MPa 이상인 경우 소방호스의 방수압력에 따른 반동력($R=0.015Pd^2$)으로 인해 소화활동에 장애를 초래
(2) 소화인력 1인당 반동력을 20kgf로 제한하여 0.7MPa 이하의 방수압력을 유지해야 함
(3) 고층건축물은 자연 낙차압에 의해 하층에 규정방사압 이상의 압력이 걸릴 우려가 있어 화재 시 옥내소화전을 이용하는 관창수가 위험해질 수 있으므로 규정방사압 범위 이내에 있도록 감압장치를 설치해야 함

2) 스프링클러설비

(1) 헤드는 0.1MPa 이상 1.2MPa 이하의 방수압력을 유지해야 함
(2) 1.2MPa를 초과할 경우 물방울의 크기가 미세화되어 원하는 소화효과를 얻을 수 없음

$$d_m \propto \frac{d^{2/3}}{p^{1/3}} \propto \frac{d^2}{Q^{2/3}}$$

d_m : 물방울의 직경, d : 오리피스의 직경
p : 방사압력(kg/cm^2)

(3) 1.2MPa를 초과할 경우 유량은 증대되어 수원은 조기에 고갈($Q = K\sqrt{10p}$)

2. 감압방식의 종류 및 특징

1) 감압밸브방식

(1) 앵글밸브용 감압밸브

① 가장 많이 사용하는 방식

② 소화전의 호스 접결구인 앵글밸브의 인입구에 감압밸브나 오리피스를 설치

③ 특징
- 설치가 용이하고 기존 건물에도 적용이 쉬움
- 층별로 방사압력이 0.7MPa 이상 위치를 선정하여 해당구간의 소화전 앵글밸브 내 설치
- 모든 감압방식에 공통적으로 적용이 가능함
- 시스템의 변경 없이 사용이 가능하고 경제성이 높음

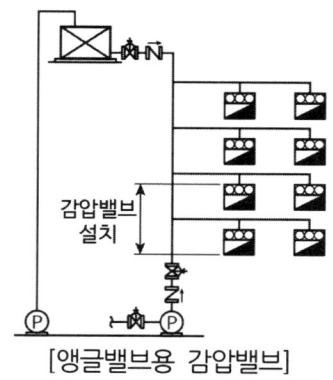

[앵글밸브용 감압밸브]

(2) 배관용 감압밸브

① 초고층 건축물이 증가함에 따라 소화전 앵글밸브에 오리피스 타입의 감압밸브만으로 감압하기에는 한계가 있으므로 펌프 주변에 배관용 감압밸브를 직접 설치함으로 과압을 해결함

② 종류 및 방식
- 종류 : 직동식 감압밸브, 파이로트식 감압밸브
- 방식 : 대 - 대 감압형, 대 - 소 감압형

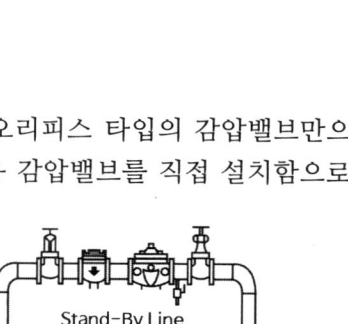

[배관용 감압밸브]

③ 특징
- 일반적으로 대 - 소 감압형 밸브를 사용
- 각각의 배관에 2대의 감압밸브를 병렬로 설치
- 화재 초기는 적은 유량이므로 소형 감압밸브를 이용하여 공급
- 유량이 증가하면 대형 감압밸브가 개방되어 적정한 압력조건으로 공급

2) 고가수조방식

(1) 고가수조를 옥상에 설치하여 저층부의 압력이 0.7MPa 이내가 되도록 가압펌프 없이 자연낙차를 이용하는 방법

(2) 특징

① 고가수조에서 가까운 층은 자연낙차압이 부족하므로 별도의 펌프설치가 필요함

② 건축물의 층고가 높은 경우에는 과압 발생이 우려되므로 별도의 감압밸브 설치

③ 자연낙차압을 이용하므로 가압펌프가 필요 없고, 신뢰도가 높음

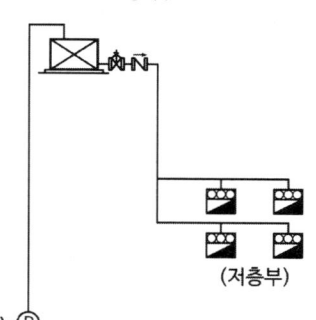

[고가수조방식]

3) 전용배관방식

(1) 고층부와 저층부를 분리한 후 배관 및 펌프를 각각 구성하는 방식

(2) 특징

① 고층부와 저층부를 Zone으로 구분하여 펌프를 별도로 설치하므로 각 층의 소화전의 방사압력을 규정방사압 이하로 유지할 수 있음

② 고층부의 펌프실은 지하층 외의 건축물 중간층에 설치 가능

③ 펌프 및 배관이 구분되어 수량이 증가하므로 공사비가 많이 소요

④ 하나의 특정소방대상물이라도 소화전을 이중으로 감시·제어할 수 있게 구성함

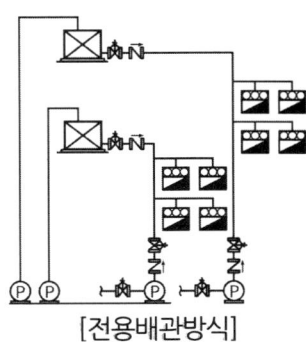

[전용배관방식]

4) 부스터 펌프방식

(1) 고층건축물의 중간층에 부스터 펌프와 중간수조를 별도로 설치하는 방식

(2) 특징

① 건축물 중간에 펌프실 및 수조를 별도로 설치

② 공사비가 많이 소요

③ 부스터펌프가 고장 시 주펌프를 이용하여 고층부에 송수할 수 있어야 함

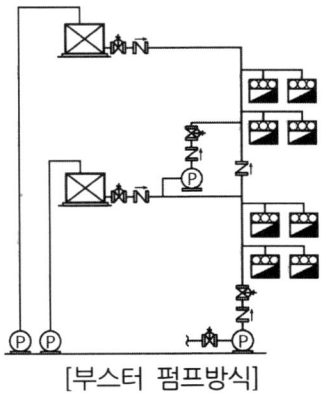

[부스터 펌프방식]

3. 감압방식 중 일반적으로 많이 사용하는 방식의 경우 설치 방법

1) 일반 건축물

(1) 옥내소화전 방수구 호스 접결구의 인입구 측에 감압용 밸브 또는 오리피스를 설치하여 방수 압력을 낮추는 방식으로 가장 많이 사용함

(2) 수리계산을 통하여 층별로 최대 방사 압력 이상이 되는 곳을 선정하여 해당 호스 접결구의 인입구 측에 감압밸브 또는 오리피스를 설치

(3) 설치가 용이하며 기존 건물에도 적용할 수 있음

2) 고층 건축물

(1) 고층건축물의 경우 먼저 1차로 주배관의 감압방식으로 1.2MPa 이하로 주배관을 감압

(2) 2차로 구간별로 개별 방수구인 앵글밸브에 감압밸브를 부착하여 0.7MPa 이하로 감압하는 방식을 주로 사용

(3) 구성방법

① 고층부(펌프가압구간) : 방수압력을 확보하기 위해 펌프를 이용하여 가압

② 중층부(자연낙차구간) : 고가수조의 자연낙차를 이용하여 가압

③ 저층부(자연낙차 감압구간) : 감압밸브를 이용하여 감압

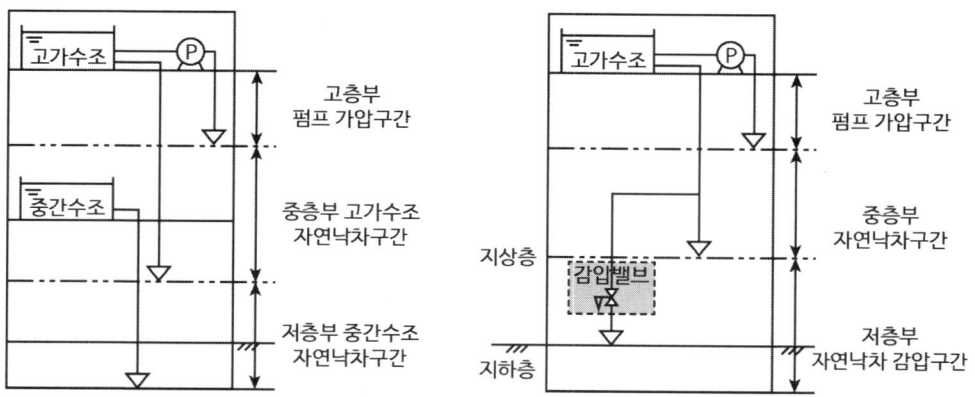

4. 소방용 감압밸브의 성능시험 3가지 (소방시설 등 성능위주설계 평가 운영 표준 가이드라인)

1) 압력설정시험

(1) 감압밸브의 2차 측 개폐밸브를 개방하여 2차 측의 게이지 압력값이 0이 되도록 함

(2) 2차 측 개폐밸브를 폐쇄한 후 1차 측 개폐밸브를 서서히 개방하여 1차 측에 최저 사용압력과 최고사용압력 및 최저·고 사용압력의 중간압력을 2차 측에 각각 2분간 가하면서 설정 압력과의 편차값을 확인

(3) 2차 측 개폐밸브를 폐쇄한 후 1차 측 개폐밸브를 서서히 개방하여 1차 측에 최고사용압력을 가하고 2차 측 설정압력범위 중 최저사용압력과 최고사용압력 및 최저, 최고사용압력의 중간압력을 각각 2분간 가하여 설정압력과의 편차 값을 확인

2) 압력유지시험

(1) 감압밸브의 2차 측 개폐밸브를 개방하여 2차 측 게이지 압력값이 0이 되도록 함

(2) 2차 측 개폐밸브를 폐쇄한 후 1차 측 개폐밸브를 서서히 개방하여 최저사용압력을 1차 측에 가하고 압력조정 장치를 조정하여 2차 측 압력을 설정

(3) 1차 측의 압력을 서서히 높여 최고사용압력까지 가압할 때 2차 측 설정압력의 편차 값을 확인

(4) (1)부터 (3)까지 시험할 때 제조사가 제시하는 2차 측 설정압력 중 최저값, 중간값 및 최고값에서 각각 실시

3) 방출시험

(1) 감압밸브에 2차 측 개폐밸브를 개방하여 2차 측 게이지 압력값이 0이 되도록 함

(2) 2차 측 개폐밸브를 폐쇄한 후 1차 측 개폐밸브를 서서히 개방하여 사용압력을 1차 측에 가하고 압력조정장치를 조정하여 2차 측 압력을 설정

(3) 2차 측 개폐밸브를 개방하여 유량을 2분간 방출시키고 설정압력과의 편차를 확인

(4) (1)부터 (3)까지 시험할 때 제조사가 제시하는 2차 측 설정압력 중 최저값, 중간값 및 최고값에서 각각 실시하여야 하며, 개폐밸브를 조절하여 방출유량은 각각 800, 1600, 2400L/min로 함(다만 호칭경이 80A 이하인 감압밸브는 800L/min의 방출유량만 적용)

---

4. 「산업안전보건기준에 관한 규칙」 및 「내화구조에 관한 기술지침」에 대하여 다음을 설명하시오.
1) 내화구조의 정의
2) 내화구조 설치장소
3) 내화구조 대상 및 범위
4) 내화구조 시공 시 고려사항

1. 적용범위 (내화구조에 관한 기술지침(KOSHA GUIDE D-45-2012))

인화성 액체의 증기 또는 가스에 의한 폭발위험장소와 분진에 의한 폭발위험장소에 설치하는 건축물의 기둥 및 보, 위험물 저장·취급용기의 지지대 및 배관·전선관 등의 지지대를 내화구조로 하는 경우에 적용함

2. 내화구조의 정의

"내화구조"라 함은 건축물의 기둥 및 보, 위험물 저장·취급용기의 지지대 및 배관·전선관 등의 지지대가 화재 시 일정 시간 동안 강도와 그 성능을 유지할 수 있는 구조를 말한다.

3. 내화구조 설치장소

1) 인화성 액체의 증기 또는 가스에 의한 폭발위험장소
2) 분진에 의한 폭발위험장소

4. 내화구조 대상 및 범위

대상	범위
건축물의 기둥 및 보	• 지상 1층 • 다만 지상 1층의 높이가 6m를 초과하는 경우에는 6m
위험물 저장·취급 용기의 지지대	• 지상 또는 누출된 가연물질이 고일 수 있는 바닥으로부터 지지대의 끝부분 • 다만 지지대의 높이가 300mm 이하인 것은 제외할 수 있음
배관, 전선관 등의 지지대	• 지상으로부터 1단까지 • 다만 1단의 높이가 6m를 초과하는 경우에는 6m
그 밖의 설비	• 가열로(Fire heater)의 지지 구조물 • 전력 및 제어용 배선관련 설비 • 긴급차단밸브 • 플레어 스택(Flare stack) 배관의 지지구조물 • 기타 내화구조로 하여야 하는 대상설비

5. 내화구조 시공 시 고려사항

1) 내화재료로 내화 콘크리트를 사용하는 경우 철골 부재의 외면으로부터 내화 콘크리트의 두께가 50mm 이상일 것
2) 뿜칠재, 내화도료 또는 그 밖의 내화재료를 사용하는 경우에는 내화재료를 생산·제조하는 제조업자가 내화구조의 성능을 인정받기 위하여 품질시험을 실시하는 시험기관의 장에게 제출한 내화구조 및 시공방법과 동일한 공사 시방서에 의하여 시공할 것
3) 시공 중 일부 탈락이나 균열이 발생한 경우에는 표준 양생기간이 지난 후 보수작업을 할 것
4) 작업 후에는 외관검사와 피복두께, 밀도, 부착강도 등 공사 품질검사를 실시하여 이상 유무를 확인할 것
5) 동절기에는 시공 시 난방을 하거나 보온하여 내화재료 제조업자가 요구하는 적정 온도를 유지할 것

5 「공동주택의 화재안전기술기준(NFTC 608)」에서 옥내소화전설비, 비상조명등, 비상콘센트설비의 설치기준을 설명하고, 「건축위원회(심의) 표준 가이드라인」에서 제시하는 지하 3층에 거실 설치 시 선큰(Sunken)의 설계기준을 설명하시오.

1. 공동주택(아파트) 화재의 위험성

1) 연소확대 관점
(1) 복사열에 의해 순간적으로 공간 전체로 연소확대 되는 현상(플래시오버)이 발생
(2) 연소 중에는 환기가 부족할 경우 불완전 연소에 의해 다량의 CO 발생
(3) 상층연소확대
　① 연돌효과에 의해 계단, 창, 외벽 등 수직공간으로 연소확대
　② 창으로부터 분출되는 화염은 부력과 코안다효과에 의해 벽에 밀착하여 전파

2) 피난안전성 관점
(1) 출입구가 1개이고, 계단식 아파트의 경우에는 양방향 피난이 어려움
(2) 발코니에 설치된 대피공간이나 피난기구에 의지할 수밖에 없음

2. 설치기준 (NFTC 608)

1) 옥내소화전설비
(1) 호스릴 방식으로 설치
(2) 복층형 구조인 경우에는 출입구가 없는 층에 방수구를 설치하지 않을 수 있음
(3) 감시제어반 전용실은 피난층 또는 지하 1층에 설치

2) 비상조명등
(1) 각 거실로부터 지상에 이르는 복도 · 계단 및 그 밖의 통로에 설치
(2) 공동주택의 세대 내에는 출입구 인근 통로에 1개 이상 설치

3) 비상콘센트
(1) 아파트등의 경우에는 계단의 출입구(계단의 부속실을 포함하며 계단이 2개 이상 있는 경우에는 그중 1개의 계단)로부터 5m 이내에 설치
(2) 비상콘센트로부터 해당 층의 각 부분까지의 수평거리가 50m를 초과하는 경우에는 추가 설치

3. 선큰(Sunken)의 설계기준 (건축위원회(심의) 표준 가이드라인)

1) 지하 3층 거실까지 외기에 직접 면하는 선큰을 설치
   (1) 공개공지 등 지상으로 대피할 수 있는 너비 1.8m 이상 직통계단을 설치
   (2) 너비 1.8m 이상 및 경사도 12.5% 이하의 경사로를 설치
2) 선큰의 면적
   (1) 문화 및 집회시설 중 공연장, 집회장 및 관람장 또는 판매시설 중 소매시장은 각 해당 면적의 7% 이상
   (2) 그 밖의 용도는 해당 면적의 3% 이상으로 용도별로 산정한 면적 이상 설치

3) 거실 바닥면적 100m^{2}마다 0.6m 이상을 거실에 접할 것
4) 선큰과 거실을 연결하는 출입문의 너비
   • 거실 바닥면적 100m^{2}마다 0.3m 산정한 값 이상으로 설치
5) 빗물에 의한 침수 방지를 위하여 차수판, 집수정, 역류방지기를 설치
6) 선큰과 거실이 접하는 부분에 제연설비를 설치할 것. 다만 선큰과 거실이 접하는 부분에 설치된 공기조화설비가 화재안전기준에 맞게 설치되어 있고, 화재발생 시 제연설비 기능으로 자동 전환되는 경우에는 제연설비를 설치하지 않을 수 있음
7) 피난 시 시야 확보를 위한 방화유리문 설치
8) 피난통로 바닥 또는 걸레받이에 광원점등식 피난유도선 설치
9) 특수형 감지기(아날로그감지기 등) 및 조기반응 스프링클러헤드 설치

6 GHS(Globally Harmonized System of Classification and Chemicals)의 개념과 「위험물의 분류 및 표지에 관한 기준」에 따른 화학물질의 건강유해성 종류, 물리적 위험성 중 폭발성 물질과 인화성 액체의 분류 및 신호어를 설명하시오.

133회-3

1. GHS의 개념

1) 화학물질의 분류 및 표지에 관한 세계조화시스템(GHS)이란 전 세계적으로 통일된 분류기준에 따라 화학물질의 유해성·위험성을 분류하고, 통일된 형태의 경고표지 및 MSDS로 정보를 전달하는 방법을 말한다.

2) 전 세계적으로 각기 표현방식이 달랐던 MSDS 기술방식을 전 세계적으로 통일하여 국제무역 및 정보전달의 통일성을 구현하고자 발현되었다.

3) GHS의 구성

유해성·위험성의 분류	정보전달
물리적 위험성 건강 유해성 환경 유해성	경고표지 물질안전보건자료(MSDS) 교육·훈련

2. 화학물질의 건강유해성 종류 (위험물의 분류 및 표지에 관한 기준)

1) 급성 독성

입이나 피부를 통해 1회 또는 24시간 이내에 수회로 나누어 투여하거나 4시간 동안 흡입 노출시켰을 때 유해한 영향을 일으키는 성질

2) 피부 부식성 또는 자극성

최대 4시간 동안 접촉시켰을 때 비가역적인 피부 손상을 일으키는 성질(피부 부식성) 또는 회복 가능한 피부 손상을 일으키는 성질(피부 자극성)

3) 심한 눈 손상성 또는 눈 자극성

눈 앞쪽 표면에 접촉시켰을 때 21일 이내에 완전히 회복되지 아니하는 눈조직 손상을 일으키거나 심한 물리적 시력감퇴를 일으키는 성질(심한 눈 손상성) 또는 21일 이내에 완전히 회복 가능한 눈 손상을 일으키는 성질(눈 자극성)

4) 호흡기 또는 피부 과민성

호흡을 통하여 노출되어 기도에 과민 반응을 일으키거나 피부 접촉을 통하여 알레르기 반응을 일으키는 성질

5) 생식세포 변이원성
자손에게 유전될 수 있는 사람의 생식세포에 돌연변이를 일으킬 수 있는 성질

6) 발암성
암을 일으키거나 암의 발생을 증가시키는 성질

7) 생식독성
생식기능, 생식능력 또는 태아 발생, 발육에 유해한 영향을 주는 성질

8) 특정표적장기 독성(1회 노출)
1회 노출에 의하여 특이한 비치사적 특정 표적장기 독성을 일으키는 성질

9) 특정표적장기 독성(반복 노출)
반복 노출에 의하여 특정 표적장기 독성을 일으키는 성질

10) 흡인 유해성
액체나 고체 화학물질이 입이나 코를 통하여 직접적으로 또는 구토로 인하여 간접적으로 기관 및 더 깊은 호흡기관으로 유입되어 화학폐렴, 다양한 폐 손상이나 사망과 같은 심각한 급성 영향을 일으키는 성질

3. 물리적 위험성 중 폭발성 물질의 분류

1) 폭발성물질의 정의
자체의 화학반응에 의해 주위환경에 손상을 줄 수 있는 온도, 압력과 속도를 가진 가스를 발생시키는 고체·액체 상태의 물질이나 그 혼합물

2) 종류
(1) 폭발성 물질과 혼합물

(2) 폭발성 제품. 다만 부주의 또는 우발적으로 발화 또는 기폭하는 경우에도 분출, 화염, 발연, 발열 또는 큰 소음이 발생하여 양적으로나 특징적으로 장치 외부에 어떠한 영향도 주지 않는 폭발성 물질 또는 혼합물을 포함한 것은 제외함

(3) (1)과 (2)에서 언급되지 않았지만 실질적으로 폭발 또는 발화 목적으로 제조된 물질, 혼합물과 제품

3) 분류기준

구분	분류기준
불안정한 폭발성 물질	• 일반적인 취급, 운송, 사용에 있어서 열적으로 불안정하거나 너무 민감한 폭발성 물질
등급 1.1	• 대폭발 위험성이 있는 물질, 혼합물과 제품
등급 1.2	• 대폭발 위험성은 없으나 분출 위험성(projection hazard)이 있는 물질, 혼합물과 제품
등급 1.3	대폭발 위험성은 없으나, 화재 위험성이 있고, 약한 폭풍 위험성(blast hazard) 또는 약한 분출 위험성이 있는 다음과 같은 물질, 혼합물과 제품 • 대량의 복사열을 발산하면서 연소하는 것 • 약한 폭풍 또는 분출의 효과를 일으키면서 순차적으로 연소하는 것
등급 1.4	심각한 위험성은 없으나, 다음과 같이 발화 또는 기폭에 의해 약간의 위험성이 있는 물질, 혼합물과 제품 • 영향은 주로 포장품에 국한되고, 주의할 정도의 파편의 크기나 파편비산범위가 발생하지 않음 • 외부 화재에 의해 포장품의 거의 모든 내용물이 실질적으로 동시에 폭발을 일으키지 않아야 함
등급 1.5	• 대폭발 위험성은 있지만 매우 둔감하여 정상적인 상태에서는 기폭의 가능성 또는 연소가 폭굉으로 전이될 가능성이 거의 없는 물질과 혼합물
등급 1.6	• 극히 둔감한 물질 또는 혼합물만을 포함하여 대폭발 위험성이 없으며, 우발적인 기폭 또는 전파의 가능성이 거의 없는 제품

4. 물리적 위험성 중 인화성 액체의 분류

1) **인화성 액체의 정의** : 인화점이 93℃ 이하인 액체

2) **분류기준**

구분	분류기준
구분 1	인화점이 23℃ 미만이고 초기끓는점이 35℃ 이하인 액체
구분 2	인화점이 23℃ 미만이고 초기끓는점이 35℃를 초과하는 액체
구분 3	인화점이 23℃ 이상 60℃ 이하인 액체
구분 4	인화점이 60℃ 초과 93℃ 이하인 액체

5. 신호어(Signal Word)

수납용기 경고표시 기재사항(제품정보, 그림문자, 신호어, 유해위험문구, 예방조치문구, 공급자정보) 중 하나임

1) 유해위험성의 심각성에 따라 "위험(Danger)" 또는 "경고(Warning)"로 표시

   (1) 위험 : 주로 심각성이 높은 유해위험성

   (2) 경고 : 비교적 심각성이 낮은 유해위험성

2) 대상 화학물질이 "위험"과 "경고"에 모두 해당되는 경우에는 "위험"만을 표시

수 산 화 나 트 륨

위험

유해위험문구
1. 피부에 심한 화상
2. 눈에 심한 손상을 일으킴
3. 장기에 손상을 일으킴

예방조치문구
1. 분진, 가스, 증기를 흡입하지 마시오.
2. 피부를 물로 씻으시오, 샤워하시오.
3. 노출되면 의료기관 의사의 도움을 받으시오.
4. 공급자 정보 : ○○○

133회 4교시

1 건물화재모델(Compartment Fire Model)에서 다음 사항을 설명하시오.
1) 존모델(Zone Model)
2) 필드모델(Field Model)
3) 화재감지모델(Detector Response Model)
4) 피난모델(Egress Model)
5) 내화모델(Fire Endurance Model)

1. 화재 모델링의 정의

1) 구체적인 조건에서 화재와 화재로 인해 발생되는 현상의 결과를 수학적인 모델을 이용해 예측하기 위한 계산 도구를 화재모델링이라 한다.
2) 일반적으로 화재 현상은 매우 복잡한 형태를 가지며, 너무나 많은 변수가 존재하기 때문에 화재 모델링은 물리적 또는 화학적 과정 상호간의 관계를 해석하기 위한 많은 예측 수식으로 구성된다.
3) 화재의 재현은 현실적으로 불가능하므로 컴퓨터를 이용하여 화재모델을 표현하는 방법을 화재시뮬레이션이라 한다.

2. 존모델 (Zone Model)

1) 정의

(1) 화재실을 상부·하부 경계층으로 두 개의 검사체적으로 분할하여 화재진행을 예측하는 모델
(2) 두 개의 검사체적은 고온의 상부연기층과 저온의 하부연기층을 말함
(3) 각 영역은 그 체적의 평균값으로 온도, 압력, 화학종 등을 표현

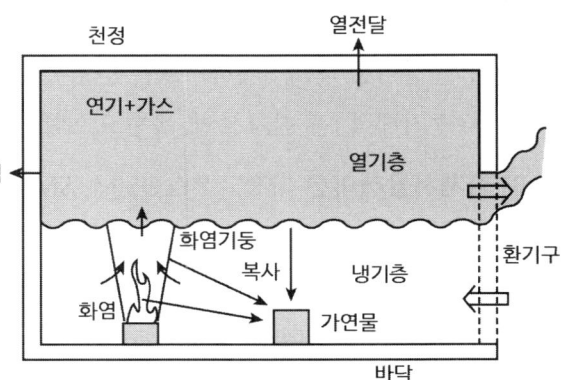

2) 특징

(1) 비교적 계산 능력이 작게 요구됨(계산도구 : 저용량 컴퓨터(PC, Work Station), 계산시간 : 수분 ~ 수시간(짧은 시간에 가능))

(2) Zone model은 대규모 공간과 긴 공간에 대해서는 그 적용 및 결과 해석에 주의해야 함

(3) 물질이동 해석 : 에너지보존법칙, 질량보존법칙

(4) 수치해석 : 기어법, 뉴튼법, 롱게쿠터법

3) 화재시뮬레이션 : FAST, CFAST, ARGOS, BRANZFIRE

3. 필드모델 (Field Model)

1) 정의

(1) 화재실을 다수 검사체적으로 분할하고 전산유체(CFD)를 사용하여 화재진행을 예측하는 모델

(2) 전산유체역학(CFD, Computational Fluid Dynamics)
  유체의 흐름, 열전달 및 물질전달, 화학반응 등과 같은 물리적 현상들의 지배방정식을 수학적으로 계산하고 해를 구하여 이와 관련된 물리적 현상을 예측하는 과학

2) 특징

(1) CFD를 기반으로 하기 때문에, 열과 연소생성물의 이동, 기류의 흐름 등을 정밀하게 해석

(2) 계산 능력이 크게 요구됨(계산도구 : 슈퍼컴퓨터, Work Station, 계산시간 : 수시간 ~ 수십 일(많은 시간, 노력 필요))

(3) 복잡한 구조공간, 대규모 공간, 터널 등의 특수한 공간에 있어서 화재발생 시 열과 연기의 이동 등을 예측가능

(4) 물질이동 해석 : 에너지보존법칙, 질량보존법칙. 운동량보존법칙

(5) 수치해석 : 유한차분법, 유한요소법, 경계요소법

3) 화재시뮬레이션 : FDS, PYLOSIM, SMARTFIRE, STAR CD, JASMIN 등

4. 화재감지모델 (Detector Response Model)

1) 정의
(1) 화재의 기류에 의해 열·연기 감지기 및 스프링클러헤드의 반응시간을 예측하는 모델
(2) 일반적으로 연기와 열의 유동을 계산하기 위해 존모델의 방법을 이용하나 감열부의 반응을 결정하는 서브모델을 포함함

2) 특징
(1) 입력변수 : 열적특성값(RTI, 작동온도), 설치위치, 열방출 비율, 공간특성, 마감재료
(2) 출력값 : 감지시간을 예측하기 위해 화재에 의한 감열부에서의 전열과정을 계산함
(3) 모델에 따라서 평평한 천장 면에만 사용이 가능하거나 구획하지 않는 천장 면에만 적용하기도 하므로 모델선정에 주의해야 함
(4) 최근 연기와 열 감지해석이 가능한 필드모델이 증가하고 있음

3) 화재감지시뮬레이션 : DEFTACT- QS, T2, G-JET, LAVENT, SPRINK

5. 피난모델 (Egress Model)

1) 정의
(1) 건물내부의 거주자가 피난에 소요되는 시간을 예측하는 모델
(2) 특히 건물 설계 시 피난에 영향을 주는 요소(문의 폭, 복도의 폭, 피난 동선, 피난 계단의 용량과 거리, 정체 부분)가 피난시간에 영향을 미치고 피난소요시간을 도출하기 위한 수단으로 사용됨

2) 특징
(1) 성능기준설계를 통한 법규상의 대안 제시 및 피난 시 정체되는 공간을 검토
(2) 많은 피난모델은 화재 시 연기의 유독성과 가시거리 변화에 따른 거주자의 심리적인 요소를 포함하여 거주자가 피난하는 시뮬레이션 과정을 그래픽으로 보여줌

3) 피난시뮬레이션 : SIMULEX, PATH FINDER, Building Exodus, ELVAC

6. 내화모델 (Fire Endurance Model)

1) 정의
(1) 건축물의 특성을 고려하여 그 건축물에서 발생될 것으로 예상되는 화재를 대상으로 건축부재의 성상을 예측하는 모델

(2) 내화설계가 요구되는 건축물의 조건을 설정하고 특정 구획 내의 화재성상을 화재하중, 개구율, 주변 벽체로의 열정수 등으로 계산하여 화재성상을 판단하고, 이때의 부재온도, 변형, 내력 등을 예측하여 설계된 구조부재가 예측된 평가기준을 만족하는지를 판단한다.

(3) 절차 : 설계화재의 성상예측 → 부재온도분포 → 내화성능평가

2) 특징

(1) 건축부재는 작은 체적으로 분할하여 고체에서의 열전달과 기계적 거동을 해석하고 최종적인 붕괴시점을 계산

(2) 입력자료 : 재료의 물성, 부재의 경계조건

(3) 출력자료 : 기둥이나 보가 변형되거나 붕괴되는 시간, 임의 부재단면에서의 시간온도곡선계산

3) 내화시뮬레이션 : DIANA

> **보충**
>
> **[Zone Model, Field Model의 비교]**
>
> | 구분 | Zone Model | Field Model |
> |---|---|---|
> | 개념 | 화재실을 상부·하부 경계층으로 두 개의 검사체적으로 분할하여 화재진행을 예측 | 화재실을 다수 검사체적으로 분할하고 전산유체(CFD)를 사용하여 화재진행을 예측 |
> | 검사체적 | 2개로 구분(고온의 상부연기층과 저온의 하부연기층) | 다수 분할(가로×세로×높이 격자) |
> | 적용공간 | 간단한 크기, 작은 공간 | 대공간, 야외 공간, 산업화재 |
> | 적응화재 | 연소 확대 이후 | 초기화재, 연소 확대 |
> | 해석표현 | 거시적 표현 | 미시적 표현(상세) |
> | 지배방정식 | 상미분 방정식 | 편미분 방정식 |
> | 물질이동 해석 | 에너지보존법칙, 질량보존법칙 | 에너지보존법칙, 질량보존법칙. 운동량보존법칙 |
> | 수치해석 | 기어법, 뉴튼법, 롱게국터법 | 유한차분법, 유한요소법, 경계요소법 |
> | 계산도구 | PC, Work Station | 슈퍼컴퓨터, Work Station |
> | 계산시간 | 수분 ~ 수시간(짧은 시간에 가능) | 수시간 ~ 수십 일(많은 시간, 노력 필요) |
> | 프로그램 | CFAST, FAST, FIRST | FDS, PYLOSIM, SMARTFIRE, STAR CD, JASMIN 등 |

2 「피난기구의 화재안전기술기준(NFTC 301)」의 설치장소별 적응성 있는 피난기구를 모두 기술하고, 「다수인피난장비의 성능인증 및 제품검사의 기술기준」의 피난장비의 일반구조기준을 설명하시오.

133회-4

1. 개요

1) 피난기구는 화재 시 건물 내의 거주·출입하는 사람들이 정상적인 통로를 통하여 대피하지 못할 경우 피난용 기구를 이용하여 안전한 장소로 피난시킬 수 있는 기계·기구를 말한다.

2) 특히 노유자시설의 재해약자와 다중이용업소의 불특정 다수인은 자력피난의 부재와 피난경로 및 구조를 숙지하지 못하는 경우가 많으므로 많은 피해가 발생한다.

2. 법규적 설치대상

1) 설치대상 : 특정소방대상물의 모든 층

2) 설치제외대상

(1) 피난층, 지상 1층, 지상 2층(노유자 시설 중 피난층이 아닌 지상 1층과 피난층이 아닌 지상 2층은 제외)

(2) 특정소방대상물의 11층 이상의 층

(3) 가스시설, 지하가 중 터널 및 지하구

3) 설치수량 : 층마다 설치

구분	내용	수량
계단실형 아파트	각 세대마다	1개 이상
숙박시설·노유자시설·의료시설 용도의 층	그 층의 바닥면적 500m^2마다	1개 이상
위락시설·문화집회 및 운동시설·판매시설·복합용도의 층	그 층의 바닥면적 800m^2마다	1개 이상
그 밖의 용도의 층	그 층의 바닥면적 1000m^2마다	1개 이상

4) 추가설치 수량

(1) 숙박시설 : 객실마다 완강기 또는 2개 이상의 간이완강기

(2) 4층 이상의 층에 설치된 장애인 관련 시설 : 층마다 구조대를 1개 이상

※ 공동주택의 화재안전기준 : 하나의 관리주체가 관리하는 공동주택 구역마다 공기안전매트 1개 이상을 추가

3. 소방대상물의 설치장소별 피난기구의 적응성 (피난기구의 화재안전기준)

설치장소 구분	층별	1층	2층	3층	4층 이상 10층 이하
1) 노유자시설		미끄럼대, 구조대, 피난교, 다수인피난장비, 승강식피난기			구조대1), 피난교, 다수인피난장비, 승강식피난기
2) 의료시설·근린생활시설 중 입원실이 있는 의원·접골원·조산원				미끄럼대, 구조대, 피난교, 피난용트랩, 다수인피난장비, 승강식피난기	구조대, 피난교, 피난용트랩, 다수인피난장비, 승강식피난기
3) 영업장의 위치가 4층 이하인 다중이용업소			미끄럼대, 피난사다리, 구조대, 완강기, 다수인피난장비, 승강식피난기		
4) 그 밖의 것				미끄럼대, 피난사다리, 구조대, 완강기, 피난교, 피난용트랩, 간이완강기2), 공기안전매트3), 다수인피난장비, 승강식피난기	피난사다리, 구조대, 완강기, 피난교, 간이완강기, 공기안전매트, 다수인피난장비, 승강식피난기

4. 피난장비의 일반구조기준 (다수인피난장비의 성능인증 및 제품검사의 기술기준)

1) 피난장비는 안전하고 쉽게 별도의 조작 및 타인의 도움 없이 사용자의 몸무게에 의하여 자동적으로 하강
2) 피난장비는 로프·속도조절기구·벨트 및 고정 지지대 등으로 구성
3) 로프 등은 사용 시 꼬임으로 인한 로프의 엉킴 등이 피난장비의 작동을 방해하거나 하강속도에 영향이 없을 것
4) 피난장비를 조작 또는 사용하는 때에 사용자에게 상해 등을 끼칠 우려가 있는 가공 버(Burr) 등이 없을 것
5) 피난장비는 하강 시 사용자 또는 탑승장치를 심하게 선회시키지 않을 것
6) 속도조절기구와 같은 중요장치는 기능에 이상을 일으킬 수 있는 모래나 이물질이 쉽게 들어가지 않도록 견고하게 보호조치 될 것
7) 피난장비에는 최대사용자수에 해당하는 벨트가 부착
8) 벨트·보호대 및 탑승장치는 쉽게 착용 또는 탑승할 수 있어야 하며, 사용하는 때에 벨트 등이 벗겨지거나 풀어지지 않고 탑승장치의 부품 등이 이탈 또는 손상되지 않을 것
9) 탑승장치가 흔들리지 않도록 벽 또는 지지체 등에 견고하게 고정되며 다수의 사용자가 어느 한쪽으로 몰려 탑승하는 경우에도 사용 중에 수평을 유지
10) 탑승장치는 하강하는 중에 사용자의 움직임 또는 바람 등의 영향으로 기울어지거나 흔들리지 않는 구조로서 사용 중에 이상이 생기지 않을 것

3 도로터널에 관하여 다음 내용을 설명하시오.
  1) 터널 연장등급 및 방재등급별 기준
  2) 터널 내 임계풍속, 터널경사 보정계수
  3) 터널 위험도지수 산정 시 고려해야 할 잠재적인 위험인자 6가지

133회-4

1. 터널의 등급구분

1) "도로터널"은 자동차의 통행을 목적으로 지반을 굴착하여 지하에 건설한 구조물, 개착공법으로 지중에 건설한 구조물(Box형 지하차도), 기타 특수공법(침매공법 등)으로 하저에 건설한 구조물(침매터널 등)과 지상에 건설한 터널형 방음시설(방음터널)을 말한다.
2) 방재시설 설치를 위한 터널등급은 터널연장(L)을 기준으로 하는 연장등급과 교통량 등 터널의 제반 위험인자를 고려한 위험도 지수(X)를 기준으로 하는 방재등급으로 구분한다.
3) 터널의 방재등급은 개통 후 매 5년 단위로 실측교통량 및 주변 도로 여건을 조사하여 재평가하며, 이에 따라 방재시설의 조정을 검토할 수 있다.

2. 연장등급 및 방재등급별 기준

등급	터널연장(L) 기준		위험도지수(X) 기준
	일반도로터널 및 소형차전용터널	방음터널	
1	3000m 이상 (L ≥ 3000m)	3000m 이상(L≥3000 m)	X > 29
2	1000m 이상, 3000m 미만 (1000 ≤ L < 3000m)	1000m 이상, 3000m 미만 (1000 ≤ L < 3000m)	19 < X ≤ 29
3	500m 이상, 1000m 미만 (500 ≤ L < 1000m)	250m 이상, 1000m 미만 (250 ≤ L < 1000m)	14 < X ≤ 19
4	연장 500m 미만(L < 500)	연장 250m 미만(L < 250)	X ≤ 14

3. 터널 내 임계풍속, 터널경사 보정계수

1) 임계풍속(Critical Velocity)

(1) 정의
  ① 화재 시 성층화를 유지하면서 열(연)기류의 역류(Back Layering)현상을 억제하기 위한 최소한의 풍속
  ② 성층화란 화재연기가 온도차에 의한 부력에 의해 터널 상층부에서 연기층을 형성하는 현상

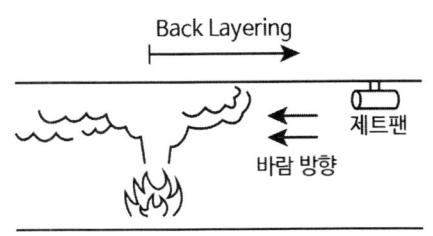

(2) 역류 방지를 위한 최소 풍속인 임계 풍속(V_e)을 유지하도록 제트팬 설치대수 결정

(3) 임계풍속 식

$$V_c = K_g F^{-\frac{1}{3}} \left(\frac{gHQ}{\beta \rho_o C_P A T_f}\right)^{\frac{1}{3}}$$

K_g : 터널경사 보정계수
F : 프루드수(4.5)
H : 화점으로부터 천장높이
Q : 화재강도(MW)
β : 보정계수, C_P : 정압비열(J/kg·K)
A : 터널단면적(m²), T_f : 화점온도(K)

(4) 터널이 높고, 단면적이 작을수록 임계풍속은 크다.

(5) 화재강도가 클수록 임계풍속은 크다.

2) 터널의 경사 보정계수(K_g)

(1) 터널의 경사(%)가 클수록 역기류의 영향이 커져 임계풍속을 크게 해야 함

(2) 터널의 경사 보정계수(K_g)

- $K_g = [1 + 0.014\tan^{-1}(grade/100)]$, $grade$: 터널 종단경사(%)

4. 터널 위험도지수 산정 시 고려해야 할 잠재적인 위험인자

	세부평가항목	
1) 사고 확률	주행거리계	교통량×연장
2) 터널 특성	표고차 및 경사도	입·출구표고차(m)
		진입부 경사도(%)
	터널 높이(m)	
	터널 곡선반경(m)	
3) 대형 차량	위험물 수송 관련	대형차혼입률(%)
		대형차주행거리계
		감시/유도시스템
4) 정체 정도	서비스수준	
	터널 내 합류 / 분류	
	교차로 / 신호등 / TG 등	
5) 통행 방식	일반통행 / 대면통행	

4 다음의 조건을 보고 표시등과 경종의 부하전류, 전압강하, 경종의 작동상태를 판단하고, 문제가 있는 경우 대책을 설명하시오.

〈조 건〉
㉠ 공장동의 규모 : 지하 1층, 지상 6층
㉡ 공장동 각 층 바닥면적 : 900m²
㉢ 회로구성 : 각 층 2회로(전층 경보방식)
㉣ 사용전선 : HFIX(90℃) 2.5mm²
㉤ 부하전류 : 경종 50mA/개, 표시등 30mA/개이며 기타 부하전류는 무시한다.
㉥ 수신기와 공장동의 거리 : 400m
㉦ 수신기 정격전압 : 24V

1. 전압강하 공식 (단상 2선식)

$$e = \frac{35.6LI}{1,000A}$$

e : 전압강하(V), L : 대상물 간의 거리(m)
I : 전류(A), A : 전선의 단면적(mm²)

2. 부하전류

1) 각 표시등 소요전류 = 0.03 × 7개층 × 2개 = 0.42A
2) 전층 경보 시의 경종 작동전류 = 0.05A × 7개층 × 2 = 0.7A
3) 전류합 = 0.42 + 0.7 = 1.12A

3. 전압강하

1) 전선의 단면적(m²) : 2.5mm²
2) 전압강하(V) : $e = \dfrac{35.6 \times 400 \times 1.12}{1,000 \times 2.5} = 6.38\,V$
3) 전압강하를 고려한 부하 측 전압 : 24 - 6.38 = 17.62V

4. 경종의 작동상태

1) 화재안전기준에서는 24V의 80%인 19.2V 이상으로 규정하고 있다.
2) 부하 측의 전압은 17.62V이고, 규정 전압인 19.2V 미만이므로 경종이 작동 안 될 수 있다.

5. 대책

1) 전압강하를 낮추기 위해 전선의 굵기를 증가시킴

   (1) 전선의 굵기를 2.5mm²에서 4.0mm²으로 교체

   $$전압강하(V) : e = \frac{35.6 \times 400 \times 1.12}{1,000 \times 4.0} = 3.99\,V$$

   (2) 전압강하를 고려한 부하 측 전압 : 24 - 3.99 = 20.01V

   (3) 규정 전압인 19.2V 이상을 만족하므로 경종은 정상 작동함

2) 전원반을 동별로 설치함

---

5 단열재와 관련된 다음 사항을 설명하시오.
1) 열전도율과 단열성
2) 단열성에 영향을 미치는 요인
3) 단열재의 종류

1. 개요

1) 단열재란 일정하게 온도를 유지하려는 부분의 바깥쪽을 피복하여 열의 이동 즉, 열손실이나 열의 유입을 적게 한 재료를 말함
2) 제연설비에서 수직 풍도 이외의 풍도는 불연재료인 단열재로 단열처리 하도록 규정함
3) 단열재와 보온재의 차이

   (1) 보온재 : 소화 배관 내 상온 상태의 소화수가 동파되는 것을 방지하기 위함

   (2) 단열재 : 제연 덕트는 화재발생 시 내·외부로의 고온 열이동을 차단하기 위함

2. 열전도율과 단열성

1) 열전도율

   (1) 개념

   ① 고체는 분자 간 간격이 가까워 한 분자의 진동이 인접해 있는 다른 분자의 운동에너지에 쉽게 영향을 미침

   ② 분자의 진동으로 열이 전해지는 현상

(2) 열전달의 Mechanism

① 분자 간 충돌 : 온도 상승 → 분자운동 활발
→ 분자 간 충돌 → 열에너지 전달

② 기체와 액체는 불규칙적으로 입자가 움직이는 과정에서 충돌에 의해 전도되며, 고체는 내부 입자의 진동 및 자유전자의 이동으로 전도가 이루어짐

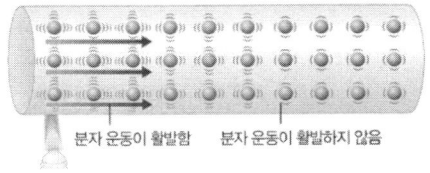

(3) 단열성을 나타내는 식(푸리에의 열전도법칙 : Fourier's Law of Conduction)

① 열유속($\dot{q}''$)

- $\dot{q}'' = k\dfrac{\Delta T}{L}$ (W/m²)

    k : 열전도도(W/m·K), L : 재료두께(m), T_1 : 고온부 온도(K),
    T_2 : 저온부 온도(K), ΔT : 온도차(K)

2) 단열성

(1) 목적

화재발생 시 내·외부로의 고온 열이동을 차단하기 위해 단열성이 좋은 단열재로 마감

(2) 단열재가 갖추어야 할 특성

① 열전도율이 적을 것
② 경량이며 물리적 강도가 좋을 것
③ 시공성이 좋을 것
④ 흡수율이 적고 내약품성일 것
⑤ 경제적일 것

(3) 열저항(Thermal Resistance)

① 개념 : 열전도를 방해하는 성질(m²K/W). 즉, 열저항은 단열성의 척도가 됨

② 의미

- 열저항 = $\dfrac{재료의\ 두께}{열전도율}$ = $\dfrac{1}{열관류율}$

- 열저항이 클수록 단열이 뛰어남

- 목재가 콘크리트에 비해 열저항은 약 6배 크므로 목재가 콘크리트에 비해 단열이 우수함

(4) 적용

제연 덕트의 단열재, 수계 배관의 보온재, 내화피복을 위한 단열재, 샌드위치 패널

3. 단열성에 영향을 미치는 요인

1) 단열재의 재질 및 형상

(1) 유기질 및 무기질 단열재는 종류별로 섬유질의 형상이 다름

(2) 다공질의 정도에 따라 영향을 미침. 즉, 열전도율은 주로 재료의 기공 형상, 크기, 상호 연결에 의해 결정되는 데, 기공의 크기가 작아짐에 따라 재료의 단열 특성이 증가함

2) 함수율(습도)

(1) 열재 등 재료의 열전도율에 가장 큰 영향을 미치는 요인 중 하나임

(2) 상대습도가 높을수록 열전도율은 상승

3) 밀도(겉보기 비중)

일반적으로 재료가 밀실하여 비중이 커지면 열전도율도 커짐. 즉, 고체의 열전도율이 정적 공기의 열전도율보다 높으므로 단위 체적당 고체 함량이 감소(밀도감소)에 따라 열전도율 감소

4) 온도

단열재의 사용온도 범위는 넓으며, 온도와 열전도율은 거의 비례 관계임

4. 단열재의 종류

1) 유기질 단열재

(1) 발포 폴리스티렌(비드법단열재, EPS(Expanded Poly-Styrene))
  ① 구성 : 폴리스티렌 + 유기발포제
  ② 예 : 스티로폼
  ③ 특성
  - 유기질 섬유로 우수한 단열 성능
  - 높은 강도, 경량, 공기단축, 시공비 절감
  - 내식성, 내후성, 가공성 우수, 경제적
  - 화재에 유독성 가스 발생

[발포 폴리스티렌]

(2) 발포 폴리우레탄(PUR(Poly Urethane))
   ① 구성 : 폴리올, 폴리이소시아네이트 + 발포제 + 난연제
   ② 예 : 우레탄
   ③ 특성
      • 유기질 섬유로 우수한 단열 성능
      • 높은 강도, 경량, 공기단축, 시공비 절감
      • 화재에 유독성 가스 발생
      • 냉동창고, 정밀기계공장, 항온항습실 등에 사용

(3) 압출발포 폴리스티렌(압출법단열제, XPS(Extruded Poly-Styrene)
   ① 구성 : 폴리스틸렌 + 유기발포제(압출기에서 혼합)
   ② 예 : 아이소핑크
   ③ 특성
      • 동일 밀도의 비드법단열재 보다 단열성능이 높음
      • 표면이 매끄러워 미장 마감 적용 시 어려움
      • 압축강도가 강하고 가루날림이 적어 사용에 간편함
      • 부식, 부패가 없으므로 위생상 유리

[압출발포 폴리스티렌]

(4) 발포 폴리에틸렌 단열재
   ① 구성 : 폴리에틸렌 + 발포제 + 난연제
   ② 예 : 아티론
   ③ 특성
      • 내후성 및 시공성, 유연성이 우수함
      • 충격흡수성이 우수함
      • 건축 단열재 및 결로 방지재로써 효과가 우수함
      • 스팀배관을 제외한 모든 배관보온에 사용

[발포 폴리에틸렌 단열재]

(5) 고무발포 단열재
   ① 구성 : 니트릴고무(NBR) + 합성혼합물
   ② 예 : 고무발포 단열재
   ③ 특성
      • 유연성과 신축성이 우수함
      • 내부식성, 폭넓은 사용온도, 결로방지 및 수증기 투습 저항성 우수
      • 우수한 난연성능(화재 시 연기밀도가 낮고 유독가스 방출이 낮음)
      • 배관보온에 사용

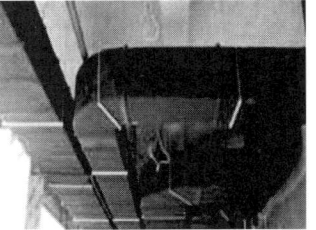
[고무발포 단열재]

2) 무기질 단열재

(1) 미네랄울(암면)
① 구성 : 천연 암석(규산칼슘계) + 석회석 + 공기나 수증기를 불어 넣어 가는 섬유
② 예 : 미네랄울 단열재
③ 특징
- 무기질 섬유로 우수한 불연, 내열성능으로 내화구조 지정 패널
- 유독가스 발생이 없음
- 차음, 방음, 흡음성 우수
- 방화, 내화구조물에 적합

[미네랄울(암면)]

(2) 글라스울(유리섬유)
① 구성 : 유리원석(규사, 석회석, 장석 등)을 용융하여 섬유상으로 만듦
② 예 : 글라스울 단열재
③ 특징
- 무기질 섬유로 우수한 불연, 내열성능으로 방화구획, 내화구조로 시공 가능
- 유독가스 발생이 없음
- 차음, 방음, 흡음성 우수
- 가격이 저렴하고 경제적인 건축자재

[글라스울(유리섬유)]

(3) 세라믹 파이버
① 고순도 실리카 + 알루미나
(고온에서 용융하여 섬유화한 초고온용 단열재)
② 예 : 고온용 내화 단열재
③ 특징
- 가볍고 단열성이 우수함
- 사용하기 간편하며 높은 온도에서 사용 가능
- 철골의 내화피복재로 많이 사용

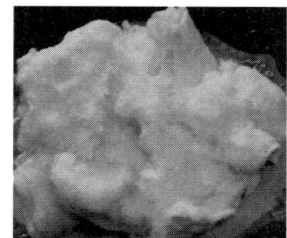
[세라믹 파이버]

(5) 펄라이트
① 구성
- 펄라이트란 화산활동으로 분출한 용암이 물에서 갑자기 응고하면 결정광물이 될 틈 없이 유리질 암석이 된 것
- 유리질의 화성암 계통의 원석을 분쇄하여 건조, 가열하면 크기는 팽창되고 이는 속이 빈 상태이므로 각종 첨가물과 혼합하여 만든 단열재
② 특징
- 가볍고 단열성이 우수함
- 화재 시 유독가스가 없고 불연성임

6 제5류 위험물의 성질, 품명, 지정수량을 기술하고 유기과산화물의 특성 및 사용 시 주의사항에 대하여 설명하시오.

1. 정의
1) 위험물이라 함은 인화성 또는 발화성 등의 성질을 가지는 것으로서 대통령령이 정하는 물품을 말하며, 「위험물안전관리법」 시행령 별표 1에서 제1류~제6류로 분류한다.
2) 지정수량이라 함은 위험물의 종류별로 위험성을 고려하여 대통령령이 정하는 수량으로 제조소 등의 설치허가 등에 있어 최저의 기준이 되는 수량이다.

2. 제5류 위험물의 성질
1) 자기반응성물질
2) 산소함유
3) 가열, 마찰, 충격 시 폭발 우려

3. 품명 및 지정수량

개정 전		개정 후	
품명	지정수량	품명	지정수량
유기과산화물	10kg	유기과산화물	1종 10kg 2종 100kg
질산에스테르류		질산에스터류	
히드록실아민	100kg	하이드록실아민	
히드록실아민염류		하이드록실아민염류	
니트로화합물	200kg	나이트로화합물	
니트로소화합물		나이트로소화합물	
아조화합물		아조화합물	
디아조화합물		다이아조화합물	
히드라진유도체		하이드라진유도체	

※ 개정 이유
 폭발의 위험이 높은 자기반응성 물질의 지정수량을 위험물의 품명이 아니라 위험성 유무와 등급에 따라 구분하여 위험물에 대한 규제를 합리적으로 개선

4. 유기과산화물의 특성

1) 개념
과산화수소(H_2O_2)의 수소가 알킬기(C_nH_{2n+1}) 등의 유기화합물로 치환된 제5류 위험물

2) 특성
(1) 물질 내 산소를 함유하여 공기 차단 시에도 연소가 가능

(2) 가열·마찰·충격에 의해 폭발

(3) 무기과산화물과 달리 인화성이 크고 물과 반응하지 않음

3) 종류
(1) 아세틸퍼옥사이드($C_4H_6O_4$)

(2) 벤조일퍼옥사이드($C_{14}H_{10}O_4$)

(3) 메틸에틸케톤퍼옥사이드($C_8H_{16}O_4$)

5. 유기과산화물 사용 시 주의사항

1) 취급요령
(1) 화염·불꽃 등 점화원의 접근을 엄금하고, 가열·마찰·충격 등을 금지한다.

(2) 강산화제, 강산류, 금속산화물 등의 이물질 혼입금지 및 분해촉진물질인 알칼리금속, Fe, Co, Mn 등과 접촉을 금지한다.

(3) 용기는 철, 구리, 납 등을 피하고 유리, 자기, PE, 스테인리스 스틸 등을 사용한다.

(4) 정전기, 스파크 등에 의한 화재·폭발의 위험이 있으므로 접지 및 방폭형 전기기계·기구를 사용한다.

(5) 피부 접촉을 금지(보안경·보호 장갑·보호의 등을 착용)한다.

2) 보관요령
(1) 저장 시 "유기과산화물"이라는 표시를 부착한다.

(2) 작업 인원은 안전취급, 개인보호 장비의 사용, 유출물의 안전한 폐기 등의 교육을 받아야 한다.

(3) 저장지역은 유기과산화물의 저장온도 범위 내에서 유지되어야 한다.

(4) 저장장소에서의 주의사항
① 냉암소로서 직사광선 차폐
② 개개의 유기 과산물을 최적 저장온도로 유지
③ 용기의 전도 및 전락 방지
④ 이물질 혼입 방지
⑤ 용기 내의 압력 상승 방지

> 보충

[유기과산화물의 특성치]

1) 활성산소량(Acive Oxygen Content)
   (1) 유기과산화물은 그 반응의 개시제 또는 가교제(Cross-linking agent)로서의 기능을 갖고 있는 과산화 결합수나 방출되는 자유라디칼의 수를 표시
   (2) 100% 순수 유기과산화물의 이론적인 Oxygen Content는 유기과산화물의 분자량에 대한 Active Oxygen(-O-)의 원자량의 백분율로 표시

   $$활성산소량 \% = 순도 \times \frac{-O-O- 결합의 수 \times 16}{분자량}$$

2) 분해온도
   (1) 유기과산화물을 중합개시제로서 사용하는 경우에는 어느 온도에서 어떤 속도로 라디칼을 방출하는가를 알 필요가 있다.
   (2) 분해온도가 낮거나 활성산소량이 높아 분자 중의 산소원자 함유율이 높으면 폭발분해의 위험성이 있다.

3) 활성화에너지(Activation Energy)
   (1) 분해시키기 위해 높여야 하는 에너지 레벨의 상한이다.
   (2) 분해 속도에 영향을 미치게 하는 온도 영향의 상한이다.
   (3) 활성화에너지가 작은 물질은 저온에서 분해하기 쉬워 불안정하므로 저장에 어려움이 있고, 일반적으로 사용하는 유기과산화물의 활성화에너지는 25~40kcal/mol이다. 이 이하의 활성화에너지를 갖는 유기과산화물은 저장 시 특별한 조건이 요구된다.
   (4) 활성화에너지에 의해 과산화물의 깨어짐이 일어나고, 자유라디칼이 생성된다.

4) 반감기
   (1) 주어진 온도에서 유기 과산화물의 분해 속도이다.
   (2) 활성산소량의 분해에 의해 원래 수치의 반이 되는 데 필요한 시간이다.
   (3) 0.1mol% 유기과산화물 용액(용매 : 벤젠)을 만들어 주어진 온도에서 처음 값의 1/2이 되는 Active Oxygen Content를 생성하는 데 필요한 시간이다.
   (4) 분해 속도와는 역수관계이고, 온도가 높으면 작아진다.

모아바 www.moa-ba.com
모아소방전기학원 www.moate.co.kr

금화도감
禁火都監

소방기술사
132회

소방기술사
기출문제풀이

禁火都監

국가기술자격 기술사 시험문제

기술사 제132회   제1교시 (시험시간 : 100분)

분야	안전관리	종목	소방기술사	수험번호		성명	

※ 다음 문제 중 10문제를 선택하여 설명하시오. (각 10점)

1. 발열량과 관련하여 Hess의 법칙에 대하여 설명하시오.

2. 공기흡입형 연기감지기의 감도 계산식에 대하여 설명하시오.

3. 건축물의 용도에 따른 방화구획의 완화기준에 대하여 설명하시오.

4. 누셀트수(Nusselt Number)의 의미를 설명하고, 누셀트수를 스탠톤수(Stanton Number), 프랜틀수(Prandtl Number), 레이놀즈수(Reynolds Number)로 표현하시오.

5. 다중이용업소의 비상구 추락 등의 방지를 위한 안전시설 설치기준에 대하여 설명하시오.

6. 원자력발전소의 화재 심층방어(Defense-In-Depth)에 대하여 설명하시오.

7. 화재·피난시뮬레이션의 커플링(Coupling) 실시가 필요한 이유에 대하여 설명하시오.

8. 전기저장시설의 화재안전성능기준(NFPC 607)에서 규정하고 있는 스프링클러설비 설치기준에 대하여 설명하시오.

9. 소방시설 설치 및 관리에 관한 법률, 소방시설공사업법, 위험물안전관리법에 따른 소방산업 업종에 대하여 설명하시오.

10. 위험물안전관리에 관한 세부기준에서 규정하고 있는 위험물탱크의 충수·수압시험방법과 판정기준에 대하여 설명하시오.

11. 가스누설경보기의 즉시경보형, 경보지연형, 반한시경보형 경보방식에 대하여 설명하시오.

12. 수계소화설비의 배관 저항곡선에 대하여 설명하시오.

13. 건식 스프링클러설비에서 트립시간(Trip Time)과 이송시간(Transit Time)에 영향을 주는 요인에 대하여 설명하시오.

국가기술자격 기술사 시험문제

기술사 제132회   제2교시 (시험시간 : 100분)

분야	안전관리	종목	소방기술사	수험번호		성명	

※ 다음 문제 중 4문제를 선택하여 설명하시오. (각 25점)

1. 무선통신보조설비에 대하여 다음 사항을 설명하시오.
   (1) 송신기와 수신기의 구조도
   (2) 누설동축케이블과 내열누설동축케이블의 구조도
   (3) 전송손실과 결합손실

2. 완강기에 대하여 다음 사항을 설명하시오.
   (1) 구조와 원리 (2) 설치기준 (3) 성능기준 (4) 사용방법

3. 2023년 12월 개정된 소방청의 소방시설 등 성능위주설계 평가운영 표준 가이드라인에서 명시한 내용 중 화재시뮬레이션 시나리오 및 수행결과의 신뢰성 확보에 대하여 설명하시오.

4. 건축 외장재로서 BIPV(건물일체형 태양광 모듈)의 정의, 화재위험성 및 건축 시 기술적 유의사항(온도, 일사량, 음영)에 대하여 설명하시오.

5. 대규모 화재공간에서 연기이동과 반대방향으로 기류가 공급되는 역기류(Opposed Airflow)에 대하여 설명하시오.

6. 수계소화배관과 관련하여 국내와 NFPA 수압시험방법에 대하여 설명하시오.

국가기술자격 기술사 시험문제

기술사 제132회　　　　　　　　　　　　　제3교시 (시험시간 : 100분)

| 분야 | 안전관리 | 종목 | 소방기술사 | 수험번호 | | 성명 | |

※ 다음 문제 중 4문제를 선택하여 설명하시오. (각 25점)

1. 수계소화설비에 대하여 다음 사항을 설명하시오.
   (1) 고가수조방식, 압력수조방식, 펌프방식, 가압수조방식
   (2) 고가수조와 옥상수조의 차이점

2. 플랜트 기기에서 반응폭주의 원인에 대하여 설명하시오.

3. 건축물 화재 시 다음 화재단계별 연기의 발연특성에 대하여 설명하시오.
   (1) 화재초기　　　(2) 플래쉬오버　　　(3) 최성기

4. 연료전지에 대하여 다음 사항을 설명하시오.
   (1) 구성 및 전기발생 원리　　　(2) 종류 및 특징

5. 가스계소화설비와 관련하여 NFPA 2001에서 규정하고 있는 시간지연(Time Delays) 및 차단 스위치(Disconnect Switch)에 대하여 설명하시오.

6. 연기감지기에 대하여 다음 사항을 설명하시오.
   (1) 보행거리 30m마다 1개 이상 설치하는 이유
   (2) 폭 1.2m 미만의 복도, 계단, 경사로에서의 배치방법
   (3) 광전식분리형 감지기 설치기준

국가기술자격 기술사 시험문제

기술사 제1회 제4교시 (시험시간 : 100분)

분야	안전관리	종목	소방기술사	수험번호		성명	

※ 다음 문제 중 4문제를 선택하여 설명하시오. (각 25점)

1. 스프링클러헤드의 물리적인 특성 3요소에 대하여 설명하시오.

2. 중성대의 개념 및 중성대와 연돌효과의 관계에 대하여 설명하고, 아래의 중성대 높이관계식을 유도하시오.

   〈조 건〉

   중성대 높이 관계식 : $\dfrac{h_2}{h_1} = (\dfrac{A_1}{A_2})^2 \times \dfrac{T_i}{T_o}$

   h_1 : 하부로부터 중성대 높이(m), $\quad h_2$: 중성대로부터 상부 높이(m)
   A_1 : 중성대 하부 개구부 면적(m²), $\quad A_2$: 중성대 상부 개구부 면적(m²)
   T_i : 내부 온도(℃), $\quad T_o$: 외부 온도(℃)

3. 풍력터빈의 화재위험성과 화재방호설비(화재감지, 화재진압)의 개선방향에 대하여 설명하시오.

4. 병원화재의 특성과 NFPA 및 IBC(International Building Code)에서 제시하는 병원화재 안전대책에 대하여 설명하시오.

5. 포소화설비에서 팽창비의 측정방법과 고정포방출구에 대하여 설명하시오.

6. 소방시설의 성능확인을 위한 계측기에 대하여 다음 사항을 설명하시오.
   (1) 참값, 측정값, 오차의 정의
   (2) 오차의 종류
   (3) 우연오차의 법칙

132회 1교시

1 발열량과 관련하여 Hess의 법칙에 대하여 설명하시오.

1. 정의
1) 모든 화학반응에서 엔탈피 변화량(열량)은 반응 경로에 상관없이 항상 일정하다.
2) 화학반응에서 엔탈피(ΔH)는 반응이 한 단계로 진행되거나, 여러 단계를 거쳐 진행되거나 상관없이 처음 상태와 최종상태가 같으면 ΔH는 동일하다. Hess의 법칙은 상태함수에 대한 일반적인 내용을 화학반응열에 대하여 정의한 것이다.
3) 상태함수란 반응 경로, 과정에 상관없이 반응 전과 후의 물질의 상태만 동일하다면 함숫값의 전체적인 변화량은 그 과정에 전혀 상관없이 (반응 후의 상태) - (반응 전의 상태)만으로 정의할 수 있는 함수를 말한다.

2. Hess의 법칙 예시
1) 전체 반응(A → C)의 ΔH는 각 단계 반응(A → B, B → C)의 ΔH를 모두 더한 값과 같다.
2) 즉, 아래 그림의 경우 $\Delta H = \Delta H_1 + \Delta H_2$이다.
3) 1몰의 탄소(C)와 산소(O_2)가 화학반응하여 1몰의 이산화탄소(CO_2)가 생성될 경우

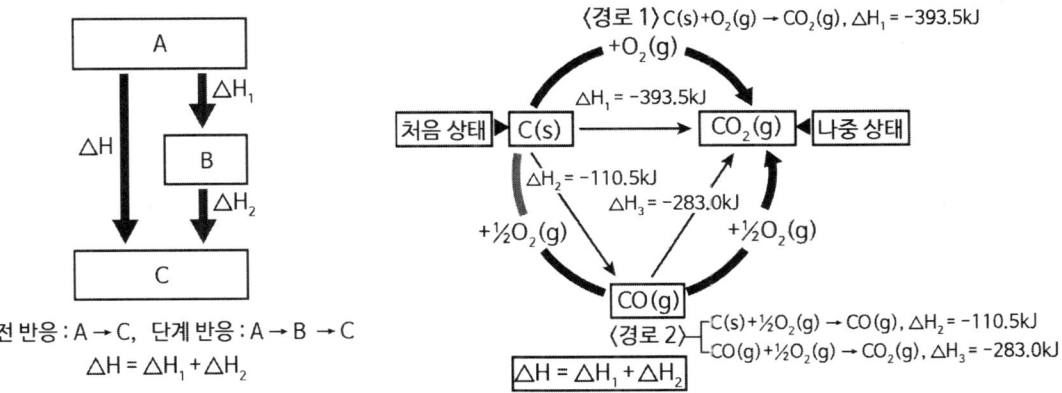

3. Hess의 법칙 응용
다른 간단한 화학반응의 조합을 통해 간접적으로 거의 모든 반응의 반응 엔탈피를 알 수 있음

2 공기흡입형 연기감지기의 감도 계산식에 대하여 설명하시오.

1. 개요
1) 전산실 또는 반도체 공장 등에 광전식공기흡입형 감지기를 주로 설치하며 이 경우 설치장소·감지면적 및 공기흡입관의 이격거리 등은 형식승인 내용에 따르며 형식승인 사항이 아닌 것은 제조사의 시방에 따라 설치해야 한다.
2) 화재가 가능한 초기에 감지될 수 있다면, 공기흡입형 감지시스템은 하나의 감지흡입구에서라도 연기농도가 감지되자마자 화재경보를 발해야 한다. 그러한 시스템을 가능하게 하려면 고감도의 감지기능을 갖추어야 한다.

2. 감도 계산식 : SASD = (SDP / NDP) × NDPS
1) SASD = 요구하는 공기흡입형 연기감지기 Sensor의 감도
2) SDP = 화재보호 개념으로 요구되는 것으로서 감지흡입 지점에서의 감도
3) NDP = 설치된 감지흡입 배관 중에서 선택된 감지흡입점의 개수
4) NDPS = 업계에서 널리 인정된 연기 확산·유동상태에서의 감지흡입점 개수

3. 계산예
1) 조건
   (1) 장소 : (공조)공기 재순환하는 곳
   (2) 흡입점에서의 화재감도 : 3 %/m
   (3) 10개의 흡입점을 갖고 있는 공기흡입 배관망이 800m²의 감시면적을 담당하고 있음
   (4) 3개의 흡입점에서 천장부 연기가 도달되었을 때 화재경보는 발령되어야 함

2) 계산

   SASD(공기흡입형 연기감지 시스템의 감도) = (3/10) × 3 = 0.9%/m

3 건축물의 용도에 따른 방화구획의 완화기준에 대하여 설명하시오.

1. 개요

1) 방화구획은 화재발생 시 일정 공간 내로 화재를 국한시켜 피해를 국부적으로 한정시키기 위한 것으로 내화구조로 된 바닥 및 벽이나 60+방화문, 60분방화문 또는 자동방화셔터로 구획해야 한다.
2) 이천 쿠팡 물류센터 화재('21.6월) 등 지속적으로 발생하는 물류창고 화재사고를 계기로 방화구획 기준의 강화 필요성이 제기되었다.

2. 방화구획의 설치기준 (건축물의 피난·방화구조 등의 기준에 관한 규칙 제14조)

구획 종류		구획 단위
면적별 구획	10층 이하	• 바닥면적 1,000㎡(3,000㎡) 이내
	11층 이상	• 바닥면적 200㎡(600㎡) 이내 • 불연재료로 한 경우 500㎡(1,500㎡) 이내
층별 구획		매 층마다 구획
필로티구조		필로티나 그 밖에 이와 비슷한 구조(벽면적의 2분의 1 이상이 그 층의 바닥면에서 위층 바닥 아래 면까지 공간으로 된 것만 해당)의 부분을 주차장으로 사용하는 경우 그 부분과 건축물의 다른 부분

※ (   )는 스프링클러나 기타 이와 유사한 자동식 소화설비를 설치한 경우

3. 방화구획 완화기준 (건축법 시행령 제46조)

건축물의 용도	완화부분
1) 문화 및 집회시설, 종교시설, 운동시설 또는 장례시설의 용도로 쓰는 거실	• 시선, 활동공간의 확보를 위해 불가피한 부분
2) 물품의 제조·가공 및 운반 등	• 필요한 고정식 대형기기설비의 설치를 위하여 불가피한 부분. 다만 지하층인 경우에는 지하층의 외벽 한쪽 면 전체가 건물 밖으로 개방되어 보행과 자동차의 진입·출입이 가능한 경우로 한정함
3) 계단실·복도, 승강기의 승강장 및 승강로	• 당해 건축물의 다른 부분과 방화구획으로 구획된 부분
4) 대규모 회의장·강당·스카이라운지·로비 또는 피난안전구역 등	• 최상층 또는 피난층으로 당해 용도로의 사용을 위하여 불가피한 부분
5) 복층형의 공동주택	• 세대별 층간 바닥부분
6) 주요구조부가 내화구조나 불연재료의 주차장	• 당해 용도
7) 단독주택, 동물·식물관련시설, 국방·군사시설	• 당해 용도

건축물의 용도	완화부분
8) 건축물의 1층과 2층의 일부를 동일한 용도로 사용	• 당해 건축물의 다른 부분과 방화구획으로 구획된 부분(바닥면적의 합계가 $500m^2$ 이하)

※ 대규모 창고시설 등 대통령령으로 정하는 용도 및 규모의 건축물
  (1) 방화구획 완화 적용 대상 중 2)를 적용하는 부분이 포함된 창고시설을 말함
  (2) 추가 설비 설치사항(건축물의 피난·방화구조 등의 기준에 관한 규칙 제14조)
    ① 개구부의 경우 : 화재안전기준을 충족하는 설비로서 수막을 형성하여 화재 확산을 방지하는 설비
    ② 개구부 외의 부분의 경우 : 화재안전기준을 충족하는 설비로서 화재를 조기에 진화할 수 있도록 설계된 스프링클러

4. 결론
1) 대규모 창고시설의 특성상 가연성 제품의 보관, 높은 화재하중 등으로 화재 확산이 빨라 대형화재발생의 위험성이 상존한다.
2) 창고시설 중 보관시설 등은 방화구획 완화 적용대상에서 제외하고, 완화적용이 불가피한 부분은 별도의 소방시설 설치를 의무화하여 화재에 대한 안전성 강화가 필요하다.

---

4 누셀트수(Nusselt Number)의 의미를 설명하고, 누셀트수를 스탠톤수(Stanton Number), 프랜틀수(Prandtl Number), 레이놀즈수(Reynolds Number)로 표현하시오.

1. 누셀트수 (Nu, Nusselt Number)

1) 정의
  (1) 유체에서 대류열전달과 전도열전달의 비
  (2) 고체 표면의 유체층에서 전도에 비해 대류에서 얼마나 열전달이 잘 발생했는지를 표현
  (3) 유동이 있는 경우에는 대류(뉴턴의 냉각법칙)에 지배를 받고, 유동이 없는 경우에는 전도(푸리에의 열전도법칙)에 의해 지배를 받음. 즉, 고체 표면에 붙어 있는 유체입자는 점성에 의해 유체는 유동이 없으므로 열전달은 오직 전도에 의해 이루어짐

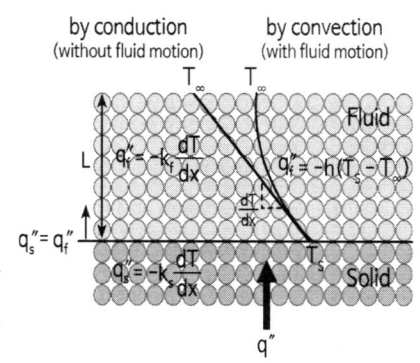

2) 표현식

$$Nu = \frac{\text{대류 열전달}}{\text{전도 열전달}} = \frac{hL}{k_f}$$

h : 대류열전달계수($W/m^2 \cdot K$), L : 특성길이(m)
k_f : 유체의 전도열전달계수($W/m \cdot K$)

3) 소방에서의 적용

(1) Nu가 크다는 것은 대류에 의한 열전달이 전도에 비해 크다는 것을 의미

(2) 유체의 열유동 특성을 결정한다.

구분	내용	특성
Nu > 1	대류 열전달이 전도열전달보다 큼	유동이 큰 경우
Nu < 1	대류 열전달이 전도열전달보다 작음	유동이 작은 경우
Nu = 1	대류 열전달과 전도열전달이 같음	전도와 대류의 영향이 같음

2. 누셀트수를 스탠톤수(Stanton Number), 프랜틀수(Prandtl Number), 레이놀즈수(Reynolds Number)로 표현

1) 누셀트수의 표현

$$Nu = St \times Pr \times Re = St \times Pe$$

Nu : 누셀트수, St : 스탄톤수, Pr : 프란틀수
Re : 레이놀즈수, Pe : 페크레수($Pr \times Re$)

2) 스탠톤수(St, Stanton Number)

(1) 정의
① 유체 속으로 전달된 열과 유체의 열용량의 비로 무차원의 열전달계수
② 강제 대류에서의 열전달을 표현하는 데 사용
③ 너셀수, 레이놀즈수, 프란틀수로 표현될 수 있음

(2) 표현식

$$St = \frac{\text{대류 열전달}}{\text{유체가 운반하는 열용량}} = \frac{h}{\rho v C_P}$$

h : 대류열전달계수($W/m^2 \cdot K$)
C_P : 정압비열, ρ : 유체밀도,
v : 유체의 속도

(3) 소방에서의 적용
① 유동경계층과 열경계층의 기하학적 유사성을 고려하여 표현
② 벽에서의 전단력과 벽에서의 열확산으로 인한 전체 열전달과의 관계를 표현하는 데 사용

3) 프란틀수(Pr, Prandtl Number)

(1) 정의

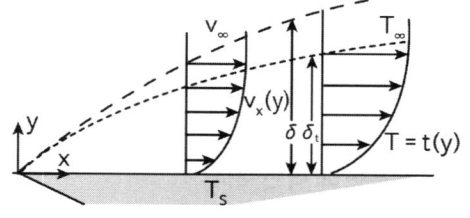

① 운동에 의한 분자 확산율과 열확산율의 비 또는 유동경계층의 두께와 열경계층의 두께의 비로, 열의 확산 발생 시 분자의 운동과 열전달의 관계를 표현

② 유동경계층이란 유체의 점성영역을 말하고, 열경계층이란 평판의 법선방향으로 온도변화가 뚜렷하게 나타나는 유동영역을 말함

③ 유체의 점도와 전도열전달을 이용하여 표현하며 프란틀수는 레이놀즈수에 따라 열경계층의 두께는 변화함

(2) 표현식

$$\Pr = \frac{\text{운동에 의한 분자 확산율}}{\text{열확산율}}$$

$$= \frac{\text{유동경계층의 두께}(\delta)}{\text{열경계층의 두께}(\delta_t)} = \frac{\nu}{\alpha} = \frac{\mu/\rho}{k/\rho C_P} = \frac{\mu C_P}{k}$$

ν : 동점성계수, α : 열확산율
μ : 점성계수, C_P : 정압비열
k : 전도열전달계수, ρ : 밀도

(3) 소방에서의 적용

구분	내용	특성
Pr > 1	열경계층이 유동경계층보다 얇음	운동에 의한 열전달이 큼
Pr < 1	열경계층이 유동경계층보다 두꺼움	열확산에 의한 열전달이 큼
Pr = 1	열경계층과 유동경계층이 같음	운동과 열확산에 의한 열전달이 같음

4) 레이놀즈수(Re, Reynolds Number)

(1) 정의

① 관성력과 점성력의 비
② 층류와 난류를 구분하는 척도
③ 뉴턴의 점성법칙 적용

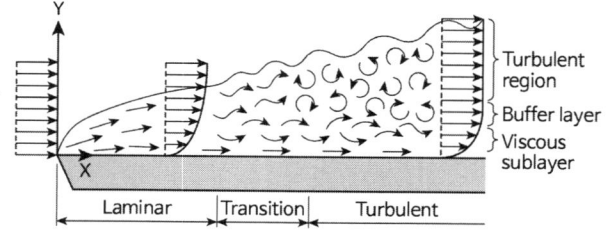

(2) 표현식

$$Re = \frac{\text{관성력}}{\text{점성력}} = \frac{\rho v d}{\mu} = \frac{vd}{\nu}$$

μ : 점성계수 $[kg/m \cdot s]$, ν : 동점성계수 $[m^2/s]$

① 유체는 흐름이 진행되는 방향으로 계속 진행하는 힘과 동시에 진행을 반대하는 힘을 받음

② 두 힘(추진력, 저항력)에 의해 유체의 흐름현상의 변화가 발생함

③ 추진력인 관성력과 저항력인 점성력의 비를 사용하여 유체의 흐름을 표현할 수 있음

④ 유체의 흐름상태는 관의 내경, 평균속도, 밀도, 점도로 표현할 수 있음

(3) 층류와 난류의 구분

구분	범위	내용
층류	Re < 2100	• 점성력이 커 층상을 이루며 규칙이 정연한 흐름 • 유체의 층과 층 사이에 혼합없이 일정하게 흐르는 특성
천이영역	2100 ≤ Re < 4000	• 층류에서 난류로의 전이과정
난류	4000 ≤ Re	• 관성력이 매우 큰 유체의 흐름으로 불규칙하게 흐름 • 유체의 층과 층 사이에 혼합이 발생하는 특성

5 다중이용업소의 비상구 추락 등의 방지를 위한 안전시설 설치기준에 대하여 설명하시오.

1. 개요

1) "다중이용업"이란 불특정 다수인이 이용하는 영업 중 화재 등 재난 발생 시 생명·신체·재산상의 피해가 발생할 우려가 높은 것으로 대통령령으로 정하는 영업을 말한다.

2) "안전시설 등"이란 소방시설, 비상구, 영업장 내부 피난통로, 그 밖의 안전시설로 대통령령으로 정하는 것을 말한다.

3) "비상구"란 주된 출입구와 주된 출입구 외에 화재발생 시 등 비상시 영업장의 내부로부터 지상, 옥상 또는 그 밖의 안전한 곳으로 피난할 수 있도록 직통계단, 피난계단, 옥외피난계단, 발코니에 연결된 출입구를 말한다.

2. 다중이용업소에 설치·유지해야 하는 안전시설 등

1) 소방시설

(1) 소화설비 : 소화기 또는 자동확산소화기, 간이스프링클러설비

(2) 경보설비 : 비상벨설비 또는 자동화재탐지설비, 가스누설경보기

(3) 피난설비 : 피난기구, 피난유도선, 유도등, 유도표지 또는 비상조명등, 휴대용 비상조명등

2) 비상구

3) 영업장 내부 피난통로

4) 그 밖의 안전시설 : 영상음향차단장치, 누전차단기, 창문

3. 비상구 추락 등의 방지를 위한 안전시설 설치기준

1) 대상

영업장의 위치가 2층 이상 4층 이하에 위치하는 영업장의 발코니 또는 부속실과 연결되는 비상구

2) 설치기준

(1) 발코니 및 부속실 입구의 문을 개방하면 경보음이 울리도록 경보음 발생 장치를 설치하고, 추락위험을 알리는 표지를 문에 부착할 것

(2) 부속실에서 건물 외부로 나가는 문 안쪽에는 기둥·바닥·벽 등의 견고한 부분에 탈착이 가능한 쇠사슬 또는 안전로프 등을 바닥에서부터 120cm 이상의 높이에 가로로 설치할 것

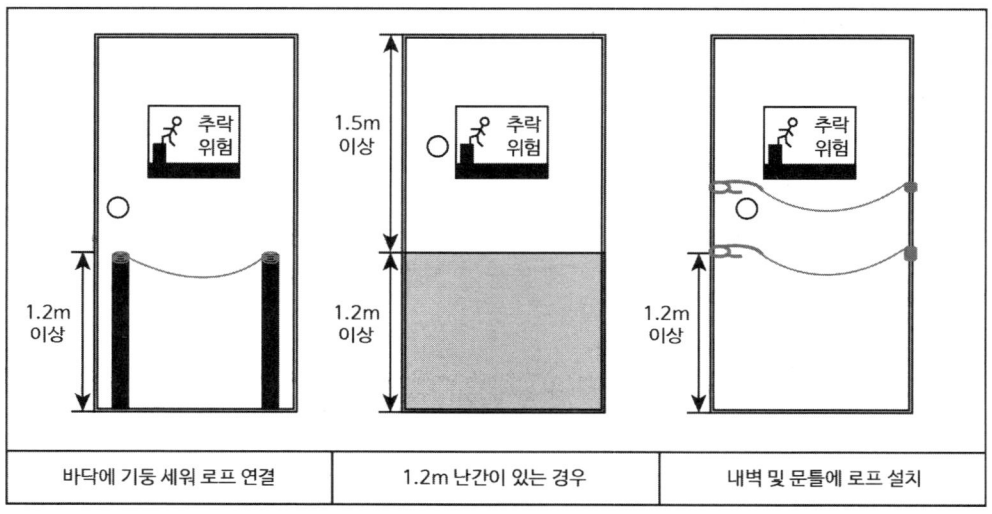

6 원자력발전소의 화재 심층방어(Defense-In-Depth)에 대하여 설명하시오.

1. 원자력안전의 확보전략

1) 심층방어
2) 다중방어
3) 안전계통(다중성, 다양성, 독립성) 등

2. 심층화재방어

1) 기본 개념

(1) 다중방호설계가 핵심이며, 방사성 물질의 외부 누출방지를 위해 다중의 방호벽 설치

(2) 원자력시설의 안전성을 확보하기 위한 기본 개념으로서, 원자력 시설의 사고나 재해로부터 대중 및 환경을 보호하기 위하여 여러 단계의 다중화된 방어수단을 구비하는 전략을 의미함

(3) 원자력발전의 안전개념은 이상상태의 발생을 방지하고, 이상이 발생해도 사고로 전개되거나 확대를 억제하고, 사고가 나더라도 주변으로 방사능 누출이 없도록 하는 것임

2) 구성요소

(1) 다중성 : Fail-Safe 개념 도입
(2) 다양성 : 다수의 안전장치
(3) 독립적 방호 : 독립계층방호(IPL) 구축
(4) 내화구조화 : 구획과 외벽의 콘크리트 구조 (구조적 안전성)

※ 스위스 치즈 모델은 위험진행방향과 각각의 치즈를 독립계층방호로 표시함

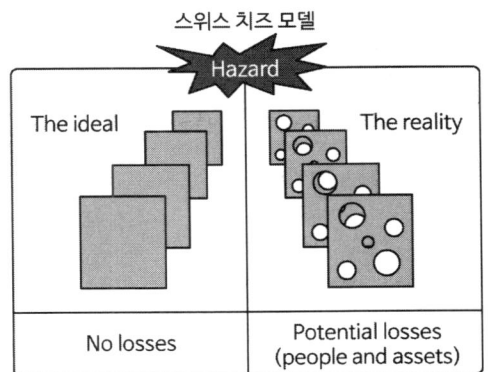

스위스 치즈 모델

3) 심층방어(Defence in Depth)

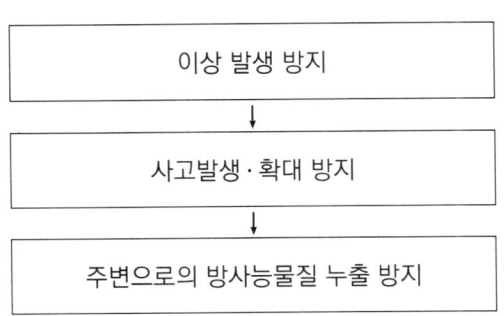

이상 발생 방지	• 여유 있는 안전설계(지진 대책 등) • 자동안전 보호장치, 인터록장치(오조작 방지)
사고발생·확대 방지	• 이상을 초기에 발견하는 장치 • 자동적으로 원자로를 정지시키는 장치
주변으로의 방사능물질 누출 방지	• 비상용 노심 냉각장치 • 격납 용기

4) 원자력 발전소의 화재 심층 방어(Defense In Depth)

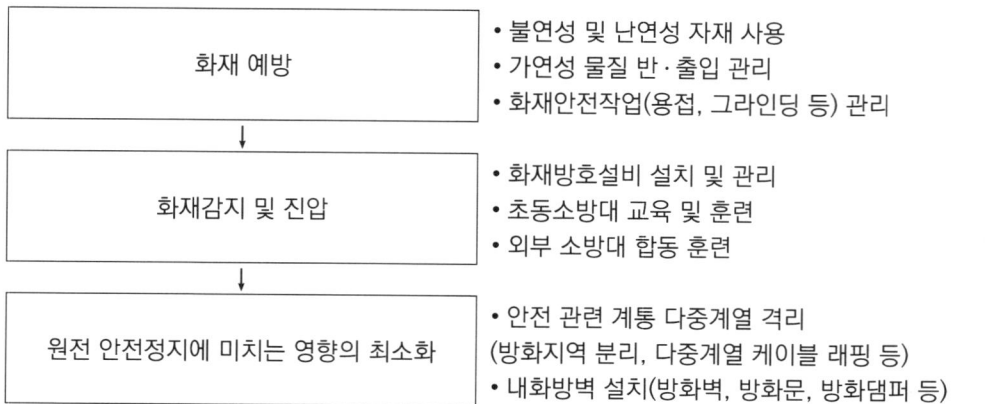

- 화재 예방
  - 불연성 및 난연성 자재 사용
  - 가연성 물질 반·출입 관리
  - 화재안전작업(용접, 그라인딩 등) 관리

- 화재감지 및 진압
  - 화재방호설비 설치 및 관리
  - 초동소방대 교육 및 훈련
  - 외부 소방대 합동 훈련

- 원전 안전정지에 미치는 영향의 최소화
  - 안전 관련 계통 다중계열 격리 (방화지역 분리, 다중계열 케이블 래핑 등)
  - 내화방벽 설치(방화벽, 방화문, 방화댐퍼 등)

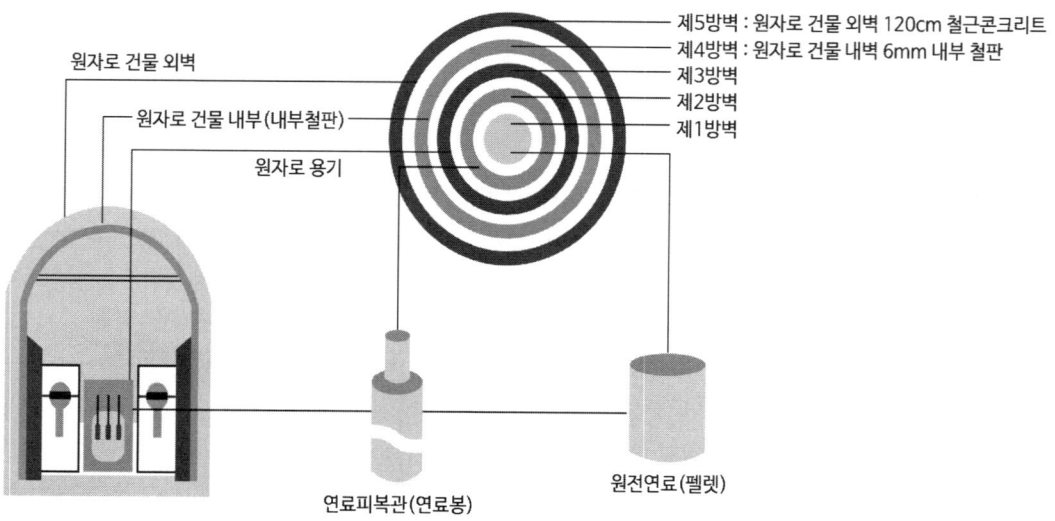

7 화재·피난시뮬레이션의 커플링(Coupling) 실시가 필요한 이유에 대하여 설명하시오.

1. 개요
1) 성능위주설계 시 시뮬레이션을 통한 인명안전성평가를 의무적으로 수행해야 하며, 일반적으로 시뮬레이션을 통한 인명안전성평가 방식에는 논커플링방식(Non-coupling), 세미커플링방식(Semi-coupling), 커플링수행방식(Coupling)이 있다.
2) 국내는 대부분 논커플링방식을 사용해왔다. 논커플링방식은 특정지점에서 ASET과 RSET을 비교하는 방법인 만큼 특정지점의 위치를 설정하는 것이 중요하지만 특정지점위치설정에 대한 별다른 규정이 없어 설계자의 경험과 지식을 바탕으로 정해지고 있다.
3) 즉, 설계자에 따라 특정지점의 수, 위치가 달라져 인명안전성평가의 결과가 달라질 수 있다는 것이다.

2. 시뮬레이션의 종류
1) 화재시뮬레이션(ASET도출) : FDS, Pyrosim, Smartfire
2) 피난시뮬레이션(RSET도출) : Simulex, Pathfinder, Building EXODUS

3. 시뮬레이션을 통한 인명안전성평가 방식

1) 논커플링방식(Non-coupling)
화재·피난시뮬레이션을 각각 독립수행하여 특정지점에서의 ASET과 RSET을 비교하는 방식

2) 세미커플링방식(Semi-coupling)
(1) 화재·피난시뮬레이션의 결괏값의 화면을 겹쳐보는 방식
(2) 화재시뮬레이션의 결과를 피난시뮬레이션에 불러와 전체 지오메트리에서 시간의 흐름에 따라 인명안전기준 및 재실자의 위치를 한눈에 파악이 가능함

3) 커플링수행방식(Coupling)
(1) 화재시뮬레이션의 결과인 화재의 영향을 피난시뮬레이션에서 연동하여 수행하는 방식
(2) 화재시뮬레이션의 결괏값이 피난시뮬레이션 구동 시 재실자 피난에 영향을 줌

4. 방식별 차이점 : 화재·피난시뮬레이션의 커플링(Coupling) 실시가 필요한 이유

구분	방 법	특 징
논커플링 방식	• 설계자가 특정 지점을 지정한 후, 화재 및 피난시뮬레이션을 독립적으로 수행 • 화재 시뮬레이션의 결괏값이라 할 수 있는 ASET과 피난 시뮬레이션의 결괏값이라 할 수 있는 RSET을 각각 도출 • ASET과 RSET을 설계자가 직접 비교, 판단하여 인명안전성평가를 수행	• 설계자가 지식과 경험을 기반으로 설정한 특정 지점에서만 ASET과 REST을 비교 • 재실자의 전체 피난동선상에서 발생하는 이벤트들의 반영이 불가능(예 : 재실자가 화원 위를 그대로 통과함) • 특정지점에서 ASET과 RSET을 설계자가 단순히 수치적으로 비교
세미 커플링 방식	• 화재발생 이후 동일한 경과시간상에서 같은 지오메트리 위에 화재시뮬레이션과 피난시뮬레이션의 결과를 동시에 확인하며 인명안전성평가를 진행 • 중첩된 시뮬레이션 결과 레이어를 결국 설계자가 시각적으로 검토하여 에이전트의 생사 여부를 판단, 결정	• 논커플링방식에 비해 특정지점 설정에 대한 타당성을 검증하고 시각적으로 확인가능 • 지오 메트리상의 에이전트가 화원을 그대로 통과하거나 국내 인 명안전기준상 사망할 수 있는 60 ℃ 이상의 복사열 측정영역 또는 5 m 미만의 가시거리 미확보 영역을 자유보행으로 무 사통과할 수 있다는 것은 여전히 한계
커플링 방식	• 화재시뮬레이션과 피난시뮬레이션을 물리적, 화학적으로 결합하여 인명안전성평가를 수행	• 연기의 농도, 연소생성물, 복사열 등 화재로 인한 위험이 재실자 피난에 영향을 미침 • 복사열이나 유독가스, 연기의 농도 등 위험 환경에 따라 재실자의 보행속력이나 이동방식 등이 변하여 보행속도가 변함 • 기타 분석방식에 비해 현실성이 높은 방식

5. 커플링 수행방식(Coupling)의 대표적 시뮬레이션

1) FDS + EVAC
2) Smartfire + Building EXODUS
3) CFAST + Building EXODUS

6. 결론

1) 논커플링 방식에서 사용하는 특정포인트 설정위치의 적절성 및 화원 이나 해저드 구간을 통과하는 에이전트의 발생 여부에 대한 검증 또한 적어도 세미커플링방식을 통해 이루어져야 한다.

2) 커플링 시뮬레이션의 재실자 사망 여부는 가시거리 등의 계산을 통한 ASET과 RSET에 의해 판단하지 않고 동일 타임라인을 사용하며 모든 지오메트리에서 독성 가스나 노출된 복사열의 양 등에 의하여 보행속력의 변화로 에이전트의 사망 또는 부상 여부를 판단한다.

3) 설계자가 각 화원의 물질정보를 구체적으로 입력하지 않으면 어떤 독성 가스가 발생하는지 등을 구체적으로 계산할 수 없기 때문에 화재조사나 연소실험 등을 통해 주요 화원물질에 대한 화학적 구성이나 물성 데이터 등에 관한 정보를 지속적으로 구축하여 설계자들에게 제공하는 것이 중요하다.

8 전기저장시설의 화재안전성능기준(NFPC 607)에서 규정하고 있는 스프링클러설비 설치기준에 대하여 설명하시오.

1. 전기저장장치의 정의
"전기저장장치"란 생산된 전기를 전력 계통에 저장했다가 전기가 가장 필요한 시기에 공급해 에너지 효율을 높이는 것으로 배터리, 배터리 관리 시스템, 전력 변환 장치 및 에너지 관리 시스템 등으로 구성되어 발전·송배전·일반 건축물에서 목적에 따라 단계별 저장이 가능한 장치를 말한다.

2. 전기저장장치의 구성

1) 전력저장원
LiB(리튬이온전지), NaS(나트륨황전지), RFB(레독스흐름전지), Super Capacitor(슈퍼커패시터), Flywheel(플라이휠), CAES(압축공기저장)

2) 전력변환장치(PCS, Power Conditioning System)
배터리(DC)와 계통(AC) 연계를 위한 전력변환시스템

3) 전력관리시스템 등 제반 운영시스템
(1) 배터리관리 시스템
 (BMS, Battery Management System)
(2) 전력관리 시스템
 (EMS, Energy Management System)

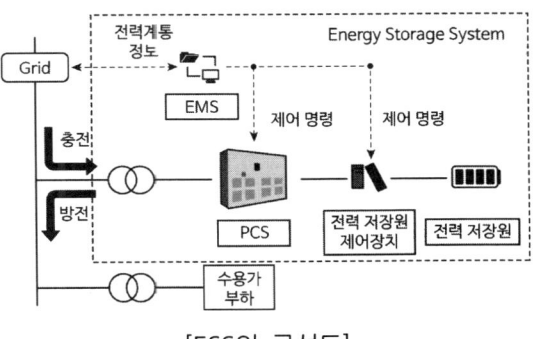

[ESS의 구성도]

3. 전기저장시설의 스프링클러설비 설치기준
1) 습식 스프링클러설비 또는 준비작동식 스프링클러설비(신속한 작동을 위해 '더블인터락' 방식은 제외)로 설치
2) 전기저장장치가 설치된 실의 바닥면적(바닥면적이 230m² 이상인 경우에는 230m²) 1m²에 분당 12.2L/min 이상의 수량을 균일하게 30분 이상 방수
3) 방수로 인해 인접 헤드에 미치는 영향을 최소화하기 위하여 스프링클러헤드 사이의 간격을 1.8m 이상 유지. 이 경우 헤드 사이의 최대 간격은 스프링클러설비의 소화성능에 영향을 미치지 않는 간격 이내로 함

4) 준비작동식 스프링클러설비를 설치할 경우 아래의 감지기 설치
  (1) 공기흡입형 감지기
  (2) 아날로그식 연기감지기
  (3) 중앙소방기술심의위원회의 심의를 통해 적응성이 있다고 인정된 감지기
5) 스프링클러설비를 30분 이상 작동할 수 있는 비상전원을 갖출 것
6) 준비작동식 스프링클러설비의 경우 전기저장장치의 출입구 부근에 수동식기동장치 설치
7) 소방자동차로부터 전기저장장치 설비에 송수할 수 있는 송수구를 「스프링클러설비의 화재안전성능기준(NFPC 103)」에 따라 설치

9 소방시설 설치 및 관리에 관한 법률, 소방시설공사업법, 위험물안전관리법에 따른 소방산업 업종에 대하여 설명하시오.

1. 소방산업 (소방산업의 진흥에 관한 법률 제2조)

소방산업이란 소방시설 등을 제조·판매하는 업(業)
1) 「소방시설 설치 및 관리에 관한 법률」에 따른 소방시설관리업
2) 「소방시설공사업법」에 따른 소방시설업
3) 「위험물안전관리법」에 따른 위험물을 운반하는 용기를 제작·판매하는 업
4) 「위험물안전관리법」에 따른 제조소등을 설계·시공하는 업
5) 「위험물안전관리법」에 따른 위험물탱크를 제작·판매하는 업

2. 소방시설 설치 및 관리에 관한 법률

1) 소방시설관리업

(1) 소방시설등의 자체 점검 및 소방안전관리의 대행 업무
(2) 특정소방대상물의 관계인은 그 대상물에 설치되어 있는 소방시설등이 적합하게 설치·관리되고 있는지에 대하여 정기적으로 점검하고 결과를 행정안전부령으로 정하는 바에 따라 관계인에게 제출해야 함

2) 소방시설 제조·판매업

"소방시설"이란 소화설비, 경보설비, 피난구조설비, 소화용수설비, 그 밖에 소화활동설비로서 대통령령으로 정하는 것을 말함

3. 소방시설공사업법

1) 소방시설설계업
소방시설공사에 기본이 되는 공사계획, 설계도면, 설계 설명서, 기술계산서 및 이와 관련된 서류(설계도서)를 작성하는 영업

2) 소방시설공사업
설계도서에 따라 소방시설을 신설, 증설, 개설, 이전 및 정비(이하 "시공"이라 한다)하는 영업

3) 소방공사감리업
소방시설공사에 관한 발주자의 권한을 대행하여 소방시설공사가 설계도서와 관계 법령에 따라 적법하게 시공되는지를 확인하고, 품질·시공 관리에 대한 기술지도를 하는 영업

4) 방염처리업 : 방염대상물품에 대하여 방염처리하는 영업

4. 위험물안전관리법
1) 위험물을 운반하는 용기를 제작·판매하는 업
2) 제조소 등을 설계·시공하는 업
3) 위험물탱크를 제작·판매하는 업

---

10 위험물안전관리에 관한 세부기준에서 규정하고 있는 위험물탱크의 충수·수압 시험방법과 판정기준에 대하여 설명하시오.

1. 탱크 안전성능 검사 (위험물안전관리법 제8조)

1) 위험물을 저장 또는 취급하는 탱크로서 위험물탱크가 있는 제조소등의 설치 또는 그 위치·구조 또는 설비의 변경공사를 하는 때에는 완공검사를 받기 전에 기술기준에 적합한지의 여부를 확인하기 위하여 시·도지사가 실시하는 탱크안전성능검사를 받아야 한다.

2) 이 경우 시·도지사는 허가를 받은 자가 탱크안전성능시험자 또는 한국소방산업기술원으로부터 탱크안전성능시험을 받은 경우에는 당해 탱크안전성능검사의 전부 또는 일부를 면제할 수 있다.

2. 탱크 안전성능 검사의 대상 및 내용 (위험물안전관리법 시행령 제8조, 별표 4)

구분	검사내용
기초· 지반검사	• 대상 : 옥외탱크저장소의 액체위험물탱크 중 그 용량이 100만 리터 이상인 탱크 • 내용 : 탱크의 기초 및 지반에 관한 공사에 상당한 것으로서 당해 탱크의 기초 및 지반에 상당하는 부분이 기준에 적합한지 여부를 확인함
충수· 수압검사	• 대상 : 액체위험물을 저장 또는 취급하는 탱크 • 내용 : 탱크에 배관 그 밖의 부속설비를 부착하기 전에 탱크 본체의 누설 및 변형에 대한 안전성이 기준에 적합한지 여부를 확인함
용접부 검사	• 대상 : 옥외탱크저장소의 액체위험물탱크 중 그 용량이 100만 리터 이상인 탱크 • 내용 : 탱크의 배관 그 밖의 부속설비를 부착하기 전에 행하는 탱크의 본체에 관한 공사에 있어서 탱크의 용접부가 기준에 적합한지 여부를 확인함
암반탱크 검사	• 대상 : 액체위험물을 저장 또는 취급하는 암반 내의 공간을 이용한 탱크 • 내용 : 탱크의 본체에 관한 공사에 있어서 탱크의 구조가 기준에 적합한지 여부를 확인함

3. 충수·수압시험의 방법 및 판정기준 (위험물안전관리에 관한 세부기준 제31조)

1) 충수·수압시험의 방법

(1) 탱크가 완성된 상태에서 배관 등의 접속이나 내·외부에 대한 도장작업 등을 하기 전에 위험물탱크의 최대사용높이 이상으로 물을 가득 채워 실시

(2) 보온재가 부착된 탱크의 변경허가에 따른 충수·수압시험의 경우에는 보온재를 당해 탱크 옆판의 최하단으로부터 20cm 이상 제거하고 시험을 실시

2) 충수시험의 판정기준

(1) 탱크에 물이 채워진 상태에서 1,000㎘ 미만의 탱크는 12시간, 1,000㎘ 이상의 탱크는 24시간 이상 경과한 후 (2)사항 확인

(2) 지반침하가 없고 탱크본체 접속부 및 용접부 등에서 누설 변형 또는 손상 등의 이상이 없을 것

3) 수압시험의 판정기준

(1) 탱크의 모든 개구부를 완전히 폐쇄한 이후에 물을 가득 채우고 최대사용압력의 1.5배 이상의 압력을 가하여 10분 이상 경과한 후 (2)사항 확인

(2) 탱크본체·접속부 및 용접부 등에서 누설 또는 영구변형 등의 이상이 없을 것

4) 탱크용량이 1,000㎘ 이상인 원통세로형 탱크의 판정기준

(1) 1) 내지 4)의 시험

(2) 수평도와 수직도를 측정하여 기준에 적합할 것

① 옆판 최하단의 바깥쪽을 등간격으로 나눈 8개소에 스케일을 세우고 레벨측정기 등으로 수평도를 측정하였을 때 수평도는 300mm 이내이면서 직경의 1/100 이내

② 옆판 바깥쪽을 등간격으로 나눈 8개소의 수직도를 데오드라이트 등으로 측정하였을 때 수직도는 탱크 높이의 1/200 이내

5) 탱크용량이 1,000㎘ 이상인 원통세로형 외의 탱크의 판정기준

(1) 1) 내지 4)의 시험

(2) 침하량을 측정하기 위하여 모든 기둥의 침하측정의 기준점을 측정(기둥이 2개인 경우에는 각 기둥마다 2점을 측정)하여 그 차이를 각각의 기둥 사이의 거리로 나눈 수치가 1/200 이내. 다만 변경허가에 따른 시험의 경우에는 127mm 이내이면서 1/100 이내일 것

---

11 가스누설경보기의 즉시경보형, 경보지연형, 반한시경보형 경보방식에 대하여 설명하시오.

1. 가스누설경보기의 정의

1) 가연성 가스 또는 불완전연소가스가 새는 것을 탐지하여 관계자나 이용자에게 알리는 장치를 가스누설경보기라 한다.

2) 유해한 가스가 누출되거나 누출된 가스가 일정한 농도한계 이상이 되면 자동적으로 경보를 울려 작업하는 사람의 건강이나 화재, 폭발로부터 안전성을 확보하고 사전조치를 할 수 있도록 경보를 발하는 장치이다.

2. 설치대상 (소방시설법 시행령 별표 4)

1) 문화 및 집회시설, 종교시설, 판매시설, 운수시설, 의료시설, 노유자 시설

2) 수련시설, 운동시설, 숙박시설, 창고시설 중 물류터미널, 장례시설

3. 분류

1) 구조(용도)에 따른 분류

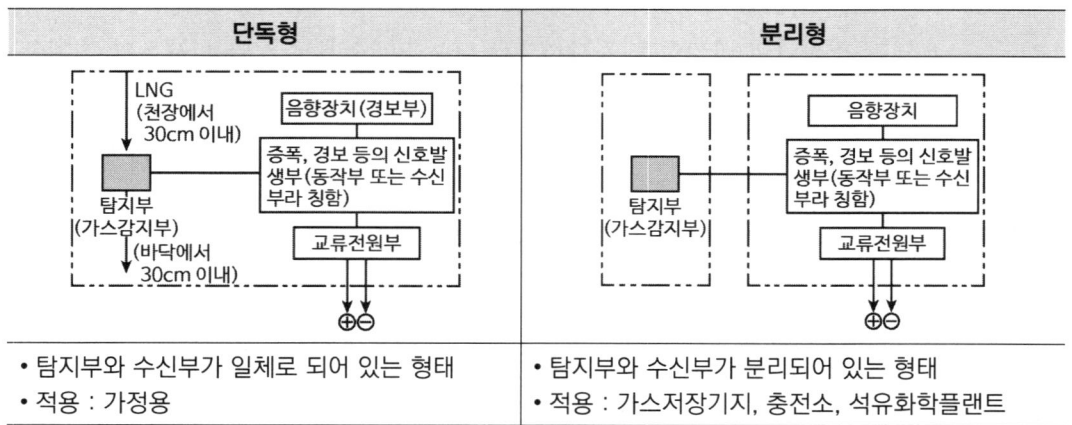

단독형	분리형
• 탐지부와 수신부가 일체로 되어 있는 형태 • 적용 : 가정용	• 탐지부와 수신부가 분리되어 있는 형태 • 적용 : 가스저장기지, 충전소, 석유화학플랜트

2) 원리에 따른 분류 : 반도체식, 접촉연소식, 적외선식, 전기화학식

3) 경보방식에 따른 분류

즉시 경보형	경보 지연형	반한시 경보형
• 가스농도가 설정값에 이르면 즉시 경보	• 가스농도가 설정값에 달한 후 그 농도 이상으로 계속해서 20~60초 정도 지속되는 경우에 경보	• 가스농도가 높을수록 경보지연 시간을 짧게 한 것

12 수계소화설비의 배관 저항곡선에 대하여 설명하시오.

1. 배관 저항곡선의 구성

1) 배관저항곡선은 시스템 커브라고도 하며 유량의 변화에 따른 전양정이 변화를 표시한 곡선을 말한다.
2) 시스템의 저항곡선은 "실양정 + 압력양정 + 속도 및 부속기구류에 의한 손실양정"으로 구성된다.
3) 유체가 정지할 때나 흐를 때 실양정과 압력양정은 동일하나, 정지 유체가 흐를 경우 추가로 손실양정이 발생한다.

2. 배관 저항곡선의 작성방법

1) 흡입수면과 토출수면의 높이차 70ft, 탱크게이지 압력수두 60ft, 유량 1,500gpm에서의 배관손실수두 18.9ft에서의 시스템의 저항 양정은 70 + 60 + 18.9 = 148.9ft이다.
2) 148.9ft는 H - Q 곡선에서 유량 1,500gpm과 만나는데, 교점이 펌프의 운전점이다.
3) 실양정 70ft와 압력양정 60ft는 유량에 관계없이 펌프 시스템에서는 일정하나, 손실양정은 관 내벽과 유체의 점성효과에 의해 발생하는 손실로 유량과 유속 간에는 정비례 관계에 의해 유량의 제곱에 비례한다. 즉, 속도의 제곱에 비례하므로 상사의 법칙에서 500gpm에서의 손실수두는 (500/1,500)2 × 18.9ft = 2.1ft가 되고, 1,000gpm인 경우에는 8.4ft가 되며, 이 점을 연결하면 그 때의 시스템의 곡선을 그릴 수 있다.
4) 그림과 같이 유량이 변하더라도 실양정과 압력양정은 일정하며, 단지 손실양정만 상사법칙에 의해 변한다. 즉, 배관의 저항곡선이란 유량별로 하젠윌리엄스식을 이용하여 마찰손실을 구하여 그래프화한 것으로 소화전 개방수량이나 헤드의 수량, 위치에 따라 배관의 저항곡선은 달라진다.
5) 양정과 유량의 상사법칙

$$\frac{H_2}{H_1} = (\frac{Q_2}{Q_1})^2 = (\frac{N_2}{N_1})^2$$

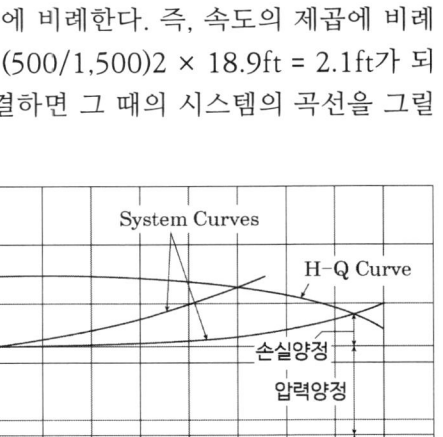

3. 펌프의 운전점

원심펌프는 펌프 고유특성인 양정과 유량(H - Q) 곡선과 시스템 고유특성인 저항곡선이 만나는 점에서 운전된다.

4. 경년 변화에 따른 펌프의 특성 변화

1) 최초의 특성곡선(구H - Q)은 실양정에 대한 배관의 저항곡선 R과 성능곡선과의 교점인 A점에서 운전
2) 장시간 사용 시 경년변화에 의해 배관의 노후와 Scale 발생
3) 관로의 저항곡선은 R′로 증가되어 운전점은 B로 이동하므로 토출량 감소
4) 설계 시 배관의 경년변화를 고려하여 펌프 토출량에 여유를 주어 설계(여유특성곡선 반영, 신H - Q)

---

13 건식 스프링클러설비에서 트립시간(Trip Time)과 이송시간(Transit Time)에 영향을 주는 요인에 대하여 설명하시오.

1. 개념

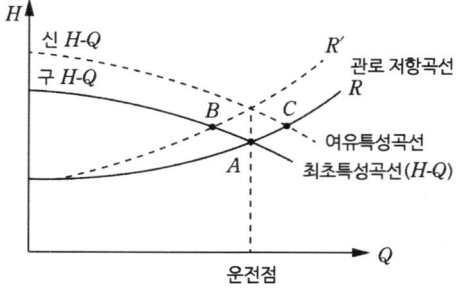

1) 건식 스프링클러설비는 동파할 우려가 있는 곳에 설치할 수 있는 장점이 있으나 2차 측 배관의 압축 공기로 인해 화재 시 헤드로 소화수 방출이 지연되는 단점이 있다.
2) 지연시간 동안 연소 확대를 초래할 수 있어 습식 스프링클러설비에 비해 보다 많은 스프링클러헤드가 개방될 수 있음을 의미하며, 설계 시 항상 이점이 고려되어야 한다.
3) 방수지연시간이란 화재 시 헤드가 감열된 시점에서 헤드로부터 물이 방수될 때까지의 시간을 말한다.
4) 방수지연시간 = 트립시간(Trip Time) + 소화수 이송시간(Transit Time)

2. 트립시간(Trip Time)과 이송시간(Transit Time)의 영향요인

구분	트립시간(Trip Time)	이송시간(Transit Time)
정의	• 헤드가 감열된 시점으로부터 건식밸브의 클래퍼가 개방될 때까지의 시간	• 클래퍼가 개방 후 소화수가 헤드로 방수시작까지의 시간
관련 식	[SFPE Handbook] • 트립시간 $(t) = 0.0352 \times \dfrac{V}{A\sqrt{T}} \times \ln\left(\dfrac{P_2}{P_1}\right)(s)$ A : 개방된 헤드의 살수면적 (ft^2), V : 2차 측 배관의 내용적 (ft^3) T : 공기온도 $(°R)$, P_1 : 트립압력(절대압), P_2 : 초기공기압력(절대압)	
영향요인	• 트립압력 (P_1) • 초기공기압력 (P_2) • 2차 측 배관의 내용적 (V) • 개방된 헤드의 살수면적 (A) • 공기온도 (T)	
대책	• 액셀레이터(Accelerator) 설치 • 트립압력을 높임 (P_1) • 초기공기압력을 낮춤 (P_2) : 저압식 건식밸브 사용 • 2차 측 배관의 내용적을 제한함 (V) • 헤드의 오리피스의 면적을 크게 함 (A)	• 이그조스터(Exhauster) 설치 • 트립압력을 높임 (P_1) • 초기공기압력을 낮춤 (P_2) : 저압식 건식밸브 사용 • 2차 측 배관의 내용적을 제한함 (V) • 헤드의 오리피스 면적을 크게 함 (A)

132회 2교시

1 무선통신보조설비에 대하여 다음 사항을 설명하시오.
(1) 송신기와 수신기의 구조도
(2) 누설동축케이블과 내열누설동축케이블의 구조도
(3) 전송손실과 결합손실

1. 정의

신호레벨은 케이블을 따라 전파되어 가면서 점점 감쇄되어 약해지므로 이를 평준화하기 위해 신호레벨이 높은 곳에는 결합손실이 큰 케이블을 사용하고, 신호레벨이 낮은 곳에는 결합손실이 작은 케이블을 사용하여 평준화시켜 주는 것을 그레이딩(Grading)이라고 한다.

2. 송신기와 수신기의 구조도

1) 송신기의 구조

(1) 원리

무선 송신기는 정보원의 정보를 전기신호(저주파 신호)로 변환한 후 이를 원거리까지 전송할 수 있는 높은 진동수의 전기신호(고주파 신호, 반송파)와 혼합한 후 원하는 크기의 신호로 증폭한 후 전송

(2) 구성

① 발진부 : 고주파의 전기신호인 반송파를 발생
② 변조부 : 반송파와 정보신호를 혼합하며 진폭 변조, 주파수 변조, 위상 변조가 있음
③ 증폭부 : 발생된 반송파는 매우 미약한 신호이므로 적당한 크기로 증폭

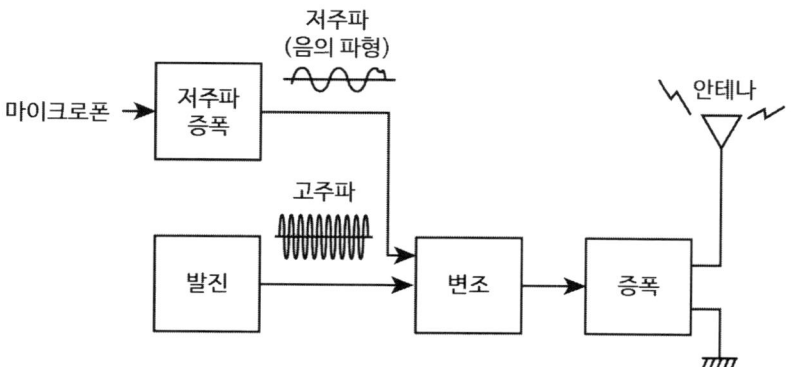

2) 수신기의 구조

(1) 원리

무선 수신기는 공간을 통하여 원거리를 전파해온 미약한 전파 신호를 수신 공중선을 이용하여 수신한 후 증폭, 복조하여 수신자가 이해할 수 있는 형태로 정보를 복원하기 위한 장치

(2) 구성

① 고주파 증폭기
- 입력회로와 고주파 증폭기로 구성
- 입력 회로는 수신된 전파 중 불필요한 잡음과 임피던스 정합의 기능을 함
- 고주파 증폭기는 미약한 전파를 증폭하는 기능을 함

② 복조기
- 주파수에 혼합되어 있는 정보 신호를 복원하는 회로

③ 가칭 주파 증폭기
- 복원된 신호를 수신자가 이해할 수 있는 크기의 신호로 왜곡 없이 증폭

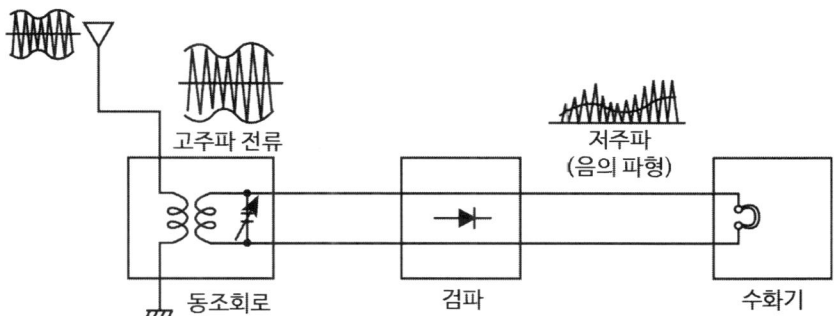

3. 누설동축케이블과 내열 누설동축케이블의 구조도

구분	누설동축케이블(LCX Cable)	내열 누설동축케이블
원어	Leakage Coaxial Cable	Flame Retardant Leakage Coaxial Cable
역할	케이블 외부도체에 신호 누설용 슬롯(Slot)을 형성하여 케이블 자체가 안테나 역할을 수행함	
외관	내부도체, 절연체, 외부도체, 외피(PE, LPDE), 슬롯(Slot)	내부도체, 절연체, 외부도체, 외피, 지지선, 내열층, 슬롯
특징	• 구조 : 내부도체, 절연체, 외부도체, 슬롯, 외장 • SS(Self Support) Type 지원 : 포설 용이, 포설비 절감	• 누설 동축 케이블 절연체의 외부에 내열층을 두고 최외층에 난연성의 2차 외장(Sheath)을 감은 것 • 외장 : 불연성, 난연성 PVC • 구조(LCX-FR-SS 20D)

구성		LCX-FR-SS 20D	LCX-FR-SS 42D
지지선(본/mm)		7/1.6	7/2.6
중심도체 (외경/mm)		동선(8)	Al pipe(17)
절연체	구조	PE Cordel + PE Tube	
	외경	20mm	42mm
내열층		절연체 상에 내열 tape 횡권	
외부 도체	구조	주름진 Al tape(slot부)	
	외경	23mm	45mm
외피		PE Sheath(흑색)	

※ 내열누설동축케이블 기호의 의미

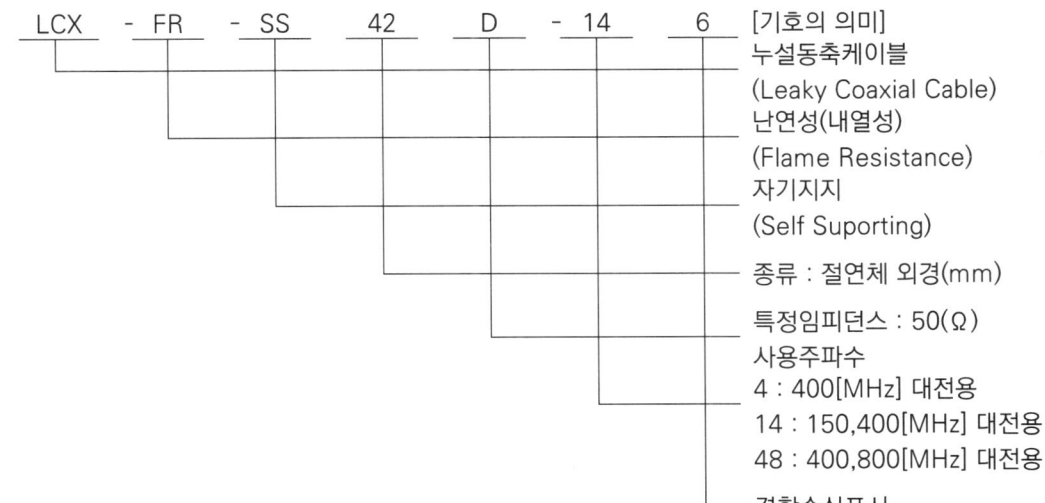

4. 전송손실과 결합손실

1) 결합손실

(1) 전기회로에 어떤 기기 또는 물질을 추가 삽입 시 이것으로 인해 발생되는 손실

(2) 무선통신은 유선통신에 비해 송신 안테나, 수신안테나 등이 더 필요하므로 이 부분에서도 결합손실이 발생하며, 이때의 결합손실은 안테나의 특성, 기온, 기후 등 공간의 환경에 따라 달라짐

2) 전송손실

(1) 도체에 전류가 흐르면 도체의 임피던스에 의해 도체 내에서 전력손실이 생기는데, 통신에서는 신호전송회로에서 생기는 전력손실

(2) 도체손실, 절연체 손실, 복사손실로 구성

3) 결합손실과 전송손실과의 관계

(1) 결합손실이 작을수록 전송손실이 커짐

(2) 전송손실은 회로에서 취급하는 주파수가 높을수록 커짐

4) 그레이딩 방법

(1) 결합손실이 큰 것부터 결합

(2) 전송손실이 작은 것부터 결합

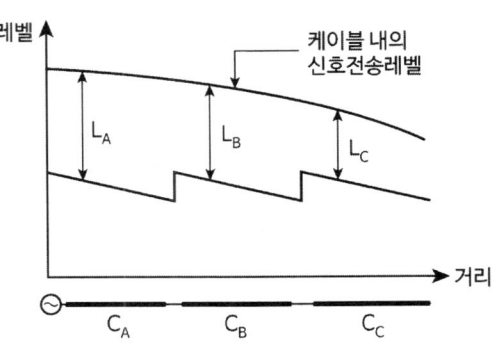

결합손실 : $C_A > C_B > C_C$
전송손실 : $C_A < C_B < C_C$

2 완강기에 대하여 다음 사항을 설명하시오.
(1) 구조와 원리   (2) 설치기준   (3) 성능기준   (4) 사용방법

1. 구조와 원리

1) 구조

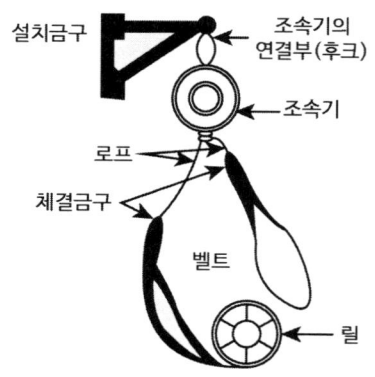

(1) 지지대
- 화재 시 피난용으로 사용되는 완강기와 간이완강기를 소방대상물에 고정 설치해 줄 수 있는 기구

(2) 속도조절기
- 완강기의 강하속도를 일정 범위로 조절하는 장치

(3) 속도조절기의 연결부
- 지지대와 속도조절기를 연결하는 부분

(4) 벨트, 로프

(5) 연결금속구
- 로프와 벨트의 연결부위에 사용하는 금속구 및 완강기 또는 간이완강기를 지지대에 연결할 때 사용하는 금속구

2) 원리

(1) 완강기의 속도 조절기(조속기)는 사용 중 '도르래의 원리'를 이용해서 사용자의 무게로 일정한 속도로 하강

(2) 벨트를 맨 피난자(의 무게)의 의한 낙하 속도로 인해 연결된 로프가 조속기 안의 기어를 회전시키면 발생되는 원심력을 이용하여 조속기 내부에서 브레이크 제어를 통하여 일정한 강하 속도를 유지

2. 설치기준 (화재안전기준)

1) 피난기구는 계단·피난구 기타 피난시설로부터 적당한 거리에 있는 안전한 구조로 된 피난 또는 소화 활동상 유효한 개구부(가로 0.5m 이상 세로 1m 이상인 것. 개구부 하단이 바닥에서 1.2m 이상이면 발판 등을 설치하고, 밀폐된 창문은 쉽게 파괴할 수 있는 파괴장치를 비치)에 고정하여 설치하거나 필요한 때에 신속하고 유효하게 설치할 수 있는 상태에 둘 것

2) 피난기구를 설치하는 개구부는 서로 동일직선상이 아닌 위치에 있을 것

3) 피난기구는 특정소방대상물의 기둥·바닥·보 기타 구조상 견고한 부분에 볼트조임·매입·용접 기타의 방법으로 견고하게 부착할 것

4) 완강기는 강하 시 로프가 건축물 또는 구조물 등과 접촉하여 손상되지 않도록 하고, 로프의 길이는 부착위치에서 지면 또는 기타 피난상 유효한 착지 면까지의 길이로 할 것

3. 성능기준 (완강기의 형식승인 및 제품검사의 기술기준)

1) 최대사용하중 및 최대사용자수 등
(1) 최대사용하중 : 1500N 이상
(2) 최대사용자수(1회에 강하할 수 있는 사용자의 최대수) 최대사용하중을 1500N으로 나누어서 얻은 값
(3) 최대사용자수에 상당하는 수의 벨트가 있을 것

2) 강도
(1) 완강기 및 간이완강기의 강도(벨트의 강도를 제외)는 최대사용자수에 3900N을 곱하여 얻은 값의 정하중을 가하는 시험에서 다음에 적합할 것
  ① 속도조절기, 속도조절기의 연결부 및 연결금속구는 분해·파손 또는 현저한 변형이 생기지 않을 것
  ② 로프는 파단 또는 현저한 변형이 생기지 않을 것
(2) 벨트의 강도는 늘어뜨린 방향으로 1개에 대하여 6500N의 인장하중을 가하는 시험에서 끊어지거나 현저한 변형이 생기지 않을 것

3) 강하속도
(1) 250N·750N·1 500N의 하중, 최대사용자수에 750 N을 곱하여 얻은 값의 하중, 최대사용하중에 상당하는 하중으로 좌우 교대하여 각각 1회 연속 강하시키는 경우 각각의 강하속도는 25cm/s 이상 150cm/s 미만일 것
(2) 완강기는 최대사용자수에 750N을 곱하여 얻은 값의 하중으로 좌우 교대하여 각각 10회 연속 강하시키는 시험을 하는 경우 각각의 강하속도는 어느 경우에나 20회의 평균강하속도의 85% 이상 115% 이하일 것
(3) 최대사용하중에 상당한 하중으로 좌우 교대하여, 각각 10회 강하시키는 것을 1회로 하여, 5회 반복하는 시험을 한 후, (1)의 시험을 하는 경우 동호에서 규정하는 속도범위 이내이며, 기능 또는 구조에 이상이 생기지 않을 것

4. 사용방법
1) 완강기 함에서 속도조절기와 벨트를 꺼냄
2) 지지대 고리에 속도조절기의 후크를 걸어줌
3) 지지대를 창 바깥쪽으로 밀고 로프 릴을 창밖으로 던짐

4) 완강기 벨트를 가슴에 착용한 뒤 안전벨트에 부착된 길이조절 버클을 이용하여 가슴에 맞게 길이 조절

5) 창밖으로 몸을 내밀어 벽면에 손을 지지하면서 하강

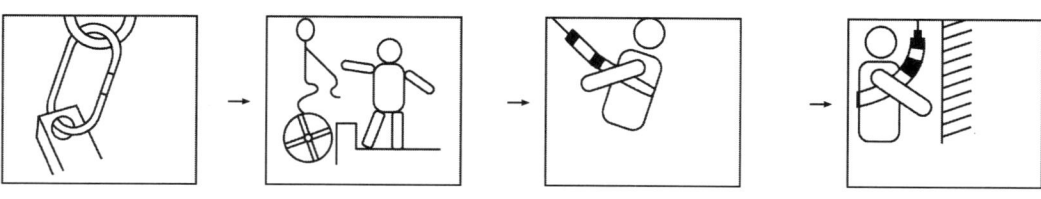

3 2023년 12월 개정된 소방청의 소방시설 등 성능위주설계 평가운영 표준 가이드라인에서 명시한 내용 중 화재시뮬레이션 시나리오 및 수행결과의 신뢰성 확보에 대하여 설명하시오.

1. 시뮬레이션 수행 시 화재시나리오 및 인명안전기준은 다음의 내용을 반영할 것

1) 가장 위험한 시나리오 외에 실제 자주 발생하는 화재와 관련해서는 화재 통계에 따른 시나리오를 반영
2) 하나의 건축물에 여러 용도가 복합적인 경우 용도별로 화재 및 피난 시뮬레이션을 수행하여 안전성을 검증
3) 주상복합아파트, 생활형 숙박시설, 오피스텔, 호텔 및 이와 유사한 특정소방 대상물은 시나리오 1은 단위세대나 객실이 있는 기준층, 시나리오 2는 근린생활시설이나 상가가 있는 기준층, 시나리오 3은 지하 주차장을 대상으로 시뮬레이션을 수행

2. 화재·피난시뮬레이션 수행 시 아래 사항들에 대해 반드시 제시할 것

1) 건물 내 용도별 사용자 특성(해당지역 인구통계, 장애인 비율 등 활용)
2) 사용자의 수와 발화장소(용도별 재실자 밀도, 최대수용인원 표기)
3) 실 크기(시뮬레이션 수행 도면 내 치수 및 스케일 표시 요망)
4) 가구와 실내 내용물, 자동차 등은 지오메트리에 반드시 반영하여 피난할 수 없는 장애공간 또는 보행할 수 없는 공간으로 설정할 것
5) 연소 가능한 물질들과 그 특성 및 발화원
   (1) 소방청 R&D를 통한 실물화재 DB 활용
   (2) 각종 연소실험 연구논문이나 보고서 데이터 인용 및 출처 표기 필수

6) 주차장 연기배출(급·배기설비 설계안에 대한 평가·검증 필요)
7) 최초 발화물의 위치

거주밀도가 높은 다중이용시설(공연장, 문화 및 집회, 판매시설 등)의 경우 화재 시 피난계단실로의 진입에 방해가 되는 곳을 화재실로 우선 설정 필요

3. 화원의 크기와 특성 설정 시 반드시 객관적 근거자료를 명시할 것

4. 소방청 R&D 연구과제의 실물 화재실험에 근거한 모델화원DB, 단일가연물DB, 공간용도별DB, 장치물성 DB를 토대로 화재 시뮬레이션을 수행할 것

- 만약, 해당 DB에 누락되었을 경우 NFPA Code, SFPE 핸드북, 국내외 R&D 연구보고서, SCIE 등재저널 논문, 한국연구재단 등재지 등에 게재된 연구논문의 내용을 인용

5. 격자크기는 NUREG-1824(미국 원자력 규제위원회)의 민감도 권장범위를 참고하여 격자크기를 선정할 것

---

4 건축 외장재로서 BIPV(건물일체형 태양광 모듈)의 정의, 화재위험성 및 건축 시 기술적 유의사항(온도, 일사량, 음영)에 대하여 설명하시오.

1. BIPV(건물일체형 태양광 모듈)의 정의

1) BIPV(Building Integrated PhotoVoltaic)는 전력을 발생시키기 위해 건물 외벽에 설치되는 통합 시스템으로서, 지붕에 수평으로 부착되는 BAPV(Building Attached PhotoVoltaic)와는 달리 외장재 요소로서 건물 수직 방향으로 설치되고 있는 건축부재인 "건물일체형 태양광 모듈"을 말한다.
2) BIPV는 태양광 모듈을 건물외장으로 일원화시켜 건물의 전력 생산원으로 적용하기 위한 기술이다.

2. BIPV 출현 배경

1) 제로에너지빌딩 의무화(2020년)에 따라 건축물 지붕에 BAPV(건축부착형태양광 시스템)가 적용되고 있었음
2) BAPV는 벽면에 비해 설치 면적이 적어 최근 고층 건물의 경우 신재생에너지 효율을 극대화시키기 위해 수직 벽체에 BIPV와 같은 건물 외장 광패널을 폭넓게 활용하고 있음

3. 화재위험성

1) BIPV 등의 건물 외장 광패널은 BAPV와 구별되나, BAPV에 적용하던 평가기술을 동일하게 적용

2) 화재안전과 관련한 평가방법은 BIPV의 설치 환경(공기층 및 가연물 Layer 층에 따른 수직 화염 확산성)을 반영하지 못하며, 고층건물 화재 시 우신골든스위트 화재와 같은 화재 우려

3) BIPV는 수평 방향보다 수직 방향의 화염 확산속도(Flame Spread Rate)가 더 급속함

4) BIPV와 건물 외벽 사이에서 존재하는 공기층(Air Cavity)의 위험성

    (1) 가연물에 산소를 공급

    (2) 연돌 부력 효과(smoke buoyancy effect)로 인해 화재의 성장을 더욱 가속시킴

    (3) 화재 시 인접 건물로의 열복사에 의한 2차 화재확산 위험성이 있는 데, 건물 외장 광패널이 주로 설치되는 도심지 고층 건물간에 위험도가 증대되고 있는 상황임

5) 화재위험성을 다루는 건물 외장 광패널의 표준

    (1) 국내 KS C 8577 인증

        ① 화재안전성능

        내열시험, 내화시험, 역전류과부하시험이며, 모듈 소재의 온도와 화염 및 착화위험에 대한 시험

        ② 실제 건물 외장재로서의 수직 화재위험성에 대한 평가항목이 없음

    (2) 국내 KS C 8577 인증 등을 제외하면 표준이 없는 상태로 설치 기준 등이 정립되지 않았기 때문에 시장 활성화가 어려운 상황임

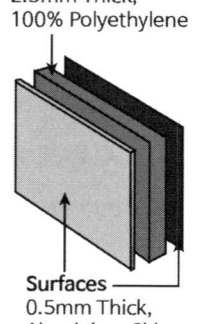
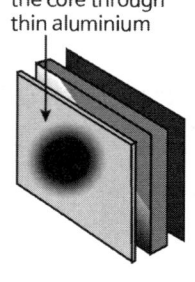

[BIPV 특성에 따른 수직화재 확산 메커니즘 개념도]

4. 건축 시 기술적 유의사항 (온도, 일사량, 음영)

1) 온도

(1) 태양전지 모듈의 온도 상승은 전력생산 기능의 저하를 가져오며 온도가 증가할수록 개방전압(VOC)은 감소, 단락전류(ISC)는 미세하게 증가해 출력이 전체적으로 감소함

(2) 최대효율을 획득하기 위해서는 온도상승을 70℃ 이하로 설정하는 것이 가장 이상적이고, PV모듈 설치를 통해 발전량의 손실률을 줄일 수 있음

(3) 모듈과 외피사이의 공기층 유무에 따라 발전량 손실이 발생하며 화재 시 수직 연돌 효과의 발생 원인이 되기도 하는 이중성이 있음. 공기층이 약 15cm 정도 확보되는 온도에 의한 에너지 손실률을 최소화할 수 있지만 화재 시 화염의 수직확산 통로로 작용할 수 있기에 화재공학적인 관점에서 신중이 연구가 되어야 할 부분임

2) 일사량

(1) 일사량 감소 시, 일사량에 비례한 단락전류의 감소와 개방전압의 미세감소로 인해 출력저하를 일으킴

(2) 일사량은 지리적, 공간적 특성 및 기상조건 등 여러 인자에 영향을 받지만, 태양광 발전에서는 이를 얼마나 효율적으로 이용하느냐가 중요한 요소이며, 방위각 및 경사각에 의한 일사량 차이가 발전효율에 큰 영향을 미치므로 발전성능을 사전에 예측하여 적절한 위치를 선정

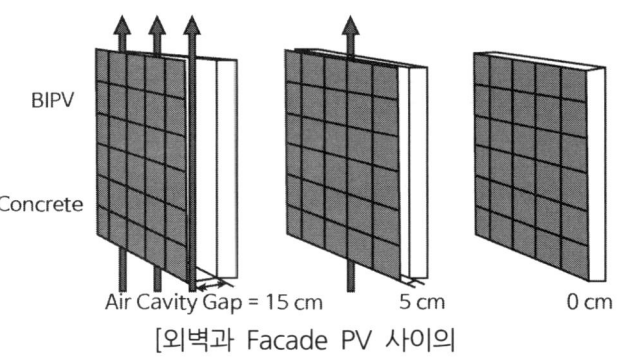

[외벽과 Facade PV 사이의 공기층(Aire Cavity Gap)에 따른 연기 상승 효과]

3) 음영

(1) 음영이 지면 도달 일사량이 감소되어 발전량 감소하나 부분 음영에 의한 전체시스템의 발전량 감소도 매우 중요한 요소임

(2) 음영은 건물자체의 매스요소(난간, 냉각탑 등), 인접건물과 식재 등의 장애물 또는 태양광 모듈 구조체 상호간에 의해 발생

(3) 직렬연결 태양전지의 일부분에 음영이 지면 전체시스템의 발전효율이 크게 감소하는데, 이에 바이패스 다이오드(By-Pass Diode)를 태양광 모듈 내부에 삽입하여 설계하고 그늘과 같은 방향으로 직렬 배선하는 것이 유리

(4) 최적 설계는 음영도를 작성한 후 종합적 배선 계획을 검토하는 것이 필요함

5 대규모 화재공간에서 연기이동과 반대방향으로 기류가 공급되는 역기류(Opposed Airflow)에 대하여 설명하시오.

1. 개요

1) 연기이동 방향과 반대 방향으로 기류가 불어 넣어 연기의 이동을 막을 수가 있는 데 이때 공급되는 공기를 역기류(Opposed Airflow)라 한다.
2) 역기류(Opposed Airflow)는 대공간에서 화재가 발생한 경우 연기가 연결통로로 이동하는 것을 막는다. 이 때 최소한의 공기 기류속도를 최소방연풍속(Limiting Average Air Velocity)이라 한다.

2. 대공간의 연기가 연결통로로 이동 방지 (NFPA 92 "SMOKE CONTROL SYSTEMS, 5.10 Opposed Airflow)

1) 연결통로가 연기층 하부에 있는 경우

(1) 적용
  ① 최소방연풍속(Ve)은 1.02m/s 이하일 것
  ② 계산식은 화재의 바닥에서 개구부 아래까지의 거리(z)가 3m이상일 경우 적용

(2) 계산식

$$v_e = 0.057 \left(\frac{Q}{z}\right)^{1/3}$$

v_e : 최소 방연풍속(m/s)
Q : 화재의 열방출률(kW)
z : 화재의 바닥에서 개구부의 아래까지의 거리(m)

2) 연결통로가 연기층 상부에 있는 경우

(1) 적용
  ① 최소방연풍속(Ve)은 1.02m/s 이하일 것
  ② 연결통로에서 공급되는 공기의 질량흐름률은 대공간의 연기배출 설계시 반영해야 함

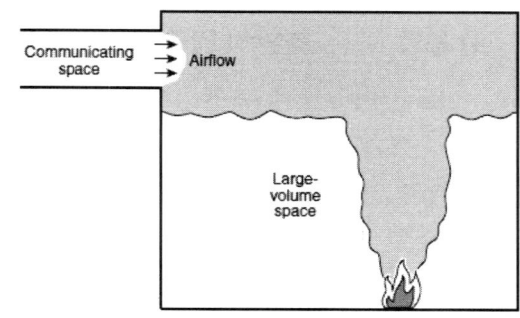

(2) 계산식

$$v_e = 0.64\left(gH\frac{T_f - T_o}{T_f}\right)^{1/2}$$

v_e : 최소방연풍속(m/s)
g : 중력가속도(9.81m/s²)
H : 개구부 바닥으로부터 측정된 개구부의 높이(m)
T_f : 연기의 온도(K)
T_o : 주변 공기의 온도(K)

3. 연결통로의 연기가 대공간으로 이동 방지 (NFPA 92 "SMOKE CONTROL SYSTEMS, 5.10 Opposed Airflow)

1) 개념

(1) 연결통로에서 화재 시 연기가 대공간으로 이동하는 것을 방지하기 위해 대공간에서 공급되는 공기의 기류속도는 최소방연풍속(Ve)보다 커야 한다.

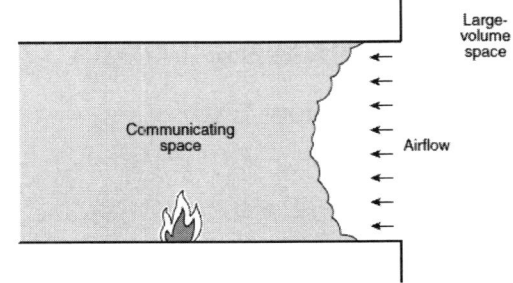

(2) 즉, 공기의 평균기류속도가 최소방연풍속(Ve)를 초과할 경우 대규모 공간으로 연기의 이동을 막을 수 있다.

2) 계산식

$$v_e = 0.64\left(gH\frac{T_f - T_o}{T_f}\right)^{1/2}$$

v_e : 최소방연풍속(m/s)
g : 중력가속도(9.81m/s²)
H : 개구부 바닥으로부터 측정된 개구부의 높이(m)
T_f : 연기의 온도(K)
T_o : 주변 공기의 온도(K)

6 수계소화배관과 관련하여 국내와 NFPA 수압시험방법에 대하여 설명하시오.

1. 개요

1) 소화배관 시험은 NFPA 13 "Standard for the Installation of Sprinkler Systems"에서 유량시험(Flow Test), 플러싱시험(Flushing Test), 정수압시험(Hydrostatic Test)을 정의하고 있다.

2) 정수압시험은 배관의 밀폐를 시험하는 것으로 소화설비의 신뢰성 향상을 위해 반드시 시행해야 될 사항이다.

2. 소화배관 시험의 종류 (NFPA 13 "Chapter 3 Definition")

1) 유량시험(Flow Test)

해당 위치에서 물을 공급할 수 있는지 결정하기 위한 목적으로 소화전에서 물의 흐름을 측정하고, 인접 소화전에서 압력(The Static and Residual Pressures)을 확인하는 시험

2) 플러싱시험(Flushing Test)

배관을 사용하기 전에 이물질을 제거하기 위해 물의 흐름을 이용한 배관시험

3) 정수압시험(Hydrostatic Test)

밀폐 배관과 그 부속류에 대해 일정 기간 동안 내부압력의 증가에 대해 배관의 밀폐와 누설률을 입증하기 위한 시험

3. 국내 수압시험 (소방시설 자체점검사항 등에 관한 고시 "소방시설 성능시험조사표")

1) 대상

(1) 가압송수장치 및 부속장치(밸브류, 배관, 배관 부속류, 압력챔버)

(2) 옥외연결송수구 및 연결배관

(3) 입상배관 및 가지배관

2) 시험기준

(1) 시험압력

구분	시험압력	가압 방법
상용수압이 1.05MPa 미만인 부분	1.4MPa	2시간 이상 시험하고자 하는 장치의 가장 낮은 부분에서 가압
상용수압이 1.05MPa 이상인 부분	상용수압 + 0.35MPa	

※ 1.05MPa ≒ 152psi, 1.4MPa ≒ 203psi, 0.35MPa ≒ 50psi

(2) 성능기준

배관과 배관·배관 부속류·밸브류·각종 장치 및 기구의 접속부에서 누수현상이 없을 것

4. NFPA 13의 수압시험 (Hydrostatic Test)

1) 대상 : 모든 배관 및 부속류

2) 시험기준

(1) 시험압력 및 성능기준

구분	시험압력	성능기준
지하배관	① 200psi 또는 작동압력 + 50psi 초과 압력 중 더 큰 압력 ② 시험압력의 ±5psi 압력을 2시간 동안 유지	• 압력손실이 5psi 이하이거나 시각적으로 누수가 없을 것
지상배관	① 정수압시험(Hydrostatic) • 150psi 이하 : 2시간 동안 200psi 이상 • 150psi 초과 : 2시간 동안 정수압력 + 50psi • 차동식 건식밸브(Differential dry pipe valve) : 시험 중 손상을 예방하기 위해 클래퍼를 개방시킨 상태로 유지	• 배관은 누수가 없어야 함
	① 공기압시험(Pneumatic) • 공기압력 설정 : 40psi ② 건식배관(Dry Pipe)과 이중인터록 프리액션(Double Interlock Preaction) 공기압시험 • 24시간 동안 40psi	• 압력강하 : 24시간 동안 1.5psi 이하

(2) 시험압력의 측정위치

① 지하배관 : 시스템의 가장 낮은 높이에서 측정하거나 아래의 시스템 부분의 게이지
  • 소화전 송수구에 위치한 게이지
  • 소화전이 없는 경우 가장 낮은 지점에 있는 게이지
② 지상배관 : 시스템 또는 시험될 부분의 낮은 위치에 설치된 게이지

5. 수압시험방법 및 주의사항

1) 시험방법

⑴ 시험하고자 하는 배관망에 저압의 물을 채우고 24시간 방치(잔류공기 제거)

⑵ 수압시험기와 배관연결 후 배관 내 압력가압

⑶ 설정압력에 도달하면 밸브 폐쇄 후 일정 시간 동안 압력강하 여부 감시(압력강하 시 보수 후 재시험)

2) 주의사항

⑴ $5kg/cm^2$ 단위로 단계적으로 압력 상승, 누설 여부 확인

⑵ 물을 채우고 24시간 방치(잔류공기 제거)

⑶ 차압식 밸브는 밸브손상방지를 위해 클래퍼 시트를 떼어 둘 것

⑷ 누수방지제 등은 투입 금지

⑸ 압력측정은 설비의 가장 낮은 부분에서 실시

보충

[NFPA 13의 추가나 변경(Modification)이 될 경우]

1) 지상 배관
  ⑴ 기존배관
    헤드 재배치와 같이 분리할 수 없는 변경은 작동압력으로 시험
  ⑵ 기존배관 + 20개 헤드 이상 추가, 변경
    신규 부분을 분리시켜 2시간 동안 200psi 이상으로 시험

2) 건식 배관(Dry Pipe)과 이중인터록 프리액션(Double Interlock Preaction System)
  ⑴ 시험압력 : 2시간 동안 40psi
  ⑵ 성능기준 : 시험 중 3psi까지는 압력손실을 허용

[국내와 NFPA 13의 수압시험 비교]

항목		국내	NFPA 13	비고
수압시험의 구분		상용수압	배관의 위치 (지하배관, 지상배관)	
적용 시험	수압시험	적용	적용	국내는 NFPA 13 지상배관의 정수압시험과 동일
	기압(공기압) 시험	없음	적용 (지상배관의 건식배관, 이중인터록 프리액션)	국내는 공기압시험이 없으나 NFPA 13은 있음

… 132회 3교시

1 수계소화설비에 대하여 다음 사항을 설명하시오.
(1) 고가수조방식, 압력수조방식, 펌프방식, 가압수조방식
(2) 고가수조와 옥상수조의 차이점

1. 개요

1) 가압송수장치는 수계소화설비의 중요한 구성요소로서 물에 압력을 가해 물을 원하는 지점으로 송수하기 위한 장치이다.
2) 가압송수장치는 고가수조방식, 압력수조방식, 펌프방식, 가압수조방식이 있다.

2. 고가수조방식, 압력수조방식, 펌프방식, 가압수조방식

구분	고가수조방식	압력수조방식	펌프방식	가압수조방식
개념도	(고가수조·방수구 도식)	(압력수조·압력탱크·방수구 도식)	(지하수조·펌프·방수구 도식)	(가스가압·가압수조·방수구 도식)
가압방법	• 고가수조의 자연낙차 압력	• 공기압축기의 압력	• 펌프의 압력	• 가압원의 압력
구성	• 수위계·급수관·배수관·오버플로우관·맨홀	• 수위계·급수관·배수관·급기관·맨홀·압력계·안전장치·공기압축기	• 전동기·펌프(주, 예비, 충압)·흡입배관·토출배관	• 가압수조·가압원
압력 (수두)	• $H = h_1 + 10$ H : 낙차(m) h_1 : 배관의 마찰손실 수두(m)	• $P = p_1 + p_2 + 0.1$ P : 필요한 압력(MPa) p_1 : 낙차의 환산 수두압 (MPa) p_2 : 배관의 마찰손실 수두압(MPa)	• 하나의 헤드선단에 0.1 MPa 이상 1.2 MPa 이하	• 기준개수의 헤드에서 0.1 MPa

구분	고가수조방식	압력수조방식	펌프방식	가압수조방식
송수량			• 0.1 MPa의 방수압력 기준으로 80 ℓ/min 이상(모든 헤드로부터의 방수량을 충족시킬 수 있는 양)	• 기준개수의 헤드에서 80 ℓ/min 이상의 방수성능 • 20분 이상유지
기타	• 규정방사압 확보를 위해 최고위 방수구보다 충분히 높게 설치 • 비상전원이 불필요 • 신뢰도 높음	• 가압수조, 가압원은 방화구획된 장소에 설치 • 비상전원불필요 • 가압가스 유지관리필요 • 가압원인 질소는 불활성 가스이므로 소화수 방출 이후에 방출되는 가압가스에 의한 소화효과기대		

3. 고가수조와 옥상수조의 차이점

구분	고가수조	옥상수조
개념도	(고가수조 개념도)	(옥상수조 개념도)
목적	• 화재발생 시 소화수 공급(주수원)	• 정전 등 비상 시 공급(보조수원)
가압방법	• 자연낙차압(가압송수방식 중 하나)	• 자연낙차압(Fail Safe개념)
수량	• 기준개수 × $1.6m^3$ 이상	• 유효수량의 1/3 이상
특징	• 옥상에 설치	• 옥상에 설치

2 플랜트 기기에서 반응폭주의 원인에 대하여 설명하시오.

1. 개요
1) 반응폭주란 발열반응이 일어나는 반응기에서 냉각 실패로 인해 반응속도가 급격히 증대되어 용기 내부의 온도 및 압력이 비정상적으로 상승하는 이상반응을 말한다.
2) 화재나 장치의 결함 등이 발생할 경우 비정상적인 운영 상태에 따른 사고를 방지하기 위하여, 장치 내부의 가연성 기체 등을 단시간에 밖으로 배출하여 안전한 장소로 이송시키는 운전을 블로우 다운(Blow Down)이라 한다.
3) 화학공장에서는 화합, 분해, 중합, 치환, 부가 등의 반응을 이용하는 데 이를 제어하는 데 실패할 경우 반응폭주가 발생할 우려가 있으며, 블로우 다운(Blow Down) 등의 대책을 세워야 한다.

2. 반응폭주(Run Away)의 원인
1) 화학공정은 여러 가지 단위조작으로 자동제어가 어렵고 수동조작이 많다.
2) 이상반응 발생 시 초기조치 미흡으로 반응폭주 등 폭발·화재 위험성이 높다.

원인	내용

(1) 반응제어 실패	• 원부자재 투입 오류 또는 과량 투입
	• 불순물의 농축
	  증류, 분리, 정제 등의 과정에서 미반응 물질 발생하여 농축
	• 감압조건에서 운전 시 반응기에 공기유입으로 인한 산화반응증가
	• 촉매물질 과투입
	• 교반기(반응물의 혼합장치) 오류
	  모터의 트립 → 국부적 온도상승 → 반응속도 증가
	• 전원과 동력원의 공급 중단(교반기 등 정지)

(2) 반응기 등 압력상승	• 압력방출장치 고장 또는 비정상작동 • 압력제어시스템 고장 • 기상 온도상승으로 인한 압력상승
(3) 반응기 등 온도상승	• 밸브 등 오작동 또는 냉각장치 고장으로 냉각수 공급불량 • 스팀공급밸브 오작동 • 온도제어 시스템 고장 • 매뉴얼 모드 설정 등 인적 오류
(4) 기타	• 휴먼에러(근무자의 불안전한 행동에 기인하는 것으로 오조작) • 기타 정비, 보수공사, 검사 화학설비의 정비, 보수공사, 검사 도중 작업의 불량, 검사불량, 오조작

3. 대책(안전 및 방호장치)

설계단계부터 근본적으로 자동제어 및 다중화설계 등 안전한 설계가 중요하다.

1) 안전방출시스템

구분	내용
(1) 압력방출장치	• 안전밸브 • 파열판 • 릴리프(Relief)밸브
(2) 배출물질 처리시스템	• 반응기의 내용물 긴급방출장치 - Blow Down 탱크를 여유 있게 설치. 반응기 하부에 자동밸브 설치 • 배출물질 처리장치 : 플레어스택, 스크러버, 녹아웃드럼

2) 긴급원료차단 밸브

3) 자동제어시스템

(1) 온도, 압력, 유량 및 액위가 상호 연계되어 운전할 수 있도록 Interlock System 구축

(2) 운전상 보조기능이 필요할 경우 Back Up System 구축

(3) 사고시 안전한 방향으로 진행토록 Fail Safe System 반영

(4) 운전원의 오류를 줄이기 위한 Fool Proof System 반영

(5) 작업자와 기계의 오조작 요인을 제거하기 위한 Man-Machine System 구축

4) 압력계, 온도계 경보장치

5) 질소 등 불활성 가스 Blanket 시스템

6) 폭발억제장치 설치

(1) 구조 : 감지부, 제어부, 소화약제부

(2) 원리

점화시간으로부터 약 0.2초 경과 후 최고압력에 도달 전 소화약제를 분사하여 산화반응을 제한함으로 압력상승 억제

3 건축물 화재 시 다음 화재단계별 연기의 발연특성에 대하여 설명하시오.
(1) 화재초기
(2) 플래쉬오버
(3) 최성기

1. 건축화재 시 연기의 특징

1) 연기는 광선을 흡수함

발연량이 많아지면 연기층은 두꺼워지고, 청결층은 낮아지므로 유도등, 표식 등은 설치위치를 고려하여 낮은 위치에 설치

2) 연기는 유독가스를 다량 함유

(1) 가연물의 종류에 따라 생성되는 가스도 다양, 복잡함
(2) 내장재는 고분자유기사합물이 사용되어 연기의 농도와 유독성이 큼

3) 연기는 고열이며 유동, 확산이 빠름

(1) 연기는 고열이므로 많은 에너지를 갖고 있어 유동성이 강하나 시간이 경과함에 따라 열은 방출하여 온도는 낮아지고 실내공기와 혼합되어 희석됨
(2) 연기가 고온일 경우 천장을 따라 이동하므로 방연벽으로서 일시 유동을 저지할 수 있으나 온도가 낮아지면 바닥면까지 충만하고 제연용 경계벽도 역할을 상실함

4) 연기는 고온의 화염을 수반하고, 화재확대 연소의 주원인

공기조화용 덕트는 연기의 전달경로가 되므로 주요 관통부에는 내화성과 기밀을 구비한 방화댐퍼를 설치해야 함

5) 산소결핍

(1) 연소 시 공기 중의 산소는 소비되므로 연기중의 산소농도는 낮으며 15% 이하로 되기 쉬움
(2) 산소농도가 15% 이하일 경우 인명의 피해가 우려됨

2. 화재단계별 연기의 발연특성

1) 화재초기

(1) 특성

① 연기는 재료 중 수분의 방출에 의해 백색 또는 회색의 경우가 많으나 플라스틱 및 유지류는 초기부터 흑색임

② 구획실은 국부적으로 연기가 발생하고, 공기는 충분히 공급되므로 연기량도 가연물의 종류, 표면적 또는 위치에 따라 결정됨

③ 화재초기이므로 발연량은 작으며, 초기화재에서는 화원의 열분해가 화염으로부터 열의 Feedback에 의해 유지됨

④ 즉 화원의 연소속도(kg/s)는 화원의 발열속도(kW)에 의존하므로 발생연기량도 발열속도로부터 구할 수 있음

(2) 관련 식

$$\dot{m} = 0.065 \dot{Q}^{1/3} Y^{5/3}$$

$\dot{m}$: 연기유량(kg/s), $\dot{Q}$: 발열속도(kW)
Y : 화원으로 부터의 높이(m)

① 화원 상의 플룸의 높이(Y)에서의 상승기류에 의한 연기유량식은 다음과 같으며, 이 식은 플룸에서의 연기생성량과 동일한 식임

② 연기유량이 $Y^{5/3}$에 비례하는 이유는 주변공기의 움직임 때문임

2) 플래쉬오버

(1) 특성

① 급격한 온도상승에 따라 화재실내 가스의 열팽창에 의해 대량의 연기가 발생하고 실외로 분출함

② 급격한 연소에 비해 산소의 공급이 불충분하므로 미연소의 유리탄소, 즉 그을음을 다량 함유한 짙은 흑연이 분출함

(2) 관련 식

플래쉬오버의 t분간에 화재실의 온도가 T_1부터 T_2로 상승할 경우 화재실부로터 분출하는 연기량

$$\dot{Q} = \frac{M(T_2 - T_1)}{t(273 + T_1)}$$

$\dot{Q}$: 연기량(m³/min)
M : 화재실의 체적(m³)

3) 최성기

(1) 특성

① 개구부에 의한 급기조건에 따라 연기의 발생은 제한됨

② 연소는 정상적이지만 일반적으로 연소면적에 비해 개구면적이 작을 때는 연기농도가 크고 개구면적이 클 때는 연기는 희박하게 됨

③ 실내에서 유출하는 연기의 질량은 화재실의 온도에 관계없이 개구조건에 지배를 받음

(2) 관련 식

발생연기중량은 연소중량과 유입공기중량의 합으로 얻어지는 데, 목재 1kg의 연소에 공기 5.2kg이 필요한 것으로부터 시간당 발생하는 연기량

$$\dot{M} = 6.2R/60 = 0.568A\sqrt{H}$$

$\dot{M}$: 연기량(kg/s)
R : 연소속도(kg/min), $A\sqrt{H}$: 개구인자

---

4 연료전지에 대하여 다음 사항을 설명하시오.
(1) 구성 및 전기발생 원리   (2) 종류 및 특징

1. 연료전지의 정의

1) 연료전지는 수소와 산소의 화학반응으로 생기는 화학에너지를 직접 전기에너지로 변환시키는 기술을 말한다.

2) 화학반응식 : $H_2 + \frac{1}{2}O_2 \rightarrow H_2O + 전기$

3) 생성물이 전기와 순수(純水)인 발전효율 30~40%, 열효율 40% 이상으로 총 70~80%의 효율을 갖는 신기술이다.

2. 연료전지의 구성

1) 연료 개질기(Fuel Reformer)

화학적으로 수소를 함유하는 일반 연료(LPG, LNG, 메테인, 석탄가스 메탄올 등)로부터 연료 전지가 요구하는 수소를 많이 포함하는 가스로 변환하는 장치

2) 연료전지 스택(Stack)

연료 개질장치에서 들어오는 수소와 공기 중의 산소로 직류 전기와 물 및 부산물인 열을 발생시키는 역할

3) 전력 변환장치(Inverter)

인버터, 연료 전지에서 나오는 직류전원을 교류전원으로 변환시키는 역할

4) 주변기기(BOP, Balance Of Plant)

(1) 연료전지 발전설비의 효율을 높이기 위하여 연료전지 반응에서 생기는 반응열과 연료 개질 과정에서 나오는 폐열 등을 이용하는 장치가 부수적으로 필요
(2) 연료, 공기, 열 회수를 위한 펌프류, Blower, 센서 등

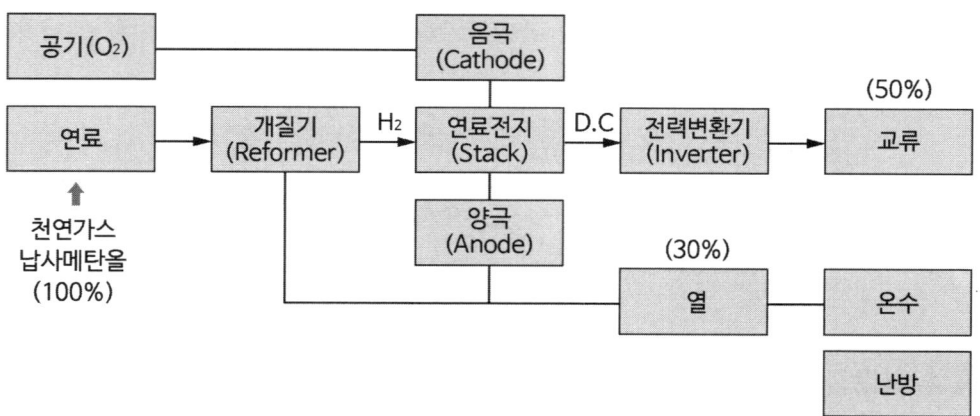

3. 연료전지의 전기 발생원리

1) 연료 중 수소와 공기 중 산소가 전기화학반응에 의해 직접 발전
2) 연료극에 공급된 수소는 수소이온과 전자로 분리
3) 수소이온은 전해질 층을 통해 공기 극으로 이동, 전자는 외부회로를 통해 공기극으로 이동
4) 공기 극 쪽에서 산소이온과 수소이온이 만나 반응생성물인 물을 생성
5) 최종적인 반응은 수소와 산소가 결합하여 전기, 물, 열을 생성

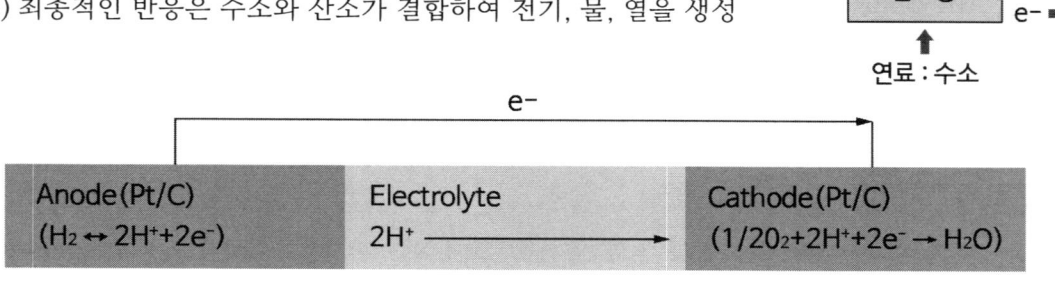

[연료전지의 반응과정 예]

4. 연료전지의 종류 및 특징

전해질의 종류에 따라 아래와 같이 분류할 수 있으며, 각 종류별로 발전효율과 작동온도가 달라 사용처도 달라진다.

구분	저온형			고온형	
	고분자전해질	인산형	알칼리형	용융탄산염	고체산화물
연료	수소, 메탄올	수소, 메탄올, 천연가스	수소	천연가스, 메탄올, 나프타, 석탄가스화가스	천연가스, 메탄올, 나프타, 석탄가스화가스
전해질	수소이온교환막	인산	수산화칼륨	용융탄산염	고체산화물
촉매	백금	백금	백금	니켈	페로브스카이트
작동온도(℃)	상온 ~ 100	150 ~ 200	상온 ~ 100	600 ~ 700	700 ~ 1000
효율(%)	75	70	85	80	85
용도	수소자동차	분산전원	우주발사체전원	복합발전 열병합발전	복합발전 열병합발전
특징	• 저온 작동 • 고출력밀도 • 이동식동력원	• 배열을 급탕과 냉난방에 사용 • 열병합대응 가능	• 고효율 • 우주산업 등 특수 목적으로 사용	• 고효율 • 내부개질 가능 • 배열을 복합발전 시스템에 사용	• 고효율 • 내부개질가능 • 배열을 복합발전 시스템에 사용

---

5 가스계소화설비와 관련하여 NFPA 2001에서 규정하고 있는 시간지연(Time Delays) 및 차단 스위치(Disconnect Switch)에 대하여 설명하시오.

1. 약제 방출 메커니즘

1) 화재발생 → 감지기 작동 또는 수동식 기동장치 조작(방출지연스위치) → 제어반 → 시간지연(Time Delay) → 소화약제 방출

2) 화재안전기준에는 수동조작함에는 방출지연스위치(Abort Switch) 설치 및 시간지연(Time Delay)의 기준은 있으나 NFPA 2001과 같이 제어반내에 차단스위치(Disconnect Switch)의 규정은 없다.

3) 화재안전기준에 따라 수동식 기동장치의 부근에는 소화약제의 방출을 지연시킬 수 있는 방출지연스위치를 설치해야 하고 차단스위치(Disconnect Switch)의 설치규정이 필요하다.

2. NFPA 2001의 경보 및 표시 (NFPA 2001 "Clean Agent Fire Extinguishing Systems" "Chapter 4 Components", "4.3.5 Operating Alarms and Indicators", "4.3.6 Unwanted System Operation")

1) 시간지연(Time Delays)
   방출지연스위치(Abort Switch)에 의해 청정소화설비의 약제 방출이 지연된 시간

2) 차단스위치(Disconnect Switch)
   비정상적인(Unwanted) 약제의 방출을 방지하기 위한 차단장치

3) 방출지연스위치(Abort Switches)
   자동복귀형 스위치로서 수동식 기동장치의 타이머를 순간 정지시키는 기능의 스위치

4) 경고 및 안내표지(Warning and instruction signs) : 출입구와 방호구역 내에 설치

5) 청각 및 시각을 이용한 경보(Audible and visual pre-discharge alarms) : 방호구역 내에 설치

3. 시간지연 (Time Delays)

1) 청정소화약제 방출 전에 재실자가 피난을 위한 충분한 경보 및 시간지연이 제공
2) 고성장화재의 경우에는 시간 지연이 발생하면 생명과 재산에 대한 심각한 위협이 있을 수 있으므로 시간지연을 제거하는 것이 허용됨
3) 시간지연은 재실자의 대피 또는 위험지역에 방호를 위해서만 사용되어야 함
4) 시스템이 작동하기 전에 감지장치의 작동을 확인하는 수단으로 사용금지

4. 차단 스위치 (Disconnect Switch)

1) 청정소화설비는 비정상적인(Unwanted) 방출을 방지하기 위해 감시 가능한 차단스위치 설치
2) 차단스위치는 소화설비에 대한 방출회로를 차단
3) 차단스위치는 방출제어반에서 감시신호를 발생시킬 것
4) 차단스위치는 잠금장치가 있는 밀폐된 화재경보 제어반 내에 있어야 하고, 스위치를 작동을 위한 Key가 있을 것
5) 화재가 발생한 경우 소화설비가 신속히 작동상태로 전환될 수 있도록, Key는 제거되어서는 안됨
6) 차단스위치 대신 프로그램을 이용한 차단은 금지함
7) 차단스위치의 목록이 작성될 것

[NFPA 2001 "Clean Agent Fire Extinguishing Systems" "Chapter 4 Components"]

1) Time Delays

   4.3.5.6.1* For clean agent extinguishing systems, a predischarge alarm and time delay, sufficient to allow personnel evacuation prior to discharge, shall be provided. For hazard areas subject to fast growth fires, where the provision of a time delay would seriously increase the threat to life and property, a time delay shall be permitted to be eliminated.

   4.3.5.6.2 Time delays shall be used only for personnel evacuation or to prepare the hazard area for discharge.

   4.3.5.6.3 Time delays shall not be used as a means of confirming operation of a detection device before automatic actuation occurs.

2) Unwanted System Operation

   4.3.6.1 To avoid unwanted discharge of an electrically actuated clean agent system, a supervised disconnect switch shall be provided.

   4.3.6.2 The disconnect switch shall interrupt the releasing circuit to the suppression system.

   4.3.6.3 The disconnect switch shall cause a supervisory signal at the releasing control unit.

   4.3.6.4 The disconnect switch shall be located inside a lockable fire alarm control panel, inside a lockable enclosure, or require a key for activation of the switch.

   4.3.6.5 When the disconnect switch requires a key for activation, the access key shall not be removable while disconnected so the suppression system can be quickly returned to the operational condition in the event of a fire.

   4.3.6.6 Suppression system disconnect achieved via software programming shall not be acceptable for use in lieu of a physical disconnect switch.

   4.3.6.7 The disconnect switch shall be listed.

6 연기감지기에 대하여 다음 사항을 설명하시오.
(1) 보행거리 30m마다 1개 이상 설치하는 이유
(2) 폭 1.2m 미만의 복도, 계단, 경사로에서의 배치방법
(3) 광전식분리형 감지기 설치기준

1. 연기감지기의 설치기준

1) 부착높이 : 아래의 부착 높이에 따라 바닥면적마다 1개 이상

[단위 : m²]

부착높이	연기감지기	
	1종·2종	3종
4m 미만	150	50
4m 이상 20m 미만	75	–

2) 설치거리 : 아래의 거리마다 1개 이상

설치거리	연기감지기	
	1종·2종	3종
복도 및 통로	보행거리 30m마다	보행거리 20m마다
계단 및 경사로	수직거리 15m마다	수직거리 10m마다

2. 보행거리 30m마다 1개 이상 설치하는 이유 (복도·통로에 1종·2종을 설치할 경우)

1) 연기감지기를 중심으로 좌·우측으로 15m를 기준으로 감지거리를 설정한 것임
2) 화재 시 연소생성물의 이동속도를 0.5 ~ 1m/s로 가정하면 약 15초에서 30초 사이에 화재를 감지할 수 있게 되어 재실자의 피난이 초기에 이루어질 수 있음
3) 30m마다 감지기를 추가로 설치하라는 의미

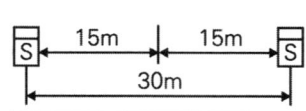

3. 폭 1.2m 미만의 복도, 계단, 경사로에서의 배치방법

1) **폭 1.2m 미만의 복도** : 감지기는 벽·보로부터 0.6m 이상 떨어진 곳에 설치

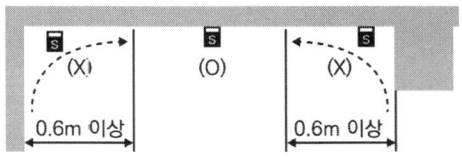

   (1) 벽면·보와 천장이 만나는 부분에 연기의 흐름을 막는 공간을 에어포켓(Air pocket)이라 함
   (2) 연기나 열이 에어포켓에 도달하지 못하므로 감지기를 일정 간격 떨어진 곳에 설치
   (3) 폭이 1.2m 미만의 좁은 복도의 경우, 복도의 폭 중심 천장면에 설치

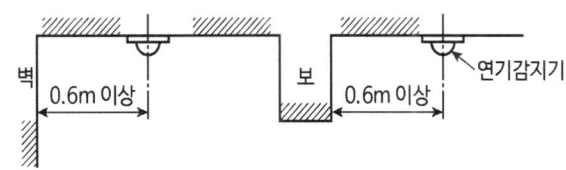

2) **계단, 경사로** : 수직거리 15m 이내마다 설치(계단·경사로에 1종·2종을 설치할 경우)

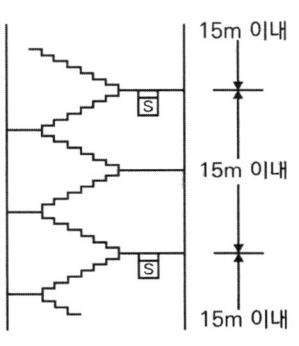

   (1) 계단의 정상부에 연기가 모이므로 최상부를 시작점으로 하여 아래로 수직거리 15m 이내마다 1개씩 설치
   (2) 화재안전기준은 지하 2층인 경우 지상층과 지하층 경계구역을 구분하고 있으므로 감지기 설치 간격과 회로구분은 혼동하지 않고 설치
   (3) 연기감지기 2종을 계단에 설치할 경우 감지기 3개마다 (3개 × 15m / 개 = 45m) 1경계구역(45m)으로 설정

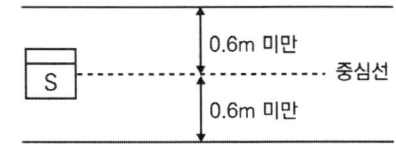

4. 광전식분리형 감지기 설치기준

1) 감지기의 수광면은 햇빛을 직접 받지 않도록 설치할 것

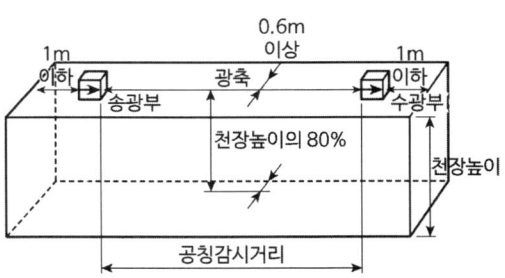

2) 광축은 나란한 벽으로부터 0.6m 이상 이격하여 설치할 것
3) 감지기의 송광부와 수광부는 설치된 뒷벽으로부터 1m 이내 위치에 설치할 것
4) 광축 높이는 천장 등 높이의 80% 이상일 것
5) 광축 길이는 공칭감시거리 범위 이내일 것
6) 그 밖의 설치기준은 형식승인 내용에 따르며, 형식승인 사항이 아닌 것은 제조사의 시방서에 따라 설치할 것

132회 4교시

1 스프링클러헤드의 물리적인 특성 3요소에 대하여 설명하시오.

1. 개요
1) 스프링클러헤드는 폐쇄형과 개방형으로 구분한다.
2) 세부 구성요소로는 감열체, 오리피스, 디플렉터, 프레임으로 구성되며, 이는 헤드의 감열시간, 방사량, 방수패턴과 관계가 있으므로 이해가 필수적이다.

2. 스프링클러헤드의 구성

1) 감열체
열에 의해 일정 온도에 도달하면 감열체는 녹거나 파괴되어 방수구가 열리게 하는 요소

2) 디플렉터(반사판)
방사되는 물이 디플렉터에 부딪쳐 적상이나 무상으로 분사되도록 하는 요소

3) 나사부
스프링클러설비의 가지배관 말단부와 연결하기 위해서 만들어 놓은 부분

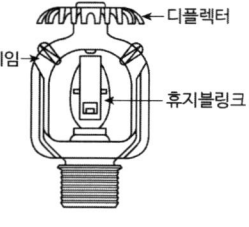
[퓨지블링크형]

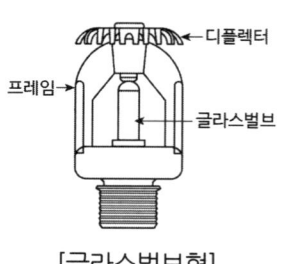
[글라스벌브형]

4) 프레임 : 나사부와 반사판을 연결하는 이음쇠

3. 스프링클러헤드의 물리적 특성 3요소

1) 감열체
(1) 표시온도
 ① 폐쇄형 스프링클러헤드에서 감열체가 작동하는 온도로서 미리 헤드에 표시한 온도
 ② 최고 주위온도란 폐쇄형 스프링클러의 설치장소에 관한 기준이 되는 온도

$$T_A = 0.9T_m - 27.3$$ T_A : 최고주위온도, T_m : 헤드표시온도

(2) 반응시간지수(RTI, Response Time Index)
   ① 감열체가 열에 얼마나 민감하게 작동하는지 나타낸 지수
   ② 관련 식

   $$RTI = \tau\sqrt{v}\ [m\cdot s]^{0.5}$$

   τ : 반응속도상수(s), v : 기류의 속도(m/s)

2) 오리피스

(1) 개념
   ① 오리피스의 구경의 크기에 따라서 방수량 및 물방울의 크기가 달라지므로 화재의 조기진압 여부를 결정짓는 요소
   ② 감열체가 열에 의해 파괴·용해되어 헤드로부터 이탈됨으로써 오리피스가 열려 헤드가 작동됨

(2) 관련 식
   ① 오리피스 유량

   $$Q = K\sqrt{p} = 0.6597cd^2\sqrt{p}$$

   Q : 오리피스 유량(lpm), K : $K-Factor$
   p : 방사압력(kg/cm^2), c : 유량계수
   d : 오리피스의 직경(mm)

   ② 물방울의 직경

   $$d_m \propto \frac{d^{2/3}}{p^{1/3}} \propto \frac{d^2}{Q^{2/3}}$$

   d_m : 물방울의 직경, d : 오리피스의 직경
   p : 방사압력(kg/cm^2)

   ③ 물방울의 총 표면적

   $$A_s \propto \frac{Q}{d_m}$$

   A_s : 물방울의 총표면적
   Q : 방수량, d_m : 물방울의 직경

(3) 오리피스와 방수량의 관계
   ① 오리피스의 직경이 클수록 방수량은 많아진다.
   ② 오리피스의 직경이 클수록 물방울의 직경이 커진다.
   ③ 물방울의 직경이 클수록 물방울의 총표면적은 작아진다.

3) 디플렉터(반사판)

(1) 개념
① 디플렉터는 스프링클러헤드에서 방수되는 물방울의 크기와 방수 패턴을 결정지음
② 물방울의 크기에 따라 화염 속으로의 침투 성능과 증발되어 화염과 주위의 온도를 낮추는 냉각 성능으로 구분됨
③ 물방울의 크기가 클수록 화염 속으로의 침투 성능은 증가하고, 증발에 의한 냉각 성능은 감소
④ 포물선을 그리며 방수되는 형태와 방수각도 등이 방수 패턴에 해당함

(2) 표준형 헤드의 방사 패턴
① 작은 물방울
화열로부터 열을 흡수하여 화재실 천장면의 온도를 낮춤
② 중간 물방울
화면 근처의 가연물을 적셔 연소가 확산되는 것을 방지
③ 큰 물방울
화염 속을 직접 침투하여 화재를 진압

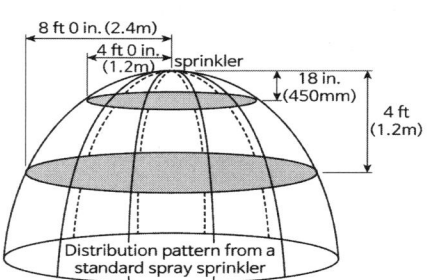

[표준형 헤드의 방사 패턴]

---

2 중성대의 개념 및 중성대와 연돌효과의 관계에 대하여 설명하고, 아래의 중성대 높이 관계식을 유도하시오.

〈조 건〉

중성대 높이 관계식 : $\dfrac{h_2}{h_1} = (\dfrac{A_1}{A_2})^2 \times \dfrac{T_i}{T_o}$

h_1 : 하부로부터 중성대 높이(m), h_2 : 중성대로부터 상부 높이(m)
A_1 : 중성대 하부 개구부 면적(m^2), A_2 : 중성대 상부 개구부 면적(m^2)
T_i : 내부 온도(℃), T_o : 외부 온도(℃)

1. 중성대의 개념

1) 실내외 압력차가 "0"이 되는 높이의 면을 중성대라 한다.
2) 중성대로부터 실내의 상부 또는 하부는 실외와 압력차이로 인해 공기의 유입이나 유출이 발생한다.

2. 중성대와 연돌효과의 관계

1) 중성대를 중심으로 상부

실내압력 > 실외압력(실외로 공기유출)

2) 중성대를 중심으로 하부

실내압력 < 실외압력(실내로 공기유입)

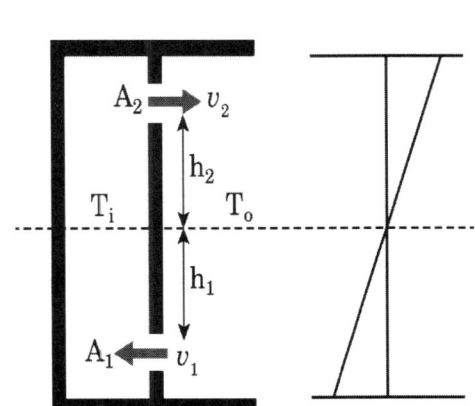

Normal Stack Efect

3. 중성대 높이 관계식 유도

1) 내부에서 외부로 배출속도(m/s)

$$v_2 = \sqrt{2gh_2} = \sqrt{2g\frac{\Delta P}{\gamma_i}}$$

$$= \sqrt{2\frac{\Delta P}{\rho_i}}, \Delta P = (\rho_o - \rho_i)gh_2$$

$$= \sqrt{2g\frac{(\rho_o - \rho_i)}{\rho_i}h_2}$$

2) 외부에서 내부로 유입속도(m/s)

$$v_1 = \sqrt{2gh_1} = \sqrt{2g\frac{\Delta P}{\gamma_o}}$$

$$= \sqrt{2\frac{\Delta P}{\rho_o}}, \Delta P = (\rho_o - \rho_i)gh_1$$

$$= \sqrt{2g\frac{(\rho_o - \rho_i)}{\rho_o}h_1}$$

3) 샤프트에서 배출하는 질량유량(kg/s) = $\rho_i \times C \times A_2 \times v_2$

$$Q_{out} = \rho_i \times C \times A_2 \times \sqrt{2g\frac{(\rho_o - \rho_i)}{\rho_i}h_2} \text{(kg/s)}$$

$$Q_{out} = C \times A_2 \times \sqrt{2g\rho_i(\rho_o - \rho_i)h_2} \text{(kg/s)}$$

4) 샤프트로 유입하는 질량유량(kg/s)

$$Q_{in} = \rho_o \times C \times A_1 \times v_1$$

$$Q_{in} = \rho_o \times C \times A_1 \times \sqrt{2g\frac{(\rho_o - \rho_i)}{\rho_o}h_1} \text{(kg/s)}$$

$$Q_{in} = C \times A_1 \times \sqrt{2g\rho_o(\rho_o - \rho_i)h_1} \text{(kg/s)}$$

5) 배출하는 질량유량 = 유입하는 질량유량

$$C \times A_2 \times \sqrt{2g\rho_i(\rho_o - \rho_i)h_2} = C \times A_1 \times \sqrt{2g\rho_o(\rho_o - \rho_i)h_1}$$

$$A_2^2 \times \rho_i \times h_2 = A_1^2 \times \rho_o \times h_1$$

$$A_2^2 \times T_o \times h_2 = A_1^2 \times T_i \times h_1 \text{(∵ 밀도}\rho\text{는 온도}T\text{와 반비례)}$$

$$\therefore \frac{h_2}{h_1} = \left(\frac{A_1}{A_2}\right)^2 \times \frac{T_i}{T_o}$$

$$\therefore \frac{H - h_1}{h_1} = \left(\frac{A_1}{A_2}\right)^2 \times \frac{T_i}{T_o}$$

$$\therefore \frac{h_1}{H} = \frac{1}{1 + (T_i/T_o)(A_1/A_2)^2}$$

$$\therefore h_1 = H \times \frac{1}{1 + (T_i/T_o)(A_1/A_2)^2}$$

H : 샤프트의 높이(m)
h_1 : 바닥에서 중성대까지 높이(m)
h_2 : 중성대로부터 샤프트 상부까지 높이(m)
A_1 : 중성대 하부 개구부 면적(m^2)
A_2 : 중성대 상부 개구부 면적(m^2)
T_i : 샤프트 내부 공기온도(K)
T_o : 외기온도(K)

3 풍력터빈의 화재위험성과 화재방호설비(화재감지, 화재진압)의 개선방향에 대하여 설명하시오.

1. 개요

1) 바람이 가진 운동에너지를 이용하여 전기를 생산하는 발전 방식으로 블레이드가 회전하면서 발생하는 기계에너지를 발전기를 통해 전기에너지로 변환하는 원리를 이용한다.(블레이드 → 증속기(Gear Box) → 발전기 → 변전소 및 수용가)
2) 풍력발전기는 육상풍력발전, 해상풍력발전(고정식, 부유식)으로 구분할 수 있다.

2. 풍력발전기의 구조

1) **타워(Tower)** : 풍력발전기를 지지해 주는 구조물

2) **블레이드(Blade)** : 바람에너지를 회전운동에너지로 변환

3) 나셀(Nacelle)

(1) 요시스템(Yaw System)
  블레이드를 바람방향에 맞추기 위하여 나셀을 회전시킴

(2) 피치시스템(Pitch system)
  풍속에 따라 블레이드 각도 조절

(3) 콘트롤시스템(Control System)
  풍력발전기가 무인 운전이 가능하도록 설정, 운영

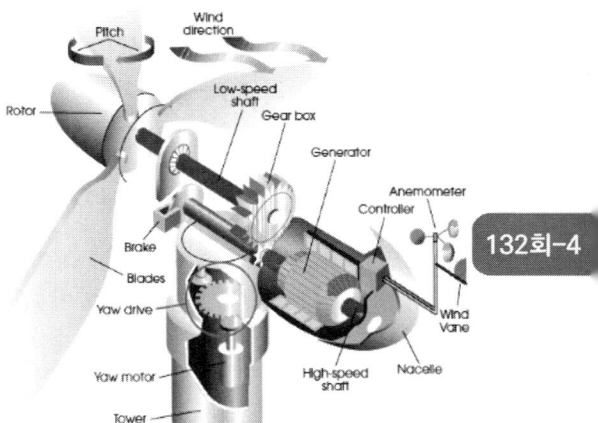

4) 증속기(Gear Box)
주축의 저속회전을 발전용 고속회전으로 변환

5) 발전기(Generator) : 증속기로부터 전달받은 기계에너지를 전기에너지로 전환

3. 화재발생 메커니즘
기어박스 베어링파손, 윤활유 공급불가 및 누유, 발전기 과부하 과열, 유압브레이크 마찰 과열, 변압기 절연파괴 등으로 1차 발화 → 나셀 구조물(FRP)에 2차 연소 → 허브의 블레이드(FRP) 연소

4. 풍력발전기 화재 시 위험성

1) 높은 위치에 설치되는 풍력발전은 화재 진압이 어려움

(1) 타워 내부에는 수직사다리가 있으며 20~25m마다 중간 참이 있으나 대부분의 타워에는 승강용 곤돌라 또는 엘리베이터가 설치됨

(2) 나셀은 지상 70 ~ 120m에 위치하여 타워를 통한 진입을 하여야 하지만 화재로 전원이 차단된 풍력발전기 타워에 곤돌라 및 엘리베이터가 작동될 수 없어 소방장비를 몸에 지니고 사다리로 올라가 소화하는 것은 불가능함

(3) 소방차 방수포가 70m 이상 높이에 위치한 나셀에 도달하지 못하여 기상여건에 맞추어 소방헬기로 진압을 시도하지만 야간비행금지로 주간에만 가능함

2) 육상풍력 발전에서 화재 시 주변으로의 확대 위험이 있음

(1) 주로 산악지대에 설치되므로 산림화재로 확대 우려

(2) 전기저장장치(ESS), 태양광 발전과 연계되어 운용하는 경우에는 화재 확대 우려

3) 해상풍력 발전은 선박접안이 불가능하여 접근이 어렵고, 소방헬기는 기상조건에 의해 소화활동에 제약이 발생함. 나셀 내부 화재 시 외부에서 진입이 어려워 초기에 화재를 진압하지 못하면 나셀 전체가 전소됨

4) 소방법령에는 풍력발전 부분이 특정소방대상물로 지정되어 있으나 화재감지 및 경보와 화재진압용 소방시설에 대한 명확한 규정이 없음
   (1) 강제성 없는 법령에 의하여 초기진압 가능한 소화설비 또는 소화장치가 설치되어 있지 않거나 일부는 자진설비로 진압의 효과와 성능이 입증되지 않은 소화장치가 설치되고 있음

5. 풍력터빈의 발화원인 및 개선방향

1) 발화원인

발화원	발화 요소	원인	발화 시나리오
기계 시스템	브레이크 (요, 고속축)	과열	• 과풍속으로 인한 브레이크 패드 과열 • 제어기고장 → Feathering제어실패 → 고속, 무부하운전으로 인한 과열 • 윤활유 및 인화성 물질로 인한 화재 확대
	베어링 (기어박스, 주축, 요, 피치, 발전기)		
전기 시스템	발전기, 인버터, 유압계통, 주변압기, 보조변압기, 내부하단	단락 과열 폭발	• 낙뢰로 인한 과전류 • 장기간 정지에 따른 고착 • 윤활유 부족에 따른 마찰 증가 • 발전기 IGBT와 방열기 사이의 접착부 열노화로 인한 발열 • 발전기 IGBT Switching실패 → 전류 불평형 → 시스템 Trip → 폭발 • 발전기 IGBT 단락 → Open → 회로고장 → 3상전류 왜곡 → 전류불평형 초래 • 염분 부식 등 내부오염(해상풍력발전)
정비 활동	전기설비 기계설비전반	단락 인화물질 전선접속	• Humman Error, 안전/정비 수칙 미준수 등 • 용접작업 불씨 • 고장품 교체작업
기타 설비	낙뢰 방지설비, 센서류, 제어기	과열 오작동	• 낙뢰로 인한 과전류 • 화재감시 모니터링 센서류 고장 • 주차단기 오작동 → IGBT 폭발

2) 화재방호 개선방향

구분	현황	개선방향
화재위험 분석	• 분석자 주관의 정성적 화재위험 평가 • 각 기기별 화재위험성 분석 부재	• 기기의 고장빈도 등을 고려한 정량적 화재위험성 평가 • 컴퓨터 전산해석에 의한 전후 주요부 열전달 수치해석 수행
화재감지 기술	• 열, 연기감지기 등 단일감지기 적용으로 신뢰도 저하 • 감지기 오작동 최소화를 위한 최신 기술 부재 • 나셀 내부 기기 특성을 고려하지 않은 감지기 적용	• 열, 연기, 영상, 열화상, 자외선 등 복합(다중)센서기반의 감지기술 개발로 실화재 판별도 개선 • 인공지능기반 기술 적용으로 비화재보 개선 • 전산해석(연기유동)결과에 기반한 최적 감지기술 적용
화재진압 기술	• 가스계소화설비의 경우 전역방출방식 적용 • 화염의 재발화를 고려하지 않은 소화기	• 청정소화약제 기반의 국소방출방식 적용 • 전산해석(화재유동)기반의 화재 발열량 계산으로 최적 소화약제량 산출 및 재발화 원천 방지 기술개선 • 소화약제 방출 후 잔류물이 전혀 없는 소화약제 적용 • 터빈, 베어링, 인버터 등 각 기기의 기계적, 전기적 특성을 고려한 소화장치 적용

6. 결론

1) 풍력터빈에서 화재는 그 특성과 환경적 제약조건으로 인하여 복잡하고 대응하기 어렵다.
2) 풍력터빈의 화재특성을 파악하고 이를 고려하여 조기감지 및 진압 시스템을 개선하는 것은 필수적인 요소이다.

---

4 병원화재의 특성과 NFPA 및 IBC(International Building Code)에서 제시하는 병원화재 안전대책에 대하여 설명하시오.

1. 개요

1) 병원은 화재가 발생할 경우 거동이 불편한 환자가 많으므로 화재를 미리 방지할 수 있도록 예방에 초점을 맞춰야 한다.
2) 소화설비, 방화구획의 최상의 유지관리를 통해 설비의 신뢰성을 높여 화재를 발화실 등 일정 공간 내로 제어하는 것이 중요하다.
3) 거동이 불편한 환자가 많으므로 수직 피난은 현실적으로 제한이 발생한다. 수평 피난이 될 수 있도록 하고 주기적으로 교육 및 훈련을 통해 신속한 대응을 할 수 있도록 해야 한다.

2. 병원화재의 통계 (국가화재정보시스템 자료, 2008~2013)

구분	부주의	전기	기계적	미상	방화	가스	화학	자연적	기타	합계
비율(%)	37.5	39.2	6.8	7.9	6	0.7	0.2	0.2	1.3	100

3. 병원화재의 위험성

1) 거동이 불편한 환자가 많으므로 화재가 발생하면 대규모의 사상자가 발생함
2) 화재통계를 보면 의료기관 화재는 일반 건축물 화재의 인명피해보다 약 3배 정도 높음
3) 피난에 있어 수직 피난이 불가한 환자가 있으므로 일반 건축물과는 다른 방식의 피난계획과 비상대응계획이 필요함
4) 미국방화협회(NFPA)의 자료에서 보듯이 미국은 2011~2015년간 의료시설에서 연간 약 5,750건의 화재가 발생했으나 연평균 2명이 사망했으며, 국내와 비교 시 미국에 비해 약 100배 정도 높음

4. 해외기준

1) NFPA의 병원안전 개념

(1) 의료시설에서 환자를 수직 피난하는 방법은 비효율적이며, 화재 시 점유자를 수직으로 이동시켜야 하는 확률을 최소화하는 "현장방어"를 기본개념으로 제정되었다.
(2) 하나의 층에서 환자를 안전한 지역으로 수평 이동을 위해, 단일 화재에 노출되는 점유자의 수를 관리 가능한 한계 이내 수준으로 유지하기 위해 벽이 필요하다.
(3) 중환자실의 환자는 생명유지 장치에 연결되어 있으므로 자력으로 피난이 불가하다.
(4) 즉 계단, 경사로와 같은 수직 피난로는 방문객과 직원의 탈출 경로로 환자의 이동에 있어 "최종방어선으로 고려"되어야 한다.

2) 방연구획(Smoke Barrier) : 미국건축법규(IBC)

(1) 미국건축법규(IBC)는 의료용도시설에서 일정 면적 이상인 경우 연기를 차단할 수 있는 구획을 설치한다.

(2) 수용 가능인원(Occupant Load)이 50인 이상일 때 2개 이상으로 방연구획을 하고, 각 구획마다 일정 면적 이상의 피난구역이 있어야 한다.

3) 스프링클러설비(NFPA 101)

의료시설이 있는 건축물은 건축물 전체를 자동식 스프링클러설비로 방호한다.

5. 병원화재 안전대책

1) 화재발생 가능성을 최소화하도록 설계하고 유지관리

(1) 방화시설 설치

(2) 훈련된 직원을 배치하여 조기소화 및 피난유도

(3) 운영, 유지관리 매뉴얼 수립

2) 화재가 발생하더라도 화재확산을 방지하고 능동적으로 소화할 수 있는 설비 설치

(1) 스프링클러설비의 설치가 확대됨

(2) 정신병원, 요양병원은 빈번한 사고로 바닥면적 600m² 이상인 경우 스프링클러설비를 건물 전체에 설치하도록 법규가 개정되었는데, 일반병원은 규정이 없으므로 확대가 필요함

(3) 의료시설은 타 용도에 비해 화재건수 대비 사망률이 높으므로 자발적으로 설치하는 방안을 검토할 필요가 있음

(4) 미국은 IBC 및 NFPA 101에서 의료시설은 건물 전체에 스프링클러설비를 설치함

3) 적절한 제연구획 설정

(1) 연기로 인해 인명피해가 발생하므로 연기의 확산을 방지, 지연하기 위해 제연설비를 설치함

(2) 수직 피난보다는 수평피난이 가능하도록 설계함

4) 화재확산 방지를 위해 방화구획 설정

(1) 수직, 수평관통부의 방화관리

① 식사의 이송, 세탁물 투입(린넨 슈트), 기송관설비, 컨베이어 설비 등 많은 구획 관통부 발생

② 피난계단, 설비피트(PS실), 방화문, 방화구획 벽체 등 기송관이 바닥 슬래브, 구획 벽체를 관통하는 경우 주변 개구부는 내화충전 성능이 확인된 재료나 구조로 보완

③ 기송관의 방화구획선 관통부는 방화댐퍼 설치

(2) 병실의 간막이벽은 직상층 바닥판까지 내화구조로 함

(3) 덕트가 방화구획 관통 시 방화댐퍼를 설치함

5) 병원의 피난계획 개념

(1) 피난의 특징

① 병원은 신체적 능력과 판단능력이 저하되고, 자력 피난이 곤란한 환자가 많음

② 내원객 등 불특정 다수가 이용하고, 24시간 가동하는 특성이 있음

(2) 병동의 피난구조 방법

① 수평 피난방식
- 구획실에서 화재 시 재실자는 화재공간에서 비화재공간으로 수평 이동하는 방법
- 비화재 공간에는 계단실이 배치가 되도록 구획을 설정

② 병동 발코니 피난방식
- 피난구조 및 상층으로 화재가 확산되는 것을 방지하는 데 효과적인 방식임
- 뒤늦게 대피하는 환자가 피난하거나 거동이 어려운 환자를 일시적으로 이동함
- 소방대원의 진입과 구조활동에 활용할 수 있음
- 조류 등에 의한 위생상 감염의 우려로 발코니를 설치하지 않는 병원이 많음
- 발코니를 미설치하는 병원은 피난복도 등의 안전구획의 안전성 향상과 수평 피난 확보가 중요함

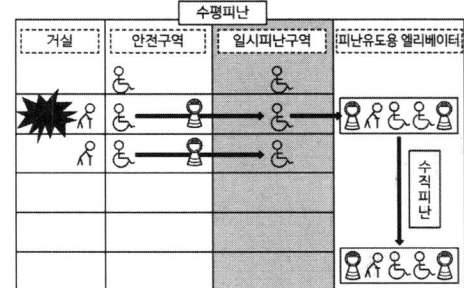

[거동이 불편한 자의 피난유도 개념도]

③ 병동의 피난, 구조의 실태
- 환자 스스로 걸어서 이동, 보호자와 동행, 들것 등 이송기구에 의한 방법
- 들것은 스트레처 카, 휠체어, 시트로 이동하는 방법

6. 결론

1) 최근의 병원 또는 요양시설의 화재를 보면 밀양 세종병원(전기합선, 2018년, 사망 51명, 부상 140여명), 장성요양병원(방화, 2014년, 21명 사망, 8명 부상), 포항 노인요양병원(전기합선, 2010년, 10명 사망, 17명 부상) 등이 있는데 병원의 화재빈도가 일반건축물에 비해 높다고 할 수 없지만, 건축물 크기와 화재 규모에 비해 다수의 사상자를 발생시킨다.

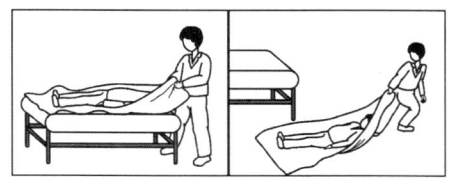

[들 것(침대시트) 구조]

2) 의료시설은 일반 건축물에 비해 인명피해가 크므로 적극적인 위험관리가 중요하다.
3) 법규에서 규제하는 부분에만 건축물을 설계 유지·관리하고 있으나 자발적인 위험관리가 더욱 중요하다.
4) 연면적 3,000m² 이상의 병원은 "화재로 인한 재해보상과 보험가입에 대한 법률"에 따라 특수건물에 해당되므로 화재보험을 의무적으로 가입해야 하며, 보험가입은 효율적인 위험관리기법 중 하나로 볼 수 있다.
5) 지속적인 교육, 훈련을 통해 안전의식을 고취하여 화재발생 시 신속히 대처하여 인명 및 재산의 피해를 최소화하는 것이 필요하다.

[NFPA 101 Chapter19 "New and Existing Health Care Occupancies"]

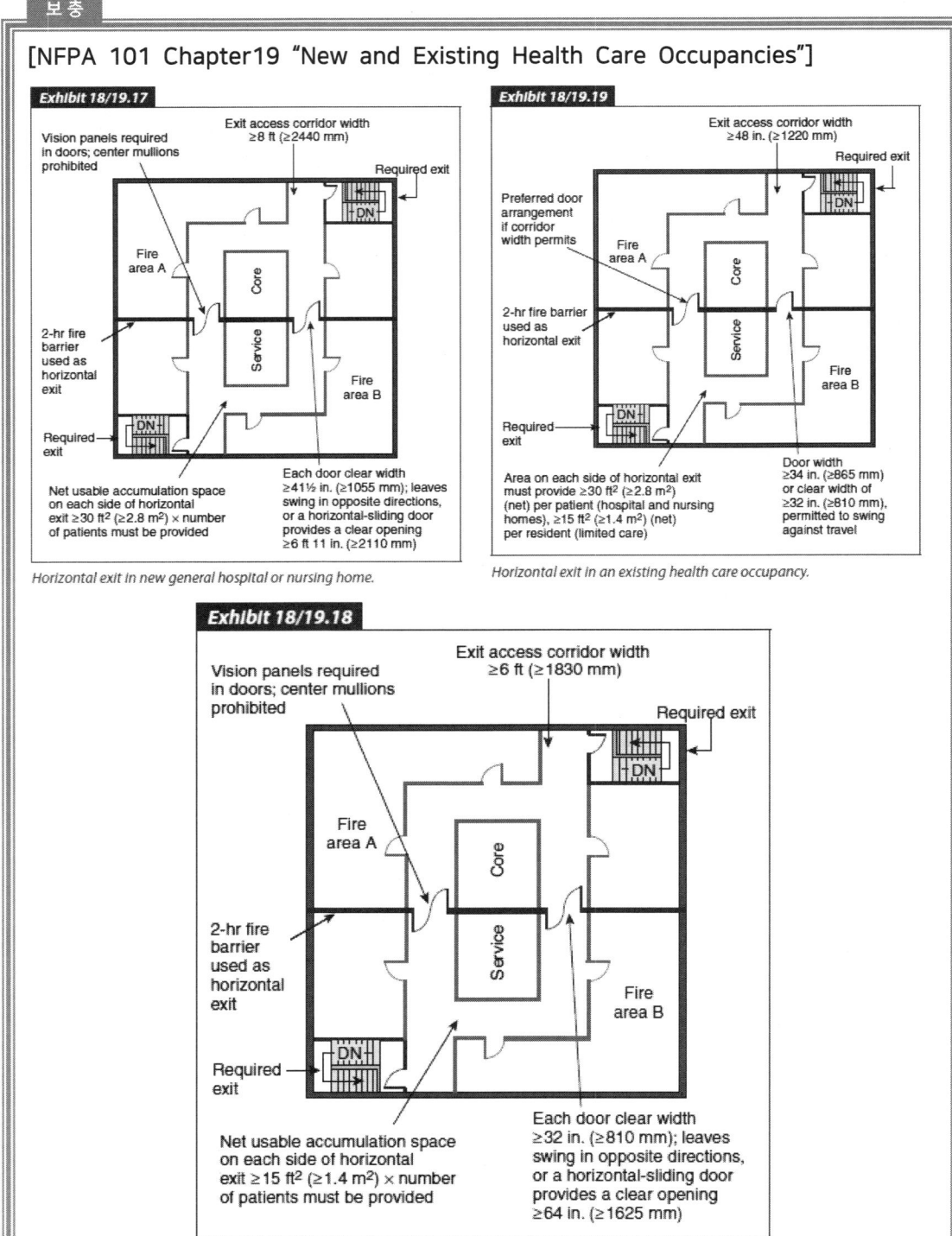

5 포소화설비에서 팽창비의 측정방법과 고정포방출구에 대하여 설명하시오.

1. 팽창비의 측정방법

1) 팽창비의 정의
(1) 최종 발생한 포 체적을 포 발생 전의 포 수용액의 체적으로 나눈 값을 말한다.

(2) 팽창비 = $\dfrac{\text{최종 발생한 포 체적}}{\text{포 발생 전의 포 수용액의 체적}}$

2) 시험방법(KS B ISO 7203-1 : 2009 부속서 F " 발포 배율과 환원 시간의 측정")
(1) 포수집용기의 무게측정(m_1)
(2) 포수집용기를 포수집기 아래에 놓음
(3) 포수집용기에 포가 가득 차면 포수집기로부터 포수집용기를 빼냄
(4) 가득 찬 포수집용기의 무게를 측정함(m_2)
(5) 다음 식에 의해 발포배율 E를 계산

$$E = \dfrac{V}{m_2 - m_1}$$

V : 포수집용기의 체적(L)
m_1 : 빈 포수집용기의 질량(kg)
m_2 : 가득 찬 포수집용기의 질량(kg)
※ 포수용액의 밀도는 1.0kg/L로 가정

3) 발포 종류(KOSHA Guide D-21-2012)
(1) 저발포
① 팽창 비율이 6배 이상 20배 미만으로 주로 3% 또는 6%의 농도로 사용
② 단백포는 유류에 대한 내성 및 포 자체강도가 커서 인화성 액체의 화재 진압에 주로 사용

(2) 고발포
① 팽창 비율이 20배 이상 1,000배 미만으로 주로 합성 계면 활성제포 소화약제의 1%, 1.5% 및 2%의 농도로 사용
② 주로밀폐실의 일반 가연물 화재에 사용하나 유류에 대한 내성 및 바람에 대한 저항력이 약하여 인화성 액체의 화재에는 적당하지 않음

2. 고정포방출구

배관에 공급되는 포수용액을 기계적으로 혼합함과 동시에 공기를 흡입하여 공기포를 발생시키는 발포기 기능이 있으며, 폼챔버는 발생한 포를 안전한 성상으로 하고 속도를 줄여 탱크 내에 유입시키는 방출구와 탱크 내의 가연성 증기가 역류하지 않도록 하는 증기실 부분으로 설치된다. 증기실은 특수한 유리판재 등의 봉판이 사용되고 발생한 포가 송액될 때 배관 내 공기에 의해 압축되어 파괴되면서 탱크 내에 포를 유입시킨다.

1) Ⅰ형 포방출구

(1) 개념

방출된 포가 액면 위에 전개될 수 있도록 탱크 내부에 포의 통로가 있는 설비로서 콘루프탱크에 설치

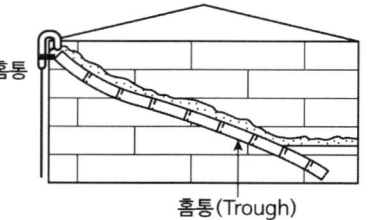

(2) 특징

① CRT에서 사용하고 FRT에서 사용하지 못함
② 홈통(Trough)에 의해 포가 유면 위로 방출
③ CRT에서 사용

2) Ⅱ형 포방출구

(1) 개념

방출된 포가 탱크 측판 내부에 흘러내려서 액면에 전개되도록 포의 반사판을 방출구에 설치한 설비

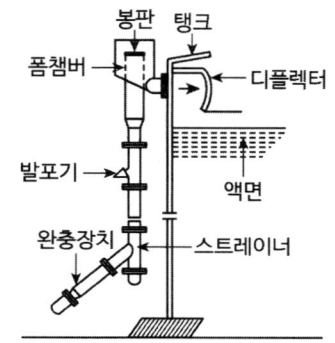

(2) 특징

① 발포기, 폼챔버, 봉판, 디플렉터로 구성
② 디플렉터에 의해 포가 탱크 벽면으로 흘러내려감
③ CRT에서 사용

3) Ⅲ형 포방출구(표면하주입방식, Subsurface Foam Injection System)

(1) 개념

탱크화재 시 폭발에 의해 고정포방출구가 파괴되는 결점을 보완한 형태로 탱크 저부에서 포를 주입하는 방식

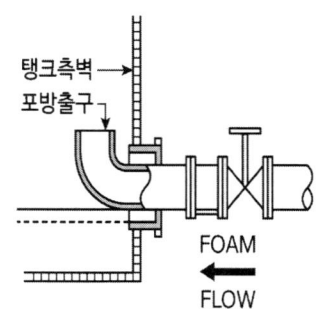

(2) 특징

① 고정지붕구조의 탱크와 같은 대기압 탱크에 가장 효과적임. Ⅰ·Ⅱ형은 직경 60m 미만인 탱크에 적합하고 이를 초과할 경우에는 Ⅲ·Ⅳ형의 포방출구를 추가로 설치해야 하나, Ⅲ·Ⅳ형은 직경 60m 이상인 탱크에도 효과적임
② 콘루프형은 대기압의 탱크 및 점도가 낮은 위험물에 적합하며 중질유와 같이 점도가 높은 경우 고온 열류층이므로 포가 올라가지 못함

③ 포방출구 토출 측에 액체위험물의 압력 등이 배압(Back Pressure)으로 작용하므로 발포기는 고압의 것 사용(압력탱크나 FRT에는 부적합)
④ 포가 방출되면서 상·하부액을 교반시키므로 액온도를 저하시킬 수 있음
⑤ 유류 주입배관을 포방출구로 사용 가능
⑥ 포소화약제는 불화단백포와 수성막포만 사용 가능

4) Ⅳ형 포방출구(반표면하주입방식, Semi-Surface Foam Injection System)

(1) 개념

표면하포주입방식의 개량형으로 표면하주입방식의 탱크 하부에서 방출된 포가 떠오르는 동안 저장액체와 혼합되어 포가 소멸되는 것을 방지하기 위해 Hose Container 등을 설치하여 포가 액면에 효과적으로 떠오르도록 한 것

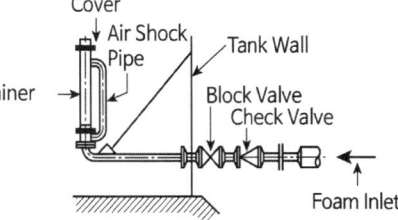

(2) 특징

① 방출된 포가 유면 위로 올라오는 동안 저장액체와 혼합되며 포가 소멸되는 문제를 보완
② 방출구에 호스를 포함한 컨테이너가 설치된 구조
③ 포 방출 시 압력에 의해 호스가 팽창하면서 상부로 떠올라 유면에서 포를 방출

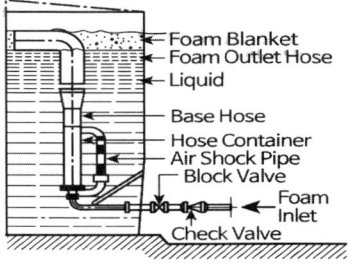

5) 특형 포방출구

(1) 개념

플로팅루프 탱크의 측면과 굽도리판에 의해 형성된 환상부분에 포를 방출하여 소화작용을 하게 설치된 설비

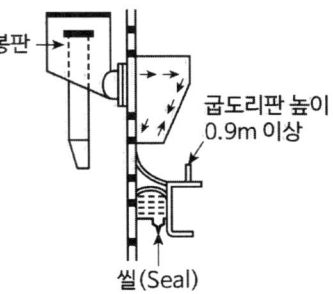

(2) 특징

① 굽도리판에 의해 형성된 환상부분으로 포 방출
② 주로 FRT에서 사용

6 소방시설의 성능확인을 위한 계측기에 대하여 다음 사항을 설명하시오.
   (1) 참값, 측정값, 오차의 정의
   (2) 오차의 종류
   (3) 우연오차의 법칙

1. 참값, 측정값, 오차의 정의

1) 참값(True Value of a Quantity)
주어진 특정량에 대한 정의와 일치하는 값

2) 측정값
측정에 의해 얻어진 측정량의 추정값

3) 오차(Error of Measurement)
(1) 측정결과에서 측정량의 참값을 뺀 값

(2) 오차(誤差, 영어 : error)란 참값과 근삿값의 차이로, 근삿값에서 참값을 뺀 값이다. 예를 들어 참값 π(원주율)을 근삿값 3.14에서 뺀 값, 3.14-π는 오차이다. 오차는 양숫값, 0, 음숫값을 모두 가질 수 있다. 그리고 오차의 절댓값이 작을수록 근삿값은 참값에 가깝다.

2. 오차의 종류 (국가기술표준원고시 "측정결과의 불확도추정 및 표현을 위한 지침")

오차는 측정결과에서 측정량의 참값을 뺀 값으로 정의하는데, 일반적으로 측정에는 여러 가지 불완전한 요소가 있으므로 측정결과에는 오차가 있게 마련이다. 오차는 우연성분과 계통성분의 두 성분으로 분류한다.

1) 우연오차(Random Error)
(1) 정의
    반복성 조건을 유지하면서 같은 측정량을 무한히 측정하여 얻은 모평균을 측정결과에서 뺀 값

(2) 설명
   ① 우연오차는 영향량들이 시간적, 공간적으로 예측할 수 없게 변동하므로 생긴다. 이러한 변동의 영향을 우연효과라 하며, 이는 측정량을 반복 관측할 때 그 값이 변동하는 원인이 된다.
   ② 우연오차를 보정할 수는 없으나, 관측의 횟수를 늘림으로써 줄일 수는 있다. 이 우연오차의 기댓값은 영이다.

2) 계통오차(Systematic Error)

(1) 정의

반복성 조건을 유지하면서 같은 측정량을 무한히 측정하여 얻은 모평균에서 측정량의 참값을 뺀 값

(2) 설명

① 계통오차도 우연오차와 마찬가지로 제거할 수는 없지만 줄일 수는 있다. 만일 계통오차가 알 수 있는 영향량의 효과로부터 생긴다면, 그 효과는 정량화될 수 있다.

② 이 효과가 측정에서 요구되는 정확도에 비하여 무시할 수 없을 정도의 크기라면, 이를 보상하기 위하여 보정값이나 보정인자를 적용할 수 있다. 보정을 한 후의 계통효과에 의한 오차의 기대값은 영이라고 본다. 따라서, 측정의 결과에 큰 영향을 미치는 계통효과를 보정해야 하며, 그러한 효과를 구분해 내는 노력을 해야 한다.

3. 우연오차의 법칙 (Law of Errors)

1) 우연오차의 분포에 관한 법칙 또는 가우스의 오차법칙이라고도 한다.

2) 우연오차의 3법칙

(1) 절대치가 같은 陽(+) 陰(−)의 오차가 생기는 확률은 같다.

(2) 절대치가 적은 오차가 생기는 확률은 절대치가 큰 오차가 생기는 확률보다 크다.

(3) 절대치가 매우 큰 오차가 생기는 확률은 거의 영과 같다.

금화도감
禁火都監

소방기술사 131회

소방기술사
기출문제풀이

禁火都監

국가기술자격 기술사 시험문제

기술사 제131회   제1교시 (시험시간 : 100분)

분야	안전관리	종목	소방기술사	수험번호		성명	

※ 다음 문제 중 10문제를 선택하여 설명하시오. (각 10점)

1. 스프링클러헤드 작동 시 발생할 수 있는 로지먼트(Lodgement) 현상과 이 현상을 확인할 수 있는 시험방법에 대하여 설명하시오.

2. 무디선도(Moody diagram)의 개념을 설명하고 이를 이용한 미분무소화설비 배관의 마찰손실 계산에 대하여 설명하시오.

3. 「소방의 화재조사에 관한 법률」에서 정하고 있는 화재조사의 대상, 조사사항 및 절차에 대하여 설명하시오.

4. 자연발화현상에서 열방사에 의한 자연발화와 고온기류에 의한 자연발화에 대하여 설명하시오.

5. 다음 접지관련 용어에 대하여 각각 설명하시오.
   1) 계통접지   2) 보호접지   3) 피뢰시스템 접지

6. 자가발전설비 적용 시 건물이 여러 동으로 구성된 경우 부하를 결정하는 방법에 대하여 설명하시오.

7. 「화재의 예방 및 안전관리에 관한 법률」에서 정하고 있는 불을 사용할 때 지켜야 하는 사항 중 화목(火木) 등 고체연료를 사용하는 보일러를 사용할 때 지켜야 하는 사항을 설명하시오.

8. 피난용승강기 설치 시 「소방시설 등 성능위주설계 평가운영 표준가이드 라인」에서 요구되는 안전성능 검증 방안에 대하여 설명하시오.

9. NFPA 101에서 제시하는 지연출구 전기 잠금 시스템(Delayed Egress Electrical Locking System)에 대하여 설명하시오.

10. 랙크(Rack)식 창고에서의 송기공간(Flue Space)에 대하여 설명하시오.

11. 화재 시 연기의 성층화(Stratification) 현상과 연기의 성층화 관련 계산식에 대하여 설명하시오.

12. 대기압이 753mmHg일 때 진공도 90%의 절대압력은 몇 MPa인지 계산하여 설명하시오.

13. 저압식 이산화탄소소화설비에서 Vapor Delay Time을 구하는 계산식을 제시하고 이에 영향을 주는 인자에 대하여 설명하시오.

국가기술자격 기술사 시험문제

기술사 제131회   제2교시 (시험시간 : 100분)

분야	안전관리	종목	소방기술사	수험번호		성명	

※ 다음 문제 중 4문제를 선택하여 설명하시오. (각 25점)

1. 실제 화재 시 소화에 필요한 소화방법을 작용면에서 물리적 작용에 바탕을 둔 소화방법과 화학적 작용에 바탕을 둔 소화방법으로 분류하는데 다음에 대하여 설명하시오.
   1) 물리적 작용에 바탕을 둔 소화방법에서
      (ㄱ) 연소에너지 한계에 바탕을 둔 소화방법
      (ㄴ) 농도한계에 바탕을 둔 소화방법
      (ㄷ) 화염의 불안전화에 의한 소화방법
   2) 화학적 작용에 바탕을 둔 소화방법
   3) 물리적 작용과 화학적 작용 소화방법 간의 상호보완 작용

2. 소방감리원은 소방도면 이외에 건축도면, 기계도면, 전기 및 통신 도면을 검토해야 하는데 이때 검토해야 할 항목과 소방 설계도서 목록 중 설계도면, 설계시방서, 내역서, 설계계산서의 주요 검토 내용에 대하여 설명하시오.

3. 상업용 주방자동소화장치의 정의, 설치기준 및 설계매뉴얼에 포함되어야 할 사항에 대하여 설명하시오.

4. 소방청의 「건축위원회(심의) 표준 가이드라인」에서 제시하는 다음 사항을 설명하시오.
   1) 종합방재실(감시제어반실) 설치기준 강화
   2) 지하 주차장 연기배출설비 운영 강화
   3) 전기차 주차구역(충전장소) 화재예방대책 강화

5. 제연설비에 사용되는 송풍기의 각 풍량제어 방법별 성능곡선 및 특성을 비교 설명하시오.

6. ESFR 스프링클러헤드에 적용되는 실제살수밀도(ADD)의 개념, 특징, 영향인자 및 측정방법에 대하여 설명하시오.

국가기술자격 기술사 시험문제

기술사 제131회   제3교시 (시험시간 : 100분)

분야	안전관리	종목	소방기술사	수험번호		성명	

※ 다음 문제 중 4문제를 선택하여 설명하시오. (각 25점)

1. 행정안전부장관이 침수피해가 우려된다고 인정하는 지역 나 지하도로, 지하광장, 지하에 설치되는 공동구, 지하도 상가 및 바닥이 지표면 아래에 있는 건축물을 설치하는 경우 침수 피해를 예방하기 위한 지하공간의 침수 방지시설의 기술적 기준을 공통 적용 사항과 시설별 적용사항으로 구분하여 설명하시오.

2. 일반건축물의 경우 건축허가 등 동의와 관련하여 관할 소방관서의 행정절차에 대하여동의 시, 착공 및 감리 시, 완공 시, 유지 관리 시로 각각 구분하여 설명하시오.

3. 옥외 탱크저장소의 포소화설비 설치와 관련하여 다음에 대하여 설명하시오.
    1) 위험물 탱크의 구조에 따라 적용하는 고정포방출구의 종류
    2) 고정포방출구의 종류별 정의와 특징

4. 고체 가연물의 연소속도를 정의하고 연소속도에 영향을 미치는 요인과 발화온도에 영향을 미치는 요인에 대하여 설명하시오.

5. 「건축법 시행령」과 「건축물의 피난·방화구조 등의 기준에 관한 규칙」에 따른 문화 및 집회시설(공연장)의 개별 관람실(바닥면적 400 m^2) 내부의 출구 설치기준에 대하여 설명하고, 개별 관람실 출구의 개수와 유효너비를 산정하시오.

6. 「사업장 위험성평가에 관한 지침」(고용노동부 고시)에서 규정하는 사업장 위험성평가와 관련하여 다음 사항을 설명하시오.
    1) 위험성평가 정의
    2) 위험성평가 실시 시기
    3) 위험성평가 절차 및 주요내용

국가기술자격 기술사 시험문제

기술사 제131회   제4교시 (시험시간 : 100분)

분야	안전관리	종목	소방기술사	수험번호		성명	

※ 다음 문제 중 4문제를 선택하여 설명하시오. (각 25점)

1. 할로겐화합물 및 불활성기체소화설비와 관련하여 NFPA 2001에서 제시한 다음 사항에 대하여 설명하시오.
   1) 소화약제의 인체노출 제한 기준
   2) 안전 요구사항

2. 엘리베이터 피스톤 효과(Piston Effect)에 대하여 설명하고 피스톤 효과로 발생할 수있는 압력에 대한 해석과 문제점에 대하여 설명하시오.

3. 스프링클러설비의 수리계산 절차 및 방법에 대하여 설명하시오.

4. 「화재의 예방 및 안전관리에 관한 법률」에 따라 건설현장의 소방안전관리를 위한 소방안전관리대상물의 범위, 선임기간, 건설현장 소방안전관리자의 업무 및 건설현장에 설치하는 임시소방시설의 종류에 대하여 설명하시오.

5. 「화재의 예방 및 안전관리에 관한 법률」에 따라 소방안전 특별관리시설물의 관계인은 정기적인 화재예방안전진단을 받아야 한다. 이때 화재예방안전진단의 대상 및 화재예방안전진단의 실시절차 등에 대하여 설명하시오.

6. 「대기환경보전법 시행규칙」에 따라 "저탄시설 옥내화"를 의무화해 2024년까지 모든 석탄화력발전소는 옥내에 석탄을 보관해야 한다. 이러한 옥내 저탄장(Coal Shed)에서 발생 가능한 자연발화의 원인을 분석하고 옥내 저탄장에 적응성 있는 소방시설과 화재안전대책을 설명하시오.

131회 1교시

1. 스프링클러헤드 작동 시 발생할 수 있는 로지먼트(Lodgement) 현상과 이 현상을 확인할 수 있는 시험방법에 대하여 설명하시오.

1. 정의
1) 스프링클러헤드의 감열체가 열기류에 의해 탈락되어 부품의 일부가 디플렉터 등에 걸려서 살수 장애가 발생하는 것을 로지먼트(Lodgement) 현상이라 한다.
2) 로지먼트시험을 걸림작동시험이라 하며, ISO나 UL의 기준에는 기능시험(Functional Test), FM에서는 Hang Up Test라 한다.
3) 로지먼트 현상 발생 시 살수장애로 인해 소화실패 우려가 있고, 연소 확대로 인한 인명, 재산피해 우려가 있다.

2. 스프링클러헤드 시험
1) 기능시험 : 스프링클러헤드가 정상 작동하는지 확인하는 시험(로지먼트시험)
2) 소화시험 : 화재제어, 진압 여부를 확인하는 시험

3. 국내 성능확인의 문제점
1) 실제 화재시험을 하지 않아 스프링클러헤드의 정상작동 여부를 알 수 없음
2) 로지먼트 현상이 발생할 경우 살수 패턴 왜곡으로 화재제어가 어려움
3) 미관을 고려해 설치하는 원형 헤드와 플러쉬형 헤드는 로지먼트 현상이 발생할 수 있음

4. 성능기준 (스프링클러헤드의 형식승인 및 제품검사의 기술기준 "걸림 작동시험")
1) 폐쇄형 헤드는 시험장치에 설치하여 0.1MPa, 0.4MPa, 0.7MPa, 1.2MPa 수압을 각각 가하여 작동 시 분해되는 부품이 걸리지 말 것
2) 반사판 등 분해되지 않는 부품은 변형 또는 파손이 되지 않을 것

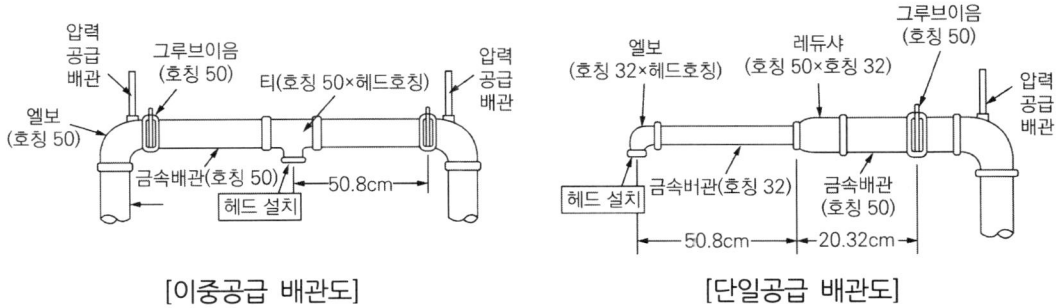

[이중공급 배관도]   [단일공급 배관도]

5. 시험방법 (스프링클러헤드의 형식승인 및 제품검사 시험세칙)
1) 시료를 시험배관에 설치방향대로 연결한다.
2) 시험배관을 통해 헤드에 수압을 가하고 열기류를 사용하여 작동시킨다.
3) 시료는 이중공급배관, 단일공급배관에서 2회씩 시험한다.

2 무디선도(Moody diagram)의 개념을 설명하고 이를 이용한 미분무소화설비 배관의 마찰손실 계산에 대하여 설명하시오.

1. 개요
1) 수계 소화설비는 소화수 배관을 통해 이송되는 과정에서 에너지 손실이 발생하게 되며, 이는 배관의 길이, 부속품, 조도, 유량, 유속, 관경 등에 영향을 받는다.
2) 미분무소화설비는 저압, 중압, 고압 방식으로 압력이 다양하며 일반 스프링클러 설비와 유사한 저압 방식의 경우 Hazen Williams식을 적용하나, 1.2MPa 이상의 중압, 고압 방식에서는 Darcy Weisbach식을 적용한다.
3) Hazen Williams식의 조도(C)와 Darcy Weisbach식의 마찰계수(f)는 반비례 관계이며, C값에 비해 f값은 무디선도에 의해 적용하므로 복잡하지만 정밀하다.

2. Darcy Weisbach식

$$H = f \frac{l}{d} \frac{v^2}{2g} = \frac{8fl}{g\pi^2} \times \frac{Q^2}{d^5}$$

H : 배관의 마찰손실수두(m)
f : 배관의 마찰손실계수, l : 배관의 길이(m)
d : 배관의 내경(m), v : 유속(m/s)
g : 중력가속도(m/s^2)

1) 압력손실은 관의 길이에 비례한다.
2) 압력손실은 속도의 제곱에 비례하고 관의 지름에 반비례한다.
3) 압력손실은 관 내부 표면조도(Roughness)에 크게 영향을 받는다.
4) 압력손실은 유체의 특성, 즉 밀도와 점도의 영향을 받는다.

3. 무디선도(Moody Chart)

1) 개념

(1) 마찰손실은 배관 내 유동으로 인한 손실은 운동에너지($v^2/2g$)에 비례하고, 배관의 길이가 길고, 직경이 작을수록 에너지의 손실이 커짐을 의미한다.

(2) 그 비례상수로 배관의 마찰손실계수(f)가 사용되는데, f는 유체가 층류, 난류에 따라 다르고 난류의 유동에서 마찰손실을 계산하기 위해 무디선도가 고안되었다.

(3) 마찰손실계수(f)를 구하기 위해 레이놀즈수(Re), 관의 거칠기(ε), 관의 직경(D)를 알아야 한다.

2) 무디선도

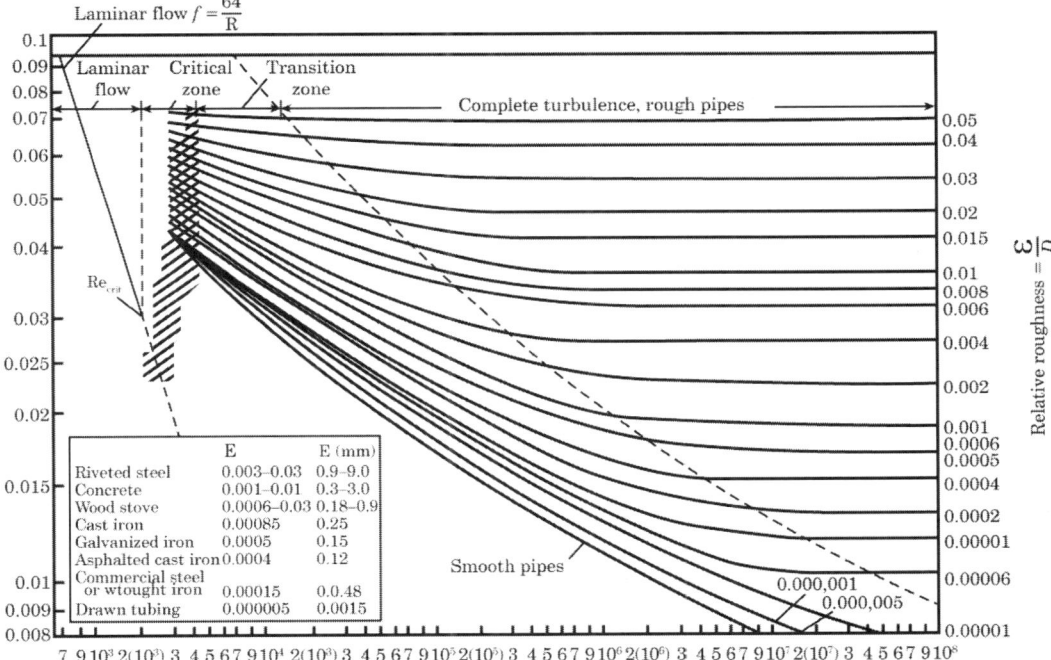

3) 영역별 관의 마찰손실계수(f)

영역	내용
층류흐름 영역 (Laminar Flow)	• f와 Re는 반비례 직선관계로 상대조도에는 관계가 없음 • $f = 64/Re$
천이흐름 영역 (Transition Zone)	• f는 Re와 상대조도($\frac{\varepsilon}{d}$)에 영향 받음 • 많은 관마찰계수 f의 Curve가 있음 • 계산식(Swamee Jain식) $f = 0.25 / [\log(\frac{\varepsilon/d}{3.71} + \frac{5.74}{Re^{0.9}})]^2$
매끈한 파이프 영역 (Smooth Pipes)	• f는 Re에만 영향 받고 상대조도에는 무관 • 계산식(Swamee Jain식) $f = 0.25 / [\log \frac{5.74}{Re^{0.9}}]^2$
완전난류 영역 (Complete Turbulance)	• f는 Re에 무관하고 상대조도에만 영향 • 계산식(Nikuradse식) $\frac{1}{\sqrt{f}} = -2.0\log \frac{\varepsilon/d}{3.7}$

※ 임계흐름영역(Critical Zone) : 층류에서 천이영역으로 넘어가는 과도기구역으로 짧은 구간에서 발생하고, 이 영역에서는 f값을 정하기 곤란하다.

4) f를 구하는 순서

유체의 밀도 ρ와 점성계수 μ를 표에서 구함 → Re수 계산 → 흐름 종류 결정(층류, 천이, 난류) → 관내벽 상대조도($\frac{\varepsilon}{d}$) 계산 → Re와 상대조도 $\frac{\varepsilon}{d}$을 이용해 무디선도상에서 f를 도출

4. 미분무소화설비 배관의 마찰손실 계산

1) 저압 미분무수의 마찰손실

(1) 마찰손실 적용 시의 특징
  ① 수온, 밀도, 점도를 고려하지 않음
  ② 물의 첨가제를 사용하지 않을 때를 기준으로 함
(2) 배관의 마찰손실 계산 방법 : Hazen Williams식 적용

2) 중·고압 미분무수의 마찰손실

(1) 마찰손실 적용 시의 특징
  ① 유체의 특성 반영(온도, 점도, 밀도)
  ② 물의 첨가제를 사용할 경우에도 적용 가능
(2) 배관의 마찰손실 계산 방법 : Darcy Weisbach식 적용

5. 결론

1) 강화액 등 첨가제를 사용하지 않는 저압 미분무소화설비는 일반 소화설비와 같이 Hazen Williams식을 적용하여 마찰손실을 계산하고, 중·고압에서는 압력과 첨가제를 고려하여 Darcy Weisbach식을 적용해야 보다 정확한 마찰손실값으로 계산할 수 있다.
2) 설계자는 유체의 온도에 따른 밀도와 점성계수로 레이놀즈수를 계산하여 상대조도에 따른 무디선도상에서 정확한 마찰손실 계수를 산출할 수 있어야 한다.

---

3 「소방의 화재조사에 관한 법률」에서 정하고 있는 화재조사의 대상, 조사사항 및 절차에 대하여 설명하시오.

1. 정의

1) "화재"란 사람의 의도에 반하거나 고의 또는 과실에 의하여 발생하는 연소 현상으로서 소화할 필요가 있는 현상 또는 사람의 의도에 반하여 발생하거나 확대된 화학적 폭발현상을 말한다.
2) "화재조사"란 소방청장, 소방본부장 또는 소방서장이 화재원인, 피해상황, 대응활동 등을 파악하기 위하여 자료의 수집, 관계인등에 대한 질문, 현장 확인, 감식, 감정 및 실험 등을 하는 일련의 행위를 말한다.

2. 화재조사의 대상

1) 소방대상물에서 발생한 화재
2) 소방관서장이 화재조사가 필요하다고 인정하는 화재

3. 화재조사 사항

1) 화재원인에 관한 사항
2) 화재로 인한 인명·재산피해상황
3) 대응활동에 관한 사항
4) 소방시설 등의 설치·관리 및 작동 여부에 관한 사항
5) 화재발생건축물과 구조물, 화재유형별 화재위험성 등에 관한 사항
6) 그 밖에 화재안전조사의 실시 결과에 관한 사항

4. 화재조사의 절차

현장출동 중 조사	→	화재현장 조사	→	정밀조사	→	화재조사 결과보고
• 화재발생 접수 • 출동 중 화재상황 파악 등		• 화재의 발화원인 • 연소상황 및 피해상황 조사 등		• 감식 · 감정 • 화재원인판정		

5. 화재조사 증거물 수집 · 관리

1) 소방관서장은 화재조사를 위하여 필요한 최소한의 범위에서 화재조사 관에게 증거물을 수집하여 검사 · 시험 · 분석 등을 하게 할 수 있다.
2) 화재조사 증거물을 수집하는 경우 증거물의 수집과정을 사진 촬영 또는 영상 녹화의 방법으로 기록해야 한다.

---

4 자연발화현상에서 열방사에 의한 자연발화와 고온기류에 의한 자연발화에 대하여 설명하시오.

1. 자연발화의 개념

1) 연료를 점점 고온으로 가열하면 혼합기체 분자들이 활성화되고 점화원 없이도 혼합물에서 화염이 스스로 발생하는 현상으로 축열과정이 필요하다. 축열이 되기 위해 가연물 내로 들어온 열량이 나간 열량보다 커야 하며, 축열될수록 가연물 내의 온도가 상승하고 내부에너지는 증가한다.
2) 자기가열(Self Heating)이 연료를 열분해할 정도까지 진행되어 충분한 증기가 형성되었을 때 연료 내 축적된 에너지가 최소점화에너지에 도달해야 발화된다.
3) 발화의 시작은 물질 자체에서의 화학반응에 의해 발생하며, 특정 연료농도와 온도가 필요하다.

2. 열방사에 의한 자연발화

1) 개념
복사열이 가연물의 표면에 열전달되어 서서히 온도가 상승하여 발화온도에 도달하면서 발화

2) 열전달 방법 : 복사열($\dot{q}'' = \varepsilon \Phi \sigma T^4$ [kW/m^2])

3) 메커니즘

복사열 도달 → 가연물의 표면 온도 상승 → 내부 열전달 → 열분해, 화학반응 발생 → 가연성혼합기 생성 → 자연발화온도 도달 → 자연발화

4) 영향인자

방열체와 수열체 간 기하학적 형상, 거리, 위치, 각도, 열선의 크기

3. 고온기류에 의한 자연발화

1) 개념

대류에 의해 가연물의 표면에 열전달되어서 발화온도에 도달하면서 발화

2) 열전달 방법 : 대류($\dot{q}'' = h \times (T_1 - T_2)$ (kW/m²))

3) 메커니즘

온도차 → 부피 팽창 → 밀도 감소 → 부력 발생 → 고온기류 열전달 → 표면 온도 상승 → 내부 열 전달 → 자연발화온도 도달 → 자연발화

4) 영향인자 : 대류열전달계수, 표면적, 고체표면과 유체사이의 온도차

---

5 다음 접지관련 용어에 대하여 각각 설명하시오.
1) 계통접지   2) 보호접지   3) 피뢰시스템 접지

1. 개요

1) 최근의 접지시스템은 기준접지, 등전위 접지, 전위차, 대지전위 상승, 전자파 장애(EMI), 전자파 적합성(EMC) 등의 접지를 별개로 고려하는 것이 아니라 하나의 시스템으로 파악하여 유기적인 기능을 발휘하도록 검토한다.
2) 한국전기설비규정(KEC 141)에서는 접지시스템을 계통접지, 보호접지, 피뢰시스템접지로 구분하고 있다.

2. 접지의 목적 (전기설비기술기준 제6조)

1) 이상(고장)시 전위상승 억제와 고전압의 침입 등에 의한 감전, 화재 등 사람에 위해를 주거나 물건에 손상방지를 위하여 전기설비의 필요한 곳에는 접지
2) 접지는 전류가 안전하고 확실하게 대지로 방전

3. 접지관련 용어

1) 계통접지(System Earthing)

(1) 전력계통에서 돌발적으로 발생하는 이상 현상에 대비하여 대지와 계통을 연결하는 것으로 중성점을 대지에 접속하는 것을 말하며, 일반적으로 중성점 접지라고도 함

(2) 구분
  ① 저압전로의 보호도체 및 중성선의 접속 방식에 따라 구분
  ② TN 계통, TT 계통, IT 계통

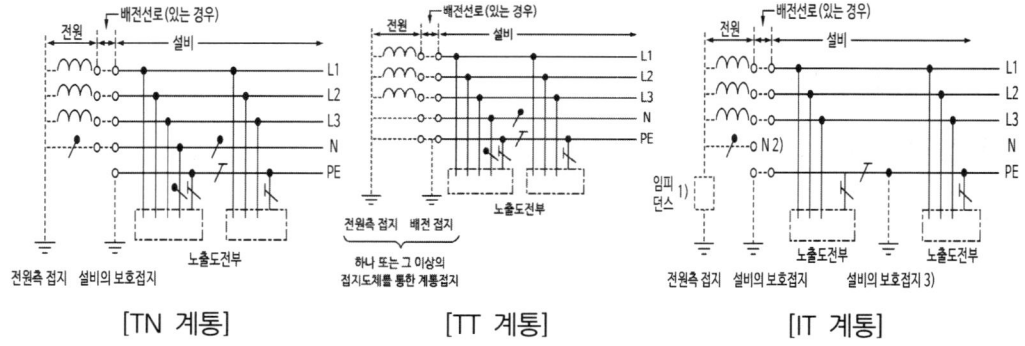

[TN 계통]   [TT 계통]   [IT 계통]

2) 보호접지(Protective Earthing)

고장발생 시 감전에 대한 보호를 목적으로 기기의 한 점 또는 여러 점을 접지하는 것

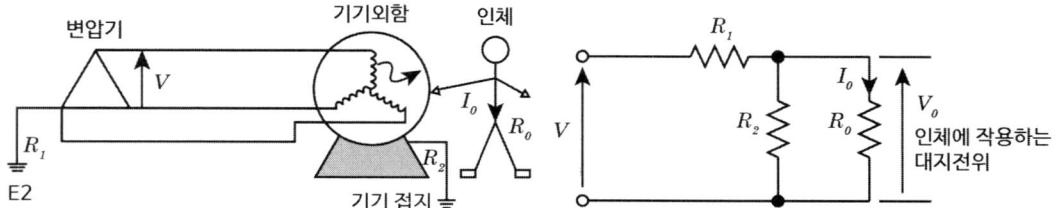

3) 피뢰시스템접지

(1) 피뢰설비에 흐르는 뇌격전류를 안전하게 대지로 흘려보내기 위해 접지극을 대지에 접속하는 것

(2) 설치목적
  ① 보호대상물에 접근하는 뇌격을 확실하게 흡인하여 안전하게 대지로 방류
  ② 건축물 및 소방기기 등 전자기기를 보호하기 위하여 설치

(3) 구성
  ① 외부피뢰시스템 : 직격뢰로 부터 대상물을 보호
  ② 내부피뢰시스템 : 간접뢰 및 유도뢰로부터 대상물을 보호

6 자가발전설비 적용 시 건물이 여러 동으로 구성된 경우 부하를 결정하는 방법에 대하여 설명하시오.

1. Single-Risk Theorem (Single-Fire Theorem)

1) 개념

화재는 큰 건물이라도 한 곳에서만 화재가 발생한다는 이론(Single Risk in Single Area)

2) 적용예

(1) 옥내소화전설비의 수원(가압송수장치)을 스프링클러설비의 수원(가압송수장치)과 겸용하여 설치하는 경우, 아래의 조건을 만족 시 저수량(펌프의 토출량) 중 최대인 것 이상으로 할 수 있음
   ① 고정식 소화설비(방출구가 고정된 설비)가 2 이상 설치
   ② 고정식 소화설비가 설치된 부분이 방화벽과 방화문으로 구획

(2) 여러 동의 특정소방대상물이 지하주차장으로 연결된 경우 가장 큰 제연송풍기를 기준으로 비상전원 용량 산정

(3) 가스계 소화설비의 전역방출방식은 여러 개의 방호구역을 선택밸브를 사용하여 화재가 발생한 구역만 약제를 방출하는 것으로 약제의 양은 가장 큰 방호구역을 기준으로 산정

2. 건물이 여러 동으로 구성된 경우 부하를 결정하는 방법

1) 방법1 : 지하주차장에 연결된 모든 부하를 합산하여 산정

(1) 하나의 주차장으로 연결된 둘 이상의 특정소방대상물의 경우 어느 곳에 연기가 확산될지 특정할 수 없으므로 제연송풍기의 용량을 합산하여 산정한다.

(2) 소방부하의 경우 수용률을 100%로 적용해야 한다.

(3) 장단점

장점	단점
• 화재가 지하주차장에서 둘 이상의 특정소방 대상물로 화재가 확대되어도 제연이 가능 • 과부하에도 대처 가능	• 비상전원의 용량이 커짐 • 많은 비용이 소요됨

2) 방법2 : 여러 동 중 가장 큰 동을 기준으로 산정

(1) 화재는 큰 건물이라도 한 곳에서만 화재가 난다는 이론(Single Fire Theorem)에 따라 여러 동 중 가장 큰 동을 기준으로 산정

(2) 소방관서에서는 가장 큰 동을 기준으로 용량을 산정하도록 지도하고 있지만, 명확한 기준은 없는 실정이므로 설계자의 의도에 따라 이루어지고 있는 실정이다.

(3) 장단점

장점	단점
• 가장 큰 동을 기준으로 용량을 산정하므로 비상전원의 용량이 작아도 됨 • 비용 적게 소요	• 화재가 둘 이상의 특정소방대상물로 확대 시 대처 안 됨 • 화재 확대 시 과부하로 인해 비상전원 용량 부족

3. 용량산정 절차

1) 비상전원의 종류 결정 : 자가발전설비, 축전지설비, 전기저장장치

2) 자가발전설비의 용도별 기종 구분 및 특징

구분	용량산정 대상부하	특징
소방전용 발전기	소방부하	• 소방전용 • 비상전용발전기는 별도 설치 • 건축 면적 증대로 고비용
소방부하겸용 발전기	소방부하, 비상부하 합산	• 소방 및 비상 겸용으로 고용량, 고비용 • 화재안전기준 개정 시점과 무관하게 법적으로 허용되는 전통 기종
소방전원보존형 발전기	소방부하 (단, 비상부하가 소방부하보다 클 때 비상부하 기준으로 산정)	• 소방·비상 겸용으로 저용량, 저비용 • 제어장치 설치로 기존의 비상발전기에도 적용 가능한 신규 기종 • 설치비, 운영비 절감

3) 부하용량 결정

(1) 수용률 적용

① 소방부하 : 100% 적용

② 비상부하 : 관련 기준에 제시된 수용률 최대값과 동등 이상 적용

(2) 발전기용량 산정

$GP \geq [\Sigma P + (\Sigma P_m - PL) \times a + (PL \times a \times c)] \times k$

GP : 발전기 용량(kVA), ΣP : 전동기 이외 부하의 입력용량 합계(kVA)

ΣP_m : 전동기 부하용량 합계(kW)

PL : 전동기 부하 중 기동용량이 가장 큰 전동기 부하용량(kW), 다만 동시에 기동될 경우에는 이들을 더한 용량으로 함

a : 전동기의 kW당 입력용량 계수(a의 추천값 : 고효율 1.38, 표준형 1.45)

c : 전동기의 기동계수(c의 추천값 : 직입기동 6, $Y-\Delta$기동 : 2, 인버터기동 : 1.5)

k : 발전기 허용전압강하 계수

4) 가동시간을 고려하여 비상전원 용량산정

   (1) 층수 30층 미만 : 20분 이상

   (2) 층수 30층 이상, 49층 이하 : 40분 이상

   (3) 층수 50층 이상 : 60분 이상

---

7 「화재의 예방 및 안전관리에 관한 법률」에서 정하고 있는 불을 사용할 때 지켜야 하는 사항 중 화목(火木) 등 고체연료를 사용하는 보일러를 사용할 때 지켜야 하는 사항을 설명하시오.

1. 불을 사용하는 설비의 관리기준 등 (화재의 예방 및 안전관리에 관한 법률 시행령 제18조)

1) "대통령령으로 정하는 설비 또는 기구 등"이란 보일러, 난로, 건조설비, 가스·전기시설, 불꽃을 사용하는 용접·용단 기구, 노·화덕설비, 음식조리를 위하여 설치하는 설비를 말한다.

2) 1)에 따른 설비 또는 기구의 위치·구조 및 관리와 화재 예방을 위하여 불을 사용할 때 지켜야 하는 사항은 시행령 별표 1에서 정하고 있다.

2. 화목(火木) 등 고체연료를 사용할 때에는 지켜야 하는 사항

1) 고체연료는 보일러 본체와 수평거리 2m 이상 간격을 두어 보관하거나 불연재료로 된 별도의 구획된 공간에 보관

2) 연통은 천장으로부터 0.6m 떨어지고, 연통의 배출구는 건물 밖으로 0.6m 이상 나오도록 설치

3) 연통의 배출구는 보일러 본체보다 2m 이상 높게 설치

4) 연통이 관통하는 벽면, 지붕 등은 불연재료로 처리

5) 연통재질은 불연재료로 사용하고 연결부에 청소구를 설치

6) 보일러 본체와 벽·천장 사이의 거리는 0.6m 이상

8 피난용승강기 설치 시 「소방시설 등 성능위주설계 평가운영 표준가이드 라인」에서 요구되는 안전성능 검증 방안에 대하여 설명하시오.

1. 목적
비상용(피난용)승강장 크기기준 확대 및 화재 시 운영 방안을 마련하여 원활한 소방활동과 신속한 재실자 피난이 가능하게 함

2. 비상용(피난용)승강기 승강장 안전성능 검증 방안
1) 비상용승강기 내부공간은 원활한 구급대 들것 이동을 위해 길이 220cm 이상, 폭 110cm 이상 크기로 하고, 승강장으로 이어지는 통로는 환자용 들것의 원활한 이동을 위해 여유폭(회전반경) 확보
2) 비상시 피난용승강기 운영방식 및 관제계획 초기 매뉴얼 제출
    - 1차 : 화재 층에서 피난안전구역, 2차 : 피난안전구역에서 지상 1층 또는 피난층
3) 비상용승강기 승강장과 피난용승강기 승강장은 일정 거리를 이격하여 설치하고 사용 목적을 감안하여 서로 경유되지 않는 구조로 설치
4) 비상용(피난용)승강기 승강장 출입문에는 사용 용도를 알리는 표시를 할 것
    - 백화점, 대형 판매시설, 숙박시설 등 불특정다수인이 이용하는 시설에 설치되는 비상용(피난용) 승강기 승강장 출입문에 사용 용도를 알리는 표시를 할 경우 픽토그램(그림문자)으로 적용
5) 여러 대의 비상용승강기 및 피난용승강기는 각각 이격하여 설치

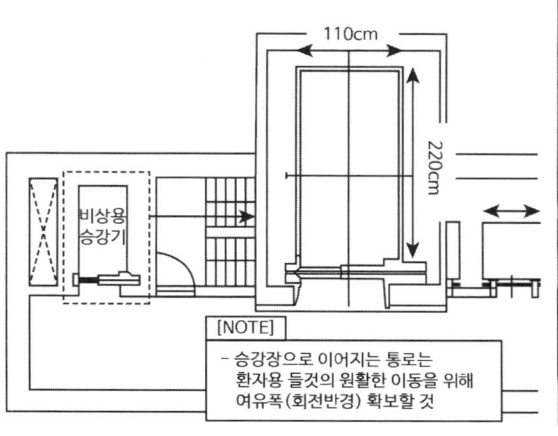

9 NFPA 101에서 제시하는 지연출구 전기 잠금 시스템(Delayed Egress Electrical Locking System)에 대하여 설명하시오.

1. 정의
화재 등 각종 재난에 대비하여 설치된 비상문을 평상시에는 잠금상태를 유지하고, 화재 등 비상시에 소방시스템과 연동되어 잠김 상태가 자동으로 풀리는 장치를 말한다.

2. 작동 Mechanism

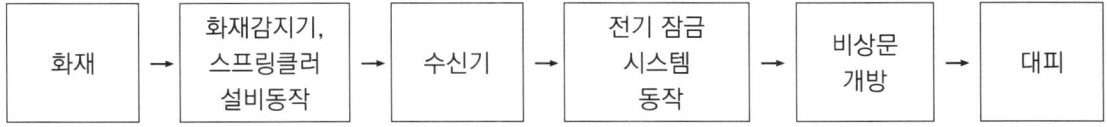

3. 지연 출구 잠금 장치 (Delayed-Egress Locking Systems, NFPA 101 Life Safety Code, Chapter 14 "Means of Egress")

지연 출구 잠금 장치는 자동 화재 탐지 설비나 자동식 스프링클러설비로 보호되는 낮거나 보통의 위험을 가진 건축물의 문에 설치할 수 있으며 아래의 조건을 만족해야 한다.

1) 문은 다음 중 하나가 작동하면 잠금이 해제되어야 함

(1) 스프링클러설비(Approved, supervised automatic sprinkler system)

(2) 자동 화재 탐지설비의 열 감지기 1개(Not more than one heat detector of an approved, supervised automatic fire detection system)

(3) 자동 화재 탐지설비의 연기 감지기 2개(Not more than two smoke detectors of an approved, supervised automatic fire detection system)

2) 문은 잠금장치 또는 잠금장치를 제어하는 전원이 차단될 경우 잠금이 해제되어야 함

3) 잠금장치는 15초(관계 기관의 승인을 얻은 경우 30초) 내에 해제되어야 하고 다음의 조건을 만족해야 함(An irreversible process shall release the lock within 15 seconds, or 30 seconds where approved by the authority having jurisdiction, upon application of a force to the release device required in 14.5.2.10 under all of the following conditions)

 (1) 힘은 15 lbf(67 N)을 초과하지 않아도 됨(The force shall not be required to exceed 15 lbf(67 N))

 (2) 힘은 3초 이상 지속적으로 가할 필요 없음(The force shall not be required to be continuously applied for more than 3 seconds)

 (3) 해제 초기에 문 부근의 음향장치가 작동할 것(The initiation of the release process shall activate an audible signal in the vicinity of the door opening)

 (4) 해제 장치에 힘을 가하면 잠금장치는 해제되고, 다시 잠글 경우 수동으로만 가능할 것(Once the lock has been released by the application of force to the releasing device, relocking shall be by manual means only)

4) 문자는 높이 1 in.(25 mm)이상, 너비 1/8 in.(3.2 mm)이상이고, 대비된 배경에 쉽게 볼 수 있고 내구성이 있는 표지가 해제 장치의 인접한 문에 위치해야 함. 문자는 아래와 같음(A readily visible, durable sign in letters not less than 1 in.(25 mm) high and not less than 1/8 in.(3.2 mm) in stroke width on a contrasting background shall be located on the door adjacent to the release device in the direction of egress, and shall read as follows)

 (1) 경보음이 울릴 때까지 미세요. 15초 안에 문을 열 수 있습니다.(피난방향으로 열리는 문)(PUSH UNTIL ALARM SOUNDS, DOOR CAN BE OPENED IN 15 SECONDS, for doors that swing in one direction of egress travel)

 (2) 경보음이 울릴 때까지 당기세요. 15초 안에 문을 열 수 있습니다. (피난방향과 반대로 열리는 문)(PULL UNTIL ALARM SOUNDS, DOOR CAN BE OPENED IN 15 SECONDS, for doors that swing against the direction of egress travel)

5) 지연 출구 잠금장치가 장착된 문의 출구 측에는 비상 조명이 제공될 것(The egress side of doors equipped with delayed-egress locks shall be provided with emergency lighting in accordance with Section 7.9 of NFPA 101)

10 랙크(Rack)식 창고에서의 송기공간(Flue Space)에 대하여 설명하시오.

1. 개요
1) 랙식 창고는 Rack을 입체적으로 배치하여 이송크레인 등을 이용, 물품을 자동으로 입출고 하는 창고이다. 층고가 높은 대공간으로 운송장치가 운행하고 많은 물량을 취급하여 고밀도로 적재하며, 운반이 필요한 공간이다.
2) 물류창고는 저장품의 종류, 양 및 배치상태가 일반 건축물의 수용품과 매우 다른 형태를 보이며, 이에 따라 화재위험과 특성도 다르게 나타난다.

2. 송기공간(Flue Space)의 정의
랙을 일렬로 나란하게 맞대어 설치하는 경우 랙 사이에 형성되는 공간(사람이나 장비가 이동하는 통로는 제외)을 말한다.

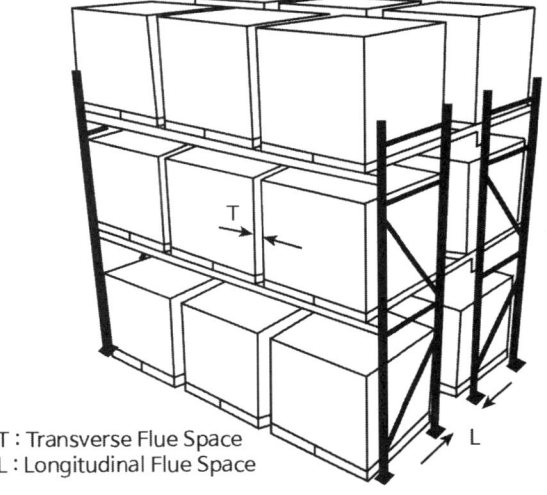

T : Transverse Flue Space
L : Longitudinal Flue Space

3. 송기공간의 종류

1) 길이방향 송기공간 (Longitudinal Flue Space)
적재방향과 수직을 이루는 적재물의 열 사이 공간

2) 가로방향 송기공간 (Transverse Flue Space)
적재 방향과 평행한 적재물 열 사이의 간격

4. 역할

1) 화재 시 열기류 상승의 공간

화재는 적재공간 아래로 이동 후 송기공간을 통하여 상승한다.

2) 헤드를 길이방향 및 가로방향의 송기공간 교차점에 설치하여 소화효과를 높임

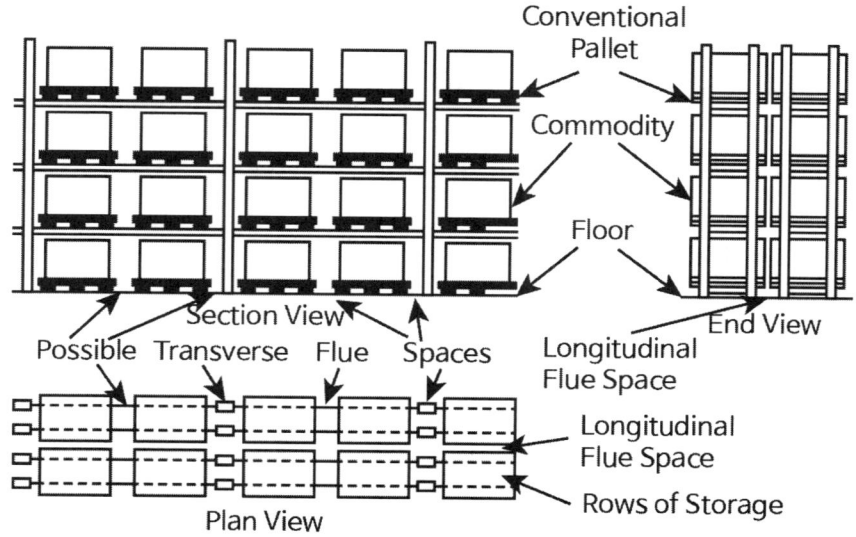

11 화재 시 연기의 성층화(Stratification) 현상과 연기의 성층화 관련 계산식에 대하여 설명하시오.

1. 개념

1) 천장고가 15m 이상인 대공간에서는 상층부의 대기온도가 하층부보다 높고, 화재 시 부력으로 상승하는 연기는 주위의 대기온도에 의한 희석으로 연기온도와 동일한 대기온도(약 25℃)를 갖는 각 층에서 열적평형상태를 이루며, 연기가 더 이상 상승하지 않는 현상을 연기의 성층화 현상 또는 층화 현상이라 한다.

2) 층화의 여부는 연기층 주변 공기와 연기 사이의 온도차와 관련이 있다.

3) 배연설비(Smoke Vent)가 작동하면 층화는 고온층이 제거되면서 사라진다.

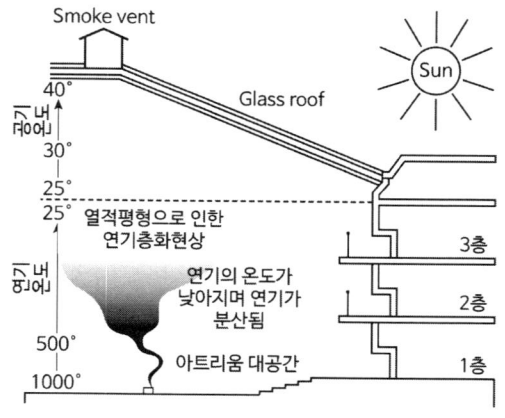

2. 계산식

1) 연기가 상승하는 최대 높이

$$z_m = 14.7 Q_c^{1/4} \left(\frac{\Delta T}{dz}\right)^{-3/8}$$

z_m : 연료 기저부에서 연기상승의 최대 높이(ft)
Q_c : 대류열방출률(Btu/s)
$\Delta T/dz$: 높이에 따른 주변온도 변화율(℉/ft)

(1) 대류열방출률은 총열방출률의 약 70% 정도임
(2) 대류열방출률은 주변 온도변화를 극복하고 천장으로 연기를 끌어 올리는 데 필요한 열방출률임

2) 최소 대류열방출률

$$Q_{c_{min}} = 2.39 \times 10^{-5} H^{5/2} \Delta T_o^{3/2}$$

$Q_{c_{min}}$: 성층화를 극복하기 위한 최소대류 열방출속도(Btu/s)
H : 화재표면 상부로부터의 천장높이(ft)
ΔT_o : 천장의 주변 온도와 화재표면의 주변온도 사이의 차이

3) 성층화가 발생될 수 있는 고온 공기층과 주변공기의 최소 온도차 : 2)의 식을 변형하여 구함

$$\Delta T_o = 1300 Q_c^{2/3} H^{-5/3}$$

Q_c : 대류열방출률(Btu/s)
H : 화재표면 상부로부터의 천장높이(ft)

3. 적용

1) 감지기

(1) 스포트형 연기 감지기는 동작지연으로 경보 실패 우려
(2) 광전식 분리형 감지기, 불꽃감지기와 같은 특수감지기 적용

2) 스프링클러설비

(1) 감열지연이 발생할 수 있음
(2) 개방형 헤드, 조기반응형 헤드 적용

12 대기압이 753mmHg일 때 진공도 90%의 절대압력은 몇 MPa인지 계산하여 설명하시오.

1. 압력의 종류

1) 절대압력

(1) 완전한 진공 상태를 압력 0으로 하고, 이를 기준으로 측정한 값

(2) 절대압력 = 게이지압력 + 대기압

2) 게이지압력

(1) 대기압력을 0으로 보고 측정한 압력으로 일반 압력계에 나타나는 압력

(2) 게이지압력 = 절대압력 - 대기압

① 완전진공을 기준점으로 하여 진공상태의 압력을 0으로 하는 절대압력을 사용하지만 현장에서는 대기압이 존재하므로 대기압을 기준으로 하여 대기압을 0으로 하는 게이지 압력 적용

② 게이지압력 측정 시 흡입 측 배관과 같은 대기압보다 낮은 압력을 부압(진공압력)이라 함

③ 완전진공의 절대압력은 0mmHg, 게이지압력은 -760mmHg로 진공도는 100%라 표시

④ 대기압의 절대압력은 760mmHg, 게이지압력은 0으로 진공도는 0%라 표시

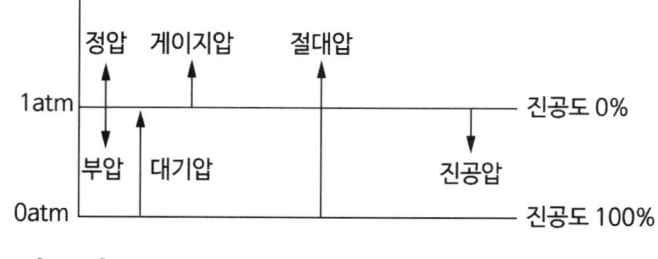

2. 대기압이 753mmHg일 경우 진공도 90%의 절대압력(MPa)

1) 진공압력

(1) 진공도(%) = $\dfrac{\text{진공압력}}{\text{대기압력}} \times 100$

(2) 진공압력 = $\dfrac{\text{대기압력} \times \text{진공도}(\%)}{100}$ = $\dfrac{753 \times 90}{100}$ = 677.7mmHg

2) 절대압력 = 대기압 - 진공압 = 753 - 677.7 = 75.3mmHg

3) 단위환산(1atm = 760mmHg = 101326Pa = 0.101325MPa)

$75.3\text{mmHg} \times \dfrac{0.101325 MPa}{760 mmHg}$ = 0.01MPa

13 저압식 이산화탄소소화설비에서 Vapor Delay Time을 구하는 계산식을 제시하고 이에 영향을 주는 인자에 대하여 설명하시오.

1. 개요

1) 저압식 CO_2 소화설비는 -18℃의 저온 액체상태로 저장하고, 방출 초기에는 CO_2의 온도가 배관온도보다 훨씬 낮으므로 배관의 열을 흡수하여 CO_2가 기화되어 액상 방출량은 적어진다.
2) 지연시간(Delay Time)이란 소화약제 방출 개시 시점부터 방출약제의 주가 액상으로 될 때까지의 시간을 말한다.
3) 일반적으로 고압식은 충전압력이 높고 약제저장실이 상온이므로 평균 흐름률이 되는 데 소요되는 지연시간은 무시할 수 있다.

2. 작동 Mechanism

1) 저압식 CO_2소화설비는 -18℃의 저온 상태 유지
2) 방출초기 CO_2의 온도가 배관온도보다 훨씬 낮아 열을 흡수하여 기화
3) 기화된 증기로 인해 액상으로 방출되는 양이 적어짐
4) CO_2 방출이 지속되어 배관이 냉각될 경우 더 이상 배관으로부터 열을 흡수하지 않으므로 액상으로 방출

3. 문제점

1) CO_2가 배관 내에서 증발하는 동안 기상의 약제는 액상보다 밀도가 작아 약제 방출량이 적으므로 소화농도에 도달할 수 없음
2) CO_2의 증발량이 많아지면 지연시간이 길어지므로 소화지연이나 소화실패를 초래한다.
3) 배관 내에서 급격하게 증발하여 기상이 되며 액상에 비해 큰 체적으로 변하므로 마찰손실이 증가

4. Vapor Delay Time을 구하는 계산식

1) 배관 내에서 증발된 CO_2의 질량(SFPE Handbook of Fire Protection Engineering "Carbon Dioxide Systems", FM Global "Carbon Dioxide Extinguishing Systems")

$$m_{co2} = \frac{m_P C_P (T_1 - T_2)}{\Delta H_V}$$

m_{co2} : 배관 내에서 증발된 CO_2의 질량(kg)
m_P : 배관중량(kg), C_P : 배관의 비열(0.46kJ/kg·K)
T_1 : 초기배관온도(℃), T_2 : CO_2 온도(℃)
ΔH_V : CO_2의 증발잠열(고압식 149 kJ/kg, 저압식 279 kJ/kg)

2) 지연시간(Delay Time)(FM Global "Carbon Dioxide Extinguishing Systems")

$$D_t = \frac{m_P C_P (T_1 - T_2)}{0.507 R} + \frac{16830 V}{R}$$

D_t : 지연시간(s), m_P : 배관중량(kg)
C_P : 배관(강관)의 비열
    (0.46kJ/kg·K, 0.11kcal/kg·K)
T_1 : 초기배관온도(℃), T_2 : CO_2온도(℃)
R : 설계흐름률(kg/min), V : 배관의 체적(m³)

5. 배관 내 CO_2 증발량과 지연시간에 영향을 미치는 인자

1) 배관 중량 및 체적(m_P, V)

클수록 배관에 흡수되는 열량이 증가하므로 증발량은 많아지고 지연시간은 길어짐

2) 배관의 종류(C_P)

재질에 따라 비열이 각각 다르고 배관의 비열이 높으면 증발량은 많아지고 지연시간은 길어짐

3) 배관 초기온도(T_1)

높을수록 증발량은 많아지고 지연시간은 길어짐

4) 저장온도(T_2)

CO_2의 저장온도는 낮을수록 증발량은 많아지고 지연시간은 길어짐

5) 설계흐름률(R)

클수록 지연시간은 짧아짐

6. 개선방안

1) 배관길이를 짧게 하고, 소화약제용기를 방호구역에 근접 설치한다.
2) 지연시간으로 인한 약제 손실에 대비하여 설계 약제량에 손실량을 반영하여 보정한다.

131회 2교시

> **1** 실제 화재 시 소화에 필요한 소화방법을 작용면에서 물리적 작용에 바탕을 둔 소화방법과 화학적 작용에 바탕을 둔 소화방법으로 분류하는데 다음에 대하여 설명하시오.
> 1) 물리적 작용에 바탕을 둔 소화방법에서
>   (ㄱ) 연소에너지 한계에 바탕을 둔 소화방법
>   (ㄴ) 농도한계에 바탕을 둔 소화방법
>   (ㄷ) 화염의 불안전화에 의한 소화방법
> 2) 화학적 작용에 바탕을 둔 소화방법
> 3) 물리적 작용과 화학적 작용 소화방법 간의 상호보완 작용

1. 소화조건

1) 가연물, 산소, 열에너지를 연소의 3요소라 하고, 이 중 어느 하나를 제거하면 소화된다.
2) 연소반응은 많은 종류의 분자, 원자 및 유리기가 고온하에 복잡하게 작용하고 있으므로 연쇄반응을 중단시키면 소화가 가능하다.

2. 소화방법

1) 물리적 방법 : 가연물, 산소, 점화원의 양적 변화 이용
2) 화학적 방법 : 연쇄반응 중단

3. 물리적 작용에 바탕을 둔 소화방법

1) 연소에너지 한계에 바탕을 둔 소화방법

(1) 냉각소화 : 열에너지를 흡수하는 매체를 화염에 투입

(2) 방법
 ① 열용량 이용 : 화염방지기(Flame Arrester), 탄광의 미분탄 연소 방지에 사용하는 암분
 ② 상변화를 수반한 잠열 이용 : 주수분무소화

2) 농도한계에 바탕을 둔 소화방법

(1) 혼합기의 조성변화를 이용한 소화(연소범위 밖)

(2) 방법

① 불활성 물질을 이용하지 않고 소화
- 기계적으로 밀폐하여 외기를 차단하여 연소범위 밖으로 이동
- 연소 중인 액체나 고체의 표면을 거품 또는 불연성 액체로 덮쳐 소화(질식소화)
- 연소 중인 고체나 액체의 온도를 인화점 이하로 냉각(가연성이 없어짐)
- 수용성 알코올 화재에 물을 가하여 알코올 농도를 저하시켜 소화
- 비수용성 액체화재에 물방울을 세게 가하여 유화층(Emulsion)을 형성시켜 증기압 저하

② 불활성 물질을 첨가하여 소화
- CO_2, 수증기, N_2, Ar 등을 가연성혼합기에 첨가(산소농도 저하)
- 산소농도 부족으로 인해 인체에 산소결핍증이 발생할 수 있으므로 주의 필요

3) 화염의 불안정화에 의한 소화방법

(1) 화염을 불면 꺼지는 현상 이용

(2) 방법

① 성냥불과 같이 작은 화염에 강한 공기를 불어 넣음
② 유전의 화재를 폭약의 폭풍으로 불어 넣어 소화

4. 화학적 작용에 바탕을 둔 소화방법

1) 연쇄반응의 중단에 의한 소화
2) 방법 : 분말소화약제나 할로겐화탄화수소 투입
3) 원리 : 브롬화메틸 등을 함유하는 할로겐이 연쇄반응 전달체를 포착하여 연쇄반응을 중단시킴(라디칼포착제 : Radical Scavenger)

| [개시] $RH + e \rightarrow R + H^+$ | • RH : 가연성분자, e : 열에너지
• 가연성 분자가 열에 의해 분해되어 활성라디칼(H^+)을 생성 |

↓

| [분기] $H^+ + O_2 \rightarrow$ $OH^+ + O^+$ | • 가연성 분자에서 생성된 활성라디칼(H^+)과 산소가 반응하여 활성라디칼(OH^+, O^+)을 생성 |

↓

| [억제] $OH^+ + HX \rightarrow H_2O + X$ | • 전파·분기반응을 통해 생성된 활성라디칼 OH^+가 할로겐산 HX와 반응하여 불활성물질 H_2O와 할로겐 X로 변화하여 연쇄반응 억제 |

↓

| [재생] $X + RH \rightarrow HX + R$ | • 발생한 할로겐 X가 가연성분자 RH와 반응하여 할로겐산 HX를 재생 |

5. 물리적 작용과 화학적 작용 소화방법 간의 상호보완 작용

1) 실제 소화에서는 물리적 방법과 화학적 방법이 상호보완적으로 얽혀 있는 경우가 많음
2) 적용 예
   (1) 물의 증발잠열을 이용한 연소에너지 한계에 바탕을 둔 소화에 부수적으로 증발한 수증기에 의한 가연성 혼합기 조성변화가 작용
   (2) 분말소화약제의 화학적 소화에 부수적으로 화염 중의 분말이 열복사를 차단하는 물리적 소화

---

2 소방감리원은 소방도면 이외에 건축도면, 기계도면, 전기 및 통신 도면을 검토해야 하는데 이때 검토해야 할 항목과 소방 설계도서 목록 중 설계도면, 설계시방서, 내역서, 설계계산서의 주요 검토 내용에 대하여 설명하시오.

1. 개요

1) 감리원은 공사시행 전 설계도서가 관련법령, 기준 등에 적합한지를 검토하여 확인하고 기술적 합리성에 따른 공법개선의 여지가 있을 때 이의 제안에 노력해야 한다.
2) 감리원은 설계도서 등의 공사 계약문서 상호 간의 모순되는 사항, 현장 실정과의 부합 여부 등 현장시공을 주안으로 하여 해당 공사시행 전에 검토해야 한다.

2. 감리원의 설계도서 검토 절차 및 설계도서

1) 검토 절차

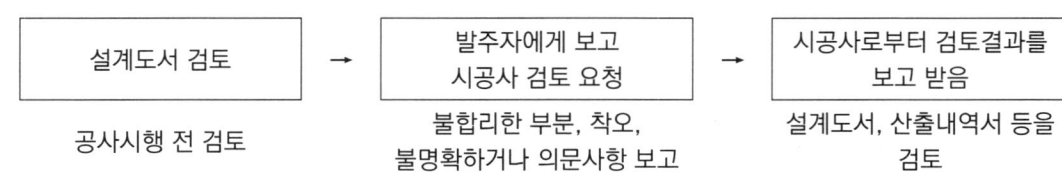

2) 검토해야 할 설계도서

(1) 설계도면　　　(2) 설치(배치)계획서
(3) 수량산출서　　(4) 시방서
(5) 산출내역서　　(6) 공사계약서
(7) 설비별 계산서 소화설비 계산서, 제연설비 계산서, 전력부하 용량계산서, 비상발전기 용량계산서 등

3. 건축도면, 기계도면, 전기 및 통신 도면 검토항목

구 분	확인 사항
건 축	• 방화구획(층별 면적, 용도별, 관통부, 방화셔터, 방화문, 승강장, 제연샤프트, 방화구획 벽체, 덕트, 비상전원설치 장소) • 시험성적서 확인(방화셔터, 방화문, 내화채움구조, 내화구조, 방연) • 배연창(면적, 제어라인 구성, 감지기 등 기구배치) • 비상용승강기, 피난용승강기 • 방화셔터 • 내장재 • 피난계단, 특별피난계단 구조(창문, 불연재료, 문 열림방향) • 방염(방염 해당 여부 확인, 후시공제품의 경우 시험성적서 확인) • 제연경계(경계 벽의 구조(고정식, 가동식), 주위 간섭사항) • 층고확인(주차장, 로비 등 감지기 적응성 및 면적확인) • 반자내부(건축구조확인 - 감지기 및 헤드 설치시 문제점 확인)
전 기	• 발전기 • 비상조명등 • 비상전원설비 • 내화배선, 내열배선 등
기 계	• 물탱크(용량계산서, 사수방지조치사항, 저수위 경보스위치, 소화설비와 일반설비 급수배관의 설치위치 적합성) • 공조겸용 제연설비(위치, 용량, 댐퍼위치, 그릴면적, 덕트의 규격, 두께) • 기계실(소화설비 펌프 등 장비 배치 위치 등)

4. 설계도면 주요 검토 내용

1) 도면 작성의 날짜, 공사명, 계약번호, 도면번호 및 도면제목, 책임시공 및 기술관리 소방기술자의 서명, Revision표기 등의 적정성 여부
2) 소방 관련 법규 및 화재안전기준에 적합하게 설계되었는지 여부
3) 시방서 내용이 제반 법규 및 규정과 기준 등에 적합하게 적용되었는지 여부
4) 관련된 다른 시방서 내용과 일관성 및 일치성 여부
5) 시방서 내용 상호 조항 간에 일관성 및 일치성 적합 여부
6) 시방서 내용이 시공성, 운전성, 유지관리 편의성, 설치의 완성도 등의 적합 여부
7) 설계도면, 계산서, 공사내역서 등과 일치성 여부
8) 주요 자재 및 특수한 장비와 제작품 등의 경우 제작업체의 도면, 제품사양 및 견본품과의 일치 여부

5. 설계시방서 주요 검토 내용

1) 시방서가 사업주체의 지침(Concept) 및 요구사항, 설계기준 등과 일치하고 있는지 여부
2) 모든 정보 및 자료의 정확성, 완성도 및 일관성 여부
3) 관계법령 및 규정, 기준 등이 적절하게 언급되었는지 여부
4) 시방서 내용이 제반 법규 및 규정과 기준 등에 적합하게 적용되었는지 여부
5) 관련된 다른 시방서 내용과 일관성 및 일치성 여부
6) 시방서 내용 상호 조항 간에 일관성 및 일치성 적합 여부
7) 시방서 내용이 시공성, 운전성, 유지관리 편의성, 설치의 완성도 등의 적합성 여부
8) 설계도면, 계산서, 공사내역서 등과 일치성 여부
9) 주요 자재 및 특수한 장비와 제작품 등의 경우 제작업체의 도면, 제품사양 및 견본품과의 일치 여부
10) 시방서 작성의 상세 정도와 누락 또는 작성이 미흡한 부분이 있는지 여부
11) 일반 시방서, 기술 시방서, 특기시방서 등으로 구분하여 명확하게 작성되었는지 여부
12) 철자, 오탈자, 문법 등의 적정성 여부

6. 내역서 주요 검토 내용

1) 내역서에서 누락품목확인
2) 산출수량과 내역수량 확인
3) 일위대가확인
4) 단위공량확인
5) 품목별 단가확인(설계 검토 및 설계변경 과정에 적용)

7. 설계계산서 주요 검토 내용

1) 비상전원 및 예비전원의 용량 적합 여부 검토
2) 수리계산서
3) 수계소화설비 소화펌프 용량
4) 제연설비 풍량
5) 소화가스 설비 약제량
6) 계산서 장비사양과 도면 장비사양의 일치 여부 검토
   (1) 소화수원 : 법적 소화수원 용량 등 기본사항과 특이사항 검토
   (2) 소방펌프 계산서 : 마찰손실, 배관구경, 유량 등 근거 자료 검토, 마찰손실 입력자료 확인
   (3) 수리계산서 : 배관내경, Isometric Diagram의 입력값, 유속범위 등
   (4) 소화가스계산서 : KFI인증서, 평면도, Isometric Diagram의 입력값과 계산서 일치 여부
   (5) 제연설비계산서 : 누설틈새면적, 누기율, 풍량계산, Fan용량 적합 여부

3 상업용 주방자동소화장치의 정의, 설치기준 및 설계매뉴얼에 포함되어야 할 사항에 대하여 설명하시오.

1. 정의 (상업용 주방자동소화장치의 성능인증 및 제품검사의 기술기준)

가정에서 사용하는 조리시설이 아닌 상업용 주방에 설치되는 조리기구의 사용으로 인해 발생되는 화재를 자동으로 감지하여 경보를 발하고 열원(전기 또는 가스)을 차단하면서 화재를 진압하는 장치를 말한다.

2. 설치대상 (소방시설법 시행령 별표4)

1) 판매시설 중 대규모점포(대형마트, 백화점, 쇼핑센터, 복합쇼핑몰, 전문점 등)에 입점해 있는 일반음식점
2) 집단급식소(기숙사, 학교, 유치원, 어린이집, 병원, 사회복지시설, 산업체, 국가·지방자치단체 및 공공기관, 그 밖의 후생기관 등)

3. 상업용 주방에 사용되는 조리기구 (상업용주방자동소화장치의 성능인증 및 제품검사의 기술기준)

웍(wok), 튀김기(fryer), 부침기(griddle), 레인지(range), 체인브로일러(chain broiler), 전기숯불브로일러(Electrical char-broiler), 화강암, 부석 및 합성암 숯불브로일러(lava, pumice, or synthetic rock char-broiler), 천연 숯 브로일러(natural charcoal broiler), 메스키트 우드 숯 브로일러(mesquite wood char-broiler), 상향식 브로일러(upright broiler) 등

4. 구성

1) 감지부
화재 시 발생하는 열 또는 불꽃을 감지하는 부분

2) 제어부
감지부의 화재신호를 수신하여 경보를 발하고 차단장치 또는 작동장치에 제어신호를 보내는 장치

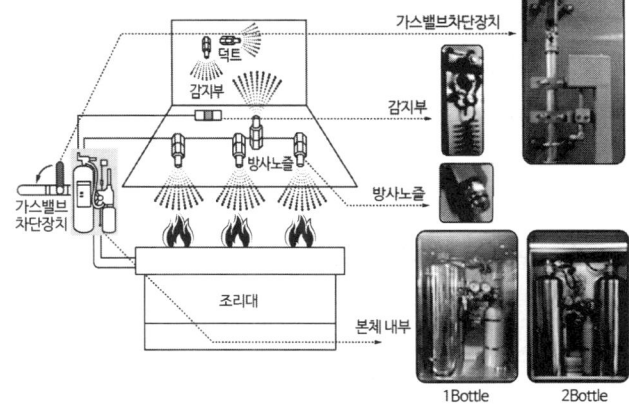

3) 작동장치
제어부에서 발하는 신호를 받거나 감지부의 작동에 의해 밸브 등을 개방시켜 소화약제를 방출시키는 장치

4) 차단장치
제어부에서 발하는 신호를 받거나 감지부의 작동에 의해 열원(전기 또는 가스, 전기 및 가스 겸용)의 공급을 차단시키는 장치

5. 설치기준 (화재안전기준 NFTC101)

1) 소화장치는 조리기구의 종류 별로 성능인증 받은 설계 매뉴얼에 적합하게 설치
2) 감지부는 성능인증 받는 유효높이 및 위치에 설치
3) 차단장치(전기 또는 가스)는 상시 확인 및 점검이 가능하도록 설치
4) 후드에 설치되는 분사헤드는 후드의 가장 긴 변의 길이까지 방출될 수 있도록 소화약제의 방출 방향 및 거리를 고려하여 설치
5) 덕트에 설치되는 분사헤드는 성능인증을 받은 길이 이내로 설치

6. 설계매뉴얼에 포함되어야 할 사항 (상업용주방자동소화장치의 성능인증 및 제품검사의 기술기준)

1) 소화장치 및 구성품의 사양을 포함한 소화장치 작동 및 설치에 관한 세부사항
2) 소화장치에 대한 다음 각 목의 설계 제한사항

　　(1) 최소/최대 배관 길이, 부속품의 종류별 최대 수량, 노즐의 종류

　　(2) 방호 조리기구 종류별 적용 노즐의 형태 및 최대 방호면적, 최소/최대 설치높이, 노즐의 설치위치 및 방향

　　(3) 방출시간 및 방호 조리기구 종류별 노즐의 방출율

3) 소화장치에 사용되는 배관, 튜브, 피팅류 및 호스의 종류 및 사양
4) 소화장치의 정상 작동을 위한 소화장치 배열(lay-out) 및 설치 제한사항
5) 감지부 및 제어부의 형태 및 사양
6) 사용온도 범위
7) 저장용기의 21℃ 충전압력 및 종류(소화약제 용량 포함)
8) 가압용 가스용기의 종류 및 사양(가압식에 한함)
9) 모든 설계 제한사항을 포함하는 최대 크기의 소화장치 설계 예시
10) 두 개 이상의 소화장치를 연결하여 사용 시 소화장치의 설치 및 사용 제한사항
11) 시공 및 작동 그리고 유지관리에 대한 지침

　　(1) 주의 및 경고표지

　　(2) 소화장치를 구성하는 모든 부품에 대한 도면 및 기술사양

　　(3) 소화장치 유지를 위한 정기점검 및 사후관리에 관한 사항

12) 다음의 주요부품에 대하여는 신청업체의 상호명 및 제품모델번호 등을 표시할 것

　　(1) 저장용기(가압용가스용기를 포함한다), 밸브

　　(2) 노즐

　　(3) 플렉시블호스

　　(4) 저장용기 작동장치(니들밸브 등)

　　(5) 기동용기함 등

4 소방청의 「건축위원회(심의) 표준 가이드라인」에서 제시하는 다음 사항을 설명하시오.
1) 종합방재실(감시제어반실) 설치기준 강화
2) 지하 주차장 연기배출설비 운영 강화
3) 전기차 주차구역(충전장소) 화재예방대책 강화

1. 종합방재실(감시제어반실) 설치기준 강화

1) 종합방재센터는 CCTV를 통해 화재발생 상황을 상시 모니터링 가능한 구조로 설치하고, 보안요원 등이 상시 근무
2) 소방대가 쉽게 접근할 수 있도록 피난층 또는 지상 1층에 설치(다만 종합방재실(감시제어반)로 통하는 전용출입구가 확보되는 경우에는 지하 1층 또는 지상 2층에 설치할 수 있음)
   (1) 소방자동차 진입로 동선과 일치하도록 하고, 종합방재실(감시제어반실) 출입문은 양방향에서 출입할 수 있도록 최소 2개소 이상 설치
   (2) 사람이 상시 근무하는 장소에 설치하고, 근무자가 없는 경우 경비실 등에 부수신기를 설치하여 수신기와 연동
3) 종합방재실(감시제어반실)에 물분무등 소화설비를 설치
4) 재난 정보수집 및 제공, 방재 활동의 거점 역할을 할 수 있는 위치와 면적확보
   (1) 종합방재실(감시제어반실)과 관리사무실은 상호 인접하여 설치(수직적, 수평적으로 최대한 근접하게 설치하고, 관리사무실과 같은 공간에 구획하여 설치하는 경우에는 상호 출입이 가능하도록 출입문 설치)
   (2) 소방대원 휴게 및 장비 배치 공간이 확보된 상세도 제출

※ 미국의 방재센터(Fire Command Center) 기준(IBC Section 911)
   (1) 방재센터는 화재 시 소방대의 소화활동을 위하여 설치. 방재센터의 위치 및 접근로 등은 소방관서의 승인을 받아야 함
   (2) 방재센터는 1시간 이상의 내화성능이 있는 부재(벽 및 바닥)로 건축물 내 다른 부분과 방화구획되어야 하고, 실의 크기는 최소 $19m^2$(1변 길이 최소 3.0m) 이상일 것
   (3) 방재센터의 배치 및 센터의 모든 기능의 형태는 설치 전에 소방관서의 승인을 득해야 함

2. 지하 주차장 연기배출설비 운영 강화

1) 지하 주차장에는 환기설비를 이용하여 연기배출을 하고, 필요 환기량은 시간당 10회 또는 27CMH/m² 중 큰 값으로 할 것
2) 환기설비에는 비상전원 및 배기팬의 내열성을 확보하고, DA에 층간 연기 전파를 막을 수 있는 댐퍼를 설치
3) 환기팬에 대한 원격제어가 가능한 수동기동스위치를 종합방재실내에 설치
4) 환기설비는 화재발생 시 감지기에 의해 연동되는 구조로 설치
5) 주차장 팬룸에 연기배출용으로 설치된 급기 루버는 하부에, 배기 루버는 상부에 설치하고, 주차장 유인팬의 가동 여부를 결정하기 위하여 Hot Smoke Test를 통하여 성능을 검증

3. 전기차 주차구역(충전장소) 화재예방대책 강화

1) 전기자동차 주차구역(충전장소)은 지상에 설치하는 것을 원칙으로 하되, 지하에 설치할 경우 원활한 소방활동을 위해 지표면과 가까운 층에 설치
2) 전기자동차 주차구역(충전장소)은 일정 단위(3대~5대)별 격리 방화벽으로 구획(CCTV 설치로 24시간 감시)
3) 방출량이 큰 헤드(K Factor 115 이상) 또는 살수 밀도를 높여 계획할 것(방출량 증가 ➡ 수원량 추가 확보(수리 계산 등))
4) 전용의 연결송수관설비 방수구와 방수기구함 설치
   (1) 방수기구함에는 '전기차 전용주차구역용'을 표시한 표지를 부착
   (2) 방수구는 쌍구형으로 설치하고 호스 2개 이상 및 관창을 비치
5) 전기자동차 충전소 및 주차구역 인근에 질식소화포(약 25kg) 비치
   (1) 식별이 용이한 곳에 비치
   (2) 보관함 별도 설치(일반자동차 화재에도 사용할 수 있도록 이동이 용이한 바퀴달린 수레에 보관)
   (3) 사용설명서 및 표지판 부착

> **보충**

[전기차 충전소(주차구역) 단위별 격리벽체 계획 외]

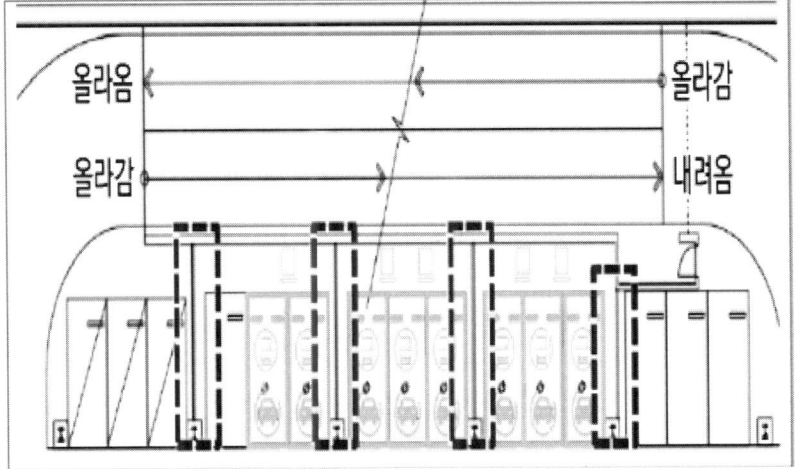

[전기차 충전소(주차구역) 단위별 격리벽체 계획]

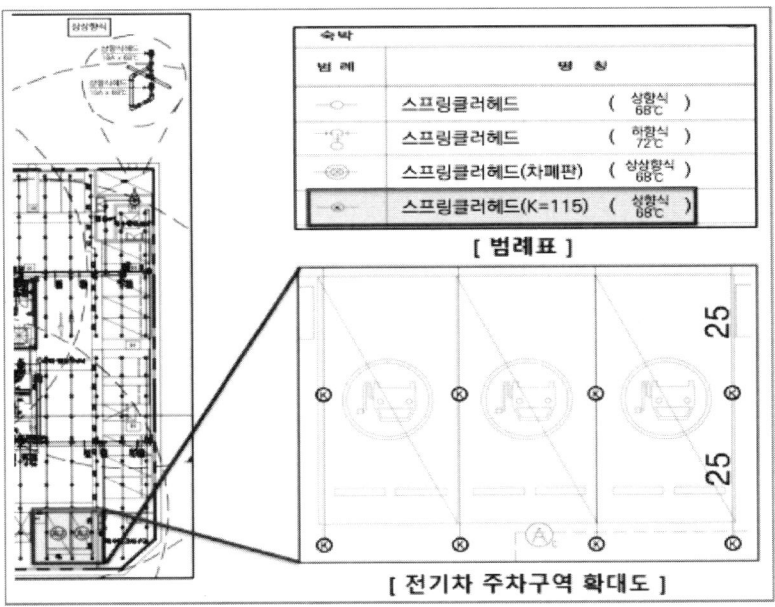

[전기차 충전소(주차구역) 소화설비 계획]

출처 : 소방청

5 제연설비에 사용되는 송풍기의 각 풍량제어 방법별 성능곡선 및 특성을 비교 설명하시오.

1. 개요
1) 풍량제어는 댐퍼조임 제어, 날개각도 제어, 속도 제어로 다양하며, 제어방법에 따라 장단점이 있어 신뢰성, 경제성을 고려하여 선택한다.
2) 제연용 송풍기의 성능곡선은 우하향이고, 저항곡선은 우상향이며, 두 곡선이 만나는 점에서 운전점이 결정된다.
3) 풍량 변화에 따른 압력변화 순서는 토출댐퍼 제어, 흡입댐퍼 제어, 흡입베인 제어, 가변피치 제어, 회전수 제어 순이며, 화재안전기준의 부속실 송풍제어는 토출 측 댐퍼제어 방식으로 풍량 변화에 따른 압력변화가 커 단점이 많은 방식으로 보완이 필요하다.

2. 풍량제어의 필요성
1) 거실제연
(1) 제연구역 내 과압 방지를 통한 청결층 확보
(2) 화재안전기준에서 규정된 배출량 및 급기량 유지

2) 부속실제연
(1) 제연구역 내 차압 및 방연풍속 유지
(2) 연기의 유동에 영향을 미치는 굴뚝효과, 바람효과 등 외력으로 인해 차압 및 방연풍속의 유지가 어려우므로 가변 풍량의 제어가 필요

3. 토출댐퍼 제어

1) 성능곡선(운전)

(1) 송풍기 토출 측 덕트 내부에 설치된 댐퍼로 풍량조절

(2) 송풍기 작동 시 모든 풍량 및 압력변화는 시스템의 저항곡선에 의하고, 가장 간단한 방법

(3) 풍량 $Q_A \to Q_B$ 로 낮출 때 압력은 $P_A \to P_B$ 로 증가하고 운전점이 정점 측으로 이동하므로 서징 발생의 우려가 있음

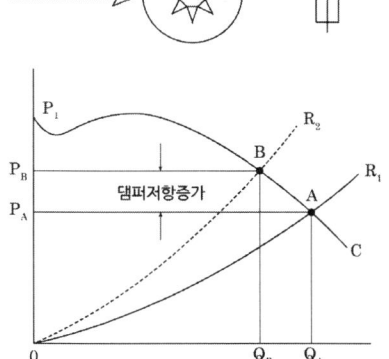

2) 특성

장점	단점
• 초기 투자비 저렴 • 소형설비에 적합	• 서징 발생 • 효율이 나쁘고 소음 발생

4. 흡입댐퍼 제어

1) 성능곡선(운전)

(1) 흡입구에 설치된 댐퍼에 저항을 부여하여 풍량제어

(2) 댐퍼를 조이면 송풍기의 특성곡선은 낮아지고, 송풍량도 감소

(3) 풍량을 $Q_A \to Q_B$로 낮출 시 압력은 $P_A \to P_B$로 감소

(4) 송풍기의 특성곡선은 우측 하향 곡선이 되고, 운전점이 정점과 반대쪽으로 이동하기 때문에 서징방지에 유리

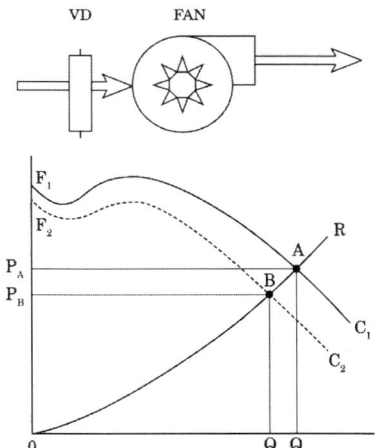

2) 특성

장점	단점
• 초기 투자비 저렴 • 설치가 쉬움	• 과도한 제어 시 Over Load 발생

5. 흡입베인(Vane) 제어

1) 성능곡선(운전)

(1) 송풍기 흡입구에 베인을 설치하여 베인의 기울기로 풍량제어

(2) 안내깃을 조이면 송풍기의 특성곡선은 낮아지고, 송풍량 감소

(3) 안내깃을 조여 풍량을 $Q_A \to Q_B$로 낮출 경우 압력은 $P_A \to P_B$로 감소

(4) 풍량조절 효과 양호

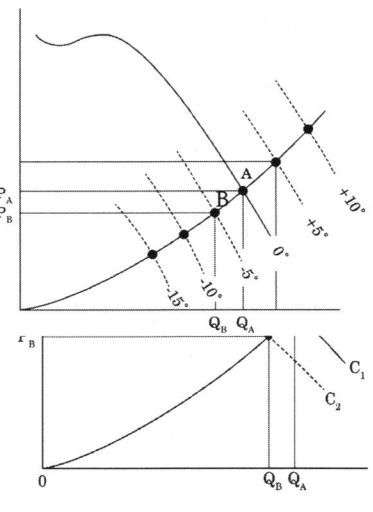

2) 특성

장점	단점
• 회전수 제어보다 경제적으로 초기투자 비용 작음 • 운전비 감소, 동력 절약	• Vane의 정밀성 요구됨

6. 가변피치(Variable Pitch) 제어

1) 성능곡선(운전)

(1) 축류 송풍기에 부착된 날개 각도를 변화시켜 풍량제어

(2) 날개 각도를 조이면 송풍기의 특성곡선은 낮아지고, 송풍량도 감소

(3) 피치각도 조정 시 풍량 $Q_A \to Q_B$로 낮출 때 압력은 $P_A \to P_B$로 감소

(4) 모든 메커니즘이 임펠러 내부에 내장

2) 특성

장점	단점
• 에너지 절약특성이 우수함 • 효율이 높음 • 회전수 조절방식에 비해 제어방식이 간단 • 설치비가 저렴함	• 기계식보다 공기식 제어방식에 사용 • 축류 송풍기에 적용하며 구조가 복잡 • 제작이 매우 어려움

7. 회전수 제어

1) 성능곡선(운전)

(1) 송풍기의 회전수를 변화시켜 풍량제어

(2) 제어방법
- ① V 벨트의 풀리비 변화
- ② 직류전동기 사용
- ③ VVVF(Variable Voltage Variable Frequency)

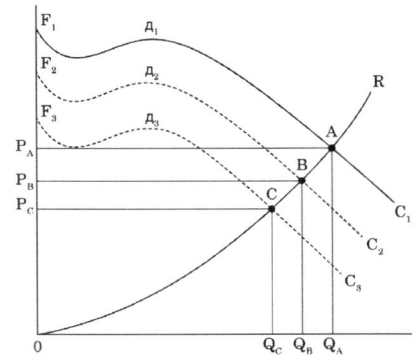

(3) 회전수 $N_1 \rightarrow N_2$로 감소시키면 풍량은 $\dfrac{Q_2}{Q_1} = \dfrac{N_2}{N_1}$ 비로 감소

2) 특성

장점	단점
• 모든 전동기에 적용 • 자동화 운전 가능 • 에너지 효율이 좋음 • 소용량에서 대용량까지 적용 범위 넓음	• 설비비 고가 • 인버터사용으로 고조파 대책 필요

8. 결론

1) 제연용 송풍기는 피난 및 소화활동에 필요한 설비로 피난 안전성과 소화활동지원을 위해 더 정교한 풍량 제어가 필요하고, 최근 우수한 성능의 인버터제어 방식이 증가하는 추세이다.

2) 풍량 제어에 따른 소요 동력은 "회전수 제어 < 가변피치 제어 < 베인 제어 < 흡입댐퍼 제어 < 토출댐퍼 제어"의 순이다.

---

6 ESFR 스프링클러헤드에 적용되는 실제살수밀도(ADD)의 개념, 특징, 영향인자 및 측정방법에 대하여 설명하시오.

1. 개요

1) 랙식 창고와 같이 화재의 위험이 높은 장소에서 화재위험을 조기 진화할 수 있도록 설계된 스프링클러헤드를 화재조기진압용 스프링클러헤드라 한다.

2) 화재 조기 진압을 위해 굵은 물방울과 속동형의 특징을 가진 스프링클러헤드이다.

2. ESFR의 소화특성

1) 화재감지 특성

(1) 반응시간지수(RTI)가 $28(m \cdot s)^{0.5}$, 표시온도 74℃ 이하, 전도열손실계수 $1(m/s)^{0.5}$ 이하인 속동형 스프링클러이며, 화재를 조기 감지하여 살수면적을 줄인다.

(2) 랙크식 창고와 같이 고가연성 물질을 저장 취급하는 용도의 경우 연소속도가 빠르고 열방출률이 매우 높은 특성이 있어 ADD를 RDD보다 크게 하여 화재를 진압한다.

2) 방사 특성

(1) 화재 초기의 경우 화염에 충분한 양의 물을 직접 방수하면 ADD를 RDD보다 크게 할 수 있으므로 화염에 대한 침투성이 높아져 화재의 조기진압에 유리하다.

(2) K Factor는 200~360으로 하여 오리피스 구경을 크게 하고, 화재 시 열 방출률을 급감시켜 화재의 재발화를 방지한다.

3. 실제살수밀도(ADD) : 실제진화밀도, 침투밀도

1) 개념

(1) 실제 화염에 도달하는 살수 밀도(ADD, Actual Delivered Density)로 침투된 물의 분포밀도

(2) 스프링클러헤드로부터 분사된 물 중에서 화염을 통과하여 연소 중인 가연물의 상단에까지 도달한 양을 가연물 상단의 면적으로 나눈 것

$$ADD = \frac{\text{분사된 물이 화염을 통과하여 가연물 상단에 도달한 물의 양}}{\text{가연물 상단의 면적}}$$

2) 특징

(1) 스프링클러 성능을 결정하는 중요한 요소로 시간이 지날수록 화재가 성장할 경우 방출 열량이 커지므로 ADD는 작아짐

(2) 만일 RDD가 ADD를 초과하는 화재에서는 실패할 수밖에 없을 것이다. 그러므로 화재를 조기진압하기 위해서는 화재진압에 필요한 최소한의 물의 양(RDD)보다 더 많은 양의 물을 방사해야 함

(3) ADD가 RDD보다 크면 화염에 대한 침투성이 높아져 화재 조기진압에 유리함

(4) 스프링클러헤드의 반응시간지수(RTI)가 낮을수록 헤드가 조기 작동하여 RDD는 낮아지고, ADD는 높아짐

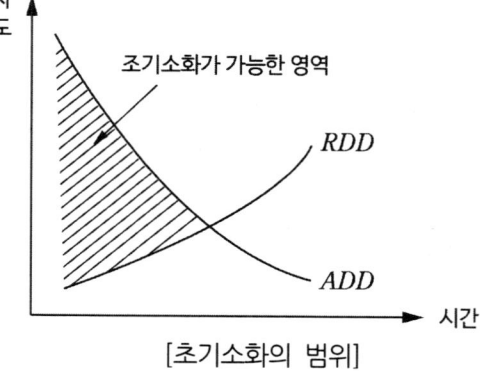

[초기소화의 범위]

3) 영향인자

(1) 천장고

천장이 높을수록 화염의 상승기류에 의해 ADD가 저하되고 RDD는 증가

(2) 평균입자경

물 입자의 크기가 작을수록 화염상승기류로부터 영향을 많이 받아 ADD가 저하되고, RDD는 증가

(3) 방사압력

방사압이 클수록 입자 크기가 작아져 ADD가 저하

(4) 방사되는 물의 기울기

방수 패턴이 경사지면 화염기류의 영향이 적어져 ADD가 큼

4) 측정방법

(1) 가스버너의 상부에 설치된 스프링클러헤드로부터 물을 살수시켜 버너 아래에 설치된 채수용 메스실린더로의 살수 도달량을 측정

(2) 측정결과

$$살수도달률 = \frac{화염이\ 있는\ 상태에서의\ 살수도달량}{화염이\ 없는\ 상태에서의\ 살수도달량}$$

131회 3교시

> **1** 행정안전부장관이 침수피해가 우려된다고 인정하는 지역 내 지하도로, 지하광장, 지하에 설치되는 공동구, 지하도 상가 및 바닥이 지표면 아래에 있는 건축물을 설치하는 경우 침수 피해를 예방하기 위한 지하공간의 침수 방지시설의 기술적 기준을 공통 적용 사항과 시설별 적용사항으로 구분하여 설명하시오.

1. 개요 (지하공간 침수 방지를 위한 수방기준)
1) 2023년 청주 오송 지하차도 침수사고로 인해 많은 인명 피해가 발생하였다.
2) 지하도로, 지하광장, 지하에 설치되는 공동구, 지하도상가, 지하에 설치되는 도시철도 및 철도, 지하에 설치되는 변전소, 바닥이 지표면 아래에 있는 건축물을 설치하는 경우 유형별 침수 방지를 위한 계획이나 설계 시 지하공간 침수 방지를 위한 수방기준을 적용해야 한다.

2. 지하공간의 특징
1) 지하공간은 대피로가 한정되어 있음
2) 침수 시 외부상황 파악이 어려움
3) 대피할 수 있는 충분한 시간을 확보하기 어려움
4) 배수설비 등의 기능이 정지되어 인명피해가 발생할 수 있음

3. 단계별 계획수립
1) 1단계 : 지하공간의 침수를 방지
2) 2단계 : 침수 시간을 최대한 지연시킬 수 있는 대책의 확보
3) 3단계 : 지하공간의 이용자 수와 침수 예상 시간을 고려한 안전한 대피로 확보
4) 4단계 : 신속한 배수 대책

4. 공통 적용 사항

1) 출입구 방지턱의 높이

(1) 출입구 방지턱의 높이는 지하공간의 침수를 방지하고 침수 속도를 지연시키기 위해서 지하공간 출입구의 침수 높이를 고려함

(2) 출입구 방지턱의 높이 결정 시 시설 이용자와 차량 통행 등을 고려하여 침수 높이보다 낮게 설치하는 경우 방지턱을 넘어 지하로 유입되는 우수를 차단하기 위하여 물막이판 등을 설치하거나 비상시 모래주머니 등을 준비하여 침수를 지연시키거나 방지

2) 환기구 및 채광용 창 위치

(1) 예상 침수 높이 보다 높은 위치에 설치하여 홍수 시 또는 이에 상응하는 수위 발생 시 환기구 및 채광 장치를 통한 우수의 유입이 없도록 유의

(2) 다만 설치 공간, 통행자 등을 고려하여 부득이 예상 침수 높이 보다 낮은 위치에 환기구 및 채광 장치를 설치할 때는 물막이판 등 유입되는 우수를 차단하는 구조물을 설치

3) 물막이판, 모래주머니 등

(1) 지하공간의 침수 방지대책으로 출입구에 방지턱을 설치하여도 지하 침수를 완벽하게 방지하지 못하는 경우 물막이판 또는 모래주머니 등을 설치하여 침수를 방지할 수 있도록 함

(2) 물막이판은 자동 운행이 가능(비상시 수동전환 가능)하도록 설치하며 자동 운행 시 차량에 의한 교통사고 등 2차 피해가 발생하지 않도록 조치. 자동 운행 물막이판 설치가 어려울 때는 일반 물막이판 또는 모래주머니 등을 활용하고, 모래주머니 등은 충분한 양을 출입구 주변에 비축

4) 역류방지밸브 설치

지하공간에 설치된 배수구를 통한 우수의 역류 현상을 방지하기 위하여 역류방지밸브를 설치

5. 시설별 적용사항

1) 비상조명 및 대피 유도등

(1) 지하공간이 침수되어 전력공급 장치가 작동하지 않는 때에도 대피에 필요한 비상조명 및 대피 유도등은 대피자가 인지할 수 있도록 함

(2) 전력공급 장치를 불가피하게 지하에 설치한 때에는 비상조명 및 대피 유도등의 예비전원을 지상 또는 옥상에 확보하는 방안을 고려할 것. 다만 예비전원을 내장하는 때에는 예외로 함

2) 누전, 감전 및 정전 방지

지하공간 침수 시 누전, 감전 및 정전을 방지하기 위하여 다음의 필요한 조치를 할 것

(1) 누전 차단장치 설치 및 접지

(2) 전기시설(배전반, 콘센트 등)을 침수 높이보다 높게 설치

3) 배수펌프 및 집수정 설치

(1) 지하공간 내 유입된 우수 및 지하수를 효과적으로 배제하기 위한 배수펌프 및 집수정을 설치. 또한, 토사나 부유물이 집수정으로 유입이 우려되는 경우 침사지를 설치하고 예비 배수펌프를 추가함

(2) 배전반 등 전기시설은 침수위험이 없는 위치에 설치하거나 침수가 되지 않도록 설치. 다만 불가피하게 침수가 우려되는 위치에 설치하는 경우에는 정전에 대비하여 예비전원 확보 방안을 고려함

4) 유도수로의 설치

지하공간의 신속한 배수를 위해 우수 및 지하수가 집수정 등으로 원활하게 유입될 수 있도록 유도수로의 설치를 고려함

5) 침수피해 확산의 방지

침수피해가 확산하는 것을 막기 위하여 지하층 계단 통로 환기구 등을 차단하는 방안을 고려하며, 엘리베이터 출입구 주위에는 침수에 대비하여 탈부착식 침수 방지시설의 설치를 고려함

6) 대피로 확보

지하공간은 외부로의 탈출로가 한정되어 있으므로 적절한 조명을 갖춘 대피로를 다음과 같이 설치

(1) 지하공간의 조명과 대피로의 폭 등이 보장되어야 하고, 대피경로는 사전에 알 수 있도록 준비함

(2) 지하공간 침수상황 발생 시 탈출이 쉽도록 개폐가 가능한 방범창, 실내 비상탈출 사다리 등의 피난설비를 설치하고, 침수 시 출입문 개폐가 가능하도록 침수고립 방지 출입문의 설치를 고려함

7) 경보방송 시설

(1) 지하공간 시설물에는 침수 또는 침수 예상 시 적절한 대피가 이루어질 수 있도록 알리기 위한 경보방송 시설을 설치

(2) 경보방송 시설이 설치된 사무소는 가능한 지상에 위치토록 하고 지하 시설 내 상황을 파악할 수 있도록 CCTV 등을 설치. 지하에 사무소를 설치하는 경우 지상 출입문 등 우수 유입의 가능성이 있는 장소에 CCTV, 지상 침수 경보 센서 등을 설치하여 외부(지상) 침수상황을 파악할 수 있도록 하고 지상 침수 경보 센서는 자동운행 물막이판과 연동시킬 수 있음

(3) 전력공급 장치를 지하에 설치할 때는 경보방송시설용 전원은 지상 또는 옥상에 설치하여 언제든지 경보방송이 가능하게 함

8) 난간 설치

지하공간에서 이용자의 안전을 확보하기 위하여 계단 등에는 난간을 설치

9) 진입 차단시설 및 침수 안내시설의 설치

지하공간 침수를 인지하지 못한 이용자의 출입을 통제하여 안전을 확보할 수 있도록 경보방송시설·CCTV 외에 이용자 진입 차단시설, 안내표지판 등을 설치

2 일반건축물의 경우 건축허가 등 동의와 관련하여 관할 소방관서의 행정절차에 대하여 동의 시, 착공 및 감리 시, 완공 시, 유지 관리 시로 각각 구분하여 설명하시오.

1. 소방 행정절차

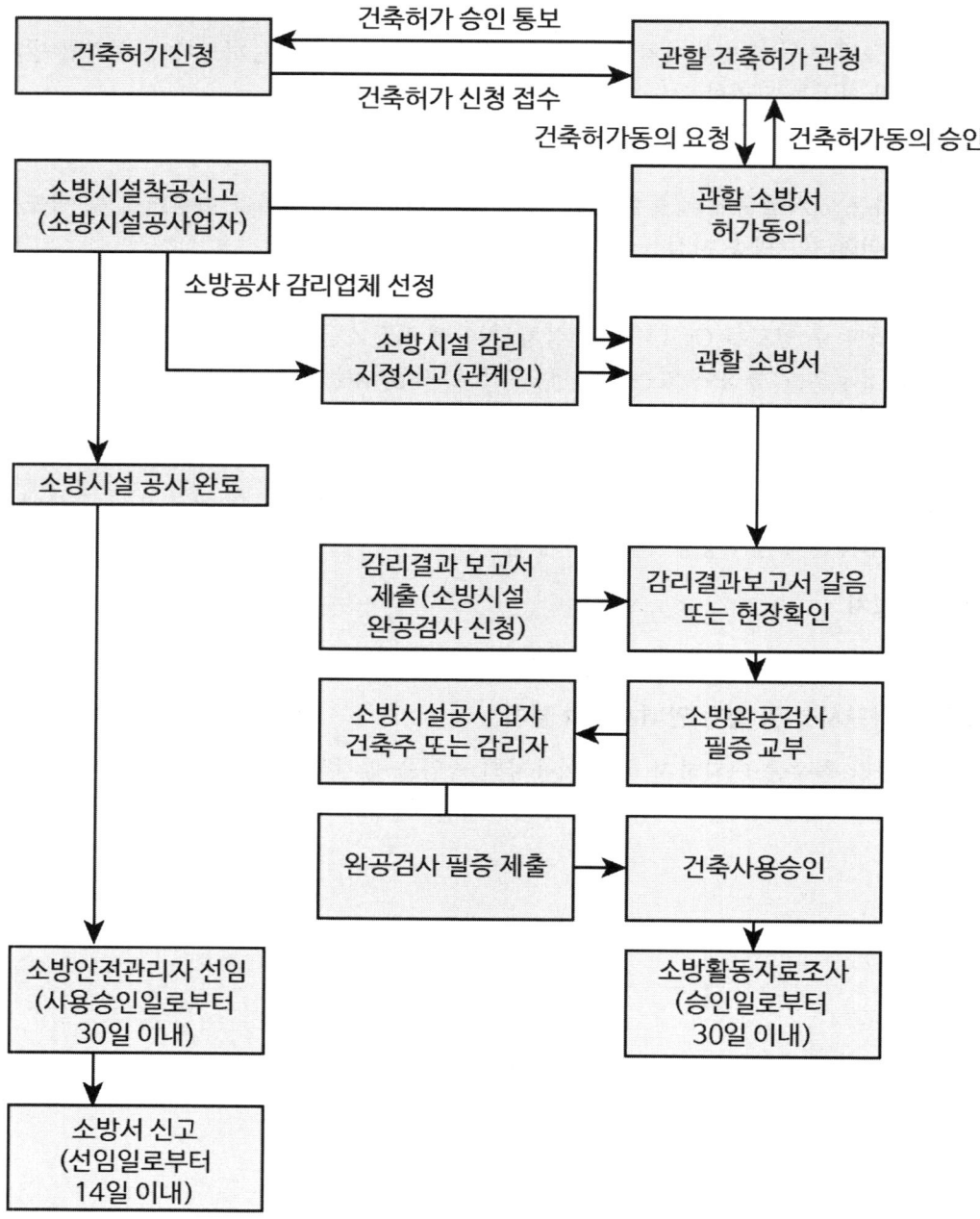

2. 건축허가 동의

1) 건축허가 동의 대상

건축물의 신축, 증축, 개축, 재축, 이전, 용도변경, 대수선의 허가·협의 및 사용승인을 할 때 미리 소방본부장 또는 소방서장의 동의를 받아야 한다.

(1) 연면적이 400m² 이상인 건축물
   ① 학교시설 : 100m² 이상
   ② 노유자시설 및 수련시설 : 200m² 이상
   ③ 정신의료기관 : 300m² 이상
   ④ 장애인 의료재활시설 : 300m² 이상

(2) 지하층 또는 무창층이 있는 건축물로서 바닥면적이 150m² 이상인 층이 있는 것

(3) 차고·주차장 또는 주차용도로 사용되는 시설
   ① 차고·주차장으로 사용되는 바닥면적이 200m² 이상인 층이 있는 건축물이나 주차시설
   ② 승강기 등 기계장치에 의한 주차시설로서 자동차 20대 이상을 주차할 수 있는 시설

(4) 층수가 6층 이상인 건축물

(5) 항공기격납고, 관망탑, 항공관제탑, 방송용 송수신탑

(6) 의원·조산원·산후조리원, 위험물 저장 및 처리 시설, 발전시설 중 풍력발전소·전기저장시설, 지하구

(7) 노유자시설 중 다음의 시설
   노인 관련 시설, 아동복지시설, 장애인 거주시설, 정신질환자 관련 시설, 노숙인자활시설, 노숙인재활시설 및 노숙인요양시설, 노유자시설

(8) 요양병원

(9) 공장 또는 창고시설로서 지정수량의 750배 이상의 특수가연물을 저장·취급하는 것

(10) 가스시설로 지상에 노출된 탱크의 저장용량의 합계가 100톤 이상인 것

2) 동의대상 제외

(1) 특정소방대상물에 설치되는 소화기구, 자동소화장치, 누전경보기, 단독경보형 감지기, 가스누설경보기 및 피난구조설비(비상조명등은 제외)가 화재안전기준에 적합한 경우 해당 특정소방대상물

(2) 건축물의 증축 또는 용도변경으로 인하여 해당 특정소방대상물에 추가로 소방시설이 설치되지 않는 경우 특정소방대상물

(3) 소방시설공사의 착공신고 대상에 해당하지 않는 경우 해당 특정소방대상물

3) 동의절차

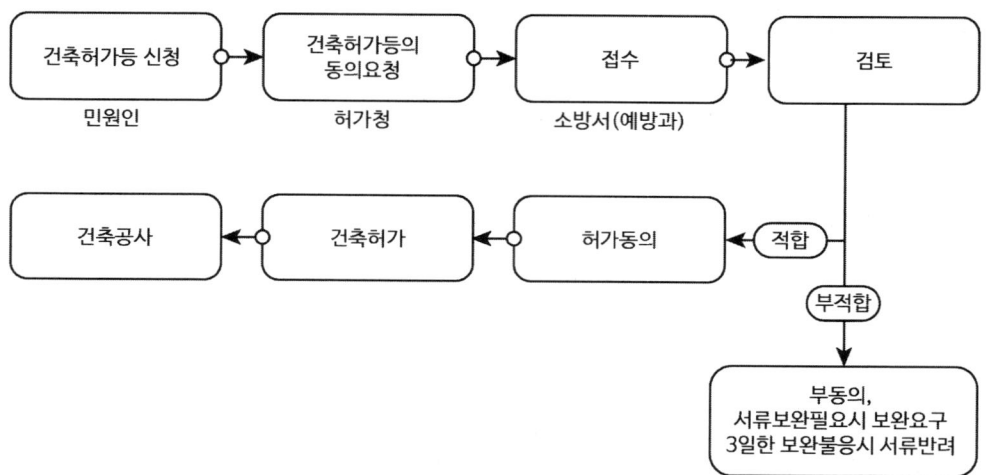

4) 건축허가를 받기 위하여 관할 소방서에 제출할 서류

(1) 동의요구서

(2) 건축허가신청서, 건축허가서 또는 건축·대수선·용도변경신고서 등 건축허가 등을 확인할 수 있는 서류의 사본

(3) 다음의 설계도서

① 건축물 설계도서

건축물 개요 및 배치도, 주단면도 및 입면도, 층별 평면도, 방화구획도, 실내·실외 마감재료표, 소방자동차 진입 동선도 및 부서 공간 위치도

② 소방시설 설계도서

소방시설의 계통도(시설별 계산서를 포함), 소방시설의 층별 평면도, 실내장식물 방염대상물품 설치 계획, 소방시설의 내진설계 계통도 및 기준층 평면도

(4) 소방시설 설치계획표

(5) 임시소방시설 설치계획서

(6) 소방시설설계업 등록증과 소방시설을 설계한 기술인력자의 기술자격증 사본

(7) 소방시설설계 계약서 사본

3. 착공신고

1) 소방시설공사를 하려면 공사의 내용, 시공 장소, 그 밖의 사항을 소방본부장이나 소방서장에게 신고

2) 착공신고대상

⑴ 신설하는 공사 : 소방시설 전체

⑵ 증설하는 공사

① 옥내·옥외소화전설비

② 스프링클러설비·간이스프링클러설비, 물분무등 소화설비의 방호구역, 자동화재탐지설비의 경계구역, 제연설비의 제연구역, 연결살수설비의 살수구역, 연결송수관설비의 송수구역, 비상콘센트설비의 전용회로, 연소방지설비의 살수구역의 증설

⑶ 전부 또는 일부를 개설, 이전, 정비하는 공사

- 수신반, 소화펌프, 동력(감시)제어반

3) 자격 : 연면적 1만㎡ 이상은 전문소방시설공사업자

4. 소방공사감리 (소방시설공사업법 시행령 제10조 "공사감리자 지정대상 특정소방대상물의 범위")

1) 소방공사감리(소방시설공사업법 시행령 제10조 "공사감리자 지정대상 특정소방대상물의 범위")

⑴ 자격 범위 : 설계자격 범위와 동일

⑵ 지정 대상 : 신설·개설, 증설

① 옥내소화전설비를 신설·개설 또는 증설할 때

② 스프링클러설비 등을 신설·개설하거나 방호·방수 구역을 증설할 때

③ 물분무등 소화설비를 신설·개설하거나 방호·방수 구역을 증설할 때

④ 옥외소화전설비를 신설·개설 또는 증설할 때

⑤ 자동화재탐지설비를 신설·개설할 때

⑥ 비상방송설비를 신설 또는 개설할 때

⑦ 통합감시시설을 신설 또는 개설할 때

⑧ 비상조명등을 신설 또는 개설할 때

⑨ 소화용수설비를 신설 또는 개설할 때

⑩ 다음에 따른 소화활동설비 시공을 할 때
- 제연설비를 신설·개설하거나 제연구역을 증설할 때
- 연결송수관설비를 신설 또는 개설할 때
- 연결살수설비를 신설·개설하거나 송수구역을 증설할 때
- 비상콘센트설비를 신설·개설하거나 전용회로를 증설할 때
- 무선통신보조설비를 신설 또는 개설할 때
- 연소방지설비를 신설·개설하거나 살수구역을 증설할 때

2) 지정신고(소방시설공사업법 제17조 "공사감리자의 지정 등", 제18조 "감리원의 배치 등")

⑴ 특정소방대상물의 관계인이 자동화재탐지설비, 옥내소화전설비 등 대통령령으로 정하는 소방시설을 시공할 때에는 소방시설공사의 감리를 위하여 감리업자를 공사감리자로 지정

⑵ 관계인은 공사감리자를 지정하였을 때에는 소방본부장이나 소방서장에게 신고

3) 배치신고(소방시설공사업법 제17조 "공사감리자의 지정 등", 제18조 "감리원의 배치 등")

⑴ 감리업자는 소방시설공사의 감리를 위하여 소속 감리원을 소방시설공사 현장에 배치

⑵ 감리업자는 감리원을 배치하였을 때에는 소방본부장이나 소방서장에게 통보

5. 완공 시

완공검사(소방시설 공사업법 제14조 "완공검사", 영 제5조 "완공검사를 위한 현장확인 대상 특정소방대상물의 범위")

1) 공사업자는 소방본부장 또는 소방서장의 완공검사를 받아야 함

⑴ 공사감리자가 지정 : 공사감리 결과보고서로 완공검사를 갈음

⑵ 현장 확인 대상 특정소방대상물의 범위

① 문화 및 집회시설, 종교시설, 판매시설, 노유자시설, 수련시설, 운동시설, 숙박시설, 창고시설, 지하상가, 다중이용업소

② 스프링클러설비 등, 물분무등소화설비가 설치되는 경우

③ 연면적 1만 m^2 이상이거나 11층 이상인 특정소방대상물(아파트는 제외)

④ 가연성 가스를 제조·저장 또는 취급하는 시설 중 지상에 노출된 가연성 가스탱크의 저장용량 합계가 1천 톤 이상인 시설

2) 부분완공검사

⑴ 공사업자가 소방시설공사의 일부를 마친 경우로서 전체 시설이 준공되기 전에 부분적으로 사용할 경우에는 소방본부장이나 소방서장에게 완공검사를 신청

⑵ 소방본부장이나 소방서장은 그 일부분의 공사가 완공되었는지를 확인

3) 소방본부장이나 소방서장은 완공검사나 부분완공검사를 하였을 때에는 완공검사증명서나 부분완공검사증명서를 발급
4) 감리결과통보(소방시설 공사업법 제20조 "공사감리 결과의 통보 등", 시행규칙 제19조 "감리결과의 통보 등")
   (1) 통보대상 : 관계인, 건축공사를 감리한 건축사, 소방시설공사의 도급인
   (2) 감리결과보고서 : 소방본부장이나 소방서장에게 제출
   (3) 제출서류
      ① 소방시설 성능시험조사표
      ② 착공신고 후 변경된 소방시설설계도면
      ③ 소방공사 감리일지
      ④ 사용승인 신청서 등 사용승인 신청을 증빙할 수 있는 서류

6. 유지 관리
1) 소방안전관리자 선임 : 사용승인일로부터 30일 이내
2) 소방서 신고 : 선임일로부터 14일 이내

---

3 옥외 탱크저장소의 포소화설비 설치와 관련하여 다음에 대하여 설명하시오.
1) 위험물 탱크의 구조에 따라 적용하는 고정포방출구의 종류
2) 고정포방출구의 종류별 정의와 특징

1. 개요
1) 석유류저장탱크의 종류는 CRT, FRT, IFRT, VVST 방식이 있다.
2) 유류의 증기압 정도에 따라 선택해야 하며, 증기압이 높은 제품에 CRT를 사용할 때 유류의 손실이 발생하지만, 비용은 상대적으로 저렴하다.

2. 위험물 탱크의 구조에 따라 적용하는 고정포방출구의 종류

고정포방출구	Ⅰ형	Ⅱ형	Ⅲ형	Ⅳ형	특형
위험물탱크	CRT	CRT, IFRT	CRT	CRT	FRT

1) 원추형 지붕탱크(CRT, Cone Roof Tank) : 원추형의 고정지붕을 가진 탱크
2) 유동형 지붕탱크(FRT, Floating Roof Tank) : 액 표면 위의 액위와 같이 움직이는 지붕을 설치하여 탱크 내의 증기공간을 없앤 탱크
3) 복합형 탱크(IFRT, Internal Floating Roof Tank) : CRT 내부 액표면 위에 액위와 같이 움직이는 부유지붕을 설치한 탱크로 CRT와 FRT의 복합형

3. 고정포방출구의 종류별 정의와 특징

1) 원리

배관에 공급되는 포수용액을 기계적으로 혼합함과 동시에 공기를 흡입하여 공기포를 발생시키는 발포기 기능이 있으며, 폼챔버는 발생한 포를 안전한 성상으로 하고 속도를 줄여 탱크 내에 유입시키는 방출구와 탱크 내의 가연성 증기가 역류하지 않도록 하는 증기실 부분으로 설치된다. 증기실은 특수한 유리판재 등의 봉판이 사용되고 발생한 포가 송액될 때 배관 내 공기에 의해 압축되어 파괴되면서 탱크 내에 포를 유입시킨다.

2) Ⅰ형 포방출구

(1) 정의

방출된 포가 액면 위에 전개될 수 있도록 탱크 내부에 포의 통로가 있는 설비

(2) 특징
① CRT에서 사용하고 FRT에서 사용하지 못함
② 홈통(Trough)에 의해 포가 유면 위로 방출
③ CRT에서 사용

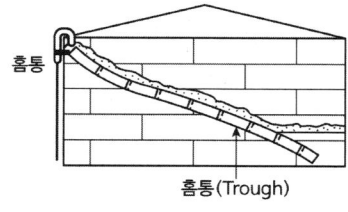

[Ⅰ형 포방출구]

3) Ⅱ형 포방출구

(1) 정의

방출된 포가 탱크 측판 내부에 흘러내려서 액면에 전개되도록 포의 반사판을 방출구에 설치한 설비

(2) 특징
① 발포기, 폼챔버, 봉판, 디플렉터로 구성
② 디플렉터에 의해 포가 탱크 벽면으로 흘러내려 감
③ CRT에서 사용

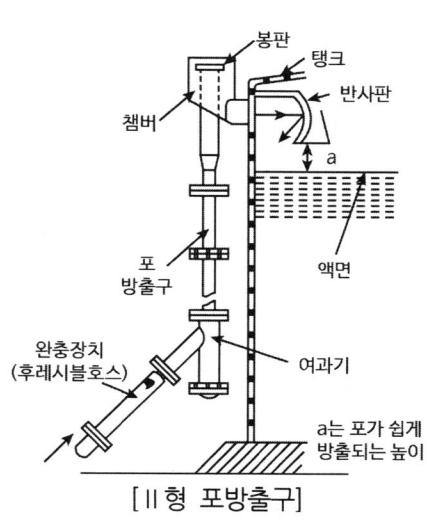

[Ⅱ형 포방출구]

4) Ⅲ형 포방출구(표면하주입방식, Subsurface Foam Injection System)

(1) 정의

탱크화재 시 폭발에 의해 고정포방출구가 파괴되는 결점을 보완한 형태로 탱크 저부에서 포를 주입하는 방식

(2) 특징

① 고정지붕구조의 탱크와 같은 대기압 탱크에 가장 효과적이임. Ⅰ·Ⅱ형은 직경 60m 미만인 탱크에 적합하고 이를 초과할 경우에는 Ⅲ·Ⅳ형의 포방출구를 추가로 설치해야 하나, Ⅲ·Ⅳ형은 직경 60m 이상인 탱크에도 효과적임

② 콘루프형은 대기압의 탱크 및 점도가 낮은 위험물에 적합하며 중질유와 같이 점도가 높은 경우 고온 열류층이므로 포가 올라가지 못함

③ 포방출구 토출 측에 액체위험물의 압력 등이 배압(Back Pressure)으로 작용하므로 발포기는 고압의 것 사용(압력탱크나 FRT에는 부적합)

④ 포가 방출되면서 상·하부액을 교반시키므로 액온도를 저하시킬 수 있음

⑤ 유류 주입배관을 포방출구로 사용 가능

⑥ 포소화약제는 불화단백포와 수성막포만 사용이 가능

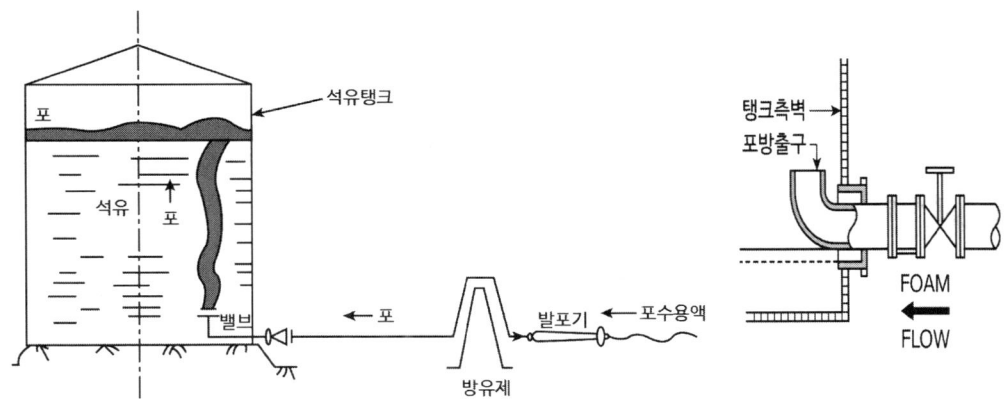

[Ⅲ형 포방출구(표면하주입방식)]

5) Ⅳ형 포방출구(반표면하주입방식, Semi-Surface Foam Injection System)

(1) 정의

표면하포주입방식의 개량형으로 표면하주입방식의 탱크 하부에서 방출된 포가 떠오르는 동안 저장액체와 혼합되어 포가 소멸되는 것을 방지하기 위해 Hose Container 등을 설치하여 포가 액면에 효과적으로 떠오르도록 한 것

(2) 특징

① 방출된 포가 유면 위로 올라오는 동안 저장액체와 혼합되며 포가 소멸되는 문제를 보완
② 방출구에 호스를 포함한 컨테이너가 설치된 구조
③ 포 방출 시 압력에 의해 호스가 팽창하면서 상부로 떠올라 유면에서 포를 방출

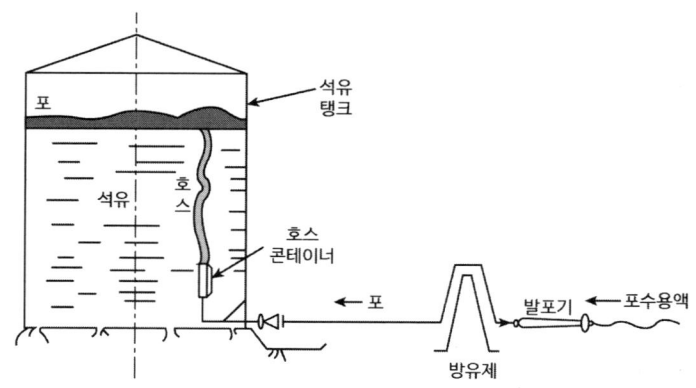

[Ⅳ형 포방출구(반표면하주입방식)]

6) 특형 포방출구

(1) 정의

플로팅루프 탱크의 측면과 굽도리판에 의해 형성된 환상부분에 포를 방출하여 소화작용을 하게 설치된 설비

(2) 특징

① 굽도리판에 의해 형성된 환상부분으로 포 방출
② 주로 FRT에서 사용

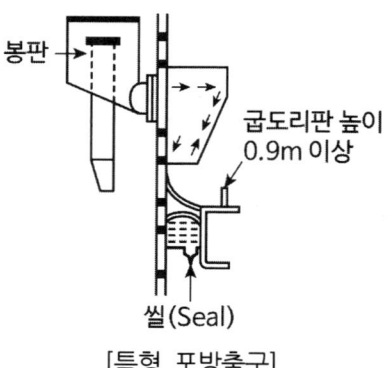

[특형 포방출구]

4 고체 가연물의 연소속도를 정의하고 연소속도에 영향을 미치는 요인과 발화온도에 영향을 미치는 요인에 대하여 설명하시오.

1. 연소속도 ($\dot{m}$, Burning Rate)

1) 정의

(1) 화재 시 단위시간당 소비되는 고체 또는 액체 연료의 질량(g/s)으로 연료의 감소된 질량을 감소시간으로 나눈 값(g/s)

(2) 가연성 가스의 연소속도(Burning Velocity)란 가연성 가스가 화염면에 수직한 방향으로 미연소혼합기(Unburned Mixture) 쪽으로 전파하여 들어오는 속도(m/s)

2) 공식

$$\dot{m} = \dot{m}'' \times A = \frac{\dot{q}''}{L} \times A$$

$\dot{m}$: 연소속도(g/s), $\dot{m}''$: 질량연소유속(g/m²·s)
A : 연소표면적(m²), L : 기화열(kJ/g)
$\dot{q}''$: 연료표면으로 유입되는 순열유속(kW/m²)

3) 연소속도에 영향을 미치는 요인

(1) 순수열유속($\dot{q}''$)

① 단위면적 및 단위시간당의 통과 열량을 열유속이라 하며, 단위는 W/m²이다.

② 순수열유속은 들어온 열류(화염으로부터의 열류 + 외부열류)와 나간 열류(표면에서의 재복사 방출열류)의 차로 순수열유속이 클수록 연소속도는 빠르다.

③ 화염에서 연료표면으로 복사되는 열유속은 연료 표면에서 발생하는 열손실보다 커야 기화 또는 열분

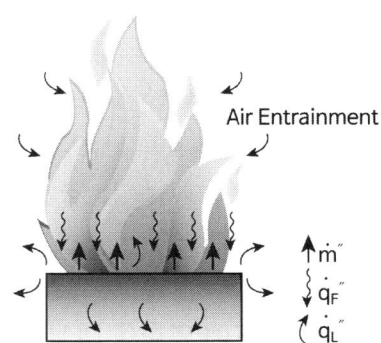

해가 지속된다. 즉, 연료에 충분한 열이 공급되어야 연소가 지속된다.

(2) 기화열(L)

① 액체나 고체가 기체로 되면서 주위에서 얻은 열량

② 가연성 가스를 생성하는 데 필요한 열인 기화열이 증가할수록 연소속도 감소

(3) 혼합물의 조성

화학양론조성보다 연료가 약간 많은 혼합물의 경우 연소속도 증가

(4) 온도

    ① 온도가 증가 시 기체 분자운동이 활발해지고 화학반응속도가 증가하여 빨라짐

    ② 아레니우스 법칙에 의해 온도가 10℃ 상승 시 반응속도는 2배 증가함

(5) 압력

    압력이 높을수록 빈도계수가 증가하여 연소속도 증가

(6) 억제제 첨가

    ① 불활성 가스 첨가 시 혼합물의 단위 질량당 열용량을 증가시켜 화염전파가 불가능(화염온도 감소)

    ② 할로겐 함유 억제제 첨가 시 연쇄반응을 차단하므로 연소속도는 감소(화염온도 감소와 관계없음)

(7) 난류

    ① 연소속도는 연소파의 평면이 가연성 혼합물 속으로 전파해가는 속도이고, 가연성 혼합기 속의 난류성에 의해 화염전파속도가 증가

    ② 화염전면에서 난류에 의해 가연성 혼합가스의 이동속도가 증가하여 연소속도가 증가

(8) 촉매

    ① 정촉매 : 활성화에너지를 낮춰 연소속도 증가

    ② 부촉매 : 활성화에너지를 높여 연소속도 감소

4) 의미

(1) 각 지점이 어떻게 연소하는가는 질량연소유속($\dot{m}''$, Mass Burning Flux), 즉 단위면적당 연소속도로 설명할 수 있다.

(2) 연소면적을 각각의 질량연소유속 $\dot{m}''$과 관련된 작은 표면으로 분할하면 각각의 표면적에 상응하는 $\dot{m}''$의 곱은 전체 연소속도가 된다.

(3) 일반적으로 질량연소유속의 범위는 5~50 g/m²·s이며, 5 g/m²·s 이하에서 소염된다.

2. 발화온도에 영향을 미치는 요인

1) 정의

(1) 발화지연시간이란 가연성 물질의 온도가 상승되는 시간으로부터 화재 및 폭발이 발생할 때까지의 경과되는 시간을 말하며 발화전의 지체(Time Lag) 또는 발화에 걸리는 시간이라 한다.

(2) 자연발화가 일어나는 온도를 자연발화온도(AIT) 또는 최소자연발화온도(SIT, Minimum Spontaneous Ignition Temperature)라 한다.

2) 자연발화온도에 영향을 주는 인자

(1) 실험기준

① 초기온도

② 용기 크기

③ 실험장치의 특성

④ 압력이 높아지면 분자 간 거리가 가까워져 AIT는 낮아짐

⑤ 농도 양론적 조성비를 기준으로 가연성 물질 농도에 따라 AIT가 커지거나 낮아짐

⑥ 촉매

⑦ 유속이 빠르면 AIT는 낮아짐

⑧ 산소농도가 높아지면 AIT는 낮아짐

⑨ 불순물

⑩ 분자량이 클수록 낮아짐

(2) 주변 환경기준

① 통풍이 불량할 경우 : 발열이 방열보다 크므로 쉽게 발생

② 휘발성이 낮은 가연성 액체 : 열 축적 용이

③ 축적된 열량이 클 때 : 통풍이 작은 실내에서 단열재로 보온된 상태에서 열 축적

④ 공기와의 접촉 면적이 클 때 : 산화반응 촉진(예 : 분말, 섬유, 면, 종이, 우레탄)

⑤ 고온 다습한 경우 : 금수성 물질이 수분과 반응하여 발열

⑥ 보온재의 자연발화 : 파라핀, 왁스 등 탄화수소계열의 유류가 보온재에 침투할 경우 피보온물체가 발화점 이하에서 발화

⑦ 퇴적방법 : 가연물을 쌓아 놓은 경우 열의 축적이 쉬움

⑧ 단열압축

- 디젤엔진 등에서 오일, 윤활유 등이 열분해

- $\dfrac{P_2}{P_1} = \left(\dfrac{T_2}{T_1}\right)^{\frac{\gamma}{\gamma-1}}$

  (공기의 비열비 $\gamma = \dfrac{정압비열(C_p)}{정적비열(C_v)} = 1.4$, T_1, T_2 : 절대온도(K))

5 「건축법 시행령」과「건축물의 피난·방화구조 등의 기준에 관한 규칙」에 따른 문화 및 집회시설(공연장)의 개별 관람실(바닥면적 400m²) 내부의 출구 설치기준에 대하여 설명하고, 개별 관람실 출구의 개수와 유효너비를 산정하시오.

1. 개요
관람실 등은 불특정 다수인이 모이는 장소이므로 별도의 출구의 기준을 정하여 피난안전성을 강화해야 한다.

2. 관람실 등으로부터의 출구설치 대상 (건축법 시행령 제38조)
다음의 건축물에는 국토교통부령으로 정하는 기준에 따라 관람실 또는 집회실로부터의 출구를 설치해야 한다.
1) 제2종 근린생활시설 중 공연장·종교집회장
   (해당 용도로 쓰는 바닥면적의 합계가 각각 300m² 이상)
2) 문화 및 집회시설(전시장 및 동·식물원은 제외)
3) 종교시설
4) 위락시설
5) 장례시설

3. 관람실 등으로부터의 출구 설치기준 (건축물의 피난·방화구조 등의 기준에 관한 규칙 제10조)

1) 건축물의 관람실 또는 집회실로부터 바깥쪽으로의 출구로 쓰이는 문은 안여닫이로 하여서는 안 된다.
2) 문화 및 집회시설중 공연장의 개별관람실(바닥면적이 300m² 이상인 것)의 출구는 다음의 기준에 적합하게 설치
   (1) 관람실별로 2개소 이상 설치
   (2) 각 출구의 유효너비는 1.5m 이상
   (3) 개별 관람실 출구의 유효너비의 합계는 개별 관람실의 바닥면적 100m²마다 0.6m의 비율로 산정한 너비 이상

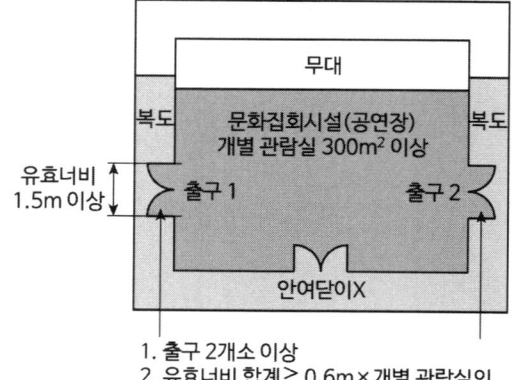

4. 개별 관람실(바닥면적 400m²) 출구의 개수와 유효너비

1) 출구의 개수 : 2개소 이상

2) 유효너비

 (1) 유효너비의 합계 = (400/100)×0.6 = 2.4m 이상

 (2) 즉 각 출구의 유효너비는 1.5m 이상 확보

---

6 「사업장 위험성평가에 관한 지침」(고용노동부 고시)에서 규정하는 사업장 위험성평가와 관련하여 다음 사항을 설명하시오.
1) 위험성평가 정의
2) 위험성평가 실시 시기
3) 위험성평가 절차 및 주요내용

1. 위험성평가 정의

1) "위험성평가"란 사업주가 스스로 유해·위험요인을 파악하고 해당 유해·위험요인의 위험성 수준을 결정하여, 위험성을 낮추기 위한 적절한 조치를 마련하고 실행하는 과정을 말한다.

2) 「산업안전보건법」 "위험성평가의 실시" 및 「고용노동부고시」 "사업장 위험성평가에 관한 지침"에 규정하고 있다.

2. 위험성평가의 실시 시기

구분	최초 평가	수시 평가	정기 평가
대상	• 사업장 성립 또는 건설업은 실착공 후 • 사업장 가동, 공사의 진행 등	• 건설물 설치, 이전, 변경, 해체 • 기계, 기구, 설비, 원재료 신규 도입·변경 • 건설물, 기계, 기구, 설비의 정비, 보수 • 작업방법, 작업절차의 신규 도입·변경 • 중대산업사고, 산업재해 발생 • 그밖에 사업주가 필요하다고 판단한 경우	• 최초 평가에 따라 실시한 위험성 평가
실시 시기	• 사업개시일로부터 1개월 이내 착수	• 추가적인 유해·위험요인이 생기는 경우 • 단, 중대산업사고, 산업재해 발생 시 작업을 재개하기 전	• 최초 평가에 대한 적정성을 1년마다 정기적으로 재검토

※ 상시 평가(월·주·일 단위로 일상화된 안전활동)로 수시평가와 정기평가를 대체할 수 있는 경우
① 매월 1회 이상 근로자 제안제도 활용, 아차사고 확인, 작업과 관련된 근로자를 포함한 사업장 순회점검 등을 통해 사업장 내 유해·위험요인을 발굴하여 위험성결정 및 위험성 감소대책 수립·실행(노사합동 순회점검 → 아차사고 분석 → 제안제도 실시)
② 매주 안전보건관리책임자, 안전관리자, 보건관리자, 관리감독자 등을 중심으로 ①의 결과 등의 논의·공유하고 이행상황 점검
③ 매 작업일마다 ①과 ②의 실시결과에 따라 근로자가 준수하여야 할 사항 및 주의하여야 할 사항을 작업 전 안전점검회의(TBM : Tool Box Meeting) 등을 통해 공유·주지

3. 위험성평가 절차 및 주요내용

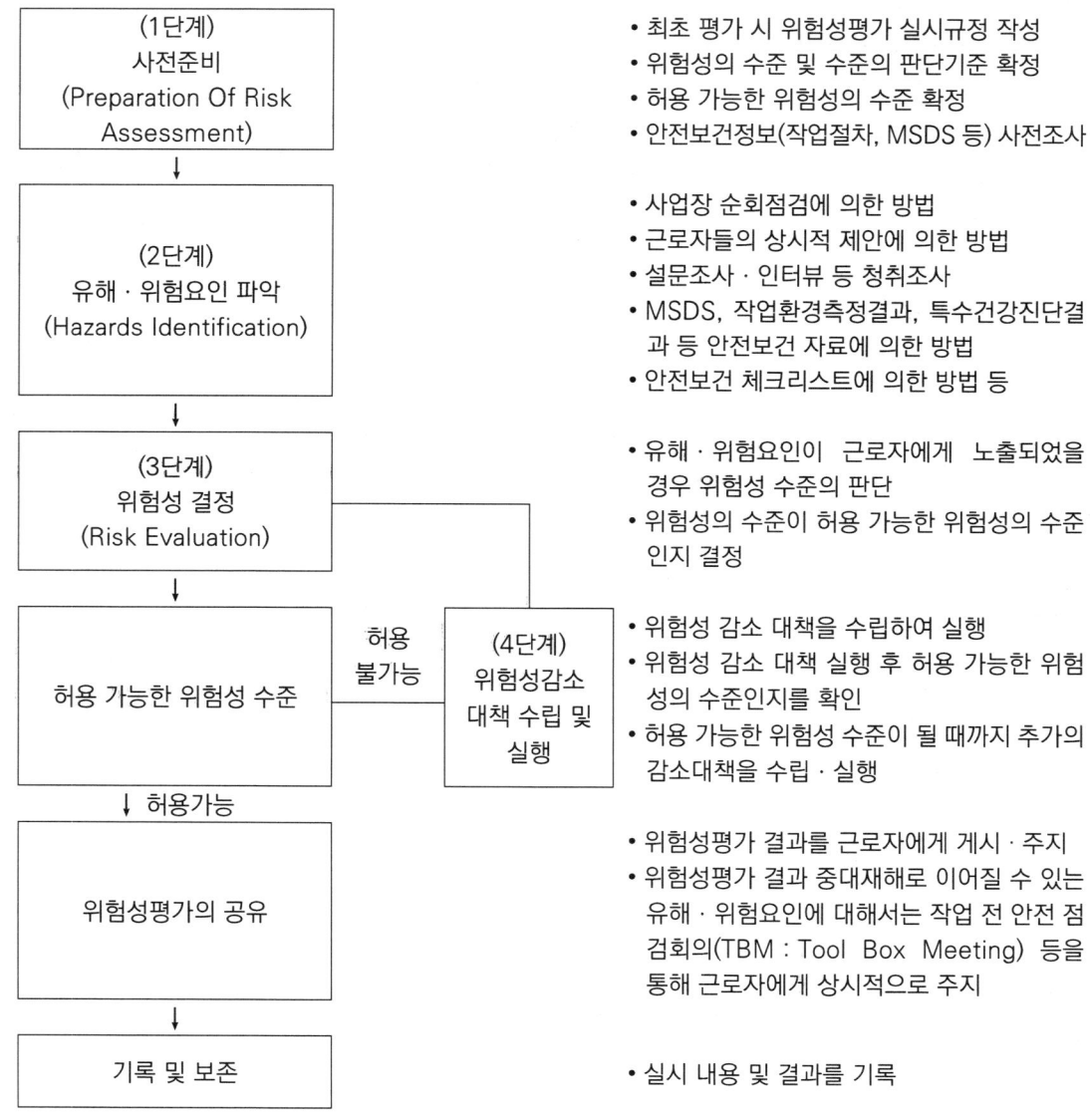

131회 4교시

1 할로겐화합물 및 불활성기체소화설비와 관련하여 NFPA 2001에서 제시한 다음 사항에 대하여 설명하시오.
1) 소화약제의 인체노출 제한 기준
2) 안전 요구사항

1. 개요

1) 청정소화약제는 할로겐화합물 소화약제(Halocarbon Agent)와 불활성기체 소화약제(Inert Gas Clean Agent) 2종류로 구분한다.
2) NFPA 2001 "Clean Agent Fire Extinguishing Systems"과 화재안전기준에서는 할로겐화합물 소화약제 9종, 불활성기체 소화약제 4종 등 총 13종으로 분류하고 있다.
3) 할로겐화합물 소화약제는 F, Cl, Br, I 중 하나 이상의 원소를 포함하고 있는 유기화합물이다.
4) 불활성기체 소화약제는 He, Ne, Ar, N 가스 중 어느 하나 이상의 원소를 구성성분으로 한다.

2. 소화약제의 인체노출 제한 기준

1) 할로겐화합물 소화약제(Halocarbon Agents)

(1) NFPA 2001에서는 NOAEL 이하라 할지라도 할로겐화합물의 열분해 생성물에 대한 불필요한 노출은 피해야 한다.
(2) 최대노출허용시간은 5분 이내로 제한하고 안전수단을 제공해야 한다.
(3) 안전수단이 제공되지 않은 개인은 약제가 방출되는 동안과 방출 후에 방호구역에 들어가서는 안 된다.
(4) 최대노출허용시간

Agent 농도	사람 상주 가능 여부	최대노출허용시간
NOAEL 이하	상주 가능	5분
NOAEL 초과 ~ PBPK 허용농도	상주 가능 (안전수단 제공 시)	5분
PBPK 허용농도 초과	상주불가능	5분 미만 (약제농도가 클수록 작아짐)

※ 최대노출허용시간이란 최대설계농도(PBPK허용농도)에서의 노출허용시간을 말함

※ PBPK(Physiologically Based Pharmacokinetic) 모델링(NFPA 2001 Clean Agent Fire Extinguishing Systems)

① 할로겐화화합물의 시간에 따른 신체 흡수율을 반영해 흡수율에 따른 노출한계를 결정하는 것으로 할로겐화합물에 개를 노출시켰을 때 최대동맥혈 농도가 측정되었다면 사람의 동맥혈농도가 개에서 측정된 최대동맥혈농도에 도달하는 데 걸린 시간을 Simulation하는 것

② PBPK모델링에 의해 노출안전도가 확인된 경우 5분 이내에 대피가 가능할 시 최대허용설계농도를 NOAEL에서 상향 조정

③ PBPK허용농도(최대설계농도)

단위 : Vol%

Agent	NOAEL	LOAEL	PBPK허용농도(최대설계농도)
HFC-227ea	9.0	10.5	10.5
HFC-125	7.5	10.0	11.5
HFC-236fa	10.0	15.0	12.5
FIC-13I1	0.2	0.4	0.3

2) 불활성기체 소화약제(Inert Gas Clean Agents)

(1) 불활성기체 소화약제에 불필요하게 노출되는 것은 저산소환경이 되므로 피해야 한다.

(2) 최대노출허용시간은 5분을 초과해서는 안 된다.

(3) 알람과 시간지연의 목적은 소화약제에 노출되는 것을 막는 것이다.

(4) 안전수단이 제공되지 않은 개인은 소화약제 방출 중 및 방출 후에 방호구역에 들어가서는 안 된다.

(5) 최대노출허용시간

설계농도	산소농도	상주 가능 여부	최대노출 허용시간
43% 미만	12% 초과	상주 가능 (안전수단 제공 시)	5분 이내
43%~52%	12%~10%	상주 가능 (안전수단 제공 시)	3분 이내
52%~62%	10%~8%	상주 안 됨	30초 이내 (안전수단 제공 시)
62% 초과	8% 미만	상주 불가	노출 허용 안 됨

3. 안전 요구사항 (Safety Requirements)

1) 안전원이 배치되어 신속한 피난이 되도록 하고 위험한 환경으로 출입을 방지해야 한다. 또한 개인을 신속히 구출하기 위한 안전수단이 제공되어야 한다. 안전항목으로는 교육, 경고표지, 방출 경보, 호흡장치(SCBA), 피난계획, 화재 훈련 등이 있다.

2) 청정소화약제 방출 가능성에 대비하여 방호구역에 근접한 보호장소로의 이동을 고려해야 한다.

3) 설계농도를 초과하는 상주공간을 보호하기 위한 설비

   (1) 차단밸브(Supervised System Lockout Valves)

   (2) 경보장치(Pneumatic Pre-discharge Alarms)

   ① 경보장치는 불활성 가스로 작동할 것

   ② 가압 방출전 경보장치를 작동하기 위한 양은 불활성 기체 소화설비의 약제량 산정시 고려될 것

   (3) 시간지연장치(Pneumatic time delays)

   (4) 경고표지(Warning signs)

4. 결론

1) 최대허용설계농도와 노출시간을 초과 시 심장발작 및 산소결핍으로 질식의 우려가 있으므로 사람이 방호구역 내에서 거주할 수 있는 시간을 해외에서는 제한하고 있다. 즉, 사람이 상주하는 장소에서 최대허용설계농도(NOAEL) 이하에서 5분 이내의 노출을 허용한다. 이는 5분 이내에 피난이 완료되어야 인체에 영향을 최소화시킬 수 있다는 것을 실험을 통해 확인됨을 의미한다.

2) 화재안전기준에서도 약제농도에 따른 노출시간의 규정이 필요하다.

   (1) 사람이 상주하는 장소에 최대허용설계농도는 노출시간 5분 이내만 허용

   (2) 불활성 가스 약제농도가 43 ~ 52% 사이에서 노출시간을 3분 이내로 제한

   (3) HFC-125, HFC 227ea의 약제농도 7.5%와 9%를 초과할 경우 노출 위험성과 피난 경고

2 엘리베이터 피스톤 효과(Piston Effect)에 대하여 설명하고 피스톤 효과로 발생할 수 있는 압력에 대한 해석과 문제점에 대하여 설명하시오.

1. 피스톤효과(Piston Effect)의 정의
엘리베이터는 승강로를 따라 상승, 하강하므로 움직이는 방향은 압력이 상승하고, 반대쪽은 압력이 하강하는 효과

2. 피스톤 효과로 발생할 수 있는 압력에 대한 해석

1) 관련식(Principles of smoke management Chaper 11 "Elevator Smoke Control")

(1) $\Delta P = \dfrac{\rho}{2}(\dfrac{A_s A_e v}{A_a A_{ir} C_c})^2$

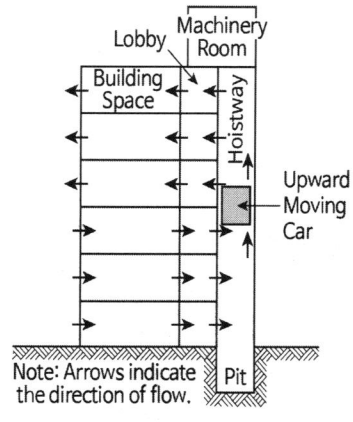

[승강기 상승 시 공기흐름]

① ΔP : 임계압력(Pa)(피스톤 효과를 극복하기 위한 승강로 내 필요 최소 압력)
② A_s : 승강로의 단면적(m²)
③ A_e : 승강로와 외부 간 유효면적(m²)

$A_e = (\dfrac{1}{A_{sr}^2} + \dfrac{1}{A_{ir}^2} + \dfrac{1}{A_{io}^2})^{-1/2}$

A_{sr}, A_{ir}, A_{io} : 승강장과 샤프트, 승강장과 거실, 거실과 옥외 사이 누설면적(m²)

④ v : 승강기의 속도(m/s)
⑤ A_a : 승강기 주위의 자유면적(승강로 누설 틈새 또는 승강로 면적에서 카의 면적을 제외한 면적(m²)
⑥ A_{ir} : 승강장과 거실 간 누설면적(m²)
⑦ C_c : 승강기 카 주위의 유동계수(무차원, 승강기 1대 : 0.83, 승강기 2대 : 0.94)

2) 압력에 대한 해석
피스톤 효과를 극복하기 위한 샤프트 내 필요 최소 압력인 임계압력(ΔP)은 승강로 단면적(A_s), 승강로와 외부 간 유효면적(A_e) 및 승강기의 속도(v)의 영향을 받는다.

3) 승강기 대수에 따른 압력
(1) 하향운행 : 아래 공기는 샤프트로 유출, 상부는 공기유입
(2) 상향운행 : 상부 공기는 샤프트로 유출, 하부는 공기유입

(3) 영향요소
　① 엘리베이터 속도 : 빠를수록 압력차가 커짐
　② 하나의 샤프트 내에 엘리베이터 수량이 많을수록 피스톤 효과는 저감 : 1대 > 2대 > 3대

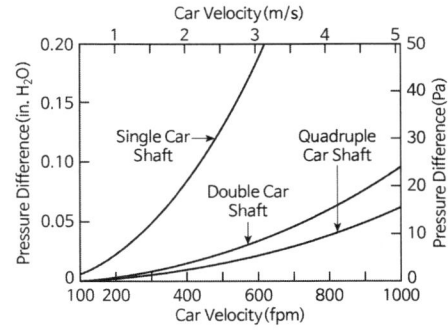

3. 문제점

1) 승강로로 유입된 연기 확산우려
　(1) 승강기가 진행하는 반대방향(후면)에는 압력이 낮아져 원하는 차압을 형성하지 못함
　(2) 승강기가 진행하는 방향(전면)에는 과압이 발생하여 출입문 개폐가 어려움
2) 승강로를 추가로 급기가압할 경우 피스톤효과는 줄일 수 있지만 과압이 발생하므로 과압배출시스템이 필요함

4. 대책

1) 승강로와 승강기 사이의 공간은 여유분의 공간이 있을수록 좋음
2) 승강기의 형태를 유선형으로 설계하여 공기의 저항을 줄임
3) 승강기의 운행 속도를 낮춤
4) 고층건축물에서 화재안전기준에 의한 제연풍량 외에 엘리베이터의 피스톤효과를 고려한 추가 제연풍량 고려
5) 건축물의 특성이 적용된 성능 위주의 설계 실시

---

3 스프링클러설비의 수리계산 절차 및 방법에 대하여 설명하시오.

1. 수리계산방식(Hydrulic Calculation Method)의 정의

1) 수계 소화설비의 작동을 위해 필요한 소화수(포 소화약제 등의 첨가제를 포함한 경우를 포함)가 제대로 공급될 수 있도록 소방수리학 원리에 입각하여 필요한 배관경, 유량, 압력을 계산하는 방법으로서, 계산하는 방식에 따라 전압 계산방법과 동압 계산방법으로 구분하며 설계자가 직접 수리학적 원리에 의해 수계산하거나 수리계산 프로그램을 이용하여 수행할 수 있다.
2) 전용프로그램(PIPENET, The Sprinkler)을 사용하여 각 기준개수의 헤드 방출 유량과 지점별 압력을 정확히 계산하여 적정 배관경과 소화펌프용량을 산정함으로서 소화설비 성능을 개선하고 경제적인 배관시스템을 구성하는 설계방식을 말한다.

2. 소화설비의 수리계산 과정을 통해 결정해야 하는 사항

1) 배관구경
2) 소방펌프의 용량(정격토출량, 정격양정, 소요동력)
3) 소화수조의 용량

3. 소화설비의 수리계산 시 적용 계산식 및 유속의 제한

1) 마찰손실 계산식

(1) 하젠 윌리엄스 공식

$$\Delta P = 6.05 \times 10^5 \times \frac{Q^{1.85}}{C^{1.85} \times d^{4.87}} \times L$$

ΔP : 마찰손실 압력(bar)
Q : 유량(lpm), C : 조도계수
d : 배관의 내경(mm), L : 배관의 길이(m)

(2) 달시 바이스바흐 식

$$H = f \frac{l}{d} \frac{v^2}{2g} = \frac{8fl}{g\pi^2} \times \frac{Q^2}{d^5}$$

H : 마찰손실수두(m), f : 마찰손실계수
l : 배관의 길이(m), d : 배관의 내경(m),
v : 유속(m/s)
g : 중력가속도(m/s^2)

(3) 노즐의 방수량 계산식

$$Q_n = K_n \sqrt{P_n}$$

Q_n : 접속점에서의 방수량
K_n : 접속점에서의 방출계수
P_n : 접속점에서의 압력

2) 유속의 제한

(1) 유속기준 : 가지배관 : 6m/s 미만, 그 밖의 배관 : 10m/s 미만
(2) 스프링클러 설비 배관의 유속제한은 수리학적으로 가장 먼 배관에 포함되는 스프링클러헤드의 기준개수가 작동하는 경우에만 적용되며, 최대유량을 산정하는 경우에는 고려하지 않음

4. 스프링클러설비의 수리계산 절차

수리계산의 정확도와 신뢰도를 높이기 위해서는 다음과 같은 단계별 절차를 통해 수행하는 것이 강제적인 규정은 아니지만 효율적이다.

1) 1단계 : 설계기준 결정

- 해당 용역에 따른 설계기준을 결정(화재안전기준, NFPA 기준 또는 해당 업체 기준 등)

2) **2단계** : 설계기준에 따른 설계입력데이터 결정

    ⑴ 해당 대상물의 용도, 층수, 저장물품 등을 기준으로 하여 수리계산에 필요한 입력치 결정

    ⑵ 입력 데이터의 예는 헤드별 유량, 기준개수, 설계면적, 살수밀도 등이 있음

3) **3단계** : 필요유량 결정

- 해당 소화설비의 설계 목표 달성을 위한 필요유량 산출

4) **4단계** : 개방될 노즐의 배치 결정

- 설계 화재에서 개방되는 노즐(스프링클러헤드, 물분무 헤드, 포 방출구 또는 소화전 방수구 등)을 결정

5) **5단계** : 수리계산 수행

- 본 절차서 직접 또는 설계 프로그램을 통해 수리계산을 수행
- 수리계산 결과는 수리계산표의 형태로 작성되어야 함

6) **6단계** : 소방펌프 및 소화수조 결정

7) **7단계** : 보고서 작성

8) **8단계** : 수리계산 검증

- 전문기관에 의뢰하여 수리계산 보고서 및 계산 결과에 대한 검증 수행

9) **9단계** : 설계도서 발행

5. 스프링클러설비의 수리계산 방법

1) 설계면적

설계면적의 형태는 수리학적으로 가장 먼 부분에 위치한 스프링클러헤드로부터 다음과 같은 기준에 따라 결정한다.

⑴ 화재안전기준에 따른 폐쇄형 헤드를 적용

  ① 설계면적 내의 스프링클러헤드수량(N)

- NFTC 103에 따른 기준개수(설치장소별 기준개수 : 30, 20, 10)로 함

  ② 설계면적의 형태

- 직사각형 형태로 결정하되, 마지막 가지배관 상에 남는 헤드는 교차배관에 가까운 것으로 함
- 1개 가지배관 상의 헤드 수량 $\geq 1.2\sqrt{N}$

  ③ 기준개수까지의 헤드가 설계면적 내에 포함되도록 가지배관의 수량을 더함

(2) 설계면적을 기준으로 한 폐쇄형 헤드를 적용
① 위험물안전관리에 관한 세부기준 등에 따라 설계면적을 기준으로 하는 스프링클러 설비의 수리계산은 다음과 같은 절차에 따라 설계면적 내의 헤드를 결정한다.
② 설계면적의 형태
- 수원으로부터 수리학적으로 가장 먼 부분의 헤드로부터 설계면적을 결정한다.
- 설계면적 내의 헤드수량(N) = $\dfrac{설계면적}{헤드당 방호면적}$
- 1개 가지배관 위에서 설계면적 내에 포함 되는 헤드 수량 = $\dfrac{1.2\sqrt{설계면적}}{헤드간 거리}$

  단, 가지배관 상 실제 설치되는 헤드수량이 계산된 수량보다 적은 경우에는 실제 설치 헤드수량으로 함
- 기준개수(N)까지의 헤드가 설계면적 내에 포함되도록 가지배관의 수량을 더함

(3) 개방형 헤드를 적용 : 1개의 일제개방밸브(Deluge Valve)가 담당하는 방수면적 전체를 설계면적으로 함

2) 조도계수 : 하젠-윌리엄스 식에서의 배관의 조도계수

배관	조도계수(C-Factor)
비라이닝 주철 또는 덕타일 주철	100
흑관(건식 및 준비작동식)	100
흑관(습식 및 일제살수식)	120
아연도금강관(건식 및 준비작동식)	100
아연도금강관(습식 및 일제살수식)	120
합성수지관	150
시멘트 라이닝 주철관 또는 덕타일 주철관	140
동관, 황동관 및 스테인레스강관	150
콘크리트	140

3) 등가길이의 계산

(1) 제조업체에서 제시한 공인시험기관으로부터의 시험성적서 결괏값에 근거한 경우를 제외하고 소화배관 내의 부속류 및 장치의 등가길이는 다음 표와 같이 해당배관에 적합하게 환산한 등가길이에 의해 결정한다.

부속류 및 밸브류	호칭 배관경 및 내경(mm)									
	25	32	40	50	65	80	100	125	150	200
	27.2	35.5	41.2	52.7	65.9	48.1	102.3	126.6	151.0	199.9
45° 엘보	0.3373	0.323	0.6287	0.6221	1.1671	0.9247	1.2215	1.4336	1.9338	2.4253
90° 표준 엘보	0.6746	0.969	1.2574	1.5554	2.3341	2.1577	3.0538	3.4406	3.8676	4.8506
90° 엘보 (Long-turn)	0.6746	0.646	0.6287	0.9332	1.5561	1.5412	1.8323	2.2937	2.4863	3.5032
분류 티, 크로스	1.6865	1.9379	2.5147	3.1107	4.6682	4.6237	6.1076	7.1679	8.2876	9.4318
버터플라이밸브	-	-	-	1.8664	2.7231	3.0824	3.6646	2.5804	2.7625	3.2338
게이트밸브	-	-	-	0.3111	0.389	0.3082	0.6108	0.5734	0.8288	1.0779
스윙체크밸브	1.6865	2.2609	2.8291	3.4218	5.4462	4.9319	6.7184	7.7413	8.8401	12.127

[Sch. 40 압력배관용 탄소강관(KS D 3562, Sch.40)의 등가길이] (단위 : m)

부속류 및 밸브류	호칭 배관경 및 내경(mm)									
	25	32	40	50	65	80	100	125	150	200
	27.5	36.2	42.1	53.2	69.0	81.0	105.3	130.1	155.5	204.6
45° 엘보	0.3558	0.3552	0.6985	0.6514	1.4599	1.1044	1.4062	1.6372	2.2311	2.7159
90° 표준 엘보	0.7116	1.0656	1.3969	1.6286	2.9197	2.5769	3.5154	3.9293	4.4622	5.4319
90° 엘보 (Long-turn)	0.7116	0.7104	0.6985	0.9771	1.9465	1.8407	2.1092	2.6195	2.8685	3.923
분류 티, 크로스	1.779	2.1313	2.7938	3.2571	5.8395	5.522	7.0308	8.186	9.5618	10.562
버터플라이밸브	-	-	-	1.9543	3.4064	3.6813	4.2185	2.947	3.1873	3.6213
게이트밸브	-	-	-	0.3257	0.4866	0.3681	0.7031	0.6549	0.9562	1.2071
스윙체크밸브	1.779	2.4865	3.1431	3.5828	6.8127	5.8902	7.7339	8.8409	10.199	13.58

[Sch. 40 배관용 탄소강관(KS D 3507)의 등가길이] (단위 : m)

(2) 등가길이의 보정

① 상기표에서 제시된 배관과 다른 내경을 가진 배관의 등가길이는 아래의 계산식에 따라 산출된 계수를 등가길이 값에 곱하여 산출

- 계수 $= (\dfrac{실제 내경}{Sch.40\ SPPS\ 내경})^{4.87}$

② 상기표는 조도계수가 120인 경우에만 적용할 수 있으며 조도계수가 다른 배관재의 경우에는 아래의 계수를 곱해서 등가길이를 산출

C	100	130	140	150
계수	0.713	1.16	1.33	1.51

4) 마찰손실계산식에 등가길이 반영방법

(1) 관(Pipe)의 직관 길이에 밸브류, 부속류, 유량계 및 공칭구경 50mm 이하의 배관에 설치된 플로우 스위치 등과 같은 장치류 손실을 마찰손실 계산에 포함할 것

(2) 헤드 방수에 영향을 주는 배관의 높이 변화는 마찰손실 계산에 포함할 것

(3) 배수배관까지의 연결관로 및 시험밸브의 관로는 마찰손실 계산에 포함하지 않을 것

(4) 분류 티(Tee)의 경우 그 티(Tee)가 설치된 배관 구간의 등가길이에 포함시켜 계산할 것

(5) 교차배관에서 가지배관으로의 입상 분기관에서는 입상 분기관 상부에 설치되는 티(Tee) 또는 엘보(Elbow)는 가지배관 구간의 마찰손실 계산에 포함시키며, 입상분기관 하부에 설치되는 티(Tee) 또는 엘보(Elbow)는 입상 분기관 구간의 마찰손실 계산에 포함시킬 것

(6) 교차배관에서 가지배관으로의 수평 분기관에서는 그 분기관에 설치되는 티(Tee) 또는 엘보(Elbow)는 가지배관 구간의 마찰손실 계산에 포함시킬 것

(7) 직류 티(Tee)는 마찰손실 계산에 포함시키지 않을 것

(8) 리듀싱 엘보(Reducing Elbow)가 적용되는 경우 작은 쪽 구경의 등가길이에 포함시켜 마찰손실을 계산할 것

(9) 표준형 및 Long-turn 엘보는 마찰손실 계산에 포함할 것

(10) 헤드가 회향식 배관이나 플렉시블 호스 등에 의해 연장된 경우 해당 회향식 배관 또는 플렉시블 호스를 마찰손실 계산에 포함할 수 있음

⑾ 소화배관 부속류 반영구간 선정(예시)

① 가재배관 상의 분류티(Tee)
  - 티(Tee)가 설치된 배관구간의 등가길이 포함

② 교차배관에서 가지배관으로의 입상분기관
  - 티(Tee)A : 가지배관 구간
  - 티(Tee)B, C, D : 입상분기관 구간
  - 티(Tee)E : 직류티로 포함하지 않음

③ 분기관에서의 분류티(Tee)F
  - 티(Tee)가 설치된 배관 구간인 80mm 구간

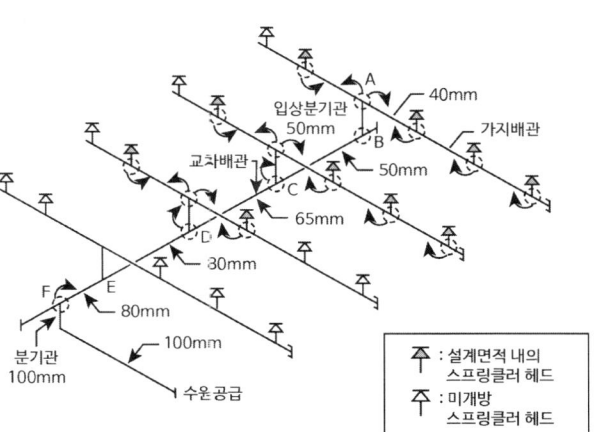

5) 소방펌프 및 소화수조의 용량 계산

⑴ 소방펌프의 선정

① 정격토출량

가로축이 유량, 세로축이 양정인 좌표에서 수리계산에 의해 산출된 모든 지점들이 소방펌프의 성능곡선보다 해당지점 양정 기준으로 5% 이상 아래에 위치하도록 선정한다. 수리계산에 의해 산출된 유량은 소방펌프 정격 토출량의 140%를 초과할 수 없다.

② 정격양정

수리계산에 의해 산출된 소요유량에서 법적으로 규정된 압력으로 방수될 수 있도록 선정한다.

③ 소요동력

선정된 소방펌프의 성능곡선 상에서 정격토출량의 150%까지의 범위 내에서 가장 큰 값을 소요동력으로 결정한다.

⑵ 소방수조의 용량

수리계산에 의해 산출된 최대유량 또는 소방펌프의 정격토출량의 150%에 해당하는 유량을 규정시간 동안 공급할 수 있는 용량으로 산정한다.

6) 수리계산 보고서(포함사항)

⑴ 설계기준(국가기준, 국제규격, 재보험사 기준 등)

⑵ 적용계산식

⑶ 배관입력 데이터

⑷ 등가길이 적용기준 및 근거자료

(5) 계산방법(사용한 프로그램 제품명 및 Version 또는 수계산)

(6) 설계데이터(설비별 방수량, 방수압력, 기준개수 등)

    ① 헤드 또는 방수구의 요구 방수량

    ② 헤드 또는 방수구의 방수압력 범위

    ③ 개방되는 헤드 또는 방수구의 수량

(7) 수리계산 요약표

(8) 수리 계산표

(9) 관련도면

    ① 계통도 및 평면도

    ② 수리계산 Node 지점이 표시된 도면

(10) 소방펌프 및 소화수조 선정 결과

보충

[용어의 정의]

1) 전압 계산방법(Total Pressure Method)

가장 일반적인 수리계산 방법으로서 전압(Total Pressure)이 소화수를 방수 노즐을 통해 배관외부로 밀어낸다는 가정하여 계산하는 방법이며, 동압을 고려하지 않는 계산 방식

2) 동압 계산방법(Velocity Pressure Method)

동압을 먼저 구하여 전압에서 이를 소거해서 정압을 구하고, 방수노즐로부터의 방수량을 계산할 때 산출된 정압(Normal Pressure)을 이용하는 계산 방식

3) 전압(Total Pressure, Pt)

소화 배관 내의 한 지점에서 소화수가 작용하는 압력이며, 동압과 정압을 합하여 산출

4) 상당길이(Equivalent Length)

부속류(Fittings) 또는 밸브류(Valves) 등에 의한 마찰손실(부차적 손실, Monir loss)을 수리계산에 반영하기 위해 각 부속류 또는 밸브류 등을 등가의 마찰손실을 가진 배관 길이로 표현한 것이며, 이러한 부차적 손실은 상당길이 외에 유량계수(Flow Coefficient) 또는 저항계수(K value) 등을 이용하여 반영할 수 있음

5) 기준개수

화재안전기준에 따른 화재 시 개방될 것으로 예상되는 소화설비의 방수 노즐(스프링클러헤드 등)의 최대 수량

6) 설계면적(Design Area)

화재 시 예상되는 최대 수량의 방수 노즐(스프링클러헤드 등)이 개방될 경우 소화수가 방수되는 바닥면적

> **보충**
>
> 7) 필요 유량(Required Flow Rate 또는 Minimum Flow Discharge)
>
>   소화설비 설계기준에 의해 결정하는 값으로서 이 유량 이상의 소화수가 공급되어야 소화설비의 성능목표를 달성할 수 있으며, 설계기준에 따라 "기준개수 × 노즐별 방수량" 또는 "설계면적 × 살수밀도"에 의해 구할 수 있음
>
> 8) 수리학적으로 가장 먼 부분(the Most Remote Portion)
>
>   급수원(Water Supply)으로부터 소화수가 공급될 때, 전체 소화시스템 중에서 가장 큰 압력강하를 발생시키는 부분
>
> 9) 수리학적으로 가장 가까운 부분(the Closest Portion)
>
>   급수원(Water Supply)으로부터 소화수가 공급될 때, 전체 소화시스템 중에서 가장 작은 압력강하를 발생시키는 부분
>
> 10) 최소유량(Minimum Actual Flow Rate)
>
>   수리학적으로 가장 먼 위치에 대한 수리계산을 통해 산출되는 가장 높은 압력을 필요로 할 경우 공급해야 할 유량이며, 이 때의 소방펌프 운전점은 수리계산 프로그램 또는 $N^{1.85}$ 세미-로그 그래프용지($N^{1.85}$ Semi-exponential graph paper)를 이용하여 추정할 수 있음
>
> 11) 최대유량(Maximum Actual Flow Rate)
>
>   수리학적으로 가장 가까운 위치에 대한 수리계산을 통해 산출되는 가장 낮은 압력을 필요로 할 경우 공급해야 할 유량이며, 이 때의 소방펌프 운전점은 수리계산 프로그램 또는 $N^{1.85}$ 세미-로그 그래프용지($N^{1.85}$ Semi-exponential graph paper)를 이용하여 추정할 수 있음
>
> 12) 직류티(Straight Tee)
>
>   배관 부속류인 티(Tee)를 통해 직선 방향으로만 소화수가 유동되는 경우는 직류티에 해당되며, 이는 수리계산에 반영하지 않음
>
> 13) 분류티(Tee, Flow Turned 90°)
>
>   배관 부속류인 티(Tee)를 통해 소화수의 유동 방향이 90° 바뀌게 되는 경우는 분류티에 해당되며, 이는 수리계산에 반영해야 함
>
> 14) 소요동력(Maximum Pump Brake Power)
>
>   소화설비에 필요한 압력과 유량을 가진 소화수를 공급하기 위해 필요한 소방펌프에 공급되어야 할 동력을 의미하며, 제조사에서 제시한 펌프 성능곡선을 통해 정격토출량의 150%까지의 범위 내에서 가장 큰 소요동력으로 결정함

4 화재의 예방 및 안전관리에 관한 법률」에 따라 건설현장의 소방안전관리를 위한 소방안전관리대상물의 범위, 선임기간, 건설현장 소방안전관리자의 업무 및 건설현장에 설치하는 임시소방시설의 종류에 대하여 설명하시오.

1. 소방안전관리대상물의 범위 (화재의 예방 및 안전관리에 관한 법률 제29조 "건설현장 소방안전관리")

공사시공자가 화재발생 및 화재피해의 우려가 큰 대통령령으로 정하는 특정소방대상물을 신축·증축·개축·재축·이전·용도변경 또는 대수선 하는 경우

2. 건설현장 소방안전관리자의 선임기간

소방시설공사 착공 신고일부터 건축물 사용승인일까지

3. 건설현장 소방안전관리자의 업무

1) 건설현장의 소방계획서의 작성
2) 임시소방시설의 설치 및 관리에 대한 감독
3) 공사진행 단계별 피난안전구역, 피난로 등의 확보와 관리
4) 건설현장의 작업자에 대한 소방안전 교육 및 훈련
5) 초기대응체계의 구성·운영 및 교육
6) 화기취급의 감독, 화재위험작업의 허가 및 관리
7) 그 밖에 건설현장의 소방안전관리와 관련하여 소방청장이 고시하는 업무

4. 건설현장에 설치하는 임시소방시설의 종류

1) 임시소방시설의 정의

임시소방시설이란 소화기, 간이소화장치, 비상경보장치, 가스누설경보기, 간이피난유도선, 비상조명등, 방화포를 공사현장 등에 임시로 설치하는 것으로 설치 및 철거가 쉬운 화재대비시설을 말한다.

2) 임시소방시설의 종류

(1) 소화기

「소화기구 및 자동소화장치의 화재안전기술기준(NFTC 101)」에서 정의하는 소화기

(2) 간이소화장치

건설현장에서 화재발생 시 신속한 화재 진압이 가능하도록 물을 방수하는 형태의 소화장치

(3) 비상경보장치

발신기, 경종, 표시등 및 시각경보장치가 결합된 형태의 것으로서 화재위험작업 공간 등에서 수동조작에 의해서 화재경보상황을 알려줄 수 있는 비상벨 장치

(4) 가스누설경보기

건설현장에서 발생하는 가연성 가스를 탐지하여 경보하는 장치

(5) 간이피난유도선

화재발생 시 작업자의 피난을 유도할 수 있는 케이블형태의 장치

(6) 비상조명등

화재발생 시 안전하고 원활한 피난활동을 할 수 있도록 계단실 내부에 설치되어 자동 점등되는 조명등

(7) 방화포

건설현장 내 용접·용단 등의 작업 시 발생하는 금속성 불티로부터 가연물이 점화되는 것을 방지해주는 차단막

3) 임시소방시설의 주요기능 및 성능·설치기준(건설현장의 화재안전기준)

구분	성능·설치기준(NFPC 606) / 기술기준(NFTC 606)
소화기	• 소화기의 소화약제는 「소화기구 및 자동소화장치의 화재안전성능(기술)기준」에 따른 적응성이 있는 것을 설치(P,T) • 각 층 계단실마다 계단실 출입구 부근에 능력단위 3단위 이상인 소화기 2개 이상 설치(P,T) • 화재 위험 작업장 : 작업지점으로부터 5m 이내 쉽게 보이는 장소에 능력단위 3단위 이상인 소화기 2개 이상과 대형 소화기 1개 이상을 추가 배치(P,T) • "소화기"라고 표시한 축광식 표지를 소화기 설치장소 보기 쉬운 곳에 부착(P,T)
간이 소화장치	• 수원 : 20분 이상(P) • 방수압력 : 0.1MPa 이상, 방수량 : 65L/min 이상(P) • 화재 위험 작업장 : 작업지점으로부터 25m 이내에 배치하여 즉시 사용이 가능(P,T) • 「간이소화장치의 성능인증 및 제품검사의 기술기준」에 적합할 것(P) • 다음의 소방시설을 사용승인 전이라도 완공검사를 받아 사용할 수 있게 된 경우 간이소화장치를 배치하지 않을 수 있음(P) - 옥내소화전설비 - 연결송수관설비와 연결송수관설비의 방수구 인근에 대형소화기를 6개 이상 배치한 경우
소화기	• 소화기의 소화약제는 「소화기구 및 자동소화장치의 화재안전성능(기술)기준」에 따른 적응성이 있는 것을 설치(P,T) • 각 층 계단실마다 계단실 출입구 부근에 능력단위 3단위 이상인 소화기 2개 이상 설치(P,T) • 화재 위험 작업장 : 작업지점으로부터 5m 이내 쉽게 보이는 장소에 능력단위 3단위 이상인 소화기 2개 이상과 대형 소화기 1개 이상을 추가 배치(P,T) • "소화기"라고 표시한 축광식 표지를 소화기 설치장소 보기 쉬운 곳에 부착(P,T)

구분	성능·설치기준(NFPC 606) / 기술기준(NFTC 606)

간이
소화장치
	• 수원 : 20분 이상(P)
	• 방수압력 : 0.1MPa 이상, 방수량 : 65L/min 이상(P)
	• 화재 위험 작업장 : 작업지점으로부터 25m 이내에 배치하여 즉시 사용이 가능(P,T)
	• 「간이소화장치의 성능인증 및 제품검사의 기술기준」에 적합할 것(P)
	• 다음의 소방시설을 사용승인 전이라도 완공검사를 받아 사용할 수 있게 된 경우 간이소화장치를 배치하지 않을 수 있음(P)
	  – 옥내소화전설비
	  – 연결송수관설비와 연결송수관설비의 방수구 인근에 대형소화기를 6개 이상 배치한 경우

비상 경보장치	• 피난층 또는 지상으로 통하는 각 층 직통계단의 출입구마다 설치(P,T) • 발신기를 누를 경우 해당 발신기와 결합된 경종이 작동(P,T) • 경종의 음량은 부착된 음향장치의 중심으로부터 1m 떨어진 위치에서 100db 이상(P) • 발신기의 위치표시등은 함의 상부에 설치하되, 불빛은 부착 면으로부터 15도 이상의 범위 안에서 부착지점으로부터 10m 이내의 어느 곳에서도 쉽게 식별할 수 있는 적색등으로 할 것(P,T) • 시각경보장치는 발신기함 상부에 위치하도록 설치하되 바닥으로부터 2m 이상 2.5m 이하의 높이에 설치하여 건설현장의 각 부분에 유효하게 경보(P,T) • 비상경보장치"라고 표시한 표지를 비상경보장치 상단에 부착(P,T) • 비상경보장치를 20분 이상 유효하게 작동시킬 수 있는 비상전원을 확보(P) • 자동화재탐지설비 또는 비상방송설비를 사용승인 전이라도 완공검사를 받아 사용할 수 있게 된 경우 비상경보장치를 설치하지 않을 수 있음(P)
가스누설 경보기	• 가연성 가스를 발생시키는 작업을 하는 지하층 또는 무창층 내부(내부에 구획된 실이 있는 경우에는 구획실마다)에 가연성 가스를 발생시키는 작업을 하는 부분으로부터 수평거리 10m 이내에 바닥으로부터 탐지부 상단까지의 거리가 0.3m 이하인 위치에 설치(P,T) • 「가스누설경보기의 형식승인 및 제품검사의 기술기준」에 적합한 것으로 설치(P)
간이피난 유도선	• 지하층이나 무창층에는 간이피난유도선을 녹색 계열의 광원점등방식으로 해당 층의 직통계단마다 계단의 출입구로부터 건물 내부로 10m 이상의 길이로 설치(P,T) • 바닥으로부터 1m 이하의 높이에 설치하고, 피난유도선이 점멸하거나 화살표로 표시하는 등의 방법으로 작업장의 어느 위치에서도 피난유도선을 통해 출입구로의 피난방향을 알 수 있도록 해야 함(P,T) • 층 내부에 구획된 실이 있는 경우에는 구획된 각 실로부터 가장 가까운 직통계단의 출입구까지 연속하여 설치(P,T) • 공사 중에는 상시 점등되도록 하고, 간이피난유도선을 20분 이상 유효하게 작동시킬 수 있는 비상전원을 확보(P) • 피난유도선, 피난구유도등, 통로유도등 또는 비상조명등을 사용승인 전이라도 완공검사를 받아 사용할 수 있게 된 경우 간이피난유도선을 설치하지 않을 수 있음(P)
비상 조명등	• 지하층이나 무창층에서 피난층 또는 지상으로 통하는 직통계단의 계단실 내부에 각 층마다 설치(P,T) • 비상조명등이 설치된 장소의 조도는 각 부분의 바닥에서 1lx 이상(P,T) • 비상조명등을 20분(지하층과 지상 11층 이상의 층은 60분) 이상 유효하게 작동시킬 수 있는 비상전원을 확보(P) • 비상경보장치가 작동할 경우 연동하여 점등되는 구조로 설치(P,T)

구분	성능·설치기준(NFPC 606) / 기술기준(NFTC 606)
방화포	• 용접·용단 작업 시 11m 이내에 가연물이 있는 경우 해당 가연물을 방화포로 보호. 다만 비산방지조치를 한 경우에는 방화포를 설치하지 않을 수 있음(P,T) • 소방청장이 정하여 고시한 「방화포의 성능인증 및 제품검사의 기술기준」에 적합한 것으로 설치(P)

5 「화재의 예방 및 안전관리에 관한 법률」에 따라 소방안전 특별관리시설물의 관계인은 정기적인 화재예방안전진단을 받아야 한다. 이때 화재예방안전진단의 대상 및 화재예방안전진단의 실시절차 등에 대하여 설명하시오.

1. 개요
1) 소방안전 특별관리시설물의 화재위험요인을 조사하고 그 위험성을 평가하여 개선대책을 수립하기 위해 화재예방안전진단을 실시한다.
2) 소방안전 특별관리시설물의 관계인은 화재의 예방 및 안전관리를 체계적·효율적으로 수행하기 위하여 한국소방안전원 또는 소방청장이 지정하는 화재예방안전진단기관으로부터 정기적으로 화재예방안전진단을 받아야 한다.

2. 진단대상 (화재의 예방 및 안전관리에 관한 법률 시행령 제43조 "화재예방안전진단 대상")
1) 공항시설 중 여객터미널의 연면적이 1000m^2 이상인 공항시설
2) 철도시설 중 역 시설의 연면적이 5000m^2 이상인 철도시설
3) 도시철도시설 중 역사 및 역 시설의 연면적이 5000m^2 이상인 도시철도시설
4) 항만시설 중 여객이용시설 및 지원시설의 연면적이 5000m^2 이상인 항만시설
5) 전력용 및 통신용 지하구 중 공동구
6) 천연가스 인수기지 및 공급망 중 가스시설
7) 발전소 중 연면적이 5000m^2 이상인 발전소
8) 가스공급시설 중 가연성 가스 탱크의 저장용량의 합계가 100톤 이상이거나 저장용량이 30톤 이상인 가연성 가스 탱크가 있는 가스공급시설

3. 진단범위 (화재의 예방 및 안전관리에 관한 법률 제41조 "화재예방안전진단")

1) 화재위험요인의 조사에 관한 사항
2) 소방계획 및 피난계획 수립에 관한 사항
3) 소방시설 등의 유지·관리에 관한 사항
4) 비상대응조직 및 교육훈련 평가에 관한 사항
5) 화재위험성 평가에 관한 사항
6) 그 밖에 화재예방진단을 위하여 대통령령으로 정하는 사항

　(1) 화재 등의 재난 발생 후 재발방지 대책의 수립 및 이행에 관한 사항
　(2) 지진 등 외부 환경 위험요인 등에 대한 예방·대비·대응에 관한 사항
　(3) 화재예방안전진단 결과 보수·보강 등 개선요구 사항 등에 대한 이행 여부

4. 진단의 실시절차 등 (화재의 예방 및 안전관리에 관한법률 시행령 제44조)

1) 최초실시

　소방안전 특별관리시설물의 관계인은 「건축법」에 따른 사용승인 또는 「소방시설공사업법」에 따른 완공검사를 받은 날부터 5년이 경과한 날이 속하는 해

2) 진단주기

　(1) 우수 : 안전등급을 통보받은 날부터 6년이 경과한 날이 속하는 해
　(2) 양호·보통 : 안전등급을 통보받은 날부터 5년이 경과한 날이 속하는 해
　(3) 미흡·불량 : 안전등급을 통보받은 날부터 4년이 경과한 날이 속하는 해

3) 화재예방안전진단의 안전등급 기준(별표7)

안전등급	화재안전예방진단 대상물의 상태
A(우수)	• 문제점이 발견되지 않은 상태
B(양호)	• 문제점이 일부 발견되었으나 대상물의 화재안전에는 이상이 없으며 대상물 일부에 대해 보수·보강 등의 조치명령이 필요한 상태
C(보통)	• 문제점이 다수 발견되었으나 대상물의 전반적인 화재안전에는 이상이 없으며 대상물에 대한 다수의 조치명령이 필요한 상태
D(미흡)	• 광범위한 문제점이 발견되어 대상물의 화재안전을 위해 조치명령의 즉각적인 이행이 필요하고 대상물의 사용제한을 권고할 필요가 있는 상태
E(불량)	• 중대한 문제점이 발견되어 대상물의 화재안전을 위해 조치명령의 즉각적인 이행이 필요하고 대상물의 사용 중단을 권고할 필요가 있는 상태

5. 화재예방안전진단기관의 시설, 전문인력 등 지정기준 (별표 8)

1) 시설
(1) 전문인력이 근무할 수 있는 사무실
(2) 장비를 보관할 수 있는 창고

2) 전문인력
(1) 소방기술사 1명 이상, 소방시설관리사 1명 이상
(2) 전기안전기술사, 화공안전기술사, 가스기술사, 위험물기능장 또는 건축사 1명 이상
(3) 소방, 전기, 화공, 가스, 위험물, 건축, 교육훈련 관련 자격자 각 1명 이상

3) 장비
소방, 전기, 가스, 위험물, 건축 분야별로 행정안전부령으로 정하는 장비를 갖출 것

6. 조치 (화재의 예방 및 안전관리에 관한 법률 제41조 "화재예방안전진단")

1) 안전원 또는 진단기관의 화재예방안전진단을 받은 연도에는 소방훈련과 교육 및 자체점검을 받은 것으로 본다.
2) 안전원 또는 진단기관은 화재예방안전진단 결과를 소방본부장 또는 소방서장, 관계인에게 제출해야 한다.
3) 소방본부장 또는 소방서장은 제출받은 화재예방안전진단 결과에 따라 보수·보강 등의 조치가 필요하다고 인정하는 경우에는 소방안전 특별관리시설물의 관계인에게 보수·보강 등의 조치를 취할 것을 명할 수 있다.

> **보충**

[소방안전 특별관리시설물의 안전관리(화재의 예방 및 안전관리에 관한 법률 제40조)]

1. 소방청장은 화재 등 재난이 발생할 경우 사회·경제적으로 피해가 큰 다음의 시설(이하 "소방안전 특별관리시설물"이라 한다)에 대하여 소방안전 특별관리를 해야 한다.

   1) 공항시설
   2) 철도시설
   3) 도시철도시설
   4) 항만시설
   5) 지정문화재인 시설
   6) 산업기술단지 및 산업단지
   7) 초고층 건축물 및 지하연계 복합 건축물
   8) 수용인원 1000명 이상인 영화상영관
   9) 전력용 및 통신용 지하구
   10) 석유비축시설
   11) 천연가스 인수기지 및 공급망
   12) 전통시장(점포 500개 이상)
   13) 발전소, 물류창고(연면적 100000m^2 이상), 가스공급시설

2. 소방청장은 제1항에 따른 특별관리를 체계적이고 효율적으로 하기 위하여 시·도지사와 협의하여 소방안전 특별관리 기본계획을 기본계획에 포함하여 수립 및 시행해야 한다.

6 「대기환경보전법 시행규칙」에 따라 "저탄시설 옥내화"를 의무화해 2024년까지 모든 석탄화력발전소는 옥내에 석탄을 보관해야 한다. 이러한 옥내 저탄장(Coal Shed)에서 발생 가능한 자연발화의 원인을 분석하고 옥내 저탄장에 적응성 있는 소방시설과 화재안전대책을 설명하시오.

1. 배경
1) 현재 6개 화력발전소에서 운영 중인 야외 저탄장에 대한 옥내화을 의무화함
2) 초기에 건설된 화력발전소의 경우 옥내 저탄시설이 없어 석탄을 야외 보관함에 따라, 석탄 분진이 날리면서 주민 피해가 발생하여 이를 방지하기 위함

2. 석탄 옥내형 저장설비의 형태
1) 쉐드(Shed)형태
2) 사일로(Silo)형태
3) 돔(Dome)형태

구분	쉐드(Shed)형태	사일로(Silo)형태	돔(Dome)형태
장점	• 무인 자동화 운전 • 친환경(먼지, 우수, 강설 차단) • 원료 품질 변동성 낮음 • 타 옥내 방식에 비해 경제적	• 무인 자동화 운전 • 친환경(먼지, 우수, 강설 차단) • 원료 품질 변동성 낮음 • 원료 블렌딩 효과 양호	• 무인 자동화 운전 • 친환경(먼지, 우수, 강설 차단) • 원료 품질 변동성 낮음 • 원료 블렌딩 효과 양호
단점	• 원료 블렌딩 효과 낮음 • 철조 지붕의 건설비 높음	• 건설비 높음 • 별도의 컨베이어 필요 (사일로 상부)	• 돔 지붕 설치비 높음 • 별도의 컨베이어 필요 (원료 투입용)
이미지			

3. 문제점
1) 석탄 이송 및 미분 과정에서의 화재 및 분진폭발
2) 자연발화과정에서 발생하는 유해한 가스로 인한 작업장 및 주변 지역의 환경오염 문제
3) 석탄이 자연 발화할 경우 석탄 자체의 손실

4. 옥내 저탄장(Coal Shed)에서 발생 가능한 자연발화 원인

1) 자연발화의 원인
(1) 석탄 중 낮은 등급의 아역청탄은 표면에 공기 중의 산소가 잘 흡착되면서 산소를 흡착한 석탄 표면은 산화반응으로 인해 표면 온도 상승
(2) 자연발화의 주요 원인인 석탄과 산소와의 접촉을 최대한 차단하여 자연발화 예방

2) 자연발화의 메커니즘
(1) 석탄미분과 공기 중 산소 접촉
(2) 화학반응에 의해 산화열이 발생
(3) 발생한 열이 석탄미분더미의 내부에 축적
(4) 열의 축적에 의해 물질의 온도가 발화온도를 상회
(5) 자연발화

5. 소방시설

1) 자연발화 감시 및 방지 시스템
(1) 디지털 타입의 석탄더미(Coal Pile) 온도 모니터링 센서
(2) 영상신호를 온도신호로 전환하는 적외선카메라(IR Camera)
(3) 가스분석기
(4) 불활성 가스 소화약제를 주기적으로 분사

2) 소화설비
(1) 스프링클러, 물분무설비 또는 포소화설비(Class A포)
(2) 훈소의 가능성이 크므로 유화제(Wetting Agent)를 첨가하여 침투력 증가

6. 화재 안전대책
1) 저장량을 줄여 예방에 중점을 둠
2) 내부 열 방출 재순환시스템 : 탄연료를 장기 보관 할 경우
3) 자연발화 가능성이 높은 석탄은 조기에 소진(저장기간이 최대 2~3개월 이상 장기저장 금지)
4) 저열량탄 구매
5) 내화소재 사용
6) 화재발생 시 신고 의무화

금화도감
禁火都監

소방기술사 130회

소방기술사
기출문제풀이

국가기술자격 기술사 시험문제

기술사 제130회   제1교시 (시험시간 : 100분)

분야	안전관리	종목	소방기술사	수험번호		성명	

※ 다음 문제 중 10문제를 선택하여 설명하시오. (각 10점)

1. 아크의 정의, 아크 차단기의 구성과 동작원리를 설명하시오.

2. 「도로터널 방재·환기시설 설치 및 관리지침」에 따른 도로터널의 정의를 쓰고, 터널연장(L) 기준과 위험도지수(X)에 따른 터널 등급구분을 설명하시오.

3. 분기배관, 확관형분기배관, 비확관형분기배관의 정의와 분기배관 명판에 표시하여야 하는 사항을 설명하시오.

4. Burgess-Wheeler 법칙에 의한 식을 이용하여 프로판의 연소하한계 값을 구하시오.(단, 프로판의 연소열은 2220kJ/mol, 연소하한계 값은 소수점 1번째에서 반올림 할 것)

5. 조도(照度, Intensity of Illumination)에 대하여 설명하고, 비상조명등과 관련된 화재안전기술기준에서 조도 관련 내용을 설명하시오.

6. 메탄의 고위발열량이 55528kJ/kg일 때, 메탄의 저위발열량을 계산하고, 저위발열량에 대하여 설명하시오.(단, 물의 증발 잠열은 2260kJ/kg이다.)

7. 화재안전기술기준에 따라 설치되는 누전경보기 중 변류기(영상변류기)의 작동원리에 대하여 설명하시오.

8. 자동화재탐지설비 중 아날로그식감지기, 다신호식감지기, R형 수신기용으로 사용되는 차폐선(Shielded Wire)의 종류와 시공방법에 대하여 설명하시오.

9. 「소방시설 설치 및 관리에 관한 법령」에서는 성능위주설계대상을 규정하고 있다. 성능위주설계 표준 가이드라인에서 제시하는 최적화된 경보설비(통신간선 이중화, 적응성감지기)시스템에 대하여 설명하시오.

10. 물류창고 및 창고형 판매시설 등 화재하중이 높은 장소에서 성능위주설계 시 적용할 수 있는 경보설비, 피난설비, 방화시설에 대하여 설명하시오.

11. 「건축물의 피난·방화구조 등의 기준에 관한 규칙」과 「지하구의 화재안전성능기준」에 명시된 방화벽을 각각 설명하시오.

12. 위험성평가기법 중 작업안전분석(JSA : Safety Analysis)방법에 대하여 설명하시오.

13. NFPA 72에서의 Unwanted Alarm 종류에 대하여 설명하시오.

국가기술자격 기술사 시험문제

기술사 제130회   제2교시 (시험시간 : 100분)

| 분야 | 안전관리 | 종목 | 소방기술사 | 수험번호 | | 성명 | |

※ 다음 문제 중 4문제를 선택하여 설명하시오. (각 25점)

1. 성능위주설계 표준 가이드라인에 따른 고층(초고층)건축물의 규모와 특성에 맞는 거실 제연설비, 부속실 승강장, 피난안전구역 제연설비, 지하주차장 제연설비 시스템에 대하여 설명하시오.

2. 감리업무 중 공사비용이 증감되는 설계변경이 발생할 때, 아래의 내용을 설명하시오.
   1) 발주자 지시에 의한 설계변경
   2) 시공자 제안에 의한 설계변경
   3) 설계변경 검토 항목 및 검토내용

3. 아래와 같은 병렬 및 직렬 누설 틈새 식을 유도하시오.
   1) 병렬 누설 틈새 식 : $A_t = A_1 + A_2 + A_3 + \cdots + A_N$
   2) 직렬 누설 틈새 식 : $\dfrac{1}{A_t^n} = \dfrac{1}{A_1^n} + \dfrac{1}{A_2^n} + \cdots + \dfrac{1}{A_N^n}$

4. 「스프링클러헤드의 형식승인 및 제품검사의 기술기준」(소방청고시)이 개정되어 열반응시험이 반영되었다. 해당 시험의 제·개정이유, 도입배경, 시험기준 및 시험절차 등에 대하여 설명하시오.

5. 「화재의 예방 및 안전관리에 관한 법령」에 따른 특수가연물 품명 및 수량, 저장 취급기준, 표지설치에 대하여 설명하시오.

6. 건축허가동의 시 분야별 주요 검토사항 중 피난·방재분야의 방화구획 적정성 확보를 위한 확인사항에 대하여 설명하시오.

국가기술자격 기술사 시험문제

기술사 제130회   제3교시 (시험시간 : 100분)

분야	안전관리	종목	소방기술사	수험번호		성명	

※ 다음 문제 중 4문제를 선택하여 설명하시오. (각 25점)

1. 화재안전기술기준에서 제시하는 스프링클러설비 설치 유지를 위한 아래 내용에 대하여 설명하시오.
   1) 비상전원 출력용량 기준을 만족하기 위한 정격출력, 출력전압, 과전류 내력의 기준
   2) 스프링클러설비의 음향장치 및 기동장치(펌프 및 밸브)

2. 이산화탄소 소화설비가 최적의 상태로 운전될 수 있는지 여부를 확인하기 위한 성능시험 시 (1) 저장용기 (2) 기동장치 (3) 선택밸브 (4) 감지기 점검사항에 대하여 설명하시오.

3. 성능위주설계대상, 변경신고대상, 건축심의 전 제출도서, 건축허가동의 전 제출도서를 각각 설명하시오.

4. 소방시설공사업법 감리업무 수행내용 중 완공 전 소방시설 등의 성능시험이 있다. 스프링클러 준비작동식의 성능 시운전 점검 시 자동작동시험과 수동작동시험을 각각 설명하시오.

5. 다음 소방설비에 대하여 설명하시오.
   1) 하향식 피난구 성능기준
   2) 교차회로방식과 송배전방식
   3) 대형소화기의 소화약제량(물, 강화액, 할로겐화합물, 이산화탄소, 분말, 포소화기)
   4) 고가수조, 압력수조, 가압수조
   5) 미분무 정의와 사용압력에 따른 미분무소화설비 분류

6. 연소생성물의 종류에 대하여 설명하고 화재 시 연소생성물이 인체에 미치는 영향에 대하여 설명하시오.

국가기술자격 기술사 시험문제

기술사 제130회　　　　　　　　　　　　　제4교시 (시험시간 : 100분)

분야	안전관리	종목	소방기술사	수험번호		성명	

※ 다음 문제 중 4문제를 선택하여 설명하시오. (각 25점)

1. 대규모 데이터 센터의 화재가 발생할 때 1) 업무중단으로 인한 리스크 2) 데이터 센터의 화재 관련 손실 발생요인에 대하여 설명하시오.

2. 소방시설 설치 및 관리에 관한 법령 및 화재안전기술기준에서 정하는 1) 임시소방시설을 설치해야 하는 화재위험작업의 종류 2) 임시소방시설을 설치해야 하는 공사종류와 규모 3) 임시소방시설 성능 및 설치기준 4) 설치면제 기준에 대하여 설명하시오.

3. 성능위주설계 시 인명안전성평가를 위한 화재·피난시뮬레이션 수행방식의 종류를 설명하시오.

4. 포그머신 등을 이용하여 Hot Smoke Test를 실시하려 한다. Hot Smoke Test 절차도작성, Hot Smoke 발생에 필요한 장비의 구성, Hot Smoke Test로 얻을 수 있는 효과에 대하여 설명하시오.

5. 「초고층 및 지하연계 복합건축물 재난관리에 관한 특별법령」에 따라 고층(초고층)건축물에 반드시 갖추어야 하는 소방시설과 그에 따른 스프링클러설비와 인명구조 기구 설치기준에 대하여 설명하시오.

6. 화재플룸(Fire Plume)의 발생 메커니즘을 쓰고, 광전식 공기흡입형 감지기(아날로그방식)의 작동원리와 적응성에 대하여 설명하시오.

130회 1교시

1 아크의 정의, 아크 차단기의 구성과 동작원리를 설명하시오.

1. 아크의 정의

1) 전극의 부분적인 증발에 의해 수반되는 절연 개체를 통한 전기의 지속적인 빛의 방출을 아크라 한다.
2) 아크는 기체방전의 하나로 전극판에 전압을 인가할 경우 발생하는 밝은 전기 불꽃으로 전류밀도가 크고 방전의 지속성이 있다.
3) 공기 중에서 절연파괴전압은 $30\,kV/cm$이며, 220V의 전압에서도 전극 간의 간격이 좁다면 아크가 발생한다.

2. 아크 차단기의 구성

구성	역할
아크필터	• 아크파형의 주파수만 통과
증폭기	• 아크필터의 신호를 증폭
논리회로	• 불안정한 파형 존재 여부가 판단되면 차단기 접점개방을 위한 솔레노이드를 여자시켜 차단기를 트립시킴
영상변류기	• 누전전류를 감지하여 차단하기 위한 것으로 누전차단기와 동일한 기능임
열 센서, 자기센서	• 과전류가 발생할 경우 열을 감지하는 센서

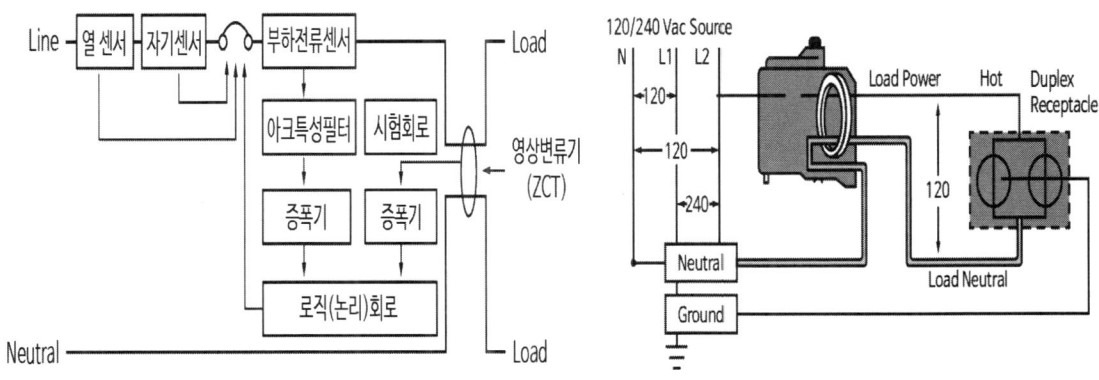

3. 아크 차단기의 동작원리

아크 발생 → 전기기구에서 노이즈와 전선에서 발생하는 아크전류 분류 → 전선에서 발생하는 아크전류를 검출 → 차단

4. 아크차단기의 특징

1) 화재징후 Arc는 누전, 과전류, 단락전류 특성과 달라 일반차단기(MCCB, ELB)로는 검출되지 않음
2) 전력선에서 Arc 파형을 분석하여 화재징후 저전류 및 고임피던스 Arc 전류를 미리 검출
3) 관련 규정 : UL1699 "AFCI", IEC 62606 "AFDD(Arc Fault Detection Devices)" KS C IEC 60364-4-42

[줄열과 아크열 비교]

구분	줄열(Joule)	아크열(Arc)
원인	• 과전류, 누전, 단락 등	• 선간단락, 지락, 직렬로 설치된 도선간의 접촉 불량
발열량	• $H = I^2RT[J]$	• 약 3000 ~ 8000℃
발생 Mechanism	• 발열 → 열축적 → 온도상승(방열 < 발열) → 화재, 폭발	• 접촉 불량 → 아크 → 화재, 폭발
대책	• 정격용량 이상의 기기 및 전선 사용 • 과전류차단기 설치 • 누전차단기 설치 • 정격용량 이상의 퓨즈 설치 • 주기적인 절연저항 측정	• 아크차단기 설치 • 방폭기구 설치 • 접지 및 본딩 실시

---

2 「도로터널 방재·환기시설 설치 및 관리지침」에 따른 도로터널의 정의를 쓰고, 터널연장(L)기준과 위험도지수(X)에 따른 터널 등급구분을 설명하시오.

1. 개요

1) 방재시설 설치를 위한 터널등급은 터널연장(L)을 기준으로 하는 연장등급과 교통량 등 터널의 제반 위험인자를 고려한 위험도 지수(X)를 기준으로 하는 방재등급으로 구분한다.
2) 터널의 방재등급은 개통 후 매 5년 단위로 실측교통량 및 주변 도로 여건을 조사하여 재평가하며, 이에 따라 방재시설의 조정을 검토할 수 있다.

2. 도로터널의 정의

"도로터널"은 자동차의 통행을 목적으로 지반을 굴착하여 지하에 건설한 구조물, 개착공법으로 지중에 건설한 구조물(Box형 지하차도), 기타 특수공법(침매공법 등)으로 하저에 건설한 구조물(침매터널 등)과 지상에 건설한 터널형 방음시설(방음터널)을 말한다.

3. 터널연장(L)기준과 위험도지수(X)에 따른 터널 등급구분

등급	터널연장(L) 기준		위험도지수(X) 기준
	일반도로터널 및 소형차전용터널	방음터널	
1	3000m 이상(L ≧ 3000m)	3000m 이상(L≧3000 m)	X > 29
2	1000m 이상, 3000m 미만 (1000 ≦ L < 3000m)	1000m 이상, 3000m 미만 (1000 ≦ L < 3000m)	19 < X ≦ 29
3	500m 이상, 1000m 미만 (500 ≦ L < 1000m)	250m 이상, 1000m 미만 (250 ≦ L < 1000m)	14 < X ≦ 19
4	연장 500m 미만(L < 500)	연장 250m 미만(L < 250)	X ≦ 14

---

3 분기배관, 확관형분기배관, 비확관형분기배관의 정의와 분기배관 명판에 표시하여야 하는 사항을 설명하시오.

1. 정의

1) "분기배관"이란 배관 측면에 구멍을 뚫어 둘 이상의 관로가 생기도록 가공한 배관으로서 다음의 분기배관을 말한다.
2) "확관형 분기배관"이란 배관의 측면에 조그만 구멍을 뚫고 소성가공으로 확관시켜 배관 용접이음자리를 만들거나 배관 용접이음자리에 배관이음쇠를 용접 이음한 배관을 말한다.
3) "비확관형 분기배관"이란 배관의 측면에 분기호칭내경 이상의 구멍을 뚫고 배관이음쇠를 용접 이음한 배관을 말한다.

2. 분기배관의 구분

구분	확관형 분기배관	비확관형 분기배관
그림	[확관형 분기배관]	[비확관형 분기배관과 아울렛, 메카니칼 티]
정의	• 배관의 측면에 조그만 구멍을 뚫고 소성가공으로 확관시켜 배관 용접이음자리를 만들거나 배관 용접이음자리에 배관이음쇠를 용접이음한 배관	• 배관의 측면에 분기호칭내경 이상의 구멍을 뚫고 배관이음쇠를 용접 이음한 배관
특징	• 공장에서 배관 용접이음자리를 가공해서 나옴 • 현장에서 배관 천공작업 생략 • 성능인증 대상 • 용접이음부분이 평평하여 작업 간소화	• 측면에 구멍은 분기호칭내경 이상 뚫음 • 성능인증을 받지 않아도 됨 • 시공 현장 상황에 맞도록 배관이음이 가능하여 유연한 작업 가능

3. 분기배관 명판에 표시하여야 하는 사항 (분기배관의 성능인증 및 제품검사의 기술기준)

분기배관에는 다음의 사항을 금속제 또는 은박지 명판 등을 사용하여 보기 쉬운 부위에 잘 지워지지 않도록 표시해야 한다. 다만 6) 내지 7)의 경우에는 포장 또는 취급설명서 등에 표시할 수 있다.

1) 성능인증번호 및 모델명
2) 제조자 또는 상호
3) 치수 및 호칭(분기관 직근에 치수와 호칭이 별도로 표시되어 있는 때에는 생략)
4) 제조년도, 제조번호 또는 로트번호
5) 스케줄(Schedule) 번호(해당되는 배관에 한함), 배관재질 또는 KS 규격명
6) 설치방법
7) 품질보증내용 및 취급 시 주의사항 등

4 Burgess-Wheeler 법칙에 의한 식을 이용하여 프로판의 연소하한계 값을 구하시오.(단, 프로판의 연소열은 2220kJ/mol, 연소하한계 값은 소수점 1번째에서 반올림 할 것)

1. Burgess Wheeler 법칙

1) 파라핀계 탄화수소의 연소하한계와 연소열의 곱은 거의 일정하다.
2) 즉, 해당물질의 연소열을 알면 연소하한계의 추정이 가능하다.
3) 파라핀계 탄화수소란 탄소가 사슬 모양으로 연결된 것으로서, 탄소는 수소와 포화결합으로 되어 있고, 보통 C_nH_{2n+2}로 표시되며, 그중에서 가장 간단한 것은 메테인(CH_4)이다.

2. 관련식

$LFL \times \triangle H_c \simeq 1{,}050 (\triangle H_c :$ 유효 연소열(kcal/mol))

3. 프로판(C_3H_8)의 연소하한계 값

1) $\triangle H_c$ = 2220kJ/mol × 0.239kcal/1kJ = 530.58kcal/mol
2) LFL = 1050/$\triangle H_c$ = 1050/530.58 ≈ 2%

4. 결론

파라핀계 탄화수소는 분자량이 증가할수록 연소열은 커지지만 연소하한계(LFL)는 낮아지기 때문에 Burgess-Wheeler 법칙이 성립된다.

---

5 조도(照度, Intensity of Illumination)에 대하여 설명하고, 비상조명등과 관련된 화재안전기술기준에서 조도 관련 내용을 설명하시오.

1. 조도(Luminance) : 단위면적에 대한 광속

1) 정의

(1) 단위면적에 도달하는 광속으로 1lx는 1m²에 1lm의 광속이 투사되고 있음을 뜻한다.
(2) 조도는 바닥면이나 작업면 또는 벽면 등에 입사하는 빛의 양을 나타내며, 1lx란 1m²의 면적에 1lm의 광속이 균일하게 비춰질 때를 말한다.

(3) 일반적으로 조도라고 하면 수평면 조도를 뜻하고, 수평면 조도는 바닥이나 책상면의 조도를 말하며, 천장에 있는 조명을 아래로 향했을 때의 빛 밝기를 의미한다.

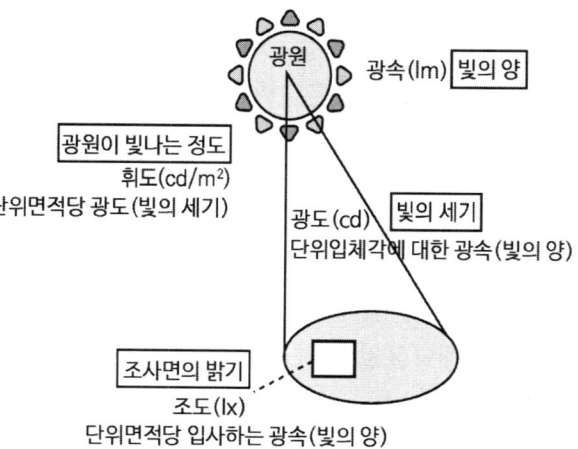

2) 단위 : lx(룩스) = lm/m²

3) 관련식

조도(E) = F / S = 4πI / 4πr² = I/r²

(I : 광도(cd), S : 피조면의 면적(m²))

4) 거리의 역제곱 법칙

점광원으로부터 구면 위의 조도 E는 광원의 광도 I에 비례하고, 거리 r의 제곱에 반비례한다.

2. 비상조명등과 관련된 화재안전기준의 조도

구분	장소	조도
비상조명등의 화재안전기준	특정 소방대상물	• 각 부분의 바닥에서 1 lx 이상
도로터널의 화재안전기준	터널	• 차도·보도의 바닥면의 조도는 10 lx 이상 • 그 외 모든 지점의 조도는 1 lx 이상
고층건축물의 화재안전기준	피난안전구역	• 각 부분의 바닥에서 조도는 10 lx 이상
건설현장의 화재안전기준	직통계단	• 지하층이나 무창층에서 피난층 또는 지상으로 통하는 직통계단의 계단실 내부에 각 층의 바닥에서 1 lx 이상

3. 화재안전기준, KS표준, NFPA 비교

구분	화재안전기준	KS표준	NFPA 101
장소	특정소방대상물, 터널, 피난안전구역, 건설현장의 직통계단	• 작업장, 공공장소 등 활동유형별 분류	• 피난경로
조도	1 lx 또는 10 lx 이상	• 3(최저)-4(표준)-6(최고)(A등급)	• 평균조도 10.8 lx 이상 • 최소조도 1.1 lx 이상 • 조도비율 40:1 이하
조도기준	최소조도	• 최저·표준·최고조도	• 평균·최소조도, 조도비율

6 메탄의 고위발열량이 55528kJ/kg일 때, 메탄의 저위발열량을 계산하고, 저위발열량에 대하여 설명하시오.(단, 물의 증발 잠열은 2260kJ/kg이다.)

1. 정의

1) 연소 생성물인 수증기(H_2O)가 액체 상태인 물로 응축되어 있는 경우를 고위발열량(HHV, Higher Heating Value)이라 한다.
2) 응축되어 있지 않는 경우의 발열량을 저위발열량(LHV, Lower Heating Value)이라 한다.
3) 즉, 저위발열량은 고위발열량에서 연소가스 중에 함유된 수증기의 증발잠열을 뺀 것을 말한다.

2. 관련식

$$LHV = HHV - \frac{m_{H_2O}}{m_{fuel}} \cdot h_{fg}$$

h_{fg} : 물의 증발잠열(kJ/kg)

3. 계산

1) 메탄의 완전연소반응식
   (1) $CH_4 + 2O_2 \rightarrow CO_2 + 2H_2O$
   (2) 1kmol의 메탄이 2kmol의 산소와 반응하여 2kmol의 수증기가 생성됨

2) $LHV = HHV - \frac{m_{H_2O}}{m_{fuel}} \cdot h_{fg}$ = 55528kJ/kg - $\frac{2kmol \times 18kg/kmol}{1kmol \times 16kg/kmol} \times 2,260kJ/kg$

   = 50443kJ/kg

4. 의미

1) 탄화수소류의 기체 연료는 연소 시 산소와 결합하여 연소가스를 배출하고 수증기를 생산한다. 그때 발생된 수증기는 응축되지 않지만 연소가스를 최초 온도까지 내릴 때를 가정하면 수증기는 응축되고 응축이 될 경우 열을 발산하게 된다.(물을 수증기로 만들 경우 열을 가해야 하고 응축할 경우 열을 뺏어야 하는 원리와 동일) 이때의 응축열량까지 합한 열량을 고위발열량이라 한다.

2) 일반적으로 고체와 액체 연료는 열량계산을 저위발열량을 기준으로 하는데, 고체나 액체 연료는 연료를 기화시켜 연소시키기 위해 연료 중에 함유된 수분을 증발시켜야 한다. 액체에서 기체로 상변화하기 위해 수분의 증발잠열이 필요하다. 이처럼 수분의 증발잠열을 뺀 실제로 효용되는 연료의 발열량을 저위발열량이라 한다.

7 화재안전기술기준에 따라 설치되는 누전경보기 중 변류기(영상변류기)의 작동원리에 대하여 설명하시오.

1. 변류기의 정의
"변류기"란 경계전로의 누설전류를 자동적으로 검출하여 이를 누전경보기의 수신부에 송신하는 것을 말한다.

2. 변류기의 작동원리

1) 변류기의 작동원리

(1) 암페어의 오른손법칙
  1차에 대전류가 흐르면 암페어의 오른손법칙에 의해 자계가 발생한다. 이때 발생한 자속($\emptyset$)은 철심(Core)을 통해 이동한다.

(2) 패러데이 전자유도법칙, 렌츠의 법칙
  ① 2차 측에 감긴 코일(권선)에 이동한 자속이 쇄교하면서 기전력(E)이 유기된다.
  ② 기전력의 크기는 패러데이 전자유도법칙에 의거하고 방향은 렌츠의 법칙에 의해 정해진다.
  ③ 즉, 자속의 변화를 상쇄하는 방향으로 자속 및 기전력이 발생하고 그에 따라 2차 전류가 흐른다.

$$E = N \times \frac{d\emptyset}{dt}$$

$$I2 = I1 \times \frac{N1}{N2}$$

(3) 1차 전류에 의해 발생하는 자속과 2차 전류에 의해 발생하는 자속은 서로 방향이 다르므로 상쇄되어 운전 중에는 철심에 여자전류를 위한 자속 정도만 흐를 뿐이다.

(4) 1차와 2차 전류는 권선비에 반비례한다.

2) 영상변류기가 정상상태일 경우

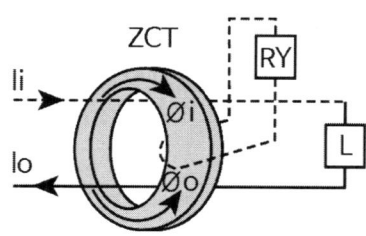

Ii = ZCT에 들어가는 전류
Io = ZCT에 나가는 전류
$\emptyset$i (out) = Ii에 의한 자속
$\emptyset$o = Io에 의한 자속

평상(정상)시에는 Ii = Io 이므로
$\emptyset$i = $\emptyset$o가 되어 ZCT 2차 측에
출력이 발생되지 않아 정상사용 가능

3) 영상변류기가 지락누전상태일 경우

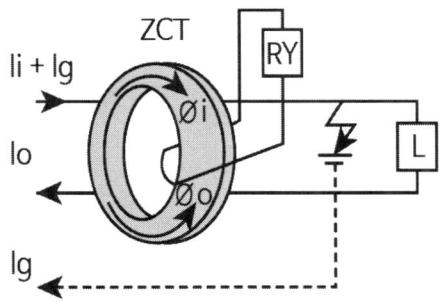

lg = 지락전류(누전전류)
li + lg = ZCT에 들어가는 전류
lo = ZCT에 나가는 전류

지락(누전)발생시에는 li + lg > lo
즉 Øi > Øo가 되어 ZCT 2차 측에 출력이
발생되면 이 출력이 누전경보기를
동작시켜 누전회로 표시 및 경보됨

3. 영상변류기(ZCT) 사용 시 주의 사항

1) 1차 도체 관통 시 자기평형이 되지 않으면 불평형으로 1차 도체 전류에 의해 2차 출력으로 오동작의 원인이 되므로 자기평형이 되도록 배치
2) 영상변류기 주위에 다른 선로가 지나갈 경우 다른 선로의 전류에 의해 ZCT에 유도되어 2차 출력의 오동작이 되므로 주의
3) 2차 연결도선은 유도나 노이즈의 침입으로 오동작의 원인이 되므로 실드선 사용
4) 부스바용 ZCT는 구조상 자기평형이 어려우므로 가능한 자기평형이 되도록 1차 도체의 배치를 고려함

---

8 자동화재탐지설비 중 아날로그식감지기, 다신호식감지기, R형 수신기용으로 사용되는 차폐선(Shielded Wire)의 종류와 시공방법에 대하여 설명하시오.

1. 개념

1) 경보신호는 매우 약한 신호이므로 전자파 및 전자유도의 Noise로 인해 오신호 입력 등 오작동 방지하기 위해 사용
2) 원리
   (1) 신호선 2가닥을 서로 꼬아 자계를 서로 상쇄
   (2) 실드선 접지로 유도전파를 대지로 방출
   (3) 외부 Noise에 의해 자속이 발생하더라도 실드선이 서로 Twist되어 +와 -가 서로 상쇄됨

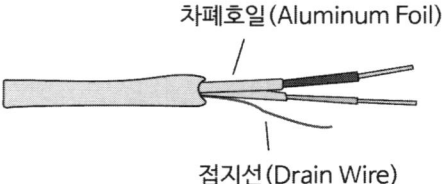

[STP(Shielded Twisted Pair)케이블]

3) 설치기준
   (1) 전자파 방해를 받지 않는 실드선 등을 사용
   (2) 광케이블의 경우에는 전자파 방해를 받지 않고 내열성능이 있는 경우 사용할 수 있음

2. 차폐선(Shielded Wire)의 종류

1) 종류

전선 명칭	영문 기호	차폐 방식
저독성 난연 폴리올레핀 차폐 배선	HF-STP	알루미늄테이프 차폐
난연성 비닐절연 비닐시이즈 케이블	F-CVV-SB	동편조 차폐
내열성 비닐절연 내열성 비닐시이즈 제어용케이블	H-CVV-SB	동편조 차폐

2) 구조

도체	절연	연합	차폐	시스
연동선	가교폴리에틸렌 (XLPE)	선심을 연합하여 개재물을 추가하고 바인더 테이프를 감아 원형유지	• -S : 동테이프차폐 • -SB : 동편조차폐	• CVV-SB : PVC • F-CVV-SB : 난연 PVC • HFCCO-S/-SB : 저독성 난연 PO

3) 특징

차폐방식	구조	특징
테이프차폐(S)	동 또는 알루미늄테이프 등을 피차폐체 위에 감는 방식	• 가격이 저렴 • 유연성 굴곡성이 없음 • 접지가 용이
편조차폐(SB)	가느다란 동선 여러 가닥을 직조한 방식	• 구조적으로 매우 안정 • 굴곡성이 뛰어남 • 실드효과가 우수

3. 차폐선(Shielded Wire)의 시공방법

1) 차폐전선(HF-STP)은 배관에 입선을 하여 내열배선의 공사방법으로 배선
2) 차폐케이블(F-CVV-SB, H-CVV-SB)은 트레이나 덕트에 배선하여 케이블 공사방법으로 배선
3) 시공 시 주의사항
   (1) 차폐선은 끊어짐 없이 연결되어 수신기의 접지단자에 연결되어야 함
   (2) 차폐선은 외함, 전선관 등 금속체와 접속하지 않아야 함

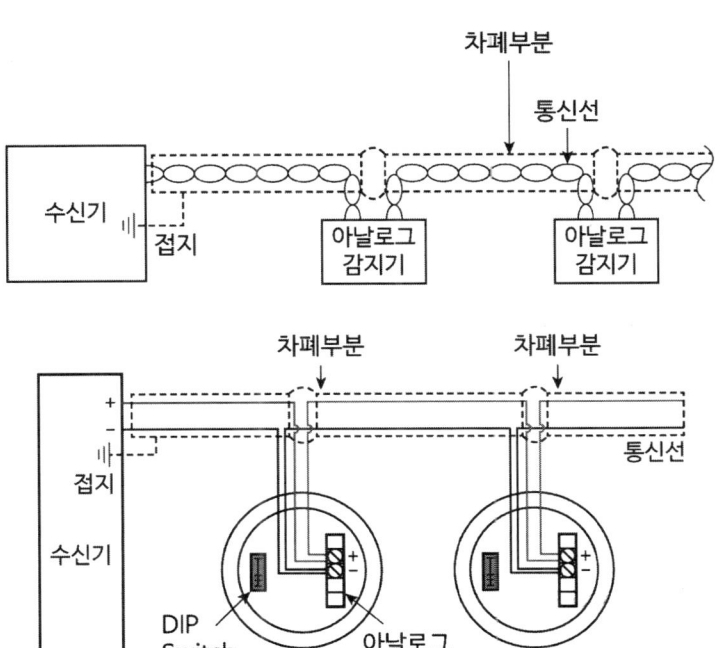

9 「소방시설 설치 및 관리에 관한 법령」에서는 성능위주설계대상을 규정하고 있다. 성능위주설계 표준 가이드라인에서 제시하는 최적화된 경보설비(통신간선 이중화, 적응성 감지기)시스템에 대하여 설명하시오.

1. 성능위주설계의 정의
1) 사양 위주의 설계에서 벗어나 해당 건축물에 대한 화재현상을 분석하고 화재모델링을 수행하여 화재상황을 예측하여 합리적이고 경제적으로 방화설계를 하는 것을 성능위주설계라 한다.
2) 즉, 건축물 등의 재료, 공간, 이용자, 화재 특성 등을 종합적으로 고려하여 공학적 방법으로 화재 위험성을 평가하고 그 결과에 따라 화재안전성능이 확보될 수 있도록 특정소방대상물을 설계하는 것을 말한다.

2. 통신간선 이중화
1) 자동화재탐지설비의 수신기와 수신기, 중계기와 수신기 또는 중계기와 중계기 간의 배선은 Loop Back System으로 설치하여 통신(신호)간선을 이중화할 것 (단, 본선과 별도의 배관으로 분리·이격하여 설치)
2) 수신기는 선로의 단락 등의 이상이 발생한 경우에도 성능을 유지할 수 있도록 보호기능을 가진 것 또는 보호설비를 설치할 것(경보설비 선로에는 단락 보호기능의 Isolator를 적정 개소마다 반영)
3) 자동화재탐지설비는 동별 중계반을 설치하여 소방시설이 신속하게 작동할 수 있도록 계획할 것

3. 적응성 감지기
1) 지하주차장 또는 물류창고 등에 설치되는 화재감지기는 비화재보 방지 및 화재 조기감시 경보 체계 구축을 위해 특수형 감지기(아날로그방식(유선식, 무선식, 유·무선식 겸용 가능)·공기흡입형 감지기 등)로 적용할 것
2) 관광호텔 객실 등에는 사운드 베이스 감지기 적용 권고

10 물류창고 및 창고형 판매시설 등 화재하중이 높은 장소에서 성능위주설계 시 적용할 수 있는 경보설비, 피난설비, 방화시설에 대하여 설명하시오.

1. 개념
일반형 스프링클러설비헤드(K Factor 80) 사용을 지양하고 가연물의 양, 종류, 적재방법 및 화재 위험등급에 따라 아래와 같이 소방시설을 적용할 것

2. 경보설비, 피난설비, 방화시설

구분	적용기준
경보설비	• 화재 조기감지, 위치확인 및 비화재보 방지를 위한 공기흡입형 감지기 등 특수감지기 설치 • 조기 안내방송을 위한 비상방송설비 성능 강화(음향 : 1W → 3W) • 창고시설에서 발화한 때에는 전 층에 경보를 발하도록 조치
피난설비	• 랙식 창고 랙 통로 부분 축광식 피난유도선 또는 랙부착유도등 설치로 피난설비 인지도 향상(지하층 및 무창층의 경우, 광원점등방식 피난유도선 설치)
방화시설	• 방화구획 완화 제한(건축법령), 드렌처(수막설비) 도입 등 • 3000m²마다 내화구조의 벽으로 구획(불가피한 경우 방화셔터) • 물류창고 자동화설비(컨베이어벨트, 수직반송장치 등)설치로 인하여 방화구획을 완화하는 부분에는 화재조기진압형 스프링클러(ESFR)를 적용하고, 개구부의 경우 드렌쳐설비 설치

11 「건축물의 피난·방화구조 등의 기준에 관한 규칙」과 「지하구의 화재안전성능기준」에 명시된 방화벽을 각각 설명하시오.

1. 개념
화재가 발생한 경우 일정한 시간 동안 불길이 이웃 건축물로 건너갈 수 없도록 차단하는 벽을 방화벽이라 한다.

2. 방화벽의 구조 (건축물의 피난·방화구조 등의 기준에 관한 규칙)
1) 내화구조로서 홀로 설 수 있는 구조
2) 방화벽의 양쪽 끝과 위쪽 끝을 건축물의 외벽 면 및 지붕면으로부터 0.5m 이상 튀어 나오게 할 것
3) 방화벽에 설치하는 출입문의 너비 및 높이는 각각 2.5m 이하로 하고, 해당 출입문에는 60+방화문 또는 60분방화문을 설치할 것

3. 방화벽 (지하구의 화재안전성능기준)

1) 방화벽의 출입문은 항상 닫힌 상태나 자동폐쇄장치에 의해 화재 신호를 받으면 자동으로 닫히는 구조
2) 내화구조로서 홀로 설 수 있는 구조
3) 방화벽의 출입문은 60+방화문 또는 60분방화문으로 설치
4) 방화벽을 관통하는 케이블·전선 등에는 내화채움구조로 마감
5) 방화벽은 분기구 및 국사·변전소 등의 건축물과 지하구가 연결되는 부위(건축물로부터 20m 이내)에 설치
6) 자동폐쇄장치를 사용하는 경우에는 「자동폐쇄장치의 성능인증 및 제품검사의 기술기준」에 적합한 것으로 설치

4. 건축법령과 화재안전기준의 방화벽 비교

구분	건축법 시행령	지하구의 화재안전기준
정의	• 화재발생 시 일정 시간 동안 불길이 이웃 건축물로 건너갈 수 없도록 차단하는 벽	• 화재의 연소를 방지하기 위해 설치하는 벽
대상	• 연면적 1000m² 이상인 건축물	• 전력 또는 통신 사업용의 전력구·통신구, 공동구
설치 기준	• 내화구조로서 홀로 설 수 있는 구조 • 방화벽에 출입문은 60+방화문 또는 60분방화문 • 방화벽의 외벽면 및 지붕면으로부터 0.5m 이상 튀어나오게 할 것	• 내화구조로 홀로 설 수 있는 구조 • 방화벽에 출입문은 60+방화문 또는 60분방화문 • 방화벽을 관통하는 케이블·전선 등에는 내화채움구조로 마감 • 위치는 분기구 및 국사·변전소 등의 건축물과 지하구가 연결되는 부위에 설치

12 위험성평가기법 중 작업안전분석(JSA : Job Safety Analysis)방법에 대하여 설명하시오.

1. 개요

1) 인간의 불안전한 행동에 의한 사고는 약 85~95%이고 설계오류 또는 불안전한 설비에 의한 경우는 5~15% 정도에 불과하다.
2) 사업자는 안전사고가 발생하지 않도록 쾌적하고 안전한 설비를 설치하고, 근로자는 설계에 따라 설치된 설비를 안전하게 운전해야 할 의무가 있다.
3) 작업위험성평가의 궁극적인 목적은 안전한 작업절차서를 마련하는 데 있다.

2. 용어의 정의

1) 작업위험성평가(Job Risk Assessment)

모든 작업에 대하여 유해위험요인(Hazards)을 파악하고 안전한 작업절차를 마련하기 위한 과정으로서 작업위험성분석(Job Risk Analysis, JRA), 작업안전분석(Job Safety Analysis, JSA), 또는 절차서 실행분석(Procedure Implementation Analysis, PIA), 사전작업위험분석(Pre-task Hazard Analysis, PTA) 등 작업의 유해위험요인을 분석하는 모든 방법을 총칭하여 말한다.

2) 작업안전분석(Job Safety Analysis, JSA)

작업위험성분석(JRA)을 통하여 선정된 중요작업(Critical Job)을 주요 단계(Key Step)로 구분하여 각 단계별 유해위험요인을 파악하고, 해당 작업을 안전하게 수행할 수 있도록 작업절차를 마련하는 과정을 말한다.

3. 작업안전분석(JSA)의 목적

1) 작업중 가장 안전한 방식을 결정하기 위한 것
2) 모든 사람들의 지식과 경험이 작업절차서로 이어지도록 체계적인 방식을 제공
3) 잠재적인 위험과 안전하지 못한 작업 관행에 대해서 위험성을 식별하고 올바른 작업 방식을 제공
4) 위험에 대해서 스스로 제어하고 최소화하며 제거하는 해결책을 제공

4. 작업안전분석(JSA : Job Safety Analysis) 방법

1) 평가대상

작업위험성분석(JRA) 결과 중요작업으로 선정된 작업

2) 작업안전분석 수행

작업단계구분 → 유해위험요인 파악 → 단계별 안전 작업절차 수립

(1) 작업단계구분
① 작업의 진행순서대로 단계를 구분한다.
② 너무 자세하게 단계를 구분하거나 또는 너무 포괄적으로 단계를 구분하지 않는다. (일반적으로 10단계 내외)

(2) 유해위험요인 파악
① 각 작업단계별로 존재하거나 발생가능한 유해위험요인을 파악한다.
② 기계적 요인, 전기적 요인, 물질(화학물질, 방사선) 요인, 화재 및 폭발 위험요인, 작업환경조건으로 인한 요인 등

(3) 단계별 안전 작업절차 수립
① 유해위험요인을 해소할 수 있도록 작업자가 실제 안전하게 작업해야 할 과정을 처음부터 마지막까지 작업행위 순서에 맞게 작성하여야 한다.
② 안전한 작업행위의 파악은 다음 순서에 따라 진행
유해위험요인의 제거(근본적인 대책) → 기술적(공학적) 대책 → 관리적 대책(절차서, 지침서 등) → 교육적 대책

보충

[용어정의]

1. 작업위험성분석(Job Risk Analysis, JRA)
사업장에서 수행되는 모든 작업에 대하여 작업위험성(Risk)을 평가하여 중요작업(Critical Job)을 선정하는 과정

2. 절차서실행분석(Procedure Implementation Analysis, PIA)
해당 운영부서(작업수행부서)에서 작성된 절차서를 안전 또는 운영부서 등의 전문가가 개발된 체크리스트 등에 따라 적합성을 확인하고 개선의견을 통보하면 그 내용을 운영부서가 현실에 맞게 반영하는 일련의 과정

3. 사전작업위험분석(Pre-task Hazard Analysis, PTA)
해당 운영부서의 현장 작업자를 중심으로 체크리스트 형식으로 작성한 시트를 사용하여 절차서의 적합성을 작업자가 직접 확인, 개선하는 것으로 위험성이 낮은 단순한 작업절차서의 갱신 등에 주로 활용

13 NFPA 72에서의 Unwanted Alarm 종류에 대하여 설명하시오.

1. 비화재보의 정의
1) 화재 시 발생하는 열, 연기, 불꽃 등 연소생성물 이외의 요인으로 인해 화재가 아닌 경우 화재로 인식하여 경보되는 현상을 비화재보라 한다.
2) NFPA 72에서는 비화재보를 Malicious, Nuisance, Unintentional, Unknown Alarm 4가지로 분류하고 있다.

2. 비화재보의 종류 (NFPA 72. 10.21 Unwanted Alarms)
1) **Malicious Alarm** : 악의적(의도적) 요인
   (1) 악의를 가지고 의도적으로 발생시킨 경보
   (2) 예 : 혼란을 일으키기 위해 고의적으로 발신기의 수동스위치를 누른 경우

2) **Nuisance Alarm** : 설치적, 기능적, 환경적 요인
   (1) 기계적 결함(Mechanical Failure)
   (2) 기능적 결함(Malfunction)
   (3) 부적절한 설치(Improper Installation)
      ① 예 : 소독 장비 근처에 연기감지기가 설치되어 문이 열릴 때마다 감지기가 작동하여 경보
   (4) 적절한 유지관리 부족(Lack Of Proper Maintenance)
      ① 예 : 담배연기로 인한 연기감지기가 작동하여 경보
      ② 예 : 누군가가 부주의로 헤어드라이기로 열감지기를 자극해 경보
   (5) 원인을 알 수 없이 발생한 경보(Any Alarm Activated By a Cause That Cannot Be Determined)

3) **Unintentional Alarm** : 인위적 요인
   (1) 악의 없이 의도적이지 않게 발생된 경보
      ① 예 : 아이들이 결과를 모르고 발신기의 수동스위치를 누른 경우
      ② 예 : 소방기술자가 소방펌프 시험 중 서지가 발생하여 유수검지장치가 작동되어 경보

4) **Unknown Alarm** : 원인을 모르는 출력신호를 주어 발생한 경보

3. 비화재보 원인과 대책

1) 설치적 요인
　　(1) 고압선 부근에 설치　　　　　(2) 공기 유입구 이격거리 부족
　　(3) 설치 높이별 감지기 선정 부적절　(4) 기타 설치기준 불이행

2) 기능적 요인
　　(1) 분진(공사, 청소 등)　　　　(2) 감도변화
　　(3) 감지기 접점의 부식　　　　(4) 주방, 보일러실 등으로부터 유출한 증기
　　(5) 결로

3) 환경적 요인
　　(1) 설치 후의 환경변화　　　　(2) 온도, 습도, 기압의 변화
　　(3) 벌레, 곤충의 침입　　　　　(4) 청소 불량

4) 인위적 요인
　　(1) 조리에 의한 열, 연기　　　(2) 흡연에 의한 연기
　　(3) 자동차 등의 배기가스　　　(4) 공사 중의 분진
　　(5) 공조기의 바람 등

4. 비화재보 피해
1) 신뢰도 저하 : 화재 경보 무시로 화재 시 경보효과 감소
2) 거주자, 작업자 등 피난으로 인한 시간 및 비용 발생
3) 건물의 원활한 운영 장애 및 장치 손상
4) 생산성 감소 및 손실

5. 대책
1) 설치장소에 적합한 감지기를 선택해야 하고, 감지기에 벌레 침입 방지, 습기 방지 등 감지기 구조적인 비화재보에 대한 대책을 강구해야 한다.
2) 일과성 비화재보가 예상되는 장소는 감지기를 축적형, 복합식, 다신호식 등의 특수감지기를 적용하고, 축적방식의 수신기를 설치한다.

130회 2교시

> **1** 성능위주설계 표준 가이드라인에 따른 고층(초고층)건축물의 규모와 특성에 맞는 거실 제연설비, 부속실 승강장, 피난안전구역 제연설비, 지하주차장 제연설비 시스템에 대하여 설명하시오.

1. 개요

1) 사양 위주의 설계에서 벗어나 해당 건축물에 대한 화재현상을 분석하고 화재모델링을 수행하여 화재 상황을 예측하여 합리적이고 경제적으로 방화설계를 하는 것을 성능위주소방설계라 한다.
2) 건축물 등의 재료, 공간, 이용자, 화재 특성 등을 종합적으로 고려하여 공학적 방법으로 화재 위험성을 평가하고 그 결과에 따라 화재안전성능이 확보될 수 있도록 특정소방대상물을 설계해야 한다.

2. 성능위주소방설계의 범위 (소방시설 설치 및 관리에 관한 법률 시행령 제9조)

1) 연면적 20만m^2 이상인 특정소방대상물(단, 아파트등은 제외)
2) 아래의 특정소방대상물
   (1) 50층 이상(지하층 제외)이거나 지상으로부터 높이가 200m 이상인 아파트등
   (2) 30층 이상(지하층 포함)이거나 지상으로부터 높이가 120m 이상인 특정소방대상물(아파트등 제외)
3) 연면적 3만m^2 이상인 다음의 특정소방대상물
   (1) 철도, 도시철도 시설
   (2) 공항시설
4) 창고시설 중 연면적 10만m^2 이상인 것 또는 지하층의 층수가 2개 층 이상이고 지하층의 바닥면적의 합이 3만m^2 이상인 것
5) 하나의 건축물에 영화상영관이 10개 이상인 특정소방대상물
6) 지하연계 복합건축물에 해당하는 특정소방대상물
7) 수저터널 또는 길이가 5천m 이상인 것

3. 거실 제연설비

1) 거실제연설비의 SMD(Smoke Moter Damper)는 누설등급 CLASS-Ⅱ 이상을 적용하고, 누설량을 반영
2) 공조설비와 제연설비를 겸용하여 설치하는 경우에는 공조 TAB 결과 댐퍼 개구율이 조정된 경우에도 제연 운전 시 개폐 스케줄에 따라 제연 풍량이 적절하게 배분될 수 있도록 제연 시 개방되는 댐퍼의 개도치를 공조댐퍼의 개구율 조정과 별도로 조정할 수 있도록 할 것
3) 거실제연설비(공조겸용 포함) 설치 시 댐퍼 개폐와 송풍기의 작동상태 등을 그림 또는 문자 등의 형태로 표시한 디스플레이 방식의 감시제어반으로 구성할 것
4) 판매시설 및 근린생활시설 용도는 지상층 부분이 유창층일 경우에도 제연설비 설치 규모에 해당되면 거실제연설비를 적용(다만 복도에는 적용하지 않을 수 있음)

4. 부속실 및 승강장 제연설비

1) 제연설비 풍량은 법적기준 출입문(20층 초과인 경우 2개소) + 1층 또는 피난층(1개소) 출입문이 개방되는 것을 기준으로 풍량을 산정
2) 제연 송풍기의 송풍량은 연결된 덕트의 누설량 및 댐퍼는 누설등급에 따른 누설량을 반영하여 산정하고 설계도서에 명기

5. 지상층 피난안전구역의 제연설비

1) 피난안전구역의 외기취입구 설치기준은 하부층의 화재로 인해 발생된 연기가 유입되지 않도록 덕트 전용 연기감지기를 덕트 내에 설치하여 연기유입 시 자동으로 폐쇄할 수 있는 구조로 설치
2) 연기감지기 동작으로 덕트가 자동으로 폐쇄되는 경우를 대비하여 외기취입구 위치를 이중화하고 이격하여 설치

6. 지하주차장 연기배출설비

1) 지하 주차장에는 환기설비를 이용하여 연기배출을 하고, 필요 환기량은 시간당 10회 또는 27CMH/m² 중 큰 값으로 할 것

   - 자동화재탐지설비와 연동하여 자동 전환
   - 정전 시에도 사용에 지장이 없도록 비상전원 연결, 발전기 용량 확보
   - 지하주차장 화재발생 시 : 연기감지기 작동 → 화재 수신기 → 주차장 환기 Fan 제어반 → 환기용 급/배기 Fan 작동 → 연기(농연) 옥외 배출 → 안정성 확보

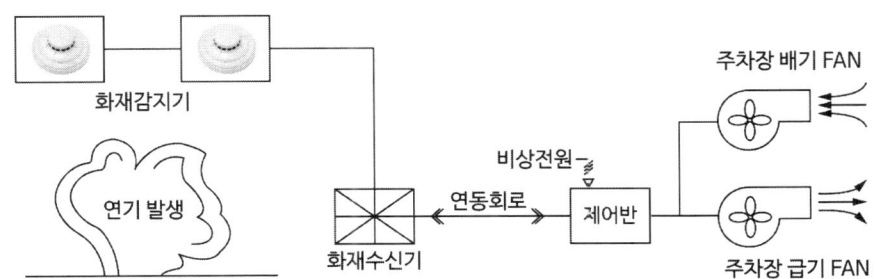

[지하 주차장 급기/배기 FAN의 화재감지기 연동회로(주차장 환기설비 활용)]

2) 환기설비에는 비상전원 및 배기팬의 내열성을 확보하고, DA에 층간 연기 전파를 막을 수 있는 F.D 등을 설치

3) 환기팬에 대한 원격제어가 가능한 수동기동스위치를 종합방재실 내에 설치

4) 환기설비는 화재발생 시 감지기에 의해 연동되는 구조로 설치

5) 주차장 팬룸에 연기배출용으로 설치된 급기 루버는 하부에, 배기 루버는 상부에 설치하고, 주차장 유인팬의 가동 여부를 결정하기 위하여 Hot Smoke Test를 통하여 성능을 검증

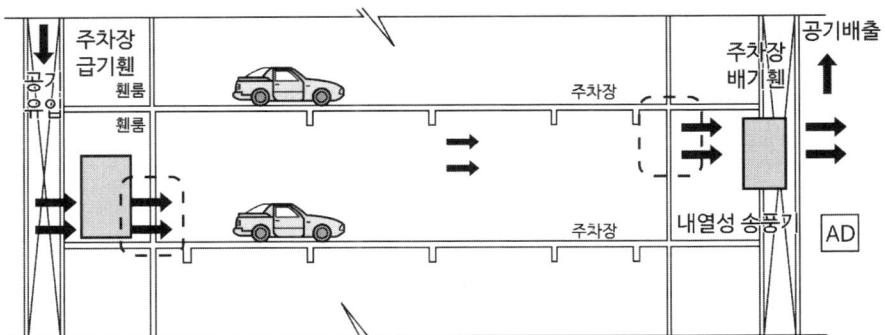

[연기배출용 급기/배기 루버 위치]

7. 제연설비 공통기준

1) 제연설비의 덕트 단열재는 불연재료로 설치
2) 제연설비 성능시험 T.A.B(확인, 측정 및 조정을 포함)는 전문성을 갖춘 기관·단체 또는 업체에 성능시험을 의뢰하되 소방감리자의 책임하에 실시하도록 시방서(T.A.B 수행절차서 포함), 도면, 내역서에 반영
3) 소방시설 착공신고 후 3개월 이내에 T.A.B 사전 검토보고서를 책임감리원에게 제출하고, 준공 시 최종 T.A.B를 실시하여 시공 중 덕트경로 및 크기 변경 등에 따른 정압계산 등을 반영하여 T.A.B 검토보고서를 제출
4) 제연설비용 송풍기의 정압계산은 시스템 효과(System Effect), 덕트, 부속저항, 댐퍼 및 루버 저항 등을 반영하여 상세 계산서를 제출

---

2 감리업무 중 공사비용이 증감되는 설계변경이 발생할 때, 아래의 내용을 설명하시오.
1) 발주자 지시에 의한 설계변경
2) 시공자 제안에 의한 설계변경
3) 설계변경 검토 항목 및 검토내용

1. 발주자 지시에 의한 설계변경

1) 외부적 사업 환경의 변동, 사업추진 기본계획의 조정, 공법변경, 기타 시설물 추가 등으로 설계변경이 필요하여 발주자로부터 설계변경 지시를 받은 경우에 책임감리원은 발주자에게 다음의 서류를 요구해야 한다. 발주자는 감리원의 요구서류를 작성할 수 없을 경우에는 설계변경 개요서 로 설계변경 지시를 할 수 있다.
   (1) 설계변경 개요서
   (2) 설계변경 도면, 시방서, 계산서, 공사비 증감 내역서 등
   (3) 수량산출조서
   (4) 그 밖의 필요한 서류
2) 발주자로부터 설계변경 지시를 받은 감리원은 지체 없이 시공자에게 그 내용을 통보해야 한다.

3) 시공자는 설계변경 지시내용의 이행가능 여부를 당시의 공정, 자재수급 상황 등을 검토하여 확정하고, 만약 이행이 불가능하다고 판단될 경우에는 그 사유와 근거자료를 첨부하여 감리원에게 제출해야 하고, 감리원은 그 내용을 검토·확인하여 지체 없이 발주자에게 보고해야 한다. 이 경우 설계변경 도서작성에 소요되는 비용은 원칙적으로 발주자가 부담해야 한다.

4) 감리자는 감리원으로부터 제출받은 서류를 기술지원 감리원의 심사를 거쳐 감리자 대표 명의로 발주자에게 제출해야 한다.

2. 시공자 제안에 의한 설계변경

1) 시공자는 현지여건과 설계도서가 부합되지 않거나 공사비의 절감 및 소방시설공사의 품질 향상을 위한 개선사항 등 설계변경이 필요한 경우에는 현장실정보고서를 첨부하여 감리원에게 제출해야 한다.

2) 감리원은 1)에 따라 설계변경 요청을 받은 경우에는 신속히 검토·확인하고, 감리원은 별지 제7호서식의 기술검토서를 첨부하여 발주자에게 보고하고, 발주자의 승인을 득한 후 시공하도록 조치해야 한다. 이 경우 감리원은 시공자로부터 현장실정보고서를 접수한 후 기술검토 등을 요하지 않는 단순한 사항은 7일 이내, 그 외의 사항은 14일 이내에 검토 처리해야 하며, 기일 내 처리가 곤란한 경우에는 사유와 처리계획을 발주자에게 보고하고, 시공자에게도 통보해야 한다.

3) 시공자는 주공정에 중대한 영향을 미치는 설계변경으로 긴급히 요구되는 사항이 발생하는 경우에는 2)에 따르지 않고, 감리원에게 개산 수량 및 공사비 증감으로 긴급현장실정보고를 할 수 있으며, 감리원은 발주자에게 지체 없이 유·무선 또는 FAX 등으로 보고하여 승인을 득한 후 시공하도록 조치해야 한다.

4) 발주자는 설계변경 승인을 요구를 받은 경우에는 공사추진에 지장이 없도록 신속히 승인하여 감리원에게 통보해야 한다.

3. 설계변경 검토 항목 및 검토내용

연번	항목	검토 내용
1	주의사항	• 감리자 임의대로 설계변경 지시 금지 • 설계변경사항은 반드시 발주처에 보고하고 승인을 득한 후 관련절차에 의해서 진행하여야 함 • 감리자는 설계변경의 권한을 가지지 못함 • 시방서 등이 변경된 경우에도 설계변경을 하여야 함 • 금액변경이 있는 설계변경과 금액변경이 없는 설계변경으로 진행
2	설계변경요건	• 발주자지시 - LAYOUT변경, 설계누락, 오류, 시방서 변경 등 • 시공자제안 - 시공자가 시공상의 문제점 또는 신기술 등 제안사항 • 경미한 설계변경 • ESC(물가변동)

연번	항목	검토 내용
3	발생조건 확인	ESC발생/설계도서 변경 및 누락, 오류 등 발췌-설계사 의견 첨부 등 관련 근거마련
4	실정보고	• 설계변경관련근거마련 - 실정보고 자료정리 제출 • 설계변경사항이 발생될 경우 해당사항에 대하여 문제점, 타당성 등을 검토하여 보고 • 실정보고시 예상 소요금액을 포함하여 검토
5	검토의견서 작성 발주자 제출	시공자 제출자료 검토 후 발주처송부 • 제출된자료에 대하여 적합 여부, 문제점 등을 세부적으로 검토 • 검토의견서를 작성하여 발주자에 제출
6	실정보고 요건에 대하여 승인	발주자는 해당 설계변경사항에 대하여 타당하다고 판단되는 경우 승인
7	설계변경 세부자료 준비	설계변경 관련근거에 따라 세부내역서 및 산출서 등 준비(수량산출서/내역서/관련 근거/신규단가 등) • 설계변경사유서 • 설계변경도면, 개략적인수량산출서 • 개략적인 공사비증감내역 • 기타 필요한 서류
8	설계변경 요청	• 준비된 설계변경 자료를 감리원에 제출 • 제출된 자료를 검토하여 검토의견서를 작성
9	검토의견서 작성보고	설계변경 검토의견서 작성 - 첨부된 자료의 적합성, 수량, 금액, 설계변경요건 등을 종합적으로 검토하여 발주처에 보고
10	승인	발주자는 감리의견에 문제가 없을 경우 설계변경을 승인하며 계약변경 진행
11	수정공정 계획검토	설계변경으로 변경된 공정표를 제출받아 검토
12	계약변경	시공자와 발주처간 변경계약체결 • 계약내역서 • 변경계약서 • 변경공정표등첨부
13	설계변경 부분시공	설계변경에 대한 승인이 되지 않은 경우 해당공정에 대한 작업은 진행할 수 없음. • 설계변경승인이 나지 않은 상태에서 공사가 이루어지는 경우 해당부분에 대한 비용을 받을 수 없는 경우 발생우려 • 원칙적으로 설계변경이 되지 않은 상태에서 공사를 할 수 없음
14	설계변경관리	• 설계변경사항은 관리대장을 작성하여 관리 • 설계변경사항에 대한 도면정리 • 금액변경이 없는 사항에 대해서도 도면정리를 절차에 따라 정리
15	기술검토의견	시공 중 발생되는 기술적 문제점 및 설계변경사항, 공사계획, 시공 중 당면한 문제점, 설계도면과 시방서 상호간의 차이 등의 문제점, 발주처 요청사항 등에 대하여 해결방안 등을 제시

3 아래와 같은 병렬 및 직렬 누설 틈새 식을 유도하시오.

1) 병렬 누설 틈새 식 : $A_t = A_1 + A_2 + A_3 + \cdots + A_n$

2) 직렬 누설 틈새 식 : $\dfrac{1}{A_t^n} = \dfrac{1}{A_1^n} + \dfrac{1}{A_2^n} + \cdots + \dfrac{1}{A_n^n}$

1. 부속실 급기량

구분	내용
급기량	• 제연구역에 공급하여야 할 공기의 양 • 급기량 $[m^3/s]$ = 누설량(Q) + 보충량(q)

누설량	• 차압에 의해 틈새를 통하여 제연구역으로부터 흘러나가는 공기량
	• 계산식
	$Q(m^3/s) = 0.827 \times A_t \times P^{\frac{1}{n}}$
	  A_t : 유효누설면적(m^2), P : 차압(Pa)
	  n : 출입문(2), 창문(1.6)
	• 유효누설면적(A_t)은 누설경로의 배치상태(직렬·병렬)를 고려하여 구함

보충량	• 방연풍속을 유지하기 위하여 제연구역에 보충하여야 할 공기량을 말함 • 방연풍속의 의미 : 피난을 위해 방화문이 순간적으로 열리면 부속실과 거실 간의 차압은 0이 되므로 동압을 이용해 연기를 차단해야 함(기류 이동을 이용해서 연기의 유입을 방지) • 보충량 | 부속실의 수 | 20개 이하 | 20개 초과 | |---|---|---| | 보충량 | 1개층 이상 | 2개층 이상 |

2. 병렬누설 틈새 식 : $A_t = A_1 + A_2 + A_3 + \cdots + A_n$

1) 풍량 $Q_t = Q_1 + Q_2 + Q_3 + \cdots + Q_n$

2) 유도 $A_t = A_1 + A_2 + A_3 + \cdots + A_n$

3) 일반식 $A_t = \sum_{i=1}^{n} A_i$

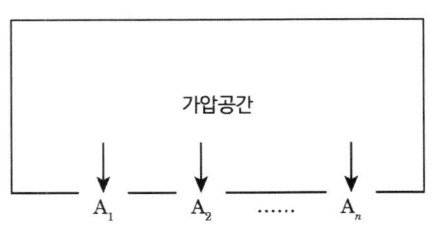

3. 직렬 누설 틈새 식 : $\dfrac{1}{A_t^n} = \dfrac{1}{A_1^n} + \dfrac{1}{A_2^n} + \cdots + \dfrac{1}{A_n^n}$

1) 풍량 : $Q_1 = Q_2 = Q_3 = \cdots = Q_n$

2) 가압공간과 외기 사이의 총 압력차 : $\Delta P_t = \Delta P_{12} + \Delta P_{23} + \Delta P_{34} + \cdots + \Delta P_{n0}$

3) 유도

(1) 각각의 공간에서 누설되는 풍량은 오리피스 유량방정식으로 계산

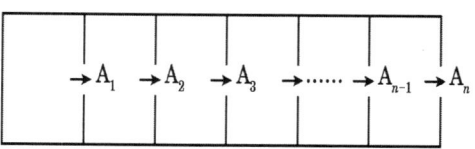

(2) $Q = 1.29 CA_t \Delta P_t^{1/n}$, $Q_1 = 1.29 CA_1 \Delta P_{12}^{1/n}$,
$Q_2 = 1.29 CA_2 \Delta P_{23}^{1/n}$
$Q_3 = 1.29 CA_3 \Delta P_{34}^{1/n}$, $Q_n = 1.29 CA_n \Delta P_{n0}^{1/n}$

(3) $\Delta P_t = (\frac{Q}{1.29 CA_e})^n$, $\Delta P_{12} = (\frac{Q}{1.29 CA_1})^n$, $\Delta P_{23} = (\frac{Q}{1.29 CA_2})^n$,
$\Delta P_{34} = (\frac{Q}{1.29 CA_3})^n$, $\Delta P_{n0} = (\frac{Q}{1.29 CA_n})^n$

(4) (3)을 (2)에 대입하면

$(\frac{Q}{1.29 CA_t})^n = (\frac{Q}{1.29 CA_1})^n + (\frac{Q}{1.29 CA_2})^n + (\frac{Q}{1.29 CA_3})^n + \cdots + (\frac{Q}{1.29 CA_n})^n$

$(\frac{1}{A_t})^n = (\frac{1}{A_1})^n + (\frac{1}{A_2})^n + (\frac{1}{A_3})^n + \cdots + (\frac{1}{A_n})^n$

$\frac{1}{A_t} = ((\frac{1}{A_1})^n + (\frac{1}{A_2})^n + (\frac{1}{A_3})^n + \cdots + (\frac{1}{A_n})^n)^{1/n}$,

$A_t = (\frac{1}{A_1^n} + \frac{1}{A_2^n} + \frac{1}{A_3^n} + \cdots + \frac{1}{A_n^n})^{-1/n}$

$\frac{1}{A_t^n} = \frac{1}{A_1^n} + \frac{1}{A_2^n} + \frac{1}{A_3^n} + \cdots + \frac{1}{A_n^n}$

4) 일반식 : $A_t = [\sum_{i=1}^{n} \frac{1}{A_i^n}]^{-1/n}$

---

4 「스프링클러헤드의 형식승인 및 제품검사의 기술기준」(소방청 고시)이 개정되어 열반응시험이 반영되었다. 해당 시험의 제·개정이유, 도입배경, 시험기준 및 시험절차 등에 대하여 설명하시오.

1. 열반응시험의 제·개정이유 (스프링클러헤드의 형식승인 및 제품검사의 기술기준)

저성장화재 시 스프링클러헤드 미분리 우려에 따른 개선대책으로 퓨지블링크타입(Fusible Link Type) 폐쇄형 헤드 열반응시험을 도입함으로써 스프링클러헤드가 정상 작동할 수 있도록 기술기준을 강화하려는 것임

2. 열반응시험의 도입배경

1) 열반응시험(Room Heat Test)이란 구획된 일정 공간을 가열, 주위온도 상승에 따라 스프링클러헤드가 규정된 시간 이내에 정상 작동되는 것을 판단하는 시험임
2) 저성장 화재 시 퓨지블링크 폐쇄형 헤드의 감열체가 분리되지 않을 수 있는 문제점을 해소하기 위해 열반응시험을 도입함
3) 스프링클러헤드의 작동 신뢰성 향상

3. 열반응시험의 시험기준 (스프링클러헤드의 형식승인 및 제품검사의 기술기준)

1) 퓨지블링크 구조의 폐쇄형 헤드(상향형 헤드는 제외)는 아래의 장치에 헤드를 설치하여 열반응시험을 실시하는 경우 아래 표에서 정한 기준에 적합해야 함

표시온도 구분(℃)		작동시간
표준반응	57 ~ 77	231초 이하
	79 ~ 107	189초 이하
조기반응		75초 이하

2) 표준반응헤드의 열반응시험장치

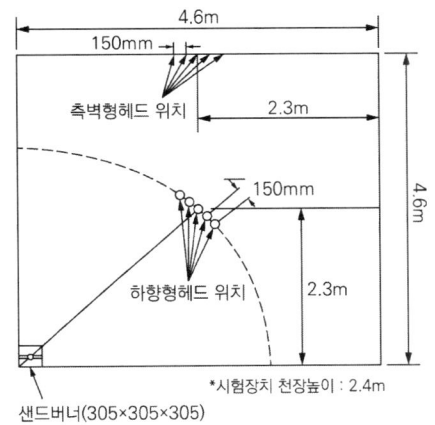
[표준반응헤드 열반응시험장치 평면도]

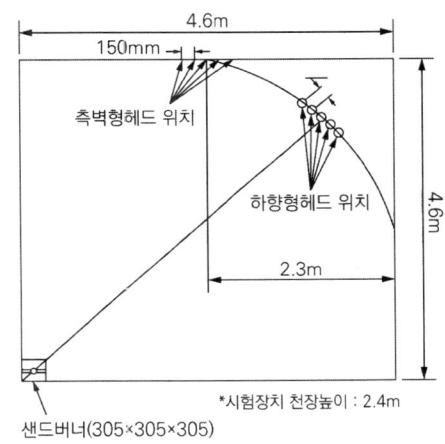
[조기반응헤드 열반응시험장치 평면도]

4. 열반응시험의 시험절차 (스프링클러헤드의 형식승인 및 제품검사 시험세칙)

1) 열반응시험장치 평면도의 표시 위치에 헤드를 설치함. 이 경우 측벽형 헤드는 천장으로부터 300mm 높이에 설치
2) 헤드에 소화수를 공급하는 수조내부의 크기는 가로 750mm, 세로 150mm, 높이 100mm로 함. 이 경우 수조 내부에는 각 헤드마다 동일한 소화수가 공급될 수 있도록 높이 80mm의 칸막이를 150mm 간격으로 구획해야 하며, 각 부분의 치수 공차는 ±5mm로 함
3) 수조의 수온이 20±5 ℃로 설정된 상태에서 시험을 시작
4) 화원은 샌드버너에 메탄가스를 공급하여 점화
5) 헤드의 작동시간은 아래 표의 천장온도에 도달한 시점부터 측정을 시작한다. 이 경우 천장온도는 천장 중앙부에서 아래로 254mm 지점에서 측정

표시온도 구분	천장 온도
(57 ~ 77) ℃	(31 ± 1) ℃
(79 ~ 107) ℃	(49 ± 2) ℃

6) 헤드의 작동시간을 0.1초 단위까지 측정
7) 1) ~ 6)의 시험을 2회 실시

5. 개선사항

열반응시험은 UL의 열감지부 민감도 시험의 일부인 룸히트 테스트(Room Heat Test)를 도입한 것으로 플러쉬헤드 저성장온도 화재시험의 도입이 필요함

---

5 「화재의 예방 및 안전관리에 관한 법령」에 따른 특수가연물 품명 및 수량, 저장취급기준, 표지설치에 대하여 설명하시오.

1. 특수가연물의 정의

특수가연물이란 화재가 발생하는 경우 불길이 빠르게 번지는 고무류·면화류·석탄 및 목탄 등 대통령령으로 정하는 물품을 말한다.

2. 품명 및 수량 (화재의 예방 및 안전관리에 관한 법률 시행령 별표2)

품명		수량	비고
면화류		200kg 이상	불연성 또는 난연성이 아닌 면상 또는 팽이모양의 섬유와 마사원료
나무껍질 및 대팻밥		400kg 이상	-
넝마 및 종이부스러기		1000kg 이상	불연성 또는 난연성이 아닌 것
사류(絲類)		1000kg 이상	불연성 또는 난연성이 아닌 실과 누에고치
볏짚류		1000kg 이상	마른 볏짚·북데기와 이들의 제품 및 건초
가연성 고체류		3000kg 이상	① 인화점이 40℃ 이상 100℃ 미만 ② 인화점이 100℃ 이상 200℃ 미만이고, 연소열량이 1g당 8kcal 이상 ③ 인화점이 200℃ 이상이고, 연소열량이 1g당 8kcal 이상인 것으로 녹는점이 100℃ 미만 ④ 1기압과 20℃ 초과 40℃ 이하에서 액상인 것으로서 인화점이 70℃ 이상 200℃ 미만이거나 ② 또는 ③에 해당하는 것
석탄·목탄류		10000kg 이상	코크스, 석탄가루를 물에 갠 것. 마세크탄(조개탄), 연탄, 석유코크스, 활성탄 및 이와 유사한 것 포함
가연성 액체류		2m³ 이상	① 1기압과 20℃ 이하에서 액상인 것으로, 가연성 액체량이 40중량퍼센트 이하이면서 인화점이 40℃ 이상 70℃ 미만이고 연소점이 60℃ 이상인 것 ② 1기압과 20℃에서 액상인 것으로, 가연성 액체량이 40중량퍼센트 이하이고 인화점이 70℃ 이상 250℃ 미만인 것 ③ 동물의 기름기와 살코기, 식물의 씨나 과일의 살로부터 추출한 것으로서 다음의 것 • 1기압과 20℃에서 액상이고 인화점이 250℃ 미만 • 1기압과 20℃에서 액상이고 인화점이 250℃ 이상
목재가공품 및 나무부스러기		10m³ 이상	-
고무류 플라스틱류	발포시킨 것	20m³ 이상	불연성 또는 난연성이 아닌 고체의 합성수지제품, 합성수지반제품, 원료합성수지·합성수지 부스러기
	그 밖의 것	3000kg 이상	

3. 특수가연물의 저장·취급의 기준 (화재의 예방 및 안전관리에 관한 법률 시행령 별표3)

특수가연물은 다음의 기준에 따라 쌓아 저장. 다만 석탄·목탄류를 발전용으로 저장 시 예외

1) 품명별로 구분하여 쌓을 것

2) 쌓는 기준

구분	살수설비를 설치하거나 방사능력 범위에 해당 특수가연물이 포함되도록 대형 수동식소화기를 설치하는 경우	그 밖의 경우
높이	15m 이하	10m 이하
쌓는 부분의 바닥면적	200m² 이하 (석탄·목탄류의 경우에는 300m² 이하)	50m² 이하 (석탄·목탄류의 경우에는 200m² 이하)

3) 실외에 쌓아 저장하는 경우

쌓는 부분이 대지경계선, 도로 및 인접 건축물과 최소 6m 이상 간격을 둘 것. 다만 쌓는 높이보다 0.9m 이상 높은 내화구조 벽체를 설치한 경우는 그렇지 않음

4) 실내에 쌓아 저장하는 경우

주요구조부는 내화구조이면서 불연재료여야 하고, 다른 종류의 특수가연물과 같은 공간에 보관하지 않을 것. 다만 내화구조의 벽으로 분리하는 경우는 그렇지 않음

5) 쌓는 부분 바닥면적의 사이

실내의 경우 1.2m 또는 쌓는 높이의 1/2 중 큰 값 이상으로 간격을 두어야 하며, 실외의 경우 3m 또는 쌓는 높이 중 큰 값 이상으로 간격을 둘 것

4. 특수가연물의 표지

1) 특수가연물을 저장 또는 취급하는 장소에는 품명, 최대저장수량, 단위부피당 질량 또는 단위체적당 질량, 관리책임자 성명·직책, 연락처 및 화기취급의 금지 표시가 포함된 특수가연물 표지를 설치

2) 특수가연물 표지의 규격

   (1) 표지는 한 변의 길이가 0.3m 이상, 다른 한 변의 길이가 0.6m 이상인 직사각형으로 할 것
   (2) 표지의 바탕은 흰색으로, 문자는 검은색으로 할 것. 다만 "화기엄금" 표시 부분은 제외
   (3) 표지 중 "화기엄금 표시 부분"의 바탕은 붉은색으로, 문자는 백색으로 할 것

3) 특수가연물의 표지는 특수가연물을 저장하거나 취급하는 장소 중 보기 쉬운 곳에 설치

특수가연물	
화기엄금	
품명	합성수지류
최대수량 (배수)	000톤(00배)
단위부피당 질량 (단위체적당 질량)	000kg/m²
관리책임자 (직책)	홍길동 팀장
연락처	02-000-0000

6 건축허가 동의 시 분야별 주요 검토사항 중 피난·방재분야의 방화구획 적정성 확보를 위한 확인사항에 대하여 설명하시오.

1. 방화구획 적정성 확보 (소방청 성능위주설계 평가 운영 표준 가이드라인)

1) 방화구획 여부를 쉽게 확인할 수 있도록 방화구획도 제출할 것
   - 내화구조의 벽, 60분방화문 또는 60+방화문, 방화셔터는 각각 다른 컬러로 구분하고 별도의 범례표를 작성하여 방화구획 적정성 여부를 쉽게 확인할 수 있도록 할 것
2) 건축물의 주요 설비 공간 및 공용시설물은 다른 부분과 방화구획할 것
   - 종합방재실, 펌프실, 제연팬룸실, 기계실, 전기실, 쓰레기 집하장, 공용 물품창고 등
3) 판매시설 등 대형 공간 및 에스컬레이터, 지하주차장 램프구간에 방화구획용 방화셔터를 설치하는 경우에는 3m 이내에 피난이 가능한 고정식 방화문을 설치할 것(계단에는 방화셔터 설치 금지)
   (1) 작동방식을 사용 형태별 위험요소 감안하여 1단 또는 2단으로 구분(예시 : 아트리움, 에스컬레이트는 1단 / 피난통로는 2단)
   (2) 방화셔터 상부 천장 내부와 악세스플로어 내부는 구획 성능이 확보되도록 설계도(방화구획선 관통부의 내화충전 상세도)를 첨부
   (3) 기동용 화재감지기는 설치 높이에 따른 적응성을 고려하여 적용
   (4) 방화셔터 하부 바닥에는 셔터 하강 지점임을 표시하고 비상구(피난구)가 설치된 지점의 바닥에는 피난 유도표시(화살표, 픽토그램 등)를 할 것
4) 쌍여닫이 방화문일 경우 순차적인 폐쇄가 되도록 순위조절기를 설치
5) 수직·수평 방화구획 관통부에는 내화채움성능이 인정된 구조로 메우고 해당 내용을 도면 및 내역에 표기
6) 제연구역과 면하는 피트공간(A/V, EPS, TPS 등) 및 세대별 샤프트는 방화구획할 것
7) 평상시 개방 운영이 예상되는 방화문에는 수신기와 연동하여 작동하는 자동폐쇄장치를 설치
8) 물류창고의 경우 물품의 제조·가공·보관 및 운반 등에 필요한 고정식 대형 기기설비의 설치를 위하여 불가피한 부분과 그 이외의 부분을 각각 방화구획 할 것
9) 매립형방화문(포켓도어) 등에는 고리형 손잡이가 설치되지 않도록 할 것

2. 방화구획 적정성 확보를 위한 확인사항

1) 방화구획도를 이용한 방화구획 적정성
2) 방화구획용 방화셔터 설치 시 고정식 방화문 설치 여부
3) 쌍여닫이 방화문은 순위조절기 설치 여부
4) 방화구획 관통부의 내화채움성능이 인정된 구조 반영 여부
5) 피트공간 및 샤프트의 방화구획 여부
6) 매립형 방화문은 수신기와 연동하여 작동되는지 확인하고 고리형 손잡이가 설치되지 않도록 함
7) 물류창고는 고정식 대형 기기설비의 설치를 위해 방화구획을 하지 못한 경우는 그 이외의 부분 방화구획 여부

130회 3교시

> **1** 화재안전기술기준에서 제시하는 스프링클러설비 설치 유지를 위한 아래 내용에 대하여 설명하시오.
> (1) 비상전원 출력용량 기준을 만족하기 위한 정격출력, 출력전압, 과전류 내력의 기준
> (2) 스프링클러설비의 음향장치 및 기동장치(펌프 및 밸브)

1. 비상전원 출력용량 기준을 만족하기 위한 정격출력, 출력전압, 과전류 내력의 기준

1) 비상전원 설비에 설치되어 동시에 운전될 수 있는 모든 부하의 합계 입력용량을 기준으로 정격출력을 선정할 것. 다만 소방전원 보존형 발전기를 사용할 경우에는 예외
2) 기동전류가 가장 큰 부하가 기동될 때에도 부하의 허용 최저입력전압 이상의 출력전압을 유지할 것
3) 단시간 과전류에 견디는 내력은 입력용량이 가장 큰 부하가 최종 기동할 경우에도 견딜 수 있을 것

2. 스프링클러설비의 음향장치 및 기동장치 (펌프 및 밸브)

1) 습식 유수검지장치 또는 건식 유수검지장치를 사용하는 설비에 있어서는 헤드가 개방되면 유수검지장치가 화재신호를 발신하고 그에 따라 음향장치가 경보
2) 준비작동식 유수검지장치 또는 일제개방밸브를 사용하는 설비에는 화재감지기의 감지에 따라 음향장치가 경보될 것. 이 경우 화재감지기회로를 교차회로방식으로 하는 때에는 하나의 화재감지기 회로가 화재를 감지하는 때에도 음향장치가 경보
3) 음향장치는 유수검지장치 및 일제개방밸브 등의 담당구역마다 설치하되 그 구역의 각 부분으로부터 하나의 음향장치까지의 수평거리는 25m 이하가 되도록 함
4) 음향장치는 경종 또는 사이렌으로 하되, 주위의 소음 및 다른 용도의 경보와 구별이 가능한 음색으로 할 것. 이 경우 경종 또는 사이렌은 자동화재탐지설비·비상벨설비 또는 자동식사이렌설비의 음향장치와 겸용할 수 있음
5) 주 음향장치는 수신기의 내부 또는 그 직근에 설치

6) 층수가 11층(공동주택의 경우 16층) 이상의 특정소방대상물은 다음의 기준에 따라 경보를 발할 수 있도록 해야 함
   (1) 2층 이상의 층에서 발화한 때에는 발화층 및 그 직상 4개층에 경보
   (2) 1층에서 발화한 때에는 발화층·그 직상 4개층 및 지하층에 경보
   (3) 지하층에서 발화한 때에는 발화층·그 직상층 및 기타의 지하층에 경보
7) 음향장치는 다음의 기준에 따른 구조 및 성능의 것으로 할 것
   (1) 정격전압의 80% 전압에서 음향을 발할 수 있는 것으로 할 것
   (2) 음향의 크기는 부착된 음향장치의 중심으로부터 1 m 떨어진 위치에서 90 dB 이상이 되는 것으로 할 것

2 이산화탄소 소화설비가 최적의 상태로 운전될 수 있는지 여부를 확인하기 위한 성능시험 시 (1) 저장용기 (2) 기동장치 (3) 선택밸브 (4) 감지기 점검사항에 대하여 설명하시오.

1. 이산화소소화설비의 구성 및 계통도

1) 저장용기
   (1) 저장방식에 따라 고압식과 저압식으로 구분
   (2) 설비방식에 따라 전역방출방식과 국소방출방식, 호스릴방식으로 구분
   (3) 기동방식에 따라 전기식, 가스압력식, 기계식으로 구분
2) 기동장치
   (1) 수동식 기동장치는 방출지연비상스위치 설치
   (2) 자동식 기동장치는 감지기의 동작에 의해 동작
   (3) 자동식 기동장치에는 수동식으로도 기동할 수 있는 구조여야 함
3) 제어반
4) 배관 및 선택밸브
5) 감지기
6) 자동폐쇄장치

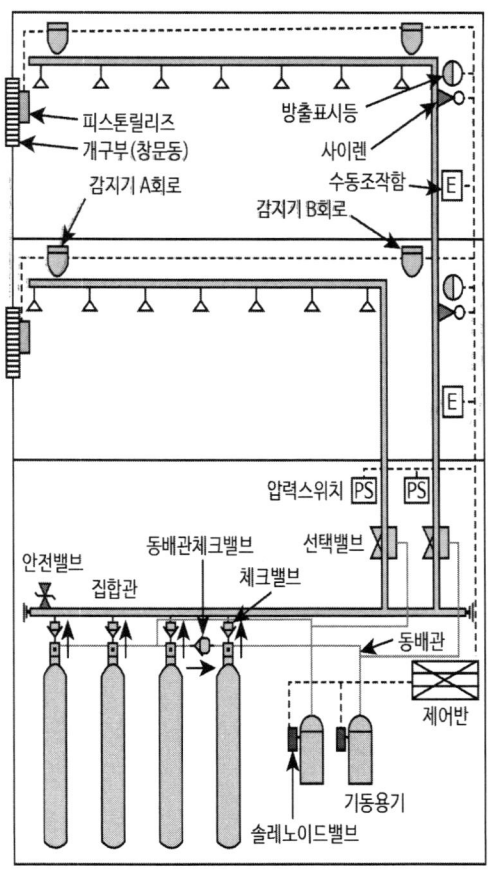

2. 성능시험 시 저장용기 점검사항

1) 저장용기설치장소의 적정성(온도 40도 이하, 직사광선 여부 등)
2) 설치장소의 방화구획 및 표지설치 여부
3) 저장용기 고정상태 및 이격상태확인(용기 사이 3cm 이격)
4) 저장용기와 집합관 연결상태 및 체크밸브 설치 여부
5) 저장용기의 충전비의 적정성 여부
6) 저장용기 내압시험 합격 여부
7) 저장용기 개방밸브의 개방상태 및 안전장치 부착 여부

3. 성능시험 시 기동장치 점검사항

1) 약제방출 지연스위치의 설치 여부
2) 방호구역별 기동장치 시설 여부
3) 기동장치의 설치위치의 적합성
4) 기동장치의 표지설치 여부
5) 전기식의 경우 전원표시등 설치 여부
6) 기동장치방출스위치 음향경보장치와 연동 여부
7) 감지기 작동과 연동 여부
8) 기동용 가스용기의 안전장치, 압력게이지 설치 여부

4. 성능시험 시 선택밸브 점검사항

1) 방호구역과 방호대상물마다 설치 여부
2) 선택밸브가 담당하는 방호구역의 표시 여부

5. 성능시험 시 감지기 점검사항

1) 방호구역별 화재감지와 기동장치의 작동 여부
2) 감지기 교차회로 적정성 여부
3) 화재감지기의 유효면적의 적정성 여부

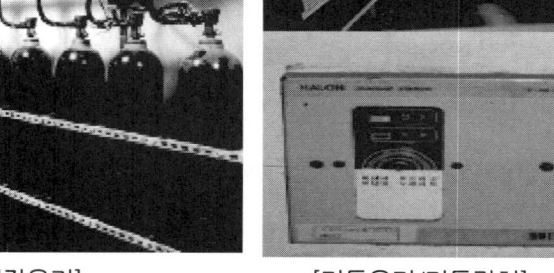

[저장용기]　　　　　　[기동용기/기동장치]　　　　　[선택밸브]

3 성능위주설계대상, 변경신고대상, 건축심의 전 제출도서, 건축허가동의 전 제출도서를 각각 설명하시오.

1. 개요
1) 사양 위주의 설계에서 벗어나 해당 건축물에 대한 화재현상을 분석하고 화재모델링을 수행하여 화재 상황을 예측하여 합리적이고 경제적으로 방화설계를 하는 것을 성능위주소방설계라 한다.
2) 건축물 등의 재료, 공간, 이용자, 화재 특성 등을 종합적으로 고려하여 공학적 방법으로 화재 위험성을 평가하고 그 결과에 따라 화재안전성능이 확보될 수 있도록 특정소방대상물을 설계해야 한다.

2. 성능위주소방설계의 대상(범위) (소방시설 설치 및 관리에 관한 법률 시행령 제9조)
1) 연면적 20만m^2 이상인 특정소방대상물(단, 아파트등은 제외)
2) 아래의 특정소방대상물
   (1) 50층 이상(지하층 제외)이거나 지상으로부터 높이가 200m 이상인 아파트 등
   (2) 30층 이상(지하층 포함)이거나 지상으로부터 높이가 120m 이상인 특정소방대상물(아파트 등 제외)
3) 연면적 3만m^2 이상인 다음의 특정소방대상물
   (1) 철도, 도시철도 시설
   (2) 공항시설

4) 창고시설 중 연면적 10만m² 이상인 것 또는 지하층의 층수가 2개 층 이상이고 지하층의 바닥면적의 합이 3만m² 이상인 것
5) 하나의 건축물에 영화상영관이 10개 이상인 특정소방대상물
6) 지하연계 복합건축물에 해당하는 특정소방대상물
7) 수저터널 또는 길이가 5천m 이상인 것

3. 성능위주소방설계 변경신고 대상 (소방시설 설치 및 관리에 관한 법률 시행령 제8조)
특정소방대상물의 연면적 · 높이 · 층수의 변경이 있는 경우

4. 건축심의 전 제출도서 (소방시설 설치 및 관리에 관한 법률 시행규칙 제7조)

1) 신청 시기 : 건축위원회의 심의를 받아야 하는 건축물인 경우에는 그 심의를 신청하기 전

2) 신청 절차 : 성능위주설계를 한 자는 관할 소방서장에게 신청

3) 신청 서류
  (1) 성능위주설계 사전검토 신청서
  (2) 건축물의 개요(위치, 구조, 규모, 용도)
  (3) 부지 및 도로의 설치 계획(소방차량 진입 동선을 포함한다)
  (4) 화재안전성능의 확보 계획
  (5) 화재 및 피난 모의실험 결과
  (6) 다음의 건축물 설계도면
      ① 주단면도 및 입면도
      ② 층별 평면도 및 창호도
      ③ 실내 · 실외 마감재료표
      ④ 방화구획도(화재 확대 방지계획을 포함한다)
      ⑤ 건축물의 구조 설계에 따른 피난계획 및 피난 동선도
  (7) 소방시설 설치계획 및 설계 설명서(소방시설 기계 · 전기 분야의 기본계통도를 포함)
  (8) 성능위주설계를 할 수 있는 자의 자격 · 기술인력을 확인할 수 있는 서류
  (9) 성능위주설계 계약서 사본

5. 건축허가동의 전 제출도서 (소방시설 설치 및 관리에 관한 법률 시행규칙 제4조)

1) 신고 시기 : 건축허가를 신청하기 전

2) 신고 절차 : 성능위주설계를 한 자는 관할 소방서장에게 신고

3) 신고 서류

　(1) 성능위주설계 신고서
　(2) 다음의 사항이 포함된 설계도서
　　① 건축물의 개요(위치, 구조, 규모, 용도)
　　② 부지 및 도로의 설치 계획(소방차량 진입 동선을 포함)
　　③ 화재안전성능의 확보 계획
　　④ 성능위주설계 요소에 대한 성능평가(화재 및 피난 모의실험 결과를 포함)
　　⑤ 성능위주설계 적용으로 인한 화재안전성능 비교표
　　⑥ 다음의 건축물 설계도면
　　　• 주단면도 및 입면도
　　　• 층별 평면도 및 창호도
　　　• 실내 · 실외 마감재료표
　　　• 방화구획도(화재 확대 방지계획을 포함)
　　　• 건축물의 구조 설계에 따른 피난계획 및 피난 동선도
　　⑦ 소방시설의 설치계획 및 설계 설명서
　　⑧ 다음의 소방시설 설계도면
　　　• 소방시설 계통도 및 층별 평면도
　　　• 소화용수설비 및 연결송수구 설치 위치 평면도
　　　• 종합방재실 설치 및 운영계획
　　　• 상용전원 및 비상전원의 설치계획
　　　• 소방시설의 내진설계 계통도 및 기준층 평면도
　　⑨ 소방시설에 대한 전기부하 및 소화펌프 등 용량계산서
　(3) 성능위주설계를 할 수 있는 자의 자격 · 기술인력을 확인할 수 있는 서류
　(4) 성능위주설계 계약서 사본

[건축심의 전(사전검토단계) 운영절차]

```
[사전검토 준비]  --신청-->   [소방서장]   --요청-->   [소방본부장       --통보-->   [소방서장]   --통보-->   [성능위주
                <--보완--                            (고도기술             (지체                        (지체      설계업자,
성능위주설계업자   (7일                  관할소방서    필요시                없이)      관할소방서     없이)      건축위원회]
                 이내)                              중앙심의)
                                                    검토·평가
```

[건축허가 신청 전(신고단계) 운영절차]

```
[신고 준비]  --신고-->   [소방서장]   --요청-->   [소방본부장       --통보-->   [소방서장]   --통보-->   [성능위주
             <--보완--                            (고도기술             (지체                        (수리      설계업자]
성능위주설계업자 (7일                  관할소방서    필요시                없이)      관할소방서     여부)
              이내)                              중앙심의)
                                                 검토·평가
                                                 (20일 이내)
```

[건축허가 완료 후(변경신고) 운영절차]

```
[변경 신고
  준비]     --신고-->   [소방서장]   --요청-->   [소방본부장       --통보-->   [소방서장]   --통보-->   [성능위주
(연면적·높이·층수) <--보완--                        (고도기술             (지체                        (수리      설계업자]
성능위주설계업자  (7일                 관할소방서    필요시                없이)      관할소방서     여부)
              이내)                              중앙심의)
                                                 검토·평가
                                                 (14일 이내)
                                                                                    │
                                                                      연면적 변경신고 중
                                                                        경미한 사항
                                                                                    ▼
                                                                            [소방서 담당자
                                                                             협의·결정       --통보-->  [성능위주
                                                                            (변경신고처리)     (수리      설계업자]
                                                                              관할소방서       여부)
```

4 소방시설공사업법 감리업무 수행내용 중 완공 전 소방시설 등의 성능시험이 있다. 스프링클러 준비작동식의 성능 시운전 점검 시 자동작동시험과 수동작동시험을 각각 설명하시오.

1. 소방시설의 성능시험

1) 소방시설 등의 종합정밀점검을 포함하여 소방시설 등의 설비별 주요구성 부분 성능이 화재안전기준 및 건축법 등 관련 법령에서 정하는 기준에 적합한지 점검기구를 사용하여 실제로 소방시설을 작동시켜 소방시설 성능의 이상 유무를 시험하는 것을 말한다.

2) 공사업자가 소방시설공사를 완공하면 소방본부장 또는 소방서장의 완공검사를 받거나 공사감리자가 지정되어 있는 경우에는 공사감리 결과보고서를 작성하여 보고 및 제출하여 완공검사를 갈음하도록 되어 있다.

3) 소방시설 자체점검사항 등에 관한 고시 별지 서식 소방공사감리결과보고서에 소방시설 성능시험조사표, 착공 신고 후 변경된 소방시설 설계도면, 소방공사 감리일지, 특정소방대상물의 사용승인 신청을 증빙할 수 있는 서류를 첨부해야 한다.

2. 시운전 점검 시 자동작동시험과 수동작동시험

1) 사전조치사항

(1) 준비작동식 밸브의 1차 측은 개방상태로 함

(2) 2차 측 개폐밸브를 폐쇄. 밸브 2차 측으로 물이 넘어가면 배관과 헤드의 배수가 어려우며 부식의 원인이 됨

2) 성능시험 방법(준비작동식 밸브를 작동시키는 4가지 방법)

(1) 수신반에서 솔레노이드 밸브 개방

(2) 준비작동밸브의 긴급해제밸브(수동기동밸브)를 작동

(3) 슈퍼비조리판넬의 기동스위치를 눌러 작동

(4) A·B 회로가 다른 두 개의 감지기를 동시에 작동

3) 확인사항

(1) 해당 방호구역의 음향 경보 확인

(2) 유수검지장치의 압력스위치 작동 및 수신반의 화재표시 등 점등 확인

(3) 기동용 수압개폐장치의 작동과 가압송수장치의 기동 확인

4) 준비작동식 밸브의 복구

(1) 주펌프 수동정지 : 가압송수장치가 기동이 되는 경우 자동으로 정지되지 않고 수동으로 정지되도록 2008년에 화재안전기준이 개정됨

(2) 감시제어반(수신기)에서 복구스위치를 눌러 복구시키면 경보가 중지되고, 화재표시등이 소등됨

(3) 준비작동식 밸브의 1차 측 개폐밸브를 잠금

(4) 2차 측 소화수가 배수된 후 배수밸브를 잠금

(5) 준비작동식 밸브를 세팅 : 세팅밸브를 개방하면 중간실에 가압수가 차면서 1차 측 압력계는 일정 압력이 차고, 2차 측 압력계는 0을 지시한 상태가 되면 정상이므로 세팅 후 밸브는 다시 폐쇄시킴

(6) 1차 측 개폐밸브를 서서히 개방 : 2차 측 압력게이지가 0을 지시한 상태를 유지하면 클래퍼가 복구된 것

(7) 2차 측 개폐밸브를 개방 : 배수밸브가 폐쇄되어 있는지 최종 확인

(8) 2차 측 압력게이지가 올라가면 클래퍼가 복구가 안 된 상태이므로 복구를 다시 해야 함

---

5 다음 소방설비에 대하여 설명하시오.
1) 하향식피난구 성능기준
2) 교차회로방식과 송배전방식
3) 대형소화기의 소화약제량(물, 강화액, 할로겐화합물, 이산화탄소, 분말, 포소화기)
4) 고가수조, 압력수조, 가압수조
5) 미분무 정의와 사용압력에 따른 미분무소화설비 분류

1. 하향식피난구 성능기준 (건축자재 등 품질인정 및 관리기준 제36조)

1) 비차열 1시간 이상의 내화성능

2) 사다리는 "피난사다리의 형식승인 및 제품검사의 기술기준"의 재료기준 및 작동시험기준에 적합

3) 덮개는 장변중앙부에 $637N/0.2m^2$의 등분포하중을 가했을 때 중앙부 처짐량이 15mm 이하

2. 교차회로방식과 송배전방식

1) 교차회로방식

감지기와 연동시키는 설비의 오작동을 방지하기 위해 2개 이상의 회로를 교차되도록 설치하여 각 회로가 동시에 작동 시 설비가 작동하도록 한 방식

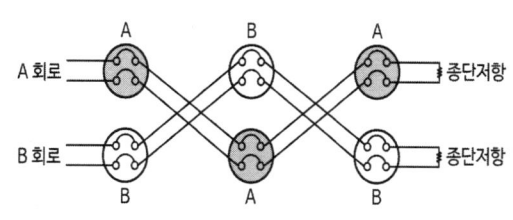
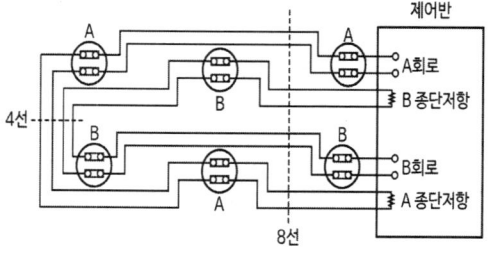

2) 송배선방식

감지기 사이의 회로 배선은 송배선식으로 할 것(NFTC 203)

(1) 도통시험을 위해 설치하는 방식

(2) 감지기 회로의 말단에 종단저항을 설치하여 정상, 단선, 단락 시험

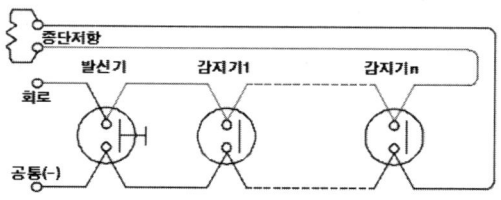

3. 대형소화기의 소화약제량 (물, 강화액, 할로겐화합물, 이산화탄소, 분말, 포소화기)

1) 소형소화기

능력단위가 1단위 이상이고 대형소화기의 능력단위 미만인 소화기

2) 대형소화기

화재 시 사람이 운반할 수 있도록 운반대와 바퀴가 설치되어 있고 능력단위가 A급 10단위 이상, B급 20단위 이상인 소화기

소화기 종류	소화약제의 양
물소화기	80ℓ 이상
강화액소화기	60ℓ 이상
할로겐화합물소화기	30kg 이상
이산화탄소소화기	50kg 이상
분말소화기	20kg 이상
포소화기	20ℓ 이상

4. 고가수조, 압력수조, 가압수조

1) 고가수조 기준

(1) 자연낙차수두

$H = h_1 + 10$, H : 필요한 낙차(m), h_1 : 배관의 마찰손실 수두(m)

(2) 수위계, 급수관, 배수관, 오버플로우관, 맨홀을 설치

2) 압력수조 기준

(1) 압력

$P = p_1 + p_2 + 0.1$, P : 필요한 압력(MPa), p_1 : 낙차의 환산 수두압(MPa)

p_2 : 배관의 마찰손실 수두압(MPa)

(2) 수위계, 급수관, 배수관, 급기관, 맨홀, 압력계, 안전장치, 공기압축기를 설치

3) 가압수조 기준

(1) 압력

① 기준개수의 헤드에서 0.1 MPa의 방수압력 기준으로 80 ℓ/min 이상의 방수성능의 방수량 및 방수압 유지

② 20분 이상 유지

(2) 가압수조 및 가압원은 방화구획된 장소에 설치

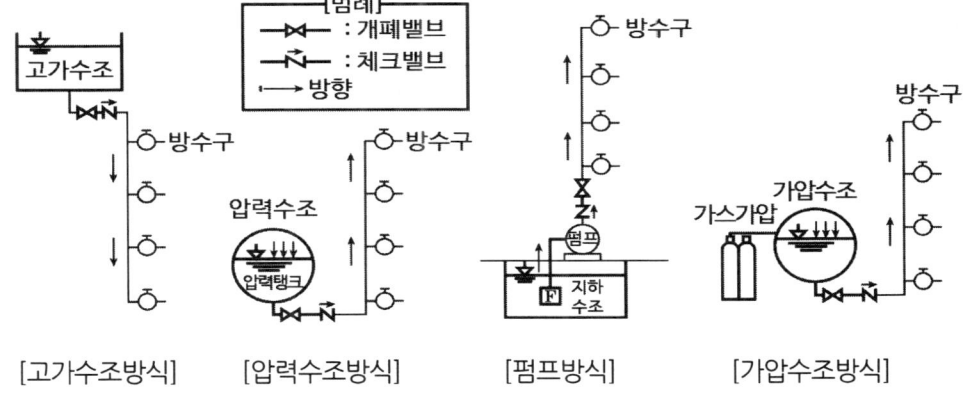

[고가수조방식]   [압력수조방식]   [펌프방식]   [가압수조방식]

5. 미분무 정의와 사용압력에 따른 미분무소화설비 분류

1) 미분무 정의

미분무란 물만을 사용하여 소화하는 방식으로, 최소설계압력에서 헤드로부터 방출되는 물 입자 중 99%의 누적체적분포가 $400\mu m$ 이하로 분무되고 A, B, C급 화재에 적응성을 갖는 것을 말한다.

2) 사용압력에 따른 미분무소화설비 분류

압력	국내(화재안전기준)	미국(NFPA 750)
고압	최저 사용압력이 3.5MPa 초과	배관압력이 500psi(34.5bar) 이상
중압	사용압력이 1.2MPa 초과 3.5MPa 이하	배관압력이 175psi(12.1bar) 초과 500psi(34.5bar) 미만
저압	최고 사용압력이 1.2MPa 이하	배관압력이 175psi(12.1bar) 이하

---

6 연소생성물의 종류에 대하여 설명하고 화재 시 연소생성물이 인체에 미치는 영향에 대하여 설명하시오

1. 개요

1) 화재 시 생성되는 연소 생성물은 열, 연기, 연소가스이다.
2) 연소 생성물은 인명피해의 주요인으로 이에 대한 이해 및 대책이 필요하다.

2. 연소 생성물의 종류

1) 연기

(1) 개요
   ① 연기는 가연물 연소 시 발생하여 공기 중에 부유하고 있는 고체 또는 액체의 미립자
   ② 인명피해의 주 요인

(2) 성상
   ① 연기의 크기 : $0.01 \sim 10\mu m$
   ② 연기의 구성 : 연기미립자, 수증기, 탄소입자, 그을음(매연), 미연소 물질의 응축액
   ③ 훈소 등 무염화재의 연기는 상대적으로 큰 가시성 연기($0.3\mu m$ 이상)가 많고, 유염화재는 상대적으로 작은 비가시성 연기($0.3\mu m$ 이하)가 많음

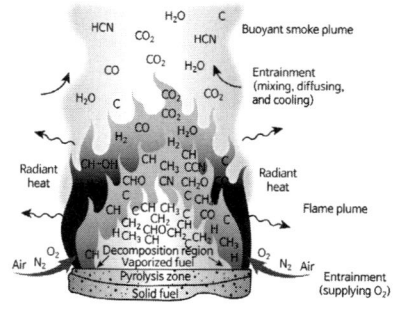

[고체연료의 유염연소]

2) 열

(1) 개요 : 고온의 열기류 및 화염은 대류와 복사 전열을 통해 인체에 열적 손상을 줌

(2) 열적 손상의 종류

① 열응력 : 저온이지만 비교적 장시간 열과 접할 시 발생

② 화상 : 고온에 근접 시 즉각 발생

- 화재 시 열에 의해 손상을 받을 수 있는 최솟값 (Threshold Minimum Values)
  - ㉮ 노출피부 통증 : $1.0kW/m^2$
  - ㉯ 노출피부 화상 : $4kW/m^2$
  - ㉰ 물체점화 : $10~20kW/m^2$
- 최솟값은 수초, 수분 동안 노출 시 발생하며 복사열유속과 시간에 영향을 받는다.

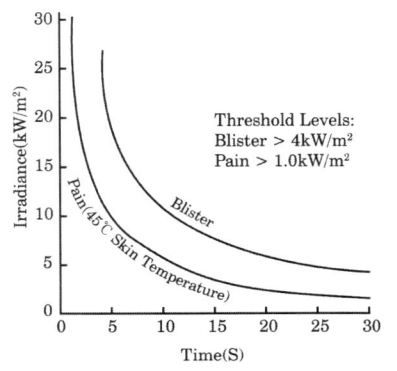

3) 연소가스

(1) 마취성 가스 : 수면을 유도하여 도피능력 감소

CO_2는 호흡속도를 증가시켜 CO와 HCN을 많이 마시게 한다. 흡입한 CO는 $COHb$를 형성하고 헤모글로빈(Hb)의 농도가 낮아지면서 세포로 가는 산소의 양은 감소함

① 단순질식가스 : 산소농도 낮춰 질식 유발(CO_2, CH_4, N_2 등)

② 화학질식가스 : H_2S, HCN, CO

(2) 자극성 가스 : 눈, 피부 등에 자극 발생 가스

눈, 피부, 호흡기에 통증을 유발하나 호흡 시에는 치명적이지 않고 노출 후에 더 치명적이다. 자극성 가스가 증가함에 따라 보행속도, 길 찾기 능력, 비상구 선택능력 등이 감소함

- HCl, HF, HBr, 아크롤레인, 폼알데하이드

3. 연소생성물이 인체에 미치는 영향

1) 연기의 영향

영향 요소	내용
시각적 영향	• 가시도 저하로 유도등 및 유도표지의 피난방향 확인이 어려움 • 피난 및 소화활동 저해
생리적 영향	• 산소결핍으로 인한 의식불명, 질식 • 호흡장애 유발
심리적 영향	• 패닉(Panic)현상을 유발시켜 이성 상실

※ 화재발생 시 인간의 피난특성

구분	내용
귀소본능	무의식중에 평상시 사용하는 출입구, 통로를 사용하려는 특성
지광본능	빛을 따라 가려는 특성
퇴피본능	발화의 반대방향으로 이동하려는 특성
추종본능	최초의 행동을 개시한 사람을 따라 전체가 움직이는 특성
좌회본능	좌측통행을 하고 반시계방향으로 회전하려는 본능

- 농연의 경우 복사열을 흡수 및 방사하므로 연료로의 복사율에 영향 미침

2) 열의 영향 : 열응력 또는 화상

구분	화상의 깊이	내용
1도 화상	홍반성 화상	피부표면에 국한
2도 화상	수포성 화상	화상직후 물집 유발
3도 화상	괴사성 화상	피부 전체 층이 죽어감
4도 화상	흑색 화상	피하지방, 뼈까지 도달한 화상

3) 연소가스의 영향

구분	주요 특성	연소물질
일산화탄소 (CO)	① $C + \frac{1}{2}O_2 \rightarrow CO + Q[kcal]$ 산소↓ → 불완전연소 → C↑ → 흑연, 피난저해 ② 혈액속 산소운반물질인 헤모글로빈과 결합, 산소운반 저하 ③ 정상상태(폐에서 조직으로 산소공급) • 폐 : $Hb + O_2 \rightarrow O_2Hb$(옥시헤모글로빈) • 조직 : $O_2Hb \rightarrow O_2 + Hb$ ④ CO의 작용 • $Hb + CO \rightarrow COHb$(카르복시헤모글로빈) • CO와 Hb 결합력이 O_2보다 210배 커 $COHb$는 분해 안 됨 • CO는 혈중 산소농도 저하로 산소결핍을 유발하고 혈중 $COHb$가 50~70% 시 사망	• 탄소성분 함유물질, 목재, 합판, 종이

구분	주요 특성	연소물질
이산화탄소 (CO_2)	산소희석으로 질식작용, 호흡속도는 증대되어 독성 가스 흡입 | 공기 중 CO_2 농도	영향
---	---
2%	불쾌감
4%	눈 자극, 두통, 귀울림
8%	호흡 곤란
10%	시각장애, 장기 노출 시 사망
20%	중추신경마비, 단시간 사망		• 탄소성분 함유물질, 목재, 합판, 종이
황화수소 (H_2S)	계란 썩은 냄새가 나고 신경계통에 영향	• 황함유물 (고무류, 아스팔트)
아황산가스 (SO_X)	눈, 호흡기 자극, 점막손상, 질식사 우려, 순환계통장애	• 황함유물 (동물털, 고무)
시안화수소 (HCN)	① 맹독성 가스로 0.3% 농도에서 즉사 ② 공기보다 가볍고, 무색의 특이한 냄새	• 질소함유물(합성수지, 비단, 인조견, 동물털)
포스겐 ($COCl_2$)	① 맹독성 가스로 허용농도 0.1ppm ② CO와 Cl가 반응하거나 사염화탄소와 화염접촉 시 생성	• 염소함유물(PVC)
염화수소 (HCl)	무색의 자극성 냄새를 가진 산성기체로 기도, 눈에 자극	• 염소함유물(PVC)
염소 (Cl_2)	① 부식성이 강한 산성기체 ② 1000ppm에서 약간 접촉, 호흡 시 사망	• 염소함유물
암모니아 (NH_3)	① 자극적 냄새의 무색 가연성, 자극성, 부식성 ② 접촉 시 시력 장애, 흡입 시 폐수종, 호흡정지	• 질소함유물(나일론, 양모, 실크, 아크릴)
이산화질소 (NO_2)	강철도 부식하고 폐수종 초래, 중상의 경우 의식 불명, 사망	• 질산셀룰로오스 연소 및 분해
불화수소 (HF)	무색의 유독성이 강한 자극성 기체로 허용농도 3ppm	• 합성수지인 불소수지 테프론
아크롤레인 (CH_2CHCHO)	① 맹독성 가스로 허용농도 0.1ppm ② 1 ~ 10ppm이면 즉사	• 석유제품, 유지류, 나무, 종이

130회 4교시

> **1** 대규모 데이터 센터의 화재가 발생할 때 1) 업무중단으로 인한 리스크 2) 데이터 센터의 화재 관련 손실 발생요인에 대하여 설명하시오.

1. 개요

1) 인터넷과 통신 네트워크, 그리고 이를 지원하는 데이터를 처리·저장하는 데이터센터는 현대인의 생활에서 필수적인 기반시설로서 작동을 멈춘다면 이로 인해 발생하는 혼란과 손실은 기업 또는 지역사회뿐만 아니라, 그 영향이 어디까지일지 가늠할 수 없을 만큼 우리가 사는 세상은 초연결 사회로 가고 있다.

2) 이러한 데이터센터의 가동 중단을 일으키는 원인(Peril) 중 하나인 화재는 드물게 일어나고 있지만, 발생 시 그 여파와 영향의 범위는 일반적인 화재의 경우와는 완전히 다른 차원이라 할 수 있다. 이러한 공간에서의 사고는 직접적인 손실 리스크뿐만 아니라 간접적인 손실, 즉 데이터손실, 업무중단, 사용자 불편 등으로 인한 것이 상당하다 할 수 있다.

2. 업무중단으로 인한 리스크

기존의 데이터센터 화재사고를 보면 사전 수립된 비상계획이나 신속한 대응 여부에 따라 사고의 여파, 네트워크에 주는 영향의 범위, 서비스 중단 시간 등의 차이가 큼을 알 수 있다. 대형 데이터센터의 파괴는 상당한 금전적 손실을 나타내지만, 갑작스러운 이용 불가로 인해 더 심각한 재정적 결과가 발생할 수 있다. 백업이나 다른 설비를 이용하여 긴급하게 업무연속성을 확보할 수 있지만 다음과 같은 경우에는 여의치 않을 수 있다.

1) 파괴된 설비가 유일무이한 경우
2) 유사한 장치가 너무 멀리 있거나 기존 데이터처리 부하로 인해 사용할 수 없는 경우
3) 자연재해로 광범위한 지역에서 다수의 데이터센터가 피해를 입은 경우
4) 보안문제로 외부에서 기밀 데이터를 처리하는 것이 허용되지 않은 경우
5) 전산장비가 화학 플랜트 등 산업공정을 직접 제어하는 경우

3. 데이터 센터의 화재 관련 손실 발생요인

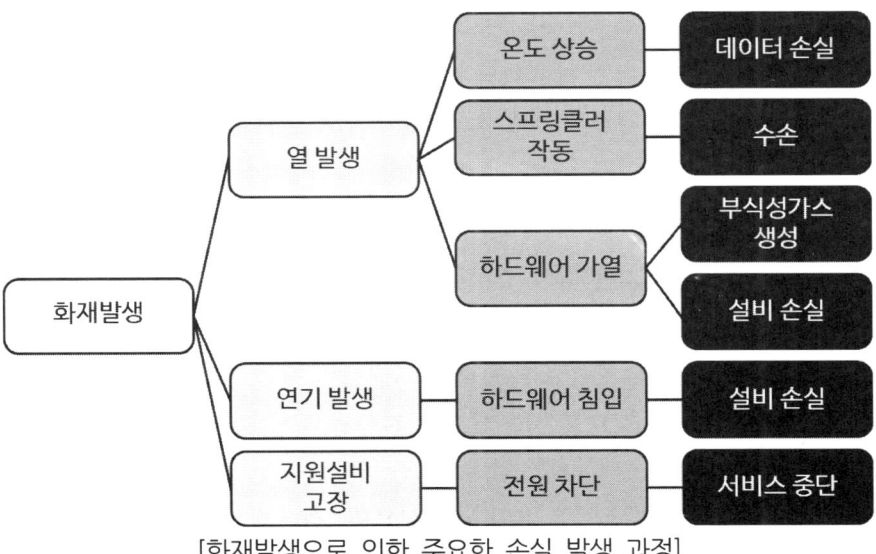

[화재발생으로 인한 주요한 손실 발생 과정]

1) 연기침입
(1) 터미널 및 회로 보드에 달라붙은 연기 입자로 인하여 컴퓨터 동작에 이상이 발생
(2) 테이프, 디스크, 카세트 또는 드럼에 증착되면 이러한 입자가 불완전하거나 잘못된 정보 번역을 일으킬 수 있음. 이러한 상태는 복구될 수 있지만 필요한 청소에는 상당한 가동 중지 시간이 필요

2) 온도상승
(1) 데이터의 기록과 저장을 위한 컴퓨터 장치와 재료는 높은 주위온도에서 손상될 수 있음
(2) 손상 정도는 노출, 장치의 설계, 데이터의 기록과 저장용 재료에 따라 다름. 주위온도 66 ℃ 정도에서 데이터의 손실이 발생하기 쉬움

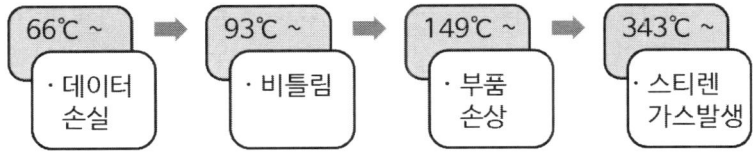

3) 연소생성물 발생

(1) 화재 또는 전기적인 열로 인하여 데이터센터 내에서 부식성 가스가 생성될 수 있음

(2) 특히, 폴리비닐 클로라이드(PVC) 절연체는 열분해 시 많은 양의 염화수소를 발생하고 습기와 결합하는 경우, 단자, 회로의 구성요소, 전자 부품을 손상시키는 강한 부식제인 염산으로 변화

4) 수손

(1) 물에 민감할 수밖에 없는 데이터센터의 장비들에 대한 수손방지대책은 무척 중요함. 데이터센터 관련 사고에서는 스프링클러설비 작동 시 방출된 물로 인한 손실사례가 존재

(2) 배관에서의 누출뿐만 아니라 소화활동을 위한 스프링클러 작동 시에도 발생

(3) 이전 세대의 컴퓨터는 고전압 회로를 사용했으며 진공관에 열 충격을 가해 물에 손상되기 쉬움

(4) 하지만 현대 컴퓨터는 그 구성요소가 많이 달라졌으며, 컴퓨터의 주요 전기 부품은 직접적인 물 침입으로부터 보호되어 상대적으로 리스크가 줄어듦

---

2 소방시설 설치 및 관리에 관한 법령 및 화재안전기술기준에서 정하는
1) 임시소방시설을 설치해야 하는 화재위험작업의 종류
2) 임시소방시설을 설치해야 하는 공사종류와 규모
3) 임시소방시설 성능 및 설치기준
4) 설치면제 기준에 대하여 설명하시오.

1. 개요 (소방시설설치 및 관리에 관한 법률 제15조 "건설현장의 임시소방시설설치 및 관리")

1) 임시소방시설이란 소화기, 간이소화장치, 비상경보장치, 가스누설경보기, 간이피난유도선, 비상조명등, 방화포를 공사현장 등에 임시로 설치하는 것으로 설치 및 철거가 쉬운 화재대비시설을 말한다.

2) 건설공사를 하는 자는 특정소방대상물의 신축·증축·개축·재축·이전·용도변경·대수선 또는 설비 설치 등을 위한 공사 현장에서 "인화성 물품을 취급하는 작업 등 화재위험작업"을 하기 전에 설치 및 철거가 쉬운 화재대비시설(임시소방시설)을 설치하고 관리해야 한다.

2. 임시소방시설을 설치해야 하는 화재위험 작업장 종류

1) 인화성·가연성·폭발성 물질을 취급하거나 가연성 가스를 발생시키는 작업
2) 용접·용단 등 불꽃을 발생시키거나 화기를 취급하는 작업
3) 전열기구, 가열전선 등 열을 발생시키는 기구를 취급하는 작업
4) 알루미늄, 마그네슘 등을 취급하여 폭발성 부유분진을 발생시킬 수 있는 작업
5) 소방청장이 정하여 고시하는 작업

3. 공사의 종류와 규모 (소방시설설치 및 관리에 관한 법률 시행령 별표 8)

종류	종류와 규모
소화기	• 건축허가동의대상 특정소방대상물의 신축·증축·개축·재축·이전·용도변경 또는 대수선 등을 위한 공사
간이소화장치	• 연면적이 3000m² 이상 • 지하층·무창층 또는 4층 이상 층. 이 경우 바닥면적이 600m^2 이상인 작업장
비상경보장치	• 연면적이 400m² 이상 • 지하층 또는 무창층. 이 경우 바닥면적이 150m² 이상인 작업장
가스누설경보기	• 바닥면적이 150m² 이상인 지하층·무창층
간이피난유도선	• 바닥면적이 150m² 이상인 지하층·무창층
비상조명등	• 바닥면적이 150m² 이상인 지하층·무창층
방화포	• 용접·용단 작업이 진행되는 작업장

4. 임시소방시설의 성능·설치기준 (건설현장의 화재안전기준)

구분	성능·설치기준(NFPC 606) / 기술기준(NFTC 606)
소화기	• 소화기의 소화약제는 「소화기구 및 자동소화장치의 화재안전성능(기술)기준」에 따른 적응성이 있는 것을 설치(P,T) • 각 층 계단실마다 계단실 출입구 부근에 능력단위 3단위 이상인 소화기 2개 이상 설치(P,T) • 화재 위험 작업장 : 작업지점으로부터 5m 이내 쉽게 보이는 장소에 능력단위 3단위 이상인 소화기 2개 이상과 대형 소화기 1개 이상을 추가 배치(ㄱ,T) • "소화기"라고 표시한 축광식 표지를 소화기 설치장소 보기 쉬운 곳에 부착(P,T)

간이
소화장치
	• 수원 : 20분 이상(P)
	• 방수압력 : 0.1MPa 이상, 방수량 : 65L/min 이상(P)
	• 화재 위험 작업장 : 작업지점으로부터 25m 이내에 배치하여 즉시 사용이 가능(P,T)
	• 「간이소화장치의 성능인증 및 제품검사의 기술기준」에 적합할 것(P)
	• 다음의 소방시설을 사용승인 전이라도 완공검사를 받아 사용할 수 있게 된 경우 간이소화장치를 배치하지 않을 수 있음(P)
	  - 옥내소화전설비
	  - 연결송수관설비와 연결송수관설비의 방수구 인근에 대형소화기를 6개 이상 배치한 경우

구분	성능·설치기준(NFPC 606) / 기술기준(NFTC 606)
비상 경보장치	• 피난층 또는 지상으로 통하는 각 층 직통계단의 출입구마다 설치(P,T) • 발신기를 누를 경우 해당 발신기와 결합된 경종이 작동(P,T) • 경종의 음량은 부착된 음향장치의 중심으로부터 1m 떨어진 위치에서 100db 이상(P) • 발신기의 위치표시등은 함의 상부에 설치하되, 불빛은 부착 면으로부터 15도 이상의 범위 안에서 부착지점으로부터 10m 이내의 어느 곳에서도 쉽게 식별할 수 있는 적색등으로 할 것(P,T) • 시각경보장치는 발신기함 상부에 위치하도록 설치하되 바닥으로부터 2m 이상 2.5m 이하의 높이에 설치하여 건설현장의 각 부분에 유효하게 경보(P,T) • "비상경보장치"라고 표시한 표지를 비상경보장치 상단에 부착(P,T) • 비상경보장치를 20분 이상 유효하게 작동시킬 수 있는 비상전원을 확보(P) • 자동화재탐지설비 또는 비상방송설비를 사용승인 전이라도 완공검사를 받아 사용할 수 있게 된 경우 비상경보장치를 설치하지 않을 수 있음(P)
가스누설경보기	• 가연성 가스를 발생시키는 작업을 하는 지하층 또는 무창층 내부(내부에 구획된 실이 있는 경우에는 구획실마다)에 가연성 가스를 발생시키는 작업을 하는 부분으로부터 수평거리 10m 이내에 바닥으로부터 탐지부 상단까지의 거리가 0.3m 이하인 위치에 설치(P,T) • 「가스누설경보기의 형식승인 및 제품검사의 기술기준」에 적합한 것으로 설치(P)
간이피난 유도선	• 지하층이나 무창층에는 간이피난유도선을 녹색 계열의 광원점등방식으로 해당 층의 직통계단마다 계단의 출입구로부터 건물 내부로 10m 이상의 길이로 설치(P,T) • 바닥으로부터 1m 이하의 높이에 설치하고, 피난유도선이 점멸하거나 화살표로 표시하는 등의 방법으로 작업장의 어느 위치에서도 피난유도선을 통해 출입구로의 피난방향을 알 수 있도록 해야 함(P,T) • 층 내부에 구획된 실이 있는 경우에는 구획된 각 실로부터 가장 가까운 직통계단의 출입구까지 연속하여 설치(P,T) • 공사 중에는 상시 점등되도록 하고, 간이피난유도선을 20분 이상 유효하게 작동시킬 수 있는 비상전원을 확보(P) • 피난유도선, 피난구유도등, 통로유도등 또는 비상조명등을 사용승인 전이라도 완공검사를 받아 사용할 수 있게 된 경우 간이피난유도선을 설치하지 않을 수 있음(P)
비상 조명등	• 지하층이나 무창층에서 피난층 또는 지상으로 통하는 직통계단의 계단실 내부에 각 층마다 설치(P,T) • 비상조명등이 설치된 장소의 조도는 각 부분의 바닥에서 1lx 이상(P,T) • 비상조명등을 20분(지하층과 지상 11층 이상의 층은 60분) 이상 유효하게 작동시킬 수 있는 비상전원을 확보(P) • 비상경보장치가 작동할 경우 연동하여 점등되는 구조로 설치(P,T)
방화포	• 용접·용단 작업 시 11m 이내에 가연물이 있는 경우 해당 가연물을 방화포로 보호. 다만 비산방지조치를 한 경우에는 방화포를 설치하지 않을 수 있음(P,T) • 소방청장이 정하여 고시한 「방화포의 성능인증 및 제품검사의 기술기준」에 적합한 것으로 설치(P)

5. 설치면제 기준

1) 간이소화장치를 설치한 것으로 보는 소방시설 : 소화기 또는 옥내소화전설비
2) 비상경보장치를 설치한 것으로 보는 소방시설 : 비상방송설비 또는 자동화재탐지설비
3) 간이피난유도선을 설치한 것으로 보는 소방시설 : 피난유도선, 피난구유도등, 통로유도등 또는 비상조명등

---

3 성능위주설계 시 인명안전성평가를 위한 화재·피난시뮬레이션 수행방식의 종류를 설명하시오.

130회-4

1. 개요

1) 성능위주설계 시 시뮬레이션을 통한 인명안전성평가를 의무적으로 수행해야 하며, 일반적으로 시뮬레이션을 통한 인명안전성평가 방식에는 논커플링방식(non-Coupling), 세미커플링방식(semi-Coupling), 커플링수행방식(Coupling)이 있다.
2) 국내는 대부분 논커플링방식을 사용해왔다. 논커플링방식은 특정지점에서 ASET과 RSET을 비교하는 방법인 만큼 특정지점의 위치를 설정하는 것이 중요하지만 특정지점위치설정에 대한 별다른 규정이 없어 설계자의 경험과 지식을 바탕으로 정해지고 있다.
3) 즉, 설계자에 따라 특정지점의 수, 위치가 달라져 인명안전성평가의 결과가 달라질 수 있다는 것이다.

2. 화재·피난 시뮬레이션의 종류

1) 화재시뮬레이션(ASET도출) : FDS, Pyrosim, Smartfire
2) 피난시뮬레이션(RSET도출) : Simulex, Pathfinder, Building EXODUS

3. 화재·피난시뮬레이션 수행방식의 종류

1) 논커플링방식(non-Coupling)

화재·피난시뮬레이션을 각각 독립수행하여 특정지점에서의 ASET과 RSET을 비교하는 방식

2) 세미커플링방식(semi-Coupling)

(1) 화재·피난시뮬레이션의 결괏값의 화면을 겹쳐보는 방식
(2) 화재시뮬레이션의 결과를 피난시뮬레이션에 불러와 전체 지오메트리에서 시간의 흐름에 따라 인명안전기준 및 재실자의 위치를 한눈에 파악이 가능함

3) 커플링수행방식(Coupling)

  ⑴ 화재시뮬레이션의 결과인 화재의 영향을 피난시뮬레이션에서 연동하여 수행하는 방식
  ⑵ 화재시뮬레이션의 결괏값이 피난시뮬레이션 구동 시 재실자 피난에 영향을 줌

4. 방식별 차이점

구분	방법	특징
논커플링 방식	• 설계자가 특정 지점을 지정한 후, 화재 및 피난시뮬레이션을 독립적으로 수행 • 화재 시뮬레이션의 결괏값이라 할 수 있는 ASET과 피난 시뮬레이션의 결괏값이라 할 수 있는 RSET을 각각 도출 • ASET과 RSET을 설계자가 직접 비교, 판단하여 인명안전성평가를 수행	• 설계자가 지식과 경험을 기반으로 설정한 특정 지점에서만 ASET과 REST을 비교 • 재실자의 전체 피난동선상에서 발생하는 이벤트들의 반영이 불가능(예 : 재실자가 화원 위를 그대로 통과함) • 특정지점에서 ASET과 RSET을 설계자가 단순히 수치적으로 비교
세미 커플링 방식	• 화재발생 이후 동일한 경과시간상에서 같은 지오메트리 위에 화재시뮬레이션과 피난시뮬레이션의 결과를 동시에 확인하며 인명안전성평가를 진행 • 중첩된 시뮬레이션 결과 레이어를 결국 설계자가 시각적으로 검토하여 에이전트의 생사 여부를 판단, 결정	• 논커플링방식에 비해 특정지점 설정에 대한 타당성을 검증하고 시각적으로 확인가능 • 지오 메트리상의 에이전트가 화원을 그대로 통과하거나 국내 인명안전기준상 사망할 수 있는 60 ℃ 이상의 복사열 측정영역 또는 5 m 미만의 가시거리 미확보 영역을 자유보행으로 무사통과할 수 있다는 것은 여전히 한계
커플링 방식	• 화재시뮬레이션과 피난시뮬레이션을 물리적, 화학적으로 결합하여 인명안전성평가를 수행	• 연기의 농도, 연소생성물, 복사열 등 화재로 인한 위험이 재실자 피난에 영향을 미침 • 복사열이나 유독가스, 연기의 농도 등 위험 환경에 따라 재실자의 보행속력이나 이동방식 등이 변하여 보행속력이 변함 • 기타 분석방식에 비해 현실성이 높은 방식

5. 커플링수행방식(Coupling)의 대표적 시뮬레이션

  1) FDS + EVAC
  2) Smartfire + Building EXODUS
  3) CFAST + Building EXODUS

6. 결론

1) 논커플링 방식에서 사용하는 특정포인트 설정위치의 적절성 및 화원이나 해저드 구간을 통과하는 에이전트의 발생 여부에 대한 검증 또한 적어도 세미커플링방식을 통해 이루어져야 한다.
2) 커플링 시뮬레이션의 재실자 사망 여부는 가시거리 등의 계산을 통한 ASET과 RSET에 의해 판단하지 않고 동일 타임라인을 사용하며 모든 지오메트리에서 독성 가스나 노출된 복사열의 양 등에 의하여 보행속력의 변화로 에이전트의 사망 또는 부상 여부를 판단한다.
3) 설계자가 각 화원의 물질정보를 구체적으로 입력하지 않으면 어떤 독성 가스가 발생하는지 등을 구체적으로 계산할 수 없기 때문에 화재조사나 연소실험 등을 통해 주요 화원물질에 대한 화학적 구성이나 물성 데이터 등에 관한 정보를 지속적으로 구축하여 설계자들에게 제공하는 것이 중요하다.

---

4 포그머신 등을 이용하여 Hot Smoke Test를 실시하려 한다. Hot Smoke Test 절차도 작성, Hot Smoke 발생에 필요한 장비의 구성, Hot Smoke Test로 얻을 수 있는 효과에 대하여 설명하시오.

1. 개요

1) 구획된 건물에 화재가 발생하면 화열에 의한 피해보다는 연기와 유독가스에 의한 피해가 더 크다.
2) 제연설비를 설치하여 연기를 제어하는 방법으로 거실제연과 특별피난계단 부속실 제연설비가 있다.
3) Hot Smoke Test는 무해한 연기를 인위적으로 발생시켜 열을 가해 실제 연기와 같이 부력을 갖게 하여 연기의 유동특성을 파악하는 성능평가방법이다.

2. Hot Smoke Test의 필요성

1) 실대 실험의 한계
연기의 유동 특성을 파악하기 위해 가장 정확한 방법은 실대 실험이지만 이는 경제적 이유 및 환경적 이유로 실시하기에는 한계가 있음

2) 시뮬레이션 기법의 한계
시뮬레이션 기법도 실제 화재 시와 얼마나 유사한지에 대한 확인이 필요함

3. Smoke Test의 종류

1) Cold Smoke Test

(1) 군대에서 사용되는 연막탄과 같이 연기를 발생시켜 연기의 유동성을 파악하는 것

(2) 온도가 낮아 부력이 없으므로 실제 연기의 유동특성과 다르게 나타남

2) Hot Smoke Test

(1) 연기발생기에서 공급한 연기를 실제 연기와 같은 부력을 갖게 하여 연기의 유동 특성을 파악하는 방법

(2) 건물 내부에 열적 손상을 입히지 않게 하기 위해 70℃ 이하로 하며, 보통 60℃ 정도로 가열

4. Hot Smoke Tester의 구성

1) 연기발생기(Fog Machine) : Heat Exchanger, Smoke Fluids Oil Based(FDA승인)
2) Fire Tray
3) 연기가열용 연료 : 에틸알코올 또는 메탄올
4) 열전대 : 천장부와 플럼의 온도를 측정하기 위해 열전대를 사용
5) 데이터로거 : 데이터 로거를 이용하여 일정 시간 간격으로 온도 기록
6) CCTV : 연기의 가시도 변화를 관찰하기 위한 CCTV를 분산시켜 설치

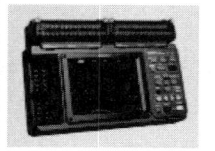

5. Hot Smoke Test 실시절차

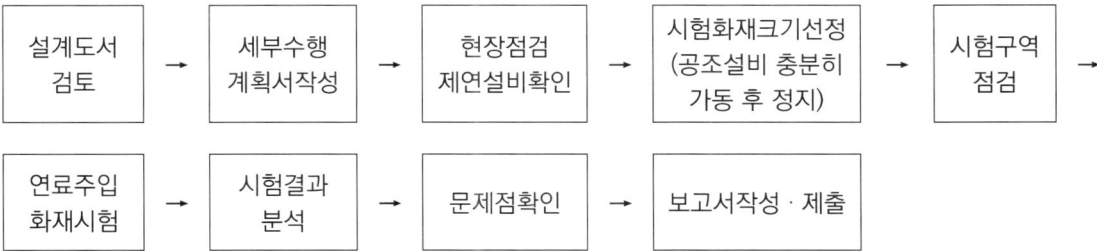

※ 문제점이 발생할 경우 시험구역점검부터 재실시

6. Hot Smoke Test 실시 기대효과

1) 천장 연기층의 온도분포(중심부가 가장 높고 가장자리로 갈수록 온도가 낮아짐)를 알 수 있다.
2) Ceiling Jet Flow, Fire Plume 등 연기의 이동 특성을 파악할 수 있다.
3) 연기의 청결층 도달시간(RSET < ASET)을 파악할 수 있다.
4) 소방시설의 성능을 확인할 수 있다.
    (1) 제연설비
        ① 제연설비가 얼마나 효과적으로 연기를 제어하는지 성능확인 가능
        ② Hot Smoke Test를 통해서 제연설비의 성능을 평가
        ③ 누설틈새 확인, 설비의 부족한 부분을 보완할 수 있음
    (2) 스프링클러설비 헤드, 화재감지기의 작동시간을 예측하여 적절한 배치가 가능
5) 화재 시뮬레이션 프로그램의 결과와 비교 분석할 수 있다.

7. Hot Smoke Test 과제

1) 초고층 건물이나 대형건물 등의 경우 건물의 일부분에서 실시한 Hot Smoke Test의 결과를 어떻게 일반화하여 건물전체에 반영할 것인지에 대한 문제가 있음
2) Hot Smoke Test를 통해 얻어진 결과가 실제 화재 시와 얼마나 유사한지에 대한 확인이 필요

8. 결론

1) 건물에 화재가 발생 시 연기를 제어한다는 것은 매우 어려운 일이며, 연기는 피난 시 가시거리 확보를 방해하고 유독성 등으로 재실자의 피난안전성을 확보할 수 없게 하며, 소방관의 소화활동을 방해한다.
2) 현재 거실제연과 특별피난계단 부속실 제연을 실시하고 있으나 얼마나 효율적으로 연기를 제어하고 있는지에 대한 성능평가가 제대로 이루어지지 않고 있다.
3) 따라서 Hot Smoke Test와 같은 제연설비 성능평가시험 등에 대한 제도적 기준 마련이 필요하다.

5 「초고층 및 지하연계 복합건축물 재난관리에 관한 특별법령」에 따라 고층(초고층)건축물에 반드시 갖추어야 하는 소방시설과 그에 따른 스프링클러설비와 인명구조 기구 설치기준에 대하여 설명하시오.

1. 피난안전구역의 소방시설 (초고층재난관리법 시행령 제14조)

구분	내용
1) 소화설비	• 소화기구(소화기 및 간이소화용구만 해당) • 옥내소화전설비 • 스프링클러설비
2) 경보설비	• 자동화재탐지설비
3) 피난설비	• 방열복, 공기호흡기(보조마스크를 포함), 인공소생기 • 피난유도선, 피난안전구역으로 피난을 유도하기 위한 유도등·유도표지 • 비상조명등 및 휴대용비상조명등
4) 소화활동설비	• 제연설비 • 무선통신보조설비

2. 스프링클러설비의 설치기준 (고층건축물의 화재안전기준)

1) 수원은 스프링클러설비 설치장소별 스프링클러헤드의 기준 개수에 $3.2m^3$를 곱한 양 이상이 되도록 함. 다만 50층 이상인 건축물의 경우에는 $4.8m^3$를 곱한 양 이상이 되도록 함
2) 스프링클러설비의 수원은 1)에 따라 산출된 유효수량 외에 유효수량의 1/3 이상을 옥상에 설치
3) 전동기 또는 내연기관을 이용한 펌프 방식의 가압송수장치는 스프링클러설비 전용으로 설치해야 하며, 주펌프와 동등 이상의 성능이 있는 별도의 펌프로서 내연기관의 기동과 연동하여 작동되거나 비상전원을 연결한 예비펌프를 추가로 설치
4) 내연기관의 연료량은 펌프를 40분(50층 이상인 건축물의 경우에는 60분) 이상 운전할 수 있는 용량
5) 급수 배관은 전용으로 설치
6) 50층 이상인 건축물의 스프링클러설비 주배관 중 수직배관은 2개 이상으로 설치하고, 하나의 수직배관이 파손 등 작동 불능 시에도 다른 수직배관으로부터 소화용수가 공급되도록 구성해야 하며, 각각의 수직배관에 유수검지장치를 설치
7) 50층 이상인 건축물의 스프링클러헤드에는 2개 이상의 가지배관 양방향에서 소화용수가 공급되도록 하고, 수리계산에 의한 설계를 해야 함

8) 스프링클러설비의 음향장치는 스프링클러설비의 화재안전기술기준에 따라 설치하되, 다음의 기준에 따라 경보를 발할 수 있도록 함

   (1) 2층 이상의 층에서 발화한 때에는 발화층 및 그 직상 4개 층에 경보

   (2) 1층에서 발화한 때에는 발화층·그 직상 4개 층 및 지하층에 경보

   (3) 지하층에서 발화한 때에는 발화층·그 직상층 및 기타의 지하층에 경보

9) 비상전원은 자가발전설비, 축전지설비 또는 전기저장장치로서 스프링클러설비를 40분 이상 작동. 다만 50층 이상인 건축물의 경우에는 60분 이상 작동

3. 인명구조기구 (고층건축물의 화재안전기준)

1) 방열복, 인공소생기를 각 2개 이상 비치
2) 45분 이상 사용할 수 있는 성능의 공기호흡기(보조마스크를 포함)를 2개 이상 비치하는데, 피난안전구역이 50층 이상에 설치되어 있을 경우에는 동일한 성능의 예비용기를 10개 이상 비치
3) 화재 시 쉽게 반출할 수 있는 곳에 비치
4) 인명구조기구가 설치된 장소의 보기 쉬운 곳에 "인명구조기구"라는 표지판 등을 설치

[방열복]

[공기호흡기]

[인공소생기]

6 화재플룸(Fire Plume)의 발생 메커니즘을 쓰고, 광전식 공기흡입형 감지기(아날로그방식)의 작동원리와 적응성에 대하여 설명하시오.

1. 개요

1) 부력에 의한 화염기둥의 열기류를 화재플룸이라 한다.
2) 화재로 인한 온도 상승으로 인해 주변의 공기보다 연소가스의 밀도가 작아져 부력이 발생하여 상승기류가 형성되며, 연소가스와 주위 공기의 온도가 같아져 화재플룸의 부력이 중력보다 작아질 때까지 계속 상승한다.
3) 부력은 중력의 반대 힘으로 화재로 인한 고온의 가스가 주변의 공기보다 무거우면 아래로 가라앉고 주변의 공기보다 가벼우면 상승한다.
4) 화재플룸의 구조는 연속화염영역, 간헐화염영역, 부력플룸영역으로 분류할 수 있다.

2. 화재 플룸의 발생 메커니즘

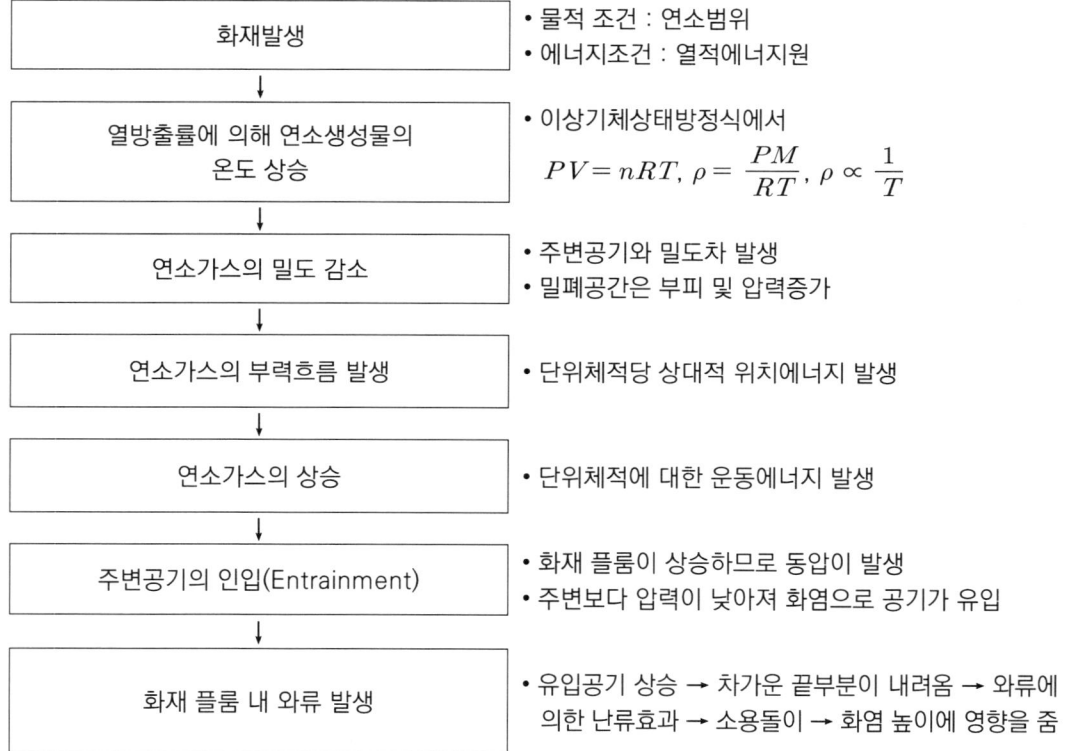

※ 화재플룸과 공기가 상호작용함에 따라 점성저항력(항력)이 화재 플룸의 상승운동에 영향을 미치고 점성저항력은 화재플룸의 상승속도를 감소시킨다. 화재플룸은 운동량을 가지고 있어 온도차와 점성 저항력과 같은 변수들이 성층화를 유발할 때까지 계속 상승한다.

3. 광전식 공기흡입형 감지기(아날로그방식)의 작동원리

종류	작동 원리	특징
Cloud Chamber 방식	• 공기펌프로 공기표본 채취 • 필터로 분진 걸러냄 • 습도가 100%인 습도챔버로 흡입 • 진공펌프로 챔버 내 압력을 변화시켜 입자에 물방울이 달라붙어 응축핵을 만듦 • 광전식 원리(산란)를 이용하여 Cloud 밀도 측정(연기 검출) • 밀도가 일정 이상 시 화재신호 발신	• 초기에 개발된 공기흡입형 감지기로, 습도 챔버 사용으로 유지관리 불편 • 현재 거의 사용하지 않음
Xenon Lamp 방식	• Air Sampling Tube로 공기 흡입 • 산란챔버(암실)로 유도 • 강력한 고광도 크세논램프로 빛을 조사 • 공기 중 부유하고 있는 미립자에서 반사(산란) 광선을 측정	• 광원의 파장이 약 $0.3\mu m$로 짧음 • 크세논램프의 수명이 짧음 • Cloud 챔버방식과 유사하나 Cloud 챔버가 없음
Laser Beam 방식	• Air Sampling Tube로 공기 흡입 • 산란챔버(암실)로 유도 • Laser Beam을 조사 • 공기 중 부유하고 있는 미립자에서 반사(산란) 광선을 측정	• 광원의 파장이 약 $0.002\mu m$로 크세논보다 짧으므로 보다 작은 입자 감지 • 수명이 크세논보다 길고 시간 경과에 따른 감도저하 해결

4. 적응성

1) 주차장

(1) 먼지와 자동차 배기가스에 의한 오동작 미발생이 검증됨

(2) 주차장 내 평균 농도값 측정 후 감지기 농도 셋팅값을 단계적으로 운영

(3) 샘플링파이프 내부의 결로수를 주기적으로 수동 배출하여 공기흡입형 감지기와 샘플링 파이프 내부의 공기 흐름을 정상으로 유지

2) 층고가 높은 대형공간(물류창고)

3) 강제공기 순환환경(전산실 또는 반도체 공장)

4) 냉동 창고

(1) 냉동창고 장시간 운전 시 발생되는 수증기 및 성에로 인한 샘플링 파이프홀이 얼어 막힘 현상 발생

(2) 샘플링 파이프에 홀 타공 시 일반 타공이 아닌 Antifreeze Hole System을 적용하여, 추후 홀이 막혀도 Suction(강력한 압력으로 흡입)을 통해 홀 부분을 정상 상태로 유지 가능함

국가기술자격 기술사 시험문제

기술사 제129회　　　　　　　　　　　　　　　제1교시 (시험시간 : 100분)

| 분야 | 안전관리 | 종목 | 소방기술사 | 수험번호 | | 성명 | |

※ 다음 문제 중 10문제를 선택하여 설명하시오. (각 10점)

1. 옥내소화전설비 노즐 선단에서 피토게이지(Pitot Gage)를 이용하여 측정한 압력을 p라 할 때, 유량 계산식($Q = 0.653 \times d^2 \times \sqrt{10p}$ [L/min])을 유도하시오.

2. 화재성장속도에서 다음 사항을 설명하시오.
   1) 1972년 Heskestad가 제안한 열발생률(Heat Release Rate, HRR)식
   2) 화재성장속도별 4단계 구분과 대표적인 품목

3. 화재하중(Fire Load), 화재가혹도(Fire Severity)의 정의와 차이점에 대하여 설명하시오.

4. 국가화재안전기준이 「화재안전기술기준」과 「화재안전성능기준」으로 이원화되었다. 그 취지에 대하여 설명하시오.

5. 기계식 주차타워의 화재안전성 강화를 위한 소방시설 등에 대하여 설명하시오.

6. 공기의 체적유량을 측정하기 위한 노즐이다. 공기의 체적유량을 구하는 공식을 유도하고 아래의 조건에 따른 체적유량을 구하시오.

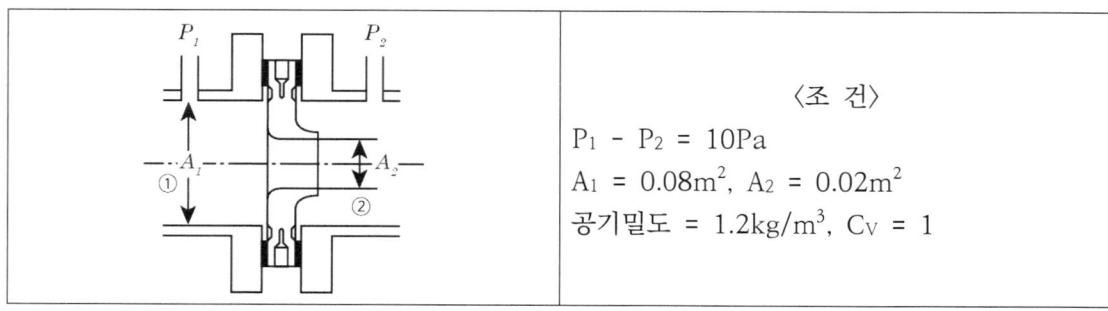

〈조 건〉
$P_1 - P_2$ = 10Pa
A_1 = 0.08m^2, A_2 = 0.02m^2
공기밀도 = 1.2kg/m^3, C_v = 1

7. 유류 저유소에 화재가 발생하였다. 다음 조건에 따른 액면강하속도 및 연소지속시간을 구하시오.

   〈조 건〉
   저장유류 : 등유, 등유의 단위면적당 질량감소속도 : 0.039kg/s·m²
   등유밀도 : 820kg/m³, 저장량 : 15m³, 풀(pool) 직경 : 5.5m

8. 다음 조건에 따른 스프링클러헤드의 RTI 값을 구하고, 해당 헤드가 공동주택의 거실에 설치 가능 여부를 판단하시오.

   〈조 건〉
   평균 작동온도 72℃, 주위온도 20℃, 열기류온도 141℃,
   열기류속도 1.85m/s, 헤드 작동시간 40초

9. 소방용품의 형식승인과 성능인증의 개념과 형식승인 절차에 대하여 설명하시오.

10. 「배연설비의 검사표준(KS F 2815)」에서 요구하는 방화댐퍼의 기준과 「건축물의 피난·방화구조 등의 기준에 관한 규칙」에서 요구하는 방화댐퍼의 기준에 대하여 각각 설명하시오.

11. 요양병원에 적응성을 갖는 층별 피난기구의 종류를 쓰고 구조대를 선정할 경우 주의사항을 설명하시오.

12. 랭킨-휴고니어(Rankin-Hugoniot)곡선에 대하여 설명하시오.

13. 다음 사항을 설명하시오.
    1) 소방관진입창에 설치되는 유리의 종류
    2) 아파트 구조변경 시 설치되는 방화유리창의 구조

국가기술자격 기술사 시험문제

기술사 제129회   제2교시 (시험시간 : 100분)

분야	안전관리	종목	소방기술사	수험번호		성명	

※ 다음 문제 중 4문제를 선택하여 설명하시오. (각 25점)

1. 구획화재의 화재성상 중 최성기 화재(Fully-Developed Fire)에서 나타나는 다음 사항에 대하여 설명하시오.
   1) 연소속도, 화재온도, 화재계속시간
   2) 개구부의 화염분출 형상, 상층부 연소확대 방지대책

2. 승강식피난기의 특징, 설치기준과 「승강식피난기의 성능인증 및 제품검사의 기술기준」에서 정하는 승·하강 속도시험기준을 설명하시오.

3. 일반건축물 화재 시 발생하는 Roll Over현상과 LNG저장탱크에서 발생하는 Roll Over현상에 대하여 각각 설명하시오.

4. 공사현장에서의 용접·용단 작업 시 다음 사항에 대하여 설명하시오.
   1) 비산불티의 특성 및 비산거리 영향요인
   2) 용접·용단 작업 시 화재 및 폭발의 주요발생원인과 대책

5. 에너지저장장치(ESS, Energy Storage System)를 의무적으로 설치해야 하는 대상, ESS 설비의 구성, 「전기저장시설의 화재안전성능기준」에서 규정하고 있는 배터리용 소화장치에 대하여 설명하시오.

6. 다음 사항에 대하여 설명하시오.
   1) 푸리에(Fourier)의 열전도법칙, 뉴턴(Newton)의 냉각법칙
   2) 기체분자운동론의 가정 5가지, 그레이엄(Graham)의 확산법칙

국가기술자격 기술사 시험문제

기술사 제129회   제3교시 (시험시간 : 100분)

분야	안전관리	종목	소방기술사	수험번호		성명	

※ 다음 문제 중 4문제를 선택하여 설명하시오. (각 25점)

1. 도로터널에 관한 다음 사항을 설명하시오.
   1) 방재등급별 기준 및 방재시설의 종류
   2) 터널화재에서의 백 레이어링(Back Layering) 현상과 예방대책

2. 원형관에서 유체의 유동으로 발생하는 손실(loss in pipe flow)에 관한 다음 사항을 설명하시오.
   1) 달시-바이스바하(Darcy-Weisbach)식
   2) 하젠-윌리엄스(Hazen-Williams) 실험식
   3) 돌연 확대·축소관에서의 손실수두식

3. 「위험물안전관리법」에서 규정하는 인화성 액체에 관한 다음 사항을 설명하시오.
   1) 인화점 시험방법 및 인화점 측정시험 방법 3가지
   2) 제4류 위험물의 위험등급 분류 및 다른 유별 위험물과의 혼재가능 여부

4. 층고가 낮은 지하주차장에 장방형 금속제 제연덕트를 설치할 경우 단면형상과 시공방법에 대하여 설명하시오.

5. 초고층건축물에서 고가수조방식의 가압송수장치를 적용할 경우 저층부의 과압 발생문제를 해결할 수 있는 방안을 제시하시오.

6. 스프링클러설비의 화재안전성능기준에서 공동주택의 스프링클러헤드 수평거리 3.2m 이하를 「스프링클러헤드의 형식승인 및 제품검사의 기술기준」의 유효반경으로 적용하도록 규정하고 있다. 수평거리 3.2m를 적용한 경우와 2.6m를 적용한 경우의 살수밀도를 계산하고, NFPA에서 규정하는 등급을 고려하여 적정성 여부를 설명하시오.

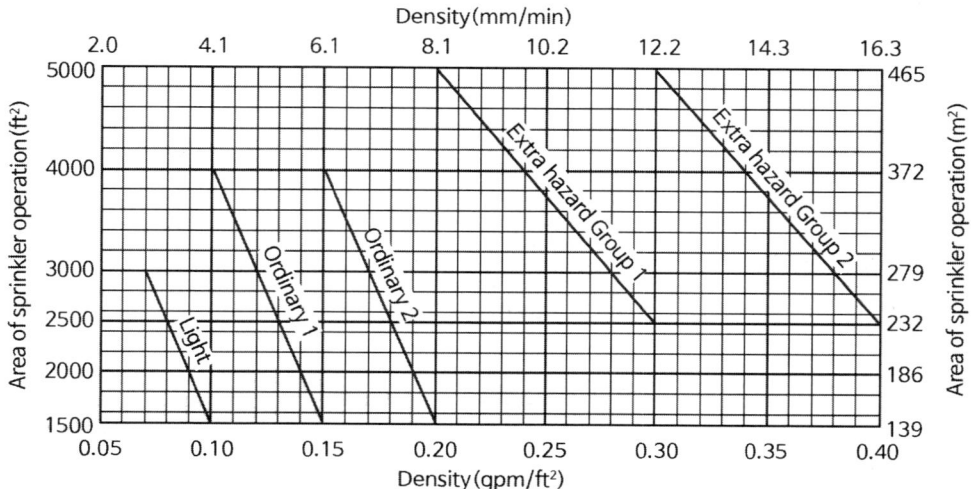

국가기술자격 기술사 시험문제

기술사 제129회 　　　　　　　　　　　　　　　　제4교시 (시험시간 : 100분)

분야	안전관리	종목	소방기술사	수험번호		성명	

※ 다음 문제 중 4문제를 선택하여 설명하시오. (각 25점)

1. 전기자동차 화재와 관련하여 다음 사항을 설명하시오.
   1) 리튬이온 배터리의 열폭주 현상 및 발생요인
   2) 지하 주차구역(충전장소)의 화재대응대책

2. 주거용 주방자동소화장치에 대한 다음 사항을 설명하시오.
   1) 주거용 주방자동소화장치의 종류, 주요구성요소, 작동메커니즘
   2) 「주거용자동소화장치의 형식승인 및 제품검사의 기술기준」에서 규정하는 소화성능시험 기준

3. 건축관련법에서 규정하는 다음 사항을 설명하시오.
   1) 건축물의 경사지붕 아래에 설치하는 '대피공간'의 설치대상 및 설치기준
   2) 공동주택 중 아파트 '대피공간'의 설치대상, 설치기준 및 면제기준

4. 수조가 펌프보다 낮게 설치된 경우 펌프 흡입 측 배관의 구성 및 설치 시 유의사항에 대하여 설명하시오.

5. NFPA 11(포소화설비)에서 포소화설비가 적절하게 설치되었는가를 판단하기 위해 필요한 인수시험(세정 포함), 압력시험, 작동시험, 방출시험 절차에 대하여 각각 설명하시오.

6. 소방시설 비상전원에 대하여 다음 사항을 설명하시오.
   1) 비상전원의 정의
   2) 비상전원설비가 갖추어야 할 기준
   3) 다음 소방시설에 관한 사항
      가. 옥내소화전설비의 비상전원 설치대상 및 종류
      나. 유도등, 제연설비 및 고층건축물 스프링클러설비의 비상전원 종류 및 용량

129회 1교시

1 옥내소화전설비 노즐 선단에서 피토게이지(Pitot Gage)를 이용하여 측정한 압력을 p라 할 때, 유량 계산식($Q = 0.653 \times d^2 \times \sqrt{10p}$ [L/min])을 유도하시오.

1. 적용 공식

1) 연속방정식

$$Q = Av$$

Q : 유량(m^3/s), A : 배관의 단면적(m^2), v : 유속(m/s)

2) 동압(소화전 호스에서 노즐을 통해 방사 시 적용)

$$P = v^2/(20g)$$

P : 동압, v : 유속(m/s), g : 중력가속도(m/s^2)

3) 단면적

$$A = \pi D^2/4$$

A : 배관의 단면적(m^2), D : 배관의 직경(m)

2. 유도

1) 동압(소화전 호스에서 노즐을 통해 방사 시 동압 적용)

$$P = v^2/(20g), \quad v = \sqrt{20g \cdot P} = 14\sqrt{P}$$

2) 면적 $A = \pi D^2/4$

3) 1), 2)를 $Q = Av$에 대입하면, $Q = \pi D^2/4 \times 14\sqrt{P} = 3.5\pi D^2 \sqrt{P}$

4) 단위변환

   (1) Q(m^3/s) → q(lpm)

   1 m^3/s = 1000 × 60lpm, Q × 1000 × 60 = q, Q = $q/(1000 \times 60)$

   (2) D(m) → d(mm)

   1m = 1000mm, D × 1000 = d, $D = d/1000$

   (3) P(kg/cm^2) → p(MPa)

   1kg/cm^2 → 0.1MPa, P × 0.1 = p, P = 10p

5) 4)의 ⑴, ⑵, ⑶을 3)에 대입하면

   ⑴ $q/(1000 \times 60) = 3.5\pi \times (d/1000)^2 \sqrt{10p}$, $q\,[lpm] = 0.6597 \times d^2 \times \sqrt{10p}$

   ⑵ 오리피스 구조 및 재질에 따라 방출량에 차이가 발생하므로 보정계수 C를 도입

   ⑶ $q\,[lpm] = 0.6597 \times C \times d^2 \times \sqrt{10p} = K\sqrt{10p}$

6) 옥내소화전 노즐에서 봉상주수의 경우 C값은 0.99를 적용하므로 이를 ③에 대입하면

   $q\,[lpm] ≒ 0.653 \times d^2 \times \sqrt{P} = K\sqrt{P}$

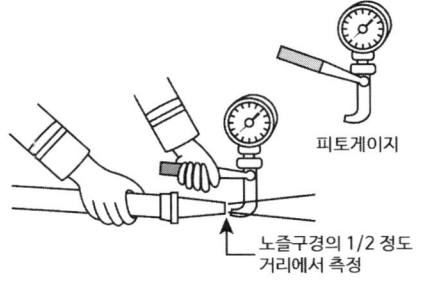
피토게이지
노즐구경의 1/2 정도 거리에서 측정

---

2 화재성장속도에서 다음 사항을 설명하시오.
1) 1972년 Heskestad가 제안한 열발생률(Heat Release Rate, HRR)식
2) 화재성장속도별 4단계 구분과 대표적인 품목

1. 개념

1) 열방출속도가 시간에 따라 어떻게 변하는지를 나타낸 것으로, 1972년에 Heskestad가 제안하였다. NFPA 92에서는 화재성장속도를 열방출률이 1055kW에 도달하는 시간을 기준으로 Ultra Fast, Fast, Medium, Slow 화재로 구분한다.

2) 화재성장속도를 4가지로 모델을 단순화하면 성능설계를 정량화하는 데 이점이 있다.

2. Heskestad가 제안한 열방출률(HRR) 식

1) Heskestad가 제안한 열방출률(HRR) 식(화재성장속도)

$$\dot{Q} = \alpha t^n \,(\text{kW})$$

α : 물품 종류에 따른 상수(kW/s^n)
t : 발화 후 지속시간(s), n : 1, 2, 3

⑴ 대부분 불꽃화재(일부 인화성 액체제외)는 n=2 적용

⑵ n=2인 경우의 화재를 t-Squared Fire라 함

2) t-Squared Fire

$$\dot{Q} = \alpha t^2 \text{(kW)} = \frac{1055}{t_g^2} t^2$$

α : 물품 종류에 따른 상수(kW/s^2)
t : 발화 후 지속시간(s)
t_g : 1055kW에 이르는 시간(s)

(1) 1,055kW는 화재가 스스로 성장할 수 있는 열량인 240kcal/s를 말함
(This is the time necessary after the ignition with a stable flame for the fuel package to attain a heat release rate of 1055 kW(1000 Btu/sec) - NFPA72)

(2) α는 화재성장의 기울기, 즉 화재성장을 지배하는 상수를 의미하며 재료의 분해, 증발열에 따라 달라짐

(3) 잠복기를 고려한 식

$$\dot{Q} = \alpha(t-t_0)^2 \text{(kW)} = \frac{1055}{t_g^2}(t-t_0)^2$$

α : 물품 종류에 따른 상수(kW/s^2)
t : 발화 후 지속시간(s)
t_g : 1,055kW에 이르는 시간(s)
t_0 : 가상초기시간($Virtual\ time\ of\ origin$)(s)

① 가상초기시간(t_0)이란 안정된 불꽃이 나타난 시간을 말함
② 이때 화재는 시작되어 Power Law Fire Growth Model의 지배를 받음
③ t_0 이전의 경우 연료는 훈소 양상을 띠고 불꽃이 없이 타는 상태임
④ Model Curve

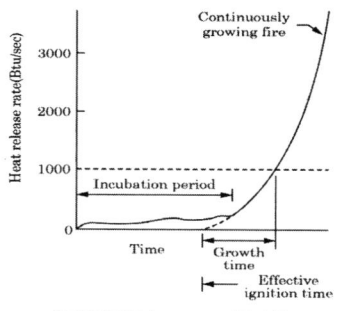
[전형적인 HRR 곡선]

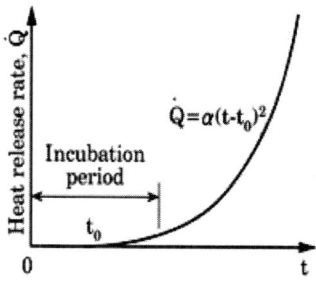
[최적화된 2차 곡선]

3. 화재성장속도별 4단계 구분과 대표적인 품목

구분	Ultra Fast	Fast	Medium	Slow
시간(t_g)	75초	150초	300초	600초
물품 종류에 따른 상수(α)	0.1876	0.0469	0.01172	0.00293
대표 물품	일부 인화성 액체, 휘발성 물질을 포함한 물질	얇은 가연성 물품 (종이, 직물, 상자)	저밀도의 고체가연물 (매트리스)	두꺼운 고체가연물 (가구류)
위험도	매우 큼	큼	중간	작음

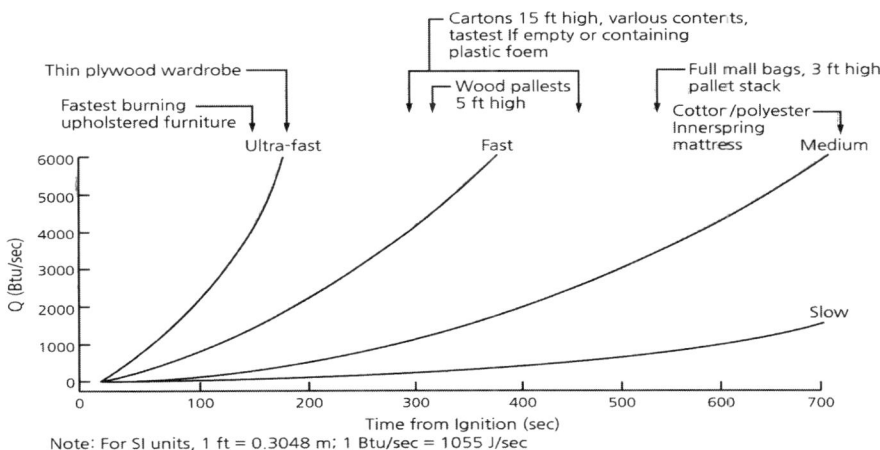

3. 화재하중(Fire Load), 화재가혹도(Fire Severity)의 정의와 차이점에 대하여 설명하시오.

1. 화재하중 (Fire Load)

1) 정의

(1) 가연물을 목재로 환산한 단위면적당 질량을 말한다.

(2) 화재실 내의 가연물 전체 발열량을 목재의 단위질량당 발열량으로 나누면 목재의 질량으로 환산되며, 이를 바닥 면적으로 나누면 단위면적당 목재의 질량이 되는데, 이를 화재하중이라 한다.

(3) 가연물의 양이 많을수록 화재의 지속시간도 길어진다.

2) 관련 식

$$Q[kg/m^2] = \frac{\sum(G_t \cdot H_t)}{H_w \cdot A} = \frac{\sum Q_t}{4,500A}$$

Q : 화재하중(kg/m^2), G_t : 가연물질량(kg)
H_t : 가연물의 단위질량당 발열량$(kcal/kg)$
H_w : 목재의 발열량$(kcal/kg)$, A : 바닥면적(m^2)
Q_t : 가연물의 전체 발열량$(kcal)$

$$t[\min] = \frac{W[kg]}{R[kg/\min]} = \frac{w \times A_f}{(5.5 \sim 6.0)A\sqrt{H}}$$

t : 화재지속시간$(\min)$
W : 실내 전체 가연물 양(kg)
R : 연소 속도$(kg/\min)$
w : 화재하중(kg/m^2), A_f : 바닥면적(m^2)

3) 물리적 의미

(1) 화재의 규모를 판단하는 척도

(2) 주수시간을 결정하는 인자

4) 화재하중 감소대책

(1) 가연물의 불연화

(2) 가연물은 불연성 밀폐용기에 보관

(3) 가연물을 필요최소 단위로 보관(가연물의 양을 줄임)

2. 화재가혹도(Fire Severity)

1) 정의

(1) 화재가 당해 건물과 내부의 수용재산을 파괴하거나 손상을 입히는 능력의 정도를 화가혹도라 한다.

(2) 화재가혹도는 화재 시 최고온도와 지속시간의 곱으로 표현한다.(최고온도 × 지속시간)

(3) 최고온도는 최성기의 온도로 화재의 질적 개념이며, 지속시간은 가연물의 양적 개념이다.

2) 물리적 의미

(1) 화재강도를 판단하는 척도

(2) 화재실의 온도가 높고 지속시간이 길수록 손상의 규모는 커짐

3. 화재하중(Fire Load), 화재가혹도(Fire Severity) 차이점

구분	화재가혹도	화재하중	화재강도
개념	• 건물과 내부의 수용재산을 파괴하거나 손상을 입히는 능력의 정도	[양적 개념] • 가연물을 목재로 환산한 단위 면적당 질량	[질적 개념] • 화재실에서의 열축적률의 크기
화재성장 곡선	• 면적(총 방출열량[MJ])	• 가로축(시간[s])	• 세로축(열방출률[W])
영향요소	• 화재하중의 요소 • 화재강도의 요소	• 가연물의 양	• 가연물의 연소열, 비표면적, 공기의 공급, 벽·천장·바닥의 단열성
물리적의미	• 주수시간 × 주수량	• 주수시간	• 주수량
감소방안	• 화재저항(내화구조)확보 • 화재하중을 줄임 • 화재강도를 줄임	[Passive대책] • 가연물의 불연화 • 가연물은 불연성 밀폐용기에 보관 • 가연물을 필요최소 단위로 보관(가연물의 양을 줄임)	[Active대책] • 수계소화설비로 냉각소화 • 제연설비로 연기배출 • 화재감지기로 조기감지

[화재하중(Fire Load)-SFPE Handbook of Fire Protection Engineering "35 Fire Load Density"]

1) 화재하중(MJ)
   (1) 구획실 화재(Fire Compartment)에서 모든 가연성 물질이 완전 연소됨으로써 방출되는 에너지의 양
   (2) 화재하중은 고정(Fixed) 화재하중과 가변(Movable) 화재하중으로 구분한다.

2) 화재하중밀도(Fire Load Density)(MJ/m^2)
   (1) 바닥면적당 화재하중(MJ/m^2) 또는 단위체적당 화재하중(MJ/m^3)
   (2) 산소와 물질의 연소특성의 조합에 따라 화재하중밀도는 열방출률(HRR)을 결정함
   (3) 화재하중밀도 $q = \sum_i m_i \cdot H_i / A$

   m_i : 가연성물질의 질량(kg), H_i : 연소열(MJ/kg), A : 구획실의 면적(m^2)

3) 그림 설명
   (1) 화재 시 시간에 따른 열방출률의 거동을 연료④ 지배형 화재, 환기③ 지배형 화재의 두 연소방식에 대해 성장기, 최성기, 감쇠기의 2 연소영역을 정성적으로 보여준다.
   (2) 두 곡선의 면적은 실내 가용 화재하중에 의해 방출되는 에너지에 해당한다.
   (3) 화재지속시간은 화재하중의 양과 연소방식에 의존한다. 환기 지배형 화재의 경우 열방출률은 산소량에 의해 제한된다. 연료지배형 화재에서 최대 열방출률에 도달하고 화재지속시간은 일반적으로 더 짧아진다.

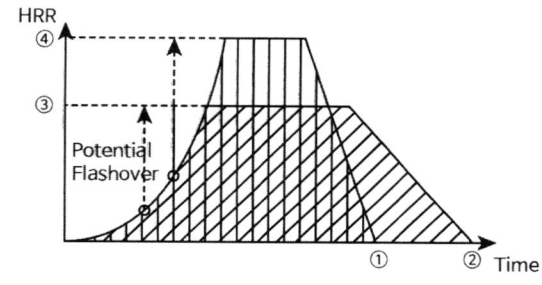

[화재하중(Fire Load)-NFPA 557 "Definition Of Fire Loads for Use in Structural Fire Protection Design"]

1) 화재하중(Fire Load)

   The total energy content of combustible materials in a building, space, or area including furnishing and contents and combustible building elements expressed in MJ

2) 화재하중밀도(Fire Load Density)

   The heat energy, expressed in MJ/m2, that could be released per unit floor area of a compartment by the combustion of the contents of the compartment and any combustible part(s) of the building itself

3) 연료하중(Fuel Load)

   The total wood equivalent mass of combustible materials in a building, space, or area, including furnishings and contents and combustible building elements, expressed in kg

4 국가화재안전기준이 「화재안전기술기준」과 「화재안전성능기준」으로 이원화되었다. 그 취지에 대하여 설명하시오.

1. 정의

1) 화재안전성능기준

(1) 소방시설이 갖추어야 할 재료·공간·설비 등에 요구되는 중요성능으로 기술변화에도 반드시 유지될 필요가 있는 기준

(2) 예시 : 자동화재탐지설비의 감지기는 부착 높이에 따라 적응성 있는 감지기로 설치

2) 화재안전기술기준

(1) 성능을 구현하기 위한 특정수치 및 사양, 설치·시험방법 등 기술환경 변화에 따라 적시에 개정하여야 할 기준

(2) 예시 : 부착 높이에 따른 적응성 있는 감지기 종류 세부 기준

2. 도입취지

1) 문제점

화재안전기준은 성능기준과 기술기준이 하나의 행정규칙(고시)으로 혼재되어 있어, 소방산업의 국제기준에 따라 적시에 개정해야 하는 기술기준의 경우, 통상 4~5개월이 소요되는 고시 개정 절차로 인해 제때 개정되지 못하면서 신기술·신제품 도입 지연 등의 문제점이 제기되어 왔다.

2) 도입취지

이런 문제점을 개선하고 적극행정에 기여하기 위해 국가화재안전기준을 성능(기본)기준과 기술(상세)기준으로 이원화했음

(1) 기술이나 환경이 변화하여도 반드시 유지될 필요가 있는 성능기준은 고시 형식으로 정함

(2) 성능기준을 만족하는 구체적인 방법·수단·사양 등을 정하는 기술기준은 공고 형식으로 정해 운영함

(3) 국가화재안전기준 중 기술기준의 신속한 제·개정으로 신기술 및 신제품의 신속한 도입이 가능해질 것으로 예상되며, 이로 인한 국내 소방 산업육성 및 발전에도 기여할 것으로 기대

3. 제 · 개정 절차

1) 화재안전성능기준(NFPC)

행정규칙(고시) 제 · 개정 절차에 따름

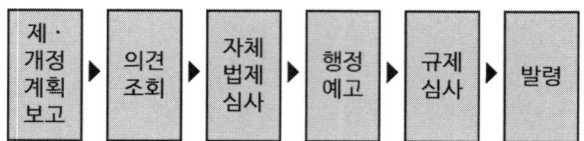

2) 화재안전기술기준(NFTC)

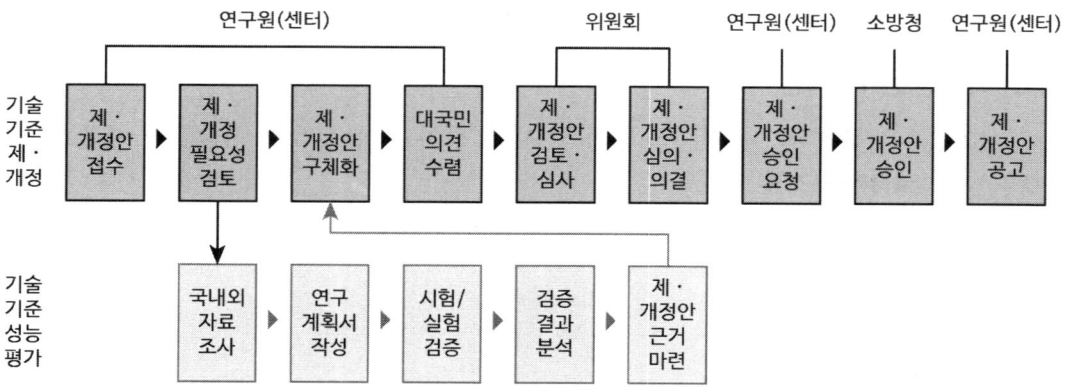

4. 화재안전기술기준위원회 · 분과위원회 구성 특성

구분	화재안전기술위원회	분과위원회
위원회 수	1개	6개
위원 수	20명 (민간 전문가 18, 당연직 2)	각 분과별, 10명 (민간전문가 8, 당연직 2)
임기	2년 (1회 연임 가능)	2년 (1회 연임 가능)
자격	소방분야 조교수, 5년 이상 경력 박사, 기술사, 관리사, 10년 이상 경력 임원, 연구기관 책임연구원 이상	소방분야 전임강사, 5년 이상 경력의 학사, 기사, 기능장, 10년 이상 경력 담당자, 연구기관 선임연구원 이상
역할	심의, 의결	검토, 심사
개회	연 10회	각 분과별, 연 4회

5 기계식 주차타워의 화재안전성 강화를 위한 소방시설 등에 대하여 설명하시오.

1. 화재안전성 강화 배경
중·대형 건축물에 날로 증가되고 있는 기계식 주차장(주차타워, 지하식)은 내부 진입로가 한정되고, 밀폐구조로 화재발생 시 내부온도 급상승 및 승강로를 통한 화재의 급속한 상층으로의 확산으로 진화에 어려움이 있어 초동진압을 위하여 기계식 주차장치 설치 기준을 마련하여 소중한 재산보호 및 안전사고 미연에 예방하고자 함

2. 문제점
1) 화재하중이 큼(내연기관, LPG차량, 수소차량, 전기차)
2) 적응성이 없는 소방설비, 소화활동의 어려움

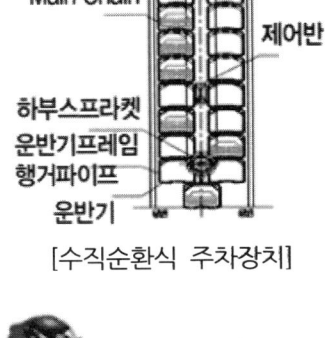

[수직순환식 주차장치]

   (1) 20대 이상의 기계식 주차장에 대해 물분무등 소화설비(물분무, 포, 가스계, 미분무 분말 등) 설치를 규정하므로 대부분 가스계소화설비를 설치하거나 물분무등 소화설비 면제조건으로 스프링클러설비 설치
   (2) 가스계소화설비는 전역방출방식으로 방출 시 주차타워 누설틈새를 통해 소화약제가 누설되기 쉬운 구조
   (3) 가스계소화설비 설계농도 도달이 어렵고 재발화 가능성이 높아 소화실패 확률이 높음
   (4) 20대 미만의 기계식 주차장에는 물분무 등 및 스프링클러설비 미적용
   (5) 기계식 주차장은 옥외에 설치된 경우가 많으므로 습식 스프링클러설비는 동파우려
   (6) 상부 연기감지기는 매연 및 먼지로 인해 비화재보 발생

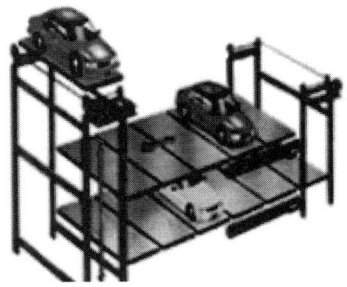

[다층순환식 주차장치]

3) 층간 방화구획이 없고, 다단으로 차량이 주차되어 있어 화재 시 수직으로 화염 확산이 쉬운 구조
4) 무창층으로 화재 시 연기, 유해가스, 가시거리 저하 등 내부 진입이 어려운 구조
5) 인접 건축물로의 화재확산 우려

3. 소방시설 등

1) Active System

(1) 화재감지기 : 광전식 공기흡입형 감지기를 적용(불꽃감지기는 장애물로 인해 비적응성)
   ① 능동형 감시
   ② 매연 및 먼지에 대한 비화재보가 작으며 단계별 감지
   ③ 20m 이상의 고층에도 적응성 있음

(2) 소화설비
   ① 동파우려가 없는 곳은 습식 스프링클러설비 적용
   ② 헤드는 주차 각 단마다 설치
   ③ 상급위험으로 분류하여 살수밀도 및 수원량 적용

(3) 환기설비
   ① 구획된 기계식 주차장에는 환기설비 설치

2) Passive System

(1) 공용부분의 각 층 또는 2개층마다 1개소 방화문 설치

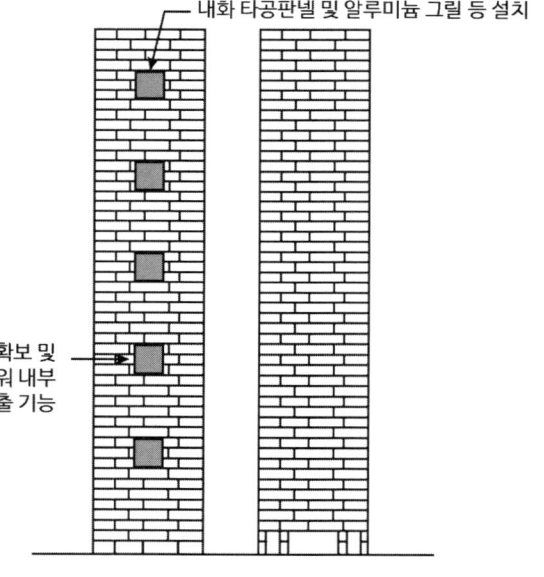

   ① 건물 각 층마다 또는 2개층마다 1개소씩 주차타워에 면한 공용공간이 있을 경우 화재발생 시 옥내소화전으로 직접 진화에 나설 수 있도록 개폐가능한 방화문을 설치하여 초동진압
   ② 방화문 안쪽으로 추락방지용 난간을 설치하여 진화자의 안전도모

(2) 주차타워 외벽 1면에 화재 진압용 개구부 설치
   ① 주차타워 화재 시 초동진화를 위하여 건축계획 시 주차타워 외벽 1면 이상은 외기에 반드시 접하도록 함
   ② 높이 5미터 이내 탈착이 용이한 개구부(화재 진압구)를 설치

(3) 기계식 주차장치(주차타워, 지하식)에 개구부(화재진압구, 개폐가능한 방화문) 설치로, 화재발생 시 신속한 초동진압이 이루어 질 수 있어 인명과 재산 피해 예방이 기대됨

6 공기의 체적유량을 측정하기 위한 노즐이다. 공기의 체적유량을 구하는 공식을 유도하고 아래의 조건에 따른 체적유량을 구하시오.

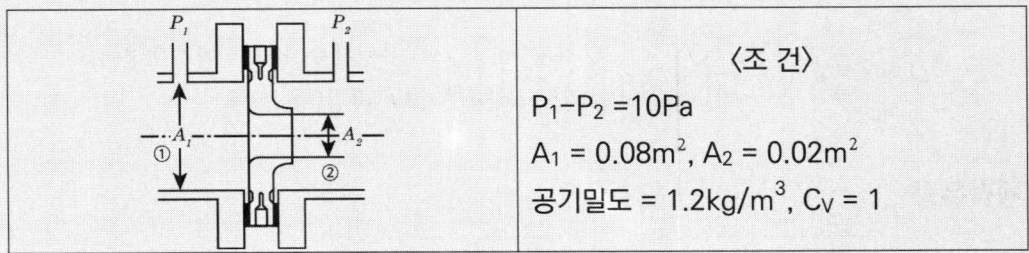

〈조 건〉
$P_1 - P_2 = 10 Pa$
$A_1 = 0.08 m^2$, $A_2 = 0.02 m^2$
공기밀도 = $1.2 kg/m^3$, $C_V = 1$

1. 개요
차압식 유량계의 유량은 유속에 의한 오리피스관의 전·후단에 걸리는 차압 발생에 의해 계기부 내로 유입되는 소량의 유체로 유량을 측정한다.

2. 측정원리
1) 동압이 증가하면 정압이 감소하는 베르누이 정리와 연속방정식을 적용한다.
2) 공기는 압축성이나 속도가 느릴 경우 비압축성 유체로 볼 수 있으며, 흐름은 정상적인 흐름으로 관로 내를 가득 차서 흐르고 있다면 조임의 상류 단면 a와 하류의 흐름이 좁혀진 단면 b와의 사이에는 베르누이 정리와 연속방정식이 성립한다.

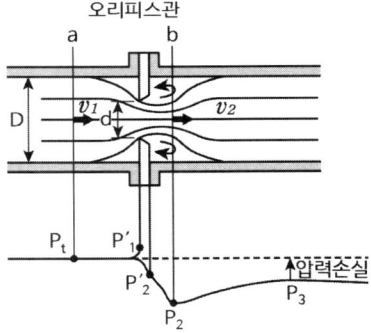

3. 공식유도

1) $P_1 + \dfrac{\rho_1 v_1^2}{2} = P_2 + \dfrac{\rho_2 v_2^2}{2}$ ($\because Z_1 = Z_2$)

2) a 지점에 흐르는 유량과 b 지점에 흐르는 유량은 동일하므로

   (1) $Q = \rho_1 A_1 v_1 = \rho_2 A_2 v_2$ 라 할 수 있고, 동일한 유체이므로 $\rho_1 = \rho_2$ 라 하면

   (2) $Q = A_1 v_1 = A_2 v_2$, $v_1 = \dfrac{A_2}{A_1} v_2$

3) 1)식과 2)식을 결합하면

$$Q = A_1 \sqrt{\dfrac{2(P_1 - P_2)}{\rho((\dfrac{A_1}{A_2})^2 - 1)}} = A_2 \sqrt{\dfrac{2(P_1 - P_2)}{\rho(1 - (\dfrac{A_2}{A_1})^2)}}$$

4) 따라서 a 지점과 b 지점에 압력계를 설치하면 유량을 계산할 수 있다.

5) 실제 유량은 유체의 마찰, 수축부의 불일치 등 이상적인 가정 조건들과 차이가 있기 때문에 실제 유량을 얻기 위해서는 앞에서 설명한 유출계수라는 개념을 도입해야 하며, 실제 유체의 경우는 다음 식을 적용함

$$Q = C\frac{\pi}{4}d^2\sqrt{\frac{2 \times \Delta P}{\rho}}$$

Q 유량(m^3/s), C 유량계수, d 오리피스내경(m)
ρ 밀도(kg/m^3), ΔP 차압(kg/m^2)

4. 체적유량

1) $Q = A_1\sqrt{\dfrac{2(P_1 - P_2)}{\rho((\frac{A_1}{A_2})^2 - 1)}} = A_2\sqrt{\dfrac{2(P_1 - P_2)}{\rho(1 - (\frac{A_2}{A_1})^2)}}$

2) 조건에서 $P_1 - P_2$ =10Pa, A_1 = 0.08m^2, A_2 = 0.02m^2, 공기밀도 = 1.2kg/m^3를 1)식에 대입하면

3) $Q = 0.08\sqrt{\dfrac{2 \times 10}{1.2((\frac{0.08}{0.02})^2 - 1)}}$ =0.084m^3/s

---

7 유류 저유소에 화재가 발생하였다. 다음 조건에 따른 액면강하속도 및 연소지속시간을 구하시오.

〈조 건〉
저장유류 : 등유, 등유의 단위 면적당 질량감소속도 : 0.039kg/s·m^2,
등유밀도 : 820kg/m^3, 저장량 : 15m^3, 풀(pool) 직경 : 5.5m

1. 개요

1) 저장조와 같이 정해진 액면상에서 화재를 액면화재(Pool Fire)라 한다. 화열이 액면에 전달되어 액체의 온도가 상승되어 증기를 발생하고, 가연성 혼합기에 이르러 확산연소를 반복한다.

2) 중질유는 액면강하속도가 클수록 가벼운 성분은 날아가고 무거운 성분만 남아 열파가 탱크의 저부로 이동하므로 Boil Over의 원인이 될 수 있다.

2. 액면강하속도

1) 공식

$$\dot{y} = \frac{\dot{m}''}{\rho}$$

$\dot{y}$: 액면강하속도(m/s), $\dot{m}''$: 질량감소속도(kg/s·m^2)
ρ : 밀도(kg/m^3)

2) 계산

$$\dot{y} = \frac{\dot{m}''}{\rho} = \frac{0.039}{820} = 4.756 \times 10^{-5} \text{ (m/s)}$$

3. 연소지속시간(t)

1) 공식

$$t = \frac{\text{액체 가연물의 깊이}}{\text{액면강하속도}} = \frac{V/A}{\dot{y}}$$

V : 액체가연물의 저장량(m^3)
A : 풀(Pool)면적(m^2)
$\dot{y}$: 액면강하속도(m/s)

2) 계산

$$t = \frac{15/(\frac{\pi}{4} \times 5.5^2)}{4.756 \times 10^{-5}} \approx 13,275\,(s)$$

8 다음 조건에 따른 스프링클러헤드의 RTI값을 구하고, 해당 헤드가 공동주택의 거실에 설치 가능 여부를 판단하시오.

> 〈조 건〉
> 평균 작동온도 72℃, 주위온도 20℃, 열기류온도 141℃,
> 열기류속도 1.85m/s, 헤드 작동시간 40초

1. 공식

$$t = \frac{RTI}{\sqrt{v}} ln\left(\frac{T_g - T_0}{T_g - T_d}\right)$$

t : 헤드의 작동시간
T_g : 연기온도, T_0 : 감열체 초기온도
T_d : 감열체의 작동온도, RTI : 반응시간지수($\tau\sqrt{v}$)
τ : 반응속도상수($\frac{m \cdot C}{A \cdot h}$), v : 기류의 속도

2. 스프링클러헤드의 RTI 값

$$RTI = \frac{t\sqrt{v}}{\ln\left(\frac{T_g - T_0}{T_g - T_d}\right)} = \frac{40 \times \sqrt{1.85}}{\ln\left(\frac{141-20}{141-72}\right)} = 96.86 \sqrt{m \cdot s}$$

3. 해당 헤드가 공동주택의 거실에 설치 가능 여부

1) 조기반응형 스프링클러헤드 설치장소

(1) 공동주택·노유자 시설의 거실

(2) 오피스텔·숙박시설의 침실, 병원의 입원실

2) 조기반응형 헤드의 RTI

구분	조기반응형 (Fast Response)	특수형 (Special Response)	표준형 (Standard Response)
RTI($\sqrt{m \cdot s}$)	50 이하	51 초과 80 이하	80 초과 350 이하

3) 공동주택 설치 가능 여부 : 상기 헤드의 경우 표준형에 해당하므로 설치 불가

9 소방용품의 형식승인과 성능인증의 개념과 형식승인 절차에 대하여 설명하시오.

1. 개요

1) "소방용품"이란 소방시설등을 구성하거나 소방용으로 사용되는 제품 또는 기기로서 대통령령으로 정하는 것을 말한다.
2) 소방용품은 일반 기기류나 제품과 달라서 시중에 유통되기 전에 형식승인과 성능인증을 받아야 한다. 그 이유는 긴급 상황 시 필요한 기능과 성능을 요구하기 때문이며 형식승인은 강제의무사항이며 성능인증은 의무사항이 아니다.

2 소방용품의 형식승인

1) 개념

(1) 소방용품을 제조하거나 수입하려는 자는 소방청장의 형식승인을 받아야 하며, 형식승인을 받으려는 자는 행정안전부령으로 정하는 기준에 따라 형식승인을 위한 시험시설을 갖추고 소방청장의 심사를 받아야 한다.
(2) 형식승인을 받은 자는 그 소방용품에 대하여 소방청장이 실시하는 제품검사를 받은 후 판매나 사용이 가능하다.

2) 절차

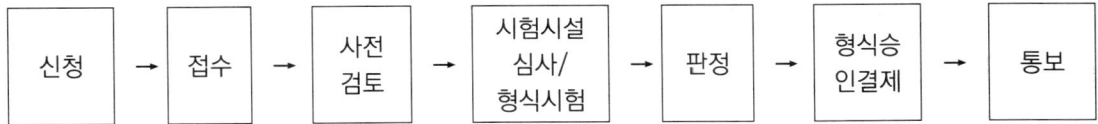

3) 대상(소방시설 설치 및 관리에 관한 법률 시행령 별표3)

(1) 소화설비를 구성하는 제품 또는 기기
  소화기구, 자동소화장치, 소화전, 관창, 소방호스, 스프링클러헤드, 기동용 수압개폐장치, 유수제어밸브 및 가스관선택밸브
(2) 경보설비를 구성하는 제품 또는 기기
  누전경보기, 가스누설경보기, 발신기, 수신기, 중계기, 감지기 및 음향장치
(3) 피난구조설비를 구성하는 제품 또는 기기
  피난사다리, 구조대, 완강기, 간이완강기, 공기호흡기, 피난구유도등, 통로유도등, 객석유도등, 비상조명등
(4) 소화용으로 사용하는 제품 또는 기기 : 소화약제, 방염제
(5) 그 밖에 행정안전부령으로 정하는 소방 관련 제품 또는 기기

3. 소방용품의 성능인증

1) 개념

(1) 소방청장은 제조자 또는 수입자 등의 요청이 있는 경우 소방용품에 대하여 성능인증을 할 수 있다.

(2) 성능인증을 받은 자는 그 소방용품에 대하여 소방청장의 제품검사를 받아야 한다.

2) 절차

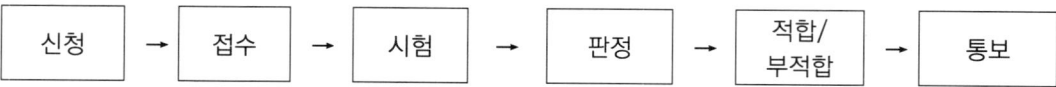

신청 → 접수 → 시험 → 판정 → 적합/부적합 → 통보

3) 대상(소방용품의 품질관리 등에 관한 규칙 별표 7)

(1) 소화설비

소화전함, 스프링클러설비신축배관, 지시압력계, 소방용밸브(개폐표시형 밸브, 릴리프 밸브, 풋 밸브), 소방용 스트레이너, 소방용 압력스위치, 소방용 합성수지배관, 소화설비용 헤드(물분무헤드, 분말헤드, 포헤드, 살수헤드), 방수구, 소화기가압용 가스용기, 소방용 흡수관

(2) 경보설비

예비전원 표시등 소방용전선(내화전선 및 내열전선), 탐지부, 비상경보설비의 축전지, 자동화재속보설비의 속보기

(3) 피난구조설비 : 축광표지, 공기안전매트

(4) 소화활동설비 : 비상콘센트설비

(5) 그 밖에 소방청장이 고시하는 소방용품

4. 소방용품의 형식승인과 성능인증 비교

구분	형식승인	성능인증	KFI
개념	소방용품 유통전 강제 의무사항	국가가 정한 성능이 있음을 인증하는 제도로 강제의무사항 아님	화재의 예방, 구조·구급 등에 사용하는 제품 중 소방법령에서 정한 소방용품 이외의 제품에 대해 성능 인정
근거	소방시설 설치 및 관리에 관한 법률 37조	소방시설 설치 및 관리에 관한 법률 40조	한국소방산업기술원
기준	소방용품의 품질관리 등에 관한 규칙(고시)	소방용품의 품질관리 등에 관한 규칙(고시)	KFI 인정등에 관한 규칙

구분	형식승인	성능인증	KFI
용어	형식승인 후 제품검사	성능시험 후 제품검사	제품 또는 설비 등의 견품에 대한 성능과 시험시설을 심사하여 인정
제품 확인	형식승인번호 부여 및 합격표시 부착	합격표시 부착	합격표시 부착
합격 표시 도안	KC	KFI	KFI
대상	스프링클러헤드, 누전경보기, 유도등, 소화약제 등	소화전함, 신축배관, 소방용전선, 비상콘센트설비 등	방화복, 아크경보기, 방수총, 미끄럼대, 지진분리장치 등

10 「배연설비의 검사표준(KS F 2815)」에서 요구하는 방화댐퍼의 기준과 「건축물의 피난·방화구조 등의 기준에 관한 규칙」에서 요구하는 방화댐퍼의 기준에 대하여 각각 설명하시오.

1. 개요

1) 환기·난방·냉방시설의 풍도가 방화구획을 관통하는 경우 화재실의 화염, 연기가 덕트를 통해 비화재 구역으로 확산되는 것을 방지하기 위해 자동으로 작동하는 댐퍼이다.
2) 설치위치는 방화구획 관통부분이나 근접한 부분에 설치하며 연기나 불꽃을 감지하여 자동적으로 닫혀야 한다.

2. 방화댐퍼의 구성

1) 외부프레임(External Blade) : 덕트에 연결
2) 블레이드(Blade) : 화염, 유독가스, 연기를 차단
3) 액추에이터(Actuator) : 블레이드를 개폐
4) 센서 : 연기, 불꽃감지

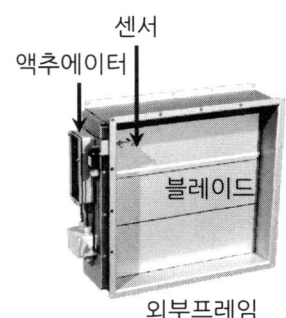

3. 방화댐퍼의 기준

1) 배연설비의 검사표준(KS F 2815)

(1) 재질은 1.5mm 이상의 철판

(2) 폐쇄 시 누출량은 20℃에서 1m²당 19.6N의 압력으로 매분 5m³ 이하일 것

(3) 미끄럼부는 열팽창, 녹, 먼지 등에 의해 작동에 저해 받지 않는 구조

(4) 검사구, 점검구는 적당한 위치일 것

(5) 부착방법은 구조체에 견고하게 접착시키는 공법으로 화재 시 덕트가 탈락, 낙하해도 손상되지 않을 것

(6) 배연기의 압력에 의해 방재상 해로운 진동 및 간격이 생기지 않는 구조

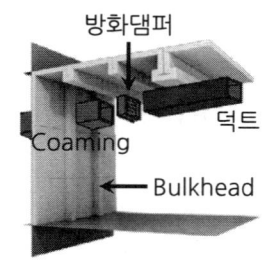

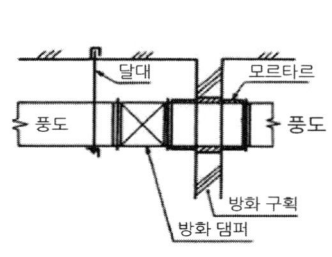

[바람직하지 못한 설치방법]

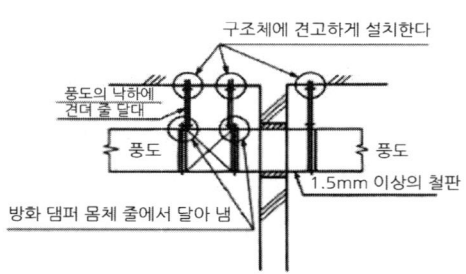

[바람직한 설치방법]

2) 건축물의 피난 · 방화구조 등의 기준에 관한 규칙

(1) 환기·난방 또는 냉방시설의 풍도가 방화구획을 관통하는 경우에는 그 관통부분 또는 이에 근접한 부분에 다음의 기준에 적합한 댐퍼를 설치할 것(반도체공장 건축물로서 방화구획을 관통하는 풍도의 주위에 스프링클러헤드를 설치하는 경우에는 제외)

(2) 화재 시 연기나 불꽃을 감지하여 자동적으로 닫히는 구조로 할 것(주방 등 연기가 항상 발생하는 부분에는 온도를 감지하여 자동적으로 닫히는 구조로 할 수 있음)

(3) 국토교통부장관이 정하여 고시하는 비차열(非遮熱) 성능 및 방연성능 등의 기준에 적합할 것

11 요양병원에 적응성을 갖는 층별 피난기구의 종류를 쓰고 구조대를 선정할 경우 주의사항을 설명하시오.

1. 개요

1) 피난기구는 화재 시 건물 내의 거주·출입하는 사람들이 정상적인 통로를 통하여 대피하지 못할 경우 피난용 기구를 이용하여 안전한 장소로 피난시킬 수 있는 기계·기구를 말한다.
2) 구조대란 화재 시 창이나 발코니 등에서 지상까지 섬유포지로 만든 긴 자루모양의 터널 내부에 사용자가 들어가 자중에 의해 내려오는 피난기구를 말한다.
3) 요양병원이란 의료법상 의료기관 중의 하나로 노인(정신), 장애인 등 장기 입원이 필요한 사람들을 대상으로 30병상 이상의 요양병상을 갖추고 주로 입원환자를 대상으로 의료 행위를 하는 의료기관을 말한다.

2. 요양병원에 적응성을 갖는 층별 피난기구의 종류

층별설치장소 \ 구분	1층	2층	3층	4층 이상 10층 이하
의료시설·근린생활시설 중 입원실이 있는 의원·접골원·조산원			미끄럼대, 구조대, 피난교, 피난용트랩, 다수인피난장비, 승강식피난기	구조대, 피난교, 피난용트랩, 다수인피난장비, 승강식피난기

※ 구조대의 적응성은 장애인 관련 시설로서 주된 사용자 중 스스로 피난이 불가한 자가 있는 경우로 추가로 설치하는 경우에 한함

3. 구조대의 종류

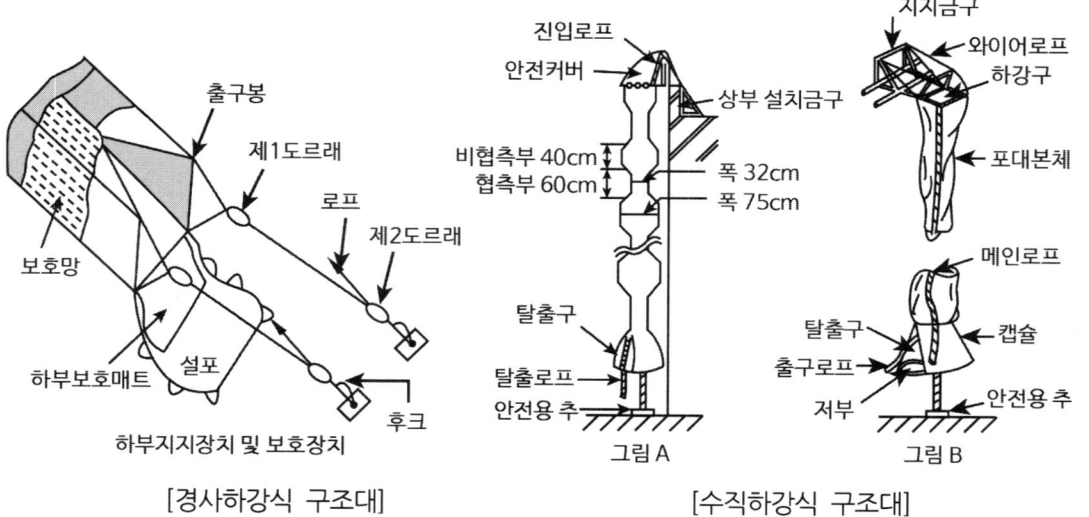

[경사하강식 구조대]　　　　　[수직하강식 구조대]

구분	경사 하강식	수직 강하식
정의	소방대상물에 비스듬하게 고정시키거나 설치하여 사용자가 미끄럼식으로 내려올 수 있는 구조대	소방대상물 또는 기타 장비 등에 수직으로 설치하여 사용하는 구조대
구조	건물의 개구부에서 지상 약 45°의 각도로 설치하여 신체 마찰로 강하속도를 감소시키면서 피난하는 구조	건물의 개구부에서 지상까지 수직으로 설치하는 것으로 포대 내부에 설치한 협축부에 의한 마찰로 강하속도를 조절하는 방식 또는 나선상으로 감속하는 방식
구성	포대 본체, 상부 설치금구, 하부 지지장치, 부상방지장치, 유도 로프, 수납함	포대 본체, 상부 설치금구, 하부 캡슐(하부 지지장치는 불필요)
특징	하강 시 안정적인 하강 가능 경사각으로 인해 넓은 설치공간 필요	수직 경사이므로 설치공간 절약 하강속도가 약 4m/s로 환자, 노약자 사용이 어려움

4. 구조대를 선정할 경우 주의사항

1) 건물의 특성을 고려한 구조대 설치

(1) 협소한 공간에서 경사 하강식 구조대 설치

(2) 구조대를 설치할 수 있는 공간 미확보(협소한 공간, 연못, 나무 등)

2) 구조대의 길이

피난에 지장이 없고 안전한 강하속도를 유지할 수 있는 길이

3) 사용자의 특성

(1) 환자는 거동이 불편하므로 구조대를 사용하지 못할 수도 있음

(2) 화재 인지 후 대피개시까지 피난준비시간이 긺

(3) 구조대 1대당 보조인력이 추가 필요하고 별도의 훈련이 필요함

12 랭킨-휴고니어(Rankin-Hugoniot) 곡선에 대하여 설명하시오.

1. 개념

1) 랭킨-유고니어 곡선은 예혼합화염의 전파를 분석하기 위해 사용된다.

2) Rayleigh 선도와 Hugoniot 곡선을 이용하여 폭연과 폭굉의 영역을 그래프로 표현한 것으로, 영역을 5개로 구분하고 영역별로 압력과 비체적의 변화를 알 수 있다.

2. 원리

1) 영역 1에서 영역 2로 가는 어떠한 경로라도 Rayleigh 선도와 Hugoniot 곡선을 모두 만족해야 함

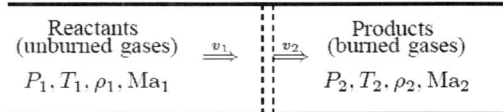

2) 적용 방정식

(1) 질량 보존방정식 $\dot{m}'' = \rho_1 v_1 = \rho_2 v_2$

(2) 운동량 보존방정식 $P_1 + \rho_1 v_1^2 = P_2 + \rho_2 v_2^2$

(3) 에너지 보존방정식 $h_1 + v_1^2/2 = h_2 + v_2^2/2$ (h_1, h_2 : 비엔탈피(Specific enthalpy))

3. Rayleigh 선도

1) 수식 : $P_2 = aV_2 + b$ (기울기 $a = -\dot{m}''^2 = \dfrac{P_2 - P_1}{1/\rho_2 - 1/\rho_1}$, 절편 $b = P_1 + \dot{m}''^2 v_1$)

2) Rayleigh 선의 기울기는 질량연소유속($\dot{m}''$)에 따라 변함

(1) 기울기의 증가는 점 $(1/\rho_1, P_1)$을 통과하는 Rayleigh 선의 기울기를 가파르게 함

(2) 기울기가 무한대이면 Rayleigh 선은 수직이고, 0이 되면 Rayleigh 선은 수평이 됨

(3) Rayleigh선은 항상 점 $(1/\rho_1, P_1)$을 지나고 음의 기울기를 갖음. 즉, 양의 기울기에서는 곡선의 정의가 안 되므로 해는 없고 물리적으로 접근할 수 없는 영역임

4. Hugoniot 곡선

1) 수식 : $P_2 = \dfrac{[2q + ((\gamma+1)/(\gamma-1)) - V_2]}{[((\gamma+1)/(\gamma-1))V_2 - 1]}$ (비열비 γ = 정압비열(C_p) / 정적비열(C_V))

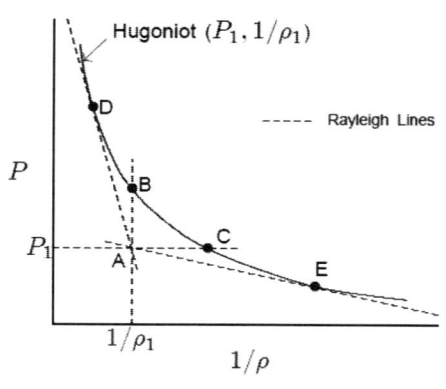

2) Hugoniot 곡선의 상단 지선은 점 B의 위에 위치한 Hugoniot 점들이고, 하단 지선은 점 C의 아래에 놓인 점들을 말함

   (1) 4개의 Rayleigh 선도(A-D, A-B, A-C, A-E)는 Hugoniot 곡선을 5개의 구간으로 나눔

   (2) Hugoniot 곡선 상의 점 B와 점 C 사이에서는 어떤 점에서도 Rayleigh 선을 그릴 수 없으므로 실현불가능함

5. 랭킨-유고니어 곡선의 해석 (SFPE Handbook of Fire Protection Engineering "Fundamentals of Premixed Flames")

구분	영역	비체적	압력
D점 초과	강한 폭굉	크게 감소	크게 증가
D점	상단 C-J(Chapman-Jouguet)점		
D~B	약한 폭굉	감소	증가
B~C	폭연과 폭굉이 발생하지 않는 영역(곡선의 정의가 안 되는 영역)		
C~E	약한 폭연	증가	감소
E점	하단 C-J(Chapman-Jouguet)점		
E점 미만	강한 폭연	크게 증가	크게 감소

---

13 다음 사항을 설명하시오.
   1) 소방관진입창에 설치되는 유리의 종류
   2) 아파트 구조변경 시 설치되는 방화유리창의 구조

1. 도입배경

1) 소방대가 소화활동 시 계단이나 비상용 승강기를 이용하여 건축물 내부로의 진입이 가장 효율적이나, 화재로 인해 건축물 출입구로의 진입이 어려운 경우에는 인명피해가 더 많이 발생할 수 있다.

2) 건축물 화재발생 시 신속한 화재 진압 및 인명 구조를 위해서는 소방관 등이 외부에서 식별하여 건축물 내부로 신속한 진입이 필요하다.
3) 11층 이하의 건축물로서 도로 또는 공지에 면한 2층 이상의 창문 등에 소방관이 진입할 수 있는 곳에는 외부에서 식별이 가능하도록 적색 표시를 해야 한다.
4) 신속한 화재 진압 및 구조 활동으로 재산 및 인명 피해의 최소화가 기대된다.

2. 소방관진입창에 설치되는 유리의 종류 (건축물의 피난·방화구조 등의 기준에 관한 규칙 제18조의2 "소방관 진입창의 기준")

1) 플로트판유리로서 두께가 6mm 이하
2) 강화유리 또는 배강도유리로서 두께가 5mm 이하
3) 플로트판유리 또는 강화유리, 배강도유리로 구성된 이중 유리로서 두께가 24mm 이하

3. 방화유리창의 구조 (발코니 등의 구조변경절차 및 설치기준 제4조)

1) 설치대상
   아파트 2층 이상 층에서 스프링클러의 살수범위에 포함되지 않는 발코니를 구조변경 시
2) 발코니 끝부분에 바닥판 두께를 포함하여 높이가 90cm 이상의 방화판 또는 방화유리창을 설치
3) 방화판과 방화유리창은 창호와 일체 또는 분리하여 설치할 수 있음
4) 방화판은 불연재료를 사용할 수 있다. 다만 방화판으로 유리를 사용 시 방화유리를 사용
5) 방화판은 화재 시 아래층에서 발생한 화염을 차단할 수 있도록 발코니 바닥과의 사이에 틈새가 없이 고정하고, 틈새가 있는 경우에 내화채움성능을 인정한 구조로 메울 것
6) 방화유리는 한국산업표준 KS F 2845(유리구획부분의 내화시험방법)에서 규정하고 있는 시험방법에 따라 시험한 결과 비차열 30분 이상의 성능
7) 입주자 및 사용자는 관리규약을 통해 방화판 또는 방화유리창 중 하나를 선택할 수 있음

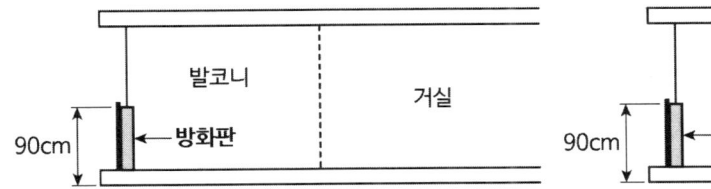
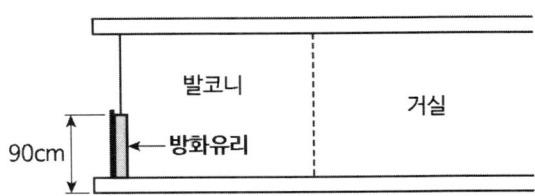

129회 2교시

> **1** 구획화재의 화재성상 중 최성기 화재(Fully-Developed Fire)에서 나타나는 다음 사항에 대하여 설명하시오.
> 1) 연소속도, 화재온도, 화재계속시간
> 2) 개구부의 화염분출 형상, 상층부 연소확대 방지대책

1. 개요

1) 실내화재의 성장단계는 점화 → 성장기 → 전실화재 → 최성기 → 감쇠기의 과정을 거친다.
2) 최성기란 열방출률이 최고치에 달하는 단계를 말하며 화재는 연료지배형에서 환기지배형으로 전환한다.

2. 연소속도

1) 개념

(1) 연속속도란 양론적 질량감소율을 말하며, 연소속도 $R = (5.5 \sim 6.0) A\sqrt{H}$ (kg/min)으로 표현할 수 있다.
(2) 환기인자($A\sqrt{H}$)가 클수록 연소속도가 빨라지므로 플래시 오버가 빨라진다.
(3) 연소속도가 환기지배영역보다 작게 되면 공기 부족으로 인해 불안정한 연소영역이 된다.

구분	연소속도와 $A\sqrt{H}$와의 관계
연료지배영역	무관(공기공급 충분)
환기지배영역	비례
불안정영역	불안정한 연소(공기 부족)

(4) 유입되는 공기의 양은 $0.5A\sqrt{H}[kg_{air}/s]$이므로 최성기 화재의 열방출률은 $1500A\sqrt{H}[kW]$이다. 이는 $0.5A\sqrt{H}[kg_{air}/s] \times 3000[kJ/kg_{air}] = 1500A\sqrt{H}$이기 때문이다.

2) 연소속도의 영향인자

(1) 연료의 종류 및 질량
(2) 개구부 면적, 높이
(3) 개구부 형태 : 동일 면적이라면 종장창이 횡장창보다 많음
(4) 실내·외 온도

3. 화재온도

1) 개념

(1) 목조건물이나 내화구조 건물의 화재 시 온도 상승곡선을 정하는 요소이다.

(2) 온도인자가 같으면 개구부의 크기에 관계없이 동일한 온도상승곡선을 나타낸다. 이 온도 인자로부터 구획실화재의 온도상승곡선이 구해지며, 표준온도·시간곡선의 온도인자는 약 0.06에 해당하고, 실제의 표준온도-시간곡선보다 더욱 고온이 되는 경우도 있는데, 이것은 큰 개구부와 많은 양의 가연물이 있는 내화건축물에 해당되므로 주의가 필요하다.

2) 온도인자(F_0) = $\dfrac{A\sqrt{H}}{A_T}$

(1) 환기파라미터($A\sqrt{H}$)가 클수록 온도는 상승한다.

(2) 실내 전표면적(A_T)이 작을수록 온도는 상승한다.

(3) $A\sqrt{H}$가 크고, A_T가 작을수록 플래시오버가 빨라진다.

(4) 화재온도인자가 같으면 개구부의 면적과 관계없이 같은 온도상승곡선을 나타낸다.

4. 화재계속시간

1) 개념

화재의 지속시간에 영향을 미치는 인자로, 이를 결정하는 요소로 화재하중과 계속시간이 있다.

2) 계속시간인자(F_d) = $\dfrac{A_f}{A\sqrt{H}}$ A_f : 바닥면적(m²)

(1) 환기파라미터($A\sqrt{H}$)가 작을수록 계속시간인자가 커진다.

(2) 바닥면적(A_f)이 클수록 계속시간인자가 커진다.

(3) 성장기는 연료지배형 화재이므로 연료하중이 클수록 화재의 성장이 촉진되며, 플래시오버 발생이 빨라진다.

5. 개구부의 화염분출 형상

1) 기본원리(코안다효과)

(1) 정의
① 코안다 효과란 유체는 에너지가 최소한으로 소비되는 쪽으로 흐르게 되는 효과로, 벽 부착 효과라고도 한다.
② 경계층 부착에 대한 효과로, 유체의 흐름이 분출류의 축방향으로 흐르지 않고 표면에 부착하여 흐르려는 경향이 있다.

(2) 외부 창문에서의 개구분출 화염의 코안다 효과
① 실내 화재에서 화염이 유리창을 깨고 창문을 통해 분출
② 개구분출 화염은 부력에 의해 상승하고, 벽면 부근에는 공기인입이 적어 정압이 낮은 영역이 되며, 반대부분은 정압이 높은 영역이 되어 플룸은 벽면에 부착하여 상승
③ 유체의 유동성 흐름은 표면에 부착되어 표면에 따라 흐르는 경향 때문에 유동속도는 느림

2) 개구부의 화염분출 형상

(1) 요코이 곡선(Yokoi Curve) : 개구부 분출 플룸 해석
① 개념 : 개구부로의 플룸 경로에 대한 영향은 횡장창일수록 크다.
② 개구종횡비
  • 관련 식

  $$개구종횡비(n) = \frac{W}{H/2} = \frac{2W}{H}$$ W : 개구부 폭, H : 개구부 높이

  • 분류

개구종횡비	내용
n>1	화염에 영향을 주기 시작
n>3	화염중심축이 벽면에 향하게 됨
n>6	분출화염이 벽면에 부착

(2) 발코니 유무에 따른 개구부 분출 플룸 해석
① 발코니가 없는 경우
  • 정방창(a)
    자유공간의 사선으로 열기류가 진행하는 Trajectory가 보이며, 옆쪽으로 높은 온도분포
  • 횡장창(b)(c) : 열기류가 상층부 벽면을 따라서 수직적으로 상승

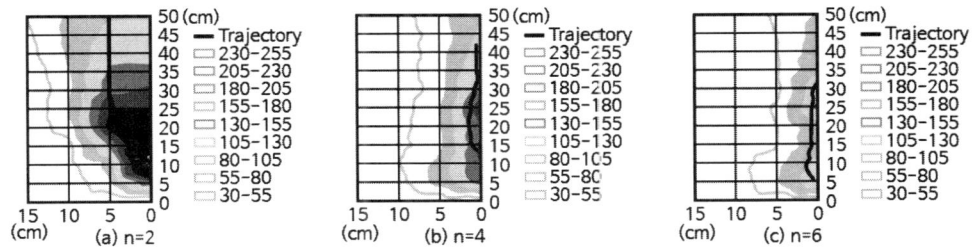

[발코니가 없는 경우 Yokoi Curve]

② 발코니가 있는 경우
- 정방창(d) : 정방창에서는 자유공간으로의 분출열기류가 진행
- 횡장창(e)(f) : 벽면을 따라서 열기류가 진행했지만 상층부 발코니가 열기류의 확산 차단

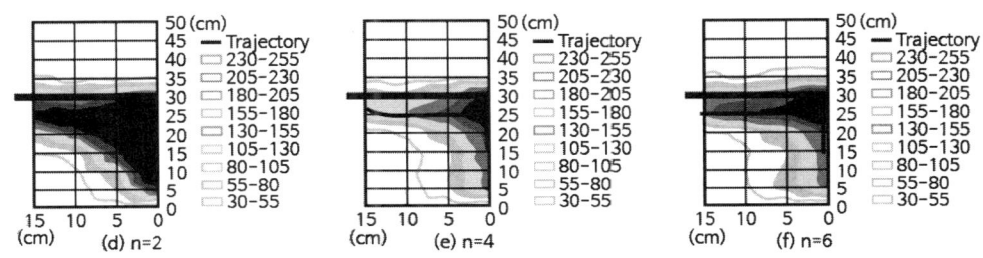

[발코니가 있는 경우 Yokoi Curve]

6. 상층부 연소확대 방지대책

1) 예방대책

(1) 횡장창보다 종장창으로 설치

(2) 횡장창은 벽부착 효과(코안다 효과)가 크므로 쉽게 상층으로 연소 확대

2) 소방대책

드렌처, 수막설비, 스프링클러, 옥외소화전

3) 건축대책

(1) 캔틸레버 50cm 이상

(2) 스팬드럴 90cm 이상

(3) 망입유리

(4) 외벽은 불연, 준불연재료, 화재확산방지구조

(5) 아파트의 발코니확장 시 불연재료의 방화판, 비차열 성능의 방화유리

(6) 60+방화문 또는 60분방화문, 자동방화셔터

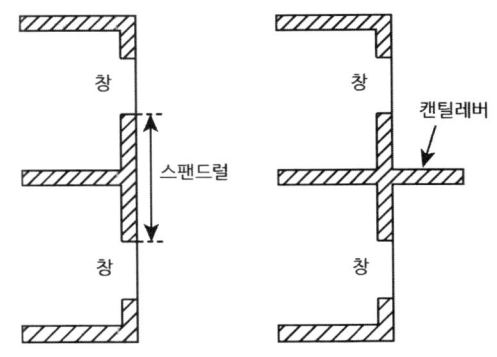

2 승강식피난기의 특징, 설치기준과 「승강식피난기의 성능인증 및 제품검사의 기술기준」에서 정하는 승·하강 속도시험기준을 설명하시오.

1. 승강식피난기의 정의

"승강식피난기"란 사용자의 몸무게에 의하여 자동으로 하강하고 내려서면 스스로 상승하여 연속적으로 사용할 수 있는 무동력 승강식 기기를 말한다.

2. 승강식피난기의 구성

1) 하강구 덮개
2) 속도조절장치
3) 안전손잡이
4) 작동 페달
5) 완충기

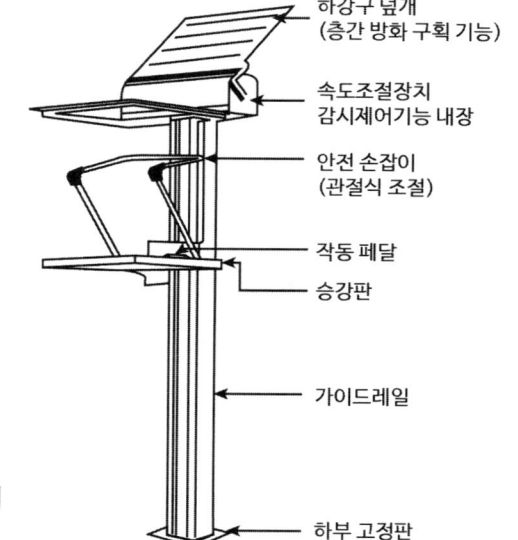

3. 승강식피난기의 특징

1) 쉽고 안전한 피난

    노약자 대피 탁월(고령자, 어린이, 임산모, 장애인, 근력약한 자, 반려동물 등)

2) 무동력, 무전원 승강식피난기

    (1) 더 쉬운 대피 : 손잡이 잡고 하강 페달 밟음

    (2) 더 빠른 대피 : 한 사람당 7초 이내 (1분 내 한가족 대피 가능)

3) 더 안전한 대피 : 충격시험, 부식시험, 인장강도시험 등을 통해 입증
4) 피난 사다리 대신 승강식피난기 대체 가능(개구부 규격 동일)
5) 추락방지 겸용 손잡이 + 층간 내화 보호덮개 설치로 안전성 강화

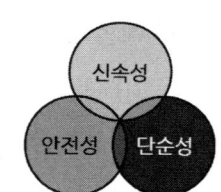

4. 설치기준

1) 승강식피난기 및 하향식 피난구용 내림식사다리는 설치경로가 설치 층에서 피난층까지 연계될 수 있는 구조로 설치
2) 대피실의 면적은 $2m^2$(2세대 이상일 경우에는 $3m^2$) 이상으로 하고, 「건축법 시행령」제46조의 규정에 적합하여야 하며 하강구(개구부) 규격은 직경 60cm 이상
3) 하강구 내측에는 기구의 연결 금속구 등이 없어야 하며 전개된 피난기구는 하강구 수평투영면적 공간 내의 범위를 침범하지 않는 구조

4) 대피실의 출입문은 60+방화문 또는 60분방화문으로 설치하고, 피난방향에서 식별할 수 있는 위치에 "대피실" 표지판을 부착
5) 착지점과 하강구는 상호 수평거리 15cm 이상의 간격을 둘 것
6) 대피실 내에는 비상조명등을 설치
7) 대피실에는 층의 위치표시와 피난기구 사용설명서 및 주의사항 표지판을 부착
8) 대피실 출입문이 개방되거나, 피난기구 작동 시 해당층 및 직하층 거실에 설치된 표시등 및 경보장치가 작동되고, 감시 제어반에서는 피난기구의 작동을 확인할 수 있을 것
9) 사용 시 기울거나 흔들리지 않도록 설치
10) 승강식피난기는 한국소방산업기술원 또는 성능시험기관으로 지정받은 기관에서 그 성능을 검증받은 것으로 설치

5. 승·하강 속도시험기준

1) 피난기의 승강판 하강속도 기준

(1) 일반하강속도는 최대 설치높이에서 최소사용하중·200N·750N·1500N 및 최대사용하중을 가하는 때에 하강속도는 11cm/s 이상 130cm/s 미만일 것

(2) 평균하강속도는 최대 설치높이에서 750N의 하중을 20회 연속하여 가하는 때의 하강속도는 20회의 평균하강속도의 80% 이상 120% 이하일 것

(3) 반복하강속도는 최대 설치높이에서 최대사용하중을 5000회 연속하여 가하는 때에 기능에 이상이 생기지 않을 것

2) 피난기의 승강판 상승속도 기준 : 40cm/s 이상일 것

③ 일반건축물 화재 시 발생하는 Roll Over현상과 LNG저장탱크에서 발생하는 Roll Over현상에 대하여 각각 설명하시오.

1. 일반건축물 화재 시 발생하는 Roll Over현상

1) 정의

(1) 열분해된 미연소 연료가 천장 하부에 축적되면서 층을 이루고, 이것이 연소하한에 도달했을 때 점화되면서 화염선단이 천장 밑을 굴러가는 것처럼 보이며, 연소하는 상태를 플레임오버 또는 롤오버라 한다.

(2) 플레임오버가 천장을 가로지르며 회전하는 것처럼 보이는 이유는 천장 하부에 축적되면서 냉각된 연기를 천장에서 밀어내는 점화된 미연소 연료 입자들의 부력이 증가하기 때문이다.

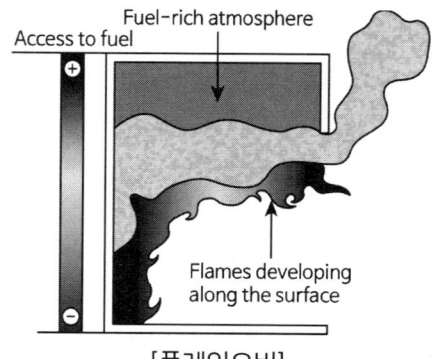

[플레임오버]

2) 발생 Mechanism

(1) 구획실 화재가 공기 부족 상태
(2) 산소가 부족하여 미연소 된 열분해물이 만들어 지면서 상부층을 형성
(3) 상부층을 구성하는 미연소 열분해물이 계속 축적되면서 연소범위에 들어감
(4) 화염에 접촉하면서 미연소 열분해물이 점화
(5) 상부층 저부에는 고농도의 산소가 있어 화염영역을 형성
(6) 미연소 열분해물 및 산소의 가연성 혼합기가 있는 곳에서 점화 후 미연소 열분해물이나 산소가 소진될 때까지 화염은 확산됨

3) 발생지표

(1) 상부층이 두꺼워지기 시작하며 상부층에 불완전 연소생성물이 증가

(2) 상부층의 온도가 증가하면서 상부층을 구성하는 미연소 열분해물의 온도가 자동발화온도까지 상승

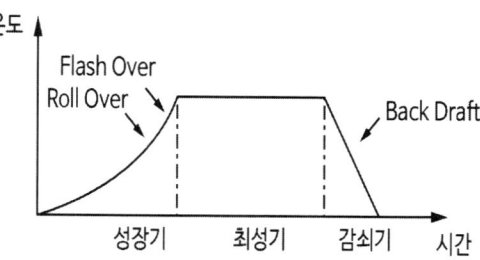

(3) 상부층에서 난류 혼합이 발생하며 상부층이 활발하게 혼합되기 시작하면 상부층 전체의 온도가 증가하고, 이로 인해 상부층 저부에 있는 열분해물과 신선한 공기와의 혼합이 크게 증가

2. LNG저장탱크에서 발생하는 Roll Over현상

1) 정의
(1) LNG 저장탱크에서 상·하부층의 밀도 차이에 의한 역전현상으로 인해 고밀도군과 저밀도군의 혼합이 급격히 일어나면서 열방출이 수반되는 현상을 말한다.

(2) LNG는 가스전이 다를 경우에는 연료의 밀도나 조성, 발열량 등이 차이가 날 수 있으며, 동일한 저장탱크에 밀도가 불균일한 상태에서 보관할 경우 층상화가 될 수 있다.

2) 발생 조건
(1) 액체 내에 온도차가 있는 경우

(2) 화물을 순환시키지 않고 장시간 보관하는 경우

(3) 유사하거나 호환 가능한 화물을 한 탱크에 저장하는 경우

(4) 2개 이상 탱크의 응축수가 하나의 탱크로 반송된 경우

3) 발생 Mechanism
(1) LNG 등의 위험물탱크에서 기존 저밀도의 수용물에 고밀도의 수용물을 하부에서 주입하면 탱크내의 기존 저밀도의 수용물은 상부로 상승하므로 두 수용물 간에 층화현상이 발생함

(2) 즉 탱크 하부에는 고밀도 중질액, 상부에는 저밀도 경질액으로 서로 다른 밀도층을 형성함

(3) 이러한 상태에서 하부층은 상부층으로부터 가압, 저장탱크 벽면과 바닥면으로부터 지속적인 열의 유입으로 인해 하부층의 밀도가 저하됨

(4) 한편 상층부에서도 저장탱크 측면으로부터 열이 전달되어 상부 액면에서 증발이 발생하므로 서서히 농축되어 액밀도는 상승함

(5) 하부층 밀도가 상부층 밀도보다 저하되면 상·하층이 반전하여 급격한 혼합이 일어나며, 교반 시 입자 간의 충돌에 의해 열이 방출됨

(6) 특히 상부층에서 온도가 일시에 상승하고 급격히 기화하여 대량의 증발가스(BOG, Boiled Off Gas)가 발생하는데, 이러한 현상을 Roll Over라 함

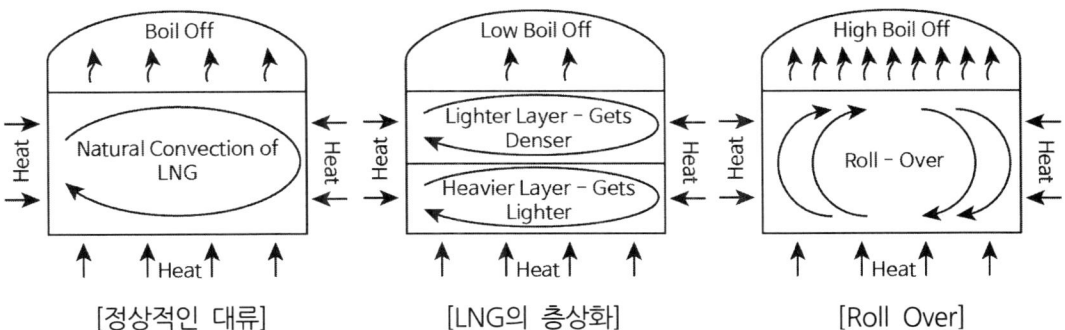

[정상적인 대류]   [LNG의 층상화]   [Roll Over]

4) 문제점

　(1) 정상 상태보다 최대 10배까지 증기가 증가하므로 탱크의 압력이 증가하여 과압 발생

　(2) 탱크의 릴리프밸브 리프팅

5) Roll Over 방지조치

　(1) 탱크에 위험물 충전 시

　　① Jet 노즐(Special Mixing Nozzle)로 주입
　　　・ 잔류 수용물과 혼합되도록 하여 층상화를 방지함
　　　・ 수용물의 밀도에 따라 구분 주입. 즉, 밀도차가 $10kg/m^3$ 초과 시 같은 탱크에 주입을 피함

　　② 탱크의 수용물 충전 입구를 2개소로 분리 설치하고, 상층부 중질액을 하층부 경질액을 충전
　　　・ 상층부는 중질액용(고밀도용) 충전입구를 설치하고, 하층부에는 경질액용(저밀도용) 충전입구를 설치하여 밀도에 따라 구분 주입하여 층상화를 방지함
　　　・ 주입 시 배관을 통해 소량으로 서서히 공급하므로 상·하층부 간에 급격한 혼합이 되지 않고 서서히 혼합되므로 층상화를 방지할 수 있음

　(2) 저장 수용물을 주기적으로 교반, 혼합

　(3) 탱크보온조치를 하여 입열을 방지

　(4) 압력계, 온도계, 비중계를 설치

6) Roll Over 안전조치

　(1) Roll Over 발생 시 많은 양의 Vapor가 발생하므로 탱크 내의 압력 상승

　(2) 탱크 내 압력 증가에 따라 작동하는 Relief Valve 및 Vent를 설치하여 탱크 보호

4 공사현장에서의 용접·용단 작업 시 다음 사항에 대하여 설명하시오.
1) 비산불티의 특성 및 비산거리 영향요인
2) 용접·용단 작업 시 화재 및 폭발의 주요발생원인과 대책

1. 개요

1) "용접·용단"이라 함은 2개 이상의 고체금속을 하나로 접합시키는 금속가공 기술수단과 전극봉과 모재금속 간에 아크열 등으로 용융시켜 금속을 자르거나 또는 잘라내는 것을 말한다.
2) 전체 화재 건수 약 42000건 중 용접화재는 1300건으로 3%를 차지하는데, 특히 신축·증축 시 점화원으로 작용하여 화재·폭발의 원인이 된다.

2. 비산불티의 특성 및 비산거리 영향요인

1) 비산불티의 특성

(1) 수천 개의 불티가 발생하고 비산함
(2) 풍향, 풍속에 따라 불티의 비산거리가 달라짐
(3) 용접 비산불티는 1600℃ 이상의 고온물질
(4) 점화원이 될 수 있는 비산불티의 크기는 0.3 ~ 3mm
(5) 가스용단은 산소압력, 절단방향과 속도에 따라 비산불티의 양과 크기가 달라질 수 있음
(6) 비산 후 많은 시간이 경과된 뒤에도 열축적에 의해 화재가 발생할 수 있음

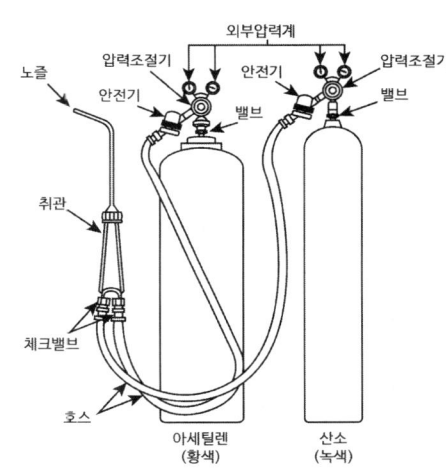

2) 비산거리 영향요인

(1) 작업높이
(2) 철판의 두께
(3) 작업의 종류 : 세로방향, 아래방향
(4) 풍향 및 풍속 : 역풍, 순풍, 1 ~ 5m/s

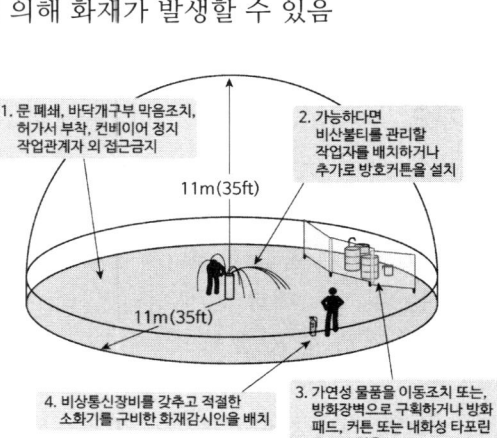

3. 용접·용단 작업 시 화재 및 폭발의 주요발생원인과 대책

구분	주요발생원인	대책
화재	불꽃비산	• 불꽃받이나 방염시트를 사용 • 불꽃비산구역 내 가연물을 제거하고 정리·정돈 • 소화기를 비치
	열을 받은 용접부분의 뒷면에 있는 가연물	• 용접부 뒷면을 점검 • 작업종료 후 점검
폭발	토치나 호스에서 가스누설	• 가스누설이 없는 토치나 호스를 사용 • 좁은 구역에서 작업할 때는 휴게시간에 토치를 공기의 유통이 좋은 장소에 둠 • 호스접속 시 실수가 없도록 호스에 명찰을 부착
	드럼통이나 탱크를 용접, 절단시잔류 가연성 가스 증기의 폭발	• 내부에 가스나 증기가 없는 것을 확인
	역화	• 정비된 토치와 호스를 사용- 역화방지기를 설치
화상	토치나 호스에서 산소 누설	• 산소누설이 없는 호스를 사용
	산소를 공기대신으로 환기나 압력 시험용으로 사용	• 산소의 위험성 교육을 실시- 소화기를 비치

---

5 에너지저장장치(ESS, Energy Storage System)를 의무적으로 설치해야 하는 대상, ESS 설비의 구성, 「전기저장시설의 화재안전성능기준」에서 규정하고 있는 배터리용 소화장치에 대하여 설명하시오.

1. 개요

1) "전기저장장치"란 생산된 전기를 전력계통에 저장했다가 전기가 가장 필요한 시기에 공급해 에너지 효율을 높이는 것으로 배터리, 배터리 관리 시스템, 전력 변환 장치 및 에너지 관리시스템 등으로 구성되어 발전·송배전·일반 건축물에서 목적에 따라 단계별 저장이 가능한 장치를 말한다.

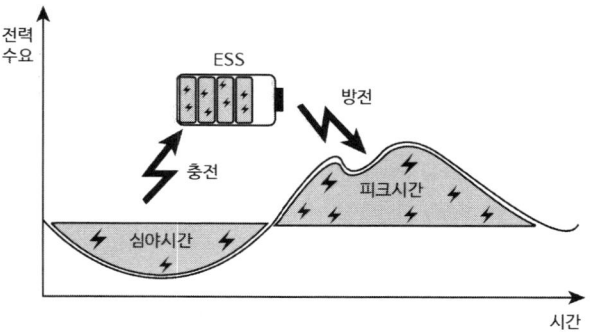

2) 에너지 저장은 배터리 방식인 리튬이온전지, 레독스 이온전지, 나트륨황전지, 슈퍼 캐피시터와 비배터리 방식인 압축공기저장, 플라이휠저장 등으로 구분된다.

2. ESS 설치 대상 (공공기관 에너지이용합리화 추진에 관한 규정)

계약전력 1000kW 이상의 건축물에 계약전력 5% 이상 규모의 에너지저장장치(ESS)를 설치해야 함

1) 시·도 교육청
2) 공공기관
3) 지방공단
4) 국립대학병원 설치법에 따른 병원
5) 국립·공립 학교

3. ESS 설비의 구성

1) 전력저장원

(1) 전력을 저장하는 장치

(2) LiB(리튬이온전지), NaS(나트륨황전지), RFB(레독스흐름전지), Super Capacitor(슈퍼커패시터), Flywheel(플라이휠), CAES(압축공기저장)

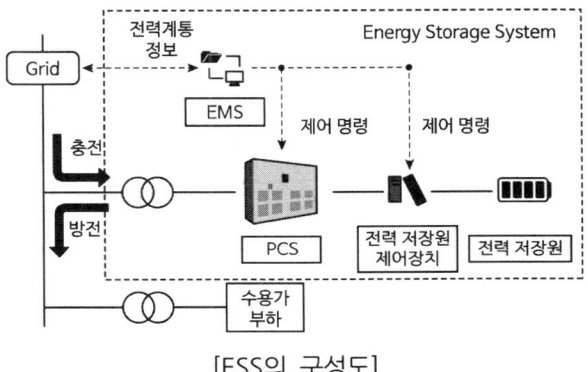

[ESS의 구성도]

2) 전력변환장치(PCS, Power Conditioning System)

전력을 전달받아 배터리에 저장하거나 전력 계통으로 송전하기 위해 전기의 특성(주파수, 전압, AC/DC)을 변환해주는 시스템

3) 배터리 관리 시스템(BMS, Battery Management System)

배터리팩의 기본 기능이 안전하게 운전되도록 관리하고, 유사시 안전하게 조치가 되도록 확인하는 전체 관리 시스템

4) 에너지관리 시스템(EMS, Energy Management System)

에너지저장장치를 효율적, 경제적으로 운영할 수 있도록 배터리와 PCS를 제어하는 시스템

4. 「전기저장시설의 화재안전성능기준」에서 규정하고 있는 배터리용 소화장치

1) 스프링클러설비

(1) 스프링클러설비는 습식 스프링클러설비 또는 준비작동식 스프링클러설비(신속한 작동을 위해 '더블인터락' 방식은 제외)로 설치

(2) 전기저장장치가 설치된 실의 바닥면적(바닥면적이 230m² 이상인 경우에는 230m²) 1m²에 분당 12.2리터 이상의 수량을 균일하게 30분 이상 방수할 수 있도록 할 것

(3) 스프링클러헤드의 방수로 인해 인접 헤드에 미치는 영향을 최소화하기 위하여 스프링클러헤드 사이의 간격을 1.8m 이상 유지할 것. 이 경우 헤드 사이의 최대 간격은 스프링클러설비의 소화성능에 영향을 미치지 않는 간격 이내로 할 것

(4) 준비작동식 스프링클러설비를 설치할 경우 규정에 따른 감지기를 설치

(5) 스프링클러설비를 유효하게 일정 시간 이상 작동할 수 있는 비상전원을 갖출 것

(6) 준비작동식 스프링클러설비의 경우 전기저장장치의 출입구 부근에 수동식기동장치를 설치

(7) 소방자동차로부터 전기저장장치 설비에 송수할 수 있는 송수구를 「스프링클러설비의 화재안전성능기준(NFPC103)」에 따라 설치

2) 배터리용 소화장치

다음 의 어느 하나에 해당하는 경우에는 1) 스프링클러설비에도 불구하고 중앙소방기술심의위원회의 심의를 거쳐 소방청장이 인정하는 시험방법으로 시험기관에서 전기저장장치에 대한소화성능을 인정받은 배터리용 소화장치를 설치할 수 있다.

(1) 옥외형 전기저장장치 설비가 컨테이너 내부에 설치된 경우

(2) 옥외형 전기저장장치 설비가 다른 건축물, 주차장, 공용도로, 적재된 가연물, 위험물 등으로부터 30m 이상 떨어진 지역에 설치된 경우

---

6 다음 사항에 대하여 설명하시오.
1) 푸리에(Fourier)의 열전도법칙, 뉴턴(Newton)의 냉각법칙
2) 기체분자운동론의 가정 5가지, 그레이엄(Graham)의 확산법칙

1. 푸리에(Fourier)의 열전도법칙

1) 정의

(1) 열전도에 대한 반응속도식

(2) 기체와 액체는 불규칙적으로 입자가 움직이는 과정에서 충돌에 의해 전도되며, 고체는 내부 입자의 진동 및 자유전자의 이동으로 전도가 이루어짐

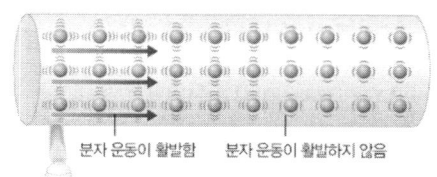

분자 운동이 활발함   분자 운동이 활발하지 않음

2) 관련 식

(1) 열유속($\dot{q}''$)

$$\dot{q}'' = -k\frac{dT}{dx} = -k\frac{T_2 - T_1}{L} = k\frac{T_1 - T_2}{L} = k\frac{\Delta T}{L} \text{ (W/m}^2\text{)}$$

① k : 열전도도(W/m·K), L : 재료두께(m), T_1 : 고온부 온도(K),
T_2 : 저온부 온도(K), ΔT : 온도차(K)

② 이중프라임표시는 단위면적당 유속(Flux)을 의미한다.

(2) 열흐름률($\dot{q}$)

$$\dot{q} = \dot{q}'' \times A = kA\frac{T_1 - T_2}{L} = kA\frac{\Delta T}{L} \text{(W)}$$

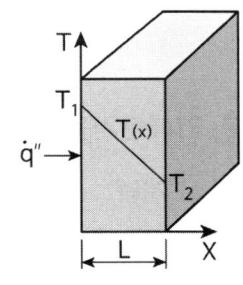

3) 의미

(1) 전도에 의한 열흐름률은 열전도도, 표면적, 고체표면 사이의 온도차, 고체의 두께의 영향을 받음

(2) $\frac{dT}{dx} < 0$ 이지만 열유속은 양수이므로 이를 고려하기 위해 − 를 붙임

2. 뉴턴(Newton)의 냉각법칙

1) 정의

(1) 열대류 계산식

(2) 온도차 → 부피 팽창 → 밀도 감소 → 부력 발생 → 대류 열전달

2) 관련 식

(1) 열유속($\dot{q}''$)

$$\dot{q}'' = h \times (T_1 - T_2)\text{(W/m}^2\text{)} \quad h : \text{대류열전달계수(W/m}^2\text{·K), T : 온도(K)}$$

(2) 열흐름률($\dot{q}$)

$$\dot{q} = \dot{q}'' \times A = hA(T_1 - T_2) = hA\Delta T\text{(W)} \quad A : \text{물체의 표면적(m}^2\text{)}$$

3) 의미

(1) 대류에 의한 열흐름률은 대류열전달계수, 표면적, 고체표면과 유체사이의 온도차의 영향을 받음

(2) 뜨거운 물체 표면위를 차가운 유체가 빨리 흐를수록 물체의 냉각효과는 더 커짐

(3) 대류열전달계수(h)는 고체표면의 형상, 유동조건, 유체의 상태량 등에 따라 달라지므로 전도열전달계수(k)와 달리 물질의 상태량이 아님

3. 기체분자운동론의 가정 5가지

1) 개념

(1) 기체 분자 운동론 (Kinetic Theory of Gas)은 이상기체의 조건을 말함

(2) 이상기체는 이상기체 상태방정식에 정확하게 적용되는 기체로, 실제로는 존재하지 않는 가상적인 기체임

(3) 실제기체는 분자의 부피가 존재하고, 분자간의 인력이나 반발력이 작용하므로 이상기체 상태방정식에 정확하게 적용되지 않음

2) 기체분자운동론의 가정 5가지

(1) 기체 분자들은 다양한 속력 분포를 가지고 무질서한 방향으로 끊임없이 불규칙적인 운동을 함

(2) 기체 분자 사이에는 인력이나 반발력이 작용하지 않음

(3) 기체 분자는 완전탄성체로, 충돌에 의하여 기체의 운동 에너지는 변하지 않음

(4) 기체 분자 자체의 크기는 기체가 차지하는 전체 부피에 비하여 무시할 수 있을 정도로 작음

(5) 기체 분자의 평균 운동 에너지는 절대 온도에만 비례하며, 분자의 크기, 모양 및 종류에는 영향을 받지 않음($E_k = \frac{3}{2}kT$ (k : 볼쯔만 상수, T : 절대온도))

3) 이상기체와 실제기체와의 비교

구분	이상기체	실제기체
분자의 크기	0	있음
분자의 질량	있음	있음
0K에서의 부피	0	0K 이전에 액체나 고체로 됨
기체에 관한 법칙	완전히 일치	고온·저압에서 일치
분자간 인력·반발력	없음	있음

4. 그레이엄(Graham)의 확산법칙

1) 정의

(1) 용기 속에 작은 틈으로 분출되는 기체의 속도를 측정하여 발견한 법칙

(2) 그레이엄은 "같은 온도와 압력에서 두 기체의 확산 속도는 분자량의 제곱근에 반비례한다."는 것을 실험적으로 증명함

2) 관련 식

$$\frac{v_2}{v_1} = \sqrt{\frac{M_1}{M_2}} = \sqrt{\frac{\rho_1}{\rho_2}} \quad M_1, M_2 : 기체1, 2의 분자량, \rho_1, \rho_2 : 기체1, 2의 밀도$$

3) 적용

그레이엄의 확산 속도의 법칙은 확산과 분출에서 모두 성립한다.

(1) 확산 : 같은 조건에서 한 기체가 다른 기체 속으로 균일하게 퍼져 들어가는 현상

(2) 분출 : 용기에 들어 있던 기체가 작은 구멍으로 빠져 나오는 현상

4) 확산 속도에 영향을 주는 요인

(1) 온도가 높을수록 확산 속도는 빠름

(2) 물보다 공기 중에서 확산 속도가 빠르고, 공기보다 진공속에서 확산 속도가 빠름

(3) 기체 분자의 질량이 작을수록 확산 속도가 빠름

5) 기타

그림은 0℃에서 분자량이 서로 다른 여러 기체 분자의 속력에 따른 분자 수의 분포 변화를 나타낸 것이다. 그림에서 알 수 있듯이 일정한 온도에서 분자량이 작은 기체일수록 분자 속력이 빠른 쪽의 분자 수의 분포 비율이 커진다.

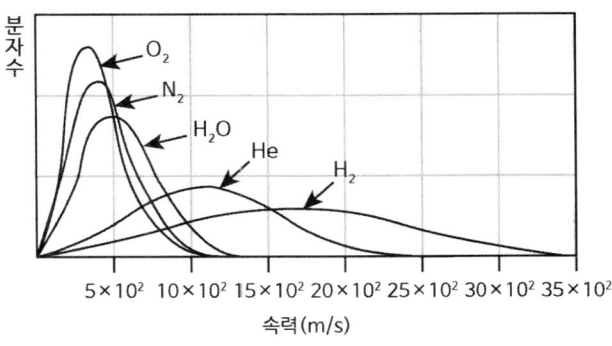

129회 3교시

1 도로터널에 관한 다음 사항을 설명하시오.
1) 방재등급별 기준 및 방재시설의 종류
2) 터널화재에서의 백 레이어링(Back Layering) 현상과 예방대책

1. 터널의 등급구분

1) "도로터널"은 자동차의 통행을 목적으로 지반을 굴착하여 지하에 건설한 구조물, 개착공법으로 지중에 건설한 구조물(Box형 지하차도), 기타 특수공법(침매공법 등)으로 하저에 건설한 구조물(침매터널 등)과 지상에 건설한 터널형 방음시설(방음터널)을 말한다.
2) 방재시설 설치를 위한 터널등급은 터널연장(L)을 기준으로 하는 연장등급과 교통량 등 터널의 제반 위험인자를 고려한 위험도 지수(X)를 기준으로 하는 방재등급으로 구분한다.
3) 터널의 방재등급은 개통 후 매 5년 단위로 실측교통량 및 주변 도로 여건을 조사하여 재평가하며, 이에 따라 방재시설의 조정을 검토할 수 있다.

2. 연장등급 및 방재등급별 기준

등급	터널연장(L) 기준		위험도지수(X) 기준
	일반도로터널 및 소형차전용터널	방음터널	
1	3000m 이상 (L ≧ 3000m)	3000m 이상 (L≧3000m)	X > 29
2	1000m 이상, 3000m 미만 (1000 ≦ L < 3000m)	1000m 이상, 3000m 미만 (1000 ≦ L < 3000m)	19 < X ≦ 29
3	500m 이상, 1000m 미만 (500 ≦ L < 1000m)	250m 이상, 1000m 미만 (250 ≦ L < 1000m)	14 < X ≦ 19
4	연장 500m 미만 (L < 500)	연장 250m 미만 (L < 250)	X ≦ 14

3. 방재시설의 종류

1) 설치기준

터널방재시설은 연장등급에 의해서 설치하는 시설과 방재등급에 의해서 설치하는 시설로 구분하며, 방재시설의 설치기준은 아래와 같이 정하며, 다음과 같이 설치한다.
 (1) 「소방시설법」에 따른 설치대상 방재시설 및 피난연결통로는 연장등급에 의해서 설치
 (2) (1)항에서 정의한 시설 외의 방재시설은 방재등급에 의해서 설치

2) 방재시설의 종류

구분	종류
소화설비	소화기구, 옥내소화전설비, 물분무설비, 원격제어살수설비
경보설비	비상경보설비, 자동화재탐지설비, 비상방송설비, 긴급전화, CCTV, 자동사고감지설비, 재방송설비, 정보표지판, 진입차단설비
피난대피설비	비상조명등, 유도등, 피난·대피시설, 피난연결통로, 피난대피터널, 격벽분리형 피난대피통로, 비상주차대
소화활동설비	제연설비, 무선보조통신설비, 연결송수관설비, 비상콘센트설비
비상전원설비	무정전전원설비, 비상발전설비

(1) 원격제어살수설비

소형차 전용터널 및 방음터널에서 화재발생 초기에 터널관리자가 원격제어하여 신속하게 화재를 진압하기 위한 소화설비

(2) 긴급전화

사고 당사자 또는 발견자가 사고 발생을 도로 관리자 등에게 연락하기 위한 전용전화

(3) 자동사고감지설비

터널에 설치된 CCTV의 영상정보 또는 주파수 등을 이용하여 수신된 검지데이터를 실시간으로 분석하여 설정된 긴급상황 발생 시 자동으로 관리시스템으로 알리기 위한 설비

(4) 재방송 설비

라디오방송 및 지상파 멀티미디어방송의 수신이 불가능한 터널 내에 누설동축케이블 또는 안테나 등을 설치하여 방송파를 수신·증폭하여 터널 내부 또는 입출구부로 송신하여 방송을 수신할 수 있는 설비

(5) 피난·대피시설

피난·대피시설은 피난연결통로, 피난대피터널, 격벽분리형 피난대피통로, 비상주차대, 배면대피통로가 있음

4. 터널화재에서의 백 레이어링(역기류, Back Layering) 현상과 예방대책

1) 백 레이어링 현상

(1) 정의

터널에서 화재 시 생성된 연기가 부력에 의해 상승하고 터널의 천장을 만나면 터널의 길이 방향으로 전파되는데, 피난방향으로 연기가 전파되지 못하도록 피난방향에서 화재방향으로 기류를 불 때 이 기류를 이기고 피난방향으로 연기가 전파되는 현상

(2) 역기류로 인한 문제점

① 피난방향으로 연기가 유동하므로 가시거리 저하

② 유독성 가스에 의한 인명피해

③ 패닉발생으로 피난장애

(3) 영향 인자 : 배연설비 풍량, 바람, 터널 길이, 터널 경사도, 화재강도

(4) 임계풍속(Critical Velocity)

① 역류 방지를 위한 최소 풍속인 임계 풍속(V_c)을 유지하도록 제트팬 설치대수 결정

② 임계풍속 식

$$V_c = K_g F^{-\frac{1}{3}} \left(\frac{gHQ}{\beta \rho_o C_P A T_f}\right)^{\frac{1}{3}}$$

K_g : 터널경사 보정계수, F : 프루드수(4.5)
H : 화점으로부터 천장높이, Q : 화재강도(MW)
β : 보정계수, C_P : 정압비열(J/kg·K)
A : 터널단면적(m^2), T_f : 화점온도(K)

• 터널이 높고, 단면적이 작을수록 임계풍속은 크다.

• 화재강도가 클수록 임계풍속은 크다.

2) 예방대책 : Jet Fan 기류속도 > 임계풍속

(1) 횡류식으로 설계

(2) 수직갱 배기방식 적용

(3) 임계풍속 이상의 충분한 Fan용량

(4) 터널의 경사, 풍향, 풍압을 고려한 성능설계

(5) 물분무소화설비 설치

(6) 터널의 화재시험 등 실물시험 실시

2 원형관에서 유체의 유동으로 발생하는 손실(loss in pipe flow)에 관한 다음 사항을 설명하시오.
1) 달시-바이스바하(Darcy-Weisbach)식
2) 하젠-윌리엄스(Hazen-Williams) 실험식
3) 돌연 확대·축소관에서의 손실수두식

1. 개요

1) 배관의 마찰손실은 직관에서 발생하는 주손실(Main Loss)과 부속품에서 발생하는 부차손실(Minor Loss)로 구분한다.
2) 마찰손실은 Darcy Weisbach식을 기초로 하여 마찰계수 f를 별도로 구해서 계산하거나 Hazen Williams식을 적용한다.
3) 배관계통설계에서 관에서 발생하는 마찰손실과 이 손실을 극복해서 유량이 흐르게 하는 데 필요한 동력을 계산해야 한다.

2. 달시-바이스바하(Darcy Weisbach)식

배관의 마찰손실계수와 부속품의 등가길이를 반영하여 계산

1) 공식

$$H = f \frac{l}{d} \frac{v^2}{2g} = \frac{8fl}{g\pi^2} \times \frac{Q^2}{d^5}$$

H : 관의 마찰손실수두(m), f : 관의 마찰손실계수
l : 관의 길이(m), d : 배관의 내경(m)
v : 유속(m/s), g : 중력가속도(m/s^2)

2) 적용 : 모든 유체(층류, 난류)

3) 원형배관 내의 층류 마찰손실

(1) 유체가 흐를 때 벽에 인접해서 얇은 층류막이 형성되고, 층류는 중심선상에서 최대속도를 가지며, 최대속도를 $v_{\max}$, 평균속도를 v라고 하면 $v_{\max} = 2v$를 만족시키는 포물면을 형성함. 층류에서는 층류막의 두께가 두꺼워 관표면에 분포되는 유체가 층류막에 매몰되므로 표면조도가 마찰저항에 영향을 주지 않는 유동임

(2) 층류에서 관마찰 손실은 주로 점성마찰에 기인하고, 관마찰계수는 레이놀즈수의 함수임

(3) 층류에서 발생하는 마찰손실은 하겐포아젤방정식에 따름

① 하겐포아젤 방정식 : $\Delta h = \dfrac{128\mu Q l}{\rho g \pi d^4}$

② 위의 식에 $Q = \dfrac{\pi}{4}d^2 v$를 대입하고 Darcy Weisbach와 같은 형으로 변형하면

$\Delta h = \dfrac{64\mu}{\rho v d} \times \dfrac{l}{d} \times \dfrac{v^2}{2g}$, $f = \dfrac{64}{Re}$ ($v = 0.5 \times v_{max}$)

(4) $Re \leq$ 2,100이면 상기 마찰손실계수 식으로 계산 후 Darcy Weisbach 공식을 사용하면 됨

[층류 유동]   [난류 유동]

4) 원형배관 내의 난류 마찰손실

(1) 난류 유동의 경우 유동기구가 충분히 해명되지 않았으므로 배관 마찰의 이론식은 없고, 무디선도나 실험식 또는 반이론식이 사용됨

(2) 난류 유동에서 f는 레이놀즈수와 배관의 상대조도 ε/d에 의해 구해지는 것으로서 무디선도를 이용하여 구할 수 있고, 관의 종류에 따른 절대조도 ε는 표에 제시됨

3. 하젠-윌리엄스(Hazen Williams) 실험식

조도계수와 부속품의 등가길이를 반영하여 계산

1) 공식

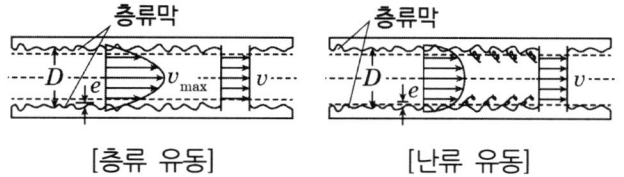

$\Delta P = 6.174 \times 10^5 \times \dfrac{Q^{1.85}}{C^{1.85} \times d^{4.87}} \times L$

ΔP : 관의 마찰손실 압력(kgf/cm²)
Q : 유량(lpm), C : 배관의 조도계수
d : 배관의 내경(mm), L : 배관의 길이(m)

2) 적용 : 물(난류)

3) 배관의 조도계수

(1) NFPA 제시값 적용

아연 강관	흑관		동관, 스테인리스 관 CPVC 관
	습식, 일제살수식	준비작동식, 건식	
신규값 140 설계값 120	120	100	150

① 흑관 : 탄소 강관에 일차 방청도장만 한 것, 백관 : 흑관에 아연 도금한 것
② 덕 타일 주철관은 C = 100 적용
(2) 강관재질은 신규 건물은 C값은 140이나 시간 경과에 따른 부식 등의 경년 변화를 고려하여 C값을 120으로 적용
(3) 동관, CPVC 관은 부식에 강한 배관으로 배관의 표면이 오랫동안 유지되므로 C값의 조정은 필요없음

4. 돌연 확대·축소관에서의 손실수두식

구분	돌연확대관	돌연축소관
개념	• 유로단면이 갑자기 확대된 부분에서는 와류가 발생하고 마찰손실이 크기 때문에 속도수두가 줄어든 양만큼 압력수두가 상승하지 못함 • 발생된 큰 와류가 사라지면서 다시 정상난류로 회복되는 거리는 관 지름의 약 50배 정도 된다. 관벽의 마찰력은 와류에 의한 전단력에 비해 작으므로 생략할 수 있음 • 정상난류로 회복되는 단면의 직경을 D_2로 하고 확대되기 전의 상류단면의 직경을 D_1으로 하여 해석	• 유체의 흐름은 단면적 A_o까지 1차로 축소된 후 단면적 A_2까지 확대된다. • 단면적 A_1에서 A_o까지 축소되는 사이에 에너지변환은 거의 안정되어 미소한 와류를 동반할 뿐이며, 손실은 매우 적어 무시 • 단면적 A_o에서 A_2로 확대되는 사이에 속도수두는 압력수두로 바뀌고, 그 사이의 에너지 변환은 불안정하여 손실은 A_1에서 A_o사이에서 발생하는 손실보다 매우 큼
그림		
손실 수두식	• $h_L = (1 - \dfrac{A_1}{A_2})^2 \times \dfrac{v_1^2}{2g}$ $= [1 - (\dfrac{D_1}{D_2})^2]^2 \times \dfrac{v_1^2}{2g} = K_L \times \dfrac{v_1^2}{2g}$ (K_L : 확대손실계수, v_1 : 확대전 유속)	• $h_L = (\dfrac{A_2}{A_o} - 1)^2 \times \dfrac{v_2^2}{2g}$ $= (\dfrac{1}{C_c} - 1)^2 \times \dfrac{v_2^2}{2g} = K_L \times \dfrac{v_2^2}{2g}$ (K_L : 축소손실계수, v_2 : 축소된 후 유속)
특징	• 돌연 확대되는 단면적의 비 A_1/A_2가 매우 작을 경우($A_1 \ll A_2$) $K_L \approx 1$이 되고, h_L이 최대가 되어 손실이 크게 발생 • 일반적으로 출구 손실계수는 1.0	• 일반적으로 큰 수조에서 작은 관으로 물이 흘러 들어갈 때 입구 손실계수는 0.5 • 축소된 관입구의 접합형태에 따라 베나축소계수는 0.5 ~ 1까지 다양함

3 「위험물안전관리법」에서 규정하는 인화성 액체에 관한 다음 사항을 설명하시오.
1) 인화점 시험방법 및 인화점 측정시험 방법 3가지
2) 제4류 위험물의 위험등급 분류 및 다른 유별 위험물과의 혼재가능 여부

1. 개요

1) 인화성 액체란 상온·상압(20℃, 1기압)에서 액체상태로 불에 탈 수 있는 물질을 말하며, 국내에서는 통상적으로 「위험물안전관리법」과 「산업안전보건법」에 따라 인화성 액체를 구분하고 있다.
2) NFPA 30에서는 인화점 100℉(37.8℃)를 기준으로 미만인 액체를 인화성 액체, 이상인 액체를 가연성 액체로 구분하고 있다.

2. 인화점 시험방법 및 인화점 측정시험 방법 3가지 (위험물안전관리에 관한 세부기준)

1) 태그 밀폐식 인화점 측정기에 의한 시험

(1) 시험장소는 1기압, 무풍의 장소로 할 것

(2) 「원유 및 석유 제품 인화점 시험방법 - 태그 밀폐식시험방법」(KS M 2010)에 의한 인화점 측정기의 시료컵에 시험물품 50cm³를 넣고 시험물품의 표면의 기포를 제거한 후 뚜껑을 덮을 것

(3) 시험불꽃을 점화하고 화염의 크기를 직경이 4mm가 되도록 조정할 것

(4) 시험물품의 온도가 60초간 1℃의 비율로 상승하도록 수조를 가열하고 시험물품의 온도가 설정온도보다 5℃ 낮은 온도에 도달하면 개폐기를 작동하여 시험불꽃을 시료컵에 1초간 노출시키고 닫을 것

(5) (4)의 방법에 의하여 인화하지 않는 경우에는 시험물품의 온도가 0.5℃ 상승할 때마다 개폐기를 작동하여 시험불꽃을 시료컵에 1초간 노출시키고 닫는 조작을 인화할 때까지 반복할 것

(6) (5)의 방법에 의하여 인화한 온도가 60℃ 미만의 온도이고 설정온도와의 차가 2℃를 초과하지 않는 경우에는 당해 온도를 인화점으로 할 것

(7) (4)의 방법에 의하여 인화한 경우 및 (5)의 방법에 의하여 인화한 온도와 설정온도와의 차가 2℃를 초과하는 경우에는 (2) 내지 (5)에 의한 방법으로 반복하여 실시할 것

(8) (5)의 방법 및 (7)의 방법에 의하여 인화한 온도가 60℃ 이상의 온도인 경우에는 (9) 내지 ⒀의 순서에 의하여 실시할 것

(9) (2) 및 (3)와 같은 순서로 실시할 것

⑽ 시험물품의 온도가 60초간 3℃의 비율로 상승하도록 수조를 가열하고 시험물품의 온도가 설정온도보다 5℃ 낮은 온도에 도달하면 개폐기를 작동하여 시험불꽃을 시료컵에 1초간 노출시키고 닫을 것

⑾ ⑽의 방법에 의하여 인화하지 않는 경우에는 시험물품의 온도가 1℃ 상승마다 개폐기를 작동하여 시험불꽃을 시료컵에 1초간 노출시키고 닫는 조작을 인화할 때까지 반복할 것

⑿ ⑾의 방법에 의하여 인화한 온도와 설정온도와의 차가 2℃를 초과하지 않는 경우에는 당해 온도를 인화점으로 할 것

⒀ ⑽의 방법에 의하여 인화한 경우 및 ⑾의 방법에 의하여 인화한 온도와 설정온도와의 차가 2℃를 초과하는 경우에는 ⑼ 내지 ⑾과 같은 순서로 반복하여 실시할 것

2) 신속 평형법 인화점 측정기에 의한 시험

(1) 시험장소는 1기압, 무풍의 장소로 할 것

(2) 신속 평형법 인화점 측정기의 시료컵을 설정온도까지 가열 또는 냉각하여 시험물품(설정온도가 상온보다 낮은 온도인 경우에는 설정온도까지 냉각한 것) 2㎖를 시료컵에 넣고 즉시 뚜껑 및 개폐기를 닫을 것

(3) 시료컵의 온도를 1분간 설정온도로 유지할 것

(4) 시험불꽃을 점화하고 화염의 크기를 직경 4mm가 되도록 조정할 것

(5) 1분 경과 후 개폐기를 작동하여 시험불꽃을 시료컵에 2.5초간 노출시키고 닫을 것

(6) (5)의 방법에 의하여 인화한 경우에는 인화하지 않을 때까지 설정온도를 낮추고, 인화하지 않는 경우에는 인화할 때까지 설정온도를 높여 제2호 내지 제5호의 조작을 반복하여 인화점을 측정할 것

3) 클리브랜드 개방식 인화점측정기에 의한 시험

(1) 시험장소는 1기압, 무풍의 장소로 할 것

(2) 「인화점 및 연소점 시험방법 – 클리브랜드 개방컵 시험방법」(KS M ISO 2592)에 의한 인화점측정기의 시료컵의 표선까지 시험물품을 채우고 시험물품의 표면의 기포를 제거할 것

(3) 시험불꽃을 점화하고 화염의 크기를 직경 4mm가 되도록 조정할 것

(4) 시험물품의 온도가 60초간 14℃의 비율로 상승하도록 가열하고 설정온도보다 55℃ 낮은 온도에 달하면 가열을 조절하여 설정온도보다 28℃ 낮은 온도에서 60초간 5.5℃의 비율로 온도가 상승하도록 할 것

(5) 시험물품의 온도가 설정온도보다 28℃ 낮은 온도에 달하면 시험불꽃을 시료컵의 중심을 횡단하여 일직선으로 1초간 통과시킬 것. 이 경우 시험불꽃의 중심을 시료컵 위쪽 가장자리의 상방 2mm 이하에서 수평으로 움직여야 한다.

(6) (5)의 방법에 의하여 인화하지 않는 경우에는 시험물품의 온도가 2℃ 상승할 때마다 시험불꽃을 시료컵의 중심을 횡단하여 일직선으로 1초간 통과시키는 조작을 인화할 때까지 반복할 것

(7) (6)의 방법에 의하여 인화한 온도와 설정온도와의 차가 4℃를 초과하지 않는 경우에는 당해 온도를 인화점으로 할 것

(8) (5)의 방법에 의하여 인화한 경우 및 제6호의 방법에 의하여 인화한 온도와 설정온도와의 차가 4℃를 초과하는 경우에는 (2) 내지 (6)과 같은 순서로 반복하여 실시할 것

3. 제4류 위험물의 위험등급 분류 및 다른 유별 위험물과의 혼재가능 여부

1) 제4류 위험물의 위험등급 분류

위험등급	품명	지정수량
I	특수인화물	50l
II	제1석유류, 알코올류	제1석유류 : 비수용성 200l, 수용성 400l, 알코올류 400l
III	위험등급 I, II에서 정하지 아니한 위험물	

2) 제4류 위험물의 다른 유별 위험물과의 혼재가능 여부

위험물의 구분	제1류	제2류	제3류	제4류	제5류	제6류
제1류		×	×	×	×	○
제2류	×		×	○	○	×
제3류	×	×		○	×	×
제4류	×	○	○		○	×
제5류	×	○	×	○		×
제6류	○	×	×	×	×	

※ 비고
① "×" 표시는 혼재할 수 없음을 표시
② "○" 표시는 혼재할 수 있음을 표시

4 층고가 낮은 지하주차장에 장방형 금속제 제연덕트를 설치할 경우 단면형상과 시공방법에 대하여 설명하시오.

1. 층고가 낮은 지하주차장에 제연덕트 설치 시 고려사항
1) 덕트의 경로는 될 수 있는 한 최단거리로 설치
2) 층고와 경제성을 고려하여 단면형상을 결정
3) 단면형상을 장방형 덕트 설치로 할 경우 긴 사각덕트의 형태이므로 마찰손실이 커지므로 이를 고려할 것
4) 댐퍼는 조작 및 점검이 가능한 위치에 있도록 하고 소음과 진동을 고려할 것
5) 송풍기에 연결되는 덕트는 시스템 효과를 고려할 것

2. 단면형상
1) 적용
(1) 건축물의 층고에 적합한 종횡비를 선정하되 가능한 적정 종횡비를 유지
(2) 마찰손실을 최소화하기 위해 1:1.5~2 정도가 적당하고, 최대 1:4 이하로 선정

2) 종횡비
사각 덕트 및 공기 취출구 등의 장변과 단변의 비(Aspect Ratio = $a:b$)

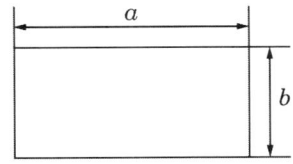

a : 사각 덕트 장변
b : 사각 덕트 단변

3) 사각 덕트를 원형 덕트 등가길이로의 환산식

$$d_{eq} = 1.3 \times \left[\frac{(ab)^5}{(a+b)^2}\right]^{\frac{1}{8}}$$

d_{eq} : 동일 저항인 원형 덕트 상당지름
a : 사각 덕트 장변, b : 사각 덕트 단변

4) 종횡비를 제한하는 이유

종횡비가 클 경우	종횡비가 작을 경우
• 소음의 증가 • 마찰손실이 증가하므로 운전비 상승 • 풍량의 분배가 고르지 못함 • 원자재가 많이 소요되므로 공사비 증가	• 낮은 천장고에 대응성 불리 • 마찰손실이 감소하므로 운전비 절감 • 저속 덕트에 적용

※ 동일단면적에 종횡비가 클 경우 동일한 마찰손실을 갖기 위해서는 덕트의 단면적을 크게 해야 하므로 공사비가 증가한다. (종횡비가 큼 → 덕트의 표면적 증가 → 상당직경은 작아짐 → 마찰손실 커짐)

3. 제연덕트의 시공방법

1) 덕트 간의 접속

⑴ 덕트의 접속은 앵글 플랜지 공법, 공판 플랜지 공법 및 슬라이드 온 플랜지 공법 등으로 접속

2) 덕트와 송풍기 간 접속

⑴ 덕트와 송풍기 사이는 내열성능의 캔버스로 연결할 것

⑵ 덕트길이, 차단판, 엘보방향 등 덕트시스템이 팬의 성능에 영향을 미치므로 아래의 사항을 고려함

① 흡입 측 및 토출 측에 근접하여 엘보 설치

② 급격한 덕트의 변화가 없도록 함

③ 벽이나 칸막이 등에 너무 근접한 흡입구 및 토출구는 흡입박스 등을 제작하여 설치하여 시스템 효과를 감소시킴

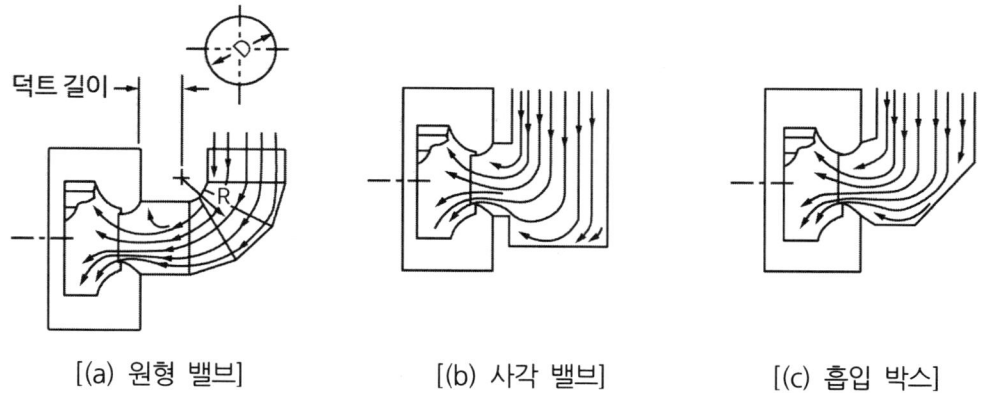

[(a) 원형 밸브]　　　[(b) 사각 밸브]　　　[(c) 흡입 박스]

3) 누기시험

설치된 덕트는 누설 시험장치를 이용하여 누기시험을 실시하고 누기가 발생할 경우 보강 후 재시험 실시

4) 보온

(1) 층고가 낮으므로 화재실에서 유입되는 연기는 Fire Plume의 열기를 그대로 풍도를 통과함

(2) 불연재료인 단열재로 풍도 외부에 유효한 단열 처리를 할 것

5) 강판의 두께

(1) 아연도금 강판 또는 동등 이상의 내식성, 내열성이 있을 것

(2) 강판의 두께

풍도의 긴 변 또는 직경의 크기(mm)	450 이하	450 초과 750 이하	750 초과 1500 이하	1500 초과 2250 이하	2250 초과
두께(이상)	0.5mm	0.6mm	0.8mm	1.0mm	1.2mm

① 덕트는 형상이나 재질, 사용압력에 따라 적절한 두께의 재질로 제작되어야 하는데, 사각덕트는 4변 중 폭이 가장 긴 쪽, 원형덕트는 직경을 기준으로 재료의 두께를 규정함

② 덕트의 크기나 사용압력에 비해 두께가 얇을 경우 변형 및 떨림과 소음의 우려가 있음

6) 구획을 관통할 경우

벽을 관통하는 덕트는 반드시 슬리브를 설치하고 슬리브와 덕트 사이의 공간은 내화채움성능이 있는 재료로 처리

---

5 초고층건축물에서 고가수조방식의 가압송수장치를 적용할 경우 저층부의 과압 발생문제를 해결할 수 있는 방안을 제시하시오.

1. 개요

1) 감압방식에는 펌프분리방식, 중계펌프방식, 고가수조방식, 감압밸브 방식, 부스터 펌프방식, 감압오리피스 사용방식 등이 있다.

2) 자연낙차를 이용한 고가수조방식은 동력원과 전원이 없어 작동 신뢰도가 높으며, 고층의 경우 낙차가 없어 별도의 펌프가 필요하며 저층부에는 낙차가 크므로 별도의 대책이 필요하다.

2. 가압송수장치 및 소화용수 급수배관의 구성방법

1) 소화시스템에 따른 구성

(1) 소화설비 시스템별로 구분 설치(스프링클러, 옥내소화전, 연결송수관)

(2) 소화설비 시스템을 통합하여 설치

2) 가압송수장치에 따른 구성

(1) 전동기 및 내연기관에 의한 구성 : 단일구성, 저층·중층·고층부 분할 구성

(2) 수조에 의한 구성 구분 : 단일수조, 다수 수조

(3) 혼합방식에 의한 구성 : 소화펌프 + 고가수조

3. 저층부의 과압 발생문제를 해결할 수 있는 방안

1) 감압밸브를 설치

(1) 개념

① 고가수조를 고층부에 1개소만 설치하여 고층부와 저층부를 각각의 배관으로 연결 후 저층부만 감압밸브 등을 통해 감압하는 방식

② 고층부는 자연낙차압를 이용하고, 저층부에 감압밸브를 설치하는 방법

(2) 구분

① 고층부 : 펌프가압

② 중층부 : 자연낙차

③ 저층부 : 자연낙차 + 감압밸브

(3) 특징

① 가장 많이 사용하는 일반적인 방식

② 저층부에 감압밸브 설치되어 있음에도 불구하고 과압 발생 시 감압오리피스 적용

③ 감압밸브에 대한 유지 관리가 필요하면 신뢰성은 고가수조 분리 방식에 비해 낮음

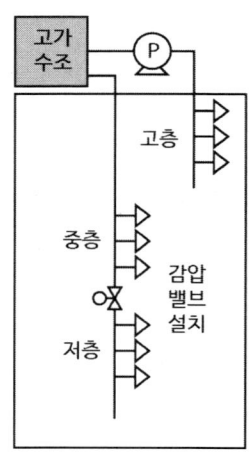

2) 고가수조 분리방식(다수의 고가수조를 설치하는 방식)

(1) 개념

① 고층부, 중층부, 저층부를 분리하여 과압이 발생하지 않도록 고가수조를 각각 설치하는 방식

② 중간수조가 있는 중간층에 별도의 수조를 설치하는 방식으로 고가수조와 같이 낙차를 이용하여 가압송수장치로 사용할 수 있음

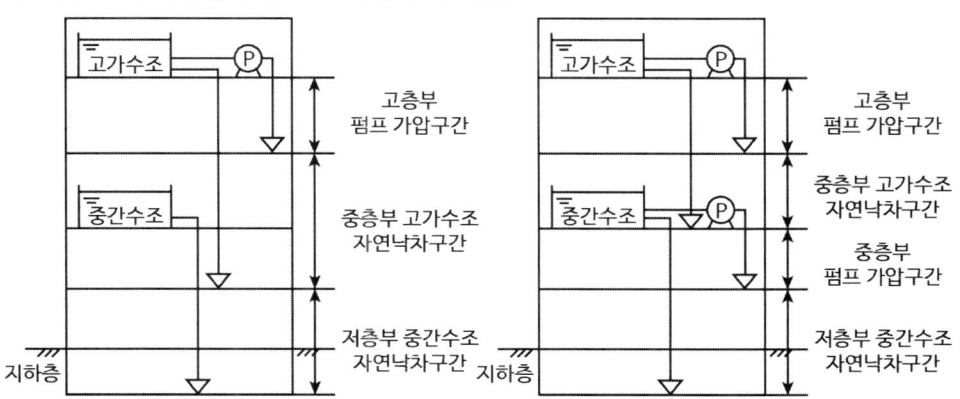

(2) 구분

① 고층부 : 펌프가압

② 중층부(중간수조) : 자연낙차

③ 저층부 : 중간수조의 자연낙차(압력 부족시 펌프 추가 설치)

(3) 특징

① 중간수조가 필요하므로 비용 상승

② 감압밸브 미사용으로 신뢰도 우수

③ 중간수조 하부층에서 규정 방수압이 안 나올 경우 펌프를 추가 설치함

※ **초고층 건축물 가압송수장치 및 소화용수 급수배관 설치 예**

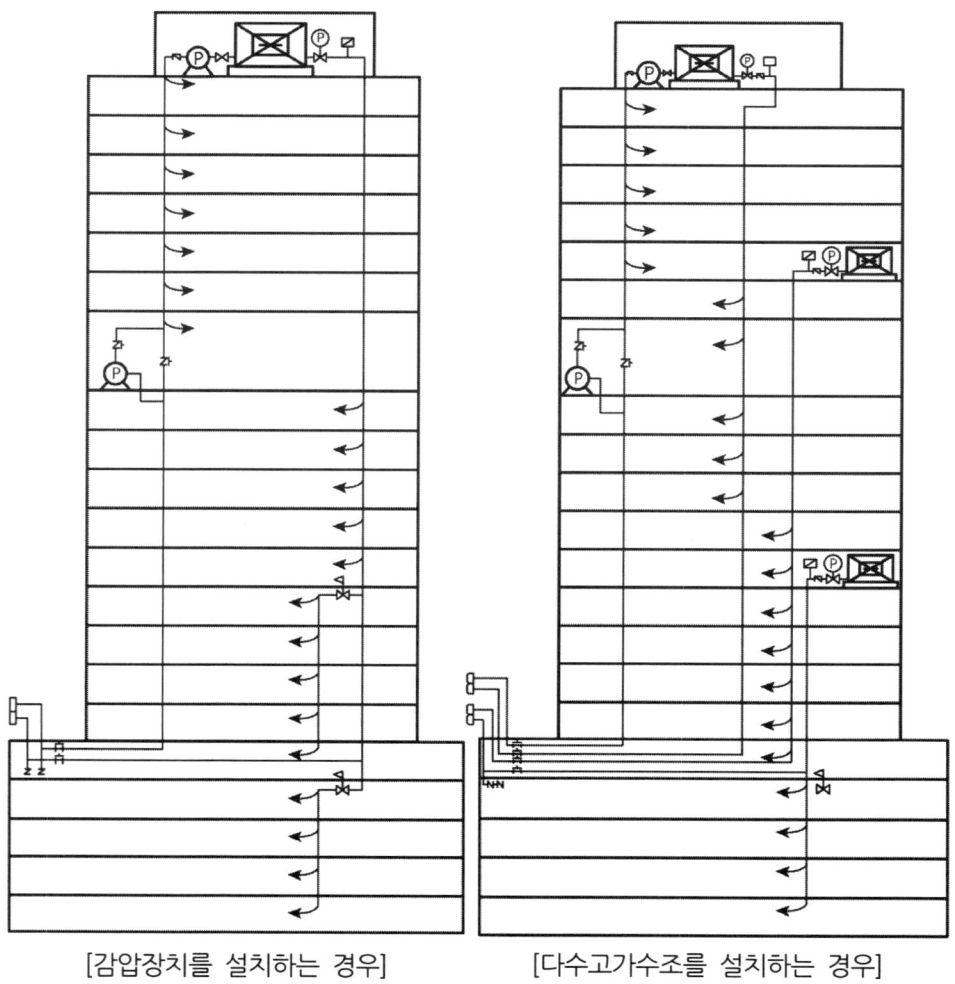

[감압장치를 설치하는 경우]   [다수고가수조를 설치하는 경우]

6 스프링클러설비의 화재안전성능기준에서 공동주택의 스프링클러헤드 수평거리 3.2 m 이하를 「스프링클러헤드의 형식승인 및 제품검사의 기술기준」의 유효반경으로 적용하도록 규정하고 있다. 수평거리 3.2m를 적용한 경우와 2.6m를 적용한 경우의 살수밀도를 계산하고, NFPA에서 규정하는 등급을 고려하여 적정성 여부를 설명하시오.

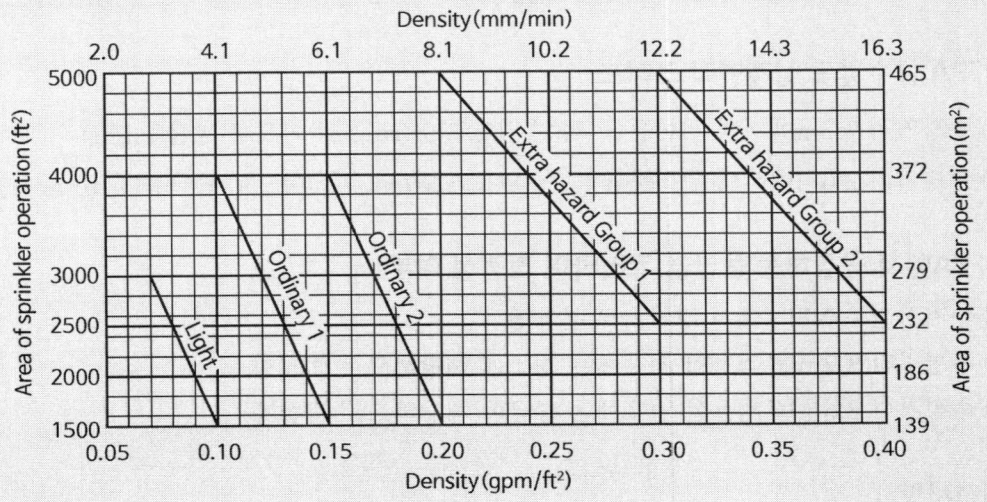

1. 헤드의 수평거리

1) 개념

소방대상물의 각 부분이 헤드의 수평거리 범위 내에 포함되어야 하므로 헤드를 중심으로 한 반경을 의미함

2) 수평거리

용도	수평거리
무대부, 특수가연물 저장·취급 장소	1.7m 이하
비내화구조	2.1m 이하
내화구조	2.3m 이하
아파트 등의 세대	2.6m 이하

※ 특수가연물 저장·취급 외의 창고 : 2.1m 이하(비내화구조), 2.3m 이하(내화구조)
※ 아파트 등은 외벽에 설치된 창문에서 0.6 m 이내에 스프링클러헤드를 배치하고, 배치된 헤드의 수평거리 이내에 창문이 모두 포함

2. 살수밀도

구분	수평거리 3.2m	수평거리 2.6m
헤드간 거리(S)(m)	S = 2×3.2×COS45° = 4.53	S = 2×2.6×COS45° = 3.68
헤드1개당 방호면적(S^2)(m^2)	S^2 =4.53^2 =20.52	S^2 =3.68^2 = 13.54
살수밀도(lpm/m^2)	$\dfrac{80\,lpm}{(2R\,COS\,45°)^2}$ = 3.9	$\dfrac{80\,lpm}{(2R\,COS\,45°)^2}$ = 5.9

3. NFPA 살수밀도 설계면적 그래프

1) 수평거리 3.2m에서의 위험등급 : 살수밀도 3.9(lpm/m^2)이므로 경급(Light)
2) 수평거리 2.6m에서의 위험등급 : 살수밀도 5.9(lpm/m^2)이므로 중급1(Ordinary1)

4. NFPA에서 규정하는 등급을 고려하여 적정성 여부

1) 주거시설은 NFPA에서 경급으로 분류됨
2) 수평거리 3.2m를 적용할 경우에는 경급에 해당하므로 적정함
3) 수평거리 2.6m를 적용할 경우에는 중급에 해당하므로 과설계

5. 개선사항

1) 방수밀도를 헤드의 수평거리로 표현하나 그 분류방식이 매우 단순하므로 다양한 위험장소 분류체계가 필요함
2) 국내는 헤드 설치간격을 헤드의 수평거리만 규정하고 최소설치간격은 규정하지 않으므로 이에 대한 개선 필요함

129회 4교시

1 전기자동차 화재와 관련하여 다음 사항을 설명하시오.
1) 리튬이온 배터리의 열폭주 현상 및 발생요인
2) 지하 주차구역(충전장소)의 화재대응대책

1. 전기자동차 화재의 위험성

1) 배터리 열폭주 현상

(1) 리튬이온배터리는 에너지 밀도가 매우 높으며, 처음에 화재가 발생한 배터리에서 주변 배터리의 온도를 급상승시킴

(2) 메커니즘
배터리 충격 → 분리막 파손 → 양극과 음극 접촉 → 1개의 셀 온도 급상승 → 전체 배터리의 온도 급상승

2) 불산 등 유독가스 발생

(1) 배터리 전해질($LiPF_6$)이 액체인 특성상 외부로 누출이 용이하며, 약 70℃에서 가수분해하여 매우 유독한 불화수소(HF) 기체가 발생

(2) 주수의 경우도 불화수소의 확산을 막기 위한 분무 주수와 화재 온도를 최대한 낮추기 위한 봉상 주수가 동시에 이루어져야 할 것으로 판단됨. 특히 주수에 따라 바닥에서 발생하는 불화수소가 물에 녹으면서 생성되는 불산에 대한 조치가 필요

(3) 화학반응식 : $LiPF_6 + H_2O \rightarrow HF + PF_5 + LiOH$

(4) 기타 주요발생가스 : CO_2, CO, H_2, C_2H_4, CH_4, C_2H_6, C_3H_6

2. 리튬이온 배터리의 열폭주 현상 및 발생요인

1) 열폭주의 정의

(1) "열폭주"란 온도 상승이 역학적 과정에 의해 에너지 방출을 증가시켜 온도 상승을 더욱 가속화 시키는 현상

(2) 열폭주는 양극재와 음극재 사이의 분리막 손상에 의한 양극과 음극의 단락에서 시작

2) 열폭주의 주요 발생요인

(1) 물리적 충격 : 분리막의 천공

(2) 전기적 요인 : 과충전 및 과방전

(3) 제품 자체의 결함, 외부요인(기상조건, 내부 냉각장치 오작동, 화재 등)에 의해 가열

구분	내용
과충전	• 배터리 과충전 • BMS 오류로 인한 과충전
기계적 충격	• 배터리 충격에 따른 크랙 및 절연체 손상 • 충돌사고에 따른 화재
과열	• 충·방전에 따른 과열로 인한 방열 부족 • 냉각장치 손상에 따른 과열
절연물 불량 및 파손	• 배터리셀 내부 양극판과 음극판 사이의 분리막 손상

3) 열폭주 발생 메커니즘

단락 → 내부에 충전된 에너지의 급격한 방출(온도 상승) → 유기 용매인 전해액 열분해 → 인화성 가스 발생(Off-gas) → 가스 팽창 → 내부압력 증가 → 배터리 셀 밖으로 가스와 전해액이 누출되어 발화

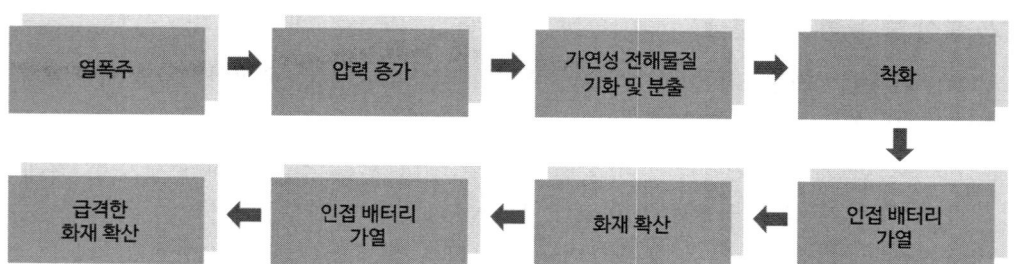

3. 지하 주차구역(충전장소)의 화재대응대책

1) 구조 및 시설

(1) DA(Dry Area) 인근에 설치하여 굴뚝효과에 따라 연기가 자연적으로 배출되도록 하되 구조상 불가피하게 DA 인근에 설치가 어려운 경우 연기배출을 위하여 다음의 기준에 따른 전용의 배출설비를 설치

① 배풍기·배출덕트·후드 등을 이용하여 옥외로 강제적으로 배출하되 배출덕트는 아연도 금강판 또는 이와 동등 이상의 내식성·내열성이 있을 것

② 전용주차구역 바닥면적 $1m^2$에 $27m^3/h$ 이상의 용량을 배출

③ 전용주차구역용 화재감지기의 감지에 따라 작동하되 직통계단의 인근에서 수동기동에 따라서도 작동

④ 옥외와 면하는 벽체에 설치

(2) 주차구역 전면에는 전기차 화재 시 발생한 연기가 다른 구역으로 유출되지 않도록 내화구조 또는 불연재료로 된 60cm 이상의 제연경계벽을 설치하되 화재 시 쉽게 변형·파괴되지 않고 연기가 누설되지 않는 기밀성 있는 재료로 할 것

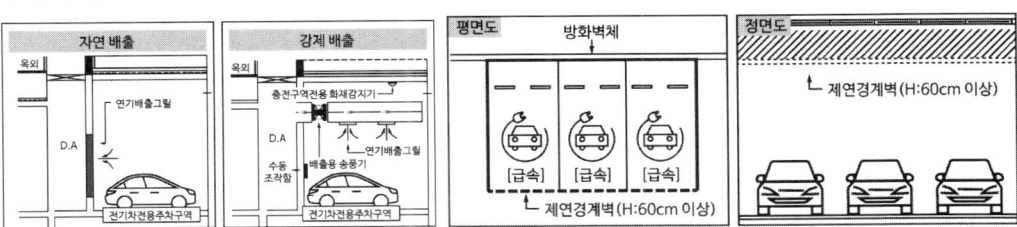

(3) 주차단위구획별(최대 3대까지 하나의 방화구획으로 구획 가능)로 3면을 내화성능 1시간 이상의 벽체로 방화구획을 할 것

2) 소화설비

(1) 수원의 수량은 방화구획된 전용주차구역(여러 개의 전용주차구역이 있는 경우 가장 큰 면적)의 바닥면적 $1m^2$에 분당 18.4리터 이상의 방수량을 30분 이상 방수할 수 있도록 하거나 방출량이 큰 K-Factor 115 이상의 헤드를 설치하되 수리계산을 통한 30분 이상 방수할 수 있도록 수원량을 추가로 확보

(2) 전기차 전용주차구역 전용의 연결송수관설비 방수구와 방수기구함을 추가로 설치

(3) 물막이판이 작동 또는 설치(4면이 구획)된 후 전기차 전용주차구역 내부로 물을 채울 수 있는 65mm 이상의 별도의 급수배관(65mm 이상의 급수배관에서 분기, 소화배관에서 연결 금지)을 설치

(4) 초기 소화 및 연소확대 방지를 위한 질식포를 전용주차구역 인근의 식별이 용이한 위치에 "전기차 소화질식포"라고 표시한 표지판을 부착하여 보관함에 비치(감전방지를 위한 방전화·방전장갑 2Set 포함)

3) 집수설비

소화 오염수 처리를 위한 전용의 집수설비(가장 큰 전용주차구역의 소화수를 수용할 수 있는 용량 이상)를 설치하거나 차수판 내부의 오염수를 직접 전문 폐기물 업체에서 처리

4) 감시설비

전기차 전용주차구역 감시용 CCTV를 설치하여 방재실, 관리실 등에서 상시 감시

5) 충전구역 표시 및 표지판

(1) 주차단위구획 바닥에는 전기차 충전구역임을 쉽게 알 수 있도록 구획선 또는 문자 등을 표시

(2) 전용주차구역 인근의 식별이 용이한 위치에 충전 방해 행위 및 주차금지 등에 대한 표지를 할 것

(3) 과태료 부과대상 시설 : 모든 환경친화적 자동차 충전구역 및 전용주차구역

---

2 주거용 주방자동소화장치에 대한 다음 사항을 설명하시오.
1) 주거용 주방자동소화장치의 종류, 주요구성요소, 작동메커니즘
2) 「주거용자동소화장치의 형식승인 및 제품검사의 기술기준」에서 규정하는 소화성능시험기준

1. 개요

1) 주거용 주방에 설치된 열 발생 조리기구의 사용으로 인한 화재발생 시 열원(전기 또는 가스)을 자동으로 차단하며, 소화약제를 방출하는 소화장치를 말한다.

2) 주방화재란 주방에서 동·식물유를 취급하는 조리기구에서 일어나는 화재를 말한다. 주방화재에 대한 소화기의 적응 화재별 표시는 'K'로 표시한다.

3) 주거용 주방자동소화장치는 아파트의 세대별 주방, 오피스텔의 각 실별 주방에 설치한다.

2. 주거용 주방자동소화장치의 종류, 주요구성요소, 작동메커니즘

1) 주거용 주방자동소화장치의 종류

(1) 가압식 자동소화장치
  소화약제의 방출원이 되는 가압가스를 별도의 전용용기에 충전한 방식의 자동소화장치

(2) 축압식 자동소화장치
  저장용기 중에 소화약제와 소화약제의 방출원이 되는 질소 등의 압축가스를 함께 봉입한 방식의 자동소화장치

2) 주요구성요소

(1) 소화약제저장용기
   ① 소량의 약제를 가진 간이형 용구가 설치됨
   ② ABC분말약제, 강화액 소화약제

(2) 수신부
   감지부 또는 탐지부로부터 발하는 신호를 수신하여 경보를 발하고, 가스차단장치 또는 작동장치의 제어신호를 발신하는 부분

(3) 감지부
   화재 시 발생하는 열 또는 불꽃을 감지하는 부분

(4) 탐지부
   가스누설을 탐지하여 수신부로 가스누설신호를 발신하는 부분

(5) 작동장치
   ① 수신부 또는 감지부에서 발하는 신호를 받아 밸브 등을 개방시켜 소화약제 저장용기 등으로부터 소화약제를 방출시키는 장치
   ② 종류 : 전기적 작동, 기계적 작동, 가스 발생에 의해 작동

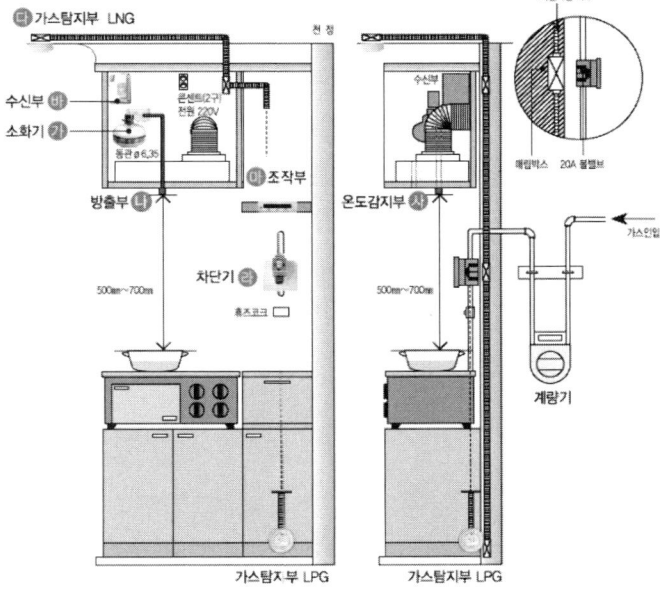

(6) 차단장치
   수신부에서 발하는 신호를 받아 가스 또는 전기의 공급을 차단시키는 장치

(7) 방출구
   화재의 소화를 위하여 소화약제를 유효하게 방사되도록 하는 부분

3) 작동메커니즘

(1) 가스누설 : 가스누설 → 탐지부 → 수신부 → 차단장치 → 차단
(2) 화재발생 : 화재발생 → 감지부 → 수신부 → 방출구 → 소화

3. 소화성능시험기준 (주거용 주방자동소화장치의 형식승인 및 제품검사의 기술기준)

1) 그림과 같이 소화시험모형(1모형과 2모형)을 설치하여 철제냄비(직경 300mm, 높이 50mm)에 대두유 800mL(발화점이 360℃부터 370℃까지의 범위)를 넣고 가열하여 발화시키는 경우 두 모형 모두 소화(소화약제 방사종료 후 2분 이내에 재연하지 아니하는 것을 포함)될 것
2) 철제냄비 대두유에 점화된 후 2분 이내에 소화약제가 방출
3) 각 방출구의 최소공칭방호면적은 $0.4m^2$ 이상
4) 2개 이상의 방출구를 사용하는 경우에는 1개의 방출구에 대한 공칭방호면적을 적용하여 소화시험을 실시하며, 나머지 방출구에서 방출되는 소화약제는 소화시험에 영향이 없을 것
5) 공칭방호면적의 계산방법

   (1) 그림과 같이 방출구를 위치시키고 소화시험을 실시하여 소화되었을 때 방출구의 방호면적(A)은 πr^2
   (2) 이때 자동소화장치의 공칭방호면적은 $L_1 \times L_2$이며, 공칭방호면적($L_1 \times L_2$)은 방호면적 내에 위치
   (3) 방출구가 2개 이상인 경우 방출구와의 거리가 d일 때 공칭방호면적은 $L_1 \times L_3$이며, 공칭방호면적($L_1 \times L_3$)은 방출구 방호면적 내에 위치

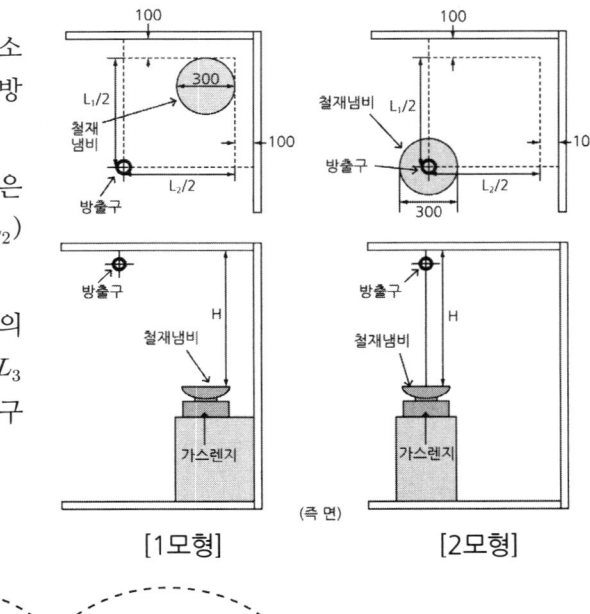

[1모형]   [2모형]

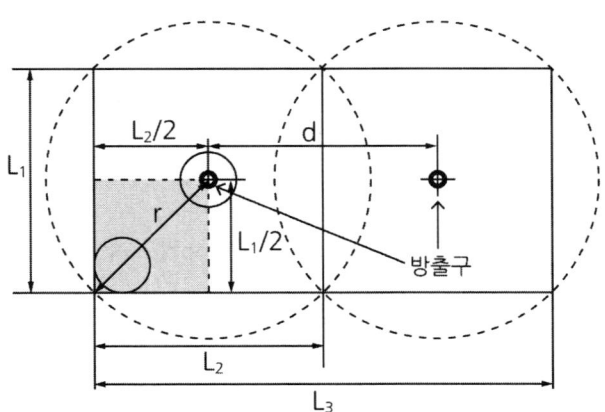

6) 방출구의 유효설치 높이가 범위로 설계된 경우에는 최소 및 최대 높이에서 각각 소화시험을 실시
7) 감지부는 설치위치 및 높이의 범위 내에서 화원과 가장 먼 지점에 설치 후 소화시험을 실시

3 건축관련법에서 규정하는 다음 사항을 설명하시오.
  1) 건축물의 경사지붕 아래에 설치하는 '대피공간'의 설치대상 및 설치기준
  2) 공동주택 중 아파트 '대피공간'의 설치대상, 설치기준 및 면제기준

1. 건축물의 경사지붕 아래에 설치하는 '대피공간'의 설치대상 및 설치기준

1) 설치대상(건축법 시행령 제40조)

층수가 11층 이상인 건축물로서 11층 이상의 층의 바닥면적 합계가 10000㎡ 이상인 건축물의 옥상에는 아래의 공간을 확보

구분	공간
평지붕	헬리포트나 헬리콥터를 통해 인명 등을 구조할 수 있는 공간
경사지붕	대피 공간

2) 설치기준

(1) 대피공간의 면적은 지붕 수평투영면적의 1/10 이상

(2) 특별피난계단 또는 피난계단과 연결되도록 할 것

(3) 출입구·창문을 제외한 부분은 건축물의 다른 부분과 내화구조의 바닥 및 벽으로 구획

(4) 출입구는 유효너비 0.9m 이상으로 하고, 그 출입구에는 60+방화문 또는 60분방화문을 설치하고 방화문에는 비상문자동개폐장치를 설치

(5) 내부마감재료는 불연재료로 할 것

(6) 예비전원으로 작동하는 조명설비를 설치

(7) 관리사무소 등과 긴급 연락이 가능한 통신시설을 설치

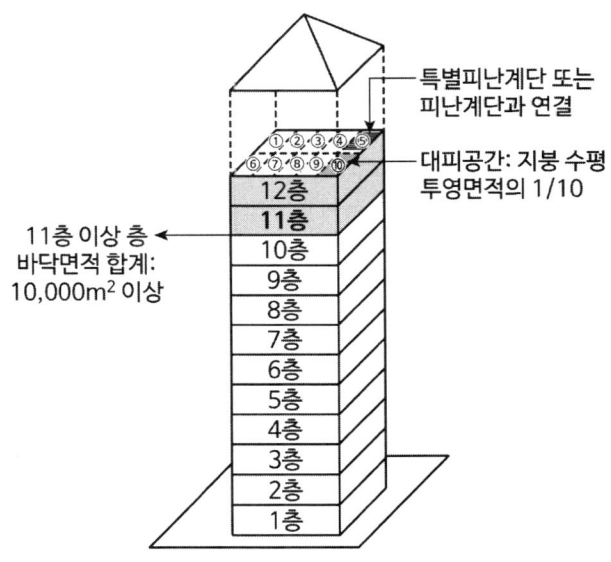

2. 공동주택 중 아파트 '대피공간'의 설치대상, 설치기준 및 면제기준

1) 설치대상(건축법 시행령 제46조)

(1) 공동주택 중 아파트로서 4층 이상인 층의 각 세대가 2개 이상의 직통계단을 사용할 수 없는 경우

(2) 발코니에 인접한 세대와 공동으로 설치하거나 각 세대별로 설치

2) 설치기준

(1) 설치요건(건축법 시행령 제46조)

① 대피공간은 바깥의 공기와 접할 것
② 대피공간은 실내의 다른 부분과 방화구획으로 구획될 것
③ 대피공간의 바닥면적은 인접 세대와 공동으로 설치하는 경우에는 $3m^2$ 이상, 각 세대별로 설치하는 경우에는 $2m^2$ 이상
④ 국토교통부장관이 정하는 기준에 적합할 것

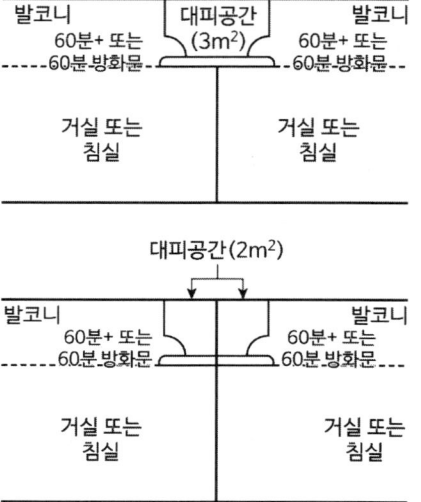

(2) 대피공간의 구조(발코니 등의 구조변경절차 및 설치기준 제3조)

① 대피공간은 채광방향과 관계없이 거실 각 부분에서 접근이 용이
② 외부에서 신속하고 원활한 구조활동을 할 수 있는 장소에 설치
③ 출입구에 설치하는 갑종방화문은 거실 쪽에서만 열 수 있는 구조로서 대피공간을 향해 열리는 밖여닫이로 할 것
④ 대피공간임을 알 수 있는 표지판을 설치할 것
⑤ 1시간 이상의 내화성능을 갖는 내화구조의 벽으로 구획되어야 하며, 벽·천장 및 바닥의 내부마감재료는 준불연재료 또는 불연재료를 사용
⑥ 외기에 개방될 것. 다만 창호를 설치하는 경우에는 폭 0.7m 이상, 높이 1.0m 이상은 반드시 외기에 개방될 수 있어야 하며, 비상시 외부의 도움을 받는 경우 피난에 장애가 없는 구조로 설치
⑦ 정전에 대비해 휴대용 손전등을 비치하거나 비상전원이 연결된 조명설비를 설치
⑧ 대피공간은 대피에 지장이 없도록 시공·유지 관리하고 대피공간을 보일러실 또는 창고 등 대피에 장애가 되는 공간으로 사용해서는 안 됨. 다만 에어컨 실외기 등 냉방설비의 배기장치를 대피공간에 설치하는 경우에는 다음의 기준에 적합할 것
㉮ 냉방설비의 배기장치를 불연재료로 구획할 것
㉯ ㉮에 따라 구획된 면적은 대피공간 바닥면적 산정 시 제외할 것

3) 면제기준

(1) 발코니와 인접 세대와의 경계 벽이 파괴하기 쉬운 경량구조 등인 경우

(2) 발코니의 경계 벽에 피난구를 설치한 경우

(3) 발코니의 바닥에 하향식 피난구를 설치한 경우

(4) 국토교통부장관이 대피공간과 동일하거나 그 이상의 성능이 있다고 인정하여 고시하는 구조 또는 시설을 갖춘 경우

4 수조가 펌프보다 낮게 설치된 경우 펌프 흡입 측 배관의 구성 및 설치 시 유의사항에 대하여 설명하시오.

1. 개요

1) 펌프 운전 시 캐비테이션 발생 없이 펌프를 안전하게 운전할 수 있는 흡입에 필요한 수두를 유효흡입수두($NPSH_{av}$, Available Net Positive Suction Head)라 한다.

2) $NPSHav$는 펌프의 수면과 펌프와의 거리, 흡입관경, 흡입배관의 길이, 이송 액체의 온도 등에 의해 결정되는 수두로 펌프의 설치조건 및 배관 System에 의해 결정된다.

3) 수조가 펌프보다 높게 설치된 경우는 물은 펌프에 가압을 하게 되므로 흡수면에서 임펠러 중심까지의 거리는 양이 되며, 역으로 수조가 펌프보다 낮게 설치된 경우는 펌프는 물을 흡입해야 하므로 흡수면에서 임펠러 중심까지의 거리는 음이 되므로 유효흡입수두는 상대적으로 작아지게 되므로 캐비테이션에 특히 유의해야 한다.

4) 흡입 측 배관은 캐비테이션이 발생하지 않도록 하기 위해 화재안전기준에서는 설치기준을 규정하고 있다.

2. 소화펌프주변의 배관 구성도

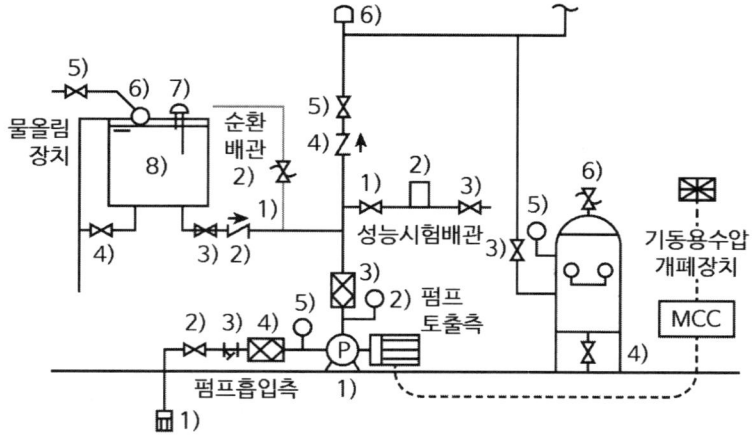

번호	명칭	번호	명칭	번호	명칭	번호	명칭
1. 펌프 흡입 측		2)	압력계	6)	볼 탑	**5. 순환배관**	
1)	풋밸브	3)	플렉시블조인트	7)	감수경보장치	1)	순환배관
2)	개폐밸브	4)	체크밸브	8)	물올림탱크	2)	릴리프밸브
3)	스트레이너	5)	개폐밸브	**4. 펌프성능시험배관**		**6. 기동용수압개폐장치**	
4)	후렉시블조인트	6)	수격 방지기	1)	개폐밸브	3)	개폐밸브
5)	연성계(진공계)	**3. 물올림장치**		2)	유량계	4)	배수밸브
2. 펌프토출 측		2)	체크밸브	3)	유량조절밸브	5)	압력계
1)	펌프	3)4)5)	개폐밸브		–	6)	안전밸브

3. 펌프 흡입 측 배관의 구성 및 설치 시 유의사항

1) 펌프 흡입 측 배관의 구성

구분	목적	기능
풋밸브	수원의 위치가 펌프보다 아래에 설치되어 있을 경우 즉시 물을 공급할 수 있도록 유지시켜 줌(펌프 흡입 측 배관의 물이 누설되지 않도록 함)	체크밸브 및 이물질 여과 기능
개폐표시형 밸브	풋밸브 보수 시 사용	배관의 개폐 기능
스트레이너	펌프 기동 시 흡입 측 배관 내의 이물질을 제거하여 임펠러를 보호함	이물질 제거(여과기능)
후렉시블조인트	펌프의 진동이 펌프의 흡입 측 배관으로 전달되는 것을 흡수하여, 흡입 측 배관을 보호함	진동으로 인한 충격흡수
연성계(진공계)	펌프의 흡입양정을 알기 위해 설치	흡입압력 표시

2) 수조가 펌프보다 낮게 설치된 경우 펌프 흡입 측 배관설치 시 유의사항

⑴ 물올림탱크 설치(캐비테이션 방지목적)

⑵ 흡입 측 배관은 펌프마다 각각 설치

　① 수조가 펌프보다 낮게 설치된 경우에는 각 펌프(충압펌프를 포함)마다 수조로부터 별도로 설치

　② 물올림탱크를 펌프2대에 공용으로 사용 시 흡입 측 배관을 겸용으로 사용할 경우 에어포켓 현상이 발생함

⑶ 흡입배관의 마찰손실을 줄임

$$H_f = f\,\frac{l}{d}\,\frac{v^2}{2g}$$

　① 배관마찰손실수두 = 주손실 + 부차적 손실

　② 주손실↓ : 흡입배관의 길이를 짧게 하고, 직경이 큰 배관 사용

　③ 부차적 손실↓ : 엘보우, 밸브류 등의 피팅류를 줄임

⑷ 펌프의 설치위치를 가급적 낮게 하여 흡입 실양정의 값을 줄임

　소화펌프와 수원과의 높이차는 4m 이하가 바람직

⑸ 흡입 측 양정이 커질 경우 입형 펌프사용

⑹ 흡입 측 배관이 펌프 흡입 측 구경보다 클 경우에 편심레듀샤 사용(공기고임이 생기지 아니하는 구조)

⑺ 흡입 측 배관에 연성계 또는 진공계 설치

⑻ 흡입배관은 기포가 생기지 않도록 수평으로 설치

⑼ 흡입배관 끝에 후드밸브 설치

⑽ 흡입 측 배관에 버터플라이밸브 설치 금지

　① 유체(물)가 버터플라이밸브를 통과할 때 밸브시트로 인해 단면적이 축소되는 부분에서 유체의 속도가 순간적으로 증가하게 되며, 이로 인해 유체의 정압이 순간적으로 낮아져 캐비테이션의 발생요인이 될 수 있으며 유동 저항이 크게 증가하여 마찰손실이 커짐

　② 흡입관상의 마찰손실 증가는 NPSHav 값의 감소로 이어져 캐비테이션 가능성이 높음

　③ 밸브개폐 조작이 순간적으로 이루어져 수격작용(Water Hammering)을 일으키기 쉬움

5 NFPA 11(포소화설비)에서 포소화설비가 적절하게 설치되었는가를 판단하기 위해 필요한 인수시험(세정 포함), 압력시험, 작동시험, 방출시험 절차에 대하여 각각 설명하시오.

1. 개요

1) 주기적으로 방수시험을 하여 방수압력, 방수량을 측정하고 발포기, 혼합장치 등의 막힘 유무 등을 확인해야 한다. 방수시험 후에는 배관 내의 물을 배수하고 각 밸브를 정상위치로 해야 한다.

2) 방수시험과 병행하여 주기적으로 포방출시험을 실시하여 포방출량, 발포배율, 혼합율 및 포의 분포상태(포헤드의 경우)를 확인하여야 하며, 포방출시험 후에는 통수하여 배관 안을 청소한 후에 배수해야 한다.

3) NFPA11 "Standard for Low-, Medium-, and High-Expansion Foam. Chapter 11 Testing and Acceptance"에서 인수시험, 압력시험, 작동시험, 방출시험을 제시하고 있다.

2. 인수시험 (세정 포함)

1) 설치 후 세정 (Flushing after Installation)

⑴ 설치 시 지상과 지하 물공급 배관의 이물질을 제거하기 위해 배관시스템의 연결 전에 최대유량으로 세정할 것

⑵ 세정을 위한 최소유량은 설계 시 반영된 시스템의 물공급량 이상일 것

⑶ 유량은 완전히 청소가 될 때까지 지속될 것

⑷ 모든 포 배관은 설치 후에 정상급수를 이용하여 세정할 것

⑸ 세정을 할 수 없는 경우에는 배관 설치 시 내부청결상태를 육안으로 점검할 것

① 압축공기포(CAFS) 배관내부는 주의 깊게 육안 검사해야 하며, 필요하면 배관을 설치 시 청소할 것

② 압축공기포(CAFS) 배관은 설치 후 물대신 압축공기로 세정할 것

2) 인수시험(Acceptance Tests)

⑴ 완성된 시스템은 관계기관의 승인을 받은 자격자가 시험을 할 것

⑵ 시험은 시스템이 승인된 설계와 사양에 따라 설치되었는지 확인하는 데 사용됨

3. 압력시험(Pressure Tests)

1) 표면하주입방식을 제외한 모든 배관은 NFPA 13에 따라 200psi 또는 최대압력+50psi 중 높은 압력에서 2시간 정수압시험을 할 것
2) 건식 수평배관에 대한 배수 기울기가 확인될 것

4. 작동시험(Operating Tests)

1) 승인 전에 모든 작동장치 및 장비는 기능을 시험할 것
2) 전역방출방식에 대한 시험은 문, 창문, 컨베이어의 개구부에 대해 자동밀폐장치와 자동장치의 인터락, 열·연기 환기구에 대해 정립되어야 하며, 시스템 작동 시 연동될 것
3) 시험에는 전기제어회로 및 감시시스템을 점검하여, 고장이 발생할 경우에도 작동과 감시가 보증될 것
4) 물공급시험(Water Supply Test)
   (1) 주배수밸브는 개방되어야 하며 시스템의 잔류압이 안정될 때까지 개방된 채 유지될 것
   (2) 정수압과 잔류압은 시험성적서에 기록될 것
5) 제어밸브의 작동시험
   제어밸브는 시스템의 수압에서 완전히 닫히거나 열려서 적절히 작동하는지 확인할 것
6) 공급자는 운전지침서를 제공해야 하며 장치의 식별이 확인될 것

5. 방출시험 (Discharge Tests)

1) 유량시험을 해서 위험으로 부터 설계사양에 맞게 완전히 보호되는지 확인할 것
2) 아래의 자료가 요구됨
   (1) 정수압
   (2) 제어밸브에서 잔류압과 시스템에서 가장 먼 지점에서 잔류압
   (3) 실제 방출률
   (4) 포 약제 소모량
   (5) 포수용액의 농도
3) 압축공기포(CAFS)는 아래의 자료가 방출시험의 일부로써 기록될 것
   (1) 정수압
   (2) 제어밸브에서 잔류압
   (3) 시스템공기압
   (4) 포수용액의 농도
4) 포혼합장치는 포의 방출 없이 승인된 방법으로 시험해서 인정받을 것

5) 포혼합기의 포농도는 포수용액(포+물)의 비율로 표현됨. 혼합농도는 제조사가 제시하는 농도의 0% ~ 30% 범위 내에 있거나 +1% 이하의 범위 이내일 것

(The foam concentrate induction rate of a proportioner, expresses as a percentage of the foam solution flow(water plus foam concentrate), shall be within minus 0 percent to plus 30 percent of the manufacturer's listed concentrations, or plus 1 percentage point, whichever is less. For information tests for physical properties of foam, see Annex D)

---

6 소방시설 비상전원에 대하여 다음 사항을 설명하시오.
　1) 비상전원의 정의
　2) 비상전원설비가 갖추어야 할 기준
　3) 다음 소방시설에 관한 사항
　　가. 옥내소화전설비의 비상전원 설치대상 및 종류
　　나. 유도등, 제연설비 및 고층건축물 스프링클러설비의 비상전원 종류 및 용량

1. 비상전원의 정의

1) 상용 전원이 정전된 경우라도 기기를 정상적으로 작동할 수 있도록 설치한 전원을 비상전원이라 한다.
2) 소방법에서는 비상전원으로, 건축법에서는 예비전원으로 표현한다.

2. 비상전원설비가 갖추어야 할 기준

1) 점검에 편리하고 화재 및 침수 등의 재해로 인한 피해를 받을 우려가 없는 곳에 설치
2) 유효하게 20분 이상 작동할 수 있을 것
3) 상용전원으로부터 전력의 공급이 중단된 때에는 자동으로 비상전원으로부터 전력을 공급받을 것
4) 비상전원(내연기관의 기동 및 제어용 축전기를 제외)의 설치장소는 다른 장소와 방화구획할 것. 이 경우 그 장소에는 비상전원의 공급에 필요한 기구나 설비 외의 것(열병합발전설비에 필요한 기구나 설비는 제외)을 두어서는 안 된다.
5) 비상전원을 실내에 설치하는 때에는 그 실내에 비상조명등을 설치

3. 옥내소화전설비의 비상전원 설치대상 및 종류 (NFTC 102)

1) 비상전원 설치대상

(1) 층수가 7층 이상으로서 연면적 2000㎡ 이상인 것

(2) (1)에 해당하지 않는 특정소방대상물로서 지하층의 바닥면적 합계가 3000㎡ 이상인 것

(3) 비상전원의 면제
   ① 2 이상의 변전소에서 전력을 동시에 공급받을 수 있는 경우
   ② 하나의 변전소로부터 전력의 공급이 중단되는 때에는 자동으로 다른 변전소로부터 전원을 공급받을 수 있도록 상용전원을 설치한 경우
   ③ 가압수조방식

2) 비상전원의 종류

(1) 자가발전설비

(2) 축전지설비(내연기관에 따른 펌프를 사용하는 경우에는 내연기관의 기동 및 제어용 축전지를 말함)

(3) 전기저장장치(외부 전기에너지를 저장해 두었다가 필요한 때 전기를 공급하는 장치)

4. 유도등, 제연설비 및 고층건축물 스프링클러설비의 비상전원 종류 및 용량

1) 유도등(NFTC 303)

(1) 비상전원 종류 : 축전지

(2) 비상전원 용량
   ① 유도등을 20분 이상 유효하게 작동시킬 수 있는 용량
   ② 60분 이상 유효하게 작동시킬 수 있는 용량으로 해야 하
      • 지하층을 제외한 층수가 11층 이상의 층
      • 지하층 또는 무창층으로서 용도가 도매시장·소매시장·여객자동차터미널·지하역사 또는 지하상가

2) 제연설비(NFTC 501)

(1) 비상전원 종류
   ① 자가발전설비   ② 축전지설비   ③ 전기저장장치

(2) 비상전원 용량
   제연설비를 유효하게 20분 이상 작동할 수 있도록 할 것
   ※ 특별피난계단의 부속실 및 부속실제연설비의 비상종류 및 용량은 제연설비와 동일(단, 비상전원 용량은 30층 ~ 49층 : 40분 이상, 50층 이상 건축물 : 60분 이상)

3) 고층건축물 스프링클러설비(NFTC 604)

(1) 비상전원 종류
① 자가발전설비
② 축전지설비
③ 전기저장장치

(2) 비상전원 용량
① 30층 ~ 49층 : 스프링클러설비를 유효하게 40분 이상 작동
② 50층 이상 : 스프링클러설비를 유효하게 60분 이상 작동

4) 종합

구분		자가발전 설비	축전지 설비	비상전원 수전설비	전기저장 장치	비고 (고층건축물)
피난구조 설비	유도등		○ 20분 이상			11층 이상, 지무도소여지는 60분 이상
소화활동 설비	특피 및 부속실 제연설비 / 제연설비	○	○		○	30~49층 : 40분 50층 이상 : 60분 제연설비 : 20분
소화설비	스프링클러설비	○	○	○ (고층제외)	○	30~49층 : 40분 50층 이상 : 60분

※ 피난구조설비의 "지무도소여지" : 지하층 또는 무창층으로서 용도가 도매시장·소매시장·여객자동차 터미널·지하역사 또는 지하상가

금화도감 禁火都監

소방기술사 128회

소방기술사
기출문제풀이

禁火都監

국가기술자격 기술사 시험문제

기술사 제128회   제1교시 (시험시간 : 100분)

분야	안전관리	종목	소방기술사	수험번호		성명	

※ 다음 문제 중 10문제를 선택하여 설명하시오. (각 10점)

1. 건축물의 구조안전 확인대상과 적용기준을 설명하시오.

2. 건축법령에 따라 건축물의 외벽에 설치하는 창호(窓戶)가 방화에 지장이 없도록 하기 위해 규정하고 있는 방화유리창 대상건축물 및 적용기준에 대하여 설명하시오.

3. FREM(Fire Risk Evaluation Model)의 화재위험성 산정 개념과 평가항목에 대하여 설명하시오.

4. NFPA 72의 감지기 배선방식(Class A, Class B)을 설명하시오.

5. 소방펌프 설치 시 펌프의 방진장치 설치에 따른 내진용 스토퍼 설치방법을 설명하시오.

6. 개방형 격자 천장의 스프링클러헤드 설치방법을 설명하시오.

7. 유체흐름을 나타내는 방법 중 라그랑제(Lagrange)방법에 대하여 설명하시오.

8. 확성기의 매칭트랜스에 대하여 설명하시오.

9. 히스테리시스 곡선(Hysteresis Loop)에 대하여 설명하시오.

10. 부차적손실(Minor Loss)의 정량적 표현방법 3가지를 설명하시오.

11. 할로겐화합물 소화약제 소화설비에서 방사시간을 제한하는 주된 이유와 방사시간 결정요인을 설명하시오.

12. 물소화약제를 미립자로 방사하는 경우 사용목적과 적용대상을 설명하시오.

13. 자연발화가 일어나기 쉬운 조건을 설명하시오.

국가기술자격 기술사 시험문제

기술사 제128회   제2교시 (시험시간 : 100분)

분야	안전관리	종목	소방기술사	수험번호		성명	

※ 다음 문제 중 4문제를 선택하여 설명하시오. (각 25점)

1. 건축자재등 품질인정 및 관리기준(국토교통부고시 제2022-84호)에 따른 복합자재 및 외벽 마감재료의 불연재료 성능기준과 실물모형시험기준에 대하여 설명하시오.

2. 초고층 및 지하연계 복합건축물 재난관리에 관한 특별법 시행규칙에 의해 설치하는 종합방재실의 설치위치, 면적, 구조, 설비에 대하여 설명하시오.

3. 스프링클러헤드에서 방출속도와 화재플룸(Fire Plume) 상승속도의 관계를 설명하시오.

4. 정적독성지수와 동적독성지수에 대하여 설명하시오.

5. 상업용 조리시설의 화재특성 및 손실저감 대책에 대하여 설명하시오.

6. LED용 SMPS(Switching Mode Power Supply)와 관련하여 다음을 설명하시오.
   1) 구조 및 동작원리   2) 소손패턴

국가기술자격 기술사 시험문제

기술사 제128회   제3교시 (시험시간 : 100분)

분야	안전관리	종목	소방기술사	수험번호		성명	

※ 다음 문제 중 4문제를 선택하여 설명하시오. (각 25점)

1. 건축물의 지하층 구조 및 지하층에 설치하는 비상탈출구의 기준에 대하여 설명하시오.

2. 화학공장의 정량적 위험도 평가(Quantitative Risk Assessment) 7단계에 대하여 설명하시오.

3. 가스계소화설비에서 설계농도 유지시간(Soaking Time)에 영향을 주는 요소 및 방호구역 밀폐시험에 대하여 설명하시오.

4. 복사 쉴드(Shield)와 관련하여 다음을 설명하시오.
   1) 복사 쉴드(Shield)의 개념   2) 복사 쉴드(Shield) 수에 따른 열유속 변화

5. 원심펌프 운전 시 발생할 수 있는 공동현상, 수격작용, 맥동현상, Air Binding에 대하여 각각의 문제점과 방지대책을 설명하시오.

6. 물질의 발열량과 관련하여 다음을 설명하시오.
   1) 발열량의 종류   2) 발열량 측정방법

국가기술자격 기술사 시험문제

기술사 제128회 제4교시 (시험시간 : 100분)

분야	안전관리	종목	소방기술사	수험번호		성명	

※ 다음 문제 중 4문제를 선택하여 설명하시오. (각 25점)

1. 소방시설공사업법령에서 감리업자가 수행해야 할 업무와 공사감리 결과를 통보 시 감리결과보고서에 첨부서류 및 완공검사의 문제점에 대하여 설명하시오.

2. 거실제연설비 제연댐퍼 제어방식을 일반적으로 4선식(전원2, 동작1, 확인1)으로 설계하는데 4선식의 문제점 및 해결 방안을 설명하시오.

3. 터널화재에서 백 레이어링(Back Layering)현상과 영향인자 및 대책을 설명하시오.

4. 연기이동에 따른 영향과 관련하여 다음의 사항에 대하여 개념을 쓰고, 계산식으로 나타내어 설명하시오.
    1) 연기의 성층화   2) 암흑도   3) 유효증상(FED : Fractional Effective Dose)

5. 스프링클러설비, 물분무설비, 미분무설비의 특징을 설명하고, 주된 소화효과 및 적응성을 비교하여 설명하시오.

6. 훈소(Smoldering Combustion)와 표면연소(Surface Combustion)을 비교하고, 훈소의 화염전환과 축열조건에 대하여 설명하시오.

128회 1교시

1 건축물의 구조안전 확인대상과 적용기준을 설명하시오.

1. 구조내력 등 (건축법 제48조)

1) 건축물은 고정하중, 적재하중, 적설하중, 풍압, 지진, 그 밖의 진동 및 충격 등에 대하여 안전한 구조를 가져야 한다.
2) 건축물을 건축하거나 대수선하는 경우에는 대통령령으로 정하는 바에 따라 구조의 안전을 확인해야 한다.
3) 지방자치단체의 장은 구조 안전 확인 대상 건축물에 대하여 허가 등을 하는 경우 내진성능 확보 여부를 확인해야 한다.

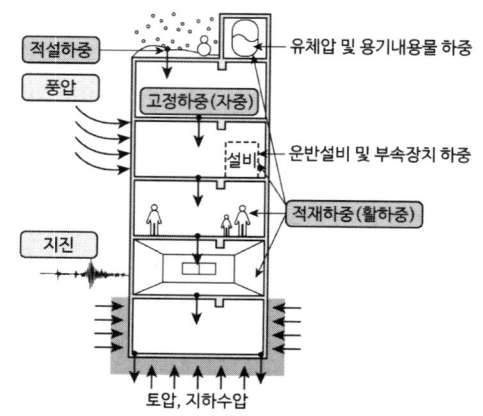

2. 주요구조부 구성요소 (건축법 제2조)

구성요소	제외
내력벽, 기둥, 보, 바닥, 주계단, 지붕틀	사이기둥, 최하층 바닥, 작은 보, 차양, 옥외계단, 그밖에 이와 유사한 것으로 건축물의 구조상 중요하지 않은 부분

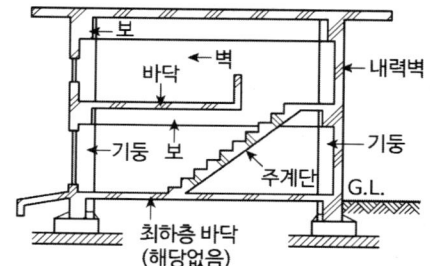

3. 구조안전의 확인 (건축법 시행령 제32조)

구조 안전을 확인한 건축물 중 다음의 어느 하나에 해당하는 건축물의 건축주는 해당 건축물의 설계자로부터 구조 안전의 확인 서류를 받아 착공신고를 하는 때에 그 확인 서류를 허가권자에게 제출하여야 한다.

설계자 —구조안전확인서류 받음— 건축주 —착공신고 시 제출— 허가권자

1) 층수가 2층 이상인 건축물(기둥과 보가 목재인 목구조 건축물의 경우에는 3층)
2) 연면적이 200m² 이상인 건축물(목구조 건축물의 경우 500m²)
3) 높이가 13m 이상인 건축물
4) 처마 높이가 9m 이상인 건축물

5) 기둥과 기둥 사이의 거리가 10m 이상인 건축물

6) 건축물의 용도 및 규모를 고려한 중요도가 높은 건축물로 국토교통부령으로 정하는 건축물

7) 국가적 문화유산으로 보존할 가치가 있는 건축물로서 국토교통부령으로 정하는 것

8) 특수구조 건축물

   (1) 한쪽 끝은 고정되고, 다른 끝은 지지되지 아니한 구조로 된 보·차양 등이 외벽의 중심선으로부터 3m 이상 돌출된 건축물

   (2) 특수한 설계·시공·공법 등이 필요한 건축물

9) 단독주택, 공동주택

4. 구조안전 확인의 절차, 내용 및 방법 (건축물의 구조기준 등에 관한 규칙 제4장)

1) 구조설계도서의 작성

구조설계도서는 이 규칙에 적합하도록 작성해야 하며 구조설계도서에 포함할 내용과 구조안전 확인의 기술적 기준은 「건축구조기준」 또는 「소규모건축구조기준」에서 정하는 바에 따른다.

2) 구조안전확인서 제출

구조안전의 확인(지진에 대한 구조안전을 포함)을 한 건축물에 대해서는 착공신고를 하는 경우에 다음의 구분에 따른 구조안전 및 내진설계 확인서를 작성하여 제출해야 한다.

(1) 6층 이상 건축물 : 구조안전 및 내진설계 확인서

(2) 소규모건축물 : 구조안전 및 내진설계 확인서 또는 구조안전 및 내진설계 확인서

(3) (1), (2) 외의 건축물 : 구조안전 및 내진설계 확인서

3) 공사단계의 구조안전확인

공사감리자는 건축물의 착공신고 또는 실제 착공일 전까지 구조부재와 관련된 상세시공도면이 적정하게 작성되었는지와 구조계산서 및 구조설계도서에 적합하게 작성되었는지에 대하여 검토하여 확인해야 한다.

2 건축법령에 따라 건축물의 외벽에 설치하는 창호가 방호에 지장이 없도록 하기 위해 규정하고 있는 방화유리창 대상건축물 및 적용기준에 대하여 설명하시오.

1. 개요 (건축법 제52조 제4항)

대통령령으로 정하는 용도 및 규모에 해당하는 건축물 외벽에 설치되는 창호(窓戶)는 방화에 지장이 없도록 인접 대지와의 이격거리를 고려하여 방화성능 등이 국토교통부령으로 정하는 기준에 적합해야 한다.

2. 대상건축물

1) 상업지역(근린상업지역은 제외)의 건축물로서 다음의 어느 하나에 해당하는 것
   (1) 제1종 근린생활시설, 제2종 근린생활시설, 문화 및 집회시설, 종교시설, 판매시설, 운동시설 및 위락시설의 용도로 쓰는 건축물로서 그 용도로 쓰는 바닥면적의 합계가 2천 m^2 이상인 건축물
   (2) 공장(국토교통부령으로 정하는 화재 위험이 적은 공장은 제외)의 용도로 쓰는 건축물로부터 6m 이내에 위치한 건축물
2) 의료시설, 교육연구시설, 노유자시설 및 수련시설의 용도로 쓰는 건축물
3) 3층 이상 또는 높이 9m 이상인 건축물
4) 1층의 전부 또는 일부를 필로티 구조로 설치하여 주차장으로 쓰는 건축물
5) 공장, 창고시설, 위험물 저장 및 처리 시설(자가난방과 자가발전 등의 용도로 쓰는 시설을 포함), 자동차 관련 시설의 용도로 쓰는 건축물

3. 적용기준 (건축물의 피난·방화구조 등의 기준에 관한 규칙 제24조 "건축물의 마감재료 등")

구분	적용기준
1) 기준	• 건축물의 인접대지경계선에 접하는 외벽에 설치하는 창호와 인접대지경계선 간의 거리가 1.5m 이내인 경우
2) 적용방법	• 해당 창호는 방화유리창으로 설치 • 예외기준 스프링클러 또는 간이 스프링클러의 헤드가 창호로부터 60cm 이내에 설치되어 건축물 내부가 화재로부터 방호되는 경우
3) 성능기준	• 한국산업표준 KS F 2845(유리구획 부분의 내화 시험방법)에 규정된 방법에 따라 시험한 결과 비차열 20분 이상의 성능

3 FREM(Fire Risk Evaluation Model)의 화재위험성 산정개념과 평가항목에 대해 설명하시오.

1. FREM 개요

1) FREM은 유럽에서 건축허가 또는 보험업무에서 위험성평가 도구로 널리 사용되고 있는 Gretener Method(Method for Fire Safety Evaluation)를 프로그램으로 제작한 것이다.
2) Gretener Method는 위험인자들의 곱과 모든 방호대책 인자들의 곱에 의한 값을 지수로 표현한 것으로 FREM은 Gretener Method를 개량하여 호주의 위험관리 컨설팅사에서 상업화한 것으로 화재 위험성을 산정하는 개념은 Gretener Method와 동일하다.
3) FREM은 위험요소를 확인하고 이에 대한 안전대책을 비교하여 건물 내의 화재위험성을 평가하기 위한 프로그램이다.

2. FREM 산정개념

1) 기본구조
  (1) 화재위험 : 건축물 내의 잠재위험과 활성위험의 곱
  (2) 방호대책 : 기본대책, 특별대책, 내화대책
  (3) 화재위험성은 화재위험을 정하고 방호대책으로 상쇄하여 산정

2) 관련 식

$$\text{화재위험도}(R) = \frac{\text{화재위험}}{\text{방호대책}} = \frac{\text{잠재위험}(P) \times \text{활성위험}(A)}{\text{기본대책}(N) \times \text{특별대책}(S) \times \text{내화대책}(F)}$$

3. 화재위험성 평가항목

1) 등급 : 5종류로 구분

화재위험성 값(R)	위험성 구분
R ≤ 1.2	낮은 위험
1.2 < R ≤ 1.4	보통 위험
1.4 < R ≤ 3	약간 높은 위험
3 < R ≤ 5	높은 위험
5 < R	매우 높은 위험

2) 평가항목

구분	평가항목
잠재위험(P)	• 화재하중, 연소속도, 연기위험, 부식위험, 주요구조부, 외벽, 층수, 유효높이, 방화구획면적, 방화구획 형태, 지하층, 외부창문, 최고층높이
활성위험(A)	• 발화위험, 정리정돈, 방화점검, 비상계획 및 훈련, 건물복잡성
기본대책(N)	• 소화기, 소화전, 소화수 공급 신뢰도, 소화수 공급압력, 소화수 공급유량, 건물과 소화전 거리, 방화교육
특별대책(S)	• 자동화재탐지설비, 경보전달, 자체소방대, 소방대 출동시간, 자동식소화설비, 열 및 연기 배연구
내화대책(F)	• 주요구조부, 외벽(내화도), 창문, 방화구획내 층수, 관통부방호됨, 바닥(내화도)

4. 화재위험성 산정 절차

[1단계] 방화구획(평가대상)의 결정
- 하나의 건물, 건물군에서 방화구획 수준 판정 후 각각의 구획에 대해 평가하거나 가장 중요(위험)한 구획부분 평가

[2단계] 자료 입력
- 6개 분야(일반사항, 잠재위험, 활성위험, 기본대책, 특별대책, 구조물의 내화대책)를 프로그램에 입력
- 세부입력사항 중 화재하중, 연소속도, 연기위험, 부식위험, 발화위험은 건물의 용도에 따라 표준값으로 정해져 있고, 기타 사항은 표 이용

[3단계] 위험성 산출
- 입력 자료는 프로그램에 의해 자동 산출
- 위험성 분류는 5등급으로 분류

[4단계] 위험성 개선
- 보통 위험 한계인 1.4 초과 시 개선 필요
- 2단계에서 기본대책, 특별대책, 내화대책 등을 새로 적용하여 산출된 값이 "보통위험"이나 "낮은 위험"이 되도록 개선

4 NFPA 72의 감지기 배선방식(Class A, Class B)을 설명하시오.

1. 개념
입력장치회로(IDC), 통보장치회로(NAC), 신호선로회로(SLC)는 선로의 고장인 단선, 단락, 지락상태에서도 기능을 계속할 수 있는지 여부에 따라 Class A, B, C, D, E, N, X 등으로 분류한다.

2. 화재경보설비의 고장 종류 : 단선, 지락, 단락

3. NFPA 72의 감지기 배선방식 (Class A, Class B)

구분	Class A	Class B
정의	• 지락이나 단선 시에도 경보신호를 송신할 수 있는 Loop 배선방식의 회로	• 지락 시에도 경보신호를 송신할 수 있는 일반 배선방식의 회로
구성도	수신기 primary 감지기 secondary	수신기 primary 감지기
특징	• 수신기와 기기 간 양방향 통신을 하며 단락 시 통신 불가 • 한쪽 선로고장 시 다른 쪽 선로로 통신 가능한 방식 • SLC와 같은 주요선로는 Class A를 적용 • Class B보다는 신뢰성이 높음	• 수신기와 기기 간 단방향 통신으로 단선, 단락 시 통신 불가 • 배선계통에서 수신기 사이의 Network에서 고장 시 고장기기 이후의 기기는 통신 불가 • 단선 지점이후는 IDC나 SLC는 경보나 감시 신호의 전송이 불가하며, NAC는 해당 출력장치에 접속이 불가

고장 시 회로성능

[신호선로회로(SLC)]

Class	구분	단일고장			동시고장		
		단선	지락	단락	단선,지락	단선,단락	지락,단락
A	표시	○	○	○	○	○	○
	경보능력	R	R	–	R	–	–
B	표시	○	○	○	○	○	○
	경보능력	–	R	–	–	–	–

※ R : Required Capacity(요구 능력)

5 소방펌프 설치 시 펌프의 방진장치 설치에 따른 내진용 스토퍼 설치방법을 설명하시오.

1. 가압송수장치의 내진설계의 개념

1) 가압송수장치는 소화용수를 화재가 발생한 장소까지 공급하는 장치로서 전동기 또는 내연기관 펌프 및 모터 등으로 구성된다. 화재안전기준상 전동장치에 의한 펌프를 주펌프로 정하고 있으므로 가압송수장치뿐 아니라 제어설비 등도 함께 내진설계가 되어야 한다.

2) 가압송수장치는 지진 발생 시 고정용 볼트에 과도한 하중이 작용하여 인발 또는 전단파괴가 발생할 가능성이 있다. 가압송수장치 지진에 의한 가압송수장치의 수평방향 등가정적 하중(F_p)은 "건축물 내진설계기준"의 수평설계지진력에 따르고 허용응력설계법으로도 환산하여 적용할 수 있다.

2. 펌프의 방진장치 설치에 따른 내진용 스토퍼 설치방법

1) 적용대상

가압송수장치에 방진장치가 있어 앵커볼트로 지지 및 고정할 수 없는 경우. 다만 방진장치에 내진성능이 있는 경우는 제외

구분	내용
이격거리	• 내진스토퍼와 본체 사이에 최소 3mm 이상 이격
내진스토퍼	• 제조사에서 제시한 허용하중이 지진하중 이상을 견딜 수 있는 것으로 설치 • 내진스토퍼와 본체사이의 이격거리가 6mm를 초과한 경우에는 수평지진하중의 2배 이상을 견딜 수 있는 것으로 설치

2) 가요성이음장치 : 가압송수장치의 흡입 측 및 토출 측에는 지진 시 상대변위를 고려할 것

[가압송수장치 방진가대용 내진스토퍼 예]

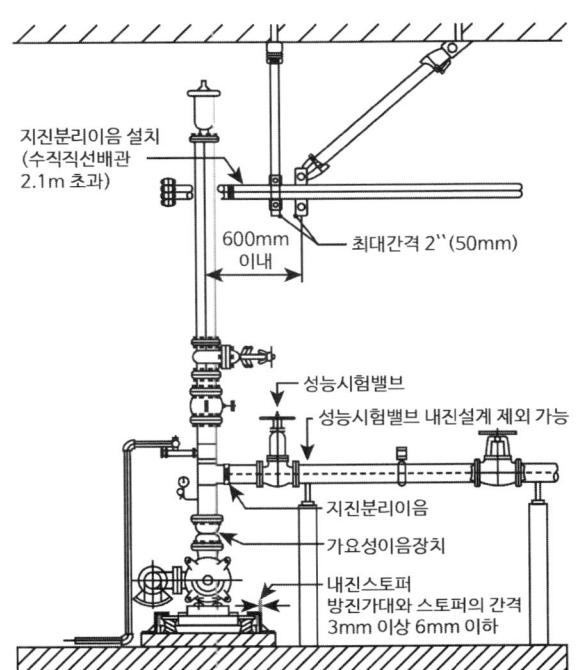

6 개방형 격자 천장의 스프링클러헤드 설치방법을 설명하시오.

1. 배경

1) 개방형 격자천장을 스프링클러설비의 화재안전기준에서 표현된 1.2m를 초과하는 장애물로 인정해야 하는지 여부로 인해 혼동이 있다.
2) 즉, 개방형 격자 천장의 스프링클러헤드 설치에 대한 화재안전기준이 명확하지 않아 현장에서 혼란이 발생하고 있어 소방청에서는 업무지침을 알려 소방공사 시 적용하도록 했다.
3) 일반적으로 개방형 격자천장은 공동주택의 지하주차장에서 세대 입구로 가는 부분의 천장에 인테리어 측면에서 많이 시공되고 있다.

2. 관련근거 (NFTC 103 제10조 "헤드")

1) 추가설치

(1) 헤드의 설치위치

① 천장·반자·천장과 반자사이·덕트·선반 기타 이와 유사한 부분(폭이 1.2m를 초과하는 것에 한함)에 설치
  - 폭이 1.2m를 초과하는 경우 살수장애가 있다고 판단하므로 스프링클러헤드의 설치의미가 없으므로 하부에 헤드를 추가로 설치함

② 폭이 9m 이하인 실내에 있어서는 측벽에 설치할 수 있음
  - 1.2m 이하인 경우에는 덕트 등의 유사한 부분에는 상부에만 설치가능

구분	헤드 추가설치	비고
1.2m 이하	미설치	살수장애가 발생할 경우 : 헤드 추가 설치
1.2m 초과	설치	

2) 살수장애

(1) 스프링클러헤드로부터 반경 60cm 이상의 공간을 보유

(2) 벽과 스프링클러헤드간의 공간은 10cm 이상

(3) 스프링클러헤드와 그 부착면과의 거리는 30cm 이하

(4) 배관·행가 및 조명기구 등 살수를 방해하는 것이 있는 경우에는 (1), (2), (3)에도 불구하고 그로부터 아래에 설치하여 살수에 장애가 없도록 할 것. 다만 스프링클러헤드와 장애물과의 이격거리를 장애물 폭의 3배 이상 확보한 경우에는 그렇지 예외

3. 설치방법 (소방공사 표준시방서)

1) 원칙(격자 상, 하부 모두설치)

개방형 격자 천장의 폭이 1.2m 이상인 경우에는 그 아래에 스프링클러헤드를 추가설치

2) 예외(격자 상부에만 설치가능)

(1) 개방형 격자천장의 재료 두께가 격자구멍의 가장 작은 크기 미만

(2) 개구부의 개구율이 천장 면적의 70% 이상

(3) 개구부의 가장 작은 수치가 6.4mm 이상인 경우

(4) 격자천장의 상부 표면과 스프링클러헤드의 최소 이격거리가 450mm 이상

[폭이 1.2m를 초과하는 장애물로 보았을 경우 시공사례]

7 유체흐름을 나타내는 방법 중 라그랑제(Lagrange)방법에 대하여 설명하시오.

1. 개요

1) 운동학적 기술법이란 임의 물체의 거동을 공간상에서 표현하기 위해 기준이 되는 좌표를 설정하는 것을 말하며, 운동학적 기술법에는 라그랑제 기술법과 오일러 기술법이 있고, 이를 이용하여 유체의 흐름을 나타낼 수 있다.

2) 공기나 물의 흐름에 있어 주된 관심사는 속도, 온도, 압력, 밀도의 변화이고, 물체 내 열의 전달에서는 온도의 변화에 관심을 가진다.

3) 물리량은 시간뿐만 아니라 공간상의 위치에 따라서도 변하게 되는데, 시간에 따른 변화 정도를 시간이력으로, 공간에 따른 변화를 해당 물리량의 분포라 부른다.

4) 흐름에 수반된 물리량은 공간상에서 고정된 각 지점에서 측정한 값으로 나타내는 것이 편리하다. 물론 계속해서 움직이는 공기나 물의 입자를 따라 물리량을 측정하여 표현할 수도 있지만 표현하는 방법이 어렵고 이렇게 표현된 물리량은 이해가 어렵다.

2. 운동학적 기술법

구분	라그랑제(Lagrange) 방법	오일러 방법
정의	• 입자 하나하나에 초점을 맞추어 각각 입자를 따라가면서 그 입자의 물리량(위치, 속도, 가속도)를 나타내는 기술법	• 공간상에서 고정되어 있는 각 지점을 통과하는 물체의 물리량(속도변화율)을 표현하는 방법
개념도	(격자-물체, 이동 전 격자 및 물체, 격자가 물체와 같이 이동, 물체의 이동 후 형상)	(격자-물체, 격자(고정)-물체(이동))
표현	• 각 입자의 시발점을 x0, y0, z0이라 두고 위치 s(x0, y0, z0, t), 가속도 a(x0, y0, z0, t)로 표현	• 속도와 같은 유동 특성은 공간과 시간의 함수이며 직교좌표계에서 $v=v$(x, y, z, t)로 표현되고 관찰하고자 하는 유동영역을 유동장이라 부름
적용	• 유체의 유동, 열유동, 전자기력과 같이 공간상의 흐름과 연관된 물리량을 표현하는 데 주로 사용	• 구조물과 같은 고체의 변형에 따른 변형률이나 응력 등을 표현하는 데 주로 사용

8 확성기의 매칭 트랜스에 대하여 설명하시오.

1. 개념
1) 전력을 송신부에서 수신부까지 최대로 전달하기 위해서는 임피던스 정합이 되어야 정상적으로 확성기에서 출력을 활용할 수 있다.
2) 1차 측은 높은 전압을 2차 측에서 낮은 전압으로 만들어 스피커에 전달하여 스피커를 보호하는 역할을 하는 것을 매칭 트랜스(Matching Transformer)라 한다.

2. 확성기의 출력
1) 정상적인 확성기 연결 수보다 과도하게 연결한 경우
(1) 합성임피던스가 낮아지게 되면 출력이 증가
(2) 증폭기에 과부하(Over Load)가 발생

2) 정상적인 확성기 연결 수보다 적게 연결한 경우

(1) 합성임피던스가 높아지게 되므로 출력이 감소

(2) 정상적인 확성기 출력을 활용할 수 없음

3. 매칭 트랜스의 사용이유

1) 확성기 연결부에 하이 임피던스(100V)를 많이 사용하는데 확성기는 로우 임피던스(4Ω, 8Ω, 16Ω)으로 되어 있어서 직접 연결하여 사용하면 스피커가 과전압으로 파손됨

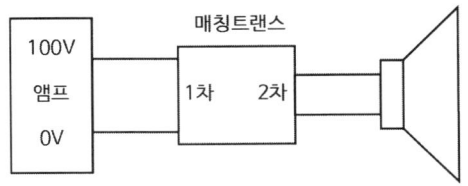

2) 1차 측은 높은 전압(100V)을 2차 측에서 낮은 전압으로 만들어 확성기에 전달하여 확성기를 보호

3) 1차 측을 높은 전압(100V)으로 설계하는 것은 확성기의 라인을 수십 미터 이상 먼 거리로 설치할 경우 확성기 선로에서 손실되는 출력 전압을 적게 하고 수십 개 이상의 확성기를 사용할 수 있기 때문임

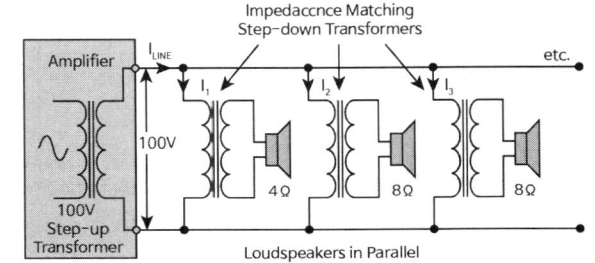

4. 증폭기에 로우 임피던스(4Ω, 8Ω, 16Ω) 확성기 연결방법

1) 연결방법

(1) 증폭기의 출력 쪽 임피던스와 확성기의 임피던스를 같게 함
   ① 예 : 증폭기 8Ω = 확성기 8Ω
   ② 예 : 두개 이상의 확성기 : 증폭기 정격 100W = 확성기의 합산 임피던스

(2) 앰프의 정격출력보다 스피커의 허용입력이 같거나 조금 크게 함
   ① 예 : 증폭기 정격 100W = 확성기 합산허용 입력이 100W 또는 조금 크게

(3) 증폭기와 확성기의 임피던스 관계

임피던스		관계	사용 여부
증폭기	확성기		
8Ω	8Ω	증폭기 = 확성기	증폭기에 설계된 출력을 정상적으로 사용할 수 있음
8Ω	4Ω	증폭기 > 확성기	증폭기의 출력이 커지며 앰프 출력 단에 과부하가 걸려 앰프가 손상될 수 있음
4Ω	8Ω	증폭기 < 확성기	증폭기가 안정적으로 작동하나 출력이 떨어짐

2) 연결종류

구분	구성	임피던스 계산값	계산방법
직렬 연결	16Ω + 4Ω - + 4Ω - + 4Ω - + 4Ω - (스피커 1,2,3,4 직렬)	$Z = Z1 + Z2 + Z3 + Z4$ $Z = 4 + 4 + 4 + 4 = 16\Omega$	확성기의 임피던스를 모두 합한 값
병렬 연결	4Ω, 16Ω 1, 16Ω 2, 16Ω 3, 16Ω 4 (병렬)	$Z = 1/(1/Z1 + 1/Z2 + 1/Z3 + 1/Z4)$ $Z = 1/(1/16 + 1/16 + 1/16 + 1/16) = 4\Omega$	동일한 임피던스일 경우 (확성기 임피던스 ÷ 확성기수) = (16 ÷ 4 = 4Ω)
직·병렬 연결	8Ω, 8Ω 1, 8Ω 3, 8Ω 2, 8Ω 4	직렬계산 $Z1 = 1+2, Z2 = 3+4$ $(Z1 = 8+8 = 16, Z2 = 8+8 = 16)$ 병렬계산 $16 ÷ 2 = 8\Omega$	직렬연결과 병렬연결의 합성

5. 확성기의 임피던스 현황

1) **가정용** : 로우임피던스(Lo-Z)를 사용

2) **전관방송설비(PA : Public Address System)** : 하이임피던스(Hi-Z)를 사용
   → 많은 수의 확성기를 사용하기 때문임

3) **고정형** : 하이임피던스(Hi-Z)

4) **겸용형** : 하이임피던스(Hi-Z) 및 로우임피던스(Lo-Z) 겸용형

9 히스테리시스 곡선(Hysteresis Loop)에 대하여 설명하시오.

1. 개념
1) 자성체의 자기장 세기 H의 변화에 따라 자속밀도 B의 변화를 나타낸 곡선을 히스테리시스 곡선 또는 자화곡선, B-H곡선이라고도 한다.
2) 자성체의 자화는 외부 자기장에 단순 비례한다고 가정하나 강자성체의 경우에는 비선형적인 이력 특성을 보인다.

2. 관련 식

$$B = \mu H$$ B : 자속밀도, μ : 투자율, H : 자계

3. 히스테리시스 곡선

1) 외부 자기장의 세기를 증가 시키면, 내부 자속 밀도는 이차 곡선의 형태로 계속 증가하다가 (O-P_2) 점차 기울기가 완만한 곡선(P_2-P_3)의 형태를 이룸
2) 이후 자기장의 세기를 계속 증가 시켜 자속 밀도는 더 이상 증가하지 않게 되는데, 이 시점(P_3)을 자기 포화상태(B_m)라고 함
3) 만약 외부 자기장의 세기를 0이 되게 해도 철심 내부에는 아주 약간의 자속 밀도가 남아 있는데, 이를 잔류 자기(B_r)라고 함
4) 잔류 자기를 없애기 위해 반대방향으로 가해주는 자계의 크기를 보자력(H_c)이라 함

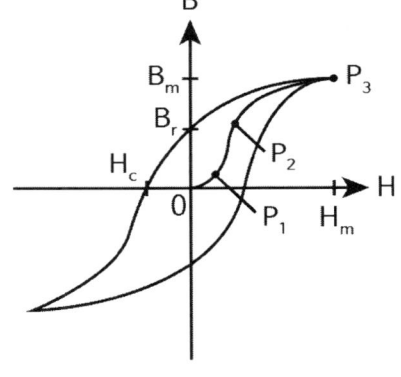

4. 히스테리시스 곡선을 통해 알 수 있는 사항

1) 자성체에 인가된 자기장을 지속적으로 증가시켰을 때 도달하게 되는 포화자속밀도
2) 인가 자계를 제거하였을 때 남아있는 잔류자속밀도
3) 자성체에 남아있는 잔류자속밀도를 제거하기 위한 역 자기장의 세기인 보자력
4) $B=\mu H$ 이므로 히스테리시스 곡선의 접선 기울기인 해당 자성체의 투자율
5) 히스테리리스 곡선의 내부면적인 히스테리시스손 (전류 → 자계발생 → 잔류자기 → 손실발생)

10 부차적손실(Minor Loss)의 정량적 표현방법 3가지를 설명하시오.

1. 개요
1) 직관에서 발생하는 손실인 직관마찰손실을 주손실(Main Loss)이라 하고, 수력계통의 구성은 관이나 배관 이외에도 많은 부속품을 포함하는데, 부속품에서 발생하는 손실을 부차손실(Minor Loss)이라 한다.
2) 부차손실은 유로의 방향 변화에 의한 2차 유동, 단면 변화에 의한 속도 변화, 장애물이나 단면 교축에 의한 교란 등으로 발생한다.
3) 주로 배관의 입구와 출구, 단면의 확대·축소 등 배관의 부속품에서 발생하고, 부속품은 엘보우, 리턴밴드, 티, 리듀서, 유니언 등이 있다.

2. 부차손실(Minor Loss)의 정량적 표현방법
1) 손실계수(저항계수)에 의한 방법
2) 등가길이(상당길이, Equivalent Length)에 의한 방법
3) 유량계수에 의한 방법

3. 손실계수(저항계수)에 의한 방법
1) 공식

$$H = K_L \frac{v^2}{2g} = f \frac{l_{eq}}{d} \frac{v^2}{2g}, \quad K_L = f \frac{l_{eq}}{d}$$

K_L : 손실계수(관로단면의 기하학적 모형에 의해 결정되는 실험상수)
v : 큰 쪽의 속도, l_{eq} : 관의 등가길이

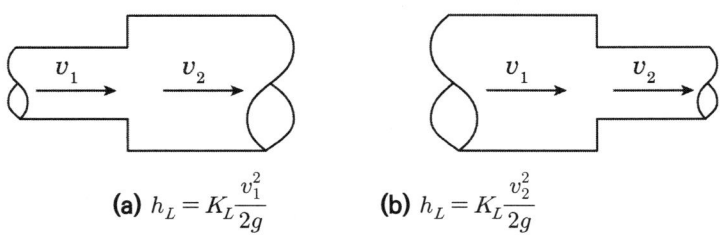

(a) $h_L = K_L \dfrac{v_1^2}{2g}$ (b) $h_L = K_L \dfrac{v_2^2}{2g}$

2) **손실계수의 결정인자** : 관로단면의 기하학적 모형
   (1) 배관 출구의 형태
   (2) 단면적의 변화
   (3) 방향 전환 등

4. 등가길이(상당길이, Equivalent Length)에 의한 방법

1) 공식

$$K_L = f \frac{l_{eq}}{d}, \; l_{eq} = \frac{K_L d}{f}$$

K_L : 손실계수(관로단면의 기하학적 모형에 의해 결정되는 실험상수)

l_{eq} : 관의 등가길이, d : 관의 직경, f : 관의 마찰손실계수

2) 자료를 이용하여 부속품을 직관길이(등가길이)로 환산

(1) 배관용 탄소강관(KS D 3507) 등가길이 표

(2) 압력배관용 탄소강관(KS D 3562) 등가길이 표

(3) (1), (2)의 표에 포함되지 않은 부속류는 공인기관에서 인증한 데이터 적용

3) 등가길이의 보정

(1) 등가길이 표에 제시된 배관과 다른 내경을 가진 배관(Sch 40이 아닌 경우)

① 계산식에 따라 산출된 계수를 등가길이 값에 곱하여 산출

② 환산계수 $= \left(\dfrac{\text{실제내경}}{Sch\,40\,\text{강관의 내경}} \right)^{4.87}$

(2) 조도계수(C)가 120이 아닌 배관

① C가 120일 경우에는 등가길이 표에 의해 산출

② C가 120이 아닐 경우에는 C가 120일 경우의 표에 의한 등가길이를 구한 후 표에 의한 환산계수를 곱해 부속품의 등가길이를 산출

③ 환산계수 $= \left(\dfrac{\text{실제조도}}{120} \right)^{1.85}$

C 값	100	120	130	140	150
환산 계수	0.713	1.00	1.16	1.33	1.51

(3) 보정된 등가길이

$= \text{표에 제시된 등가길이} \times \left(\dfrac{\text{실제내경}}{Sch\,40\,\text{강관의 내경}} \right)^{4.87} \times \left(\dfrac{\text{실제조도}}{120} \right)^{1.85}$

5. 유량계수에 의한 방법

1) 관부속품의 유량계수(C)를 이용하여 마찰손실을 계산함

2) 관련식

(1) 유량(Q) $= C\sqrt{h} = C\sqrt{\dfrac{P}{\gamma}}$

(2) 압력손실(P) $= \left(\dfrac{Q}{C} \right)^2 \gamma$

11 할로겐화합물 소화약제 소화설비에서 방사시간을 제한하는 주된 이유와 방사시간 결정요인을 설명하시오.

1. 개요

1) 방사시간이란 분사헤드로부터 소화약제가 방출되는 시점부터 최소설계농도의 95%를 방사하는 데 소요되는 시간이다.
2) 약제 저장용기가 개방될 때부터 약제가 헤드에서 방사될 때까지의 시간은 제외된다.
3) 5%의 여유는 방출 시 용기와 배관 내의 잔류가스가 존재하기 때문에 방출시간 내 100%가 될 수 없기 때문이다.

2. 방사시간

1) 이산화탄소 소화설비

전역 방출방식		국소 방출방식
표면화재	심부화재	
1분 이내	7분 이내 (2분 이내에 설계농도의 30% 방사)	30초 이내 (표면화재에만 적용)

2) 할론 소화설비 : 10초 이내

3) 할로겐화합물 및 불활성기체소화 설비

(1) 할로겐화합물(Halocarbon Agent) : 10초 이내
(2) 불활성기체 : A·C급 화재(2분 이내), B급 화재(1분 이내)

※ NFPA 2001에서 불활성 가스의 방출시간은 화재종류와 무관하게 60초였으나 A, C급 화재는 120초 이내, B급 화재는 60초 이내로 개정되었다.

3. 방사시간 제한 이유

1) 할로겐화합물

(1) 열분해생성물 최소화
 ① Halon 1301(CF_3Br)은 열분해 후 분해부산물로 HF와 HBr이 생성
 ② 할로겐화합물은 약제 방사 시 HF 등의 분해 부산물 발생을 최소화
  • 독성부산물은 HCl, HF, $COCl_2$ 등이며, HF가 가장 문제가 됨
 ③ 독성물질의 발생을 감소시켜 인명 안전을 도모

(2) 일정한 유속 확보
    ① 용기의 액체가 배관으로 흐를 시 기화하면서 액상과 기상의 2상계 흐름
    ② 충분한 유속을 확보하지 못할 시 액상과 기상의 분리로 마찰손실 증가
    ③ 신속한 소화 : 약제를 단시간에 방사하여 신속히 설계농도에 도달

(3) 높은 유량 확보
    ① 약제를 단시간에 방사하여 방호구역 내 약제를 신속하게 확산시켜 설계농도에 도달하기 위해 높은 유량(Flow Rate)을 확보
    ② 즉 10초 이내의 단시간 방사시간을 필요로 함

2) 불활성기체

(1) 불활성기체는 질식소화를 주체로 하고 보조 소화효과로 냉각소화를 한다. 심부화재는 고농도로 장시간 방사해야 하고, 화재 성장이 느리므로 A·C급 화재는 2분, 화재 성장이 빠른 B급 화재는 1분으로 규정함
   • HF와 같은 열분해생성물을 발생시키지 않아 10초로 제한하지 않음

(2) 심부화재는 고농도로 장시간 방사하여 냉각효과를 주어야 하므로 불활성기체는 심부화재가 표면화재보다 방출시간이 길다.

(3) 화재의 직·간접 피해 최소화 : 방출시간이 길면 화재에 의한 피해가 커짐

(4) 질식소화를 주체로 하므로 산소가 부족하면 불완전연소가 되어 독성 가스 발생

4. 방사시간 결정요인

1) 열분해생성물의 제한

(1) HF, HCl 등 열분해생성물의 발생을 최소화하기 위해 시간을 제한해야 한다.

(2) 질식소화를 하는 경우에는 HF, HCl 등의 열분해생성물이 발생하지 않으므로 방사시간을 길게 해도 된다.

2) 설계농도

(1) 화재의 종류에 따라 방사시간이 결정된다.

(2) 심부화재일 경우 고농도로 장시간 방사해야 하므로 방사시간이 길어진다.

3) 화재 피해 및 그 영향으로 인한 제한

열방출률이 큰 인화성 액체의 경우에는 방사 시간을 짧게 하여 신속히 소화해야 한다.

4) 방호구역 내 과압 발생으로 인한 제한

방호구역에 가스의 압력에 의해 구조적 강도가 영향을 받으므로 과압을 고려하여 방사시간을 제한한다.

12 물소화약제를 미립자로 방사하는 경우 사용목적과 적용대상을 설명하시오.

1. 개요
1) "미분무"란 물만을 사용하여 소화하는 방식으로, 최소설계압력에서 헤드로부터 방출되는 물 입자 중 99%의 누적체적분포가 $400\mu m$ 이하로 분무되고 A, B, C급 화재에 적응성을 갖는 것을 말한다.
2) "미분무소화설비"란 가압된 물이 헤드를 통과 후 미세한 입자로 분무됨으로써 소화성능을 가지는 설비로, 소화력을 증가시키기 위해 강화액 등을 첨가할 수 있다.

2. 소화원리

1) 냉각소화
(1) 미세한 물방울 → 비표면적 큼 → 열 흡수가 용이 → 주변 열을 쉽게 흡수 → 온도저하
(2) 고체 가연물의 표면을 적시어 가연물의 열분해 속도를 줄인다.

2) 질식소화(Oxygen Displacement)
물방울이 쉽게 기화되어 수증기로 되므로 산소 농도가 저하된다.

3) 복사열감소(Radiant Heat Attenuation)
(1) Ceiling Jet → 가연물에 복사열 전달 → 가연성 가스 발생 촉진 → 플래시오버 발생
(2) 물방울이 화재 주변의 복사열을 흡수하여 주변 가연물로의 화재 확산을 억제하고, 물방울이 작을수록 복사열 흡수효과가 크다.

3. 미분무 소화설비의 성능목적 (NFPA 750 "Performance Objective")

1) 화재제어(Fire Control)
화심 속으로의 침투보다 화재발생 주변의 열방출률을 억제하여 온도를 감소시킨다.

2) 화재진압(Fire Suppression)
연소 중인 연료표면과 불꽃에 충분한 양의 물을 분사하여 미분무의 입자가 화심을 뚫고 침투하여 화재 시 열방출률을 급격히 감소시켜 화세를 경감시키고 화재의 재성장을 방지

3) 화재소화(Fire Extinguishment)
냉각, 질식, 복사열 차단 등 복합적인 작용으로 화재를 완전하게 진압하는 것을 의미

4) 온도제어(Temperature Control)
화열을 억제하여 화재실의 온도를 낮춤

5) 노출부분의 방호(Exposure Protection)

미연소 가연물이 열전달에 의해 점화되는 것을 방지함

4. 적용 대상

1) 해사분야 : 선박의 숙소 공간, 가스·증기터빈 설치 공간
2) 전기설비 : 통신기기, 컴퓨터실의 바닥 공간
3) 가연성 액체 : 도장부스, 페인트 락카실
4) 물에 민감한 장소 : 박물관, 도서관
5) 항공기 : 화물칸, 승무원실 및 객실, 엔진
6) 소화용수의 급수가 제한된 지역
7) 폭발 억제 장소

5. 적응장소 및 비적응 장소

1) 적응장소(NFPA 750) : A, B, C급 화재에 적응

(1) 일반 가연물
(2) 인화성 및 가연성 액체
(3) 가스 제트화재
(4) 전기위험
(5) 통신장치 등 전자장치

2) 비적응장소(NFPA 750) : 물과 격렬한 반응

(1) 물과 반응하는 금속(K, Na, Mg, Li 등)
(2) 카바이드(CaC_2)
(3) 할로겐화합물(염화벤조일, 염화알루미늄)
(4) 실란(3염화메틸실란)
(5) 물로 인해 가열되어 끓는 초저온액화가스(LNG)
(6) 황화물(오산화인 : P_2S_5)

---

13 자연발화가 일어나기 쉬운 조건을 설명하시오.

1. 자연발화의 정의

1) 연료를 점점 고온으로 가열하면 혼합기체 분자들이 활성화되고 점화원 없이도 혼합물에서 화염이 스스로 발생하는 현상으로 축열과정이 필요하다. 축열이 되기 위해 가연물 내로 들어온 열량이 나간 열량보다 커야 하며, 축열될수록 가연물 내의 온도가 상승하고 내부에너지는 증가한다.

2) 자기가열(Self Heating)이 연료를 열분해할 정도까지 진행되어 충분한 증기가 형성되었을 때 연료 내 축적된 에너지가 최소점화에너지에 도달해야 발화된다.

3) 발화의 시작은 물질 자체에서의 화학반응에 의해 발생하며, 특정 연료농도와 온도가 필요하다.

2. 자연발화의 Mechanism

고체, 분지, 분체 → 내부열 축적 (Self Heating) → 내부온도 상승 (발화온도 이상) → 자연발화

3. 자연발화가 일어나기 쉬운 조건 (영향인자)

1) 통풍이 불량할 경우 : 발열이 방열보다 크므로 쉽게 발생
2) 휘발성이 낮은 가연성 액체 : 열 축적 용이
3) 축적된 열량이 클 때 : 통풍이 작은 실내에서 단열재로 보온된 상태에서 열 축적
4) 공기와의 접촉 면적이 클 때 : 산화반응 촉진(예 : 분말, 섬유, 면, 종이, 우레탄)
5) 고온 다습한 경우 : 금수성 물질이 수분과 반응하여 발열
6) 보온재의 자연발화 : 파라핀, 왁스 등 탄화수소계열의 유류가 보온재에 침투할 경우 피보온물체가 발화점 이하에서 발화
7) 퇴적방법 : 가연물을 쌓아 놓은 경우 열의 축적이 쉬움
8) 단열압축
   (1) 디젤엔진 등에서 오일, 윤활유 등이 열분해
   (2) $\frac{P_2}{P_1} = (\frac{T_2}{T_1})^{\frac{\gamma}{\gamma-1}}$ 공기의 비열비, $\gamma = \frac{정압비열(C_p)}{정적비열(C_v)} = 1.4$, T_1, T_2 : 절대온도(K)

4. 자연발화의 방지대책

1) 저장실의 온도를 낮게 함
2) 저장실은 통풍이 잘 되게 함
3) 저장실의 습도를 낮게 함
4) 저장실의 압력을 낮게 함
5) 퇴적 및 수납 시 열 축적을 작게 함

128회 2교시

1 건축자재등 품질인정 및 관리기준(국토교통부고시 제2022-84호)에 따른 복합자재 및 외벽 마감재료의 불연재료 성능기준과 실물모형시험기준에 대하여 설명하시오.

1. 개요

1) "건축자재등"이란 아래의 건축자재와 내화구조를 말한다.

　(1) 강판과 심재로 이루어진 복합자재

　(2) 주요구조부가 내화구조 또는 불연재료로 된 건축물의 방화구획에 사용되는 건축자재와 내화구조(자동방화셔터, 내화채움성능이 인정된 구조)

　(3) 60+방화문, 60분방화문, 30분방화문

　(4) 그 밖의 품질인정이 필요한 건축자재와 내화구조로서 국토교통부령으로 정하는 건축자재와 내화구조

2) "품질시험"이란 건축자재등의 품질인정에 필요한 내화시험, 실물모형시험 및 부가시험을 말한다.

2. 복합자재의 불연재료 성능기준과 실물모형시험기준

1) 강판 : 다음의 구분에 따른 기준을 모두 충족할 것

　(1) 두께[도금 이후 도장(塗裝) 전 두께] : 0.5mm 이상

　(2) 앞면 도장 횟수 : 2회 이상

　(3) 도금의 부착량 : 도금의 종류에 따라 다음의 어느 하나에 해당

　　① 용융 아연 도금 강판 : $180g/m^2$ 이상

　　② 용융 아연 알루미늄 마그네슘 합금 도금 강판 : $90g/m^2$ 이상

　　③ 용융 55% 알루미늄 아연 마그네슘 합금 도금 강판 : $90g/m^2$ 이상

　　④ 용융 55% 알루미늄 아연 합금 도금 강판 : $90g/m^2$ 이상

　　⑤ 그 밖의 도금 : 국토교통부장관이 정하여 고시하는 기준 이상

2) 심재 : 강판을 제거한 심재가 다음의 어느 하나에 해당할 것

　(1) 그라스울 보온판 또는 미네랄울 보온판으로서 고시하는 기준에 적합한 것

　(2) 불연재료 또는 준불연재료인 것

3) 강판과 심재 전체를 하나로 보아 실물모형시험

강판과 심재로 이루어진 복합자재는 KS F ISO 13784-1(건축용 샌드위치패널 구조에 대한 화재 연소 시험방법)에 따른 실물모형시험 결과, 다음의 요건을 모두 만족해야 할 것. 다만 복합자재를 구성하는 강판과 심재가 불연재료인 경우에는 실물모형시험을 제외한다.

(1) 시험체 개구부 외 결합부 등에서 외부로 불꽃이 발생하지 않을 것
(2) 시험체 상부 천정의 평균 온도가 650℃를 초과하지 않을 것
(3) 시험체 바닥에 복사 열량계의 열량이 $25kW/m^2$를 초과하지 않을 것
(4) 시험체 바닥의 신문지 뭉치가 발화하지 않을 것
(5) 화재 성장 단계에서 개구부로 화염이 분출되지 않을 것

3. 외벽 마감재료의 불연재료 성능기준과 실물모형시험기준

1) 불연재료의 성능기준

시험	성능기준	시험회수
불연성시험 (KS F ISO 1182)	• 가열시험 개시 후 20분간 가열로 내의 최고온도가 최종 평형온도를 20K 초과 상승하지 않을 것 • 가열종료 후 시험체의 질량 감소율이 30% 이하	• 시험체는 총 3개 • 각각의 시험체에 대하여 1회씩 총 3회의 시험을 실시
가스유해성 시험 (KS F 2271)	• 실험용 쥐의 평균행동정지 시간이 9분 이상	• 시험은 시험체가 실내에 접하는 면에 대하여 2회 실시

2) 실물모형시험

마감재료를 구성하는 재료 전체를 하나로 보아 고시하는 기준에 따라 실물모형시험을 한 결과가 기준을 충족할 것

(1) 외부 화재 확산 성능 평가 : 시험체 온도는 시작 시간을 기준으로 15분 이내에 레벨 2 (시험체 개구부 상부로부터 위로 5m 떨어진 위치)의 외부 열전대 어느 한 지점에서 30초 동안 600℃를 초과하지 않을 것

(2) 내부 화재 확산 성능 평가 : 시험체 온도는 시작 시간을 기준으로 15분 이내에 레벨 2 (시험체 개구부 상부로부터 위로 5m 떨어진 위치)의 내부 열전대 어느 한 지점에서 30초 동안 600℃를 초과하지 않을 것

② 초고층 및 지하연계 복합건축물 재난관리에 관한 특별법 시행규칙에 의해 설치하는 종합방재실의 설치위치, 면적, 구조, 설비에 대하여 설명하시오.

1. 개요

1) 건축물의 규모는 고층화, 대형화, 심층화되는 경향이 있으며, 화재 등 재난의 위험성은 날로 증가하고 있다.

2) 평상시에는 방재설비의 감시 및 제어와 이상 발생 시 알람, 경보를 발생시키므로 관계자가 신속히 조치할 수 있는 역할을 하고, 화재 등 재난이 발생할 경우는 소방관의 지휘부 역할을 하는 곳이 종합방재실이다.

2. 설치대상

1) 초고층 건축물 : 층수 50층 이상 또는 높이가 200m 이상인 건축물

2) 지하연계 복합건축물

(1) 층수가 11층 이상이거나 1일 수용인원이 5천 명 이상인 건축물로서, 지하부분이 지하역사 또는 지하도상가와 연결된 건축물

(2) 건축물 안에 문화·집회시설, 판매시설, 운수시설, 업무시설, 숙박시설, 위락시설 중 유원시설업의 시설 또는 대통령령으로 정하는 용도의 시설이 하나 이상 있는 건축물

3. 종합방재실의 설치위치, 면적, 구조, 설비

구분	설치기준
1) 설치·운영	(1) 초고층 건축물 등의 관리주체
2) 설치개수	(1) 개수 : 1개 (2) 100층 이상인 초고층 건축물 등(공동주택은 제외) • 기능 상실에 대비해 추가설치 • 관계지역 내 다른 종합방재실에 보조 종합재난관리체제를 구축하여 재난관리 업무가 중단되지 않도록 함
3) 설치위치	(1) 1층 또는 피난층 • 초고층 건축물 등에 특별피난계단이 설치되어 있고, 특별피난계단 출입구로부터 5m 이내에 종합방재실을 설치할 시 2층 또는 지하 1층에 설치할 수 있음 • 공동주택의 경우에는 관리사무소 내에 설치할 수 있음 (2) 비상용 승강장, 피난 전용 승강장 및 특별피난계단으로 이동하기 쉬운 곳 (3) 재난정보 수집 및 제공, 방재 활동의 거점 역할을 할 수 있는 곳 (4) 소방대가 쉽게 도달할 수 있는 곳 (5) 화재 및 침수 등으로 인하여 피해를 입을 우려가 적은 곳

구분	설치기준
4) 구조 · 면적	(1) 다른 부분과 방화구획으로 설치 　• 다른 제어실 등의 감시를 위하여 두께 7 mm 이상의 망입유리로 된 4 m² 미만의 붙박이창을 설치할 수 있음 (2) 인력의 대기 및 휴식 등을 위하여 종합방재실과 방화구획된 부속실을 설치 (3) 면적은 20 m² 이상으로 할 것 (4) 재난 및 안전관리, 방범 및 보안, 테러 예방을 위하여 필요한 시설 · 장비의 설치와 근무 인력의 재난 및 안전관리 활동, 재난 발생 시 소방대원의 지휘 활동에 지장이 없도록 설치 (5) 출입문에는 출입 제한 및 통제 장치를 갖출 것
5) 상주인원	3명 이상
6) 설비	(1) 조명설비(예비전원을 포함) 및 급수 · 배수설비 (2) 상용전원과 예비전원의 공급을 자동 또는 수동으로 전환하는 설비 (3) 급기 · 배기 설비 및 냉방 · 난방 설비 (4) 전력 공급 상황 확인 시스템 (5) 공기조화 · 냉난방 · 소방 · 승강기 설비의 감시 및 제어시스템 (6) 자료 저장 시스템 (7) 지진계 및 풍향 · 풍속계(초고층 건축물에 한정) (8) 소화 장비 보관함 및 무정전 전원공급장치 (9) 피난안전구역, 피난용 승강기 승강장 및 테러 등의 감시와 방범 · 보안을 위한 폐쇄회로텔레비전(CCTV)

4. 결론

1) 관리주체는 건축물 등의 건축, 소방, 전기, 가스 등의 안전관리 및 방범, 보안, 테러 등을 포함한 종합방재실을 설치 운영해야 하며, 관리주체 간 종합방재실을 통합하여 운영할 수 있다.

2) 종합방재실은 종합상황실과 연계되어야 하고, 방재실 간의 정보를 공유할 수 있는 정보망을 구축하고 유사시 경보 및 통신설비를 설치해야 한다.

3 스프링클러헤드에서 방출속도와 화재플룸(Fire Plume) 상승속도의 관계를 설명하시오.

1. 스프링클러헤드에서 방출속도 (물방울의 종말속도)

1) 개념

유체 속에서 물방울이 자유낙하하는 경우 물방울이 등속운동을 할 때의 속도를 종말속도라고도 한다.

2) 물방울의 종말속도 Mechanism

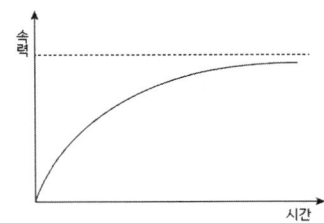

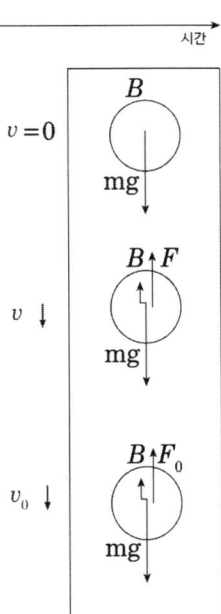

(1) 그림과 같이 물방울의 낙하속도 $v = 0$일 때 물방울에는 중력 mg와 위 방향의 부력 B 작용 ($mg - B = ma$)
- 부력 크기 = 물방울 부피(V) × 유체 밀도(ρ) × 중력가속도(g)

(2) 위의 운동방정식에서 물방울은 가속도 a에 의해 속도가 빨라진다.

(3) 이때 물체의 아래 방향 속도를 v라고 하면 v에 비례하는 저항력 F가 위쪽 방향으로 작용

(4) 아래 방향 가속도 a는 작아져 a'이 된다. ($mg - B - F = ma'$)

(5) 속도가 증가하면 저항력 F도 커지고, 가속도 a'가 점점 작아진다.

(6) 결국 어떤 속도 v_0에서 물체에 작용하는 힘은 평형상태를 이룬다.

(7) 이때의 가속도는 0이 되고, 저항력은 최댓값 F_0가 된다.

(8) 물방울은 등속도로 낙하하게 되는데, 이때의 속도 v_0를 종단속도라 한다. ($mg - B - F_0 = 0$)

　※ 화재 Plume 속도가 빠를수록 종단속도에 이르는 시간이 짧아져 Skipping 발생

2. 플룸(plume)의 상승속도

1) 개념
부력에 의한 화염기둥의 열기류를 화재플룸이라 한다.

2) 화재플룸(Fire Plume)의 발생 Mechanism

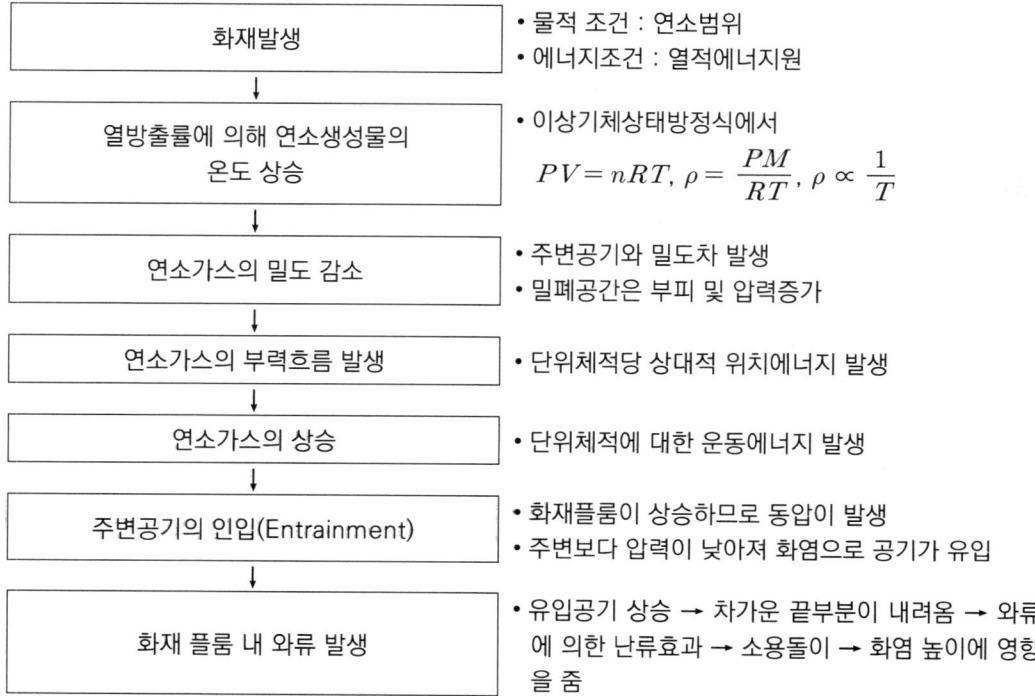

3) 화재플룸의 속도

(1) 상대적 위치에너지가 운동에너지로 변환되므로 위치에너지를 속도에너지와 같게 놓을 수 있다.

(2) 화재플룸의 속도

① 상대적 위치에너지 = $(\rho_a - \rho)gz$, 단위 체적에 대한 운동에너지 = $\rho \dfrac{v^2}{2}$

② 이들 에너지가 같다고 하면 플룸의 속도

$$v = \sqrt{\dfrac{2(\rho_a - \rho)gz}{\rho}} = \sqrt{\dfrac{2(T - T_a)gz}{T_a}}$$

(온도는 밀도에 반비례 $\dfrac{T}{T_a} \propto \dfrac{\rho_a}{\rho}$)

v : 플룸의 속도(m/s)
z : 플룸의 이동높이(m)
ρ_a : 공기의 밀도(kg/m^3)
ρ : 연기의 밀도(kg/m^3)

3. 스프링클러헤드에서 방출속도와 화재 플룸속도와의 관계

구분		방출속도 < 플룸속도	방출속도 > 플룸속도
물방울의 이동방향		• 천장으로 상승	• 화염으로 낙하
발생원인	물방울직경	• 작다	• 크다
	화재크기	• 크다	• 작다
결과		• 물방울은 주변 헤드를 적심 • Skipping 발생	• 물방울은 화염표면으로 침투 • 표면냉각으로 화재진압에 유리

---

4 정적독성지수와 동적독성지수에 대하여 설명하시오.

1. 연소가스의 독성 평가방법

1) 실험동물에 연소가스를 노출

(1) 마우스, 토끼 등의 동물을 연소과정에서 발생한 연소가스에 직접 노출시켜서 동물의 행동을 조사하는 방법

(2) 직접적인 연소가스의 종합적인 평가가 가능하나 인간과 동물간의 관계가 불명확하고 동물보호의 관점에서 바람직하지 못함

2) 화학분석

(1) 연소가스를 화학분석에 의해 발생량을 정량적으로 구하여 발생한 연소가스의 독성에 관련된 문헌 자료로부터 평가하는 방법

(2) 재료상호간의 독성평가가 용이하나 독성자료가 부족하고, 미량의 독성 가스는 평가가 불가능함

2. 정적 독성지수

1) 정의
독성지수란 재료의 연소 시 발생하는 연소가스의 농도를 기준값과 비교한 지수를 말한다.

2) 관련 식

$$T_{S_i} = C_i/f_i$$

$$T_S = \sum_{i=1}^{n} T_{S_i} = \frac{C_1}{f_1} + \frac{C_2}{f_2} + \frac{C_3}{f_3} + \ldots + \frac{C_n}{f_n}$$

T_{S_i} : 정적 독성지수
C_i : 대상 재료의 연소시 생성된 각 화학종의 농도 (ppm)
f_i : 각 화학종에 대한 농도의 기준값(ppm)

3) 실험방법
(1) 일정한 부피를 가진 시험 챔버에 버너를 사용하여 시편을 연소시킨다.
(2) 완전연소 후 챔버 내에 발생한 가스의 혼합시킨 후 검지관을 이용하여 가스를 추출한다.
(3) 각각의 가스에 대해서 시험 챔버의 부피 및 사용된 무게를 적용하여 시편이 연소됐을 경우로 환산한다.
(4) 100g의 시편이 연소되었을 경우 가스농도 환산 식

$$C_i = \frac{C_\theta \times 100 \times V}{m}$$

C_θ : 시편의 연소시 측정된 각각의 가스농도(ppm)
m : 시편의 질량(g), V : 챔버의 부피(m^3)

(5) 각각의 C_i 값과 치사농도를 이용한 독성지수(Toxicity Index)

$$T_S = \frac{C_1}{f_1} + \frac{C_2}{f_2} + \frac{C_3}{f_3} + \ldots + \frac{C_n}{f_n}$$

C_i : 식 (4)에 의해 계산된 연소가스의 평균값(ppm)
f_i : 30분간 노출되었을 경우 치사농도(ppm)

3. 동적 독성지수

1) 정의
(1) 단위시간, 단위면적당 생성되는 연소가스의 양으로 독성을 표현하며, 재료의 발열·발연속도를 반영한 동적인 것으로 정적 독성지수를 발전시킨 개념의 독성지수
(2) 연소가스의 유해성을 표현하기 위해 재료의 연소가스의 속도를 반영하는 것이 실제적임

2) 관련식

$$T_{D_i} = v/Af_i$$

$$T_D = \frac{1}{A}\sum_{i=1}^{n}\frac{v}{f_i} = \frac{1}{A}\left(\frac{v_1}{f_1} + \frac{v_2}{f_2} + \frac{v_3}{f_3} + \ldots + \frac{v_n}{f_n}\right)$$

T_{D_i} : 동적 독성지수($\ell/cm^2 \cdot \min$)
v : 연소가스의 발생속도($\ell/\min$)
A : 재료의 면적(cm^2)
f_i : 각 화학종에 대한 기준값

5 상업용 조리시설의 화재특성 및 손실저감 대책에 대하여 설명하시오.

1. 개요
1) 산업화, 도시화되면서 가정의 조리공간에서 확대된 상업적 조리시설은 단시간 내에 많은 음식물을 가열, 조리하는 능력을 갖추고 있으며, 공동주택, 호텔, 식당, 학교, 기숙사 등 많은 사람들이 거주하고 숙박하는 장소에 위치하고 있다.
2) 이러한 장소에서 화재가 발생하면 그 시설이 속한 장소에 국한되지 않는 경우 인적, 물적 피해가 크다.

2. 화재의 분류
1) 일반 가연물에 식용유가 추가되며, 동식물성 기름화재는 일반화재와는 다른 특성이 있어 기존의 화재와는 다르게 분류한다.
2) 미국방화협회(NFPA) : 식용유 화재를 K급 화재로 분류
3) ISO와 UL : 튀김기름 화재를 F급 화재로 분류

3. 상업용 조리시설의 화재특성
1) 식용유 화재는 2000년까지는 유류화재인 B급 화재로 구분하고 있었으나, 식용유는 석유류 화재와 연소형태나 소화원리에 있어서 큰 차이를 나타낸다.
2) 석유류 등 일반 유류화재
    (1) 자연발화점 온도보다 훨씬 낮은 인화점을 가짐
    (2) 대부분의 경우 화재발생 후 유표면의 화염을 제거하거나 공기의 공급을 차단하면 연소현상은 중단됨
3) 식용유화재
    (1) 자연발화점과 인화점과의 차이가 작음
    (2) 식용유는 자연발화점이 끓는점 이하이고, 자연발화점 이상으로 온도가 상승하면서 연소가 지속되는데, 식용유 표면의 화염을 제거해도 식용유의 온도가 자연발화점 이상으로 유지되기 때문에 곧바로 재발화가 발생함

종류	인화점(℃)	자연발화온도(℃)	온도차
카놀라유	338	363	25
옥수수유	342	362	20
땅콩유	348	370	22
콩기름	333	377	44
해바라기유	340	359	19
팜유	328	377	49

    (3) 끓는 식용유에 불이 붙은 경우 기름의 온도를 자연발화점 이하로 낮추어야만 소화가 됨

(4) 연소 중인 식용유의 유증기에 물을 부으면 물이 즉시 비등·증발하여 팽창된 수증기 폭발을 동반하여 착화된 식용유가 비산하므로 연소 중 식용유에 물을 사용해서는 안 됨

4) 소화약제

(1) 제3종 분말소화약제 : 적응성 없음

① 제1인산암모늄은 열에 불안정하며 150℃ 정도에서 열분해가 일어나 190℃, 215℃, 300℃, 350℃ 이상에서 각각 오르(Ortho), 피로(Pyro), 메타(Meta)와 오산화인(P_2O_5)이 생성되어 A급 화재에는 소화효과를 볼 수 있으나 요리용 기름이나 지방질 기름과는 비누화 반응을 일으키지 않기 때문에 소화효과가 거의 없어 재발화함

② 식물성 기름의 자연발화온도가 동물성 기름보다 높고, 따라서 발화 시 열량이 더 크게 되는데 분말약제의 경우 물이 없으므로 냉각효과가 적으므로 소화효과가 떨어짐

(2) Wet Chemical, 강화액 소화약제

① 분말약제로는 기름화재에 적응성이 없으며, 충분한 비누화(Saponification) 현상을 일으켜 질식 및 냉각 작용을 일으킬 수 있는 소화 약제를 사용

② 식용유 화재를 K급 소화약제로 분류하는데, Wet Chemical, 강화액 소화약제가 있음

4. 손실저감 대책

1) 화재예방대책

(1) 그리스필터

① 그리스필터는 배출 덕트 내 유지분의 축적을 방지하기 위함이 주목적임

② 그리스필터 설치는 화재의 예방 및 안전관리에 관한 법률 시행령 별표 1에 규정되어 있으며, 이것은 조리시설의 안전대책 기본임

③ 그리스필터를 설치하는 것과 함께 필터와 후드 주변부의 정기적인 청소가 수반되어야만 함

(2) 배출덕트

① 그리스필터를 사용하지 않는 배기후드의 경우 외관상으로는 별다른 문제점이 보이지 않을 수 있으나, 배출덕트 내 상당한 양의 가연물이 누적될 수 있음

② 덕트가 지나가는 각 층으로 화재가 확산되는 통로가 될 수도 있으므로 미국 상업조리시설 안전규정인 NFPA 96에서는 덕트에 대한 규정을 제시하고 있음

③ NFPA 96에서는 그리스가 배연설비 내 축적되었는지에 대하여 적절하게 훈련, 검정받은 자격 있는 자에 의해 그리스 형성에 대해 전체 배연설비를 점검하는 것을 규정함

2) 화재진압

(1) 소화기

① K급 소화기를 비치

② 자동식 소화설비가 설치된 경우에는 그 설비가 작동된 후에만 소화기를 사용하도록 규정하고 있는데, 이는 수동식인 소화기를 사용하는 과정에서의 부상에 대한 우려 때문임

(2) 자동식 소화설비

① 주방용 자동식 소화설비는 연소부, 튀김기 부근에 방출 헤드를 설치하고 열감지 등을 통해 화재를 감지하여 자동으로 적응성 있는 소화약제를 분사하여 주방화재를 진압하는 설비를 말함

② 문제점
- "상업용 주방자동소화장치의 성능 인증 및 제품검사의 기술기준"이 2015년에 제정되어 있으나 설치 의무 장소에 대해서는 아직 규정하지 않고 있음
- 현재 국내 법규상 스프링클러설비를 갖추지 않는 경우 설치해야만 하는 자동확산소화용구는 가스레인지 상부에 설치된 환기구(후드, 덕트)로 인해 소화가 용이한 위치 확보가 힘든 실정으로 그 효용성이 떨어진다고 할 수 있음
- 스프링클러가 있는 경우 조리 부분에만 적용 가능하며, 튀김기에는 적용할 수 없음
- 조리시설에는 자동식 소화설비의 설치가 효율적임

5. 결론

숙박시설, 대형마트, 초고층 주상복합건물, 병원 등에 설치되어 있는 조리시설에 대하여 안전점검 수행 시 중점적으로 그리스필터, 배출 덕트 안전에 대해 점검이 필요하다.

6 LED용 SMPS(Switching Mode Power Supply)와 관련하여 다음을 설명하시오.
1) 구조 및 동작원리   2) 소손패턴

1. LED 조명에서 SMPS의 역할

1) SMPS는 Switching Mode Power Supply의 약자로 외부에서 공급되는 교류(AC) 전류를 직류(DC) 전류로 전환(Switching)시킨 후, 각종 전자기기의 조건에 맞는 전압으로 변환시켜 공급하는 장치이다.
2) 불규칙한 전압이 그대로 공급될 경우, 전자기기의 고장 및 성능저하를 가져올 수 있다. SMPS는 이처럼 입력전압에 변동이 있더라도 일정한 출력전압을 전자 제품에 공급함으로써 전압변동에 따른 문제를 방지해 주는 역할을 한다.

2. 구조 및 동작원리

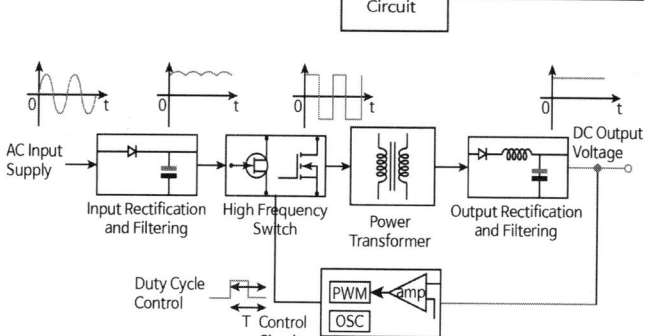

1) **입력(Input)** : AC전원

2) **정류(Input Rectification & Filtering)**

   입력된 AC전압을 DC전압으로 정류화함

3) **스위칭(High Frequency Switch)**

   (1) 고주파변환기는 MOSFET와 같은 스위치를 kHz 수준의 고주파로 켜고 끌 수 있는 초퍼(Chopper)회로 사용하고 초퍼회로는 On-Off 스위칭을 반복하여 임의의 전압이나 전류를 만들어 내는 전원회로 제어방식

   (2) 입력전압을 사용자가 원하는 전압으로 출력할 수 있도록 설계된 구형파로 변환

4) **변압기(Power Transformer)**

   스위칭된 직류 전원은 변압기를 통해 다양한 전압 수준으로 변환

5) **정류(Output Rectification & Filtering)**

   출력 전압의 리플과 노이즈 제거

6) **피드백(Control Circuitry)**

   제어회로에서는 피드백으로 초퍼 MOSFET을 제어

7) 전압 안정화

변환된 전력은 커패시터를 통해 전력의 변동이나 고조파를 막아 안정한 전압 공급

8) 출력 : SMPS는 변환된 직류 전원을 출력 부하에 공급

3. 소손패턴

구분	사고발생 과정
선간단락	• 피복손상 → 선간단락, 지락 → 아크 → 화재
누설전류	• 물기 유입/피복손상 → 건전상 및 수중누전 → 감전사고
절연파괴	• 피복손상, 물기유입 → 이물질 부착 → 탄화도전로형성 → 발열 → 화재
이상전압 (서지, 입력전압)	• 이상전압 유입 → 이상 동작 또는 부품 손상
국부발열	• 방열불량, 국부발열 → 부품 손상 → 화재
접속불량	• 체결불량/이완 → 아크 → 국부발열 → 소손, 화재

128회 3교시

1. 건축물의 지하층 구조 및 지하층에 설치하는 비상탈출구의 기준에 대하여 설명하시오.

1. 지하층의 구조

1) 정의
건축물의 바닥이 지표면 아래에 있는 층으로서 바닥에서 지표면까지 평균높이가 해당층 높이의 1/2 이상인 것을 말한다.

2) 적용법령 : 건축물의 피난·방화구조 등의 기준에 관한 규칙 제25조

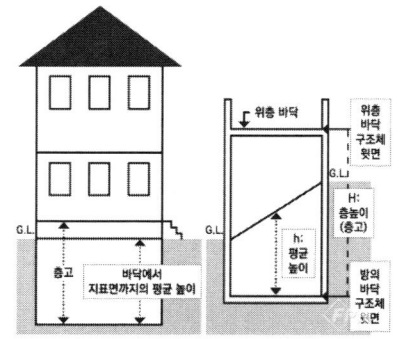

3) 지하층의 구조 및 설비

구분	구조 및 설비
거실의 바닥면적 50m² 이상인 층	• 직통계단 • 비상탈출구 및 환기통(피난층 또는 지상으로 통할 것)
바닥면적 합계가 50m² 이상인 건축물	• 대상 : 공연장·단란주점·당구장·노래연습장, 예식장·공연장, 생활권수련시설·자연권수련시설, 여관·여인숙, 유흥주점, 다중이용업 • 직통계단을 2개소 이상 설치
지하층 바닥면적 300m² 이상인 층	• 식수공급을 위한 급수전을 1개소 이상
바닥면적 1000m² 이상인 층	• 직통계단을 방화구획으로 구획되는 각 부분마다 1개소 이상 (피난층 또는 지상으로 통할 것) • 직통계단은 피난계단 또는 특별피난계단의 구조
거실 바닥면적합계 1000m² 이상인 층	• 환기설비

2. 비상탈출구의 기준

1) 정의 : 지하층에 피난을 위해 설치한 출구

2) 적용법령 : 건축물의 피난·방화구조 등의 기준에 관한 규칙 제25조

3) 지하층에 설치하는 비상탈출구의 기준

구분	비상탈출구
대상	• 거실의 바닥면적이 50m² 이상인 층
설치위치	• 출입구로부터 3m 이상 떨어진 곳
규격 및 구조	• 유효너비는 0.75m 이상, 유효높이는 1.5m 이상 • 피난층, 지상으로 통하는 복도나 직통계단에 직접 접하거나 통로 등으로 연결 • 피난층 또는 지상으로 통하는 복도나 직통계단까지 이르는 피난통로의 유효너비는 0.75m 이상
문개방 방향	• 문은 피난방향으로 열리도록 함 • 실내에서 항상 열 수 있는 구조 • 내부 및 외부에는 비상탈출구의 표시
재료	• 피난통로의 실내에 접하는 부분의 마감과 그 바탕은 불연재료
조명	• 비상탈출구의 유도등과 피난통로의 비상조명등의 설치는 소방법령에 의할 것
기타	• 지하층의 바닥으로부터 비상탈출구의 아랫부분까지의 높이가 1.2m 이상이 되는 경우에는 벽체에 발판의 너비가 20cm 이상인 사다리를 설치 • 비상탈출구의 진입부분 및 피난통로에는 통행에 지장이 있는 물건을 방치하거나 시설물을 설치하지 아니할 것

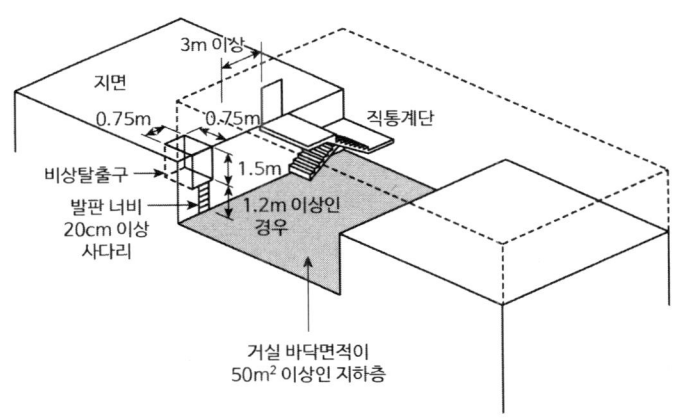

2 화학공장의 정량적 위험도 평가(Quantitative Risk Assessment) 7단계에 대하여 설명하시오.

1. 개요
화학공장에서의 사고는 그 원인이 매우 복합적이므로 위험성평가도 어려운 편이며 어느 한 가지의 특정한 평가방법으로 공정의 분석을 국한시킬 수 없고 공정의 특성이나 평가 대상에 따라 적절한 방법을 선택해야 한다.

2. 화학공장의 정량적 위험도 평가 7단계

1) 위험도 평가의 목적 정의(Define Risk Assessment Objectives)
(1) 인명의 사상과 건강상 위험을 방지
(2) 재산손실을 방지하여 생산의 영속성 지속 여부
(3) 환경오염 방지 또는 법적인 규정에 적합

2) 위험요소의 확인(Hazard Identification)
(1) 사전파악
　① 생산, 취급, 저장 및 수송되는 위험물의 물리·화학적 특성
　② 공장의 생산 공정 파악 및 공정상 취약점의 확인
　③ 과거의 사고기록 분석
(2) 위험요소의 존재 여부를 확인 규명하는 단계로 보통 정성정 평가 방법이 이용됨
(3) Check List, What If, HAZOP, FMEA 등의 방법을 이용하여 시설과 공정에 대한 위험 요소를 확인

3) 손실이 예상되는 시나리오 작성(Loss Event Scenario Development)
(1) 사고의 발단과 진행과정
(2) 사고의 파급 결과

4) 사고결과 예측평가(Consequence Assessment)
(1) 사고결과 인명, 재산, 사업중단 등 손실 정도
(2) 사고가 공장내부와 외부로의 확산 가능성 여부
(3) 공장 외부로 확산된다면 거리별 사고의 범위

5) 사고발생 가능성 평가(Probability Assessment)

사고결과 예측평가 결과 중대사고로 판단되는 사고에 대해 FTA, ETA 등을 이용하여 발생가능성 추정

6) 위험성 제시(Risk Presentation)

(1) Risk Indicies : 단순히 위험의 정도를 제시하는 간단한 숫자 또는 도표

(2) Individual Risk : 사고의 영향 범위내의 개인에 대한 위험을 표시

(3) Social Risk : 사고의 영향 범위 내의 일반 대중에 대한 위험을 표시

(4) 상기결과가 허용범위 이내에 있는지 확인

7) 위험 감소방안 분석

(1) 허용범위를 초과할 경우 위험성 감소대책 수립

(2) 설비고장 가능성 및 인적 실수 등 감소

---

3 가스계소화설비에서 설계농도 유지시간(Soaking Time)에 영향을 주는 요소 및 방호구역 밀폐시험에 대하여 설명하시오.

1. 개요

1) 가스소화약제가 방사되어 설계농도에 도달한 후 재발화하지 않도록 하기 위해서는 일정시간 설계농도를 유지해야 하는 시간을 설계농도유지시간이라 한다.

2) 방호구역은 다양한 형태의 개구부가 존재하므로 설계농도유지시간을 만족하지 못하면 소화실패의 우려가 있으므로 전역 방출방식에서 가스계소화설비의 신뢰성을 확보하기 위해 실시하는 시험을 밀폐도시험(Enclosure Integrity Test)이라고 한다.

2. 소화약제 농도곡선

1) 소화농도

가연성혼합기에 소화약제를 방사 시 화염의 전파가 중지되고 소화가 시작될 때의 최대 농도이다.

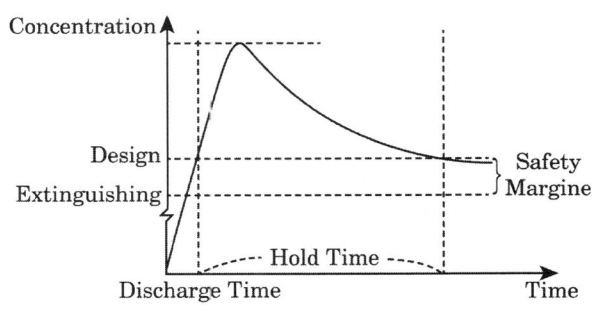

2) 설계농도(할로겐화합물 및 불활성기체 소화설비의 화재안전기준)

(1) A급 설계농도 = 소화농도(A급)×안전계수(1.2)

(2) B급 설계농도 = 소화농도(B급)×안전계수(1.3)

(3) C급 설계농도 = 소화농도(A급)×안전계수(1.35)

3. 설계농도 유지시간(Soaking Time)에 영향을 주는 요소

구분	하강모드(Descending Interface Mode)	혼합모드(Mixing Mode)
정의	• 소화약제가 공기보다 무겁고, 팬 등 혼합장치가 없을 시 소화약제의 하강을 고려한 모드 • 소화약제 설계농도가 방호구역 전체높이(h_1)에서 장비의 높이(h_2)까지 내려가는 시간	• 소화약제의 무게가 공기와 비슷하고 팬 등 약제와 공기의 혼합장치가 있어 기류의 이동이 발생할 시의 모드 • 초기 소화약제의 농도(C_1)에서 최소설계농도(C_2)까지 내려갈 때의 시간
개념도	(하강모드 개념도: h_1, h_2, 장비, Air Leaks In, Air, Air + Agent, Agent Leaks Out, $A_o \dfrac{dh}{dt}$ / 여기서, A_o : 방호구역의 면적 [m^2])	(혼합모드 개념도: H_o, 장비, Air Leaks In, Air + Agent, Agent Leaks Out)
설계농도 유지시간	$t = \dfrac{A_o}{A_L}\sqrt{\dfrac{\rho_m}{2g(\rho_m - \rho_a)}}\left[h_1^{\frac{1}{2}} - h_2^{\frac{1}{2}}\right]$ A_L : 개구부의 크기(m^2) A_o : 방호구역의 면적(m^2) ρ_m : 소화약제, 공기혼합물 밀도(kg/m^3) ρ_a : 공기밀도(kg/m^3) h_1 : 방호구역 높이(m) h_2 : 장비높이(m)	$t = K_1 \displaystyle\int_{cf_1}^{cf_2} \dfrac{1}{C_f}\sqrt{C_f(\rho - \rho_a) + \rho_a}\, dc_f$ $K_1 = \dfrac{A_o H_o}{C_f A_L \sqrt{2g(\rho - \rho_a)H_o}}$ A_L : 개구부의 크기(m^2), A_o : 방호구역의 면적(m^2) C_f, ρ : 소화약제농도(%), 밀도(kg/m^3) ρ_a : 공기밀도(kg/m^3), H_o : 방호구역의 높이(m)
영향요소	• 방호구역의 높이 및 면적 • 장비의 높이 • 개구부의 크기 • 개구부의 위치 • 소화약제와 공기 혼합물의 농도	• 방호구역의 높이 및 면적 • 개구부의 크기 • 소화약제의 농도

4. 방호구역 밀폐시험

1) 개념

밀폐도시험은 Smoke Pencil Test와 Door Fan Test가 있으며, 특히 Door Fan Test는 누설 개구부의 위치를 발견하여 설치된 소화설비의 적정성에 대한 판단을 제공하는 간접적인 성능확인시험으로 ISO, NFPA, IRI 등에 의해 채택되고 있는 신뢰성이 입증된 선진화된 시험기법이다.

2) 종류

(1) Smoke Pencil Test

① 펜 모양의 연기발생기를 이용하여 개구부의 누설 부위를 찾는 시험
② 연기의 유동을 육안으로 직접 확인이 가능
③ 휴대가 간편하고, 사용방법이 단순하며 용이

(2) Door Fan Test

① Door Fan Test는 약제방출 시와 동일한 환경을 조성하여 직접적인 약제의 방출 없이 Door Fan, 각종 압력계 및 컴퓨터 프로그램을 사용하여 실내·외의 정압, 송풍량 등을 측정
② 측정결과를 방호구역 내의 누설면적, 약제의 설계농도 유지시간(Retention Time)으로 환산

3) Door Fan Test

(1) 시험원리

① 가스계소화설비가 작동하여 방호대상물이 설치된 실내로 소화약제가 방출될 때 순간적으로 압력이 상승하면서 실내공기와 혼합
② 실내에 충만한 혼합가스 중 비중이 큰 가스는 하단부의 누설부위를 통해 빠져나가고 상단 누출 부위로부터 외부공기가 유입되면서 혼합가스의 농도는 상부로부터 점차 낮아짐
③ 도어 팬 시험기를 이용해 이와 같은 조건을 조성한 후 이때 누설되는 양을 측정하여 컴퓨터 프로그램으로 누출면적을 산출하고, 최종적으로 약제의 소화농도유지시간을 측정

(2) 시험절차

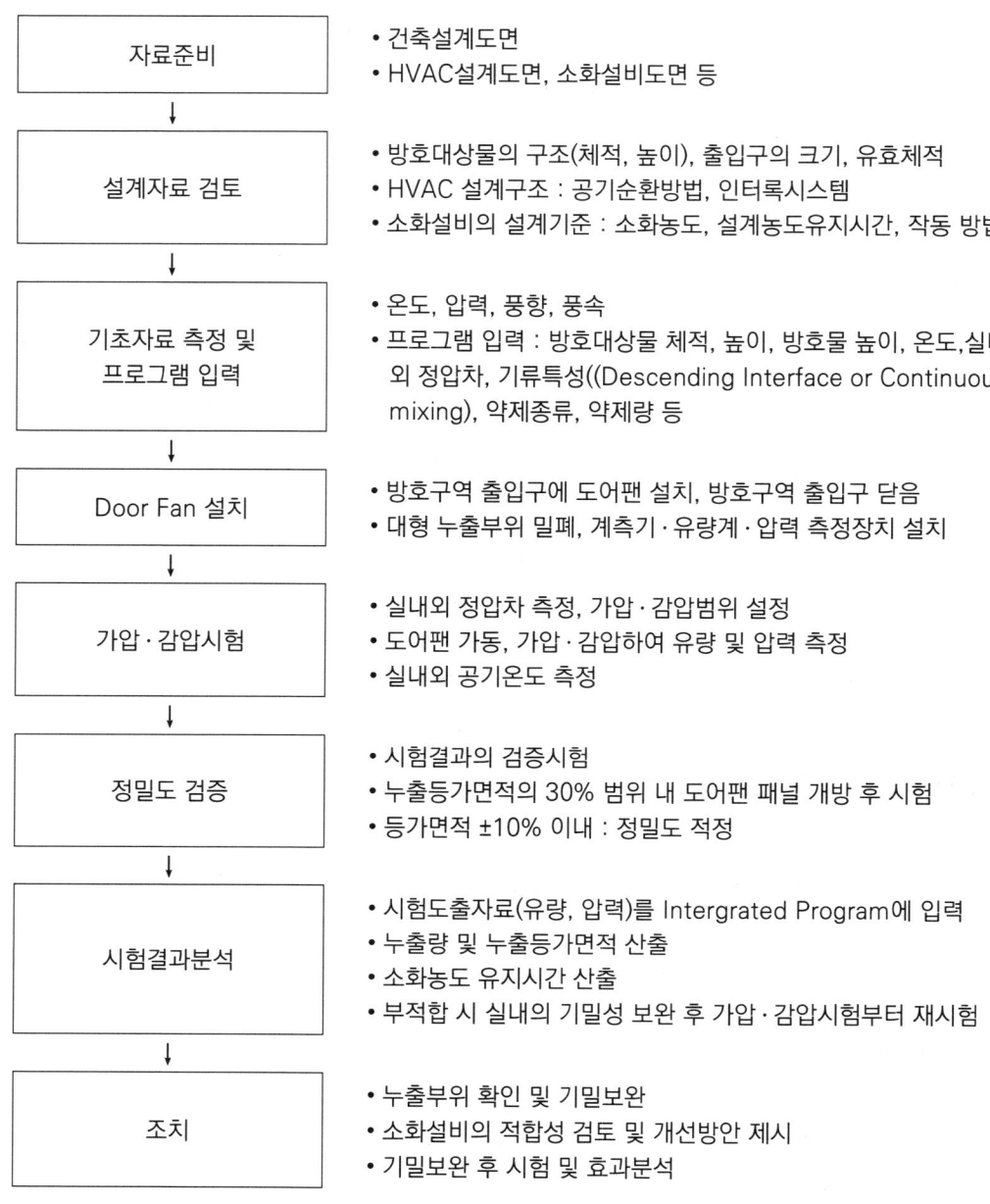

4) 방호구역 신뢰성 확인 방법 비교

(1) NFPA, EPA에서는 저비용, 연속사용가능 및 환경오염방지를 감안하여 Door Fan Test 권장

(2) 선진국에서는 이미 Door Fan Test가 일반화되어 산업설비에 대한 직접적인 성능시험은 물론, 설비보험요율 산정 시 필수시험 항목으로 이용

국내	실제방출	Door Fan Test
방출시험 관련 근거 없음	NFPA 12	NFPA 12A, NFPA 2001
일부 기업에서 방출시험	최초 설치 시 방출시험	주기적으로 실시

(3) 비교

국내	실제방출	Door Fan Test
정상작동 유무만 확인	• 실내외 정압, 온도, 약제농도 농도유지시간, 누설부위 등 확인	• 실내외 정압, 온도, 약제농도 농도유지시간, 누설부위 등 확인
방출시험을 하지 않아 신뢰성 확보가 어려움	• 환경오염 발생 • 일회성 • 효과 대비 비용이 많이 듦	• 환경오염 없음 • 반복 측정 가능 • 효과 대비 비용이 적게 듦

5) 기대효과

(1) 누설위치 및 면적 확인
　① 등가누설면적이 허용 면적을 초과하면 소화설비는 부적합한 것으로 도출
　② 연기 발생장치를 통해 누설 부분을 육안으로 확인할 수 있음

(2) 소화약제량의 적합 여부 판단
　① Mixing Mode와 Descending Interface Mode 상태에서 소화약제량의 적합 여부를 판단
　② 부적합할 경우 가산해야 할 약제량을 계산하여 주며 추가 약제량을 도출할 수 있음

(3) 설계농도유지시간 확인(Retention Time)
　① 방호물의 높이에 따라 설계농도유지시간이 결정되므로 기준값에 미달 시 해결책 제시
　② 방호구역을 높이거나 Descending Interface Mode를 기류순환장치를 설치하여 Mixing Mode로 전환하는 등의 대안을 제시할 수 있음

(4) 과압배출구(피압구)의 산정
　① 과압배출구가 적정한 위치에 설치되어 있는지 수치적으로 가능함
　② 부적합할 경우 추가해야 할 과압배출구의 면적을 알 수 있음

(5) 소화설비의 신뢰성 확보

> **보충**
>
> [Door Fan Tester의 구성]

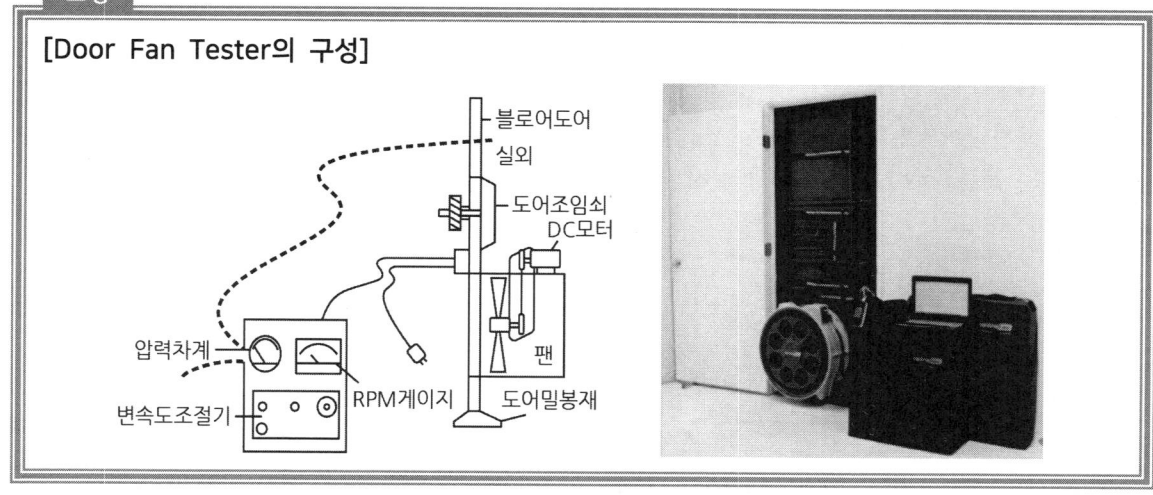

4 복사 쉴드(Shield)와 관련하여 다음을 설명하시오.
1) 복사 쉴드(Shield)의 개념
2) 복사 쉴드(Shield) 수에 따른 열유속 변화

1. 복사열전달의 특성

1) 전도와 대류는 절대온도에 비례하지만 복사열은 절대온도의 4승에 비례하여 열은 전달됨
2) 복사에너지는 공기와 같은 매개체가 없는 진공에서도 파장으로 원거리에 있는 물체로 전달됨
3) 복사에너지가 물체에 도달할 경우 일부는 흡수, 일부는 반사, 일부는 투과됨
4) 복사열전달은 온도, 파장, 보는 각도, 시간 등에 따라 달라지므로 물성값을 규명하기 매우 복잡함

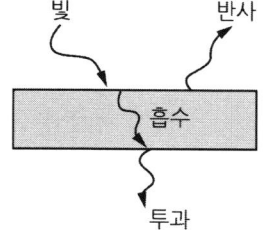

2. 복사 쉴드(Shield)의 개념

1) 개념

(1) 화염에서 방사된 복사에너지를 전부 흡수하는 물체를 흑체(Black Body)라 함
(2) 화염에서 방사된 복사에너지를 반사시키는 것을 복사 쉴드(Shield)라 함
(3) 복사 쉴드는 복사열유속의 방사율 및 형상계수에 따라 차단 정도가 다름

2) 물체의 방사율과 반사율

구분	방사율	반사율	비고
흑체	1	0	복사열을 모두 흡수
회색체	0 < 회색체 < 1	0 < 회색체 < 1	복사열을 일부 흡수, 일부 반사
백체	0	1	복사열을 모두 반사

3) 관련식

$$E = \varepsilon \sigma \Phi T^4$$

E : 단위시간 동안 단위면적의 흑체로부터 복사된 에너지(W/m^2)
σ : Stefan-Boltzmann상수($5.67 \times 10^{-8} W/m^2 \cdot K^4$)
T : 표면의 절대온도(K), ε : 방사율, Φ : 형상계수

(1) 방사율(Emissivity, ε)
① 실제 물체에서 방사되는 열유속은 흑체보다 작고, 흑체와 비교하여 에너지를 방사할 수 있는 물체 표면의 효율로 범위는 0 ~ 1
② $\varepsilon = \dfrac{실제물체의\ 방사에너지}{흑체의\ 방사에너지}$
③ $\varepsilon = 1 - e^{-kl}$, k : 화염의 흡수계수, l : 화염의 두께

(2) 형상계수(Configuration Factor, View Factor, Φ)
① 형태계수, 배치계수
② 열원으로부터 멀리 떨어진 목표물이 받는 복사열류는 배치상태에 따라 방사된 열류보다 감소되는 계수

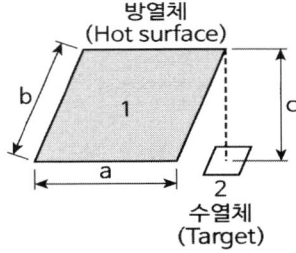

[직사각형 방사체의 형상계수]

$$\Phi = \frac{1}{2\pi}\left[\frac{X}{\sqrt{1+X^2}}tan^{-1}\left(\frac{Y}{\sqrt{1+X^2}}\right) + \frac{Y}{\sqrt{1+Y^2}}tan^{-1}\left(\frac{X}{\sqrt{1+Y^2}}\right)\right]$$

$X = \dfrac{높이(b)}{거리(c)}$, $Y = \dfrac{폭(a)}{거리(c)}$, 각도는 라디안

③ 화원인 방사체(Hot Surface)에 연료인 수열체(Target)는 한쪽 면만 노출이 된다. 즉, 복사에너지의 일부분만이 미연소 된 연료에 전달된다.
④ 영향인자 : 방열체와 수열체 간 기하학적 형상, 거리, 위치, 각도, 열선의 크기

3. 복사 쉴드(Shield) 수에 따른 열유속 변화

1) 열유속(Heat Flux)의 개념

(1) 단위면적 및 단위시간당의 통과 열량을 열유속이라 하며, 단위는 W/m^2 임

(2) 화염에서 연료표면으로 복사되는 열유속은 연료 표면에서 발생하는 열손실보다 커야 기화 또는 열분해가 지속된다. 즉, 연료에 충분한 열이 공급되어야 연소가 지속됨

2) 복사 쉴드(Shield) 수에 따른 열유속 변화

(1) 복사 쉴드 수가 많을수록 반사율이 커지므로 열유속은 감소

(2) 열유속이 감소하면 열전달이 불량하므로 온도의 상승을 억제할 수 있음
- 화재확대 억제, 소화 활동시 착용하는 방열복

(3) 미분무수는 입자가 작으므로 표면적이 커서, 복사열을 쉽게 차단 할 수 있음
- 복사열 차단효과 : 미분무설비 > 물분무설비 > 스프링클러설비

(4) 공간의 에너지 절약적인 측면에서는 복사 쉴드 수가 클수록 단열효과가 좋음

4. 적용

1) 인명구조기구 중 방열복

2) 미분무수의 복사열 차단효과

미분무 수는 표면적이 커서 열을 흡수하면 쉽게 상변화하여 기화잠열을 흡수하며 연료표면을 덮어 화염으로부터 복사열을 흡수 및 차단함

3) 풍도외부를 단열재로 감싸 복사열유속 차단

---

5 원심펌프 운전 시 발생할 수 있는 공동현상, 수격작용, 맥동현상, Air Binding에 대하여 각각의 문제점과 방지대책을 설명하시오.

1. 원심펌프 (Centrifugal Pump)

1) 주요구성요소 : 회전차(임펠러), 안내깃, 와류실, 케이싱

2) 작동원리

임펠러 고속회전 → 임펠러 중심부 진공 → 물 흡입 → 임펠러 주위 원심력으로 압력 상승 (원심력에 의한 속도에너지는 압력에너지로 전환) → 물 배출 0

3) 종류

(1) 안내깃의 유무에 따른 분류 : 볼류트 펌프, 터빈 펌프

(2) 흡입방식에 따른 분류 : 단흡입 펌프, 양흡입 펌프

(3) 단수에 따른 분류 : 단단 펌프, 다단 펌프

4) 특징

(1) 원심력에 의해 유체를 수송함

(2) 용량에 비해 소형이고, 설치면적이 작음

(3) 흡입·토출 밸브가 없고, 유체의 맥동이 없음

(4) 기동 시 펌프 내부에 물을 충분히 채워야 함

(5) 고양정에 적합하며, 유량 증가 시 양정이 감소함

(6) 서징, 캐비테이션이 발생할 수 있음

2. 공동현상

1) 정의

물의 압력이 해당온도에서 포화 증기압 이하로 내려갈 때 물이 증발하여 공동(Cavity)을 만드는 현상을 공동현상(캐비테이션)이라 한다.

2) 문제점

(1) 임펠러에 충격, 소음, 진동

(2) 벽면의 침식(Cavitation Corrosion)

(3) 임펠러 손상 및 효율 저하

3) 방지대책

구분	대책
(1) **흡입배관 내 물을 충만히 채움**	• 펌프가 수조보다 위에 있을 때 물올림탱크를 설치 • 풋밸브를 설치하여 펌프 흡입 측 배관의 물이 누설되지 않도록 함

(2) **압력저하방지**
$NPSH_{av} > NPSH_{re}$)
	• 유효흡입수두($NPSH_{av}$)를 크게 함
	  - 대기압수두(P_a/γ)↑, 흡입수두(H_h)↓, 배관마찰손실수두(H_f)↓, 포화증기압수두(H_v)↓
	• 필요흡입수두($NPSH_{re}$)를 작게 함
	  - 펌프 선정 시 충분히 작은 것을 선정, 편흡입펌프보다 양흡입 펌프로 설계

(3) **수온상승방지**	• Relief 밸브를 설치하여 체절압력 미만에서 작동하게 함

3. 수격작용

1) 정의

관로 안 물의 운동 상태를 급격히 변화시킴으로써 일어나는 압력파로 인해 진동과 소음을 일으키는 현상을 수격현상(Water Hammer)이라 한다.

2) 문제점

(1) 압력상승으로 펌프, 밸브, 플랜지, 관로 등 파손

(2) 압력강하에 의한 수주분리가 생겨 재결합 시 발생하는 격심한 충격파로 관로 파손

(3) 진동, 소음

(4) 주기적 압력변동으로 자동제어를 위한 시스템 등 압력 컨트롤 장치 난조

3) 방지대책

구분	대책
(1) **펌프 대책**	• 직입기동보다는 Y-△기동, 리액터 기동 또는 Soft 기동 방식 적용 • 펌프 내 Fly Wheel을 부착하여 급속정지 제한
(2) **관로 대책**	• 펌프토출 측에 에어 챔버(Air Chamber) 설치 • 수격 방지기(Water Hammer Cushion) 설치 • 관로도중 서지탱크(Surge Tank)를 설치하여 압력 상승 흡수
(3) **밸브 대책**	• 자동 수압조절밸브를 설치하여 밸브를 서서히 닫음 • 펌프운전 중 밸브 개폐는 서서히 함 • 펌프토출 측에 압력해소용 릴리프밸브 설치 • 펌프토출 측에 수격방지용 체크밸브(스모렌스키 체크밸브)를 설치

4. 맥동현상(Surging)

1) 정의

펌프나 송풍기를 저유량으로 운전하여 운전점이 특성곡선의 우측 상향 구배에서 운전 시 유량과 압력이 주기적으로 변하고 공기의 유동에 격심한 맥동과 진동이 발생하여 불안정하게 운전되는 현상을 서징이라 한다.

2) 문제점

(1) 압력계의 눈금이 큰 폭으로 흔들림

(2) 토출량의 주기적 변동 발생

(3) 흡입, 토출배관의 진동과 소음 발생

(4) 헤드나 방수구에서 살수밀도 저하

3) 방지대책

구분	대책

(1) 운전범위 제어	• H-Q 곡선이 우측 하향 구배 특성을 가진 펌프(송풍기)를 사용
	• 펌프(송풍기)의 특성곡선이나 저항곡선을 변화시킴
	  - 펌프(송풍기)의 회전수를 증가시켜 특성곡선을 변화시킴
	  - 펌프(송풍기)의 토출 측 밸브나 댐퍼의 개도율을 증가시켜 저항곡선을 변화시킴(유량↑, 압력↓)

(2) 방출밸브 조절	• 바이패스 관을 사용해 운전점이 H-Q 곡선의 우측 하향구배 특성범위에 있도록 함 • 서징이 한 번 발생하면 변동주기는 비교적 일정하므로 송출밸브로 송출량을 조절하여 인위적으로 운전상태를 바꿔야 함
(3) 유량조절 밸브 (풍량조절 댐퍼) 의 설치 위치	• 유량조절 밸브(풍량조절 댐퍼)의 설치 위치를 펌프(송풍기)의 토출 측 직후로 함
(4) 공기가 고인 곳	• 배관 중 수조나 공기탱크와 같이 기체상태 부분(공기가 고인 곳)이 없도록 함

5. Air Binding

1) 정의

(1) 원심펌프 내에 공기가 차 있으면 수두를 감소시켜 송수가 되지 않는 현상을 말한다.

(2) 원심펌프보다 수원이 낮을 경우 케이싱 내부에 물이 없으면 펌프가 작동하더라도 물이 송수되지 않는다.

2) 문제점

(1) 펌프 내 공기로 인해 부압이 형성되므로 송수 불능

(2) 캐비테이션 발생으로 인한 임펠러 손상

(3) 펌프의 공회전으로 인한 펌프 과열 및 손상

3) 대책

(1) 펌프 및 배관 내 물의 유출 방지

(2) 에어벤팅(Air Venting) 실시

(3) 자흡식 펌프(Self-priming Pump)를 이용

   ※ 자흡식 펌프 : 펌프 내부의 유체가 펌프에서 쉽게 빠져나가지 않도록 설계되어 있고, 별도의 마중물(Priming)을 공급하지 않고 펌프 구동 시에 펌프 흡입 측에 잔존해 있는 기체를 흡입시켜 유체를 펌핑할 수 있도록 만든 펌프

6 물질의 발열량과 관련하여 다음을 설명하시오.
1) 발열량의 종류   2) 발열량 측정방법

1. 개요
1) 단위 중량의 물질이 완전 연소하는 경우에 발생되는 열량을 말한다.
2) 단위 질량(kg, lb)이나 부피(기체의 경우 Nm^3, ft^3)의 연료를 기준으로 kcal/kg 또는 kcal/Nm^3와 같이 나타낸다.

2. 발열량의 종류

1) 고위발열량
총발열량이라고도 하며, 연료의 연소과정에서 발생하는 수증기의 잠열을 포함한 발열량을 말함

2) 저위발열량
순발열량이라고도 하며, 연료의 연소과정에서 발생하는 수증기의 잠열을 제외한 발열량을 말함

3. 발열량 측정방법

1) 열량계에 의한 방법

(1) 봄베(Bomb) 열량계
① 고체 및 액체연료의 고위발열량 측정에 사용
② 시험 절차
- 약 1g의 시료를 용기에 넣고 전원에 의해 순수 산소 약 20 ~ 35 기압에서 점화
- 연소된 시료에 의해 발생한 열이 봄베를 둘러싼 물을 가열
- 온도상승된 물을 연속적으로 측정하여 발열량 측정

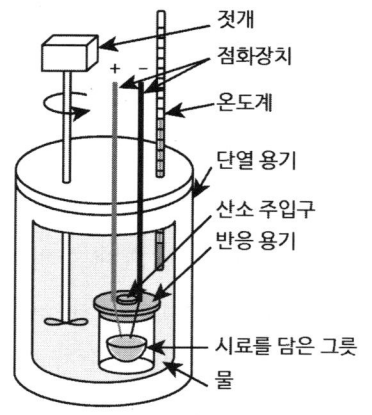

(2) 윤켈스식 유수형 열량계
① 약 1리터의 시료가스를 최초의 가스 온도까지 냉각시키며 생성된 수증기를 응축시킴. 이 때 발생한 열의 총량을 물로 흡수시킴
② 시료 가스량, 유수량, 유수의 온도 증가로부터 발열량 계산
③ 보정 후 표준상태에 있어서의 건조가스 $1m^3$의 발열량을 산출함. kcal로 표시한 값이 고발열량임. 저발열량은 고위발열량으로부터 응축수의 응축잠열을 감하여 산출

(3) 시그마 열량계
① 2중의 동심원에 배제된 금속제의 팽창제를 일정 조건의 가스로 가열하여 금속을 팽창시킴
② 이 때 온도의 변화에 따른 상호 위치가 달라지는 원리로 발열량을 측정하는 방법

2) 원소분석에 의한 방법

(1) 가연 3원소 발열량
가연 3원소의 연소열이 기본이 되며, 탄소, 수소, 황이 연소 시 발생 되는 열량을 각각 산출하는 방법으로 고체, 액체의 발열량 계산 시 적용

(2) 기체 연료의 발열량 계산
① 기체연료 내의 가연성분 등의 발열량을 산출하는 방법
② 공업용 연료에서는 일산화탄소, 수소, 포화탄화수소와 불포화탄화수소 등 각각의 가연성분의 발열량을 전체 합산하여 발열량으로 계산

3) 공업분석에 의한 방법

(1) 폐기물의 3가지 성분(고정탄소+휘발분, 수분, 회분)의 조성비를 통해 발열량을 측정
(2) 연료가 불균일한 물질인 경우와 수분을 50% 이상 함유할 경우 측정신뢰도 저하됨
(3) 간편한 방식이지만 오차가 있으므로 열량계에서 측정한 발열량과 비교할 필요가 있음

128회 4교시

1 소방시설공사업법령에서 감리업자가 수행해야 할 업무와 공사감리 결과를 통보 시 감리결과보고서에 첨부서류 및 완공검사의 문제점에 대하여 설명하시오.

1. 감리의 의의

1) 감리라 함은 각종 공사를 종합적으로 조정하고 총체적으로 관리함과 동시에 각각의 공사가 설계 도서에서 의도하는 바에 따라 확실하게 시공되고 있는지 여부를 종합 관리하는 업무를 말한다.

2) 건축물의 사용승인 절차(건축법)

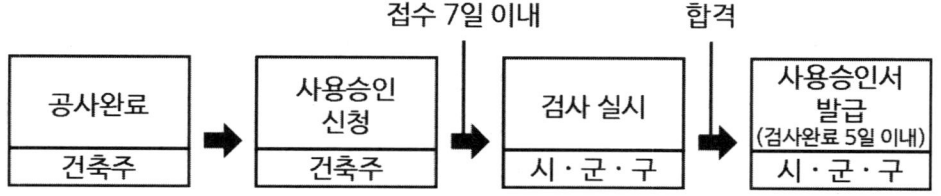

2. 감리업자가 수행해야 할 업무 (소방시설공사업법 제16조 "감리")

1) 적법성(관련법 준수)

(1) 소방시설 등의 설치계획표의 적법성 검토

(2) 공사업자가 한 소방시설 등의 시공이 설계도서와 화재안전기준에 맞는지에 대한 지도·감독

(3) 피난시설 및 방화시설의 적법성 검토

(4) 실내장식물의 불연화와 방염 물품의 적법성 검토

2) 적합성(적법성과 기술상의 합리성)

(1) 소방시설 등 설계도서의 적합성 검토

(2) 소방시설 등 설계 변경 사항의 적합성 검토

(3) 소방용품의 위치·규격 및 사용 자재의 적합성 검토

(4) 공사업자가 작성한 시공 상세 도면의 적합성 검토

3) 성능시험

(1) 완공된 소방시설 등의 성능시험

3. 감리결과보고서 첨부서류 (소방시설 공사업법 제20조 "공사감리 결과의 통보 등", 시행규칙 제19조 "감리결과의 통보 등")

1) 감리결과 통보대상 : 관계인, 건축공사를 감리한 건축사, 소방시설공사의 도급인
2) 감리결과보고서 : 소방본부장이나 소방서장에게 제출
3) 제출서류
   (1) 소방시설 성능시험조사표
   (2) 착공신고 후 변경된 소방시설설계도면
   (3) 소방공사 감리일지
   (4) 사용승인 신청서 등 사용승인 신청을 증빙할 수 있는 서류

4. 완공검사의 문제점

1) 관련법령
   (1) (소방시설공사업법) 소방서장은 공사업자에게 완공검사증명서 교부
      ① 완공검사 신청서류 : 소방시설공사 완공검사신청서, 감리결과보고서
   (2) (소방시설법) 건축물 사용승인 동의는 소방시설공사 완공검사증명서 교부로 갈음. 사용승인기관은 교부된 완공검사 증명서 확인

2) 문제점 및 운영실태
   (1) (시공) 사용승인일을 맞추기 위해 소방시설업체에 무리한 공사 요구
      사용승인 1달 전 인테리어 집중, 소방시설공사가 마무리되지 않은 상태로 완공신청
   (2) (감리) 감리자가 건축주로부터 감리결과보고서 제출을 강요 받음
      소방시설성능 및 시공이 미흡한 상태로 감리결과 보고서 제출, 강요자 처벌규정 미비
   (3) (완공처리) 건축물의 공정률에 관계없이 소방시설만 설치하면 완공신청
      감지기 선로만 연결 미부착 상태로 완공, 감지기·스프링클러헤드 페인트칠 등 성능장애
   (4) (사용승인) 완공검사 후 사용승인까지 평균 한달 이상 소요됨
      ① 완공검사 후 사용승인일 사이 소방시설 훼손 시 책임소재 불명확
      ② 소방시설 훼손 처벌규정 미비, 훼손책임이 불명확하므로 업체의 하자보수부담이 가중

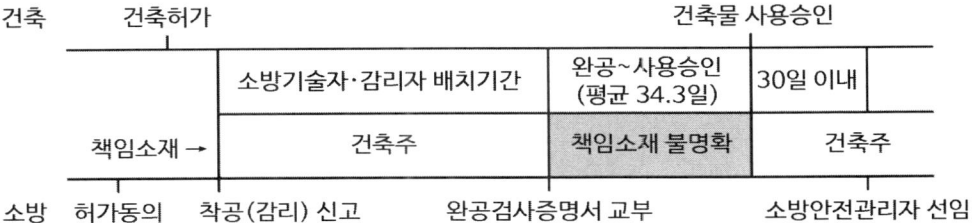

3) 개선방안

(1) (절차개선) 건축물 등의 사용승인의 권한이 있는 행정기관에 사용승인 신청 접수를 증빙하는 서류 사본을 첨부하여 소방감리결과보고서 제출

(2) (감리기간 연장) 감리자 배치기간을 건축물 사용승인일까지 연장, 소방시설 훼손방지 및 변경행위 등 관리·감독

(3) (감리철수) 건축물 사용승인 후 소방서에 감리자 배치 철수 보고

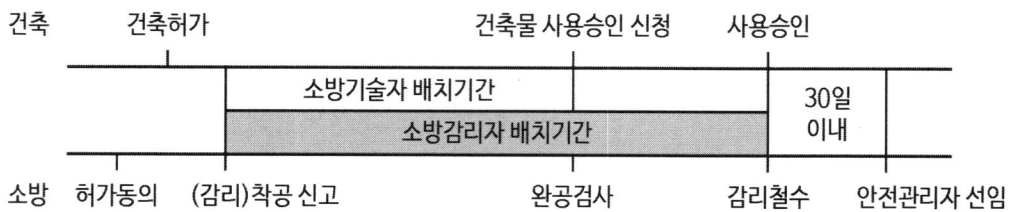

---

② 거실제연설비 제연댐퍼 제어방식을 일반적으로 4선식(전원2, 동작1, 확인1)으로 설계하는데 4선식의 문제점 및 해결 방안을 설명하시오.

1. 거실제연설비 제연 댐퍼 제어방식 현황

1) 제연 댐퍼 설치 흐름도 및 케이블 스케줄

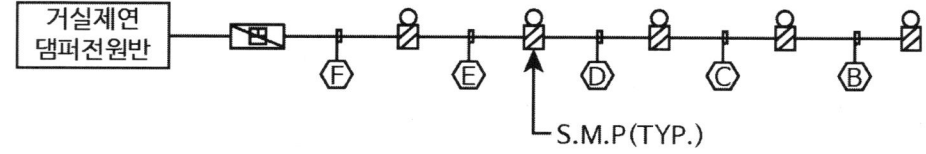

[CABLE SCHEDULE]

기호	전선	내역
Ⓐ	HFIX2.5mm² × 2	-
Ⓑ	HFIX2.5mm² × 4	전원2, 기동1, 기동확인1
Ⓒ	HFIX2.5mm² × 6	전원2, (기동1, 기동확인1) · 2
Ⓓ	HFIX2.5mm² × 8	전원2, (기동1, 기동확인1) · 3
Ⓔ	HFIX2.5mm² × 10	전원2, (기동1, 기동확인1) · 4
Ⓕ	HFIX2.5mm² × 12	전원2, (기동1, 기동확인1) · 5

※ 기본가닥수 : 전원 +, - 2가닥 / (댐퍼기동 1가닥, 기동확인 1가닥) × 댐퍼 수

2) 기동, 확인이 1가닥인 이유 : 전원선과 공통선을 겸용

   3) 화재 시 제연 댐퍼(Smoke Motor Damper)의 개방/폐쇄

   (1) 화재실 : 배출풍도로 전환토록 배출 측 SMD 개방, 급기 측 SMD 폐쇄

   (2) 인접실 : 유입공기 공급을 위한 급기 측 SMD 개방, 배출 측 SMD 폐쇄

   (3) 공조겸용 시 상용환기 측 SMD 폐쇄, 제연설비측 SMD 개방

   (4) 중요성 : 댐퍼의 동작유무가 제연설비의 신뢰성 및 성능에 직결
   댐퍼 기동 이상 시 제연 실패로 청결층 유지 어려움 → 피난 실패

2. 4선식의 문제점

   1) 전원 단선 시 제연 계통의 기능 불능

   (1) 20~30개의 댐퍼를 하나의 전원선으로 연결

   (2) ⓑ ~ ⓕ 기호의 전원 1가닥 단선 또는 단락 시, 전체 댐퍼의 기능이 정지됨

   2) 댐퍼회로 공통선 가닥수의 제한이 없음

   댐퍼수 과다, 전선길이 과다 시 전압강하로 댐퍼 미작동 발생

   3) 제연댐퍼 1개소라도 미가동시 제연성능에 치명적이나, 이를 대비한 Fail Safe 대책 미비

3. 해결방안

구분	장점	단점
1) 전원2, 기동2, 기동확인2 적용	• 1개소 단선시에도 신뢰성 확보	• 댐퍼수×2가닥 비용 상당 증가
2) 기존 4선식 + LOOP 배선 적용	• 단선시에도 작동, Fail Safe • NFPA72 CLASS A와 같은 개념	• 전원 Loop 비용 증가·기술검증, 호환성, 제품개발 필요
3) 전원선 댐퍼 수 제한	• 1), 2)안과 함께 적용하여 신뢰성 증대	• 설계자 임의기준이므로, 별도기준 정립 필요

③ 터널화재에서 백 레이어링(Back Layering) 현상과 영향인자 및 대책을 설명하시오.

1. 개요

1) 터널 내 화재 시 연기의 제연은 평상시 환기설비에 의해서 수행되며, 제연방식은 연기를 화재공간에서 완전히 제거하는 배연(smoke exhaust)을 목적으로 하는 횡류식 또는 반횡류식과 대피 반대방향으로 기류를 제어하여 대피안전을 확보하도록 하는 제연(smoke control) 개념의 종류식으로 구분된다.
2) 제연설비용량은 설계화재강도와 임계풍속, 연기발생량에 따라 차이가 발생한다.

2. 백 레이어링(역기류, Back Layering) 현상

터널에서 화재 시 생성된 연기가 부력에 의해 상승하고 터널의 천장을 만나면 터널의 길이 방향으로 전파되는데, 피난방향으로 연기가 전파되지 못하도록 피난방향에서 화재방향으로 기류를 불 때 이 기류를 이기고 피난방향으로 연기가 전파되는 현상

3. 백 레이어링으로 인한 문제점

1) 피난방향으로 연기가 유동하므로 가시거리 저하
2) 유독성 가스에 의한 인명피해
3) 패닉발생으로 피난장애

4. 백 레이어링의 영향 인자

1) 배연설비 풍량
2) 바람
3) 터널 길이
4) 터널 경사도
5) 화재강도

5. 터널 내 임계풍속(Critical Velocity)과 경사 보정계수(K_g)

1) 역류 방지를 위한 최소 풍속인 임계 풍속(V_e)을 유지하도록 제트팬 설치대수 결정
2) 임계풍속

$$V_c = K_g F^{-\frac{1}{3}} \left(\frac{gHQ}{\beta \rho_o C_P A T_f}\right)^{\frac{1}{3}}$$

K_g : 터널경사 보정계수, F : 임계 프루드수(4.5)
H : 화점으로부터 천장높이, Q : 화재강도(MW)
β : 보정계수, C_P : 정압비열(J/kg·K)
A : 터널단면적(m^2), T_f : 화점온도(K),
ρ_0 : 초기 공기밀도 (kg/m^3)

(1) 터널이 높고, 단면적이 작을수록 임계풍속은 크다.

(2) 화재강도가 클수록 임계풍속은 크다.

3) 터널의 경사 보정계수(K_g)

(1) 터널의 경사[%]가 클수록 역기류의 영향이 커져 임계풍속을 크게 해야 함

(2) 터널의 경사 보정계수(K_g)

- $K_g = [1 + 0.014\tan^{-1}(grade/100)]$, $grade$: 터널 종단경사(%)

6. 백 레이어링 방지대책 : Jet Fan 기류속도 > 임계풍속

1) 횡류식으로 설계
2) 수직갱 배기방식 적용
3) 임계풍속 이상의 충분한 Fan용량
4) 터널의 경사, 풍향, 풍압을 고려한 성능설계
5) 물분무소화설비 설치
6) 터널의 화재시험 등 실물시험 실시

---

4 연기이동에 따른 영향과 관련하여 다음의 사항에 대하여 개념을 쓰고, 계산식으로 나타내어 설명하시오.
1) 연기의 성층화 2) 암흑도 3) 유효증상(FED : Fractional Effective Dose)

1. 연기의 성층화 (단층화)

1) 개념

화재 시 부력으로 상승하는 연기는 주위의 대기온도에 의한 희석으로 연기온도와 동일한 대기온도(약 25℃)를 갖는 각 층에서 열적평형상태를 이루며, 연기가 더 이상 상승하지 않는 연기 성층화가 발생하기 때문이다.

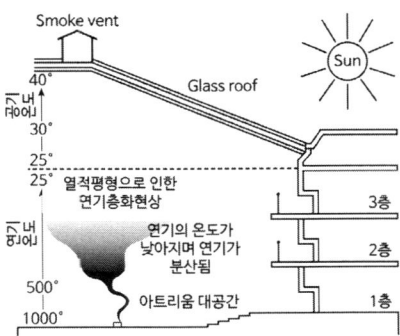

2) 계산식

(1) 연기가 상승하는 최대 높이

$$z_m = 14.7 Q_c^{1/4} \left(\frac{\Delta T}{dz}\right)^{-3/8}$$

z_m : 연료 기저부에서 연기상승의 최대 높이(ft)
Q_c : 대류열방출률(Btu/s)
$\Delta T/dz$: 높이에 따른 주변온도 변화율(℉/ft)

① 대류열방출률은 총열방출률의 약 70% 정도임
② 대류열방출률은 주변 온도변화를 극복하고 천장으로 연기를 끌어 올리는 데 필요한 열방출률임

(2) 최소 대류열방출률

$$Q_{c_{min}} = 2.39 \times 10^{-5} H^{5/2} \Delta T_o^{3/2}$$

Q_{cmin} : 성층화를 극복하기 위한 최소대류 열방출속도(Btu/s)
H : 화재표면 상부로부터의 천장높이(ft)
ΔT_o : 천장의 주변 온도와 화재표면의 주변온도 사이의 차이

(3) 성층화가 발생될 수 있는 고온 공기층과 주변공기의 최소 온도차 : 2)의 식을 변형하여 구함

$$\Delta T_o = 1300 Q_c^{2/3} H^{-5/3}$$

3) 적용

(1) 감지기의 동작지연으로 경보 실패 우려되므로 불꽃감지기와 같은 특수감지기 적용
(2) 스프링클러 감열지연이 발생할 수 있으므로 개방형 헤드나 조기반응형 헤드 적용

2. 암흑도

1) 개념

연기에 의해 빛이 차단되는 정도로 광선의 차단성(%)을 나타냄

2) 계산식

$$S_X = \left(\frac{I_0 - I}{I_0}\right) \times 100 = \left(1 - \frac{I}{I_0}\right) \times 100$$

I_0 : 연기가 없을 때 빛의 세기(lx)
I : 연기가 있을 때 빛의 세기(lx)

3) 적용

(1) 암흑도를 이용하여 광학밀도 및 가시거리 확인 가능
(2) 연기밀도를 구하면 암흑도를 구할 수 있음(방염성능기준 : 최대연기밀도 400 이하)

(3) 광전식 분리형 감지기는 연기가 광축에 유입되면 수광부에 적외선 수광량이 감소하므로 신호의 강도가 약해져 적외선이 수광되지 않는 암흑도가 사전에 설정된 조건 이상으로 일정 시간 유지할 경우에 화재로 인식하여 출력하는 방식임

3. 유효증상 (유효흡입분율, FED : Fractional Effective Dose)

1) 개념

유효흡입분율(FED, Fractional Effective Dose)이란 일정한 시간 동안 기체 독성물질의 평균농도와 반수치사농도(LC50)의 비를 말하며, FED는 연소 시 각각의 독성물질에 대한 FED의 합으로 표현된다.

2) 계산식

(1) FED

① 일정한 시간 동안 기체 독성물질의 평균농도와 반수치사농도(LC50)의 비

② $FED = \sum_{i=1}^{n} \int_{0}^{t} \frac{C_i}{(C \cdot t)_i} dt$

C_i : 독성성분 i의 농도
$(C \cdot t)_i$: 독성성분 i의 농도와 시간의 곱

(2) 30분 FED (The total 30-minute FED)

① 유해물질의 정량분석 결과와 CO, HCN, HCl, HBr 등 유해물질에 30 min간 노출되었을 때 노출대상의 50%가 사망할 것으로 예상되는 유해물질의 농도

② $FED = \dfrac{m[CO]}{CO_2 - b} + \dfrac{21 - [O_2]}{21 - LC_{50}O_2} + \dfrac{[HCN]}{LC_{50}HCN} + \dfrac{[HCl]}{LC_{50}HCl} + \dfrac{[HBr]}{LC_{50}HBr}$

※ m, b는 CO_2 농도에 의존함

(3) 30분 LC50

① ISO 13344에서 제시된 LC50의 계산식으로 LFED를 이용하여 연소 이전 시료의 LC50을 계산하는 식

② $LC50 = \dfrac{시료의\ 감소\ 질량}{FED \times 챔버내\ 공기의\ 체적} (g/m^3)$

3) 적용

(1) 독성평가 및 피난안전성 평가에 이용할 수 있으며 동물실험 없이 독성을 평가할 수 있다.

(2) FED가 1일 경우 독성 가스의 혼합물은 노출된 동물의 50%를 사망에 이르게 할 수 있다.

(3) FED가 0.3일 경우 독성 가스의 혼합물은 인간을 무능화시킬 수 있다.

(4) LC50는 시험을 실시하여 먼저 FED를 계산한 후 시료의 감소된 질량을 반영하여 구할 수 있다.

5 스프링클러설비, 물분무설비, 미분무설비의 특징을 설명하고, 주된 소화효과 및 적응성을 비교하여 설명하시오.

1. 개요
1) 스프링클러 소화설비의 물방울은 중력에 의한 자유낙하로 화원에 물방울을 침투시키며, 물분무·미분무소화설비는 노즐의 방사압력으로 작은 물 입자를 분사하는 방식이므로 소화 Mechanism이 다르다.
2) 물 입자의 크기 및 분포에 따라 소화 특성에 차이가 있으므로 설비별 메커니즘의 이해가 중요하다.

2. 스프링클러설비, 물분무설비, 미분무설비의 특징

항목	스프링클러설비	물분무설비	미분무설비
헤드 구성	• 감열체, 오리피스, 디플렉터	• 오리피스 (대부분 디플렉터 없음)	• 오리피스 (디플렉터 없음)
물방울 크기	• 큼(1~2mm)	• 작음 (0.2~0.8mm)	• 매우 작음 ($Dv\,0.99 = 400\mu m$)
Mechanism	• 물과 디플렉터 충돌 → 속도감소 → 자중낙하	• 물이 유속을 가지고 분사 → 운동량을 가진 작은 물방울 → 가연물 표면 타격	• 물이 유속을 가지고 분사 → 운동량을 가진 매우 작은 물방울 → 주위로 비산
운동량(유속)	• 없음($F = mg$)	• 있음($P = mv$)	• 작음($P = mv$)
방사 압력	• 0.1~1.2(MPa)	• 0.35MPa	• 저압식 : 1.2MPa 이하 • 중압식 : 1.2~3.5MPa 이하 • 고압식 : 3.5MPa 초과
화심 속 침투	• 직접 침투	• 일부 침투	• 거의 없음
방호 개념	• 실내화재의 구역방호	• 방호구역 내 설치된 장치류에 대한 방호	• 작게 구분된 소구역 방호
장점	• 시공이 쉽고, 비용이 적음 • 넓은 지역 방호 가능	• 수손피해가 적음 • A, B, C급 화재에 적응성	• 수손피해가 적음 • A, B, C급 화재에 적응성 • 폭발 억제 설비로 사용 가능
단점	• B, C급 화재에 적응성 없음 • 수손피해의 우려	• 부력을 이기고 화심으로 침투하는 비율이 작음 • 배수설비 설치 • 열기류, 바람의 영향이 큼	• 표준이 없어 실제 시험 필요 • 고가, 고압 펌프 필요 • 초기진압 실패 시 화재 확대 • 열기류, 바람의 영향이 큼

3. 주된 소화효과 및 적응성

항목	스프링클러설비	물분무설비	미분무설비
소화 효과	• 냉각소화, 질식소화	• 질식소화, 냉각소화, 희석, 유화작용(Emulsification)	• 질식소화, 냉각소화, 복사열 차단효과
소화 효과 비교	• 냉각소화 : 스프링클러 > 물분무 > 미분무 • 질식소화 : 스프링클러 < 물분무 < 미분무 • 유화효과 : 물분무에만 있음		
적응성	• 일반 가연물	• 일반가연물 : 종이, 목재, 섬유류 등 • 전기적 위험 : 유입변압기, 유입개폐기, 전동기, 케이블트레이 등 • 인화성 가스·액체 • 특정한 위험이 있는 고체	• 일반 가연물 • 인화성 및 가연성 액체 • 가스 제트화재 • 전기적 위험 • 통신장치 등 전자장치
비적응성	• 전기적 위험 • 통신장치 등 전자장치 • 인화성 및 가연성 액체	• 물에 심하게 반응하는 물질을 저장·취급하는 장소 • 고온 물질 및 증류 범위가 넓어 끓어 넘치는 위험물질을 저장·취급하는 장소 • 운전 시 표면온도가 260℃ 이상으로 직접 분무 시 기계장치에 손상 우려 장소	• 물과 반응하는 금속(K, Na, Mg, Li 등) • 카바이드(CaC_2) • 할로겐화합물(염화벤조일, 염화알루미늄) • 실란(3염화메틸실란) • 물로 인해 가열되어 끓는 초저온액화가스(LNG) • 황화물(오황화인 : P_2S_5)
적용 장소	• 일반 건축물	• 특수가연물 저장, 취급 • 절연유 봉입변압기 • 케이블 트레이·덕트 • 차고, 주차장 등	• 선박, 지하구, 전산실 등
적용 화재	• A급 화재	• A, B, C급 화재	• A, B, C급 화재

6 훈소(Smoldering Combustion)와 표면연소(Surface Combustion)을 비교하고, 훈소의 화염전환과 축열조건에 대하여 설명하시오.

1. 개요

1) 훈소(Smoldering Combustion)
(1) 가연물이 온도가 낮거나 산소의 부족으로 인해 가연성 기체에 착화되지 못하고, 조건을 만족시킬 경우 화염으로 전환될 수 있는 연소
(2) 충분한 산소가 공급되거나 축열 또는 훈소 범위가 확대되면 온도가 상승하므로 불꽃연소로 전환될 수 있음

2) 표면연소(Surface Combustion)
(1) 가연물 자체가 가열되어도 열분해나 증발, 승화의 과정이 없으며 가연성 기체를 발생시키지 않는 연소
(2) 충분한 산소가 공급되거나 온도가 상승하여도 불꽃연소로 전환될 수 없음

2. 훈소와 표면연소 비교

구분	작열연소(Glowing Combustion)	
	표면연소	훈소
연소의 외부 형태	작열연소(화염없음)	작열연소(화염없음)
불꽃연소 가능성	발생 안 함	조건에 따라 발생가능
가연성 기체발생	발생 안 함	발생할 수 있음
발생원인	가연성 기체없음	온도가 낮거나 산소의 부족
연소형태	심부연소(심부로 타들어 감)	심부연소(심부로 타들어 감)
화학반응	표면반응	표면반응
연기유무	발생 안 함	많이 발생
가연물	열분해가 끝나고 남은 탄소덩어리(코크스, 목탄 등)	완전히 열분해 되지 않은 물질 (나무, 식물성 섬유, 종이 등 셀룰로오스를 포함한 물질)

3. 훈소의 화염 전환과 축열 조건

1) 훈소의 화염으로 전환

(1) 화염연소 전환 영향인자 : 산소농도, 온도

(2) 축열조건

축열 조건	전환 여부	비 고
발열 > 방열	훈소는 불꽃연소로 전환	
발열 = 방열	훈소반응 지속	열적 평형상태
발열 < 방열	훈소반응은 멈춤	

4. 훈소에서 축열에 영향을 미치는 인자

1) 물질의 열전도율

열전도율이 높을 경우 훈소에 의한 열이 주변으로 손실되므로 화염으로의 전환을 저해함

2) 습도 및 가연물의 함수율

가연물의 함수율 및 대기 중의 습도에 의해 훈소의 열이 손실되므로 화염으로의 전환을 저해함

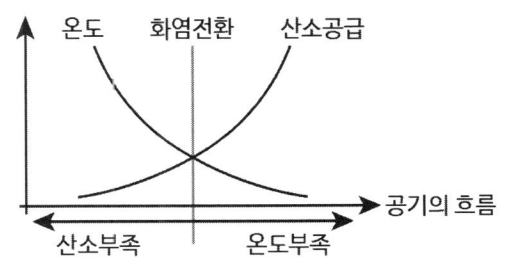

3) 공기의 흐름

공기의 흐름이 많을 경우 과도한 환기로 인해 발생된 열이 축적되기 어려워 화염으로의 전환을 저해함. 공기의 흐름이 온도 상승과 적절한 균형을 이루는 환경에서 불꽃연소가 가능해짐

4) 보온성

물질의 양이 적거나 별도의 보온물질이 없다면 방열되어 불꽃으로 전환될 수 없음. 대부분 보온성 환경보다는 물질의 양에 의해 결정되며, 가연물의 보온효과는 두루마리 화장지나 다공성 물질 등이 유리함

금화도감
禁火都監

소방기술사
127회

禁火都監

소방기술사
기출문제풀이

국가기술자격 기술사 시험문제

기술사 제127회 제1교시 (시험시간 : 100분)

| 분야 | 안전관리 | 종목 | 소방기술사 | 수험번호 | | 성명 | |

※ 다음 문제 중 10문제를 선택하여 설명하시오. (각 10점)

1. 건축물의 무창층, 피난층 및 지하층에 대하여 설명하시오.

2. 건축물의 방화구획 및 방연구획에 대하여 다음 사항을 설명하시오.
    1) 정의   2) 목적 및 효과   3) 구성요소

3. 위험물의 옥외 취급시설에 적용되는 고정식 포소화설비의 포방출구를 포모니터 노즐(Foam Monitor Nozzle) 방식으로 적용할 경우 다음사항을 설명하시오.
    1) 포모니터 노즐의 정의   2) 설치 기준   3) 수원의 수량

4. 전기적인 원인에 의한 화재 또는 폭발 등 재해방지를 위한 정치시간(Rest Time)과 차폐(Shield)에 대하여 설명하시오.

5. 마스킹 효과(Masking Effect)에 대하여 설명하시오.

6. 제연풍도가 방화구획을 통과할 경우 고려할 사항에 대하여 설명하시오.

7. 방화댐퍼의 성능시험기준 및 내화시험조건에 대하여 설명하시오.

8. 화재패턴의 생성 메커니즘과 Spalling에 대하여 설명하시오.

9. 위험물안전관리법에서 정하는 제3류 위험물에 대하여 다음 사항을 설명하시오.
    1) 성질   2) 위험성   3) 소화방법

10. 건축물에 설치된 통신용 배관 샤프트(TPS)와 전기용 배관 샤프트(EPS)의 화재특성을 설명하고, 적합한 소화 설비를 설명하시오.

11. 물분무소화설비의 적용 장소와 소화원리에 대하여 설명하시오.

12. 소방용 배관을 옥외 지중 매립 시공 시 고려사항에 대하여 설명하시오.

13. Fail-Safe와 Single-Risk를 설명하시오.

국가기술자격 기술사 시험문제

기술사 제127회   제2교시 (시험시간 : 100분)

분야	안전관리	종목	소방기술사	수험번호		성명	

※ 다음 문제 중 4문제를 선택하여 설명하시오. (각 25점)

1. 철근콘크리트 구조물의 화재피해조사를 위해 콘크리트 중성화 깊이측정을 실시하였다. 다음 사항을 설명하시오.
   1) 깊이측정 시험법의 원리　　2) 시험방법　　3) 주의사항

2. 소화수 가압송수장치로 적용되는 원심펌프(Centrifugal Pump)의 일반적인 성능곡선도(Performance Curve)를 ①유량 : 토출양정(m), ②유량 : 펌프효율(%), ③유량 : 소요동력(kW)으로 구분하여 그래프를 작성하고, 다음 항목을 설명하시오.
   1) 체절운전점/정격운전점/150% 유량 운전점
   2) 유량 : 펌프효율(%) 곡선의 특성
   3) 유량 : 소요동력(kW) 곡선의 특성
   4) 최소유량(Minimum Flow)

3. 화재실에서 발생한 연기가 거실에서 특별피난계단 부속실로 유입되는 것을 방지하기 위하여 부속실에 55Pa의 압력을 가하려고 한다. 다음 조건을 참고하여 설명하시오.

   (조건)
   • 출입문 크기 : 2.1m × 1m
   • 손잡이 위치 : 장변 모서리로부터 10cm
   • 문의 마찰력 : 5N

   1) 국내 화재안전기준을 적용하여 부속실과 거실 사이 출입문의 자동폐쇄장치가 허용하는 힘(N)
   2) 동일조건에서 자동폐쇄장치의 폐쇄력이 45N인 제품을 사용할 경우 부속실의 압력한계(Pa)

4. 전기저장시설의 화재안전기준(NFTC 607)에서 규정하고 있는 소방시설 등의 종류와 설치기준에 대하여 설명하시오.

5. 성능위주설계 절차와 사전재난영향성검토 절차를 기술하고, 초고층 건축물에서 특별히 고려해야 할 사항에 대하여 설명하시오.

6. 가스저장탱크의 물분무설비(Water Spray System)에 적용되는 시설기준은 소방관계법령상의 연결살수설비와 고압가스안전관리법상의 온도상승방지설비로 규정되어 있다. 상기 기준에서 소방안전상 요구되는 다음 항목을 설명하시오.
   1) 적용대상
   2) 연결살수설비의 헤드설치기준
   3) 온도상승방지설비의 고정식 분무장치 살수밀도

국가기술자격 기술사 시험문제

기술사 제127회   제3교시 (시험시간 : 100분)

분야	안전관리	종목	소방기술사	수험번호		성명	

※ 다음 문제 중 4문제를 선택하여 설명하시오. (각 25점)

1. 소방청에서 성능위주설계표준 가이드라인(2021.10)을 제시하고 있다. 이에 관련하여 다음 사항을 설명하시오.
    1) 특별피난계단 피난안전성 확보
    2) 비상용 승강기, 승강장 안전성능 확보

2. 가스계소화설비 작동 시 방호구역이 설계농도(Design Concentration)까지 도달하는 과정에서 발생되는 시간지연(Time Delay) 요소에 대하여 설명하시오.

3. 소방시설용 비상발전기의 기동불량에 대하여 자주 언급되고 있다. 평상시 점검에는 정상 작동이 되고 있으나, 정전 시에는 작동되지 않는 경우 이에 대한 작동불능의 원인과 해결방법을 설명하시오.

4. 불꽃감지기에 대한 내용으로 다음 사항에 대하여 설명하시오.
    1) 작동원리 및 종류
    2) 설치 현장에서 동작시험 방법
    3) 설치기준

5. 고층 건축물 화재 시 발생한 연기 또는 유해가스 등 연소생성물이 건축물 내부에서 확산하는 영향 요인에 대하여 설명하시오.

6. 화재·폭발의 위험성이 존재하는 작업장에서의 공정 위험성평가에 대하여 설명하시오.

국가기술자격 기술사 시험문제

기술사 제127회   제4교시 (시험시간 : 100분)

분야	안전관리	종목	소방기술사	수험번호		성명	

※ 다음 문제 중 4문제를 선택하여 설명하시오. (각 25점)

1. 화재발생 시 초기대응 및 인명구조 골든타임을 확보하기 위한 조건으로 소방자동차 출동 진입로 확보 및 주변 장애요소의 개선방안에 대하여 설명하시오.

2. 다음과 같은 조건의 소방대상물에 고팽창포 소화설비를 설치하고자 한다. 전체 포생성율(Total Generator Capacity, m^3/분)을 계산하고, 전역방출방식의 고발포용 고정포방출구 국내 설치기준을 설명하시오.

   (조건)
   ① 건물특성 : 폭 30m, 길이 60m, 높이 8m, 경량강재구조(Light Steel)
      적절한 환기, 모든 개구부의 폐쇄 가능한 벽돌벽체
   ② 소방설비 : 스프링클러(습식)방호, 3m × 3m 간격,
      10.2 lpm/m^2 살수밀도, 50개 스프링클러헤드 개방
   ③ 가연물질 : 적재높이 6m, 띠없는 종이롤(Unbanded Rolled Paper Kraft)
   ④ 기타사항 : 침수시간(Submergence Time) 5분
      단위 포파손율(Foam Breakdown) 0.0748m^3/min·L/min
      일반적인 포수축 보상, CN = 1.15
      포누설 보상, CL = 1.2(닫힌 문 및 배수구 등에 의한 포손실)

3. 도로터널에 설치하는 무선통신 보조설비의 누설동축케이블 방식에는 최말단 길이가 1km가 넘는 경우 전송손실이 발생한다. 이에 따른 손실의 종류와 측정 및 보완방법을 설명하시오.

4. 가스누설경보기를 설치하여야 하는 특정소방대상물과 구성요소인 탐지부에 대한 감지방식에 대하여 설명하시오.

5. 내화배선의 공사방법에 대하여 설명하시오.

6. 기계 설비인 송풍기와 관련된 내용으로 다음 사항을 설명하시오.
   1) 원심송풍기와 축류송풍기의 종류   2) 송풍기 효율의 종류

127회 1교시

1. 건축물의 무창층, 피난층 및 지하층에 대하여 설명하시오.

1. 무창층

1) 정의

지상층 중 무창층의 조건을 모두 갖춘 개구부(채광, 환기, 통풍, 출입 등을 위해 만든 창, 출입구)의 면적합계가 당해층 바닥면적의 1/30 이하가 되는 층을 말한다.

2) 조건

(1) 개구부의 크기가 지름 50cm 이상의 원이 내접
(2) 해당 층의 바닥면으로부터 개구부 밑 부분까지 높이가 1.2m 이내
(3) 개구부는 도로 또는 차량이 진입할 수 있는 빈터를 향할 것
(4) 화재 시 건축물로부터 쉽게 피난할 수 있도록 개구부에 창살, 그 밖의 장애물이 없을 것
(5) 내부 또는 외부에서 쉽게 부수거나 열 수 있을 것

3) 문제점

(1) 연기발생으로 가시거리가 감소하므로 피난시간이 길어짐
(2) 피난에 필요한 빛이 조명에 의존하나 축적된 연기로 천장에 설치된 조명의 기능 상실
(3) 외부에서 구조가 어려움
(4) 소방대가 창이 아닌 피난경로로 진입하므로 소화활동이 어려움

2. 피난층

1) 정의

피난층이란 직접 지상으로 통하는 출입구가 있는 층 및 피난안전구역을 말한다.

2) 의미

(1) 피난층은 직접 지상으로 통하는 출구는 보통 1층이지만 대지 상황에 따라 2층인 경우도 있음
(2) 화재 시 피난안전구역은 일시적으로 피난하여 대기할 수 있는 공간으로 고층건축물에 마련된 1차 피난 장소이며 안전을 보장하기 위해 안전조치를 취해야 함

(3) 특히 노약자, 장애자 또는 부상자로 인한 피난지연을 방지하고, 이들을 위한 일시적 대피장소가 필요하며, 피난안전구역은 피난보조인력 또는 구조인력의 지휘소 역할을 할 수 있음

3. 지하층

1) 정의

건축물의 바닥이 지표면 아래에 있는 층으로서 바닥에서 지표면까지 평균높이가 해당 층 높이의 1/2 이상인 것을 말한다.

2) 구조 및 설비

바닥면적	구조 및 설비
50m² 이상인 층(건축물)	• 직통계단 외에 피난층 또는 지상으로 통하는 비상탈출구 및 환기통 • 공연장·단란주점·당구장·노래연습장, 예식장·공연장, 생활권수련시설·자연권수련시설, 여관·여인숙, 단란주점·유흥주점, 다중이용업의 용도에 쓰이는 층이 있는 건축물에는 직통계단을 2개소 이상
300m² 이상인 층	• 식수공급을 위한 급수전을 1개소 이상
1000m² 이상인 층	• 환기설비

---

2 건축물의 방화구획 및 방연구획에 대하여 다음 사항을 설명하시오.
   1) 정의   2) 목적 및 효과   3) 구성요소

1. 개요

1) 연기를 제어하기 위한 구획설정을 위해 국내의 경우 제연설비의 화재안전기준(NFTC 501)에 따라 구획설정의 정의를 제연경계는 벽면으로 구분하며 이를 보, 제연 경계벽(방연벽), 셔터 및 방화문으로 구획하여 제연설비의 성능을 확보하도록 하고 있다.

2) 제연설비가 설치되어야 하는 1000m² 이상, 수용인원 100인 이상의 건축물이 아닌 경우는 연기를 제어할 수 있는 설비나 구획은 방화구획으로 연기를 제어해야 하는 현실이므로 연기제어를 위한 관통부 처리기준 및 방연댐퍼 등의 평가기준 등이 체계화되지 못하는 등의 문제가 발생하게 되므로 연기제어의 효율화를 위한 방연구획에 대한 건축법의 법제화가 절실한 상황이다.

3) 제연구역에는 내화재료이며 폭이 0.6m 이상이고, 수직거리는 2m 이내인 제연경계벽을 설치하도록 규정하고 있으며 그 외 구획화를 위한 방식은 방화구획의 기준을 준용하고 있다.

2. 방화구획 및 방연구획

구분	방화구획	방연구획
정의	• 화재발생 시 일정 공간 내로 화재를 국한시켜 피해를 국부적으로 한정시키기 위한 것으로 내화구조로 된 바닥 및 벽이나 60+방화문, 60분방화문 또는 자동방화셔터로 구획	• 화재 시에 연기가 확산하여 피난에 지장을 초래하는 것을 방지하기 위해 방연벽 등으로 연기가 일정 부분에서 다른 부분으로 확산되지 않도록 내화재 또는 불연재로 구획
목적 및 효과	• 화재 확산방지 • 물적, 인적손실 최소화	• 연기의 확산방지 • 인명피해 최소화
구성요소	• 내화구조로 된 바닥·벽 • 방화벽, 경계벽 • 60+방화문, 60분방화문 • 자동방화셔터 • 내화채움구조, 방화댐퍼	• 고정된 내화재 또는 불연재의 보, 제연경계벽, 벽 • 방연벽(Smoke Barrier) • 방연칸막이(Smoke Partition)

3. 해외실태

1) 미국은 방화구획 외에 의료, 보호용도의 건축물에는 연기의 확산을 제한하기 위한 목적을 지닌 방연구획을 보행거리 60m 이내마다 설치하고 이에 대한 개구부, 관통부, 접합부, 댐퍼와 같은 부재들의 내화성능, 차연성능에 관한 기준을 제시하고 있다.
2) 일본의 경우에도 환자수용시설이 있는 요양시설에 500m^2 이내마다 연기배출 방지를 위해 방연벽을 설치하여 구획을 설정하고 있다.

4. 개선사항

1) NFPA101에서는 자력피난이 어려운 환자들이 있을 경우 각 실을 구획하여 연기가 다른 공간으로 확산되지 못하도록 방연구획 기준을 규정하고 있다. 이를 구획하기 위한 설비로는 방연벽(Smoke Barrier)과 방연칸막이(Smoke Partition)의 기준을 규정하고 있다. 국내의 경우에도 건축법에 방화구획의 기준을 더욱 면밀하게 검토하여 현행의 방화구획의 성능만으로는 이루어질 수 없는 연기제어의 효율화를 위하여 방연구획의 법제화가 반드시 필요하다.
2) 국내의 경우 방화구획을 설치하여 화재의 확산을 방지하고 있다. 반면 국외의 경우 방화구획 외에 피난 소요시간이 높을 것으로 판단되는 건축물인 병원 및 요양시설, 또는 호텔이나 호스텔과 같은 공간에 방연구획을 설치하여 연기를 제한하기 위한 구획의 목적성을 제시하고 개구부, 관통부, 접합부, 댐퍼 등 구획 부재에 관한 내화성능 및 차연성능을 규정하고 있다. 국내의 경우에도 피난안전성 확보를 위해 명확한 목적성을 지닌 지침의 개발이 필요할 것으로 사료된다.

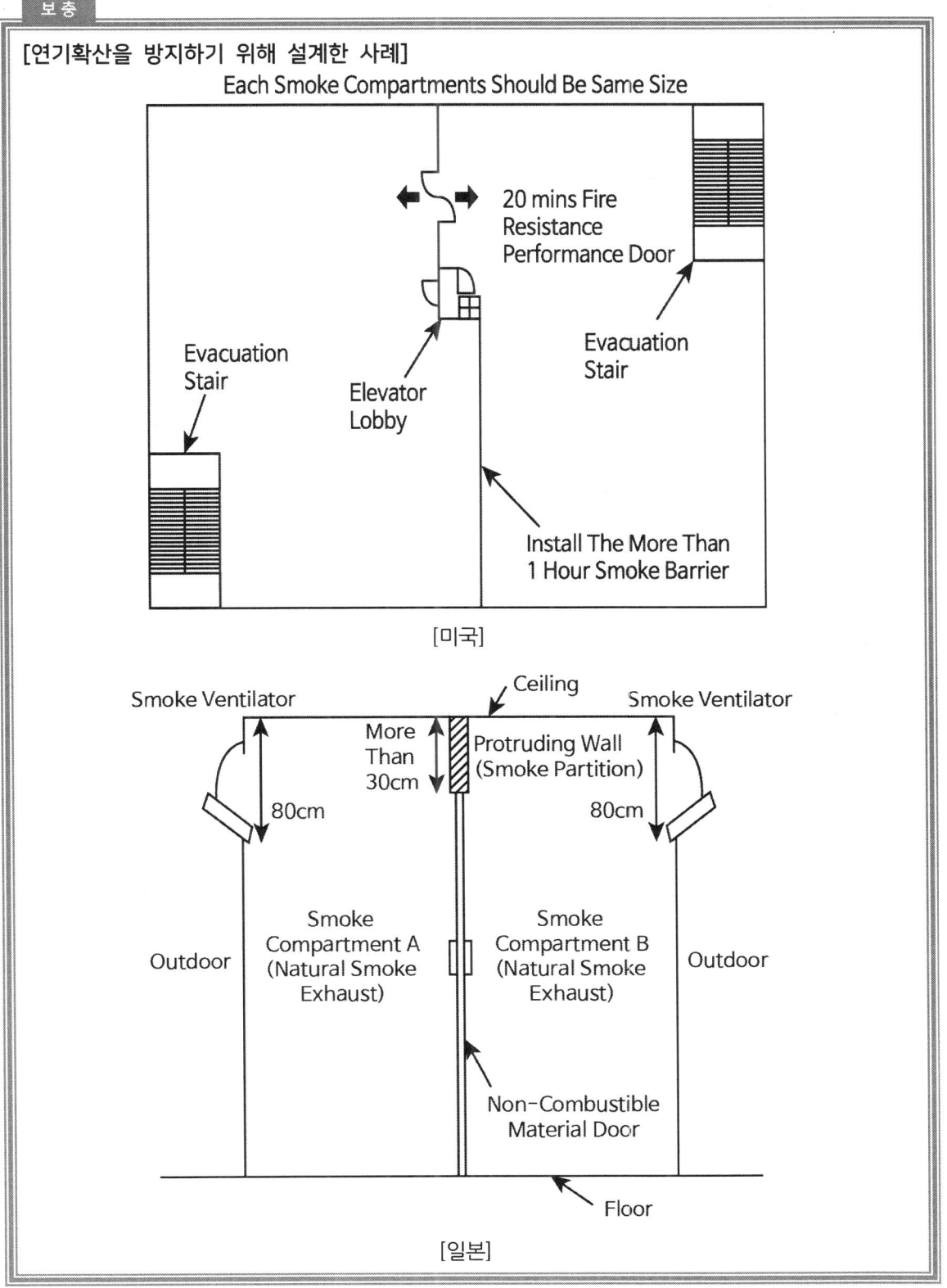

3 위험물의 옥외 취급시설에 적용되는 고정식 포소화설비의 포방출구를 포모니터 노즐(Foam Monitor Nozzle) 방식으로 적용할 경우 다음사항을 설명하시오.
1) 포모니터 노즐의 정의 2) 설치 기준 3) 수원의 수량

1. 포모니터 노즐 방식의 정의

1) 위험물을 저장하는 옥외저장탱크나 이송 취급소의 주입구를 방호하기 위해 설치하는 것으로 원격조작이 가능하며, 위치가 고정된 노즐의 방사각도를 수동 또는 자동으로 조준하여 포를 방사하는 설비를 말한다.
2) 발포방식은 포소화전과 유사하며 "위험물안전관리에 관한 세부기준 제133조"에 규정하고 있다.

2. 설치기준

1) 포모니터 노즐은 옥외저장탱크 또는 이송취급소의 펌프설비 등이 안벽, 부두, 해상구조물, 그 밖의 이와 유사한 장소에 설치되어 있는 경우에 당해 장소의 끝선(해면과 접하는 선)으로부터 수평거리 15m 이내의 해면 및 주입구 등 위험물취급설비의 모든 부분이 수평방사거리 내에 있도록 설치할 것(이때 그 설치개수가 1개인 경우에는 2개로 할 것)

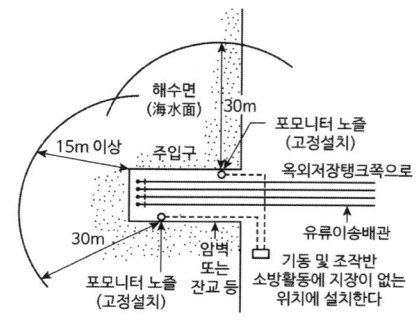

2) 포모니터 노즐은 소화활동상 지장이 없는 위치에서 기동 및 조작이 가능하도록 고정하여 설치할 것
3) 포모니터 노즐은 모든 노즐을 동시에 사용할 경우에 각 노즐선단의 방사량이 1900ℓ/min 이상이고 수평방사거리가 30m 이상이 되도록 설치할 것

3. 수원의 수량

1) 방사량(30분 이상)

1900L/min × 30min = 57000L = 57m³

2) 배관 안을 채우기 위해 필요한 포수용액의 양

3) 수원의 수량

(1) 방사량 + 배관 내를 채우기 위해 필요한 포수용액의 양
(2) 즉 57m³ + 포소화배관 내를 채우기 위하여 필요한 양

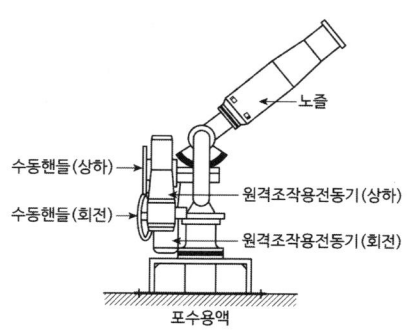

4 전기적인 원인에 의한 화재 또는 폭발 등 재해방지를 위한 정치시간(Rest Time)과 차폐(Shield)에 대하여 설명하시오.

1. 정치시간(Rest Time)

1) 정의
(1) 용기 크기와 적재되는 물건의 도전율에 따라, 축적된 전하가 소멸될 수 있는 대기시간을 말한다.
(2) 정전기 누설에 시간이 걸리므로 정치시간을 설정하여 정전기를 대지로 누설시켜 주어야 한다.
(3) 전하가 도전성 경로를 통해 재결합할 때의 과정은 일정 속도로 진행되며, 이는 이완시간을 나타내는 시정수 τ에 의해 설명된다.

2) 정치시간(Rest Time)

$$Q_t = Q_0 e^{\frac{-t}{\tau}} = Q_0 e^{\frac{-t}{RC}}$$

Q_t : 시간 t에서 남아 있는 전하 (C)
Q_0 : 최초에 분리되었던 전하 (C)
e : 2.718(자연 대수의 밑수)
t : 경과시간(s)
τ : 시정수(s) ($\tau = RC$, R : 저항(Ω), C : 정전용량(F))

(1) 정전기 방전의 가장 좋은 방지대책 중 하나는 도전성 또는 반도전성 경로를 구성하여 전하를 소멸시키는 것
(2) 전하는 도체 사이의 공간이나 절연 물질 등의 저항 요소에 의해 분리됨
(3) 전하가 도전성 경로를 통해 재결합할 때의 과정은 일정 속도로 진행되며, 이는 이완시간을 나타내는 시정수 τ에 의해 설명됨

3) 방법
(1) 대전방지제를 첨가하여 절연물질의 저항을 낮춤
(2) 격리된 도체의 접지 또는 공기를 이온화시켜 정전기를 소멸시킴
(3) 공기의 이온화(Ionization)는 대전된 물체 주위의 공기에 이동 가능한 전하를 공급하는 것으로, 이 이온들은 전기적으로 중성이 될 때까지 대전된 물체에 이끌려 상호 결합함으로써 전하를 중화

2. 차폐(Shield)

1) 정의

공간의 특정 부분을 도체로 둘러싸서 내부가 외부 전자기장으로부터 영향을 받지 않도록 하거나, 반대로 내부에서 발생한 전자기장이 외부에 미치지 않도록 하는 것을 말한다.

2) 정전차폐

(1) 정전유도

물체에 대전체를 가까이 했을 때 자유전자가 이동하여 대전체와 가까운 쪽에는 대전체와 다른 전하, 먼 쪽에는 같은 전하가 유도되는 현상을 말함

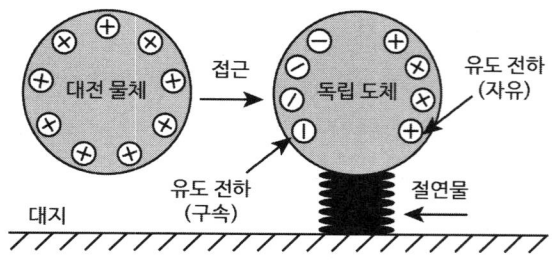

(2) 차폐의 메커니즘

① 정전유도에 의해 외부 도체관은 외피는 "+"로, 내피는 "-"로 대전되어 있음
② 접지를 시키면 외피의 "+"전하는 대지로 방전
③ 결국 외부 도체관의 내피에는 "-"전하만 남음
④ 외부 도체관 외피의 전위는 대지와 같게 되는데, 이를 정전차폐 또는 쉴드(Shield)되었다고 함

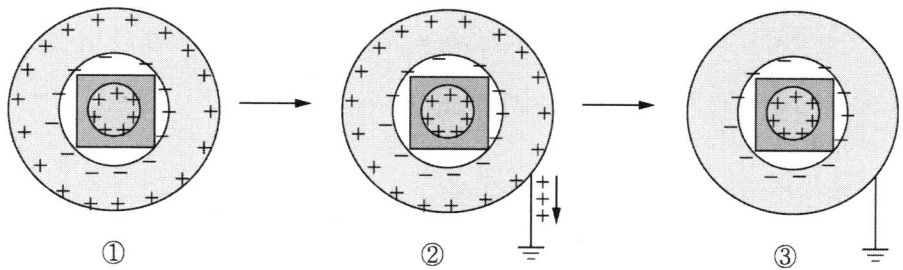

---

5 마스킹 효과(Masking Effect)에 대하여 설명하시오.

1. 정의

어떤 소리에 의해 다른 소리가 파묻혀버려 들리지 않게 되는 현상. 즉, 다른 마스킹 사운드에 의해 들리지 않게 되는 현상을 마스킹 효과(Masking Effect)라 한다.

2. 문제점

1) 방해음 때문에 목적음의 최소가청한계가 높아지게 됨. 즉, 한계 이하가 되어서 안 들리게 되는 결과를 초래함
2) 비상방송설비는 음성으로 화재발생을 알려주는 설비로 음성의 명료도가 중요하지만 경종의 출력으로 비상방송설비의 음성의 명료도가 저하되고 경종이 설치된 위치에 따라 비상방송의 음성이 들리지 않을 수 있음

3. 마스킹 곡선(Masking Curve), 마스킹 한계선 (Masking Threshold Curve)

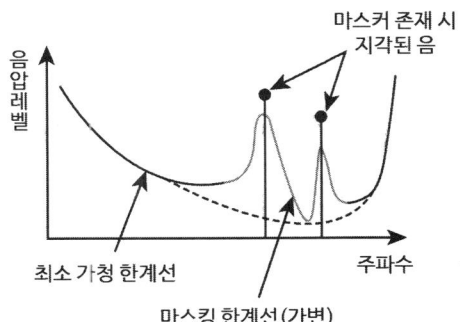

1) 마스커(Masker, 방해음)가 존재할 경우 마스키(Maskee, 목적음)의 최소가청한계가 높아진 곡선으로 목적음은 최소가청한계 이하가 되어 안 들리는 결과를 초래함
2) 최소가청한계란 어떤 소리가 들리려면 최소한 어느 정도의 크기를 말함
3) 방해하는 소리의 크기가 크면 클수록 최소 가청 한계가 더 높아져 마스킹 효과도 커짐

4. 마스킹효과의 종류

1) 동시 마스킹(Simultaneous Masking)
   동시에 발생하는 큰 소리에 작은 소리가 파묻히는 현상
2) 경시 마스킹(Temporal Masking)
   큰 소리 바로 다음에 작은 소리가 파묻히는 현상
3) 주파수 마스킹(Frequency Masking)
   비슷한 주파수를 갖는 여러 음이 서로 섞여 구분이 잘 되지 않는 현상

5. 마스킹 효과의 경보설비 예

1) 비상경보설비와 비상방송설비
2) 소음이 있는 기계실에 설치된 비상경보설비 또는 비상방송설비

6. 대책

1) 목적음의 음압레벨을 상향시키거나 방해음의 음압레벨을 하향시킴
2) 청각을 이용한 경보설비와 시각경보기 동시 적용

6 제연풍도가 방화구획을 통과할 경우 고려할 사항에 대하여 설명하시오.

1. 개요
1) 환기·난방·냉방시설의 풍도가 방화구획을 관통하는 경우 화재실의 화염, 연기가 덕트를 통해 비화재 구역으로 확산되는 것을 방지하기 위해 자동으로 작동하는 댐퍼를 방화댐퍼라 한다.
2) 설치위치는 방화구획 관통부분이나 근접한 부분에 설치하며 연기나 불꽃을 감지하여 자동으로 닫혀야 한다.
3) 제연풍도에서 화재가 확대되어 배출구로 들어온 화염이 풍도를 통과하는 경우에는 화재실의 제연이 무의미할 뿐만 아니라 배출풍도를 연소경로로 해서 다른 방화구획으로 화재를 확대시키게 된다.
4) 배출풍도내의 연기온도가 연소방지상 위험하게 되었을 때 그 경우에 제연을 자동적으로 정지시킬 필요가 있다.

2. 제연풍도 설치 시 방화댐퍼의 문제점
1) 방화 댐퍼는 환기·난방·냉방시설의 풍도가 방화구획을 관통하는 경우에 설치하도록 '건축물방화구조규칙' 제14조 제3항에서 정하고 있으나 제연덕트에 방화 댐퍼 설치는 포함하지 않고 있으며, 국토교통부 질의회신에서도 제연덕트는 "건축물방화구조규칙 제14조 제3항"에서 규정하고 있지 않기 때문에 방화 댐퍼를 적용하지 않아도 되는 것으로 회신하고 있음
2) 제연설비는 전용으로 설치하거나 공조설비와 겸용으로 설치하기도 한다. 두 가지 경우 모두 덕트는 수평 방화구획과 수직 방화구획을 관통하게 된다. 이때 공조설비와 겸용하는 제연설비에는 방화 댐퍼를 설치하고 전용 덕트로 제연설비를 설치하는 경우에는 방화 댐퍼를 설치하지 않아도 된다는 것으로 해석할 수 있음
3) 제연풍도는 성능 또는 기능과 관계없이 방화구획을 관통하고 있지만 단지 방화 댐퍼 설치 대상에 명시하지 않았다고 해서 면제하는 건 심각한 방화구획 훼손에 해당할 수 있음

3. 해외실태 (NFPA 101)
1) NFPA 101에서는 2시간 이상 내화구조의 벽을 관통하는 공조 덕트에 방화 댐퍼를 설치하도록 하고 있음. 방연칸막이나 방연벽의 경우 방연 댐퍼를 설치해야 하며, 방연벽이 화재방벽으로 설치될 때는 방연·방화 복합 댐퍼를 설치
2) 방연벽에 설치된 방연 댐퍼가 제연설비의 작동을 방해할 때는 방연 댐퍼를 설치하지 않음

4. 제연풍도가 방화구획을 통과할 경우 고려할 사항

1) 화기를 사용하지 않는 일반공간 : 연기나 불꽃을 감지하여 자동으로 닫힐 것

2) 보일러실, 주방 등 열기류 덕트의 방화댐퍼

　(1) 배기덕트 : 103℃ 퓨즈

　(2) 급기덕트 : 일반공간과 동일 적용 검토

3) 제연덕트의 방화댐퍼

　(1) 방화댐퍼는 법규의 개정으로 연기 또는 불꽃을 감지하여 댐퍼가 닫히도록 법규가 개정되었으나 제연덕트의 방화댐퍼는 중온도용 퓨즈를 사용하여 화재초기에는 제연으로 사용하고, 화재확대 시에는 방화댐퍼로 사용할 수 있도록 검토가 필요함

　(2) 공조·제연겸용 덕트는 댐퍼가 닫히면 제연이 불가능, 댐퍼가 열리면 방화구획이 되지 못함

　(3) 공조·제연겸용 덕트는 화재초기 피난이 우선이며 화재성장 시 화재확대 방지에 중점

4) 성능위주설계 시 화재시뮬레이션으로 열기류 온도를 측정한 후 퓨즈온도 결정

5) 방화구획에서 댐퍼까지의 풍도

　(1) 열, 화염의 진입으로 방화벽의 성능유지가 불가능해 질 우려가 있음

　(2) 풍도는 내화피복이나 열에 쉽게 변형되지 않는 재질로 시공

5. 개선사항

제연설비의 성능을 위해하지 않는 범위에서 NFPA 101에서 제시하는 내용과 같이 제연설비에는 퓨즈 블링크 방식의 방화 댐퍼를 적용하는 것이 건축물에서의 화재 확산방지 목적에 부합할 것으로 판단된다.

7 방화댐퍼의 성능시험기준 및 내화시험조건에 대하여 설명하시오.

1. 개요
1) 환기·난방·냉방시설의 풍도가 방화구획을 관통하는 경우 화재실의 화염, 연기가 덕트를 통해 비화재 구역으로 확산되는 것을 방지하기 위해 자동으로 작동하는 댐퍼를 방화댐퍼라 한다.
2) 설치위치는 방화구획 관통부분이나 근접한 부분에 설치하며 연기나 불꽃을 감지하여 자동적으로 닫혀야 한다.

2. 방화댐퍼의 성능시험기준 (건축자재등 품질인정 및 관리기준 제35조)

1) 성능기준
(1) 내화성능시험 결과 비차열 1시간 이상의 성능
(2) KS F 2822(방화 댐퍼의 방연 시험 방법)에서 규정한 방연성능

2) 성능시험 기준
(1) 시험체는 날개, 프레임, 각종 부속품 등을 포함하여 실제의 것과 동일한 구성·재료 및 크기의 것으로 하되, 실제의 크기가 3m×3m의 가열로 크기보다 큰 경우에는 시험체 크기를 가열로에 설치할 수 있는 최대크기로 함
(2) 내화시험 및 방연시험은 시험체 양면에 대하여 각 1회씩 실시함. 다만 수평부재에 설치되는 방화댐퍼의 경우 내화시험은 화재노출면에 대해 2회 실시함
(3) 내화성능 시험체와 방연성능 시험체는 동일한 구성·재료로 제작되어야 하며, 내화성능 시험체는 가장 큰 크기로, 방연성능 시험체는 가장 작은 크기로 제작되어야 함

3. 내화시험조건 (건축자재등 품질인정 및 관리기준 별표10)

1) 시험조건
로 내 열전대 및 가열로의 압력, 시험환경, 시험의 실시 등은 한국산업표준 KS F 2257-1에 따름

2) 시험체 수
(1) 방화댐퍼의 내화시험은 2회 실시
(2) 수직부재에 설치되는 방화댐퍼의 경우 양면에 대해 각 1회씩 시험하며 수평부재에 설치되는 방화댐퍼의 경우 화재노출면에 대해 2회 시험

3) 내화시험방법

내화시험 전 주위 온도에서 방화댐퍼의 작동장치(모터 등)를 사용하여 10번 개폐하여 작동에 이상이 없는지 확인한 후, 방화댐퍼를 폐쇄 상태로 하여 한국산업표준 KS F 2257-1의 표준 시간-가열온도 곡선에 따라 가열하면서 차염성을 측정

4) 판정기준

내화성능은 한국산업표준 KS F 2257-1의 차염성 성능기준 적용, 면 패드는 미적용

5) 성능기준

구분		시험 방법	성능 기준
차염성 시험	균열게이지 시험	관통 및 이동 여부	• 6mm 균열게이지 : 시험체를 관통하여 150mm 이상 수평이동 안 될 것 • 25mm 균열게이지 : 시험체를 관통하지 않을 것
	화염전파시험	화염 발생 여부	• 비가열면에 10초 이상 화염발생이 없을 것

---

8 화재패턴의 생성 메커니즘과 Spalling에 대하여 설명하시오.

1. 화재패턴의 정의

1) 화재패턴이란 화염, 열기, 가스, 그을음 등으로 탄화, 소실, 변색, 용융 등의 형태로 물질의 손상된 형상을 말한다.
2) 가연물의 양과 시간에 따라 반응물질이 생겨나며, 발화이후 화재현장에 남아있는 가시적이고 측정 가능한 물리적 효과(NFPA 921)로 발화원 규명을 위한 유용한 도구 중의 하나로 사용된다.

2. 화재패턴의 생성 메커니즘

1) 화재패턴의 생성 원리

(1) 화재패턴은 열변형, 소실, 연소생성물의 퇴적 등에 의해 만들어 지며 다음과 같은 원리에 의해 열원을 추적해 갈 수 있는 독특한 형태를 생성
① 열원으로부터 멀어질수록 약해지는 복사열의 차등원리
② 고온가스가 열원으로부터 멀어질수록 온도가 낮아지는 원리
③ 화염 및 고온가스의 상승원리
④ 연기나 화염이 물체에 의해 차단되는 원리

(2) 물질의 형상은 해당물질의 성질에 따라서 탄화되거나 소실될 수 있고, 용융되거나 변색 또는 부식정도에 차이를 나타내면서 손상을 입지 않은 부분 및 덜 손상된 부분과 구분할 수 있는 선과 경계를 나타냄

(3) 열원으로부터 거리 또는 상하 위치에 따라 손상 정도의 차이를 보이기 때문에 화재패턴을 통해 역추적이 가능

2) 화재패턴의 생성 메커니즘

(1) 여러 개로 구획된 실내에서 한 개의 구획실에서 화재가 발생했다고 가정하면 구획실의 개구부를 통해 고온 가스와 화염이 외부로 출화

(2) 개구부를 통해 출화되는 가스와 화염은 외부의 공기에 비해 비중이 낮아 개구부의 상단부를 통해 배출이 됨

(3) 내부는 기압이 낮아지므로 하단부에는 새로운 공기가 계속해서 유입되어, 유출되고 유입되는 부분에 경계층이 발생하고 이를 중성대라 함

(4) 구획실에서 출화되는 개구부의 화재패턴은 중성대를 기준으로 상부에는 고온가스와 화염이 통과를 하며 손상을 발생시키고, 하부는 외부의 신선한 공기가 유입되므로 연소가 미약한 형태로 나타남

3. 박리흔(Spalling)

1) 정의

수열에 따른 빔의 팽창과 같은 물리적인 힘에 의해 시멘트, 콘크리트, 벽돌 등의 표면이 무너져 내리거나 떨어져 나간 흔적을 말한다.

2) 콘크리트의 특성

(1) 콘크리트는 시멘트, 모래, 자갈 등을 물에 섞어 철근 등 보강재가 설치된 곳에 부어 양생시키는 것이 일반적인 공법임

(2) 콘크리트는 압축에는 강하나 반대로 장력에는 약한 편임

3) 박리의 원인

(1) 열을 직접적으로 받는 표면과 그렇지 않은 주변 또는 내부와의 서로 다른 열팽창률

(2) 철근 등 보강재와 콘크리트의 서로 다른 열팽창률

(3) 콘크리트 등의 내부에 생성된 공기방울의 부피팽창

(4) 콘크리트 등의 내부에 있던 물방울의 증기화에 의한 부피팽창

(5) 시멘트, 자갈, 모래의 서로 다른 열팽창률

(6) 재질이 다른 보강재(철근, 빔 등)간의 서로 다른 열팽창률

(7) 진화과정에서 살수되는 소화수에 의해 급속한 냉각 발생으로 인한 수축

4) 박리의 특징

(1) 대부분 고온의 열기층이 체류하는 천장에서 발생하나 화염에 직접 접하는 벽면이나 바닥에서도 발생됨

① 바닥면은 비교적 온도가 낮으므로 바닥면의 박리흔은 온도가 높았을 것이라는 추정 아래 가연성 액체의 살포흔적으로 오인되기도 함

② 인화성 액체는 연소과정에서 발생하는 증발잠열로 인해 바닥을 냉각시키는 효과가 있으므로 고체가연물이 연소하는 경우에 비해 박리가 발생하기 어려움

(2) 박리는 발화부에서만 나타나는 흔적이 아니며, 환기지배형 화재에서는 개구부, 연료지배형 화재에서는 가연물이 집중된 부분에서도 나타남

(3) 박리가 발생할 경우 폭발음과 같은 큰 소음이 발생하여 주변으로 콘크리트 파편 등이 날아감

5) 화재조사적 측면

(1) 박리는 박리가 되지 않은 부분에 비해 많은 열을 받은 것을 의미

(2) 박리가 발생된 곳이 인화성 액체의 사용이나 발화부의 위치만은 아님

(3) 박리흔을 발화부와 연관지우기 위해서는 현장의 연소정도, 연소경로, 건축물의 구조, 가연물의 위치, 개구부의 위치 등의 간섭요소를 고려하여 판단해야 함

9 위험물안전관리법에서 정하는 제3류 위험물에 대하여 다음 사항을 설명하시오.
1) 성질   2) 위험성   3) 소화방법

1. 위험물의 정의
1) 위험물이라 함은 인화성 또는 발화성 등의 성질을 가지는 것으로서 대통령령이 정하는 물품을 말하여 위험물안전관리법 시행령 별표1에서 제1류 ~ 제6류로 분류한다.
2) 지정수량이라 함은 위험물의 종류별로 위험성을 고려하여 대통령령이 정하는 수량으로 제조소 등의 설치허가 등에 있어 최저의 기준이 되는 수량이다.

2. 품명

품명	지정수량[kg]
알킬알루미늄, 알킬리튬, 칼륨, 나트륨	10
황린	20
알칼리금속, 알칼리토금속, 유기금속화합물	50
금속의 수소화물(LiH, KH, NaH, CaH_2, $LiAlH_4$) 금속의 인화물(Ca_3P_2, Zn_3P_2) 칼슘,알루미늄의 탄화물(Al_4C_3, CaC_2)	300

3. 성질
1) 자연발화성 : 공기에 노출 시 자연발화
2) 금수성물질 : 물과 반응하여 수소 발생
3) 대부분 무기화합물이며 고체이고 일부는 액체임

4. 위험성
1) 황린을 제외한 금수성 물질은 물과 반응하여 가연성 가스(수소, 아세틸렌, 포스핀)를 발생하고 발열
2) 자연 발화성 물질은 물 또는 공기와 접촉하면 연소하여 가연성 가스를 발생
3) 가열, 강산화성 물질 또는 강산류와 접촉에 의해 위험성이 증가

5. 소화방법
1) 금속용 소화약제, 건조사, 팽창질석, 팽창진주암 사용
2) 황린은 물 또는 강화액포소화약제 사용
3) CO_2와 반응하여 폭발의 우려가 있으므로 사용금지

10 건축물에 설치된 통신용 배관 샤프트(TPS)와 전기용 배관 샤프트(EPS)의 화재 특성을 설명하고, 적합한 소화설비를 설명하시오.

1. 정의

1) TPS(Telecommunication Pipe Shaft)

통신용 케이블, 자동제어용케이블 등 여러 종류의 통신 관련된 전선들을 위한 공간

2) EPS(Electrical Pipe Shaft)

(1) 전기설비에서 각종 전기배관들을 위한 공간

(2) 전등, 전열, 동력 등을 위한 강전배선과 TV, 전화, 통신을 위한 약전배선으로 구성

2. 화재의 주요원인

주요 원인	내용
과부하	부하 용량의 한계 초과로 높은 이상 전류는 아니지만 지속적으로 줄열에 의한 열의 축적으로 발화할 수 있음
단락	상간 단락에 의한 순간적인 이상 전류 중 가장 큰 전류 발생으로 줄열에 의한 열 축적으로 발화할 수 있음
지락 및 누전	지락의 높은 이상 전류 시 줄열에 의한 발화, 누전에 의한 소전류가 지속적으로 발생할 때 열 축적에 의한 발화 등이 발생할 수 있음
접속점 과열	배·분전반의 차단기 등 접속점에서 접속불량으로 저항 증가에 의한 줄열에 의해 발화할 수 있음

3. 화재특성

1) 풍부한 점화원(여러 가지 형태의 줄열 및 스파크 등 점화원의 항상 존재)이 있다.
2) 유독가스 및 연소생성물이 다량 방출된다.
3) 플라스틱류의 케이블에 의한 화재 시 다량의 유독가스가 발생하여 피난이나 소화활동을 어렵게 한다.
4) 연소열이 매우 높고, 연소속도가 빠르며, 화점 파악이 힘들다.
5) 연소가 시작되면 연소 방출량이 많아 화재 성장속도가 빠른 특징이 있다.
6) 케이블의 연소는 연소열이 높고, 열 방출율이 높아 연소속도가 빠르게 진행이 된다.
7) 고체성·심부성 화재이고, 공기가 통하지 않는 밀폐된 공간에서의 화재로 정확한 화점 파악이 어려워 소화 활동이 힘들다.
8) 연소열이 크고. 화재성장속도가 빠르기 때문에 소화기로는 화재 진압이 힘들다.
9) 화재지속시간이 길고, 화재하중이 커서 화재가혹도가 크다.

4. 적합한 소화설비
1) 가스식 자동소화장치
2) 분말식 자동소화장치
3) 고체에어로졸식 자동소화장치

11 물분무소화설비의 적용 장소와 소화원리에 대하여 설명하시오.

1. 개념
스프링클러설비의 방수압력보다 높은 압력으로 방사하여 물의 입자를 미세하게 분무하여 물방울의 표면적을 넓게 하므로 유류, 전기화재에 적응성이 있다.

2. 설치대상
1) 항공기 격납고
2) 주차용 건축물로 연면적 800m² 이상
3) 건축물 내부에 설치된 차고나 주차장 바닥면적 200m² 이상
4) 기계식 주차장으로 20대 이상 주차
5) 지하가 중 길이 3000m 이상 터널
6) 중저준위 방사성 폐기물 저장시설
7) 전기실, 발전실, 변전실, 축전지실, 통신기기실, 전산실의 바닥면적 300m² 이상
   단, 가연성 절연유를 사용하지 않는 변압기, 차단기 설치 장소 제외

※ **설치 면제**

물분무 등 소화설비를 설치해야 하는 차고, 주차장에 스프링클러설비를 화재안전기준에 적합하게 설치한 경우

3. 적용장소 (NFPA 15, 1-3 Application)
1) 일반가연물 : 종이, 목재, 섬유류 등
2) 전기적인 위험 : 유입변압기, 유입개폐기, 전동기, 케이블 트레이 등
3) 인화성 가스 · 액체
4) 특정한 위험이 있는 고체

4. 비적용장소

1) 물에 심하게 반응하는 물질을 저장·취급하는 장소
   → 제3류 위험물 등과 같이 금수성 물질에는 사용 불가
2) 고온 물질 및 증류 범위가 넓어 끓어 넘치는 위험물질을 저장·취급하는 장소
   → 수증기 폭발과 같이 급격한 상변화의 우려가 있는 경우 사용 불가
   → 중질유와 같은 다비점의 인화성 액체는 비점이 낮은 액체는 증발하고 비점이 높은 액체만 남아서 열류층을 형성, 이에 소화수를 주입 시 Slop Over 발생
3) 운전 시 표면온도가 260℃ 이상으로 직접 분무 시 기계장치에 손상 우려 장소
   → 고온의 기기 표면에 물 입자가 접촉할 경우 기기의 손상이 우려됨

5. 소화원리

1) 냉각작용
물의 현열과 잠열을 이용한 냉각

2) 질식작용
물이 기화될 시 약 1700배의 부피팽창이 되므로 산소농도 저하

3) 유화작용
(1) 물과 비수용성 액체 간 서로 혼합하지 않는 액체를 혼합시키는 것
(2) 혼합되지 않는 2개의 액체가 다른 액체 속으로 미립자 형태로 분산되는 현상
(3) 서로 섞이지 않는 액체를 매개체를 이용하여 고르게 섞는 에멀션(Emulsion)을 만드는 작용
(4) Mechanism : 물분무 → 속도에너지 → 유표면 방사 → 유면과 충돌 후 산란 → 유화층 형성 → 유면을 덮음 → 가연성 기체의 증발능력 저하 → 연소범위 이하 → 연소성 상실

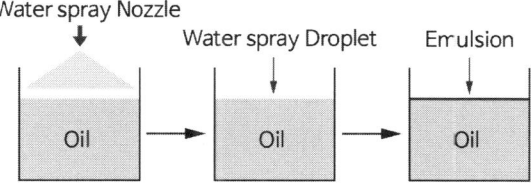

4) 희석작용
수용성 액체 위험물에서 방사되는 물분부 입자에 의해 액체 위험물이 비인화성 농도로 희석

12 소방용 배관을 옥외 지중 매립 시공 시 고려사항에 대하여 설명하시오.

1. 개념
소방용 배관을 옥외에 매립 시공 시 지반과 중량물에 대한 하중과 동파 및 부식을 고려하여 시공해야 한다.

2. 대상
1) 옥외 소화전
2) 상수도용 소화전

3. 옥외 지중 매립 시공 시 고려사항

1) 동결방지조치
(1) 소화배관 내의 소화수가 동결될 경우 소화전으로 방수가 불가능하기 때문에 동결방지 조치를 해야함

(2) 동결 심도 이상으로 매설
 ① 각 지방의 동결심도를 감안하여 배관의 상부를 동결심도 보다 30cm 더 깊게 매설
 ② 동결심도는 지중 온도가 0℃ 되는 곳에서 지표까지의 높이이며, 외기의 기온, 토양의 열적성질, 지층의 차이 등에 의해 다소 가변적임

(3) 보온시공

2) 지반에 대한 하중
(1) 지면에 미치는 중량이 당해 배관에 미치지 않도록 보호할 것
(2) 차량의 통행할 경우에도 이에 견디는 구조로 할 것
(3) 매설 전 지반 상태, 토양 종류, 토질 등을 확인하여 지반 침하가 없는 곳에 설치

3) 부식
(1) 매립배관의 경우에는 효과적이지만, 배관의 유지관리가 어렵고 부식이 빨리 진행되는 단점이 있음

(2) 금속성 배관의 외면에는 부식방지를 위하여 도장·복장·코팅 또는 전기방식 등의 필요한 조치할 것

(3) 옥외소화전의 경우는 배관이 지하매설 상태이므로 내식성 및 강도에 유의함
 ① 상수도용 도복장 강관(KS D 3565)
 ② 폴리에틸렌 피복강관(KS D 3589)
 ③ 덕타일 주철관(KS D 4311)

4) 기타

(1) 상수도용 소화전
  ① 매설깊이가 동결심도 이상에서 사용하지 않을 때는 소화전 내의 물을 완전 배수시킬 수 있도록 조작할 수 있는 제수변이 부착된 지상식 옥외소화전으로 함
  ② 소화전 주변에는 배수가 잘 되도록 모래와 자갈 등으로 채울 것

(2) 옥외소화전설비
  ① 지상식과 지하식이 있음
  ② 지상식 소화전을 설치할 경우는 차량에 의해 파손되는 경우가 많으므로 차량의 운행이 빈번한 장소는 피하고 필요시에는 주변에 방호장치를 설치하거나 지하식으로 설치
  ③ 옥외소화전설비 중 지하식은 차량의 통행이 잦은 장소에 설치하며 지하에 맨홀을 만든 후 맨홀 내에 옥외소화전을 설치하는 것으로 밸브를 개방할 경우에는 맨홀에 들어가지 않아도 외부에서 개방할 수 있도록 긴 장대형의 지하용 밸브개폐장치를 비치
  ④ 옥외소화전 배관의 경우는 부지 내에 소화전에 소화수를 공급하기 위해 Loop로 배관망을 형성할 수 있으며 한쪽 방향의 배관에 이상이 있는 경우에도 다른 쪽 방향으로 소화수를 공급할 수 있음. Loop식 배관망의 경우에는 소화수를 차단 및 송수하기 위해 유지관리 차원에서 구간별로 포스트 인디케이트 밸브(PIV) 설치를 검토

13 Fail-Safe와 Single-Risk를 설명하시오.

1. Fail-Safe

1) 정의

(1) 하나의 수단이 실패해도 다음 수단으로 구제할 수 있도록 고려하는 것으로 이중안전장치로 설계한다.
(2) 다중화(Redundancy)와 다양성(Diverse)의 개념을 반영한 방식을 말한다.

2) 적용예

(1) 2 방향 피난경로
  ① 건축물내의 한 지점으로부터 2개 이상의 피난로 설치
  ② 다중이용업소의 주출입구, 비상구
(2) 상용전원, 비상전원
(3) 소화설비의 주펌프, 예비펌프

2. Single-Risk

1) 정의

(1) 한 장소에서는 하나의 위험만 존재(Single Risk in Single Area)한다는 것으로 소방의 기본적인 개념을 말한다.

(2) 하나의 방화구획에서 화재가 발생하더라도 다른 방화구획으로 화재가 전파되지 않는다는 것을 전제로 화재에 대응해야 한다.

2) 적용예

(1) 옥내소화전설비의 수원(가압송수장치)을 스프링클러설비의 수원(가압송수장치)과 겸용하여 설치하는 경우, 아래의 조건을 만족 시 저수량(펌프의 토출량) 중 최대인 것 이상으로 할 수 있음
   ① 고정식 소화설비(방출구가 고정된 설비)가 2 이상 설치
   ② 고정식 소화설비가 설치된 부분이 방화벽과 방화문으로 구획

(2) 둘 이상의 특정소방대상물이 지하주차장으로 연결된 경우 가장 큰 제연송풍기를 기준으로 비상전원 용량 산정

(3) 가스계 소화설비의 전역방출방식은 여러 개의 방호구역을 선택밸브를 사용하여 화재가 발생한 구역만 약제를 방출하는 것으로 약제의 양은 가장 큰 방호구역을 기준으로 산정

> 보충
>
> **[NFTC102 제12조(수원 및 가압송수장치의 펌프등의 겸용)]**
>
> 1) 옥내소화전설비의 수원
>   (1) 스프링클러설비·간이스프링클러설비·화재조기진압용 스프링클러설비·물분무소화설비·포소화전설비 및 옥외소화전설비의 수원과 겸용하여 설치하는 경우의 저수량은 각 소화설비에 필요한 저수량을 합한 양 이상이 되도록 해야 한다.
>   (2) 다만 이들 소화설비 중 고정식 소화설비(펌프·배관과 소화수 또는 소화약제를 최종 방출하는 방출구가 고정된 설비)가 2 이상 설치되어 있고, 그 소화설비가 설치된 부분이 방화벽과 방화문으로 구획되어 있는 경우에는 각 고정식 소화설비에 필요한 저수량 중 최대의 것 이상으로 할 수 있다.
>
> 2) 옥내소화전설비의 가압송수장치로 사용하는 펌프
>   (1) 스프링클러설비·간이스프링클러설비·화재조기진압용 스프링클러설비·물분무소화설비·포소화전설비 및 옥외소화전설비의 가압송수장치와 겸용하여 설치하는 경우의 펌프의 토출량은 각 소화설비에 해당하는 토출량을 합한 양 이상이 되도록 해야 한다.
>   (2) 다만 이들 소화설비 중 고정식 소화설비가 둘 이상 설치되어 있고, 그 소화설비가 설치된 부분이 방화벽과 방화문으로 구획되어 있으며 각 소화설비에 지장이 없는 경우에는 펌프의 토출량 중 최대인 것 이상으로 할 수 있다.

127회 2교시

> **1** 철근콘크리트 구조물의 화재피해조사를 위해 콘크리트 중성화 깊이측정을 실시하였다. 다음 사항을 설명하시오.
> 1) 깊이측정 시험법의 원리 2) 시험방법 3) 주의사항

1. 중성화 정의

1) 콘크리트는 시멘트의 수화생성물로 수산화칼슘을 함유하여 강알칼리성을 갖는다. 강알칼리성이 산성인 철근을 보호하여 철근의 부식을 억제하는 역할을 한다.

2) 콘크리트의 화학적 작용으로 공기 중의 이산화탄소(CO_2)가 콘크리트의 수산화칼슘과 반응하여 강알칼리성의 콘크리트가 알칼리성을 잃는 현상을 콘크리트의 중성화라 한다.

2. 발생 메커니즘

1) 화열 → 탄산가스 침투 → 알칼리성 소실 → 중성화 → 내식성피복상실(철근의 부동태피막 파괴) → 철근부식 → 철근의 부피팽창 → 균열, 탈락

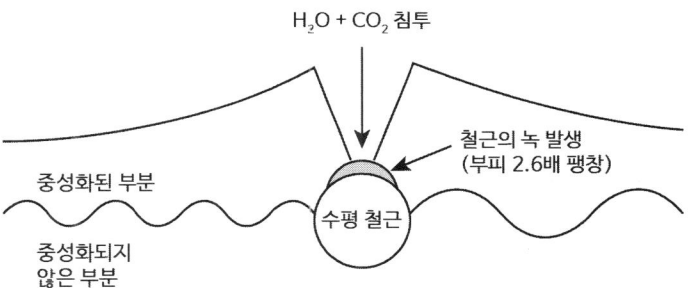

2) 화학반응식

   (1) 시멘트 경화재인 수산화칼슘을 가열 시 열분해되어 탄산칼슘으로 중성화

   (2) 산화칼슘, 생석회(CaO) + 물(H_2O) → 수산화칼슘, 소석회($Ca(OH)_2$)

   (3) 수산화칼슘($Ca(OH)_2$) + 이산화탄소(CO_2) → 탄산칼슘($CaCO_3$) + 물(H_2O)

3) pH농도에 따른 콘크리트의 중성화

   (1) 최초의 콘크리트는 pH 농도 12~13정도의 강알칼리성

   (2) 콘크리트 내부의 pH 농도가 11 이상에서 철근의 표면에 부동태피막을 형성하여 산소 차단

pH	1	2	3	4	5	6	7	8	9	10	11	12	13
철근	녹 발생										녹 발생 안 함		

   (3) pH 농도가 11보다 낮아지면 철근의 부동태피막이 파괴되어 철근에 녹 발생

   (4) 철근에 녹이 발생하면 약 2.5배까지 부피 팽창

   (5) pH 농도가 7인 경우 콘크리트의 완전 중성화로 내구성이 다한 것으로 간주함

3. 중성화 현상이 구조물에 미치는 영향

1) 균열부분으로 물과 공기의 유입, 철근 부식 가속화
2) 구조물 노후화에 따른 유지비용 증대
3) 누수, 결로 현상의 발생
4) 화재발생 시 구조물의 붕괴 우려

4. 깊이측정 시험법의 원리

1) 중성화의 깊이는 마감재의 품질 및 두께에 의해 크게 좌우되며, 화재온도, 경과시간과 밀접한 관계를 가지고 있어 중성화 깊이를 측정하여 화재온도를 추정할 수 있음
2) 중성화의 깊이 측정원리
   (1) 화열에 의해 콘크리트는 알칼리성이 소실됨에 따라 중성으로 변하므로 pH의 값이 변함
   (2) 콘크리트에 검사시약(페놀프탈레인 1%의 용액)을 분무했을 경우 pH가 9 이하에서는 무색, 이보다 높은 pH값에서는 적색을 나타내므로 식별이 가능함

5. 시험방법

1) 코아법
코아 시험체를 채취 후 검사시약을 분사하여 변화색상으로 깊이 측정

2) 드릴링법
햄머 드릴링 시 나오는 콘크리트 분말에 시약을 분사, 변화색상에 따른 드릴링 깊이를 측정

6. 주의사항

페놀프탈레인법은 시약의 농도, 시약의 도포량, 콘크리트의 함수율, 콘크리트의 표면 상태, 시약의 도포 시기, 측정 시기 등의 원인에 의하여 측정 오차가 크므로 신뢰도가 낮다는 문제점이 있다.

1) 고강도 콘크리트나 중성화 환경이 좋을 경우에는 10년이 경과된 경우라도 중성화 속도가 느리기 때문에 중성화 깊이가 0이 나와 중성화가 전혀 진행되지 않은 것으로 판단되는 경우처럼 pH 9를 기준으로 중성화 여부를 판단하는 페놀프탈레인법으로는 pH 13 ~ 14에서 12 또는 11로 떨어지고 있는 초기 중성화를 파악할 수 없다는 문제점이 있음
2) 페놀프탈레인법에 의해서 초기 중성화가 파악되지 않았다고 해도 철근 부식이 발생되지 않는다면 크게 문제가 되지 않을 수도 있다. 그러나 Cl-/OH-비에 따라 비중성화 영역에서도 부식이 발생하는 경우가 있기 때문에 깊이별 OH-양을 구할 필요성이 있다. 그러나 페놀프탈레인법으로는 깊이에 따른 중성화 정도의 차이를 파악할 수 없기 때문에 다음의 식을 통해 구할 수 있는 OH-양은 색상이 변하는 지점에 한정된다는 문제점이 있음

3) 철근 부식은 염소이온이 없는 경우에는 약 pH 11에서 일어나지만, 페놀프탈레인의 변색 범위가 pH 8.0 ~ 9.6이기 때문에 철근 부식이 발생된 경우라도 콘크리트는 전혀 중성화되지 않은 것으로 측정되어 임계부식 깊이와 다른 경우가 발생할 수 있음

---

2 소화수 가압송수장치로 적용되는 원심펌프(Centrifugal Pump)의 일반적인 성능곡선도(Performance Curve)를 ①유량 : 토출양정(m), ②유량 : 펌프효율(%), ③유량 : 소요동력(kW)으로 구분하여 그래프를 작성하고, 다음 항목을 설명하시오.
1) 체절운전점 / 정격운전점 / 150% 유량 운전점
2) 유량 : 펌프효율(%) 곡선의 특성
3) 유량 : 소요동력(kW) 곡선의 특성
4) 최소유량(Minimum Flow)

1. 원심펌프 (Centrifugal Pump)의 일반적인 성능곡선도 (Performance Curve)

1) 성능곡선 종류

(1) 전양정곡선
① 유량과 양정과의 관계로 오른쪽 하강 곡선
② 유량이 0인 지점에서 최대의 양정이 됨

(2) 축동력 곡선
① 유량이 많을수록 커지고, 축동력은 양정과 유량의 곱으로 정의
② 유량이 많아도 양정이 작을 시 축동력은 작아짐

(3) 효율곡선
① 효율이란 수동력과 축동력의 비로 동일 펌프라도 유량에 따라 변화함
② 효율곡선에서 최고점이 되는 유량이 그 펌프의 기준 유량이 됨

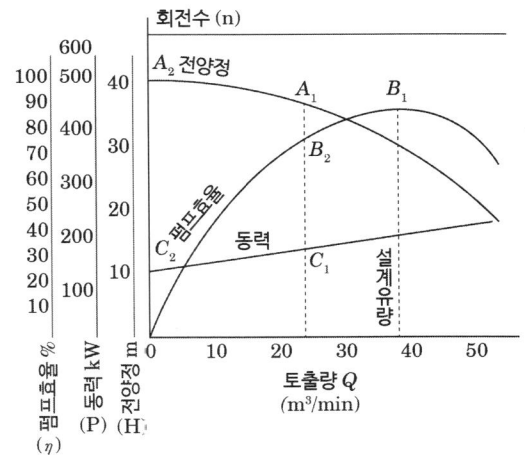

2) 성능곡선의 형태

일정 속도로 회전하는 펌프에서 밸브를 열어 유량을 증가시키면 축동력은 점차 상승하고, 전압과 정압은 산형을 이루며 강하하며, 효율은 포물선 형식으로 어느 한계까지 증가 후 감소함

3) 성능곡선 보는 방법

(1) 임의의 유량에서 그린 수직선이 각 성능곡선과 만나는 점이 해당 유량에서의 양정 A_1, 펌프효율 B_2, 소요동력 C_1을 나타냄

(2) 곡선에서 유량이 커지면 펌프의 전양정은 감소하고, 유량이 감소하면 전양정은 증가함

2. 체절운전점 / 정격운전점 / 150% 유량 운전점

1) 체절운전점

(1) 토출량이 0에서 정격압력의 140%인 점

(2) 성능기준 : 토출량이 0에서 토출압은 정격 토출압의 140% 이하

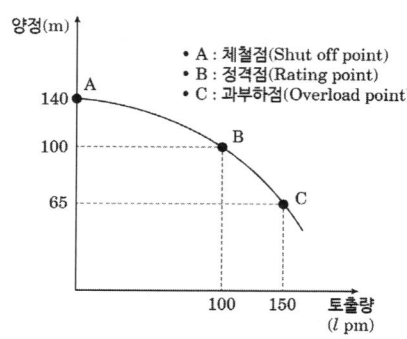

2) 정격운전점

(1) 정격유량상태(100%)에서 정격압력인 점

(2) 성능기준 : 토출량과 토출압이 규정치 이상일 것

3) 150% 유량 운전점

(1) 정격토출량의 150%에서 압력이 정격 토출압의 65%인 점

(2) 성능기준 : 정격토출량의 150%에서 토출압이 정격 토출압의 65% 이상일 것

3. 유량 : 펌프효율(%) 곡선의 특성

1) 유량의 증가에 따라 효율은 증가하고 최대값에 도달한 후 유량의 증가에 따라 감소

2) 설계유량 Q에서 최고값을 가지므로 그 부근에서 운전하는 것이 합리적임

3) 터보형 펌프는 과열현상, 과부하, 진동, 캐비테이션 등이 없는 광범위한 범위에서 사용가능함

4) 펌프효율은 펌프의 전양정이 전부 유효하게 이용되는 값이므로 밸브조작 등에 의한 손실로 인해 실제의 이용 효율은 성능곡선의 값보다 낮아짐

4. 유량 : 소요동력(kW) 곡선의 특성

1) 유량이 많을수록 커지고, 축동력은 양정과 유량의 곱으로 정의

2) 유량이 많아도 양정이 작을 시 축동력은 작아짐

3) 유량이 0일 경우 펌프는 최소 전력을 소비함

5. 최소유량(Minimum Flow)

1) 최소유량(Minimum Flow) 목적

(1) 과열(Overheating)에 의한 손상방지

(2) 과도한 내부순환에 의한 공동현상 및 진동방지

(3) 과도한 반경방향 작용력(Radial Reaction)에 의한 손상방지

2) 방법 : 체절운전 미만에서 소화수가 방출되도록 릴리프 밸브 설치

3 화재실에서 발생한 연기가 거실에서 특별피난계단 부속실로 유입되는 것을 방지하기 위하여 부속실에 55Pa의 압력을 가하려고 한다. 다음 조건을 참고하여 설명하시오.

〈조 건〉
- 출입문 크기 : 2.1m × 1m
- 손잡이 위치 : 장변 모서리로부터 10cm
- 문의 마찰력 : 5N

1) 국내 화재안전기준을 적용하여 부속실과 거실 사이 출입문의 자동폐쇄장치가 허용하는 힘(N)
2) 동일조건에서 자동폐쇄장치의 폐쇄력이 45N인 제품을 사용할 경우 부속실의 압력한계(Pa)

1. 공식

1) **모멘트** : 회전력(어떤 점을 중심으로 회전하려고 하는 힘)

2) **모멘트(M)** = F × S

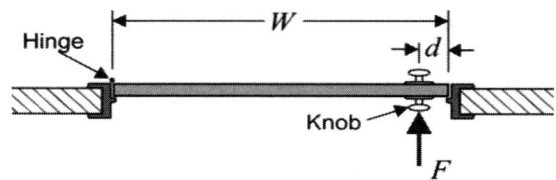 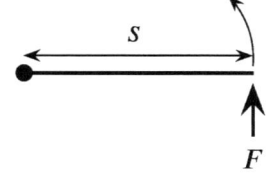

3) **차압에 의한 힘**(F_1) : $F_1 \times (W-d) = P \times A \times \dfrac{W}{2}$

4) **출입문의 개방력(F)** = $F_1 + F_2 + F_3$

F_1 : 차압에 의한 힘 ($\dfrac{1}{2} \times A \times \Delta P \times \dfrac{W}{W-d}$)

F_2 : 문의 닫힘 장치(Door Closer)의 폐쇄력, F_3 : 문의 경첩에 의한 마찰력

2. 국내 화재안전기준을 적용하여 부속실과 거실 사이 출입문의 자동폐쇄장치가 허용하는 힘(N)

   1) 차압에 의한 힘

   $$F_1 \times (w-d) = P \times A \times \frac{w}{2}$$

   $$F_1 = \frac{55 \times 2.1 \times 1 \times 1}{2 \times (1-0.1)} = 64.17\,\text{N}$$

   2) 자동폐쇄장치가 허용하는 힘(N)

   $$110 = 64.17 + 5 + F_3,\ F_3 = 40.83\,\text{N}$$

3. 동일조건에서 자동폐쇄장치의 폐쇄력이 45N인 제품을 사용할 경우 부속실의 압력한계(Pa)

   1) 차압에 의한 힘

   $$110 = F_1 + 5 + 45,\ F_1 = 60\,\text{N}$$

   2) 압력한계(Pa)

   $$P = \frac{60 \times (1-0.1) \times 2}{2.1 \times 1 \times 1} = 51.428\,\text{Pa}$$

   3) 자동폐쇄장치의 폐쇄력이 45N인 제품은 사용할 수 없음

---

4 전기저장시설의 화재안전기준(NFTC 607)에서 규정하고 있는 소방시설 등의 종류와 설치기준에 대하여 설명하시오.

1. 개요

"전기저장장치"란 생산된 전기를 전력 계통에 저장했다가 전기가 가장 필요한 시기에 공급해 에너지 효율을 높이는 것으로 배터리, 배터리 관리시스템, 전력 변환 장치 및 에너지 관리시스템 등으로 구성되어 발전·송배전·일반 건축물에서 목적에 따라 단계별 저장이 가능한 장치를 말한다.

2. 소방시설 등의 종류와 설치기준

구분	설치기준
1) 소화기	• 소화기는 NFTC101에 따라 구획된 실마다 추가하여 설치
2) 스프링클러설비	• 습식 스프링클러설비, 준비작동식 스프링클러설비('더블인터락'방식 제외) • 살수밀도 : 바닥면적(바닥면적 230 m² 이상인 경우 230m²) 12.2L/m²·min 이상, 방수시간 : 30분 이상 방수 • 헤드간격 : 스프링클러헤드 사이의 간격을 1.8m 이상 • 비상전원용량 : 30분 이상 • 준비작동식 : 출입구 부근에 수동식기동장치 설치 • 소방자동차로부터 송수할 수 있는 송수구 설치

3) 배터리용소화장치	• 다음의 어느 하나에 해당하는 경우 2)에도 불구하고 중앙소방기술심의위원회의 인정받은 배터리용 소화장치를 설치할 수 있음
	  - 옥외형 전기저장장치 설비가 컨테이너 내부에 설치된 경우
	  - 옥외형 전기저장장치 설비가 다른 건축물, 주차장, 공용도로, 적재된 가연물, 위험물 등으로부터 30m 이상 떨어진 지역에 설치된 경우

4) 자동화재탐지설비	• 공기흡입형 감지기 또는 아날로그식 연기감지기 • 중앙소방기술심의위원회의 심의를 통해 적응성이 있다고 인정된 감지기
5) 배출설비	• 배풍기·배출덕트·후드 등을 이용하여 강제적으로 배출 • 배출용량 18m³/m²·h 이상 • 화재감지기의 감지에 따라 작동 • 옥외와 면하는 벽체에 설치

3. 기타사항

1) 설치장소

(1) 관할 소방대의 원활한 소방활동을 위해 지면으로부터 지상 22m 이내

(2) 지하 9m(전기저장장치가 설치된 바닥면까지의 깊이) 이내로 설치

2) 방화구획

(1) 전기저장장치 설치장소의 벽체, 바닥 및 천장은 건축물의 다른 부분과 방화구획할 것

(2) 배터리실 외의 장소와 옥외형 전기저장장치 설비는 방화구획 하지 않을 수 있음

5 성능위주설계 절차와 사전재난영향성검토 절차를 기술하고, 초고층 건축물에서 특별히 고려해야 할 사항에 대하여 설명하시오.

1. 성능위주설계 절차 (SFPE Handbook Fifth Edition "Performance-Based Design")

1) 프로젝트 범위 설정(Defining the Project Scope)

(1) 설계 시 고려해야 할 건축물의 구성과 시설

(2) 설계 시 적용해야 할 건축물 특징과 규정

(3) 프로젝트의 이해관계자를 명확히 함(건축물 소유자 및 대표, 행정당국, 보험회사, 소방서 등)

2) 목표 확인(Identifying Goals)

(1) 인명안전

(2) 비인명안전
재산보호, 미션의 영속성(Mission Continuity), 환경보호

3) 목적 설정(Defining Objectives)

(1) 이해관계자의 목적 설정
재실자의 보호, 구조적 완전성, 시스템의 효과

(2) 설계목적의 설정

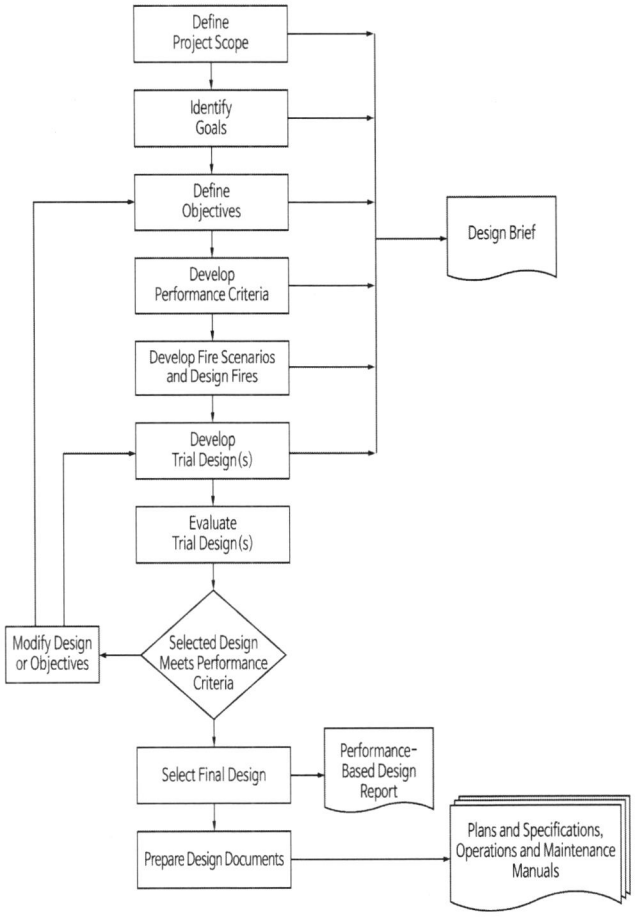

[성능위주소방설계 절차]

4) 성능기준 작성(Developing Per- formance Criteria)

(1) 포함사항
① 재료의 온도, 가스의 온도, 연기농도, 암흑의 정도, 카르복시 헤모글로빈 수준
② 열방출률

(2) 화재모델 프로그램으로 성능기준 만족 여부를 확인할 것

(3) 인명안전기준과 비인명안전기준으로 분류하여 작성

5) 화재시나리오 및 설계화재 작성(Developing Fire Scenarios and Design Fires)

(1) 화재나 건축물의 형태, 재실자의 조건과 같은 노출 조건을 포함

(2) 설계화재시나리오 작성

  ① 건축물 특성
  - 건축적 특성 : 구획형태, 내부마감, 건축 재료 및 개구부
  - 화재하중
  - 피난의 구성요소
  - 통기 장비와 같은 화재보호 시스템
  - 건축물의 운영 특성
  - 내·외부의 온도, 풍속 등 환경적 요소

  ② 재실자 특성
  - 재실자수와 밀도
  - 혼자 있는지 타인과 함께 있는지의 여부
  - 건축물의 친숙도
  - 활동성(Activities)과 경계심(Alertness)
  - 신체 및 인지능력
  - 사회적 소속, 역할과 책임
  - 재실자 상태, 성별, 문화, 연령 등

  ③ 화재 특성
  - 화재특성은 설계화재곡선으로 계량화됨
  - 설계화재곡선은 5단계로 구분
  - 발화, 성장, 플래시오버, 최성기, 감쇠기

(3) 설계화재 작성 : 화원의 종류, 화재성장속도, 열방출률 등을 고려

6) 시험설계 작성(Developing Trial Designs)

시험설계는 설계화재시나리오 가동 시 성능기준을 만족해야 함

7) 성능위주설계 브리핑(Fire Protection Engineering Design Brief)

(1) 정량적 분석에 앞서 이해관계자의 동의를 얻어야 하는 과정

(2) 1) ~ 6) 각각의 단계를 브리핑

프로젝트 범위, 목적, 목표, 성능기준, 설계화재시나리오, 시험설계 등

8) 시험설계 평가(Evaluating Trial Designs)

⑴ 시험설계는 설계화재시나리오가 성능기준을 만족하는지 평가

⑵ 화재프로그램을 이용하여 초기설계가 성능기준을 만족하는지 평가

⑶ 성능기준을 만족하지 않을 경우 설계 및 목적 수정

9) 최종설계안 채택(Select Final Design)

시험설계안이 성능기준을 만족할 경우 최종설계 안으로 채택

10) 문서화(Performance-Based Design Report/Prepare Design Documents)

⑴ 문서화하여 이해관계자를 이해시키고 검토될 수 있도록 할 것

⑵ 서류
   ① 성능위주설계 보고서
   ② 도면, 사양서
   ③ 운영매뉴얼, 유지보수매뉴얼 등

2. 사전재난영향성 검토 절차

1) 절차

⑴ 관계인이 협의 도서 준비 후 허가 등 요청

⑵ 시·도지사 등은 초고층 건축물등의 설치에 대한 허가 등을 하고자 하는 경우에는 허가 등을 하기 전에 시도 본부장에게 사전재난영향성검토협의를 요청

⑶ 시도 본부장은 협의 위원 구성 및 검토

⑷ 또는 건축위원회에서 사전재난영향성검토협의 내용을 심의

2) 사전재난영향성검토협의 대상

⑴ 초고층건축물 등의 설치 허가·승인·인가·협의·계획수립 등의 신청을 받은 경우

⑵ 초고층건축물 등의 건축에 대한 사전결정 신청을 받은 경우

⑶ 용도변경 허가신청을 받은 경우로서 다음 각 항의 어느 하나에 해당하는 경우
   ① 건축물 또는 시설물이 용도변경 또는 용도변경에 따른 수용인원 증가로 초고층건축물 등이 되는 경우
   ② 초고층건축물 등이 문화 및 집회시설로 용도 변경되어 거주밀도가 증가하는 경우

3. 초고층 건축물에서 특별히 고려해야 할 사항 (사전재난 영향성 검토협의 내용)

1) 종합방재실 설치 및 종합재난관리체제 구축 계획
2) 내진설계 및 계측설비 설치계획
3) 공간 구조 및 배치 계획
4) 피난안전구역 설치 및 피난시설, 피난유도계획
5) 소방설비·방화구획, 방연·배연 및 제연계획, 발화 및 연소확대 방지계획
6) 관계지역에 영향을 주는 재난 및 안전관리 계획
7) 방범·보안, 테러대비 시설설치 및 관리계획
8) 지하공간 침수방지계획

보충

[3대 영향평가 비교]

구 분	환경영향평가	교통영향평가	사전재해영향성검토
목 적	• 환경에 미치는 영향을 미리 예측·평가하고 환경보전방안 등을 마련 ⇒ 친환경적이고 지속가능한 발전과 건강하고 쾌적한 국민생활을 도모	• 교통시설의 정비를 촉진하고 교통수단과 교통체계를 효율적으로 운영·관리 ⇒ 도시교통의 원활한 소통과 교통편의 증진	• 재해위험 요인을 예측·분석하여 근본적인 재해저감대책을 마련 ⇒ 국민의 생명·신체 및 재산 등을 보호
법적근거	• 환경영향평가법	• 도시교통정비촉진법	• 초고층 및 지하연계 복합건축물 재난관리에 관한 특별법
위원회	• 환경영향평가협의회	• 교통영향평가심의위원회	• 사전재해영향검토위원회

---

6 가스저장탱크의 물분무설비(Water Spray System)에 적용되는 시설기준은 소방관계법령상의 연결살수설비와 고압가스안전관리법상의 온도상승방지설비로 규정되어 있다. 상기 기준에서 소방안전상 요구되는 다음 항목을 설명하시오.
1) 적용대상
2) 연결살수설비의 헤드설치기준
3) 온도상승방지설비의 고정식 분무장치 살수밀도

1. 개요

1) 연결 살수설비란 공공소방대가 화재를 진압하거나, 인명의 구조활동을 위해 사용하는 소화활동설비이다.
2) 주로 소규모 소방대상물의 지하층이나 지상에 노출된 가스시설 등에 설치하며, 개방형 헤드를 설치하고 소방자동차를 이용하여 살수가 가능하도록 조치하기 위한 것으로, 연결 살수설비의 화재안전기준에서 규정하고 있다.

2. 적용대상

1) 가연성 가스의 저장, 취급시설
2) 지하에 설치된 가연성 가스의 저장 취급시설로, 지상에 노출된 부분이 없을 시 제외

3. 연결살수설비의 헤드설치기준 (연결살수설비의 화재안전기준)

1) 연결 살수설비 전용의 개방형 헤드를 설치
2) 가스저장탱크, 가스홀더 및 가스발생기의 주위에 설치
3) 헤드 상호 간의 거리는 3.7m 이하로 할 것
4) 헤드의 살수범위

  가스저장탱크, 가스홀더 및 가스발생기의 몸체의 중간 윗부분의 모든 부분이 포함되도록 하고, 살수된 물이 흘러내리면서 살수범위에 포함되지 않은 부분에도 모두 적셔질 수 있도록 할 것

4. 온도상승방지설비의 고정식 분무장치 살수밀도 (고압가스 저장의 시설·기술·검사·안전성평가 기준)

1) 저장탱크 온도상승방지설비 설치 범위

  (1) 가연성 가스 저장탱크
  (2) 독성 가스의 저장탱크
  (3) 그 밖의 저장탱크로서 가연성 가스 저장탱크 또는 가연성 물질을 취급하는 설비

2) 온도상승방지설비의 고정식 분무장치 살수밀도

  (1) 저장탱크 표면적 $1m^2$당 5L/min 이상의 비율로 계산된 수량을 저장탱크 전 표면에 분무(살수(撒水)를 포함)할 수 있도록 고정된 장치를 설치
  (2) 이 경우 저장탱크가 암면두께 25mm 이상 또는 이와 동등 이상의 내화성능을 가지는 단열재로 피복 되고 그 외측을 두께 0.35mm 이상의 KS D 3506(용융 아연도금 강판 및 강대) SBHG2 또는 이와 동등 이상의 강도 및 내화성능을 가지는 재료로 피복한 것(준내화구조 저장탱크)에는 표면적 $1m^2$당 2.5L/min 이상의 비율로 계산된 수량을 분무할 수 있는 고정된 장치를 설치

127회 3교시

> **1** 소방청에서 성능위주설계표준 가이드라인(2021.10)을 제시하고 있다. 이에 관련하여 다음사항을 설명하시오.
> 1) 특별피난계단 피난안전성 확보
> 2) 비상용 승강기, 승강장 안전성능 확보

1. 특별피난계단 피난안전성 확보

1) 특별피난계단 출입문에는 가급적 개방이 쉬운 패닉바 설치 권고
2) 특별피난계단 계단실에는 화재 위험성이 있는 시설물 설치 금지
   (1) 도시가스배관, 전기배선용 케이블 등 기타 이와 유사한 시설물
3) 특별피난계단 계단실 출입문에는 피난 용도로 사용되는 것임을 표시할 것
   (1) 백화점, 대형 판매시설, 숙박시설 등 불특정다수인이 이용하는 시설에 설치되는 특별피난계단에 피난용도로 사용되는 표시를 할 경우 픽토그램(그림문자)으로 적용
4) 특별피난계단은 연결되도록 할 것
   (1) 옥상광장에서 헬리포트 또는 인명구조공간까지는 별도의 계단으로 연결
   (2) 계단실은 승강기 권상기실 등 다른 용도의 실로 직접 연결되지 않도록 할 것
5) 특별피난계단(피난계단) 출입문(매립형)에는 고리형 손잡이 설치 금지
6) 특별피난계단 부속실은 4m² 이상의 유효면적으로 계획할 것

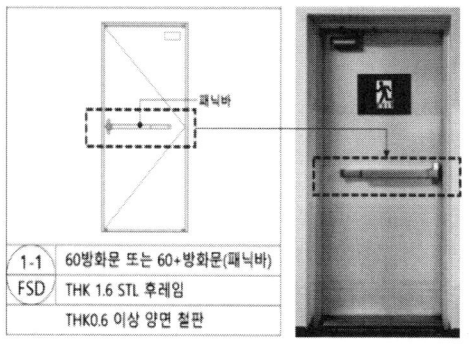
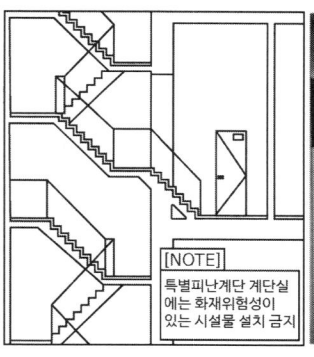
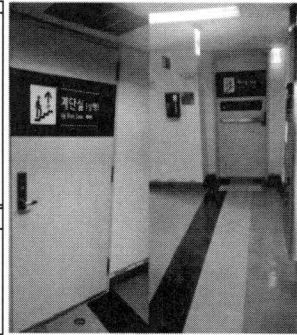

2. 비상용 승강기, 승강장 안전성능 확보

1) 비상용승강기 내부공간은 원활한 구급대 들 것 이동을 위해 길이 220cm 이상, 폭 110cm 이상 크기로 하고, 승강장으로 이어지는 통로는 환자용 들것의 원활한 이동을 위해 여유폭(회전반경) 확보
2) 비상시 피난용승강기 운영방식 및 관제계획 초기 매뉴얼 제출
   (1) 1차 : 화재 층에서 피난안전구역, 2차 : 피난안전구역에서 지상 1층 또는 피난층
3) 비상용승강기 승강장과 피난용승강기 승강장은 일정 거리를 이격하여 설치하고 사용 목적을 감안하여 서로 경유되지 않는 구조로 설치
4) 비상용(피난용)승강기 승강장 출입문에는 사용 용도를 알리는 표시를 할 것
   (1) 백화점, 대형 판매시설, 숙박시설 등 불특정다수인이 이용하는 시설에 설치되는 비상용(피난용) 승강기 승강장 출입문에 사용 용도를 알리는 표시를 할 경우 픽토그램(그림문자)으로 적용
5) 여러 대의 비상용승강기 및 피난용승강기는 각각 이격하여 설치

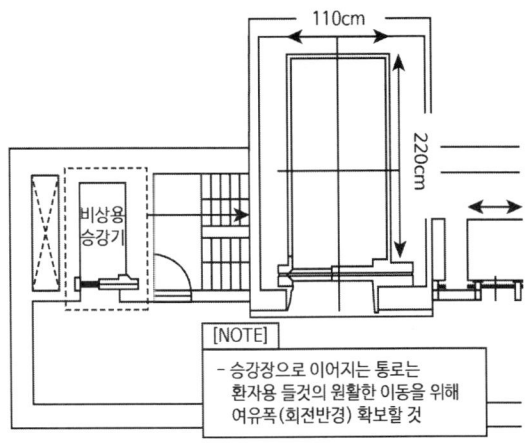

2 가스계소화설비 작동 시 방호구역이 설계농도(Design Concentration)까지 도달하는 과정에서 발생되는 시간지연(Time Delay) 요소에 대하여 설명하시오.

1. 개요

가스계소화설비에서 화재발생 시 이를 감지하여 소화약제가 방출되고, 소화하기까지의 과정은 감지시간, 시간지연, 방출시간, 소화농도유지시간, 소화의 단계로 구분할 수 있다.

2. 작동 Mechanism (가스압력식 기준)

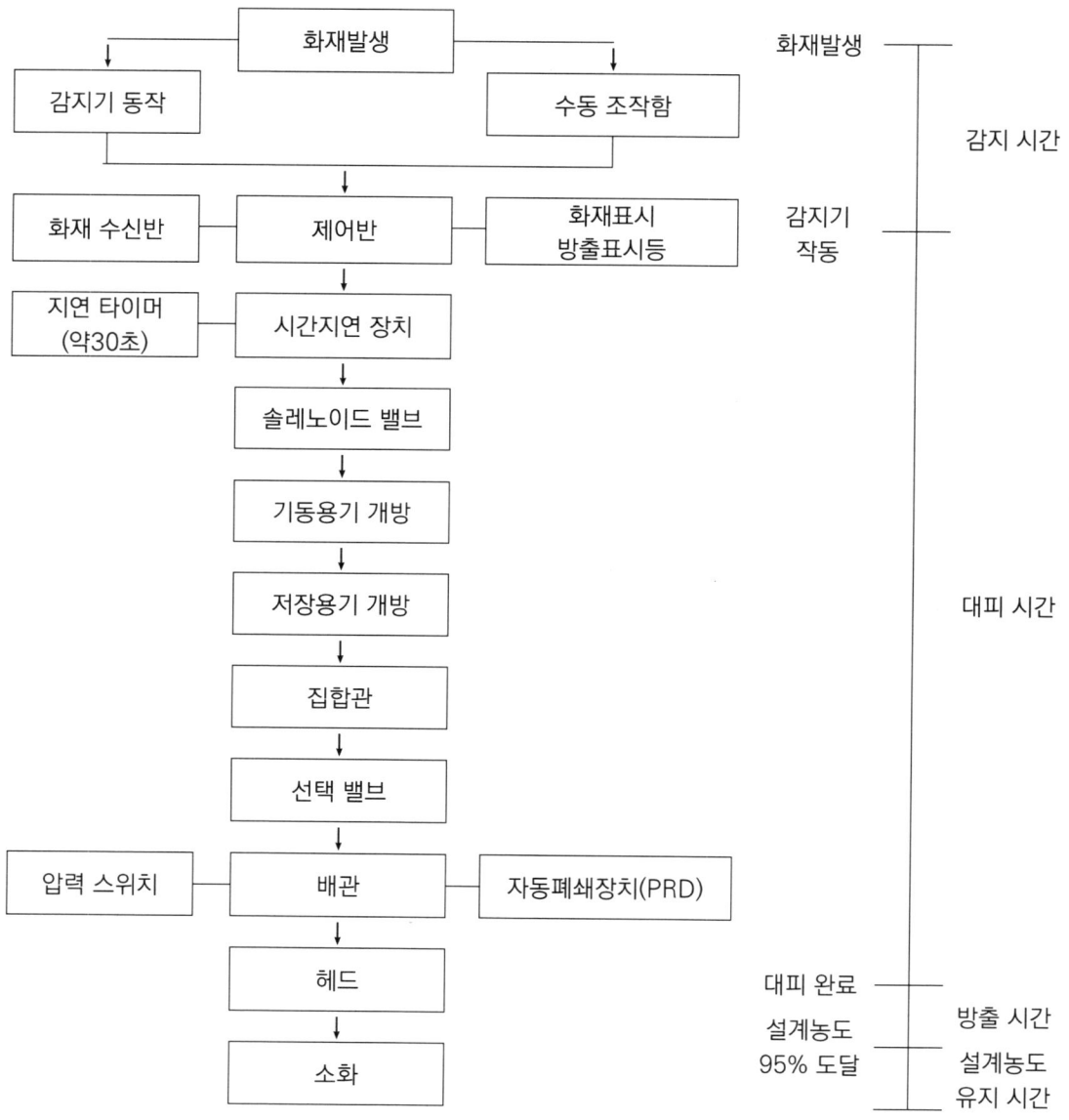

3. 감지시간

1) 화재발생으로 감지기가 작동, 수동 조작함을 작동시켜 제어반으로 신호를 보내는 데 걸린 시간을 의미
2) 교차회로방식 적용
   (1) A, B회로 작동
   (2) 화재표시, 음향경보, 방출표시등, 환기팬 정지
3) 아날로그 감지기 등 특수감지기를 적용하여 신뢰도를 증가시킬 필요가 있음

4. 시간지연

1) 자동 또는 수동에 의하여 가스계 소화설비가 동작 시에는 즉시 소화약제가 방출되지 않으며 30초간의 지연시간을 두어 가스계 소화설비 방호구역의 재실자가 대피할 수 있도록 사이렌을 통한 경보를 발령하고, 30초의 시간이 경과 후에 소화약제가 방출
2) A 감지기 작동 시 음향경보 → 피난 개시 → B 감지기 작동 → 시간지연장치 작동
3) 30초의 지연시간 내에 재실자가 대피하지 못하는 경우, 각 방호구역 출입구 인근에 설치된 수동조작함의 내부에는 방출지연스위치(Abort Switch)가 있어 30초의 시간이 흘러가는 것을 Holding하여 소화약제 방출지연을 더 연장할 수 있음
4) 자동복귀스위치로서 누르고 있을 때에만 시간이 Holding 되는 방식이며, 1회만 눌렀다가 손을 떼는 경우에는 다시 소화약제가 방출하기 위한 시스템으로 복귀하는 방식

5. 방출시간

1) 분사헤드로부터 소화약제가 방출되는 시점부터 최소설계농도의 95%를 방사하는 데 소요되는 시간
2) 약제별 방출시간

구분	CO_2 소화설비		할론 소화설비	할로겐화합물 및 불활성기체 소화설비	
	표면화재	심부화재		할로겐화합물	불활성기체
방출시간	1분	7분	10초	10초	A·C급(2분) B급 화재(1분)

※ CO_2 국소방출방식 : 30초

6. 설계농도유지시간 (Soaking Time)

1) 가스소화약제가 방사되어 설계농도에 도달한 후 재발화하지 않도록 하기 위해서는 일정시간 동안 설계농도를 유지해야 하는 시간
2) 국내는 별도의 규정이 없으나 NFPA는 약제별로 시간을 구분하고 있음

7. 결론
1) 화재발생부터 소화까지는 감지시간, 대피시간, 방출시간, 설계농도유지시간으로 구성된다.
2) 인명안전을 위해 감지기의 감지시간을 단축과 함께 신뢰성 있는 감지기 적용이 필요하고 약제 방출 후 재발화 방지를 위해 충분한 설계농도시간을 유지해야 한다.

---

3 소방시설용 비상발전기의 기동불량에 대하여 자주 언급되고 있다. 평상시 점검에는 정상 작동이 되고 있으나, 정전 시에는 작동되지 않는 경우 이에 대한 작동불능의 원인과 해결방법을 설명하시오.

1. 비상발전기의 종류
1) 소방전용 발전기
2) 소방부하 겸용 발전기(합산용량 발전기)
3) 소방전원보존형 발전기

2. 비상발전기의 작동불능의 원인

1) 구조적인 용량 부족
(1) 수용률 임의 오적용으로 인한 화재 시 과부하
(2) 소방전원보존형 발전기 제어장치를 설치하지 않은 채 소방부하 또는 비상부하 중 한쪽만 적용
(3) 소방전원보존형 발전기 제어장치를 설치하지 아니한 채 소방부하겸용발전기라고 표기
(4) 소방전원보존형발전기 제어장치 미설치 사례 다수

2) 관리 소홀
(1) 주기적인 점검 미시행 (배터리 방전, 냉각수 오염, 연료필터 막힘, 에어필터 오염 등)
(2) 비상발전기 설비 시험 시 무부하 운전만 시행

3. 해결방법

1) 구조적인 용량 부족

(1) 수용률 화재안전기준 값 적용 (수용률 1로 적용)

(2) "소방부하겸용발전기" 또는 "소방전원보존형발전기"인지 명칭표기

(3) 용량 부족 발전기는 대용량 발전기로 교체하는 방법과 소방전원보존형발전기 제어장치로 교체하는 방법이 있음

(4) 소방주무기관의 "자가발전설비 운영지침"의 구체적인 시행 및 관계자 공통 인지 계기 필요
- 담당 소방관과 소방감리자, 전기감리자, 전기시공자, 발전기 공급자, 건설사 등이 공통으로 인지할 수 있도록 교육 및 계도

2) 관리 소홀

(1) 주기적인 점검 시행

(2) 비상발전기 부하시험 및 실부하시험 병행

---

4 불꽃감지기에 대한 내용으로 다음 사항에 대하여 설명하시오.
1) 작동원리 및 종류 2) 설치 현장에서 동작시험 방법
3) 설치기준

1. 개요

1) 불꽃에서 방사되는 불꽃의 변화가 일정량 이상 되었을 때 작동하는 것으로 자외선 또는 적외선에 의한 수광소자의 수광량 변화에 의해 발신하는 감지기이다.

2) 자외선 감지기는 수광소자로 UV Tron이란 외부 광전 효과를 이용한 방전관이 사용한다.

3) 적외선 감지기는 이산화탄소 공명방사방식, 2파장감지방식, 정방사감지방식, 깜빡임(Flicker) 감지방식 등을 이용한다.

2. 불꽃감지기의 작동원리 및 종류

1) 적외선불꽃감지기(IR, Infrared Flame Detector)

종류	작동원리(검출방식)	검출소자	특징
CO_2 공명방사 방식	• 화재 시 발생하는 CO_2가 열공명방사(열을 받아 방사)시키는 파장을 검출 • $4.4\mu m$ 파장에서 최대에너지방출	• 세렌화납(PbSe)	• 광학필터는 $3.5 \sim 5.5\mu m$의 적외선 Pass Filter 사용
2파장 감지방식	• 각각의 파장대역 이용 • 1개 대역의 2파장(장파장과 단파장)의 에너지 차이를 이용하여 검출	• 태양전지를 이용 • 태양전지와 PbS 이용	• 조명광 또는 빛에 의한 비화재보 우려가 적음
정방사 감지방식	• 근적외선영역의 방사에너지를 감지 • $0.72\mu m$ 이하의 가시광을 차단하는 적외선필터를 이용	• 실리콘포토다이오드(SPD, Silicon Photo Diode) • 포토트랜지스터	• 태양광, 조명광의 차단이 곤란한 밝은 장소에는 사용 안 함 • B급 화재에 유효
Flicker 감지방식	• 연소 시 불꽃의 Flicker(깜박거림)을 검출 • Flicker 주파수 : 2~20Hz	• 초전형적외선센서	• B급 화재 시 Flicker는 정방사량의 6.5% 발생

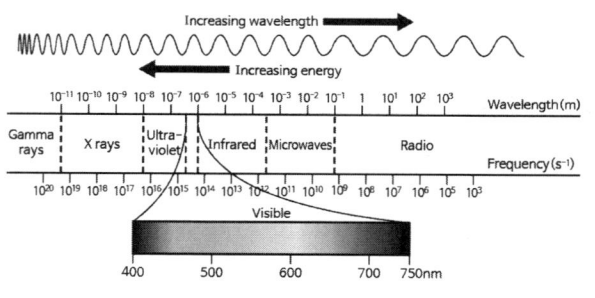 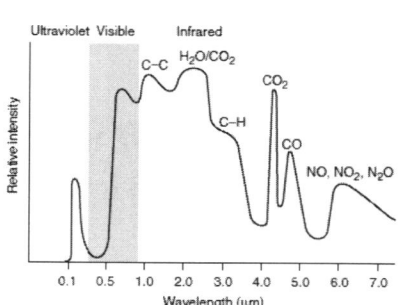

2) 자외선불꽃감지기(UV, Ultraviolet Flame Detector)

종류	원리(검출방식)	검출소자	특징
자외선 불꽃 감지기	• 불꽃에서 파장 방사 • 필터와 렌즈로 구성되어 불필요한 파장을 걸러냄 • 검출소자로 자외선을 감지 ($0.18 \sim 0.26\mu m$ 파장 검출) • 화재신호발신	• 수광소자(UV트론) • 스위칭회로	• 감도가 좋아 조기 경보에 적합함 • 자외선(UV)는 연기 및 분진발생 시 감도 저하가 커 신뢰도는 낮음 • 용접, 조명, 태양광선 등에 의해서도 감지되어 오보가 발생 • 투과창의 청소 등 주기적인 유지보수가 필요 • 온도, 습도, 압력, 바람 등의 영향이 작으므로 옥외용으로 적합

3) 복합형불꽃감지기

(1) UV/IR 복합형
① 자외선(UV), 적외선(IR) 모두 작동 시 작동 (AND회로)
② 오보가 적으나 연기, 먼지 등에 약함

(2) IR/IR 복합형
① 자외선(UV), 적외선(IR)형의 결점을 보완하기 위해 개발
② 오보가 없고 연기, 먼지 등에도 강함

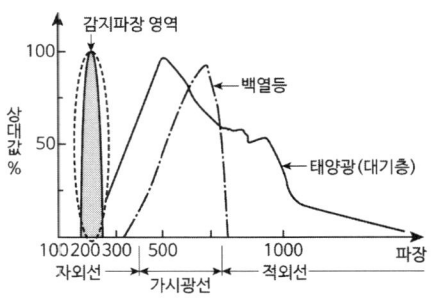

[스펙트럼 분석 시 자외선 감지 파장(nm)]

3. 설치 현장에서 동작시험 방법

구분	방법
1) 라이터를 이용	• 1~3m 정도로 감지기에 근거리까지 접근이 가능할 때 사용하는 방법 • 라이터의 불꽃을 최대한 크게 하고 황색불꽃으로 시험
2) 토치램프를 이용	• 5~10m의 거리에서 작동 여부를 테스트할 때 사용하는 방법 • 불꽃이 감지기의 설정된 시간 이상 지속되어야 하고, 토치램프를 거꾸로 하여 황색 불꽃으로 시험
3) 전용의 테스터기를 이용	• 방폭 지역 등으로 불을 피워 시험하기 어려운 현장에 테스트기를 이용하여 시험 • 가격이 비쌈

4. 설치기준

1) 공칭감시거리 및 공칭시야각은 형식승인 내용에 따를 것
2) 감지기는 공칭감시거리와 공칭시야각을 기준으로 감시구역이 모두 포용될 수 있도록 설치
3) 감지기는 화재감지를 유효하게 감지할 수 있는 모서리나 벽 등에 설치
4) 감지기를 천장에 설치 시 감지기는 바닥을 향하여 설치
5) 수분이 많이 발생할 우려가 있는 장소에는 방수형으로 설치
6) 그 밖의 설치방법은 형식승인 내용에 따르며 형식승인 사항이 아닌 것은 제조사의 시방서에 따라 설치

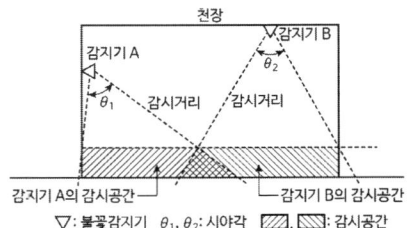

5 고층 건축물 화재 시 발생한 연기 또는 유해가스 등 연소생성물이 건축물 내부에서 확산하는 영향 요인에 대하여 설명하시오.

1. 굴뚝효과 (Stack Effect, Chimney Effect)

1) 정의
(1) 건축물의 실내와 실외의 온도차에 의해 공기가 유동하는 현상
(2) 계단이나 엘리베이터의 승강로 등 샤프트의 공기 유동방향은 실내외 온도에 따라 달라짐

2) 종류
(1) 정상 굴뚝효과(Normal Stack Effect)
  ① 조건 : 겨울철(실내온도 > 실외온도)
  ② 수직 공간에서 공기는 아래에서 위로 흐름
(2) 역방향 굴뚝효과(Reverse Stack Effect)
  ① 조건 : 여름철(실내온도 < 실외온도)
  ② 수직공간에서 공기는 위에서 아래로 흐름

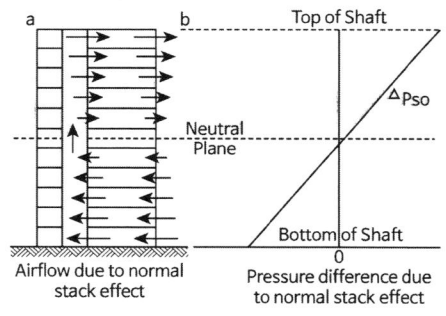 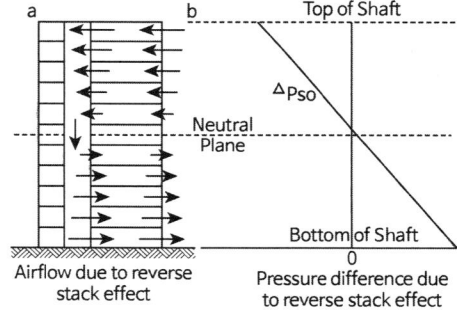

[정상 굴뚝효과에서 차압과 기류]   [역방향 굴뚝효과에서 차압과 기류]

3) 관련 식 : $\Delta P = 3,460 h \left(\dfrac{1}{T_o} - \dfrac{1}{T_i} \right)$

ΔP : 외기와 샤프트 간의 압력차[Pa], h : 중성대로부터 높이(m)
T_o : 건물 외부온도(K), T_i : 수직통로내부 온도(K)

4) 적용

(1) 연돌효과에 의한 공기흐름(그림(a))

(2) 중성대 하부에서 화재 시(그림(b))

(3) 중성대 상부에서 화재 시 : 층간 누설틈새가 있는 경우(그림(c))

(4) 중성대 상부에서 화재 시 : 부력에 의해 연기가 샤프트 내로 유입된 경우(그림(d))

2. 부력 (Buoyancy)

1) 정의

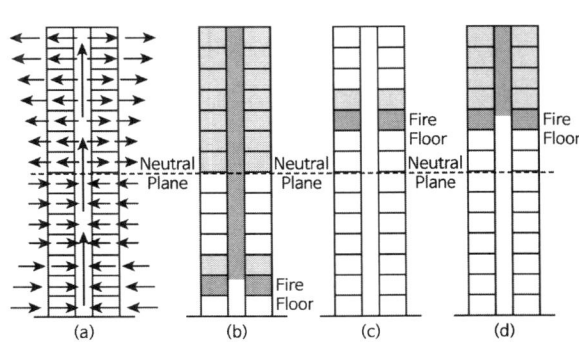

(1) 물이나 공기 같은 유체에 잠긴 물체는 중력과 반대 방향인 위쪽 방향으로 유체로부터 받는 힘

(2) 부력의 크기는 유체에 잠긴 물체의 부피에 해당하는 유체의 무게와 같음

(3) 화재로부터 발생된 연기는 고온의 연기이기 때문에 밀도가 낮아져 상승하는 힘 발생

(4) 온도 상승 → 연기의 부피 팽창 → 연기의 밀도 저하 → 연기의 중력(F_G) < 부력(F_B) → 연기의 상승

2) 관련 식 : $\Delta P = 3,460h\left(\dfrac{1}{T_o} - \dfrac{1}{T_i}\right)$, $\rho = \dfrac{PM}{RT}\ (kg/m^3)$

3) 적용

(1) 개구율비가 큰 경우 : 부력이 지배(부력 > 연돌효과)

(2) 개구율비가 작은 경우 : 연돌효과가 지배(부력 < 연돌효과)

(3) 화재실 내 유리창이 깨지는 경우 : 부력의 영향이 거의 없어지고 연돌효과만 작용

- 개구율비 = 샤프트와 건축물내부 간의 층당 누설면적(m²) / 건축물내부와 외부 간 층당 누설면적(m²)

3. 팽창력 (Expansion Of Combustion Gases)

1) 정의

(1) 화재실 내 온도가 상승 시 공기가 팽창하여 연기는 건물 외부로 유출되고 공기는 유입

(2) 화재실 내외부의 절대온도비는 유출연기와 유입 공기의 체적비와 같음

2) 관련 식 : $\dfrac{V_{out}}{V_{in}} = \dfrac{T_{out}}{T_{in}}$

V_{out} (V_{in}) : 화재실로부터 유출(유입)되는 연기의 체적 흐름률(m³/s)

T_{out} : 유출 연기의 절대온도(K)

T_{in} : 유입 공기의 절대온도(K)

3) 적용

(1) 600℃에서 원래 체적의 약 3배 팽창

(2) 개방된 개구부가 있을 시 팽창으로 인한 압력차는 작음

4. 바람효과 (Wind Effect)

1) 정의 : 건축물 외부의 풍압에 의해 연기의 유동에 영향

2) 관련 식

(1) $P_w = \dfrac{1}{2} C_w \rho_o v_h^2$

$P_w = 0.6 C_w v_h^2$ (공기밀도 $\rho = 1.2 kg/m^3$ 적용), P_w : 풍압(Pa)

C_w : 풍압계수(-0.8~0.8), ρ_o : 외부 공기밀도(1.2kg/m³), v_h : 높이 h에서의 풍속(m/s)

(2) $v_h = v_o \left(\dfrac{z_h}{z_o}\right)^a$

v_h : 높이 h에서의 풍속(m/s), v_o : 기준 높이에서의 풍속(m/s)

z_h : 풍속 v_h의 높이(m), z_o : 기준 높이(m), a : 바람계수(무차원)

※ 대도시의 중심 a = 0.33, 도심 및 교외지역 a = 0.22, 공항과 같은 개방지역 a = 0.14, 바람에 노출된 평지나 가로막힘이 없는 지역 a = 0.10

3) 적용

(1) 바람이 받는 면의 풍압계수 : 양(+)

(2) 바람을 받지 않는 면의 풍압계수 : 음(-)

(3) 주변에 장애물 있을 시 풍동실험 실시

(4) 풍압계수의 영향요인

　① 건축물의 기하학적 형상

　② 장애물 및 벽면의 위치

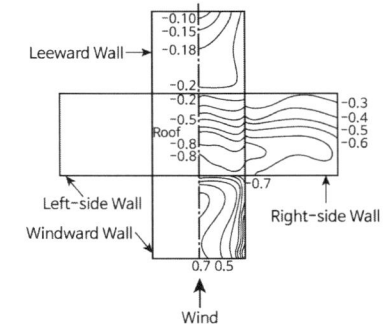

[장애물이 없는 건축물 풍압계수분포]

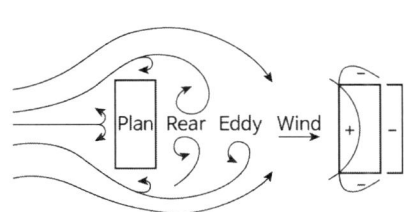

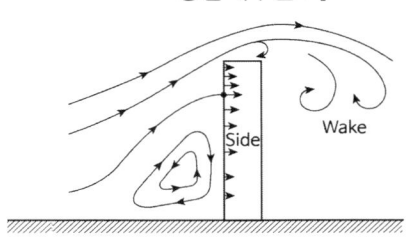

[고층건축물에서 바람의 상호작용]

5. 환기시스템 (Forced Ventilation Systems)

1) 정의 : 공기조화 시스템에 의한 연기의 이동

2) 적용

(1) 공조기 가동 시

　① 건물 내 모든 지역으로 연기 이동 촉진

　② 인적 손실이 커지고, 화재진압에 장애 발생

(2) 공조기 정지 시

　① 화재실에 산소공급 차단

　② 연돌효과, 바람에 의해 덕트로 연기의 이동이 가능하므로 방연댐퍼 설치 필요

6. 피스톤효과 (Piston Effect)

1) 정의

엘리베이터는 승강로를 따라 상승, 하강하므로 움직이는 방향은 압력이 상승하고, 반대쪽은 압력이 하강하는 효과

2) 관련 식(Principles of Smoke Management Chaper 11 "Elevator Smoke Control")

(1) $\Delta P = \dfrac{\rho}{2}(\dfrac{A_s A_e v}{A_a A_{ir} C_c})^2$

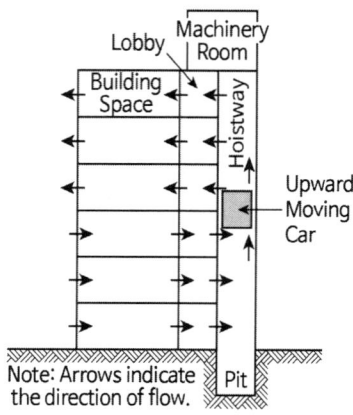

[승강기 상승 시 공기흐름]

① ΔP : 임계압력(Pa)
   (피스톤효과를 극복하기 위한 승강로 내 필요 최소 압력)
② A_s : 승강로의 단면적(m²)
③ A_e : 승강로와 외부 간 유효 유효면적(m²)

$A_e = (\dfrac{1}{A_{sr}^2} + \dfrac{1}{A_{ir}^2} + \dfrac{1}{A_{io}^2})^{-1/2}$

A_{sr}, A_{ir}, A_{io} : 승강장과 샤프트, 승강장과 거실, 거실과 옥외 사이 누설면적(m²)

④ v : 승강기의 속도(m/s)
⑤ A_a : 승강기 주위의 자유면적(m²)
   (승강로 누설 틈새 또는 승강로 면적에서 카의 면적을 제외한 면적)
⑥ A_{ir} : 승강장과 거실 간 누설면적(m²)
⑦ C_c : 승강기 카 주위의 유동계수(무차원, 승강기 1대 : 0.83, 승강기 2대 : 0.94)

(2) 압력에 대한 해석

피스톤 효과를 극복하기 위한 승강로 내 필요 최소 압력인 임계압력 (ΔP)은 승강로 단면적(A_s), 승강로와 외부 간 유효면적(A_e) 및 승강기의 속도(v)의 영향을 받음

3) 적용

(1) 하향운행
    아래 공기는 샤프트로 유출, 상부는 공기유입
(2) 상향운행
    상부 공기는 샤프트로 유출, 하부는 공기유입
(3) 영향요소
    ① 엘리베이터 속도 : 빠를수록 압력차가 커짐
    ② 하나의 샤프트 내에 엘리베이터 수량이 많을수록 피스톤 효과는 저감 : 1대 > 2대 > 3대

4) 문제점

(1) 승강로로 유입된 연기 확산우려

① 승강기가 진행하는 반대방향(후면)에는 압력이 낮아져 원하는 차압을 형성하지 못함

② 승강기가 진행하는 방향(전면)에는 과압이 발생하여 출입문 개폐가 어려움

(2) 승강로를 추가로 급기가압할 경우 피스톤효과는 줄일 수 있지만 과압이 발생하므로 과압배출시스템이 필요함

(3) 출입문에 걸리는 압력차(과압)로 인하여 출입문 개폐의 어려움 발생

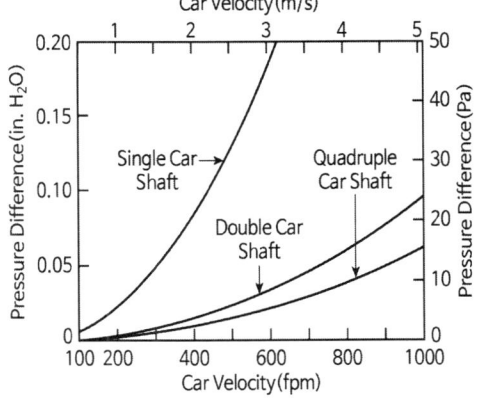

5) 대책

(1) 승강로와 승강기 사이의 공간은 여유분의 공간이 있을수록 좋음

(2) 승강기의 형태를 유선형으로 설계하여 공기의 저항을 줄임

(3) 승강기의 운행 속도를 낮춤

(4) 고층건축물에서 화재안전기준에 의한 제연풍량 외에 엘리베이터의 피스톤효과를 고려한 추가 제연풍량 고려

(5) 건축물의 특성이 적용된 성능 위주의 설계 실시

---

6 화재·폭발의 위험성이 존재하는 작업장에서의 공정 위험성평가에 대하여 설명하시오.

1. 개요

1) "위험성평가"란 사업주가 스스로 유해·위험요인을 파악하고 해당 유해·위험요인의 위험성 수준을 결정하여, 위험성을 낮추기 위한 적절한 조치를 마련하고 실행하는 과정을 말한다.

2) 「산업안전보건법」 "위험성평가의 실시" 및 「고용노동부고시」 "사업장 위험성평가에 관한 지침"에 규정하고 있다.

2. 위험성평가의 대상

대상	내용
1) 유해·위험요인	업무 중 근로자에게 노출된 것이 확인되었거나 노출될 것이 합리적으로 예견 가능한 모든 유해·위험요인
2) 아차사고	아차사고란 사업장 내 부상 또는 질병으로 이어질 가능성이 있었던 상황
3) 중대재해가 발생한 경우	지체 없이 중대재해의 원인이 되는 유해·위험요인에 대해 위험성평가 실시 ※ 중대재해의 범위(산업안전보건법 시행규칙 제3조) ① 사망자가 1명 이상 발생한 재해 ② 3개월 이상의 요양이 필요한 부상자가 동시에 2명 이상 발생한 재해 ③ 부상자 또는 직업성 질병자가 동시에 10명 이상 발생한 재해

3. 위험성평가 실시주체

1) 사업주

스스로 사업장의 유해·위험요인을 파악하고 이를 평가하여 관리 개선하는 등 위험성평가를 실시

2) 도급사업주, 수급사업주

도급사업주는 수급사업주가 실시한 위험성평가 결과를 검토하여 도급사업주가 개선할 사항이 있는 경우 이를 개선해야 함

4. 근로자 참여

1) 유해·위험요인의 위험성 수준을 판단하는 기준을 마련하고, 유해·위험요인별로 허용 가능한 위험성 수준을 정하거나 변경하는 경우
2) 해당 사업장의 유해·위험요인을 파악하는 경우
3) 유해·위험요인의 위험성이 허용 가능한 수준인지 여부를 결정하는 경우
4) 위험성 감소대책을 수립하여 실행하는 경우
5) 위험성 감소대책 실행 여부를 확인하는 경우

5. 위험성평가 실시 절차

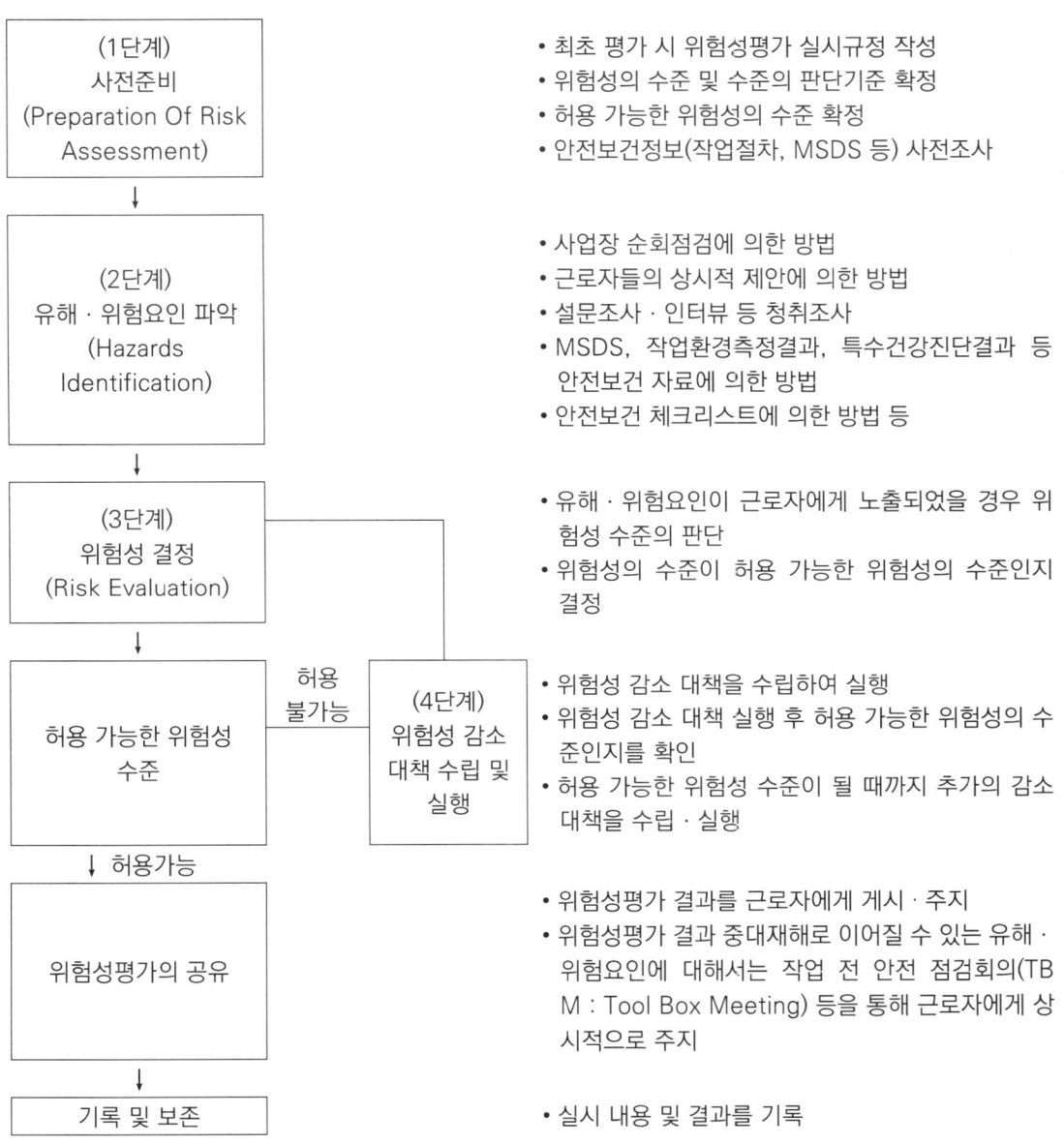

6. 위험성평가의 실시 시기

1) 최초 평가 : 사업개시일로부터 1개월 이내 착수

2) 수시 평가 : 추가적인 유해 · 위험요인이 생기는 경우

3) 정기 평가 : 최초 평가에 대한 적정성을 1년마다 정기적으로 재검토

※ 상시 평가(월 · 주 · 일 단위로 일상화된 안전활동)로 수시평가와 정기평가를 대체할 수 있음

7. 위험성평가의 실시 방법 (실시주체는 사업주)

1) 위험성평가 실시 방법

(1) 안전보건관리책임자 등 해당 사업장에서 사업의 실시를 총괄 관리하는 사람에게 위험성평가의 실시를 총괄 관리하게 할 것

(2) 안전관리자, 보건관리자 등이 위험성평가의 실시에 관하여 안전보건관리책임자를 보좌하고 지도·조언하게 할 것

(3) 유해·위험요인을 파악하고 그 결과에 따른 개선조치를 시행할 것

(4) 기계·기구, 설비 등과 관련된 위험성평가에는 전문 지식을 갖춘 사람을 참여하게 할 것

(5) 안전·보건관리자의 선임의무가 없는 경우에는 (2)에 따른 업무를 수행할 사람을 지정하는 등 그 밖에 위험성평가를 위한 체제를 구축할 것

2) 1)에서 정하고 있는 자에 대해 교육을 실시

3) 산업안전·보건 전문가 또는 전문기관의 컨설팅을 받을 수 있음

4) 위험성평가를 실시한 것으로 보는 경우

(1) 위험성평가 방법을 적용한 안전·보건진단

(2) 공정안전보고서

(3) 근골격계부담작업 유해요인조사

(4) 그 밖의 법에 따른 위험성평가 관련 제도

5) 위험성평가 방법 : 사업장의 규모와 특성 등을 고려하여 다음 중 한 가지 이상을 선정

(1) 위험 가능성과 중대성을 조합한 빈도·강도법

(2) 체크리스트(Checklist)법

(3) 위험성 수준 3단계(저·중·고) 판단법

(4) 핵심요인 기술(One Point Sheet)법

(5) 그 외 다음의 방법

상대위험순위 결정(Dow and Mond Indices), 작업자 실수 분석(HEA), 사고 예상 질문 분석(What-if), 위험과 운전 분석(HAZOP), 이상위험도 분석(FMECA), 결함 수 분석(FTA), 사건 수 분석(ETA), 원인결과 분석(CCA), 기타 같은 수준 이상의 기술적 평가기법

127회 4교시

> **1** 화재발생 시 초기대응 및 인명구조 골든타임을 확보하기 위한 조건으로 소방자동차출동 진입로 확보 및 주변 장애요소의 개선방안에 대하여 설명하시오.

1. 골든타임

1) 화재발생 시 화재피해 및 인명 피해를 최소화할 수 있는 시간을 말함
2) 골든타임은 5분 ~ 7분 정도이지만 장애물 등으로 인해 초과되는 경우가 많음

2. 골든타임 확보의 문제점 및 대책

구분	문제점	대책
구조적 장애물	• 다중이용시설, 전통시장 등 복잡하고 도로가 협소 • 소방대와 거리가 먼 대형물류창고 등	• 소방자동차 출동 진입로 확보 - 성능설계대상 : 성능위주 가이드라인 반영
인위적 장애물	• 불법 주정차 차량, 가판대 등 장애물 • 건축물 불법 구조변경 • 차량 정체 구역, 시민 인식 등	• 주변 장애요소 개선안 - 구축 건축물 : 지자체 개선안

3. 소방자동차출동 진입로 확보 및 주변 장애요소의 개선방안

1) 전신주 장애요인 개선 : 한전과 협의하여 전신주 이전
2) 전통시장, 좁은 도로 등의 좌판, 가림막 장애요인 개선
3) 스마트 진입로 확보 시스템
4) 소방차 방해 차량 강제조치(창문파손, 견인, 차량파손)
5) 시민의식 개선을 위한 홍보 및 교육 등

4. 고려사항

1) 성능위주 대상이 아닌 경우 상기 사항의 강제가 어려우므로, 다중이용건축물 등 일정 규모 이상은 상기 기준에 준하도록 심의의견에 반영 필요
2) 장애물 개선사업 등에 지자체의 의무적인 예산편성 요인 필요

[소방자동차 출동 진입로 확보방안 (소방청 성능위주 가이드라인)]

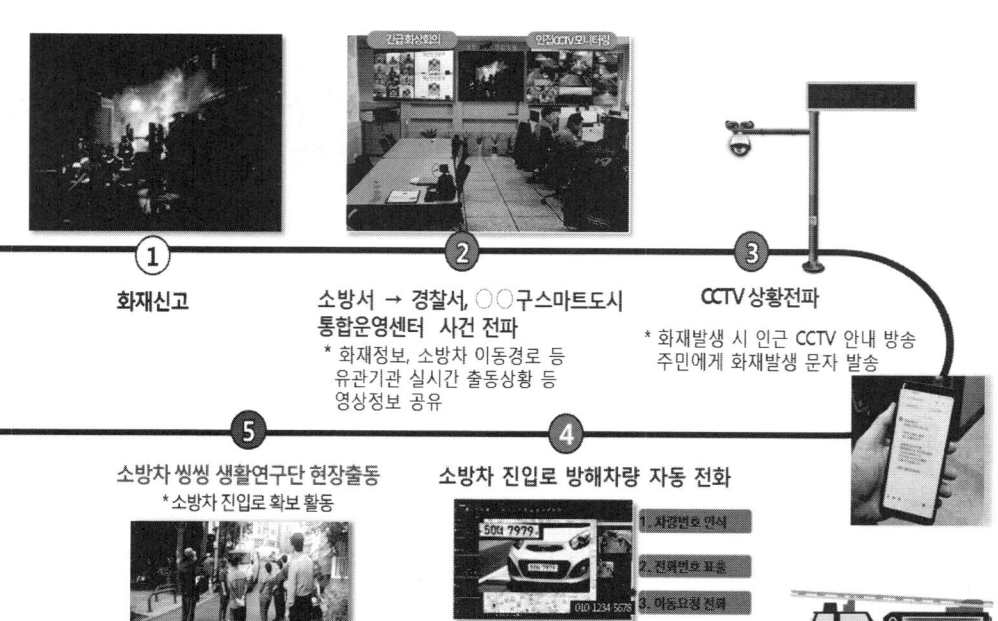

1. 소방자동차 진입(통로) 동선 확보 목적

화재발생 등 각종 재난·재해 그 밖의 위급한 상황에서 소방자동차 출동진입(통로)로 확보 및 주변 장애 요소를 제거하여 원활한 소방활동 환경을 마련하기 위함

2. 소방자동차 출동 진입로 확보방안 (소방청 성능위주 가이드라인)

1) 동별 최소 2개 면에 소방자동차 접근이 가능한 진입(통로)로 확보할 것
   (1) 소방자동차 진입로에는 경계석 등 장애물 설치를 금지하고,
   (2) 구조상 불가피하여경계석 등을 설치할 경우에는 경사로로 설치하거나 그 높이를 최소화할 것
   (3) 진입로 회전반경은 차량 중심에서 최소 10m 이상 고려하여 회차 가능하도록 할 것
2) 공동주택의 경우 단지 내 폭 1.5m 이상의 보도를 포함한 폭 7m 이상의 도로를 설치할 것.
   (1) 다만 100세대 미만이고, 막다른 도로로서 길이 35m 미만의 경우는 4m 이상으로 가능
3) 주차차단기 등을 설치할 경우 소방자동차 진입로 유효 폭은 최소 3m 이상 확보할 것
4) 진입로에 설치되는 문주(門柱) 및 필로티 유효 높이는 5m 이상 확보할 것
5) 공동주택의 경우 외벽 양쪽 측면 상단과 하단에 동 번호 표시할 것
   (1) 외부에서 주·야간에 식별이 가능하도록 동 번호 크기, 색상 구성할 것

> 보충

6) 진입로가 경사 구간인 경우 시작 각도는 3° 이하로 권장
　(1) 경사구간의 시작과 끝은 소방자동차의 원활한 소방활동이 가능하도록 완만한 구조로 할 것

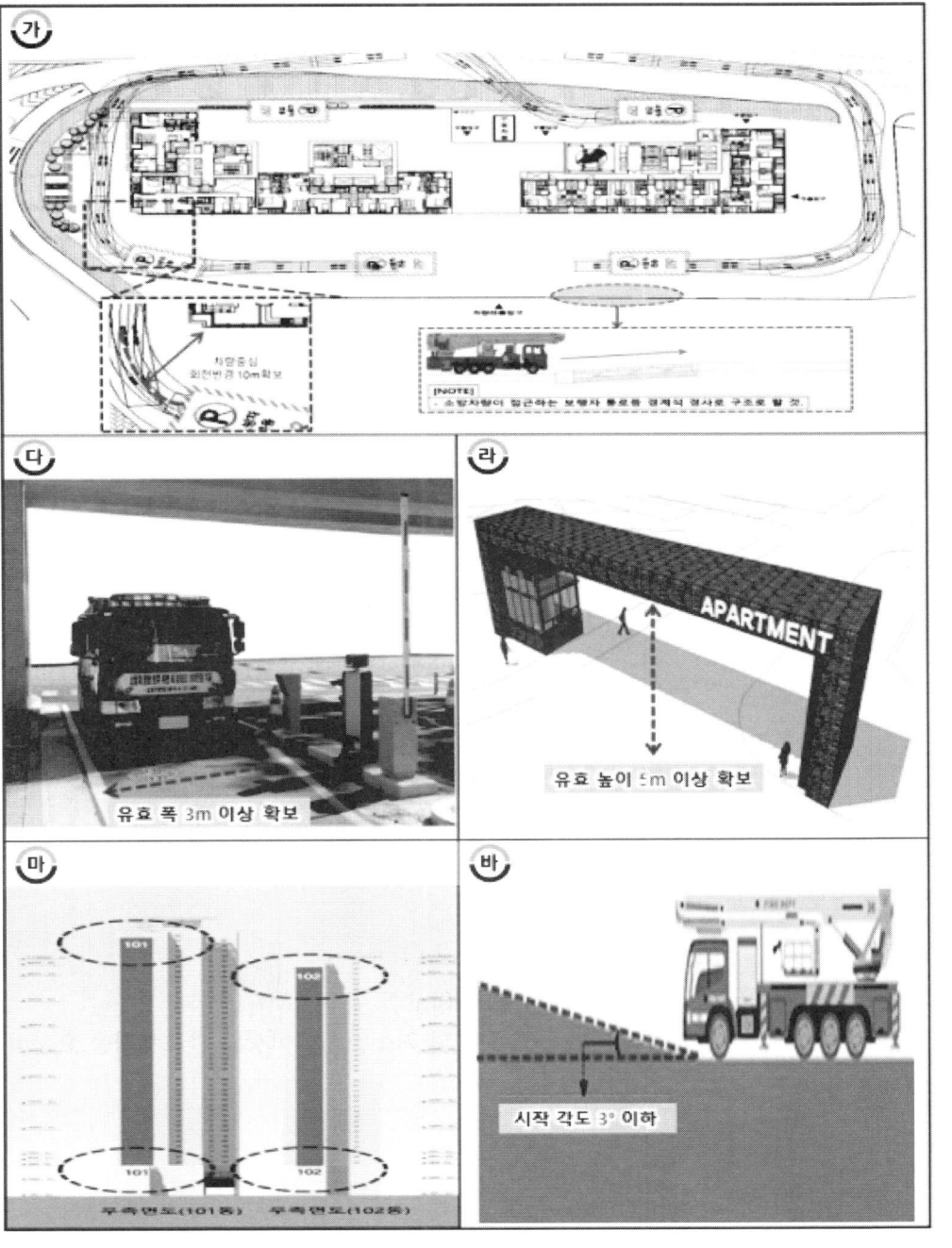

※ 출처 : 소방청

2 다음과 같은 조건의 소방대상물에 고팽창포 소화설비를 설치하고자 한다. 전체 포생성율(Total Generator Capacity, m³/분)을 계산하고, 전역방출방식의 고발포용 고정포방출구 국내 설치기준을 설명하시오.

> 〈조 건〉
> ① 건물특성 : 폭 30m, 길이 60m, 높이 8m, 경량강재구조(Light Steel)
>   적절한 환기, 모든 개구부의 폐쇄 가능한 벽돌벽체
> ② 소방설비 : 스프링클러(습식)방호, 3m × 3m 간격,
>   10.2 lpm/m², 살수밀도, 50개 스프링클러헤드 개방
> ③ 가연물질 : 적재높이 6m, 띠없는 종이롤(Unbanded Rolled Paper Kraft)
> ④ 기타사항 : 침수시간(Submergence Time) 5분
>   단위 포파손율(Foam Breakdown) 0.0748 m³/min·L/min
>   일반적인 포수축 보상, CN = 1.15
>   포누설 보상, CL = 1.2(닫힌 문 및 배수구 등에 의한 포손실)

1. 전체 포생성율 (Total Generator Capacity, m³/분) (NFPA 11)

1) 관련식

$$R = \left(\frac{V}{T} + R_S\right) \times C_N \times C_L$$

V : 관포체적 $[m^3]$ T : 관포시간 [min]
R_S : 스프링클러에 의한 파포 비율($R_S = S \times Q$)$[m^3/min]$,
  S : 단위 포파손율(0.0748 m³/min·L/min)
Q : SP헤드 작동 개수에 대한 방수량(L/min)
C_N : 환원시간 보정(1.15)
C_L : 누설 보정(1.2), 누설이 없는 경우(1.0)

2) 계산

(1) 관포체적(V)
  ① 30m × 60m × (6 × 1.1)m = 11880m³
  ② NFPA의 경우 가연물의 높이 × 1.1배 및 최소 0.6m 이상의 관포체적을 요구함

(2) 관포시간(T) : 침수시간 5분 적용

(3) 스프링클러에 의한 파포 비율($R_S = S \times Q$)

　① S : 단위 포파손율(0.0748 m³/min·L/min)

　② Q : SP헤드 작동 개수에 대한 방수량(L/min)

　　Q = 3m × 3m × 50개 × 10.2lpm/m² = 4590L/min

　③ R_S = 0.0748m³/min/L/min × 4590L/min = 343.332m³/min

(4) 전체 포생성율(Total Generator Capacity, m3/분)

$$R = \left(\frac{V}{T} + R_S\right) \times C_N \times C_L = \left(\frac{11,880}{5} + 343.332\right) \times 1.15 \times 1.2 = 3,752.68 m^3/min$$

2. 전역방출방식의 고발포용 고정포방출구 국내 설치기준

구분	설치기준			
개구부	• 자동폐쇄장치 설치 • 예외 : 누출량만큼 포 수용액 추가 방출설비 갖춘 경우			
방출량(L/min)	• 방호구역의 관포체적 1m³에 대한 1분당 방출량 이상			
	팽창비	항공기격납고	차고·주차장	특수가연물
	80~250	2	1.11	1.25
	250~500	0.5	0.28	0.31
	500~1000	0.29	0.16	0.18
개수	• 바닥면적 500m²마다 1개 이상			
위치	• 방호대상물 최고 부분보다 높은 위치 • 밀어 올리는 능력이 있는 경우 방호대상물과 같은 높이 가능			

3. 국내와 NFPA 간 방출량 비교

1) 관포체적 : NFPA와 동일하다고 가정하면 11880m³

2) 팽창비 250 이하의 특수가연물일 경우

　　11880m³ × 1.25(L/min·m³) = 14850L/min = 14.85m³/min

3) NFPA와 약 250배 정도 차이 발생(NFPA의 방출량은 $3,752.68 m^3/min$)

※ NFTC와 NFPA 비교

구분	NFTC 105	NFPA 11
포의 깊이	• 전역방출 : 방호대상물 높이+0.5m • 국소방출 : 소방대상물 높이의 3배 연장한 면적	• 전역방출 : 방호대상물 높이×1.1배 • 국소방출 : 방호대상물보다 최소 0.6m 이상
관포시간	• 없음	• 가연물의 종류와 대상물의 구조 및 스프링클러 유무에 따라 2~8분
표준 방출량	• $1m^3$에 대한 분당 포수용액 방출량 × 방호공간의 관포 체적	• 관포시간, 누설 여부, 파포율
대상물 누설 여부	• 고려 안 함	• 고려함
방사시간 (수원)	• 10분	• 15분
예비용량	• 고려 안 함	• 포 약제 저장량 × 2

3 도로터널에 설치하는 무선통신 보조설비의 누설동축케이블 방식에는 최말단 길이가 1km가 넘는 경우 전송손실이 발생한다. 이에 따른 손실의 종류와 측정 및 보완방법을 설명하시오.

1. 개요

1) 지하층이나 터널 등은 그 구조상 전파의 반송특성이 나빠서 무선교신이 용이하지 않아 화재진압이나 구조현장에서 소방대원 간의 무선교신이 어렵게 된다.

2) 이러한 일정 규모 이상의 지하 건축물에 전파가 도착하기 어려운 것을 보충하기 위해서 누설동축케이블을 설치하여 원활하게 무선교신을 할 수 있도록 한 설비가 무선통신보조설비이다.

3) 신호가 미약하면 수신된 전파가 제대로 전달이 되지 않으므로 이를 보완하기 위하여 증폭기를 사용한다.

2. 전송손실의 종류

1) 손실 발생 시 문제점

(1) 송신기에서 출력된 신호는 수신기까지 도달하면서 전송손실이 발생하게 되면 수신기에 도달한 신호가 수신기의 수신감도 미만이 되면 원활한 통신이 불가능

(2) 수신감도란 잡음이 섞이더라도 음성을 들을 수 있는 최소수신레벨을 수치

2) 전송손실의 종류

(1) 선로손실 : 급전선과 누설동축케이블에서 발생하는 손실

(2) 결합손실 : 분배기, 분파기, 혼합기, 증폭기, 급전선, 누설동축 케이블, 콘넥터의 접속부분에서 발생하는 손실

100m당 누설동축케이블의 선로손실 (dB/100m)			100m당 급전선의 선로손실 (dB/100m)		
종류	150MHz	450MHz	종류	100MHz	450MHz
RFCX-12D	3.10dB	5.50dB	HFC-12D	1.17dB	4.75dB
RFCX-22D	1.60dB	2.90dB	HFC-22D	1.19dB	2.65dB
RCX-12D	4.14dB	6.93dB	HFX-12D	2.17dB	4.75dB
RCX-22D	2.13dB	3.66dB	HFX-22D	1.19dB	2.65dB

(3) 공중손실 : 누설동축케이블 ~ 무전기 사이 공간에서 발생하는 손실

※ 급전선(동축케이블, Feeder Cable)은 송신기와 송신 안테나 또는 수신 안테나와 수신기 사이 연결하여 고주파전력을 전송하기 위하여 사용되는 전송선로를 말하며 전파를 누설동축케이블이나 무선 접속단자까지 이송하는 역할을 수행

3. 측정

1) 터널의 경우 환경에 따라 700m~1000m까지는 선로증폭기 없이 원활한 무선통신이 가능

2) 1km가 넘는 경우 도로터널은 준공 시 스펙트럼 어널라이저(Spectrum Analyzer)을 이용하여 수신전계강도 측정 후 선로증폭기의 설치 여부를 검토할 필요가 있음

구분	누설동축케이블(LCX, Radiax Cable)			동축케이블
특성임피던스	전 대역(88~2.4 MHz)에서 50 ± 5Ω			10 MHz에서 측정 시 50 ± 5Ω
감쇄량	주파수대역	전송손실 (dB/100M)	결합손실 (6m)	150 MHz 측정 : 80 dB/Km 이하 450 MHz 측정 : 152 dB/Km 이하
	150 MHz	2.0	66	
	450 MHz	3.5	71	
정재파비	시료의 한쪽 끝에 50Ω의 종단저항을 접속하고 다른 한 쪽 끝에서 150 MHz 및 450 MHz의 주파수에서 측정 시 1.5 이하			

4. 보완방법 : 증폭기설치

  1) 개념

  신호 전송 시 신호가 약해져 수신이 불가능해지는 것을 방지하기 위해서 증폭하는 장치

  2) 설치사항

  (1) 일반 건축물은 증폭기는 설치하지 않아도 되도록 설계를 하고 있으나 장대터널이나 공동구 같이 전송거리가 1km 이상이 되는 경우에는 증폭기를 설치

  (2) 다른 주파수대역의 설비와 누설동축케이블을 겸용하는 경우에는 각각의 주파수 대역에 맞는 증폭기를 1:1로 설치

  (3) 건축물의 고층과 심층화로 일반 건축물의 무선통신 보조설비도 설계 시 전송손실에 따른 계산서를 작성할 필요성이 증대

  3) 증폭기의 기능

  (1) 전원은 중계기로부터 동축케이블의 심선을 통하여 DC 24V를 받을 수 있도록 한다.

  (2) 증폭기로 공급되는 비상전원 용량은 무선통신보조설비를 유효하게 30분 이상 작동시켜야 한다.

  (3) 선로증폭기(Line Amplifier)는 전파신호의 선로손실 및 분배손실을 보상/증폭하라는 기능이 있어야 하며 TX/RX 증폭기로 구성된다.

---

4 가스누설경보기를 설치하여야 하는 특정소방대상물과 구성요소인 탐지부에 대한 감지방식에 대하여 설명하시오.

1. 개요

  1) 가연성 가스 또는 불완전연소가스가 새는 것을 탐지하여 관계자나 이용자에게 알리는 장치를 가스누설경보기라 한다.

  2) 유해한 가스가 누출되거나 누출된 가스가 일정한 농도한계 이상이 되면 자동적으로 경보를 울려 작업하는 사람의 건강이나 화재, 폭발로부터 안전성을 확보하고 사전조치를 할 수 있도록 경보를 발하는 장치이다.

2. 설치대상 (소방시설법 시행령 별표4)

1) 문화 및 집회시설, 종교시설, 판매시설, 운수시설, 의료시설, 노유자 시설
2) 수련시설, 운동시설, 숙박시설, 창고시설 중 물류터미널, 장례시설

3. 분류

분류	내용
1) 구조(용도)에 따른 분류	• 단독형 : 탐지부와 수신부가 일체로 되어 있는 형태 • 분리형 : 탐지부와 수신부가 분리되어 있는 형태
2) 원리에 따른 분류 (탐지부의 감지방식)	• 반도체식, 접촉연소식, 적외선식, 전기화학식
3) 경보방식에 따른 분류	• 즉시 경보형 : 가스농도가 설정값에 이르면 즉시 경보 • 경보 지연형 : 가스농도가 설정값에 달한 후 그 농도 이상으로 계속해서 20 ~ 60초 정도 지속되는 경우에 경보 • 반한시 경보형 : 가스농도가 높을수록 경보지연시간을 짧게 한 것

4. 탐지부에 대한 감지방식

1) 반도체식

(1) 원리
  ① 산화주석(SnO_2)이나 산화철(Fe_2O_3)의 반도체를 히터로 350℃ 정도 가열하여 두고 여기에 가연성 가스가 접촉하면 가스가 반도체의 표면에 흡착되어 반도체의 저항치가 감소하는 특성을 이용하여 가스를 검출
  ② 산소기의 흡착량과 탈착량은 센서의 감도를 좌우하게 되고 산소의 흡착량을 많게 하기 위하여 비표면적을 키우고 산소기체 흡착이 최대가 되는 온도로 높여 주어야 함

(2) 구성
  ① 가스감지소자 : 금속산화물 반도체(SnO_2, ZnO, Fe_2O_3 등)
  ② 히터(주로 백금) : 가연성 가스의 흡착 및 후속 화학반응이 최적으로 이루어지는 온도로 반도체 감지물질을 가열
  ③ 미량의 귀금속 촉매 : 감도 및 선별성을 높이기 위해 Pt, Pd첨가

(3) 특징
  ① 가스 농도에 대한 센서의 감도 특성은 접촉 연소식에 비해 우수
  ② 누출가스가 저농도일 때 검출이 용이
  ③ 응용회로 설계 시 높은 기술력이 요구되고 외부환경(온도, 습도)에 민감

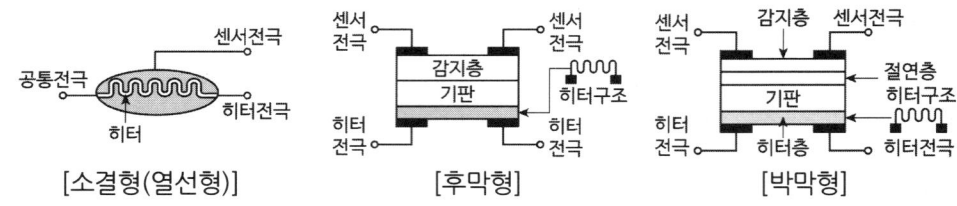

[소결형(열선형)]　　　[후막형]　　　[박막형]

2) 접촉 연소식

(1) 원리

① 코일상태로 감은 백금선의 주위에 알루미나(Al_2O_3) 담체를 소결시켜 만든 후, 산화촉매(Pt, Pd)를 부착시키고 약 500℃ 정도로 가열한 후 가연성 가스가 표면에 접촉하면 그 표면에서 연소하므로 백금선의 온도가 상승하여 전기저항이 커져 브리지 회로의 평형이 붕괴, 출력이 생기는 특성을 이용하여 가스를 검출하고 출력이 약하므로 경보기를 울리기 위해서는 증폭기를 사용

② 전기저항 변화를 휘스톤 브리지의 불평형 전압으로서 전류변화를 측정

③ 가연성 가스와 산소와의 연소열을 전기 신호로 변환하는 방식

(2) 구성

① 가스감지소자 : 촉매로 표면처리 한 백금선

② 백금코일 : 센서의 온도를 올려주는 히터 역할

③ 알루미나(Al_2O_3)

④ 촉매 : 센서가 특정한 가스에 높은 감도를 갖도록 하기 위해 Pt, Pd첨가

(3) 특징

① 센서의 감지신호 출력전압은 가스농도에 직선적으로 대응

② 수증기나 온도, 습도의 영향이 적어 가장 많이 사용

③ 고농도인 가스는 검출할 수 없고 백금선의 저항을 이용하므로 충격에 약함

3) 기체 열전도식

(1) 원리

① 기체의 열전도율의 차이를 검지하는 방식으로, 응답 속도를 어느 정도 빠르게 하기 위해서, 150 ~ 200℃에 소자를 가열해 사용하고 접촉 연소식과 유사하지만, 이 소자는 표면에서 연소 능력이 없는 점이 다르다.

② 백금선 코일에 산화주석(SnO_2) 등의 반도체를 도포하고 이를 가열해 두고 공기와 가연성 가스의 열전도가 다르기 때문에 가연성 가스가 검지소자에 접촉하면 백금선의 온도가 변화하고 이에 따라 전기저항도 변화하는 특성을 이용

③ 기체 열전도식 검지기도 접촉 연소식 검지기와 같이 모든 가연성 가스를 검지하고 그 농도도 지시할 수 있는데 검출회로의 출력이 약하므로 경보장치를 구동시키려면 증폭기가 필요

(2) 구성

① 가스감지소자 : 산화주석(SnO_2) 등의 반도체를 도포로 표면처리한 백금선
② 백금코일 : 센서의 온도를 올려주는 히터 역할
③ 산화주석(SnO_2) 등의 반도체

(3) 특징

① 100%의 가스농도까지 출력은 직선적이며 고농도 가스 검지에 적합
② 산소 없이도 측정이 가능함
③ 열전도의 특징인 촉매의 노화, 독성의 피해가 없음

4) 적외선식

(1) 원리

① 많은 종류의 가연성 가스는 빛의 전자기 스펙트럼 중에서 적외선 영역의 흡수 띠들을 가지고 있고, 이러한 적외선 흡수의 원리는 오랜 시간 동안 실험실용 분석기기에 사용됨
② 2 파장 적외선 흡수원리로 작동하며, 2개의 파장을 가진 빛이 시료가스를 지날 시 그 중 하나는 감지할 가스에 흡수되는 측정파장에 설정하고, 다른 하나는 시료가스에 의한 흡수가 일어나지 않는 기준파장으로 고정함
③ 2개의 광원은 서로 교대로 켜지며 방폭창을 통해 공통의 광경로를 거쳐 시료가스를 지남. 시료를 통과한 빛은 역반사체에서 반사되어 시료가스를 한 번 더 통과함
④ 마지막으로 시료가스에 흡수되고 남은 측정 파장과 기준파장의 광도를 비교하는데, 이 둘의 차를 이용하여 가스농도를 측정함

(2) 구성

① 펌프 및 유량센서 : 가스를 흡입하여 설정한 유량을 일정하게 유지시킴
② 센서유닛 : 가스를 감지함

(3) 특징

① 소형 경량형으로 수명이 길고 소형 패키지로 공급되므로 쉽게 제품에 응용하여 사용
② 적외선식 감지기는 이원자 가스분자만을 감지할 수 있기 때문에 수소의 감지에는 부적합함

5) 전기화학식

(1) 원리
① 내장된 전극의 작용에 의해 측정 대상가스가 산화 또는 환원 반응을 일으킬 때 전자의 양, 즉 전류를 측정함으로써 가스의 농도를 감지함
② 센서는 작동 전극 표면에서 측정 대상 가스는 산화되거나 환원되는데, 이러한 반응은 기준전극에 대한 작동전극의 상대 전위를 변화시킴

(2) 구성
① 전극 : 가스가 확산되는 3개의 전극은 작동전극과 대전극으로 구성
② 전해질 : 효율적인 이온 전도를 위해 농축된 수용성 산이나 염 용액으로 구성

(3) 특징
① 특정가스에 반응하는 전기화학식 센서는 CO, H_2S, Cl_2, SO_2 등 유독성 가스를 감지하는 데 사용
② 정상 작동을 위해 최소한의 산소가 필요함

5 내화배선의 공사방법에 대하여 설명하시오.

1. 배선에 사용되는 전선의 종류

1) 450/750V 저독성 난연 가교폴리올레핀 절연전선
2) 0.6/1kV 가교폴리에틸렌 절연 저독성 난연 폴리올레핀 시스 전력케이블
3) 6/10kV 가교폴리에틸렌 절연 저독성 난연 폴리올레핀 시스 전력케이블
4) 가교폴리에틸렌 절연 비닐시스 트레이용 난연 전력케이블
5) 0.6/1kV EP 고무절연 클로로프렌 시스케이블
6) 300/500V 내열성 실리콘 고무 절연전선(180℃)
7) 내열성 에틸렌 비닐 아세데이트 고무절연 케이블
8) 버스덕트(Bus Duct)
9) 기타 "전기용품안전관리법" 및 "전기설비기술기준"에 따라 동등 이상의 내화성능이 있다고 산업통상자원부장관이 인정하는 것
10) 내화전선

2. 내화배선의 공사방법

1) **내화전선** : 케이블 공사방법에 따름

2) **기타 전선**

구분	매립	비매립
공사 방법	• 금속관, 2종 금속제 가요전선관, 합성수지관에 수납하여 내화구조로 된 벽, 바닥의 표면으로부터 25mm 이상 깊이로 매설	• 내화성능 배선전용실, 배선용 샤프트·피트·덕트 등에 설치 • 다른 설비용 배선과는 15cm 이상 이격 또는 배선지름의 1.5배 이상의 불연성 격벽 설치

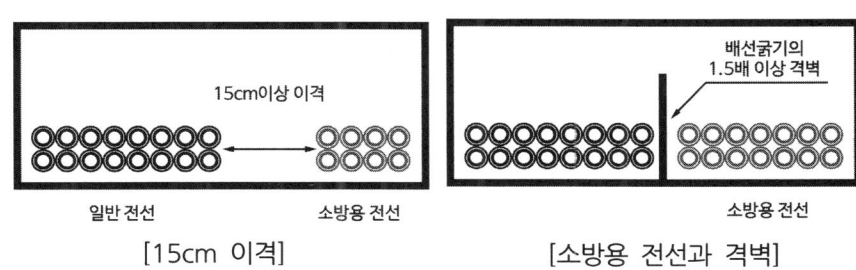

[15cm 이격] 　　[소방용 전선과 격벽]

3. 내화전선의 성능기준

KS C IEC 60331-1과 2(온도 830℃ / 가열시간 120분) 표준 이상을 충족하고, 난연성능 확보를 위해 KS C IEC 60332-3-24 성능 이상을 충족할 것

4. 내화배선의 사용 예 : 전원회로배선

1) 비상전원으로부터 동력제어반 및 가압송수장치에 이르는 배선
2) 비상콘센트, 자동화재탐지설비, 비상경보설비, 비상방송설비의 전원회로배선

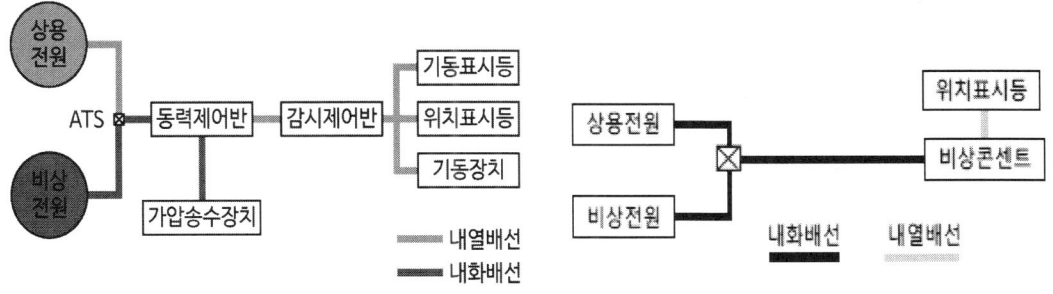

> **보충**
>
> **[소방용 전선 내화성능 비교]**
>
> 1) 일반내화 전선 : 750℃ 불꽃온도에서 90분 동안 견딜 수 있도록 요구한다.
> 2) 고내화 전선 : 830℃ 불꽃온도에서 120분 동안 인가하면서 120분 동안 5분마다 내화전선에 충격을 가한상태에서 견딜 수 있도록 요구한다.
>
> | 구분 | 일반내화 전선 | 고내화 전선 |
> |---|---|---|
> | 시험규격 | • KS C IEC 60331-11, 21 | • KS C IEC 60331-1, 2 |
> | 주요시험조건 | • 가열온도 : 750℃
• 가열시간 : 90분
• 타격시험 : 없음 | • 가열온도 : 830℃
• 가열시간 : 120분
• 타격시험 : 있음(5분마다) |
>
> 3) 소방용 전선의 내열성능 기준은 난연전선 기준이 혼재되어 있고, 국제표준도 없으므로 소방용 내열전선은 내화전선 성능 이상을 확보하도록 하며, 내열전선 기준은 "옥내소화전설비의 화재안전기준"에서 삭제하였다.

6 기계 설비인 송풍기와 관련된 내용으로 다음 사항을 설명하시오.
1) 원심송풍기와 축류송풍기의 종류
2) 송풍기 효율의 종류

1. 개요

1) 송풍기는 회전차(Impeller)의 회전운동으로 공기에 에너지를 가하여 풍량과 압력을 얻는 장치이다.

2) 원심식 송풍기는 날개깃 와류실의 원심력으로 토출하며 흡입과 토출의 각도가 주로 90도 이다. 축류식 송풍기는 프로펠러 축과 같은 방향으로 토출하며 흡입과 토출의 각도가 180도이다.

2. 원심송풍기와 축류송풍기의 종류 (분류)

3. 원심식 송풍기(Centrifugal Type)의 특징

임펠러가 회전하여 원심력으로 공기에 에너지를 주는 장치로 날개의 지름방향으로 공기가 흐른다.

1) 다익형(Multi Blade Fan)

(1) 구조 : 깃이 회전방향으로 기울어진 전곡형(Forward Curved Vane Type)

(2) 특징

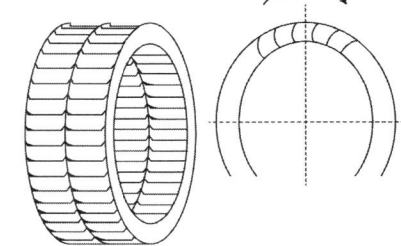

① 낮은 압력에서 많은 풍량이 요구될 경우 사용한다.
② 일반적으로 운전영역 중 정압이 최대인 점에서 효율이 최대이다.
③ 동일 공기량과 압력에 대해 타 원심송풍기보다 직경이 작아 설치 공간이 최소화된다.
④ 저속 운전되며 풍량증가 시 축동력의 급격한 증가로 과부하(Over Load)가 걸린다.
⑤ 설계풍량의 70~80% 이하로 되면 서징이 발생하므로 가급적 80% 이상으로 운전해야 한다.
⑥ 제작가격이 저렴하고, 시로코 팬이 대표적이며, 소방용 제연설비로 많이 사용한다.

(3) 적용 : 소방용 제연설비, 저속덕트의 공기조화 및 환기설비, FCU(Fan Coil Unit)

2) 방사익형(Plate Fan, Radial Fan)

(1) 구조 : 반지름 방향의 깃 형태(Radial Vane Type)

(2) 특징

① 소음은 크고, 서징현상이 거의 없으며, 공기량 변화에 대해 축동력이 선형적으로 증가하므로 팬의 제어가 편리하다.

② 자기청소(Self Cleaning)의 특성이 있다.

③ 타 송풍기 대비 임펠러의 폭이 좁아 용량대비 임펠러 직경이 커 제작단가가 높으며, 공조용으로 거의 사용하지 않는다.

(3) 적용 : 분진 누적이 심하고, 이로 인해 송풍기 날개 손상이 우려되는 공장용 송풍기

3) 후곡형(Turbo Fan)

(1) 구조 : 회전방향에 대해 깃이 뒤로 기울어진 형태(Backward Curved Vane Type)

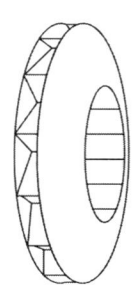
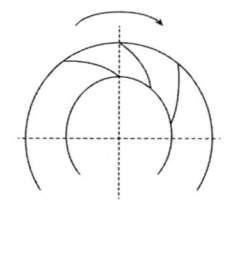

(2) 특징

① 고속회전이 가능하며, 운전 시 소음이 적다.

② 고효율(75~85%)이다.

③ 과부하 특성이 없고(Non Over Load), 풍량증가에 따른 동력의 급상승이 없다.

(3) 적용 : 고속덕트 공조용, 광산터널 등의 급배기용

4) 익형(Air Foil Fan)

(1) 구조

후곡형 송풍기와 같이 깃이 회전방향에 대해 뒤로 기울어진 구조 + 박판을 접은 유선형 날개(Air Foil)

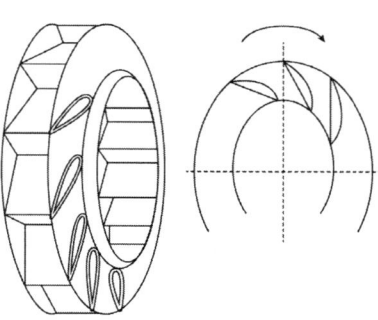

(2) 특징

① 고속회전이 가능하며, 운전 시 소음이 적다.

② 정압효율이 원심식 송풍기 중 가장 우수하다.

③ 다익형의 과부하 특성이 보완한 것으로 Limit Load 특성이 있다.

④ 서징범위는 설계풍량의 40~50% 이하로 다익형 송풍기에 비해 좁다.

(3) 적용 : 급기가압 제연설비, 고속덕트의 공기조화설비

4. 축류식 송풍기(Axial Type)의 특징

임펠러가 회전함으로 날개의 양력에 의해 에너지를 주는 장치로, 날개의 축방향으로 공기가 흐르며, 원심송풍기 대비 배관이 간단하고 소형, 경량이나 소음이 크다.

1) 프로펠러형 송풍기

(1) 구조 : 튜브가 없는 송풍기로 공기를 임펠러 축방향과 같은 방향으로 이송

(2) 특징
  ① 축류식 송풍기 중 구조가 가장 간단하다.
  ② 낮은 압력에서 많은 공기량을 이송할 경우에 사용한다.

(3) 적용 : 실내 환기설비, 냉각탑

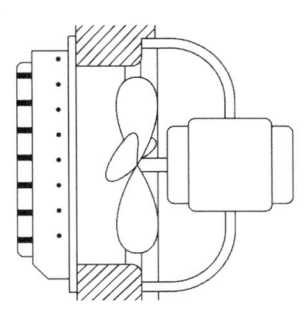

2) 튜브형 송풍기

(1) 구조 : 임펠러를 튜브 안에 설치

(2) 특징 : 정상운전 영역에서 축동력, 정압, 정압효율의 최대점이 동일

(3) 적용 : 덕트 도중에 설치하여 송풍압력을 높이거나 국소 통기 또는 대형 냉각탑

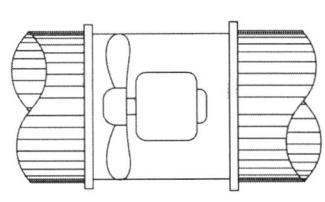

3) 베인형 송풍기

(1) 구조 : 튜브형에 추가로 베인(안내깃)을 장착한 것으로 베인 제외 시 튜브형과 동일

(2) 특징 : 튜브형보다 효율이 높으며, 더 높은 압력 발생

(3) 적용 : 터널 제연·환기설비

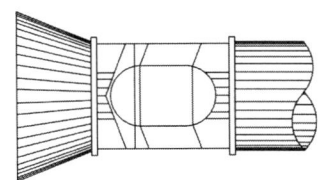

4) Duct In Line형 송풍기

(1) 구조 : 덕트에 삽입하는 송풍기

(2) 특징
  ① 다른 송풍기보다 좁은 장소에 설치가 가능하다.
  ② V-belt식
    모터를 덕트 외부에 설치하고 송풍기는 덕트 내에 설치하여 V-belt를 이용하여 동작하므로, 모터의 동작을 확인할 수 있고 유지 관리가 용이하다.
  ③ Motor 직결식
    모터와 송풍기가 덕트 내부에 같이 설치되어 모터 축에 의해 동작되고, 모터 고장 시 수리 및 유지관리가 불편하다.

(3) 적용 : 덕트용

5. 송풍기 효율의 종류

송풍기 효율로는 전압효율과 정압효율이 있다.

1) 전압 효율

(1) 주로 송풍기의 효율을 뜻함

(2) 동압과 정압을 고려한 전압의 효율

(3) 효율곡선은 풍량증가에 따라 산형으로 증가 후 감소

2) 정압 효율

(1) 동압을 고려하지 않은 정압에 대한 효율

(2) 송풍기의 정압 = 송풍기의 전압 - 송풍기의 동압

(3) 효율곡선은 풍량증가에 따라 산형으로 증가 후 감소

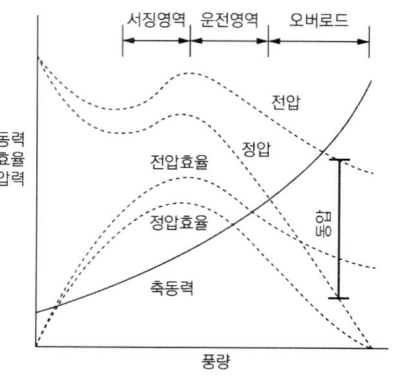

국가기술자격 기술사 시험문제

기술사 제126회   제1교시 (시험시간 : 100분)

분야	안전관리	종목	소방기술사	수험번호		성명	

※ 다음 문제 중 10문제를 선택하여 설명하시오. (각 10점)

1. 피난안전성 평가에 사용되는 RSET(Required Safety Egress Time)와 ASET(Available Safety Egress Time)에 대하여 설명하시오.

2. 접지저항 저감방법을 물리적 방법과 화학적 방법으로 설명하시오.

3. 사업장 위험성평가지침에 따른 위험성평가절차를 5단계로 구분하여 설명하시오.

4. 공동주택에서 소방차 소방활동 전용구역의 설치대상 및 설치방법을 설명하시오.

5. 옥내소화전 펌프 토출 측 주배관의 유속을 4m/s 이하로 제한하는 이유에 대하여 설명하시오.

6. 스프링클러설비의 배관경 설계에 적용하는 살수밀도-방호구역 면적 그래프에 대하여 설명하시오.

7. 상업용 조리시설의 식용유 화재에서 발생하는 스플래시(Splash)현상에 대하여 설명하시오.

8. 가스계소화설비에 적용하는 피스톤 릴리즈 댐퍼(PRD : Piston Release Damper)의 문제점 및 개선방안을 설명하시오.

9. 금속판으로 설치하는 제연급기풍도에서 다음을 설명하시오.
   1) 풍도단면의 긴변 또는 직경의 크기별 강판두께
   2) 풍도내부 청소를 위한 방안

10. 이산화탄소소화설비 가스압력식의 작동순서에 대하여 설명하시오.

11. 유체(물)가 흐르는 배관에서 발생하는 부차적 손실(Minor Loss)에 대하여 설명하시오.

12. 유체가 오리피스(Orifice)를 통과할 때 발생하는 Vena Contracta에 대하여 설명하시오.

13. 고조파(Harmonic Frequency)의 발생원인 및 방지대책에 대하여 설명하시오.

국가기술자격 기술사 시험문제

기술사 제126회   제2교시 (시험시간 : 100분)

분야	안전관리	종목	소방기술사	수험번호		성명	

※ 다음 문제 중 4문제를 선택하여 설명하시오. (각 25점)

1. 화재 시 발생하는 연기에 대하여 다음을 설명하시오.
   1) 연기의 유해성
   2) 고온영역의 연기층 유동현상
   3) 저온영역의 연기층 유동현상

2. "가스계소화설비의 설계프로그램 성능인증 및 제품검사의 기술기준"에서 요구하고 있는 설계프로그램의 구성요건에 대하여 설명하시오.

3. 강관의 부식 및 방식원리에서 많이 활용하고 있는 포베 도표(Pourbaix Diagram)에 대하여 다음을 설명하시오.
   1) 철(Fe)의 pH-전위도표 작도
   2) 부식역
   3) 부동태역
   4) 불활성역

4. 건축물관리법의 화재안전성능보강과 관련하여 다음 사항을 설명하시오.
   1) 기존 건축물의 화재안전성능보강 대상 건축물
   2) "국토교통부 2022년 화재안전성능보강 지원사업 가이드라인" 중 보조사업

5. 건설현장에서 소방감리원의 자재검수를 현장반입검수와 공장검수로 구분하여 설명하시오.

6. 정전기(Static Electricity)에 대하여 다음을 설명하시오.
   1) 정전기의 대전현상
   2) 정전기의 위험성
   3) 정전기 방지대책

국가기술자격 기술사 시험문제

기술사 제126회   제3교시 (시험시간 : 100분)

분야	안전관리	종목	소방기술사	수험번호		성명	

※ 다음 문제 중 4문제를 선택하여 설명하시오. (각 25점)

1. 방화구획과 관련하여 다음사항을 설명하시오.
   1) 소방법령 및 건축법령에서 각각 방화구획하는 장소
   2) "복합건축물의 피난시설 등"의 대상 및 시설기준

2. 소방설비에서 적용하고 있는 TAB(Testing, Adjusting, Balancing)에 대하여 다음사항을 설명하시오.
   1) 적용 대상
   2) 절차 및 내용(제연설비 중심)
   3) 기대효과

3. 가스계소화설비 설치장소의 누출부에 대한 방호구역 밀폐도(기밀성) 시험에 대하여 다음사항을 설명하시오.
   1) 기본원리
   2) 시험절차
   3) 기대효과

4. 유해화학물질의 물질안전보건자료(MSDS) 구성항목과 작성 시 확인사항에 대하여 설명하시오.

5. 소방공사 계약에서 물가변동에 따른 계약금액 조정(Escalation)에서 품목조정률과 지수조정률을 설명하시오.

6. 무선통신보조설비에 대하여 다음사항을 설명하시오.
   1) 전압정재파비
   2) 그레이딩(Grading)
   3) 무반사 종단저항

국가기술자격 기술사 시험문제

기술사 제126회　　　　　　　　　　　　　　제4교시 (시험시간 : 100분)

분야	안전관리	종목	소방기술사	수험번호		성명	

※ 다음 문제 중 4문제를 선택하여 설명하시오. (각 25점)

1. 소화설비(옥내소화전, 스프링클러, 물분무등)의 배관 및 가압송수장치, 제어반에 적용되고 있는 내진설계기준에 대하여 설명하시오.

2. NFPA 25 수계소화설비의 점검, 시험 및 유지관리에서 대상 설비별로 다음사항을 설명하시오.
    1) 시험 및 검사 종류
    2) 주기
    3) 목적
    4) 시험방법

3. 본질안전 방폭구조에서 Zener Barrier 및 Isolated Barrier 방식에 대하여 그림을 그리고 설명하시오.

4. 한국산업표준(KS A 0503 배관계의 식별표시)에 의한 소화배관 표시방법에 대하여 설명하시오.

5. 유도등의 광원으로 사용되고 있는 LED(Light Emitting Diode)에 대하여 다음사항을 설명하시오.
    1) P형 반도체와 N형 반도체의 개념
    2) 빛 발생원리(그림 포함)
    3) LED 특징

6. 위험물안전관리법상 인화성 액체에 대하여 다음사항을 설명하시오.
    1) 품명
    2) 지정수량
    3) 저장 및 취급방법

126회 1교시

1 피난안전성 평가에 사용되는 RSET(Required Safety Egress Time)와 ASET(Available Safety Egress Time)에 대하여 설명하시오.

1. 개요

1) 피난 안전성 평가란 최소 피난시간(RSET, Required Safe Egress Time)이 허용 피난시간(ASET, Available Safe Egress Time)을 초과하지 않는가를 분석하는 것을 말한다.
2) 화재 시 건물 내의 열·연기 등의 거동을 예측하는 화재시뮬레이션과 재실자에 대한 피난시뮬레이션을 행하여 연소생성물에 의해 위험이 파급되기 전까지 피난이 완료되었는지를 평가한다.

2. 건물의 피난성능평가

구분	RSET	ASET
개념	• 피난완료 소요시간	• 위험수준(열·가시거리·독성) 도달시간
요소	• 피난인원의 특성 -재실자의 밀도·특성·보행속도 • 피난경로의 효율성 - 복도의 폭, 동선 • 안전구획까지의 거리	• 화원의 종류·위치·크기 • 화재성장속도 • 화재시뮬레이션의 격자크기
측정방법	피난모델링 • 수계산공식 - 거실, 복도, 층피난시간 • 피난시뮬레이션	화재모델링 • 수계산공식 • 화재시뮬레이션
결과	RSET < ASET	

3. 피난시간 예측과정

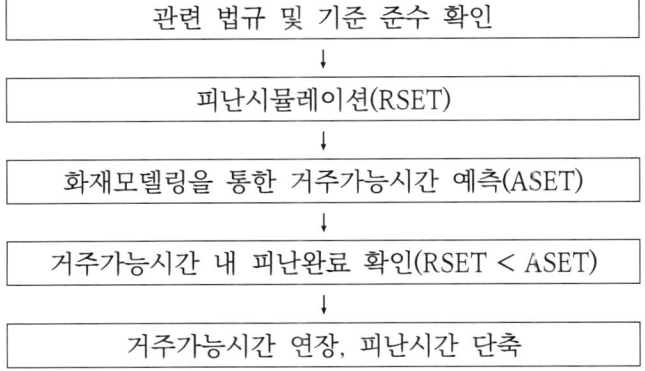

관련 법규 및 기준 준수 확인
↓
피난시뮬레이션(RSET)
↓
화재모델링을 통한 거주가능시간 예측(ASET)
↓
거주가능시간 내 피난완료 확인(RSET < ASET)
↓
거주가능시간 연장, 피난시간 단축

4. RSET (Required Safe Egress Time)

1) 개념
화재 개시 시점부터 거주자가 실제 피난이 완료될 때까지에 필요한 최소시간

2) 피난시뮬레이션
(1) 피난시간 예측 프로그램으로 피난상 가장 불리한 조건의 발화지점으로부터 안전구역까지 피난소요시간, 보행거리, 피난 시 정체예상 부분을 분석

(2) 피난시간 결정요인
  ① 환경적 요인 : 출입구의 위치·폭, 복도의 폭·길이, 계단의 폭, 건물의 공간구성, 피난통로의 장애물 등
  ② 개인적 요인 : 재실자의 성별, 연령별 구성, 보행 속도, 신체조건 등

(3) 측정방법 : SIMULEX, Building EXODUS, PATH FINDER

3) 구성요소

거주가능시간(ASET)				
총 피난시간(RSET)				여유시간 Margin of Safety
발화	감지	경보	피난개시	안전구역도달
			이동시간 T_m	
		피난준비시간 T_p		
	경보시간 T_a			
감지시간 T_d				

$$RSET = T_d + T_a + T_p + T_m$$

(1) 감지시간

발화 이후부터 자동식 화재감시시스템 또는 화재발생 징후를 최초로 인식한 거주자에 의해 감지되기까지 시간

(2) 경보시간

① 화재 감지 이후 화재발생을 알리기까지의 시간
② 화재감지시스템이 최초 감지 시 바로 경보하는 경우 "0"
③ 단계별 감지시스템 또는 화재감지시스템이 없는 경우 "수분"

(3) 피난준비시간
　　① 인식시간 : 경보에 의해 최초 반응 시까지의 시간
　　② 반응시간 : 최초 반응 후 피난구를 향해 최초 이동까지의 시간

(4) 이동시간
　　① 보행시간 : 거주자가 비상출구까지 보행에 소요되는 시간
　　② 출구통과시간 : 비상출구에 도달한 거주자가 출구를 통과하는 데 소요되는 시간

5. ASET (Available Safe Egress Time)

1) 개념
화재발생 시점부터 거주가능 한계시간으로 위험이 파급되기 직전까지 걸리는 시간

2) 화재시뮬레이션
(1) 거주가능시간 예측 프로그램으로 화재 시 열, 연기의 발생 및 이동현상 등 화재성상을 공학적으로 분석

(2) 인명안전기준

구분	성능기준	비고
호흡한계선	• 바닥으로부터 1.8m 기준	
열에 의한 영향	• 60℃ 이하	
가시거리 영향	• 허용가시거리한계 　- 집회·판매시설 : 10m, 기타 : 5m	• 고휘도유도등, 바닥유도등, 축광유도표지 설치 시 집회·판매시설은 7m 적용 가능
독성에 의한 영향	• CO : 1,400ppm • O_2 : 15% 이상 • CO_2 : 5% 이하	

※ NFPA 101 "Life Safety Code"에서는 재산 및 소방관의 피해 기준이 있으나 국내는 인명안전기준만 있다.

(3) 측정방법 : CFAST, FDS, PYLOSIM, SMARTFIRE

6. 피난안전성 증대방법

RSET 감소방안	ASET 증대방안
• 거주밀도를 낮춤 • 복도의 길이 및 폭 등 피난거리 단축 • 비상구, 피난계단 수와 폭 늘림 • 특수감지기, 고휘도유도등을 사용하여 화재감지, 경보시간 단축 • 비상대피훈련	• 자동식 소화설비 설치 : 스프링클러 RTI 향상 • 제연설비 설치 • 가연물 종류 및 가연물량 제한 • 마감재의 불연, 난연화 • 실의 구조 및 창문(개구부)의 형식, 크기 변경 • 주요구조부 내화성능 향상

7. 결론

건축물의 피난 안전성능의 검증방법은 기존 사양규정의 한계점을 벗어나 성능 위주의 피난설계가 중요하다.

---

2 접지저항 저감방법을 물리적 방법과 화학적 방법으로 설명하시오.

1. 접지저항의 개념

1) 정의
(1) 동판이나 동봉과 같은 접지 전극과 대지 간의 전기저항을 말한다.

(2) 접지 전극에 접지 전류 I가 유입되면 접지 전극의 전위는 E(V)만큼의 전위 상승이 일어나는데, $\frac{E}{I}(\Omega)$를 접지저항이라 한다.

2) 구성
(1) 접지선의 저항

(2) 접지 전극의 자체저항

(3) 접지 전극의 표면과 흙 사이의 접촉저항

(4) 전극주위의 토양이 접지전류에 대해 나타나는 저항

2. 접지전극의 접지저항

1) 접지전극의 형상과 치수가 정해지면 접지저항은 대지(토양)저항률에 비례함
2) 대지저항률은 토양의 구성, 토양의 온도, 수분함유량 등에 많은 영향을 받음

$$R = \rho \times f \,(\Omega)$$

R : 접지저항(Ω), ρ : 대지저항률($\Omega \cdot m$)
f : 형상수치(접지전극의 형상과 치수로부터 정해지는 계수)

3. 접지저항에 영향을 미치는 요소

1) 접지전극의 형상과 수치

(1) 접지 전극의 길이(깊이)

접지전극을 설치할 경우 동결 한계선 아래에 설치해야 주위의 토양이 얼 경우에도 접지저항이 영향을 받지 않음

(2) 접지전극의 지름

접지전극의 지름을 늘리는 것은 저항을 낮추는 데 효과는 미미함. 접지전극의 지름을 2배로 늘릴 경우 접지저항은 10% 정도의 감소효과가 있음

(3) 접지전극의 수

2개 이상의 전극을 땅 속에 설치하고 병렬로 연결하여 저항을 낮춤

(4) 접지시스템의 설계

단일 접지전극 사용은 가장 일반적인 형태의 접지방법임. 복합 접지시스템은 여러 개의 접지봉, 메쉬, 접지판 등으로 구성되며, 주위 지면과 접촉면적을 크게 늘려 접지저항을 낮춤

2) 대지저항률

(1) 토양의 접촉저항 : 점토 < 마사 < 세사 < 조사 < 자갈
(2) 토양의 고유저항 : 논 < 밭 < 산지(점토질) < 산지
(3) 토양의 온도 : 온도가 올라갈수록 접촉저항은 낮아짐
(4) 토양의 수분 : 수분을 많이 함유하고 있으면 저항률이 급감함

4. 접지저항 저감방법

1) 물리적 방법

수평공법	수직공법

• 접지극을 병렬로 접속함
• 접지극의 치수를 크게함
• 메쉬(Mesh)공법
   - 건축물의 지하바닥에 메쉬를 설치하는 방법
   - 공용접지 시 안정성 및 효과 우수
	• 보링공법
	   - 지하에 깊이 구멍을 뚫어 접지극과 접지저감재를 사용하는 방법
	• 접지극을 깊이 매설함

2) 화학적 방법

(1) 접지극 주위에 전해질계 또는 화학적 약제를 투입해 대지저항을 낮춤

(2) 화학적 저감재의 종류

비반응형 저감재	반응형 저감재
• 화학적 전해질 물질을 접지전극 주변 토양에 주입하여 대지저항을 감소시키는 방법 • 염분, 황산, 암모니아 분말, 벤젠 나이트 등을 이용하며 오염문제로 사용하지 않음	• 화학처리재의 단점을 보완한 것으로 시멘트에 도전재료 등을 첨가하여 사용하는 방법 • 기존 저감재 : 화이트아스론, 티코겔 등 • 도전성 콘크리트 : 시멘트의 알칼리성에 의해 부식이 없고 견고하게 굳어져 반영구적이며, 안정적임

(3) 화학적 저감재 구비조건

    ① 인체에 무해할 것
    ② 토양에 비해 전도성이 우수할 것
    ③ 경년변화에도 저항값이 일정하게 유지될 것
    ④ 접지극을 부식시키지 않을 것

3 사업장 위험성평가지침에 따른 위험성평가절차를 5단계로 구분하여 설명하시오.

1. 위험성평가의 정의
1) "위험성평가"란 사업주가 스스로 유해·위험요인을 파악하고 해당 유해·위험요인의 위험성 수준을 결정하여, 위험성을 낮추기 위한 적절한 조치를 마련하고 실행하는 과정을 말한다.
2) 「산업안전보건법」 "위험성평가의 실시" 및 「고용노동부고시」 "사업장 위험성평가에 관한 지침"에 규정하고 있다.

2. 위험성평가 실시 절차

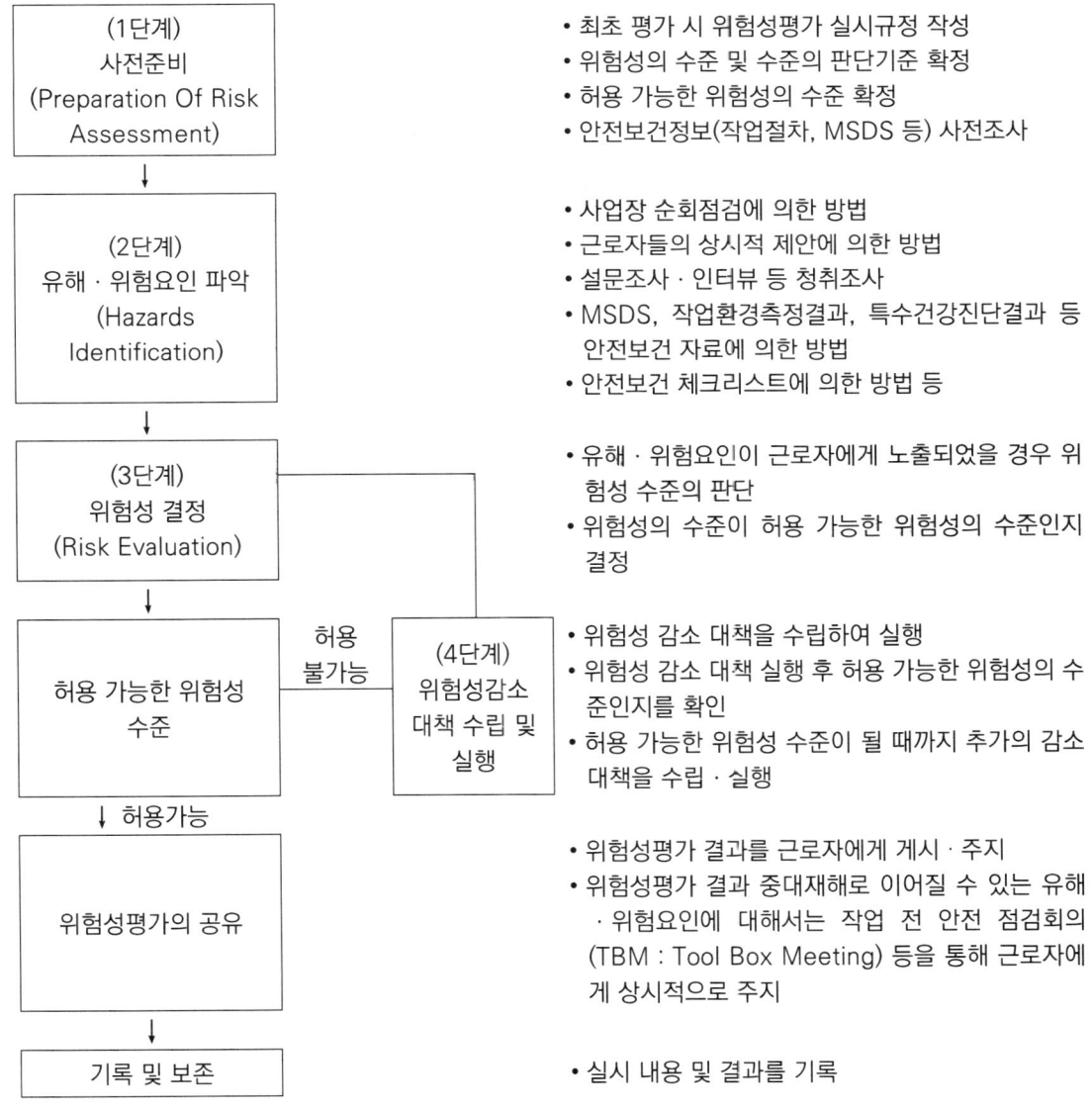

4 공동주택에서 소방차 소방활동 전용구역의 설치대상 및 설치방법을 설명하시오.

1. 목적
공동주택의 건축주는 소방자동차가 접근하기 쉽고 소방활동이 원활하게 수행될 수 있도록 해야 함

2. 대상 (소방기본법 시행령 제 7조의 12)

1) 설치대상
(1) 아파트 중 세대수가 100세대 이상인 아파트
(2) 기숙사 중 3층 이상의 기숙사

2) 제외대상
하나의 대지에 하나의 동으로 구성되고 정차 또는 주차가 금지된 편도 2차선 이상의 도로에 직접 접하여 소방자동차가 도로에서 직접 소방활동이 가능한 공동주택

3. 전용구역의 설치기준 및 방법 (소방기본법 시행령 별표 2의 5)
1) 공동주택 각 동별 전면 또는 후면에 소방자동차 전용구역을 1개소 이상
2) 전용구역의 노면표지의 외곽선은 빗금무늬로 표시, 빗금은 두께 30cm, 50cm 간격으로 표시
3) 도료의 색체는 황색을 기본으로 하며, 문자(P, 소방차 전용)는 백색으로 표시

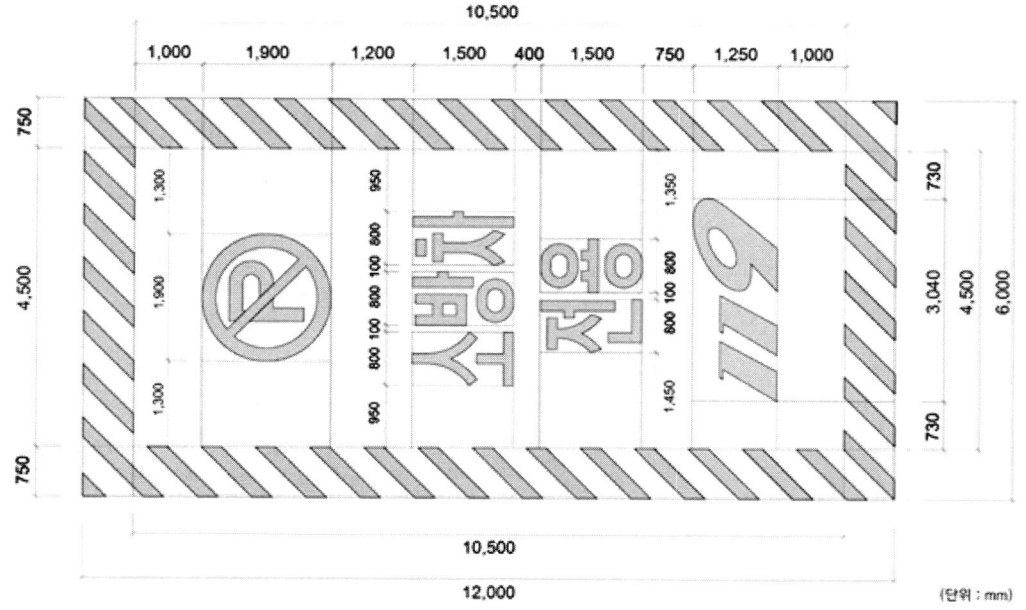

[소방차 전용구역 노면표시 방법 및 크기]

5 옥내소화전 펌프 토출 측 주배관의 유속을 4m/s 이하로 제한하는 이유에 대하여 설명하시오.

1. 옥내소화전설비의 화재안전기준

1) 펌프의 토출 측 주배관의 구경은 유속이 4m/s 이하가 될 수 있는 크기 이상일 것
2) 옥내소화전방수구와 연결되는 가지배관의 구경은 40mm(호스릴은 25mm) 이상일 것
3) 주배관 중 수직배관의 구경은 50mm(호스릴옥내소화전설비는 32mm) 이상일 것

2. 유속을 4m/s 이하로 제한하는 이유

1) 제한하는 이유

(1) 유속이 일정한 값 이상을 초과할 경우 배관 내의 흐름이 극심한 난류상태가 되어 안정된 압력으로 소화수를 균일하게 공급할 수 없음
(2) 관마찰로 인한 관의 손상 등이 발생하여 부식의 우려가 있음

2) 공학적 배경

(1) 옥내소화전의 유량은 이미 정해져 있으므로 유속을 4m/s 이하의 유속을 만족하려면 배관의 관경이 제한된다는 것을 의미함
(2) NFPA 20 "Installation of stationary pumps for fire protection"에서는 150%의 유량에서 펌프토출 측의 유속을 6.1m/s 이하로 제한하고 있음

> 보충

[유속을 4m/s 이하로 유지하기 위한 배관의 크기 계산]

1. 기본 산출식

$$v = Q/A$$

v : 유속(m/s), Q : 유량(m^3/s), A : 배관의 단면적(m^2)

2. 관구경 계산식

$$d = 72.86\sqrt{Q}\ (mm)$$

Q : 유량(m^3/min), d : 배관구경(mm)

3. 규약배관방식인 경우 배관경

1) 위 식으로부터 산출된 크기에 여유율을 반영한 규약배관방식이 이용된다.
2) 옥내소화전 배관의 구경

구경(mm)	소화전수	1개	2개	3개	4개	5개	연결송수관 겸용 시
유량(ℓ/min)		130	260	390	520	650	
옥내소화전	수직배관	50	65	80	100	125	100 이상
	가지배관	40	50	65	80	100	65 이상
호스릴 옥내소화전	수직배관	32	40	50	65	80	100
	가지배관	25	32	40	50	65	65

---

6 스프링클러설비의 배관경 설계에 적용하는 살수밀도-방호구역 면적 그래프에 대하여 설명하시오.

1. 개념

1) 건물용도별 위험등급을 5개로 구분한 "살수밀도(X축), 설계방호면적(Y축) 그래프"를 이용하여 엔지니어의 기술경험을 바탕으로 설계점을 설정하고, 이를 기준으로 설계 작동헤드 수량, 배관 구경, 펌프의 유량과 양정, 수원량 등을 결정하는 설계 방법이다.
2) 엔지니어가 원하는대로 설계작동헤드수량을 건축물의 사용용도에 맞춰 설계가 가능한 방법이며 NFPA의 설계방식은 주로 수리계산방식을 선호한다.

2. 살수밀도-방호구역 면적 그래프

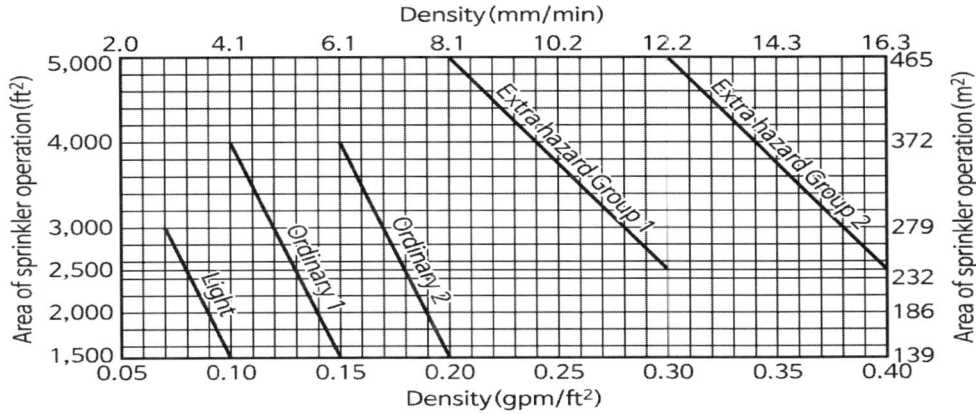

1) 엔지니어는 기술과 경험을 바탕으로 용도별 위험등급에 따라 그래프상에서 살수밀도($gpm/ft^2, \ell/min/m^2$)와 설계방호면적(ft^2, m^2)을 정함

2) 총방수량(gpm, ℓ/min) = 살수밀도($gpm/ft^2, \ell/min/m^2$) × 설계방호면적(ft^2, m^2)

   (1) 살수밀도($gpm/ft^2, \ell/min/m^2$)

   ① X축으로 작동헤드로부터 방사되는 설계 살수밀도를 의미

   ② 살수밀도($\ell/min/m^2$)의 단위를 mm/min으로 표현할 수 있으며 1분 동안 설계 방호면적(m^2) 안에 설치된 스프링클러헤드로 부터 살수된 물이 채워지는 물의 양(ℓ)을 의미함

   (2) 설계방호면적(ft^2, m^2)

   ① Y축으로 화재피해범위를 제한시키는 화재확대 국한 면적을 의미

   ② 설치된 헤드는 모두 작동한다고 가정하며 국내의 "기준 개수"와 같은 개념

3) 적용

   (1) 적극적 화재진압(Fire Suppression) 설계 의도

   설계자가 아래(A)방향으로 선정할수록 설계방호면적은 작아지고 살수밀도는 커짐

   (2) 소극적 화재제어(Fire Control) 설계 의도

   설계자가 위(B)방향으로 선정할수록 설계 방호면적은 커지고 살수밀도는 작아짐

7 상업용 조리시설의 식용유 화재에서 발생하는 스플래시(Splash) 현상에 대하여 설명하시오.

1. 화재의 분류
1) 일반 가연물에 식용유가 추가되며, 동식물성 기름화재는 일반화재와는 다른 특성이 있어 기존의 화재와는 다르게 분류한다.
2) 미국방화협회(NFPA) : 식용유 화재를 K급 화재, ISO와 UL : 튀김기름화재를 F급 화재로 분류

2. 상업용 조리시설의 화재특성
1) 식용유 화재는 2000년까지는 유류화재인 B급 화재로 구분하고 있었으나, 식용유는 석유류 화재와 연소형태나 소화원리에 있어서 큰 차이를 나타냄
2) 석유류 등 일반 유류화재
   (1) 자연발화점 온도보다 훨씬 낮은 인화점을 가짐
   (2) 대부분은 유표면의 화염을 제거하거나 공기의 공급을 차단하면 연소현상은 중단
3) 식용유화재
   (1) 자연발화점과 인화점과의 차이가 적음
   (2) 식용유는 자연발화점이 끓는점 이하이고, 자연발화점 이상으로 온도가 상승하면서 연소가 지속되는데, 식용유 표면의 화염을 제거해도 식용유의 온도가 자연발화점 이상으로 유지되기 때문에 곧바로 재발화가 발생

종류	인화점(℃)	자연발화온도(℃)	온도차
카놀라유	338	363	25
옥수수유	342	362	20
땅콩유	348	370	22
콩기름	333	377	44
해바라기유	340	359	19
팜유	328	377	49

   (3) 끓는 식용유에 불이 붙은 경우 기름의 온도를 자연발화점 이하로 낮추어야만 소화가 됨
   (4) 연소 중인 식용유의 유증기에 물을 부으면 물이 즉시 비등·증발하여 팽창된 수증기 폭발을 동반하여 착화된 식용유가 비산하므로 연소 중 식용유에 물을 사용해서는 안 됨

3. 스플래시현상

1) 정의

식용유는 288~385℃를 넘어서면 발화가 일어나는데 식용유 화재는 식용유의 온도가 발화점 이하로 내려가지 않으면 재발화할 수 있고 온도를 낮추지 않고 약제를 분사할 경우 기름이 튀어 화재가 확산되는 현상

2) 문제점 : 화재 확대

3) 방지대책 : 분말소화기, 자동확산소화기, 스프링클러설비로는 진압이 어려움

(1) K급 강화액소화기 비치

(2) 주방후드에 상업용 주방자동소화장치 설치

---

8 가스계소화설비에 적용하는 피스톤 릴리즈 댐퍼(PRD : Piston Release Damper)의 문제점 및 개선방안을 설명하시오.

1. 설치목적

1) 가스계 소화설비가 설치된 장소의 개구부에 해당하는 출입문이나 창문, 환기창, 급·배기 댐퍼 등이 열린 상태에서 소화가스가 방출되면 방출된 소화가스가 개구부를 통하여 외부로 누출되기 때문에 소화효과가 떨어지게 되어 설계농도유지가 어렵다.

2) 환기장치가 설치된 장소는 가스계 소화설비 작동 시 환기장치가 자동으로 정지되어야 하며, 개구부는 소화가스가 방출되기 이전에 닫히도록 자동폐쇄장치를 설치하여 소화효과를 유지해야 한다.

2. 자동폐쇄장치의 종류

종류	내용
기계식 (피스톤 릴리즈 댐퍼) (PRD, Piston Release Damper)	• 가스 힘에 의해 개방된 개구부를 폐쇄
전기식 (모터식 릴리즈 댐퍼) (MRD, Motor Release Damper)	• 화재 시 화재감지기 또는 압력스위치 작동과 연동하여 댐퍼릴리즈에 설치된 모터가 작동하여 개방된 댐퍼를 폐쇄
도어 릴리즈	• 방화문 등에 설치하고 평상시 문이 개방된 상태를 유지하며 화재감지기 작동 시 잠금장치를 해제시켜 문을 폐쇄

3. 작동 Mechanism

감지기 또는 수동조작함 작동 → 솔레노이드 작동 → 기동용기 개방 → 저장용기 개방 → 가스방출 → 가스 압력으로 피스톤 릴리즈 댐퍼 폐쇄 → 화재진압 → 댐퍼수동복구함(Manual Valve Box) 내 밸브 개방 → 피스톤 릴리즈와 조작동관 사이의 가스압력을 배출하여 댐퍼 복구

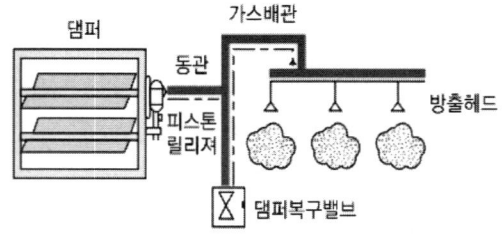

4. 문제점

1) 점검 시 실제 약제방출이 어려워 피스톤 릴리즈의 작동상태를 시험할 수 없음
2) 동관의 길이 및 댐퍼를 작동시킬 수 있는 압력에 대한 근거가 불명확함
3) PRD 하나로 작동시킬 수 있는 댐퍼의 크기와 형태는 계산근거 없이 설계, 시공함

5. 개선안 : 모터식 댐퍼릴리즈 적용

---

9 금속판으로 설치하는 제연급기풍도에서 다음을 설명하시오.
1) 풍도단면의 긴변 또는 직경의 크기별 강판두께
2) 풍도내부 청소를 위한 방안

1. 제연급기풍도의 개념

1) "유입풍도"란 예상제연구역으로 공기를 유입하도록 하는 풍도를 말하며 "배출풍도"란 예상 제연구역의 공기를 외부로 배출하도록 하는 풍도를 말한다.
2) 화재실에서의 고온의 연기를 배출하고, 신선한 공기를 급기해야 하므로 이를 고려하여 설계, 설치해야 한다.

2. 풍도단면의 긴 변 또는 직경의 크기별 강판두께

1) 풍속은 20m/s 이하로 하고 풍도의 강판 두께는 배출 풍도의 기준으로 설치
2) 강판의 두께

풍도의 긴 변 또는 직경의 크기(mm)	450 이하	450 초과 750 이하	750 초과 1500 이하	1500 초과 2250 이하	2250 초과
두께(이상)	0.5mm	0.6mm	0.8mm	1.0mm	1.2mm

※ 풍도의 긴 변이란 직사각형의 풍도에서 긴 변을 말하며, 직경의 크기란 원형풍도에서의 직경을 말함

3) 배출구, 공기 유입구는 비, 눈의 유입을 방지하고 배출연기가 공기 유입구로 유입되지 않을 것

3. 풍도내부 청소를 위한 방안

1) 덕트 청소로봇에 의한 방법

(1) 덕트 내부에 쌓인 먼지 및 오염물질의 정도를 로봇을 투입하여 원격제어에 의하여 검사
(2) 덕트 내부에 검사 및 청소용 로봇장치를 투입하여 무선으로 원격 제어하여 덕트를 효율적으로 청소
(3) 로봇장치의 구성

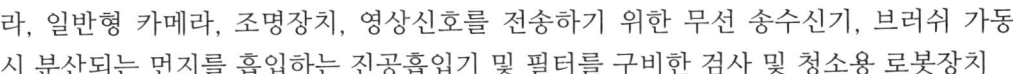

이동용 바퀴, 청소를 위한 브러쉬, 적외선 카메라, 일반형 카메라, 조명장치, 영상신호를 전송하기 위한 무선 송수신기, 브러쉬 가동 시 분산되는 먼지를 흡입하는 진공흡입기 및 필터를 구비한 검사 및 청소용 로봇장치

2) 브러쉬에 의한 방법

(1) 덕트 내부 크기에 맞는 브러쉬를 넣어 청소하는 방법
(2) 사각덕트 및 원형덕트 등 다양한 형태의 덕트청소가 가능함

3) 에어스핀에 의한 방법

(1) 콤프레샤에 연결된 공기분사 노즐의 공기호스를 덕트 내부에 전진하면서 청소하는 방법
(2) 적은 인원과 장비를 사용하며 기존 디퓨져를 이용해 청소가 가능하며 속도가 빠름

10 이산화탄소소화설비 가스압력식의 작동순서에 대하여 설명하시오.

1. 가스계소화설비의 작동단계
1) 화재발생부터 소화까지는 감지시간, 대피시간, 방출시간, 설계농도유지시간으로 구성된다.
2) 인명안전을 위해 감지기의 감지시간을 단축과 함께 신뢰성 있는 감지기 적용이 필요하고 약제 방출 후 재발화 방지를 위해 충분한 설계농도시간을 유지해야 한다.

2. 작동 순서 (가스압력식 기준)

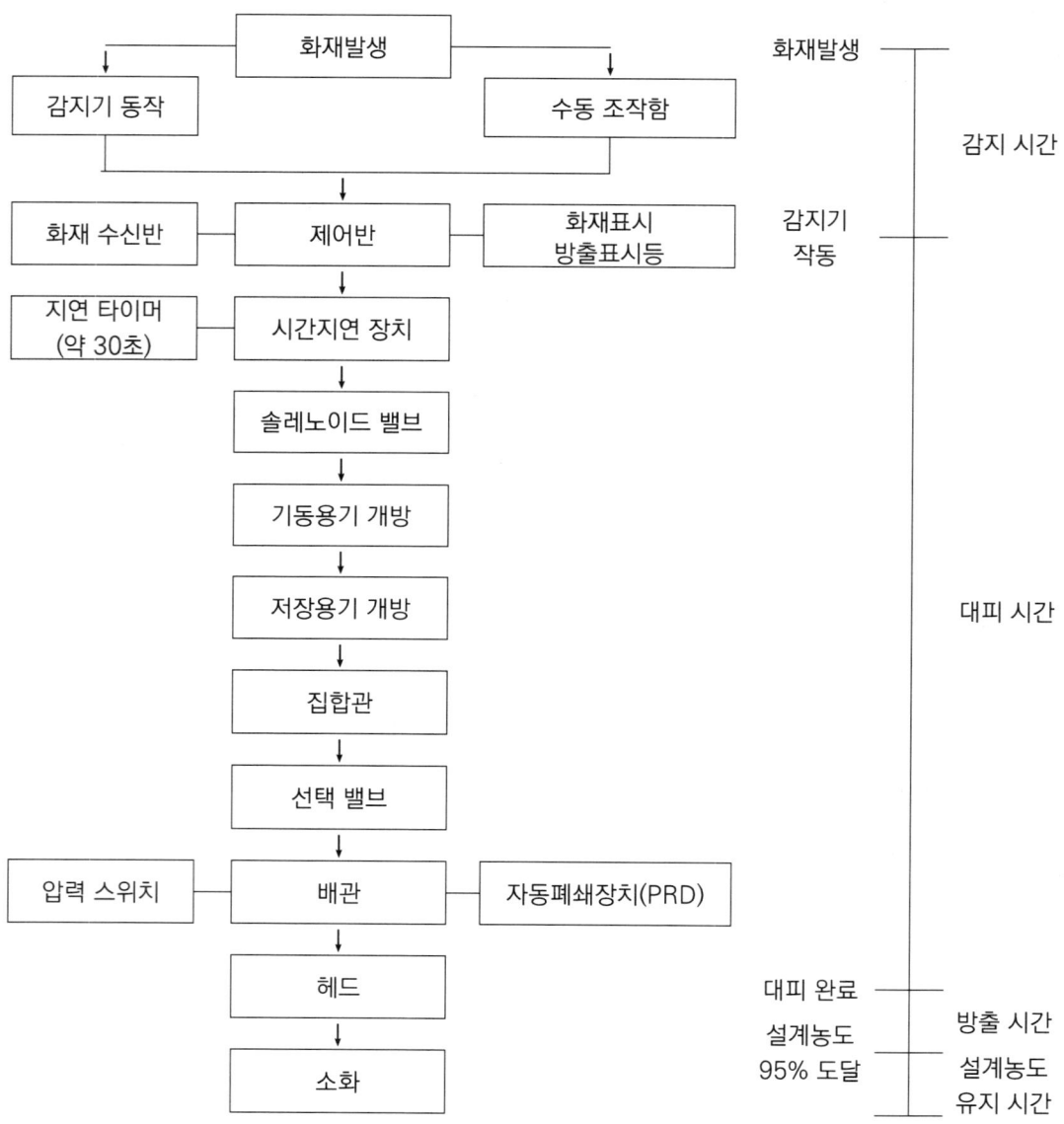

3. 감지시간

1) 화재발생으로 감지기가 작동, 수동 조작함을 작동시켜 제어반으로 신호를 보내는 데 걸린 시간을 의미
2) 교차회로 방식 적용
    (1) A, B회로 작동
    (2) 화재표시, 음향경보, 방출표시등, 환기팬 정지
3) 아날로그 감지기 등 특수감지기를 적용하여 신뢰도를 증가시킬 필요가 있음

4. 대피시간

1) 감지기나 수동조작스위치가 작동하여 음향경보 발령 후 재실자가 방호구역 외부로 피난하는 데 걸리는 시간
2) A 감지기 작동 시 음향경보 → 피난개시 → B 감지기 작동 → 시간지연장치 작동 → 기동용기개방 → 저장용기개방 → 헤드로 약제 방출 전까지의 시간
3) 개구부 개방상태에서는 설계농도를 유지하기 어려워 방출 전 자동폐쇄장치(PRD)를 동작

5. 방출시간

1) 분사헤드로부터 소화약제가 방출되는 시점부터 최소설계농도의 95%를 방사하는 데 소요되는 시간
2) 약제별 방출시간

구분	CO_2 소화설비		할론 소화설비	할로겐화합물 및 불활성기체 소화설비	
	표면화재	심부화재		할로겐화합물	불활성기체
방출 시간	1분	7분	10초	10초	A·C급(2분) B급 화재(1분)

※ CO_2 국소방출방식 : 30초

6. 설계농도유지시간 (Soaking Time)

1) 가스소화약제가 방사되어 설계농도에 도달한 후 재발화하지 않도록 하기 위해서는 일정 시간 동안 설계농도를 유지해야 하는 시간
2) 국내는 별도의 규정이 없으나 NFPA는 약제별로 시간을 구분하고 있음

11 유체(물)가 흐르는 배관에서 발생하는 부차적 손실(Minor Loss)에 대하여 설명하시오.

1. 부차적 손실(Minor Loss)의 개념

1) 직관에서 발생하는 손실인 직관마찰손실을 주손실(Main Loss)이라 하고, 수력계통의 구성은 배관이나 배관 이외에도 많은 부속품을 포함하는데, 부속품에서 발생하는 손실을 부차손실(Minor Loss)이라 한다.

2) 부차손실이란 유로의 방향 변화에 의한 2차 유동 및 단면 변화에 의한 속도 변화, 장애물이나 단면 교축에 의한 교란 등으로 인한 부가적인 손실을 말한다.

3) 주로 배관의 입구와 출구, 단면의 확대·축소, 이음부분, 곡관, 밸브 등 배관의 부속품에서 발생하고, 부속품은 엘보우, 리턴밴드, 티, 리듀서, 유니언 등이 있다.

2. 부차손실(Minor Loss)을 구하는 방법

1) 손실계수(저항계수)에 의한 방법

(1) 공식

$$H = K_L \frac{v^2}{2g} = f \frac{l_{eq}}{d} \frac{v^2}{2g}$$

K_L : 손실계수 (관로단면의 기하학적 모형에 의해 결정되는 실험상수)
v : 빠른쪽의 속도, l_{eq} : 관의 등가길이

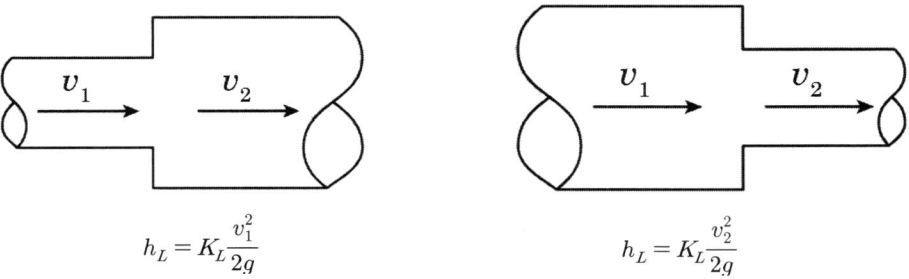

$h_L = K_L \dfrac{v_1^2}{2g}$ $h_L = K_L \dfrac{v_2^2}{2g}$

(2) 손실계수의 결정인자 : 관로단면의 기하학적 모형
   ① 배관 출구의 형태
   ② 단면적의 변화, 방향 전환 등

(3) 적용

화학 공장의 공정 배관이나 Utilities 배관은 곡률이 큰 곡관이나 점진 확대관과 같은 부품이 사용되고, 이는 규격품이 있는 것이 아니어서 사용 목적에 맞게 제작해야 하므로 손실이 작게 설계·제작해야 함

2) 등가길이(상당길이, Equivalent Length)에 의한 방법

(1) 공식

$$K_L = f \frac{l_{eq}}{d}, \quad l_{eq} = \frac{K_L d}{f}$$

K_L : 손실계수(관로단면의 기하학적 모형에 의해 결정되는 실험상수)
l_{eq} : 관의 등가길이, d : 관의 직경, f : 관의 마찰손실계수

(2) 자료를 이용하여 부속품을 직관길이(등가길이)로 환산
 ① 배관용 탄소강관(KS D 3507) 등가길이 표
 ② 압력배관용 탄소강관(KS D 3562) 등가길이 표
 ③ ①, ②의 표에 포함되지 않은 부속류는 공인기관에서 인증한 데이터 적용

(3) 등가길이의 보정
 ① 등가길이 표에 제시된 배관과 다른 내경을 가진 배관(Sch 40이 아닌 경우)
  • 계산식에 따라 산출된 계수를 등가길이 값에 곱하여 산출
  • 환산계수 = $\left(\dfrac{\text{실제내경}}{Sch\,40\,\text{강관의 내경}}\right)^{4.87}$

 ② 조도계수(C)가 120이 아닌 배관
  • C가 120일 경우에는 등가길이 표에 의해 산출
  • C가 120이 아닐 경우에는 C가 120일 경우의 표에 의한 등가길이를 구한 후 표에 의한 환산계수를 곱해 부속품의 등가길이를 산출
  • 환산계수 = $\left(\dfrac{\text{실제조도}}{120}\right)^{1.85}$

C 값	100	120	130	140	150
환산 계수	0.713	1.00	1.16	1.33	1.51

 ③ 보정된 등가길이
  = 표에 제시된 등가길이 $\times \left(\dfrac{\text{실제내경}}{Sch\,40\,\text{강관의 내경}}\right)^{4.87} \times \left(\dfrac{\text{실제조도}}{120}\right)^{1.85}$

3) 유량계수에 의한 방법

(1) 관부속품의 유량계수(C)를 알고 있다면 마찰손실을 계산할 수 있음

(2) 관련 식

 ① 유량(Q) = $C\sqrt{h} = C\sqrt{\dfrac{P}{\gamma}}$

 ② 압력손실(P) = $\gamma \left(\dfrac{Q}{C}\right)^2$

12 유체가 오리피스(Orifice)를 통과할 때 발생하는 Vena Contracta에 대하여 설명하시오.

1. 개념

1) 유체가 넓은 유로에서 좁은 유로로 들어갈 때 관성으로 인해 유선이 좁은 통로보다 더욱 좁은 영역 중에 모이게 되고, 이때 유체의 단면적이 최소인 지점을 축류(Vena Contracta)라 한다.
2) 축류지점에서 유체의 단면적과 오리피스의 단면적과의 비를 축류계수(Coefficient of Contraction) 또는 수축계수라고 한다.
3) 축류계수는 오리피스 계산식에서 유량계수에 관계되는 보정계수로 사용된다.

2. 축류계수 (C_c, Coefficient of Contraction)

1) 정의

축류의 크기를 표현한 것으로 축류지점에서 유체의 단면적(A_c)과 오리피스 단면적(A)과의 비 (축류계수 = $\dfrac{축류지점에서\ 유체의\ 단면적(A_c)}{오리피스의\ 단면적(A)}$)

2) 유량계의 종류에 따른 축류계수

종류	관로의 형태	축류계수(C_c)
오리피스 미터	관로(단면적)가 급격히 축소	$C_c = \dfrac{A_c}{A} \simeq 0.61$
벤투리 미터	관로(단면적)가 서서히 축소 후 확대	$C_c = \dfrac{A_c}{A} \simeq 1$

※ 축류계수의 값이 작을수록 축류의 효과는 더 커짐

3. 축류의 위치

1) 개념

유체의 최소 단면적의 위치를 말하며, 노즐직경(d)과 배관 직경(D)의 비에 따라 축류의 위치는 달라진다.

2) 관련 식 : β-ratio = $\dfrac{d}{D}$

3) 적용

(1) 소화전 방수량 측정 : 노즐에서 0.5d 이격하여 측정

(2) 오리피스 미터의 하부 탭 위치 : β-ratio에 따라 0.3d ~ 0.8d 이격시켜 설치

4. 소방에서의 응용

1) 옥내소화전에서 방수량, 방수압 측정
   배관 경, 노즐 직경의 β-ratio 유추 시 0.5d 이격지점에서 피토게이지로 동압 측정
2) 오리피스 미터, 벤투리 미터 : 정밀한 유량 측정을 위해 정확한 축류위치에서 측정 필요

> **보충**
>
> **[옥내소화전 및 옥외소화전의 방수압력 측정]**
>
> 1) 측정방법
>   (1) 옥내·외 소화전의 수가 2개 이상일 경우 2개, 2개 미만일 경우 설치 개수를 동시에 개방하여 노즐선단의 압력을 측정하고, 최상층 부분의 옥내소화전 최대 설치 개수를 동시에 개방하여 방수압력을 측정 시 아래의 방사압력 범위 및 방수량을 만족해야 한다.
>   (2) 측정은 피토게이지를 사용하여 노즐선단에서 노즐구경의 0.5배 이격지점에서 피토관 입구를 수류의 중심선과 일치시키며 방출압력은 게이지상에 표시된다.
>   (3) 옥내소화전 최상층에 설치된 유량계 또는 압력계를 이용하여 측정할 경우, 소화전의 관부속품 및 호스에서 발생되는 마찰손실압력을 고려하여 측정한다.
>
> 2) 방수압력 및 방수량
>
> | 구분 | 방수압력 | 방수량 |
> |---|---|---|
> | 옥내소화전 | 0.17 ~ 0.7MPa | 130L/min 이상 |
> | 옥외소화전 | 0.25 ~ 0.7MPa | 350L/min 이상 |

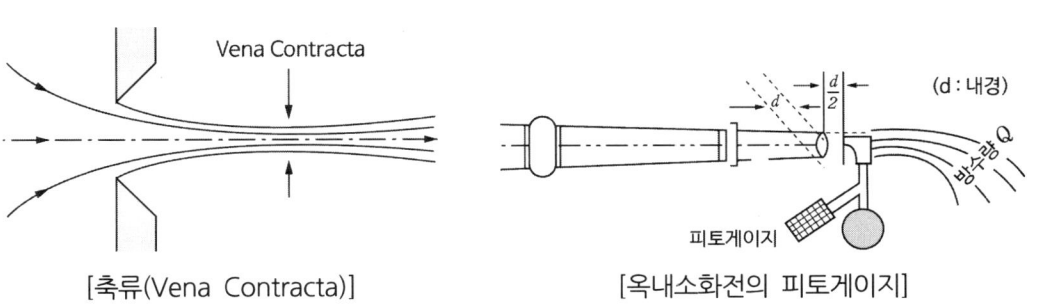

[축류(Vena Contracta)]   [옥내소화전의 피토게이지]

13 고조파(Harmonic Frequency)의 발생원인 및 방지대책에 대하여 설명하시오.

1. 개요
1) 고조파란 주기적 복합파의 각 성분 중 기본파 이외의 것이며, 기본주파수(60 or 50 Hz)의 정수배를 갖고 있는 주파수로 노이즈(Noise)와는 구분되며, 50차수 이하를 고조파라 하며 그 이상은 고주파라 한다.
2) 왜형파란 기본파와 고조파가 합성된 파형을 말하며, 제n차 고조파의 크기는 기본파의 $1/n$, 주파수는 기본파의 n배이다.
3) 이러한 왜형파가 전력계통에 함유되면 파형이 찌그러지며 전력기기 및 선로에 심각한 악영향을 주는 것으로 판단되며, 특히 3차수의 영상고조파가 현실적으로 문제가 되고 있다.

2. 고조파의 차수별 주파수 및 종류

1) 고조파의 차수별 주파수

기본파	제2고조파	제3고조파	제4고조파	제5고조파	연속증가
60Hz	120Hz	180Hz	240Hz	300Hz	…
50Hz	100Hz	150Hz	200Hz	250Hz	…

2) 고조파의 종류

종류	차수	일반식	벡터도
정상고조파	4, 7, 10, …	3n+1 (n : 기본파)	
역상고조파	5, 8, 11, …	3n+2 (n : 기본파)	
영상고조파	3, 6, 9, …	3n (n : 기본파)	

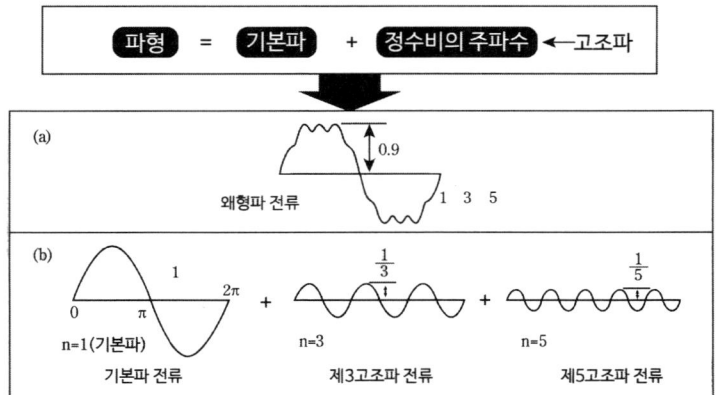

3. 고조파의 발생원인

1) 비선형부하 : 인버터, 정류기, 무정전전원공급장치(UPS)
2) 사무용기기, 전자식 형광등, LED조명

4. 문제점

1) 변압기의 소음 발생, 온도 상승 및 열화(철손 및 동손의 증가로 인한 용량 감소)
2) 보호계전기기(보호계전기, ACB, MCCB, ELB 등)의 오동작
3) 중선선의 과열로 화재발생 및 케이블의 허용용량 감소
4) 유도전동기의 철손 및 동손 증가
5) 통신장애 : 전자유도에 의한 잡음전압 발생

5. 고조파의 방지대책

1) 인버터 등 전력변환장치의 펄스 수를 크게 함
2) 고조파 필터 설치
3) 고조파 발생기기는 별도의 전원으로부터 분리함
4) 중성선 영상 고조파 저감장치 설치
5) 직렬 리액터 설치

126회 2교시

1 화재 시 발생하는 연기에 대하여 다음을 설명하시오.
1) 연기의 유해성
2) 고온영역의 연기층 유동현상
3) 저온영역의 연기층 유동현상

1. 연기의 유해성

1) 연기의 정의
연기는 가연물 연소 시 발생하여 공기 중에 부유하고 있는 고체 또는 액체의 미립자

2) 연기의 구성
(1) 연기의 크기 : 0.01 ~ 10μm

(2) 연기의 구성 : 연기미립자, 수증기, 탄소입자, 그을음(매연), 미연소 물질의 응축액

(3) 훈소 등 무염화재의 연기는 상대적으로 큰 가시성 연기(0.3μm 이상)가 많고, 유염화재는 상대적으로 작은 비가시성 연기(0.3μm 이하)가 많음

3) 연기의 유해성

영향 요소	내용
시각적 영향	• 가시도 저하로 유도등 및 유도표지의 피난방향 확인이 어려움 • 연기농도와 가시거리와의 관계 　연기에 의한 시각장해는 연기의 농도에 좌우되며, 감광계수로 표시한 연기의 농도와 가시거리는 반비례한다. ($C_s \times S = K$(일정)) • 피난 및 소화활동 저해
생리적 영향	• 산소결핍으로 인한 의식불명, 질식 • $Hb + CO \rightarrow COHb$(카르복시헤모글로빈) • CO와 Hb 결합력이 O_2보다 210배 커 $COHb$는 분해 안 됨 • CO는 혈중 산소농도 저하로 산소결핍을 유발하고 혈중 $COHb$가 50 ~ 70% 시 사망 • 호흡장애 유발 : CO_2는 산소희석으로 질식작용을 하고 호흡속도는 증대되어 독성 가스 흡입
심리적 영향	• 패닉(Panic)현상을 유발시켜 이성 상실

2. 고온영역의 연기층 유동현상

1) 부력

(1) 화재로 인한 온도 상승으로 인해 주변의 공기보다 연소가스의 밀도가 작아져 부력이 발생하여 상승기류가 형성됨 → 화재플룸

(2) 관련식

① 화재플룸의 속도 : $v = \sqrt{\dfrac{2(\rho_a - \rho)gz}{\rho}} = \sqrt{\dfrac{2(T - T_a)gz}{T_a}}$

② 굴뚝효과 : $\Delta P = 3460h\left(\dfrac{1}{T_o} - \dfrac{1}{T_i}\right)$

2) 연기충진

(1) 환기구가 있는 단일실에서의 (1단계)연기 유동은 연기층의 하강 → (2단계)뜨거운 공기의 환기구로 방출 → (3단계)환기구를 통한 차가운 공기 유입 및 뜨거운 공기 방출의 단계를 거친다.

(2) 문이나 창문이 개방된 실내화재는 천장에서 층을 이루며 축적하고, 연기층은 환기구 아래쪽으로 하강하여 환기구로 유출되기 시작할 것이다.

(3) 연기층은 온도, 즉 열방출률이 증가함에 따라 하강을 계속하고, 공기는 환기구의 중성대 아래에서 유입되고 연기는 중성대 위에서 유출된다.

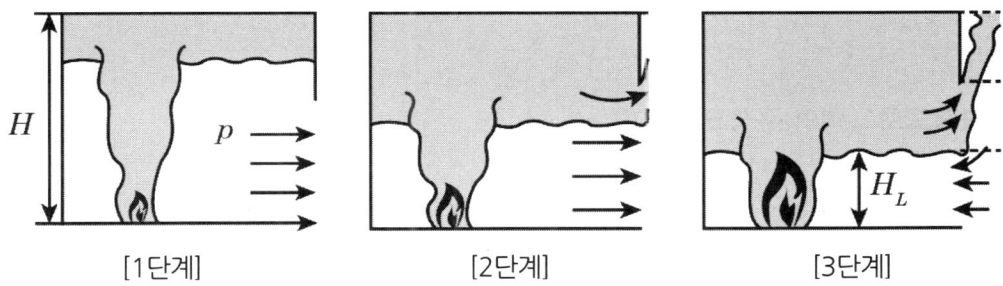

[1단계]   [2단계]   [3단계]

3. 저온영역의 연기층 유동현상

1) 연기의 냉각

(1) 고온영역의 연기층이 개구부를 통해 밖으로 흐를 경우 연기는 주변의 차가운 공기와 천장의 낮은 온도에 의해 빠르게 냉각

(2) 냉각된 연기층은 온도가 낮아져 부력이 줄고 연기가 이동하려면 외부 에너지가 필요함

(3) 고온영역의 연기층이라 하더라도 물분무설비가 작동하면 고온의 연기층 온도가 저하하므로 저온영역의 연기층 유동현상이 발생할 수 있음

2) 연기의 유동
　(1) 연기가 유동하려면 풍압, 기계력 등 외부의 에너지가 필요
　(2) 부력을 잃은 연기는 하강하므로 가시도가 저하하여 보행속도가 느려질 수 있음

> **2** "가스계소화설비의 설계프로그램 성능인증 및 제품검사의 기술기준"에서 요구하고 있는 설계프로그램의 구성요건에 대하여 설명하시오.

1. 개요
1) 가스계 소화설비의 신뢰성을 위해 성능시험에 따라 인증된 프로그램으로 설계를 해야 한다.
2) 가스계소화설비를 설계하는 데 활용하는 유량계산방법 등의 프로그램은 다음의 조건들이 표시되고 계산될 수 있도록 구성해야 한다.

2. 설계프로그램의 시험방법 및 절차

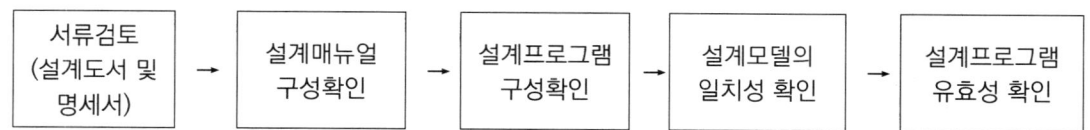

3. 설계프로그램의 구성요건
1) 최대배관비
2) 소화약제 저장용기로부터 첫 번째 티분기 지점까지의 최소거리
3) 최소 및 최대방출시간
4) 소화약제 저장용기의 최대 및 최소충전밀도
5) 배관 내 최소 및 최대유량
6) 각 분사헤드에 대한 연결 배관의 체적
7) 분사헤드의 최대압력편차
8) 연결 배관 단면적에 대한 분사헤드 오리피스와 감압오리피스 단면적의 최댓값 및 최솟값
9) 분사헤드까지 약제도달시간에 대한 헤드별 최대편차, 분사헤드에서 약제방출 종료시간에 대한 헤드별 최대편차
10) 티분기 방식과 분기전·후 배관길이에 대한 제한
11) 티분기에 의한 최소 및 최대약제분기량
12) 배관 및 관부속 종류

13) 배관 수직 높이변화에 따른 제한사항
14) 분사헤드 최소설계압력
15) 설비의 작동온도(소화약제 저장용기의 저장온도)

3 강관의 부식 및 방식원리에서 많이 활용하고 있는 포베 도표(Pourbaix Diagram)에 대하여 다음을 설명하시오.
1) 철(Fe)의 pH-전위도표 작도   2) 부식역
3) 부동태역   4) 불활성역

1. 개요

1) 금속이 수용액에 있을 경우 금속이 존재하는 형태(이온, 금속, 산화물 등)는 pH와 용액의 산화력에 큰 영향을 받는다. 전위-pH도(Pourbaix Diagram)란 가로축에 pH, 세로축에 용액의 산화력의 함수로 수용액 속에서 금속의 안정도를 표시한 그림을 말한다.

2) 전위-pH도(Pourbaix Daigram)는 수용액 중 어떠한 형태의 부식이 발생할지, 금속이나 그것의 산화물이 어떤 조건하에서 열역학적으로 안정적으로 존재할 것인가에 대한 정보를 제공한다.

2. 철(Fe)의 전위-pH도(Pourbaix Daigram)

1) 불활성영역(불감 영역, Immunity Region)

(1) 부식이 일어나지 않는 영역
(2) 전위가 매우 낮고, 금속 Fe가 안정된 상태임

2) 부식영역(Corrosion Region)

(1) 지속적으로 부식이 발생하는 영역
(2) Fe이온(Fe^{2+}, Fe^{3+})이 안정한 상태임

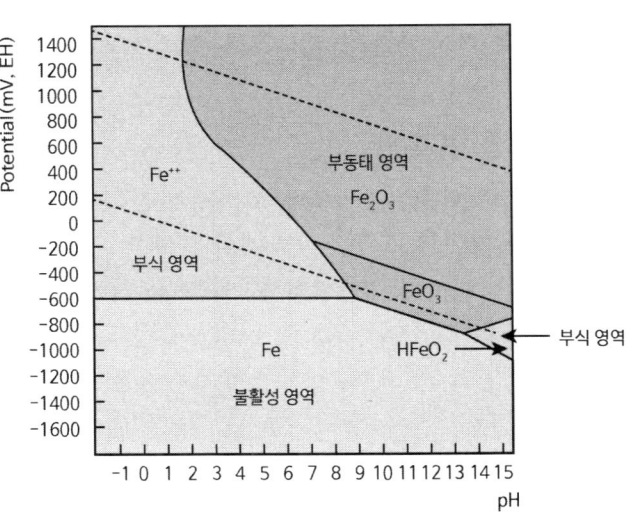

3) 부동태 영역(Passivation Region)

(1) 부식의 속도가 매우 느린 영역

(2) Fe산화물(Fe_2O_3, Fe_3O_4 등)이나 수산화물($Fe(OH)_2$, $Fe(OH)_3$)이 금속표면에 안정적으로 존재하여 금속과 수용액을 접촉을 차단함

3. 부식방지 방법

부식을 방지하기 위해 부식영역에 있는 설비의 부식 환경을 인위적으로 부동태 영역이나 불활성영역으로 이동시키면 됨

1) 음극방식법(Cathodic Protection System)

(1) 전위를 부(-)측의 불활성영역으로 옮겨가는 방식

(2) 종류 : 희생양극방식, 외부전원방식, 배류식

2) 양극방식법(Anodic Protection System)

전위를 정(+)측의 부동태 영역으로 가져가는 방식

3) 부동태 피막 형성

부동태 피막을 형성하여 산소와 차단하는 방식

---

4 건축물관리법의 화재안전성능보강과 관련하여 다음사항을 설명하시오.
1) 기존 건축물의 화재안전성능보강 대상 건축물
2) "국토교통부 2022년 화재안전성능보강 지원사업 가이드라인" 중 보조사업

1. 추진배경 및 목적

1) 건축물 화재안전기준은 지속적으로 강화되어 왔으나, 최근 대형피해 사고는 대부분 기준 강화 이전의 기존 건축물에서 발생함

2) 대형인명피해 재발방지를 위해서는 화재에 취약한 기존 건축물의화재안전성능 향상 필요

2. 화재안전성능보강 대상 건축물

1) 피난약자이용시설

의료시설, 노유자시설, 지역아동센터, 청소년수련원중 화재취약요인을 갖춘 건축물

2) 다중이용업소(건축물 전체 연면적 1천m² 미만)

고시원, 목욕장, 산후조리원, 학원 중 화재취약요인*을 갖춘 건축물

※ 화재취약요인

3층 이상으로서, 가연성 외장재를 사용하고 스프링클러가 미설치된 건축물. 다만 다중이용업 시설은 1층 필로티 주차장 구조의 연면적 1천m² 미만 건축물에 한함

3. 보조사업

1) 근거법령 : 건축물관리법

2) 사업내용

피난약자이용시설 및 일부 다중이용업소 등 화재취약건축물의 화재안전성능보강을 위한 외장재 교체 등 공사비용 지원

3) 보강방법

건축물 구조별로 필수공법을 적용(외장재료 교체, 간이스프링클러 설치 등)하고 필요시 옥외피난계단, 하향식 피난구 및 방화문 설치 등 건축물 여건에 맞게 보강방법 추가선택 가능

4) 시행절차

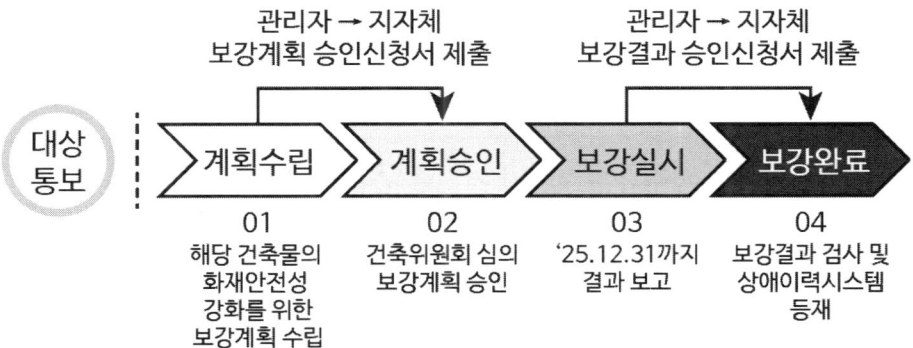

5 건설현장에서 소방감리원의 자재검수를 현장반입검수와 공장검수로 구분하여 설명하시오.

1. 공사시행단계의 감리업무
1) 품질관리 2) 검측업무 3) 자재관리
4) 성능시험 5) 공정관리 6) 안전관리

2. 현장반입검수
1) 현장 검수확인 자재는 견본품, 카탈로그, 제작도 및 시험성적서 등에 의한 품목, 규격, 성능, 수량, 외관 손상 여부 등을 확인해야 한다.
2) 자재 검수사항

연번	항목		검수 내용	검수 결과
1	자재검수	자재검수 요청	자재 반입 시 제출 - 소정양식(사진첨부)	
2		검수	상차된 상태에서 검수, 승인된 자재 여부 확인, 외관손상 여부 확인	
3		결과 통보	자재검수 내용 및 주의사항 등을 작성하여 결과 통보	
4		검수서류 정리	반입자재 확인 - 외관점검을 위주로 확인	

3. 공장검수
1) 공장 검수확인 자재는 필요한 요소를 체크리스트로 작성하여 각각의 시험항목을 확인하고 기록해야 한다.
2) 공장 검수사항

연번	항목		검수 내용	검수 결과
1	공장검수	일정 수립	펌프 또는 FAN 등의 제작이 완료된 경우 또는 필요시 제작과정에 따라 일정을 수립	
2		성능 시운전	제출된 성능곡선에 일치하는지, 제작도면에 일치 여부, 요구하는 성능의 적합 여부 등 확인	
3		결과 통보	공장검수 내용을 정리하여 그 결과를 통보	
4		공장검수결과 보고	공장검수 내용을 정리하여 발주처에 보고 (필요시)	

6 정전기(Static Electricity)에 대하여 다음을 설명하시오.
1) 정전기의 대전현상   2) 정전기의 위험성   3) 정전기 방지대책

1. 정전기

1) 정전기란 전하가 정지 상태에 있어 흐르지 않고 머물러 있는 전기로 마찰에 의한 대전현상을 의미한다.
2) 정전기는 가연성 혼합기 속에서 연소나 폭발의 점화원으로 작용하므로 이에 대한 대책이 중요하다.

2. 정전기의 대전현상

1) 대전현상

(1) 원자는 (+)전기를 띠고 있는 원자핵과 (-)전기를 띠고 원자핵 주위를 도는 전자들로 이루어짐
(2) 전자는 외부 마찰에 의하여 쉽게 분리되어 다른 원자로 이동하는데, 이때 전자를 잃은 원자는 (+)전기를 띠고 전자를 얻은 원자는 (-)전기를 띠는데 이를 대전현상이라 함

2) 대전의 원리

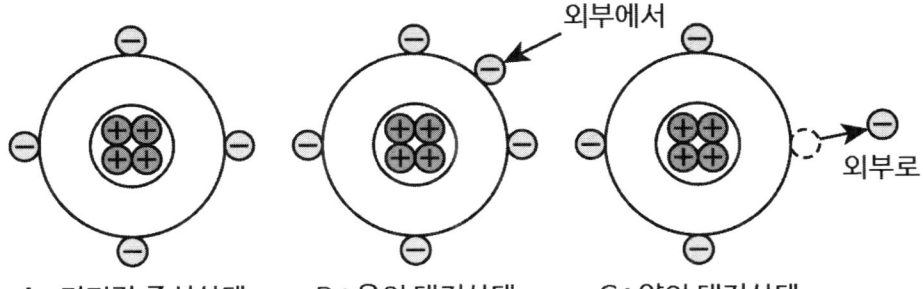

A : 전기적 중성상태   B : 음의 대전상태   C : 양의 대전상태

3) 대전의 종류

구분	내용	그림
1) 마찰에 의한 대전	두 물체 사이의 마찰에 의해 전하 분리가 일어나 대전되는 현상	
2) 박리에 의한 대전	(1) 서로 밀착된 물체가 떨어질 때 전하의 분리가 일어나 대전되는 현상 (2) 접촉면적, 접촉면의 밀착력, 박리속도에 의해 대전되는 정도가 차이가 발생	
3) 유동에 의한 대전	(1) 액체가 파이프 등에서 유동 시 액체와 관벽 사이에서 발생 (2) 액체와 표면 사이의 접촉 면적이 넓을수록, 유속이 빠를수록 분리속도는 커짐 (3) 액체에 혼합된 전하들이 이동하여 하류 측의 용기에 모임	
4) 분출대전	(1) 액체나 기체가 좁은 분출구를 통해 공기 중으로 분출 시 발생하는 마찰로 인해 발생 (2) 유체와 분출구의 마찰 및 액체와 기체 상호 간 충돌로 발생	
5) 충돌대전	입자 또는 물체 상호 간 충돌 발생 시 빠른 접촉 및 분리가 발생하여 대전	
6) 교반대전	액체의 이송이나 교반 또는 휘저을 때 전하 분리가 발생	

3. 정전기의 위험성

1) 폭발, 화재

(1) 방전에너지가 최소착화에너지보다 클 때 발생

(2) 최소착화에너지 : 메테인 0.28(mJ), 에테인 0.25(mJ), 벤젠 0.2(mJ)

2) 전격(Electric Shock)

(1) 대전된 물체와 인체 간에 방전으로 인해 인체로 전류가 흘러 충격 발생

(2) 충격으로 인해 고소작업 시 추락 등 2차 재해 발생

3) 생산 장애

(1) 역학현상에 의한 장애
   ① 정전기의 인력, 척력에 의해 발생
   ② 분진의 막힘, 실의 엉킴, 인쇄의 얼룩, 제품의 오염

(2) 방전현상에 의한 장애
   ① 정전기가 방전 시 발생하는 전류, 전자파, 발광에 의해 발생
   ② 반도체 소자 등 전자부품 파괴, 전자기기 오동작, 잡음 발생

4. 정전기 방지대책

1) 정전기 발생 억제

(1) 공정 속도 및 유속을 감소시키면 전하 생성속도를 감소시킬 수 있음

(2) 예
   ① 플라스틱 부품과 구조체, 절연필름과 금속망, 분진 물질이 취급되는 곳
   ② 탱크롤리, 탱크차, 드럼통 등 위험물을 주입 시 유속 제한
   - 저항률이 $10^{10}\,\Omega\cdot cm$ 미만의 도전성 위험물의 배관유속은 7m/s 이하
   - 에텔, 이황화탄소 등과 같이 유동대전이 심하고 폭발 위험성이 높은 것은 배관 내 유속을 1m/s 이하로 할 것

2) 대전물체의 차폐

(1) 대전물체의 표면을 금속이나 도전성 물질로 덮는 것

(2) 차폐재 : 금속제나 도전성 테이프, 도전성 필름, 시트 등

3) 전하소멸

(1) 접지 및 본딩

① 접지 : 대전된 물체와 대지 간에 전위를 같게 하는 것

② 본딩 : 도전성 물체 간에 전위를 같게 하는 것

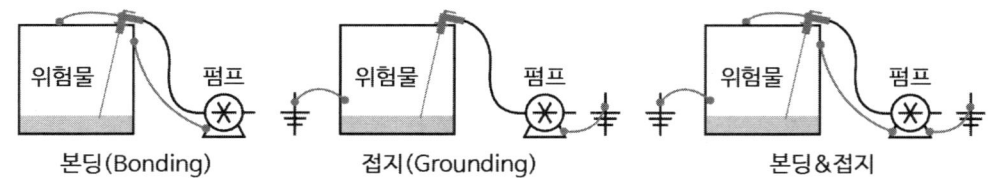

(2) 습도

① 많은 물체는 습도가 증가 시 표면저항이 저하되어 도전율 증가

② 생성된 전하는 대지와 연결된 도전성 경로가 있어야 소멸

③ 방법 : 물의 분무, 가습기 사용 등

(3) 전하의 이완과 대전방지 처리

① 물질의 특성에 따라 정전기 전하를 소멸 또는 이완시키는 데 일정한 시간이 필요

② 전하의 이완은 전하를 이동시키기 위한 접지경로가 있어야만 가능

③ 대전방지제(도전제) 첨가
- 부도체의 도전성 향상을 위해 섬유나 수지의 표면에 흡습성과 이온성을 부여하여 도전성 증가
- 정전기 이완 제품 : 도전성 폴리머, 금속제 필름, 도전성 물질로 도포된 박판 등

4) 전하의 중화(제전기에 의한 대전방지)

(1) 발생된 전하를 중화시키기 위해 반대 극성의 이온을 제공하는 장치를 사용하고, 이온들은 전기적으로 중성이 될 때까지 대전된 물체에 이끌리어 상호 결합함으로써 전하를 중화시킴

(2) 종류 : 자기방전식 제전기, 전압인가식 제전기, 방사선식 제전기

5) 인체의 정전기 관리(작업자의 대전방지)

(1) 인체는 도전성이므로 대지와 분리되어 있으면 전하를 축적할 수 있으며 이러한 전하는 신발과 바닥재와의 접촉과 분리 등에 의해 발생

(2) 대책
    ① 도전성 바닥 및 신발 착용
    ② 개인용 접지 장치 : 손목접지대(Wrist Strap), 접지기, 도전성 덧신
    ③ 대전방지 또는 도전성 의류 : 정전기 방지용 제전복
    ④ 장갑 : 대전방지 제품이거나 도전성을 가질 것
    ⑤ 청소용 천 및 걸레 : 대전방지 성분으로 된 면 또는 섬유를 사용

126회 3교시

1 방화구획과 관련하여 다음사항을 설명하시오.
1) 소방법령 및 건축법령에서 각각 방화구획하는 장소
2) "복합건축물의 피난시설 등"의 대상 및 시설기준

1. 방화구획의 개념

1) 방화구획은 화재발생 시 일정 공간 내로 화재를 국한시켜 피해를 국부적으로 한정시키기 위한 것으로 내화구조로 된 바닥 및 벽이나 60+방화문, 60분방화문 또는 자동방화셔터로 구획한다.

2) 배관, 덕트, 케이블트레이, 부재 간 선형조인트, 커튼월 등에는 틈새가 발생하고 내화채움구조로 밀실히 구획해야 한다.

2. 소방법령 및 건축법령에서 각각 방화구획하는 장소

1) 소방법령

(1) 가압수조 및 가압원 설치장소

(2) 비상전원(자가발전설비, 축전지설비, 전기저장장치) 설치장소

(3) 감시제어반 전용실

(4) 가스계 소화설비 저장용기

(5) 특별피난계단의 계단실 및 부속실 제연설비
   ① 유입공기의 배출 방식 중 기계배출식에 따라 배출하는 경우 배출용 송풍기 설치 장소
   ② 급기송풍기 설치 장소

2) 건축법령

(1) 면적별·층별 구획
주요 구조부가 내화구조 또는 불연재료로 된 건축물로 연면적이 1000㎡를 넘는 것

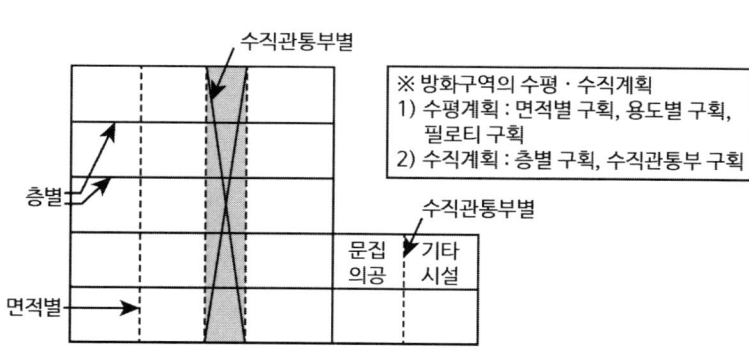

(2) 용도별 구획
① 건축물 일부의 주요구조부를 내화구조로 한 부분과 그 밖의 부분 사이의 구획
② 건축물의 일부에 방화구획을 완화하여 적용한 부분과 그 밖의 부분 사이의 구획

(3) 대피공간
① 아파트로서 4층 이상인 층의 각 세대가 2개 이상의 직통계단을 사용할 수 없는 경우 발코니
② 요양병원, 정신병원, 노인요양시설, 장애인 거주시설 및 장애인 의료재활시설의 피난층 외의 층

3. "복합건축물의 피난시설 등"의 대상 및 시설기준

1) 대상 : 같은 건축물 안에 (1)과 (2)를 함께 설치할 경우

(1) 공동주택·의료시설·아동관련시설 또는 노인복지시설 중 하나 이상

(2) 위락시설·위험물저장 및 처리시설·공장 또는 자동차정비공장 중 하나 이상

2) 시설기준

(1) 공동주택 등의 출입구와 위락시설 등의 출입구는 서로 그 보행거리가 30m 이상이 되도록 설치

(2) 공동주택 등과 위락시설 등은 내화구조로 된 바닥 및 벽으로 구획하여 서로 차단

(3) 공동주택 등과 위락시설 등은 서로 이웃하지 아니하도록 배치

(4) 건축물의 주요 구조부를 내화구조로 할 것

(5) 거실의 벽 및 반자가 실내에 면하는 부분의 마감은 불연재료, 준불연재료 또는 난연재료로 하고, 거실로부터 지상으로 통하는 주된 복도·계단 그밖에 통로의 벽 및 반자가 실내에 면하는 부분의 마감은 불연재료 또는 준불연재료로 할 것

3) 의미

방화에 장애가 되는 용도의 제한에 의해 피난에 지장이 있는 용도와 화재의 위험이 높은 용도의 건축물은 함께 설치할 수 없는 것이 원칙이나 복합건축물은 피난시설 등의 시설기준 요건을 만족하면 함께 설치할 수 있도록 완화한 규정임

> **2** 소방설비에서 적용하고 있는 TAB(Testing, Adjusting, Balancing)에 대하여 다음사항을 설명하시오.
> 1) 적용 대상   2) 절차 및 내용(제연설비 중심)   3) 기대효과

1. 개요

TAB는 시험(Testing), 조정(Adjusting)하고, 균형(Balancing)을 맞추는 작업으로 설계치와 부합하도록 제연설비 시스템을 검토, 측정, 조정하는 일련의 과정을 말한다.

2. 적용 대상

1) 수계소화설비 : 펌프 성능시험
2) 가스계소화설비 : 도어팬테스트
3) 제연설비 : 거실 제연설비, 특별피난계단의 계단실 및 부속실 제연설비

※ 소방설비는 감리결과보고서에 의해 성능시험을 하므로 모든 시스템이 TAB 대상임

3. TAB 수행절차 및 내용 (제연설비 중심)

1) 사전작업 및 검토

(1) 제연대상의 현장 상황을 판단하기 위해 설계도서를 수집 및 검토함. 각 시스템에 대한 계통도를 작성하며 특이사항 파악

(2) 수집도서
① 부속실 및 거실제연 설계도서
② 관련 설계도서(건축, 설비, 전기, 통신 등)
③ 송풍기 성능곡선과 데이터 시트
④ 장비 및 기기의 자료(설계 근거자료)
⑤ 타 시스템과 제연설비의 연동 관련 자료
⑥ 제연구역 별 계통도(시퀀스 구성)

2) 설계도서 검토

(1) 제연설비의 적정성 여부를 검토하기 위해 시스템 도면을 검토하고 개선 방안 및 검토사항을 작성한 후 TAB 계획서가 작성되면 현장에서 상세도면(Shop Drawing)이 완성될 때까지 상호 협력하여 덕트 경로 및 크기 등을 검토한다. 현장을 점검하여 도면과의 상이성 여부를 판단하여 보고서를 제출

(2) 검토 사항
① 도면 및 상세도면(Shop Drawing) 검토
② 현장점검

3) 중간 검사

(1) 덕트 누설시험

(2) 자동차압급기댐퍼 및 배기댐퍼의 누설량 성능검사

(3) 방화문 설치 후 누설량 검사

4) 시스템 점검

(1) 시공자는 TAB 작업 수행 전에 송풍기, 자동차압댐퍼, 과압방지장치 설치를 완료하여 정상적 시스템 운전이 가능하도록 하며, 성능평가를 위한 측정 작업을 수행하기 전 다음의 사항을 확인

(2) 확인사항 : 송풍기, 자동차압댐퍼, 부속실 및 방화문, 유입공기 배출댐퍼

5) 시스템 성능시험

(1) 급기가압제연 시스템의 제연구역의 차압과 부속실 방화문의 개방에 따른 방연풍속분포의 적정성을 확인하기 위해 화재안전기준에 의한 시스템의 성능시험을 단계별로 시행, 측정을 함

(2) 측정사항

송풍기 운전상태, 시스템 조정, 거실제연구역에서의 급기, 배기 풍량, 부속실 방화문 개방력 및 폐쇄력, 부속실 차압, 방연풍속 분포, 비개방층 차압, 송풍기의 풍량, 송풍기의 정압, 전동기 회전수, 전동기의 운전전류와 전압

6) 종합보고서 작성

(1) 측정된 데이터는 설비 개요의 기술, 화재안전기준과 측정값과의 비교검토, 시공상태의 문제점 표출 및 대안제시, TAB 작업의 순서, 진행 및 결과를 분석하여 종합보고서를 작성함

(2) 작성사항

① 설비 개요의 기술

② 화재안전기준과 측정값과의 비교 검토

③ 설계, 시공상태의 문제점 표출 및 대안 제시

④ TAB 작업의 순서, 진행 및 결과 기술

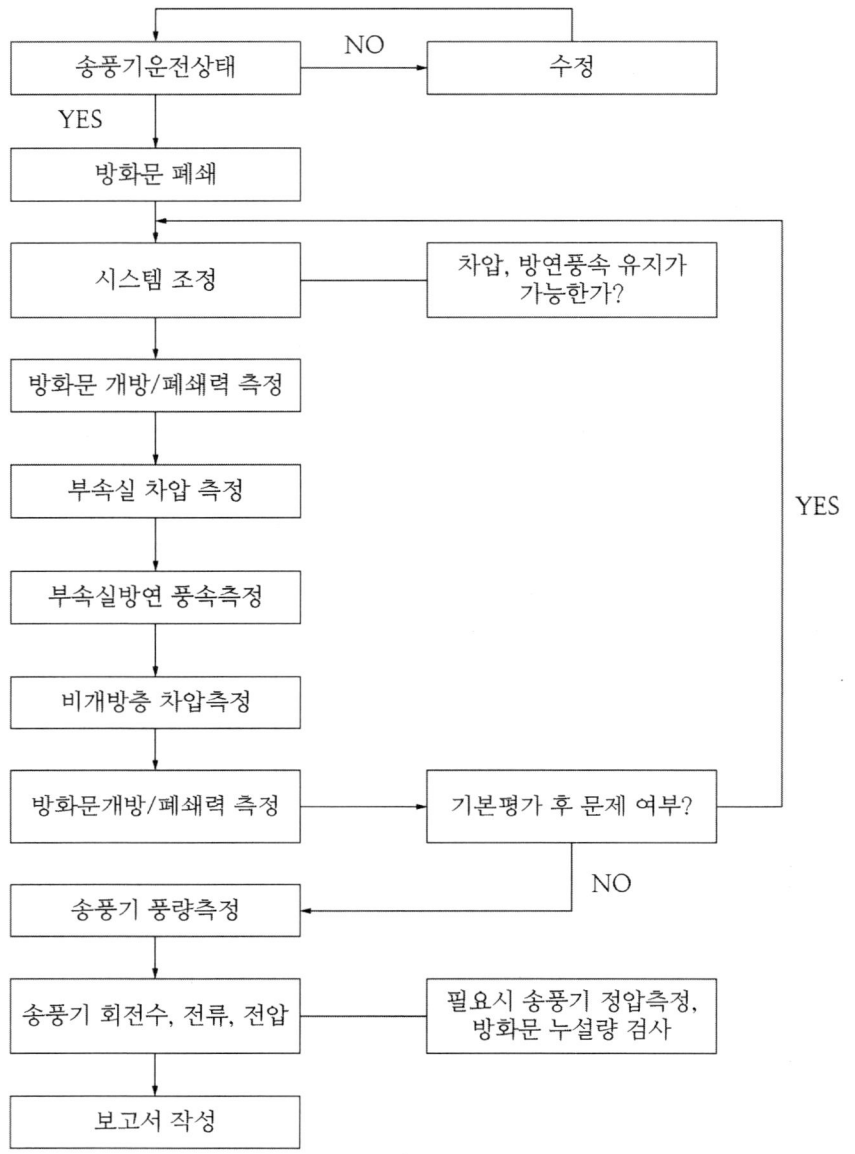

4. 기대효과

1) 소방설비의 신뢰도 향상
2) 시험, 조정 등을 통해 문제점 도출 및 개선
3) 초기 투자비 절감
4) 운전경비의 감소
5) 장비 수명의 연장
6) 효율적인 운전관리

3 가스계소화설비 설치장소의 누출부에 대한 방호구역 밀폐도(기밀성) 시험에 대하여 다음사항을 설명하시오.
  1) 기본원리   2) 시험절차   3) 기대효과

1. 개요

1) 방호구역은 다양한 형태의 개구부가 존재하므로 설계농도유지시간을 만족하지 못하면 소화실패의 우려가 있으므로 전역 방출방식에서 가스계소화설비의 신뢰성을 확보하기 위해 실시하는 시험을 밀폐도시험(Enclosure Integrity Test)이라고 한다.

2) 밀폐도시험은 Smoke Pencil Test와 Door Fan Test가 있으며, 특히 Door Fan Test는 누설 개구부의 위치를 발견하여 설치된 소화설비의 적정성에 대한 판단을 제공하는 간접적인 성능확인시험으로 ISO, NFPA, IRI 등에 의해 채택되고 있는 신뢰성이 입증된 선진화된 시험기법이다.

3) Door Fan Test는 약제방출 시와 동일한 환경을 조성하여 직접적인 약제의 방출 없이 Door Fan, 각종 압력계 및 컴퓨터 프로그램을 사용하여 실내·외의 정압, 송풍량 등을 측정하여 방호구역 내의 누설면적, 약제의 설계농도 유지시간(Retention Time)으로 환산한다.

2. 기본원리

1) 가스계소화설비가 작동하여 방호대상물이 설치된 실내로 소화약제가 방출될 때 순간적으로 압력이 상승하면서 실내공기와 혼합

2) 실내에 충만한 혼합가스 중 비중이 큰 가스는 하단부의 누설부위를 통해 빠져나가고 상단 누출 부위로부터 외부공기가 유입되면서 혼합가스의 농도는 상부로부터 점차 낮아짐

3) 도어 팬 시험기를 이용해 이와 같은 조건을 조성한 후 이때 누설되는 양을 측정하여 컴퓨터 프로그램으로 누출면적을 산출하고, 최종적으로 약제의 소화농도유지시간을 측정

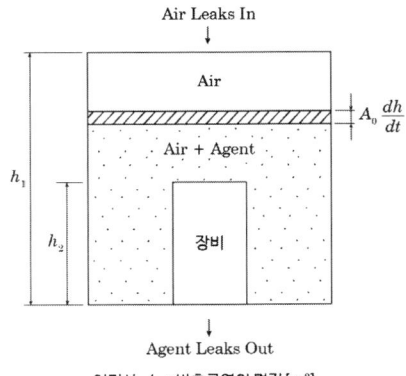

여기서, A_0 : 방호구역의 면적[m²]

※ 설계농도 유지시간 측정원리

(1) 도어팬테스트를 통해 같은 조건을 조성하여 누설량을 측정하고 컴퓨터 프로그램으로 누설틈새 면적을 확인하고 최종적으로 설계농도 유지시간 계산

(2) 누설량(Q) 및 누설면적(A_T)

$$\cdot Q = 0.827 A_T \sqrt{\Delta P} \ , \quad A_T = \frac{Q}{0.827\sqrt{\Delta P}} \quad (\Delta P : 실내외 압력차)$$

(3) 누설틈새를 통해 약제가 빠져나가는 시간(t) 추정이 가능하여 설계농도 유지시간 확인 가능

$$\cdot t = \frac{V}{0.827\sqrt{\Delta P}} \quad (V : 실의\ 체적)$$

3. 시험절차

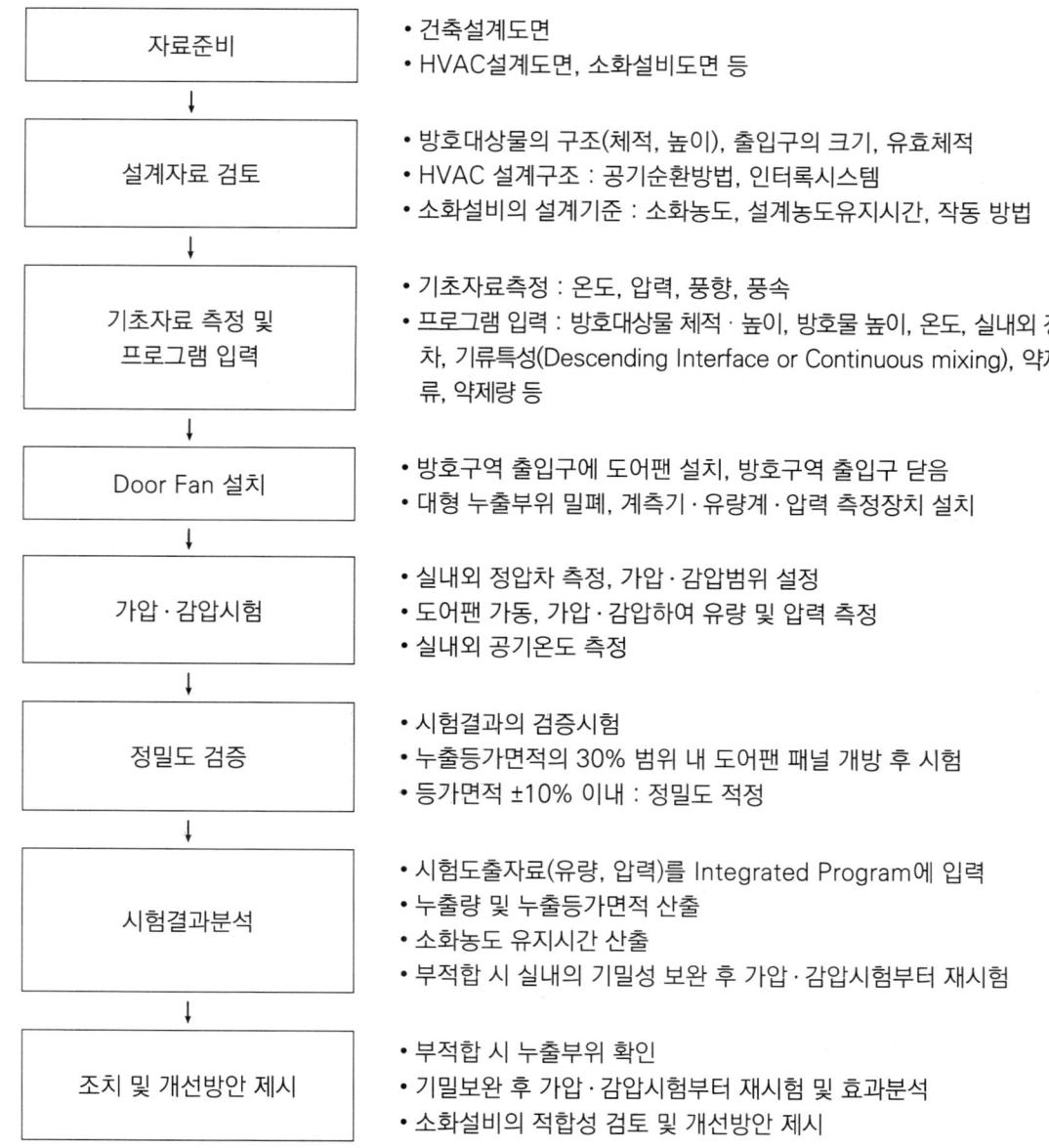

4. 기대효과

1) 누설위치 및 면적 확인
(1) 등가누설면적이 허용 면적을 초과하면 소화설비는 부적합한 것으로 도출
(2) 연기 발생장치를 통해 누설 부분을 육안으로 확인할 수 있음. 등가누설면적이란 입체적으로 존재하는 여러 개구부와 틈새 면적의 총합을 말함

2) 소화약제량의 적합 여부 판단
(1) Mixing Mode와 Descending Interface Mode 상태에서 소화약제량의 적합 여부를 판단
(2) 부적합할 경우 가산해야 할 약제량을 계산하여 추가 약제량을 도출할 수 있음

3) 설계농도유지시간 확인(Retention Time)
(1) 방호물의 높이에 따라 설계농도유지시간이 결정되므로 기준값에 미달 시 해결책 제시
(2) 방호구역을 높이거나 Descending Interface Mode를 기류순환장치를 설치하여 Mixing Mode로 전환하는 등의 대안을 제시할 수 있음

4) 과압배출구(피압구)의 산정
(1) 과압배출구가 적정한 위치에 설치되어 있는지 수치적으로 가능함
(2) 부적합할 경우 추가해야 할 과압배출구의 면적을 알 수 있음

5) 소화설비의 신뢰성 확보

보충

[Door Fan Tester의 구성]

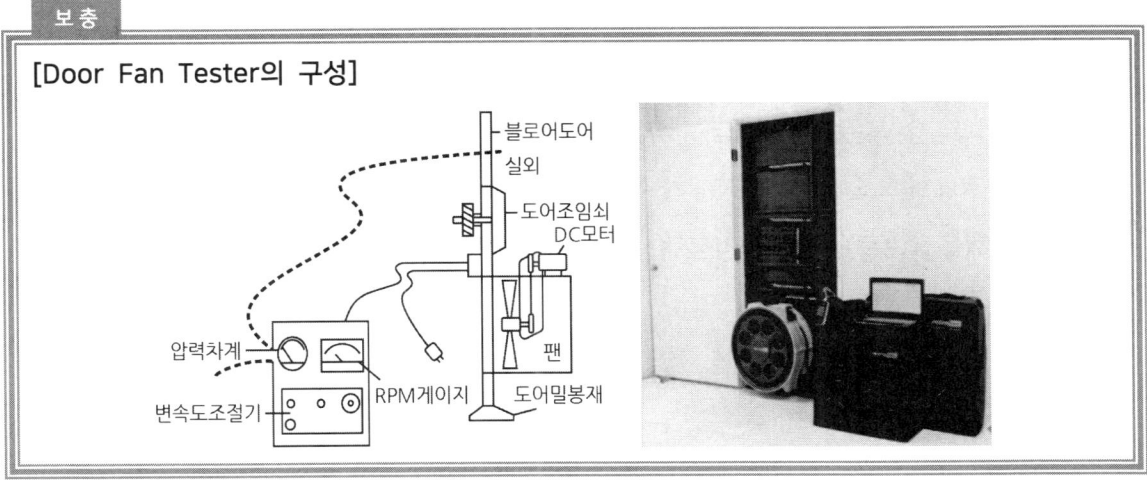

4 유해화학물질의 물질안전보건자료(MSDS) 구성항목과 작성 시 확인사항에 대하여 설명하시오.

1. 개요
1) 물질안전보건자료(MSDS)란 Material Safety Data Sheet의 약자로 화학물질의 유해·위험성, 구성성분의 명칭 및 함유량, 취급방법, 화재·폭발 시의 방재요령, 환경에 미치는 영향 등을 기록한 자료로 화학제품의 안전한 사용을 위한 설명서를 말한다.
2) MSDS 대상 화학물질을 취급하고자 하는 사업주는 공급업체로부터 MSDS를 제공받아서 작업장 내에 한글로 게시하거나 비치하고 근로자에게 그 내용을 교육해야 한다.

2. MSDS의 목적
화학물질을 안전하게 취급하기 위하여 근로자에게 필요한 정보를 제공함으로써 화학물질에 의한 산업재해나 직업병 등을 예방

3. MSDS 대상

1) 물리적 위험물질(16종)
폭발성물질, 인화성 가스, 에어로졸, 산화성 가스, 고압가스, 인화성 액체, 인화성 고체, 자기반응성 물질 및 혼합물, 자연발화성 액체, 자연발화성 고체, 자기발열성물질 및 혼합물, 물반응성물질 및 혼합물, 산화성액 체, 산화성 고체, 유기과산화물, 금속부식성물질

2) 건강유해물질(10종)
급성 독성물질, 피부 부식성·피부 자극성 물질, 심한 눈 손상성·눈자극성 물질, 호흡기 또는 피부과민성 물질, 발암성물질, 생식세포 변이원성 물질, 생식독성 물질, 특정표적장기 독성물질(1회 노출), 특정표적장기 독성물질(반복노출), 흡인 유해성물질

3) 환경유해물질(2종) : 수생환경유해성물질, 오존층유해성 물질

4. MSDS의 구성항목 (16항목)

1) 화학제품과 회사에 관한정보
   (1) 제품명
   (2) 제품의 권고용도와 사용상의 제한
   (3) 공급자 정보
2) 유해성·위험성
   (1) 유해성·위험성 분류
   (2) 예방조치 문구를 포함한 경고표지 항목 : 그림문자, 신호어, 유해·위험문구, 예방조치문구
   (3) 유해성·위험성 분류기준에 포함되지 않는 기타 유해성·위험성
3) 구성성분의 명칭 및 함유량
4) 응급조치 요령
5) 폭발·화재 시 대처방법
6) 누출 사고 시 대처방법
7) 취급 및 저장방법
8) 노출방지 및 개인보호구
9) 물리화학적 특성
10) 안전성 및 반응성
11) 독성에 관한 정보
12) 환경에 미치는 영향
13) 폐기 시 주의사항
14) 운송에 필요한 정보
15) 법적 규제사항
16) 그 밖의 참고사항

5. 작성 시 확인사항

1) 1단계 : MSDS 작성대상의 확인

(1) 화학제품 일반 정보 수집 및 작성

(2) 화학제품과 회사에 관한 정보, 구성성분의 명칭 및 함유량

2) 2단계 : 유해·위험성 기초 정보 수집 및 작성

(1) 소방청 위험물정보(물리·화학적 특성, 안전성 및 반응성), 경제협력개발기구(독성에 관한 정보), WHO(환경에 미치는 영향)

(2) 물리·화학적 특성, 안전성 및 반응성, 독성에 관한 정보, 환경에 미치는 영향

3) 3단계 : 유해성·위험성 정보 작성

(1) 노동부고시에 따라 유해성 및 위험성 분류

(2) 관련고시에 따라 유해성 및 위험성 분류에 대응하는 그림문자, 신호어, 유해·위험 문구, 예방조치 문구 선택

4) 4단계 : 긴급대응 등 정보 수집 및 작성

(1) 유엔운송위험물질은 ERG(긴급대응지침)의 표준문구 이용, GHS 분류 물질은 GHS 분류결과에 따른 표준문구를 참조하여 정보 제공, 취급시 주의가 필요한 물질에 대해서는 적절한 표준문구를 사용하여 제공

(2) 응급조치요령, 폭발·화재 시 대처방법, 누출 사고 시 대처방법, 취급 및 저장 방법, 노출방지 및 개인보호구

5) 5단계 : 규제정보 수집 및 작성

(1) 폐기물 관리법, 유엔의 운송 모델규칙, 산업안전보건법, 유해화학물질관리법, 위험물안전관리법 참고

(2) 폐기 시 주의사항, 운송에 필요한 정보, 법적 규제사항, 그 밖의 참고사항

5 소방공사 계약에서 물가변동에 따른 계약금액 조정(Escalation)에서 품목조정률과 지수조정률을 설명하시오.

1. 개요
1) 물가변동에 따른 계약금액의 조정은 해당공사 계약조건에 따라 처리함을 원칙으로 한다.
2) 계약이행 중 계약내역을 구성하는 각종 품목 또는 비목의 가격이 등락된 경우에는 계약금액을 조정하는 방법으로 품목조정률과 지수조정률 방법 중 계약서에 분명하게 표현된 한 가지 방법을 택하여 적용하여야 한다.

2. 계약금액 조정의 요건(1), 2)의 조건 모두 만족)
1) 계약체결일 또는 조정기준일(조정사유가 발생한 일) 부터 90일 이상 경과
2) 품목조정률 또는 지수조정률이 3/100 이상 증감된 때

3. 계약금액을 조정하는 방법
1) 품목조정률
(1) 품목조정률 = $\dfrac{\text{각 품목 또는 비목의 수량에 등락폭을 곱하여 산출한 금액의 합계액}}{\text{계약금액}}$

(2) 등락폭 = 계약단가 × 등락률

(3) 등락률 = $\dfrac{\text{물가변동당시가격} - \text{입찰당시가격}}{\text{입찰당시가격}}$

2) 지수조정률
계약금액(조정기준일 이후에 이행될 부분을 그 대상으로 함)의 산출내역을 구성하는 비목군 및 다음의 지수 등의 변동률에 따라 산출

(1) 한국은행이 조사하여 공표하는 생산자물가기본분류지수 또는 수입물가지수
(2) 정부·지방자치단체 또는 「공공기관의 운영에 관한 법률」에 따른 공공기관이 결정·허가 또는 인가하는 노임·가격 또는 요금의 평균지수
(3) 「국가를 당사자로 하는 계약에 관한 법률 시행규칙의 규정에 의하여 조사·공표된 가격의 평균지수
(4) 그 밖에 1)부터 3)까지와 유사한 지수로서 기획재정부장관이 정하는 지수

4. 계약금액 조정

1) 계약금액 중 조정기준일 이후에 이행되는 부분의 대가에 품목조정률 또는 지수조정률을 곱하여 산출
2) 계약상 조정 기준일 전에 이행이 완료되어야 할 부분은 물가변동적용대가에서 제외

---

6 무선통신보조설비에 대하여 다음사항을 설명하시오.
1) 전압정재파비
2) 그레이딩(Grading)
3) 무반사 종단저항

---

1. 전압정재파비

1) 정의

전송선로에서 부하 측으로 진행하는 전압파와 부하 측에서 반사되어 나오는 전압파의 합에 의해 발생되는 전압정재파의 진폭의 최대값과 최소값의 비를 전압정재파비라 한다.

2) 관련 식

(1) $VSWR = \dfrac{|V_{\max}|}{|V_{\min}|} = \dfrac{1+|\beta|}{1-|\beta|} = \dfrac{\text{최대전압의 크기}}{\text{최소전압의 크기}}$

(2) 부하단자에서의 반사계수 $\beta = \dfrac{Z_o - Z_L}{Z_o + Z_L}$

(3) $V- = \beta \times V+$

3) 반사손실(RL, Return Loss)

(1) 반사계수를 전력의 Log Scale(dB)로 변환한 값이다. 여기서 dB를 취할 때 10이 아닌 20을 곱하는 이유는 반사계수 값 자체가 전압의 비이기 때문이다. 전력기준의 dB를 계산하기 위해선 전압의 제곱을 고려해야 하기 때문에 10이 아닌 20을 곱하게 된다.

(2) 반사손실(RL) = $-20\log|\beta| = -10\log|\beta|^2$

4) 전압정재파비의 특징

(1) 통상 안테나와 급전선 부위의 임피던스 정합성 정도를 나타내는 데 사용되며, VSWR이 작을수록 반사가 적다는 의미가 되고, 반사손실이 클수록 반사가 적다는 의미

(2) VSWR 수치는 전송선로 특성 임피던스와 종단 부하 안테나의 임피던스가 어느 정도 맞춰졌는지의 정합 정도를 나타내는 양으로 사용

(3) 반사손실은 VSWR과 같은 의미로 사용되기도 하는데, 반사파 전력과 진행파 전력과의 대수로 표시

(4) 최대 전압과 최소 전압의 비로 VSWR ≥ 1

(5) 종단에서 임피던스 정합 시 VSWR은 1이며 종단이 단락 시 VSWR은 무한대

2. 그레이딩 (Grading)

1) 정의

신호레벨은 케이블을 따라 전파되어 가면서 점점 감쇄되어 약해지므로 이를 평준화하기 위해 신호레벨이 높은 곳에는 결합손실이 큰 케이블을 사용하고, 신호레벨이 낮은 곳에는 결합손실이 작은 케이블을 사용하여 평준화시켜 주는 것을 그레이딩(Grading)이라고 한다.

2) 손실

(1) 결합손실
 ① 전기회로에 어떤 기기 또는 물질을 추가 삽입 시 이것으로 인해 발생되는 손실
 ② 무선통신은 유선통신에 비해 송신 안테나, 수신안테나 등이 더 필요하므로 이 부분에서도 결합손실이 발생하며, 이때의 결합손실은 안테나의 특성, 기온, 기후 등 공간의 환경에 따라 달라짐

(2) 전송손실
 ① 도체에 전류가 흐르면 도체의 임피던스에 의해 도체 내에서 전력손실이 생기는데, 통신에서는 신호전송회로에서 생기는 전력손실
 ② 도체손실, 절연체 손실, 복사손실로 구성

(3) 결합손실과 전송손실과의 관계
 결합손실이 작을수록 전송손실이 커지고, 이 전송손실은 회로에서 취급하는 주파수가 높을수록 커짐

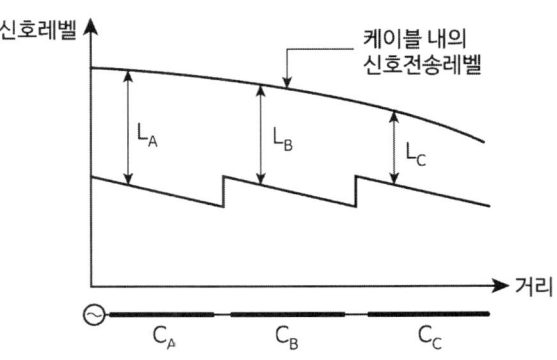

결합손실 : $C_A > C_B > C_C$
전송손실 : $C_A < C_B < C_C$

3) 그레이딩 방법

(1) 결합손실이 큰 것부터 결합

(2) 전송손실이 작은 것부터 결합

3. 무반사 종단저항

1) 정의

누설동축케이블의 종단부에 전송된 전파는 케이블종단에서 반사되어 교신을 방해하게 되고, 송신효율이 떨어진다. 따라서 송신부로 되돌아오는 전자파의 반사를 방지하기 위해 무반사 종단저항을 설치한다.

2) 무반사 종단저항의 원리

(1) 전송되는 전파가 동축케이블의 종단부에 도달하면 갑자기 임피던스는 무한대가 되므로 그 점에서 반사하여 오던 길로 되돌아 감

(2) 반사가 일어나면 동축케이블에는 정방향 진행파와 반사파의 합성파가 형성되어 신호가 뒤범벅이 되어 통신이 어려움

(3) 특성임피던스가 50Ω인 케이블에 전압의 입사파가 진행하다가 임피던스가 Z_L인 점에 도달하면 반사파는 다음 식으로 계산됨. $Z_0 = Z_L$이면 반사파의 크기는 0이 되는데, 이와 같이 반사파를 0으로 하기 위해서 케이블의 끝에 무반사 종단저항을 설치

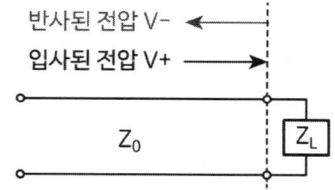

$$V- = \frac{Z_0 - Z_L}{Z_0 + Z_L} \cdot V+$$

3) 특성

(1) 임피던스(Impedance) : 50Ω

(2) 전압정재파비 : 1.5 이하

4) 무반사 종단저항의 위치 : 누설동축케이블의 말단

126회 4교시

1 소화설비(옥내소화전, 스프링클러, 물분무등)의 배관 및 가압송수장치, 제어반에 적용되고 있는 내진설계기준에 대하여 설명하시오.

1. 배관

1) 건물 구조부재 간의 상대변위에 의한 배관의 응력을 최소화하기 위하여 지진분리이음 또는 지진분리장치를 사용하거나 이격거리를 유지
2) 건축물 지진분리이음 설치위치 및 건축물 간의 연결배관 중 지상노출 배관이 건축물로 인입되는 위치의 배관에는 관경에 관계없이 지진분리장치를 설치
3) 천장과 일체 거동을 하는 부분에 배관이 지지되어 있을 경우 배관을 단단히 고정시키기 위해 흔들림 방지 버팀대를 사용
4) 배관의 흔들림을 방지하기 위하여 흔들림 방지 버팀대를 사용
5) 흔들림 방지 버팀대와 그 고정장치는 소화설비의 동작 및 살수를 방해하지 않을 것
6) 배관의 수평지진하중의 계산
   (1) 흔들림방지 버팀대의 수평지진하중 산정 시 배관의 중량은 가동중량(W_p)으로 산정
   (2) 흔들림방지 버팀대에 작용하는 수평지진하중의 산정은 허용응력설계법으로 하며, 다음 중 어느 하나를 적용
      ① $F_{pw} = C_p \times W_p$, F_{pw} : 수평지진하중, W_p : 가동중량, C_p : 소화배관의 지진계수
      ② ①에 따른 산정방법 중 허용응력설계법 외의 방법으로 산정된 설계지진력에 0.7을 곱한 값을 수평지진하중(F_{pw})으로 적용
   (3) 수평지진하중(F_{pw})은 배관의 횡방향과 종방향에 각각 적용
7) 벽, 바닥 또는 기초를 관통하는 배관 주위에는 다음의 기준에 따라 이격거리를 확보
   (1) 관통구 및 배관 슬리브의 호칭구경

배관의 호칭구경	슬리브의 호칭구경
25mm 내지 100mm 미만	배관의 호칭구경보다 50mm 이상
100mm 이상	배관의 호칭구경보다 100mm 이상

   (2) 방화구획을 관통하는 배관의 틈새는 인정된 내화충전구조 중 신축성이 있는 것으로 메울 것
8) 소방시설의 배관과 연결된 타 설비배관을 포함한 수평지진하중은 6)항에 따라 결정

2. 가압송수장치

1) 가압송수장치에 방진장치가 있어 앵커볼트로 지지 및 고정할 수 없는 경우에는 (1), (2)의 기준에 따라 내진스토퍼 등을 설치해야 한다. 다만 방진장치에 이 기준에 따른 내진성능이 있는 경우는 제외

   (1) 정상운전에 지장이 없도록 내진스토퍼와 본체 사이에 최소 3mm 이상 이격하여 설치

   (2) 내진스토퍼는 제조사에서 제시한 허용하중이 지진하중 이상을 견딜 수 있는 것으로 설치. 단, 내진스토퍼와 본체 사이의 이격거리가 6mm를 초과한 경우에는 수평지진하중의 2배 이상을 견딜 수 있는 것으로 설치

2) 가압송수장치의 흡입 측 및 토출 측에는 지진 시 상대변위를 고려하여 가요성이음장치를 설치

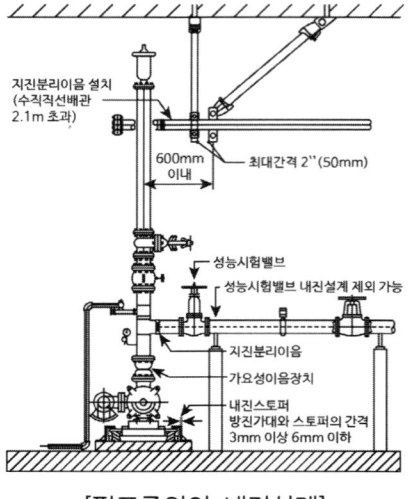

[펌프주위의 내진설계]

3. 제어반

1) 제어반 등의 지진하중은 소방시설의 내진설계 기준 "공통적용사항"에 따라 계산하고, 앵커볼트는 소방시설의 내진설계 기준 "공통적용 사항"에 따라 설치. 단, 제어반등의 하중이 450N 이하이고, 내력벽 또는 기둥에 설치하는 경우 직경 8mm 이상의 고정용 볼트 4개 이상으로 고정할 수 있음

2) 건축물의 구조부재인 내력벽·바닥 또는 기둥 등에 고정해야 하며, 바닥에 설치하는 경우 지진하중에 의해 전도가 발생하지 않도록 설치

3) 제어반 등은 지진 발생 시 기능이 유지될 것

---

2 NFPA 25 수계소화설비의 점검, 시험 및 유지관리에서 대상 설비별로 다음사항을 설명하시오.
1) 시험 및 검사 종류   2) 주기   3) 목적   4) 시험방법

1. ITM (Inspection, Testing, Maintenance)

1) NFPA 25는 의무적으로 점검, 시험, 유지관리를 하도록 규정함
2) 초기설치 후 지속적인 성능유지에 대한 검증을 요구함
3) 최종책임자는 소유자(Owner) 또는 지명된 대표자

2. 국내규정과 NFPA 25 비교

구분	국내규정	NFPA 25
점검	• 작동기능점검, 종합정밀점검	• 수계소화설비의 ITM
목적	• 사용승인 시점에 소방법령에 적법하게 설치 여부 확인 • 사용승인 후 주기적인 점검	• 소화설비의 성능 검증 및 유지관리의 가능 여부
점검 시험 항목	• 동작의 검증, 펌프 성능시험 등	• 유지관리 장소 확보 • 방수구, 헤드의 유량, 압력시험 • 펌프 성능시험 및 내구성 시험 • 밸브, 부속류, 저수조, 펌프를 별도의 항목으로 분류
주요 점검, 시험내용	• 밸브, 호스류의 연한시험 없음 • 스프링클러헤드 표본검사 없음 • 설비 교체주기 확인 없음 • 배관, 부속류 이물질 제거기준 없음 • 펌프 점검, 시험항목이 한정적 • 소방시설의 내구성 및 소화성능을 세부적으로 확인하기에는 한계있음	• 밸브, 호스류 연한시험 실시 • 스프링클러헤드 표본검사 실시 • 설비 교체주기 확인 • 배관, 부속류 이물질 확인 • 펌프 점검, 시험항목 기준이 높음 • 소방시설의 내구성 및 소화성능을 세부적으로 확인
횟수	• 1~2회/년	• 설비별 주, 월, 분기, 년으로 구분
펌프가동 횟수	• 1~2회/년	• 디젤엔진펌프 : 1회/주 • 전기모터펌프 : 1회/월 • 펌프 및 배관계통 성능시험
펌프 가동시간	• 기준 없음	• 전동기 10분, 내연기관 30분

3. 대상설비

1) 스프링클러 설비
2) 연결송수관, 옥내 · 외 소화전, 호스릴설비
3) 소화공급 주배관
4) 소화펌프
5) 저수조
6) 폼워터 스프링클러 설비
7) 미분무설비
8) 밸브류
9) 배관 내부 환경 및 막힘 검사

4. 시험 및 검사 종류, 주기, 목적, 시험방법

1) 스프링클러설비

시험 및 검사종류	주기	목적	시험방법
부동액	매년	부동액 농도확인	샘플 채취
스프링클러	헤드 종류, 환경에 따라 5년/10년/20년/50년/75년 이후 5년/10년 주기	교체 필요성확인	육안점검, 샘플시험
스프링클러 헤드	매년	손상유무, 장애물 이격거리확인	육안점검
유수검지장치	종류에 따라 분기/반기	정상경보, 작동확인	시험배관 사용
열선보온	제조업체 시방에 따름	손상유무, 성능확인	육안점검

2) 연결송수관 및 호스시스템(옥내·소화전 및 호스릴 설비)

시험 및 검사 종류	주기	목적	시험방법
함	매년	손상유무, 개폐	육안점검
호스	매년	손상유무, 성능확인	육안점검
노즐	매년, 사용 후	손상유무, 성능확인	육안점검
연결부, 거치대	매년	손상유무, 성능확인	육안점검
표지	매년	판독 여부 확인	육안점검

3) 소화펌프

시험 및 검사 종류	주기	목적	시험방법
디젤엔진	매주	연료탱크용량, 배터리 확인	육안, 계측기검사
제어반	매주	전원, 지시등, 조명 확인	육안, 계측기검사
펌프	매주	밸브개방상태, 누수 확인	육안검사
펌프룸	매주	온도, 환기, 배수 확인	육안, 계측기검사
펌프유량시험	매년	펌프성능시험 확인 펌프 진동/소음 확인	성능시험 육안/청각 확인
펌프체절시험	디젤엔진 : 매주 전동기 : 주간/월간	순환릴리프밸브, 감압밸브, 압력릴리프밸브 확인, 압력 및 전력계통 정보기록	전동기 : 10분 이상 디젤엔진 : 30분 이상

4) 저수조

시험 및 검사 종류	주기	목적	시험방법
사다리	분기	손상유무, 파손확인	육안, 계측기검사
신축이음	매년	손상유무, 파손확인	
난방설비	분기/일간	성능확인	
수위	분기/월간	지정수위 확인	
수위경보기	매년	고수위, 저수위 경보확인	수위시험

3 본질안전 방폭구조에서 Zener Barrier 및 Isolated Barrier 방식에 대하여 그림을 그리고 설명하시오.

1. 개요

1) 폭발성분위기에서 사용되는 전기기기가 정상 및 비정상상태에서 아크, 전기불꽃 또는 온도상승으로 인한 고온에 의해 가연성 증기 또는 분진에 점화가 일어나지 않도록 전기기기에 공급되는 전기적 에너지를 발화를 일으키기에는 충분히 약한 수준의 에너지로 설계하여 점화를 일으킬 수 없다는 것을 시험 및 분석을 통해 확인된 방폭구조를 본질안전 방폭구조라 한다.

2) 전기기기가 가지는 에너지가 폭발을 일으킬 수 있는 최소 점화에너지 이하이기 때문에 정상 및 비정상 작동 시에도 점화원이 되지 않기 때문에 폭발을 본질적으로 일으킬 수 없는 기기를 의미한다.

3) 본질안전 방폭구조는 본질안전 회로와 본질안전 관련 회로로 구성되며, 본질안전 회로는 위험지역 내에 설치되고 본질안전 관련 회로는 비위험지역에 설치되어 본질안전 회로에 에너지를 제한하는 기능을 하고, Zener Barrier 방식과 Isolated Barrier 방식으로 구분한다.

2. Zener Barrier 방식

1) 정의

비위험장소에서 위험장소로 흘러들어가는 비정상 전압, 전류를 제너다이오드, 저항, 퓨즈로 제한하거나 차단하는 방식

2) 구성품

(1) 퓨즈와 저항을 직렬로 연결하고 제너다이오드를 병렬로 연결하는데 이는 고장 시에도 계속 작동하도록 하는 고장방지능력을 확보하기 위함

(2) 제너다이오드 - 정전압 유지, 저항 - 전류제한, 퓨즈 - 과전압 차단, 접지 - 제너다이오드 고장전류의 순환

3) 특징

(1) 구조가 간단하고 가격이 저렴

(2) 제어기기 및 주변기기에 접지 및 본딩이 필요

(3) 퓨즈 단선 시 재사용이 불가

3. Isolated Barrier 방식

1) 정의

비위험장소에서 위험장소로 흘러들어가는 비정상 전압, 전류를 변압기, 광전소자, 릴레이를 통해 전기에너지를 차단하는 방식

2) 구성품 : 변압기, 광전소자, 릴레이

3) 특징

(1) 구조가 복잡하고 고가

(2) Zener Barrier 방식에 비해 안정적이며 접지 및 본딩이 필요치 않는 유리한 방식

4. Zener Barrier 방식과 Isolated Barrier 방식 비교

구분	Zener Barrier	Isolated Barrier
구성도		
전류 차단방식	제너다이오드, 저항, 퓨즈	변압기, 광전소자, 릴레이
접지설비	필요	불필요
신뢰도	낮다	높다

4 한국산업표준(KS A 0503 배관계의 식별표시)에 의한 소화배관 표시방법에 대하여 설명하시오.

1. 화재안전기준에 따른 소화배관 식별표시 방법

1) 옥내소화전, 스프링클러의 배관은 다른 설비의 배관과 쉽게 구분이 될 수 있는 위치에 설치하거나, 2)에 의함
2) 배관표면 또는 배관보온재표면의 색상은 KS A 0503 또는 적색으로 식별이 가능하도록 소방용설비의 배관임을 표시한다.

2. KS A 0503 배관계의 식별표시 방법

1) 물질표시

(1) 관내 물질의 종류 식별

① 물 : 파랑색
   증기 : 어두운 빨강
② 공기 : 하양
   가스 : 연한 노랑
   산 또는 알칼리 : 회보라
   기름 : 어두운 주황
③ 전기 : 연한 주황

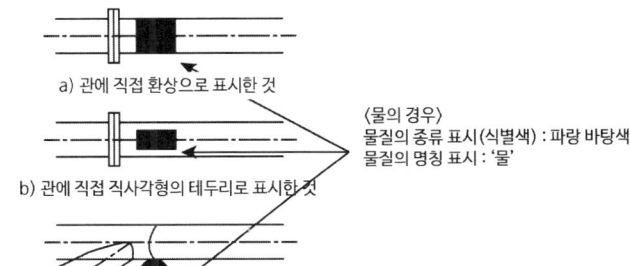

(2) 관내 물질의 명칭 표시 : 물질명을 그대로 표시(공기, 물), 또는 화학기호를 사용(H_2O)

(3) 물질의 명칭, 화학기호는 백색 또는 검정색을 사용하여 식별색 위에 기재

2) 상태표시

(1) 흐름방향 표시 : 화살표는 하양 또는 검정색

① 물질표시를 관에 직접적으로 환상 또는 직사각형 테두리 안에 표시되어 있는 경우 그 부근
② 관에 부착한 표찰에 식별색이 있는 경우 그 표찰에 화살표 기입
③ 물질 종류와 흐름방향을 동시에 표시

(2) 압력, 온도, 속도 등의 특성표시
관내 물질의 압력, 온도, 속도 등의 특성을 표시할 필요가 있는 경우, 그 양을 수치와 단위기호로 표시. 예) 0.2MPa, 80℃, 0.5m/s

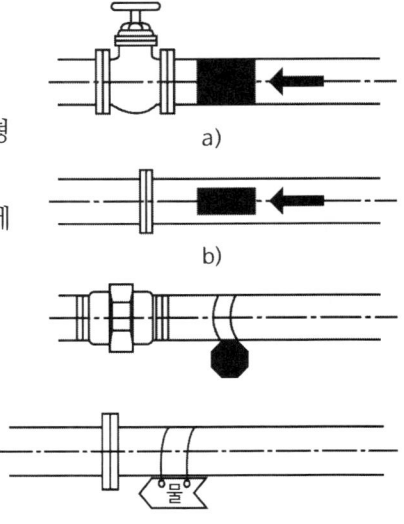

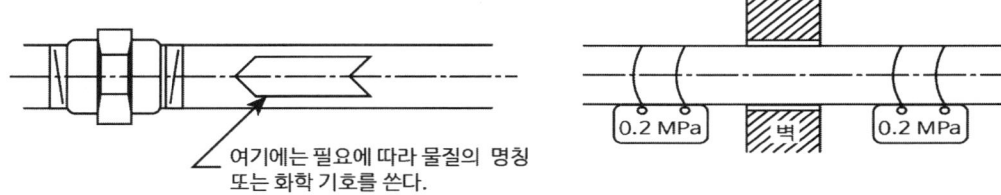

3) 안전표시 / 소화표시

(1) 표시방법 : 빨간색의 양쪽에 흰색 테두리를 붙임

(2) 표시장소 : 식별색이 표시되어 있는 곳의 부근

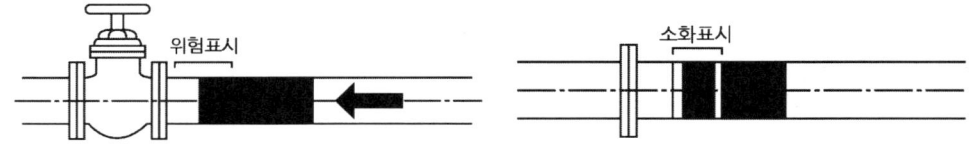

5. 유도등의 광원으로 사용되고 있는 LED(Light Emitting Diode)에 대하여 다음 사항을 설명하시오.
   1) P형 반도체와 N형 반도체의 개념
   2) 빛 발생원리(그림 포함)
   3) LED 특징

1. P형 반도체와 N형 반도체의 개념

1) 진성 반도체
  (1) 규소(Si) 또는 게르마늄(Ge)과 같이 최외각전자 4개로 공유결합을 하고 있는 매우 안정된 반도체를 말함
  (2) 즉 불순물이 도핑되어 있지 않는 순수한 반도체

2) P형 반도체
  (1) 13족 원소(붕소(B), 알루미늄(Al))를 진성반도체에 넣어주면 P형 반도체가 됨
  (2) P형 반도체를 만들기 위해 넣어주는 원소를 억셉터(Acceptor)라 함
  (3) 붕소(B)는 최외각 전자가 3개로 규소(Si)와 혼합되면 전자 8개를 갖추지 못함(빈자리를 정공이라 함)

3) N형 반도체
  (1) 15족 원소(인(P), 비소(Bi))를 진성반도체에 넣어주면 N형 반도체가 됨
  (2) N형 반도체를 만들기 위해 넣어주는 원소를 도너(Donor)라 함
  (3) 인(P)은 최외각 전자가 5개로 인(P)와 혼합되면 전자 1개가 남음

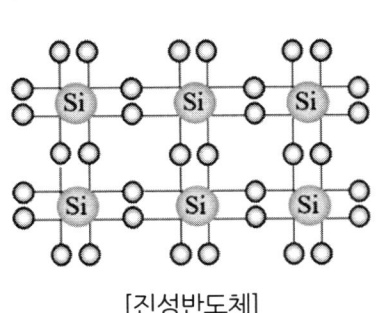
[진성반도체]

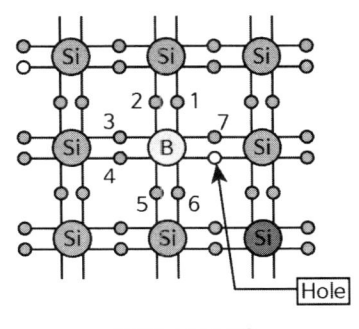
[P형 반도체]

2. 빛 발생원리 (그림 포함)

1) PN접합

(1) P형 반도체와 N형 반도체를 인접해 결합시킨 구조를 PN접합이라 함

(2) P형 반도체에서는 정공이 N형 반도체측으로 확산하고, N형 반도체에서는 전자가 P형 반도체측으로 확산

(3) P형 반도체는 음전하, N형 반도체에서는 양전하로 대전된 영역 발생

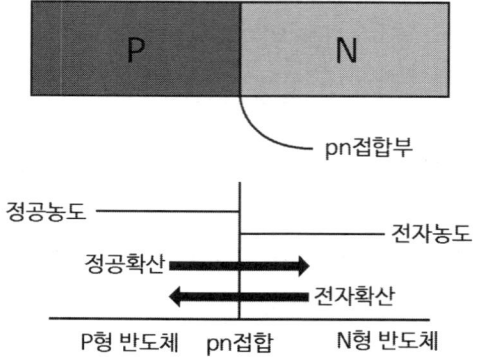

2) 다이오드(PN접합 다이오드)

(1) 순방향 전압

P형 영역에 양(+)이, N형 영역에 음(-)이 걸리도록 전압을 가해주면 그림과 같이 접합부의 전위 장벽이 낮아져 캐리어의 이동이 생기며, 접합부를 넘어서 정공이 N형 영역으로 흘러 들어감

(2) 역방향 전압

N형 영역에 양(+)이, P형 영역에 음(-)이 걸리도록 전압을 가해주면 전위 장벽은 더욱 더 커져 캐리어의 이동은 거의 생기지 않음

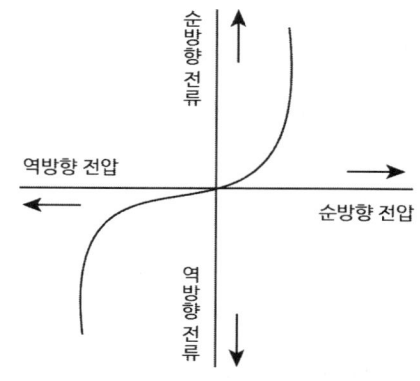

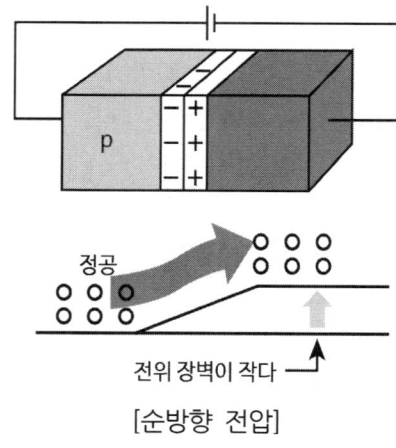

[순방향 전압]

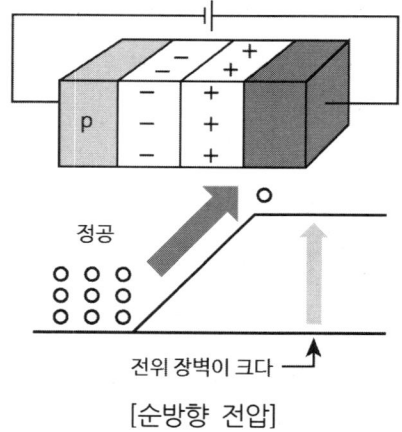

[순방향 전압]

3) 발광 다이오드(LED, Light Emitting Diode)

(1) P형, N형 반도체를 접합한 다이오드에 순방향 전압을 인가하게 되면 전자와 정공이 재결합하면서 에너지를 발산함

(2) 에너지는 주로 열이나 빛의 형태로 방출

3. LED 특징

1) 형광램프에 비해 휘도는 높음
2) 형광램프에 비해 소비전력은 낮음
3) 램프의 수명이 길어 교체가 거의 필요하지 않음
4) 유지보수에 필요한 비용을 줄일 수 있음
5) 환경규제 물질인 수은(Hg)이 없고, CO_2가 발생하지 않는 친환경 광원

6 위험물안전관리법상 인화성 액체에 대하여 다음사항을 설명하시오.
　　1) 품명　　2) 지정수량　　3) 저장 및 취급방법

1. 개요
1) 인화성 액체란 상온·상압(20℃, 1기압)에서 액체상태로 불에 탈 수 있는 물질을 말하며, 국내에서는 통상적으로 「위험물안전관리법」과 「산업안전보건법」에 따라 인화성 액체를 구분하고 있다.
2) NFPA 30에서는 인화점 100℉(37.8℃)를 기준으로 미만인 액체를 인화성 액체, 이상인 액체를 가연성 액체로 구분한다.

2. 품명 및 지정수량

품목	인화점	지정수량	대표 물질
특수인화물	-20℃ 이하	50ℓ	• 아세트알데히드, 이황화탄소 • 디에틸에테르, 산화프로필렌
제1석유류	21℃ 미만	200ℓ(비수용성) 400ℓ(수용성)	• 가솔린, 벤젠, 톨루엔 • 아세톤
제2석유류	21℃ 이상 70℃ 미만	1000ℓ(비수용성) 2000ℓ(수용성)	• 경유, 등유 • 포름산, 초산(아세트산)
제3석유류	70℃ 이상 200℃ 미만	2000ℓ(비수용성) 4000ℓ(수용성)	• 중유, 크레오소트유 • 글리세린, 에틸렌글리콜
제4석유류	200℃ 이상 250℃ 미만	6000ℓ	• 기어유, 실린더유
알코올류	-	400ℓ	• 메틸·에틸·프로필·변성알코올
동·식물유	250℃ 미만	10000ℓ	• 아마인유, 해바라기유, 대두유, 야자유

3. 저장 및 취급방법
1) 증기 및 액체의 누설에 주의함
2) 인화점 이상으로 취급하지 않도록 함
3) 과열, 화기에 주의함
4) 직사광선을 피함
5) 전기 부도체로 정전기 발생에 주의함

금화도감
禁火都監

소방기술사
125회

소방기술사
기출문제풀이

국가기술자격 기술사 시험문제

기술사 제125회 　　　　　　　　　　　　　　　　　제1교시 (시험시간 : 100분)

| 분야 | 안전관리 | 종목 | 소방기술사 | 수험번호 | | 성명 | |

※ 다음 문제 중 10문제를 선택하여 설명하시오. (각 10점)

1. 프로판 70%, 메탄 20%, 에탄 10%로 이루어진 탄화수소 혼합기의 연소하한을 구하시오.
   (단, 각각의 연소하한은 프로판 2.1%, 메탄 5.0%, 에탄 3.0%이다.)

2. 감광계수와 가시거리의 관계에 대하여 설명하시오.

3. 초고층 및 지하연계 복합건축물 재난관리에 관한 특별법과 관련하여 다음을 설명하시오.
   1) 피난안전구역 소방시설
   2) 피난안전구역 면적산정기준

4. 펠티에효과(Peltier Effect)와 제벡효과(Seebeck Effect)에 대하여 각각 설명하시오.

5. 형태계수와 방사율에 대하여 설명하시오.

6. 절대압력과 게이지압력의 관계에 대하여 설명하고, 진공압이 500mmHg일 때 절대압력(P_a)을 계산하시오.(단, 대기압은 760mmHg이다.)

7. 유도전동기의 원리인 아라고원판의 개념도를 도시하고, 플레밍의 오른손법칙과 왼손법칙에 대하여 각각 설명하시오.

8. 무차원수 중 Damkohler 수(D)에 대하여 설명하고, Arrhenius식과의 관계를 설명하시오.

9. 착화파괴형 폭발과 누설착화형 폭발에 대한 예방대책에 대하여 설명하시오.

10. 이산화탄소 소화약제의 심부화재와 표면화재에 대한 선형상수값을 각각 구하시오.

11. 가스계 소화설비 설계프로그램의 유효성 확인을 위한 방출시험기준(방출시간, 방출압력, 방출량, 소화약제 도달 및 방출종료시간)에 대하여 설명하시오.

12. 아래에 열거된 FIRE STOP의 설치장소 및 주요특성에 대하여 각각 설명하시오.
    ① 방화로드 ② 방화코트 ③ 방화실란트 ④ 방화퍼티 ⑤ 아크릴 실란트

13. 화재 및 피난시뮬레이션의 시나리오 작성기준상 인명안전 기준에 대하여 설명하시오.

국가기술자격 기술사 시험문제

기술사 제125회   제2교시 (시험시간 : 100분)

분야	안전관리	종목	소방기술사	수험번호		성명	

※ 다음 문제 중 4문제를 선택하여 설명하시오. (각 25점)

1. 포소화약제 공기포 혼합장치의 종류별 특징에 대하여 설명하시오.

2. 화재조기진압용 스프링클러설비에 대하여 다음 사항을 설명하시오.
   1) 화재감지특성과 방사특성
   2) 설치기준 및 설치 시 주의사항

3. 건식 유수검지장치에 대하여 다음 사항을 설명하시오.
   1) 작동원리
   2) 시간지연
   3) 시간지연을 개선하기 위한 NFPA 제한사항

4. 부속실 제연설비에 대하여 다음 사항을 설명하시오.
   1) 국내 화재안전기준(NFTC 501A)과 NFPA 92A 기준 비교
   2) 부속실 제연설비의 문제점 및 개선방안

5. 최근 자주 발생하는 물류창고의 화재에 대하여 화재확산 원인과 개선방안을 설명하시오.

6. 다음 물음에 대하여 기술하시오.
   1) 전압강하식 $e = \dfrac{0.0356LI}{A}[V]$의 식을 유도하고, 단상2선식·단상3선식·3상3선식과 비교하시오.
   2) P형 수신기와 감지기 사이의 배선회로에서 종단저항 $10k\Omega$, 릴레이저항 85Ω, 배선회로 저항 50Ω 이며, 회로전압이 DC 24V일 때 다음 각 전류를 구하시오.
      가) 평상 시 감시전류[mA]
      나) 감지기가 동작할 때의 전류[mA]
   3) 다음 P형 발신기 세트함의 결선도에서 ① ~ ⑦의 명칭을 쓰고 기능을 설명하시오.

국가기술자격 기술사 시험문제

기술사 제125회 제3교시 (시험시간 : 100분)

| 분야 | 안전관리 | 종목 | 소방기술사 | 수험번호 | | 성명 | |

※ 다음 문제 중 4문제를 선택하여 설명하시오. (각 25점)

1. 물분무소화설비와 관련하여 다음 사항에 대하여 설명하시오.
    1) 소화원리
    2) 적응 및 비적응장소
    3) NFTC 104에 따른 수원의 저수량 기준
    4) NFTC 104에 따른 헤드와 고압기기의 이격거리

2. 할로겐화합물 및 불활성기체소화설비 배관의 두께 계산식에 대하여 설명하시오.

3. $Q = 0.6597 \times d^2 \times \sqrt{p}$ 을 유도하고, 옥내소화전과 스프링클러설비의 K-factor에 대하여 설명하시오.

4. 수계소화설비의 배관에서 발생할 수 있는 공동현상과 관련하여 다음 사항에 대하여 설명하시오.
    1) 공동현상의 정의
    2) 펌프 흡입관에서 공동현상 발생조건 및 영향요인
    3) 펌프 흡입측 배관에서 공동현상 방지를 위한 화재안전기준 내용

5. 불꽃감지기의 종류와 원리, 설치 및 유지관리 시 고려사항에 대하여 설명하시오.

6. 방염에 대한 다음 사항을 설명하시오.
    1) 방염 의무 대상 장소
    2) 방염대상 실내장식물과 물품
    3) 방염성능기준

국가기술자격 기술사 시험문제

기술사 제125회   제4교시 (시험시간 : 100분)

분야	안전관리	종목	소방기술사	수험번호		성명	

※ 다음 문제 중 4문제를 선택하여 설명하시오. (각 25점)

1. 그림은 천정열기류(Ceiling Jet)에 관한 계산 모델이다. 다음 물음에 답하시오.
   1) 천정열기류(Ceiling Jet)의 정의
   2) 화재플럼 중심축으로부터 거리 r 만큼 떨어진 위치에서의 기류 온도와 속도
   3) 화재플럼 중심축에서 2.5m 떨어진 위치에 72℃ 스프링클러헤드가 설치되어 있다고 가정할 때 감열여부 판단 (화재크기 1000kW, 층고 4.0m, 실내온도 20℃)

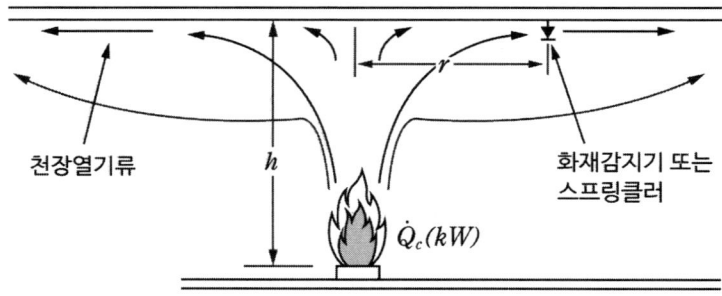

2. 소방공사감리 업무수행 내용에 대하여 다음을 설명하시오.
   1) 감리 업무수행 내용
   2) 시방서와 설계도서가 상이할 경우 적용 우선순위
   3) 상주공사 책임감리원이 1일 이상 현장을 이탈하는 경우의 업무대행자 자격

3. 연기의 시각적 특성 및 감지기와 관련하여 다음에 대하여 설명하시오.
   1) 감광율, 투과율, 감광계수 정의
   2) '자동화재탐지설비 및 시각경보장치의 화재안전기준(NFTC 203)'에서 부착높이 20m 이상에 설치되는 광전식 중 아날로그방식의 감지기에 대해 공칭감지농도 하한값이 5%/m 미만인 것으로 규정하고 있는데, 그 의미에 대하여 설명하시오.

4. R형 수신기와 관련하여 다음에 대하여 설명하시오.
   1) 다중전송방식
   2) 차폐선 시공방법

5. 건축물 내화설계에 있어서 시방위주 내화설계에 대한 문제점과 성능위주 내화설계 절차에 대하여 설명하시오.

6. 피난용 승강기와 관련하여 다음 사항을 설명하시오.
   1) 피난용 승강기의 필요성 및 설치대상
   2) 피난용 승강기의 설치 기준·구조·설비

125회 1교시

> **1** 프로판 70%, 메탄 20%, 에탄 10%로 이루어진 탄화수소 혼합기의 연소하한을 구하시오. (단, 각각의 연소하한은 프로판 2.1%, 메탄 5.0%, 에탄 3.0%이다.)

1. 문제요약

가연성 기체	조성비	연소하한
프로판	70%	2.1%
메탄	20%	5.0%
에탄	10%	3.0%

2. 르샤틀리에 식

$$\frac{100}{L} = \frac{V_1}{L_1} + \frac{V_2}{L_2} + \frac{V_3}{L_3}$$

L : 혼합가스의 연소하한계[%]
L_1, L_2, L_3 : 각 가스의 연소하한계[%]
V_1, V_2, V_3 : 각 가스의 부피[%]

3. 탄화수소 혼합기의 연소반응식

1) 프로판 $0.7 \times (C_3H_8 + 5O_2 \rightarrow 3CO_2 + 4H_2O)$
2) 메탄 $0.2 \times (CH_4 + 2O_2 \rightarrow CO_2 + 2H_2O)$
3) 에탄 $0.1 \times (C_2H_6 + 3.5O_2 \rightarrow 2CO_2 + 3H_2O)$
4) 혼합기체 $0.7C_3H_8 + 0.2CH_4 + 0.1C_2H_6 + 4.25O_2 \rightarrow 2.5CO_2 + 3.5H_2O$

4. 탄화수소 혼합기의 연소하한

$$\frac{100}{LFL} = \frac{70}{2.1} + \frac{20}{5} + \frac{10}{3}, \ LFL = 2.46\%$$

② 감광계수와 가시거리의 관계에 대하여 설명하시오.

1. 감광계수

1) 개념
연기의 농도란 공간에 있는 연기의 양을 의미하며 투과율(연기가 존재할 때의 투과광의 세기와 연기가 없을 때의 투과광의 세기의 비)이나 감광계수(m^{-1})로 나타낸다.

2) 관련 식

$$I = I_0 e^{-C_s L}, \quad C_s = \frac{1}{L} \ln \frac{I_0}{I}$$

C_s : 감광계수(m^{-1}) = Extinction Coefficient
L : 연기의 경로길이(m)
I_0 : 연기가 없을 때 빛의 세기(lx)
I : 연기가 있을 때 빛의 세기(lx)

3) 의미
(1) 빛은 물체를 만나면 흡수, 투과, 반사를 하는데 흡수와 반사된 만큼 도달한 빛은 지수함수적으로 감쇄한다. 이를 이용한 Lambert-Beer 법칙을 감광계수라고 한다.
(2) 감광계수가 큰 것은 연기농도가 높은 것을 의미하고 보행속도의 감소 등 피난장애를 유발한다.

2. 가시거리

1) 개념
(1) 건물에서 사람이 목표물을 식별할 수 있는 거리를 말하며 화재 시에 가시도의 저하로 인해 피난저해, 인명피해가 발생한다.
(2) 가시도는 대기의 혼탁정도를 나타내는 척도로써 연기의 특성과 주변 환경, 관찰자의 특성에 의존하며 특정 사물을 보기 위해 해당 사물과 배경 간에 어느 정도 수준의 밝기대비의 형성이 필요하다.

2) 관련 식

(1) C(Contrast) : 물체와 그 배경(Background) 간 대비

$$C = \frac{B - B_0}{B_0} = \frac{B}{B_0} - 1$$

C(Contrast) : 물체와 그 배경(Background) 간 대비
B : 대상물의 밝기(휘도)(cd/m^2)
B_0 : 배경의 밝기(휘도)(cd/m^2)

(2) 물체(표지)를 구별하기 위한 조건

$$\left|\frac{B}{B_0} - 1\right| \geq \delta_c$$

δ_c : 대비경계값(Threshold Value of Luminance Contrast)

3) 의미

(1) 인간의 눈은 물체와 그 배경 간의 대비 C값이 대비경계값보다 클 때 사물을 구별할 수 있다. 즉, $|C| \geq \delta_c$를 만족해야 하며 표지의 대비경계값은 물체, 배경의 휘도와 연기의 특성에 따라 변한다.

(2) 주간, 야간 중 가시도를 논할 경우 보통 대비경계값 $\delta_c = 0.02$(C=−0.02)를 적용한다. 이 때 사물의 가시도 S는 대비 C가 −0.02($|C|$=0.02)까지 감소하는 거리를 의미한다.

3. 감광계수와 가시거리의 관계

1) 연기에 의한 시각장해는 연기의 농도에 좌우되며, 감광계수로 표시한 연기의 농도와 가시거리는 반비례한다.($C_s \times S = $ 일정)
2) 피난자가 건물내부를 잘 알고 있는 경우 감광계수는 0.3(가시거리 5m), 건물내부를 잘 알고 있지 못한 경우 감광계수는 0.1(가시거리 30m)로 제한된다.
3) 감광계수에 따른 가시거리

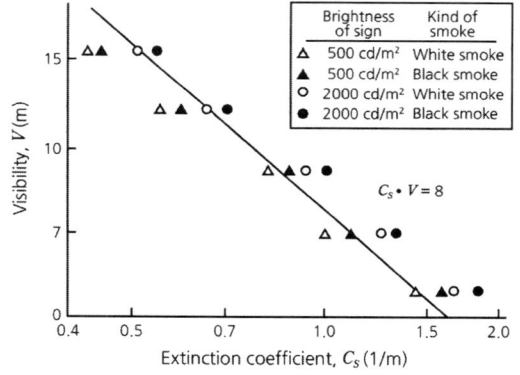

[발광형표지의 가시도와 감광계수와의 관계]

감광계수(C_s)(m^{-1})	가시거리(S)(m)	비고
0.1	20 ~ 30	• 화재초기발생 단계의 적은 연기 농도 • 연기감지기의 작동 농도 • 미숙지자의 피난한계농도
0.3	5	• 건물 내 숙지자의 피난에 지장을 느낄 농도
0.5	3	• 어두침침한 것을 느낄 농도
1.0	1 ~ 2	• 거의 앞이 보이지 않을 정도의 농도
10	0.2 ~ 0.5	• 화재최성기 때의 연기농도 • 유도등이 보이지 않을 정도의 농도

3 초고층 및 지하연계 복합건축물 재난관리에 관한 특별법과 관련하여 다음을 설명하시오.
   1) 피난안전구역 소방시설
   2) 피난안전구역 면적산정기준

1. 피난안전구역 소방시설 (초고층재난관리법 시행령 제14조)

구분	내용
1) 소화설비	• 소화기구(소화기 및 간이소화용구만 해당) • 옥내소화전설비 • 스프링클러설비
2) 경보설비	• 자동화재탐지설비
3) 피난설비	• 방열복, 공기호흡기(보조마스크를 포함), 인공소생기 • 피난유도선, 피난안전구역으로 피난을 유도하기 위한 유도등·유도표지 • 비상조명등 및 휴대용비상조명등
4) 소화활동설비	• 제연설비 • 무선통신보조설비

※ **피난안전구역에 설치하는 소방시설** : 고층건축물의 화재안전기준(NFTC 604)

   (1) 제연설비
   (2) 피난유도선
   (3) 비상조명등
   (4) 휴대용 비상조명등
   (5) 인명구조기구

2. 피난안전구역 면적산정기준

1) 초고층 건축물, 30층 이상 49층 이하인 지하연계 복합건축물
(건축물의 피난·방화 구조 등의 기준에 관한 규칙 별표1의 2)

(1) 피난안전구역의 면적 = (피난안전구역 위층의 재실자 수 × 0.5) × 0.28 m^2

(2) 피난안전구역 윗층의 재실자 수

① 용도별 바닥면적
- 재실자수 = 피난안전구역 사이의 용도별 바닥면적 ÷ 사용형태별 재실자 밀도

② 문화·집회용도 중 벤치형 좌석을 사용하는 공간과 고정좌석을 사용하는 공간
- 벤치형 좌석을 사용하는 공간 : 좌석길이 / 45.5㎝
- 고정좌석을 사용하는 공간 : 휠체어 공간 수 + 고정좌석 수

(3) 건축물의 용도에 따른 사용 형태별 재실자 밀도

용도	사용 형태별	재실자 밀도
문화·집회	고정좌석을 사용하지 않는 공간	0.45
	고정좌석이 아닌 의자를 사용하는 공간	1.29
운동	운동시설	4.60
교육	도서관(열람실)	4.60
	학교 및 학원(교실)	1.90
보육	보호시설	3.30
의료	입원치료구역	22.3
	수면구역	11.1

2) 16층 이상 29층 이하인 지하연계 복합건축물 (초고층재난관리법 시행령 제14조)

(1) 지상층별 거주밀도가 1.5명/m^2 초과 경우

(2) 피난안전구역의 면적 = 해당 층 사용형태별 면적 합 × 0.1 이상

3) 초고층 건축물 등의 지하층이 지하연계 복합건축물 용도로 사용되는 경우
(초고층재난관리법 시행령 제14조)

(1) 피난안전구역을 설치하거나 선큰 설치

(2) 지하층 피난안전구역의 면적산정 [초고층재난관리법 시행령 별표2]

구분	피난안전구역 면적
하나의 용도	수용인원 × 0.1 × 0.28 m^2
둘 이상의 용도	사용형태별 수용인원의 합 × 0.1 × 0.28 m^2

※ 수용인원 = 사용형태별 면적 × 거주밀도(명/m^2), 거주밀도표는 별표2에 따름

4 펠티에효과(Peltier Effect)와 제벡 효과(Seebeck Effect)에 대하여 각각 설명하시오.

1. 열전효과(Thermoelectric Effect)

1) 열에너지와 전기 에너지가 상호작용하는 효과를 열전현상 또는 열전효과(熱電效果, Thermoelectric Effect)라 한다.
2) 제벡 효과(Seebeck Effect), 펠티에 효과(Peltier Effect), 톰슨 효과(Thomson Effect)의 세 가지 열과 전기의 상관현상을 총칭하여 열전효과라 한다.

2. 펠티에 효과(Peltier Effect)

1) 개념

열전대에 전류를 흘렸을 때, 전류에 의해 발생하는 줄열 외에도 열전대의 각 접점에서 발열 또는 흡열 작용이 일어나는 현상이다.

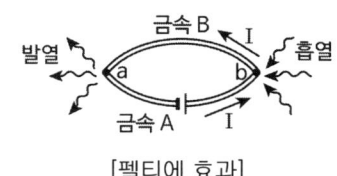

[펠티에 효과]

2) 관련 식

$$Q = \pi \times I$$

Q : 흡수 또는 발생하는 열량[W]
π : 펠티에 계수(금속 A, B에 관계하는 물질상수로 온도에 따라 다름)
I : 전류(A)

3) 적용

두 금속의 접합 점에서 한 쪽은 열이 발생하고, 다른 쪽은 열을 빼앗기는 현상을 이용하여 냉각도 할 수 있고, 가열도 할 수 있으며 이러한 특성 때문에 냉동기나 항온조 제작에 사용한다.

3. 제벡 효과(Seebeck Effect)

1) 개념

(1) 서로 다른 두 금속선 양쪽 끝을 접합하여 폐회로를 구성하고 한 접점에 열을 가하면 두 접점에 온도차로 인해 생기는 전위차에 의해 전류가 흐르는 현상이다.

(2) 제벡 효과는 매우 민감하고 정확하게 온도를 측정하는 데 사용되며, 특별한 목적을 위해 전력을 생성하는 데 사용되기도 한다.

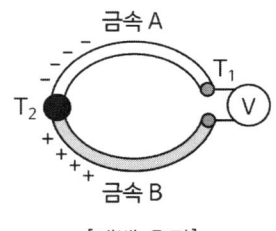

[제벡 효과]

(3) 금속 A와 B의 접점 온도가 동일하면 전위차는 없으므로 열기전력이 발생하지 않는다.

(4) 한 접점의 온도 상승 시 열기전력이 발생한다.

2) 관련 식

$$V_s = \alpha \times \Delta T$$

V_s : 열기전력의 크기
α : 제벡계수(단위온도차에서 유도되는 전압을 의미함)
ΔT : 온도 차(K)

3) 적용 : 차동식 분포형 감지기 중 열전대식 감지기

---

5 형태계수와 방사율에 대하여 설명하시오.

1. 복사의 개념

1) 열에너지가 매질을 통하지 않고 고온의 물체에서 저온의 물체로 전자기파로 직접 전달되는 현상으로 태양에서 매질이 없는 공간을 통해 지구로 열이 전달되는 방법이다.
2) 원자 내부의 전자는 열을 받거나 빼앗길 때 원래의 에너지 준위에서 벗어나 다른 에너지 준위로 전이하며 전자기파를 방출 또는 흡수한다.

2. 복사에너지 (Stefan-Boltzmann 법칙)

$$\dot{q}'' = \varepsilon \sigma \Phi T^4$$

$\dot{q}''$: 단위시간 동안 단위면적의 흑체로부터 복사된 에너지(W/m^2)
ε : 방사율, Φ : 형태계수
σ : Stefan-Boltzmann상수(5.67×10^{-8} W/m$^2 \cdot$ K^4)
T : 표면의 절대온도(K)

3. 형태계수 (형상계수, 배치계수, Configuration Factor, View Factor, Φ)

1) 열원으로부터 멀리 떨어진 목표물이 받는 복사열류는 배치상태에 따라 방사된 열류보다 감소되는 계수

$$\Phi = \frac{1}{2\pi}\left[\frac{X}{\sqrt{1+X^2}}tan^{-1}\left(\frac{Y}{\sqrt{1+X^2}}\right) + \frac{Y}{\sqrt{1+Y^2}}tan^{-1}\left(\frac{X}{\sqrt{1+Y^2}}\right)\right]$$

Height Ratio : $X = \dfrac{높이\,(b)}{거리\,(c)}$

Width Ratio : $Y = \dfrac{폭\,(a)}{거리\,(c)}$, 각도는 라디안

2) 영향인자 : 방열체와 수열체 간 기하학적 형상, 거리, 위치, 각도, 열선의 크기

[직사각형 방사체의 형상계수]

4. 방사율(Emissivity, ε)

1) 실제 물체에서 방사되는 열유속은 흑체보다 작고 흑체와 비교하여 에너지를 방사할 수 있는 물체 표면의 효율로 범위는 0 ~ 1

2) $\varepsilon = \dfrac{\text{실제물체의 방사에너지}}{\text{흑체의 방사에너지}} = \dfrac{\dot{q}''}{\sigma T^4}$

3) $\varepsilon = 1 - e^{-kl}$, k : 흡수계수, l : 화염의 두께

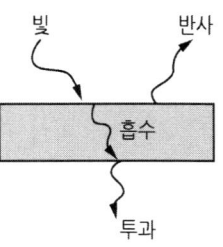

---

6 절대압력과 게이지압력의 관계에 대하여 설명하고, 진공압이 500mmHg일 때 절대압력(Pa)을 계산하시오.(단, 대기압은 760mmHg이다.)

1. 압력의 정의

1) 압력이란 단위면적당 수직으로 작용하는 힘을 말하며 절대압력과 게이지 압력으로 구분한다.
2) 압력계란 기체나 액체의 압력을 관측할 수 있는 계측기기를 말한다.
3) 수학적 정의

   (1) $P = \dfrac{F}{A} = \dfrac{\rho A h g}{A} = \rho g h = \gamma h \ (N/m^2)(Pa)$

   (2) 압력의 단위

   ① $1Pa = 1 N/m^2$

   ② $1atm = 760mmHg = 10.332mH_2O = 1.0332 kg_f/cm^2 = 101325Pa = 14.7psi$

2. 절대압력과 게이지압력의 관계

1) 절대압력 : 완전한 진공 상태를 압력 0으로 하고 이를 기준으로 측정한 값
2) 게이지압력

   (1) 대기압력을 0으로 보고 측정한 압력으로 일반 압력계에 나타나는 압력
   (2) 게이지압력 = 절대압력 − 대기압

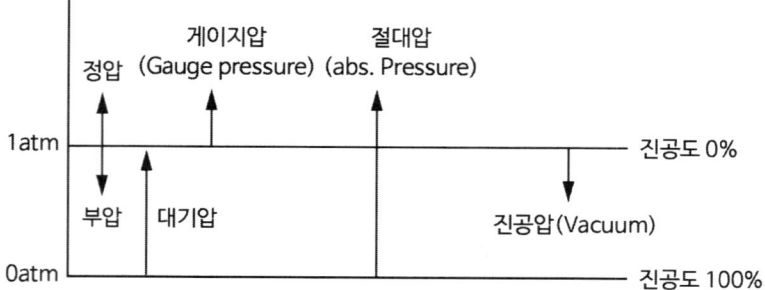

※ 완전진공을 기준점으로 하여 진공상태의 압력을 0으로 하는 절대압력을 사용하지만 현장에서는 대기압이 존재하므로 대기압을 기준으로 하여 대기압을 0으로 하는 게이지 압력 적용
※ 게이지압력 측정 시 흡입측 배관과 같은 대기압보다 낮은 압력을 부압(진공압력)이라 함
※ 완전진공의 절대압력은 0mmHg, 게이지압력은 -760mmHg로 진공도는 100%로 표시
※ 대기압의 절대압력은 760mmHg, 게이지압력은 0으로 진공도는 0%로 표시

3) 절대압력과 게이지압력과의 관계 : 절대압력 = 게이지압력 + 대기압

3. 진공압이 500mmHg일 때 절대압력(Pa)

1) 절대압력 = 대기압력 - 진공압 = 760mmHg - 500mmHg = 260mmHg
2) 760mmHg : 101325Pa = 260mmHg : 절대압력(x) Pa
3) 절대압력 ≃ 34663.8Pa

7 유도전동기의 원리인 아라고원판의 개념도를 도시하고, 플레밍의 오른손법칙과 왼손법칙에 대하여 각각 설명하시오.

1. 아라고원판의 개념도

유도전동기는 아라고의 원판과 동일한 원리로 동작한다. 도체 원판 위에 자석을 회전시키면 도체판도 자석과 같은 방향으로 회전한다. 이것을 아라고의 원판이라고 한다.

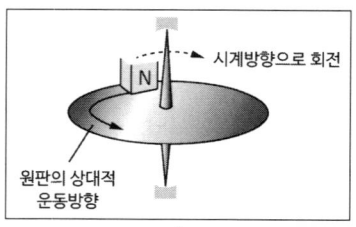

• 자석의 N극을 시계방향으로 회전시키면 상대적으로 원판은 자기장 사이를 반시계 방향으로 움직이는 것과 같음

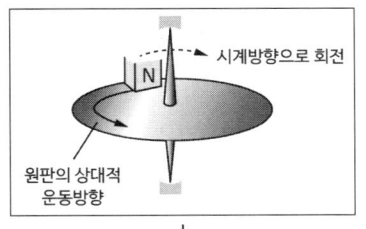
- 자석의 N극을 시계방향으로 회전시키면 상대적으로 원판은 자기장 사이를 반시계 방향으로 움직이는 것과 같음

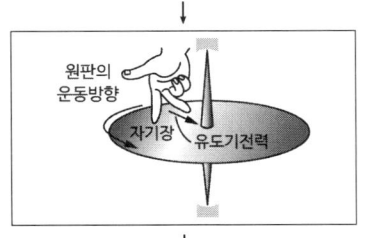
- 플레밍의 오른손 법칙에 따라 원단의 중심으로 향하는 기전력이 유도
  → 자석이 이동하면 원판이 자속을 자르게 되므로 전자유도의 법칙에 따라 유도기전력 발생

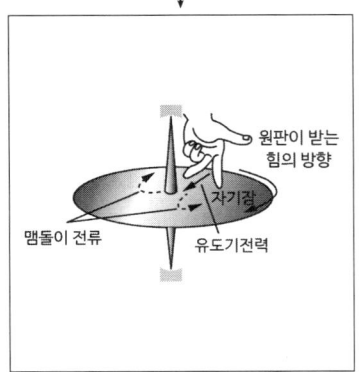
- 유도기전력에 의해 소용돌이 모양의 유도전류(와전류)가 흐르고 이 전류에 의해 플레밍의 왼손법칙에 따라 원판은 자기력을 받아 시계방향으로 회전
  → 회전력에는 원판의 회전방향(원주방향)과 직각으로 흐르는 전류만이 효과가 있음
  → 원판을 원통이나 기타 회전자로 변형시키면 마찬가지로 자석의 이동에 따라 회전
- 원판은 자석보다 빨리 회전할 수는 없다. 또한 원판이 자석과 같은 속도로 회전한다면 원판이 자석을 쇄교할 수 없으므로 원판은 반드시 자석보다 늦게 회전

2. 플레밍의 오른손 법칙

1) 회전자를 힘의 방향으로 돌리면 자속을 끊으면서 기전력을 발생시킨다.
2) 기전력 = $Blv\sin\theta$ B 자속밀도, l 도체길이, v 회전속도, θ 자계와 도선간 각도
3) 적용 : 발전기, 아라고 원판

3. 플레밍의 왼손 법칙

1) 전류가 흐르는 도체를 자기장 내에 넣을 때 도체는 힘을 받아 회전한다.
2) 적용 : 전동기, 솔레노이드 밸브, 아라고 원판

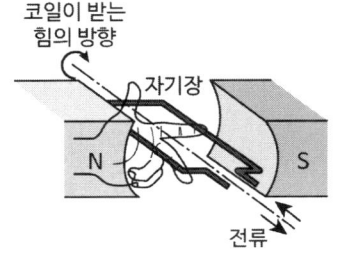
[플레밍의 왼손 법칙]

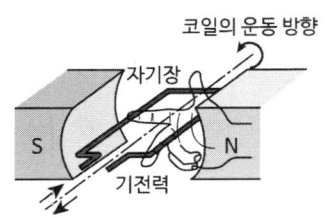
[플레밍의 오른손 법칙]

8 무차원수 중 Damköhler수(D)에 대하여 설명하고, Arrhenius식과의 관계를 설명하시오.

1. 담쾰러수(D, Damköhler)

1) 정의
반응속도와 물질의 유입속도의 비

2) 표현식
$$D = \frac{반응속도(Reaction\ Rate)}{물질의\ 이동속도(Convective\ mass\ transport\ rate)}$$

3) 의미

구분	상태	의미
$D > 10$	반응속도가 물질의 이동속도보다 빠름	90% 이상의 반응이 예상됨
$D < 0.1$	반응속도가 물질의 이동속도보다 느림	10% 미만이 반응이 예상됨

2. Damköhler 수(D)와 Arrhenius식과의 관계

1) Arrhenius식

(1) 화학반응속도와 온도와의 관계를 나타내는 실험식

(2) 온도가 증가하면 반응속도상수가 커지므로 반응속도는 증가하며 온도가 10℃ 오를 때마다 2배~3배로 증가

(3) 온도가 높아지면 반응속도가 증가하는 이유는 반응의 활성화 에너지보다 큰 에너지를 갖는 분자의 분율이 증가[맥스웰 볼츠만 분포의 온도의존성]하기 때문

$$k = Ae^{\frac{-E_a}{RT}}$$

k : 반응속도상수, A : 빈도계수(충돌빈도)
R : 기체상수(cal/mol・K), T : 절대온도(K)
E_a : 활성화에너지(cal/mol)

(4) 화학반응은 반응물에서의 원자간 결합이 끊어지고 다시 새로운 결합을 형성하는 것이므로 결합을 끊으려면 일정한 에너지가 필요하고, 이를 활성화에너지라 함

2) Arrhenius식을 Damköhler수(D)로 표현

$$D = kC_o^{n-1}\tau$$

k : 반응속도상수, C_0 : 초기농도, n : 반응차수
τ : 공간시간(Mean residence time or space time)
(반응기의 체적과 체적흐름률의 비로 유체가 반응기를 통과하는 데 필요한 시간을 말함)

> **보충**
>
> **[담쾰러수(Da, Damköhler Number) (SFPE Handbook)]**
>
> 1) 정의
>   가연성 가스가 화염(반응대)에 머무는 시간과 가연성 가스가 반응(화학반응)하는 시간의 비
>
> 2) 표현식
>
> $$Da = \frac{\text{가연성 가스가 화염에 머무는 시간}}{\text{가연성 가스가 반응하는 시간}} = \frac{\tau_{re}}{\tau_{ch}}$$
>
> 3) 소방에서의 적용
>   (1) 블로우아웃(Blowout)은 가연성증기가 반응대에 머무는 시간(τ_{re})을 줄여 Da수를 임계값 아래로 낮춤 (예 : 촛불소화 및 유정소화는 화염을 불어 소화할 수 있음)
>   (2) 할로겐화합물 소화약제를 이용하면 화학반응속도는 느려지고, 가연성 가스가 반응하는 시간(τ_{ch})은 길게 하여 소화할 수 있음

9 착화파괴형 폭발과 누설착화형 폭발에 대한 예방대책에 대하여 설명하시오.

1. 폭발재해의 형태

폭발 재해		내용	대표적인 예
화학적 폭발	착화파괴형 폭발	용기, 배관에 가스가 충만 시 주위 착화원에 의해 착화되어 압력이 상승하는 파괴형 폭발	경질유저장탱크의 VCE
	누설착화형 폭발	용기에서 가스가 누설되어 주위 착화원에 의해 착화되어 폭발	UVCE
	자연발화형 폭발	반응열이 축적되어 자연발화이상 시 폭발	금수성물질 (Ca, Na, K 등)
	반응폭주형 폭발	반응열의 급격한 축적에 의한 폭발	실험실, 플랜트폭발 (반응 폭주)
물리적 폭발	열이동형 폭발	저비점의 액체가 고열물과 접촉하여 순간 상변화에 의한 폭발	수증기 폭발, 저온액화가스 폭발
	평형파탄형 폭발	고압액체가 들어있는 고압용기가 파손되어 고압액체의 증발에 의한 폭발	BLEVE, 보일러 폭발

2. 폭발방지 예방의 4요소

1) 가연물 : 가연성물질의 불연화 또는 제거
2) 산소 : 불활성가스를 주입하여 조연성물질인 산소 차단
3) 점화원 : 최소점화에너지 미만으로 제어
4) 연쇄반응 : 소화약제를 주입하여 연쇄반응 차단

[폭발방지의 기본개념]

3. 폭발예방(Explosion Prevention)

1) 물적 조건 : 연소범위 밖으로 유지

　(1) 불활성화
　　① 불활성화란 불활성가스를 이용하여 최소산소농도(MOC) 이하로 낮추는 것
　　② N_2, CO_2, 수증기 등을 주입하여 가연성혼합기를 연소범위 밖으로 유지시킴
　(2) 용기밀폐 : 용기를 밀폐시켜 폭발상한계(UFL) 밖으로 유지시킴

2) 에너지 조건 : 점화원 제거

　(1) 전기적 점화원 : 단락, 지락, 접촉 불량, 반단선, 정전기, 유도열, 유전열 등 제어
　(2) 기계적 점화원 : 마찰, 충격에 의한 열 발생을 제어
　(3) 화학적 점화원 : 흡착열, 중합열, 분해열, 산화열, 발효열 등 제어
　(4) 기타 : 기기의 표면온도를 발화온도 미만으로 제어

10 이산화탄소 소화약제의 심부화재와 표면화재에 대한 선형상수값을 각각 구하시오.

1. 개념

1) 1기압에서 단위 질량당 기체의 체적을 비체적이라 한다.
2) 비체적은 아보가드로 법칙과 샤를의 법칙으로부터 구할 수 있으며 온도가 상승할수록 비체적은 커진다.
3) 비체적식은 $S = K_1 + K_2 t(℃)(m^3/kg)$로 표현할 수 있으며 비체적(S)을 선형상수라고도 한다.

2. 이산화탄소 소화약제의 선형상수(Specific Volume Constant)에서 K_1, K_2

1) 선형상수(S) = $K_1 + K_2 t(℃)(m^3/kg)$

2) K_1

   (1) 아보가드로의 법칙
   ① 0℃ 1기압(표준상태)에서는 1mol(g 분자량)은 22.4ℓ이다.
   ② 즉, 1kg의 분자량은 22.4m³이다.

   (2) 표준상태인 0℃, 1atm에서 기체의 비체적 $K_1 = \dfrac{22.4 m^3}{1 kg 의\ 분자량}$

   (3) CO_2의 K_1 = 22.4m³/44kg = 0.509(m^3/kg)

3) K_2

   (1) 샤를의 법칙
   모든 기체의 부피는 온도에 따라 증가하며 1℃ 증가할 때마다 0℃ 부피의 1/273배씩 증가

   (2) 수식으로 표현하면 $K_2 = K_1/273$ 으로, 이는 0℃에서 1℃ 상승하는 데 필요한 비체적의 증가분을 의미

   (3) CO_2의 K_2 = 0.509/273 = 0.00186

3. 심부화재와 표면화재의 선형상수(S)

1) 심부화재

   (1) NFPA 12 ANNEX D "Total Flooding Systems"에서는 CO_2의 가스농도와 약제량 계산 시 심부화재는 10℃의 비체적 적용
   → 심부화재는 표면화재보다 더 많은 약제가 필요하므로 30℃가 아닌 10℃ 적용

   (2) 선형상수 S = $K_1 + K_2 t$ = 0.509 + 0.00186 × 10 = 0.52(m^3/kg)

2) 표면화재

(1) NFPA 12 ANNEX D "Total Flooding Systems"에서는 CO_2의 가스농도와 약제량 계산 시 표면화재는 30℃ 적용

(2) 선형상수 S = $K_1 + K_2 t$ = 0.509 + 0.00186 × 30 = 0.56(m^3/kg)

11 가스계 소화설비 설계프로그램의 유효성 확인을 위한 방출시험기준(방출시간, 방출압력, 방출량, 소화약제 도달 및 방출종료시간)에 대하여 설명하시오.

1. 개요

1) 가스계 소화설비의 신뢰성을 위해 성능시험에 따라 인증된 프로그램으로 설계를 해야 한다.

2) 신청자가 제시하는 20개 이상의 시험모델(분사헤드를 3개 이상 설치하여 설계한 모델) 중에서 임의로 선정한 5개 이상의 시험모델을 실제 설치하여 시험하여 설계프로그램의 유효성을 확인하여야 한다.

2. 설계프로그램의 시험방법 및 절차

서류검토(설계도서 및 명세서) → 설계매뉴얼 구성 확인 → 설계프로그램 구성 확인 → 설계모델의 일치성 확인 → 설계프로그램 유효성 확인

3. 설계프로그램의 유효성 확인

1) 소화약제

"소화약제의 형식승인 및 검정기술기준"에 적합할 것

2) 기밀시험

소화약제 저장용기 이후부터 분사헤드 이전까지의 설비부품 및 배관 등은 양 끝단을 밀폐시킨 후 98 ㎪ 압력공기 등으로 5분간 가압하는 때에 누설되지 않을 것

3) 방출시험

(1) 방출시간   (2) 방출압력
(3) 방출량   (4) 소화약제 도달 및 방출종료시간

4) 분사헤드 방출면적시험

⑴ 모든 소화시험모형은 소화약제의 방출이 종료된 후 30초 이내에 소화될 것

⑵ 이 경우 소화약제 방출에 따른 시험실의 과압 또는 부압은 설계값(신청자가 제시한 압력값)을 초과하지 않을 것

5) 소화시험

⑴ A급 소화시험

목재 및 중합재료에 대한 소화시험 결과가 다음에 적합할 것

① 목재 소화시험은 소화약제 방출종료시간으로부터 600초 이내에 소화되고 잔염이 없어야 하며, 재연소되지 않을 것

② 중합재료 소화시험은 소화약제 방출종료시간으로부터 60초 이내에 소화되고 잔염이 없어야 하며(단, 내부 2개의 중합재료상단의 불꽃은 180초 이내에 소화), 방출종료시간으로부터 600초 이내에 재연소되지 않을 것

⑵ B급 소화시험

소화약제 방출종료시간으로부터 30초 이내에 소화되고 재연소되지 않을 것

4. 방출시험기준

1) 방출시간

⑴ 방출시간의 산정은 방출시 측정된 시간에 따른 방출헤드의 압력변화곡선에 의해 산출하며 산출된 방출시간은 다음 표의 기준에 적합할 것. 단, 이산화탄소 소화설비의 심부화재의 경우 420초 이내에 방출하여야 하며, 2분 이내에 설계농도 30%에 도달하는 조건을 만족할 것

구 분	방출시간 허용한계
10초 방출방식의 설비	설계값 ± 1초
60초 방출방식의 설비	설계값 ± 10초
기타의 설비	설계값 ± 10%

⑵ 압력곡선으로 방출시간을 산정할 수 없는 경우에는 공인된 다른 시험방법(온도·농도곡선 등)이나 기술적으로 충분히 과학적인 것으로 인정되는 시험방법을 적용하여 시험할 수 있다.

2) 방출압력

(1) 소화약제 방출시 각 분사헤드마다 측정된 방출압력은 설계값의 ±10% 이내일 것

(2) 이 경우 방출압력은 평균방출압력을 말하며, 방출압력이 평균방출압력으로 산정되지 아니하는 경우 공인된 다른 시험방법이나 기술적으로 충분히 과학적인 것으로 인정되는 시험방법을 적용하여 시험할 수 있다.

3) 방출량

(1) 각 분사헤드의 방출량은 설계값의 ±10% 이내이어야 하며 각 분사헤드별 설계값과 측정값의 차이의 백분율에 대한 표준편차가 5 이내일 것

(2) 이 경우 소화약제의 방출량은 질량 또는 농도 등을 측정하여 산출한다.

4) 소화약제 도달 및 방출종료시간

소화약제 방출시 각각의 분사헤드에 소화약제가 도달되는 시간의 최대편차는 1초 이내이어야 하며, 소화약제의 방출이 종료되는 시간의 최대편차는 2초 이내(이산화탄소 및 불활성가스는 제외)일 것

---

12 아래에 열거된 FIRE STOP의 설치장소 및 주요특성에 대하여 각각 설명하시오.
1) 방화로드
2) 방화코드
3) 방화실란트
4) 방화퍼트
5) 아크릴 실란트

1. 개요

1) 방화구획의 수평·수직설비 관통부, 조인트 및 커튼월과 바닥 사이 등의 틈새를 통한 화재 확산방지를 위해 "내화충전구조 세부운영지침"에서 정하는 절차와 방법, 기준에 따른 시험결과 성능이 확인된 재료 또는 시스템을 내화충전구조라 한다.

2) FIRE STOP은 건축물 방화구획의 수평·수직 설비관통부, 조인트 및 커튼월과 바닥사이 등의 틈새를 통한 화재의 확산을 방지하기 위해 설치하는 재료 또는 시스템을 의미하며 팽창성을 기준으로 팽창과 비팽창으로 분류할 수 있으며, 제품의 종류는 다양하게 있다.

2. FIRE STOP의 설치장소 및 주요특성

품명	설치장소	특징
방화로드	• 커튼월 관통부 • 전기(EPS) 관통부 • 기계설비(AD, PD) 관통부 • 기타 틈새	• 제품의 규격화 및 균일한 도포면 유지(공사품질) • 커튼월 구조체 변형 시 장기간 밀폐(신축성) • 균일하고 평탄한 도포면이 차수기능(차수성) • 끼워넣기 작업 등으로 작업 편리(작업성)
방화코드	• 커튼월 관통부 • 전기(EPS) 관통부 • 기계설비(AD, PD) 관통부	• 열팽창에 의한 탄소막이 내열성 향상 • 진동, 충격을 흡수하여 설비 보호(신축성) • 빗물 및 콘크리트 침출수 차단(차수성)
방화실란트	• 방화벽, 간막이벽 조인트 • 전기(EPS) 관통부 • 기계설비(AD, PD) 관통부 • 기타 틈새	• 내열성 및 밀폐효과 우수(열팽창) • 진동, 충격에 강하여 장비, 설비보호(탄력성) • 거친 바닥면이나 이물질 많은 장소 적합(접착성) • 도시가스관의 부식방지, 절연성능 개선(내식성)
방화퍼티	• 전기(EPS) 관통부 • 기계설비(AD, PD) 관통부 • 기타 틈새	• 진동과 충격흡수·협소한 관통부 밀폐에 적합 • 열팽창성이 있어 우수한 내열성능 • 개보수 용이하고 케이블 신증설 가능
아크릴 실란트	• 창틀 틈새 및 벽 구간 • 조인트밀폐, 균열보수 • 석고보드, 경량칸막이벽 • 조인트밀폐	• 소재에 대한 부착력이 좋아 밀폐효과 • 부피손실을 최소화하고 탄력성 향상 • 수용성제품으로 작업성 좋고 환경친화
방화보드	• 커튼월 관통부 • 전기(EPS) 관통부 • 기타 Open구간	• 탄소성분을 강화하여 우수한 밀폐효과 • 폭이 넓은 관통부를 견고하게 밀폐 • 거친 슬래브 바닥면에 밀착시공 가능
방화폼	• 전기(EPS) 관통부 • 설비(AD, PD) 관통부	• 진동, 충격을 흡수하여 구조체변형 안전 • 방사능을 막아주고 방진, 방습효과 우수 • 실리콘계통의 제품으로 내열성 우수 • 개보수가 용이하고 관통부의 철거 용이
케이블난연 도료	• 급수관, 배전관 기타 • 관통부 양측으로 1m 거리를 도표	• 케이블의 허용전류에 영향을 미치지 않음 • 외부충격에 의한 균열이나 탈락현상 없음

13 화재 및 피난시뮬레이션의 시나리오 작성기준상 인명안전 기준에 대하여 설명하시오.

1. 공통사항
1) 시나리오는 실제 건축물에서 발생 가능한 시나리오를 선정하되, 건축물의 특성에 따라 시나리오 적용이 가능한 모든 유형 중 가장 피해가 클 것으로 예상되는 최소 3개 이상의 시나리오에 대하여 실시한다.
2) 시나리오 작성 시 시나리오 적용 기준을 적용한다.

2. 시나리오 유형 (소방시설 등의 성능위주설계 방법 및 기준)

구분	가상내용
시나리오 1	건물용도, 사용자 중심의 일반적인 화재
시나리오 2	내부 문들이 개방되어 있는 상황에서 피난로에 화재가 발생하여 급격한 화재연소가 이루어지는 상황
시나리오 3	사람이 상주하지 않는 실에서 화재가 발생하지만, 잠재적으로 많은 재실자에게 위험이 되는 상황
시나리오 4	많은 사람들이 있는 실에 인접한 벽이나 덕트 공간 등에서 화재가 발생한 상황
시나리오 5	많은 거주자가 있는 아주 인접한 장소 중 소방시설의 작동범위에 들어가지 않는 장소에서 아주 천천히 성장하는 화재
시나리오 6	건축물의 일반적인 사용 특성과 관련, 화재하중이 가장 큰 장소에서 발생한 아주 심각한 화재
시나리오 7	외부에서 발생하여 본 건물로 화재가 확대되는 경우

3. 시나리오 적용 기준 중 "인명안전 기준"

구분	성능기준		비고
호흡 한계선	바닥으로부터 1.8m 기준		
열에 의한 영향	60℃ 이하		
가시거리에 의한 영향	용도	허용가시거리 한계	단, 고휘도 유도등, 바닥유도등, 축광유도표지 설치 시, 집회시설 판매시설 7m 적용 가능
	기타시설	5m	
	집회시설 판매시설	10m	
독성에 의한 영향	성분	독성기준치	기타, 독성가스는 실험결과에 따른 기준치를 적용 가능
	CO	1400ppm	
	O_2	15% 이상	
	CO_2	5% 이하	

〈비고〉
이 기준을 적용하지 않을 경우 실험적·공학적 또는 국제적으로 검증된 명확한 근거 및 출처 또는 기술적인 검토 자료를 제출하여야 한다.

125회 2교시

1 포소화약제 공기포 혼합장치의 종류별 특징에 대하여 설명하시오.

1. 개요
1) 포 소화약제의 혼합장치는 물과 소화원액을 혼합해 규정농도의 수용액을 만든다.
2) 저발포용 공기포소화약제의 경우 혼합장치의 지정약제 농도는 3%형과 6%형이 있다.
3) 혼합장치로는 벤투리관이나 오리피스가 사용되고, 포소화약제가 혼합되는 것은 탱크 내 압입과 벤투리관의 흡입에 의해서 이루어진다.

2. 포혼합장치의 종류
1) 펌프 프로포셔너 방식(Pump Proportioner Type)
2) 라인 프로포셔너 방식(Line Proportioner Type)
3) 프레셔 프로포셔너 방식(Pressure Proportioner Type)
4) 프레셔 사이드 프로포셔너 방식(Pressure Side Proportioner Type)
5) 압축공기포 믹싱챔버 방식(CAFS, Compressed Air Foam System)

3. 펌프 프로포셔너 방식(Pump Proportioner Type)

1) 개념

펌프의 토출관과 흡입관 사이의 배관 도중에 설치한 흡입기에 펌프에서 토출된 물의 일부를 보내고 농도조절밸브에서 조정된 포소화약제의 필요량을 소화약제 탱크에서 펌프 흡입 측으로 보내어 혼합하는 방식

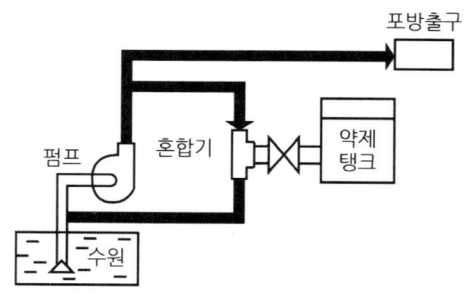

2) 특징

장점	단점
• 보수가 용이함 • 원액의 흡입을 위한 압력손실이 적음	• 수원으로 원액이 역류하여 물과 폼액이 혼합될 수 있음 • 펌프는 흡입측으로 포가 유입되므로 포소화설비전용이어야 함 • 포 소화약제로 인해 소방펌프 부식 발생

3) 적용 : 화학소방차

4. 라인 프로포셔너 방식(Line Proportioner Type)

1) 개념

펌프와 발포기의 중간에 설치된 혼합기의 벤투리 효과에 의해 포소화약제를 흡입·혼합하는 방식

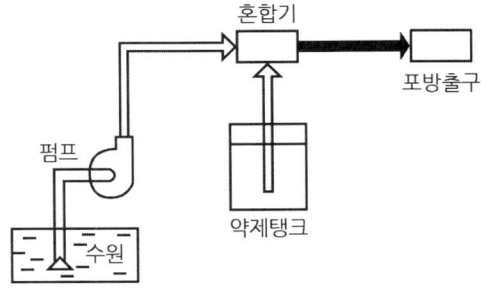

2) 특징

장점	단점
• 설치비가 저렴하고 설치가 용이	• 혼합기(벤투리관)를 통한 압력손실이 1/3로 매우 높음 • 혼합기(벤투리관)가 흡입할 수 있는 높이가 한정(1.8m) • 1개의 혼합기에서 유효방사 유량범위가 좁음

3) 적용 : 포소화전, 소규모·이동식 소화설비

5. 프레셔 프로포셔너 방식(Pressure Proportioner Type)

1) 개념

(1) 펌프와 발포기의 중간에 설치된 벤투리관의 벤투리작용과 펌프가압수의 포소화약제 저장탱크에 대한 압력에 따라 포소화약제를 흡입·혼합하는 방식

(2) 소화약제 탱크에 다이어프램이 있는 압송식, 다이어프램이 없는 압입식

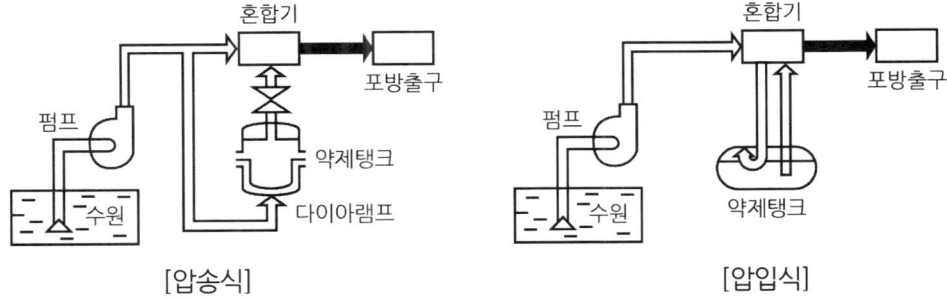

[압송식]　　　　　　　　　　　　[압입식]

2) 특징

장점	단점
• 원액의 흡입 시 혼합기에 의한 압력손실이 적음 (0.035 ~ 0.21MPa) • 유량 범위가 넓어 1개의 혼합기로 다수의 소방대상물을 충족시킬 수 있음	• 혼합비에 도달하는 시간이 다소 걸림(2~15분) • 다이어프램 파손 시 원액이 물과 혼합되어 폼액을 사용하지 못함

3) 적용 : 대부분의 건물에 적용

6. 프레셔사이드 프로포셔너 방식(Pressure Side Proportioner Type)

1) 개념

펌프의 토출관에 압입기를 설치하여 포소화약제의 압입용 펌프로 포소화약제를 압입시켜 혼합하는 방식

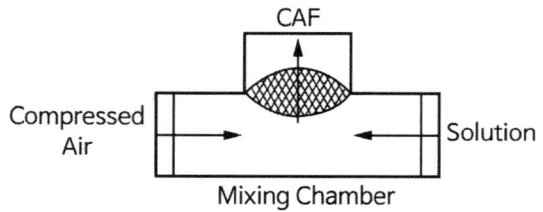

2) 특징

장점	단점
• 약제와 수원 간 혼합우려가 없어 장기간 보존하여 사용할 수 있음 • 혼합기의 압력손실이 적음(0.05 ~ 0.34MPa)	• 설치비가 많이 들고 시설이 복잡 • 원액 펌프의 토출압력이 급수펌프의 토출압력보다 커야 함

3) 적용 : 비행기 격납고, 석유화학플랜트 등과 같은 대단위 고정식 소화설비

7. 압축공기포 믹싱챔버방식(CAFS, Compressed Air Foam System)

1) 개념

압축공기 또는 압축질소를 일정 비율로 포 수용액에 강제 주입하여 혼합하는 방식

2) 특징

장점	단점
• 운동량이 커서 화염 표면까지 도달하고 포의 크기가 균일하여 포의 안정성이 증가 • 깨끗한 공기를 사용하므로 포의 오염 가능성 감소 • 급수펌프나 대형 펌프를 설치하는 공간이 필요하지 않음	• 유체 흐름이 3상계 흐름이 되고, 전용프로그램을 이용 • 소규모 장소에 적용을 목적으로 개발되었으므로 하나의 유니트 형식으로 개발 및 제작되어 대규모 장소에 적용이 어려움

3) 적용 : 특수가연물을 저장·취급하는 공장, 창고, 차고, 주차장, 항공기 격납고 등

2 화재조기진압용 스프링클러설비(ESFR)에 대하여 다음 사항을 설명하시오.
1) 화재감지특성과 방사특성
2) 설치기준 및 설치 시 주의사항

1. 개요

1) 특정 높은 장소의 화재위험에 대하여 조기에 진화할 수 있도록 설계된 스프링클러헤드이다.
2) 화재 조기 진압을 위해 굵은 물방울과 속동형의 특징을 가진 스프링클러헤드이며 ESFR의 소화특성으로 화재감지 특성과 방사 특성이 있다.

2. 화재감지 특성

1) 개념

(1) ESFR은 반응시간지수(RTI)가 $28(m \cdot s)^{0.5}$, 표시온도 74℃ 이하, 전도열손실계수 $1(m/s)^{0.5}$ 이하인 속동형 스프링클러이며, 화재를 조기 감지하여 살수면적을 줄인다.

(2) 화재감지특성에는 표시온도, RTI, 헤드의 전도열손실계수가 있으며, 헤드의 감열 개방 시간을 결정짓는 주요 요소이다.

2) 표시온도

(1) 폐쇄형 스프링클러헤드에서 감열체가 작동하는 온도로서 미리 헤드에 표시한 온도

(2) 관련 식

$$T_A = 0.9\,T_m - 27.3$$

T_A : 최고주위온도, T_m : 헤드표시온도

(3) 의미 : 표시온도에 도달해야 감열체가 작동함

3) 반응시간지수(RTI, Response Time Index)

(1) 감열체가 열에 얼마나 민감하게 작동하는지 나타낸 지수

(2) 관련 식

$$RTI = \tau\sqrt{v}\ [m \cdot s]^{0.5}$$

τ : 반응속도상수(s)
v : 기류의 속도(m/s)

※ 반응속도상수(τ) : 헤드 감열체의 온도가 고온가스온도의 62.8%에 도달하는 시간

(3) 의미 : RTI가 클수록 열에 둔감하며 작을수록 열에 민감

4) 전도열손실계수

(1) 헤드가 주변으로부터 흡수한 열량 중 배관이나 물을 통해 손실되는 열량을 나타내는 특성치

(2) 관련 식

$$\text{Virtual RTI} = RTI / \left(1 + \frac{C}{\sqrt{v}}\right) \qquad C : \text{전도열손실계수}(m/s)^{1/2}$$

(3) 의미 : 전도열손실계수가 작을수록 손실되는 열량이 적으므로 헤드는 빨리 개방됨

3. 방사특성

1) 개념

(1) 스프링클러는 화재감지와 소화를 동시에 수행하는 설비로 방사특성은 화재제어와 화재진압으로 구분되며, ESFR은 화재진압특성을 가진 헤드이다.

(2) 화재제어와 화재진압은 열방출률의 감소속도로 분류되며, ADD를 RDD보다 크게 하면 화염에 대한 침투성이 높아져 화재 조기진압에 유리하다.

2) 화재제어

(1) 화재의 주위 가연물에 방사하여 연소의 확대를 방지하고 열방출률을 서서히 감소시켜 화재를 제어하는 것

(2) 적용 헤드 : 표준형 헤드, 주거용 헤드, CMSA

3) 화재진압

(1) 충분한 양의 물을 화심에 침투시켜 열방출률을 급감시켜 화재를 진압하는 것

(2) 적용 헤드 : ESFR

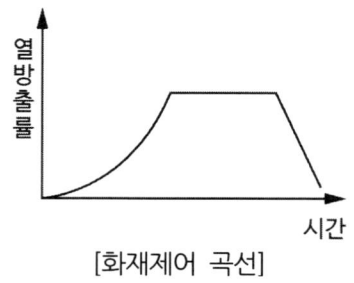

[화재제어 곡선]

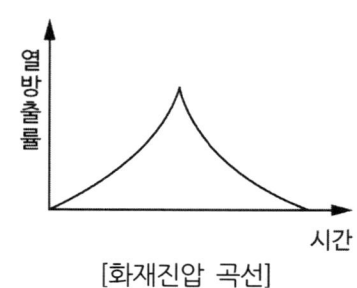

[화재진압 곡선]

4. ESFR의 설치기준

1) 설치장소의 구조

(1) 해당 층의 높이가 13.7m 이하일 것

(2) 천장의 기울기가 1000분의 168 이하일 것. 단, 초과 시 반자를 지면과 수평으로 설치

(3) 천장은 평평해야 하며 철재나 목재 트러스 구조인 경우 철재·목재의 돌출부분이 102mm 이하일 것

(4) 보로 사용되는 목재·콘크리트 및 철재 사이의 간격이 0.9m 이상 2.3m 이하일 것

(5) 창고 내의 선반의 형태는 하부로 물이 침투되는 구조로 할 것

2) 수원

(1) 수리학적으로 가장 먼 가지배관 3개에 각각 4개의 스프링클러헤드가 동시에 개방되었을 때, 헤드 선단의 압력이 최소방사압력 값 이상으로 60분간 방사할 수 있는 양

$$Q = 12 \times 60 \times K\sqrt{10p}$$

Q : 수원의 양(l)
K : 상수 $[l/\min/(MPa)^{0.5}]$
p : 헤드선단의 압력(MPa)

(2) 헤드 선단의 최소방사압력(MPa)

최대층고	최대 저장높이	화재조기진압용 스프링클러헤드				
		K=360 하향식	K=320 하향식	K=240 하향식	K=240 상향식	K=200 하향식
13.7m	12.2m	0.28	0.28	-	-	-
13.7m	10.7m	0.28	0.28	-	-	-
12.2m	10.7m	0.17	0.28	0.36	0.36	0.52
10.7m	9.1m	0.14	0.24	0.36	0.36	0.52
9.1m	7.6m	0.10	0.17	0.24	0.24	0.34

(3) 수원은 유효수량의 3분의 1 이상을 옥상에 설치

3) 가압송수장치

(1) 전동기 또는 내연기관에 따른 펌프

(2) 고가수조

(3) 압력수조

(4) 가압수조

4) 가지배관 사이의 거리
  (1) 천장높이 9.1m 미만 : 2.4m 이상 3.7m 이하
  (2) 천장의 높이가 9.1m 이상 13.7m 이하 : 2.4m 이상 3.1m 이하

5) 헤드
  (1) 헤드 하나의 방호면적은 $6.0m^2$ 이상 $9.3m^2$ 이하
  (2) 가지배관의 헤드 사이의 거리
    ① 천장의 높이가 9.1m 미만 : 2.4m 이상 3.7m 이하
    ② 9.1m 이상 13.7m 이하 : 3.1m 이하
  (3) 헤드의 반사판은 저장물의 최상부와 914mm 이상 확보
  (4) 하향식 헤드의 반사판의 위치는 천장이나 반자 아래 125mm 이상 355mm 이하
  (5) 상향식 헤드의 감지부 중앙은 천장 또는 반자와 101mm 이상 152mm 이하이어야 하며, 반사판의 위치는 스프링클러 배관의 윗부분에서 최소 178mm 상부에 설치
  (6) 헤드와 벽과의 거리는 헤드 상호 간 거리의 2분의 1 이하이고 최소 102mm 이상일 것
  (7) 헤드의 작동온도는 74℃ 이하
  (8) 상부에 설치된 헤드의 방출수에 따라 감열부에 영향을 받을 우려가 있는 헤드에는 방출수를 차단할 수 있는 유효한 차폐판을 설치

6) 저장물의 간격
  저장 물품 사이의 간격은 모든 방향에서 152mm 이상의 간격을 유지한다.

7) 환기구
  (1) 공기의 유동으로 인하여 헤드의 작동 온도에 영향을 주지 않는 구조일 것
  (2) 화재감지기와 연동하여 작동하는 자동식 환기장치를 설치하지 아니할 것

5. ESFR 설치 시 주의사항
1) 개방형 스프링클러의 최대 허용치가 12개이므로 기존의 스프링클러설비에 비교하여 헤드 하나가 가지는 중요성이 크므로 더욱 세심한 주의가 필요하다.
2) 조기개방이 가능하도록 화재의 대류열이 스프링클러의 설치부에 쉽게 도달할 수 있도록 하고 이를 위해 천장은 평평하면서 열을 가두어 둘 수 있는 구조로 한다.
3) 각 헤드로부터 방사된 물이 화염에 도달할 수 있도록 중간에 방해물이 없도록 한다.

3 건식 유수검지장치에 대하여 다음 사항을 설명하시오.
1) 작동원리
2) 시간지연
3) 시간지연을 개선하기 위한 NFPA 제한사항

1. 개요

1) 건식 유수검지장치 2차 측에 압축공기 또는 질소 등의 기체로 충전된 배관에 폐쇄형 스프링클러헤드가 부착된 스프링클러 설비이다.

2) 건식밸브에서 1차 측에는 가압수가 2차 측에는 압축공기가 채워져 있어 건식밸브의 클래퍼(Clapper)를 사이에 두고 압력이 상호작용하여 평형을 이루고 있다.

2. 작동원리 : 1, 2차 힘의 평형 원리(파스칼의 원리)

1) 개념

유체역학에서 배관 속의 비압축성 유체의 어느 한 부분에 가해진 압력의 변화가 유체의 다른 부분에 그대로 전달된다는 원리이다.

2) 관련 식

(1) 단면적이 다른 관이 연결되어 피스톤으로 압력을 가할 수 있는 장치가 있다고 가정

(2) 유압 장치의 왼쪽 피스톤에 F_A의 힘을 가하면

(3) 압력은 $P_A = F_A/S_A$, $P_B = F_B/S_B$

(4) 파스칼의 원리에 의해 P_A와 P_B는 같으므로 오른쪽 피스톤에 가해지는 힘 $F_B = F_A \times S_B/S_A$

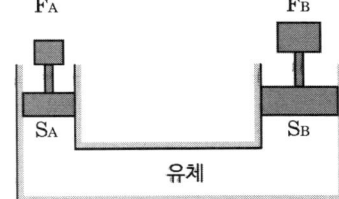

(5) S_A를 작게 하고 S_B를 크게 할수록 작은 힘(F_A)을 가해도 큰 힘(F_B)의 효과를 볼 수 있다.

3. 시간지연

1) 개념

(1) 방수 지연시간이란 화재 시 헤드가 감열된 시점에서 헤드로부터 물이 방수될 때까지의 시간을 말한다.

(2) 방수 지연시간 = 트립 시간(Trip Time) + 소화수 이송시간(Transit Time)

2) 트립 시간(Trip Time)과 소화수 이송시간(Transit Time)

구분	트립 시간(Trip Time)	소화수 이송시간(Transit Time)
정의	헤드가 감열된 시점으로부터 건식밸브의 클래퍼가 개방될 때까지의 시간	클래퍼가 개방 후 소화수가 헤드로 방수시작까지의 시간
관련 식	$t = 0.0352 \times \dfrac{V}{A\sqrt{T}} \times \ln\left(\dfrac{P_2}{P_1}\right)(s)$ t : 트립시간(s), A : 개방된 헤드의 살수면적(ft^2) V : 2차 측 배관의 내용적(ft^3), T : 공기온도(°R) P_1 : 트립압력(절대압), P_2 : 초기공기압력(절대압)	
영향요소	• 트립압력(P_1) • 초기공기압력(P_2) • 2차 측 배관의 내용적(V) • 개방된 헤드의 살수면적(A)	
대책	• 액셀레이터(Accelerator) 설치(트립 시간 감소대책) • 이그조스터(Exhauster) 설치(소화수 이송시간 감소대책) • 트립압력을 높임(P_1) • 초기공기압력을 낮춤(P_2) : 저압식 건식밸브 사용 • 2차 측 배관의 내용적을 제한함(V) • 헤드의 오리피스의 면적을 크게 함(A)	

4. 시간지연을 개선하기 위한 NFPA 제한사항(NFPA13. Chapter7 System Requirements)

1) 2차 측 내용적을 750gallon 이내로 제한

(1) 2차 측 배관의 내용적은 소화수를 60초 이내에 방출할 것

① 2차 측 배관의 내용적은 아래의 소화수 이송시간에 기초함

② 건식밸브의 소화수 이송시간

위험등급	가장 먼 헤드의 초기개방수량	소화수 이송최대시간(s)
경급	1	60
중급 I	2	50
중급 II	2	50
상급 I	4	45
상급 II	4	45
창고(High Piled)	4	40

(2) QOD가 미설치된 경우

2차 측 배관의 내용적은 500gal(1900 L) 이내로 제한

(3) QOD가 설치된 경우

2차 측 배관의 내용적은 750gal(2850 L)을 초과해서는 안 됨

2) 2차 측 배관의 공기압

(1) 공기압축기

① 상시 사용할 수 있을 것

② 30분 이내에 정상압력에 도달할 수 있는 용량일 것

③ 5°F(-15℃) 이하로 유지되는 냉장·냉동공간에는 60분 이내에 정상압력으로 충전할 수 있을 것

④ 건식밸브로 연결되는 배관의 직경은 1/2in.(15mm) 이상일 것

⑤ 체크밸브는 공기 충전연결부에 설치하고 개폐밸브는 체크밸브에 공기를 공급하는 쪽에 설치. 단 충전하지 않을 경우 닫힌 상태로 유지

⑥ 릴리프밸브는 공기압축기와 개폐밸브 사이에 설치

⑦ 릴리프밸브는 트립압력보다 ⑵에서의 압력보다 높은10psi(0.7bar) 이상 압력을 방출하도록 설정하고 제조사의 압력제한을 초과하지 않도록 함

(2) 배관의 공기압력

건식밸브의 트립압력보다 20psi(1.4bar) 높은 압력으로 하거나 건식밸브와 함께 제공된 매뉴얼에 따라 유지되도록 함

4 부속실 제연설비에 대하여 다음 사항을 설명하시오.
1) 국내 화재안전기준(NFTC 501A)과 NFPA 92 기준 비교
2) 부속실 제연설비의 문제점 및 개선방안

1. 개요
1) 특별피난계단의 계단실 및 부속실 제연설비는 소화활동설비로 소방관의 소화활동을 도우면서 재실자 피난동선의 안전성을 확보하기 위해 급기 가압하는 소방시설이다.
2) 제연방식으로는 차압, 방연풍속, 과압방지 조치가 요구된다.

2. 국내 화재안전기준(NFTC 501A)과 NFPA 92 기준 비교
1) **차압** : 제연구역과 옥내 사이의 압력차

구분	NFSC 501A	NFPA 92

차압	[최소차압]
	• 스프링클러 유 : 12.5Pa 이상
	• 스프링클러 무 : 40Pa 이상
	※ 출입문이 일시적으로 개방될 경우 최소차압의 70% 이상
	※ 계단실과 부속실 동시제연 시 계단실기압은 부속실기압과 동일하거나 부속실기압이 계단실 보다 5Pa 이내로 작게 유지
	
	[최대차압]
	• 110N
		[최소차압]
		• 스프링클러 유 : 12.5Pa
		• 스프링클러 무
		  층고 9ft(2.7m)까지 : 25Pa 이상
		  층고 15ft(4.6m)까지 : 35Pa 이상
		  층고 21ft(6.4m)까지 : 45Pa 이상
		※ 출입문이 일시적으로 개방될 경우 최소차압 유지
		
		[최대차압]
		• 133N

특징	• 연돌효과와 바람의 영향 등 외력을 적용하지 아니함	• 가스온도가 1200K(927℃)일 때의 최소설계차압 • 바람이나 연돌효과의 특정 조건에서도 최소차압을 유지해야 함

2) 방연 풍속 : 옥내에서 제연구역 내로의 연기 유입을 유효하게 방지할 수 있는 풍속

구분	NFSC 501A	NFPA 92
방연 풍속	[0.5m/s 이상] • 계단실 및 부속실 동시 제연 • 계단실 단독 제연 • 부속실 단독 제연(부속실이나 승강장이 면하는 옥내가 복도로 방화구조인 경우) [0.7m/s 이상] • 부속실 단독제연(부속실이나 승강장에 면하는 옥내가 거실인 경우)	별도의 규정 없음
특징	• 화재가 성장함에 따라 열방출률이 커지므로 0.5~0.7m/s로는 방연풍속확보가 어려움 • 유럽기준(EN 12101-6)은 화재진압전용샤프트는 2m/s 이상을 요구	별도의 규정 없음

3. 부속실 제연설비의 문제점 및 개선방안

구분	문제점	개선방안
차압	• 층고에 따른 차등적용 없음 • 연돌효과와 바람의 영향 등 외력을 적용하지 아니함	• 층고에 따른 차등 적용 • 연돌효과와 바람의 영향 등 외력 반영
방연풍속	• 화재가 성장함에 따라 열방출률이 커지므로 0.5~0.7m/s로는 방연풍속확보가 어려움	• 소방대활동을 위해서 2m/s 이상 확보 • 유럽기준(EN 12101-6)은 화재진압전용샤프트는 2m/s 이상을 요구
제연구역설정	• 부속실 가압방식 적용 시 연기가 계단실로 유입될 우려가 있음	• 계단실과 부속실 동시 가압방식 적용
과압	• 자동차압급기댐퍼는 과압기능이 없음에도 많은 현장에 적용 중임 • 송풍기의 급기량을 필요분보다 크게 설계할 경우 과압발생	• 제연구역이나 덕트계통에 플랩댐퍼 적용 • 인버터 방식 적용
송풍기 풍량제어	• 토출댐퍼 제어방식을 사용하므로 서징의 우려가 있음	• 흡입 측 댐퍼제어, 회전수 제어방식 적용

5 최근 자주 발생하는 물류창고의 화재에 대하여 화재확산 원인과 개선방안을 설명하시오.

1. 개요

1) "물류창고"란 화물의 저장·관리, 집화·배송 및 수급조정 등을 위한 보관시설·보관장소 또는 이와 관련된 하역·분류·포장·상표부착 등에 필요한 기능을 갖춘 시설을 말한다.
2) 현대사회에서 소비자 요구의 다양성과 신속성을 추구하는 경향이 증가함에 따라 랙크식 물류창고의 수는 대도시와 주요 지방도시를 중심으로 증가하고 있다.
3) 랙크식 물류창고 내에는 화재하중이 높은 물품이 수직으로 적재되어 있어 창고의 내부에서 화재가 발생되는 경우 스프링클러설비가 국내 소방관련 규정에 적합하게 설치되어 있더라도 진화하지 못하는 경우가 대부분이다.

2. 물류창고의 구조

1) 건물 바닥에 수직으로 랙크를 설치한 층고가 높은 대공간
2) 랙의 일정 높이 간격으로 선반을 설치
3) 물건을 각각의 선반에 수직으로 적재하여 효율적이고 입체적으로 보관
4) 운송장치인 이송크레인 등을 이용, 물품을 자동으로 입출고

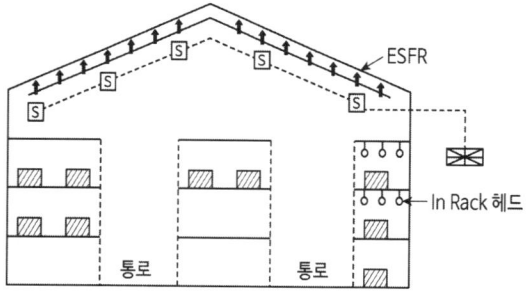

3. 물류센터의 방재특성

1) 입지여건 고찰

(1) 대도시나 공단 외곽에 위치
(2) 임대료와 교통여건이 장소 선정의 중요한 요소
(3) 소방대의 도착시간 지연

2) 관리적 특성

(1) 무인시스템으로 운영

(2) 입출고가 없는 시간대에는 관리자 부재

3) 건물 자체의 특성

(1) 짧은 건축기간의 요구로 패널 구조가 많음

(2) 높은 층고로 인해 수직으로 화염전파가 빠름

4. 랙식 창고의 화재확산 원인

1) 가연물을 집적하여 보관하므로 연소되기 쉬움

   (1) 창고의 적재물품이 3차원 공간의 구조적 배치 특성을 가짐

   (2) 수용품을 높게 쌓으므로 화재하중이 크고 물품 간 형성되는 송기공간(Flue Space)을 통해 급격히 화재가 수직으로 확산
   → 물류이송용 포장재, 완충재로 스티로폼, 고무, 플라스틱류를 많이 사용함

   (3) 화재성장속도가 빠르고 열방출율이 높음

2) 방화구획 없음 : Car Crane 운행으로 내부구획을 못함

3) 연돌효과로 인해 연소 확대

5. 화재원인(점화에너지)

시설적 원인	저장물품의 원인
• 자동이송장치의 불꽃, 단락, 충격 • 조명, 배선, 모터, 전열기	• 장기저장으로 인한 발열, 누전 • 작은 열원으로 쉽게 인화되는 물품

6. 개선방안

1) 화재감지기

(1) 연기감지기 적용

   ① 불꽃감지기의 적용 어려움

   ② 열감지기는 화재성장 후 경보가 되므로 적용이 곤란함

(2) 설치 감지기

   ① 아날로그방식의 감지기

   ② 광전식 공기흡입형 감지기

   ③ 이와 동등 이상의 기능·성능이 인정되는 감지기

2) 소화설비

(1) 라지드롭형 스프링클러헤드 또는 ESFR 적용

(2) 라지드롭형 스프링클러헤드는 일정 높이가 아닌 랙 구조물의 각 단마다 설치

(3) 옥내소화전은 호스릴방식 적용

[라지드롭형 스프링클러헤드]

[ESFR]

3) 방화설비

(1) 건축물의 내화구조, 내장재의 불연화 및 샌드위치 패널 사용 최소화

(2) 방화구획 실시
   ① 방화구획 완화 특례로 인해 수평, 수직 방화구획이 미흡한 경우 다수
   ② 설계단계에서 방획구획 반영
   ③ 운영 중 주기적 점검을 통해 방화구획 유지관리를 철저히 함

4) 성능위주 소방설계 및 내화설계

(1) 물류창고 등 화재위험이 큰 용도의 시설은 성능위주 소방설계대상에 포함시킴

(2) 구조적 안정성 확보를 위해 성능위주의 내화설계 실시

5) 주기적 교육 및 훈련실시

7. 결론

1) 상부로의 연소 확대가 쉬워 설비 구조를 고려한 라지드롭형 스프링클러헤드 또는 ESFR가 유효함

2) 화재를 감지하여 관계자에게 알리는 문자 서비스를 적용할 필요가 있음

6 다음 물음에 대하여 기술하시오.

1) 전압강하식 $e = \dfrac{0.0356LI}{A}[V]$의 식을 유도하고, 단상2선식 · 단상3선식 · 3상3선식과 비교하시오.

2) P형 수신기와 감지기 사이의 배선회로에서 종단저항 10kΩ, 릴레이저항 85Ω, 배선회로저항 50Ω이며, 회로전압이 DC 24V일 때 다음 각 전류를 구하시오.
   (1) 평상 시 감시전류[mA]
   (2) 감지기가 동작할 때의 전류[mA]

3) 다음 P형 발신기 세트함의 결선도에서 ① ~ ⑦의 명칭을 쓰고 기능을 설명하시오.

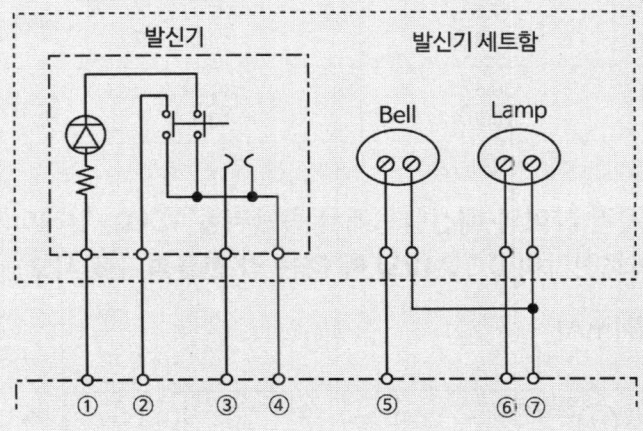

1. 전압강하식 $e = \dfrac{0.0356LI}{A}[V]$의 식을 유도하고, 단상2선식 · 단상3선식 · 3상3선식과 비교하시오.

1) 전압강하식 $e = \dfrac{0.0356LI}{A}[V]$의 식 유도(단상 2선식)

(1) 전압강하의 기본식

  ① $e = IR = I \times \rho \dfrac{L}{A}$

  ② 표준연동의 고유저항(ρ)은 전선의 도전율 97%이므로 $\rho = \dfrac{1}{58} \times \dfrac{100}{97} (\Omega \cdot mm^2/m)$

  ③ 고유저항(비저항) : 길이가 1m이고 단면적이 $1m^2$인 물질의 전기저항으로 물질마다 고유한 저항값이 있음
   • 은 $1.62 \times 10^{-8}(\Omega \cdot m)$, 구리 $1.69 \times 10^{-8}(\Omega \cdot m)$, 금 $2.44 \times 10^{-8}(\Omega \cdot m)$

(2) 단상 2선식은 전선이 2가닥이므로

$$e = E_s - E_r = IR \times 2 = \frac{1}{58} \times \frac{100}{97} \times \frac{L \times I}{A} \times 2 = 0.0356 \times \frac{L \times I}{A}$$

(3) 전압 강하

$$e = \frac{0.0356 \times L \times I}{A} = \frac{35.6 \times L \times I}{1,000A}$$

L : 전선의 길이(m), I : 전류(A)
A : 전선의 단면적(mm²)

2) 단상2선식 · 단상3선식 · 3상3선식과 비교

구분	전압 강하	전선 단면적	활용
단상 2선식	$e = \frac{35.6LI}{1000A}$	$A = \frac{35.6LI}{1000e}$	• 비상 콘센트 • 자동화재탐지설비 등
단상 3선식 3상 4선식	$e = \frac{17.8LI}{1000A}$	$A = \frac{17.8LI}{1000e}$	• 전력간선의 굵기 산정
3상 3선식	$e = \frac{30.8LI}{1000A}$	$A = \frac{30.8LI}{1000e}$	• 농형유도전동기

2. P형 수신기와 감지기 사이의 배선회로에서 종단저항 10kΩ, 릴레이저항 85Ω, 배선회로 저항 50Ω이며, 회로전압이 DC 24V일 때 다음 각 전류를 구하시오.

1) 평상시 감시전류[mA]

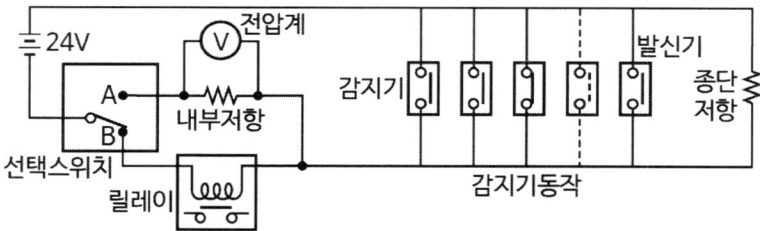

(1) 합성저항 = 종단저항 + 릴레이저항 + 배선회로저항 = 10000+85+50 = 10135Ω
(2) 감시전류 = V/R = 24/10135 ≈ 0.0024A ≈ 2.4mA

2) 감지기가 동작할 때의 전류[mA]

(1) 합성저항 = 릴레이저항 + 배선회로저항 = 85 + 50 = 135Ω
(2) 감시전류 = V/R = 24/135 ≈ 0.18A

3. 다음 P형 발신기세트함의 결선도에서 ①~⑦의 명칭을 쓰고 기능을 설명하시오.

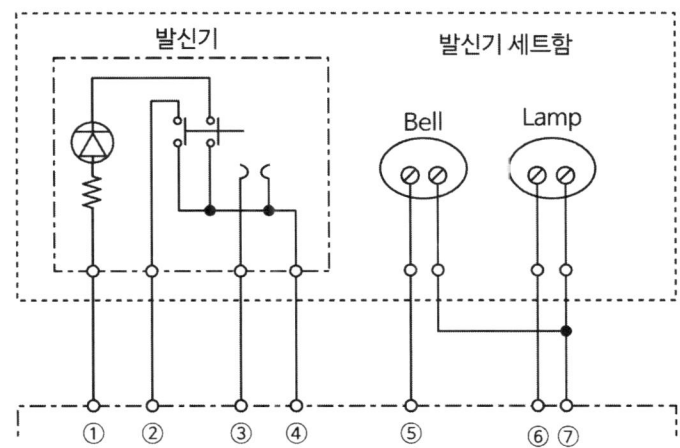

번호	명칭	기능
①	응답	발신기 응답표시등 점등
②	회로	발신기 동작 시 수신기에 신호 전달(발신기 누름스위치)
③	전화	발신기와 수신기간의 전화통화
④	공통	응답, 지구, 전화의 회로공통선
⑤	경종	발신기 동작 시 신호를 받아 지구경종동작
⑥	표시등	발신기의 위치를 표시등으로 상시 표시
⑦	공통	경종과 표시등의 회로공통선

125회 3교시

> **1** 물분무소화설비와 관련하여 다음 사항에 대하여 설명하시오.
> 1) 소화원리
> 2) 적응 및 비적응장소
> 3) NFTC 104에 따른 수원의 저수량 기준
> 4) NFTC 104에 따른 헤드와 고압기기의 이격거리

1. 소화원리

1) 냉각작용 : 물의 현열과 잠열을 이용한 냉각

2) 질식작용 : 물이 기화될 시 약 1700배의 부피팽창이 되므로 산소농도 저하

3) 유화작용

(1) 물과 비수용성 액체 간 서로 혼합하지 않는 액체를 혼합시키는 것

(2) 혼합되지 않는 2개의 액체가 다른 액체 속으로 미립자 형태로 분산되는 현상

(3) 서로 섞이지 않는 액체를 매개체를 이용하여 고르게 섞는 에멀션(Emulsion)을 만드는 작용

(4) 메커니즘(Mechanism)

물분무 → 속도에너지 → 유표면 방사 → 유면과 충돌 후 산란 → 유화층 형성 → 유면을 덮음 → 가연성 기체의 증발능력 저하 → 연소범위 이하 → 연소성 상실

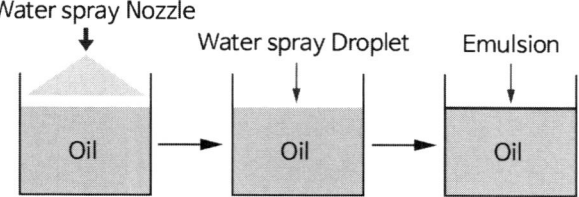

4) 희석작용

수용성 액체 위험물에서 방사되는 물분무 입자에 의해 액체 위험물이 비인화성 농도로 희석

2. 적응 및 비적응장소

1) 적응장소[NFPA 15, 1-3 Application]

(1) 일반가연물 : 종이, 목재, 섬유류 등

(2) 전기적 위험 : 유입변압기, 유입개폐기, 전동기, 케이블 트레이 등

(3) 인화성 가스·액체

(4) 특정한 위험이 있는 고체

2) 비적응장소(NFTC 104 제15조 물분무헤드의 설치제외)

(1) 물에 심하게 반응하는 물질을 저장·취급하는 장소
- 제3류 위험물 등과 같이 금수성 물질에는 사용 불가

(2) 고온 물질 및 증류 범위가 넓어 끓어 넘치는 위험물질을 저장·취급하는 장소
- 수증기 폭발과 같이 급격한 상변화의 우려가 있는 경우 사용 불가
- 중질유와 같은 다비점의 인화성 액체는 비점이 낮은 액체는 증발하고 비점이 높은 액체만 남아서 열류층을 형성, 이에 소화수를 주입 시 Slop Over 발생

(3) 운전 시 표면온도가 260℃ 이상으로 직접 분무 시 기계장치에 손상 우려 장소
- 고온의 기기 표면에 물 입자가 접촉할 경우 기기의 손상이 우려됨

3. NFTC 104에 따른 수원의 저수량 기준

장소	가압송수장치	S(m^2)
특수가연물	$10 l/min \cdot m^2 \times 20분 \times S$	최대방수구역의 바닥면적
절연유 봉입변압기	$10 l/min \cdot m^2 \times 20분 \times S$	바닥을 제외한 표면적합산면적
컨베이어 벨트	$10 l/min \cdot m^2 \times 20분 \times S$	벨트 부분의 바닥면적
케이블 트레이, 케이블 덕트	$12 l/min \cdot m^2 \times 20분 \times S$	투영 바닥면적
차고, 주차장	$20 l/min \cdot m^2 \times 20분 \times S$	최대방수구역의 바닥면적

※ 터널 : 살수밀도 $6 l/min \cdot m^2$ 이상 40분, 수원량 = 방수구역 3개 × 40분 이상 × $6 l/min \cdot m^2$

4. NFTC 104에 따른 헤드와 고압기기의 이격거리

1) 헤드에서 가까운 부분은 살수밀도가 높고 먼 부분은 낮음

2) 살수밀도가 높을 때 물은 도전성이므로 일정한 거리를 이격하는 규정을 둠

전압(kV)	거리(cm)	전압(kV)	거리(cm)
66 이하	70 이상	154 초과 131 이하	180 이상
66 초과 77 이하	80 이상	181 초과 220 이하	210 이상
77 초과 110 이하	110 이상	220 초과 275 이하	260 이상
110 초과 154 이하	150 이상	-	-

2 할로겐화합물 및 불활성기체소화설비 배관의 두께 계산식에 대하여 설명하시오.

1. 배관의 두께(t)

$$\text{관의 두께}(t) = \frac{PD}{2SE} + A$$

1) P : 최대허용압력(kPa)
2) D : 배관의 바깥지름(mm)
3) SE : 최대허용응력(kPa)
   (1) 배관재질 인장강도의 1/4값과 항복점의 2/3값 중 작은 값×배관이음효율×1.2
   (2) 배관이음효율
      ① 이음매 없는 배관 : 1.0
      ② 전기저항 용접배관 : 0.85
      ③ 가열맞대기 용접배관 : 0.60
4) A : 나사이음, 홈이음 등의 허용값(mm)(헤드설치부분은 제외)
   (1) 나사이음 : 나사의 높이
   (2) 절단홈이음 : 홈의 깊이
   (3) 용접이음 : 0

2. 배관의 두께 산정요소

1) **최대허용압력 : P(kPa)**
   (1) 배관 내부에서 최대로 사용할 수 있는 압력
   (2) 배관의 재질이나 규격에 따라 허용하는 배관의 최고 압력

2) **배관의 바깥지름 : D(mm)**
   배관의 안지름에 두께를 반영한 값

3) **최대허용응력 : SE(kPa)**
   (1) 안전여유가 반영된 탄성한도 이내에서 허용할 수 있는 최대응력
   (2) 응력이란 외력이 재료에 작용 시 내부에 생기는 저항력(변형력, 내력)을 말함

4) 배관의 접합방법 : 배관이음효율

(1) 이음매 없는 배관, 전기저항 용접배관, 가열맞대기 용접배관이 있음

(2) 배관이음 효율이란 배관을 제작하는 공정에서 배관을 접합하는 방법에 따라 적용하는 배관접합의 안정성을 수치화 한 값

5) 배관의 이음방법 : A(mm)

(1) 배관이나 관부속을 이음하는 방법에 따른 허용치

(2) 나사이음은 나사산의 높이(mm), 홈이음은 그루브 이음의 홈의 깊이(mm)

3. 최대허용압력(P) = $\dfrac{2SE(t-A)}{D}$

1) 배관내부의 최고사용압력을 말하며 배관의 재질이나 규격에 따라 허용하는 배관의 최고 압력
2) 약제별 최소사용설계압력 이상이 되어야 함

4. 배관 압력등급을 선정하는 방법

할로겐화합물 및 불활성기체의 배관 규격을 선정할 경우 배관의 압력등급을 표에서 제시한 최소사용설계압력 이상의 내압력을 가진 배관으로 선정

1) 최대허용응력(㎪)(SE)을 구함

(1) SE = 배관재질 인장강도의 1/4값과 항복점의 2/3값 중 작은 값×배관이음효율×1.2

(2) 인장시험표(KS D 3562)를 참조하여 인장강도의 1/4값과 항복점의 2/3값 중 작은 값 선택

종류	기호	화학성분(%)					인장시험	
		C	Si	Mn	P	S	인장강도 (kgf/mm²)	항복점 (kgf/mm²)
2종	SPPS 380	0.25 이하	0.35 이하	0.30~ 0.90	0.04 이하	0.04 이하	38 이상	22 이상
3종	SPPS 420	0.30 이하	0.35 이하	0.30~ 1.00	0.04 이하	0.04 이하	42 이상	25 이상

[표] 압력배관용 탄소강관의 화학성분과 인장시험(KS D 3562)

(3) 배관이음 효율을 구함

탄소강관은 제조법에 따라 전기저항 용접배관(ERW Pipe), 이음매 없는 배관(Seamless Pipe), 가열맞대기 용접배관으로 구분

2) 표에 의해 배관의 두께(t)와 바깥지름(D)을 결정
3) 최대허용압력(P)을 구함 : SE, t, A, D를 최대허용압력(P)식에 대입

4) 화재안전기준(NFTC107A 표)에서 최소사용설계압력 확인

⑴ 할로겐화합물 소화약제

① 최소사용설계압력 : 21℃충전압력과 최대충전밀도의 80%값 중 큰 값

② 할로겐화합물 소화약제(HFC-227ea, FC 3-1-10, HCFC BLEND A)

구분	HFC-227ea				FC3-1-10	HCFC BLEND A	
최대충전밀도(kg/㎥)	1,265	1,201.4	1,153.3	1,153.3	1,281.4	900.2	900.2
21℃충전압력(kPa)	303*	1,034*	2,482*	4,137*	2,482*	4,137*	2,482*
최소사용설계압력(kPa)	2,868	1,379	2,868	5,654	2,482	4,689	2,979

- "*"표시는 질소로 축압한 경우임
- 소화약제 방출을 위해 별도의 용기로 질소를 공급하는 경우 배관의 최소사용설계압력은 충전된 질소압력에 따름. 다만 질소의 공급압력을 조정하기 위해 감압장치를 설치 또는 폐쇄할 우려가 있는 배관구간에는 배관의 최대허용압력 이하에서 작동하는 안전장치설치한 경우 조정된 질소의 공급압력을 최소사용설계압력으로 적용할 수 있음

⑵ 불활성기체소화약제

① 최소사용설계압력 : 1차측은 21℃충전압력, 2차 측은 제조사의 설계프로그램에 의한 압력 값

② 불활성기체소화약제(IG-541, IG-100)

구분		IG-541			IG-100		
21℃충전압력(kPa)		14,997	19,996	31,125	16,575	22,312	28,000
최소사용설계압력(kPa)	1차 측	14,997	19,996	31,125	16,575	22,312	28,000
	2차 측	제조사의 설계프로그램에 의한 압력 값					

- 1차 측과 2차 측은 감압장치를 기준으로 함
- 저장용기에 소화약제가 21℃ 충전압력보다 낮은 압력으로 충전되어 있는 경우 실제 저장용기에 충전되어 있는 압력 값을 1차 측 최소사용설계압력으로 적용할 수 있음

5) 3)과 4)를 비교하여 선정

⑴ 최대허용압력(P) > 최소사용설계압력 : 사용 가능

⑵ 최대허용압력(P) < 최소사용설계압력 : 스케줄넘버가 큰 배관 선정

6) 배관과 배관을 연결하는 배관부속이나 밸브류는 강관 또는 동관과 동등 이상의 강도 및 내식성이 있는 것으로 함

3 $Q = 0.6597 \times d^2 \times \sqrt{p}$을 유도하고, 옥내소화전과 스프링클러설비의 K-factor에 대하여 설명하시오.

1. 적용 공식

1) 연속방정식

$$Q = Av$$

Q : 유량(m³/s), A : 배관의 단면적(m²), v : 유속(m/s)

2) 동압(소화전 호스에서 노즐을 통해 방사 시 적용)

$$P = \frac{v^2}{20g}$$

P : 동압, v : 유속(m/s), g : 중력가속도(m/s²)

3) 단면적

$$A = \frac{\pi D^2}{4}$$

A : 배관의 단면적(m²), D : 배관의 직경(m)

2. 유도

1) 동압(소화전 호스에서 노즐을 통해 방사 시 동압 적용)

$$P = \frac{v^2}{20g}, \quad v = \sqrt{20g \cdot P} = 14\sqrt{P}$$

2) 면적 $A = \frac{\pi D^2}{4}$

3) 1), 2)를 Q = Av에 대입하면

$$Q = \frac{\pi D^2}{4} \times 14\sqrt{P} = 3.5\pi D^2 \sqrt{P}$$

4) 단위변환

(1) Q(m³/s) → q(lpm)

1 m³/s = 1000 × 60lpm, Q × 1000 × 60 = q, Q = $\frac{q}{1000 \times 60}$

(2) D(m) → d(mm)

1m = 1000 mm, D × 1000 = d, $D = \frac{d}{1000}$

(3) (1), (2)를 3)에 대입하면

① $\dfrac{q}{1000 \times 60} = 3.5\pi \times (\dfrac{d}{1000})^2 \sqrt{P}$

② $q\,[lpm] = 0.6597 \times d^2 \times \sqrt{P}$

5) 결론 : $Q = 0.6597 \times d^2 \times \sqrt{p}$

3. 옥내소화전과 스프링클러설비의 K-factor

1) K-factor

(1) 오리피스 구조 및 재질에 따라 방출량에 차이 발생하므로 보정계수(유량계수) C를 도입

(2) $Q = 0.6597 \times C \times d^2 \times \sqrt{p} = K\sqrt{p}$

(3) $K = 0.6597 \times C \times d^2$ 이고 이를 K-factor라 한다.

2) 옥내소화전의 K-factor

(1) 옥내소화전 노즐에서 봉상주수의 경우 유량계수(C) 0.985, 내경(d) 13mm

(2) $K = 0.6597 \times C \times d^2 = 0.6597 \times 0.985 \times 13^2 ≒ 110$

3) 스프링클러설비의 K-factor

(1) 표준형 스프링클러설비는 공칭구경 15mm, 유량계수(C) 0.75, 내경(d) 12.7mm

(2) $K = 0.6597 \times C \times d^2 = 0.6597 \times 0.75 \times 12.7^2 ≒ 80$

---

4 수계소화설비의 배관에서 발생할 수 있는 공동현상과 관련하여 다음 사항에 대하여 설명하시오.
 1) 공동현상의 정의
 2) 펌프 흡입관에서 공동현상 발생조건 및 영향요인
 3) 펌프 흡입 측 배관에서 공동현상 방지를 위한 화재안전기준 내용

1. 공동현상의 정의

1) 물의 압력이 해당온도에서 포화 증기압 이하로 내려갈 때 물이 증발하여 공동(Cavity)을 만드는 현상을 공동현상(캐비테이션)이라 한다.
2) 펌프 흡입구의 압력은 공동현상 방지를 위해 항상 포화증기압력 이상으로 유지해야 한다.

2. 펌프 흡입관에서 공동현상 발생조건 및 영향요인

1) 발생원인

(1) 물은 대기압에서 100℃에서 기화하나 대기압보다 낮아질 때 100℃ 이하에서도 기화된다.

(2) 소방펌프는 원심펌프이므로 임펠러의 중심은 진공이 형성되므로 대기압에서의 물이 임펠러 중심인 압력이 낮은 부분으로 이동하면서 물속에 흡수된 공기나 기체가 분리된다.

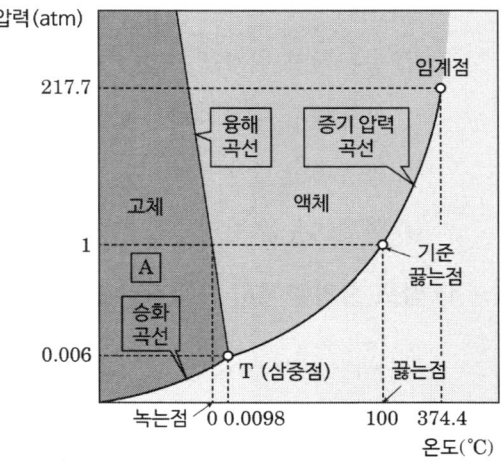

2) 발생 메커니즘

(1) 배관 내 압력저하
  ① 베르누이 방정식에서 동압 증가 시 정압이 낮아지므로 관내 압력 저하
  ② 관 내 유체 속도 증가 → 관 내 압력 저하(포화증기압 이하) → 기화 → 주변 압력이 높은 곳에서 급격히 액화 → 임펠러에 충격

(2) 임펠러의 압력저하
  ① 관 내 유체가 펌프로 이동 → 임펠러의 압력저하(포화증기압 이하) → 기화 → 주변 압력이 높은 곳에서 급격히 액화 → 임펠러에 충격
  ② 석션(Suction)에서 흡입되어 방출(Discharge)될 경우, 즉 $P_s → P_d$로 가는 과정에서 압력강하가 발생하고 포화증기압 이하로 내려가기 때문에 기포가 발생하고 압력이 점점 높아지면 기포가 터지므로 소음과 진동이 발생하여 임펠러와 펌프를 부식시키는 원인이 된다.

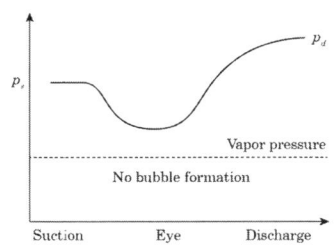 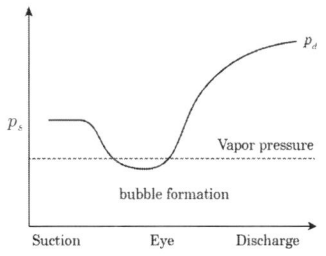 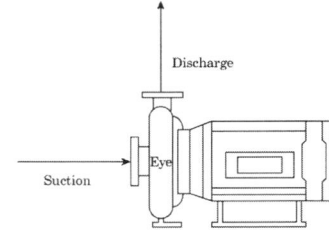

3) 펌프 흡입관에서 공동현상 발생조건

NPSH에 의해 공동현상 발생 구분

(1) 공동현상 미발생 : $NPSH_{av} > NPSH_{re}$

(2) 공동현상 발생한계 : $NPSH_{av} = NPSH_{re}$

(3) 공동현상 발생 : $NPSH_{av} < NPSH_{re}$

(4) 설계여유율 반영 : $NPSH_{av} \geq NPSH_{re} \times 1.3$

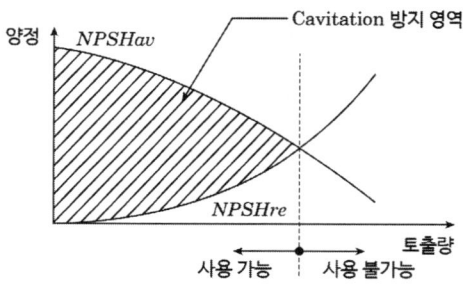

4) 펌프 흡입관에서 공동현상 영향요인

(1) $NPSH_{av}$ ($NPSH_{av} = \dfrac{P_a}{r} - (\pm H_h + H_f + H_v)$)

① 낙차 수두(H_h)
- 수조가 펌프보다 낮고 낙차 수두(H_h)가 큰 경우

② 배관마찰손실수두 (H_f) ($H_f = f \dfrac{l}{d} \dfrac{v^2}{2g}$)
- 주손실 : 배관의 길이가 길고 직경이 큰 경우
- 부차적 손실 : 엘보우, 밸브류 등의 피팅류가 많은 경우
- 유속이 빠를 경우

③ 포화증기압수두 (H_v)
- 임펠러의 회전속도가 큰 경우
- 유체의 온도가 높을 경우

(2) $NPSH_{re}$

펌프선정 시 $NPSH_{av}$ 보다 큰 $NPSH_{re}$ 를 가진 펌프를 설치한 경우

3. 펌프 흡입 측 배관에서 공동현상 방지를 위한 화재안전기준 내용

1) 흡입 측 배관

(1) 버터플라이밸브의 설치제한
① 유체(물)가 버터플라이밸브를 통과할 때 밸브시트로 인해 단면적이 축소되는 부분에서 유체의 속도가 순간적으로 증가하게 되며, 이로 인해 유체의 정압이 순간적으로 낮아져 캐비테이션의 발생요인이 될 수 있으며 유동 저항이 크게 증가하여 마찰손실이 커지게 된다.
② 흡입관상의 마찰손실 증가는 NPSHav 값의 감소로 이어져 캐비테이션 가능성이 높다.
③ 밸브개폐 조작이 순간적으로 이루어져 수격작용(Water Hammering)을 일으키기 쉽다.

(2) 공기고임이 생기지 않는 구조
펌프와 배관의 연결부는 편심레듀샤 설치

(3) 수조가 펌프보다 낮게 설치된 경우에는 각 펌프(충압펌프를 포함)마다 수조로부터 별도로 설치

2) 기타

(1) Relief 밸브를 설치하여 체절압력 미만에서 작동하게 함
(2) 펌프가 수조보다 위에 있을 때 물올림탱크를 설치
(3) Foot 밸브를 설치하여 펌프 흡입 측 배관의 물이 누설되지 않도록 함

---

5 불꽃감지기의 종류와 원리, 설치 및 유지관리 시 고려사항에 대하여 설명하시오.

1. 개요

1) 불꽃에서 방사되는 불꽃의 변화가 일정량 이상 되었을 때 작동하는 것으로 자외선 또는 적외선에 의한 수광소자의 수광량 변화에 의해 발신하는 감지기이다.
2) 자외선 감지기는 수광소자로 UV Tron이란 외부 광전 효과를 이용한 방전관이 사용한다.
3) 적외선 감지기는 이산화탄소 공명방사방식, 2파장감지방식, 정방사감지방식, 깜빡임(Flicker) 감지방식 등을 이용한다.

2. 불꽃감지기의 종류와 원리

1) 적외선불꽃감지기(IR, Infrared Flame Detector)

종류	원리(검출방식)	검출소자	특징
CO_2 공명방사 방식	• 화재 시 발생하는 CO_2가 열공명방사(열을 받아 방사)시키는 파장을 검출 • $4.4\mu m$ 파장에서 최대에너지방출	• 세렌화납(PbSe)	• 광학필터는 3.5 ~ $5.5\mu m$의 적외선 Pass Filter 사용
2파장 감지방식	• 각각의 파장대역 이용 • 1개 대역의 2파장(장파장과 단파장)의 에너지 차이를 이용하여 검출	• 태양전지를 이용 • 태양전지와 PbS 이용	• 조명광 또는 빛에 의한 비화재보 우려가 적음
정방사 감지방식	• $0.72\mu m$ 이하의 가시광을 차단하는 적외선필터를 이용하여 근적외선영역의 방사에너지를 감지	• 실리콘포토다이오드 (SPD, Silicon Photo Diode) • 포토트랜지스터	• 태양광, 조명광의 차단이 곤란한 밝은 장소에는 사용 안 함 • B급화재에 유효
Flicker 감지방식	• 연소 시 불꽃의 깜박거림을 검출 • Flicker 주파수 : 2~20Hz	• 초전형적외선센서	• B급화재 시 Flicker는 정방사량의 6.5% 발생

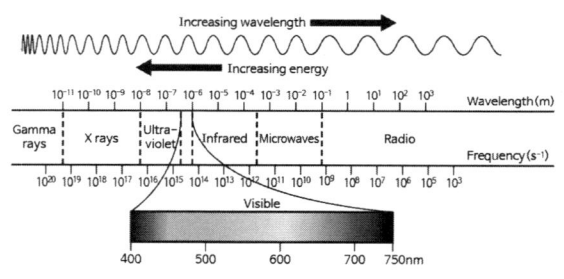
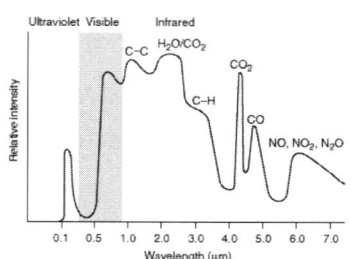

2) 자외선불꽃감지기(UV, Ultraviolet Flame Detector)

(1) 작동원리
  ① 불꽃에서 파장 방사
  ② 필터와 렌즈로 구성되어 불필요한 파장을 걸러냄
  ③ 검출소자로 자외선을 감지
    ($0.18 \sim 0.26\mu m$ 파장 검출)
  ④ 화재신호발신

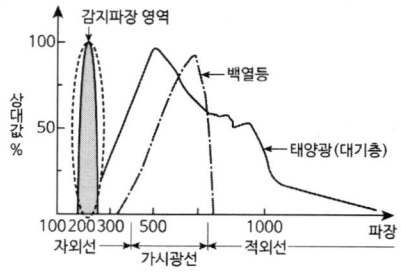

[스펙트럼 분석 시 자외선 감지 파장(nm)]

(2) 검출소자 : 수광소자(UV트론), 스위칭회로
(3) 특징
  ① 감도가 좋아 조기 경보에 적합함
  ② 자외선(UV)는 연기 및 분진발생 시 감도 저하가 커 신뢰도는 낮음

③ 용접, 조명, 태양광선 등에 의해서도 감지되어 오보가 발생
④ 투과창의 청소 등 주기적인 유지보수가 필요
⑤ 온도, 습도, 압력, 바람 등의 영향이 작으므로 옥외용으로 적합

3) 복합형불꽃감지기

(1) UV/IR 복합형
① 자외선(UV), 적외선(IR) 모두 작동 시 작동(AND회로)
② 오보가 적으나 연기, 먼지 등에 약함

(2) IR/IR 복합형
① 자외선(UV), 적외선(IR)형의 결정을 보완하기 위해 개발
② 오보가 없고 연기, 먼지 등에도 강함

3. 설치 및 유지관리 시 고려사항

1) 설치 시 고려사항

(1) 공칭감시거리 및 공칭시야각은 형식승인 내용에 따를 것
(2) 감지기는 공칭감시거리와 공칭시야각을 기준으로 감시구역이 모두 포용
(3) 감지기는 화재감지를 유효하게 감지할 수 있는 모서리나 벽 등에 설치
(4) 감지기를 천장에 설치 시 감지기는 바닥을 향하여 설치
(5) 수분이 많이 발생할 우려가 있는 장소에는 방수형으로 설치
(6) 그 밖의 설치방법은 형식승인 내용에 따르며 형식승인 사항이 아닌 것은 제조사의 사양에 따라 설치

2) 유지관리 시 고려사항

(1) 실의 용도 및 구획의 변경 시 불꽃감지기를 추가로 설치해야 함
(2) 투과창의 청소 등 주기적인 유지보수가 필요
(3) 불꽃감지기 작동시험 실시
① 라이터를 이용
② 토치램프를 이용
③ 전용의 테스터기를 이용

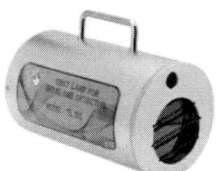

6 방염에 대한 다음 사항을 설명하시오.
  1) 방염 의무 대상 장소
  2) 방염대상 실내장식물과 물품
  3) 방염성능기준

1. 개요
1) 방염이란 본래 가연성인 물질의 표면에 난연성을 부여하는 약제처리를 한 것을 말한다.
2) 순간적인 열원이 재료에 접하였을 때 잔염이나 탄화현상의 지속시간, 발연량 등에 따라 방염성능을 판정하며 방염재료는 순간적인 접염일 경우에만 그 성능이 있고, 지속적으로 화염에 노출될 때에는 일반가연물과 같이 발화될 수 있다.
3) 발연량 측정 시 최대연기밀도는 400 이하로 방염성능기준을 정하고 있으며, 물품종류에 구체적인 방염성능기준은 소방청장이 정하는 고시에 따른다.

2. 고분자물질의 연소발생 메커니즘

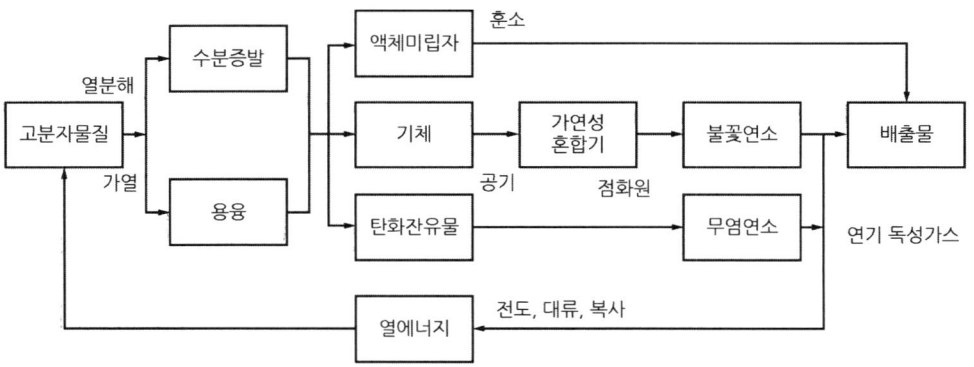

3. 방염 의무 대상 장소 (소방시설법 시행령 제30조)
1) 근린생활시설 중 의원, 조산원, 산후조리원, 체력단련장, 공연장 및 종교집회장
2) 문화 및 집회시설, 종교시설, 운동시설(수영장은 제외)
3) 의료시설, 교육연구시설 중 합숙소, 노유자시설
4) 숙박이 가능한 수련시설, 숙박시설
5) 방송통신시설 중 방송국 및 촬영소
6) 다중이용업소
7) 층수가 11층 이상인 것(아파트는 제외)

4. 방염대상 실내장식물과 물품 (소방시설법 시행령 제31조)

1) 제조 또는 가공 공정에서 방염처리를 한 물품

(1) 창문에 설치하는 커튼류

(2) 카펫, 벽지류(두께가 2mm 미만인 종이벽지는 제외)

(3) 전시용 합판·목재 또는 섬유판, 무대용 합판·목재 또는 섬유판

(4) 암막·무대막(영화상영관 스크린, 가상체험 체육시설업에 설치하는 스크린 포함)

(5) 섬유류 또는 합성수지류 등을 원료로 하여 제작된 소파·의자
(단란주점영업, 유흥주점영업, 노래연습장업의 영업장에 설치하는 것만 해당)

2) 건축물 내부의 천장이나 벽에 부착하거나 설치하는 것(실내장식물)

(1) 종이류(두께 2mm 이상)·합성수지류·섬유류를 주원료로 한 물품

(2) 합판이나 목재

(3) 공간을 구획하기 위하여 설치하는 간이 칸막이

(4) 흡음재, 방음재

3) 소방본부장, 소방서장이 권장할 수 있는 방염물품

(1) 다중이용업소, 의료시설, 노유자시설, 숙박시설 또는 장례식장에서 사용하는 침구류·소파 및 의자

(2) 건축물 내부의 천장 또는 벽에 부착하거나 설치하는 가구류

5. 방염성능기준

1) 성능기준 (소방시설법 시행령 제31조)

구분	성능 기준
잔염시간	버너불꽃을 제거 후 불꽃을 올리며 연소상태 정지까지의 시간 20초 이내
잔신시간	버너불꽃을 제거 후 불꽃을 올리지 않고 연소상태 정지까지의 시간 30초 이내
탄화면적	탄화면적 50cm^2 이내, 탄화길이 20cm 이내
접염횟수	불꽃에 완전히 녹을 때까지 접촉 횟수는 3회 이상
발연량	최대연기밀도는 400 이하

2) 물품별 방염성능 기준(방염성능기준 제4조)

물품	잔염시간 (초 이내)	잔신시간 (초 이내)	탄화면적 (cm^2 이내)	탄화길이 (cm 이내)	접염회수 (회 이상)	최대연기 밀도(이하)
카펫	20	-	-	10	-	400
얇은 포	3	5	30	20	3	200
두꺼운 포	5	20	40	20	3	200
합성수지판	5	20	40	20	-	400
합판·섬유판 ·목재	10	30	50	20	-	400
소파, 의자	120	120	-	최대 7, 평균 5	-	400

※ 얇은 포 : 포지형태의 방염성능검사물품으로서 $1m^2$의 중량이 450g 이하인 것

※ 두꺼운 포 : 포지형태의 방염물품으로서 $1m^2$의 중량이 450g을 초과하는 것

※ 소파, 의자 : 버너법에 의해 잔염시간과 잔신시간을 측정하고, 45도 에어믹스버너 철망법에 따라 탄화길이를 측정함

※ 합판 및 목재 : 최대연기밀도는 신청값 이하(이 경우 신청값은 400 이하로 할 것)

6. 결론

1) 건축법에서 마감재료는 출화, 연소확대, 피난안전을 위해 난연재료 이상을 사용하도록 의무화하고 있으며, 소방법에서 담뱃불 등 부주의한 화재발생 방지 및 초기 화재지연 목적으로 방염처리하고 있으나 추가되는 소파, 의자 등 내장재에는 일부만 적용하고 있으므로 확대적용이 필요하다.

2) 방염 후처리는 시공 품질 저하, 경년 변화 등의 문제가 있으므로 합판 등 선처리가 가능한 것은 선처리를 유도해야 하며 초기 연소 확대 방지를 위해 방염물품의 내구 연한제를 도입하여 방염제도의 실효성을 확보하는 것이 중요하다.

125회 4교시

1 그림은 천장열기류(Ceiling Jet)에 관한 계산 모델이다. 다음 물음에 답하시오.
  1) 천장열기류(Ceiling Jet)의 정의
  2) 화재플럼 중심축으로부터 거리 r만큼 떨어진 위치에서의 기류 온도와 속도
  3) 화재플럼 중심축에서 2.5m 떨어진 위치에 72℃ 스프링클러헤드가 설치되어 있다고 가정할 때 감열여부 판단 (화재크기 1000kW, 층고 4.0m, 실내온도 20℃)

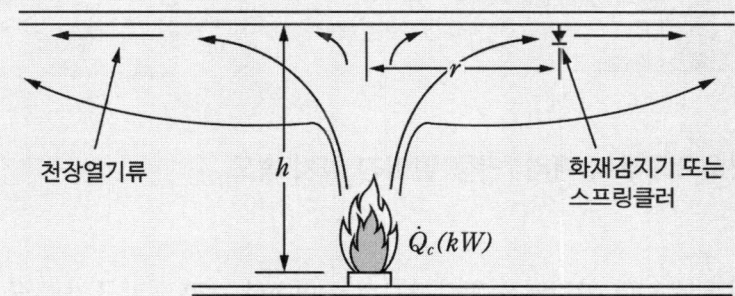

1. 개요

1) 부력 때문에 상승하는 뜨거운 화재플럼이 천장 하부에서 측면으로 흐르는 것을 천장열기류(Ceiling Jet)라 한다. 화재플럼에 의해 발생한 천장열기류는 천장에서 굴절되어 천장면을 따라 흐르다 벽을 만나 다시 굴절되어 화재플럼의 중심축으로 이동하면서 연기는 점차 하강하게 된다.

2) 천장열기류는 화재플럼 축에서 멀어질수록 온도는 낮아지고 화재감지기나 스프링클러의 작동에 영향을 주므로 이들의 작동시간을 예측하기 위해 천장류의 온도와 속도는 중요하다.

2. 천장열기류(Ceiling Jet)의 정의

1) 정의

(1) 화재플럼이 천장에 의해 제한받아 연소가스가 수평으로 굴절되는 흐름

(2) 화재감지기, 스프링클러헤드를 작동시켜 건물화재를 방호하는 기초가 됨

2) 천장제트흐름의 특징

(1) 화재초기에만 존재

(2) 온도는 수직 열기류로부터 거리의 함수

(3) 천장열기류의 온도는 낮은 온도의 천장마감재와 유입공기에 의한 열손실에 의해 감소됨

(4) 두께는 화원에서 천장까지 높이의 5 ~ 12% 정도

(5) 최고온도와 속도는 화원에서 천장까지 높이의 1% 범위 내 발생

(6) 약한 플룸은 대류가 주된 열전달방법이고, 열흐름률 $\dot{q}=h \times A \times \Delta T$에서 대류열전달계수 h는 천장제트흐름속도 $\sqrt{v}$에 비례하므로 열흐름률은 커지고 대류열전달에 의해 천장 가연물은 열분해됨

(7) 강한 플룸은 복사에 의해 바닥의 가연물은 열분해되고, 천장의 구조체에 영향을 미침

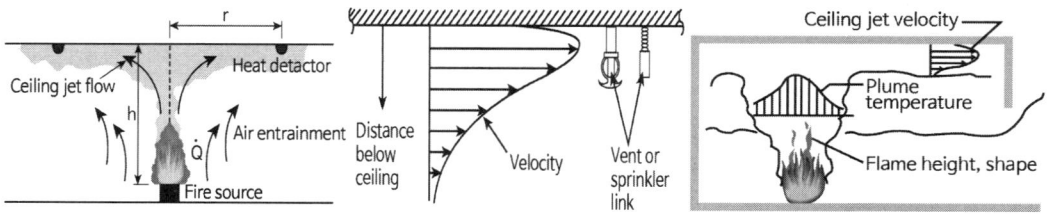

3. 화재플럼 중심축으로부터 거리 r만큼 떨어진 위치 속도

1) 개념

화재의 열방출률 $\dot{Q}$와 화원에서 천장까지의 높이 h를 알면 화재플럼의 중심축으로부터 거리 r에서의 천장류의 온도와 속도를 알 수 있다.

2) 천장열기류의 모델

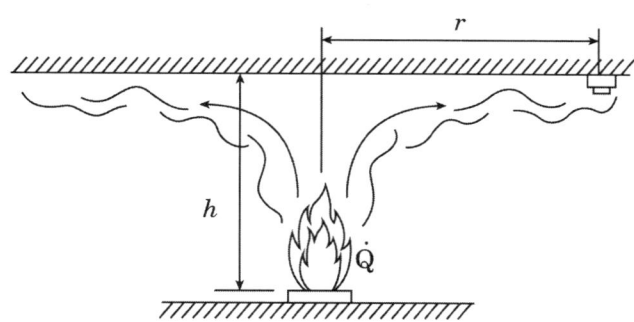

r = 화원으로부터 수평거리(m), h = 화원으로부터 천장까지의 거리(m)

$\dot{Q}$ = 대류열방출률(kW), T_g = 천장류의 온도(K), T_i = 실내온도(K)

v = 천장류의 속도(m/s)

3) 670kW ~ 100MW 급 실대화재실험에서 천장열기류의 온도와 속도 계산식 도출

4) 온도와 속도(Alpert Correlation)

천장류의 온도 (K)		천장류의 속도 (m/s)	
$\dfrac{r}{h} \leq 0.18$	$T_g - T_i = 16.9 \dfrac{\dot{Q}^{2/3}}{h^{5/3}}$	$\dfrac{r}{h} \leq 0.15$	$v = 0.947(\dfrac{\dot{Q}}{h})^{\frac{1}{3}}$
$\dfrac{r}{h} > 0.18$	$T_g - T_i = 5.38 \dfrac{\dot{Q}^{2/3}/h^{5/3}}{(r/h)^{2/3}}$	$\dfrac{r}{h} > 0.15$	$v = 0.197 \dfrac{(\dot{Q}/h)^{1/3}}{(r/h)^{5/6}}$

4. 화재플럼 중심축에서 2.5m 떨어진 위치에 72℃ 스프링클러헤드가 설치되어 있다고 가정할 때 감열여부 판단 (화재크기 1000kW, 층고 4.0m, 실내온도 20℃)

1) $r/h = 2.5/4.0 = 0.625$, $\dfrac{r}{h} > 0.18$ 이므로 식 $T_g - T_i = 5.38 \dfrac{\dot{Q}^{2/3}/h^{5/3}}{(r/h)^{2/3}}$ 적용

2) $T_g = 5.38 \dfrac{\dot{Q}^{2/3}/h^{5/3}}{(r/h)^{2/3}} + T_i$, $T_g = 5.38 \dfrac{1000^{2/3}/4^{5/3}}{0.625^{2/3}} + (273 + 20)$ ∴ $T_g = 93.02$℃

3) 화재플럼 중심축에서 2.5m 떨어진 스프링클러헤드의 온도는 약 93℃로 72℃ 헤드는 감열된다.

---

2 소방공사감리 업무수행 내용에 대하여 다음을 설명하시오.
1) 감리 업무수행 내용
2) 시방서와 설계도서가 상이할 경우 적용 우선순위
3) 상주공사 책임감리원이 1일 이상 현장을 이탈하는 경우의 업무대행자 자격

1. 감리의 의의

1) 감리라 함은 각종 공사를 종합적으로 조정하고 총체적으로 관리함과 동시에 각각의 공사가 설계 도서에서 의도하는 바에 따라 확실하게 시공되고 있는지 여부를 종합 관리하는 업무를 말한다.

2) 소방공사의 감리란 소방관련법의 규정에 의해 특정대상물에 설치하는 소방시설공사에 대한 감리로서, 소방시설의 설치기준에 적합하고 품질·공사·안전관리 및 소방시설의 기능 확보와 사용에 지장이 없도록 지도·감독하는 행위를 한다.

2. 감리 업무수행 내용 (소방시설공사업법 제16조 "감리")

1) 적법성(관련법 준수)

(1) 소방시설 등의 설치계획표의 적법성 검토

(2) 공사업자가 한 소방시설 등의 시공이 설계도서와 화재안전기준에 맞는지에 대한 지도·감독

(3) 피난시설 및 방화시설의 적법성 검토

(4) 실내장식물의 불연화와 방염 물품의 적법성 검토

2) 적합성(적법성과 기술상의 합리성)

(1) 소방시설 등 설계도서의 적합성 검토

(2) 소방시설 등 설계 변경 사항의 적합성 검토

(3) 소방용품의 위치·규격 및 사용 자재의 적합성 검토

(4) 공사업자가 작성한 시공 상세 도면의 적합성 검토

3) 성능시험

(1) 완공된 소방시설 등의 성능시험

3. 시방서와 설계도서가 상이할 경우 적용 우선순위 (소방공사감리업무절차서)

1) 우선순위

특별히 계약에 명기되어 있지 않을 때 공사 계약문서의 적용에 따른 우선순위는 다음과 같다.

(1) 공사시방서
(2) 설계도면
(3) 전문시방서
(4) 표준시방서
(5) 산출내역서
(6) 승인된 상세시공도면
(7) 관계법규의 유권해석
(8) 감리자의 지시사항

2) 설계도서 해석 및 적용에 따른 고려사항

(1) 설계도면 및 시방서의 어느 한쪽에 기재되어 있는 것은 그 양쪽에 기재되어 있는 사항과 완전히 동일하게 다룬다.

(2) 숫자로 나타낸 치수는 도면에서 축척으로 잰 치수보다 우선한다.

(3) 특별시방서는 해당 공사에 한정하여 일반시방서에 우선하여 적용한다.

(4) 특별시방서 및 도면에 기재되지 않은 사항은 일반시방서를 따른다.

(5) (1)부터 (4) 외의 사항에 대해 공사계약문서 상호간에 차이와 문제가 있을 경우에는 감리원의 의견을 참조하여 발주자가 최종적으로 결정한다.

4. 상주공사 책임감리원이 1일 이상 현장을 이탈하는 경우의 업무대행자 자격

1) 감리방법

(1) 감리원이 부득이한 사유로 1일 이상 현장을 이탈 시 감리일지 등에 기록하여 발주청 또는 발주자의 확인을 받고, 이 경우 감리업자는 감리원의 업무를 대행할 사람을 감리현장에 배치하여 감리업무에 지장이 없도록 해야 함

(2) 법에 따른 교육이나 유급휴가로 현장을 이탈 시 감리업무에 지장이 없도록 감리원의 업무를 대행할 사람을 감리현장에 배치하고, 감리원은 서로 배치되는 업무대행자에게 업무 인수·인계 등의 필요한 조치를 함

2) 업무대행자 자격

(1) 책임감리원이 부득이한 사유로 1일 이상 현장을 이탈하는 경우의 업무대행자는 책임감리원과 동급 이상의 자격자 또는 동일현장의 보조감리원(보조감리원이 2인 이상일 경우 최상위 동급자)으로 감리현장에 배치

(2) 다만 소방기술사는 특급 또는 고급 자격의 업무대행자를 감리현장에 배치 가능

> 보충

[시방서]

1) 개념

   공사용 설계도면에 표기되지 않은 재료나 품질, 시공시 특성사항 등을 기록한 서류로 설계도서의 일종임

2) 시방서의 종류

   (1) 표준시방서

   ① 표준시방서는 시설물의 안전 및 공사시행의 적정성과 품질 확보 등을 위하여 시설물별로 정한 표준적인 시공기준으로서 건설공사의 발주자, 건설 엔지니어링 사업자 또는 건축사가 공사시방서를 작성하거나 검토할 때 활용하기 위한 시공기준(건설기술 진흥법 시행령 제65조)

   ② 국토교통부장관이나 그 밖에 대통령령으로 정하는 자는 건설공사의 기술성·환경성 향상 및 품질 확보와 적정한 공사 관리를 위하여 다음 각 호에 관한 기준(이하 "건설기준"이라 한다)을 정할 수 있음(건설기술 진흥법 제44조)

   (2) 전문시방서

   ① 시설물별 표준시방서를 기본으로 모든 공종을 대상으로 하여 특정한 공사의 시공 또는 공사시방서의 작성에 활용하기 위한 종합적인 시공기준(건설기술 진흥법 시행령 제65조)

   (3) 공사시방서

   ① 건설공사의 계약도서에 포함된 시공기준

   ② 표준시방서 및 전문시방서를 기본으로 하여 작성하되, 공사의 특수성, 지역여건, 공사방법 등을 고려하여 기본설계 및 실시설계 도면에 구체적으로 표시할 수 없는 내용과 공사 수행을 위한 시공방법, 자재의 성능·규격 및 공법, 품질시험 및 검사 등 품질관리, 안전관리, 환경관리 등에 관한 사항을 기술(건설기술 진흥법 시행규칙 제40조)

> **3** 연기의 시각적 특성 및 감지기와 관련하여 다음에 대하여 설명하시오.
> 1) 감광율, 투과율, 감광계수 정의
> 2) '자동화재탐지설비 및 시각경보장치의 화재안전기준(NFTC 203)'에서 부착높이 20m 이상에 설치되는 광전식 중 아날로그방식의 감지기에 대해 공칭감지농도 하한값이 5%/m 미만인 것으로 규정하고 있는데, 그 의미에 대하여 설명하시오.

1. 개념

1) 빛은 물체를 만나면 흡수, 투과, 반사를 하는데 흡수와 반사된 만큼 도달한 빛은 지수함수적으로 감쇄한다.
2) 연기 속을 투과한 빛의 양으로 측정되며, 투과율(연기가 없을 때의 투과광의 세기와 연기가 존재할 때의 투과광의 세기의 비)이나 감광계수(m^{-1})로 나타낸다.

2. 감광율, 투과율, 감광계수 정의

1) 투과율(T)

(1) 개념

연기가 있을 때의 투과광의 세기와 연기가 없을 때의 투과광의 세기의 비

(2) 관련 식

$$T = \frac{I}{I_0} = e^{-C_s L}$$

C_s : 감광계수(m^{-1}) (Extinction Coefficient)
L : 연기의 경로길이(m)
I_0 : 연기가 없을 때 빛의 세기(lx)
I : 연기가 있을 때 빛의 세기(lx)

(3) 의미

빛이 연기를 투과한 정도

2) 감광율(O)

(1) 개념

투과된 빛이 연기에 의해 줄어든 정도

(2) 관련 식

① $O = 1 - T = 1 - e^{-C_s L}$

② $O = 1 - \frac{I}{I_0} = \frac{I_0 - I}{I_0}$

(3) 의미
① 투과율과 대비되는 개념으로 투과율이 커지면 감광율은 작아짐
② 감광계수의 기초이론이 됨

3) 감광계수(C_s)

(1) 개념

빛의 감쇄를 결정하는 특성값

(2) 관련 식

$$C_s = \frac{1}{L} ln \frac{I_0}{I}$$

(3) 의미

① 단위체적당 연기로 인한 빛의 흡수단면적(m^2/m^3)
② 감광계수가 큰 것은 연기의 농도가 높은 것을 의미하고 가시거리가 짧기 때문에 보행속도의 감소 등 피난에 영향을 준다.
③ 감광계수(C_s)의 영향요소 : 연기층의 두께, 연기입자수, 연기색상

3. 공칭감지농도 하한값이 5%/m 미만 규정의 의미

1) 연기농도의 기본식

(1) 감광계수(C_s) = $\frac{1}{L} ln \frac{I_0}{I}$

(2) 단위길이당 광학밀도(D) = $\frac{1}{L} log \left(\frac{I_0}{I} \right)$

(3) 감광계수(C_s)와 광학밀도(D)의 관계 $C_s = 2.303 D$

(4) 백분율로 표현한 투과율(T), 감광율(O), 단위길이당 감광율(O_u)

① 투과율(T) = $\frac{I}{I_0} \times 100$

② 감광율(O) = $(1 - \frac{I}{I_0}) \times 100$

③ 단위길이당 감광율(O_u) = $[1 - (\frac{I}{I_0})^{1/L}] \times 100$

2) 광학밀도

(1) 단위길이당 감광율(O_u) = $[1 - (\frac{I}{I_0})^{1/L}] \times 100$

$(\frac{I}{I_0})^{1/L} = 1 - \frac{O_u}{100}$

(2) 양변에 상용로그를 취하면 $\frac{1}{L}log(\frac{I}{I_0}) = \log(\frac{100 - O_u}{100})$

$D = \frac{1}{L}log(\frac{I_0}{I}) = \log(\frac{100}{100 - O_u})$

(3) 단위길이당 감광율(O_u) = 5%/m을 대입하여 단위길이당 광학밀도(D) 계산

$D = \log(\frac{100}{100-5}) = 0.0223\,(m^{-1})$

(4) 감광계수(C_s) 계산

$C_s = 2.303D = 2.303 \times 0.0223 = 0.0513\,(m^{-1}) \approx 0.05\,(m^{-1})$

3) 5%/m 미만 규정의 의미

부착높이 20m 이상에 설치되는 광전식 중 아날로그방식의 감지기는 감광계수 0.05 미만에서 동작함을 의미

보충

[투과율, 감광률]

구분	투과율(T)	감광률(O)
개념	연기가 있을 때의 투과광의 세기와 연기가 없을 때의 투과광의 세기의 비	투과된 빛이 연기에 의해 줄어든 정도
관련 식	$T = \frac{I}{I_0} = e^{-C_sL}$	$O = 1 - T = 1 - e^{-C_sL}$ $O = 1 - \frac{I}{I_0} = \frac{I_0 - I}{I_0}$
의미	빛이 연기를 투과한 정도	투과율과 대비되는 개념으로 투과율이 커지면 감광률은 작아짐 감광계수의 기초이론이 됨

4 R형 수신기와 관련하여 다음에 대하여 설명하시오.
1) 다중전송방식
2) 차폐선 시공방법

1. 개요

1) R형 수신기는 Local 기기에서 중계기까지는 P형과 동일한 실선 배선방식이나 중계기에서 수신기까지는 2선의 신호만을 이용하여 수많은 입력 및 출력 신호를 주고받는다. 이와 같이 2선을 이용하여 양방향 통신으로 수많은 입출력 신호를 고유신호로 변환하여 전송하는 방식을 다중통신(Multiplexing Communication)이라 한다.

2) Local 측에서 작동된 신호는 전류신호(접점신호)이며, 이를 2가닥의 신호선을 이용하여 각종 정보를 전송하려면 결국 통신을 이용한 통신신호(Digital Data)로 신호를 바꿔줘야 하며 이를 변조(Modulation)라 한다. 경보신호는 매우 약한 신호이므로 전자파 및 전자유도의 Noise로 인해 오신호 입력 등 오작동 방지를 위해 차폐선을 이용한다.

2. 다중전송방식(Multiplexing)

1) 정의
수많은 입출력 신호를 고유신호로 변환하여 2가닥의 신호선으로 전송하는 방식

2) 전송방법
(1) P형 수신기의 단순신호를 중계기를 이용하여 디지털신호로 변경하여 전송하는 방법

(2) 간선수를 절약할 수 있고 양방향 통신으로 많은 데이터를 고유신호로 변환하여 수신기로 통보와 송출을 하여 경보함

(3) 대형건축물의 경보설비는 매 경계구역마다 배선이 필요한 P형보다는 동시에 수십 또는 수백 회로를 2가닥의 전선으로 통신이 가능한 R형수신기를 사용한다.

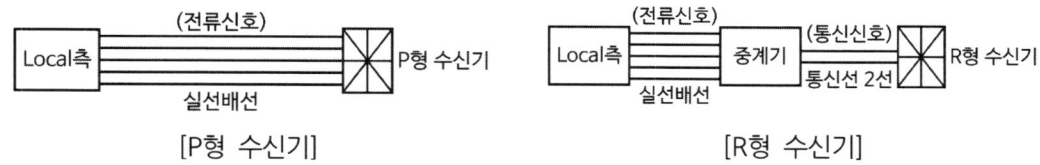

[P형 수신기]   [R형 수신기]

3) 특징
(1) 선로수가 적어 경제적임

(2) 선로 길이를 길게 할 수 있음

(3) 기기의 증설 및 이설이 용이

(4) 신호표시 방식이 디지털방식이므로, 화재발생지구를 선명하게 숫자로 표시

(5) 고층 건축물 및 분산건축물에 효과적으로 적용

3. 차폐선 시공방법

1) 차폐선의 종류

전선 명칭	영문 기호	차폐 방식
저독성 난연 폴리올레핀 차폐 배선	HF-STP	알루미늄테이프 차폐
난연성 비닐절연 비닐시이즈 케이블	FR-CVV-SB	동선편조 차폐
내열성 비닐절연 내열성 비닐시이즈 제어용 케이블	H-CVV-SB	동선편조 차폐

2) 차폐선의 구성

(1) 신호선

(2) 실드선(접지선)

(3) 차폐호일

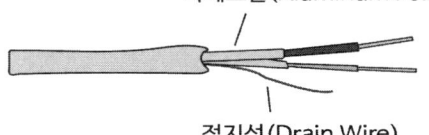

[STP(Shielded Twisted Pair)케이블]

3) 차폐배선의 대상

(1) 아날로그 감지기 배선

(2) 다신호식 감지기 배선

(3) R형 수신기 배선

4) 시공방법

(1) 난연성 비닐절연 비닐시이즈 케이블(FR-CVV-SB), 내열성 비닐절연 내열성 비닐시이즈 제어용 케이블(H-CVV-SB)은 케이블 공사방법에 따름

(2) 제어용 가교폴리에틸렌 절연 비닐외장 케이블(CVV-SB), 소방신호 제어용 비닐절연 비닐시스 차폐케이블(STP)은 내화배선, 내열배선의 규정에 따름

(3) 주의사항

① 차폐선은 끊어짐 없이 연결되어 수신기의 접지단자에 연결되어야 함

② 차폐선은 외함, 전선관 등 금속체와 접속하지 않아야 함

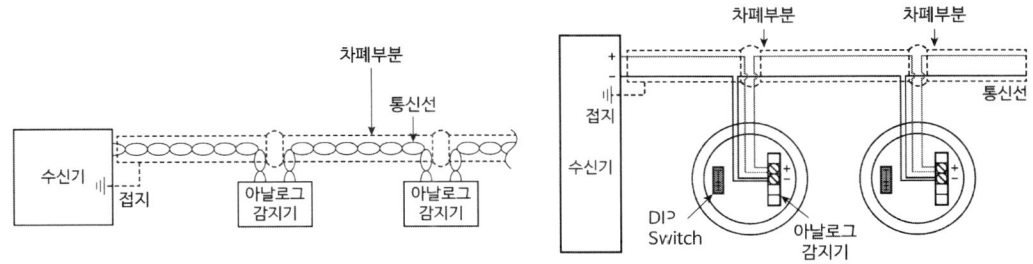

5 건축물 내화설계에 있어서 시방위주 내화설계에 대한 문제점과 성능위주 내화설계 절차에 대하여 설명하시오.

1. 개요
1) 화재에 견딜 수 있는 성능을 가진 구조를 내화구조라 하며 화재가 발생하였을 경우 다른 실로 화재확산을 방지하며 건축물의 붕괴를 막음으로써 피난시간의 확보 및 재산상의 피해를 최소화시키기 위한 것이다.
2) 일정규모 이상의 건축물에 대하여 주요구조부를 내화구조로 할 것을 의무화하고 있으며, 건축물의 피난·방화구조 등에 관한 규칙에서 벽, 바닥, 보, 기둥, 지붕, 계단 등의 내화구조 사양을 정하고, 그 외 시험을 통하여 부재에 대한 내화구조인정을 규정하여 운용하고 있다.
3) 시방위주 내화설계는 건축물의 형태 및 특성에 관계없이 획일적인 내화구조기준을 적용하고 있어, 대형·복합건축물을 비롯한 건축물 조건에 따른 합리적인 내화설계가 이루어지지 못하고 많은 단점을 지니고 있어 성능위주 내화설계의 적용이 필요하다.

2. 시방위주 내화설계

1) 개념
건축법규에서 규정된 건축물의 용도, 규모와 층수에 따라 내화성능시간을 설정하고, 이를 부재에 적용하는 사양적 내화구조기준를 말한다.

2) 설계절차 (건축법규)

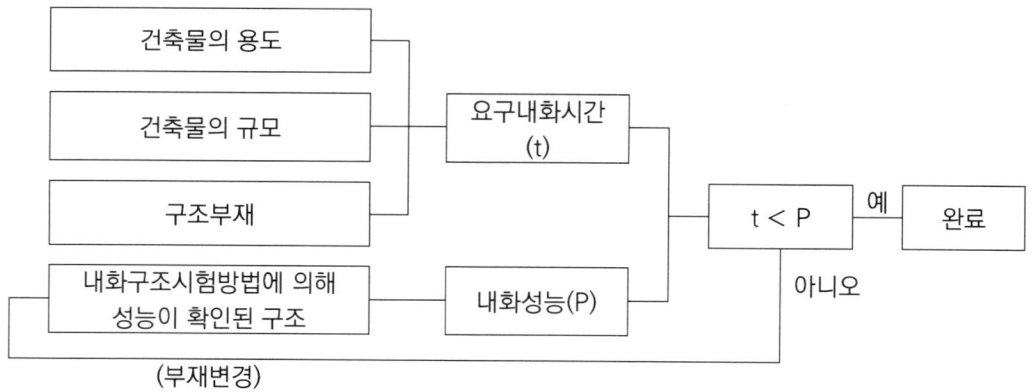

3) 문제점(장·단점)

구분	장점	단점
시방위주 설계	• 설계가 용이하고 단순	• 비경제적인 내화설계 • 사용용도, 수용품, 공간조건에 따른 적정 화재위험도의 설정이 곤란함 • 신기술·신재료의 도입이 곤란

3. 성능위주 내화설계

1) 개념

(1) 건축물의 용도와 특성에 관계없이 화재발생시 지속적인 온도상승을 나타내는 표준시간·온도곡선에 의한 화재를 대상으로 평가하는 사양적 구조기준에서 벗어나 건축물의 특성을 고려하여 그 건축물에서 발생될 것으로 예상되는 화재를 대상으로 내화구조를 설계하는 것이다.

(2) 내화설계가 요구되는 건축물의 조건을 설정하고 특정 구획내의 화재성상을 화재하중, 개구율, 주변벽체로의 열정수 등으로 계산하여 화재성상을 판단하고, 이때의 부재온도, 변형, 내력 등을 예측하여 설계된 구조부재가 예측된 평가기준을 만족하는지를 판단한다.

2) 설계절차

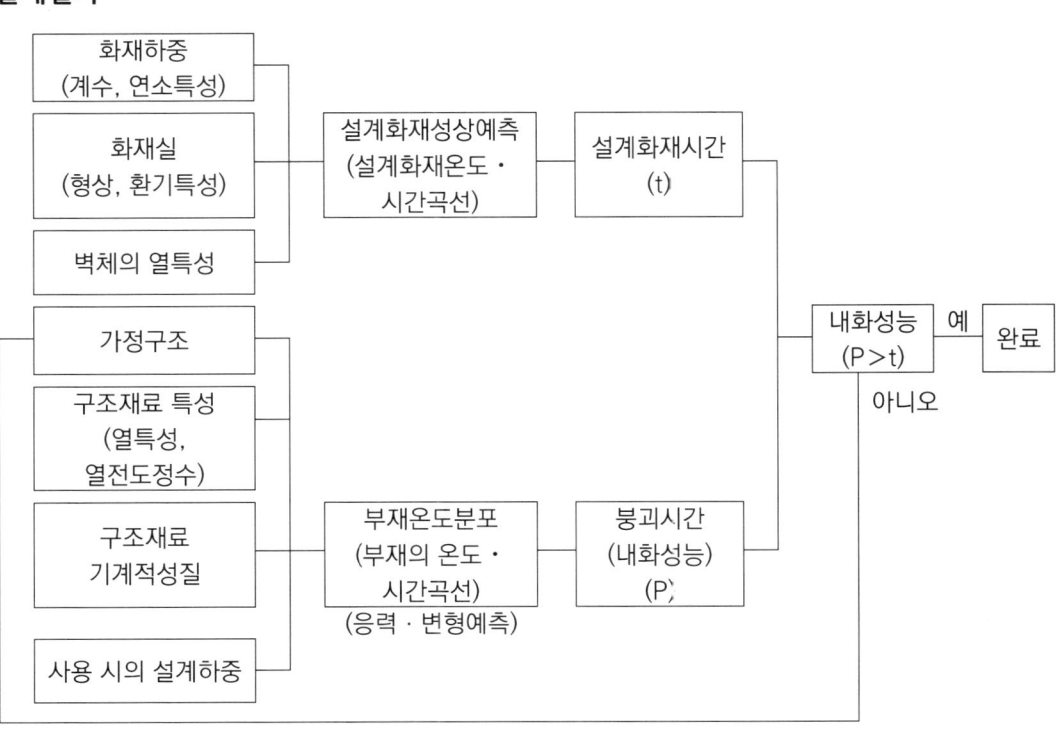

(1) 설계화재의 성상예측
  ① 구획의 화재하중, 화재실 형상·환기특성, 벽체의 열특성 등을 이용하여 화재성상 예측
  ② 화재성상의 예측으로부터 설계화재 온도·시간곡선이 구해짐
  ③ 설계화재 온도·시간곡선에서 어느 시점까지 내화성능을 확보해야 하는 설계화재시간이 정해짐

(2) 부재온도분포
  ① 예측된 설계화재성상하에서 구성재료의 열특성, 열정수, 기계적성질, 사용 시 설계하중을 고려하여 부재의 상승온도를 구함
    • 바닥·벽 등 구획부재의 온도분포 예측
    • 기둥·보 등 구획부재의 온도분포 예측
  ② 부재의 온도가 상승함에 따라 부재의 역학적 성상예측
    • 부재의 응력과 변형을 구하여 구조안전성 평가에 활용
    • 부재의 붕괴시간(내화성능)예측

(3) 내화성능평가
  ① 평가항목 : 차열성, 차염성, 구조안전성
  ② 평가기준 : 피난안전확보, 연소확대방지, 붕괴방지
  ③ 붕괴시간이 설계화재시간보다 크면 내화설계완료, 작을 경우에는 구조를 변경하여 재설계

3) 성능위주 내화설계 전제조건 : 내화설계 데이터베이스
  (1) 건축물의 유형별 적재 가연물량 : 용도별 화재하중
  (2) 재료의 고온열정수
    ① 구획 벽체 구성재료
    ② 내화피복재 등의 열전도율·비열
  (3) 재료의 기계적 고온 특성치
    ① 강재의 고온 항복응력도
    ② 탄성계수
    ③ 응력-변형율 관계

4) 문제점(장·단점)

구분	장점	단점
성능위주 설계	• 신기술·신재료의 도입이 용이 • 건축물 특성 반영	• 화재하중, 공간조건, 개구부 조건 등·제반 요소의 검토에 따른 설계과정이 복잡 • 높은 수준의 설계기술 요구

4. 결론

1) 성능위주의 내화설계를 수행할 전문인력과 국내 건설자재 및 용도별 건축물의 특성에 대한 데이터베이스의 부족 등으로 인해 법체계는 정비되었으나 즉각적인 시행에는 많은 어려움이 있다.
2) 따라서, 화재분야에 대한 인력 양성 및 다양한 연구와 국가차원의 데이터베이스 구축 등과 같은 다각적인 노력이 요구된다.

---

6 피난용 승강기와 관련하여 다음 사항을 설명하시오.
   1) 피난용 승강기의 필요성 및 설치대상
   2) 피난용 승강기의 설치 기준 · 구조 · 설비

1. 개요

1) 승강기는 수송능력이 크고 편리한 운송수단이지만 여러 화재에서의 교훈에 의하여 화재 시에는 사용해서는 안 되는 수단으로 인식되었다. 그러나 미국 WTC(World Trade Center)테러에서 알 수 있듯이 승강기를 적절히 이용하면 피난에 도움이 될 수 있음이 입증된 바 있다.
2) 최근 건축물의 고층화, 대형화, 심층화되고 거동이 불편한 사람들을 위한 피난수단 확보가 제도적으로 요구되면서 승강기를 이용한 피난이 적극적으로 검토되었으며 고층건축물에는 승용승강기 중 1대 이상을 피난용으로 설치해야 하도록 규정되었다.
3) 피난용 승강기는 비상용 승강기처럼 승용승강기와 별도로 추가로 설치하는 것이 아니라 승용승강기 중에 피난용의 성능을 갖춘 승강기를 말한다.

2. 피난용 승강기의 필요성 및 설치대상

1) 필요성

(1) 고층 건축물의 과도한 피난 거리
(2) 심층 지하 공간에서의 피난 어려움
(3) 피난 약자의 이동수단

2) 설치대상

고층건축물에 승용승강기 중 1대 이상 설치

3. 피난용 승강기의 설치 기준·구조·설비

1) 피난용 승강기의 설치 (건축법 시행령 제91조)

(1) 승강장의 바닥면적 : 승강기 1대당 6m² 이상

(2) 각 층으로부터 피난층까지 이르는 승강로를 단일구조로 연결하여 설치

(3) 예비전원으로 작동하는 조명설비 설치

(4) 승강장의 출입구 부근의 잘 보이는 곳에 피난용 승강기임을 알리는 표지를 설치

(5) 그 밖의 화재예방 및 피해경감을 위해 국토교통부령으로 정하는 구조 및 설비기준에 맞을 것

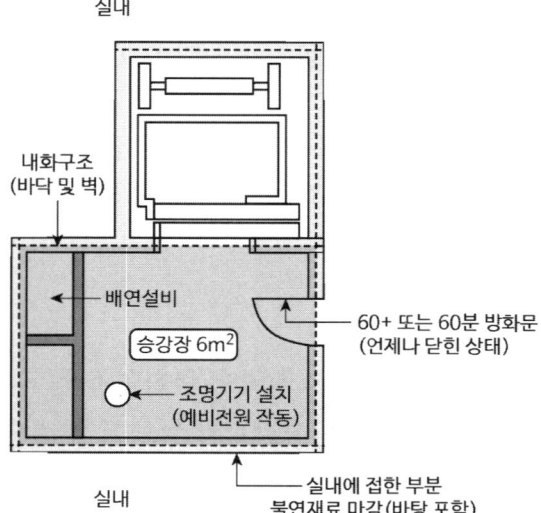

2) 피난용승강기 승강장의 구조[건축물의 피난·방화구조 등의 기준에 관한 규칙 제30조]

(1) 승강장의 출입구를 제외한 부분은 해당 건축물의 다른 부분과 내화구조의 바닥 및 벽으로 구획할 것

(2) 승강장은 각 층의 내부와 연결될 수 있도록 하되, 출입구에는 60+방화문 또는 60분방화문을 설치할 것
   • 이 경우 방화문은 언제나 닫힌 상태를 유지할 수 있는 구조일 것

(3) 실내에 접하는 부분(바닥 및 반자 등 실내에 면한 모든 부분)의 마감은 불연재료로 할 것

(4) 배연설비를 설치할 것
「소방시설 설치·유지 및 안전관리에 법률 시행령」 별표 5에 따른 제연설비를 설치한 경우에는 배연설비를 설치하지 않을 수 있음

3) 피난용 승강기 승강로의 구조

(1) 승강로는 해당 건축물의 다른 부분과 내화구조로 구획할 것

(2) 승강로 상부에 배연설비를 설치할 것

4) 피난용 승강기 기계실의 구조

(1) 출입구를 제외한 부분은 건축물의 다른 부분과 내화구조의 바닥 및 벽으로 구획

(2) 출입구에는 60+방화문 또는 60분방화문을 설치

5) 피난용 승강기 전용 예비전원

(1) 정전 시 피난용승강기, 기계실, 승강장 및 폐쇄회로 텔레비전 등의 설비를 작동할 수 있는 별도의 예비전원 설비를 설치

(2) 예비전원은 초고층 건축물의 경우에는 2시간 이상, 준초고층 건축물의 경우에는 1시간 이상 작동이 가능한 용량

(3) 상용전원과 예비전원의 공급을 자동 또는 수동으로 전환이 가능한 설비를 갖출 것

(4) 전선관 및 배선은 고온에 견딜 수 있는 내열성 자재를 사용하고, 방수조치를 할 것

4. 결론

1) 전 세계 초고층 건축물에서 피난용 승강기를 도입 중이며 장애인, 노약자에게 피난용 승강기는 효과적이다.

2) 화재 시 피난용 승강기의 이용은 재실자의 피난시간을 획기적으로 단축시킬 수 있으며 피난동선을 분산시켜 피난을 원활히 할 수 있을 것으로 판단된다.

금화도감 소방기술사 기출문제풀이 2권[전면 개정판]

발행일	2024년 9월 2일 전면 개정판
지은이	유쾌한
발행인	황모아
발행처	(주)모아교육그룹
주 소	서울특별시 영등포구 영신로 32길 29 세화빌딩 2층
전 화	02-2068-2393(출판, 주문)
등 록	제2015-000006호 (2015.1.16.)
이메일	moagbooks@naver.com
ISBN	979-11-6804-312-1 (93530)

이 책의 가격은 뒤표지에 있습니다.

Copyright ⓒ (주)모아교육그룹 Co., Ltd. All Rights Reserved.

이 책은 저작권법에 의해 보호를 받는 저작물이므로 저자와 출판사의 서면 허락 없이 내용의 전부 또는 일부를 이용하는 것을 금합니다.

소방기술사 합격!
여러분의 합격은 모아의 보람입니다.

끊임없이 변화를 추구하는 교육기업
모아교육그룹

모아를 선택해주신 여러분께 감사드립니다.

- 모아는 혁신적인 교육을 통해 인간의 사고(思考)를 확장 및 변화시킬 수 있다고 믿고 있습니다.
- 모아는 미래를 교육으로 변화시킬 수 있다고 믿고 있습니다.
- 모아는 청년부터 장년, 중년, 노년까지의 성인교육에 중점을 두고 사업을 진행하고 있습니다.

초고령화, 불확실성의 시대
모아는 당신의 미래를 함께 하는 혁신적인 교육 플랫폼이 되겠습니다.